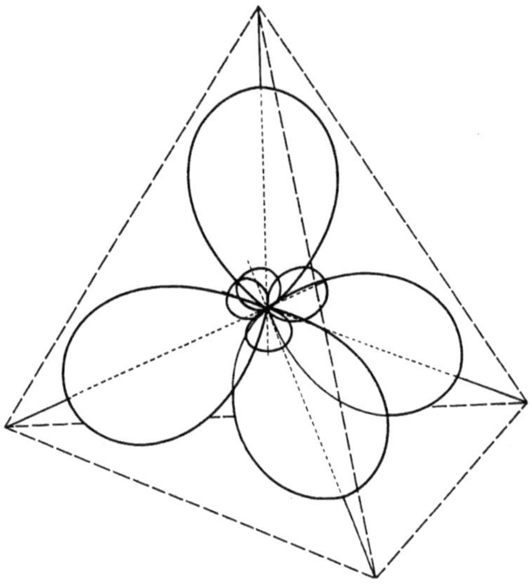

Form und Orientierung der „Ladungswolken“
bei tetraedrischer sp^3-Hybridisierung des vierbindigen Kohlenstoffatoms

NEUERE ANSCHAUUNGEN DER ORGANISCHEN CHEMIE

ORGANISCHE CHEMIE FÜR FORTGESCHRITTENE

VON

EUGEN MÜLLER

O. PROFESSOR UND DIREKTOR DES INSTITUTS FÜR ANGEWANDTE CHEMIE
DER UNIVERSITÄT TÜBINGEN

ZWEITE GÄNZLICH UMGEARBEITETE AUFLAGE

MIT 71 TEXTABBILDUNGEN

SPRINGER-VERLAG
BERLIN · GÖTTINGEN · HEIDELBERG
1957

ISBN-13: 978-3-642-87592-2 e-ISBN-13: 978-3-642-87591-5
DOI: 10.1007/978-3-642-87591-5

Softcover reprint of the hardcover 2nd edition 1957

„... daß eine Theorie ja nichts anderes ist als ein Aussichtspunkt, welcher gestatten soll, bekannte Tatsachen einheitlich zu übersehen und neue Tatsachen vorauszusehen, ein Aussichtspunkt, dessen Wert und Bedeutung sich natürlich mit den Fortschritten der Wissenschaft ändern kann." JOHANNES THIELE

Vorwort zur ersten Auflage

Die seit der THIELEschen Valenztheorie erzielten Fortschritte auf den Gebieten der Organischen Chemie und der Physik lassen es angebracht erscheinen, eine kürzere Darstellung der neueren Anschauungen der Organischen Chemie zu geben. Neben die in ihren Grenzen stets von gleichem Wert bleibende Strukturlehre ist seit einigen Jahren mit immer steigendem Erfolg die Elektronentheorie getreten. Sie vermeidet die unklare Fassung des früheren Valenzbegriffes, der oft zu falschen Fragestellungen, Trugschlüssen und zum Streit um Scheinprobleme geführt hat. Andererseits läßt sie unbekannte Tatsachen voraussehen und regt daher zu neuen Versuchen an. Sie stellt im Sinne von THIELE einen neuen Aussichtspunkt dar.

In dem vorliegenden Buch wird der Versuch unternommen, Eigenschaften und Reaktionsweisen organischer Verbindungen unter Berücksichtigung wichtiger Naturstoffe nach dem Gesichtspunkt der neueren Anschauungen zu deuten. Abweichend von der üblichen Einteilung der Organischen Chemie wird der Inhalt nach dem Bindungszustand des Kohlenstoffatoms gegliedert. Die so gewonnenen Erkenntnisse werden ferner zur Deutung der intramolekularen Änderungen der Struktur und der Zusammenhänge von Konstitution und Farbe organischer Verbindungen angewandt. Auf eine Darlegung der Reaktionskinetik sowie der Katalyse wird verzichtet, da hierfür gute Einzeldarstellungen vorhanden sind.

Um die vielfach bestehende unbegründete Scheu des klassischen Strukturchemikers vor der Elektronentheorie zu überwinden, ist besonderer Wert gelegt auf eine Herausarbeitung der zur neuen Anschauung leitenden Versuchsergebnisse. Die Laboratoriumsarbeit des organischen Chemikers, verbunden mit den Ergebnissen des Physikers, hat diesen neuen Aussichtspunkt allmählich gewinnen lassen. Nicht etwa des reinen „Theoretisierens" willen ist die vorliegende Darstellung geschrieben worden. Sie soll vielmehr durch eine neue Schau zu weiterer Arbeit im Laboratorium anregen und auch im Hochschulunterricht Verwendung finden.

Das vorliegende Buch wendet sich daher an Chemiker, chemisch interessierte Physiker und Biologen, um ihnen einen Einblick in die neueren Anschauungen auf dem Gebiet der Organischen Chemie zu geben.

Das Buch entstand zufolge einer Anregung von Herrn Professor BUTENANDT, Berlin-Dahlem, dem ich auch für die Durchsicht des Manuskriptes herzlich danke. Zu besonders herzlichem Dank bin ich Herrn Dr. EISTERT (Ludwigshafen) verpflichtet für zahlreiche Anregungen und Hinweise sowie für das Lesen des Manuskriptes und der Korrektur. Unser eifriger Gedankenaustausch hat mir die Bearbeitung des Buches beträchtlich erleichtert. Für die Durchsicht einzelner Teile danke ich folgenden Herren: Professor GLEU, Professor W. SCHNEIDER †, Professor SIEVERTS, Dr. SMAKULA (Jena) und Professor STUART (Dresden). Bei der Durchsicht der Korrekturen unterstützten mich Fräulein Dipl.-Chem. A. LANGERBECK und die Herren Dipl.-Chem. E. TIETZ und W. RIEDEL. Fräulein LANGERBECK hat auch in dankenswerter Weise das Sachverzeichnis bearbeitet.

Schließlich sage ich dem Verlag meinen besten Dank für die rasche Drucklegung und das verständnisvolle Eingehen auf meine Wünsche.

Jena, im Mai 1940 EUGEN MÜLLER

Vorwort zur zweiten Auflage

Die außerordentliche Entwicklung der Elektronen- und Quantentheorie der chemischen Bindung seit dem Erscheinen der Erstauflage im Jahre 1940 hat eine völlige Neubearbeitung des Stoffes erfordert, die infolge der unglückseligen Kriegs- und Nachkriegsverhältnisse erst jetzt erfolgen konnte.

In der Gliederung des Inhalts schließt sich das Buch der früher bewährten Einteilung nach dem Bindungszustand an. Hinzugekommen ist ein einleitender Abschnitt über die quantentheoretische Beschreibung der Atombindung. Dieser Teil ist nicht zum erstmaligen Lernen des Stoffes bestimmt, sondern als wiederholende Begriffserläuterung und Methodenbeschreibung quantentheoretischen Denkens gedacht, als Grundlage später zu erörternder Dinge. Neu ist ferner die Hineinnahme der Chemie makromolekularer Verbindungen an den Stellen des Textes, an denen sie sich zwanglos der Beschreibung der Chemie „mikromolekularer" Stoffe anschließt und sie — erweiternd — ergänzt. Auch der modernen Entwicklung der Chemie der Aliphaten ist Rechnung getragen, was sich schon rein äußerlich an dem stark gestiegenen Umfang des Kapitels über die einfache Atombindung zu erkennen gibt. Der Chemismus der Umlagerungsreaktionen ist in erweiterter Form bei den zugehörigen Textteilen zu finden und nicht mehr in einem gesonderten Kapitel untergebracht. Dagegen sind die früheren Kapitel über „Freie Radikale" sowie „Konstitution und Farbe" fortgefallen. Ein selbständiges Kapitel über „Freie Radikale", einschließlich der radikalinduzierten Reaktionen, würde, wenn es wirklich etwas bieten sollte, infolge des großen Stoffumfanges den Rahmen des Buches sprengen. Das gleiche gilt für das Kapitel „Konstitution und Farbe". Die neuere Entwicklung der Chemie der freien stabilen und instabilen Radikale ist aber an geeigneten Stellen des Buches aufgenommen, an denen ohne Berücksichtigung des Gebietes der freien Radikale eine Beschreibung der Reaktionsmechanismen nicht denkbar ist.

Insgesamt zwingt die außerordentliche, nicht nur in die Tiefe, sondern auch in die Breite gehende Entwicklung unserer neuen Anschauungen der Organischen Chemie zur Beschränkung in der Darstellung des sonst unübersichtlichen und umfangreichen Stoffes, eine Beschränkung, ohne die auch ein gründliches Verstehen nicht möglich ist. Daraus ergibt sich zwangsläufig, daß die gebotene Auswahl willkürlich sein muß. So wird der eine oder andere Leser eine ihm vielleicht wichtig erscheinende Reaktion u. a. m. vermissen. Sollte sehr Wesentliches trotz aller Bemühungen nicht erwähnt sein, so ist der Verfasser für Anregungen und sachliche Hinweise sehr dankbar.

Das Buch erscheint diesmal außerhalb des Rahmens der „Roten Sammlung", da es sich heute weniger um die monographische Wiedergabe eines Spezialproblems, als um eine mehr lehrbuchartige Schau über das Gesamtgebiet der „Neueren Anschauungen" handelt. Anschauungen, die in den letzten Jahrzehnten zum selbstverständlichen Wissensbestand und Rüstzeug des organisch arbeitenden Chemikers geworden sind.

Möge das Buch, das sich wie früher an die fortgeschrittenen Studenten der Chemie, aber auch an ausgebildete Chemiker, interessierte Physiker und Biologen wendet, seinen Weg wie die Bücher der Erstauflage nehmen!

Das einleitende Kapitel der quantentheoretischen Beschreibung der Bindung hat Herr Prof. Dr. G. KORTÜM, Tübingen, freundlicherweise durchgesehen. Des weiteren haben die Damen und Herren Dr. H. HENECKA, Elberfeld, Dozent Dr. G. KRESZE, Berlin, Frl. Dr. D. FRIES, Mannheim, Dr. K. LEY und Dipl.-Chem. W. RUNDEL, Tübingen, sich der großen Mühe eines sorgfältigen Lesens des Textes unterzogen. Das Sachregister betreute Herr Dipl.-Chem. W. KIEDAISCH. Allen, die mir in so liebenswürdiger Weise an der Gestaltung des Buches geholfen haben, sage ich meinen herzlichen Dank.

Schließlich danke ich dem Verlag für die rasche Drucklegung, das wohlwollende Verständnis für vielfache Wünsche hinsichtlich der Drucklegung und die vorzügliche Ausstattung des Buches. Auch der Druckerei gebührt mein Dank für die gewissenhafte und gute Ausführung des oft schwierigen Satzes.

Tübingen, im September 1956 EUGEN MÜLLER

Inhaltsverzeichnis

A. Einfache Atombindung 1

I. Einleitung 1

1. Reine Ionen- und Atombindungen als Grenzfälle 2
a) Ionenbindungen 2
b) Atombindungen 3

2. Atombindungen, quantentheoretische Beschreibung 4
a) SCHRÖDINGERsche Wellenmechanik 4
b) Ein-Elektronenbindung 5
c) Zwei-Elektronenbindung 7
d) Molekular-Bahn-(molecular orbital-) Verfahren 10

3. Gemischte Ionen- und Atom-Bindungen als Übergänge 14
a) Polarisierte Atombindungen nach der Molekularbahn-Methode 15
b) Partieller Ionencharakter einer Atombindung 16

II. Kohlenstoff-Wasserstoff-Bindung 19

III. Kohlenstoff-Kohlenstoff-Bindung 23

1. Stellung des Kohlenstoffs im Perioden-System und seine Bindungseigenschaften 23

2. Kettenförmige Verknüpfung von Kohlenstoffatomen 24
a) Konstitution der Paraffine 24
b) Schmelz- und Siedepunktsregelmäßigkeiten 29

3. Ringförmige Verknüpfung von Kohlenstoffatomen 31
a) Spannungstheorie von A. v. BAEYER 31
b) Vorstellungen und Versuche von H. SACHSE, E. MOHR und W. HÜCKEL . 32
c) Makrocyclische Verbindungen 38
d) Bi- und polycyclische Systeme 45

4. Optische Aktivität 59
a) Die Tetraedertheorie von J. H. VAN'T HOFF und J. A. LE BEL 60
b) Atropisomerie (Molekülasymmetrie durch Behinderung der freien Drehbarkeit) 77
c) Theorie der optischen Aktivität 93

IV. Kohlenstoff-Halogen-Bindung 95

1. Konfiguration der Halogenide 96

2. Substitution gesättigter Verbindungen (Halogenierung, Sulfochlorierung, Sulfoxydation) 98

3. Eigenschaften und Reaktivität von Kohlenstoff-Halogen-Verbindungen . . . 101
a) Induktive Effekte 101
b) Ionische Substitutionsreaktionen an gesättigten Kohlenstoffatomen . . . 106
c) Zusammenhänge zwischen Substitution gesättigter Verbindungen und WALDENscher Umkehr 108
α) Bimolekulare, nucleophile Substitutionen (S_N2) 109
αα) Ersatz von Halogen durch OH bzw. OR 110
ββ) Ersatz der OH-Gruppe durch Halogen 111
γγ) Ladungstypen bei nucleophilen Substitutionsreaktionen 112
β) Monomolekulare nucleophile Substitutionen (S_N1) 113
γ) Elektrophile Substitutionsreaktionen (S_E) 118
δ) Radikalische Substitutionsreaktionen (S_R) 119
ε) Besondere Lösungsmittel- und sterische Effekte bei S_N-Reaktionen (Übergangseffekte) 120

V. Kohlenstoff-Sauerstoff- und Kohlenstoff-Schwefel-Bindung 126

1. Konfiguration sauerstoff- und schwefelhaltiger Moleküle 129

2. Oxoniumsalze 132

VI. Kohlenstoff-Stickstoff-Bindung 137
VII. Ammonium- und Sulfoniumverbindungen 139
VIII. Semipolare Bindung 142

B. Die doppelte Atombindung 145
I. Kohlenstoff-Kohlenstoff-Doppelbindung 145
1. Theorien der Doppelbindung 145
a) Partialvalenzhypothese von J. THIELE 145
b) Einführung des Mesomeriebegriffes 146
c) Quantenmechanische Deutung der Doppelbindung 154
2. Raumlage und Stabilität der Liganden einer Doppelbindung 159
a) cis-trans-Isomerie 159
b) Strukturbestimmung von cis-trans-Isomeren 159
c) Stabilität von cis-trans-Isomeren 162
3. Reaktives Verhalten von Stoffen mit C=C-Doppelbindungen 163
a) Addition und Polymerisation bzw. Telomerisation 164
α) Radikalische Mechanismen 165
β) Ionische Mechanismen 169
αα) Additionsreaktionen 169
ββ) Polymerisationsreaktionen 183
b) Thermische Spaltung von Äthylenverbindungen 189
c) Sterischer Verlauf der Additions- und Abspaltungsreaktionen 190
d) cis-trans-Umlagerung 193
4. Kumulierte Doppelbindungen 195
5. Konjugierte Doppelbindungen 198
a) Konfiguration von Dienen 198
b) Zur quantenmechanischen Deutung konjugierter Diensysteme 199
c) Reaktives Verhalten 200
α) Addition 200
αα) Radikalische Additionen 201
ββ) Ionische Additionen 202
β) Polymerisation 206
γ) Substitutions- und Abspaltungs-Reaktionen von Dienen 210
d) Polyene 211

II. Kohlenstoff-Sauerstoff-Doppelbindung 213
1. Carbonylgruppe in Aldehyden und Ketonen 213
a) Mesomerie der C=O-Gruppe 213
b) Additionsreaktionen der C=O-Doppelbindung 215
α) Ionische Reaktionen 215
β) Tautomere Umlagerungen 224
αα) Zur Theorie der Enolisierung und Substituentenwirkung 230
ββ) Zur Konstitution der Alkaliverbindungen tautomerer Stoffe . . 236
γγ) Reaktives Verhalten der Alkaliverbindungen tautomeriefähiger Stoffe 239
γ) Radikalische Reaktionen 254
2. Carbonylgruppe in Carbonsäuren und ihren Derivaten 256
a) Mesomerie und Acidität der Carbonsäuren 256
b) Mesomerie der carbonsauren Salze, Ester, Amide und der Aminosäuren 258
c) Wasserstoff-Brücken 260
3. Reaktives Verhalten der C=O-Gruppe in Carbonsäuren und ihren Derivaten 264
a) Ionische Reaktionsmechanismen 264
α) Veresterung und Verseifung von Carbonsäuren bzw. Estern 264
β) Decarboxylierung von Carbonsäuren 267
γ) Weitere Abbaureaktionen von Carbonsäuren und ihren Derivaten . . . 271
δ) Umlagerungsreaktionen von Carbonylverbindungen zu Carbonsäuren und -Derivaten 273
b) Radikalische Reaktionsmechanismen der >C=O-Gruppe 283
4. >C=C=O-Doppelbindungssystem (Ketene) 289
5. >C=C(—)—C(—)=O-Doppelbindungssystem 293

6. Diensynthesen . . . 299
a) Variation der Dienkomponente . . . 299
b) Variation der dienophilen Komponente . . . 304
c) Sterische Gesetzmäßigkeiten der Diensynthese . . . 306
d) Retrodiensynthese . . . 311
e) Zur Frage des Mechanismus der Diensynthese . . . 311

7. Nitro- und Sulfonyl-Gruppe . . . 312

III. Aromatische Bindungssysteme . . . 315

1. Theorien des Benzols, benzoider, kondensierter und „gemischter" Systeme . 315
a) KÉKULÉsche Benzolformel . . . 315
b) Mesomerie und wellenmechanische Deutung des Benzols . . . 317
c) Benzoide Systeme . . . 323
d) Basizität und Acidität benzoider Systeme . . . 327
e) Tropon-(Cycloheptatrienon)-, Tropolon-(Cycloheptatrienolon)- und Tropylium-(Cycloheptatrienylium)-System sowie Azulen . . . 330
f) Kondensierte Systeme . . . 337
g) Cancerogene Eigenschaften aromatischer Kohlenwasserstoffe . . . 352
h) Cyclooctatetraen und andere größere ungesättigte Ringe . . . 353

2. Reaktives Verhalten des Benzols . . . 358
a) Substitutionsmechanismen . . . 358
α) Ionischer Mechanismus . . . 358
αα) Halogenierung . . . 359
ββ) FRIEDEL-CRAFTS-Reaktion . . . 360
γγ) FRIESsche Verschiebung . . . 364
δδ) Retropinakolin-, WAGNER-MEERWEIN-, NAMETKIN-, Pinakolin- und Dienon-Phenol-Umlagerung . . . 365
εε) Nitrierung (Sulfonierung) . . . 372
β) Regelmäßigkeiten bei ionischen Substitutionen . . . 374
αα) Substitutionsregelmäßigkeiten bei elektrophilen Substitutionen. . 375
ββ) Substitutionsregelmäßigkeiten bei nucleophilen Substitutionen . . 388
γ) Radikalische Mechanismen . . . 389
δ) Rückwirkung des (auch substituierten) aromatischen Systems auf einen anderen Substituenten . . . 390
αα) Einige ausgewählte Beispiele . . . 390
ββ) Aroxyle, stabile „Sauerstoffradikale" . . . 392

IV. Stickstoff—Stickstoff-Doppelbindung . . . 395

1. Azoxybindung . . . 395

2. Die Azobindung . . . 398

V. Einige Umlagerungsreaktionen . . . 403

1. Intermolekulare „Umlagerungen" . . . 403

2. Intramolekulare Umlagerungen . . . 404
a) Benzidin-Umlagerung . . . 404
b) CLAISENsche Phenolallyläther-Umlagerung . . . 404
c) STEVENS- und SOMMELET-Umlagerung . . . 406
d) WITTIGsche Ätherumlagerung . . . 408

VI. Hyperkonjugation . . . 410

C. Dreifache Atombindung . . . 423

I. Kohlenstoff-Kohlenstoff-Dreifachbindung . . . 423

1. Konstitution . . . 423

2. Reaktionen der Dreifachbindung . . . 424
a) Ionische Mechanismen und deren sterischer Verlauf . . . 425
α) Additionen an die C≡C-Bindung . . . 425
β) Polymerisationen . . . 435
γ) Isomerisierungen . . . 436
b) Radikalische Mechanismen . . . 437

II. Kohlenstoff-Stickstoff-Dreifachbindung . . . 439

III. Stickstoff-Stickstoff-Dreifachbindung . . . 442

1. Aliphatische Diazoverbindungen . . . 442
a) Konstitution . . . 442

b) Reaktives Verhalten 444
α) Methylierungsreaktion 444
β) Reaktionen des Diazomethans mit der C=O-Doppelbindung (Aldehyde, Ketone und Säurechloride) 446
γ) Reaktionen des Diazomethans mit der C=C-Doppelbindung (Additionen) 450
δ) Diazomethan—Isodiazomethan, eine Tautomerie 453
2. Azide 455
a) Konstitution 455
b) Reaktives Verhalten 457
α) Reaktionen von N_3H mit Carbonylverbindungen (K. F. SCHMIDTsche Reaktion) 457
β) Reaktionen der Azide mit der C=C-Doppelbindung (Additionen) . . . 459
3. Aromatische Diazoverbindungen 460
a) Konstitution 460
b) Elektronentheoretische Deutung 462
c) Reaktives Verhalten 466
d) Diazotate—Stereo- oder Struktur-Isomere? 476
IV. „Zweiwertige" Kohlenstoffverbindungen 480
1. Kohlenmonoxyd und seine Derivate 480
2. Methylene 484
V. Atomradien nach L. PAULING (Tabellen) 486
Namen- und Sachverzeichnis 487

A. Einfache Atombindung

I. Einleitung

Ein grundlegend wichtiges Problem der Chemie ist die Frage nach Art, Wesen und Bedeutung der *Bindungskräfte*, die von den Atomen[1] ausgehend zu den Molekülen[2] führen, sowie schließlich deren reaktives Verhalten bedingen[3]. Überblickt man die Entwicklung unserer diesbezüglichen Vorstellungen, so erkennt man die in ihren tiefsten Grundlagen innige Verflechtung von Chemie und Physik. Am Anfang des 19. Jahrhunderts entwickelte sich unter dem Eindruck der Erfolge der Elektrizitätslehre die *elektrostatische Theorie* der Bindung (dualistisches Prinzip von BERZELIUS, 1812)[4] mit zunächst glänzenden Erfolgen auf dem Gebiet der anorganischen Chemie. Ihre Übertragung auf die sich lebhaft entwickelnde organische Chemie gelang aber nicht. Später wird gezeigt, daß unter veränderten Umständen diese alten Vorstellungen aber auch heute wieder auftauchen[5]. Die organische Chemie ging zunächst ihren eigenen Weg und schuf sich über die *Typentheorie* GERHARDTs und die *Strukturtheorie* KÉKULÉs sowie die Einbeziehung räumlicher Vorstellungen durch VAN'T HOFF und LE BEL ihr eigenes, fast vollendet brauchbares System, aber ohne eine wohlfundierte Erklärung von der Art und dem Wesen der in den Molekeln herrschenden Bindungskräfte zu geben. Den Anstoß zur Weiterentwicklung unserer Vorstellungen über den Bindungszustand der Atome in den Molekeln gaben fast gleichzeitig das organische Experiment und die physikalische Theorie. M. GOMBERG[6] entdeckte im Jahre 1900 das erste *freie Radikal*, womit zunächst das vieltausendfach beobachtete Prinzip der konstanten „Vierwertigkeit" des Kohlenstoffatoms durchbrochen schien und die Frage nach der Natur dieser Bindungskräfte dringlich gestellt wurde. Von M. PLANCK[7] wurde zu Beginn dieses Jahrhunderts die *Quantentheorie* geschaffen, und man erkannte durch die Beobachtung der Spektren und durch die Entwicklung der Atomtheorie[1] den Aufbau der Atome aus positiv geladenen Kernen und negativ geladenen Elektronen[8]. Wieder wurde eine elektrostatische Theorie der Bindung aufgestellt, die in dem von W. KOSSEL[9] ausgesprochenen *Achterschalenprinzip* im Zusammenhang mit dem Periodensystem der Elemente Bildung und

---

[1] FINKELNBURG, W.: Einführung in die Atomphysik. 4. Aufl. Berlin-Göttingen-Heidelberg: Springer-Verlag 1956.

[2] STUART, H. A.: Die Struktur des freien Moleküls. Berlin: Springer-Verlag 1952.

[3] SYRKIN, Y. K., u. M. E. DYATKINA: The Structure of Molecules and the Chemical Bond. Übersetzt ins Englische von M. A. PARTRIDGE u. D. O. JORDAN. London: Butterworths Scientific Publ. 1950.

[4] BERZELIUS, J. J.: Versuch über die Theorie der chemischen Proportionen und über die chemischen Wirkungen der Elektrizität. Übersetzt von K. A. BLÖCK. Dresden: 1920.

[5] Zum Beispiel bei der Hyperkonjugation der Methylgruppe oder den extrem polaren Formeln des Tetrachlorkohlenstoffs und ähnlichen Verbindungen. Vgl. hierzu S. 98, 410.

[6] GOMBERG, M.: Ber. dtsch. chem. Ges. **33**, 3150 (1900).

[7] Siehe dazu A. SOMMERFELD: Atombau und Spektrallinien. Bd. II, 4. Aufl. Braunschweig: Vieweg 1924.

[8] PLANCK, M.: Ann. Physik **49**, 229 (1916).

[9] Einen frühzeitigen Versuch, mittels der Elektronentheorie die chemische Wechselwirkung zu erklären, unternahm J. STARK: Prinzipien der Atomdynamik. Leipzig 1910—1915.

Stabilität ionischer Verbindungen zu verstehen gestattete. Die direkte Übertragung dieser Vorstellungen auf die Bindungskräfte in organischen Stoffen oder auch in einfachen anorganischen Molekeln, wie Wasserstoff, Sauerstoff, Halogene und ähnliches, gelang ebensowenig wie der frühere Versuch von BERZELIUS. Erst G. N. LEWIS[1] und später I. LANGMUIR[2] erreichten eine wesentliche Ausdehnung atomtheoretischer Vorstellungen zur Deutung des Wesens der chemischen Bindung in organischen Stoffen. Ausgehend von der Beobachtung, daß in den meisten organischen Stoffen mit sehr charakteristischen Ausnahmen die Gesamtelektronenzahl gerade ist, „substantiierte" LEWIS den Bindestrich der Strukturtheorie mit einem Elektronenpaar, wodurch zusammen mit dem KOSSELschen Achterschalenprinzip ein qualitatives Bild der chemischen Bindung gegeben werden konnte. Immer noch fehlte aber das tiefere Verständnis für die Ausbildung der typischen Atombindung und die ihr zugrunde liegenden Kräfte, ein Verständnis, das ausschließlich durch die neuere Quantenmechanik erbracht werden konnte, allerdings unter Verzicht auf Anschaulichkeit und vollständige Lösbarkeit sowie mit erheblichem mathematischem Aufwand. Die Anwendung der Quantenmechanik auf Probleme der organischen Chemie ist heute zu einem Spezialgebiet der theoretischen Chemie[3] geworden, das exakt nur auf mathematischer Basis dargestellt und verstanden werden kann. Den organischen Chemiker, dessen Arbeit dem Stoff und seinen Veränderungen zugewandt ist, wird im allgemeinen nur der grundlegende Ansatz und das Ergebnis, die Lösung eines Problems, interessieren, weniger seine mathematische Ausführung. Dabei werden *die* Lösungen eine besondere Beachtung seitens der organischen Chemie verdienen, die aus der Fülle des Tatsachenmaterials vereinfachende Regeln oder Gesetzmäßigkeiten verständnisvoll zusammenzufassen, Scheinprobleme als solche zu kennzeichnen oder neue, unerschlossene Gebiete aufzudecken gestatten. Aus diesen Dingen ergibt sich von selbst das richtige Maß der Würdigung der neueren Anschauungen in der organischen Chemie.

1. Reine Ionen- und Atombindungen als Grenzfälle

a) Ionenbindungen

Nach der KOSSELschen Theorie kommt die Bildung binärer Salze wie Kochsalz durch wechselseitige Aufnahme beziehungsweise Abgabe von Elektronen unter Erreichung der *Edelgaskonfiguration* der entstehenden Ionen zustande, deren Zusammenhalt im wesentlichen durch elektrostatische Kräfte bedingt wird[4]:

$$\mathrm{Na}\cdot^{\circ} + \cdot\underset{\cdot\cdot}{\ddot{\mathrm{Cl}}}:^{\circ} \rightarrow \mathrm{Na}^{\oplus} + :\underset{\cdot\cdot}{\ddot{\mathrm{Cl}}}:^{\ominus}$$

[1] LEWIS, G. N.: Die Valenz und der Bau der Atome und Moleküle. Übersetzt von G. WAGNER u. A. WOLF. Braunschweig: Vieweg 1927.

[2] LANGMUIR, I.: J. Amer. Chem. Soc. **41**, 868 (1919); **42**, 274 (1920).

[3] HARTMANN, H.: Theorie der chemischen Bindung auf quantentheoretischer Grundlage. Berlin-Göttingen-Heidelberg: Springer-Verlag 1953. — PULLMAN, B., u. A. PULLMAN: Les Théories Electroniques de la Chimie Organique. Paris: Masson & Cie. 1952. — DEWAR, M. J. S.: The Electronic Theory of Organic Chemistry. Oxford: Clarendon Press 1949. — REMICK, A. E.: Electronic Interpretations of Organic Chemistry. 2. Aufl. New York: J. Wiley & Sons 1949. — SYRKIN, Y. K., u. M. E. DYATKINA: The Structure of Molecules and the Chemical Bond. Übersetzt ins Englische von M. A. PARTRIDGE u. D. O. JORDAN. London: Butterworth Scientific Publ. 1950. — INGOLD, C. K.: Structure and Mechanism in Organic Chemistry. Ithaka: Cornell University Press 1953. — RIETZ, E. G., u. C. B. POLLARD: Problems in Organic Chemistry. New York: Prentice-Hall 1953.

[4] Ein Punkt bedeutet ein Einzelelektron. — Das Natriumatom, etwa bei der Kochsalzbildung, nimmt bei der Abgabe seines „Valenz"-elektrons die Konfiguration des nächstniederen Edelgases im Periodensystem an, das Halogenatom bei der Aufnahme des „Valenzelektrons" die Oktettkonfiguration des nächsthöheren Edelgases.

Aus dem neutralen, nullwertigen Natriumatom ist ein positiv einwertiges Ion, aus dem neutralen Chloratom ein einwertiges negatives Ion entstanden. Charakteristisch für den Aufbau solcher Verbindungen ist z. B. die weitgehende Unabhängigkeit der in Lösungsmitteln hoher Dielektrizitätskonstante solvatisierten Ionen voneinander. Erst im Kristallgitter findet ein regelmäßiger, nach vorwiegend *elektrostatischen* Gesetzmäßigkeiten sich abspielender Aufbau der Ionen statt, ohne daß man aber auch hier einem bestimmten Kation ein bestimmtes Anion zuordnen könnte[1]. Die als Ionen, geladene Teilchen, vorliegenden Stoffe sind demgemäß gute Leiter der Elektrizität. Im übrigen gibt die elektrostatische Theorie der Ionenbindung die bei vielen anorganischen Ionenverbindungen vorliegenden Verhältnisse gut[2] wieder; so lassen sich z. B. die Gitterenergien der Alkalihalogenide allein mit Hilfe des Coulombschen Gesetzes und der gemessenen Ionenabstände im Gitter auf etwa 1—2 % genau richtig berechnen. Bei der Ionenbildung aus den neutralen Atomen selbst spielt ein zusätzlicher quantenmechanischer Effekt eine Rolle.

b) Atombindungen

Während im Natriumchlorid ein Extremfall einer chemischen Bindung, einer Ionenbindung oder heteropolaren Bindung, gesehen werden kann, liegt in der Wasserstoffmolekel der andere Grenzfall einer Bindung, eine Atombindung oder eine *homöopolare* (kovalente) Bindung vor[3]. Ausgehend vom Kosselschen Oktettprinzip postulierte G. N. Lewis das Erreichen der Edelgaskonfiguration bei der Bildung z. B. von Wasserstoff- oder Chlormolekeln aus den entsprechenden Atomen durch eine *paarige Elektronenbindung*. Von den an der Bindung teilnehmenden Atomen wird je ein Elektron anteilig (sharing electrons),

$$:\underset{..}{\ddot{\mathrm{Cl}}}. + .\underset{..}{\ddot{\mathrm{Cl}}}: \rightarrow :\underset{..}{\ddot{\mathrm{Cl}}}:\underset{..}{\ddot{\mathrm{Cl}}}:$$

so jede Elektronenschale der beteiligten Atome zur Achterschale ergänzend[4].

Durch welche Kräfte kommt die Bildung einer Atombindung durch das gemeinsame Elektronenpaar zustande? Die Lösung des Problems der Natur dieser Bindung kann auf zwei verschiedenen Wegen gegeben werden, entweder durch die Methode von W. Heitler und F. London[5], I. C. Slater[6] und L. Pauling[7] oder durch das Verfahren von F. Hund[8], R. S. Mulliken[9], Erich

[1] Der Molekülbegriff als solcher läßt sich nur auf unzersetzt verdampfende Ionen-Molekeln im Dampfzustand anwenden.

[2] Zum Beispiel hohe Sublimationswärme (bei Verbindungen vom Kochsalztyp etwa 50—60 kcal), hohe Schmelzpunkte, Löslichkeiten in Lösungsmitteln hoher DK und vieles andere mehr.

[3] Verbindungen dieses Typs bilden in festem Zustand Molekülgitter, die durch relativ schwache van der Waalssche Kräfte zusammengehalten werden, deshalb nur kleiner Sublimationswärmen ($\sim$10 kcal) bedürfen und niedrige Schmelzpunkte und niedrige Siedepunkte bedingen.

[4] Man sieht, daß die ungepaarten Elektronen die Bindung herstellen. Hieraus folgt, daß nicht die Gesamtzahl der Außenelektronen, sondern zunächst die Zahl der dort anwesenden ungepaarten Elektronen für die Herstellung einer Bindung und damit für die chemischen Eigenschaften der betreffenden Ausgangselemente maßgebend ist.

[5] Heitler, W., u. F. London: Z. Physik **44**, 455 (1927).

[6] Slater, I. C.: Physic. Rev. **41**, 255 (1932).

[7] Pauling, L.: The Nature of the Chemical Bond, Ithaka: Cornell University Press 1948; J. Amer. Chem. Soc. **54**, 3570 (1932).

[8] Hund, F.: Z. Physik **51**, 759 (1928).

[9] Mulliken, R. S.: Physic. Rev. **32**, 186, 761 (1928).

HÜCKEL[1], G. HERZBERG[2] und I. E. LENNARD-JONES[3]. Zunächst sei das auch zeitlich zuerst entwickelte Verfahren von HEITLER und LONDON angedeutet, das sich außerdem der LEWISschen heuristischen Vorstellung der Elektronenpaar-Bindung weitgehend annähert.

2. Atombindungen, quantentheoretische Beschreibung

a) SCHRÖDINGERsche Wellenmechanik

Die als Grundgleichung der Wellenmechanik eingeführte Differentialgleichung von SCHRÖDINGER[4] läßt sich durch eine Kombination der allgemein gültigen D'ALEMBERTschen Schwingungsgleichung für die räumliche und zeitliche Ausbreitung einer Wellenbewegung:

$$\frac{\partial^2 \psi}{\partial x^2} + \frac{\partial^2 \psi}{\partial y^2} + \frac{\partial^2 \psi}{\partial z^2} \equiv \Delta \psi = \frac{1}{u^2} \cdot \frac{\partial^2 \psi}{d t^2}$$

(ψ = schwingende Größe, z. B. elektrischer Vektor einer elektromagnetischen Schwingung; u = Ausbreitungsgeschwindigkeit der Welle)

mit der DE BROGLIEschen Beziehung:

$$\lambda = \frac{h}{m \cdot v}$$

gewinnen, die dem Impuls $m \cdot v$ einer bewegten Korpuskel eine Wellenbewegung der Wellenlänge λ zuordnet. Ersetzt man die kinetische Energie $^1/_2\, m\, v^2$ der Korpuskel durch die Differenz $E - U$, worin E die Gesamtenergie und U die potentielle Energie bedeutet, so erhält man unter Zerlegung der Schwingungsbewegung in einen zeitabhängigen und einen zeitunabhängigen Anteil die die Ortsabhängigkeit von ψ beschreibende SCHRÖDINGERsche Gleichung für stationäre, d. h. zeitunabhängige Zustände:

$$\Delta \psi + \frac{8 \pi^2 m}{h^2} (E - U)\, \psi = 0 .$$

Aus der Theorie der partiellen Differentialgleichungen folgt, daß nur für bestimmte Werte des in der Gleichung vorkommenden Parameters E eine eindeutige, endliche und stetige Lösung gefunden werden kann. Diese E-Werte heißen *Eigenwerte* der Differentialgleichung. Die in der SCHRÖDINGER-Gleichung vorkommende Gesamtenergie E des Systems stellt also einen solchen Eigenwert dar. Die zugehörigen Lösungen der Differentialgleichung (die sog. *Eigenfunktionen* ψ) treten nun bei der Beschreibung des atomaren Geschehens an die Stelle der stationären Bahnen des alten RUTHERFORD-BOHRschen Atommodells. Die Lage eines bewegten Elektrons als Funktion der Zeit läßt sich jetzt nicht mehr genau angeben, sondern ψ^2, das Quadrat der Eigenfunktionen, gibt die *Wahrscheinlichkeit* an, das Elektron an einer bestimmten Stelle zu finden, es stellt also gewissermaßen die Verteilung der Ladungsdichte der kontinuierlich „verschmiert" gedachten „Elektronenwolke" im Raum dar.

---

[1] HÜCKEL, E.: Z. Physik **70**, 204 (1931).

[2] HERZBERG, G.: Z. Physik **57**, 601 (1929).

[3] LENNARD-JONES, I. E.: Trans. Faraday Soc. **25**, 668 (1929).

[4] Siehe z. B. W. FINKELNBURG: Einführung in die Atomphysik. 4. Aufl., S. 182ff. Berlin-Göttingen-Heidelberg: Springer-Verlag 1956.

b) Ein-Elektronenbindung

Die SCHRÖDINGER-Gleichung kann man zur Lösung des einfachsten Bindungsproblems, nämlich der Bindung zweier positiver Kerne durch ein einzelnes Elektron, wie sie im Molekül des spektroskopisch nachweisbaren $H_2^{\oplus}$-Ions vorliegt, benutzen. Die Ein-Elektronenbindung ist relativ selten, weil sie einmal nur zwischen zwei Atomen völlig gleicher Elektronenaffinität und zum anderen nur bei leichteren Elementen möglich ist. Ihre Bedeutung liegt in der relativ einfachen (auch in mathematischer Hinsicht) Darstellung dieser Bindung, die aber alle, die übrigen Atombindungen charakterisierenden Merkmale und Eigenschaften besitzt.

Zur Beschreibung geht man dabei so vor, daß man die Molekülbestandteile, also ein H-Atom (Proton a + Elektron) und ein Proton b, zunächst isoliert und weit entfernt voneinander betrachtet. Die Energie des Systems ist dann gleich der Summe der Energien des H-Atoms und des Protons. Nähert man nun das Proton dem H-Atom bis auf einen Abstand von etwa 2 Å der beiden Kerne unter Bildung des $H_2^{\oplus}$-Moleküls, dann wird es physikalisch unmöglich, zu entscheiden, ob das Molekül sich aus dem ursprünglichen H-Atom + Proton b oder umgekehrt aus dem Proton a und einem H-Atom mit dem Proton b gebildet hat. Die denkbaren Grenzlagen des Elektrons sind demnach:

a) es befindet sich beim Kern a,

b) es befindet sich beim Kern b,

c) es gehört beiden Kernen gleichzeitig an als statistisch verteilte Elektronenwolke zwischen und um die beiden Kerne:

••	•	•	••	•	•	•
a	b	a	b	a		b

Dieser „Austausch" des Elektrons ist für die entstandene Bindung charakteristisch, er führt zu einer *Energieerniedrigung* gegenüber den Zuständen a) bzw. b) und damit zu einer stabilen Molekel. Diese *Bindungsenergie* läßt sich aus der SCHRÖDINGER-Gleichung berechnen[1]. Bei großem Abstand der Kerne erhält man im Fall a) eine Lösung ψ_a der betreffenden SCHRÖDINGER-Gleichung, die der Energie des getrennten Systems a) entspricht. Für den Fall b) erhält man eine zweite Lösung ψ_b, die von ψ_a verschieden ist, aber der gleichen Energie entspricht. Hat man aber zwei Funktionen, die zum gleichen Energiewert gehören, so ist die Linearkombination[2] wieder eine Lösung:

$$\psi = c_1 \psi_a + c_2 \psi_b,$$

worin c_1 und c_2 bestimmte Koeffizienten darstellen. Auch diese Gleichung stellt als lineare Kombination der Funktionen ψ_a und ψ_b wieder eine Näherungslösung dar. Die Koeffizienten c_1 und c_2 werden nun so bestimmt, daß die Gesamtenergie E der Molekel ein *Minimum* darstellt, d. h. von allen Näherungsfunktionen wird die bestmögliche Näherungslösung mittels der sog. Variationsrechnung ermittelt, wobei man für ψ_a und ψ_b geeignete Eigenfunktionen, in unserem Fall also etwa die des H-Atoms wählt. Das Verfahren läuft also darauf hinaus, ψ als Funktion der Parameter c_1 und c_2 zu ermitteln, so daß die Gesamtenergie ein Minimum wird.

---

[1] Proc. Cambridge Phil. Soc. **24**, 89 (1928).

[2] Es ist dies ein fundamentales Prinzip der Wellenmechanik (Prinzip der Überlagerung). Wenn alle anwendbaren Funktionen linear sind, kann man irgendeine Zahl individueller Lösungen überlagern, um neue Funktionen zu bilden, die selbst wieder Lösungen darstellen.

Die Rechnung liefert $c_1/c_2 = \pm 1$, also $c_1 = \pm c_2$ und damit zwei Lösungen, entsprechend zwei Zuständen mit zwei verschiedenen Energiewerten E_1 und E_2:[1]

$$\psi_1 = c_1(\psi_a + \psi_b) \text{ bzw. } \psi_1 = (\psi_a + \psi_b)/(2 + 2\,S_{ab})^{1/2} \text{ und } E_1 = E_0 + \frac{e_0^2}{R} + \frac{C + J}{1 + S_{ab}}$$

$$\psi_2 = c_1(\psi_a - \psi_b) \text{ bzw. } \psi_2 = (\psi_a - \psi_b)/(2 - 2\,S_{ab})^{1/2} \text{ und } E_2 = E_0 + \frac{e_0^2}{R} + \frac{C - J}{1 - S_{ab}}\,.$$

Die beiden Gleichungen zeigen also, daß einmal die Gesamtenergie des Systems *größer*, das andere Mal *kleiner* ist als die Einzelenergie des H-Atoms und die Abstoßungsenergie der beiden Kerne. Nur in dem Fall, in dem ein Energieminimum auftritt, entsteht eine *stabile Gleichgewichtslage* und damit eine chemische Bindung, im anderen Fall dagegen *Abstoßung*. Weiterhin läßt sich die Bindungsenergie im $H_2^{\oplus}$-Ion als Funktion des Kernabstandes R berechnen, wobei man die in Abb. 1 wiedergegebene Kurve erhält:

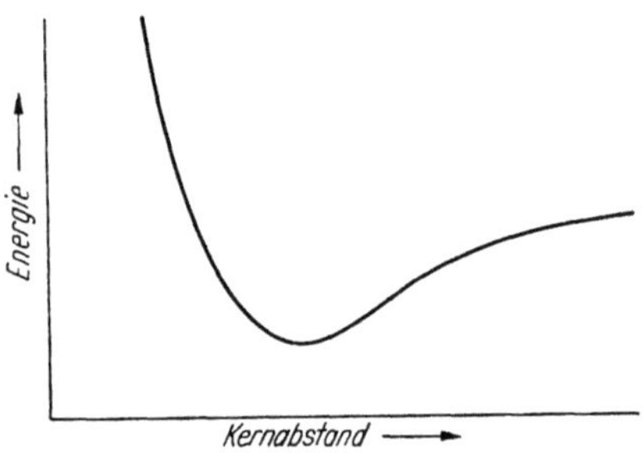

Abb. 1. Bindungsenergie im $H_2^{\oplus}$-Ion als Funktion des Kernabstandes

Die Bindungsenergie besitzt demnach bei einem bestimmten Kernabstand ein Minimum, das dem *Grundzustand* des stabilen Moleküls entspricht. Für diesen Kernabstand erhält man einen Wert von 1,32 Å (experimentell gefunden 1,06 Å) und für die Bindungsenergie den Wert von 41 kcal (gefunden 61 kcal). Im Hinblick auf den Näherungscharakter des angewandten mathematischen Verfahrens ist die Abweichung nicht sehr wesentlich, zumal später verbesserte Rechenverfahren (unter Einführung geeigneter Funktionen ψ_a und ψ_b, die dem Problem besser angepaßt sind als die Wellenfunktionen des H-Atoms) eine sehr gute Übereinstimmung von Theorie und Experiment ergeben. Wesentlich ist der in dem mathematischen Verfahren steckende Gedanke, das Elektron auch in einer solchen Lage zu betrachten, in der es gleichsam unter dem Einfluß beider Kerne steht. Um etwas über die *Dichte* der *Elektronenwolke* an irgendeiner Stelle um die beiden Kerne und zwischen ihnen zu erfahren, ist es nach dem oben Gesagten notwendig, das Quadrat der Eigenfunktion ψ_1 zu betrachten:

$$\psi_1^2 = (\psi_a^2 + 2\,\psi_a\psi_b + \psi_b^2)/(2 + 2\,S_{ab}).$$

[1] E_0 ist die Energie des H-Atoms im Grundzustand, R der Kernabstand. e_0^2/R ist demnach die COULOMBsche Abstoßungsenergie der beiden Kerne. Ob Abstoßung oder Anziehung zwischen H-Atom und Proton stattfindet, hängt also ausschließlich vom letzten Term in dem Ausdruck für E ab. Ist dieser stark negativ, so überwiegt die Anziehung, es entsteht ein Potentialminimum und damit eine Bindung. Ist er dagegen positiv oder nur schwach negativ, so überwiegt die Abstoßung, d. h. es kann keine Molekülbildung eintreten. Das COULOMB-Integral C stellt die elektrostatische Wechselwirkungsenergie des Elektrons mit dem zweiten Kern, d. h. die COULOMBsche Anziehungsenergie zwischen H-Atom und Proton, dar und ist negativ. Es ist unter der Voraussetzung berechnet, daß bei Annäherung der Atome deren Elektronenwolken unverändert bleiben. Das ist aber tatsächlich nicht der Fall, denn durch den bei der Annäherung der Kerne möglich werdenden Austausch des Elektrons kommt eine erhebliche Änderung der Struktur der Elektronenwolke zustande, die einem weiteren Betrag an COULOMBscher Anziehungsenergie entspricht; diese durch den Elektronenaustausch bedingte „Austauschenergie“ (auch Resonanzenergie genannt), dargestellt durch das *„Austausch“-Integral* J, ist also ebenfalls negativ, so daß der letzte Term in E_1 negativ, in E_2 aber positiv wird, weil $|J| > |C|$. S_{ab} wird als „Überlappungsintegral“ bezeichnet; es nimmt nur dort endliche Werte an, wo sich die Elektronenwolken bzw. Eigenfunktionen ψ_a und ψ_b gegenseitig überlappen. Es ist im allgemeinen klein gegenüber 1, so daß man den Nenner im letzten Term für E in erster Näherung gleich 1 setzt.

Man kann, allerdings in willkürlicher Vereinfachung, die ganze Elektronenwolke sozusagen als aus drei Anteilen bestehend ansehen, nämlich aus ψ_a^2, ψ_b^2 und $2\,\psi_a\,\psi_b$. Davon stellen ψ_a^2 und ψ_b^2 gleiche, kugelförmige Elektronenwolken dar, entsprechend der Zugehörigkeit des Elektrons zum Kern a oder b. Der dritte Ausdruck $2\,\psi_a\,\psi_b$ entspricht dagegen einer ellipsoiden Ladungsverteilung. Die Überlagerung aller drei Elektronenwolken ergibt den in Abb. 2 wiedergegebenen Verlauf der Ladungsverteilung. Die obere Kurve stellt den Wert der Funktion ψ_1^2 (Elektronendichte) längs der Kernverbindungslinie dar, im unteren Diagramm sind nach Art der Höhenlinien die Linien gleicher Elektronendichte um die beiden Kerne a und b wiedergegeben. Zwischen den Kernen ist die Elektronendichte zwar am geringsten, aber nicht Null wie bei der heteropolaren Bindung zweier Ionen. Die relativen Beiträge der einzelnen, individuellen Strukturen zur

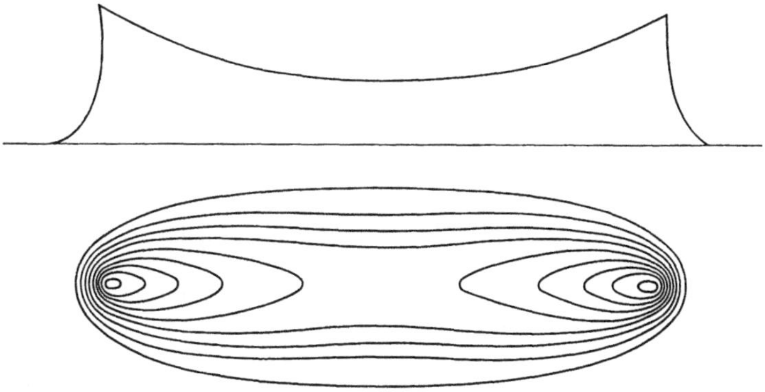

Abb. 2. Elektronendichte im $H_2^{\oplus}$-Ion (nach L. PAULING, l. c., S. 17). oben: Verlauf des Wertes der Funktion ψ^2 längs der Kernverbindungslinie. unten: Linien gleicher Elektronendichte um die Kerne a und b

gesamten Elektronenwolke nennt man das *Gewicht* dieser Strukturen. Im vorliegenden Falle ergeben sich für die erste und zweite (hier gleiche) Struktur:

$$\psi_a^2/\psi_1^2\,(2 + 2\,S_{ab})$$

$$\psi_b^2/\psi_1^2\,(2 + 2\,S_{ab})$$

für die dritte Struktur:

$$2\,\psi_a\,\psi_b/\psi_1^2\,(2 + 2\,S_{ab})$$

und bei Integration über den gesamten Raum je 31% für die beiden ersten und 38% für die Überlagerungsstruktur. Letztere trägt also schon erheblich mehr zur eigentlichen Bindung bei als die beiden anderen, gleichen Strukturen.

Das hier angedeutete Verfahren zur Berechnung der Bindungsenergie einer ein-elektronischen Bindung stellt, wie schon betont wurde, eine Näherungslösung dar. Die von E. A. HYLLERAAS und G. JAFFÉ[1] durchgeführte genauere Berechnung ergibt eine weit bessere Übereinstimmung von Theorie und Experiment, sowohl für den Wert der Bindungsenergie als auch für den des Kernabstandes[2].

c) Zwei-Elektronenbindung

In der Wasserstoffmolekel befinden sich zwei Elektronen in dem Felde von zwei Kernen. Die mathematische Lösung dieses Problems mittels eines der Ein-Elektronenbindung sehr ähnlichen Näherungsverfahrens gelang zuerst W. HEITLER

[1] HYLLERAAS, E. A., u. G. JAFFÉ: Z. Physik **87**, 535 (1934); **71**, 739 (1931).
[2] Vgl. später für das H_2-Molekül, S. 10.

und F. LONDON. Wieder betrachtet man zunächst die beiden Atome a und b mit ihren Elektronen 1 und 2 in solchen Entfernungen voneinander, daß keine Wechselwirkung eintritt. Die Gesamtenergie des Systems ist dann gleich der Summe der Energie beider Atome ($2\,E_0$), und der Zustand des Systems läßt sich durch die Wellenfunktion:

$$\psi_1 = \psi_a(1) \cdot \psi_b(2)$$

beschreiben[1]. Bei Annäherung der Kerne aneinander sind die Elektronen nicht mehr lokalisierbar, da sie ja nicht unterscheidbar sind. Somit gilt für die vertauschten Elektronen ein zweiter Ausdruck[2]:

$$\psi_2 = \psi_a(2) \cdot \psi_b(1)$$

und da beide Funktionen ψ_1 und ψ_2 demselben Energiewert entsprechen[3], ist wieder die Linearkombination beider Funktionen ebenfalls eine Lösung der SCHRÖDINGER-Gleichung, also:

$$\psi = c_1\psi_1 + c_2\psi_2 = c_1\psi_a(1)\,\psi_b(2) + c_2\psi_b(1)\,\psi_a(2).$$

Die Berechnung der Koeffizienten c_1 und c_2 wird wie bei der Berechnung der Ein-Elektronenbindung so vorgenommen, daß die Energie des Systems ein Minimum wird. Infolge der Symmetrie des Systems ergibt sich auch hier $c_1 = \pm\, c_2$. Als Ergebnis der Berechnung dieses Elektronenaustauschs erhält man wieder charakteristischerweise zwei Lösungen, von denen nur eine dem energieärmeren, *bindenden Zustand* und die andere einem nicht bindenden Zustand höherer Energie, der *Abstoßung* der beiden Atome, entspricht. Das wie oben bestimmte Gewicht der verschiedenen Strukturen ergibt für die beiden gleichen ersten und zweiten Strukturen 32%, für die Übergangsstruktur dagegen 35%. Für den Fall der Bindung läßt

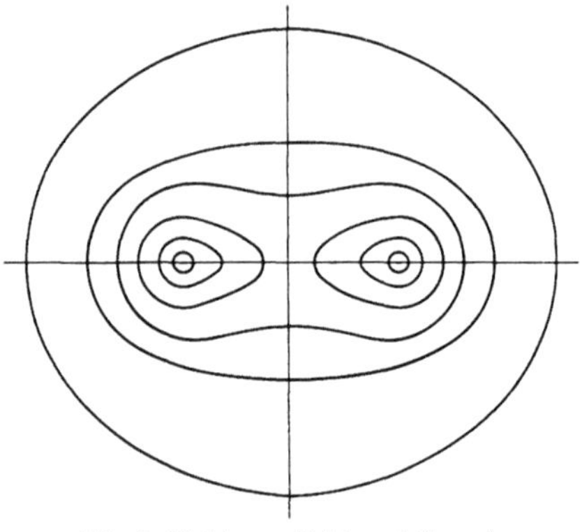

Abb. 3. Elektronendichteverteilung im bindenden Zustand des H_2-Moleküls

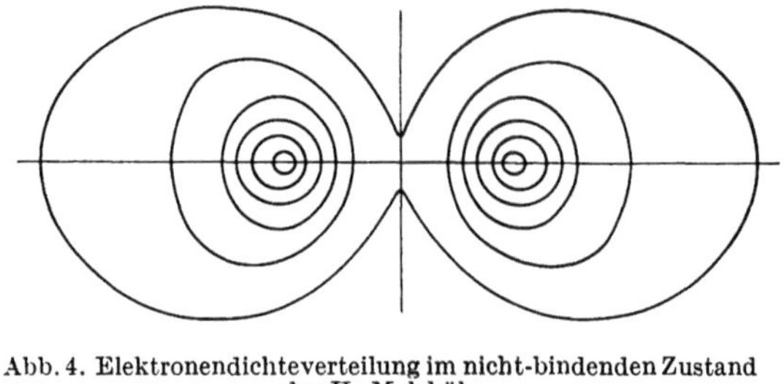

Abb. 4. Elektronendichteverteilung im nicht-bindenden Zustand des H_2-Moleküls

sich die Elektronenwolke in der in Abb. 3 wiedergegebenen Weise darstellen, in Abb. 4 ist die Elektronenwolke des nicht bindenden (Abstoßungs-)Zustands dargestellt.

Die Eigenfunktion der Bindung in der Wasserstoffmolekel hat die Eigenschaft, daß bei einem Vertauschen der beiden Elektronen, wie es bei der Rechnung angenommen wird, sich das Vorzeichen der Funktion nicht ändert. Solche Eigen-

[1] $\psi_a(1)$ bedeutet, daß das Elektron 1 sich beim Kern a befindet, dementsprechend $\psi_b(2)$, daß das Elektron 2 sich beim Kern b befindet. Das *Produkt* der beiden Wellenfunktionen entspricht der Tatsache, daß man ψ^2 als Aufenthaltswahrscheinlichkeit des Elektrons interpretieren muß, so daß bei großem Kernabstand die Wahrscheinlichkeit, Elektron 1 bei Kern a *und* Elektron 2 bei Kern b zu finden, nach dem Multiplikationssatz der Wahrscheinlichkeitsrechnung gleich dem Produkt der beiden Einzelwahrscheinlichkeiten zu setzen ist.

[2] $\psi_a(2)$: Elektron 2 bei Kern a; $\psi_b(1)$: Elektron 1 bei Kern b.

[3] Man sagt auch, es liegt ein zweifach entartetes System vor.

funktionen nennt man *symmetrische* Funktionen. Dagegen ändert die Eigenfunktion des nicht bindenden Zustandes ihr Vorzeichen beim Elektronenaustausch, sie ist *antisymmetrisch*. Um den Mechanismus einer Zwei-Elektronen-Bindung vollständig zu erfassen, sind noch zwei Dinge, der Elektronenspin und das PAULI-Verbot, zu berücksichtigen. Unter dem *Elektronenspin* versteht man den mechanischen Eigendrehimpuls des Elektrons (seinen Drall), mit dem ein magnetisches Moment verknüpft ist. Das letztere ist richtungsgequantelt und kann sich, falls ein Elektron mit einem reinen Spinmoment (d. h. ohne Bahn-Drehimpuls) vorliegt, in einem äußeren Magnetfeld nur in zwei Lagen, parallel oder antiparallel zum Feldstärkevektor einstellen.

Das PAULI-*Verbot* besagt, daß symmetrische Gesamt-Eigenfunktionen unmöglich — verboten — sind. Zwei Elektronen eines Systems können daher niemals völlig äquivalent sein. Da nun bei der Wasserstoffmolekel im bindenden Zustand eine symmetrische Orts-Eigenfunktion ψ vorliegt, müssen die Bindungselektronen entgegengesetzte Spin-Eigenfunktionen χ (antiparallele Spins ↑↓) besitzen[1], damit die Gesamt-Eigenfunktion $\psi \cdot \chi$ wieder antisymmetrisch wird.

Für die Wasserstoffmolekel erhält man unter Berücksichtigung des Spins und des PAULI-Prinzips im ganzen vier mögliche Gesamt-Wellenfunktionen. Von diesen gibt nur *eine* den bindenden Zustand der Molekel mit einer symmetrischen Orts-Eigenfunktion und einer antisymmetrischen Spin-Eigenfunktion wieder. Dieser stabile Zustand, der Grundzustand, heißt auch *Singulett-Zustand* ($^1\Sigma_0$). Die drei anderen Zustände mit einer antisymmetrischen Orts-Eigenfunktion, aber symmetrischen Spin-Eigenfunktionen (parallele Spins) (↑↑) führen zur Abstoßung[2]. Die Berechnung der Energie dieser verschiedenen Zustände in Abhängigkeit vom Kernabstand liefert für die Wasserstoffmolekel die in Abb. 5 wiedergegebenen Kurven.

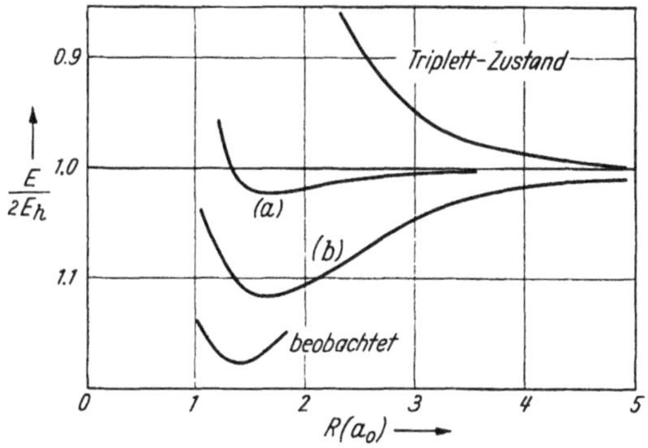

Abb. 5. Energiekurven des H_2-Moleküls in Abhängigkeit vom Kernabstand (nach C. A. COULSON, Valence, S. 111). E_h = Energie des H-Atoms. Kurve a: berechnet unter alleiniger Berücksichtigung der Coulombkräfte. Kurve b: berechnet unter Berücksichtigung der Austauschenergie (HEITLER u. LONDON)

Aus Abb. 5 ist zu entnehmen, daß die COULOMBsche Energie allein (Kurve a) bei weitem nicht ausreicht, um die Stabilität einer einfachen Atombindung zu erklären. Höchstens 14 % der Gesamtbindungsenergie gehen auf diese COULOMB-Kräfte zurück. Für die Bindungsenergie berechnet sich ein Wert von 72,3 kcal (gef. 109,4 kcal) und ein Kernabstand von 0,86 Å (gef. 0,74 Å)[3].

Die Berechnung der Bindungsenergie und der Kernabstände in der

[1] Siehe F. LONDON: Z. Physik **46**, 455 (1928); **50**, 24 (1928); W. HEITLER: Z. Physik **47**, 835 (1928). — Mit der magnetischen Anziehung der beiden Elementarmagnete, als die man die beiden Elektronen auffassen kann, hat die Molekülbildung als solche praktisch nichts zu tun. Die magnetischen Wechselwirkungen sind zu klein, um wesentlich für den Zusammenhalt der Molekel Sorge tragen zu können.

[2] Alle drei energetisch nahe beieinanderliegenden Zustände bilden einen *Triplett-Zustand* ($^3\Sigma_1$). Sie entsprechen dem energiereicheren, angeregten Abstoßungszustand der Molekel. Man rechnet aber meistens nur mit einem Energieterm, der sozusagen den „Schwerpunkt" der drei nahe beieinanderliegenden Terme darstellt.

[3] Der Unterschied zwischen beobachteten und berechneten Werten kommt daher, daß man bei dieser Berechnung von Atomfunktionen ausgeht, die nur bei unendlich großem Abstand der Kerne korrekt sind.

Wasserstoffmolekel ist später von verschiedener Seite wieder aufgenommen worden. N. ROSEN[1] berücksichtigt einen möglichen *Polarisationseffekt* des zweiten Kernes b auf die Elektronenwolke des ersten Atoms (a + Elektron 1). S. WEINBAUM[2] fügt auch den Beitrag ionischer Zustände wie:

$$H:^{\ominus}H^{\oplus} \quad \text{bzw.} \quad H^{\oplus}:H^{\ominus}$$

seiner Berechnung ein. Der Beitrag dieser *Ionenstrukturen* zur Gesamtenergie beträgt je 2%, insgesamt also 4%. Man erhält so Werte für $E = 92-94{,}5$ kcal und $r = 0{,}77$ Å. Dies zeigt, daß offenbar doch auch jede Atombindung, selbst die der Wasserstoffmolekel, einen teilweisen Ionencharakter besitzen muß. Dieser ionische Beitrag wird um so größer, je näher sich die H-Kerne kommen können (COULOMBsche Anziehungsenergie). Die beste Berechnung gelang H. M. JAMES und A. S. COOLIDGE[3], indem sie die gegenseitige *Abstoßung* der beiden Elektronen noch besonders in Rechnung setzen, $E = 108{,}8$ kcal, $r = 0{,}74$ Å.

Das zur Lösung der Frage nach dem Wesen der Atombindung angewendete mathematische Verfahren zeigt, daß eine Verbindung, für die man mehrere sich nur durch die Anordnung von Elektronen mit entgegengesetzten Spinmomenten[4] unterscheidende Elektronenformeln aufstellen kann[5], einen durch Überlagerung aller denkbaren Strukturen zustande kommenden stabilen Grundzustand besitzt; denn durch diese Überlagerung wird Energie gewonnen [*Resonanz*-(Konsonanz-) *Energie*], wodurch der sich letzthin ergebende Zustand der energieärmste und damit stabilste ist. Diese physikalische Deutung entspricht etwa dem LEWISschen Elektronenpaar der homöopolaren Bindung. Um es nochmals zu formulieren, die einfache Atombindung kommt durch eine besondere Art der Paarung von (ungepaarten) Elektronen mit antiparallelen Spinmomenten zustande.

In den bisher betrachteten Fällen war als Voraussetzung der Kombinationsmöglichkeit der Wellenfunktionen deren gleicher Energiewert angesehen worden. Sind, was wohl meist der Fall ist, die denkbaren „formalen Strukturen" nicht alle von gleicher Energie, so komplizieren sich die Verhältnisse. Die energieärmsten „Strukturen" tragen mehr zum Grundzustand bei als die energiereicheren. Die Ermittlung des *Gewichts* der einzelnen, an der Überlagerung beteiligten Strukturen ist eine wichtige Aufgabe weiterer Forschung. Insbesondere bei den ungesättigten und aromatischen Verbindungen wird deutlich werden (vgl. S. 153, 315ff.), daß schon relativ einfache organische Verbindungen eine Fülle formaler Strukturen anzuschreiben gestatten, für die ein „Auswahl"- Prinzip meist noch fehlt. Dies würde die Anwendbarkeit der hier gegebenen Vorstellungen auf Probleme der organischen Chemie erheblich erhöhen[6].

d) Molekular-Bahn-(molecular orbital[7]-)Verfahren

Bei der Betrachtung der durch zwei Elektronen hergestellten Atombindung wurde das von W. HEITLER und F. LONDON entwickelte mathematische Verfahren, die *Atom-Bahn*-(atomic orbital, a. o., auch valence bond-)*Methode*, benutzt. Die gleichen Probleme lassen sich auch mit einem etwas später von F. HUND, E. HÜCKEL, R. S. MULLIKEN, G. HERZBERG und J. E. LENNARD-JONES entwickelten

[1] ROSEN, N.: Physic. Rev. **38**, 2099 (1931).
[2] WEINBAUM, S.: J. Chem. Phys. **1**, 593 (1933).
[3] JAMES, H. M., u. A. S. COOLIDGE: J. Chem. Phys. **1**, 825 (1933).
[4] Man sagt: Elektronen gleicher Termmultiplizität, vgl. S. 157.
[5] Eine räumliche Einschränkung s. später, S. 156, 319.
[6] Vgl. dazu später S. 342.
[7] Unter orbital versteht man im Englischen Elektronenzustände mit definierten Werten von n, l und m, vgl. S. 11 unten.

mathematischen Näherungsverfahren, der *Molekular-Bahn-*(molecular orbital-) *Methode* behandeln. Es unterscheidet sich dadurch von der valence bond-Methode, daß nicht Elektronenpaare, sondern *einzelne Elektronen* als maßgebend für die Bindung angesehen werden. Wie bei den Atomen wird jedes Elektron in der Molekel durch eine Wellenfunktion ψ beschrieben, deren Gleichung und Lösung sehr dem entsprechenden Verfahren bei Atomen ähnelt, mit dem Unterschied, daß diese Wellenfunktionen nicht mehr monozentrisch, sondern *polyzentrisch*, im einfachsten Fall also bizentrisch sind. Zur Ermittlung der ψ-Funktion nimmt man an, daß das betreffende Elektron in der Umgebung des einen Atoms a eine Wellenfunktion besitzt, die einer Atom-Eigenfunktion ψ_a ähnlich ist, und entsprechend in der Umgebung des Atoms b eine Wellenfunktion, die ψ_b ähnlich ist. Man benutzt also wieder die Methode der Linearkombination von Atom-Eigenfunktionen (LCAO-Methode):

$$\psi = \psi_a + c \cdot \psi_b,$$

wobei die Konstante c wieder nach der Variationsmethode so bestimmt wird, daß die Energie ein Minimum annimmt. Für das $H_2^{\oplus}$-Ion wird also die Wellengleichung:

$$\psi = \psi_{(a:1s)} + c \cdot \psi_{(b:1s)}$$

aufgestellt, in der die Bezeichnung $1s$ den Elektronenzustand des zur Bindung verfügbaren Elektrons bedeutet. Wieder erhält man ein Energie-Minimum des bindenden Zustandes, wenn die Atom-Bahn-Komponenten der Molekular-Bahn die gleiche Energie haben (Entartung). Sind umgekehrt diese Energien nicht von annähernd gleicher Größe, dann kommt keine Bindung zustande.

Der Koeffizient c wird daher in diesem Fall gleich ± 1 und man erhält aus obiger Gleichung zwei Funktionen[1]:

$$\psi_g = \psi_{(a:1s)} + \psi_{(b:1s)}$$
$$\psi_u = \psi_{(a:1s)} - \psi_{(b:1s)}\,.$$

Diese lineare Kombination der Atom-Eigenfunktionen führt somit wieder zu zwei Lösungen mit zwei verschiedenen Energien, von denen nur eine einen bindenden Zustand, die andere einen nichtbindenden Zustand beschreibt. Der Energieunterschied dieser beiden Zustände wird durch ein *Resonanzintegral* β beschrieben, das dem Austausch-Integral J der valence bond-Methode entspricht und negativ wird, so daß $E = E_a + \beta$ dem bindenden, $E = E_a - \beta$ dem nichtbindenden entspricht. $\psi_g = \psi_a + \psi_b$ ist also ein bindender, $\psi = \psi_a - \psi_b$ ein lockernder Zustand des betreffenden Elektrons. Wesentlich ist, in welchen Elektronenzuständen sich die beiden an einer Atombindung beteiligten Elektronen befinden. Zeichnet man die Grenzkonturen der verschiedenen Elektronenzustände (orbitals) an, so erhält man für die Kombination zweier s- und zweier p_x- bzw. zweier p_y- und p_z-Elektronenzustände folgende Bilder[2] (Abb. 6, S. 12):

Bei der Kombination zweier p_y- oder p_z-orbitals[3] entsteht im Falle der Bindung eine aus einem Doppelstreifen bestehende Anordnung, die räumlich betrachtet folgendermaßen aussieht (Abb. 7, S. 12):

Die Ebene AB stellt eine Knotenebene dar, das Ganze den „molecular orbital" zweier p_y- oder p_z-Elektronen. Während bei der Kombination zweier s-Zustände eine Ladungsverteilung entsteht, die symmetrisch um die die Kerne verbindende Achse $A - B$ ist, besteht bei der Kombination zweier p_y- oder p_z-Bahnen

---

[1] In ψ_g heißt g gerade, in ψ_u das u ungerade.

[2] $\pm$ bedeutet das Vorzeichen von ψ, die physikalische Bedeutung von ψ^2 bleibt davon unberührt.

[3] Dabei ist immer vorausgesetzt, daß die Molekülachse in der x-Richtung liegt.

keine Symmetrie um diese Bindungsrichtung. Kombiniert man zwei p_y-orbitals anstelle der beiden p_z, so erhält man dasselbe, nur um 90° um die Achse gedrehte Bild. Die Überlagerung der Ladungsdichten dieser beiden Molekularbahnen (p_z und p_y) entspricht wieder einer symmetrischen Ladungsverteilung um die Bindungsachse.

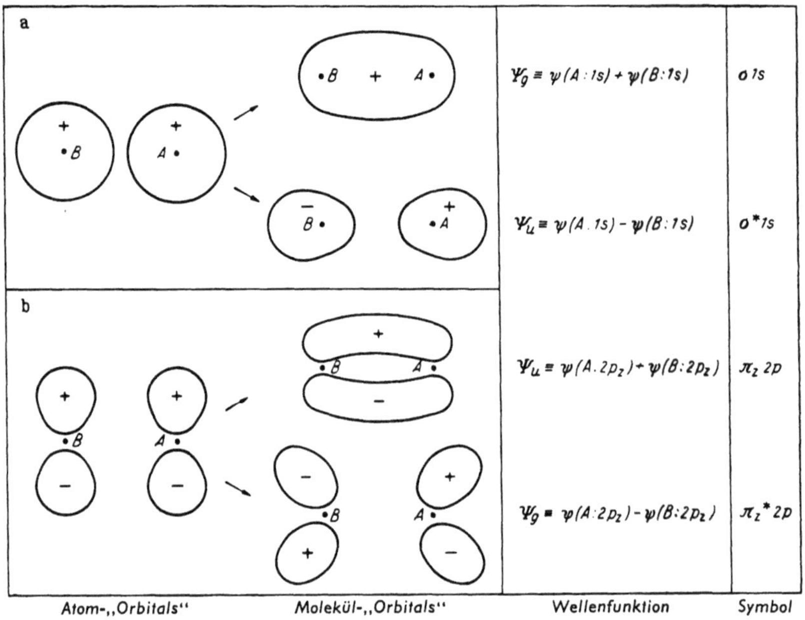

Abb. 6. Bindende und nichtbindende σ, σ*- und π, π*-Molekül-„orbitals“ und ihre Bildung aus Atom-„orbitals“ (nach C. A. COULSON, l. c., S. 89)

Die Molekularbahnen lassen sich einteilen

1. nach ihrer Symmetrie in bezug auf die Molekelachse,
2. ihrem bindenden oder nichtbindenden Charakter,
3. nach den Atom-Eigenfunktionen, in die sie bei großer Entfernung der Kerne $A\,B$ zerfallen würden.

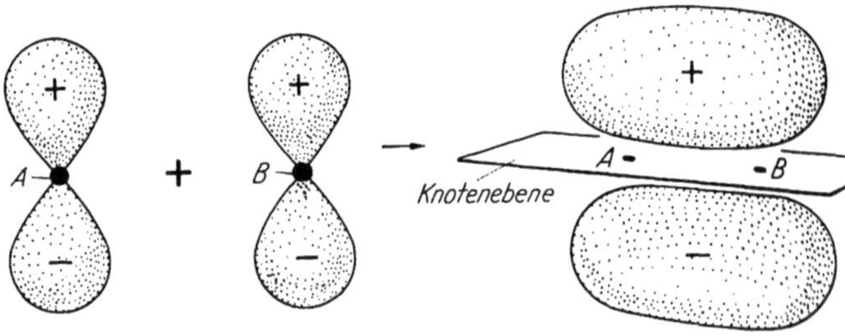

Abb. 7. Bildung eines bindenden π-Molekül-„orbital“ (nach C. A. COULSON, l. c., S. 89)

Molekular-Bahnen, die zylindersymmetrisch zur Molekelachse sind, werden *σ-Bahnen*[1] genannt. Diejenigen, die durch Kombination von p_y- oder p_z-Atom-Eigenfunktionen entstehen, heißen *π-Bahnen* (orbitals) und werden als π_y oder π_z bezeichnet. Der Sinn dieser Bezeichnungen wird deutlich, wenn man sich der

[1] Nach dem Modell nennt man solche Bahnen auch “sausage”=„Würstchen“-Formen. π-Bahnen sind dagegen die “double-streamer”, Doppelströme, Doppelstreifen (Bänder).

Beschreibung der Atom-Eigenfunktionen durch die Haupt-, Neben-, magnetische und Spinquantenzahl erinnert. Diese Art der Darstellung wird auf die Molekularbahnen angewendet, wobei n und l dieselbe Bedeutung haben. Nur die magnetische Quantenzahl hat hier eine andere Bedeutung und erhält daher auch eine andere Bezeichnung, statt m wird λ gewählt. Die magnetische Quantenzahl ist jetzt in ihrer Richtung festgelegt durch Kopplung an die die Kerne verbindende Achse, die Figurenachse. Molekularbahnen mit $\lambda = 0$ sind symmetrisch zur $A-B$-Achse, es sind die σ-Bahnen, für $\lambda = \pm 1$ erhält man die π-Bahnen und für $\lambda = \pm 2$ die δ-Bahnen[1].

Die zweite Einordnungsmöglichkeit entspricht den beiden Lösungen der Wellengleichung in dem LCAO-Verfahren. Der nichtbindende Zustand wird mit einem Stern bezeichnet z. B. als σ^*, π^*. Dabei entspricht σ, π dem symmetrischen, σ^*, π^* dem antisymmetrischen Charakter der Funktion, erstere auch ψ_g (gerade), letztere ψ_u (ungerade) genannt, wenn es sich um die Bindung zwischen gleichen Atomen handelt.

Die dritte Einteilung soll erkennen lassen, aus welchen Atom-Eigenfunktionen die Molekül-Eigenfunktion zusammengesetzt ist, oder in welche Atomorbitals die Molekularbahn bei großem Kernabstand zerfällt. Daher schreibt man für aus $1s$-Bahnen zusammengesetzte Molekularbahnen auch $\sigma\,1s$ bzw. σ^*1s und entsprechend $\pi_z 2p$ bzw. $\pi_z^*\,2p$ (vgl. Abb. 6). Eine aus $2s$-Bahnen zusammengesetzte σ-Bahn, in der zwei s-Elektronen vorhanden sind, wie z. B. bei der H_2-Bindung[2], wird auch abgekürzt als σ^2-Bahn bezeichnet.

Die verschiedenen Elektronenzustände werden nacheinander in ihrer *energetischen Reihenfolge* durch die Elektronen besetzt. Diese Reihenfolge ist für Molekeln aus Atomen der ersten Reihe des Perioden-Systems die folgende[3]:

$$\sigma\,1s < \sigma^*\,1s < \sigma\,2s < \sigma^*2s < \sigma\,2p < \pi_y 2p = \pi_z 2p < \pi_y^*\,2p = \pi_z^*\,2p < \sigma^*2p.$$

Dieses Verfahren zur Beschreibung der Atombindung hat man daher zur Verdeutlichung auch entweder die Methode des "separated atom viewpoint" genannt oder des "united atom viewpoint". Man behandelt den Molekülzustand letzthin nach demselben Verfahren wie den Atomzustand (separated) oder denkt sich entsprechend die beiden Kerne in einen zusammenfallend, verschmolzen (coalescent), daher "united atom viewpoint".

Schließlich sei auf eine weitere abgekürzte Schreibweise hingewiesen, die an den Beispielen Li_2 und Na_2 erläutert sei. Bei schweren Atomen ersetzt man die Bezeichnung der inneren, nicht an der Atombindung teilnehmenden Elektronenbahnen wie $(\sigma\,1s)^2(\sigma^*1s)^2$ durch KK, was andeuten soll, daß beide K-Schalen voll besetzt sind:

$$Li_2 = Li\,(1s^2 2s) + Li\,(1s^2 2s) \rightarrow Li_2[KK\,(\sigma\,2s)^2],$$

ähnlich die L-Schale beim Na_2 durch:

$$Na_2 = [KKLL\,(\sigma\,3s)^2].$$

Ist einmal eine Molekularbahn mit zwei Elektronen besetzt, dann führt die Annäherung eines dritten Elektrons mit gleicher Atom-Eigenfunktion zur Abstoßung. Dies ist die Ursache der Valenzabsättigung, einer für die Atombindung sehr charakteristischen Eigenschaft.

[1] σ-Bahnen sind nicht entartet, die anderen sind aber jede für sich doppelt entartet und entsprechen einer Komponente des Elektronenumlaufs in einem positiven oder negativen Sinn um AB.

[2] Für die C=C-Doppelbindung gilt analog $\sigma^2\pi^2$, für die C≡C-Dreifachbindung $\sigma^2\pi^4$, vgl. später, S. 155, 423.

[3] Die $\sigma 2p$- und $\pi 2p$-Bahnen haben sehr ähnliche Energiewerte.

Auch für die Molekularbahnen gilt das PAULI-*Prinzip*, das also die Zahl der möglichen Elektronen in jeder Molekularschale beschränkt. In den σ- und σ^*-Zuständen sind daher zwei, in jedem der π- und π^*-Zustände vier Elektronen unterzubringen[1]. Im übrigen erhält man auch nach diesem Verfahren Näherungslösungen, da zur Vereinfachung der Rechnung die Störung der Atom-Eigenfunktionen durch die noch vorhandenen weiteren Atome nicht berücksichtigt wird.

Die Berechnung der Wasserstoffmolekel nach dieser Methode ergibt (unter Weglassung der Koeffizienten c):

$$\begin{aligned}\psi &= [\psi_a(1) + \psi_b(2)] \cdot [\psi_a(2) + \psi_b(1)]\\ &= \psi_a(1) \cdot \psi_b(1) + \psi_a(2) \cdot \psi_b(2) + \psi_a(1) \cdot \psi_a(2) + \psi_b(1) \cdot \psi_b(2)\end{aligned}$$

Vergleicht man dies mit dem nach der valence-bond-Methode gemachten Ansatz, so sieht man, daß außer den beiden für die homöopolare Bindung charakteristischen Gliedern der Wellengleichung noch zwei *ionische* Glieder auftreten, die den $H^{\ominus}H^{\oplus}$- bzw. $H^{\oplus}H^{\ominus}$-Zuständen angehören. Dieser Vorteil der Berücksichtigung von ionischen Zuständen neben den kovalenten Bindungen hat zugleich den Nachteil, daß allen Gliedern der Wellengleichung das gleiche Gewicht gegeben wird. Das ist insofern verständlich, als die gegenseitige Abstoßung der Elektronen bei der Rechnung nicht berücksichtigt wird. Andererseits läßt sich vielfach die Molekularbahn-Methode auch zur Berechnung der Bindung von Molekeln mit verschiedenen Atomen wie C—Cl, N—O u. ä. anwenden[2]. Bei der Anwendung der Theorie auf polyatomare Molekeln begegnet man aber gewissen Schwierigkeiten, die zwar durch zusätzliche Annahmen wie lokalisierte Molekularbahnen für manche Fälle behoben werden können, aber in anderen Fällen, z. B. bei angeregten Zuständen oder Systemen mit konjugierten Doppelbindungen, gelingt die Berechnung näherungsweise erst wieder durch Verwendung nicht lokalisierter Molekularbahnen. Offenbar sind *lokalisierte Molekularbahnen* (es handelt sich hier um π-Bindungen) nur zwischen *zwei* Kernen möglich, *nicht lokalisierte* π-Bindungen aber dann, wenn mehrere Kerne (wie im Benzol 6 π-Elektronen im Feld von 6 Kernen) vorhanden sind, wobei die π-Elektronen jedoch nicht zu Paaren zusammengefaßt werden, sondern sich in Zuständen befinden, die sich über *alle* Atome erstrecken und deshalb vollkommen delokalisiert sind[3].

3. Gemischte Ionen- und Atom-Bindungen als Übergänge

Die bisher betrachteten verschiedenen Bindungsarten (Ionenbindung im Natriumchlorid bzw. Atombindung im Wasserstoffmolekül) stellen die *Extremfälle* chemischer Bindungsarten dar, die wir uns auf Grund des Perioden-Systems der Elemente denken können. Genau betrachtet sind aber beide Typen letzthin keine reinen Grenzfälle. Bei der Ionenbildung, in geringem Maße auch beim Zusammenhalt der Ionen, spielen quantenmechanische Kräfte eine gewisse Rolle — selbst Caesiumfluorid ist nur zu etwa 91% aus Ionen aufgebaut — und bei der Bildung der „reinen" Atombindung müssen ionische polare Zustände mit berücksichtigt werden. Da bereits bei diesen extremen Grenztypen beide Bindungsarten beteiligt

[1] 2 Elektronen in der Bahn mit $\lambda = +1$ und 2 weitere Elektronen in Bahn mit $\lambda = -1$.

[2] Immer ist das PAULI-Prinzip zu beachten. Weiterhin muß für jedes an der Atombindung beteiligte Atom die formale Möglichkeit bestehen, diese beiden Elektronen auf energetisch günstigen Bahnen unterzubringen. So kann das He keine Molekel He_2 bilden, denn dieses wäre durch $(\sigma\, 1s)^2(\sigma^*\, 1s)^2$ zu symbolisieren. Die lockernden Elektronen kompensieren aber die bindenden, so daß keine Molekülbildung möglich ist.

[3] Die dabei auftretende Delokalisierungsenergie ist (beim Benzol oder Butadien) identisch mit der Resonanzenergie der Valenzbindungsmethode. Siehe auch S. 320.

sind, ist es fast selbstverständlich, daß die überwiegende Mehrzahl der Bindungen aller Atome eine *Mittelstellung* zwischen diesen Grenzen einnimmt, wobei je nach der Art der an der Bindung beteiligten Atome mehr der Charakter einer Ionen- oder der einer Atombindung in Erscheinung treten kann. Diese Übergänge erfolgen nicht sprunghaft, sondern kontinuierlich, so daß einerseits Ionenbeziehungen mit beträchtlicher „Deformation der Ionenhüllen" bis zur kovalenzähnlichen Überlappung der Elektronenhüllen existieren und andererseits Atombindungen mit mehr oder weniger ausgeprägtem partiellem Ionencharakter aufzufinden sind.

a) Polarisierte Atombindungen nach der Molekularbahn-Methode

Der vorgenannte Übergangstyp einer Bindung findet sich bereits in der *Chlorwasserstoffmolekel*[1]. Bei der Berechnung dieser Atombindung nach der Molekularbahn-Methode ist zunächst zu berücksichtigen, daß die eine Molekularbahn ergebenden Atom-Eigenfunktionen annähernd gleiche Energie haben müssen. Das Wasserstoffatom kann nur ein $1s$-Elektron zur Verfügung stellen, dessen Energie sehr verschieden (und zwar wesentlich kleiner) von der Energie der $1s$-Elektronen der K- und L-Schale des Chloratoms ist. Dagegen besitzen die auf höheren Bahnen, nämlich den $3p$-Bahnen der L-Schale des Chloratoms sich befindenden Elektronen eine annähernd gleiche Energie, wie sie das $1s$-Elektron des Wasserstoffatoms hat. Daher kann eine Bindung (molecular orbital) nur durch Kombination der H, $1s$-Atom-Eigenfunktion mit einer der 3 möglichen $3p$- Eigenfunktionen des Chloratoms, den $3p_x$-, $3p_y$- oder $3p_z$-Atom-Eigenfunktionen zustande kommen (Abb. 8), siehe dazu auch S. 21.

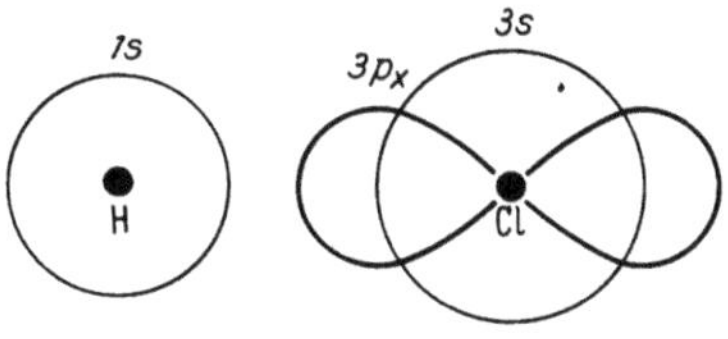

Abb. 8

Welche von den letztgenannten Eigenfunktionen gewählt wird, bestimmt das Prinzip der *maximalen Überlappung*[2]. Nimmt man für p_x die magnetische Quantenzahl $m = 0$ an, d. h. in Richtung der die Kerne verbindenden Achse haben die beiden Atom-Eigenfunktionen die gleiche magnetische Quantenzahl, dann erhält man die folgende Wellengleichung für die aus den Eigenfunktionen ψ (H, $1s$) und ψ (Cl, $3p_x$) zusammengesetzte Molekularbahn:

$$\psi = \psi\,(\mathrm{H}, 1s) + c\,\psi\,(\mathrm{Cl}, 3p_x).$$

Der Koeffizient c (mitunter auch als λ bezeichnet) ist wegen der Ungleichheit der an der Bindung beteiligten Atome verschieden von 1. Es läßt sich zeigen, daß c größer als 1 ist, d. h. die Eigenfunktion eines Bindungselektrons in der Umgebung des Cl-Atoms liefert einen größeren Beitrag zur Moleküleigenfunktion als die Eigenfunktion des Elektrons in der Umgebung des H-Atoms. Die Grenzkontur der Molekulareigenfunktion läßt sich dann im Falle des Vorliegens eines σ-Typs als ein an dem Cl-Ende etwas „dickeres Würstchen" ansehen:

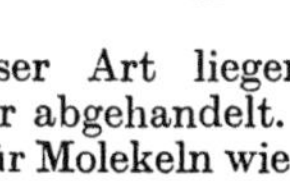

[1] Weitere Einfachbindungen dieser Art liegen in den Bindungen O—H, N—H, C-Halogen usw. vor und werden später abgehandelt.

[2] Das gleiche Argument gilt auch für Molekeln wie Cl_2, deren innere Elektronenschalen ($1s$) zwar beide gleiche Energie haben, sich aber nicht genügend „überlappen" können. Daher nehmen an der Bindung immer nur die Elektronen der äußersten Hülle, die „Valenz"-Elektronen, teil.

Mit anderen Worten, das Chloratom zieht die Valenzelektronen mehr zu sich hinüber als das Wasserstoffatom, das Chloratom hat eine größere Neigung zur negativen Ladung, eine größere „Elektronegativität" als das Wasserstoffatom. Der Grund für die größere Elektronegativität des Chloratoms liegt in seiner größeren „effektiven" Kernladungszahl begründet, womit die trotz Abschirmung des positiven Kernes durch die negativen Elektronenwolken der inneren Schale noch übrigbleibende und nach außen auf die Valenzelektronen wirkende anziehende Kraft des Kerns gemeint ist.

b) Partieller Ionencharakter einer Atombindung

Eine solche unsymmetrische Ladungsverteilung, also damit auch der partielle Ionencharakter der Atombindung, muß sich im *Dipolmoment* der betreffenden Verbindung äußern. Während eine reine kovalente Bindung zwischen gleichen Atomen mit ihrer streng symmetrischen Ladungsverteilung das Dipolmoment Null infolge des Zusammenfallens der Schwerpunkte der positiven und negativen Ladungen haben muß, sollte das Moment einer reinen Ionenbindung gleich dem Produkt aus Ladung und Abstand ($e \cdot r$) der beiden Ionen sein. Man könnte dann versuchsweise den „partiellen" Ionencharakter durch das Verhältnis des gefundenen Momentwertes zum Wert des aus dem bekannten Kernabstand berechneten in folgender, allerdings grober Abschätzung festsetzen:

$$\frac{\mu_{gef}}{\mu_{Ion}} \cdot 100 = \%\ \text{Ionencharakter}^1$$

Diese Beziehung ist aber nur in einfachen Fällen brauchbar, da der tatsächlichen Elektronenverteilung dabei nicht Rechnung getragen wird.

Die quantenmechanische Berechnung der Energie solcher „*gemischten*" *Bindungen* von teils Ionen- teils Atombindungscharakter kann in der grundsätzlich gleichen Weise wie beim Wasserstoffmolekül auch nach der Methode der molecular orbitals erfolgen. Nur muß man hier zur Berechnung des Grundzustandes eine Überlagerung der reinen Atom- mit der reinen Ionenbindung annehmen, also die Überlagerung extrem gedachter Grenzstrukturen, der kovalenten und der polaren ionischen Struktur. Diese Kombination wird vor allem dann eintreten, wenn die Energien der beiden Bindungsarten nur wenig verschieden voneinander sind, so daß weder der Beitrag der einen noch der anderen Bindungsart extrem überwiegt und beide Bindungstypen zum Grundzustand der Molekel beitragen, sie einen „gemischten" Bindungstypus bilden.

Der quantenmechanische Ansatz zur Berechnung dieser „gemischten" Bindungen ist folgender:

Ist ψ_c die Eigenfunktion des kovalenten Bindungszustandes und ψ_i die des ionischen, dann wird der Zwischenzustand der Molekel durch eine lineare Kombination beider Wellenfunktionen beschrieben:

$$\psi = c_1 \psi_c + c_2 \psi_i$$

in der die beiden Koeffizienten c_1 und c_2 den Anteil der beiden Grenzzustände wiedergeben.

Das Verhältnis c_1/c_2 wird so gewählt, daß es einer maximalen Bindungsenergie entspricht (relative Elektronegativität der Bindungspartner). Aus den Wellenfunktionen der kovalenten Bindung:

$$\psi_c = \psi_a(1)\ \psi_b(2) + \psi_b(1)\ \psi_a(2)$$

[1] Für HCl ergibt sich daher mit $e = 4{,}77 \cdot 10^{-10}$ (el.stat. CGS) und $r = 1{,}28$ Å, $e \cdot r = 6{,}07$ D, gefunden 1,03 D, und somit $\frac{\mu_{gef}}{\mu_{Ion}} \cdot 100 = 17\%$ partieller Ionencharakter der H—Cl-Atombindung.

und der Funktion für den ionischen Zustand[1]:

$$\psi_i = \psi_a(1)\,\psi_a(2)$$

erhält man die folgende Wellengleichung des Moleküls[2]:

$$\psi = c_1\psi_c + c_2\psi_i = c_1[\psi_a(1)\,\psi_b(2) + \psi_b(1)\,\psi_a(2)] + c_2\psi_a(1)\,\psi_a(2)$$

und für die Ladungsverteilung in der Elektronenwolke:

$$\psi^2 = c_1^2\,[\psi_a^2(1)\,\psi_b^2(2) + \psi_b^2(1)\,\psi_a^2(2) + 2\,\psi_a(1)\,\psi_b(1)\,\psi_a(2)\,\psi_b(2)] + \\ + c_1^2\,\psi_a^2(1)\,\psi_a^2(2) + 2\,c_1c_2[\psi_a^2(1)\,\psi_a(2)\,\psi_b(2) + \psi_a^2(2)\,\psi_a(1)\,\psi_b(1)]$$

Die Ladungsverteilung der Elektronenwolke ist zwar kontinuierlich, aber die Gleichung für ψ^2 läßt drei verschiedene Glieder erkennen, von denen das in der ersten eckigen Klammer die Ladungsverteilung einer Atombindung, der Ausdruck $\psi_a^2(1)\,\psi_a^2(2)$ die Ladungsverteilung der ionischen Struktur (beide Elektronen beim Kern A) und der dritte Ausdruck (in der letzten eckigen Klammer) die Ladungsverteilung einer Zwischenstruktur darstellt. In diesem Anteil ist ein Elektron bei dem Kern A lokalisiert (ψ_a^2), das zweite gibt eine elliptische Verteilung ($\psi_a\psi_b$) wie bei dem $H_2^{\oplus}$-Ion. Diese Übergangsverteilung stellt daher einen Zustand dar, in dem nur ein Elektron an einem Kern lokalisiert ist und das andere Elektron eine Einzelelektronenbindung liefert. Das zweite Glied der Klammer $[\psi_a^2(2)\,\psi_a(1)\,\psi_b(1)]$ entspricht dem Austausch der beiden Elektronen[3]. Die vollständige Ladungsverteilung hat daher eine *elliptische* Gestalt mit einer maximalen Dichte näher dem einen als dem anderen Atomkern (vgl. das dickere σ-Würstchen). Wächst der polare Charakter der Bindung, so wird auch diese Verschiebung der maximalen Ladungsdichte zum elektronegativen Atom immer größer.

Als Ergebnis dieser theoretischen Betrachtung kann man feststellen, daß in einer Bindung zwischen zwei verschiedenen Atompartnern durch die mögliche Überlagerung der formalen Strukturen

$$A - B \text{ und } A^{\ominus}\,B^{\oplus} \text{ bzw. } A^{\oplus}\,B^{\ominus}$$

sich ein Gewinn an („Resonanz"-)Energie gegenüber den beiden beteiligten Bindungsarten, der kovalenten und der Ionenbindung, ergeben kann. Dies kommt in einer Differenz zwischen dem experimentell bestimmten Energiewert einer solchen Bindung und den für die „reinen" Grenzen berechneten Werten zum Ausdruck. Dabei wird die gewonnene *„Austausch"-Energie* um so größer sein, je mehr sich die ionischen Strukturen am kovalenten Bindungszustand (im Grundzustand) beteiligen, d. h. je größer der Unterschied der *Elektronegativität* der beiden Bindungspartner ist. Wegen der Bedeutung der ionischen Bindungsart ist die Kenntnis der „relativen Elektronegativitäten" sehr wichtig. L. PAULING[4] hat dafür Werte abgeleitet, die sich willkürlich auf den Wert 4,0 für Fluor als dem elektronegativsten Wert beziehen und nach R. S. MULLIKEN der Summe der Ionisierungsenergie und Elektronenaffinität proportional sind.

---

[1] Hier ist berücksichtigt, daß einer der beiden Molekelpartner, hier A, die größere Elektronegativität besitzt und daher der noch denkbare Zustand $\psi_b(1)\,\psi_b(2)$ äußerst unwahrscheinlich ist und daher keine Rolle spielt.

[2] Unter Vernachlässigung des dritten Terms, da A hier das elektronegativere Atom sein soll. Statt dieser Gleichung schreibt man auch $\psi = \psi_{cov} + \lambda\psi_{ion}$, wobei λ nicht dasselbe λ wie in der m. o. Methode ist. λ wird auch Ionisierungsgrad genannt und ist nicht direkt zu berechnen. Es läßt sich aus dem Dipolmoment bzw. der Elektronegativitätsskala abschätzen.

[3] Das Vorhandensein von nur einem Kern (ψ_a^2) in dem Ausdruck für die Übergangselektronenwolke berücksichtigt die größere Elektronegativität eines der an der Bindung beteiligten Kerne.

[4] PAULING, L.: The Nature of the Chemical Bond. S. 66ff. Ithaka/New York: Cornell University Press 1948.

Tabelle 1. *Relative Elektronegativitätswerte*

H 2,1						
Li 1,0	Be 1,5	B 2,0	C 2,5	N 3,0	O 3,5	F 4,0
Na 0,9	Mg 1,2	Al 1,5	Si 1,8	P 2,1	S 2,5	Cl 3,0
K 0,8	Ca 1,0	Sc 1,3	Ge 1,7	As 2,0	Se 2,4	Br 2,8
Rb 0,8	Sr 1,0	Y 1,3	Sn 1,7	Sb 1,8	Te 2,1	J 2,4
Cs 0,7	Ba 0,9					

Mittels dieser Elektronegativitätsskala lassen sich auch dann Werte für den „partiellen" Ionencharakter einer Bindung angeben, wenn bei symmetrisch aufgebauten Stoffen wie Tetrachlorkohlenstoff das Dipolmoment (als vektorielle Summe) keine Auskunft über den Zustand einzelner Bindungen geben kann (μ von $CCl_4 = 0$!). L. PAULING benutzt zur Berechnung eine empirische Formel:

$$\text{partieller Ionencharakter} = 1 - e^{-1/4\,(\chi_A - \chi_B)^2},$$

woraus sich für die Differenzen $\chi_A - \chi_B$ folgende Werte des *partiellen Ionencharakters* ergeben:

$\Delta = \chi_A - \chi_B$	0,2	0,6	1,0	1,4	1,8	2,2
p. I. Ch. in %	1	8	22	39	35	70

Diese von L. PAULING abgeleiteten Werte sind zur Zeit noch nicht so exakt definiert, wie es wünschenswert wäre. Die Bedeutung einer Abschätzung des Charakters einer Bindung ist für das reaktive Verhalten von höchster Bedeutung. Eine mehr dem ionischen Charakter zuneigende Bindung wird bevorzugt *ionisch* bzw. *kryptoionisch*[1] und eine mehr kovalente Bindung mehr *radikalisch* bzw. *kryptoradikalisch*[1] reagieren oder sich in diesen verschiedenen Reaktionsrichtungen beeinflussen lassen[2].

Fassen wir noch einmal die Möglichkeiten der Charakterisierung einer Atombindung und einer Atombindung mit partiellem Ionencharakter (nicht mehr rein kovalente Bindung) in der Sprache der beiden Verfahren, der Molekularbahn- und Valenzbindungs-Methode zusammen:

Eine Atombindung wird in der m.o.-Methode durch die Wellenfunktion:

$$\psi = \psi_A + \lambda\,\psi_B$$

mit $\lambda = 1$ wiedergegeben und in der Ausdrucksweise der v.b.-Methode durch:

$$\psi = c_1\,\psi\,(A - B) + c_2\,\psi_{Ion}(A^{\oplus}B^{\ominus}) + c_3\,\psi_{Ion}(A^{\ominus}B^{\oplus})$$

wobei c_2 gleich c_3 ist. Damit ist im Mittel eine gleichmäßige Verteilung der negativen Ladung auf beide Atomkerne gemeint.

Die nicht mehr kovalente Atombindung wird in der m.o.-Methode zwar durch dieselbe Gleichung wie oben wiedergegeben, nur mit dem wesentlichen Unterschied, daß λ nicht mehr gleich 1 ist.

Auch in der Sprache der v.b.-Methode wird für die Atombindung mit partiellem Ionencharakter die obige Wellenfunktion verwendet, nur mit dem wieder wesentlichen Unterschied eines nun verschiedenen relativen Gewichts der wesentlichen ionischen Strukturen, also z. B. $c_2 > c_3$, wobei vielfach das Glied mit c_3 bzw. c_2 vernachlässigbar ist.

Im Falle der nicht mehr kovalenten Atombindung muß die Molekel ein Dipolmoment aufweisen, das allerdings nicht in einfache Beziehung zur

---

[1] Vgl. S. 98.
[2] Vgl. dazu S. 105 unten.

Struktur gebracht werden kann (vgl. S. 16)[1]. Die genaue Berechnung des Dipolmoments ist daher schwierig und meist nur als Abschätzung näherungsweise zu geben.

Die einfache Atombindung mit partiellem Ionencharakter läßt sich mit den üblichen Formeln nicht gut wiedergeben. Meist benutzt man daher den normalen Valenzstrich, oder man bringt durch Zusätze $\delta^{\oplus}$ und $\delta^{\ominus}$ (keine Ladungseinheit, willkürlich gedachte Bruchteile!, Polarisation in Richtung auf die betreffenden Grenzzustände) oder schließlich Keile, deren breite Seite dem elektronegativen Partner zugewandt ist, den besonderen Bindungscharakter zum Ausdruck:

$$\text{H—Cl} \quad \overset{\delta\oplus}{\text{H}}\text{—}\overset{\delta\ominus}{\text{Cl}} \quad \text{H} \blacktriangleleft \text{Cl}$$

Hier soll das δ-Symbol verwendet werden.

II. Kohlenstoff-Wasserstoff-Bindung

Aus spektroskopischen Beobachtungen und den Vorstellungen der Atomtheorie folgt für den *Grundzustand* des Kohlenstoffatoms die Elektronenanordnung $1s^2\,2s^2\,2p^2$, d. h. also das Vorhandensein von zwei ungepaarten p-Elektronen:

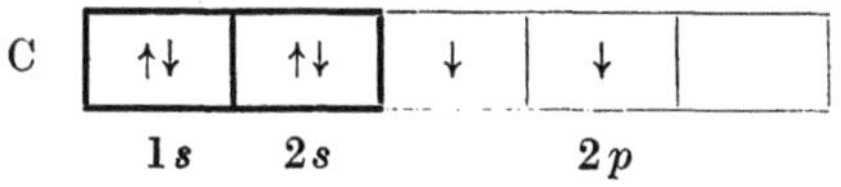

Ein Kohlenstoffatom dieser Art ist daher nur zur Bildung von zwei einfachen Atombindungen befähigt. Das Kohlenstoffatom ist aber nach allen Erfahrungen der organischen Chemie ganz überwiegend *vierbindig*. Diese Schwierigkeit läßt sich durch die Annahme beheben, daß das Atom bei der Betätigung seiner vier Bindungen sich in einem *angeregten Zustand* befindet, der durch den Übergang eines s-Elektrons in die noch freie p-Bahn zustande kommt:

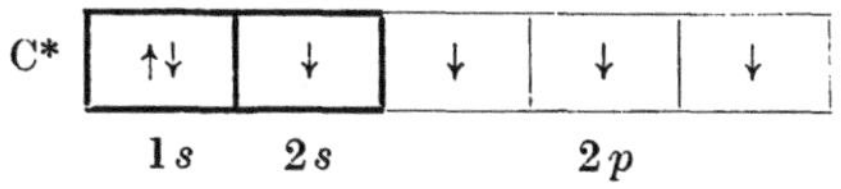

Die Elektronenanordnung dieses angeregten C-Atoms entspricht daher $1s^2\,2s\,2p_x\,2p_y\,2p_z$($^5S$-Zustand). Zu dieser Anregung sind etwa 80—100 kcal[2] erforderlich, d. h. wenn sie freiwillig erfolgen soll, muß bei dem Vorgang der Bindungsbetätigung ein entsprechender Energiegewinn eintreten.

Wie kann nun diese Energie gewonnen werden? Zunächst ist zu dem jetzt vierbindigen Zustand des angeregten C-Atoms zu sagen, daß hier zwei Arten von Bindungen vorliegen, eine relativ schwache s-Bindung ohne eine bevorzugte räumliche Auswirkung und drei untereinander gleiche, im Raum senkrecht aufeinander stehende energiereichere p-Bindungen[3]. Wieder stimmt auch dieses

[1] Das Dipolmoment kann sich zusammensetzen aus: 1. der Asymmetrie der Ladungsverteilung der bindenden Elektronen, 2. durch Ausbildung eines „homöopolaren“ Dipols als Folge der ungleichen Größe der beteiligten Atome, 3. durch die mögliche Hybridisierung der an der Bindung beteiligten Atombahnen, 4. durch die Polarisation bzw. Hybridisierung von nicht bindenden (einsamen) Elektronenpaaren. Zur Frage der Hybridisierung s. S. 21.

[2] UFFORD, C. W.: Physic. Rev. **53**, 568 (1938). — SHENSTONE, G. A.: Physic. Rev. **72**, 411 (1947). — STUART, H. A.: Die Struktur des freien Moleküls, S. 26. Berlin-Göttingen-Heidelberg: Springer-Verlag 1952, gibt 96 kcal an, ebenso C. A. COULSON: Valence, S. 196. Oxford: Clarendon-Press 1953.

[3] Da die p-Bahnen wegen ihrer Exzentrizität um $\sqrt{3}$ über die s-Bahn herausragen, erfolgt bei der Bindung durch p-Bahnen eine vollständigere Überlappung. Demgemäß verhalten sich die Stabilitäten wie $\sqrt{3}:1$.

Bild nicht mit der Erfahrung überein. Überträgt man aber das Prinzip der Vorstellungen, die uns zum Verständnis des Wesens einer Atombindung geführt haben, *Überlagerung* oder *Vermischung* der denkbaren Elektronenzustände zwischen zwei Atomen, hier auf die beiden wichtigen *s*- und *p*-Elektronenzustände *desselben* Atoms (Hybridisierung oder Bastardisierung), so erhält man, wie die Rechnung zeigt[1], einen die Anregungsenergie C → C* erheblich übersteigenden Energiegewinn (Resonanz-Energie). Außerdem sind die vier jetzt völlig *gleichmäßigen* Bindungen infolge der Überlagerung der *s*- und *p*-Zustände mit ihren verschiedenen Symmetrieeigenschaften im Raum unter einem Winkel von 109° 28′, eben dem *Tetraederwinkel*, ausgerichtet. Es entstehen vier *hybridisierte* sp^3-Bindungen mit lokalisierten (tetraedrisch ausgerichteten) Bahnen.

Die vier im Kohlenstoffatom äquivalenten Bindungen sind nur durch die Aufgabe getrennter *s*- und *p*-orbitals zu erreichen. Nur so entsteht der für die vier Atombindungen maximal geeignete Elektronenzustand des Kohlenstoffatoms[2]. Die Bildung einer solchen hybridisierten sp^3-Bahn zeigt das Schema der Abb. 9.

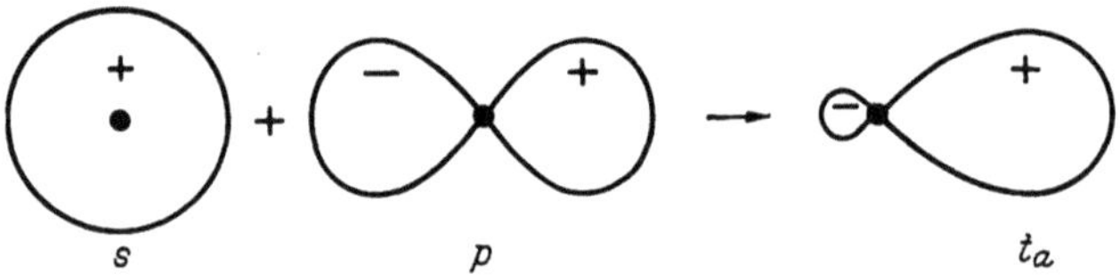

Abb. 9. Bildung der sp³-hybridisierten Atom-„orbitals“ (nach C. A. COULSON, l. c., S. 188). s = s-„orbital“, p = einer der drei p-„orbitals“ (p_x, p_y, p_z), t_a = einer der vier daraus durch Hybridisierung entstehenden und nach den vier tetraedrischen Richtungen vom C-Atom ausgehenden sp³-„orbitals“

Die Bahn hat ihre größte „Konzentration“ und Ausdehnung in *einer* Richtung, z. B. der *x*-Achse, der Bindungsrichtung, und die zweite, dritte und vierte sp^3-Elektronenbahn zeigen ebenfalls die gleiche, maximale Bindungsfähigkeit, wenn sie alle untereinander im Winkel von 109° 28′ angesetzt sind.

Die *Bindungsstärke* jeder hybridisierten sp^3-Bahn ist noch größer als die einer *p*-Bahn: $sp^3:p:s = 2:1{,}73:1$. Bei der Bildung von Verbindungen stimmen die Bindungsrichtungen mit den Hauptachsen der sp^3-Bahn-Ellipsoide überein, da nur in diesen Richtungen (gleiche magnetische Quantenzahl m) die größtmögliche Überlagerung stattfinden kann. Außerdem besteht für die Überlagerung der neu hinzukommenden Elektronenbahnen eines Bindungspartners X in C—X mit den nichtbindenden $(1s)^2$-Elektronen des Kohlenstoffatoms damit ein Minimum und die gegenseitige Abstoßung der X-Atome zeigt ebenfalls ein Minimum. So erweist sich der Gedanke der Hybridisierung der "orbitals" auch als Ausdruck einer möglichst vollkommenen Paarung. Diese *maximale Überlappung* und damit Ausbildung des energieärmsten Systems bei der Bildung von Verbindungen ist daher die Ursache der Existenz *gerichteter Elektronenbahnen*, im Falle des Kohlenstoffatoms die Ursache der Ausbildung eines Tetraeders.

Die Annahme des *Tetraeders* als Modell des Kohlenstoffatoms ist schon frühzeitig durch VAN'T HOFF und LE BEL abgeleitet worden (vgl. S. 60). Man hat daher auch gesagt, daß der obige mathematische Beweis der Tetraederstruktur des Kohlenstoffatoms erheblich „post festum“ gekommen ist. Das ist zwar richtig, aber diese Beurteilung ist andererseits doch wieder ungerecht. Denn einmal haben sich die Atomphysik und ihre mathematischen Hilfsmittel erst eigentlich vom Beginn dieses Jahrhunderts an entwickelt, so daß dieser Beweis früher nicht gegeben werden konnte. Zum anderen können wir heute das Wesen der Kohlen-

[1] Der Elektronenzustand wird durch eine lineare Kombination $\psi_i = a\,\psi_s + b\,\psi_{p_x} + c\,\psi_{p_y} + d\,\psi_{p_z}$ beschrieben. PAULING, L.: J. Amer. Chem. Soc. **53**, 1367 (1931); **54**, 988, 3570 (1932).

[2] Auch beim Silicium, Germanium und Zinn führt die Hybridisierung der Atombahnen zur tetraedrischen Konfiguration.

stoffatombindung verstehen und erkennen, warum gerade das Kohlenstoffatom im allgemeinen vierbindig ist, seine Bindungen tetraedrisch ausrichtet und aufs äußerste bestrebt ist, diese Tetraederstruktur zu erhalten. So betrachtet stellt die letzthin aus der Atomtheorie abgeleitete Tetraederstruktur des Kohlenstoffatoms einen glänzenden Beweis für die Sicherheit und Anwendbarkeit der neueren Anschauungen auf Grundprobleme der organischen Chemie dar.

Die im Voranstehenden dargelegte quantenmechanische Begründung des Tetraedermodells des Kohlenstoffatoms in seinem vierbindigen „Valenzzustand" zeigt die Bedeutung der Hybridisierung (Vermischung) zur Erklärung und Berechnung dieses „Valenz"-Zustandes. Die Hybridisierung ist nun eine allgemeine und nicht auf diesen speziellen Fall beschränkte Erscheinung. So liegt eine Hybridisierung auch schon bei einer einfachen σ-Bindung etwa im HCl-*Molekül* vor. Der Elektronenzustand (Grundzustand) des Chloratoms

$$(1s^2\, 2s^2\, 2p^6\, 3s^2\, 3p^5)$$

läßt sich folgendermaßen beschreiben:

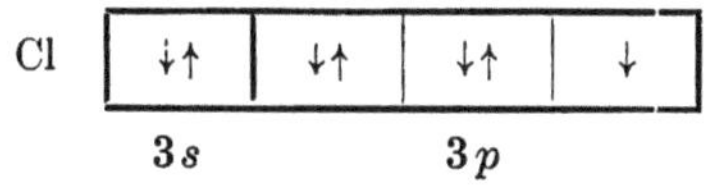

Die beiden $3s$-Elektronenbahnen (einsames Elektronenpaar) lassen sich mit einer $3p$-Elektronenbahn vermischen, etwa mit dem p_x-Elektronenzustand, wobei zwei hybridisierte $3\,sp_x$-Bahnen entstehen.

In der einen hybridisierten Bahn II befinden sich nun die beiden früher im $3\,s$-Zustand vorhandenen Elektronen (einsames Elektronenpaar) und in der anderen hybridisierten $3\,sp_x$-Bahn befindet sich jetzt das zur Paarung mit dem $1\,s$-Elektron des Wasserstoffatoms erforderliche Elektron (vgl. das Schema in Abb. 10).

Wird dann anschließend das $1s$-Elektron des H-Atoms mit diesem so hybridisierten $3sp_x$-Elektron des Chloratoms gepaart, so erhält man eine viel bessere Übereinstimmung mit den tatsächlichen Verhältnissen bei der Berechnung der Eigenschaften des entstehenden Chlorwasserstoffmoleküls, beispielsweise seines Dipolmoments.

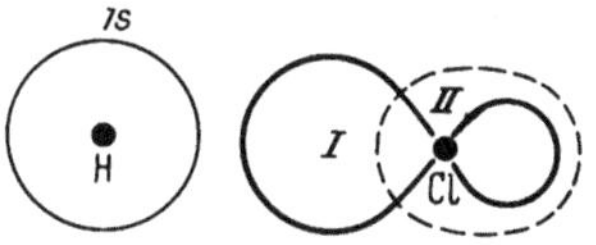

Abb. 10

Die beiden in II befindlichen Elektronen sorgen für ein merkliches „Atom"-Dipolmoment in der „richtigen" Richtung $H^{\oplus} \rightarrow Cl^{\ominus}$. Dieses ist gleichsam der Ausdruck dafür, daß eine hybridisierte Elektronenbahn im Gegensatz zu ihren Komponenten *keine zentrale Symmetrie* besitzt. Weiterhin kommt durch die Hybridisierung eine gewisse Richtung, Lokalisierung der Elektronenbahnen in Richtung der die beteiligten Kerne verbindenden Achsen, zustande und damit eine gewisse Annäherung an die ältere Vorstellung von G. N. Lewis und I. Langmuir.

Auch bei der Bildung der *Wasserstoffmolekel* kann man eine Hybridisierung der $1s$-Bahn mit einer $2p$-Bahn und anschließende Überlappung dieser beiden hybridisierten Elektronenbahnen anstelle von zwei einfachen s-Bahnen annehmen. Dies ist mit anderen Worten der Ausdruck für die auch hier vorhandene Polarisation der Atom-$1s$-Bahnen um jeden Kern. Diese hybridisierten Bahnen sind stärker gerichtet und überlappen sich mehr als die ungestörten $1s$-orbitals. Das gleiche gilt natürlich auch für das Li_2-Molekül. Daraus kann man schließen, daß es überhaupt keine „reinen" s- bzw. σ-Bindungen gibt. Die beste Näherungs-Wellenfunktion zur Beschreibung des Elektronenzustandes dieser Bindungen ist eben die Hybridisierung von *s*- und *p*-orbitals. Damit wird die Hybridisierung zu einem der wichtigsten Hilfsmittel zur Beschreibung des Bindungszustandes überhaupt.

Eine weitere Bestätigung der Tetraederstruktur des Kohlenstoffatoms seitens der Physik ergeben eine Reihe diesbezüglicher Untersuchungen, z. B. Auswertung des Infrarotabsorptionsspektrums, von Dipolmomentmessungen, der Anisotropie der Streustrahlung sowie Röntgenmessungen und Elektronenbeugungsaufnahmen. Der Kernabstand der C—H-Atome im Methan beträgt 1,09 Å. Die Tetraederwinkel sind als relativ starr und wenig veränderlich anzusehen, was auch ein Ergebnis der neueren quantenmechanischen Behandlung dieser Bindungsart ist (vgl. dazu S. 20). In chemischer Beziehung entspricht die *Methanmolekel* mit ihrer abgeschlossenen Achterschale weitgehend diesem edelgasähnlichen Aufbau.

Das *reaktive Verhalten* der einfachen Kohlenstoff-Wasserstoff-Atombindung ist zwar etwas eintöniger als das mancher anderen einfachen Heterobindungen des Kohlenstoffs, aber insgesamt gesehen doch wie in allen solchen Fällen abhängig von dem ganzen Aufbau der betreffenden Verbindung, ihrer Konstitution und andererseits von den Reaktionsbedingungen. Selbst in gesättigten einfachen Kohlenwasserstoffen läßt sich mit geeigneten Katalysatoren wie Chrom-(III)-oxyd, Zinkoxyd usw. unter mäßig scharfen Bedingungen die C—H-Bindung lösen trotz der großen Festigkeit dieser Bindung von 105 ± 2 kcal[1]. Es entstehen so ungesättigte Verbindungen bei dieser technisch sehr wichtigen *Dehydrierung*. Wieder in anderen Fällen, auf die später hingewiesen wird, nähert sich die ursprüngliche C—H-Atombindung, etwa einer CH_3-Gruppe, einem polarisierten, quasi-ionischen Zustand $CH_2^{\ominus}H^{\oplus}$ (Hyperkonjugation) und in anderen Stoffen ist eine solche C—H-*Acidität* sogar unmittelbar nachweisbar. Dieses einfache Beispiel zeigt bereits die gerade der organischen Chemie eigentümliche Mannigfaltigkeit im reaktiven Verhalten als Ausdruck der dem betreffenden Stoff wesenseigenen Bindungsart. Die theoretische Berechnung der C—H-Atombindung gilt streng nur für das Methan. Der Ersatz von ein, zwei oder drei Wasserstoffatomen im Methan, etwa durch Chloratome, bedingt nicht nur das Auftreten einer neuen C—Cl-Bindungsart, sondern wirkt sich auch auf den Bindungszustand der noch verbleibenden Wasserstoffatome aus. So gelingt es beispielsweise relativ leicht, im *Chloroform* das Wasserstoffatom aus der C—H-Bindung als Atom zu entfernen (Phosgenbildung des Chloroforms beim Stehenlassen im Licht und in Anwesenheit von Sauerstoff[2], Telomerisation u. a. m.). Eine theoretische Deutung der in der organischen Chemie interessierenden Bindungen muß daher sehr anpassungsfähig sein (Hybridisierung!), die gesamte Molekel, das umgebende Milieu, den Aggregatzustand und bei Reaktionen auch die gesamten Reaktionsumstände berücksichtigen. Bis dahin ist es noch ein weiter Weg und daher bleibt immer das *Experiment* die *Grundlage* chemischen Arbeitens und Denkens. Darauf sei mit besonderem Nachdruck hingewiesen. Andererseits bieten die vorhandenen theoretischen Erkenntnisse vielfach gute Hilfsmittel, um der ins Grenzenlose sich verlierenden Fülle des Stoffes zu begegnen, so daß es zweckmäßig ist, sich ihrer, wo es angängig ist, zu bedienen. Dazu ist es aber unumgänglich notwendig, sie zu kennen, sie sicher anwenden zu können und ihre derzeitigen Grenzen abzusehen.

---

[1] Trennungsenergie (s. H. A. STUART, Die Struktur des freien Moleküls, S. 29. Berlin-Göttingen-Heidelberg: Springer-Verlag 1952) einer C—H-Bindung im CH_3..H, 105 ± 2 kcal/Mol. Für CH_2..H, 100 ± 5, für CH..H, 62 ± 5 und für C..H, 80 kcal/Mol. Trennungsenergie = Bindungsfestigkeit — Umordnungsenergie. Mittelwert = Bindungsenergie = 86,9 kcal/Mol.

[2] $H{-}CCl_3 \xrightarrow{h\nu} H\cdot + \cdot CCl_3 \xrightarrow{O_2} H{-}O{-}O{-}CCl_3 \longrightarrow HCl + 1/2\, O_2 + COCl_2$.

III. Kohlenstoff-Kohlenstoff-Bindung

1. Stellung des Kohlenstoffs im Perioden-System und seine Bindungseigenschaften

Die Herstellung einer normalen C—C-Atombindung kann man sich in derselben Weise denken wie die Bildung einer einfachen C—H- oder H—H-Bindung. In der Ausdrucksweise des ersten Näherungsverfahrens ist es wieder die quantenmechanische *Resonanz*, die durch Paarung von Einzelelektronen mit antiparallelen Spinmomenten den Zusammenhalt dieser Atombindung bedingt. Es entsteht wieder keine reine s, s-(also σ-)Bindung, sondern eine nach s, p hybridisierte σ_p-Bindung. Charakteristisch für den Kohlenstoff ist nun seine Fähigkeit, sich zu langen *Ketten* untereinander zu verbinden. Aus dieser Eigenschaft, im Zusammenhang mit dem Bestreben des Kohlenstoffatoms, vorwiegend vierbindig aufzutreten, ergibt sich die bunte Mannigfaltigkeit und in Kombination mit anderen Elementen die schier unerschöpflich erscheinende Welt der Kohlenstoffverbindungen. Wie läßt sich diese Tatsache verstehen?

Betrachtet man das *Periodensystem* der Elemente in bezug auf die Stellung des Kohlenstoffatoms, seinen Ladungszustand bei maximaler Betätigung seiner Bindungen (Valenzen) und die Zahl seiner Bindungen, die das C-Atom bei Fortnahme oder Zugabe eines Elektrons (Kation- und Anionbildung) im Vergleich zu seinen Nachbarn in derselben Gruppe besitzt, so erhält man folgendes Bild[1]:

Li	Be	B	C	N	O	F
		4—	4	4+		
		3	3+ 3—	3	3+	
	2	2+	2	2—	2	
1	1+		1— 1+		1—	1
0+						0—

Das Kohlenstoffatom besitzt als einziges Element seiner Periode im *neutralen* Zustand die maximale Zahl von vier Bindungen[2]. Fortnahme und Zugabe von einem Elektron vermindert oder erhöht (linker Teil des Schemas) bzw. erhöht oder vermindert die Zahl der Bindungen (rechter Teil des Schemas) bei den anderen Elementen; beim Kohlenstoff bleibt sie im Zustand des Kations oder Anions stets gleich, aber um eins gegenüber dem Zustand als neutralem Atom *vermindert*. Seine zentrale Stellung im Periodensystem läßt es auch verständlich erscheinen, daß das C-Atom von sich aus nicht allzu viel Neigung zu den ionischen Zuständen mitbringt, sondern im allgemeinen den neutralen Zustand bevorzugt. In ihm besitzt es bei der Verbindungsbildung die abgeschlossene, edelgasartige *Achterschalenkonfiguration*, in ihm ist es abgesättigt, „parum affinis", auch koordinativ[3] gesättigt im Gegensatz zu seinen Nachbarn Bor und Stickstoff, von

[1] Aus Y. K. Syrkin u. M. E. Dyatkina, Structure of Molecules, S. 121, Butterworths Scientific Publications, London, 1950.

[2] Das zeigt sich auch darin, daß das Verhältnis der Zahl der Bindungselektronen zur Gesamtelektronenzahl beim Kohlenstoffatom 4/6, also größer als bei allen anderen Elementen ist. Eine verständliche Ausnahme macht nur der Wasserstoff.

[3] Der Koordinationsbegriff ist ein räumlicher Begriff und bedeutet die maximale Ligandenzahl, die ein Zentralatom im Raum um sich versammeln kann.

denen das erstere nur durch Aufnahme und das andere nur durch Abgabe von einem Elektron die Achterschalenkonfiguration erreicht.

Auf diese ausgeprägte Eigenschaft des Kohlenstoffatoms zur Herstellung von koordinativ gesättigten Molekeln und außerdem von „einfachen, doppelten und dreifachen" Atombindungen[1] läßt sich die Tatsache der praktisch unbegrenzten Verknüpfungsmöglichkeit, meist mit seinesgleichen, aber auch mit Heteroatomen zurückführen. So kann man die unendliche Vielfalt und den Überreichtum an organischen Verbindungen aus der Stellung des Kohlenstoffs im Periodensystem der Elemente herleiten, das seinerseits wieder seine exakte physikalische Begründung und mathematische Beschreibung in der neueren Atomphysik gefunden hat.

Diese beim Kohlenstoff und den anderen Elementen seiner Gruppe sehr deutlich zum Ausdruck kommende Tendenz zur Oktettbildung gilt nicht mehr bei schwereren Atomkernen, also *nicht* mehr in der *zweiten Periode* des Periodensystems. Ein sehr einprägsames Beispiel ist der Pentaphenylphosphor von G. WITTIG[2], in dem fünf Atombindungen, also ein Elektronendezett des Phosphoratoms vorliegen.

2. Kettenförmige Verknüpfung von Kohlenstoffatomen

Die Bindung der Kohlenstoffatome untereinander kann in verschiedener Weise erfolgen, entweder unter Bildung einer *geraden*, fortlaufenden oder einer mehr oder weniger stark *verzweigten* Kette und schließlich zu einem *ringförmigen*, unverzweigten oder verzweigten Gebilde oder den Kombinationen dieser Anordnungen. Es läßt sich heute noch nicht absehen, ob der grundsätzlich beliebig oft möglichen Verknüpfung schließlich zu makromolekularen Gebilden irgendwo eine Grenze gesteckt ist. Das gilt nicht nur für gerade Ketten, deren maximale C-Zahl für einheitliche Kohlenwasserstoffe heute bei C_{82} steht, sondern auch für Ringe, deren definierte Größe zur Zeit etwa 30 Ringglieder beträgt. Die maximale und praktisch erreichbare Verzweigungsmöglichkeit ist noch nicht genau erforscht. Jedenfalls werden die erreichbaren Grenzen stets von dem derzeitigen Stand der experimentellen Technik, aber nicht von grundsätzlichen Schwierigkeiten abhängen.

a) Konstitution der Paraffine

Zur näheren Betrachtung der Verhältnisse bei den verschiedenen Kohlenstoffverbindungen wenden wir uns zunächst den einfachsten, nur aus Kohlenstoff und Wasserstoff aufgebauten Verbindungen mit einer maximalen Absättigung der Kohlenstoffbindungen durch Wasserstoffatome, den Paraffinen, zu. Die einfachste Verbindung dieser Art ist das *Äthan* $H_3C—CH_3$. Der Abstand der beiden C-Atomkerne beträgt nach Messungen der Elektroneninterferenzen 1,55 ± 0,03 Å[3], derjenige der C—H-Bindungen 1,09 ± 0,03 Å[4]. Da jedes C-Atom seine Bindungen in Richtung nach den Ecken eines regulären Tetraeders betätigt, ergibt die Tetraedervorstellung das Bild der Äthanmolekel (Abb. 11).

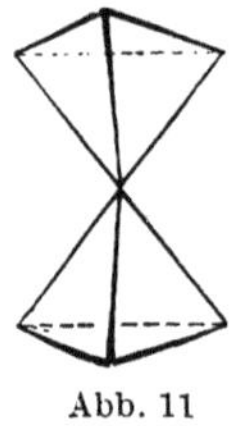

Abb. 11

[1] sp^3, sp^2, sp-hybridisierte Bindungen, vgl. S. 20, 155, 423.

[2] WITTIG, G.: Liebigs Ann. **562**, 187 (1949).

[3] Tabellen der C—C-Abstände in Paraffinen siehe LANDOLT-BÖRNSTEIN, Zahlenverhältnisse und Funktionen, 6. Aufl., Bd. I, 2. Teil, S. 1. Berlin: Springer-Verlag 1951. — Bei den höheren Paraffinen beträgt der C—C-Abstand durchschnittlich 1,54 Å, ebenso übrigens im Diamanten.

[4] Der C—H-Abstand wird bei substituierten Paraffinen, z. B. dem Methylchlorid, etwas größer, und zwar 1,11 ± 0,01 Å. Die aus Banden-, Infrarot- oder Raman- bzw. Mikrowellen-Spektren bestimmten Trägheitsmomente und die derart sich ergebenden Kernabstände sind genauer als die nach Elektroneninterferenzen bestimmten Werte. Günstigster Fall ± 0,0002 Å!

Diese Modellvorstellung darf aber nicht dazu führen, die Lage der Atome in der Molekel als starr anzusehen. Ihre Lage ist zunächst infolge der Nullpunktsbewegung und der thermischen Energie in gewisser Weise und innerhalb allerdings kleiner Grenzen (beim CCl_4 beträgt die mittlere Schwankung des C—Cl-Abstandes bei 290 ° K 0,069 Å) als variabel anzusehen. Wie organisch-chemische Experimente zuerst gezeigt haben[1], ist aber darüber hinaus bei allen einfachen Atombindungen mit einer *Drehbarkeit*, hier der CH_3-Gruppen, um die die Kerne verbindende Achse zu rechnen. Es fragt sich nun, ob diese Drehbarkeit unbeschränkt frei ist oder ob sie mit verzögertem Durchgang durch bestimmte Lagen der Gruppen zueinander erfolgt oder ob schließlich nur noch Gleichgewichtsschwingungen um bestimmte bevorzugte Lagen möglich sind, d. h. ob es ,,Rotationsisomere" gibt. Fragen dieser Art sind bei Stoffen wie den Paraffinen wegen der Kleinheit der dabei maßgebenden Effekte nur mit empfindlichen physikalischen Methoden[2] zu klären. Da die Ladungsverteilung und damit die Kräfte um die C—C-Atombindung rotationssymmetrisch angeordnet sind, könnte man schließen, daß die beiden CH_3-Gruppen des Äthans völlig frei und unbehindert um die die Kohlenstoffatomkerne verbindende Achse rotieren können. Nun wirken aber zwischen den H-Atomen der beiden CH_3-Gruppen noch Kräfte von der Art der VAN DER WAALSschen Kräfte[3], so daß bei der Drehung der CH_3-Gruppen gegeneinander Energieunterschiede auftreten können, die zu Lagen mit geringster potentieller Energie führen. Da die VAN DER WAALSschen Kräfte klein sind, wird man vermuten, daß die CH_3-Gruppen nur bei sehr tiefen Temperaturen um bestimmte Gleichgewichtslagen schwingen (Torsionsschwingungen). Mit steigender Temperatur werden die Schwingungen dann erst ungleichförmig, es liegt ein sog. gehemmter Rotator vor, um bei höheren Temperaturen schließlich in völlig unbehinderte, freie Drehbarkeit (innerer freier Rotator) überzugehen. Wegen der Kleinheit der Effekte stellt sich bei Zimmertemperatur ein Gleichgewicht zwischen möglichen *rotationsisomeren Formen* so rasch ein, daß ihre chemische Trennung nicht möglich ist. Durch Auswertung von Messungen thermodynamischer Größen, zum Teil auch spektroskopischer Daten, sowie bei substituierten Äthanen durch Messung der Temperaturabhängigkeit des Dipolmoments und unter Zuhilfenahme der bekannten Atomdurchmesser und der zwischen den Atomen wirkenden Kräfte, gelingt es in manchen Fällen, zu recht präzisen Aussagen über den verschiedenen Energieinhalt der Rotationsisomeren zu kommen und genauere Kenntnisse der wahrscheinlichen Raumlagen dieser Molekeln zu gewinnen. Beim Äthan kann man sich zwei Grenzlagen vorstellen, eine, in der die CH_3-Gruppen ,,auf Lücke" stehen (*staggered form* a) und eine zweite mit übereinander stehenden CH_3-Gruppen (*eclipsed form*, b[4]). Die ,,staggered" Form a, Stellung auf Lücke, erscheint zunächst als eine energieärmere und daher stabilere, d. h. als Gleichgewichtsform (Abb. 12).

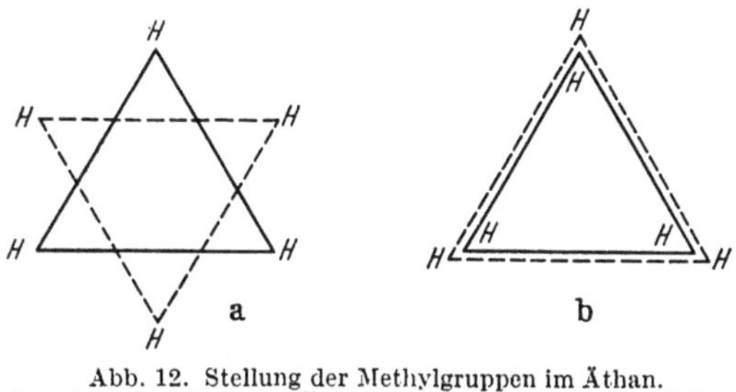

Abb. 12. Stellung der Methylgruppen im Äthan. a) auf Lücke (staggered Form), b) verdeckte (eclipsed) Form

---

[1] Vgl. S. 64.

[2] Neuerdings auch mit Hilfe der Mikrowellenspektroskopie.

[3] BRIEGLEB, G. u. Mitarbb.: Zwischenmolekulare Kräfte. Karlsruhe: G. Braun 1948.

[4] Bei $CH_2R—CH_2R'$-Verbindungen gibt es noch weitere ausgezeichnete Lagen, z. B. eine windschiefe (gauche, skew) Form der Art wie Abb. 12a, nur mit den Substituenten R und R' anstelle des obersten und eines benachbarten (strichlierten) H-Atoms.

Die Abstoßungskräfte zwischen den H-Atomen könnten dann zu dieser um etwa 3 kcal/Mol[1] stabileren Form führen. Weitere Aussagen über die Ursachen und den genaueren Verlauf der Behinderungsenergie lassen sich hier noch nicht geben[2].

Wie sieht nun der molekulare Aufbau einer aus mehr als zwei Kohlenstoffatomen bestehenden Kohlenstoffkette aus? Zunächst begegnet man bei der Anordnung von vier C-Atomen erstmalig dem von der Strukturtheorie her wohlbekannten Isomeriefall des Auftretens von zwei stabilen *Isomeren*, der geradkettigen und der verzweigten Form:

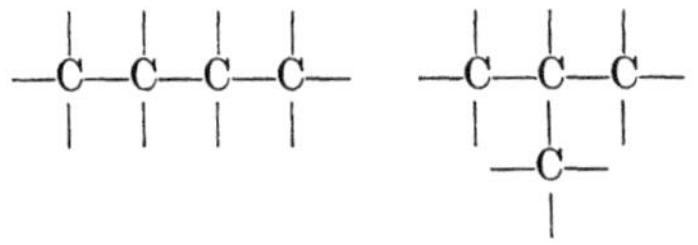

Die Aufklärung und Voraussage solcher möglichen Isomerien war ein besonderes Verdienst der klassischen Strukturlehre organischer Stoffe. Über die räumliche Anordnung solcher längeren Kohlenstoffketten lassen sich mittels physikalischer Methoden weitere, wichtige Aussagen machen. Es sei zunächst die Anordnung solcher Molekeln im *festen Aggregatzustand* betrachtet. Wie die Untersuchung z. B. mittels Röntgenstrahlen ergeben hat, sind in Paraffinkristallen die Kohlenstoffketten parallel zueinander angeordnet, aber die so aufgefundenen Kettenlängen sind mit dem üblichen C—C-Abstand von 1,5 Å nur dann in Einklang zu bringen, wenn man eine ebene *Zickzack-Kette* in einer der Abbildung 13 entsprechenden Art mit Bindungswinkeln am Kohlenstoff von etwa 110° annimmt.

Das gleiche gilt auch für sehr lange Kohlenstoffketten, wie sie z. B. im *Polyäthylen*[3] vorliegen. Dieser Befund ist an den üblichen Atommodellen leicht einzusehen, es gilt also auch hier wieder streng die Tetraedersymmetrie des Kohlenstoffatoms. Der Querschnitt einer solchen Kette beträgt etwa $18{,}5 \cdot 10^{-16}$ cm², der gegenseitige Abstand der parallelen Ketten etwa 4 Å.

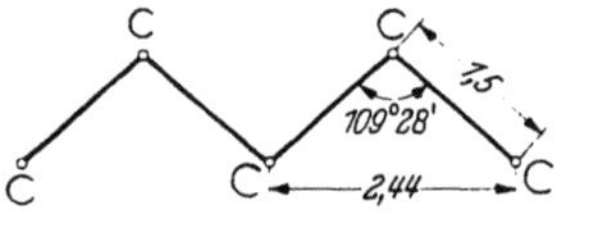

Abb. 13. Anordnung der C-Atome für eine ebene Zickzack-Kette, Abstände in Å

Auch im *flüssigen* oder *gelösten Zustand* scheinen bei diesen Paraffinmolekeln die obigen (trans-)Formen bevorzugt zu sein. Immerhin darf man die im Gitter gefundenen Ergebnisse nicht ohne weiteres auf die freie Molekel im flüssigen oder gelösten Zustand übertragen. Besonders bei langen Kohlenstoffketten, Makromolekeln, werden die Verhältnisse dann erheblich komplizierter. So zeigen die Ergebnisse der elektrischen Doppelbrechung und des Depolarisationsgrades des molekularen Streulichtes, daß bei langen Paraffinketten von einer gleichbleibenden Form überhaupt keine Rede mehr sein kann. Selbst kürzere Ketten,

---

[1] Ermittelt aus der Molwärme, der Entropie und dem Gleichgewicht; besonders hohe Werte, zwischen 10—15 kcal/Mol, liefert die Untersuchung der Elektronenbeugung am Hexachloräthan, dessen "staggered" Form wohl sicher die stabilere ist; Y. Morino u. M. Iwasaki: J. Chem. Phys. **17**, 216 (1949).

[2] Pitzer, K. S., u. Mitarbb.: Science (Lancaster, Pa.) **101**, 672 (1945); **105**, 647 (1947); J. Amer. Chem. Soc. **68**, 2537 (1946); **69**, 977, 2483, 2488 (1947). — E. Doering, W. v., u. M. Faber: J. Amer. Chem. Soc. **71**, 1514 (1949). — Prelog, V., u. Mitarbb.: Helvetica chim. Acta **32**, 256 (1949); **33**, 1937 (1950). — Huisgen, R., u. Mitarbb.: **586**, 1 (1954); s. a. K. S. Pitzer: Discuss. Faraday Soc. **1951**, Nr. 10, 66. — Aston, J. G.: Discuss. Faraday Soc. **1951**, Nr. 10, 73. — Oosterhoff, L. J.: Discuss. Faraday Soc. **1951**, Nr. 10, 79; s. ferner G. Glockler: Rev. Mod. Phys. **15**, 112 (1943).

[3] Insbesondere Polyäthylen nach K. Ziegler (Mülheimer Niederdruck-Verfahren), Angew. Chem. **67**, 541 (1955).

wie etwa im Decan, scheinen im flüssigen Zustand schon ziemlich miteinander verfilzt zu sein. Modellversuche von H. A. STUART[1] an Glasperlenketten zeigen sehr anschaulich diese „Schlangenhaufen" (Abb. 14).

Mit wachsender Zahl der C-Atome in einer geraden, unverzweigten Paraffinkette wird durch die mehr oder weniger freie Drehbarkeit um die C—C-Bindungen die Zahl der möglichen und ständig sich ändernden Formen daher immer größer. Zwischen den relativ seltenen Grenzlagen, einerseits geradlinig gestreckte, andererseits praktisch ringgeschlossene Formen, sind alle Übergänge möglich und auch wahrscheinlich, unregelmäßige räumliche *Knäuelformen*. Aus dieser statistischen Mannigfaltigkeit von Formen folgen die wahrscheinlichsten Durchschnittsformen von mittlerer Länge und Knäuelung.

Abb. 14

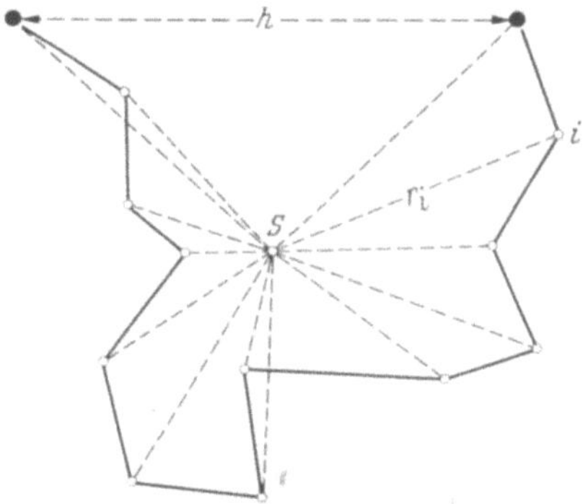

Abb. 15

Besonders lange Kohlenstoffketten liegen im Poly-(phenyläthylen), dem *Polystyrol* (Kopf-Schwanz-Addukte), vor. Aus den ermittelten Molekulargewichten von etwa 10 Millionen kann man auf eine C-Zahl von rund 200000 in der Kette schließen, woraus bei geradliniger, gestreckter Anordnung sich eine Molekellänge von rund 252000 Å (25,2 μ) bei einer Dicke von 4—6 Å berechnen würde. Diese Makromolekel ähnelt damit einem sehr dünnen Faden. Ihre eigentliche Form läßt sich, worauf schon hingewiesen wurde, infolge des dauernden Wechsels und der enormen Mannigfaltigkeit der möglichen Lagen nur auf statistischem Wege erfassen. Man definiert die Länge h einer solchen Makromolekel als den Abstand ihrer Endpunkte und den Radius r für eine ebene Kette aus N-Atomen durch das *mittlere Abstandsquadrat* der Kettenatome von ihrem gemeinsamen Schwerpunkt S (Abb. 15):

$$\bar{r}^2 = \frac{1}{N} \sum_{i=1}^{N} r_i^2$$

(r_i = Abstand des i-ten Atoms vom Schwerpunkt S.)

Anstelle einer Einzellänge oder eines Einzelradius wird eine statistische Mittelbildung vorgenommen, derart, daß man das mittlere Längenquadrat $\bar{h}^2$ und das mittlere Radiusquadrat $\bar{r}^2$ bzw. die mittlere Länge $\sqrt{\bar{h}^2}$ und den mittleren Radius[2]

[1] Siehe hierzu H. A. STUART: Struktur des freien Moleküls. S. 228ff. Berlin-Göttingen-Heidelberg: Springer-Verlag 1952.

[2] Es handelt sich um eine zweifache Mittelung, Summierung über alle N Abstände innerhalb der Molekel, weiter Mittelung über alle Konfigurationen!

$\sqrt{\overline{r^2}}$ des Fadenmoleküls benutzt. Die genaue Berechnung dieser Werte ist teils aus mathematischen Gründen, teils wegen der evtl. behinderten freien Drehbarkeit und den nicht genau zu erfassenden inner- und zwischenmolekularen Kräften so kompliziert, daß man zur Zeit auf Modellvorstellungen mit mehr oder weniger großer Annäherung an die tatsächlichen Gegebenheiten angewiesen ist[1]. Auch die Statistik einer Valenzwinkelkette mit behinderter Drehbarkeit ist in den letzten Jahren entwickelt worden. Die *sterische Behinderung* bewirkt eine Aufweitung der Makromolekel. Wie diese sterische Hinderung kann auch ein geeignetes Lösungsmittel wirken. Ein gutes *Lösungsmittel* solvatisiert Teile der Molekel, es beschwert sozusagen die Kettenmolekeln, so daß eine Aufweitung eintritt. Schlechte Lösungsmittel bewirken das Gegenteil, erhöhen daher den Knäuelungsgrad. Die Erforschung der statistischen Form der durchschnittlichen Größe und Gestalt gelöster Fadenmolekeln und ihre Abhängigkeit von der Konstitution der Monomeren, den verschiedenen Lösungsmitteln und von äußeren Bedingungen ist heute noch nicht sicher zu geben. Das Problem hat große Bedeutung für die Chemie der Makromolekeln und die Anwendbarkeit der aus ihnen herstellbaren Kunststoffe.

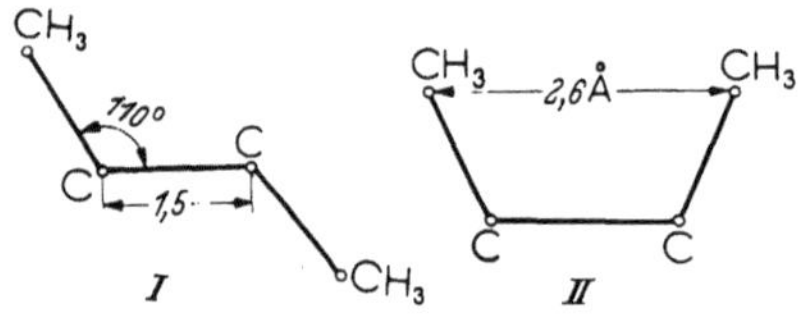

Abb. 16. Einschränkung der freien Drehbarkeit der Methylgruppen im n-Butan. I = trans-Form, II = cis-Form

Im *gasförmigen Zustand* sind die Verhältnisse wegen der Möglichkeit der freien oder behinderten Drehbarkeit ebenfalls recht kompliziert. Der Tetraederwinkel bleibt zwar erhalten, aber schon bei kurzen Ketten, wie etwa beim n-Butan, ergeben sich verschiedene Stellungsmöglichkeiten der Kette, *cis* und *trans*, von denen aus energetischen Gründen die trans-Stellung bevorzugt sein dürfte. In der cis-Form wäre der Abstand der beiden endständigen Methylgruppen etwa 2,6 Å und damit noch kleiner als beispielsweise im o-Xylol.

Beim n-Hexan kann man auf physikalischem Wege (IR- und RAMAN-Spektren) drei energetisch verschiedene Rotationsisomere nachweisen, von denen wieder die trans-Form die stabilste sein dürfte. In der Nähe der cis-Form findet man die beiden anderen Formen[2].

Bei höheren Temperaturen entknäueln sich die bei tiefen Temperaturen zunächst aufgewickelten Spiralen oder geballten Formen der höheren n-Paraffine immer mehr.

---

[1] Es kann hier nur angedeutet werden, wie man bei dieser Rechnung vorgeht. Man denkt sich eine lange Kette, die aus einer Reihe von Segmenten bzw. Fadenelementen besteht, welche irgendwie zueinander gelagert sein können. Diese einzelnen Segmente sollen völlig unabhängig voneinander beweglich sein (Segmentmodell). Im Gegensatz hierzu nennt man das Modell mit festen Valenzwinkeln eine Valenzwinkelkette. Bezeichnet man mit L_{max} die Länge der gestreckten Kette im Segmentmodell, so läßt sich zeigen, daß das Verhältnis $L_{max}/\sqrt{\overline{h^2}}$, nach H. KUHN auch Knäuelungsgrad Q genannt, ungefähr proportional der Wurzel aus dem Polymerisationsgrad bzw. dem Molekulargewicht ist. Mit anderen Worten, je größer das Molekulargewicht eines Fadenmoleküls, desto mehr wird es sich zu einem Knäuel verwickeln. Weiterhin lassen sich der Abstand der Endpunkte (h) der Fadenmolekel (als $\sqrt{\overline{h^2}}$) sowie Mittelwerte des Maximaldurchmessers der Kette berechnen, also über Größe und Gestalt der Fadenmolekeln in Lösung gewisse Aussagen auf statistischer Grundlage machen KUHN, H.: Helvet. chim. Acta **31**, 1677 (1948); Experientia (Basel) **1**, 28 (1948). — SADRON, C.: J. Polymer Sci. **3**, 812 (1948)]. Die Rechnungen mit dem Valenzwinkelmodell werden zwar noch schwieriger, gestatten dann aber im Gegensatz zum Segmentmodell die untere Größe von $\overline{h^2}$ anzugeben.

[2] SHEPPARD, N., u. G. J. SZASZ: J. Chem. Phys. **17**, 86 (1949). — In fester Phase ist nur ein Isomeres, vermutlich die ebene trans-(Zickzack-)Form bekannt.

b) Schmelz- und Siedepunktsregelmäßigkeiten

Die Aussagen über den molekularen Feinbau der Paraffine lassen auch eine gewisse Deutung der Schmelz- und Siedepunktsregelmäßigkeiten dieser Verbindungen zu. Mit zunehmendem Molekulargewicht steigen wie üblich die Schmelzpunkte an, wobei die Differenzen der Schmelzpunkte zweier benachbarter Glieder der homologen Reihe allmählich in *alternierender* Weise immer kleiner werden.

Röntgenographische Untersuchungen[1] lassen erkennen, daß bei den geradzahligen, *monoklin* kristallisierenden Verbindungen die großen Identitätsperioden mit dem Netzebenenabstand zusammenfallen, während bei den ungeradzahligen, *rhombisch* kristallisierenden Verbindungen diese Identitätsperiode der doppelten Moleküllänge entspricht. Bei der Aneinanderreihung von geraden oder ungeraden Ketten haben die ersteren aus Symmetriegründen (Bildung eines Symmetriezentrums) ein Gitter monokliner Symmetrie, in dem die Identitätsperiode gleich der Moleküllänge ist. Aus denselben Gründen ist bei den ungeraden Kohlenstoffketten eine rhombische Struktur möglich mit einer Identitätsperiode von zwei Molekeln (vgl. Abb. 17).

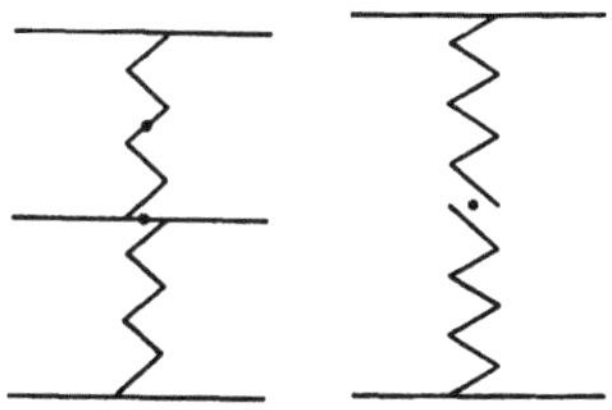
Abb. 17.
Gerade und ungerade Kohlenstoffketten

Dieser Wechsel im Gittertypus, der seinen eigentlichen Grund in dem tetraedrischen Bau des Kohlenstoffatoms hat, verursacht in einer homologen Reihe das Hin- und Herpendeln der Gitterenergie und damit auch das Alternieren der Schmelzpunkte. Auch andere Gittereigenschaften, z. B. die Löslichkeit, kommen hierin zum Ausdruck, übrigens auch in den homologen Reihen zahlreicher Paraffinderivate. Infolge des ähnlichen Gitteraufbaues, den die Ketten des vierbindigen tetraedrischen Kohlenstoffatoms in den verschiedenen Paraffinen besitzen, bilden sich *Mischkristalle* trotz der Verschiedenheit in den Dimensionen der Elementarzelle. So erklärt sich die für die Reindarstellung von Paraffinen mit großer Zahl der Kohlenstoffatome hinderliche Erscheinung, daß solche Verbindungen mit nahe beieinanderliegenden C-Atomzahlen (das gilt auch für Derivate der Kohlenwasserstoffe wie Fettalkohole und Fettsäuren) keine Schmelzpunktserniedrigung geben.

Die Schmelzpunkte von Paraffinen mit mehr als 100 C-Atomen nähern sich mit steigender Kettenlänge einem Grenzwert, etwa 132-135°. Dies zeigt, daß solche langkettigen Molekeln nicht mehr als ganze, starre Gebilde sich bewegen und aus dem Gitter herauslösen, schmelzen können, sondern nur noch in „Segmenten". Die „Individualität" ist in der „Masse" untergegangen. Insbesondere bei einer unsymmetrisch verzweigten Kette von Kohlenstoffatomen findet man sehr häufig einen im Verhältnis zum unverzweigten Isomeren erheblich erniedrigten Schmelz- und Siedepunkt. Dies ist auch wieder letzthin ein Ausdruck der räumlichen Gestalt der betreffenden Molekel. Im geordneten Gitterzustand der festen Stoffe sind die *Seitenketten* mitunter sogar *parallel* zu den Hauptketten ausgerichtet, was im flüssigen Zustand nicht mehr der Fall ist. Diese Verschiedenheit, die auch in der Umgebung der Schmelztemperatur vorhanden ist, bedingt z. T. auch die oft schlechte Kristallisationsfreudigkeit sehr unsymmetrischer, verzweigter Gebilde. Mit zunehmender Verzweigung bilden sich schließlich *kugelsymmetrische* Molekeln aus, deren VAN DER WAALSsche Kräfte infolge der kleinsten Oberfläche sehr klein werden können. Andererseits bedingt eine hohe eigene Symmetrie der Molekel vielfach auch ein symmetrisch aufgebautes Gitter, das schwieriger zu zerstören ist als ein

[1] MÜLLER, A.: Proc. Roy. Soc. (London) **124**, 317 (1929). Untersuchungen an Paraffineinkristallen s. P. A. THIESSEN u. T. SCHOON: Z. physik. Chem. [B] **36**, 216 (1937).

Tabelle 2. *Schmelz- und Siedepunkte der 18 isomeren Octane*

	C_8H_{18}	F [°C]	Kp [°C]
n-Octan	$CH_3(CH_2)_6CH_3$	— 56,8	125,8
2-Methylheptan	$CH_3CH(CH_2)_4CH_3$ | CH_3	—111,3	117,2
3-Methylheptan	$CH_3CH_2CH(CH_2)_3CH_3$ | CH_3	—120,6	119,0
4-Methylheptan	$CH_3(CH_2)_2CH(CH_2)_2CH_3$ | CH_3		118,1
2,2-Dimethyl-hexan . . .	CH_3 | CH_3—C—CH_2—CH_2—CH_2—CH_3 | CH_3	—121,2	107,0
2,3-Dimethyl-hexan . . .	H H CH_3—C—C—CH_2—CH_2—CH_3 | | H_3C CH_3		115,3 (758 mm)
2,4-Dimethyl-hexan . . .	CH_3—CH—CH_2—CH—CH_2—CH_3 | | CH_3 CH_3		109,1 (762 mm)
2,5-Dimethyl-hexan . . .	CH_3—$CH(CH_2)_2CH$—CH_3 | | CH_3 CH_3	— 90,7	109,2
3,3-Dimethyl-hexan . . .	CH_3 | CH_3—CH_2—C—CH_2—CH_2—CH_3 | CH_3	—126,1	111,8
3,4-Dimethyl-hexan . . .	CH_3—CH_2—CH—CH—CH_2—CH_3 | | CH_3 CH_3		118,7
3-Äthyl-hexan	CH_3—CH_2—CH—CH_2—CH_2—CH_3 | CH_2 | CH_3		118,6
2,2,3-Trimethyl-pentan .	CH_3 | CH_3—C—CH—CH_2—CH_3 | | H_3C CH_3		110,5
2,2,4-Trimethyl-pentan .	CH_3 | CH_3—C—CH_2—CH—CH_3 | | CH_3 CH_3	—107,6	99,1
2,3,3-Trimethyl-pentan .	CH_3 | CH_3—CH—C—CH_2—CH_3 | | CH_3 CH_3	—100,70	114,2

Tabelle 2 (Fortsetzung)

	C_8H_{18}	F [°C]	Kp [°C]
2,3,4-Trimethyl-pentan	$CH_3-CH-CH-CH-CH_3$ $\quad\quad\ \ |\quad\ \ |\quad\ \ |$ $\quad\quad CH_3\ CH_3\ CH_3$	−109,21	113,6
2-Methyl-3-äthyl-pentan	$CH_3-CH-CH-CH_2-CH_3$ $\quad\quad\ \ |\quad\ \ |$ $\quad\quad CH_3\ CH_2$ $\quad\quad\quad\quad\ \ |$ $\quad\quad\quad\quad CH_3$	−114,96	115,2
3-Methyl-3-äthyl-pentan	$\quad\quad\quad\quad CH_3$ $\quad\quad\quad\quad\ \ |$ $CH_3-CH_2-C-CH_2-CH_3$ $\quad\quad\quad\quad\ \ |$ $\quad\quad\quad\quad CH_2$ $\quad\quad\quad\quad\ \ |$ $\quad\quad\quad\quad CH_3$	− 90,87	118,4
2,2,3,3-Tetramethyl-butan	$\quad\quad CH_3\ CH_3$ $\quad\quad\ \ |\quad\ \ |$ $CH_3-C-\!-\!-C-CH_3$ $\quad\quad\ \ |\quad\ \ |$ $\quad\quad CH_3\ CH_3$	+102	106,5

unsymmetrisches. Daher steigen bei hochverzweigten unsymmetrischen Gebilden die Schmelzpunkte trotz der „Kugel"-Gestalt wieder an, während das Herausbringen der einzelnen Moleklen aus der Schmelze bzw. dem flüssigen Zustand, der Siedevorgang, sehr erleichtert und damit der Siedepunkt relativ niedrig ist. Solche Stoffe sublimieren vielfach sehr leicht (Borneol, Adamantan usw.).

In technischer Hinsicht sind die Beziehungen von Konstitution und physikalischen Eigenschaften gerade bei den Kohlenwasserstoffen wegen der Verbrennungsvorgänge im Benzin- und Dieselmotor (Klopffestigkeit u. a. m.) von hoher Bedeutung.

3. Ringförmige Verknüpfung von Kohlenstoffatomen

Der einfachste Fall einer ringförmigen Verknüpfung von Kohlenstoffatomen wäre die Bildung eines Zweiringes aus nur zwei Kohlenstoffatomen als „Ringgliedern":

$$\rangle\!C\!-\!C\!\langle \quad \rightarrow \quad \rangle\!C\!=\!\!=\!C\!\langle$$

Dies führt zur Bildung von Verbindungen des Äthylentypus, von ungesättigten Stoffen. Wie immer besitzt auch in diesem Fall das „erste" Glied der homologen Reihe von Ringverbindungen eine Sonderstellung, hier in so ausgesprochenem Maße, daß die Behandlung dieses „Ringsystems", der Kohlenstoff-Kohlenstoff-Doppelbindung, in einem gesonderten Kapitel vorgenommen werden muß[1].

a) Spannungstheorie von A. v. BAEYER

Das nächst höhere Glied dieser homologen Reihe von einfachen Ringverbindungen ist das *Cyclopropan*, C_3H_6. Versucht man, diesen Ring aus den üblichen Tetraedermodellen aufzubauen, so muß man eine beträchtliche Energie zur Ablenkung des Bindungswinkels aufwenden, das Modell besitzt daher eine große

---

[1] Vgl. S. 145.

„innere Spannung". An den Modellen läßt sich weiter zeigen, daß diese Spannung bei der Bildung höherer Ringsysteme abnimmt und die *Valenzwinkelablenkung* aus der normalen Tetraeder-Lage sowie damit verbunden die mechanische Spannung des Modells beim 5- und 6-Ring ein Minimum erreicht und dann langsam wieder beim Übergang zu höheren Ringverbindungen ansteigt. Dabei ist implicite die Voraussetzung gemacht, daß alle C-Atome in einer Ebene gelagert sind.

Diese Theorie der Ringbildung alicyclischer Stoffe, die letzthin den Energieinhalt der Verbindung mit der Tetraedersymmetrie des C-Atoms in Zusammenhang bringt, ist die von A. v. BAEYER[1] aufgestellte Spannungstheorie. Der Energieinhalt dieser gespannten Ringsysteme muß sich in einem Gang der *Verbrennungswärmen* in Abhängigkeit von der Zahl der Ringglieder bemerkbar machen.

Tabelle 3

Anzahl der C-Ringatome	2	3	4	5	6	7	8	17
Verbrennungswärme pro CH_2-Gruppe in kcal	170	168,5	164,0	158,7	157,4	158,3	158,6	157 bis 158
Differenz gegen den Normalwert von 158 kcal (gesättigte C-Kette)	12	10,5	7,5	1	0	0	0	0
Deformation des Tetraederwinkels (ebene Lagerung aller C-Atome)	+54°44′	+24°44′	+9°44′	+0°44′	—5°16′	—9°33′	—12°46′	—24°40′

In Übereinstimmung mit der BAEYERschen Spannungstheorie wird die Verbrennungswärme je CH_2-Gruppe vom 3- bis zum 6-Ring kleiner (vgl. Tab. 3), ist aber beim 6-Ring und den übrigen höheren Ringsystemen — und das ist das Entscheidende — praktisch konstant und gleich der Verbrennungswärme des 6-Rings. Schon allein diese Tatsachen genügen, um die BAEYERsche Spannungstheorie in ihrer ursprünglichen Form zu widerlegen. Hinzu kommt, daß bei den höheren Ringsystemen die Spannung unter der Voraussetzung eines ebenen Baues der Ringe immer größer wird und beim 17-Ring die gleiche Spannung wie beim 3-Ring vorliegen müßte, womit die Existenzmöglichkeit höhergliedriger Ringsysteme zweifelhaft erscheint[2]. Wir wissen heute, daß makrocyclische Gebilde praktisch beliebiger Ringgröße in guten Ausbeuten herstellbar sind[3].

b) Vorstellungen und Versuche von H. SACHSE, E. MOHR und W. HÜCKEL

Von H. SACHSE[4] wurde zunächst hypothetisch die Forderung nach Erhalt der regulär-tetraedrischen Anordnung der Kohlenstoffatome bei der Ringbildung gestellt. Molekelmodelle von 6- oder mehrgliedrigen Ringen, die man sich unter dieser Voraussetzung zusammenstellt, zeigen tatsächlich einen spannungsfreien Aufbau, wobei die Schwerpunkte der C-Atome sich aber nicht mehr wie beim

[1] BAEYER, A. v: Ber. dtsch. chem. Ges. **18**, 2277 (1885).

[2] Siehe dazu W. HÜCKEL: Der gegenwärtige Stand der Spannungstheorie, Fortschr. Chem. Phys. **19**, 4 (1927). — HÜCKEL, W.: Theoretische Grundlagen der Organischen Chemie, 8. Aufl., Bd. I, S. 75ff., Leipzig: Akadem. Verlagsges. 1955.

[3] Siehe zur Herstellung solcher großen Ringe, K. ZIEGLER, in HOUBEN-WEYL, Methoden der Organischen Chemie, 4. Aufl., Bd. IV/2, S. 729ff., Stuttgart: Georg Thieme 1955.

[4] Z. physik. Chem. **10**, 203 (1892).

5-Ring oder den noch kleingliedrigeren Ringen in einer Ebene befinden. Nur durch Aufgabe der ebenen Lagerung ist der Aufbau von 6- und höhergliedrigen Ringen aus unverzerrten Tetraedern möglich. Aus diesen Überlegungen folgt, daß beim Cyclohexan verschiedene spannungsfreie Formen denkbar sind, deren wichtigste als die eine freie Drehbarkeit bis zu einem gewissen Maß noch zeigende *Wannen-* (a) und die starre *Sessel-Form* (b) bezeichnet werden (Abb. 18). Da beide Formen nicht einfach durch freie Drehbarkeit ineinander übergeführt werden können, könnte es zwei Cyclohexane und ebenso zwei monosubstituierte Cyclohexanderivate geben. Alle Versuche zum Nachweis einer solchen Isomerie schlugen fehl und so lehnte man die Gedanken von SACHSE ab.

Die Formen a und b lassen sich, worauf E. MOHR[1] zuerst hinwies, aber durch nur geringe vorübergehende „Verzerrung" der Tetraeder ineinander überführen („Herunterklappen" von C_4 an C_3 und C_5). Das negative Ergebnis aller Versuche, isomere Cyclohexanmonoderivate zu gewinnen, ist daher verständlich. MOHR wies ferner darauf hin, daß bei der Angliederung einer kurzen Kette

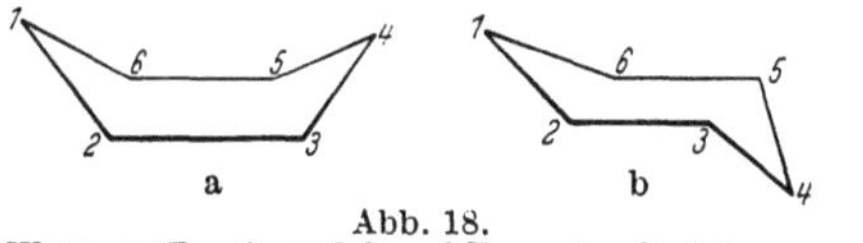

Abb. 18.
Wannen-(Boot)- und Sessel-Form des Cyclohexans

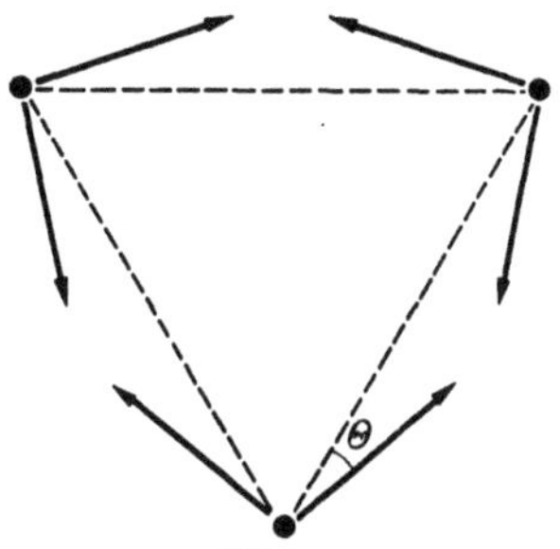

Abb. 19.
Cyclopropan (nach C. A. COULSON, l. c., S. 205). Die Pfeile geben die Richtung der C-Atom-„hybrids" an. $\Theta = 22°$

von Kohlenstoffatomen in ortho-, meta- und para-Stellung des Cyclohexans spannungsfreie Modelle bicyclischer Systeme denkbar sind, daß also z. B. zwei raumisomere Dekahydronaphthaline existieren müssen. In diesen *Dekalinen* liegen zwar die Schwerpunkte der C-Atome wieder nicht in einer Ebene, aber die Modelle zeigen keine Spannung und eine Überführung der einen in die andere Form, etwa durch einfaches Herumklappen der Wannen- in die Sessel-Form wie beim Cyclohexan ist hier nicht möglich. Der angegliederte Ring stabilisiert beide Formen, so daß bei Richtigkeit dieser SACHSE-MOHRschen Vorstellungen zwei raumisomere Dekaline isolierbar sein sollten. Diese Verbindungen sowie eine Reihe anderer Stoffe des gleichen Bautypus sind zuerst von W. HÜCKEL[2] aufgefunden worden. (Weiteres über bicyclische Systeme siehe S. 45ff). In ihrer ursprünglichen Form läßt sich daher die BAEYERsche Spannungstheorie nicht aufrechterhalten, wohl aber mit der wesentlichen Einschränkung, daß vom 6-Ring an aufwärts die Bildung nichtebener, spannungsfreier Systeme unter weitestgehender Erhaltung der Tetraedersymmetrie des Kohlenstoffatoms erfolgt.

Der 3-Ring, das *Cyclopropan*, müßte nach den Modellvorstellungen (Winkel von 60° anstelle 109° 28′) eine sehr erhebliche Spannung aufweisen. Dafür spricht das z. T. beträchtlich erhöhte Reaktionsvermögen von Verbindungen, die wie das Cyclopropan, Äthylenoxyd, Äthylensulfid oder Äthylenimin einen Dreiring enthalten. Beispielsweise kann man Cyclopropan schon durch katalytische Hydrierung in n-Propan[3] oder durch geeignete Katalysatoren leicht zum Propylen[4] aufspalten.

[1] J. prakt. Chem. [2] **98**, 322 (1918).
[2] Liebigs Ann. **441**, 1 (1925); **451**, 109 (1926); vgl. a. W. HÜCKEL: Spannungstheorie, S. 38—46, in Fortschr. chem. Phys. **19**, 38 (1928).
[3] WILLSTÄTTER, R., u. J. BRUCE: Ber. dtsch. chem. Ges. **40**, 4459 (1907).
[4] TANATAR, S.: Ber. dtsch. chem. Ges. **29**, 1298 (1896); **32**, 705, 1965 (1899); Z. physik. Chem. **41**, 735 (1902). — IPATIEFF, W.: Ber. dtsch. chem. Ges. **35**, 1063 (1902).

Die Besonderheiten kommen auch darin zum Ausdruck, daß z. B. Cyclopropanon nur in Form seines Hydrates herstellbar ist[1]. Sehr wahrscheinlich liegt im Cyclopropan ein etwas anderes Valenzwinkelgerüst vor, derart, daß die vier Kohlenstoffbindungen nicht mehr gleichmäßig sp^3-Charakter haben, sondern den C—C-Bindungen mehr p (π) und den C—H-Bindungen mehr s (σ)-Charakter zukommt[2,3]. Damit würden die C—H-Bindungen verfestigt, auch die Valenzwinkel H—C—H und C—C—H vergrößert, dagegen die C—C-Bindungen gelockert sein (und der normale Tetraederwinkel hier verkleinert[4]). Mit dem Nachgeben der Valenzwinkel H—C—H und C—C—H ist möglicherweise auch eine gewisse Aufgabe der normalen Lagerung verbunden, derart, daß die Ringebene nicht mehr Symmetrieebene ist. Dadurch können die H-Atome sich ähnlich wie beim Äthan auf Lücke stellen.

Eine quantenmechanische Berechnung des obigen 60°-Modells läßt unter diesen Bedingungen keine Hybridisierung zu, da zwei Hybrids (hybridisierte Molekularbahnen) keinen Winkel miteinander einschließen können, der kleiner als 90° ist. Man erhält aber eine recht gute Hybridisierungsmöglichkeit, wenn man anstelle von 60° einen Winkel von $22° + 60° + 22° = 104°$ der C—C—C-Atome untereinander annimmt (vgl. Abb. 19, S. 33). Allerdings weisen die so entstehenden Elektronenbahnen nicht direkt aufeinander, man erhält „gebogene" Bindungen. Man kann auch sagen, anstelle der üblichen „Würstchen" finden sich hier „*Bananen*"-*Bindungen*, dies ergibt also die beste Paarung. Die hier aber geringere Überlappung der molekularen Elektronenbahnen bedeutet eine geringere Bindungsfestigkeit gegenüber der vollkommenen Paarung von normalen C—C-Bindungen, so daß damit der größere Energieinhalt, wie er calorimetrisch gemessen werden kann, die Spannung des Dreirings, verständlich wird. Mit anderen Worten, diese unvollkommene Hybridisierung ist der moderne Ausdruck des Inhalts der BAEYERschen Spannungstheorie.

Bei *Cyclobutanderivaten*, z. B. dem Methylencyclobutan, sind durch Elektronenbeugungsversuche kleinere Verzerrungen des 90°-C—C—C-Winkels von etwa 2—3° festgestellt worden[5]. Eine Quadratform des sehr beständigen Octafluorcyclobutans läßt sich durch Elektronenbeugungseffekte erkennen, wobei sich ein etwas größerer Abstand der C—C-Ringkohlenstoffatome von 1,57—1,62 Å wohl als Folge der abstoßenden Wirkung der Fluoratome ergeben hat[6]. Man kann auch die Möglichkeit erörtern, ob alle 4 C-Atome wirklich in einer Ebene liegen oder im Zeitmittel ein C-Atom eine aus der Ebene etwas herausragende Stellung einnehmen kann. Die Hybridisierung dürfte auch hier schwach gebeugte C—C-Bindungen zustande bringen, wodurch diesen Bindungen immer noch kein reiner C—C-Atombindungscharakter zukommt, und die geringere Überlappung der Elektronen-

---

[1] Aus Diazomethan und Keten.

[2] Elektronenbeugungsaufnahmen s. O. BASTIANSEN u. O. v. HASSEL: Tidsskr. Kjemi Bergv. **6**, 71 (1946); entsprechende Untersuchungen am Chlorcyclopropan s. O. GORMAN u. V. SCHOMAKER: J. Amer. Chem. Soc. **68**, 1138 (1946); s. ferner zur Struktur A. D. WALSH: Trans. Faraday Soc. **45**, 179 (1949). — DONOHUE, J., G. L. HUMPHREY u. V. SCHOMAKER: J. Amer. Chem. Soc. **67**, 332 (1945).

[3] FÖRSTER, T.: Z. physik. Chem. [B] **43**, 58 (1939). — COULSON, C. A., u. W. E. MOFFIT: J. Chem. Phys. **15**, 151 (1947). — DUNITZ, J. D., u. V. SCHOMAKER: J. Chem. Phys. **20**, 1708 (1952).

[4] Verfestigungen und Winkelspreizungen dieser Art dürften auch in anderen gespannten Dreiringsystemen (Äthylenoxyd, Äthylensulfid, Äthylenimin) sowie bei entsprechenden Spiroverbindungen (Spiropentan) auftreten.

[5] SHAND, W. jr., V. SCHOMAKER u. I. R. FISCHER: J. Amer. Chem. Soc. **66**, 636 (1955). — DUFFEY, G. H.: J. Chem. Phys. **14**, 342 (1946). — COULSON, C. A., u. W. E. MOFFIT: J. Chem. Phys. **15**, 151 (1947). — DUNITZ, J. D., u. V. SCHOMAKER: J. Chem. Phys. **20**, 1703 (1952).

[6] LEMAIN, H. P., u. R. L. LIVINGSTONE: J. Chem. Phys. **18**, 569 (1950).

bahnen infolge dieser unvollkommenen Hybridisierung wieder als Ausdruck der BAEYERschen Spannung im Vierringsystem angesehen werden kann.

Auch für das *Cyclopentan*[1] (ebenso auch für das Tetrahydrofuran[2]) werden ebene Raumstrukturen angenommen, in denen ein C-Atom etwas aus der Ebene herausragt, um Platz für die H-Atome auf „Lücke" zu schaffen. Insofern ist daher das relativ starre, ebene Cyclopentan gegenüber dem nichtebenen Cyclohexan etwas benachteiligt, wodurch im ebenen Cyclopentan noch eine gewisse restliche Spannung vorhanden ist und das eigentliche Energieminimum daher erst beim Cyclohexan auftritt (vgl. Tab. 3, S. 32).

Die bei Zimmertemperatur vorhandene Raumform des *Cyclohexans* ist nach dem Ergebnis physikalischer Untersuchungen (thermodynamische, optische [Raman-, IR-Spektren] und Elektronenbeugungs-Messungen) die *Sesselform*. Aus ihr kann sich bei höheren Temperaturen die um rund 5 bis 6 kcal energiereichere *Wannen*-(Boot)-*Form* bilden. Welche der beiden raumisomeren Formen in den Derivaten des Cyclohexans vorliegt, wird von der Art der Substituenten und natürlich erst recht von dem Vorhandensein eines angegliederten weiteren Ringsystems abhängen.

Auf Grund von thermodynamischen Untersuchungen[3] und den Ergebnissen von Elektronenbeugungsaufnahmen an zahlreichen Cyclohexanderivaten[4] hat D. H. R. BARTON[5] auf eine weitere, feinere Isomeriemöglichkeit an der Sessel-Cyclohexanmolekel hingewiesen.

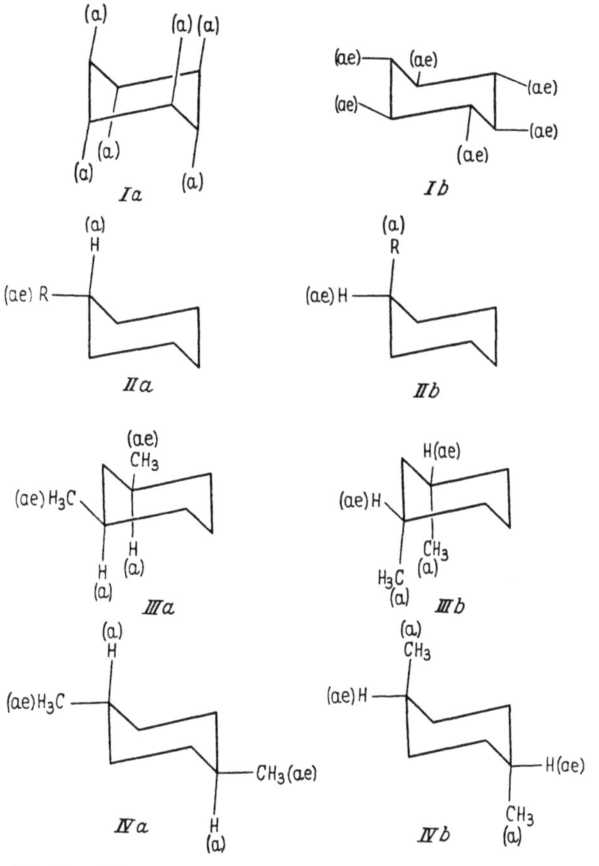

Abb. 20. Axiale (a) und äquatoriale (ae) Bindungen im Cyclohexan (I a und b), in Monosubstitutionsprodukten des Cyclohexans (II a und b), in cis-1,3-Dimethyl-cyclohexanen (III a und b), in trans-1,4-Dimethyl-cyclohexanen (IV a und b)

---

[1] Untersuchungen der Elektronenbeugung s. O. v. HASSEL u. H. VIERVOLL: Tidsskr. Kjemi Bergv. **6**, 31 (1946). — BASTIANSEN, O., u. O. v. HASSEL: Tidsskr. Kjemi Bergv. **6**, 71 (1947). — Im Cyclopentan soll nach neueren Messungen der Verbrennungswärme eine Spannungsenergie von 7 kcal/Mol vorhanden sein, PITZER, K.: Science (Lancaster, Pa.) **101**, 672 (1945).

[2] BEACH, J. Y.: J. Chem. Phys. **9**, 54 (1941).

[3] BECKETT, C. W., K. S. PITZER u. R. SPITZER: J. Amer. Chem. Soc. **69**, 2488 (1947).

[4] HASSEL, O. v., u. H. VIERVOLL: Acta chem. scand. (Copenh.) **1**, 149 (1947). — HASSEL, O. v., u. B. OTTAR: Acta chem. scand. (Copenh.) **1**, 929 (1947).

[5] BARTON, D. H. R.: Experientia (Basel) VI/8, 316 (1950).

Er unterscheidet zwei C—H-Bindungsarten im Cyclohexan: eine, in der, wie Abb. 20/Ia (S.35) zeigt, die C—H-Bindungen senkrecht zur Ebene der sechs C-Atome stehen *(polare Bindungen)*[1] und eine andere, in der die C—H Bindungen (vgl. Abb. 20/Ib) sich angenähert in dieser Ebene befinden *(äquatoriale Bindungen)*. Aus den thermodynamischen Berechnungen folgt, daß ein äquatorialer Ligand in einem solchen Cyclohexan-Sesselsystem stabiler als ein azimutaler ist. Am Modell läßt sich weiterhin sehen, daß „azimutale" Bindungen sterisch behinderter sind als die äquatorialen. Nach dieser Auffassung nehmen mono- und disubstituierte Cyclohexanderivate mehr die äquatoriale als die azimutale „Konstellation" an. Allerdings sind die Energieschwellen zwischen den Konstellationen so klein (etwa 1 kcal bei 20°), daß sie in diesen Fällen nicht mit den üblichen chemischen, sondern nur mit physikalischen Methoden nachweisbar und die Formen nicht etwa getrennt zu isolieren sind. Beispiele für die äquatorialen Konstellationen von monosubstituierten Cyclohexanderivaten und cis-1,3- bzw. trans-1,4-Cyclohexan-dimethyl- derivaten zeigen die Abb. 20 IIa (nicht IIb), IIIa (nicht IIIb), IVa (nicht IVb). Diese Betrachtungen lassen sich auf in 2-Stellung substituierte Cyclohexanole sowie die Dekalole ausdehnen (Abb. 21):

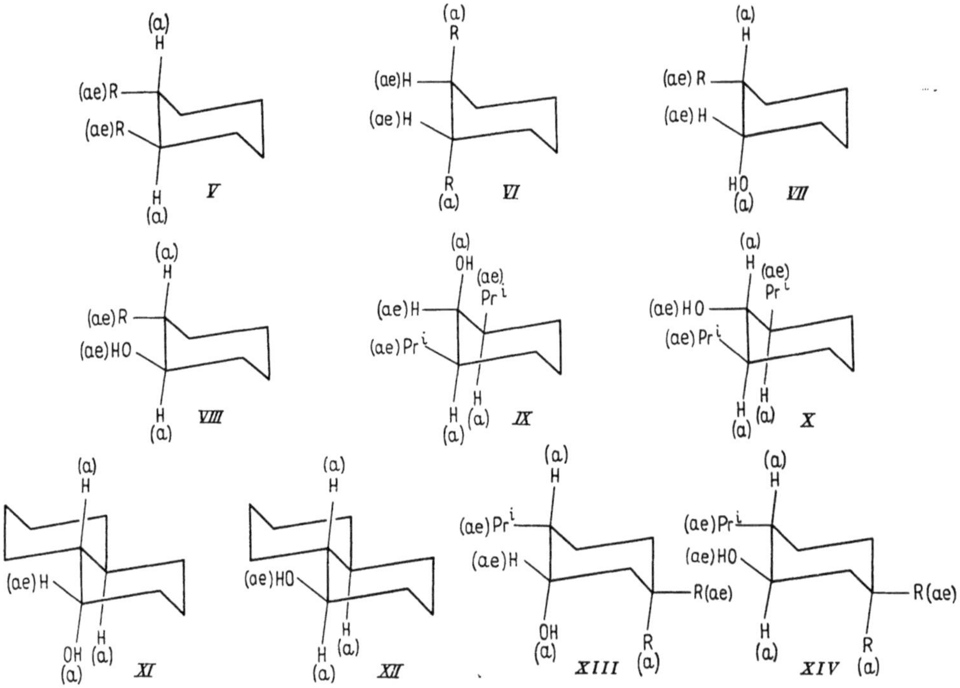

Abb. 21. Azimutale (a) und äquatoriale (ae) Bindungen in 1,2-substituierten Cyclohexanen (V und VI), in 2-substituierten Cyclohexanolen (VII und VIII), in 2,6-substituierten Cyclohexanolen (IX und X), in Dekalolen (XI und XII), in 2,5,5-substituierten Cyclohexanolen (XIII und XIV)

Die möglichen Stellungen der H-Atome bzw. Liganden, äquatorial oder azimutal, kommen im *chemischen Verhalten* in verschiedener Weise zum Ausdruck. Reduziert man ein *Cyclohexanonderivat* mit Natrium und Alkohol, so entsteht nur

[1] Der Ausdruck „polar" ist wegen des möglichen Doppelsinnes unzweckmäßig. Es wird dafür „azimutale" oder „axiale" Bindung vorgeschlagen. — Siehe ferner H. D. ORLOFF, Chem. Reviews 54, 347 (1954) und W. KLYNE, Progress in Stereochemistry, 1, Butterworths, London 1954.

derjenige sekundäre Alkohol, der die OH-Gruppe in äquatorialer Stellung trägt. Im alkalischen Milieu sind, wie gesonderte Versuche an sekundären Alkoholen zeigen[1], Epimerisierungen möglich (vgl. die Racemisierung von Alkoholen vom Typ RR'CH(OH), S. 75), die fehlen, wenn man im neutralen Medium katalytisch reduziert. Demgemäß entsteht bei der katalytischen Hydrierung der epimere Alkohol mit einer „azimutalen" Hydroxylgruppe.

Weiterhin sind *cis*-2-substituierte *Cyclohexanole* wie VII mit „polarer" Hydroxylgruppe schwieriger zu verestern und ihre Ester schwerer zu verseifen als die entsprechenden Alkohole mit äquatorialer Hydroxylgruppe. Umgekehrt verläuft die Chromsäureoxydation solcher Cyclohexanole[2], d. h. also, die cis-Alkohole mit „polarer" Hydroxylgruppe werden rascher oxydiert. Vermutlich handelt es sich bei solchen Reaktionen um einen primären Angriff auf die C—H- und nicht auf die C—OH-Gruppe. Diese Überlegungen lassen sich auch auf die Di- und Triterpenoide sowie die Steroide ausdehnen[3].

Die im Cyclohexan und in den höheren Ringsystemen vorhandene Beweglichkeit der CH_2-Gruppen muß, wie auch aus dem Voranstehenden hervorgeht, zur Folge haben, daß in Nachbarschaft stehende Substituenten (cis-Lagerung) sich etwas weiter voneinander entfernen, entgegengesetzt stehende Substituenten (trans-Lagerung) sich einander nähern können. In dem praktisch ebenen *Cyclopentansystem* sind dagegen cis- und trans-ständige Substituenten in einer noch relativ starren Lage zueinander gehalten, so daß man bei entsprechenden isomeren Verbindungen des 5-, 6- und 7-Ringes mit gewissen Unterschieden im chemischen Verhalten rechnen kann. So bildet sich z. B. aus der cis-Cyclopentan-1,2-dicarbonsäure leicht ein monomolekulares Anhydrid[4], während aus der trans-Form kein monomeres Anhydrid zu erhalten ist. Dagegen bilden cis- und trans-Cyclohexan-1,2-dicarbonsäure in beiden Fällen ein normales Anhydrid.

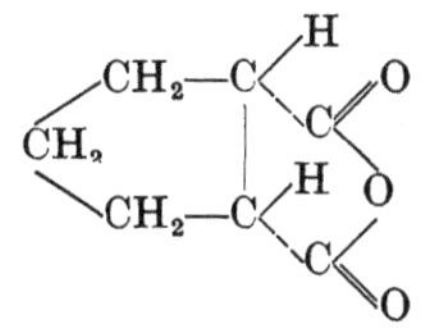

cis-Anhydrid

der Cyclopentan-1,2-dicarbonsäure

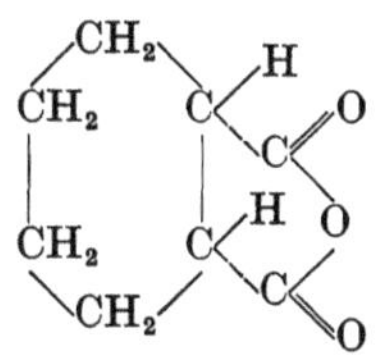

cis-Anhydrid

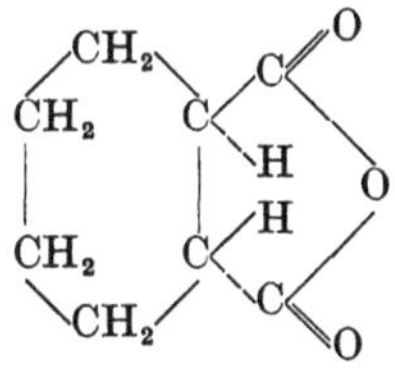

trans-Anhydrid[5]

der Cyclohexan-1,2-dicarbonsäure

Andere Reaktionen, wie z. B. die Acetalbildung der cis- bzw. trans-1,2-Diole mit Aceton[6] oder die Erhöhung der Leitfähigkeit von Borsäure durch Bildung gut leitender Borsäurekomplexe mit 1,2-Diolen geeigneter Lage der Hydroxylgruppen bestätigen im wesentlichen die obigen Vorstellungen vom räumlichen Bau dieser Ringsysteme.

[1] Das *trans*-α-Dekalol isomerisiert leicht zu der Form XII mit einer äquatorialen Hydroxylgruppe.

[2] VAVON, G.: Bull. Soc. chim. France [4] **49**, 937 (1931).

[3] Siehe L. F. FIESER: Experientia (Basel) **6**, 312 (1950).

[4] BAEYER, A. v.: Liebigs Ann. **258**, 217 (1890). — PERKIN, W. H. jr.: J. Chem. Soc. (London) **65**, 588 (1894).

[5] Eine solche Lage bezeichnet man als meso-*trans*-Stellung. J. BREDT: Liebigs Ann. **395**, 29 (1913).

[6] BÖESEKEN, J.: Ber. dtsch. chem. Ges. **46**, 2612 (1913); **55**, 3758 (1922).

c) Makrocyclische Verbindungen

Wie ist nun der räumliche Aufbau von vielgliedrigen Ringsystemen[1], also von cyclischen Verbindungen mit mehr als 6 Ringgliedern, zu denken?

In der ursprünglichen BAEYERschen Spannungstheorie wird neben dem Gedanken der ebenen Anordnung der Ringkohlenstoffatome auch die Ringbildungstendenz mit der Spannung der entstehenden Ringsysteme in Zusammenhang gebracht. Die häufig vorhandene geringe Bildungstendenz, also Bildungsgeschwindigkeit makrocyclischer Systeme aus offenkettigen Verbindungen mit zur gegenseitigen Reaktion geeigneten Endgruppen, ist aber nicht unmittelbar mit einer eventuellen Spannung in den gebildeten Ringen gleichzusetzen. Vielmehr liegen hier komplizierte Verhältnisse vor, die z. T. auch heute noch nicht geklärt sind. Die durch die meist geringe Bildungstendenz erschwerte Darstellung makrocyclischer Verbindungen erforderte daher die Ausarbeitung neuer präparativer Verfahren, wozu die Entdeckung von L. RUZICKA vom makrocyclischen Aufbau der echten *Moschusriechstoffe* (1926) entscheidend beitrug. So gelang es L. RUZICKA[2] in Übereinstimmung mit den von SACHSE und MOHR geschaffenen Vorstellungen vom nichtebenen, spannungsfreien Bau höhergliedriger Ringsysteme, cyclische Methylenketone bis zum 33-gliedrigen Ring durch trockne Destillation der Thorium- oder Cersalze entsprechender Paraffindicarbonsäuren, allerdings mit besonders bei höchstgliedrigen Ringsystemen sehr schlechten Ausbeuten (1%), herzustellen.

Eine weitere Verbesserung der Arbeitsmethodik zur Herstellung hochgliedriger Ringsysteme gelang K. ZIEGLER[3] durch Anwendung des RUGGLI[4]-ZIEGLERschen *Verdünnungsprinzips*. Die dem Verfahren zugrunde liegende Methode ist eine abgeänderte Form der DIECKMANNschen Esterkondensation, indem nicht die Di-ester, sondern die Di-nitrile der innermolekularen Kondensation zugeführt werden. Zur Durchführung der Reaktion im homogenen System wird eine lösliche metall-organische Verbindung als Kondensationsmittel benutzt. Beim Zusammengeben genau äquivalenter Mengen der Komponenten spielen sich folgende Reaktionen ab:

$$\text{Dinitril} + 2\,\text{MX} \rightleftharpoons \text{Dinitril-M} + \text{HX} + \text{MX} \rightleftharpoons \text{Dinitril-M}_2 + 2\,\text{HX}$$

Aus diesen Gleichgewichten reagiert die Monometallverbindung des Nitrils irreversibel unter Cyclisierung:

$$(CH_2)_{n-1}\begin{pmatrix} C\equiv N \\ CH-CN \end{pmatrix} Na \longrightarrow (CH_2)_{n-1}\begin{pmatrix} C=N-Na \\ CH-CN \end{pmatrix} \longrightarrow (CH_2)_{n-1}\begin{pmatrix} C=O \\ CH-CN \end{pmatrix} \longrightarrow (CH_2)_n\,C=O$$

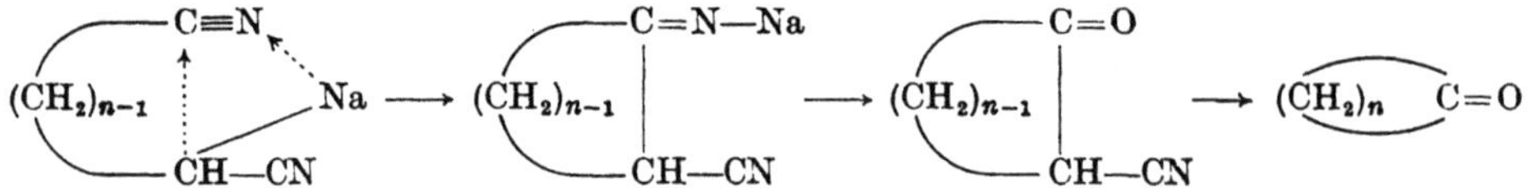

Sorgt man durch gehörige Verdünnung dafür, daß die Gesamtkonzentration an Dinitril sehr klein ist und daß durch geeignete Wahl des cyclisierenden Reagenses auch die Konzentration des entstehenden Metallderivates sehr gering ist, so wird das gebildete Dinitril-M ständig durch innermolekularen Ringschluß aus den Gleichgewichten entfernt und damit die Ausgangsverbindung praktisch weitgehend zum Ring geschlossen.

---

[1] Siehe dazu K. ZIEGLER: Methoden zur Herstellung und Umwandlung großer Ringsysteme in Houben-Weyl, Methoden der Organischen Chemie, 4. Aufl., Bd. IV/2, S. 729 ff., Stuttgart: Georg Thieme 1955.

[2] RUZICKA, L.: Helvet. chim. Acta **9**, 499 (1926); **11**, 496 (1928); **13**, 1152 (1930); **16**, 493 (1933).

[3] ZIEGLER, K.: Liebigs Ann. **504**, 94 (1933); **511**, 1 (1934); **512**, 164 (1934); **513**, 43 (1943); **528**, 114, 143 (1937); Ber. dtsch. chem. Ges. **67** A, 140 (1934).

[4] RUGGLI, P.: Liebigs Ann. **392**, 92 (1912); **399**, 174 (1913); **412**, 1 (1917).

Als cyclisierendes Agens hat sich z. B. das $C_6H_5N(CH_3)Na$ als sehr geeignet erwiesen. Gemäß der obigen Reaktionsfolge gelingt so z. B. die Synthese des Cycloheptadecanons (Dihydrozibeton) in einer Ausbeute von fast 70%[1]. Auch die Darstellung des racemischen Muscons[2] (β-Methyl-cyclopentadecanon) kann auf dem gleichen Wege ausgeführt werden. Dieses Verfahren liefert beim 9—13-Ring relativ schlechte Ausbeuten, da in diesen Fällen der Cyclisierung eine bimolekulare Reaktion (Kondensation zum offenkettigen Dimeren) vorgelagert ist. Andererseits sind so die Ringsysteme mit 18, 20, 22, 24 und 26 Kohlenstoff-Atomen unmittelbar von der Sebacinsäure ($HOOC(CH_2)_8COOH$ aus Ricinusöl) und ihren nächst höheren Homologen aus zugänglich.

In der Folgezeit wurden dann eine Reihe weiterer Verfahren zur Ringbildung[3] aufgefunden, von denen das Verfahren von HANSLEY[4]-PRELOG[5]-STOLL[6, 7] zentrale Bedeutung für den Aufbau makrocyclischer Systeme erlangt hat.

Dicarbonsäureester lassen sich durch flüssiges Natriummetall in siedendem Xylol unter Reinststickstoff (Radikalreaktion!) glatt in *Acyloine* (siehe S. 283) überführen:

$$(CH_2)_n \begin{matrix} COOCH_3 \\ COOCH_3 \end{matrix} \xrightarrow{+4\,Na} (CH_2)_n \begin{matrix} CONa \\ \| \\ CONa \end{matrix} + 2\,NaOCH_3;\ II \xrightarrow{H^\oplus} (CH_2)_n \begin{matrix} C \overset{H}{\underset{OH}{\diagup}} \\ C=O \end{matrix}$$

I   II

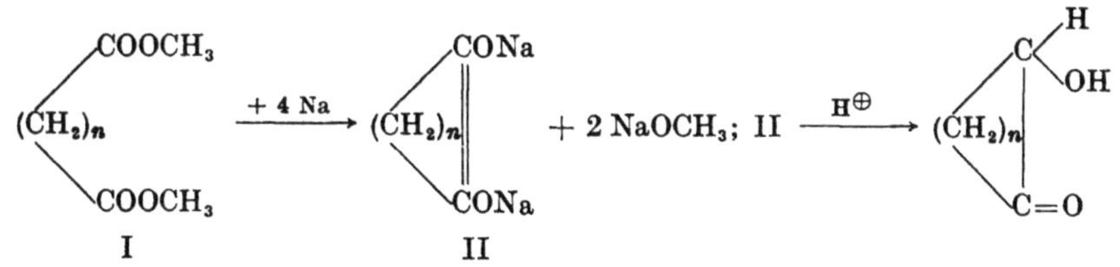

Diese Reaktion vollzieht sich unter geeigneten Bedingungen überraschend leicht und liefert auch vom 10-Ring[8] an hohe, bald theoretisch werdende Maximalausbeuten an makrocyclischen Gebilden.

Der isocyclische 8-Ring ist so bisher nicht darstellbar, der 7-Ring nur bei zusätzlicher Anwendung des Verdünnungsprinzips, dagegen ist der 6-Ring, das Adipoin[9], ohne Schwierigkeiten so zu gewinnen. Offenbar vollzieht sich die Reaktion unter Ausschluß von Luft zwischen Ester und Natrium außerordentlich rasch, so daß die „stationäre" Esterkonzentration auch bei rascherem Esterzulauf in der Lösung stets gering bleibt (Verdünnungsprinzip!)[10]. Außerdem scheint ein noch nicht ganz sicher erkannter Effekt eine Rolle zu spielen, der die übliche statistische Verteilung der Molekelformen langkettiger Gebilde in Lösung hier verhindert, so daß die zum Ringschluß geeignete „Kettenform", vielleicht durch bevorzugte Adsorption der Carbalkoxy-Kettenenden an der Metalloberfläche, als statistisch häufigste erscheint.

Dieses Verfahren ist offenbar auf alle Verbindungen vom Typ ROOC—COOR übertragbar, falls das hier durch den Strich angedeutete Mittelstück keine die

---

[1] ZIEGLER, K.: Liebigs Ann. 512, 1 (1934).
[2] ZIEGLER, K., u. H. WEBER: Liebigs Ann. 512, 164 (1934).
[3] Zum Beispiel intramolekulare Ketendimerisation nach A. T. BLOMQUIST; intramolekulare Aldolkondensation nach M. STOLL u. A. ROUVÉ; intramolekulare Abspaltung von Alkalimetallhalogeniden nach H. HUNSDIECKER usw. Näheres s. K. ZIEGLER in Methoden der Organischen Chemie, 4. Aufl., Bd. IV/2, S. 729ff. Stuttgart: Georg Thieme 1955.
[4] HANSLEY, L.: A. P. 2228 268 (1941); C. 1941 II, 1449.
[5] PRELOG, V.: Helvet. chim. Acta 30, 1741 (1947).
[6] STOLL, M., u. J. HULSTKAMP: Helvet. chim. Acta 30, 1815 (1947).
[7] ROUVÉ, A.: Helvet. chim. Acta 30, 1822 (1947).
[8] Beim 9-Ring 30%, beim 10-Ring 60% Ausbeute.
[9] Auch ein Glutar„oin" ist bekannt, J. C. SHEEHAN, R. C. O'NEILL u. M. A. WHITE: J. Amer. Chem. Soc. 72, 3376 (1950).
[10] Vgl. hierzu H. HENECKA in Methoden der Organischen Chemie, 4. Aufl., Bd. VIII, S. 642, Stuttgart: Georg Thieme 1952.

Reaktion der Estergruppen mit dem Natrium störende Gruppierung enthält[1] und modellmäßig aus sterischen Gründen überhaupt eine genügende Annäherung der ringschließenden Gruppen möglich ist[2]. Von den Acyloinen ist es weiterhin präparativ möglich, zu Lactonen, Lactamen und Polymethyleniminen zu gelangen. Nach K. ZIEGLER ist die Chemie der makrocyclischen Systeme aus dem Zustand der „Festtagschemie" nun in den der „Alltagschemie" gerückt. So ist das bis vor kurzem praktisch nicht herstellbare Cyclodecanon heute nicht schwerer zugänglich als jedes beliebige andere höhere aliphatische Keton. Aus der Fülle präparativer Ergebnisse zur Herstellung makrocyclischer Systeme seien einige Beispiele (auch Heteroatome, aromatische Systeme und Mehrfachbindungen enthaltende Ringsysteme) gegeben:

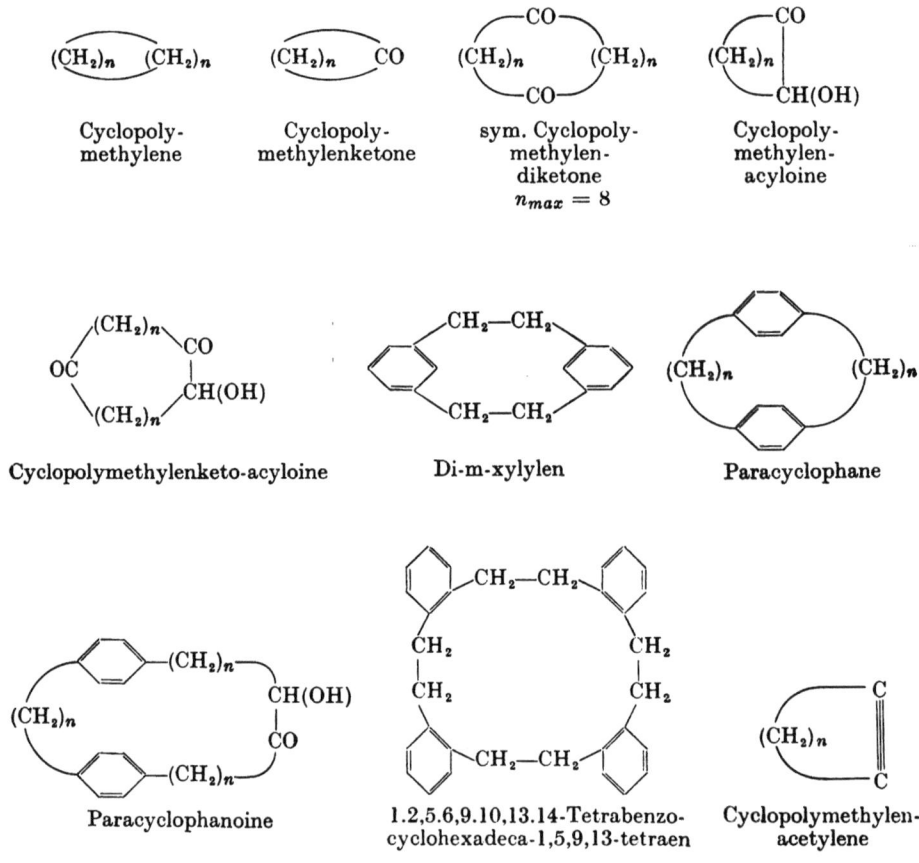

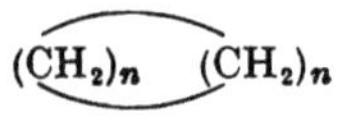

Cyclopolymethylene

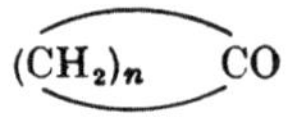

Cyclopolymethylenketone

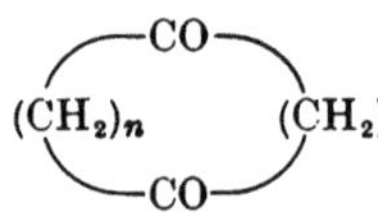

sym. Cyclopolymethylendiketone $n_{max} = 8$

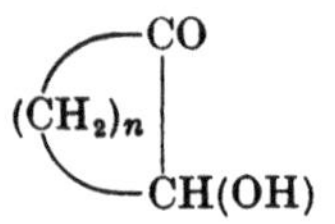

Cyclopolymethylenacyloine

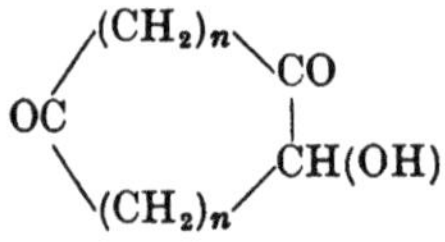

Cyclopolymethylenketo-acyloine

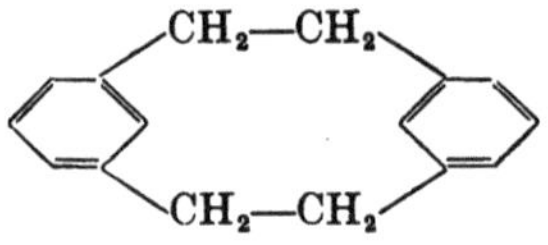

Di-m-xylylen

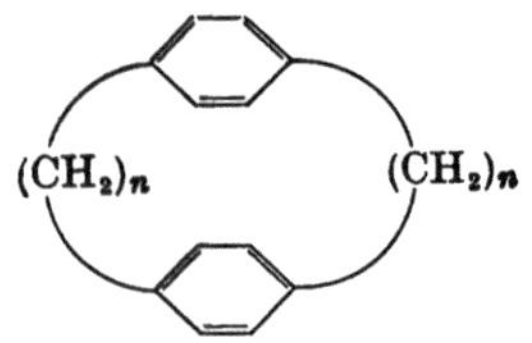

Paracyclophane

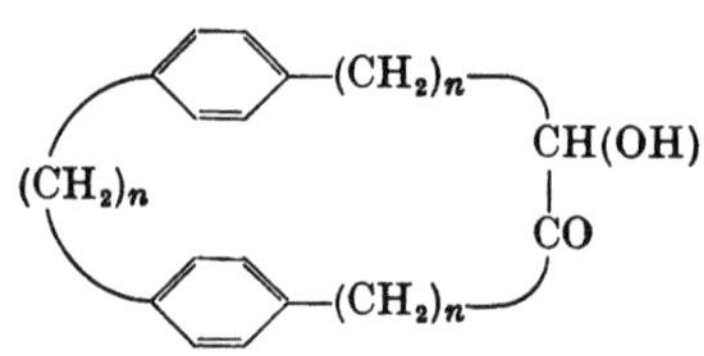

Paracyclophanoine

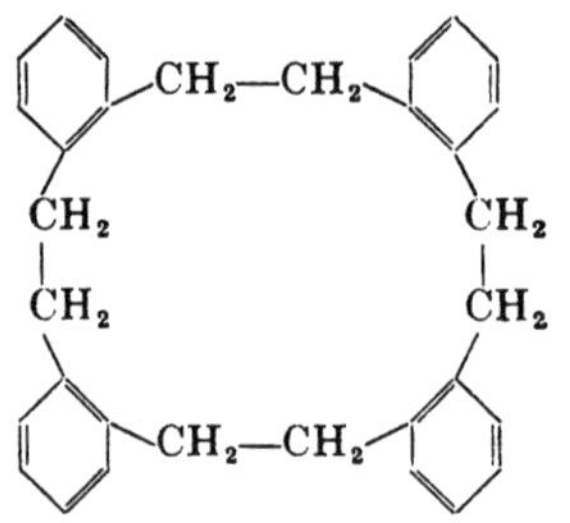

1.2,5.6,9.10,13.14-Tetrabenzocyclohexadeca-1,5,9,13-tetraen

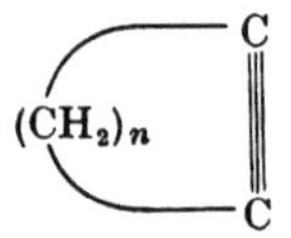

Cyclopolymethylenacetylene

---

[1] Vgl. M. STOLL, J. HULSTKAMP u. A. ROUVÉ: Helvet. chim. Acta **31**, 544 (1948).

[2] So lassen sich auch Ätherdicarbonsäureester, Äthylenacetale von Ketodicarbonsäuren (also Schutz der störenden Carbonyl-Gruppe durch Acetalbildung) verwenden. PRELOG, V., u. Mitarbb.: Helvet. chim. Acta **33**, 1937 (1950). Weiter ist die Zwischenschaltung von  mit $n = 1$ oder 2 (mit 2 p-ständigen Phenylgruppen, 28-Ring) oder C≡C-Gruppen möglich. KELLY, R., D. M. McDONALD u. K. WIESNER: Nature (London) **166**, 225 (1950). — STEINBERG, H., u. D. J. CRAM: J. Amer. Chem. Soc. **73**, 5691 (1951); **74**, 5388 (1952). — FUSON, R. C., u. G. R. SPERANZA: J. Amer. chem. Soc. **74**, 1621 (1952).

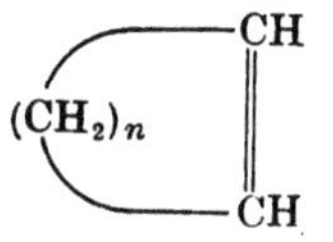
Cyclopolymethylen-äthylene[1]

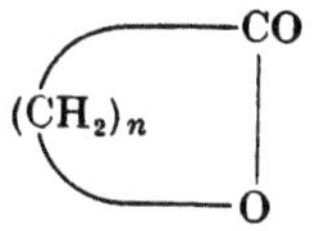
Cyclopolymethylen-lactone

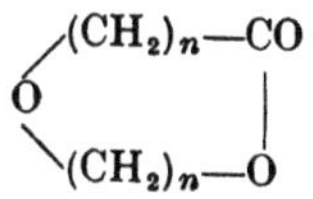
Oxa-lactone

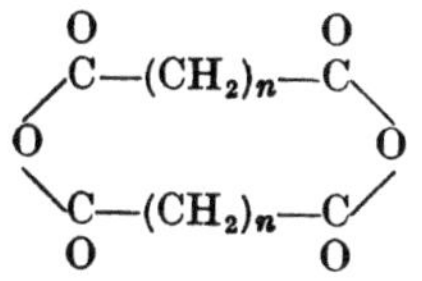
Polymethylendicarbon-säureanhydride

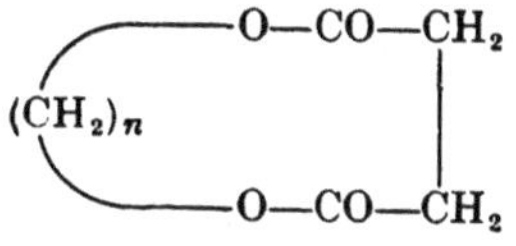
Polymethylensuccinate

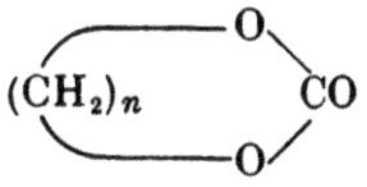
Polymethylencarbonate
$n_{max} = 14$

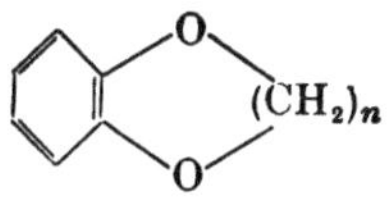
Brenzcatechin-cyclopolymethylen-äther

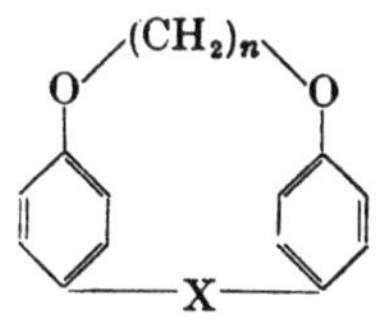
X = CH_2, $(CH_2)_n$, C=O, SO_2
Ansa-Verbindungen

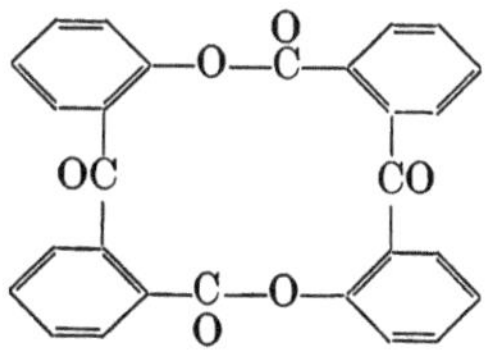
innerer dimolekularer Ester der 1-Oxy-benzophenon-1'-carbonsäure

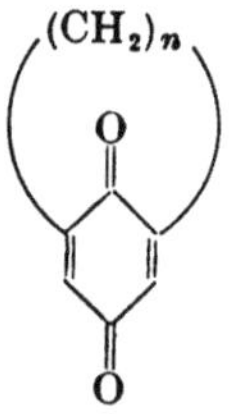
2,6-Polymethylen-benzochinone[2]
$n_{max} = 16$

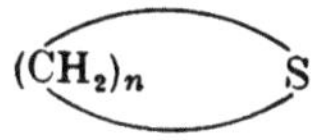
Cyclopolymethylen-sulfide, $n_{max} = 14$

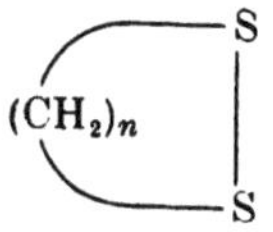
Cyclopolymethylen-disulfide, $n_{max} = 10$

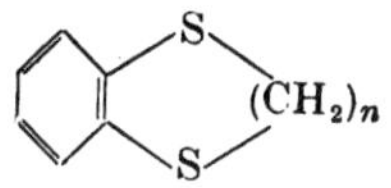
Brenzcatechin-cyclopolymethylen-dithioäther

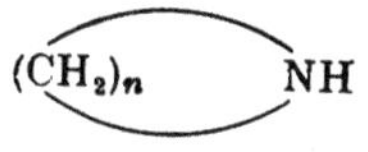
Cyclopolymethylen-imine, $n_{max} = 21$

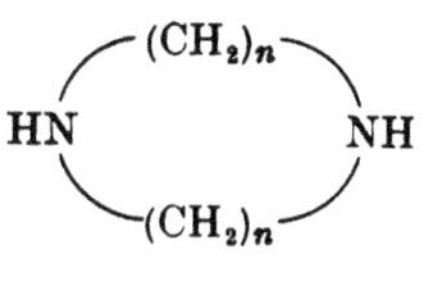
Cyclopolymethylen-diimine

---

[1] Hierher gehört z. B. das Zibeton 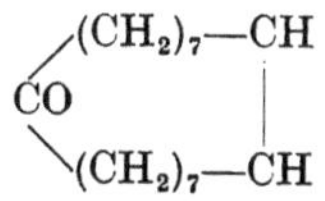 und das Ambrettolid 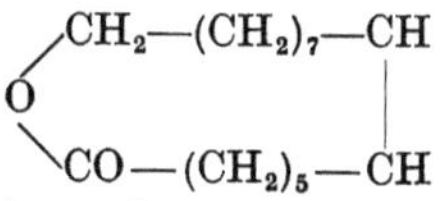 s. auch Anmerkung 2, S. 40.

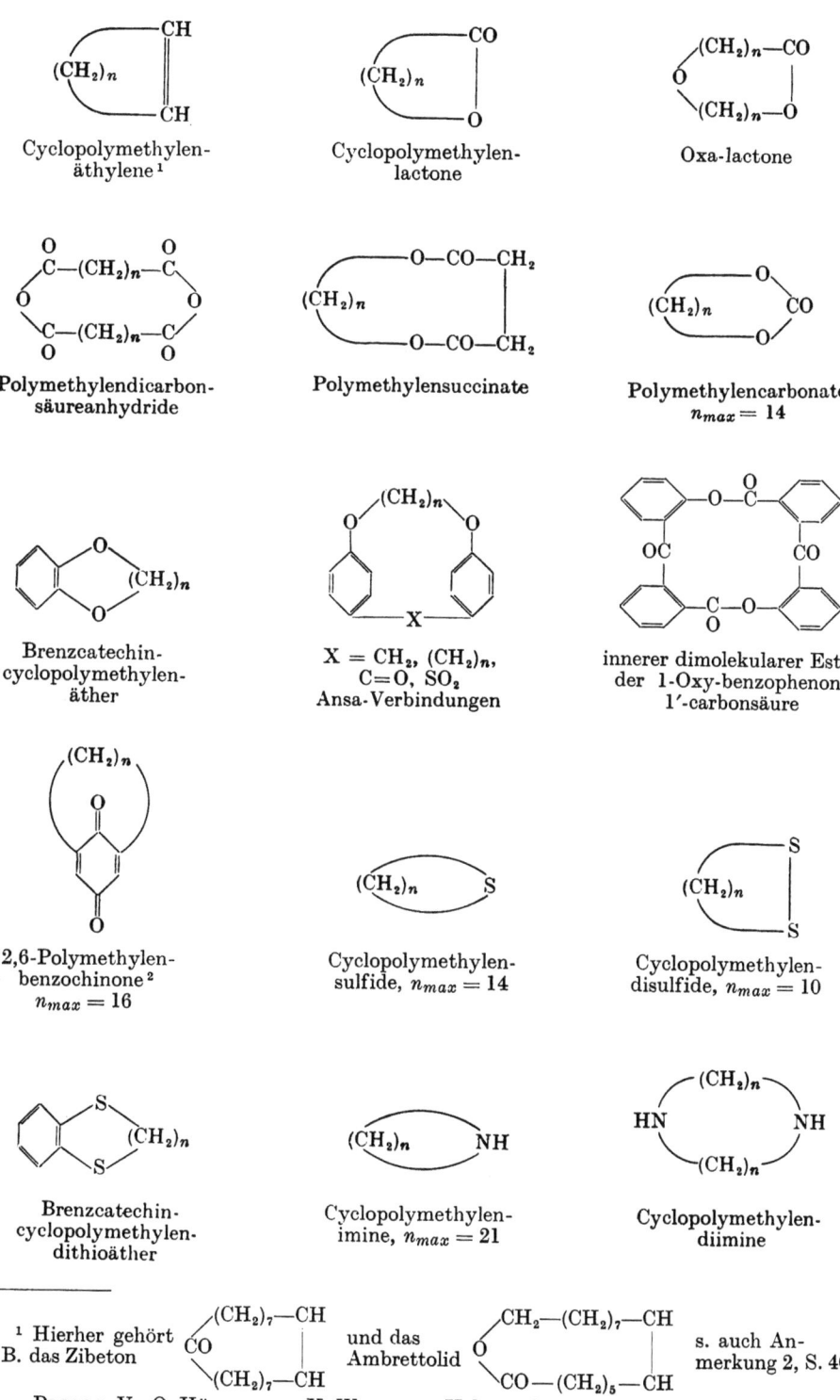

Prelog, V., O. Häfliger u. K. Wiesner: Helvet. chim. Acta 31, 877 (1948).

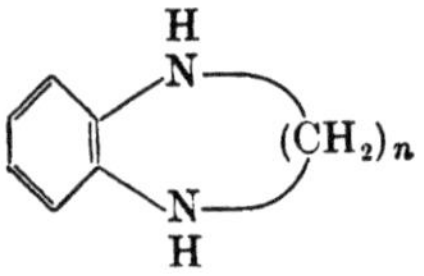

o-Phenylen-diimino-cyclopolymethylene
$n_{max} = 5$

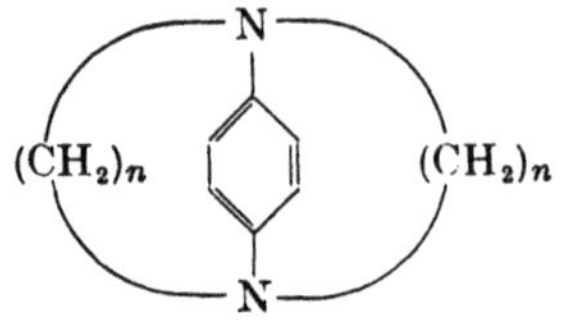

Doppel-„ansa"-Verbindungen

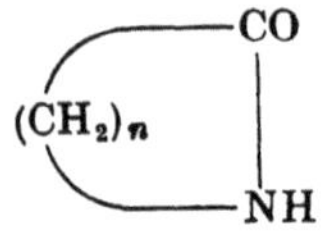

Polymethylenlactame

Die hier nicht vollständige Wiedergabe[1] der bisher dargestellten Makrocyclen zeigt, daß dieses Gebiet seit einigen Jahren von den verschiedensten Forschern eingehend und erfolgreich untersucht wird. Es unterliegt wohl kaum einem Zweifel, daß es sich erheblich weiter ausdehnen wird, zumal es in seinen sehr hochgliedrigen Makrocyclen von einer anderen Seite her in das Gebiet der makromolekularen Stoffe wie Cellulose, Kautschuk, Vulcollane, Bakelite, andere Kunststoffe usw. einmündet.

Von den bei der Darstellung vieler Makrocyclen gewonnenen Erfahrungen sei einiges wiedergegeben, was vor allem mit dem *sterischen Bau* solcher hochgliedriger Ringsysteme und ihrer Bildungsleichtigkeit zusammenhängt.

Systematische Beobachtungen bei der Bildung hochgliedriger Ringe führen zu dem Schluß, daß die Länge der offenen Kette, die Art ihrer einzelnen Glieder wie reine Methylen-Gruppen, teilweise Einfügung von Sauerstoff-, Schwefel- oder Stickstoff-Atomen, Kohlenstoff-Atomen mit Substituenten, doppelt und dreifach gebundenen Kohlenstoff-Atomen, Brückenbildungen, Eingliederung aromatischer (steifer) Reste usw. sowie die speziellen Versuchsbedingungen, die *Ringbildungsgeschwindigkeit* und damit die Ausbeute an Makrocyclen beeinflussen können. Vielfach findet man ein *Minimum* der Ringbildungstendenz, das bei gewissen Ringschlußreaktionen beim 9- bis 11-Ring liegt[2]. Bei dem ZIEGLERschen[3] Verfahren gibt sich ein Nebenmaximum bei Ringen mit 16—18 Gliedern (Ringweite natürlicher Duftstoffe!) zu erkennen, ja sogar ein weiteres Maximum beim 28-Ring tritt, allerdings undeutlich, in Erscheinung. Die Periodizität der Ringbildungsleichtigkeit scheint aber nicht allgemein gültig zu sein.

Sauerstoff als Ringglied wirkt im Bereich des ersten Minimums so stark ringschlußfördernd[4], daß beim 9-, 10- und 11-Ring kein Ringbildungsminimum mehr feststellbar ist. Die Abnahme der Ringbildungsgeschwindigkeit hängt sicher mit der Beweglichkeit der Kettenmolekeln und deren besonderer, einer statistischen Verteilung (S. 27) unterliegenden Form zusammen. Sind in einem solchen langkettigen Gebilde relativ starre „Segmente" (etwa Phenylenreste oder —C≡C-Gruppen) vorhanden, so kann die Ringbildungstendenz wieder ansteigen *(Prinzip*

---

[1] Siehe D. J. CRAM u. R. W. KIERSTEAD: J. Amer. Chem. Soc. **77**, 1186 (1955). — CRAM, D. J., u. J. ABELL: J. Amer. Chem. Soc. **77**, 1179 (1955). — ALLINGER, N. L., u. D. J. CRAM: J. Amer. Chem. Soc. **76**, 726, 2362 (1954). — CRAM, D. J., u. H. U. DAENIKER: J. Amer. Chem. Soc. **76**, 2743 (1954). — KRÄSSIG, H., u. G. GREBER: Makromol. Chem. **11**, 231 (1953). — CRAM, D. J. u. M. CORDON: J. Amer. Chem. Soc. **77**, 4090 (1955). — CRAM, D. J. u. N. L. ALLINGER: J. Amer. Chem. Soc. **77**, 6289 (1955).

[2] SALOMON, G.: Helvet. chim. Acta **19**, 743 (1936). — STOLL, M.: Chimia (Zürich) **2**, 221 (1948); ferner M. STOLL: Helvet. chim. Acta **18**, 1087, 1108 (1935), geradzahlige Polymethylen-Ringe bilden sich leichter als ungeradzahlige.

[3] ZIEGLER, K., u. R. AURNHAMMER: Liebigs Ann. **513**, 47 (1934). — ZIEGLER, K., u. W. HECHELHAMMER: Liebigs Ann. **528**, 114 (1937).

[4] ZIEGLER, K., u. H. HOLL: Liebigs Ann. **528**, 143 (1937). — CAROTHERS, W. H., u. J. W. HILL: J. Amer. Chem. Soc. **55**, 5023, 5031 (1933). — STOLL, M., u. A. ROUVÉ: Helvet. chim. Acta **17**, 1284 (1934). — ZIEGLER, K., A. LÜTTRINGHAUS u. K. WOHLGEMUTH: Liebigs Ann. **528**, 162 (1937).

der starren Gruppen[1]*)*, falls das sich bildende System keine Spannung nach unseren Modellvorstellungen aufweist. Ganz entsprechend lassen sich störende zwischenmolekulare Reaktionen durch sterische Hinderung weitgehend unterdrücken, so daß sonst abnorme Ringschlußreaktionen möglich werden, wie H. STETTER[2] gezeigt hat. Auch die *Temperatur* hat durch die Begünstigung des energetischen Faktors gewissen Einfluß auf die Bildungsgeschwindigkeit (Salzdestillation von L. RUZICKA, Depolymerisationen). Der bedeutende Einfluß des *Lösungsmittels* auf die Gestalt von Makromolekeln wurde bereits auf S. 28 erörtert. Es verwundert daher nicht, daß auch bei diesen Ringschlußreaktionen mit langkettigen Gebilden das Lösungsmittel einen erheblichen Einfluß auf die Bildungstendenz der großen Ringe durch bevorzugte Ausbildung zur Ringbildung geeigneter Molekelformen besitzt[3]. Auf die Bedeutung des Verdünnungsprinzips wurde bereits hingewiesen.

Das Auftreten eines *Minimums der Ringbildungstendenz* bei bestimmten 9- bis 11-Ringen läßt sich unter Berücksichtigung der freien Drehbarkeit und der Raumerfüllung der Wasserstoffatome, auch des Innenraums des Ringes, dem Verständnis näherbringen. Die Wasserstoffatome werden sich ähnlich wie beim Äthan bevorzugt auf „Lücke" zu stellen suchen, wobei, wenn sie dies nicht können, eine gewisse zusätzliche Spannung in den Modellen auftritt (PITZERsche *Spannung*[4]). Dies macht sich auch insofern bemerkbar, als manche Systeme mit geeigneten funktionellen Gruppen im Bereich des Minimums der Ringbildungstendenz eine erhöhte Reaktionsfähigkeit dieser Gruppen aufweisen[5]. Im übrigen liegt dieses Minimum bei anderen Verfahren z. B. beim 8-Ring, so daß auch hier zusätzlich sozusagen individuelle Einflüsse eine Rolle zu spielen scheinen.

Der räumliche Aufbau sehr hochgliedriger Cyclopolymethylene wird mit zunehmender Ringgliederzahl der Raumgestalt eines linearen „Doppel"-Fadenmakromoleküls immer ähnlicher werden, wobei die Enden sozusagen durch einen „halben" Sechsring bzw. einen „halben" Fünfring miteinander verbunden sind[6]. So wird man — mutatis mutandis — die statistischen Überlegungen, die für die Gestalt eines linearen Fadenmoleküls in Lösung und im Gaszustand gelten, auch zur Erkenntnis des räumlichen Aufbaues dieser Makrocyclen anwenden dürfen. Im festen Zustand tritt die Ausbildung von *Paraffindoppelketten*, bei den Cyclopolymethylenketonen etwa vom C_{26}-Ring ab, ein, worauf das aus der Reihe homologer Paraffine bekannte Oscillieren der Schmelzpunkte und anderer Eigenschaften als Ausdruck des wechselnden Gittertypus hinweist. Die Möglichkeiten zum Einbau verschiedenartiger Bindungen wie *Doppel-* und *Dreifachbindung* sowie von *Ringsystemen* (Benzol, Naphthalin) und schließlich von Heteroatomen

---

[1] BAKER, W.: J. Chem. Soc. (London) **1951**, 200, 201, 209, 1114, 1148; **1952**, 1443, 1447, 1452, 2991, 3163. — Zusammenfassende Darstellung s. Ind. chim. belge **17**, 633 (1952). Weitere Ringe mit starren, eingebauten aromatischen Gruppen finden sich auch in Alkaloiden. KONDO, H., u. M. TOMITA: Arch. Pharmaz. **274**, 72 (1936). — KING, H.: J. Chem. Soc. (London) **1948**, 265. — BICK, J. R. C., u. A. R. TODD: J. Chem. Soc. (London) **1948**, 2170; **1950**, 1606. — BICK, J. R. C., E. S. EVEN u. A. R. TODD: J. Chem. Soc. (London) **1949**, 2767. — ADAMS, R.: Angew. Chem. **65**, 433, 441 (1953).

[2] STETTER, H.: Chem. Ber. **86**, 197, 380 (1953).

[3] SALOMON, G.: Helvet. chim. Acta **19**, 743 (1936). — LÜTTRINGHAUS, A.: Naturwiss. **30**, 40—45 (1942).

[4] Vgl. M. KOBELT, P. BARMAN, V. PRELOG u. L. RUZICKA: Helvet. chim. Acta **32**, 256, 259 (1949). — PRELOG, V., M. FANSY, E. NEWEIHY u. O. HÄFLIGER: Helvet. chim. Acta **33**, 1937 (1950).

[5] Transanulare Reaktionen. (Werden von P. D. BARTLETT über intermediäre 3-Ring-(π-) Komplexe gedeutet). Eine andere Auffassung vertritt V. PRELOG: I. Kongreß für reine und angew. Chem. Zürich 1955.

[6] RUZICKA, L., u. G. GIACOMELLO: Helvet. chim. Acta **20**, 548 (1937).

(O, S, N) in makrocyclische Gebilde[1] und die Untersuchung ihrer Bildungsmöglichkeiten in Abhängigkeit von der Ringgliederzahl der Kohlenstoffatome läßt einige weitere interessante *stereochemische Schlüsse* zu. In Übereinstimmung mit später folgenden Erläuterungen über den räumlichen Aufbau z. B. von Ringen mit C≡C-Bindungen sind Ringsysteme mit solchen Gruppierungen erst von einer CH_2-Gliederzahl $n = 6$, also vom Cyclooctin an, herstellbar. Dieses *Cyclooctin*[2] enthält ein sehr gespanntes Ringsystem, wie seine explosive Reaktion mit Phenylazid und seine Neigung zur Umlagerung, wahrscheinlich zum Δ^7-Bicyclo-[4,2,0]-octen, zeigen. Der Einbau von *aromatischen Systemen* in CH_2-Ringe, z. B. durch Angliederung von längeren CH_2-Ketten in meta- oder para-Stellung am Benzolkern, verlangt bei *meta-Eingliederung*:

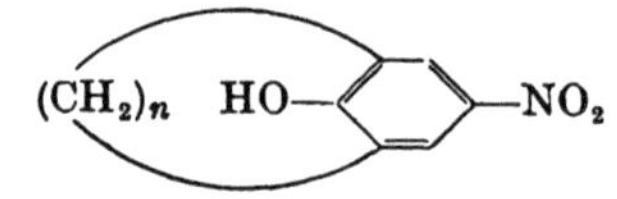

mindestens $n = 6$, also insgesamt einen Neunring[3]. Das entsprechende 8-Ringsystem ($n = 5$) ist nicht mehr mit einem aromatischen Ring herstellbar. Bei *p-Angliederung* stellt der 13gliedrige Ring bis jetzt die untere Grenze der Ring-

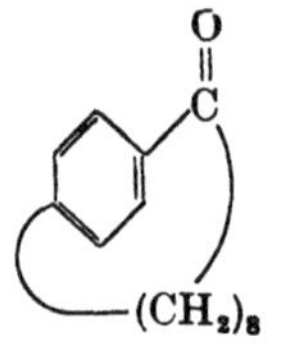

(0,7% Ausbeute) [4]

weite dar. Allerdings scheint die angewandte Methode sehr wesentlich zu sein, da man z. B. den 14gliedrigen Ring aus dem p-Phenylen-di-n-valeriansäure-ester nach dem Ringschlußverfahren von Hansley, Prelog und Stoll sogar in Ausbeuten von 75% (als Acyloin) erhalten kann[5]:

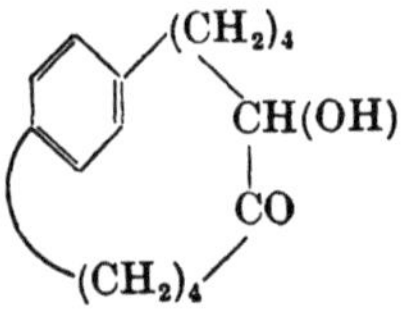

Auch die Ergebnisse der Ringschlüsse mit *Heteroatomen* als Ringglieder zeigen, daß hier etwa ähnliche Verhältnisse bezüglich der Bindungswinkel wie am Kohlenstoffatom vorliegen, soweit es sich um einfache Bindungen handelt. In sterischer Beziehung sind daher die CH_2-, NH- und O- bzw. S-Gruppen offenbar ziemlich

[1] Vgl. die Untersuchungen von K. Ziegler u. A. Lüttringhaus: Liebigs Ann. **511**, 1 (1934); **528**, 155 (1937); ferner R. Adams u. L. N. Whitehill: J. Amer. Chem. Soc. **63**, 2073 (1941); A. Lüttringhaus: Angew. Chem. **52**, 302 (1939); Ber. dtsch. chem. Ges. **72**, 887 (1939); A. Lüttringhaus u. H. Simon: Liebigs Ann. **557**, 120 (1947); V. Prelog u. K. Wiesner: Helvet. chim. Acta **30**, 1465 (1947); V. Prelog, W. Ingold u. O. Häfliger: Helvet. chim. Acta **31**, 1325 (1948); R. Kelly, D. McDonald u. K. Wiesner: Nature (London) **166**, 255 (1950); D. J. Cram u. H. Steinberg: J. Amer. Chem. Soc. **73**, 5691 (1951); A. Lüttringhaus u. K. Buchholz: Ber. dtsch. chem. Ges. **72**, 2057 (1939); **73**, 134 (1940).

[2] Blomquist, A. T., u. L. H. Liu: J. Amer. Chem. Soc. **75**, 2153 (1953).

[3] Prelog, V., K. Wiesner, W. Ingold u. O. Häfliger: Helvet. chim. Acta **31**, 1325 (1948).

[4] Huisgen, R., W. Rapp, I. Ugi, H. Walz u. I. Gloggen: Liebigs Ann. **586**, 52 (1954).

[5] Cram, D. J., u. H. U. Daeniker: J. Amer. Chem. Soc. **76**, 2743 (1954).

gleichwertig, wenngleich im ganzen gesehen noch zu wenig experimentelles Beobachtungsmaterial vorliegt, um sichere Schlüsse ziehen zu können. Lediglich für den Winkel am O-Atom ergibt sich eine Aufweitung bis zu 125° (vgl. S. 130). Beispielsweise ist der in nachfolgender Formel wiedergegebene meta-12-Ring der engste dieser bisher dargestellten Ringsysteme:

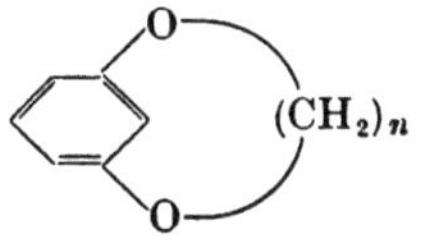

$n = 7$ (Ausbeute ~ 10%)[1],

während der entsprechende m-15-Ring schon mit 62% Ausbeute gewonnen werden kann ($n = 10$). Die Kondensation in p-Stellung liefert beim 14-Ring in 18%-iger, beim 16-Ring unter analogen Bedingungen schon in 80%-iger Ausbeute den entsprechenden Hydrochinonäther:

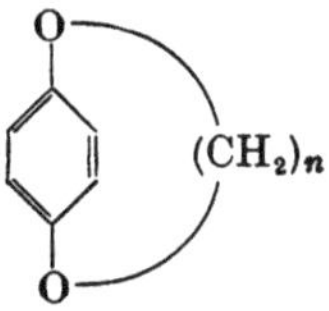

$n = 8$, 14-Ring[1]
$n = 10$, 16-Ring

Zur Prüfung dieser Valenzwinkelberechnungen aus entsprechenden Ringverbindungen wird von A. LÜTTRINGHAUS[2] die Bildung von *Mischkristallen* herangezogen, die offenbar nur bei ähnlichen Valenzwinkeln der untereinander zu vergleichenden heteroatomhaltigen Systeme eintritt. Die weitere Besprechung dieser Valenzwinkelfragen an Heteroatomen hinsichtlich Größe und Stabilität sowie Fragen der optischen Aktivität geeigneter Makrocyclen wird bei den entsprechenden Kapiteln vorgenommen.

Bisher wurde nur die Verknüpfung von C-Atomen zu langgliedrigen, gestreckten oder verzweigten Ketten sowie die Bildung klein- und hochgliedriger Ringsysteme unter dem Gesichtspunkt der Tetraederstruktur des Kohlenstoffatoms behandelt. Es sind auch zahlreiche Derivate der Kombination beider Verbindungstypen bekannt, von denen einige in der Übersichtstabelle bereits aufgeführt sind. Grundsätzlich neuen Erscheinungen bei solchen Systemen, von denen die folgenden genannt seien,

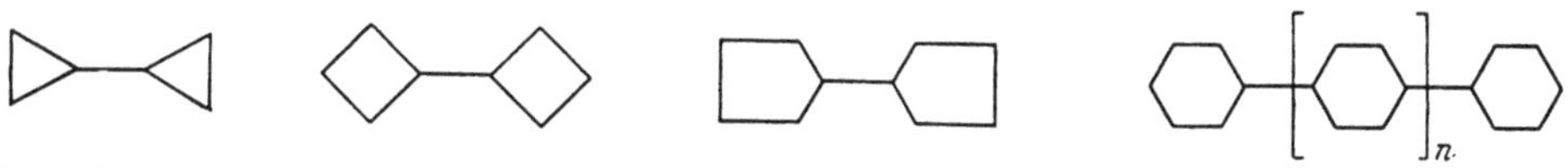

Dicyclopropyl Dicyclobutyl Dicyclopentyl Polycyclohexyl

begegnet man hier nicht.

d) Bi- und polycyclische Systeme

Die Orthoverknüpfung einer — $[CH_2]_4$-Kette an das Cyclohexanskelet führt zum *Dekalin* als charakteristischem Vertreter bicyclischer gesättigter Ringsysteme. Die Existenz dieser Verbindung (vgl. S. 33) stellt einen überzeugenden Beweis für die Richtigkeit der SACHSE-MOHRschen Vorstellungen unter Einschränkung der ursprünglichen BAEYERschen Spannungstheorie dar. Die entstehenden bicyclischen

[1] LÜTTRINGHAUS, A.: Liebigs Ann. **528**, 181 (1937).
[2] LÜTTRINGHAUS, A., u. K. HAUSCHILD: Ber. dtsch. chem. Ges. **73**, 145 (1941).

Systeme, cis- und trans-Dekalin (Abb. 22), bauen sich nach den neuesten Forschungsergebnissen[1] beide aus Sesselformen des Cyclohexans auf, die rein äquatorial (trans-Form) bzw. äquatorial-azimutal (axial) (cis-Form) verknüpft sind. Die Modelle lassen nur recht feine energetische Unterschiede erwarten, die sich in den zugehörigen Verbrennungswärmen zu erkennen geben könnten. Die gefundenen Differenzen Δ sind, wie die Tabelle 4 zeigt, in der Tat sehr klein.

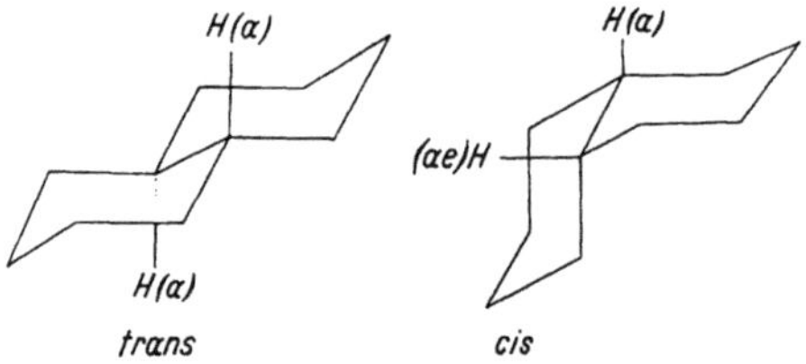

Abb. 22. Konstellationen der Dekaline

Auch beim cis- und trans-*Hydrindan* und -*Hydrindanon*, deren Ringsysteme bei der trans-Angliederung des Fünfringes modellmäßig eine schwache Spannung aufweisen, ist ein nur kleiner Unterschied der Verbrennungswärmen bekannt. Über die sicher vorhandenen innermolekularen Wirkungen hinaus kommt demnach eine Spannung hier nicht zum Ausdruck.

Tabelle 4

Substanz	Verbrennungswärme in kcal/Mol[2]	Δ
cis-Dekalin	1499,9	2,8
trans-Dekalin	1497,1	
cis-β-Dekalon	1402,3	2,2
trans-β-Dekalon . . .	1400,1	

Von den polycyclischen Systemen interessiert besonders das vielen wichtigen Naturstoffen, den Steroiden, zugrunde liegende *Cyclopentanoperhydrophenanthrensystem*[3]:

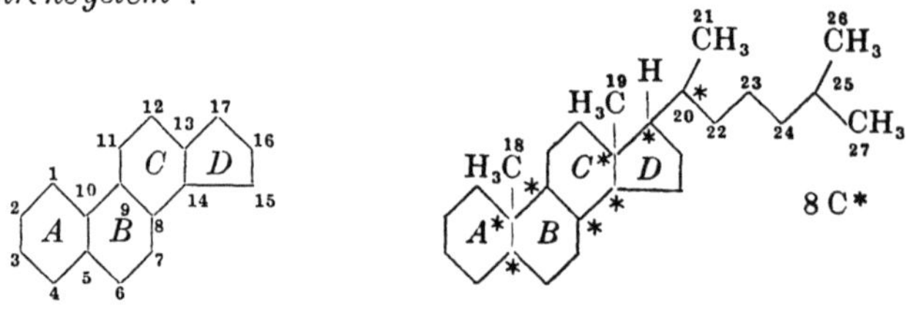

von dem wichtige Derivate in der Zwischenzeit synthetisch aufgebaut werden konnten. Ring *A* läßt sich mit Ring *B* auf zweierlei Weise verbinden, entweder wie im cis- oder wie im trans-Dekalin, ebenso Ring *B* mit *C* und *C* mit *D*. In allen Fällen entstehen, da es sich bei den Kohlenstoffatomen C_5, C_{10}; C_8, C_9; C_{14}, C_{13} um sog. asymmetrische Kohlenstoffatome handelt, zahlreiche Stereoisomere, deren Zahl durch das Hinzutreten der beiden weiteren asymmetrischen C-Atome in C_{17} und C_{20} noch vermehrt wird. Diese acht asymmetrischen C-Atome bedingen theoretisch das Auftreten von 256 (2^n) isomeren Formen (vgl. S. 62). Diese Zahl wird noch größer durch mögliche Substitutionen, etwa in 3-Stellung des Ringes *A* (512 Isomere) oder weitere Substitutionen in den Stellungen 6, 7, 12 (Gallensäuren), 11 (Nebennierenrindenhormone), 16 (Oestriol) und 24 (Pflanzen-

[1] Zusammenfassung s. H. D. ORLOFF, Chem. Rev. **1954**, 414.

[2] ROTH, W. A., u. R. LASSÉ: Liebigs Ann. **441**, 48 (1925). — HÜCKEL, W.: Liebigs Ann. **451**, 117, 131 (1936). — DAVIES, G. F., u. E. C. GILBERT: J. Amer. Chem. Soc. **63**, 1585 (1941).

[3] Ausführliche Darlegung der Stereochemie natürlicher Steroide s. A. HEUSNER: Angew. Chem. **63**, 59 (1951), dort auch weitere Literaturangaben. — Nomenklatur der Steroide s. Helvet. chim. Acta **34**, 1680 (1951).

sterine). In Wirklichkeit ist die Zahl der natürlich vorkommenden Steroide infolge weitgehend gleichartigen sterischen Aufbaues des Grundsystems aber wesentlich geringer. Die *Steroide* kann man letzthin von drei Ringtypen ableiten.

Da die Ringverknüpfung *A* mit *B* wegen der unsymmetrischen Substitution an den C-Atomen 5 und 10 zu je zwei cis- und zwei trans-Formen führt, wählt man willkürlich die anguläre Methylgruppe am C_{10} als Bezugspunkt derart, daß sie in der Projektionsschreibweise aus der Ring-(Papier)-Ebene nach dem Betrachter zugewandt ist.

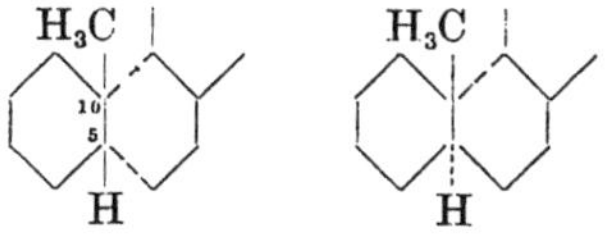

cis- trans-Form

(Die punktierten Linien bedeuten, daß der Substituent oder auch die Ringverknüpfung sich hinter der Projektionsebene befindet.)

Damit scheiden die beiden anderen Formen aus der sterischen Betrachtung weiterhin (definitionsgemäß) aus.

Es kommt nun darauf an, bei der Verknüpfung der Ringe *A* und *B* die Lage des H-Atoms relativ zur Lage der CH_3-Gruppe am C_{10} festzulegen. Die Bearbeitung der natürlich vorkommenden Steroide hat gezeigt, daß man zwei größere Gruppen bezüglich ihres sterischen Aufbaues an den Ringverknüpfungsstellen C_5 und C_{10} herausheben kann, die *Allocholan-Reihe* mit trans-Dekalin[1]- und die *Cholan-Reihe* mit cis-Dekalin-Struktur[2].

Dasselbe Problem der Ringverknüpfung tritt noch zweimal im Molekül der Steroide auf. Die Ringe *B* und *C* sind bei sämtlichen Steroiden trans-verknüpft. Wegen der asymmetrischen Substitution von *B* und *C* sind wieder zwei trans-Formen (*a* und *b*) möglich:

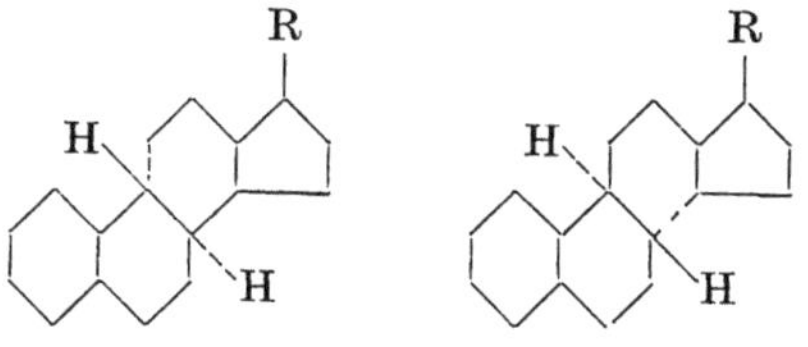

a *b*

Die Verknüpfung der Ringe *C* und *D* erfolgt ebenfalls über die trans-Stellung (*c*, *d*):

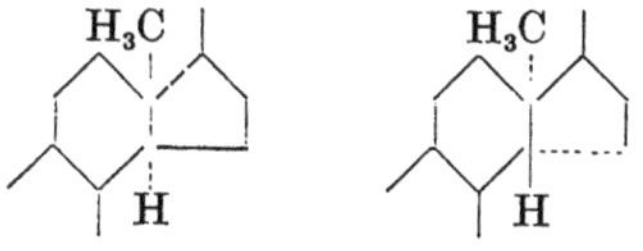

c *d*

Mit diesen Betrachtungen ist aber keineswegs eine vollständige Beschreibung des sterischen Aufbaues der Steroide gegeben. Außer den Ringverknüpfungsmöglichkeiten ist die relative Lage von *A* zu *C* und von *B* zu *D* sowie ihre Festlegung auf den ersten willkürlichen Bezugspunkt, die CH_3-Gruppe am C_{10}, erforderlich. Man kann dieses Problem auch anders ansehen, indem man sich überlegt, ob die C-Atome in 10 und 9 sowie in 8 und 14 cis- oder trans-ständig zueinander angeordnet sind (*syn* bzw. *anti*). Alle diese Verknüpfungsmöglichkeiten sind mit

[1] Hierzu gehören z. B. Cholestan, Cholestanol.

[2] Hier sind anzutreffen Koprostan, Koprostanol, Koprosterin, Gallensäuren.

einer trans-Verbindung der Ringsysteme *A B C D* im Einklang. Diese verschiedenen Raumstrukturen lassen sich in den Projektionsformeln so wiedergeben, daß zunächst durch Fettdruck die hier bedeutsamen Bindungen hervorgehoben und solche C-Atome mit einem vor der Projektionsebene liegenden Substituenten[1] zusätzlich durch einen Punkt (nach L. RUZICKA) markiert werden[2], z. B.:

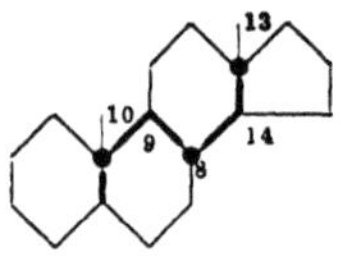

trans, anti, trans, anti, trans
Ätio-allocholan (Androstan) zutreffende Form

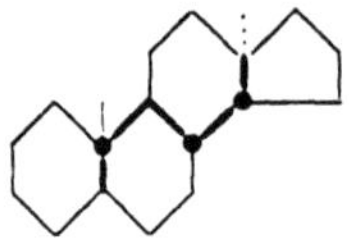

trans, anti, trans, syn, trans

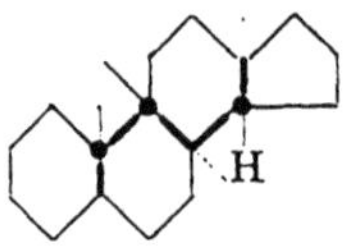

trans, syn, trans, anti, trans

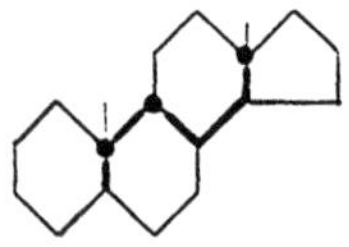

trans, syn, trans, syn, trans

grundsätzlich mögliche Formen des Androstans

Durch Modellbetrachtungen sowie durch Röntgenuntersuchungen[3] hat sich als wahrscheinlichstes Modell dasjenige ergeben, in dem sowohl in der Allocholan- wie auch in der Cholanreihe die Ringe *B* und *C* eine Sesselstruktur besitzen, so daß, wie die Abb. 23 zeigt, die ganze Molekel relativ flach ist, wobei die Substituenten am C_8 und C_{13} oberhalb und die am C_9 und C_{14} unterhalb dieser Ebene angeordnet sind. Die Atompaare C_{10}/C_9 und C_8/C_{14} wären demnach in trans-Stellung verknüpft.

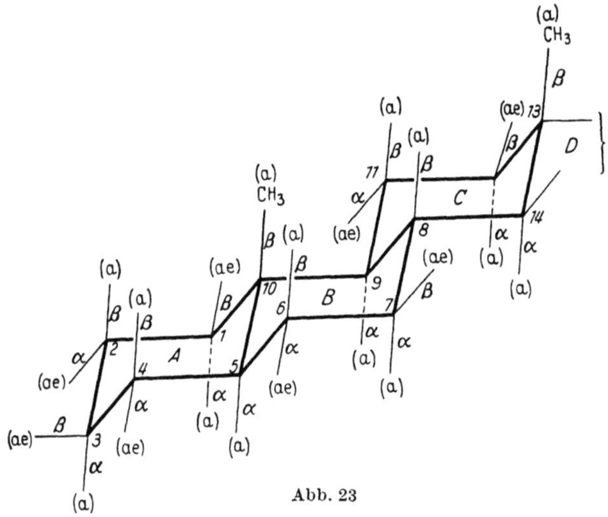

Abb. 23

Bezieht man alles dies auf den willkürlichen Bezugspunkt C_{10}, so bedeutet dies, daß der Wasserstoff am C_8 und die Methylgruppe am C_{13} in cis-Stellung zum Bezugspunkt stehen. Für die beiden Grundkohlenwasserstoffe *Ätiocholan* und *Ätioallocholan* ergeben sich damit die folgenden Formulierungen:

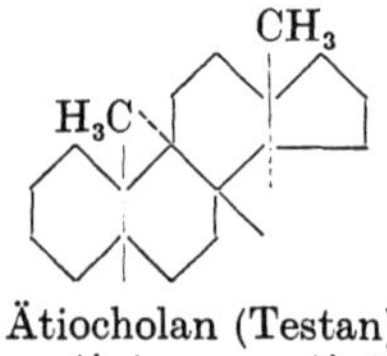

Ätiocholan (Testan)
cis, anti, trans, anti, trans
(mit R in C_{17}: Koprostan, Koprostanol, Koprostenol)

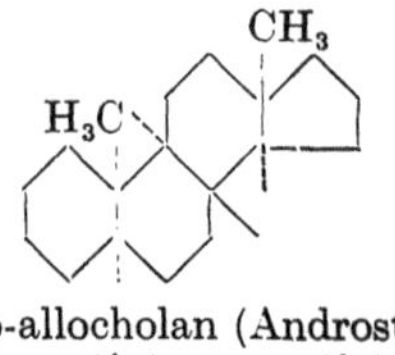

Ätio-allocholan (Androstan)
trans, anti, trans, anti, trans
(mit R in C_{17}: Cholestan, Cholestanol)

---

[1] Als Substituent gelten H oder CH_3, also nicht die Ring-C-Atome.

[2] RUZICKA, L., M. FURTER u. M. W. GOLDBERG: Helvet. chim. Acta **21**, 498 (1938).

[3] CROWFOOT, D.: Annual Rev. Biochem. **17**, 115 (1948). Durchmesser des Steroidmoleküls ~5 Å (nach Röntgenaufnahmen).

Weiterhin hat sich als Ergebnis zahlreicher Arbeiten feststellen lassen, daß die *Herz-* und *Krötengiftgenine* und vermutlich auch die Aglykone der *Meerzwiebelglykoside* sich von einem dritten stereoisomeren Grundskelett, dem *14-Isoätiocholan,* ableiten, dem folgende Raumformel (als Projektion geschrieben) zugeteilt wird:

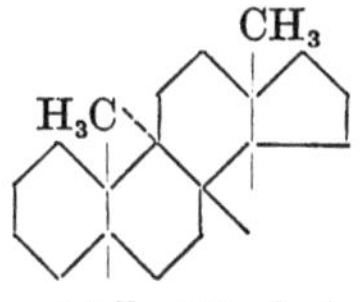

14-Isoätiocholan
cis, anti, trans, syn, cis

Schließlich seien noch die durch Substituenten an diesem System auftretenden neuen sterischen Probleme kurz betrachtet. Die bei allen natürlichen Steroiden vorhandene Seitenkette in C_{17} steht in cis-Stellung zum Bezugspunkt, der Methylgruppe am C_{10}. Solche Substituenten werden nach einem Vorschlag von L. F. FIESER[1] als *β-ständig* charakterisiert (entsprechend trans zum C_{10}-Methyl = α).

Die durch verschiedene Lagerung einer Gruppe in 3-Stellung relativ zum Bezugspunkt CH_3 am C_{10} hervorgebrachten Stereoisomeren werden als *normale* und *Epi-Verbindungen* bezeichnet. So stehen im Cholestanol (und Cholesterin) die beiden Gruppen OH und CH_3 am C_3 und C_{10} in cis-Stellung zueinander (3, β), im Epi-cholestanol in trans-Stellung (3, α)[2] und analog bei Kopro-Epikoprosterin:

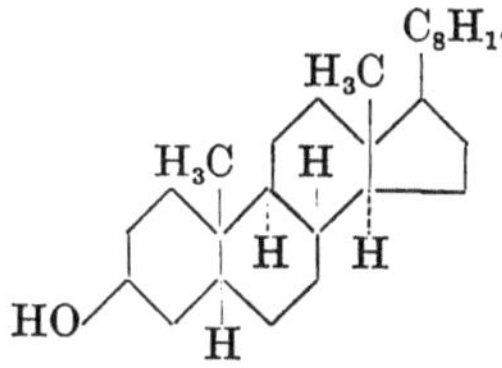

Koprosterin cis, cis, trans, trans

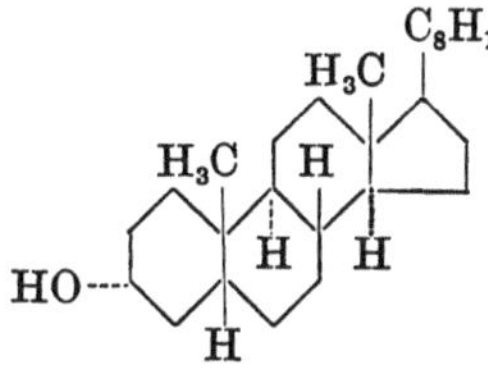

Epikoprosterin trans, cis, trans, trans

Auch für eine Reihe von Steroiden mit Hydroxylgruppen in C_6, C_7, C_{11}, C_{12} und C_{17}-Stellung konnten Konfigurationsbeweise — relativ zum CH_3 am C_{10} — gegeben werden. Besonders wichtig sind wegen ihrer physiologischen Eigenschaften die am C_{17} durch die OH-Gruppe substituierten Steroide (z. B. Testosteron und Oestradiol), bei denen man auf Grund neuerer Befunde eine β-Stellung der C_{17}—OH-Gruppe annimmt.

Alle bisher erläuterten sterischen Verhältnisse am Steroidskelet beziehen sich auf die willkürlich angenommene Konfiguration der Methylgruppe am C_{10}. Versuche zur Festlegung einer *absoluten Konfiguration* (vgl. a. S. 68), letzthin, wie wir später sehen werden, die Beziehungen zum *d*(+)-*Glycerinaldehyd,* scheinen dafür zu sprechen, daß die bisherigen sterischen Formeln der Steroide in Wirklichkeit die Spiegelbilder der tatsächlichen Molekelkonfiguration darstellen[3].

Bei der Vielzahl von sterischen Möglichkeiten, die ein nur wenig substituiertes Steroidringsystem aufweist, gleicht eine *Totalsynthese* mit allen richtigen Konfigurationen fast einem Lotteriespiel mit Erwartung des Hauptgewinns. Betrachtet

[1] FIESER, L. F.: Chemistry of Natural Products Related to Phenanthrene, 2. Aufl., S. 398. New York: Reinhold Publ. Corp. 1937.

[2] RUZICKA, L., M. FURTER u. M. W. GOLDBERG: Helvet. chim. Acta **21**, 498 (1938). Die Konfiguration des natürlichen Steroids gilt als „normal", womit Epi- nicht von vornherein mit α gleichzusetzen ist!

[3] Über den sterischen Verlauf von Reaktionen an einem C-Atom des Steroidskelets (intra- u. extraradikale Effekte) s. L. F. FIESER: Experientia (Basel) **6**, 312 (1950).

man aber die im sterischen Aufbau beschränkte Zahl von natürlich vorkommenden Steroiden, so ist darin ein Ziel des natürlichen Aufbaues zu sehen, und tatsächlich gelang R. B. WOODWARD[1] und R. ROBINSON[2] die Synthese von Steroiden, wie *Androsteron*[3], *Cholesterin*[4] und *Cortison*[2], auch bezüglich ihrer dem natürlichen Vorkommen gleichenden Raumkonfiguration durchzuführen, eine bewundernswerte synthetische Leistung!

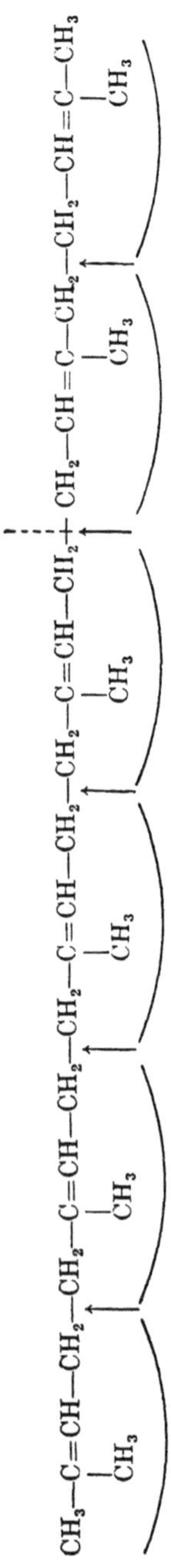

Isosqualen

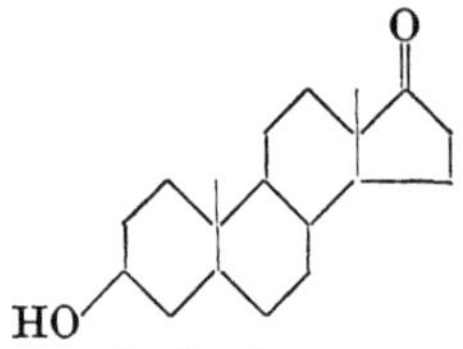

Androsteron

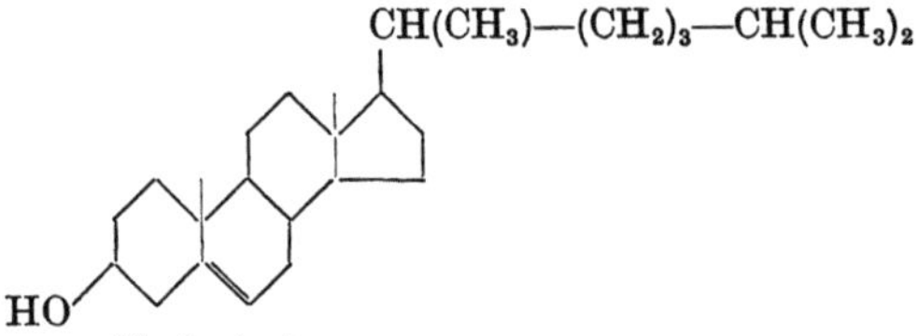

Cholesterin

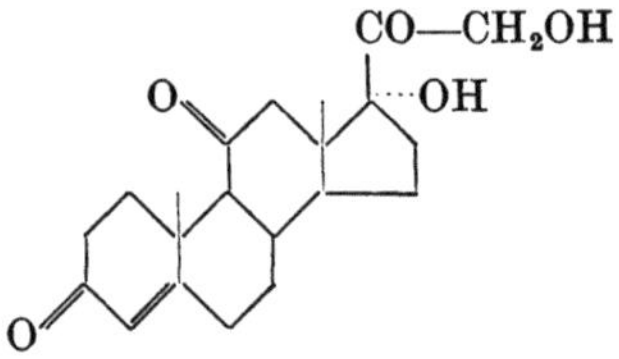

Cortison

Die Frage der *Biogenese der Steroide* ist in den letzten Jahren besonders unter Verwendung radioaktiv indizierter Substanzen vielfach bearbeitet worden. Neuerdings[5] nimmt man als Vorläufer der natürlichen Steroide des Tier- und Pflanzenreichs Triterpen-Kohlenwasserstoffe vom Typus des *Isosqualens* an, das durch asymmetrische Cyclisierung das charakteristische Vier-Ring-System mit der Seitenkette in C_{17} und der betreffenden Konfiguration an den Asymmetriezentren bilden soll. Die folgenden Stufen der Biosynthese sollen zunächst noch sauerstoffarme Verbindungen darstellen, die schließlich durch spätere oxydative Angriffe auf bestimmte Gruppierungen im Ringsystem und der Seitenkette in die natürlich vorkommenden Steroide übergehen:

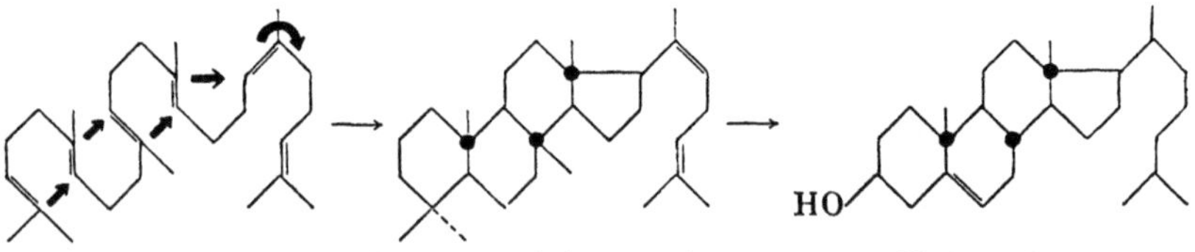

Vorstufe Primärprodukt opt. akt. Cholesterin

Auch die Bildung natürlich vorkommender *Homosteroide* läßt sich in dieser Weise aus einer Vorstufe von 5 bzw. 6 Isopren-Einheiten

[1] WOODWARD, R. B., F. SONDHEIMER, D. TAUB, K. HEUSLER u. W. MCLAMORE: J. Amer. Chem. Soc. **73**, 2403 (1951); **74**, 4223 (1952); s. a. A. MONDON: Angew. Chem. **64**, 121 (1952).

[2] CARDWELL, H. M. E., J. W. CORNFORTH, S. R. DUFF, H. HOLTERMANN u. R. ROBINSON: Chem. and Ind. **1951**, 389.

[3] WOODWARD, R. B., F. SONDHEIMER u. D. TAUB: J. Amer. Chem. Soc. **73**, 3548 (1951).

[4] WOODWARD, R. B., F. SONDHEIMER u. D. TAUB: J. Amer. Chem. Soc. **73**, 4057 (1951).

[5] MONDON, A.: Angew. Chem. **65**, 333 (1953).

in normaler Verknüpfung unter Cyclisierung eines aus 4 Sechsringen bestehenden asymmetrischen Systems deuten[1]:

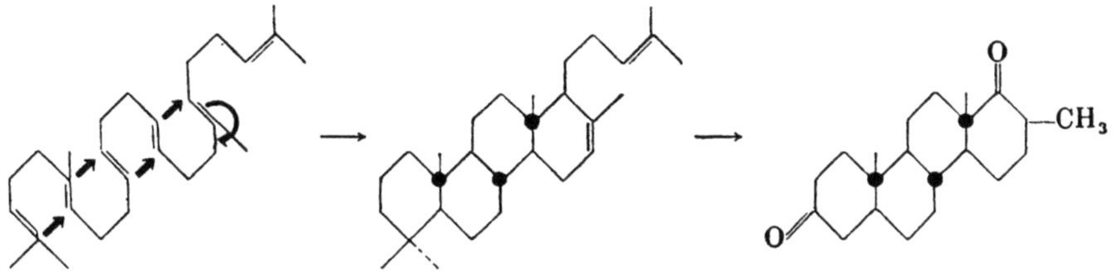

Zur Sicherung dieser Anschauung wäre neben der Synthese des Isosqualens sein Verhalten bei der Cyclisierung und dem oxydativen Abbau in vitro und in vivo zu untersuchen.

Während bei den bisher betrachteten cyclischen Verbindungen die Zusammenhänge von Ringspannung und Energieinhalt wenig deutlich sind, ändert sich dieses Bild sehr erheblich beim Übergang zu bicyclischen Systemen, die beispielsweise nicht eine ortho-ständige, sondern eine p-ständige „Seitenkette", hier „*Brücke*" genannt, aufweisen. Verbindungen dieses Typus lassen sich z. B. von den einfachen Grundsystemen des [1,2,2]-Bicyclo-heptans (A)[2] und des [2,2,2]-Bicyclo-octans (B) ableiten[3]:

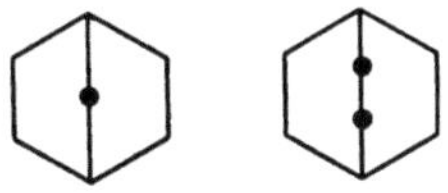

A B

Zum ersteren Typus gehört der *Campher*:

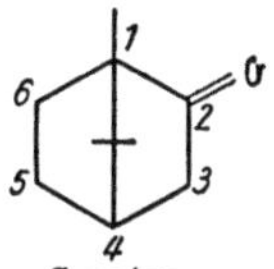

Campher

dessen Modellbetrachtung zeigt, daß die Brückenverknüpfung mittels des einen C-Atoms nur von cis-ständigen Bindungen der C-Atome 1 und 4 ohne allzu große Spannung möglich ist. Dagegen läßt sich ein „trans"-Campher nur durch sehr starke Verzerrung der C-Tetraeder modellmäßig aufbauen. Es ist auch nur ein Campher, eben der cis-Campher, bekannt, dessen Verbrennungswärme (etwa 9 kcal

[1] Klyne, W.: Nature (London) **166**, 559 (1950).

[2] Nach A. v. Baeyer, Ber. dtsch. chem. Ges. **33**, 3771 (1900), werden die Namen dieser bicyclischen Systeme aus dem Präfix „Bicyclo" und dem systematischen Namen, der sich auf die Gesamtzahl der Kohlenwasserstoffe bezieht, gebildet. Die drei Zahlen (geordnet nach der Größe) in der eckigen Klammer hinter „Bicyclo" geben die Anzahl der Ringglieder an, die auf den 3 „Brücken" zwischen den beiden Brückenatomen (Ringverzweigung) liegen. Zum Beispiel Bicyclo-[0,4,4]-dekan für Perhydronaphthalin (Dekalin). Entsprechend ist die Nomenklatur der Spirane, z. B. Spiro-[4,5]-dekan.

[3] Man kennt auch bicyclische Ringsysteme mit N als Verzweigungsatom wie z. B. das 1-Aza-bicyclo-[1,2,2]heptan, G. R. Clemo u. V. Prelog: J. Chem. Soc. (London) **1938**, 400, oder das Chinuclidin: 

(cis-Brücke).

größer als die der spannungsfreien strukturisomeren Dekalone) die in diesem Molekül herrschende, mäßige Spannung zum Ausdruck bringt[1].

Auf zahlreiche weitere bicyclische Ringsysteme kann nur hingewiesen werden:

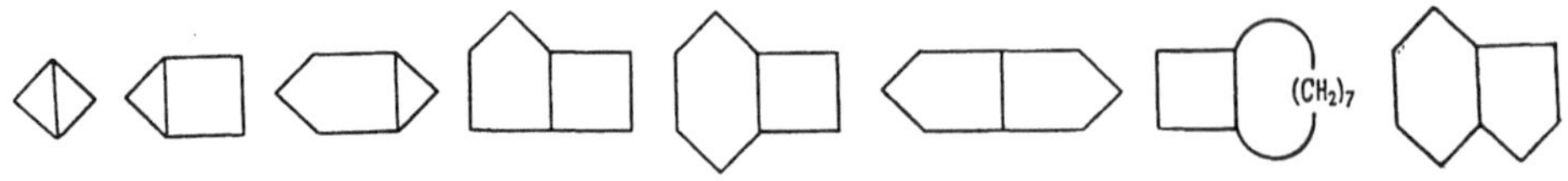

Bicyclo-[0,1,1]-butan[2]; Bicyclo-[0,1,2]-pentan[3]; Bicyclo-[0,1,3]-hexan[4]; Bicyclo-[0,2,3]-heptan[5]; Bicyclo-[0,2,4]-octan[6]; Pentalen = Bicyclo-[0,3,3]-octan[7]; Bicyclo-[0,2,7]-undekan[8]; Indan = Bicyclo-[0,3,4]-nonan

Kompliziertere tricyclische Systeme wie z. B. das *Tricyclen*[9] oder das von H. Meerwein dargestellte *Bicyclo-nonan*[10] sind unter der Voraussetzung eines nicht ebenen Baues ebenfalls praktisch spannungsfrei (mit Ausnahme des Dreirings) mit dem Tetraedermodell wiederzugeben. Zahlreiche Systeme dieses dreidimensionalen Typus sind durch die Diels-Alder-Reaktion bekannt geworden. Die Erfahrung lehrt, daß man die Tetraedermodell-Vorstellung dann gut anwenden kann, wenn die zu erwartenden Unterschiede in den „Spannungen" der Modelle nicht zu klein sind. In Brückensystemen ist eine Doppelbindung am Brückenkopf aus „spannungstheoretischen" Gründen unmöglich (Bredt*sche Regel*). Es bildet sich beim Versuch der Herstellung solcher Stoffe unter Umlagerung eine isomere, spannungsfreie Verbindung. Diese Regel gilt auch bei heterocyclischen Ringsystemen. Dagegen ist die Bredtsche Regel nicht anwendbar bei kondensierten Ringsystemen und bei höhergliedrigen Ringen, da diese Stoffe sich spannungsfrei aufbauen lassen.

Tricyclen

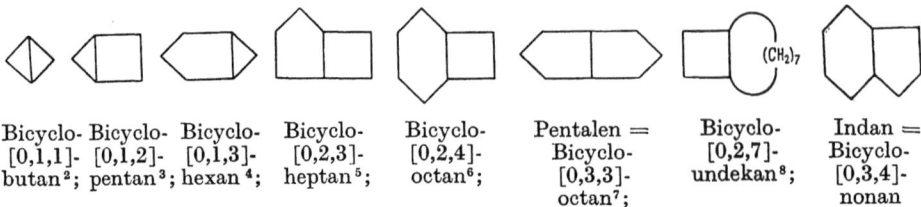

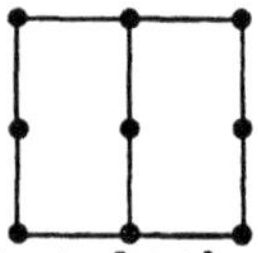

Bicyclo-[1,3,3]-nonan

Ein anderer Typus der Verknüpfung zweier alicyclischer Ringsysteme entsteht, wenn die Angliederung an ein und demselben C-Atom vorgenommen wird, es entstehen die sog. *Spirane*[11] wie z. B.:

---

[1] Ähnliche Spannungsverhältnisse liegen auch im Bicyclooctan, zwei aneinander kondensierten 5-Ringen, vor, von denen die *trans*-Form als Ausdruck ihres gespannten Systems eine um etwa 6 kcal größere Verbrennungswärme als das *cis*-Molekül besitzt.

cis trans

[2] Beesley, R. H., J. F. Thorpe u. C. K. Ingold: J. Chem. Soc. (London) **117**, 599, 603 (1920).

[3] Grimwood, R. C., C. K. Ingold u. J. F. Thorpe: J. Chem. Soc. **123**, 3303 (1923).

[4] Kishner, N. M., u. J. B. Lossik: Izv. Akad. S. S. S. R. **1941, 49,** 57; Chem. Zbl. **1942 I,** 48; Bicyclo-[0,1,3]-hexan-Derivate. J. Soc. Chem. Ind. **68,** 359 (1949).

[5] Derivate s. D. D. Coffman, P. L. Barrick, R. C. Cramers u. M. S. Raasch: J. Amer. Chem. Soc. **71,** 495 (1949).

[6] Ziegler, K., u. H. Wilms: Liebigs Ann. **567,** 23 (1950); Ber. dtsch. chem. Ges. **53,** 1101 (1920).

[7] Braun, R. D.: Trans. Faraday Soc. **46,** 146 (1950). — Cope, A. C., u. W. R. Schmitz: J. Amer. Chem. Soc. **72,** 3056 (1950).

[8] Derivate des Bicyclo-[0,2,7]-undekan (z. B. Caryophyllen) s. D. H. R. Barton u. A. S. Lindsey: Chem. and Ind. **1951,** 313.

[9] Moycho, S., u. F. Zienkowki: Liebigs Ann. **340,** 17 (1905). — Meerwein, H., u. K. van Emster: Ber. dtsch. chem. Ges. **53,** 1815 (1920).

[10] Meerwein, H.: Liebigs Ann. **398,** 196 (1913); J. prakt. Chem. [2] **104,** 161 (1922).

[11] Zusammenstellung s. E. R. Buchman, D. H. Deutsch u. G. J. Fujimoto: J. Amer. Chem. Soc. **75,** 6228 (1953).

Spiro-[2,2]-pentan[1]

Spiro-[3,3]-heptan

Spiro-[4,4]-nonan[2]

Spiro-[5,5]-undekan

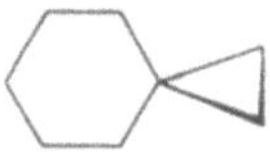
Spiro-[2,5]-octan

Spiro-[2,4]-heptan[3]

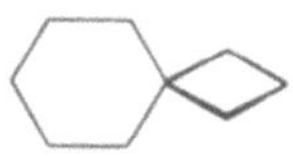
Spiro-[3,5]-nonan

Spiro-[4,5]-dekan[3]

Wegen der Tetraedersymmetrie des C-Atoms müssen die beiden Ringebenen aufeinander *senkrecht* stehen, was sich an geeigneten Verbindungen auch experimentell beweisen läßt (vgl. S. 66).

Obgleich dreidimensional aufgebaute Verbindungen vom Typus des Camphers sich in einer großen Anzahl von Naturstoffen, den polycyclischen Terpenen und Camphern finden, ist es überraschend, daß Stoffe mit mehr als zwei Verknüpfungsstellen noch wenig bekannt sind. Modellmäßig lassen sich zwei Cyclohexan-Molekeln an den C-Atomen 1, 3 und 5 unter Bildung eines vollkommen spannungsfreien, fast kugelsymmetrischen Gebildes verknüpfen ($C_{12}H_{18}$) (Abb. 23a). Die Möglichkeit einer solchen Ringverknüpfung läßt weiterhin eine große Zahl von dreidimensionalen „diamantoiden“ Verbindungen[4] existenzfähig erscheinen. Ein solches System ist das *Adamantan*[5] $C_{10}H_{16}$, (F: 267,5—269°), das sowohl synthetisch erhalten[6] wie auch natürlich im Naphtha aufgefunden worden ist:

Abb. 23a.
Kalottenmodell des Kohlenwasserstoffs $C_{12}H_{18}$

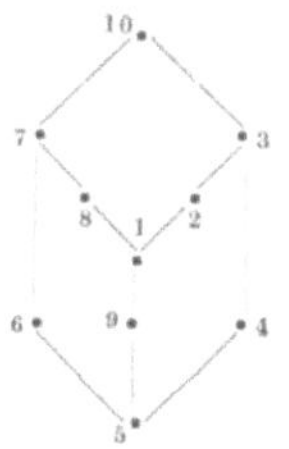

Formelschema des Adamantans

[1] Zwei aufeinander senkrechte deformierte (Bananen-)Dreiecke, Winkel am Spiro-C-Atom 61,5 ± 2°, Winkel H—C—H 120 ± 8°, J. DONOHUE, G. L. HUMPHREY u. V. SCHOMAKER: J. Amer. Chem. Soc. **67**, 332 (1945).

[2] MARVEL, C. S., u. L. A. BROOKS: J. Amer. Chem. Soc. **63**, 2630 (1941).

[3] ZELINSKY, N. D., u. N. J. SCHUIKIN: Ber. dtsch. chem. Ges. **62**, 2180 (1929). — DESAI, R. D., u. M. A. WALI: Chem. Zbl. **1938 I**, 63; Nomenklatur der Spiropyrane, WIZINGER, R., u. H. WENNING: Helvet. chim. Acta **23**, 247 (1940). — Darst. des Spiro-[2,4]-heptans siehe R. J. LEVINA, N. N. MEZENIOVA u. O. V. LEBEDEW: Ž. obšč. Chim. **25**, 1097 (1955); Synthese von 1-Spiro-[4,4]-nonen und 1,3- bzw. 1,6-Spiro-[4,4]-nonadien siehe D. J. CRAM u. B. L. VAN DUUREN: J. Amer. Chem. Soc. **77**, 3576 (1955).

[4] BÖTTGER, O.: Ber. dtsch. chem. Ges. **70**, 314 (1937).

[5] PRELOG, V., u. R. SEIWERTH: Ber. dtsch. chem. Ges. **74**, 1644, 1769 (1941). C—C-Abstand 1,54 ± 0,016 Å wie beim Diamant aus röntgenographischen Messungen); Winkel C—C—C 109,5 ± 1,5°; s. W. NOWACKI u. K. W. HEDBERG: J. Amer. Chem. Soc. **70**, 1497 (1948). — NOWACKI, W.: Helvet. chim. Acta **28**, 1233 (1945).

[6] Der Ersatz von CH-Gruppen durch N-Atome ist im Adamantan möglich (s. S. 56); vgl. hierzu H. STETTER: Ringsysteme mit Urotropinstruktur. Angew. Chem. **66**, 217 (1954). Dort sind auch Fragen der Nomenklatur und Darstellung „adamantoider“ Verbindungen behandelt.

Das STUART-BRIEGLEB-Modell des Adamantans zeigt sehr deutlich den kugelförmigen Bau dieser Molekel (vgl. Abb. 24). Die vier Sechsringe sind alle gleichwertig in der *Sesselform* fixiert, das starre Gerüst gestattet keine wesentliche Bewegung der Atome zueinander. Der hochsymmetrische Bau und die erhebliche Starrheit des Ringsystems treten in den *chemischen* und *physikalischen Eigenschaften* dieser und ähnlicher Verbindungen sehr charakteristisch hervor. So zeichnen sich „adamantoide" Stoffe durch hohe Flüchtigkeit und relativ hohe Schmelzpunkte und in chemischer Beziehung durch erhebliche Reaktionsträgheit und damit verbundene Stabilität aus. Bei diesen Verbindungen gilt offenbar die BREDTsche Regel streng für jedes Ring-C-Atom. Die Ausbildung von Doppelbindungen ist aus sterischen Gründen unmöglich, β-Ketosäuren des Adamantans sind thermisch völlig stabil[1] und Verbindungen mit Halogen am Ringsystem werden auch unter energischen Bedingungen von Alkali nicht angegriffen (vgl. S. 123). Interessant sind die zu erwartenden *Stereoisomeren* an substituierten adamantoiden Verbindungen. Während es in einem Monoderivat des Adamantans nur zwei Stellungsisomere (1- oder 2-Stellung) geben kann, steigt die Zahl der möglichen Formen schon bei zwei gleichen Substituenten auf 12 an.

Abb. 24. STUART-BRIEGLEB-Kalottenmodell des Adamantans

I, II, ferner IX, X und XI, XII sind infolge ihrer Molekülasymmetrie optische Antipoden.

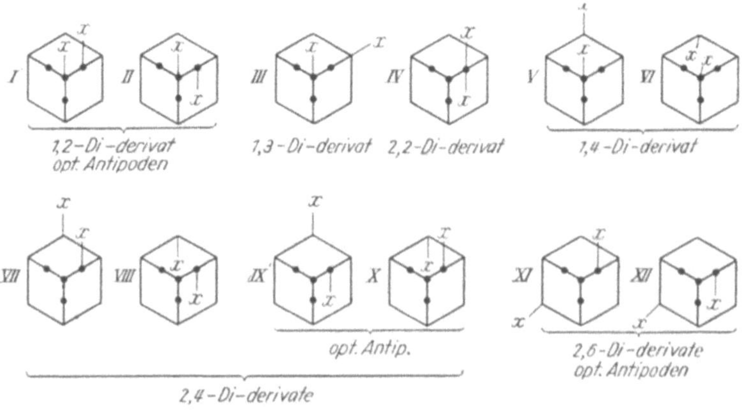

Verständlicherweise erhöht sich die Zahl der möglichen Isomeren bei Ungleichheit der Substituenten. Auch der Ersatz von C durch O, S, N, P, bringt neue

[1] Vgl. hierzu F. S. FAWCETT: Chem. Rev. **47**, 247 (1950).

Isomeriemöglichkeiten. Erwähnt sei schon an dieser Stelle, daß es eine Reihe solcher heterocyclischer Systeme mit Adamantan-Struktur gibt, z. B.:

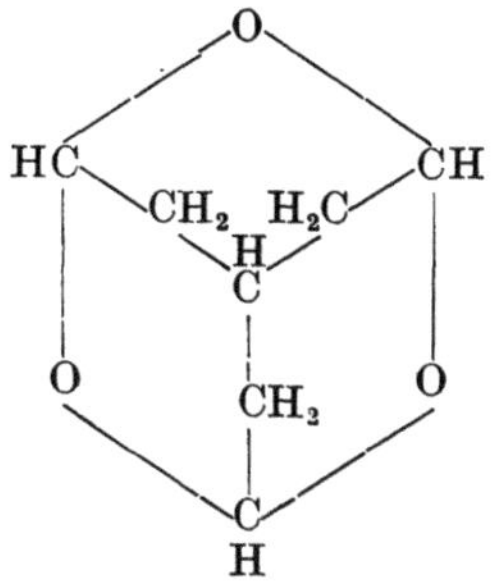

2,4,9-Trioxa-adamantan, bekannt ist das 7-Oxy-2,4,9-trioxa-adamantan, F: 212°[1]

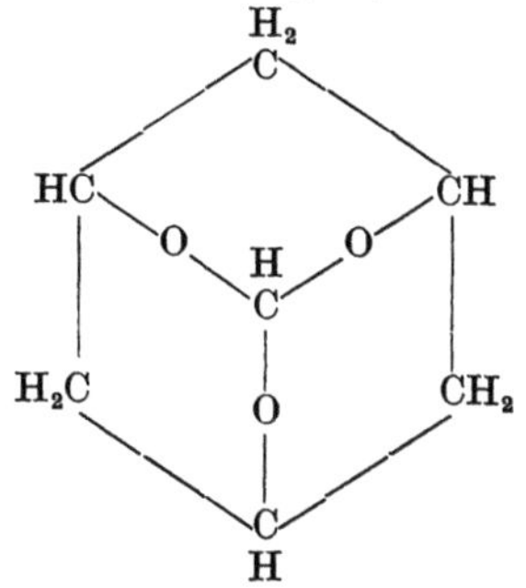

2,4,10-Trioxa-adamantan[2], F: 219—220°

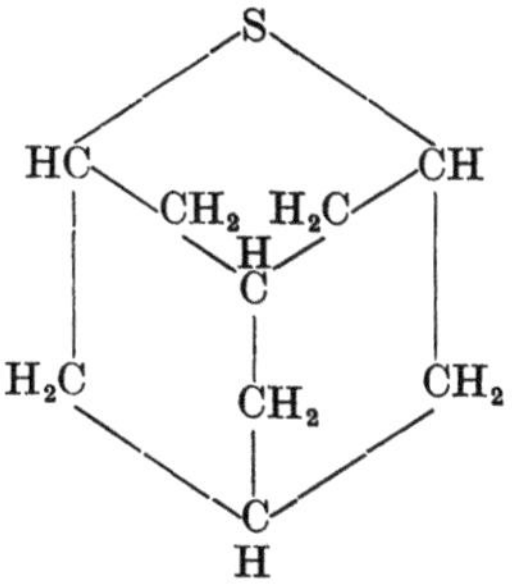

2-Thia-adamantan[3], F: 320°

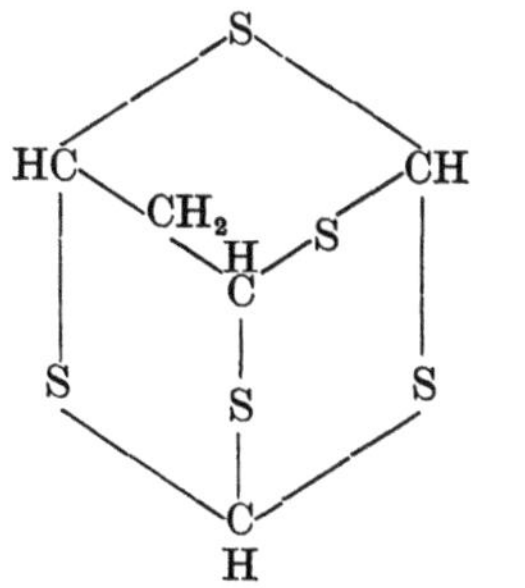

2,4,6,8-Tetrathia-adamantan, bekannt in Form der Methylderivate, z. B. 1,3,5,7-Tetramethyl-2,4,6,8-tetrathia-adamantan, F: 161°[4]

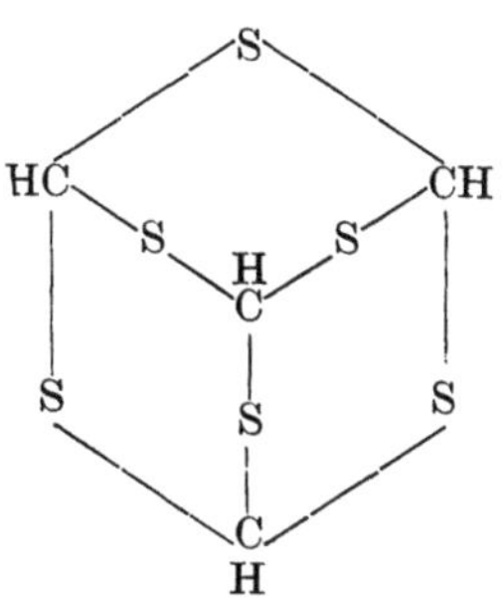

2,4,6,8,9,10-Hexathia-adamantan, z. B. als 1,3,5,7-Tetramethylverbindung, F: 224—225°[5]

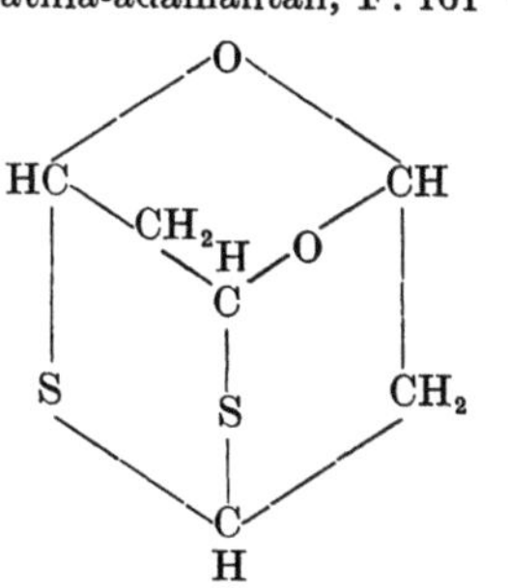

2,4-Dioxa-6,8-dithia-adamantan, als 1,3,5,7-Tetra-methylderivat, F: 138,2—138,4°[6]

[1] STETTER, H., u. M. DOHR: Chem. Ber. **86**, 589 (1953).

[2] STETTER, H., u. K. H. STEINACKER: Chem. Ber. **86**, 790 (1953). — Von diesem Ringsystem sind eine Reihe von Derivaten bekannt.

[3] S. F. BIRCH, T. V. CULLUM, R. A. DEAN u. R. L. DENYER fanden die Verbindung im Erdöl von Agha Jari (Südiran). Nature (London) **170**, 629 (1952).

[4] LETEUR, F.: Chem. Zbl. **133**, 48 (1901). — FROMM, E., u. P. ZIERSCH: Ber. dtsch. chem. Ges. **39**, 3599 (1906). — FREDGA, A., u. A. BRÄNDSTRÖM: Ark. Kemi B **26**, Nr. 4, 1 (1948); Ark. Kemi **1**, 197 (1949). — BRÄNDSTRÖM, A.: Ark. Kemi **3**, 41 (1951).

[5] FREDGA, A.: Ark. Kemi B **25**, Nr. 8, 1 (1947). — FREDGA, A., u. H. BAUER: Ark. Kemi **2**, 113 (1950). — Hexathia-adamantan, FREDGA, A. u. K. OLSSON: Ark. Kemi **9**, 163 (1956). — STETTER, H., u. H. J. KRAUSE: Diss. Bonn 1954 (aus Dithiosäuren und $ZnCl_2$).

[6] BRÄNDSTRÖM, A.: Ark. Kemi **3**, 41 (1941).

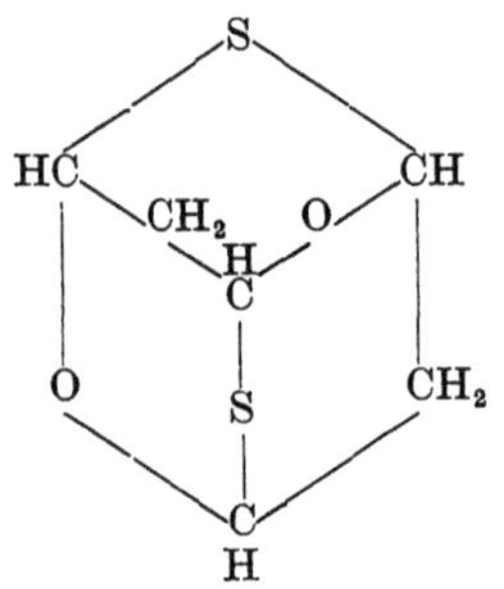

2,6-Dioxa-4,8-dithia-adamantan, als 1,3,5,7-Tetramethylderivat, F: 121,2—131,4° [1]

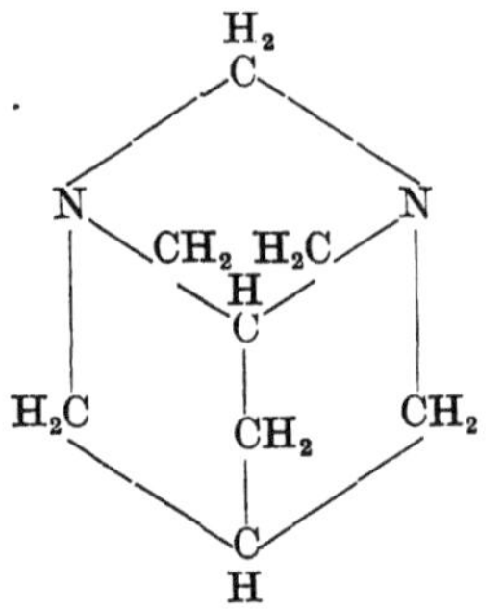

1,3-Diaza-adamantan [2]

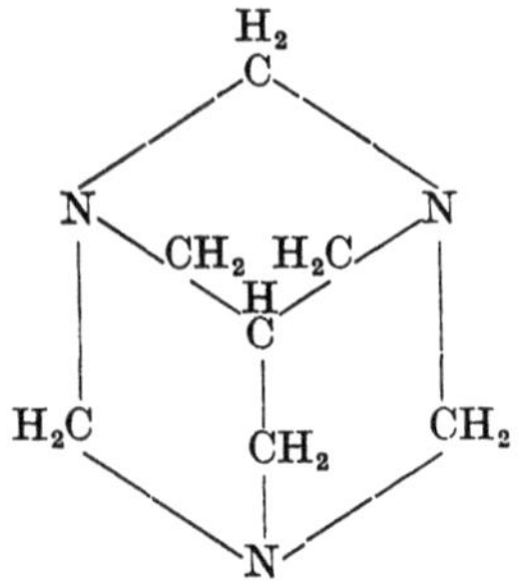

1,3,5-Triaza-adamantan, F: 260° [3]

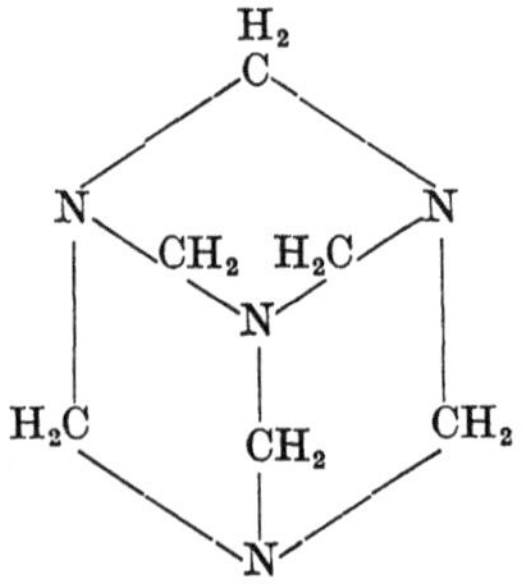

1,3,5,7-Tetraaza-adamantan = Urotropin [4] sublimiert bei 230—270° i. V.

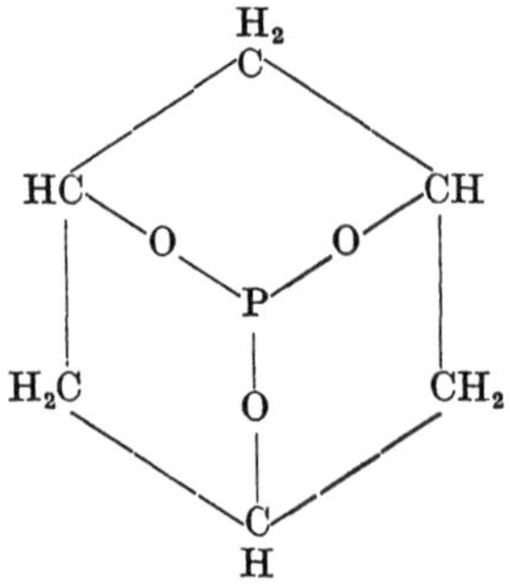

1-Phospha-2,8,9-triaza-adamantan, F: 207° [5]

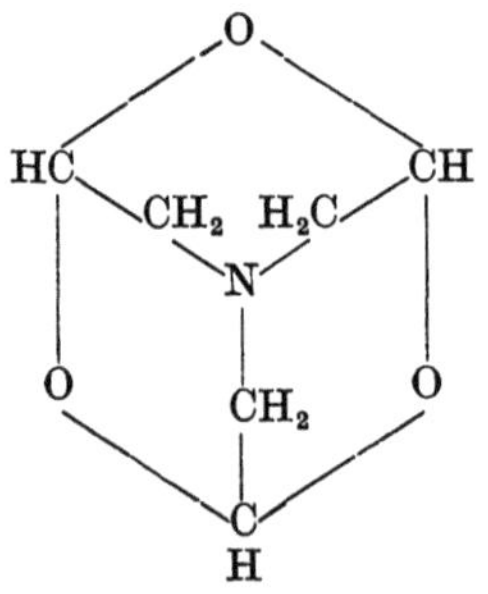

1-Aza-4,6,10-trioxa-adamantan (Trimorpholin), F: 210—220° [6]

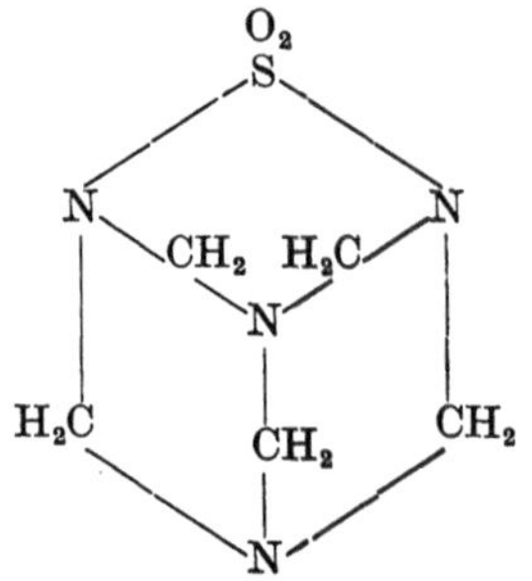

1,3,5,7-Tetraaza-2-thia-adamantan-2-dioxyd = Penta-methylen-tetraminsulfon, F: 224—225° [7]

---

[1] BRÄNDSTRÖM, A.: Ark. Kemi **3**, 41 (1951).

[2] JALINOVSKY, F., u. H. LANGER: Mh. Chem. **86**, 449 (1955). — STETTER, H., u. H. HEENIG: Chem. Ber. **88**, 789 (1955).

[3] LUKEŠ, R., u. K. SYHORA: Chem. Listy **45**, 731 (1952); ferner H. STETTER u. W. BÖCKMANN: Chem. Ber. **84**, 834 (1951).

[4] Hexamethylenteramin. Beim Nitrieren entsteht der Sprengstoff Hexogen.

[5] STETTER, H., u. K. H. STEINACKER: Chem. Ber. **85**, 451 (1952), Darstellung aus α-Phloroglucit (*cis*-Konfiguration) und Phosphortrichlorid.

[6] WOLFF, L., u. R. MARBURG: Liebigs Ann. **363**, 184 (1908); s. STETTER, H.: Angew. Chem. **66**, 228 (1954).

[7] PAQUIN, H. M.: Angew. Chem. **60**, 317 (1948).

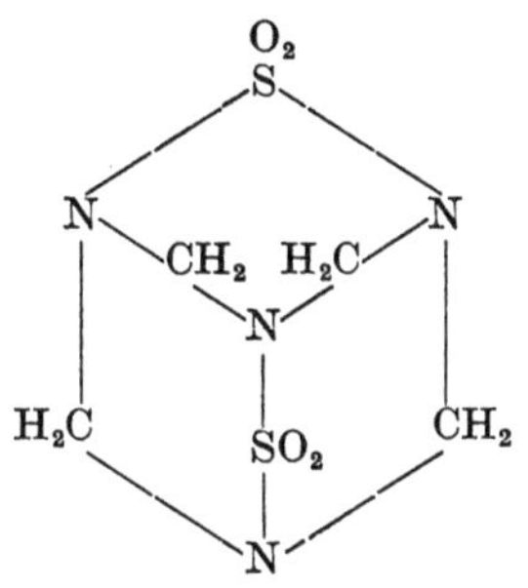

1,3,5,7-Tetraaza-2,6-dithia-adamantan-
2,6-bis-dioxyd (Tetramethylen-disulfotetramin),
F: 255—260° [1]

Die letztgenannte Verbindung gehört zu den interessantesten Ringsystemen dieser Art. Man kann die Verbindung sehr einfach durch Kondensation von Sulfamid mit Formaldehyd in stark salzsaurer Lösung darstellen:

$$\begin{array}{c} H-N-H \\ H SO_2 H \\ N SO_2-N \\ H H-N-H H \end{array} \xrightarrow[-4H_2O]{+4CH_2O/HCl} \begin{array}{c} H_2C-N-CH_2 \\ SO_2 \\ N--SO_2-N \\ H_2C-N-CH_2 \end{array}$$

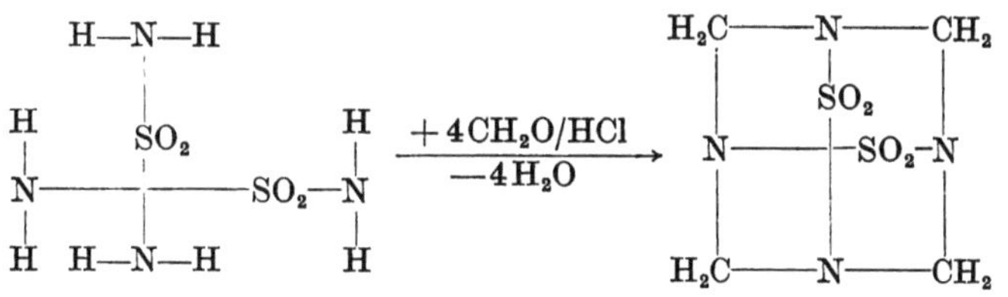

Das *Tetramethylen-disulfotetramin* ist äußerst giftig, es ist fünfmal toxischer als Strychnin. Die starke *Giftigkeit* ist um so überraschender, als sowohl Sulfamid wie das konstitutionell sehr ähnliche 1,3,5,7-Tetraaza-2-thia-adamantan-2-dioxyd keinerlei Giftwirkung zeigen.

Dieser kurze Abriß der sich jetzt abzeichnenden Chemie der Adamantansysteme zeigt gerade am letzgenannten Fall des Tetramethylen-disulfo-tetramins, daß man hier noch mit interessanten und überraschenden Tatsachen rechnen kann. Die weitere Erforschung dieser Stoffklasse, auch im Hinblick auf natürlich vorhandene Substanzen dieser Art, ist reizvoll.

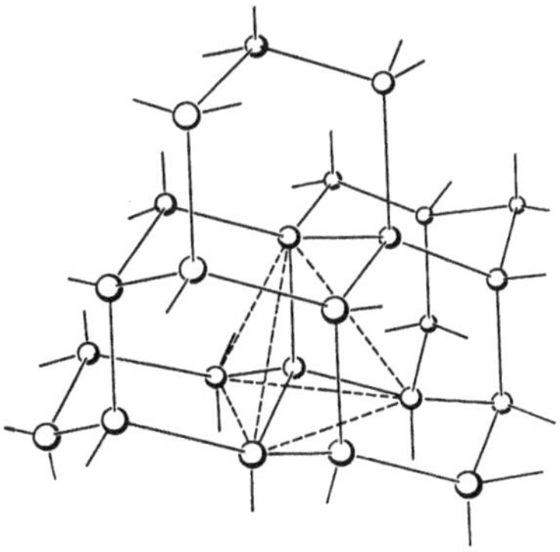

Am eindrucksvollsten ist die Forderung der regulär tetraedrischen Anordnung des Kohlenstoffatoms in seinem kompliziertesten Ringgefüge, im *Diamanten*, erfüllt. Die Röntgenuntersuchung zeigt, daß die Elementarzelle des Diamanten ein Würfel ist. Das C-Atom befindet sich genau auf den Schnittpunkten der Symmetrieachsen bzw. Symmetrieebenen, also in den acht Ecken, in den Flächenmitten und im ersten Viertel der Raumdiagonale. Je fünf benachbarte C-Atome bilden ein *raumzentriertes Tetraeder*

Abb. 25

(vgl. Abb. 25) mit einem Kohlenstoffatomabstand von 1,54 Å wie bei den aliphatischen Verbindungen.

---

[1] HECHT, G., u. H. HENECKA: Angew. Chem. **61**, 365 (1949).

Sehr genaue Messungen der *Elektronendichten* im Diamantgitter[1] (in der Abb. 26 projiziert auf die (1 1 0)-Fläche in $E/Å^2$) zeigen die Stellen maximaler Ladungsdichte

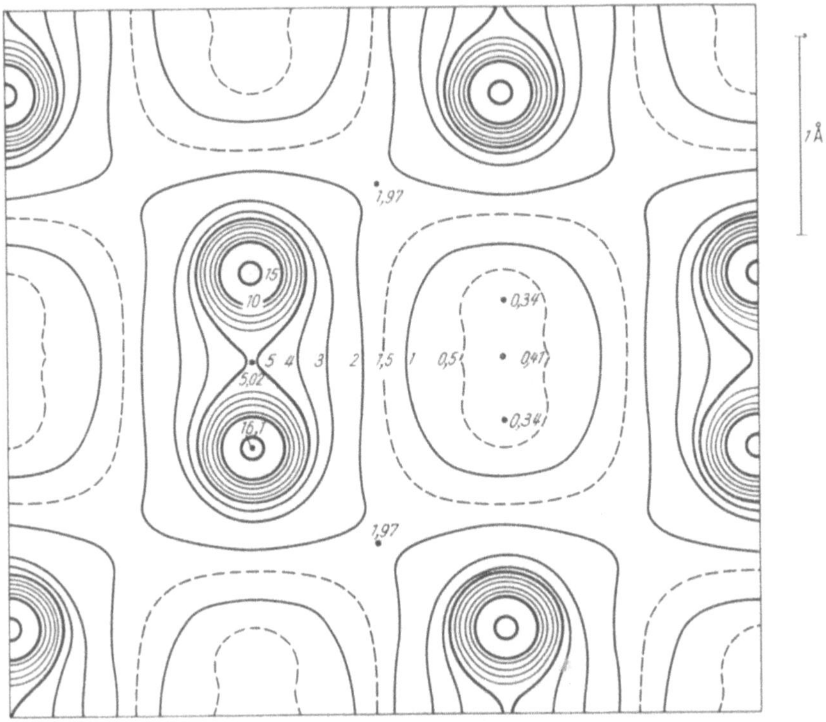

Abb. 26

der C-Atome. Man sieht sehr deutlich, daß die Ladungsdichte auf der Verbindungslinie zweier direkt gebundener C-Atome endlich bleibt als Ausdruck und zugleich schöne Bestätigung der quantenmechanischen Auffassung einer kovalenten Bindung[2].

E. Mohr hat darauf hingewiesen, daß sich aus dem völlig spannungsfreien

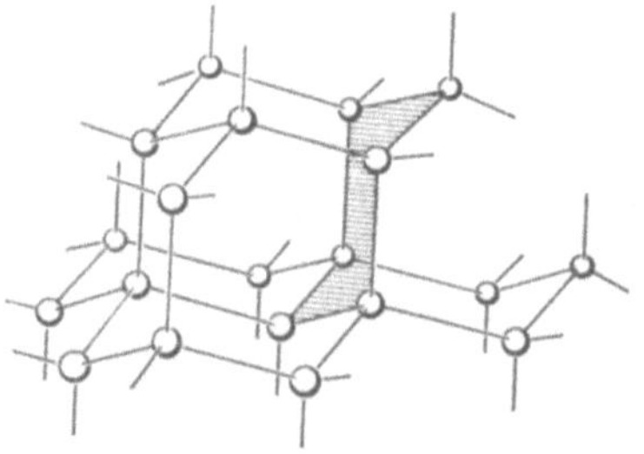

Abb. 27. Diamantgitter. Cyclohexan — Sesselform

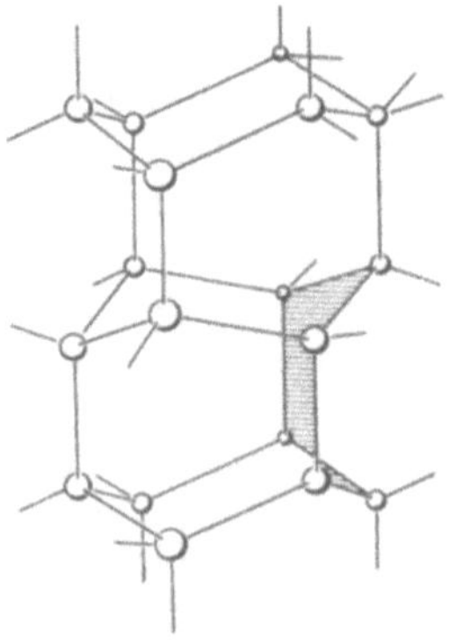

Abb. 27a. Wurtzitgitter. Cyclohexan — Bootform

Diamantgitter schematisch alle Ringe mit gerader Kohlenstoffatomzahl vom Sechsring aufwärts herausschneiden lassen (Abb. 27). Ebenso sind bicyclische

[1] Grimm, H. G., R. Brill, C. Hermann u. C. Peters: Naturwiss. **26**, 29 (1931). Ann. Physik **34**, 393 (1939).

[2] Entsprechende Untersuchungen am Kochsalz-Gitter zeigen dagegen, daß die Ladungsdichte zwischen Na—Cl praktisch auf Null absinkt gemäß der hier vorliegenden Ionenbeziehung.

Gebilde *(trans-Dekalin, Bicyclononan)* und polycyclische Gebilde wie etwa das *Adamantan* im Diamantgitter vorgebildet.

Statt der inversen Anordnung der Tetraeder im Diamantgitter kann man auch die Tetraeder *spiegelbildlich* zueinander stehend einsetzen (Abb. 28). Man erhält so den Gittertyp des Wurtzits (ZnS), in dessen Gitter Ringsysteme wie die der Bootform des Cyclohexans oder einer Bootform des *cis-Dekalins* vorgebildet erscheinen (Abb. 27a).

Wenngleich das den Energieinhalt gespannter und ungespannter Verbindungen wiedergebende Tatsachenmaterial besonders bei cyclischen Stoffen mit Heteroatomen immer noch gering ist, zeigt die Anwendung der Spannungstheorie auf mono- und polycyclische Systeme, daß der Grundgedanke der Tetraedersymmetrie des Kohlenstoffatoms zweifelsohne richtig ist. Gewisse ergänzende Vorstellungen über die Kraftwirkungen entfernter Atome sind aber noch schwierig oder gar nicht zu geben. Bisher haben sich aber alle gegen die Tetraedervorstellung vorgebrachten Einwände bei sorgfältiger Betrachtung als nicht stichhaltig erwiesen.

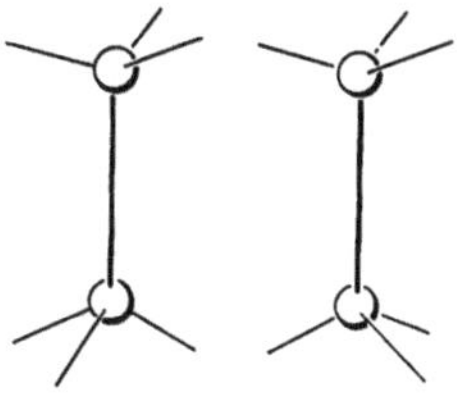

Abb. 28. Tetraederanordnung invers spiegelbildlich

Über die Stabilität der Valenzwinkel und der Kernabstände wird später zusammenfassend berichtet (vgl. S. 97). Hier sei bezüglich des *Tetraederwinkels* des Kohlenstoffatoms nur soviel gesagt, daß mit steigender Größe der Substituenten etwa bei den *Halogenderivaten* des Methans (von CH_3F bis CJ_4) eine deutliche *Spreizung* des Valenzwinkels um etwa 2—3° eintritt, was aber nur einen Energieaufwand von maximal 500 cal/Mol erfordert[1]. Immerhin bedeutet jede Abweichung vom „normalen" Valenzwinkel einen zusätzlichen Aufwand an Deformationsenergie. Berücksichtigt man ferner noch die Abstoßungsenergie der Atome untereinander, so erklärt dies das Vorhandensein einer gewissen zusätzlichen inneren Energie der entsprechenden Molekeln, also die Anwesenheit einer inneren Spannung. Dies ist aber, am Kohlenstofftetraeder betrachtet, nichts anderes als der eigentliche und bleibende Inhalt der Baeyerschen Spannungstheorie, der in der modernen theoretischen organischen Chemie als eine besondere Hybridisierung der Molekularbahnen bzw. Elektronenbahnen erscheint.

Im übrigen ist die Deformationsenergie eines Valenzwinkels so gering, daß sie bereits durch die thermische Energie angeregt werden kann, wobei Abweichungen bis zu 10° möglich sind. Das bedeutet, daß selbst so symmetrische Moleküle wie das Methan ständig relativ große Abweichungen von ihrer symmetrischen Gleichgewichtslage zeigen, ohne daß wir aber gezwungen wären, das Tetraeder als Modell des Kohlenstoffatoms aufzugeben[2]. Das dem Kohlenstoffatom innewohnende Bestreben nach regulär tetraedrischer Anordnung bei Betätigung seiner vier Bindungen, die sp^3-Hybridisierung, ist als leitendes Prinzip des räumlichen Aufbaues aller Kohlenstoffverbindungen zu betrachten. Ein wichtiger — in der historischen Entwicklung der erste sichere — Beweis hierfür ist das Auftreten optischer Aktivität, von der im folgenden Abschnitt die Rede sein wird.

4. Optische Aktivität

Arago entdeckte im Jahre 1811, daß Quarz die Fähigkeit besitzt, die Schwingungsebene des polarisierten Lichts um einen bestimmten Winkel zu drehen.

[1] Eine Deformation der Elektronenhülle schon um wenige Zehntel Å erfordert dagegen sehr hohe Energiebeträge von etwa 10^4 bis 10^5 cal/Mol. Die Kernabstände C—X bleiben daher weitgehend konstant.

[2] Allgemein läßt sich sagen, daß die Gleichgewichtslage eines Valenzwinkels *ABC* zunächst dominierend von der Elektronenkonfiguration des Atoms *B*, aber noch zusätzlich durch die Kräfte zwischen den Bindungspartnern *A* und *C* bestimmt wird.

Diese „optische" Aktivität[1] führte man auf eine verschiedene Anordnung der Moleküle im Kristall zurück. Beim Lösen von optisch aktivem Quarz in starkem Alkali geht diese Aktivität verloren. Im Jahre 1815 wurde von BIOT und SEEBECK die optische Drehung auch an Flüssigkeiten, nämlich Terpentinöl und wäßrigen Lösungen von Zucker und Weinsäure festgestellt. L. PASTEUR[2] fand einige Jahrzehnte später, daß es zwei die Ebene des polarisierten Lichts nach rechts bzw. links drehende Formen der Weinsäure, die *d*- und *l-Weinsäure*, gibt, die ihre optische Aktivität im Gegensatz zum Quarz auch in der Lösung behalten. Hier wurde die optische Aktivität auf eine verschiedene räumliche Anordnung der Atome im Molekül zurückgeführt. Aus den kristallographischen Erscheinungen leitete PASTEUR ab, daß die beiden Formen, die *d*- und *l*-Form der Weinsäure, sich wie *Bild* und *Spiegelbild* verhalten müssen. Durch Zusammengeben gleicher Teile *d*- und *l*-Form entsteht eine optisch inaktive Säure, eine *Racemform*. Mit geeigneten Methoden, die von L. PASTEUR entdeckt wurden und auch heute noch verwandt werden, gelingt die Aufspaltung der Racemform in die optischen Antipoden. In der Zeit nach diesen Entdeckungen förderten die organisch-chemischen Untersuchungen immer mehr Verbindungen zutage, deren Isomerie sich nicht mehr mittels der klassischen Strukturlehre erklären ließ. Im Jahre 1874 wies J. H. VAN'T HOFF[3] unter dem Eindruck der Lektüre einer Arbeit von W. WISLICENUS über „die ungeklärte Isomerie der Milchsäuren" den entscheidenden Weg, der mit einem Schlage zur Aufklärung der unbekannten Isomerien führte. Die von J. H. VAN'T HOFF[4] intuitiv gefundene Erklärung wurde, fast gleichzeitig und unabhängig von ihm, auch durch J. A. LE BEL gegeben, der zu diesen Erkenntnissen auf Grund von geometrischen Symmetriebetrachtungen geführt wurde.

a) Die Tetraedertheorie von J. H. VAN'T HOFF und J. A. LE BEL

J. H. VAN'T HOFF[5] und J. A. LE BEL[6] betrachteten als Voraussetzung für das Auftreten optischer Aktivität das Vorhandensein eines Kohlenstoffatoms mit vier voneinander verschiedenen Liganden, des *asymmetrischen C-Atoms*. Dabei nahm J. H. VAN'T HOFF als Modell ein reguläres Tetraeder an, in dessen Schwerpunkt sich das C-Atom befindet und in dessen Ecken die vier Liganden angeordnet sind. Die beiden aktiven Formen verhalten sich zueinander wie Gegenstand und Spiegelbild und sind auf keine Weise zur Deckung zu bringen (optische Antipoden).

Beide Formen (*d*- und *l*-) unterscheiden sich also nur durch die räumliche Anordnung der Liganden und müssen daher in allen *skalaren* (richtungslosen), aber *nicht vektoriellen* (selbst schon gerichteten), Eigenschaften übereinstimmen. Sie drehen deshalb die Schwingungsebene des Lichtes um den gleichen, aber entgegengesetzten Betrag, während sie z. B. in den Schmelzpunkten überein-

---

[1] Zusammenfassende Darstellungen s. G. WITTIG: Stereochemie. Leipzig: Akad. Verlagsges. 1930. — FREUDENBERG, K.: Stereochemie. Leipzig u. Wien: F. Deuticke 1933. — EUCKEN-WOLF: Hand- und Jahrbuch der Chemischen Physik. Stereochemie. Leipzig: Akad. Verlagsges. 1933. — WINCHELL, A. L.: The Optical Properties of Organic Compounds. Madison (Visc.) 1943. — ENGELHARDT, W. v.: Angew. Chem. **57**, 133 (1944); s. ferner W. HÜCKEL: Theoretische Grundlagen der Organischen Chemie, 7. Aufl., Bd. I, S. 38ff. Leipzig: Akad. Verlagsges. 1952. — KLYNE, W.: Progress in Stereochemistry. London: Butterworths Scientific Publications, 1954.

[2] PASTEUR, L.: Über die Asymmetrie bei natürlich vorkommenden organischen Verbindungen, übersetzt und herausgegeben von M. LADENBURG u. A. LADENBURG. Leipzig 1860.

[3] VAN'T HOFF, J. H.: Die Lagerung der Atome im Raum, 3. Aufl., Braunschweig 1908.

[4] VAN'T HOFF, J. H.: Vgl. hierzu den Vortrag von P. WALDEN, 50 Jahre stereochemische Lehre und Forschung. Ber. dtsch. chem. Ges. **58**, 237, 246 (1925).

[5] VAN'T HOFF, J. H.: Dix années dans l'histoire d'une théorie, 1887.

[6] LE BEL, J. A.: Bull. Soc. chim. France [2] **22**, 337 (1874); Bull. Soc. chim. France [3] **3**, 790 (1890); Bull. Soc. chim. France [3] **7**, 613 (1892).

stimmen. Nach den grundlegenden Arbeiten von van't Hoff und Le Bel begann ein ungeahnter Siegeszug dieser Vorstellungen vom räumlichen, tetraedrischen Bau des C-Atoms. Die Theorie läßt die Zahl der möglichen Stereo-Isomeren bei Verbindungen mit mehr als einem asymmetrischen C-Atom klar voraussagen. Sie wurde durch die Untersuchungen Emil Fischers[1] über die Raumstruktur der Zucker glänzend bestätigt. Ihre Anwendung auf Probleme der Ringbildung und Ringspannung haben wir schon kennengelernt. Später wurde diese Modellvorstellung auch an anderen Elementen, wie Stickstoff und Schwefel, mit gleichem Erfolg erprobt. Sie fand ihre experimentelle Krönung in der Röntgenstrukturbestimmung des Diamanten und ihre theoretische Begründung in der modernen Quantentheorie der Bindung.

Alle weiteren Versuche haben immer wieder die Richtigkeit der van't Hoff-Le Belschen Anschauung bestätigen können, ja sogar die besten und modernsten physikalischen Methoden konnten das ursprüngliche Bild nur verfeinern, nicht wandeln. P. Walden[2] hat die Idee der räumlichen Lagerung der Atome als schlechthin *die* Theorie der organischen Chemie bezeichnet. Der schöpferische Gedanke von van't Hoff und Le Bel gab der gesamten organischen Chemie eine neue, wichtige Grundlage.

Die Modellvorstellung von J. H. van't Hoff über die regulär tetraedrische Lagerung der mit einem C-Atom verbundenen vier Liganden führt über die allgemeinen Symmetriebetrachtungen Le Bels hinaus. Sie hebt eine bestimmte räumliche Anordnung hervor, bestimmt die Zahl der möglichen raumisomeren Verbindungen und macht durch den Versuch nachprüfbare Voraussagen über die Zusammenhänge von Konstitution und Eigenschaften der Moleküle.

Betrachten wir zunächst die *Zahl* der möglichen stereoisomeren Formen.

Die Anwesenheit eines Asymmetriezentrums (*C) etwa in der *Milchsäure:*

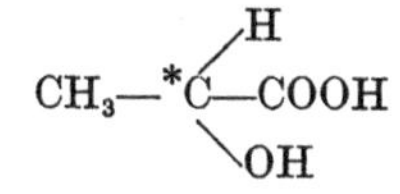

bedingt das Auftreten zweier spiegelbildlicher Formen, der *d*- und *l*-Form[3], die sich durch entgegengesetzt gleiche Drehung der Schwingungsebene des polarisierten Lichtes unterscheiden. Mischt man beide Formen im gleichen Molekularverhältnis miteinander, so entsteht ein optisch inaktiver Stoff, ein Racemat. Im festen Zustand können die aktiven Formen jede für sich in ihrem eigenen Gitter kristallisieren, man erhält ein *racemisches Gemisch.* Mitunter bilden die optischen Antipoden auch lückenlos ideale Mischkristalle, meist aber einen Mischkristall singulärer Zusammensetzung. Ob die feste Mischphase als Molekülverbindung aufgefaßt werden soll, ist eine Frage der Definition.

Die früher zur Untersuchung dieser Verhältnisse herangezogenen Schmelzdiagramme sind nach neueren Arbeiten von G. Kortüm[4] und H. Mauser nur

---

[1] Zusammenfassende Darstellungen s. H. Pringsheim: Zuckerchemie. Leipzig: Akad. Verlagsges. 1925. W. N. Haworth: Die Konstitution der Kohlenhydrate. Dresden u. Leipzig: Th. Steinkopff 1932. Ohle, H.: Die Chemie der Monosaccharide und der Glykolyse. München: J. F. Bergmann, jetzt Julius Springer, 1931. Micheel, F.: Chemie der Zucker und Polysaccharide. 2. Auflage, Leipzig: Akad. Verlagsges. 1956.

[2] Walden, P.: 50 Jahre stereochemische Lehre und Forschung. Ber. dtsch. chem. Ges. 58, 237 (1925).

[3] In den angelsächsischen Ländern werden vielfach anstelle von *d* und *l* die klein gedruckten Buchstaben D und L benutzt. Es soll dies einer Verwirrung hinsichtlich der Bezeichnung der sterischen Zugehörigkeit und des eigentlichen Drehungssinnes vorbeugen. Man kann sich aber genauso gut merken, daß d und l nichts mit einem durch (+) oder (—) bezeichneten Drehungssinn zu tun haben.

[4] Unveröffentlicht, Privatmitteilung von G. Kortüm.

bedingt brauchbar, da die ROOSEBOOMschen Ansichten bezüglich der Dystektika[1] unzutreffend sind. Zweckmäßig bedient man sich zu solchen Untersuchungen optischer Methoden, zumal es nach G. KORTÜM[2] und Mitarbeitern möglich ist, auch die Absorptionsspektren fester Stoffe aus Reflexionsmessungen zu bestimmen.

Beständig sind die Racemate nur in *festem Zustand*, in Lösung und in Gasform zerfallen sie in ihre Komponenten. Dabei kann ihre Beständigkeit innerhalb bestimmter Temperaturgrenzen liegen, wie z. B. bei dem $NaNH_4$-Salz der Weinsäure, das oberhalb 28° als Racemat, unterhalb dieser Temperatur als Konglomerat in der gesättigten Lösung als Bodenkörper vorhanden ist. Die Racemate können zum Unterschied zu den festen aktiven Komponenten andere Schmelzpunkte, eine andere Kristallgestalt und auch andere Lösungswärmen (entsprechend den verschiedenen Schmelzwärmen) besitzen.

Die Strukturbestimmung durch Röntgenanalyse zeigt, daß zwei Moleküle sich zentrosymmetrisch zueinander im Kristall anordnen[3] können.

Neben den eigentlichen Racematen kennt man auch sog. *partielle Racemate*[4]. Man versteht hierunter Racemate, die durch strukturelle oder sterische Veränderung — oder beides zugleich — einer Komponente des Racemats erhalten werden, z. B.:

d-Chlorbernsteinsäure + *l*-Chlorbernsteinsäure = Racemat

d-Chlorbernsteinsäure + *l*-Brombernsteinsäure = partielles Racemat

d-methylbernsteinsaures *l*-Chinin + *l*-methylbernsteinsaures *l*-Chinin = partielles Racemat

Ergostanol + Epikoprosterin = partielles Racemat.

Denkt man sich einen Stoff aus *zwei* asymmetrischen C-Atomen aufgebaut, und zwar so, daß jedes Asymmetriezentrum unabhängig von dem anderen die Fähigkeit zur Ausbildung zweier spiegelbildlicher Konfigurationen besitzt, so erhält man folgende Isomeren:

$$\begin{array}{cc|cc} +A & -A & +A & -A \\ +B & -B & -B & +B \end{array} \qquad \begin{array}{l} \text{also } 4 = 2^2 \text{ Isomere} \\ \text{und 2 Racemate} \end{array}$$

Bei *drei* solchen Asymmetriezentren verdoppelt sich die Zahl der möglichen Isomeren:

$$\begin{array}{cc|cc|cc|cc} +A & -A & +A & -A & +A & -A & -A & +A \\ +B & -B & +B & -B & -B & +B & +B & -B \\ +C & -C & -C & +C & +C & -C & +C & -C \end{array} \qquad \begin{array}{l} 8 = 2^3 \text{ Isomere} \\ \text{und 4 Racemate} \end{array}$$

ganz allgemein: die Zahl der Isomeren bei Anwesenheit von n asymmetrischen C-Atomen beträgt 2^n.

Betrachten wir den ersten Fall etwas genauer. Wir haben hier zwei Paare spiegelbildlicher Formen

$$\begin{array}{c|c} +A & -A \\ +B & -B \end{array} \text{ und } \begin{array}{c|c} +A & -A \\ -B & +B \end{array} \text{ vor uns, aber } \begin{array}{c} +A \\ +B \end{array} \text{ und } \begin{array}{c} +A \\ -B \end{array} \text{ bzw. } \begin{array}{c} -A \\ -B \end{array} \text{ und } \begin{array}{c} -A \\ +B \end{array}$$

[1] Die Bildung eines Dystektikums in einem Schmelzdiagramm beweist nicht die Existenz einer Molekülverbindung in der flüssigen Phase, sondern nur das Auftreten einer festen Mischphase singulärer Zusammensetzung.

[2] KORTÜM, G., u. M. KORTÜM-SEILER: Z. Naturforsch. **2c**, 652 (1947). — KORTÜM, G., u. H. SCHÖTTLER: Z. Elektrochem. **57**, 353 (1953). — KORTÜM, G., u. P. HAUG: Z. Naturforsch. **8a**, 372 (1953). — KORTÜM, G., u. G. SCHREYER: Angew. Chem. **67**, 694 (1955).

[3] REIS, A.: Z. Kristallogr. **66**, 417 (1928).

[4] Partielle Racemate haben im allgemeinen einen Drehungswert $\gtrless 0°$ im Gegensatz zu wahren Racematen, die stets die Drehung Null besitzen. Eine Trennung durch fraktionierte Kristallisation ist innerhalb ihrer Existenzgruppen natürlich nicht möglich. Zur Frage der strukturellen Änderung einer Komponente ohne Verlust des partiellen Racematcharakters vgl. H. LETTRÉ: Angew. Chem. **50**, 58 (1937).

sind *keine* spiegelbildlich verschiedenen Formen. In dem Paar $\begin{smallmatrix}+A\\+B\end{smallmatrix}\ \begin{smallmatrix}+A\\-B\end{smallmatrix}$ enthält z. B. jede Verbindung nur *einen* spiegelbildlich gleichen Anteil. Daher müssen sie auch einen verschiedenen Energie-Inhalt haben und sich durch andere, nunmehr skalare Eigenschaften unterscheiden, nicht nur durch das Verhalten gegenüber polarisiertem Licht. Man nennt diese Formen *Diastereomere*. Sie sind außerordentlich wichtig, beruht doch die Trennung eines Racemats in die Antipoden auf der intermediären Bildung solcher Diastereomeren:

$$(+A\ -A) + 2\,(-B) \longrightarrow \begin{pmatrix}+A\\-B\end{pmatrix} + \begin{pmatrix}-A\\-B\end{pmatrix}$$

die z. B. in den Löslichkeiten charakteristisch verschieden sind. Nach Trennung der Diastereomeren gelangt man durch geeignetes Entfernen der aktiven Hilfskomponente $-B$ zu den reinen, optisch aktiven Formen $+A$ und $-A$.

Dieses Verfahren wurde zuerst von L. Pasteur durchgeführt. Ihm gelang die Spaltung der *Traubensäure* durch Zugabe von *Cinchonin*. Beim Eindunsten der wäßrigen Lösung kristallisiert zunächst das (—)-weinsaure Cinchonin aus[1]. Nach der Abtrennung und Reinigung dieses Salzes wird es durch verdünnte Alkalien in die reine (—)-Weinsäure bzw. ihr Alkalisalz übergeführt. Zur Spaltung racemischer Basen, Ketone, Aldehyde usw. sind in der Folgezeit zahlreiche geeignete Methoden aufgefunden worden, die grundsätzlich auf demselben Verfahren beruhen[2]. Sogar radioaktiv indizierte, optisch aktive Kohlenstoffverbindungen lassen sich bei der Spaltung von Racematen verwenden[3].

Die Zahl der Isomeren verringert sich, wenn mehrere Asymmetriezentren *gleichartig* gebaut sind. Das ist am leichtesten an den Modellen selbst zu sehen. Zur Verdeutlichung bedient man sich nicht der umständlichen Tetraederaufzeichnung, sondern der *Projektion* der Modelle auf die *Papierebene* (vgl. Abb. 29). Nach einem Vorschlag von E. Fischer streckt man die zu einer Kette vereinigten C-Atome zu einer geradlinigen Reihe, wobei die mit den C-Atomen verknüpften Liganden rechts und links der Geraden zu liegen kommen[4]. In einem einfachen Fall, dem der Weinsäure, sieht die Projektion dann folgendermaßen aus:

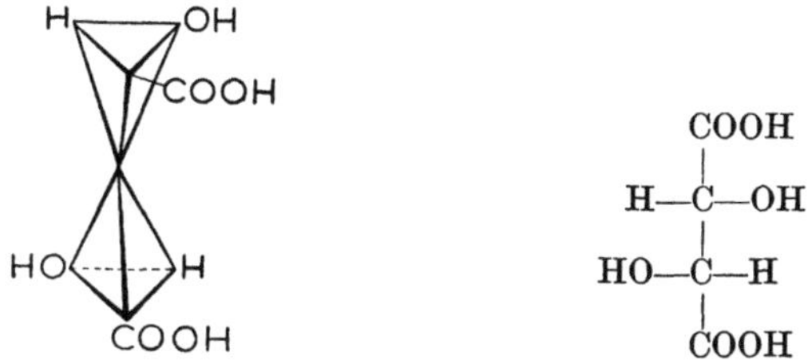

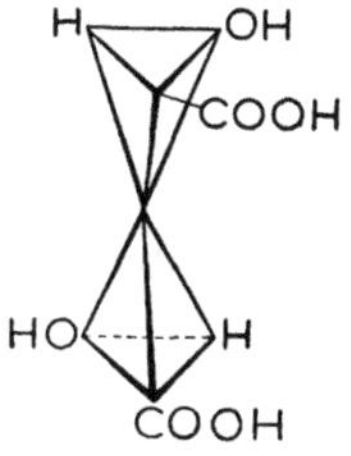


```
      COOH
       |
   H—C—OH
       |
  HO—C—H
       |
      COOH
```

Abb. 29

Die vier möglichen Raumlagen besitzen daher folgende, in verkürzter Schreibweise wiedergegebene Formeln:

H	OH	HO	H	H	OH	HO	H
HO	H	H	OH	H	OH	HO	H
1		2		3		4	

[1] (+) und (—) bedeuten die Rechts- oder Links-Drehung der Schwingungsebene des polarisierten Lichtes.

[2] Vgl. hierzu W. Theilacker: Spaltung inaktiver in aktive Verbindungen, in Houben-Weyl, Methoden der Organischen Chemie, 4. Aufl., Bd. IV/2, S. 509—532. Stuttgart: Georg Thieme 1955.

[3] Vgl. z. B. J. L. Wood u. H. R. Gutman: J. Biol. Chem. **179**, 535 (1949). — Siehe ferner Houben-Weyl: Methoden der organischen Chemie, 4. Aufl., Bd. IV/2, S. 545 (1955).

[4] Näheres s. in den angegebenen Spezialdarstellungen der Stereochemie; vgl. ferner E. Fischer: Ber. dtsch. chem. Ges. **27**, 3189 (1894). — Wohl, A.: Ber. dtsch. chem. Ges. **50**, 459 (1917). — Freudenberg, K.: Ber. dtsch. chem. Ges. **55**, 1339 (1922).

Setzt man willkürlich einen bestimmten Drehungssinn etwa H→OH→COOH fest, so erkennt man, daß Form 3 und 4 infolge innerer Kompensation keine Drehung zeigen und infolgedessen auch nicht in aktive Formen gespalten werden können. Ferner läßt sich am Modell zeigen, daß die Formen 3 und 4 miteinander zur Deckung zu bringen sind, sie sind *keine* Spiegelbildisomeren. Es gibt also nur *eine* innerlich kompensierte Form — sog. *Mesoform* — der Weinsäure.

Sehr einfach und übersichtlich gestaltet sich die Betrachtung, wenn man die *Symmetrieelemente* dieser Verbindungen berücksichtigt.

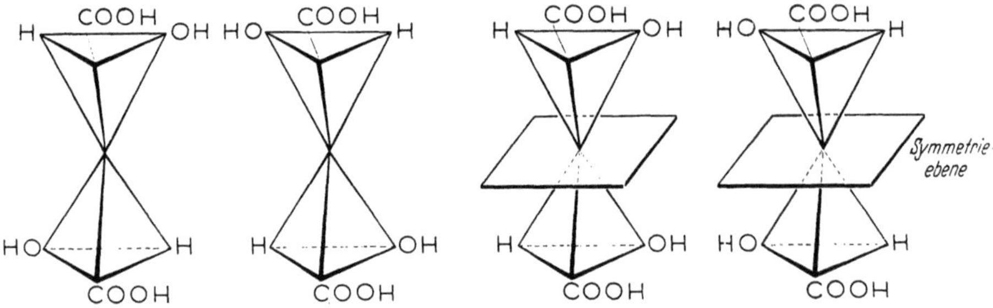

Abb. 30

Ein Molekül, das ein asymmetrisches C-Atom besitzt, hat keine *Symmetrieebene*. Demgemäß läßt sich auch durch die *d*- und *l*-Form der Weinsäure keine Symmetrieebene legen. Die Mesoweinsäure mit zwei „gleichen" asymm. C-Atomen jedoch besitzt dagegen dieses Symmetrieelement (Abb. 30).

Durch gegenseitige Drehung der Tetraeder um die C—C-Verbindungsachse in der Mesoweinsäure kann man eine ganze Reihe von Stereo-Isomeren räumlich zur Anschauung bringen, die *keine* Symmetrieebene besitzen. Da es nur *eine* unspaltbare Mesoform gibt, ist die Annahme einer Zusatzhypothese erforderlich. J. H. VAN'T HOFF[1] führte die Hypothese der freien, unbeschränkten Drehbarkeit der Kohlenstofftetraeder um die gemeinsame Verbindungsachse ein, wonach alle Molekülmodelle, die durch diese Rotation ineinander übergeführt werden können, ein und demselben chemischen Stoff entsprechen. Damit ist der Anschluß an die Erfahrung wieder hergestellt. Über die Möglichkeit der Existenz von in ihrer freien Drehbarkeit behinderten Molekülen werden im folgenden (Kap. Atropisomerie, S. 77ff.) nähere Ausführungen gemacht.

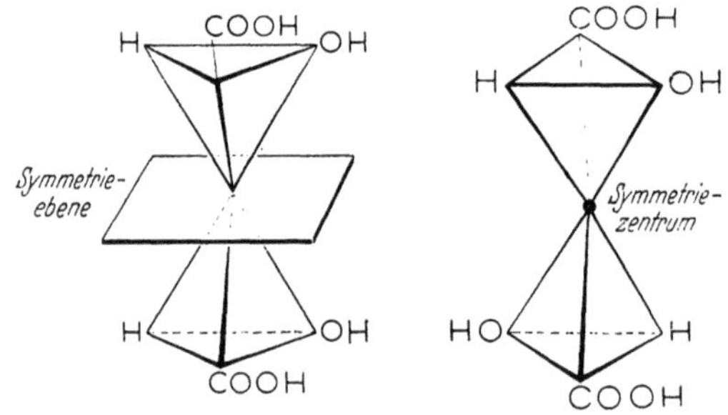

Abb. 31

Neben einer Mesoweinsäureform mit einer Symmetrieebene ist auch eine *zentrosymmetrische* Anordnung aller Liganden möglich (Abb. 31).

Eine Entscheidung über die wahre räumliche Lagerung können die Messungen des *Dipolmomentes* und seiner Temperaturabhängigkeit geben. Würde bei der *d*-, *l*- und Mesoform freie Drehbarkeit vorhanden sein, so müßten alle 3 Isomeren dasselbe Moment besitzen, da das Gesamtmoment einer Gruppe C (abc) immer

[1] VAN'T HOFF, J. H.: Die Lagerung der Atome im Raum, 2. Aufl., S. 36, 1894.

gleichbleibt. Die beiden aktiven Formen haben nun verständlicherweise das gleiche Moment, das aber nicht mit dem der Mesoform identisch ist[1] (Tab. 5):

Tabelle 5

Substanz	$\mu \cdot 10^{18}$ Akt.	$\mu \cdot 10^{18}$ Meso
Dichlorbernsteinsäure-dimethylester $CH_3OCOCHClCHClCOOCH_3$ . .	$3{,}0_3$	$2{,}3_5$
Dimethoxybernsteinsäuredimethylester $CH_3OCOCH(OCH_3)CH(OCH_3)COOCH_3$	$3{,}1_3$	$2{,}8_3$
Dimethoxybernsteinsäurediäthylester $C_2H_5OCOCH(OCH_3)CH(OCH_3)COOC_2H_5$	$3{,}7_4$	$3{,}3_4$

Daraus folgt, daß bestimmte ausgezeichnete Konfigurationen vorkommen, für die das resultierende Gesamtmoment verschieden ist. Infolge der hier nicht zu vernachlässigenden Wirkungen der einzelnen Atome oder Atomgruppen aufeinander ist die *Rotation* an gewissen ausgezeichneten Lagen *gebremst* (vgl. hierzu die Betrachtungen über die Rotationsisomerie des Äthans, S. 25). Die Verhältnisse liegen wohl folgendermaßen: Man wird annehmen dürfen, daß bei tiefen Temperaturen diese Verbindungen eine bestimmte Lage und ein bestimmtes Moment haben (bei centrosymmetrischer Einstellung: Mesoweinsäure, $\mu = 0$). Mit steigender Temperatur wächst die thermische Energie, die innere Rotation wird angeregt, das Moment wird größer als Null und erreicht bei völlig freier Rotation seinen Grenzwert. Daher geben die Messung des Dipolmomentes und seine *Temperaturabhängigkeit* uns einen Hinweis auf das Vorliegen einer *behinderten Drehbarkeit*. In der folgenden Tabelle 6 sind einige solcher Werte angegeben, die eine recht beträchtliche Behinderung der freien Drehbarkeit an den *Halogenäthanen* zeigen. Für unsere Tetraedermodelle spielen diese Betrachtungen keine Rolle, da in ihnen der Einfluß entfernter Gruppen aufeinander nicht zum Ausdruck kommt. Daher kann man über die Häufigkeit und Stabilität der modellmäßig möglichen Lagen zunächst nichts aussagen, ohne geeignete physikalische Methoden zu Rate zu ziehen.

Tabelle 6[2]

Substanz	Temperatur [°K]	$\mu \cdot 10^{18}$ (beobachtet)	$\mu \cdot 10^{18}$ (ber. für freie Drehbarkeit)
Dichloräthan, $ClCH_2$—CH_2Cl	305—554	1,12—1,54	2,54
	298—588	1,27—1,57	
Dibromäthan, $BrCH_2$—CH_2Br	339—436	0,94—1,10	2,54
	347—449	0,97—1,04	
Chlorbromäthan, $BrCH_2$—CH_2Cl	339—436	1,09—1,28	2,54
Diacetyl, H_3CCO—$COCH_3$	329—504	1,25—1,48	3,20

Die zwischen den einzelnen Gruppen wirkenden Kräfte sind im allgemeinen recht klein, so daß die Verweilzeiten der Atome in den einzelnen Lagen noch nicht groß genug werden, um die Isolierung der Rotationsisomeren zu gestatten. Aus diesem Grunde stimmen die VAN'T HOFFschen Modellvorstellungen unter Annahme unbehinderter freier Drehbarkeit mit der Zahl der aufgefundenen Isomeren

[1] Vgl. K. L. WOLF u. O. FUCHS, in K. FREUDENBERG: Stereochemie, S. 278. Leipzig-Wien: F. Deuticke 1933.

[2] Aus H. A. STUART: Die Struktur des freien Moleküls, S. 326, Berlin-Göttingen-Heidelberg: Springer-Verlag 1952.

überein. Etwaige überzählige Isomere lassen sich unter Umständen eben als *Rotationsisomere* ohne Verletzung des Tetraederprinzips unterbringen[1].

Legt man bei der Betrachtung eines Molekülmodells die Anschauung zugrunde, daß optische Aktivität nur bei dem *Fehlen einer Symmetrieebene* oder, wie der Fall der Mesoweinsäure lehrt, auch beim *Fehlen eines Symmetriezentrums* möglich ist, so sieht man, daß es auch *Verbindungen ohne asymmetrische C-Atome* geben muß, die zwar aus symmetrischen Tetraedern aufgebaut, aber im ganzen betrachtet selbst asymmetrisch sind. Ein bekanntes Beispiel dafür ist der *optisch aktive Inosit*:

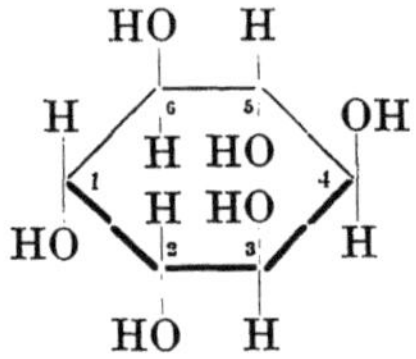

Auch *Spirane* wie z. B. die folgende Verbindung:

besitzen keine Symmetrieebene. Diese Spiroheptandicarbonsäure ist daher in optische Antipoden spaltbar[2]. Weitere Beispiele für eine Molekülasymmetrie, die durch behinderte freie Drehbarkeit zustande kommt, finden sich im nächsten Abschnitt (S. 77ff.).

Andere Beispiele für Verbindungen, in denen die freie Drehbarkeit aufgehoben und die Bestimmung der räumlichen Lage der Liganden durch Auftreten einer optischen Aktivität möglich ist, sind die *Cyclopentan-o-dicarbonsäuren*. Diese Säuren enthalten zwei asymmetrische C-Atome, aber nur die Form, in der sich die Carboxyle auf verschiedenen Seiten der 5-Ringebene befinden (trans-Form), ist in optische Antipoden spaltbar, während die cis-Form eine Symmetrieebene besitzt und daher unspaltbar ist[3]:

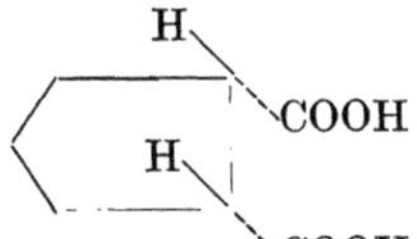

cis-(meso)-Form
besitzt Symmetrieebene,
unspaltbar!

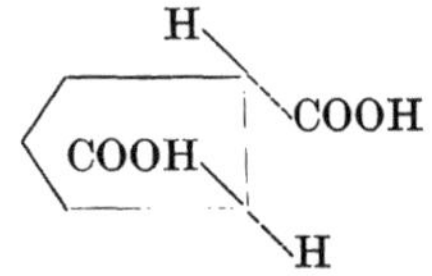

trans-(racem.)-Form
keine Symmetrieebene,
spaltbar!

Cyclopentan-o-dicarbonsäure

Die Möglichkeit einer solchen Strukturbestimmung ist natürlich nur bei kleinen Ringen gegeben, wo infolge der relativen Starrheit des ganzen Moleküls eine bestimmte räumliche Festlegung der Atome oder Atomgruppen vorhanden ist. Bei der *cis-* und *trans-Cyclohexan-1,2-dicarbonsäure* kehren dieselben Ver-

[1] Vgl. hierzu W. Hückel: Theoretische Grundlagen der Organischen Chemie, Bd. I, S. 55. Leipzig: Akad. Verlagsges. 1956.

[2] Backer, H. J., u. H. B. J. Schurink: Rec. Trav. chim. Pays-Bas **50**, 921 (1931).

[3] Goldsworthy, J.: J. Chem. Soc. (London) **125**, 2012 (1924). Weitere Konfigurationsbestimmungen mittels der genannten Methode s. W. Hückel: Liebigs Ann. **451**, 140 (1926). Kuhn, R.: Ber. dtsch. chem. Ges. **58**, 919 (1925).

hältnisse wieder. Auch hier ist nur die trans-Form spaltbar[1], dagegen sind *cis-* und *trans-Cyclohexan-1,4-dicarbonsäure* wegen des Vorhandenseins einer Symmetrieebene unspaltbar[2].

Symmetrieebene

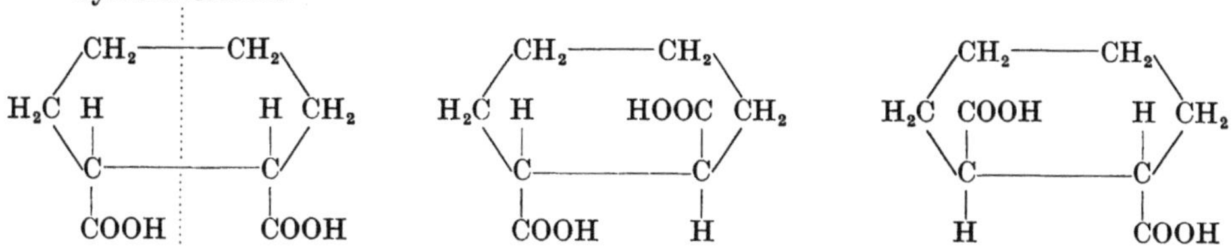

cis-(meso)-Form, unspaltbar — trans-Formen, keine Symmetrieebene, spaltbar

Cyclohexan-1,2-dicarbonsäure

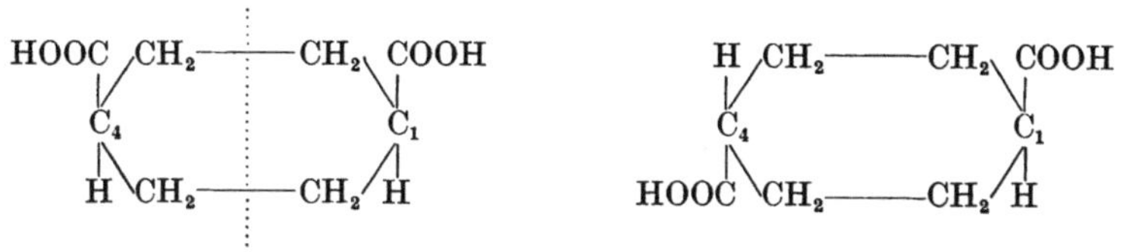

cis-(meso)-Form, Symmetrieebene, unspaltbar — trans-(meso)-Form, Symmetrieebene, auch Symmetriezentrum, unspaltbar

Cyclohexan-1,4-dicarbonsäure

(Symmetrieebene steht senkrecht auf der Ringebene, Schnitt durch C_1 und C_4, Substituenten H und COOH liegen in der Symmetrieebene. Daher unabhängig von ihrer gegenseitigen Ausrichtung [*cis* oder *trans*] immer unspaltbar.)

Bei der Besprechung der Mesoweinsäure wurde schon darauf hingewiesen, daß auch die centrosymmetrische Form unspaltbar sein muß. Von den verschiedenen isomeren *Truxillsäuren*:

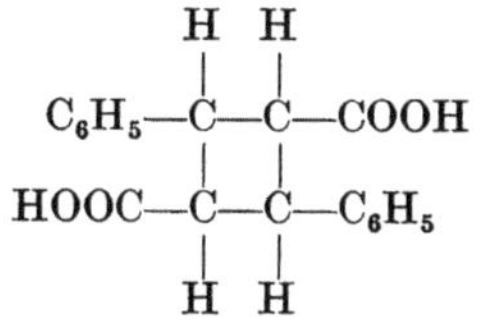

kennt man Verbindungen, denen zwar eine Symmetrieebene fehlt, die aber noch ein *Symmetriezentrum* besitzen. Die im folgenden wiedergegebene Verbindung ist daher nicht in optische Antipoden spaltbar[3]:

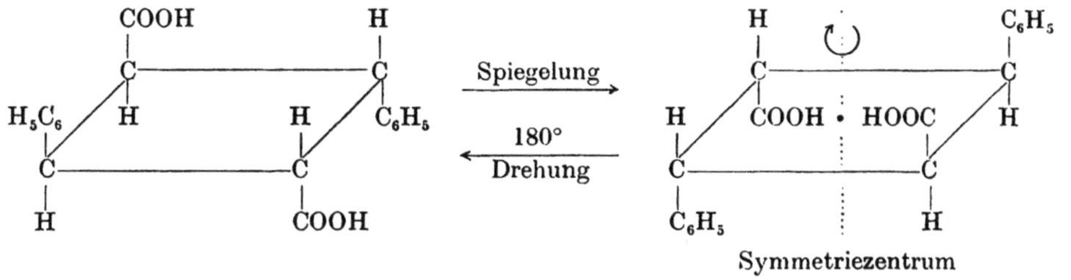

Symmetriezentrum

Ein Symmetriezentrum ist kristallographisch als ein Spezialfall der *Drehspiegelebene* aufzufassen. Eine Raumanordnung mit dieser Symmetrie kommt dann mit

[1] WERNER, A.: Ber. dtsch. chem. Ges. **32**, 3046 (1899).
[2] BAEYER, A. v.: Liebigs Ann. **245**, 128 (1888).
[3] STOBBE, S. H.: Ber. dtsch. chem. Ges. **52**, 666, 1021 (1919). — STOERMER, R.: Ber. dtsch. chem. Ges. **58** 1164, 2718 (1925).

sich zur Deckung, wenn man jene nach Spiegelung an dieser Ebene um die Normale zu dieser Spiegelebene (Symmetrieachse) um 180° dreht. Die Zähligkeit der Symmetrieachse, die einer rationalen Zahl entspricht, ist gleich zwei, wenn das Raummodell ein Symmetriezentrum besitzt[1]. Sind dagegen andere Symmetrieelemente, etwa eine *zweizählige Symmetrieachse* vorhanden, wie bei dem *cis-Alanylanhydrid*:

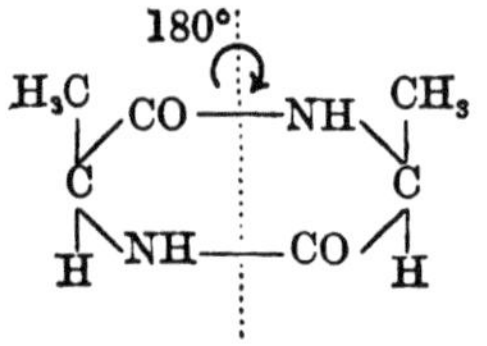

$$\underset{H}{\overset{H_3C}{>}}\underset{NH—CO}{\overset{CO—NH}{C}}\underset{H}{\overset{CH_3}{<}} \quad \text{und} \quad \underset{H}{\overset{H_3C}{>}}\underset{CO—NH}{\overset{NH—CO}{C}}\underset{H}{\overset{CH_3}{<}}$$

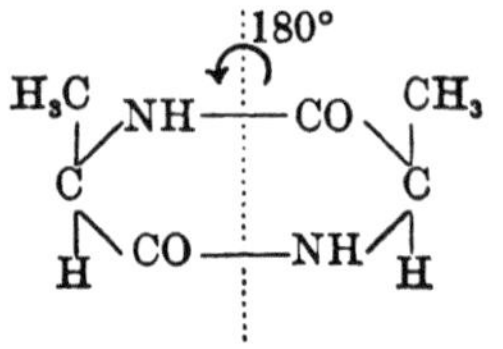

dann tritt wieder optische Aktivität auf. Dagegen läßt sich das *trans-* Alanylanhydrid durch Spiegelung des Moleküls an der Ringebene und nachträgliche Drehung um die zweizählige Symmetrieachse wieder in die Ausgangskonfiguration zurückführen, die trans-Form ist daher hier unspaltbar.

Zur *Existenz optischer Antipoden* ist demnach zu sagen: Nicht das Fehlen *aller* Symmetriebedingungen ist für das Vorhandensein optischer Antipoden maßgebend, sondern die Abwesenheit einer Symmetrieebene oder eines Symmetriezentrums, d. h. also Abwesenheit einer einfachen oder einer zusammengesetzten Symmetrieebene ($n = 2$).

Beim Fehlen dieser Symmetrieelemente, und zwar nur dann, ist das Auftreten optischer Antipoden möglich.

Sind in einer Verbindung ein oder mehrere unabhängige Asymmetriezentren vorhanden, so läßt sich auch mittels des Drehvermögens, rechts oder links drehend, keine relative Raumzuordnung vornehmen. Da andererseits die Bestimmung der absoluten Raumkonfiguration bisher nicht möglich war, bezieht man sich auf eine willkürlich festgesetzte Raumanordnung[2]. Als Bezugspunkt dient der *(+) rechtsdrehende Glycerinaldehyd*, in dessen Projektionsformel die OH-Gruppe auf der rechten Seite geschrieben wird[3]. Diese Raumstruktur wird dann als $d(+)$[4]-Glycerinaldehyd bezeichnet. Dabei bedeuten + und — die beobachtete Rechts(+)- oder Links(—)-Drehung, während d und l die entsprechende Lage der OH-Gruppe angeben:

$$\begin{array}{c} H \\ | \\ C=O \\ | \\ H—C—OH \\ | \\ H_2COH \end{array}$$

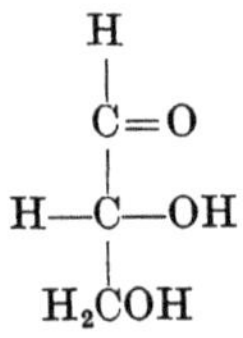

Will man nun andere Verbindungen mit der Raumlage des d-Glycerinaldehyds in Beziehung setzen, so ist die Durchführung von geeigneten Reaktionen erforderlich, die, wie man später festgestellt hat, sich nicht am sterisch wichtigen Zentrum abspielen dürfen.

Als ein Beispiel hierfür diene die Ableitung der Raumformel der $d(+)Glucose$.

Ausgehend vom $d(+)$Glycerinaldehyd kann man durch schematisches Hinzufügen von H—OH bzw. OH—H alle acht möglichen Hexoseformeln systematisch aufschreiben, zu denen die entsprechend vom $l(—)$Glycerinaldehyd abgeleiteten acht anderen Hexoseformeln treten. Zweckmäßig bedient man sich einer sehr

---
[1] Vgl. G. WITTIG: Stereochemie, S. 93. Leipzig: Akad. Verlagsges. 1930.
[2] Über die absolute Konfiguration optisch aktiver Verbindungen vgl. S. 94.
[3] WOHL, A., u. K. FREUDENBERG: Ber. dtsch. chem. Ges. **56**, 309 (1923).
[4] Vgl. hierzu Anm. 3, S. 61.

vereinfachten Schreibweise, indem nur H bzw. OH wiedergegeben werden als die für die Raumformel wichtigen Atome bzw. Atomgruppen der asymmetrischen C-Atome. Man erhält dann folgendes Schema, in dem stets oben eine CHO-, unten die CH_2OH-Gruppe und im linken Formelteil entweder H oder OH zu ergänzen sind, um zur vollständigen ,,Ose"-Formel zu gelangen. Die C-Atome werden ebenfalls der Einfachheit halber ausgelassen[1]:

I. a)	I. b)	II. a)	II. b)	III. a)	III. b)	IV. a)	IV. b)
OH	H	OH	H	OH	H	OH	H
OH	OH	H	H	OH	OH	H	H
OH	OH	OH	OH	H	H	H	H
OH	OH	OH	OH	OH	OH	OH	OH

I. a) *d*(—)Allose, b) *d*(—)Altrose — II. a) *d*(+)Glucose, b) *d*(+)Mannose — III. a) *d*(+)Gulose, b) *d*(+)Idose — IV. a) *d*(+)Galaktose, b) *d*(+)Talose

V. a)	V. b)	VI. a)	VI. b)
OH	H	OH	H
OH	OH	H	H
OH	OH	OH	OH
d(—)Ribose	*d*(—)Arabinose	*d*(+)Xylose	*d*(—)Lyxose

VII.	VII.
OH	H
OH	OH
d(—)Erythrose	*d*(—)Threose

VIII.
OH
d(+)Glycerinaldehyd

I'. a)	I'. b)	II'. a)	II'. b)	III'. a)	III'. b)	IV'. a)	IV'. b)
OH	H	OH	H	OH	H	OH	H
OH	OH	H	H	OH	OH	H	H
OH	OH	OH	OH	H	H	H	H
H	H	H	H	H	H	H	H

I'. a) *l*(—)Talose, b) *l*(—)Galaktose — II'. a) *l*(—)Idose, b) *l*(—)Gulose — III'. a) *l*(—)Mannosen, b) *l*(—)Glucose — IV'. a) *l*(—)Altrose, b) *l*(—)Allose

V'. a)	V'. b)	VI'. a)	VI'. b)
OH	H	OH	H
OH	OH	H	H
H	H	H	H
l(+)Lyxose	*l*(—)Xylose	*l*(+)Arabinose	*l*(+)Ribose

VII'.	VII'.
OH	H
H	H
l(—)Threose	*l*(+)Erythrose

VIII'.
H
l(—)Glycerinaldehyd

Unter Benutzung folgender experimenteller Tatsachen gelingt es, aus den acht (bzw. sechzehn) zur Verfügung stehenden Hexoseformeln des oberen Teiles diejenige Raumordnung festzulegen, die der *d*(+)*Glucose* zukommt. Wir brauchen nur die eine Hälfte des Schemas zu betrachten:

[1] WOHL, A., u. K. FREUDENBERG: Ber. dtsch. chem. Ges. **56**, 312 (1923).

1. Glucose und Mannose sind epimer[1], beide sind daher eines der obigen vier Paare der Hexosen.

2. Oxydation des H—C=O und —CH_2OH zur Dicarbonsäure führt zu einer optisch aktiven Zuckersäure. Damit scheidet Paar I und IV wegen der symmetrischen Formeln Ia und IVa aus.

3. Abbau nach O. Ruff oder A. Wohl und nachfolgende Oxydation läßt wieder eine aktive Trioxyglutarsäure entstehen. Von den zur Wahl stehenden Formeln Vb und VIa scheidet aus Symmetriegründen VIa und damit das Paar III aus. Es bleibt daher nur noch das Paar II übrig, in dem nun a und b auf die Glucose- und Mannoseformel verteilt werden müssen.

4. Die Manno-zuckersäure liefert bei der Reduktion ihres Lactons nur einen Zucker, während die Gluco-zuckersäure bei gleicher Behandlung neben Glucose noch einen zweiten Zucker, die *l*-Gulose entstehen läßt.

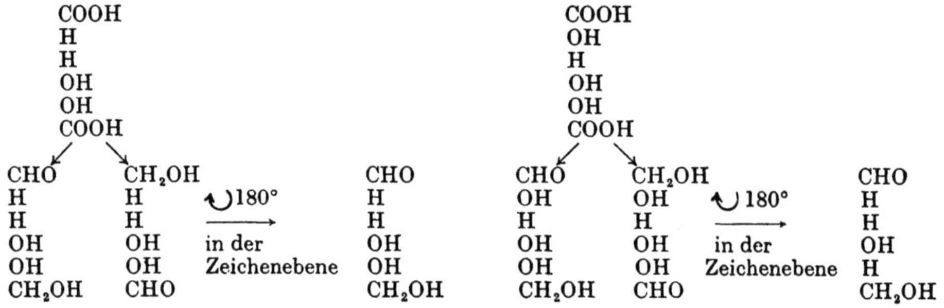

d-Mannose *d*-Mannose *d*-Glucose *l*-Gulose

Somit kommt der *d*(+)Glucose die Raumformel IIa zu. Unter Berücksichtigung der Cyclo-halbacetalbildung, wobei ein neues Asymmetriezentrum am Kohlenstoffatom 1 entsteht (α- und β-Formen, deren Konfiguration gesondert ermittelt werden muß), sind damit die 32 möglichen raumisomeren Hexoseformeln festgelegt.

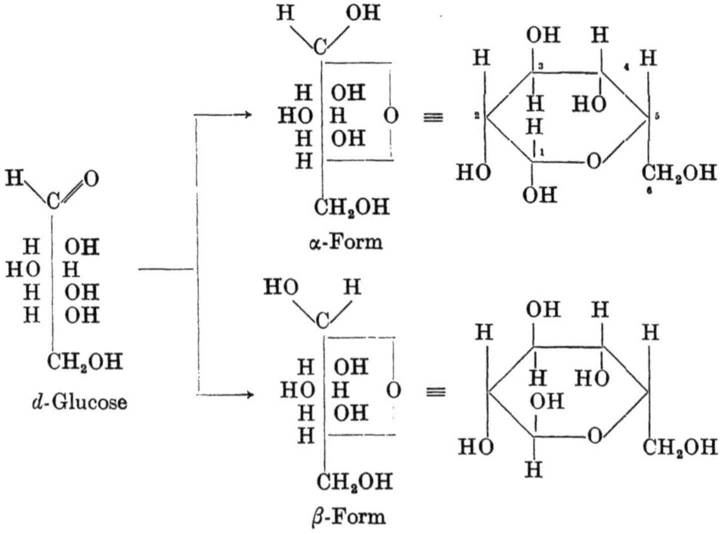

offenkettige Form cyclische Form

[1] Das heißt, sie unterscheiden sich bezüglich ihrer Raumkonfiguration nur am ersten (obersten) hingeschriebenen C-Atom.

Bei dieser Ableitung der Glucoseformel werden im wesentlichen nur Schlüsse auf die Gleichheit oder Ungleichheit an je zwei asymmetrischen C-Atomen benutzt. Mit der willkürlichen Festlegung des *d*(+)Glycerinaldehyds als Bezugspunkt ist somit unter Benutzung einiger einfacher experimenteller Tatsachen auch die kompliziertere *d*-Glucoseformel in räumlicher Hinsicht eindeutig beschrieben. Reaktionen an den Asymmetrie-C-Atomen selbst werden bei dieser Ableitung vermieden.

Wie zuerst P. WALDEN[1] erkannte, können nämlich *Reaktionen*, die sich *am Asymmetriezentrum* abspielen, zu einer Umkehr der ursprünglichen Raumkonfiguration führen. Das klassische Beispiel hierfür ist der von P. WALDEN eingehend untersuchte *Chlorbernsteinsäureester*. Mit Silberoxyd entsteht aus dem (+)rechtsdrehenden Chlorbernsteinsäureester ein rechtsdrehender Äpfelsäureester, der mit PCl_5 behandelt den (—)linksdrehenden Chlorbernsteinsäureester liefert. Mit Kalilauge entsteht dagegen aus dem (+)Chlorbernsteinsäureester die (—)Äpfelsäure. Man kann daher einen Kreisprozeß aufstellen, der von einem Antipoden ausgehend über eine Reihe von optischen Umkehrungen schließlich wieder zu dem räumlich gleichen Ausgangsstoff zurückführt. An welchen Stellen hierbei die „WALDEN*sche Umkehr*“[2] eintritt, kann man zunächst nicht sagen. Spätere Untersuchungen von K. FREUDENBERG[3] und R. KUHN[4], die mittels anderer Methoden (vgl. S. 72) eine eindeutige Raumstrukturbestimmung ermöglichten, zeigen, daß bei den mit einem $\xrightarrow{\circ}$ versehenen Reaktionen die Umkehr stattfindet:

$$\begin{array}{ccc}
(+)\mathrm{ROOC{-}CH_2{-}CH(Cl){-}COOR} & \xrightarrow{\mathrm{AgOH}} & (+)\mathrm{ROOC{-}CH_2{-}CH(OH){-}COOR} \\
\uparrow \circ\ \mathrm{PCl_5} & & \downarrow \circ\ \mathrm{PCl_5} \\
(-)\mathrm{ROOC{-}CH_2{-}CH(OH){-}COOR} & \xleftarrow{\mathrm{AgOH}} & (-)\mathrm{ROOC{-}CH_2{-}CH(Cl){-}COOR}
\end{array}$$

Hieraus ergibt sich zunächst, daß der neu eintretende Substituent bei Reaktionen am asymmetrischen C-Atom nicht immer an die Stelle des verdrängten tritt. Das leitende Prinzip der Strukturlehre, nach dem bei Substitutionsreaktionen der neu eintretende Substituent die Stelle des verdrängten einnimmt und die Struktur der Verbindung so weitgehend wie möglich gewahrt bleibt, gilt demnach nicht bei der Betrachtung der räumlichen Anordnung im Molekül. Selbstverständlich bleibt die WALDENsche Umkehr nicht auf Verbindungen mit einem Asymmetriezentrum beschränkt, sondern ist auch bei Anwesenheit *mehrerer* Asymmetriezentren möglich. Sie ist hier besonders leicht zu erkennen, da die entstehenden optischen Isomeren *Diastereomere* sein müssen.

$$(+A, +B) \xrightarrow[\text{an } A \text{ unter Umkehr}]{\text{Reaktion}} \begin{matrix}(+A', +B)\\(-A', +B)\end{matrix}$$

Für das Eintreten oder Ausbleiben der WALDENschen Umkehr sind, wie man festgestellt hat, die verschiedensten Faktoren verantwortlich. Gegenüber verschiedenen *Reagentien* (vgl. das obige Beispiel mit Silberoxyd bzw. Kaliumhydroxyd), auch gegenüber ein und demselben Reagens, kann man bei sehr nahestehenden Verbindungen ein verschiedenes Verhalten beobachten. Das

---

[1] WALDEN, P.: Ber. dtsch. chem. Ges. **29**, 133 (1896); **30**, 2795, 3136 (1897); **32**, 1833, 1855 (1899).

[2] Den Ausdruck prägte E. FISCHER: Ber. dtsch. chem. Ges. **39**, 2895 (1906); zusammenfassende Darstellung s. P. WALDEN: Optische Umkehrerscheinungen. Braunschweig: Friedrich Vieweg & Sohn 1919; s. a. Ber. dtsch. chem. Ges. **58**, 259 (1925). — PFEIFFER, P.: WALDENsche Umkehrung, in Organische Molekülverbindungen, 2. Aufl., S. 401, 405. Stuttgart: Ferdinand Enke 1927.

[3] FREUDENBERG, K., u. A. LUX: Ber. dtsch. chem. Ges. **61**, 1083 (1928).

[4] KUHN, R., u. TH. WAGNER-JAUREGG: Ber. dtsch. chem. Ges. **61**, 504 (1928).

Lösungsmittel übt ebenfalls einen Einfluß aus, wie das von G. SENTER[1] untersuchte Beispiel zeigt:

$$(-)\ C_6H_5\text{—CH(Br)—COOH} \begin{cases} \xrightarrow[\text{in } C_2H_5OH]{NH_3,\ H_2O} (+)\ C_6H_5\text{—CH(NH}_2)\text{—COOH} \\ \xrightarrow[\text{fl. } NH_3]{NH_3,\ CH_3CN} (-)\ C_6H_5\text{—CH(NH}_2)\text{—COOH} \end{cases}$$

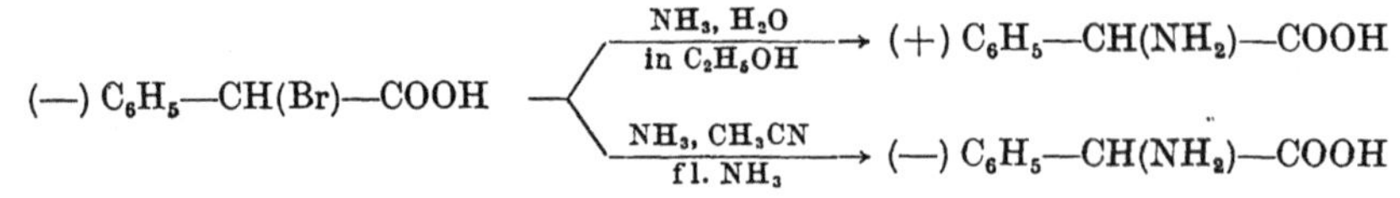

Es ist infolgedessen nicht ohne weiteres möglich, sichere Voraussagen über das Eintreten oder Ausbleiben der WALDENschen Umkehr zu machen[2]. Vielmehr läßt sich zunächst der Schluß ziehen, daß nicht nur bei Reaktionen am Asymmetriezentrum, sondern ganz allgemein bei *Substitutionsreaktionen* am C-Atom ein Platzwechsel der Substituenten stattfinden kann. Infolge dieses Zusammenhanges wird die Besprechung des Mechanismus der WALDENschen Umkehr erst im Abschnitt A, IV, 3c, S. 108, fortgesetzt.

Unter Vermeidung der WALDENschen Umkehr gelingt es in manchen Fällen, eine sog. *sterische Reihe* aufzustellen, die es gestattet, die Raumlagen verschiedener aktiver Verbindungen mit dem Bezugssystem in Verbindung zu bringen:

COOH	COOH	COOH	COOH	COOH	COOH
HĊOH	HĊOH	HĊOH	HĊOH	HĊOH	HĊOH
HOĊH	ĊH₂	ĊH₂NH₂	ĊH₂OH	ĊH₂Br	ĊH₃
COOH	COOH				
d(+) Weinsäure	d(+) Äpfelsäure	d(+) Isoserin	d(−) Glycerinsäure	d(−) Brommilchsäure	d(−) Milchsäure

HCO	CN	COOH
HĊOH	HOĊH	HOĊH
ĊH₂OH	HĊOH	HĊOH
	ĊH₂OH	COOH
d(+) Glycerinaldehyd		l(−) Weinsäure

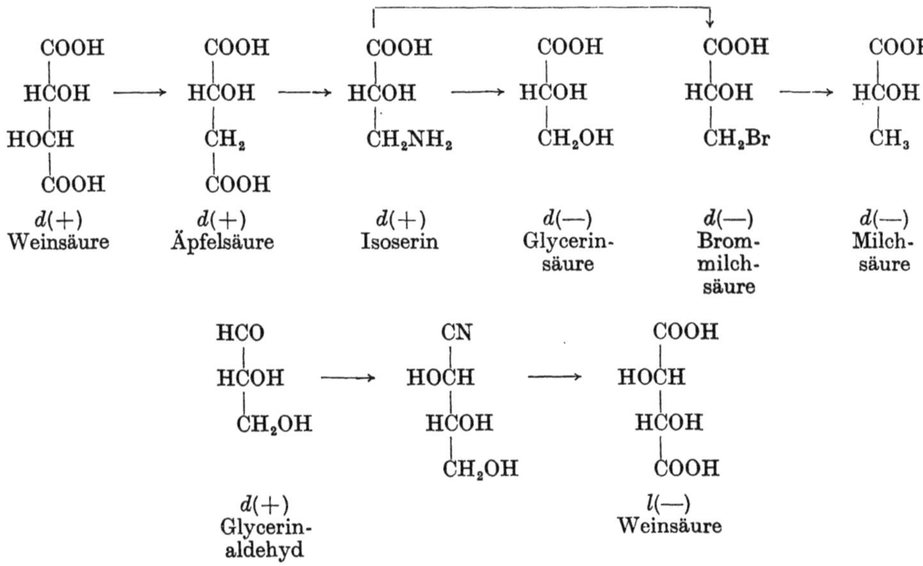

So findet man z. B., daß die (+)Weinsäure oder die (−)Milchsäure in ihrem konfigurativen Aufbau dem (+)Glycerinaldehyd entsprechen, daher als *d*(+)-Weinsäure bzw. *d*(−)Milchsäure zu formulieren sind. Allgemein geht hieraus hervor, daß gleichsinnigen Drehungen *nicht* ein gleichartiger räumlicher Aufbau entsprechen muß.

Die weiteren Untersuchungen an natürlich vorkommenden oder als Spaltprodukten von Naturstoffen auftretenden Verbindungen haben gezeigt, daß alle diese Verbindungen unter sich meist den gleichen räumlichen Aufbau besitzen.

---

[1] SENTER, G.: J. Chem. Soc. (London) **107**, 638, 908 (1915); **109**, 690, 1091 (1916); **111**, 447 (1917); **113**, 140, 151 (1918); **125**, 2137 (1924); **127**, 1847 (1925).

[2] Zur Theorie der WALDENschen Umkehr vgl. E. D. HUGHES: Trans. Faraday Soc. **34**, 202 (1938); s. a. Kap. A, S. 108ff. — HUGHES, E. D.: Sci. Progr. **34**, 516—32 (1946); HUGHES, E. D.: Bull. Soc. chim. France [5] **18**, 17—21 (1951). — SKRABAL, A.: Österr. Chem.-Ztg. **48**, 101—109 (1947).

So gehören z. B. alle wichtigen, als Spaltprodukte natürlicher Eiweißstoffe vorkommenden *Aminosäuren* mit ganz wenigen Ausnahmen zur *l-Reihe*.

Sind zur Bestimmung der Raumanordnung verschiedener Verbindungen keine direkten chemischen Methoden anwendbar, so greift man auf Vergleiche der physikalischen Eigenschaften zurück. Auf diese Methoden (optische Superposition, optische Verschiebung, Bestimmung der Dissoziationskonstanten von Säuren u. a.) kann hier nicht näher eingegangen werden.

Racemisierung. Die Reaktionen an einem asymmetrischen C-Atom brauchen nicht immer so zu verlaufen, daß die Konfiguration des optischen Antipoden entsteht (WALDENsche Umkehrung) oder auch die ursprüngliche Konfiguration erhalten bleibt, es kann auch der Fall eintreten, daß eine Reaktion zur Bildung gleicher Teile der Antipoden führt, es tritt eine Racemisierung ein. Man versteht hierunter den freiwillig erfolgenden oder mit chemischen Mitteln bewirkten Übergang eines der optischen Antipoden in das Racemat[1]. Dieser Vorgang kann verschiedene Ursachen haben. So entsteht vielfach bei Reaktionen am asymmetrischen Zentralatom ein *Racemat*, d. h. die Substitutionsreaktion führt nicht wie bei der WALDENschen Umkehrung ausschließlich zum optischen Antipoden, sondern zum konfigurativ gleichen und entgegengesetzten Reaktionsprodukt in gleichen Mengen. Wichtig ist hier der Fall, daß ein asymmetrisches Molekül während der Reaktion in ein symmetrisches übergeht, aus dem durch geeignete Reaktionen erneut das gleiche asymmetrische Ausgangsmolekül entstehen kann. Wegen des gleichen Energieinhalts der *optischen Antipoden* müssen bei dieser Umwandlung beide Antipoden in *gleichen Mengen* entstehen. Im Endergebnis der Reaktion erhält man also ein Racemat, es ist vollständige Racemisierung eingetreten. Hierfür ein Beispiel: Ein asymmetrisches C-Atom der folgenden Verbindung:

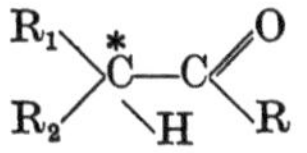

geht durch Enolisierung — ein Vorgang, den wir später (S. 225ff.) ausführlich betrachten werden — in die Anordnung:

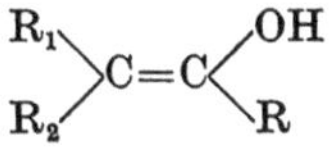

über, die kein asymmetrisches C-Atom mehr enthält. Wandert nun das Proton der OH-Gruppe wieder an seinen alten Platz unter Rückbildung des Asymmetriezentrums,

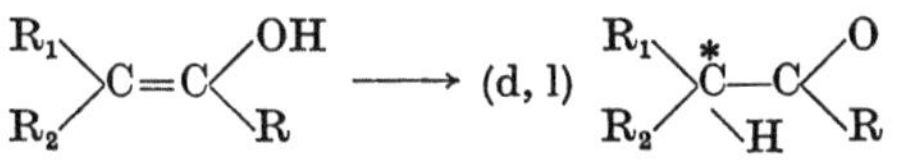

so müssen wegen ihres gleichen Energieinhalts gleiche Mengen der optischen Antipoden entstehen, die Verbindung ist durch *intermediäre Enolbildung racemisiert* worden. Solche Reaktionen können sich auch der WALDENschen Umkehr überlagern, so daß z. B. im Endergebnis teilweise Racemisierung und teilweiser Übergang in den Antipoden zum Ausdruck kommt.

Die Säure-Basen-katalysierte Racemisierung[2] von Verbindungen des Typus $R_1(R_2)$*CH—CO(X) erfordert nicht unbedingt das Auftreten eines für sich

[1] Über einen möglichen (problematischen) Zusammenhang zwischen Racemisierung und dem Altern der Organismen, vgl. W. KUHN: Angew. Chem. **49**, 215 (1936).

[2] Hydroxylionen katalysieren wie bei der Enolisierung wesentlich stärker eine Racemisierung als Protonen.

existenzfähigen Enols. Vielmehr genügt die basisch katalysierte, in geringem Umfange mögliche Gleichgewichtseinstellung unter Ausbildung eines zwischen den Carbeniat- und Enolat-Grenzformen *mesomeren Anions* (vgl. S. 231), z. B.[1]:

$$R_1(R_2){>}\overset{H}{\underset{\underset{O}{\|}}{C}}{-}C{-}X + B^\ominus \rightleftharpoons \left\{ R_1(R_2){>}\underset{|O|}{\overset{\ominus}{C}}{-}C{-}X \leftrightarrow R_1(R_2){>}C{=}C\underset{\ominus|O|}{\overset{}{-}}X \right\} + BH \rightleftharpoons$$

$$R_1(R_2)C{=}C{-}X + B^\ominus$$
$$\underset{c}{\overset{|}{OH}}$$

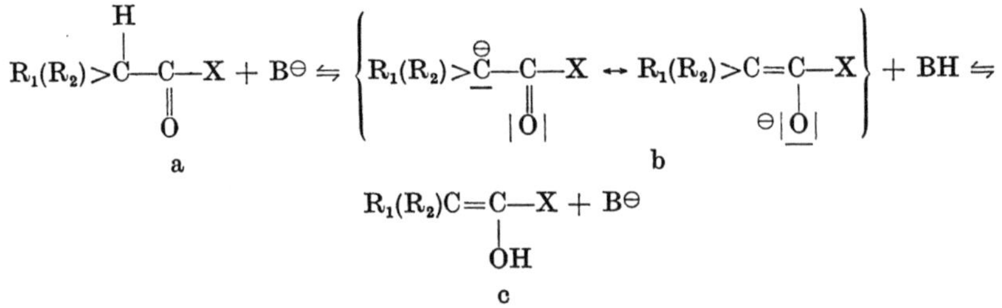

Hierbei kann bereits die räumliche Anordnung von a zugunsten einer ebeneren Anordnung verlorengehen. Die Rückaufnahme des Protons kann dann zu beiden räumlichen Konfigurationen von a, also links und rechts drehendem Antipoden führen, wobei die Antipoden infolge ihres gleichen Energieinhalts im statistischen Mittel zu je 50% erscheinen, also Racemisierung eingetreten ist. Ist das Enol energetisch begünstigt, so kann es zusätzlich neben der Racemisierung auftreten[2]. Da der maßgebende Vorgang auf der vorübergehenden Ausbildung einer anionischen Struktur (b), oder anders ausgedrückt, auf einer basenkatalysierten Ablösung des $H^\oplus$ aus der Ketoverbindung a beruht, verlaufen Racemisierung, Deuterium-Austausch und gewisse Halogenierungen an gleichen Verbindungen mit nahezu gleicher Geschwindigkeit[3]. Es ist ferner selbstverständlich, daß, je leichter diese Protonenablösung erfolgt, desto rascher Racemisierung eintritt[4]. Ein etwas anderer Fall der Racemisierung liegt bei den *Organometallverbindungen* z. B. $[R_1R_2R_3C]^\ominus Li^\oplus$ vor. Ein etwa entstehendes Carbeniatanion racemisiert sich ganz analog den optisch aktiven Verbindungen des 3-bindigen Stickstoffs durch zwischenzeitlichen Übergang in die ebene Lagerung der drei Substituenten des asymmetrischen C-Atoms (vgl. S. 137).

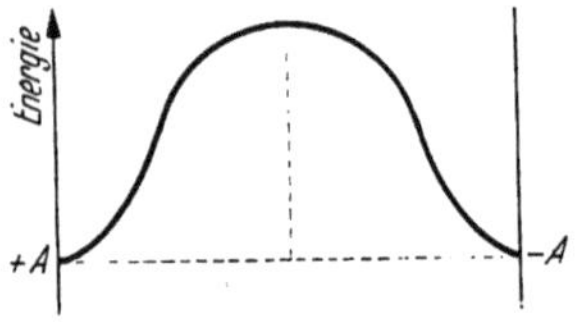

Abb. 32

Daß optische Antipoden trotz gleichen Energieinhalts existenzfähig sind und nicht sofort ineinander übergehen, liegt daran, daß zum Übergang der einen in die andere Form eine *Aktivierungsenergie* erforderlich ist. Beide Antipoden sind stabil, solange sie durch einen „Energieberg" voneinander getrennt sind (s. Abb. 32).

Ihre *Stabilität* ist daher von der Höhe des Energieberges abhängig. Ein Gleichgewicht wird dann erreicht, wenn gleichviele Moleküle der optischen Antipoden in

---

[1] $B^\ominus$ bedeutet eine Base im BRÖNSTED-LEWISschen Sinne.

[2] Die Geschwindigkeit der Racemisierung kann daher durchaus verschieden von der der Enolisierung sein, beispielsweise racemisiert die rechtsdrehende Form des α-Phenyl-acetessigsäure-*l*-menthylesters, $CH_3{-}CO{-}CH(C_6H_5)COOR$, in Cyclohexanlösung in Gegenwart einer Spur Piperidin rascher als die Enolisierung erfolgt. KIMBALL, R. H.: J. Amer. Chem. Soc. **58**, 1963 (1936).

[3] Vgl. B. ERLENMEYER u. Mitarbb.: Helvet. chim. Acta **19**, 129, 543, 1053 (1936); **20**, 367 (1937). — HSU, S. K., C. K. INGOLD u. C. L. WILSON: J. Chem. Soc. (London) **1938**, 78. — BARTLETT, P. D., u. C. H. STAUFFER: J. Amer. Chem. Soc. **57**, 2580 (1935). — HSU, S. K., u. C. L. WILSON: J. Chem. Soc. (London) **1936**, 623. — RAMBERG, L., u. Mitarbb.: Ark. Kemi B **11**, Nr. 31, 41 (1934). — INGOLD, C. K., u. C. L. WILSON: J. Chem. Soc. (London) **1934**, 773. — REITZ, O.: Z. physik. Chem. **179**, 119 (1937).

[4] Ähnlich wie bei den enolisationsfähigen Verbindungen liegen bezüglich einer möglichen Racemisierung die Verhältnisse bei optisch aktiven Nitroverbindungen und den Verbindungen $>CH{-}C{\equiv}N \rightleftharpoons >C{=}C{=}NH$.

der Zeiteinheit ineinander übergehen, mit anderen Worten, wenn Racemisierung eingetreten ist. Ist der Energieberg relativ hoch und sind die konstitutionellen Voraussetzungen gegeben, dann sind die optisch aktiven Verbindungen äußerst stabil. Findet trotz des Fehlens der oben genannten Voraussetzungen eine Racemisierung statt, so hat man bei näherer Untersuchung stets Reaktionen gefunden, in deren Ablauf dann die Racemisierung schließlich in Erscheinung tritt. Hierher gehört z. B. die Racemisierung des optisch aktiven *Natriumisoamylats*[1] beim Erhitzen auf 200°:

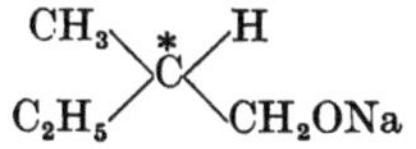

während der aktive Alkohol selbst bei Temperaturen auch über 200° nicht racemisiert wird. Diese Racemisierung soll auf der Dehydrierung des Isoamylats durch den Luftsauerstoff zum nun enolisationsfähigen Aldehyd:

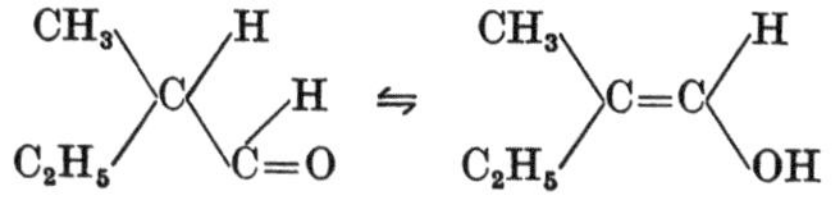

und anschließender Rückumwandlung in den Isoamylalkohol durch wechselseitigen Austausch der Oxydationsstufe von Aldehyd und Alkohol gemäß der MEERWEIN-PONNDORF-VERLEY-Reaktion beruhen[2].

Die Verhältnisse werden etwas komplizierter bei der Betrachtung von Racemisierungsvorgängen von Stoffen mit mehreren verschiedenen asymmetrischen C-Atomen, da hier neben vollständigen auch *partielle Racemisierungen* einzelner Asymmetriezentren möglich sind. Da bei einer partiellen Racemisierung keine optischen Antipoden, sondern Diastereomere (Epimere verschiedenen Energieinhalts) entstehen, sind im Gleichgewicht keine äquimolekularen Mengen der Komponenten vorhanden. Die Bildung des einen oder des anderen Diastereomeren kann daher unter den Versuchsbedingungen weit überwiegen. Ein bekanntes Beispiel hierfür ist die Umwandlung der *d-Mannonsäure* in *d-Gluconsäure*, die unter dem Einfluß eines basischen Katalysators wie Chinolin erfolgt (möglicherweise über intermediäre Enolbildung) und die sich zur präparativen Gewinnung eines Diastereomeren verwenden läßt[3,4]:

[1] LE BEL: C. r. Acad. Sci. (Paris) **87**, 213 (1878); s. ferner die GUERBETsche Reaktion, C. r. Acad. Sci. (Paris) **128**, 511 (1899); **149**, 129 (1909); **150**, 183 (1910); **154**, 222, 713, 1357 (1912); **155**, 1156 (1912). — Ferner WEIZMANN, C., E. BERGMANN u. M. SULZBACHER: J. org. Chem. **15**, 54 (1950).

[2] MEERWEIN, H., u. R. SCHMIDT: Liebigs Ann. **444**, 221 (1928). — VERLEY, A.: Bull. Soc. chim. France [4] **37**, 537 (1925). — PONNDORF, W.: Angew. Chem. **39**, 138 (1926). — Vgl. ferner S. 252. — Neuerdings wird eine $H^{\ominus}$-Abspaltung vom Carbinol-C-Atom diskutiert, siehe FRANZEN, V., u. H. KRAUCH, Chem. Ztg. **79**, 169 (1955).

[3] Die von C. A. LOBRY DE BRUYN gefundene Umlagerung *d*-Glucose ⇋ *d*-Fructose ⇋ *d*-Mannose verläuft in alkalischer Lösung vielleicht ebenfalls über eine Keto-Enol-Umwandlung. In neutraler Lösung scheint ein anderer Reaktionsweg beschritten zu werden, vgl. hierzu die Untersuchungen der Hexose-Umlagerung in D_2O von K. FREDENHAGEN u. K. F. BONHOEFFER: Z. physik. Chem. [A] **181**, 392 (1938).

[4] Vinyloge solcher Systeme lassen sich analog racemisieren, z. B.:

$$\mathrm{RCOCH{=}CHCHRR'} + \mathrm{B}^{\ominus} \leftrightharpoons \left\{ \mathrm{RCOCH{=}CH\overset{-}{\underset{\ominus}{C}}RR'} \leftrightarrow \mathrm{RC(\overset{\ominus}{O}){=}CH{-}CH{=}CRR'} \right\} + \mathrm{BH}$$

Ein komplizierteres Beispiel dafür ist der Übergang von *β*-Thebainon in die *α*-Form. — GATAS, M., u. G. TSCHUDI: J. Amer. Chem. Soc. **72**, 4830 (1950); **74**, 1100 (1952). — Siehe auch H. HENECKA, in HOUBEN-WEYL: Methoden der Organischen Chemie, 4. Aufl., Bd. IV/2. Stuttgart: Georg Thieme 1954.

$$\begin{array}{ccc}
\text{OH} & \text{OH} & \text{OH} \\
| & | & | \\
\text{C}=\text{O} & \text{C}-\text{OH} & \text{C}=\text{O} \\
| & \| & | \\
\text{HO | H} & \text{HOC} & \text{H | OH} \\
\text{HO | H} \rightleftarrows & \text{HO | H} \rightleftarrows & \text{HO | H} \\
\text{H | OH} & \text{H | OH} & \text{H | OH} \\
\text{H | OH} & \text{H | OH} & \text{H | OH} \\
\text{CH}_2\text{OH} & \text{CH}_2\text{OH} & \text{CH}_2\text{OH}
\end{array}$$

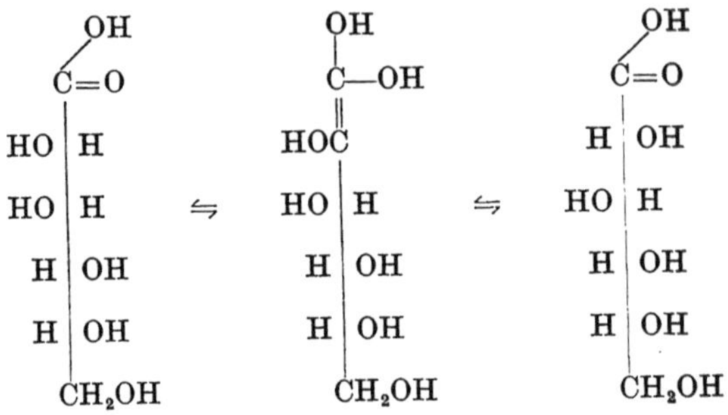

Schließlich gehört hierher auch die *Mutarotation*. Darunter versteht man die Änderung des optischen Drehvermögens eines Stoffes beim Auflösen bzw. beim Stehen seiner Lösung, eine Erscheinung, die vor allem in der Zuckerreihe beobachtet worden ist. Sie beruht auf der Einstellung eines Gleichgewichtes diasteromerer Formen in Lösung[1], z. B.:

37% α-Glucose [+ 110,4°] → [+ 52,2°] ← 63% β-Glucose [+ 20,2°]

d. h. intermediär verschwindet das Asymmetriezentrum (Ringöffnung) unter *Bildung der Aldehydform*[2], und es findet ein Übergang in die diastereomere Form statt (erneuter Ringschluß). Die Mutarotation wäre daher eine partielle Racemisierung besonderer Art:

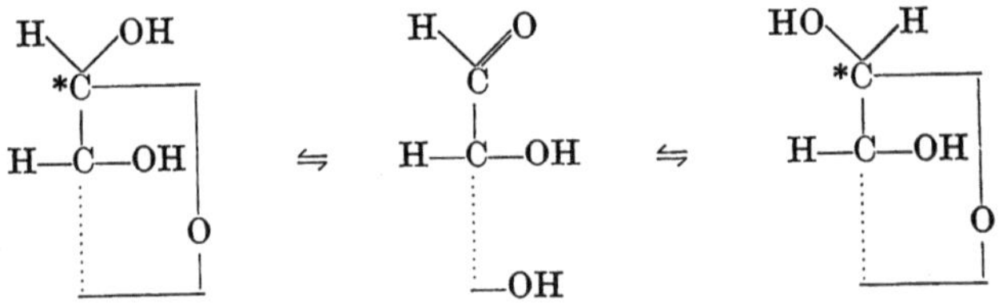

Das intermediäre Auftreten einer ringoffenen Zwischenform wird von F. PETUELY[3] auf Grund seiner Versuche über die Einwirkung von Natriumhydroxyd auf Glucose neuerdings als unwahrscheinlich angesehen.

In anderen Fällen, wie bei der Natriumverbindung des *cis-o-Isopropylcyclohexanols*[4]:

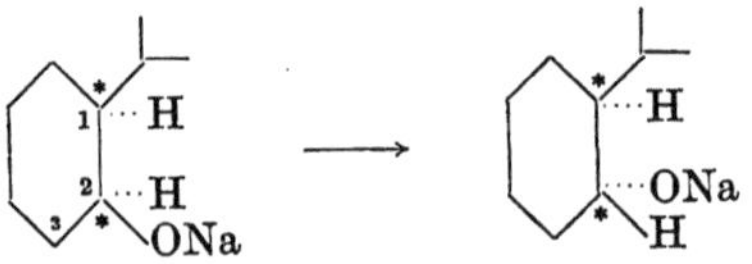

cis   trans (stabile Form)

---

[1] In Wasser als Lösungsmittel übernimmt dieses infolge seiner amphoteren Säure-Basen-Natur (H⊕, OH⊖) die Katalyse dieser partiellen Epimerisierung.

[2] Vgl. hierzu R. KUHN u. L. BIRKOFER: Ber. dtsch. chem. Ges. **71**, 1535 (1938).

[3] PETUELY, F., u. N. MEIXNER: Ber. dtsch. chem. Ges. **86**, 1255 (1953). — Auch in nichtwäßrigen Lösungsmitteln ist eine Säure-Basen-katalysierte Mutarotation nachweisbar, z. B. mutarotiert 2,3,4,6-Tetramethyl-glucose in Kresol oder in Pyridin sehr langsam, aber rasch in einem äquimolekularen Gemisch beider Stoffe. LOWRY, T. M., u. I. J. FAULKNER: J. Chem. Soc. (London) **127**, 2883 (1925). — Vgl. ferner A. M. EASTHAM, E. L. BLACKALL u. G. A. LATREMOUILLE: J. Amer. Chem. Soc. **77**, 2182, 2184 (1955). Siehe ferner F. MICHEEL, Chemie der Zucker und Polysaccharide, 2. Aufl., Leipzig: Akad. Verlagsges. 1956.

[4] VAVON, G.: Bull. Soc. chim. France [4] **39**, 671 (1926). — VAVON, G., P. ANZIANI u. HERYNK: Bull. Soc. chim. France [4] **39**, 1142 (1926). — VAVON, G., u. A. CALLIER: Bull. Soc. chim. France [4] **41**, 681 (1927). — VAVON, G., u. P. ANZIANI: Bull. Soc. chim. France [4] **41**, 1643 (1927). — VAVON, G., u. V. M. MITCHOVITSCH: Bull. Soc. chim. France [4] **45**, 968 (1929).

gelingt mittels einer „Racemisierungsreaktion" eine Umwandlung in die trans-Form in präparativ brauchbarem Maßstab.

Auch in diesem Falle tritt die Umlagerung nur bei den Alkoholaten ein. Diese Umlagerung soll mit der Bildung eines Ketons verknüpft sein, dessen Enolat durch Dehydrierung des Alkoholats entstehen kann. Wiederhydrierung in der oben erläuterten Weise läßt dann das Asymmetriezentrum neu entstehen. Da es sich um Diastereomere handelt (zwei verschiedene optisch aktive Zentren) kann sich die eine oder andere optisch aktive Verbindung in überwiegendem Maße bilden (hier cis-trans-Umlagerung). Schließlich läßt sich zeigen, daß nicht nur das Asymmetriezentrum 2, sondern auch 1 von der Reaktion berührt wird. Dies gelingt, wenn z. B. das C-Atom 3 ebenfalls asymmetrisch ist und man zu Beginn der Reaktion das Konfigurationsverhältnis von C_1 zu C_3 festgelegt hat. Noch nicht zu erklären ist dagegen die relativ leichte Racemisierbarkeit der *Chlor-brom-methan-sulfonsäure*[1] im Vergleich zu der schwierigen Racemisierung der *Chlor-jod-methansulfonsäure*[2]:

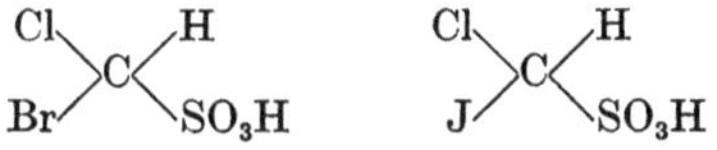

leicht schwer

racemisierbar

Schließlich kann eine Racemisierung auch dann stattfinden, wenn z. B. durch Zufuhr von Energie die Behinderung der freien Drehbarkeit aufgehoben wird. Dann handelt es sich um aktive Formen, die ihre Existenz eben dieser Behinderung der freien Drehbarkeit verdanken.

b) Atropisomerie
(Molekülasymmetrie durch Behinderung der freien Drehbarkeit)

Die im Vorangehenden dargelegten Bedingungen zum Auftreten einer optischen Aktivität haben in neuerer Zeit durch Auffindung von Isomerien in der *Diphenylreihe* eine glänzende Bestätigung erfahren. Unter bestimmten Bedingungen geben Derivate des Diphenyls, Terphenyls und andere Verbindungen Anlaß zum Auftreten einer Molekülasymmetrie, die sich in der optischen Spaltbarkeit geeigneter Derivate zu erkennen gibt. Der Weg, der zu der Erkenntnis dieser besonderen Isomerie führte, ging von einer falschen Ansicht F. KAUFLERs über den räumlichen Bau des Diphenyls aus. Es ist reizvoll und lehrreich, diese Entwicklung kurz zu betrachten.

F. KAUFLER[3] behandelte *Benzidin* mit Phthalsäureanhydrid und erhielt dabei eine Verbindung, für die er folgende Formel aufstellte:

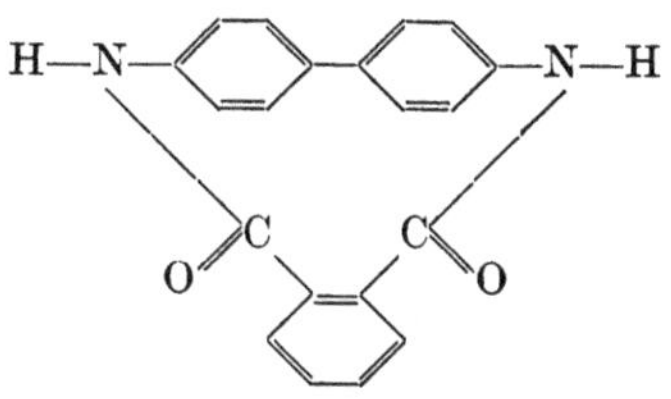

[1] READ, J., u. A. M. MCMATH: J. Chem. Soc. (London) **127**, 1580 (1925).

[2] POPE, W. J., u. J. READ: J. Chem. Soc. (London) **105**, 811 (1914). Näheres hierzu s. W. HÜCKEL: Theoretische Grundlagen der Organischen Chemie, Bd. I, S. 473, 8. Aufl., Leipzig: Akad. Verlagsges. 1956. — (Siehe ferner Racemisierung durch Übergang in >C⊕, S. 113.)

[3] KAUFLER, F.: Ber. dtsch. chem. Ges. **40**, 3250 (1907).

Infolge der großen räumlichen Entfernung der beiden Aminogruppen in dieser Verbindung nahm F. KAUFLER an, daß dieser Verbindung ein anderes sterisches Aufbauprinzip zugrunde liegt. Er gelangte so zu der Vorstellung, daß im Benzidin und auch im entsprechenden Grundkohlenwasserstoff, dem Diphenyl, die beiden Benzolringe nicht koaxial, sondern in zwei parallel übereinanderliegenden Ebenen angeordnet sind. Dann läßt sich die Existenz der obigen Verbindung infolge der benachbarten Lage der beiden Aminogruppen, die eine zum Ringschluß geeignete Stellung einnehmen, gut erklären:

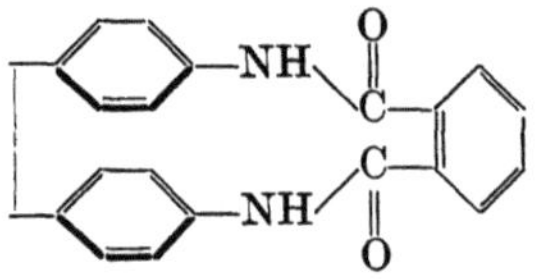

Später wurde von G. H. CHRISTIE und J. KENNER[1] im Sinne eines schon früher von H. KING[2] und J. F. THORPE[3] vorgeschlagenen Gedankenganges eine Nachprüfung dieser Vorstellungen durchgeführt. Bei Richtigkeit der KAUFLERschen Ansichten von der gefalteten Struktur des Diphenyls müssen bei geeigneter Substitution cis- und trans-isomere Formen existieren:

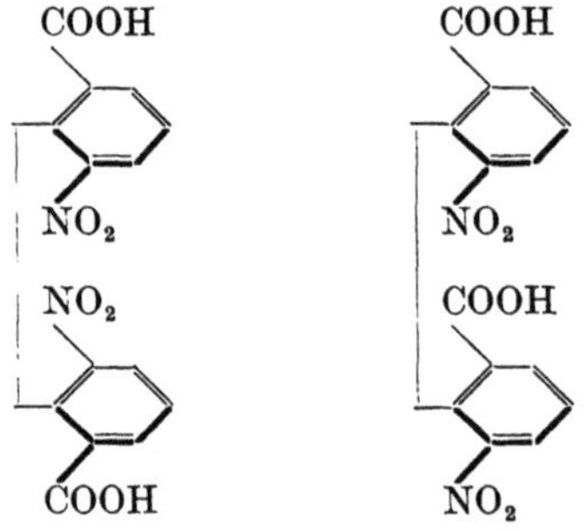

trans-Form, spaltbar cis-Form, unspaltbar

In der Tat erwies sich die aus 2-Chlor-3-nitrobenzoesäure mit Kupferpulver nach F. ULLMANN hergestellte *2,2'-Dinitrodiphensäure* als verschieden von einer bereits früher hergestellten 2,2'-Dinitrodiphensäure, die neue Verbindung ließ sich sogar in optische Antipoden spalten. Beides stand mit der cis-trans-Isomerie nach F. KAUFLER in Übereinstimmung, zeigt doch die trans-Form weder eine Symmetrieebene noch ein Symmetriezentrum, sie muß demnach in optische Antipoden spaltbar sein.

Diese im Jahr 1922 durchgeführten Versuche fanden vier Jahre später eine überraschende Aufklärung. R. KUHN[4], E. E. TURNER[5] und A. C. SIRCAR[6] stellten bei einer systematischen Nacharbeitung der KAUFLERschen Versuche fest, daß die vermeintlichen Ringverbindungen gar nicht existieren, sondern eine Verbindung mit offener Struktur und einer *freien Aminogruppe* vorliegt.

---

[1] CHRISTIE, G. H., u. J. KENNER: J. Chem. Soc. (London) **121**, 614 (1922).
[2] KING, H.: Proc. Chem. Soc. (London) **30**, 249 (1914).
[3] THORPE, J. F.: J. Chem. Soc. (London) **119**, 535 (1921).
[4] KUHN, R.: Liebigs Ann. **455**, 255 (1927).
[5] TURNER, E. E.: J. Chem. Soc. (London) **1926**, 2042, 2476.
[6] SIRCAR, A. C.: J. Soc. Chem. Ind. **5**, 397 (1928).

Dem obigen Monophthaloylbenzidin von F. KAUFLER kommt daher die folgende Formel zu:

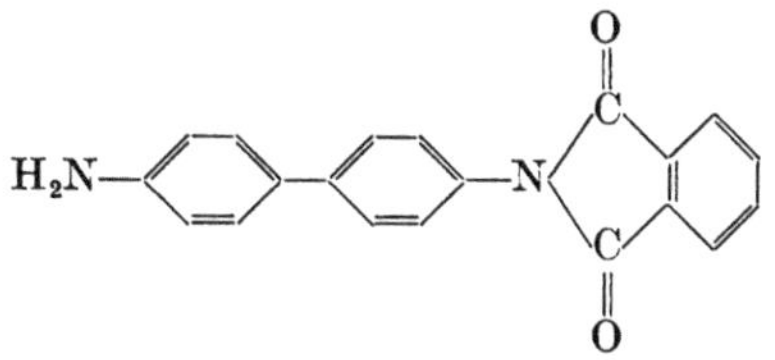

Auch die Messung der Dipolmomente 4,4'-substituierter Diphenyle lieferte das Moment $\mu = 0$, ein Ergebnis, das nur mit einer koaxialen Stellung der Phenylkerne vereinbar ist. Damit brach die KAUFLERsche Hypothese einer gefalteten Struktur des Diphenyls zusammen. Weiterhin stellten G. H. CHRISTIE, A. HOLDERNESS und J. KENNER[1] fest, daß die angebliche cis-Form der 2,2'-Dinitrodiphensäure in Wirklichkeit die stellungsisomere *2,4'-Dinitrodiphensäure* ist, deren Spaltung in optische Antipoden ebenfalls durchgeführt werden konnte. Ferner gelang die Spaltung einer Reihe anderer Diphenylderivate, z. B. der *6-Nitro-2,2'-diphensäure* sowie der *2,2'-Dichlor-6,6'-diphensäure* in optische Antipoden:

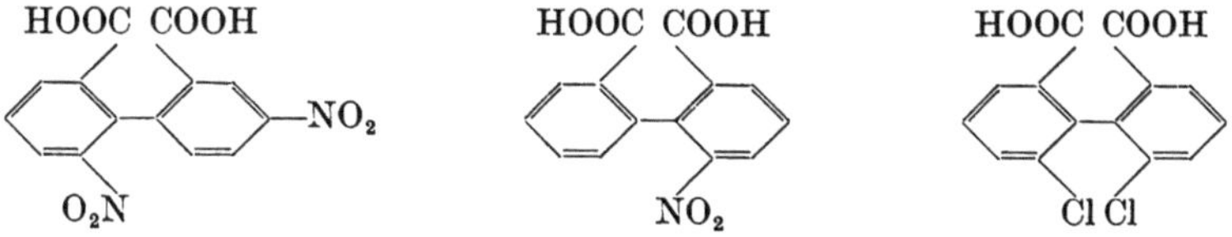

spaltbar spaltbar spaltbar

Allen diesen in optische Antipoden zerlegbaren Verbindungen ist die Anwesenheit von drei oder vier ortho-ständigen Substituenten im Diphenyl-System gemeinsam. Da fernerhin die beiden Phenylkerne koaxial zu einanderstehen müssen, sahen G. H. CHRISTIE und J. KENNER den Grund für das Auftreten einer molekularen Asymmetrie (die Verbindungen enthalten kein asymmetrisches C-Atom, das *Molekül* als *Ganzes* muß daher *asymmetrisch* sein!) darin, daß die beiden *Benzolringe nicht in derselben Ebene* liegen. Unter dieser Voraussetzung lassen sich von den genannten Diphensäuren zwei spiegelbildlich isomere Formen konstruieren, z. B.:

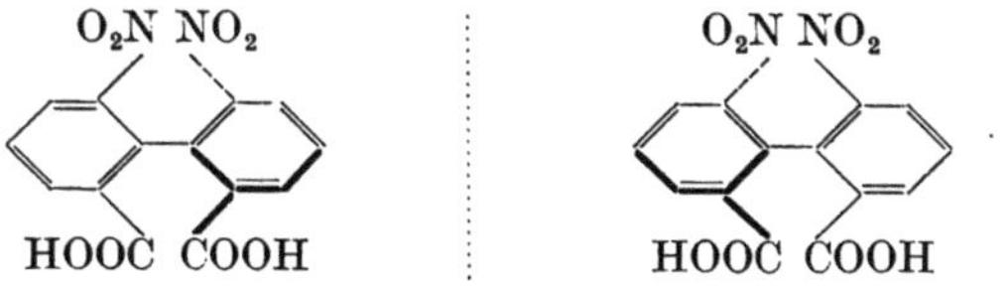

Spiegelebene

Bild und Spiegelbild sind nicht miteinander zur Deckung zu bringen, diese Stoffe besitzen weder eine Symmetrieebene noch ein Symmetriezentrum, sie sind in optische Antipoden spaltbar.

Wie R. ADAMS[2] u. Mitarbb. fanden, müssen aber beide Ringe nicht nur *orthoständig*, sondern auch *unsymmetrisch substituiert* sein; denn andernfalls läßt sich,

---

[1] CHRISTIE, G. H., A. HOLDERNESS u. J. KENNER: J. Chem. Soc. (London) **1926**, 671.

[2] Eine zusammenfassende Darstellung dieses Gebiets mit ausführlicher Angabe des Schrifttums findet sich bei H. HILLEMANN: Angew. Chem. **50**, 438 (1937). — Vgl. ferner Kap. Stereochemie, in E. H. RODD: Chemistry of Carbon Compounds, Bd. I A, S. 118ff. Amsterdam: Elsevier Publ. Comp. 1951.

wie das Beispiel der 2-Nitro-2′,6′-dimethoxy-diphenyl-carbonsäure-(6) zeigt, keine Spaltbarkeit erzielen:

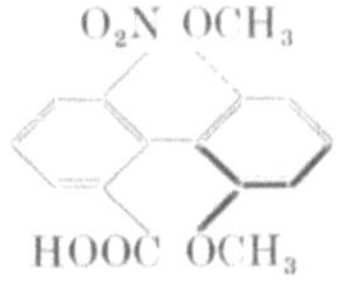

unspaltbar

Die Verbindung besitzt als Symmetrieebene den linken Kern auch dann, wenn beide Phenylkerne sich nicht mehr in derselben Ebene befinden.

Abb. 33. 2,6; 2′,6′-Tetrachlordiphenyl. Kalottenmodell nach STUART-BRIEGLEB. Die beiden Benzolringe stehen fast senkrecht aufeinander, in ihrer freien Drehbarkeit durch die großen, raumerfüllenden Chloratome gehemmt. Ein Hindurchschwingen durch eine beiden Kernen gemeinsame Ebene ist unmöglich!

Wie ist nun diese besondere Art der Isomerie zu erklären? Beide Phenylkerne sind durch eine einfache Kohlenstoffatombindung miteinander verbunden und daher an sich um diese Verbindungslinie als Achse frei drehbar. Demgemäß läßt sich auch die unsubstituierte Diphensäure nicht in optische Antipoden spalten. Ihre nach obigem Schema formal konstruierbaren Antipoden gehen durch Drehung eines Kerns (180°) um die Kernverbindungslinie ineinander über. G. H. CHRISTIE und J. KENNER[1] gelangten so zu der Vorstellung, daß infolge der räumlich ausgedehnten ortho-Substituenten in den optisch aktiven Diphenylderivaten eine *Behinderung der freien Drehbarkeit* der beiden Phenylkerne um ihre gemeinsame Achse vorhanden ist (vgl. Abb. 33). Infolge dieser Behinderung der freien Drehbarkeit wird die nicht koplanare Lagerung der beiden Benzolringe stabilisiert und so die Voraussetzungen für die Existenz asymmetrischer und in optische Antipoden spaltbarer Verbindungen geschaffen. Man nennt daher diese Art von Isomerie „*Atropisomerie*“ oder auch „*Behinderungsasymmetrie*“.

Dieser qualitativen Deutung des Einflusses der ortho-Substituenten wurde von J. MEISENHEIMER[2] und W. H. MILLS[3] eine weitgehend richtige, *halbquantitative* Grundlage gegeben. Die Bedingung zum Auftreten einer nicht koplanaren Form des Diphenylsystems ist offenbar die Verhinderung des Hindurchschwingens der einzelnen Kerne durch ihre gemeinsame ebene Lagerung. Die Existenzbedingung der atropisomeren Formen wird daher durch die räumliche Größe, also die *Raumbeanspruchung* oder, was dasselbe ist, durch die Größe des Wirkungsbereichs der Elektronenhüllen der ortho-ständigen Substituenten gegeben sein. Wenn das

[1] CHRISTIE, G. H., u. J. KENNER: J. Chem. Soc. (London) **121**, 614 (1922).
[2] MEISENHEIMER, J.: Ber. dtsch. chem. Ges. **60**, 1425 (1927).
[3] MILLS, W. H.: J. Soc. Chem. Ind. **45**, 884, 905 (1926).

der Fall ist, muß sich diese Existenzbedingung aus den bekannten Atomabständen für eine Reihe von Verbindungen berechnen lassen.

J. MEISENHEIMER und W. H. MILLS sowie W. M. STANLEY und R. ADAMS[1] haben eine Reihe solcher Verbindungen durchgerechnet. Zur Darstellung der räumlichen Verhältnisse benutzen sie folgendes vereinfachte Bild:

Die Atombindung wird durch zwei sich berührende Kugeln dargestellt, deren Radien als Atomradien und deren Entfernung zwischen den Kugelmittelpunkten als Atomabstand angesehen werden. Die Mittelpunkte der ortho-Substituenten liegen in der Verlängerung der Verbindungslinie vom Benzolkernmittelpunkt zu den Zentren der Ringatome C_2, C'_2, C_6, C'_6, setzen also wie üblich unter einem Winkel von 60° an der Diphenylachse an. Für die Abstände C—C (aromatisch) werden 1,42 Å und für C_1—C'_1 1,48 Å eingesetzt. Daraus berechnet sich für den Abstand C_2—C'_2 der Wert 2,90 Å (0,71 + 1,48 + 0,71 Å) (siehe Abb. 34). Man bezeichnet als Interferenzwert „J" die Differenz zwischen der Summe d_s der Atomabstände der Substituenten an den zugehörigen Ring-C-Atomen C_2 und C'_2 und der Größe 2,90. Die Zahl 2,90 ist entsprechend Abb. 34 als Bezugszahl so gewählt, weil sie für den Fall der Berührung gleich großer Substituenten gleich der Summe d_s wird. Dann ist der Grenzfall vorhanden, in dem gerade die Möglichkeit zum Auftreten oder Nichteintreten der Behinderung der freien Drehbarkeit gegeben ist. Für $J = d_s - 2{,}90 > 0$ ist Behinderung, für $J = d_s - 2{,}90 < 0$ aber freie Drehbarkeit zu erwarten. Sind 4 verschiedene Substituenten $A_1B_1A_2B_2$ vorhanden, so ist die freie Drehbarkeit dann behindert, wenn mit $J_1 = d_s(A_1B_2) - 2{,}90$ und $J_2 = d_s(A_2B_1) - 2{,}90$, wenn also:

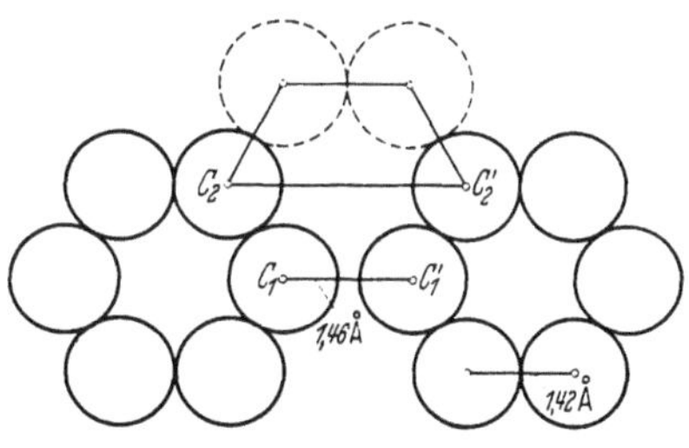

Abb. 34

$$\frac{J_1 + J_2}{2} > 0$$

Es genügt hier nicht, wenn

$$J_1 = d_s(A_1B_2) - 2{,}90 > 0 \quad \text{oder etwa} \quad d_s(A_1A_2) - 2{,}90 > 0$$

ist. Die Behinderung der freien Drehbarkeit muß also sowohl beim Drehen der Kerne in der einen wie in der anderen Richtung erfolgen.

Diese stark vereinfachte Auffassung hat sich zum Aufsuchen spaltbarer Atropisomerer im allgemeinen recht gut bewährt. In der folgenden Tabelle 7[2] sind die Atomabstände, die d_s- und J-Werte sowie die optische Spaltbarkeit einiger *Diphenylderivate* wiedergegeben.

Es kann sich bei diesen Berechnungen aber nur um ganz grobe Abschätzungen handeln. Die Anwesenheit der Substituenten bedingt eine *Verschiebung im Verhältnis der mesomeren Grenzformen* (vgl. S. 84) des substituierten gegenüber dem nicht substituierten Diphenylsystem. So ist nach dem Ergebnis der quantitativen Röntgenanalyse des Kristallgitters von o,o'-Dichlorbenzidin[3] der C—C-Abstand zwischen den Phenylringen fast gleich dem Abstand aliphatischer C—C-Atome

[1] ADAMS, R.: J. Amer. Chem. Soc. **52**, 1200, 4471 (1930). — Zusammenfassende Darstellung: YUAN, H. C., u. R. ADAMS: Chem. Rev. **12**, 261—338 (1933).

[2] Vgl. hierzu a. L. O. BROCKWAY: Rev. Mod. Phys. **8**, Nr. 5 (1936). — ADAMS, R.: J. Amer. Chem. Soc. **52**, 1200, 4471 (1930) — H. A. STUART: Die Struktur des freien Moleküls, S. 159ff, Berlin-Göttingen-Heidelberg: Springer-Verlag 1952.

[3] SMARE, D. L.: Acta Crystallogr. (London) **1**, 150 (1948).

(hier etwa 1,53 Å), offenbar als Folge der sterischen Behinderung durch die o-ständigen Chloratome und der dadurch bedingten Schiefstellung der Phenylkerne zueinander unter einem Winkel von 36° (im Gitterverband)[1].

Tabelle 7

Atomabstände ($C_{aromatisch}$) [Å]		4 Gruppen in ortho-Stellung o	o'	d_s	J	Spaltbarkeit experimentell gefunden
C—H	1,04±0,05	H	H	2,08	—0,82	—
$C_{arom.}$—$C_{arom.}$	1,40±0,02	Br	H	2,92	+0,02	+
=C—C=	1,48	J	H	3,07	+0,17	+
C—F	1,39	COOH	H	2,60	—0,3	—
C—Cl	1,69	NO_2	H	2,96	+0,06	+
C—Br	1,88	F	F	2,78	—0,12	—
C—J	2,03	F	NH_2	2,95	+0,05	+
C—CH_3	1,50	Cl	COOH	3,25	+0,35	+
C—NH_2	1,56	Cl	Cl	3,38	+0,48	+
C—NO_2	1,92	NO_2	COOH	3,48	+0,58	+
C—OH	1,43	CH_3	CH_3	3,00	+0,10	+
C—COOH	1,56	F	COOH	2,95	+0,05	+
C—OCH_3	1,45	CH_3	NH_2	3,06	+0,16	+

Da die Existenz und Stabilität von Atropisomeren in erster Linie von der *Größe der ortho-Substituenten* abhängig ist, sollte man bei genügend großen Substituenten daher auch dann Spaltbarkeit in optische Antipoden erwarten, wenn nur drei, zwei, ja sogar nur eine ortho-Stellung mit einem entsprechenden Substituenten besetzt ist. Solche Stoffe konnten in der Tat aufgefunden werden, wie folgende Beispiele zeigen:

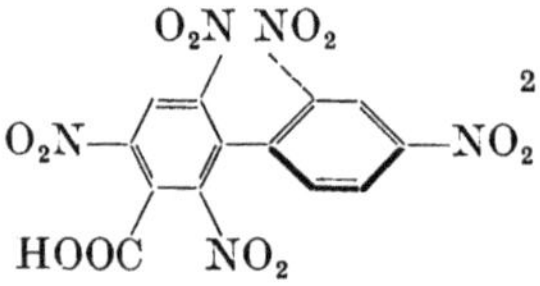

[2]

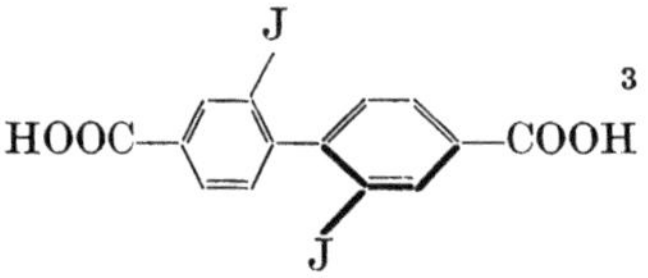

[3]

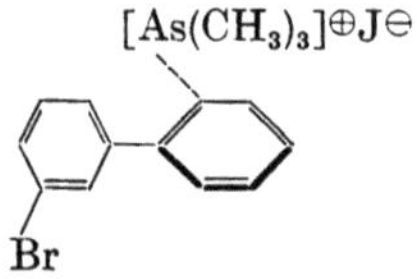

[4]

Die Spaltbarkeit von Stoffen mit zwei oder einem ortho-Substituenten ist ein glänzender Beweis für die Richtigkeit der Annahme von G. H. CHRISTIE und J. KENNER sowie der Überlegungen von J. MEISENHEIMER und W. H. MILLS. Für die Konfiguration o,o'-disubstituierter, nichtspaltbarer Diphenyle läßt sich folgern, daß auch in diesen Fällen keineswegs eine koplanare Konfiguration des Moleküls vorzuliegen braucht. Beide Ringebenen können gegeneinander um einen bestimmten Winkel gedreht sein, ohne daß die gegenseitige Behinderung der Substituenten zum Auftreten stabiler Atropisomerer ausreichend ist (vgl. S. 91).

Trotz der glänzenden Bestätigung dieser Theorie der behinderten Drehbarkeit orthosubstituierter Diphenylderivate zeigen andere Versuche, daß diese Forderung der Theorie nicht immer zur Erklärung der beobachteten Isomerien ausreichend ist. So hat z. B. die genauere Untersuchung der Stabilität der drei stellungsisomeren

[1] In den aromatischen Kernen findet man hier eine Bevorzugung der eigentlichen KÉKULÉ-Formen mit abwechselnd einfachen und doppelten Bindungen (vgl. S. 83).
[2] STEARNS, H. A., u. R. ADAMS: J. Amer. Chem. Soc. **52**, 2070 (1930).
[3] SEARLE, N. E., u. R. ADAMS: J. Amer. Chem. Soc. **55**, 1649 (1933); **56**, 2112 (1934).
[4] LESSLIE, M. S., u. E. E. TURNER: J. Amer. Chem. Soc. **55**, 1588 (1933).

Diphenylderivate[1]:

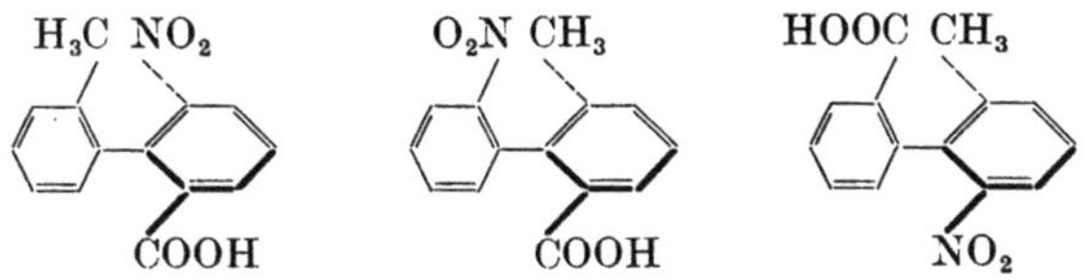

A *B* *C*

steigende Stabilität →

mit stets gleichem Interferenzwert ($J = +0{,}06$) gezeigt, daß die Stabilität von *A* über *B* nach *C* ansteigt. Auch die Untersuchung der Wirkung gleicher Substituenten in anderen Stellungen als 2, 6 oder 2′, 6′, läßt einen Einfluß der 3- bzw. 3-′ ständigen Substituenten auf die Stabilität der Isomeren erkennen. Man kommt so zu dem Schluß, daß die Raumerfüllung der ortho-Substituenten zwar überwiegend verantwortlich für die Existenz der Atropisomeren zu machen ist, jedoch von feineren Einflüssen anderer Art, wie etwa der polaren Ladungsverteilung der am Kern haftenden Atome oder Atomgruppen *(induktive Effekte)*, unterstützt werden kann. Dies tritt in Erscheinung, wenn man der Frage der Beständigkeit von Atropisomeren etwa durch Bestimmung der Aktivierungsenergie der Racemisierung in quantitativer Hinsicht nachgeht.

Ein Maß für die Beständigkeit der Atropisomeren ist die *Aktivierungsenergie der Racemisierung*, die man aus dem *Temperaturkoeffizienten* der monomolekularen Racemisierungsreaktion gewinnen kann. Die Racemisierung der 2,4′-Dinitrodiphensäure verlangt eine Aktivierungsenergie[2] von 26 kcal/Mol, die von 2,2′-Diamino-ditolyl-(6,6′)[3] 45,1 kcal/Mol. Die Absolutbeträge dieser Aktivierungsenergien, die ein Maß für die Energie zum Drehen der Molekülhälften durch eine Ebene darstellen, liegen in der Größenordnung der Joddissoziation $J_2 \rightleftarrows 2\,J + 28{,}5$ kcal.

Allerdings spricht ein Befund von R. Kuhn und T. Wagner-Jauregg[4] für eine katalytische Beeinflussung der Racemisierung durch OH-Ionen des Glases, so daß diese Zahlen vorsichtig zu bewerten sind.

Wie neuere Untersuchungen von T. Hill[5] sowie F. H. Westheimer und J. E. Mayer[6] an der 2,2′-Dibrom-diphenyl-4,4′-dicarbonsäure gezeigt haben, ist aber die Aktivierungsenergie der Racemisierung *nicht* einfach gleich der *Abstoßungsenergie* der beiden Paare o-Br, o′-H, entsprechend einem Abstand d_0 in einem unverzerrten, ebenen Molekül zu setzen (vgl. Abb. 35, S. 84). Es ist vielmehr damit zu rechnen, daß unter dem Einfluß der Abstoßungsenergie das Gerüst der aromatischen Kerne beim Durchschwingen durch die ebene Konfiguration nachgibt und somit in Abhängigkeit von der Deformierbarkeit des Kerngerüstes der Molekel die Energie der Rotationsbehinderung vermindert werden kann. Die Berechnung der Aktivierungsenergie läßt hier einen Schluß zu, welche *Winkel-* und *Kernabstands-Deformationen* bei solchen Vorgängen auftreten können. Der

[1] Stoughton, R. W., u. R. Adams: J. Amer. Chem. Soc. **52**, 5263 (1930). — Vgl. ferner R. Adams u. H. R. Snyder, die über den Einfluß von Substituenten in der 4-Stellung des 2-Nitro-6-carboxy-2′-methoxy-biphenyls auf die Racemisierung berichten: Cl verzögert, NO_2 und CH_3 beschleunigen, und Br läßt die Racemisierung unbeeinflußt, J. Amer. Chem. Soc. **60**, 1411, 1489 (1938).

[2] Kuhn, R., u. H. Albrecht: Liebigs Ann. **455**, 272 (1927); **458**, 221 (1927).

[3] Kistiakowsky, G. B., u. W. R. Smith: J. Amer. Chem. Soc. **58**, 1043 (1936).

[4] Kuhn, R., u. Th. Wagner-Jauregg: Naturwiss. **17**, 103 (1929).

[5] Hill, T.: J. Chem. Phys. **14**, 465 (1946).

[6] Westheimer, F. H., u. J. E. Mayer: J. Chem. Phys. **14**, 733 (1946). — Mayer, J. E.: J. Chem. Phys. **15**, 252 (1947).

Abstand Br—H vergrößert sich beim Hindurchschwingen von $d_0 = 1{,}61$ Å auf $d_1 = 2{,}31$ Å, womit die Abstoßungsenergie ganz erheblich vermindert wird. Auch unter Abrechnung der Deformationsenergie wird die Abstoßungsenergie immer noch kleiner als bei dem ebenen, starren Molekül. Der Valenzwinkel C—C—Br wird um etwa 12° dabei verbogen. Die auf Grund der Modellvorstellung berechnete Aktivierungsenergie von 18 kcal/Mol ist vergleichbar mit der experimentell zu 19,5 kcal/Mol bestimmten Enthalpieänderung.

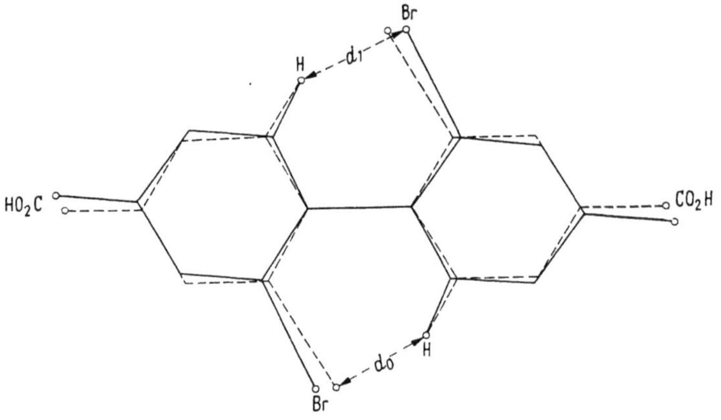

Abb. 35

Eine weitere, sehr verständliche Möglichkeit der Racemisierung liegt in der *Ringschlußreaktion* geeigneter ortho-Substituenten des Diphenylsystems. So geht z. B. die Aktivität der *2,2'-Diacetylamino-diphensäure-(6,6')* beim Verseifen infolge doppelten Ringschlusses zum Dilactam verloren[1]:

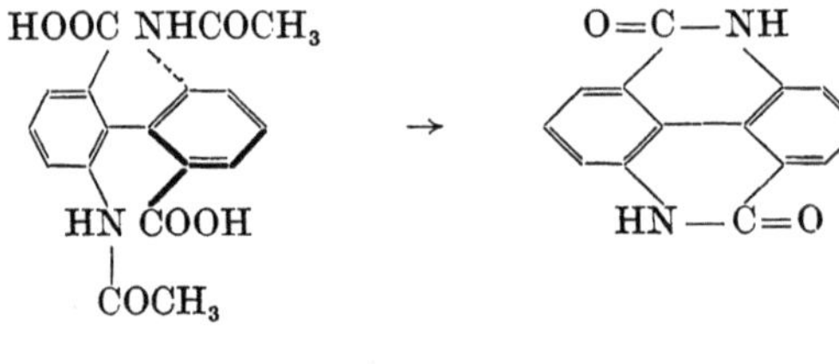

Dagegen tritt Racemisierung bei Ringbildung nicht ein, wenn der entstehende Ring mehr als 6 Glieder hat und nicht eben ist. Beispielsweise entsteht nach S.-I. Sako[2] aus aktivem *2,2'-Diamino-ditolyl-(6,6')* durch Umsetzung mit Phosgen eine aktive Verbindung mit einem 7-gliedrigen Ring:

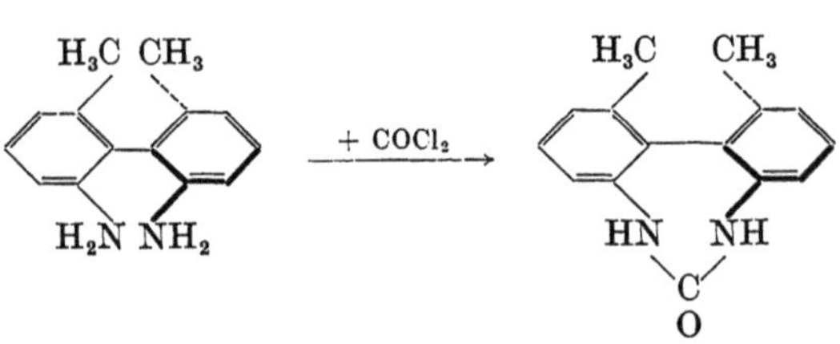

[1] Meisenheimer, J., u. M. Höring: Ber. dtsch. chem. Ges. **60**, 1425 (1927).
[2] Sako, S.-i.: Mem. Coll. Engng., Kyushu, Imp. Univ. **6**, 263 (1932).

Ebenso bleibt beim Ringschluß zum Anhydrid des *o,o'-Dimethoxy-o'',o'''-bis-(diphenyloxymethyl)-diphenyl* die optische Aktivität erhalten[1]:

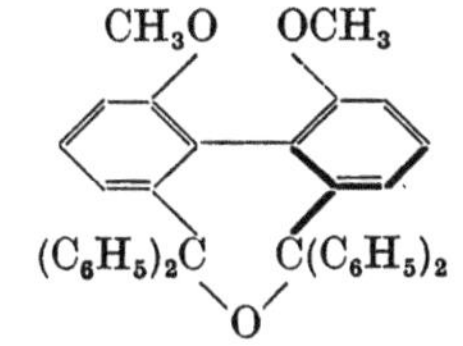

Auch die Reaktion des aktiven *2,2'-Diamino-dinaphthyls-(1,1')* mit Benzil führt zu einem System mit einem neuen unebenen Ring. Die Verbindung ist durch eine besonders hohe Drehung der Schwingungsebene des polarisierten Lichtes ausgezeichnet[2]:

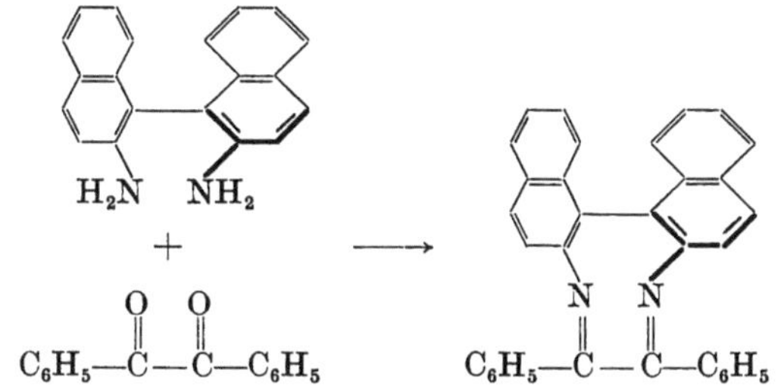

Schließlich ergibt die Aufhydrierung der beiden Phenylringe des Diphenyls inaktive, nicht spaltbare Verbindungen, da der nichtebene Bau der Cyclohexanringe und die größeren aliphatischen Atomabstände die gegenseitige Behinderung der freien Drehbarkeit aufheben[2].

Schon das oben genannte Beispiel des Dinaphthylderivates zeigt, daß die Atropisomerie nicht nur auf Diphenylsysteme beschränkt ist[3]. Zweifache Diazotierung des *2,2'-Diamino-1,1'-dinaphthyls* und Kupplung mit Resorcin oder H-Säure läßt optisch aktive *Azofarbstoffe* mit dem sehr hohen Drehungsvermögen von $[\alpha]^{20}_{D} = -3230°$ (Pyridin) entstehen. Weiterhin ist die *1,1'-Dianthrachinonyl-dicarbonsäure-(2,2')* in sehr stabile optische Antipoden spaltbar, die z. B. durch Verküpen und nachfolgende Aufoxydation nicht racemisiert werden[4].

Ersetzt man in der aktiven Verbindung:

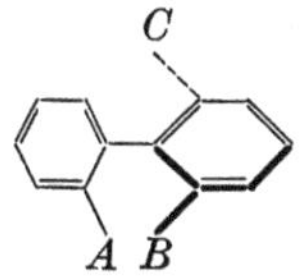

den Substituenten *A* durch einen anderen, so ist infolge der Reaktion am sterisch wichtigen Teil des Moleküls mit einer WALDENschen Umkehr zu rechnen. Es

---

[1] WITTIG, G., u. H. PETRI: Liebigs Ann. **505**, 25 (1933).

[2] KUHN, R., u. P. GOLDFINGER: Liebigs Ann. **470**, 183 (1929). — KUHN, R., u. H. ALBRECHT: Liebigs Ann. **465**, 282 (1928).

[3] Spaltbar sind z. B.:

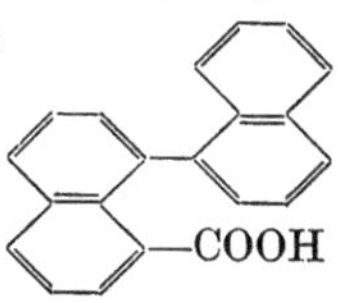

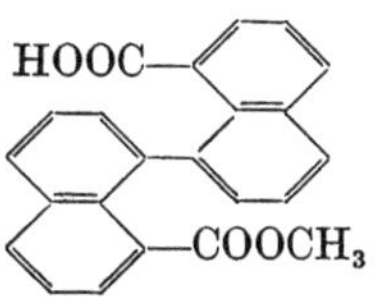

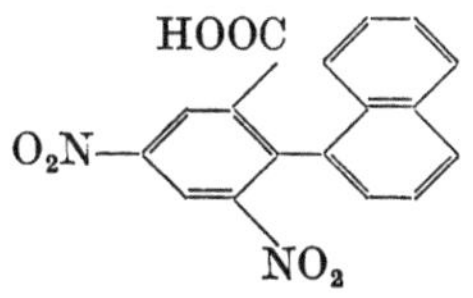

[4] KUHN, R., u. H. ALBRECHT: Liebigs Ann. **464**, 91 (1928).

gelingt z. B., das *6-Nitro-2-methyl-diphenyl-carbonsäureamid-(2')* nach HOFMANN zum 2'-Amin abzubauen, ohne daß WALDENsche Umkehr oder Racemisierung bemerkbar ist[1] (vgl. hierzu S. 108ff.).

Die an Diphenylderivaten beobachtete Isomerie hat sich auch ohne Einschränkung auf Polyphenylsysteme, auf heterocyclische, ja sogar auf geeignete offenkettige Verbindungen übertragen lassen.

Von einem zweifach tri-ortho-substituierten *Terphenylderivat* muß es zwei Paare optisch aktiver Formen geben, nämlich;

Spiegelebene

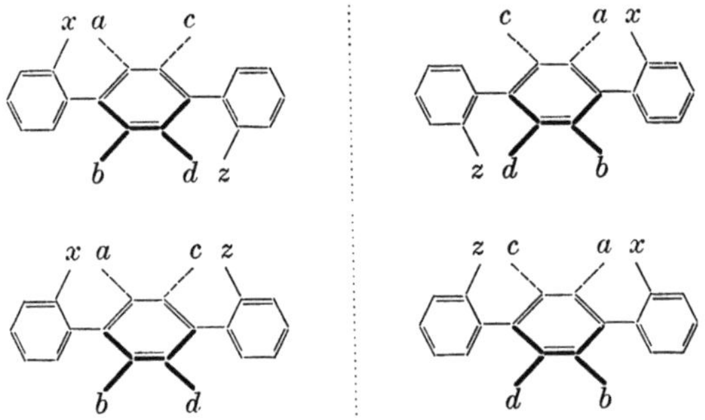

Dieser einer Verbindung mit zwei asymmetrischen C-Atomen entsprechende Fall ist experimentell noch nicht verwirklicht worden. Wohl aber ist die Isomerie einer Verbindung untersucht, in der $a = d$, $b = c$ und $x = z$ ist. Hier gibt es nur drei isomere Formen, eine in aktive Komponenten spaltbare und eine unspaltbare Verbindung:

Spiegelebene

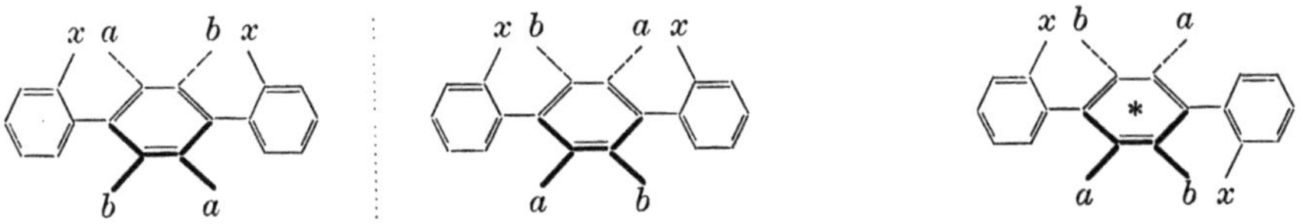

cis-Form, spaltbar

trans-Form, unspaltbar

* = Symmetriezentrum

Die cis-Form hat weder Symmetrie-Ebene noch -Zentrum, ist demnach in optische Antipoden spaltbar, wohingegen die trans-Form ein Symmetriezentrum besitzt und deshalb unspaltbar ist. Dieser Fall gleicht einer Verbindung mit zwei asymmetrischen, aber gleichen C-Atomen wie z. B. der Weinsäuren. Er ist von E. BROWNING und R. ADAMS[2] am *2,5-Dibrom-3,6-di-(2,4-dimethylphenyl)-hydrochinon* experimentell bestätigt worden:

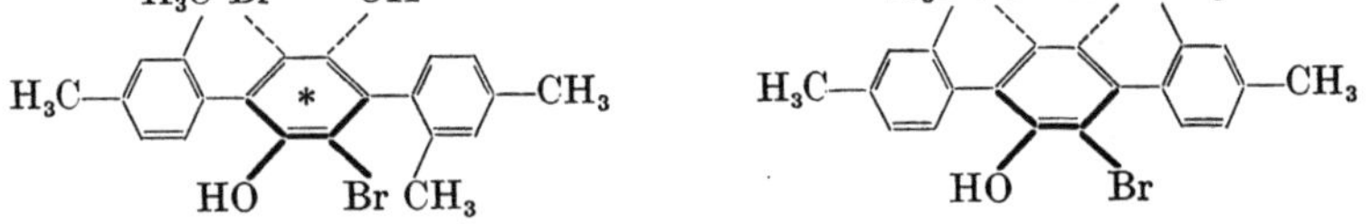

meso-(trans)-Form, unspaltbar

rac.-(cis)-Form, spaltbar

* = Symmetriezentrum

[1] BELL, F.: J. Chem. Soc. (London) **1934**, 835.

[2] BROWNING, E., u. R. ADAMS: J. Amer. Chem. Soc. **52**, 4098 (1930). — ADAMS, R., u. T. L. CAIRES: J. Amer. Chem. Soc. **61**, 2179 (1939).

Sind auch noch die beiden letzten ortho-Stellungen in den endständigen Phenylkernen mit Substituenten besetzt, so führt die Dehydrierung dieser Verbindung zu optisch aktiven Chinonen[1]:

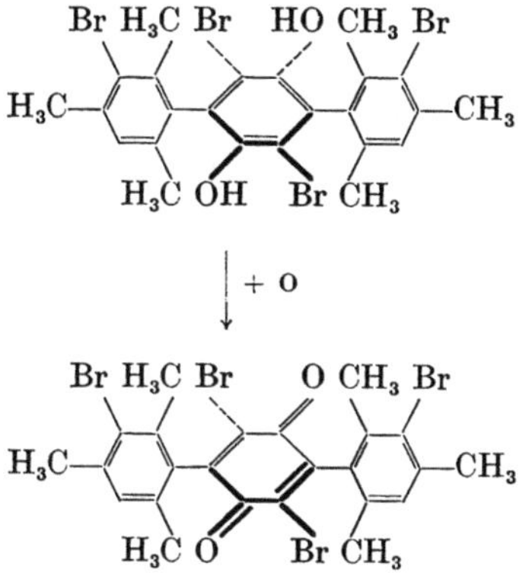

rac. (cis)-Form, spaltbar

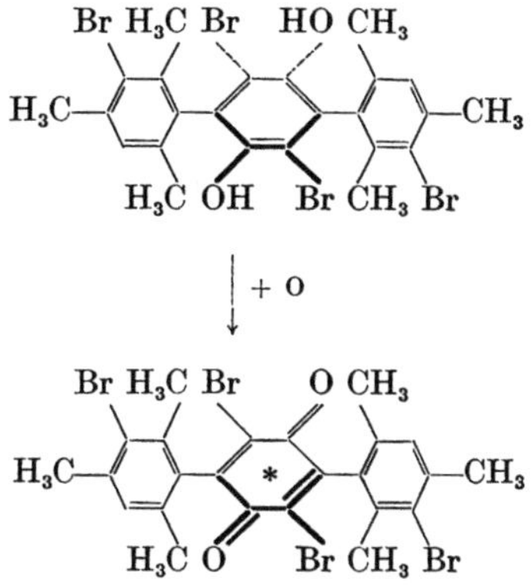

meso-(trans-)Form, unspaltbar

* = Symmetriezentrum

Hier ist der erste Fall eines aktiven para-Diphenylchinons der Terphenylreihe gegeben, was im Hinblick auf die Tatsache bemerkenswert ist, daß bisher optisehe Aktivität von Pilzfarbstoffen mit gleichem Kerngerüst nicht beobachtet wurde.

Zahlreich sind die Kombinationen mit *heterocyclischen Ringen*, die bei geeigneter ortho-Substitution ebenfalls in optische Antipoden spaltbar sind. So ist nach R. ADAMS[2] die Spaltung des Phenyl-pyrrol-derivates:

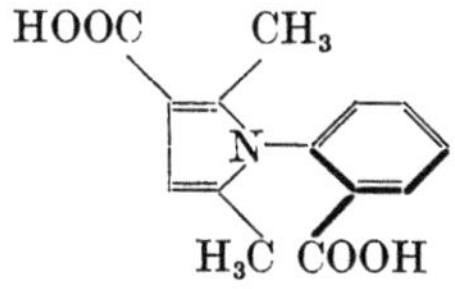

ferner des Carbazolderivates:

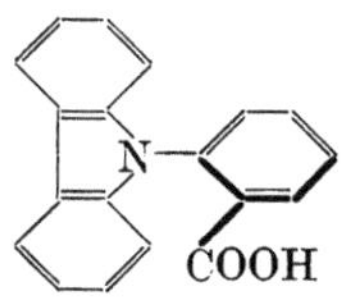

des Dipyrryls[3]:

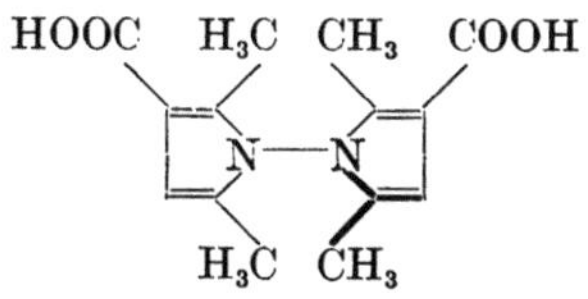

[1] KNAUF, A. E., P. R. SHILDNECK u. R. ADAMS: J. Amer. Chem. Soc. **56**, 2109 (1934); **53**, 343, 2203 (1931).

[2] BOCK, L. H., u. R. ADAMS: J. Amer. Chem. Soc. **53**, 374, 3519 (1931).

[3] CHANG, C., u. R. ADAMS: J. Amer. Chem. Soc. **53**, 2353 (1931).

der Dipyrrylbenzole, z. B.[1]:

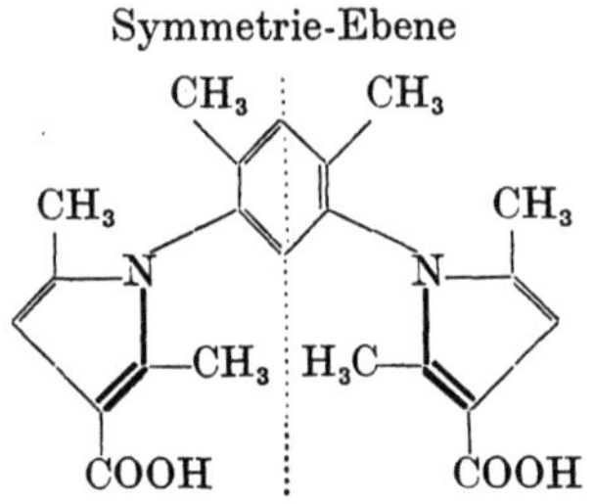

meso-cis-Form

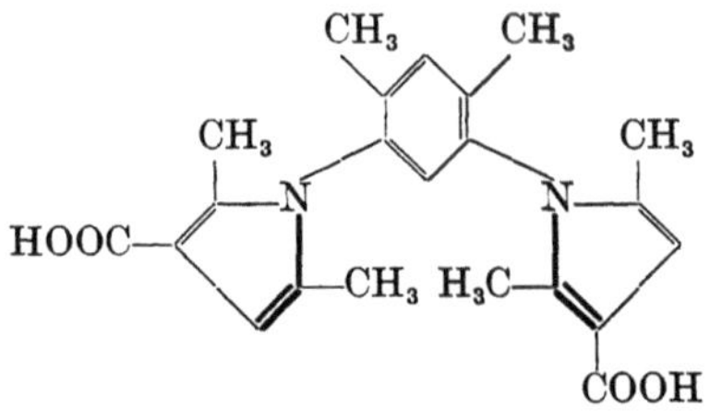

rac. trans-Form

(Analoga zum Terphenylsystem) möglich. In der letzteren Verbindung ist infolge der meta-Stellung der Pyrrolringe am Benzolkern die cis-Form die unspaltbare meso-Form, während für paraständige Ringe am Benzolkern, wie wir vorhin gesehen haben, das Umgekehrte der Fall ist.

Bei geeigneten *offenkettigen Verbindungen* tritt wiederum durch Behinderung der freien Drehbarkeit eine Existenzmöglichkeit optisch aktiver Formen auf. Dies ist z. B. von W. H. MILLS[2] an folgender Verbindung gezeigt worden[3]:

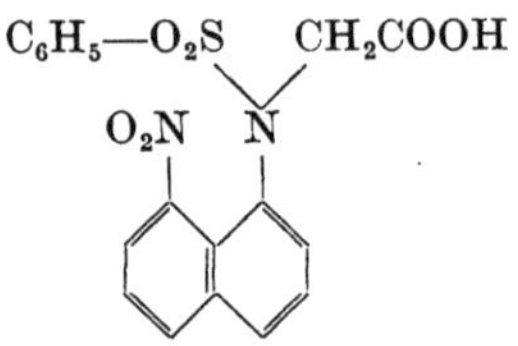

Auch die *N-Acetyl-N-methyl-p-toluidin-3-sulfonsäure* läßt sich in stabile Antipoden zerlegen, während die entsprechende Verbindung mit einer COOH- statt einer SO_3H-Gruppe nicht spaltbar ist:

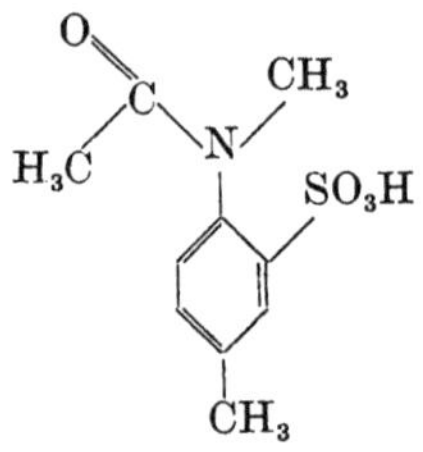

Ebenso sind Verbindungen des Typus

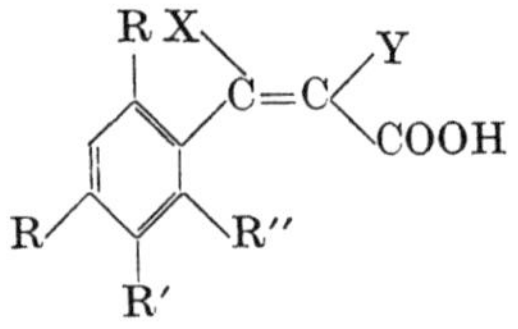

bei geeigneter Substitution in optische Antipoden spaltbar[4].

---

[1] CHANG, C., u. R. ADAMS: J. Amer. Chem. Soc. **56**, 2089 (1934).

[2] MILLS, W. H., u. K. A. C. ELLIOT: J. Chem. Soc. (London) **1928**, 1291.

[3] MILLS, W. H., u. R. M. KELHAM: J. Chem. Soc. (London) **1937**, 274.

[4] ADAMS, R.: J. Amer. Chem. Soc. **63**, 1589 (1941); **64**, 1786 (1942); **65**, 2383 (1943); **67**, 794, 798 (1943). — Arylamine mit eingeschränkter freier Drehbarkeit, siehe R. ADAMS u. R. H. MATTSON: J. Amer. Chem. Soc. **76**, 2925 (1954).

Auch gewisse *polycyclische aromatische Systeme*, wie die 4,5,8-Trimethyl-1-phenanthren-essigsäure, deren Methylgruppen in 4,5-Stellung

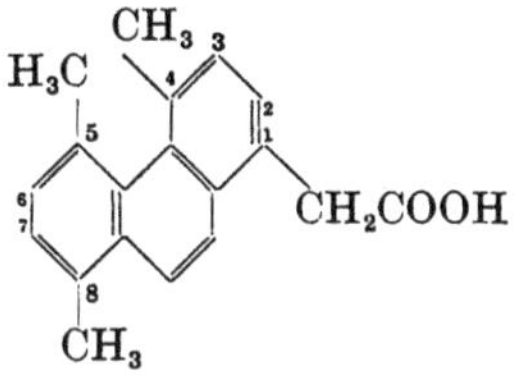

sich bei ebener Anordnung sehr stark sterisch behindern, sind in optische Antipoden spaltbar. Dies spricht dafür, daß die CH_3-Gruppen in 4- und 5-Stellung außerhalb der Phenanthrenringebene[1] stehen.

Dasselbe gilt für die Verbindung:

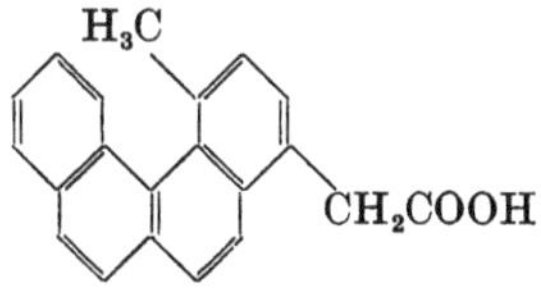

wie überhaupt zu erwarten steht, daß solche Effekte bei ähnlichen Systemen häufiger anzutreffen sein werden.

Eine elegante Anwendung hat die Atropisomerie zur Konfigurationsermittlung isomerer Verbindungen gefunden. J. MEISENHEIMER[2] konnte von den beiden *Oximen der 1-Aceto-2-oxy-naphthoesäure-(3)*:

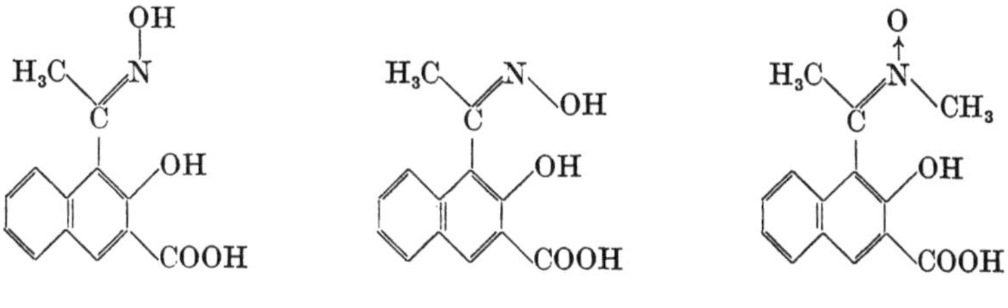

α-Oxim β-Oxim N-Methyläther

nur von dem β-Oxim, der Theorie entsprechend, Alkaloidsalze mit großer Racemisierungsgeschwindigkeit erhalten, während das α-Oxim unspaltbar ist. Dagegen ließ sich der dem α-Oxim entsprechende N-Methyläther einwandfrei spalten, wie es seine Konfiguration erfordert. Damit ist von J. MEISENHEIMER zugleich ein schlüssiger Beweis der HANTZSCH-WERNERschen Theorie der Struktur der Oxime und eine *absolute Konfigurationsbestimmung* geliefert worden.

Ein interessantes Beispiel des Auftretens von optischer Aktivität im Zusammenhang mit der Bildung makrocyclischer Systeme stellt der von A. LÜTTRINGHAUS

[1] NEWMAN, M. S., u. A. S. HUSSAY: J. Amer. Chem. Soc. **69**, 2023 (1937); **62**, 2295 (1940); **69**, 3023 (1947); **70**, 1913 (1948).

[2] MEISENHEIMER, J., W. THEILACKER u. O. BEISSWENGER: Liebigs Ann. **495**, 249 (1932).

und H. GRALHER[1] synthetisierte *4-Brom-gentisinsäure-dekamethylenäther* dar:

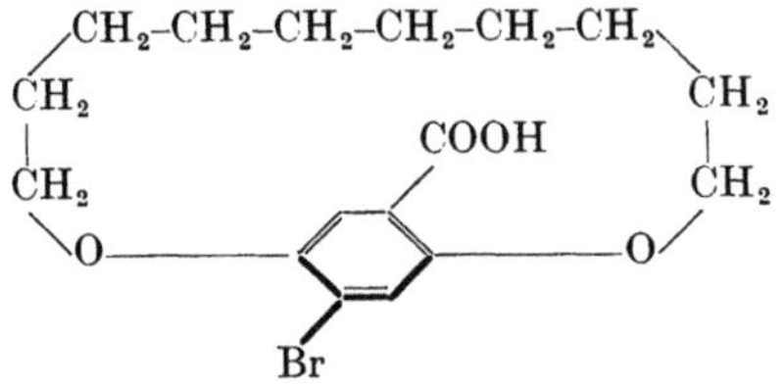

Hier können weder das Brom-Atom noch die Carboxylgruppe durch den zu engen Ring hindurch „gedreht" werden. Der entsprechende Dodekamethylenäther konnte dagegen nicht mehr gespalten werden, wobei allerdings offenbleiben muß, ob diese Nichtspaltbarkeit auf jetzt zu großer Ringweite oder auf der angewandten experimentellen Technik beruht. Schließlich sei erwähnt, daß auch in einem Naturstoff, der *Chebulagsäure*, eine Atropisomerie aufgefunden worden ist[2]. Sie beruht auf der Anwesenheit eines in den vier ortho-Stellungen durch OR bzw. COOH substituierten Diphenylsystems.

Insgesamt folgt aus der Existenz atropisomerer Formen, daß ein *asymmetrisches C-Atom eine hinreichende, aber nicht notwendige Bedingung zum Auftreten optischer Aktivität* ist.

Die geometrische Definition der Symmetrieelemente des Kohlenstoffatoms durch LE BEL ist also umfassender als das heuristische, aber experimentell sehr bewährte Tetraedermodell von VAN'T HOFF. Das hat seinen inneren Grund in dem Aufbau der äußeren Elektronenhülle der Kohlenstoffatome, die bei einer Hybridisierung der vier Bindungen als sp^3-Bindungen zu dem energetisch begünstigten Tetraedersystem führt.

Die neuere Entwicklung des Gebiets der Behinderungsasymmetrie hat einerseits zur Aufdeckung von Behinderungen freier Drehbarkeit auch bei solchen Verbindungen geführt, die infolge ihrer unbeständigen Rotationsisomeren nicht mehr in stabile optische Antipoden (bei geeigneter Unsymmetrie im Aufbau) gespalten werden können und andererseits interessante Anwendungen ergeben.

In Übereinstimmung mit den Befunden amerikanischer Forscher[3] konnte der Verfasser[4] mit seinen Mitarbeitern feststellen, daß sich die *UV-Absorptionsspektren* von in ihrer freien Drehbarkeit behinderten (atropen) Verbindungen in sehr charakteristischer Weise von den UV-Spektren der entsprechenden „hälftigen" Verbindungen unterscheiden. So zeigt z. B. das *3,5-Dichlorbenzophenon* bei fast der gleichen Wellenlänge $\lambda = 3420$ Å wie das *2,2',6,6'-Tetrachlor-4,4'-dibenzoyldiphenyl* ein Absorptionsmaximum:

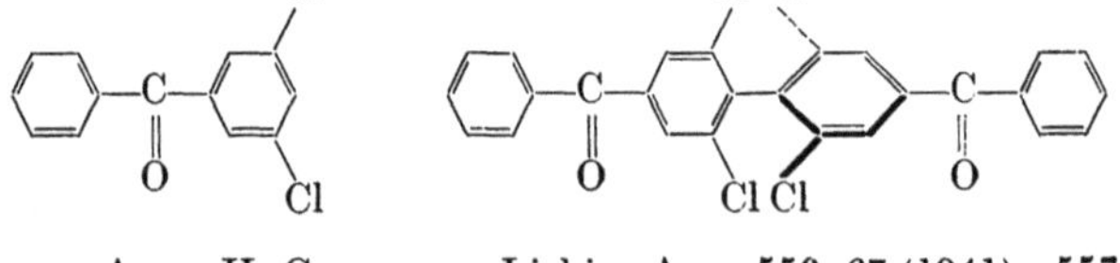

[1] LÜTTRINGHAUS, A., u. H. GRALHER: Liebigs Ann. **550**, 67 (1941); **557**, 108, 112 (1947).
[2] SCHMIDT, O. TH.: Naturwiss. **38**, 72 (1951).
[3] PICKETT, L. W., G. F. WALTER u. H. FRANCE: J. Amer. Chem. Soc. **58**, 2296 (1936). — O'SHAUGHNESSY, M. T., u. W. H. RODEBUSH: J. Amer. Chem. Soc. **62**, 2906 (1940). — WILLIAMSON, B., u. W. H. RODEBUSH: J. Amer. Chem. Soc. **63**, 3018 (1941). — RODEBUSH, W. H., u. I. FELDMAN: J. Amer. Chem. Soc. **68**, 896 (1946).
[4] MÜLLER, EUGEN, u. H. NEUHOFF: Ber. dtsch. chem. Ges. **72**, 2063 (1939). — MÜLLER, EUGEN, u. E. TIETZ: Ber. dtsch. chem. Ges. **74**, 807 (1941). — MÜLLER, EUGEN, u. H. PFANZ: Ber. dtsch. chem. Ges. **74**, 1051, 1075 (1941). — MÜLLER, EUGEN, u. E. HERTEL; Liebigs Ann. **555**, 157 (1944). — Eingehende Diskussion siehe EUGEN MÜLLER: Fortschr. chem. Forsch. **1**, 343ff. (1949).

Das Verhältnis der Extinktionskoeffizienten bei λ_{max} beträgt 1:2,5, d.h. praktisch findet man bei atropen Diphenylderivaten nur die doppelte Absorption der hier zweimal in der Molekel vorhandenen 3,5-Dichlorbenzophenongruppe wieder (Abb. 36).

Ist aber durch Wegfall der raumerfüllenden ortho-ständigen Cl-Atome keine Behinderung der freien Drehbarkeit um die die Kerne des Diphenylsystems verbindende Achse vorhanden, wie z.B. bei dem Stoffpaar *Benzophenon* und *p,p'-Dibenzoyldiphenyl*, dann tritt neben einer Verschiebung der Absorptionskurve des „Dimeren" zu längeren Wellen ein Verhältnis der Extinktionskoeffizienten bei λ_{max} von etwa 1:10 oder beim Stoffpaar *Benzol-Diphenyl* sogar 1:100 auf. Verhältnisse dieser Art findet man auch bei entsprechenden anderen Stoffpaaren, ja sogar zwei Methylgruppen in den ortho-Stellungen genügen bereits zum Verschwinden der charakteristischen UV-Banden des Diphenyls. Man kann daher annehmen, daß im Diphenyl selbst diese Banden durch mesomere Formen der Art b, c:

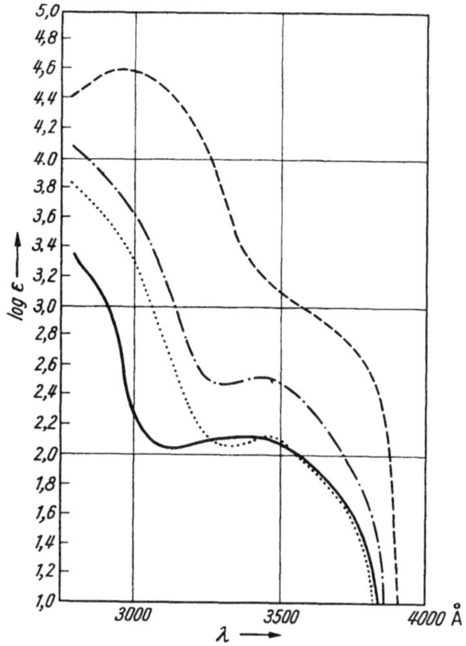

Abb. 36. UV-Absorptionsspektren (in Dioxan).
—— Benzophenon
---- p,p'-Dibenzoyl-diphenyl
······ 3,5-Dichlorbenzophenon
-·-·- p,p'-Dibenzoyl-2,6; 2',6'-tetrachlordiphenyl

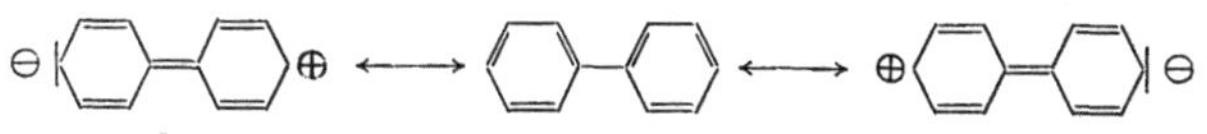

b a c

zustande kommen (vgl. S. 317ff.), in denen die 1,1'-Doppelbindung eine Koplanarität der beiden Phenylkerne erfordert. Für einen zumindest teilweisen Doppelbindungscharakter dieser 1,1'-Bindung spricht der durch Röntgenstrukturanalyse[1] gefundene Abstandswert von 1,48 Å, der bereits erheblich kleiner als der einer einfachen C—C-Bindung (1,54 Å) ist.

Allerdings scheint eine ebene Molekelanordnung nur beim festen, kristallisierten Diphenyl vorzuliegen. Dafür lassen sich wiederum Messungen der UV-Absorption von Diphenyl in festem, gelöstem und dampfförmigem Zustand sowie ein Vergleich mit den UV-Absorptionsspektren sicher ebener oder nichtebener Systeme heranziehen[2]. Fraglich erscheint es aber, ob die ebene Lagerung der Benzolringe im festen Diphenyl nur durch zwischenmolekulare Kräfte (Gitterkräfte) zustande kommt oder nicht doch ein Zusammenspiel von Gitterkräften, Mesomerieenergie und kinetischer (Temperatur-)Energie für das Überwiegen einer ebenen Anordnung oder einer solchen etwa mit verzögerter Drehung der Phenylkerne in der ebenen Anordnung sorgt.

[1] DHAR, J.: Indian J. Phys. **7**, 43 (1932).

[2] MERKEL, E., u. C. WIEGAND: Med. Chem. I. G. **3**, 320 (1936); **4**, 585 (1942); Liebigs Ann. **550**, 175 (1942); **557**, 242 (1947); Naturwiss. **34**, 122 (1947); Z. Naturforsch. **3b**, 93 (1948). — Die langwelligsten ultravioletten Absorptionsbanden sind entweder steil mit anschließender Auflösung in Einzelbanden (Feinstruktur), was für ebenen Bau der Molekel spricht, oder bei nichtebenem Bau fehlen die Einzelmaxima der Feinstruktur, die Absorptionskurve besitzt einen abgeflachten Verlauf.

Schließlich sei noch einer weiteren Anwendung der Behinderung der freien Drehbarkeit geeignet substituierter Diphenylsysteme gedacht, die in das Gebiet der freien Radikale führt.

In dem TSCHITSCHIBABIN*schen Kohlenwasserstoff*:

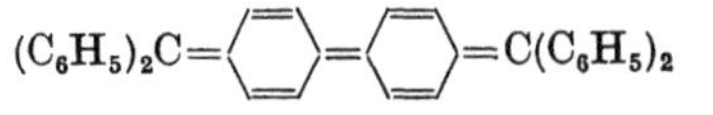

liegt ein höchst reaktionsfreudiges Bindungssystem vor, dessen eminente Reaktionsbereitschaft man auf ein Gleichgewicht mit einer Doppelradikalform:

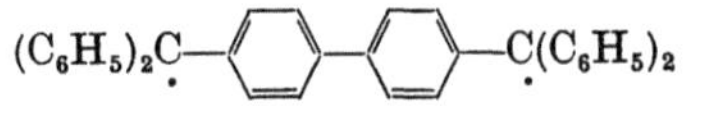

zurückgeführt hat. Die magnetische Untersuchung dieses Kohlenwasserstoffs ergab jedoch *Diamagnetismus*[1], so daß jedenfalls in merklichen Mengen kein Doppelradikal vorliegen kann.

Substituiert man aber die vier ortho-Stellungen des Diphenylsystems durch große raumerfüllende Reste wie z. B. *Chloratome*, so erhält man eine stark paramagnetische Verbindung[2], ein *echtes Doppelradikal*. Die in solchen Verbindungen wie z. B.

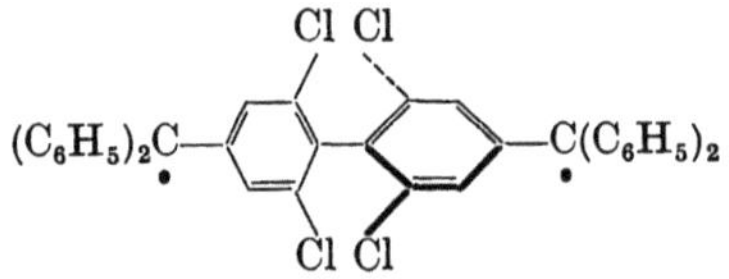

erzwungene Querstellung der beiden Phenylkerne zueinander sorgt für die weitestgehende Unabhängigkeit der π-Elektronen der Phenylkerne und der beiden Elektronen an den äußeren in p,p'-Stellung befindlichen Diphenylmethylgruppen, so daß jedes dieser Elektronen ein vereinsamtes "odd" Elektron ist und damit die Verbindung den Charakter eines echten Doppelradikals erhält. Bei geeigneter Substitution lassen sich so praktisch monomere Doppelradikale mit einem magnetischen Gesamtmomentwert von $\mu = \sqrt{6}\,\mu_B$ in bester Übereinstimmung mit der Theorie gewinnen[3].

Die Übertragung dieser Ergebnisse auf den Bindungszustand ungesättigter Verbindungen läßt die Bedeutung der Raumanordnung solcher Stoffe auch für das reaktive Verhalten klar erkennen. Hierauf wird im Kapitel über die C=C-Doppelbindung (vgl. S. 145) näher eingegangen.

Vergleicht man die Ergebnisse dieser Isomerie durch Behinderung der freien Drehbarkeit und ihre modellmäßige Erklärung mit den von VAN'T HOFF auf Grund der Tetraedervorstellung vorhergesagten Isomerien, so sieht man, daß die einfachen Modelle die *Zahl* der möglichen Isomeren in bester Übereinstimmung mit der Erfahrung wiederzugeben gestatten.

Sobald man aber etwas Näheres über die *Stabilität* der optischen Antipoden, ihre *Aktivierungsenergie* der Racemisierung oder aber über feinere *Behinderungseffekte* wissen will, komplizieren sich die Dinge, wie das Beispiel der 2,2'-Dibromdiphenyl-dicarbonsäure-4,4' zeigt, erheblich. Unter Hinzunahme geeigneter physikalischer Methoden und mit der stets erforderlichen, selbstverständlichen Kritik eröffnen sich aber hier Möglichkeiten, vertiefte Einblicke in den Feinbau der Molekeln zu erhalten.

---

[1] MÜLLER, EUGEN, u. I. MÜLLER-RODLOFF: Liebigs Ann. **517**, 134 (1935).

[2] MÜLLER, EUGEN, u. H. NEUHOFF: Ber. dtsch. chem. Ges. **72**, 2063 (1939).

[3] Zusammenfassende Darstellung s. EUGEN MÜLLER: Fortschr. chem. Forsch. **1**, 325 (1949). — Ferner EUGEN MÜLLER: Chem. Ztg. **77**, 203 (1953). — MÜLLER, EUGEN: In Methoden der organischen Chemie (HOUBEN-WEYL), 4. Aufl., Bd. III/2, S. 917. Stuttgart: G. Thieme 1955.

c) Theorie der optischen Aktivität

Als Ursache des Auftretens optischer Aktivität ist grundsätzlich das Fehlen bestimmter Symmetrieelemente, der Symmetrieebene und des Symmetriezentrums, anzusehen. Da die optische Aktivität sich in dem verschiedenen Verhalten der Antipoden gegenüber polarisiertem Licht äußert, kann man fragen, welche *Zusammenhänge zwischen der Konstitution der asymmetrischen Moleküle und der Drehung der Schwingungsebene des polarisierten Lichtes* bestehen. Dazu ist folgendes zu sagen: Ein linear polarisierter Lichtstrahl ist in physikalischem Sinne gleichbedeutend mit der geometrischen Superposition eines links- und rechtszirkular polarisierten Lichtstrahls gleicher Schwingungsamplitude. Beim Durchgang durch ein optisch aktives Medium laufen diese beiden Lichtstrahlen mit verschiedenen Geschwindigkeiten, die durch ihre verschiedenen Brechungsindices n_r und n_l darstellbar sind. Beim Austritt aus dem optisch aktiven Medium vereinigen sie sich wieder zu einem linear polarisierten Strahl, dessen Schwingungsebene infolge dieser Phasenverschiebung gegenüber der des einfallenden Strahls um einen bestimmten Betrag gedreht ist. Nach A. FRESNEL[1] gilt für die Größe der Ablenkung die Beziehung:

$$\alpha = \frac{\pi \cdot l}{\lambda} (n_l - n_r)$$

l = Schichtlänge; λ = eingestrahlte Wellenlänge; n_l und n_r = Brechungsindices, α = Ablenkungswinkel.

Fernerhin kann sich rechts- und links-zirkular polarisiertes Licht außer durch verschiedene Geschwindigkeit *(Brechung)* im optisch aktiven Medium auch durch verschieden große Absorption auszeichnen *(Zirkulardichroismus)*. Wegen der verschiedenen Absorptionsindices ε_r und ε_l setzen sich die bei ihrem Austritt mit verschiedener Amplitude schwingenden Wellen zu einer nicht mehr linear, sondern elliptisch polarisierten Welle zusammen. Der Zirkulardichroismus, auch „Cotton-Effekt" genannt, wird durch das Verhältnis φ der Halbachsen der Schwingungsellipse gemessen:

$$\varphi = \frac{\pi \cdot l}{\lambda} (n_l \cdot \varepsilon_l - n_r \cdot \varepsilon_r)$$

Aus der Zurückführung der optischen Aktivität auf die *zirkulare Doppelbrechung* folgt ein Zusammenhang der optischen Aktivität mit den gewöhnlichen Gesetzen der Lichtdispersion. Die besonders von W. KUHN[2] entwickelte Theorie der optischen Aktivität sucht diese Erscheinung durch gegenseitige *Kopplung der Elektronenschwingungen* in den Substituenten im Molekül bei Einwirkung einer eintretenden Lichtwelle zu erklären. Die Drehung wird dabei in Beziehung gesetzt zu der Frequenz des einfallenden Lichtes, den Eigenfrequenzen der verschiedenen Absorptionsmaxima sowie der Stärke der Absorptionsbanden für rechts- und links-zirkular polarisiertes Licht. So wird die optische Aktivität auf eine durch Kopplungskräfte der einzelnen Molekülgruppen hervorgebrachte Störung der normalen Lichtbrechung zurückgeführt. Diese Überlegungen wurden von W. KUHN zur Berechnung der Absolutkonfiguration des Methyl-äthyl-carbinols angewendet, ohne daß aber bislang wirklich entscheidende und zwingend stichhaltige Beweise für die seinen Rechnungen zugrunde gelegten Formen der Molekülmodelle erbracht worden sind. Auch eine zweite Theorie auf quantenmechanischer

[1] FRESNEL, A.: Ann. de Chim. [1] **28**, 147 (1825).

[2] KUHN, W.: Z. physik. Chem. [B] **31**, 23 (1935); Z. Elektrochem. **56**, 506 (1952). — Ferner M. P. BALFE: Sci. Progr. **38**, 459 (1950). — Zusammenfassende Darstellung s. a. E. HÜCKEL: Z. Elektrochem. **50**, 13 (1944).

Basis, die sog. *Einelektronentheorie*[1], kann bis jetzt nur die Größenordnung der zu erwartenden Effekte angeben.

In der letzten Zeit hat man versucht, das Problem der absoluten Konfigurationsbestimmung auf experimentellem Wege anzugehen, und zwar mittels *Röntgenaufnahmen* geeigneter Substanzen[2]. Unter besonderen Umständen sollen sich optische Antipoden durch das Röntgenbild (LAUE-Diagramm) derart unterscheiden, daß man bei Aufnahme von zwei geeigneten enantiomorphen Kristallen bei gleicher Richtung der polaren Achse unsymmetrische LAUE-Diagramme (Bild und Spiegelbild) erhält.

Untersucht wurde das Rubidiumsalz der Weinsäure mittels Röntgenstrahlen, deren Frequenz in die Nähe der Absorptionskante des Rubidiums fällt. Infolge der dann auftretenden anomalen Dispersion erfährt der Strahl an einer mit Rubidium besetzten Ebene eine Phasenverschiebung, z. B. in Richtung des Strahls, während eine solche Phasenverschiebung für eine benachbarte, nur mit C-Atomen besetzte Ebene nicht eintritt. Dadurch erfährt der Reflexionswinkel eine Erhöhung, wenn der Kristall dem Röntgenstrahl die eine, und eine Erniedrigung, wenn er ihm die umgekehrte Stirnfläche entgegenwendet. So läßt sich die Reihenfolge der mit verschiedenen Atomen besetzten Flächen feststellen und daraus die *Absolutkonfiguration* ableiten. Damit ergibt sich für den Übergang von der Projektionsformel zum tatsächlichen räumlichen Modell die Forderung, daß die rechts und links neben dem asymmetrischen C-Atom befindlichen Substituenten gegen den Beschauer zu aus der Papierebene herauszudrehen sind.

Die Ergebnisse der Röntgenuntersuchungen an dem Rubidiumsalz der Weinsäure und die theoretischen Berechnungen von W. KUHN am Methyläthylcarbinol stehen zwar untereinander wie auch mit der von E. FISCHER getroffenen Zuordnung in bester Übereinstimmung. Beide erstgenannten Verfahren sind aber nicht frei von z. T. stark vereinfachenden zusätzlichen Annahmen, so daß erst weitere experimentelle Ergebnisse abgewartet werden müssen, ehe man von einer völlig gesicherten absoluten Konfigurationsbestimmung optisch aktiver Formen sprechen kann.

Zahlreiche *natürlich* vorkommende Verbindungen sind optisch aktiv. Die Frage, wie der erste optisch aktive Stoff entstanden ist, hat zu vielen Erörterungen Anlaß gegeben, ohne daß bisher eine allgemein befriedigende Erklärung gefunden worden ist[3]. Von L. PASTEUR stammt der Gedanke, daß durch Reflexion an Gesteinen auftretendes, einsinnig zirkular polarisiertes Licht optisch aktive Verbindungen hervorbringen kann. Dafür lassen sich Versuche von W. KUHN als Stütze heranziehen, dem es gelang, durch Bestrahlung mit zirkular polarisiertem Licht aus racemischem α-Brompropionsäureester[4] und α-Azidopropionsäuredimethylamid[5]:

$$CH_3—\overset{*}{C}(H)(Br)—COOR \qquad CH_3—\overset{*}{C}(H)(N_3)—CON(CH_3)_2$$

optisch aktive Verbindungen herzustellen. Da das rechts- oder links-zirkular polarisierte Licht die eine oder die andere Komponente des Racemats schneller

[1] CONDON, E. V., W. ALTAR u. H. EYRING: J. Chem. Phys. 5, 753 (1937). — GORIN, E., J. E. WALTER u. H. EYRING: J. Chem. Phys. 6, 824 (1938). — GORIN, E., W. J. KAUZMANN u. J. E. WALTER: J. Chem. Phys. 7, 327 (1939). — KAUZMANN, W. J., J. E. WALTER u. H. EYRING: Chem. Rev. 26, 339 (1940).

[2] BIJVOET, J. M., A. F. PEERDEMAN u. A. J. VAN BOMMEL: Nature (London) 168, 271 (1951). — PEERDEMAN, A. F., A. J. VAN BOMMEL u. J. M. BIJVOET: Proc. Acad. Amsterdam B 54, 16 (1951).

[3] KUHN, W.: Naturwiss. 26, 289, 305 (1938).

[4] KUHN, W., u. E. BRAUN: Naturwiss. 17, 227 (1929).

[5] KUHN, W., u. E. KNOPF: Z. physik. Chem. [B] 7, 292 (1930).

zerstört als den entsprechenden Antipoden, bleibt im Endergebnis die eine aktive Verbindung im Überschuß vorhanden, der Stoff ist optisch aktiv geworden. Allerdings sind die gefundenen Drehwerte ziemlich klein. Andere Deutungen der „Ur"-Aktivität[1] geben die mögliche spontane Spaltung von Racematen, die spezifische Kristallisationsauslösung nur des einen Antipoden an hemiedrischen Kristallflächen, die unsymmetrische Katalyse einer Reaktion an optisch aktivem Links- oder Rechtsquarz und schließlich die Trennung von Racematen durch Bildung von Einschlußverbindungen mit nur einem optischen Antipoden[2].

Welche der verschiedenen Deutungen den Vorzug verdient, ist nicht zu sagen. Sie lassen uns aber das Auftreten der ersten optischen Aktivität im Lichte der auf dem Gebiet der optischen Aktivität geleisteten experimentellen Forschung verständlich erscheinen.

Neuerdings hat die Frage Beachtung gefunden, ob durch den Ersatz von einem H-Atom durch *Deuterium* eine optisch spaltbare Verbindung herzustellen ist, z.B.:

$$\begin{array}{cc} R\diagdown\quad\diagup H & R\diagdown\quad\diagup H \\ C & C \\ R'\diagup\quad\diagdown H & R'\diagup\quad\diagdown D \end{array}$$

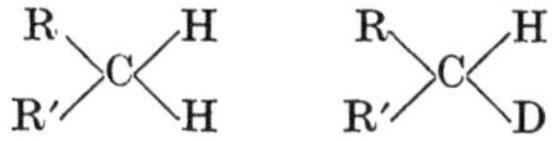

Die von verschiedenen Seiten erhaltenen Ergebnisse zeigen, daß z. B. bei der Verbindung $C_6H_5CH(D)CH_3$ tatsächlich optische Aktivität auftritt[3], also bereits der Unterschied von Wasserstoff und Deuterium zum Auftreten einer merklichen optischen Aktivität genügt.

IV. Kohlenstoff-Halogen-Bindung

Die Eigenschaft des Kohlenstoffatoms zur Ausbildung von Atombindungen erstreckt sich nicht nur auf seinesgleichen oder auf das Wasserstoffatom, sondern auch auf eine Reihe anderer Elemente. Diese Besprechung werde mit einer Darlegung der Verhältnisse an den Kohlenstoff-Halogen-Bindungen begonnen. Gemäß dem elektronen-affineren Charakter der an der Bindung beteiligten Halogenatome ergibt sich hierdurch eine neue Variationsmöglichkeit für den Aufbau organischer Verbindungen.

Bereits früher sind die Verhältnisse bei der Bindung zweier Atome wie H und Cl mit einer ungleichen Affinität zur negativen Ladung auseinandergesetzt worden (vgl. S. 15)[4]. Ähnliches gilt auch für die Bindungsart des Kohlenstoffs mit den Halogenen, in der sich einer reinen Atombindung eine Ionenbindung überlagert unter Ausbildung einer Atombindung mit partiellem Ionencharakter. Gemäß der verschiedenen Tendenz der Halogenatome zur negativen Ladung, ihrer verschiedenen *Elektronegativität*:

F	Cl	Br	J
95,3	86,5	81,5	74,2 kcal

Elektronenaffinität (bei Aufnahme von 1 Elektron freiwerdende Energie)

besitzen Kohlenstoff-Fluor-Verbindungen den weitaus größten *partiellen Ionencharakter*, der dann mit steigendem Atomgewicht des Halogens absinkt und in der Kohlenstoff-Jod-Bindung dem Charakter der C—C-Atombindung etwa entspricht,

---

[1] Vgl. hierzu W. LANGENBECK: Chem.-Ztg. **62**, 1 (1938).
[2] SCHLENK, W. jr.: Fortschr. chem. Forsch. **2**, 92 (1951/53).
[3] ELIEL, E. L.: J. Amer. Chem. Soc. **71**, 3970 (1949). — Ferner E. R. ALEXANDER u. A. G. PINKUS: J. Amer. Chem. Soc. **71**, 1786 (1949). — ALEXANDER, E. R.: J. Amer. Chem. Soc. **72**, 3796 (1950). — FICKETT, W.: J. Amer. Chem. Soc. **74**, 4204 (1952).
[4] Bei der Paarung der H(1s)- und Cl($3p_x$)-Atombahnen zur Herstellung des kovalenten Teils der Bindung im Chlorwasserstoff ($\psi = \psi_{cov.} + \lambda \cdot \psi_{Ion}$) ist zunächst die Vermischung der 3s- und $3p_x$-Bahnen des Chloratoms zu den beiden hybridisierten Bahnen I und II zu berücksichtigen, von denen dann I mit der H(1s)-Bahn gepaart wird, vgl. Abb. 10, S. 21.

ja mitunter hier sogar schon die umgekehrte Polarität $C^{\oplus}F^{\ominus} \rightarrow C^{\ominus}J^{\oplus}$ annehmen kann[1].

1. Konfiguration der Halogenide

Den allgemeinen Vorgang des Ersatzes eines oder mehrerer Wasserstoffatome an einem Kohlenstoffatom durch andere Atome oder Atomgruppen, etwa durch Halogenatome, bezeichnet man als *Substitution*, z. B.:

$$H-\overset{\displaystyle H}{\underset{\displaystyle H}{\overset{|}{\underset{|}{C}}}}-H + |\underline{\overline{X}}-\underline{\overline{X}}| \rightarrow H-\overset{\displaystyle H}{\underset{\displaystyle H}{\overset{|}{\underset{|}{C}}}}-\underline{\overline{X}}| + H-\underline{\overline{X}}|$$

X = Halogen

Dieser Substitutionsvorgang kann sich so oft wiederholen, als noch unsubstituierter Wasserstoff an dem Kohlenstoffatom vorhanden ist. Bevor wir den Mechanismus einer solchen Substitutionsreaktion durch Halogene und seine Auswirkung auf die Reaktivität der entstehenden C-Halogen-Bindung betrachten, sei einiges über den Einfluß der Halogensubstitution auf die Konfiguration der entstehenden Halogenverbindungen gesagt.

In der folgenden Tabelle[2] sind die Zahlenwerte der C—X-Atomabstände sowie die Valenzwinkel der Verbindungen vom Typus CH_3X, CH_2X_2, CHX_3 und CX_4 angegeben.

Tabelle 8

Substanz	C—X-Abstand [Å]	Valenzwinkel im Grundzustand
H_3CF	1,385	H—C—H: 110 ± 0,6°
H_2CF_2		
HCF_3	1,33	F—C—F: 109 ± 2°
CF_4	1,36 ± 0,03	
H_2CFCl	1,76 (C—Cl)[3]	
HCF_2Cl	1,73 (C—Cl)[3]	
CF_2Cl_2	1,74 (C—Cl)[3]	
CF_3Cl	1,71 (C—Cl)[3]	
H_3CCl	1,780 ± 0,03	H—C—H: 109,8 ± 0,5°
H_2CCl_2		Cl—C—Cl: 112 ± 2°
$HCCl_3$	1,761 ± 0,004[4]	H—C—Cl: 108 ± 0,7°; Cl—C—Cl: 112 ± 0,7°
CCl_4	1,77 ± 0,01	
$ClCF_3$	C—Cl: 1,765 C—F: 1,323	Tetraederwinkel
H_3CBr	1,936	H—C—H: 110,2°
H_2CBr_2		Br—C—Br: 112 ± 2°
$HCBr_3$		Br—C—Br: 111°
CBr_4	1,94 ± 0,03	
$BrCF_3$	C—F: 1,323 ± 0,003 C—Br: 1,935 ± 0,03	Tetraederwinkel
H_3CJ	2,144	H—C—H: 112°
H_2CJ_2		J—C—J: 114,7°
HCJ_3	2,12 ± 0,02	J—C—J: 113°
CJ_4	2,12 ± 0,02	
JCF_3	C—J: 2,162 C—F: 1,326 (Annahme)	Tetraederwinkel

[1] Über positives Halogen s. P. FRESENIUS: Angew. Chem. **64**, 470 (1952); ferner J. BANUS, H. J. EMELÉUS u. R. N. HASZELDINE: J. Chem. Soc. (London) **1951**, **60**.

[2] Siehe hierzu H. A. STUART: Die Struktur des freien Moleküls, S. 162. Berlin: Springer-Verlag 1952.

[3] Diese Abstandsverkürzung C—Cl bedeutet eine Verfestigung der C—Cl- (und auch der C—C-Bindung, vgl. S. 159). Ursache sind das kleine Atomvolumen und die starke Elektronenaffinität des Fluors.

[4] Cl—Cl: 2,908 ± 0,004.

Die in der obigen Tabelle wiedergegebenen Zahlenwerte zeigen, daß bei Substitution eines oder mehrerer Wasserstoffatome in der Methanmolekel durch Halogenatome mit kleinen, von der Art des substituierenden Halogenatoms abhängigen Abweichungen zu rechnen ist[1]. Man sieht, daß die einer bestimmten chemischen Bindung eigenen *Kernabstände* praktisch vom Molekülrest *unabhängig* sind[2], eine Eigenschaft, der wir noch mehrfach begegnen werden und die dazu geführt hat, von charakteristischen Bindungskonstanten zu sprechen (vgl. S. 344)[3]. Beim Einbau in ein *Molekelgitter* ist infolge der Größe der dort auftretenden Energien unter Umständen mit kleinen Änderungen der Kernabstände bis zu 0,1 Å zu rechnen (z. B. Diphenyl). Erst bei Anhäufung stark elektronenaffiner Atome wie z. B. von Fluoratomen an einem C-Atom tritt in bezug auf eine C—C-Bindung eine *Verminderung der Atomabstände*[4], also eine Verfestigung der Bindung ein, z. B.:

Substanz:	CH_3—CH_3	F_3C—CH_3	F_3C—CH_2Cl	F_2HC—CF_2H	F_3C—CF_3
Kernabstand (C—C) in Å	1,57	1,53	1,47	1,46	1,45 Å

Hier ist schon eine Wirkung der Fluoratome auf die nähere Umgebung zu erkennen, da offenbar die Elektronen aller Nachbargruppen herangeholt werden, bis im CF_3CF_3 das Gleichgewicht mit 1,45 Å erreicht ist („gleicher Zug am gleichen Strang", aber in entgegengesetzter Richtung).

Die kleinste Änderung in sterischer Beziehung tritt beim Ersatz von H (Kernabstand H—F: 0,92 Å) durch F auf. Dies zeigt sich sehr charakteristisch beim reaktiven Verhalten der *organischen Fluorverbindungen*, von denen beispielsweise CF_2=CHF oder CF_2=CF_2 ganz analog dem Äthylen polymerisationsfähig sind, wogegen etwa das Tetrachloräthylen CCl_2=CCl_2 dies schon nicht mehr ist[5].

Anders als die relativ konstanten Kernabstände ändern sich die *Valenzwinkel* in Abhängigkeit von der Art und Zahl der substituierenden Halogenatome. Bereits früher (vgl. S. 59) war darauf hingewiesen worden, daß Winkeldeformationen von 5—10° eines relativ kleinen Energiebetrags von 500—1000 cal bedürfen. Die Valenzwinkelwerte Cl—C—Cl der Tab. 8 zeigen die mit zunehmender Zahl der Chloratome größer werdende Winkeldeformation um etwa 2,5°. Aber auch diese Winkeldeformationen halten sich noch in sehr mäßigen Grenzen, so daß man insgesamt gesehen von einer *Erhaltung der Tetraederkonfiguration* des Kohlenstoffatoms bei Ersatz der mit ihm zunächst verbundenen Wasserstoffatome durch Halogenatome sprechen kann[6].

Bei *unsymmetrischer* Substitution findet eine *Valenzwinkelspreizung* zwischen den größeren Substituenten statt, wobei zwar die regulär tetraedrische Lagerung verlorengeht, ohne daß es jedoch zu einem grundlegenden Umbau des Kerngerüsts kommt. Für genauere Berechnungen wird man aber die an sich nicht großen Kräfte zwischen den Substituenten nicht vernachlässigen dürfen. So deutet

[1] Nur bei C-Halogen-Bindungen, die einer mehrfachen oder aromatischen Bindung benachbart sind, treten beträchtliche Abweichungen auf.

[2] Die Verschiebung der Kerne in der Valenzrichtung um 0,1 Å erfordert bereits 2,5 bis 4 kcal/Mol; s. hierzu H. A. Stuart: Die Struktur des freien Moleküls, S. 184. Berlin: Springer-Verlag 1952.

[3] Den betreffenden Atomen werden daher charakteristische Bindungsradien (covalent radius) so zugeordnet, daß die Radiensumme gleich dem Kernabstand zweier kovalent gebundener Atome ist. Bindungsabstände zwischen Atomen sehr verschiedener Elektronegativität sind merklich kleiner; vgl. S. 486.

[4] Vgl. hierzu G. Bier, R. Schäff u. K. H. Kahrs: Angew. Chem. **66**, 285 (1954).

[5] Perfluorierte Äthylene dimerisieren sich leicht zu perfluorierten Cyclobutanen. Möglicherweise handelt es sich um eine Reaktion zwischen der Molekel und dem Radikal.

[6] Einzelheiten, auch Berechnung von Dehnungs- und Biegungskonstanten, s. H. A. Stuart, Die Struktur des freien Moleküls, S. 152ff. Berlin: Springer-Verlag 1952.

L. PAULING[1] magnetochemische Befunde an den verschiedenen Reihen der Halogenide CH_3X, CH_2X_2, CHX_3, CX_4 mit einer gewissen *Polarisation* der Halogenatome untereinander, wobei demgemäß die Existenz polarer Formen der Art I:

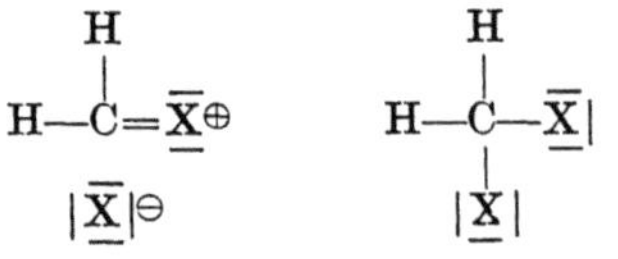

$$\begin{array}{cc} \text{H} & \text{H} \\ | & | \\ \text{H—C}=\overline{\text{X}}^{\oplus} & \text{H—C}—\overline{\text{X}}| \\ & | \\ |\overline{\text{X}}|^{\ominus} & |\overline{\text{X}}| \\ \text{I} & \text{II} \end{array}$$

in gewissem Umfang neben den üblichen Formen II angenommen wird.

2. Substitution gesättigter Verbindungen (Halogenierung, Sulfochlorierung, Sulfoxydation)

Formal läßt sich die in Rede stehende Substitutionsreaktion, beispielsweise eine Chlorierung, so darstellen:

$$—\overset{|}{\underset{|}{\text{C}}}—\text{H} + |\overline{\text{Cl}}—\overline{\text{Cl}}| \;\to\; \text{H}—\overline{\text{Cl}}| + —\overset{|}{\underset{|}{\text{C}}}—\overline{\text{Cl}}|$$

Die Erfahrung hat nun gezeigt, daß die Lösung und Neuknüpfung von Bindungen im Extremfall nach zwei verschiedenen Mechanismen sich vollziehen kann, entweder nach einem ionischen bzw. kryptoionischen oder nach einem radikalischen bzw. kryptoradikalischen Mechanismus.

Die Neigung zu einem bestimmten Reaktionstyp liegt zunächst im Wesen des zu substituierenden Moleküls und seines Substitutionspartners beschlossen. Erst dann spielen die Temperatur, der Druck, das Lösungsmittel, evtl. katalytische Zusätze, kurz die Umwelt der Reaktionspartner die zweite Rolle.

Betrachten wir die *Chlorierung eines normalen Paraffins*. Die C—H-Bindungen zeichnen sich durch *keine* besondere unsymmetrische Ladungsverteilung der an der Bindung beteiligten Elektronen aus, d. h. es liegt eine im wesentlichen kovalente Bindung vor. Ihre homolytische Trennung sollte daher durch den Angriff *radikalischer* (atomarer) Reagentien begünstigt werden. Läßt man Chloratome[2] (hergestellt durch Belichtung von Chlor mittels Licht der Wellenlänge 3750 Å) auf Paraffine unter Ausschluß von Sauerstoff[3] einwirken, so findet in der Tat sofort eine Reaktion im Sinne einer Substitution statt:

$$Cl_2 + h\nu \;\to\; 2\,Cl\cdot$$

$$R—H + Cl\cdot \;\to\; HCl + R\cdot \qquad \text{a)}$$

$$R\cdot + Cl\cdot \;\to\; R—Cl \qquad \text{b)}$$

Es ist aber nicht nötig, hier stöchiometrische Chloratom-Mengen zuzugeben, da das einmal gebildete Kohlenstoffradikal mit nicht gespaltenen Chlormolekeln

---

[1] PAULING, L.: The Nature of the Chemical Bond. Ithaka-New York: Cornell University Press 1939.

[2] Die Chlorknallgasreaktion ist nach den grundlegenden Arbeiten von M. BODENSTEIN als Prototyp solcher Reaktionen anzusehen. — Vgl. hierzu F. ASINGER, Chemie und Technologie der Paraffinkohlenwasserstoffe, S. 151 ff., Berlin: Akademie-Verlag 1956.

[3] Der Ausschluß von Sauerstoff ist notwendig, da die gebildeten freien Radikale wie auch die Chloratome sofort mit Sauerstoff reagieren und daher aus der gewünschten Reaktion ausscheiden würden. Der Sauerstoff wirkt als Inhibitor.

unter Regenerierung von Chloratomen weiterreagiert[1]:

$$R\cdot + Cl\cdot\,\cdot Cl \rightarrow R{-}Cl + Cl\cdot \qquad c)$$

und sich somit anschließend die obige Reaktion a wiederholen kann. Mit der *Startreaktion*:

$$Cl_2 + h\nu \rightarrow 2\,Cl\cdot$$

wird die *Reaktionskette*

$$R{-}H + Cl\cdot \rightarrow HCl + R\cdot$$
$$R\cdot + Cl_2 \rightarrow R{-}Cl + Cl\cdot$$

mit dem Chloratom als *Kettenträger* gezündet.

Ein *Abbruch* der Kette kann in verschiedener Weise erfolgen, beispielsweise wie oben (b) angedeutet, durch Zusammentreffen zweier Radikale R• + •Cl unter Verbindungsbildung R—Cl. Die Reaktion kann sich bis zur *Explosion* — ähnlich der Chlor-Knallgasreaktion — steigern, und dies bei den reaktionsträgen Kohlenwasserstoffen! In einer längeren normalen Kohlenwasserstoffkette sind die verschiedenen CH_2-Gruppen bezüglich ihrer Monosubstitution gleichberechtigt, so daß sich die betreffenden Monochlorderivate statistisch auf die CH_2-Kettenglieder verteilen. Allein die endständigen CH_3-Gruppen kommen in den betrachteten Fällen nur zweimal vor, so daß sie statistisch bezüglich ihrer Substitutionsmöglichkeit benachteiligt erscheinen[2]. Ähnlich der Aktivierung der Reaktion durch *Belichten* (Bildung von Chloratomen als Startmittel) kann man auch *thermisch* oder mit anderen physikalischen Hilfsmitteln sowie mittels *freier Radikale* die Substitution der gesättigten Kohlenwasserstoffe einleiten. Auch Cycloparaffine reagieren im gleichen Sinne, ebenso aliphatische, gesättigte Seitenketten an aromatischen Systemen (Toluol, Chlorierung in der Seitenkette). Die Chlorierung läßt sich auch mit Sulfurylchlorid ausführen, wenn durch ein z. B. durch thermischen Zerfall geeigneter Verbindungen gebildetes Startradikal R• anstelle der photochemischen Aktivierung die Reaktion eingeleitet wird[3]:

$$R\cdot + SO_2Cl_2 \rightarrow R{-}Cl + SO_2Cl\cdot \quad | \text{ Start}$$

$$\left.\begin{array}{rcl} SO_2Cl\cdot & \rightarrow & SO_2 + Cl\cdot \\ R'H + Cl\cdot & \rightarrow & HCl + R'\cdot \\ R'\cdot + SO_2Cl_2 & \rightarrow & R'Cl + SO_2Cl\cdot \end{array}\right\} \text{ Kette}$$

Ähnlich der Chlorierung läßt sich auch die *Sulfochlorierung* mit SO_2 und Cl_2 nach C. F. Reed[4] durchführen, ein Verfahren, das rasch Eingang in die Technik gefunden hat (Waschmittel-Herstellung):

$$Cl_2 + h\nu \rightarrow 2\,Cl\cdot \quad | \text{ Start}$$

$$\left.\begin{array}{rcl} RH + Cl\cdot & \rightarrow & R\cdot + HCl \\ R\cdot + SO_2 & \rightarrow & RSO_2\cdot \\ RSO_2\cdot + Cl_2 & \rightarrow & RSO_2Cl + Cl\cdot \end{array}\right\} \text{ Kette}$$

[1] Man nennt diesen Vorgang der Radikalübertragung auch Radikalotropie.

[2] Nach F. Asinger beträgt das Verhältnis der Substitution bei einem Kohlenwasserstoff mit prim., sek. u. tert. C-Atom 1: 3,25: 4,43, Ber. dtsch. chem. Ges. **75**, 668 (1942). — Hass, H. B., u. Mitarb.: Ind. Eng. Chem. **27**, 1192 (1935); **29**, 1337 (1937).

[3] Kharasch, M. S., u. H. C. Brown: J. Amer. Chem. Soc. **61**, 2142 (1939).

[4] Literatur s. Houben-Weyl: Methoden der Organischen Chemie, 4. Aufl., Bd. IX, S. 407ff. Stuttgart: Georg Thieme 1955.

Auch die *Sulfoxydation* gesättigter Kohlenwasserstoffe verläuft nach einem radikalischen Mechanismus[1]:

$$\left.\begin{array}{rcl} Cl_2 + h\nu & \rightarrow & 2\,Cl\bullet \\ RH + Cl\bullet & \rightarrow & R\bullet + HCl \end{array}\right\}\ \text{Start}$$

$$\left.\begin{array}{rcl} R\bullet + SO_2 & \rightarrow & RSO_2\bullet \\ RSO_2\bullet + O_2 & \rightarrow & RSO_2OO\bullet \\ RSO_2OO\bullet + RH & \rightarrow & RSO_2OOH + R\bullet \end{array}\right\}\ \text{Kette}$$

und

$$RSO_2OOH + SO_2 + H_2O \rightarrow RSO_2OH + H_2SO_4$$

Weitere Radikalreaktionen dieser Art, z. B. mit *Stickstoffoxyden*, führen zu wichtigen stickstoffhaltigen Derivaten der Paraffine und Cycloparaffine (z. B. Cyclohexanonoxim → ε-Caprolactam → Perlon)[2], wie auf S. **314** näher dargelegt wird. Auch viele *Autoxydationen* und *Oxydationsreaktionen* verlaufen radikalisch[3].

Während das Chlormolekül in sehr typischer Weise nach Spaltung in Chloratome in einem *Radikalkettenmechanismus* mit Paraffinen reagieren kann, liegen die Verhältnisse bei anderen Halogenen z. T. etwas anders. Elementares *Fluor* scheidet an sich schon wegen der Heftigkeit der Fluorierungsreaktion aus, so daß man hier beispielsweise zum Kobalt(III)-fluorid als Fluorquelle greift. *Bromierungen* lassen sich in ähnlicher Weise wie die oben erläuterten Chlorierungen ausführen, nur daß hier die Reaktionen mitunter etwas träger ablaufen und der gebildete Bromwasserstoff (als Reduktionsmittel!) stören kann[4]. Das letztere tritt in noch höherem Maße bei *Jod* ein, das als freies Element daher praktisch kaum zu Jodierungen ohne gleichzeitige Anwesenheit eines *Oxydationsmittels* eingesetzt werden kann. Meist verwendet man es in Gegenwart von Alkali, wobei das gebildete Hypojodit entweder durch Zerfall unter Ausbildung von positiven Jodkationen oder auch durch primären Radikalzerfall in Reaktion treten kann:

$$JOH \leftrightharpoons J^{\oplus} + OH^{\ominus} \quad \text{bzw.} \quad J\bullet + \bullet OH$$

Die oben wiedergegebenen Reaktionen zur Herstellung von C-Halogen-Bindungen aus gesättigten Kohlenwasserstoffen zeigen das charakteristische Bild von radikalischen Mechanismen. Versucht man dagegen mit normalen Paraffinen eine *Ionen-* oder *Kryptoionenreaktion* zu erzwingen, so ist dies viel schwieriger möglich. Gerade die Stabilität der normalen, geradkettigen Paraffine gegen starke Mineralsäuren, Basen und auch starke Oxydationsmittel wie $KMnO_4$ haben die in dem Namen „parum affinis" zum Ausdruck gebrachte Reaktionsträgheit als ein Charakteristikum dieser Stoffklasse herausstellen sollen. Reaktionen dieser letztgenannten Art werden bei der Besprechung des ionischen Ablaufs von Umsetzungen organischer Stoffe näher behandelt (vgl. S. **106**ff.). Die kaum

---

[1] ORTHNER, L., Angew. Chem. **62**, 302, (1950). Unter Zusatz von $(CH_3CO)_2O$ entsteht als Zwischenprodukt ein gemischtes Alkylpersulfoacetanhydrid:

$$\begin{array}{rcl} RH + SO_2 + O_2 + (CH_3CO)_2O & \rightarrow & RSO_2O_2COCH_3 + CH_3COOH \\ RSO_2O_2COCH_3 & \rightarrow & RSO_2O\bullet + CH_3COO\bullet \\ RSO_2O\bullet + RH & \rightarrow & R\bullet + RSO_2OH \\ CH_3COO\bullet + RH & \rightarrow & R\bullet + CH_3COOH \end{array}$$

[2] MÜLLER, E., u. H. METZGER: Chem. Ber. **88**, 165 (1955).

[3] Vgl. z. B. KERN, W., u. H. WILLERSINN, Angew. Chem. **67**, 573 (1955).

[4] Das N-Bromsuccinimid oder N-Bromacetamid bzw. N,N'-Dichlorharnstoff oder N-Bromtetrafluorsuccinimid kann in ähnlicher Weise durch Abspaltung der betreffenden Halogene als Atome bzw. positive Halogenkationen analog in Reaktion treten, vgl. hierzu EUGEN MÜLLER: Angew. Chem. **64**, 243 (1952).

vorhandene Polarität einer normalen C—H-Bindung in gesättigten Kohlenwasserstoffen ist, wie schon betont, der innere Grund dafür, daß gerade Radikalreaktionen leicht anspringen und, einmal gezündet, infolge ihrer Eigenart sich bis zur Explosion steigern können.

Das Reaktionsbild ändert sich z. T. grundlegend, wenn besondere sterische Verhältnisse vorliegen oder andere Atome bzw. Atomgruppen in unmittelbarer Nachbarschaft oder nahe der zu substituierenden C—H-Bindung vorhanden sind. Dann ist neben einer homolytischen Lösung der C—H-Bindung auch deren *heterolytische* Umsetzung sowohl unter Ablösung von kationischem wie anionischem Wasserstoff möglich, und es hängt außer von der Konstitution der Ausgangsverbindung und dem Reaktionspartner noch von einer ganzen Reihe von Faktoren ab, welcher Mechanismus beim Reaktionsereignis letztlich beschritten wird. Effekte dieser Art machen sich schon bei Verbindungen bemerkbar, die in einer gesättigten Kette oder einem gesättigten Ring von Kohlenstoffatomen ein oder mehrere Halogenatome enthalten. Der Besprechung dieser Effekte wollen wir uns zunächst zuwenden.

3. Eigenschaften und Reaktivität von Kohlenstoff-Halogen-Verbindungen

Wie bereits früher (vgl. S. 95) auseinandergesetzt wurde, ist infolge der sehr ungleichen Elektronenaffinität des Kohlenstoff- und des Halogen-Atoms das bindende Elektronenpaar stärker von dem Halogenatom beansprucht (inequality of sharing)[1].

Diese unsymmetrische Ladungsverteilung (ein an der Seite des Halogenatoms „dickeres Würstchen“) bedingt das Auftreten einer *Polarität*:

$$\underset{\delta\oplus}{(R)_3C}\text{—}\underset{\delta\ominus}{Cl} \quad \text{bzw.} \quad (R)_3C \blacktriangleleft Cl$$

a) Induktive Effekte

Diese Polarität bleibt aber in ihrer Wirkung *nicht nur* auf die beiden an dieser Bindung *unmittelbar* beteiligten Atome beschränkt, sondern erstreckt sich weiter in das Molekül hinein. Man darf annehmen, daß zumindest alle in der nächsten Nähe liegenden Bindungen irgendwie „induziert“ werden, selbst dann, wenn sie an sich symmetrisch sind. Damit wird das Atom X (hier das Halogenatom) in einer C—X-Bindung sozusagen zum *Schlüsselatom* für den übrigen Teil der Molekel, von dessen Konstitution es weiter abhängt, in welchem Ausmaß solche „Induktionen“ um sich greifen. Im folgenden seien zunächst die gesättigten Verbindungen betrachtet, in denen solche Induktionseffekte meist nur relativ geringe Reichweite und vielfach nicht sehr deutliche Wirksamkeit haben. Dieses Bild ändert sich sehr entscheidend bei aromatischen Verbindungen, bei deren Besprechung daher noch einmal auf die induktiven Effekte eingegangen wird (s. S. 375ff.).

Schon in der ersten Auflage dieses Buches war auf die erheblichen Schwierigkeiten hingewiesen worden, die einer zuverlässigen Deutung der sicher vorhandenen induktiven Effekte in gesättigten Verbindungen entgegenstehen. Trotz vieler Arbeit, die in experimenteller und theoretischer Hinsicht auf diesem Gebiet in der Zwischenzeit geleistet worden ist, sind die Dinge auch heute noch als keineswegs völlig gesichert und geklärt zu betrachten. Es fehlt offenbar die Möglichkeit zur

---

[1] PAULING, L.: The Nature of the Chemical Bond. Ithaka-New York: Cornell University Press 1948.

Berechnung dieser induktiven Effekte auf Grund exakter physikalischer Versuche, deren geeigneter Durchführung die valenzmäßig gesättigten Systeme erheblichen Widerstand entgegensetzen. Die im folgenden gegebenen Deutungen dieser Effekte sind daher immer noch mit der gebotenen Zurückhaltung zu betrachten.

Beginnen wir zur Erläuterung der induktiven Effekte mit der Wiedergabe einiger diesbezüglicher experimenteller Befunde. Die folgende Tabelle zeigt den Einfluß von α-ständigen Substituenten auf die *Säuredissoziationskonstante* entsprechender *Essigsäuren*:

Tabelle 9[1]

Substanz	$K_S \cdot 10^5$	Substanz	$K_S \cdot 10^5$
H—CH_2COOH	1,8	CH_3CH_2COOH	1,32
J—CH_2COOH	75	$CH_3CH_2CH_2COOH$	1,54
Br—CH_2COOH	138	$HOCH_2COOH$	14,8
Cl—CH_2COOH	155	CH_3OCH_2COOH	33,5
F—CH_2COOH	217	$NCCH_2COOH$	356,0

Die erhebliche Wirkung α-ständiger Halogenatome sowie ihre Wirkungsabnahme mit steigendem Atomgewicht des Halogens ist unverkennbar. Substitution in α-Stellung durch gesättigte Kohlenwasserstoffreste ruft keinen merklichen Effekt hervor, dagegen sind sauerstoff- und stickstoffhaltige Substituenten —C≡N von deutlicher, z. T. außergewöhnlich hoher Wirkung auf die Säuredissoziationskonstante. Einführung mehrerer Halogenatome in α-Stellung führt zu einer weiteren Steigerung der Acidität, wohingegen verzweigte gesättigte Kohlenwasserstoffreste nur wieder sehr geringen Einfluß haben.

Tabelle 10

Substanz	$K_S \cdot 10^3$	Substanz	$K_S \cdot 10^5$
$ClCH_2COOH$	1,55	CH_3CH_2COOH	1,32
$Cl_2CHCOOH$	51,4	$(CH_3)_2CHCOOH$	1,45
Cl_3CCOOH	121,0	$(CH_3)_3CCOOH$	0,98

Aber nicht nur *Art* und *Zahl* der Halogenatome in einer substituierten Fettsäure beeinflussen die Acidität, sondern auch die *Stellung* der Halogenatome zur Carboxylgruppe, wie die nachfolgende Tab. 11 zeigt.

Tabelle 11

Substanz	$K_S \cdot 10^5$
$CH_3CH_2CHClCOOH$	140
$CH_3CHClCH_2COOH$	8,9
$CH_2ClCH_2CH_2COOH$	2,6
$CH_2ClCH_2CH_2CH_2COOH$	2,0

Die Wirkung des Substituenten nimmt mit der Entfernung von der Carboxylgruppe daher stark und rasch ab. Sehr deutlich ist der Sprung bei der α- zur β-substituierten Halogenfettsäure, während β-, γ-, δ- usw. Halogenfettsäuren in ihrer Acidität nicht mehr sehr wesentlich verschieden sind.

Derartigen Substituenteneinflüssen begegnet man bei zahlreichen anderen gesättigten Verbindungen. *Alkohol* ist z. B. eine schwächere Säure als Wasser[2] und reagiert als solche erst recht nicht mit Diazomethan. Im *Trichloräthanol* liegt dagegen ein deutlich saurer Alkohol vor, der glatt mit Diazomethan in Reaktion zu bringen ist[3].

---

[1] Aus B. EISTERT: Chemismus und Konstitution, S. 201. Stuttgart: F. Enke 1948.

[2] Abnahme der Acidität in Abhängigkeit von der Konstitution: prim. > sek. > tert.

[3] MEERWEIN, H., u. T. BERSIN: Ber. dtsch. chem. Ges. **62**, 1006 (1929).

Den umgekehrten Effekt kann man bei substituierten *Basen* beobachten, wie die folgende Tab. 12 zeigt.

Alkylierte Amine sind im allgemeinen erheblich stärker basisch als Ammoniak[1], während die alkylierten Essigsäuren schwächer sauer als Essigsäure sind[2]. Substitution durch Halogenatome hat den gegenteiligen Effekt auf die Basizität der Amine wie auf die Acidität der Essigsäuren.

An den Beispielen der obigen Tabellen ersieht man, daß dann deutliche Effekte auf die Basizität der Ausgangsverbindungen vorhanden sind, wenn die *Substituenten* Atome mit relativ *größerer Elektronenaffinität* als Kohlenstoff darstellen (F, Cl, Br, J, O, auch S, N). Das Kohlenstoffatom, das ein solches Schlüsselatom trägt, hat offensichtlich einen $\delta\oplus$-Charakter angenommen. Mit der Beantwortung der Frage, wie sich dieser $\delta\oplus$-Charakter nun auf den restlichen Molekülteil auswirkt, beginnen die theoretischen Schwierigkeiten. Der mehr oder weniger positive Charakter ($\delta\oplus$) des substituierten C-Atoms kann eine rein elektrostatische *Feldwirkung* auf seine unmittelbare Umgebung ausüben:

Tabelle 12

Substanz	p_{K_B} [3]	Substanz	p_{K_B} [3]
NH_3	4,73	$HOCH_2CH_2NH_2$	4,56
CH_3NH_2	3,36	$F_3CCH_2NH_2$	8,3 [4]
$(CH_3)_2NH$	2,29	$(HOCH_2CH_2)_3N$	6,23
$(CH_3)_3N$	4,20	$C_6H_5NH_2$	9,42

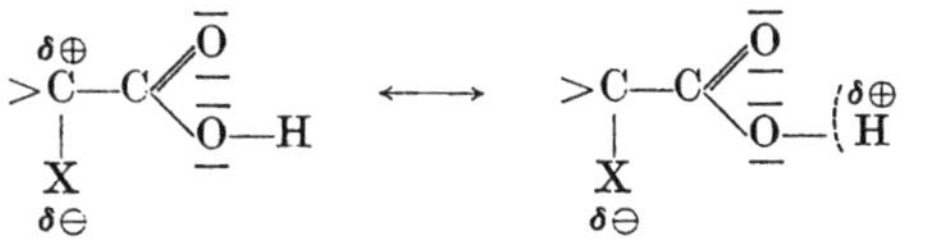

Das bedeutet bei entsprechend α-substituierten Carbonsäuren eine abstoßende Wirkung auf das Proton, also Erhöhung der Acidität[5]. Da die elektrostatische Wirkung rasch mit der Entfernung abnimmt, fällt die Acidität β-halogensubstituierter Carbonsäuren stark ab. Das gleiche gilt für die Acidität der Alkohole und sinngemäß das Umgekehrte für Basen. Der Feldeffekt läßt es auch verständlich erscheinen, daß eine Häufung von Substituenten, möglichst in α-Stellung zum Carboxyl, die Acidität sehr erheblich steigert. Auch die Abnahme des Einflusses der Halogene in der Reihe vom Fluor bis Jod steht nicht im Widerspruch mit dieser Deutung.

Ein weiterer sehr schöner experimenteller Befund über die protonenlockernde Wirkung von Substituenten ist von G. WITTIG[6] bei seinen Metallierungsversuchen gefunden worden (Umsetzung von substituierten Benzolen mit Phenyllithium). Aus beiden Versuchsreihen ergibt sich im Hinblick auf eine protonenlockernde Wirkung von Substituenten folgende Reihe der Wirksamkeit von

---

[1] Im Trimethylamin scheint sich ein sterischer Einfluß auf die Basizität im Sinne einer Verringerung der Protonenaffinität bemerkbar zu machen.

[2] Die Wirkung der Alkylgruppe beruht vermutlich zum Teil auf der Hyperkonjugation (vgl. S. 410).

[3] $p_{K_B} = -\log K_B$

[4] GILMAN, H., u. H. G. JONES: J. Amer. Chem. Soc. **65**, 1458 (1943).

[5] Steigerung der Acidität = +F-Effekt, Schwächung der Acidität = —F-Effekt. In der angelsächsischen Literatur wird vielfach anstelle +F: —J-Effekt (inductive effect) und anstatt —F: +J-Effekt verwendet.

[6] WITTIG, G.: Ber. dtsch. chem. Ges. **73**, 1193 (1940); **75**, 1491 (1942); Naturwiss. **30**, 696 (1942); Ber. dtsch. chem. Ges. **87**, 1511 (1954); Angew. Chem. **67**, 348 (1955).

„Schlüsselatomen":

$$F > Cl > Br > J > OCH_3 > C_6H_5 > H > CH_3$$

(+ F)-Effekt ←—— ——→ (— F)-Effekt

Die Wirkung dieser „Schlüsselatome" über einen induktiven (+ F)-Effekt sollte in einem Zusammenhang mit der durch die elektrische Unsymmetrie der C—X-Bindungen hervorgerufenen *Dipolmomente* der betreffenden Verbindungen stehen. Trägt man nach H. B. WATSON[1] das Dipolmoment μ von Methanderivaten CH_3—X gegen lg K der substituierten Essigsäuren X—CH_2COOH auf, so erhält man aus der nachstehenden Gleichung lg K und damit die Kurve der Abb. 37:

$$\lg K = \lg K_0 - C\,(\mu + \alpha\,\mu^2)$$

K = Diss. Konstante der subst. Säure XCH_2COOH
K_0 = Diss. Konstante der unsubstituierten Säure (X=H); C und α = Konstanten

Die Gleichung für lg K gilt mit anderen Konstanten auch für meta-substituierte Benzoesäuren, nicht aber für o- und p-substituierte. In letzteren Fällen treten neue wichtige Effekte (Mesomerie) hinzu, die sich dem Einfluß der induktiven Effekte überlagern. Für die Erklärung der Acidität der Carbonsäuren selbst (ebenso Enole und Phenole) spielt der eben genannte Effekt (Mesomerie), der später bei der Besprechung der Doppelbindung ausführlich erläutert wird (vgl. S. 146ff.), eine entscheidende Rolle.

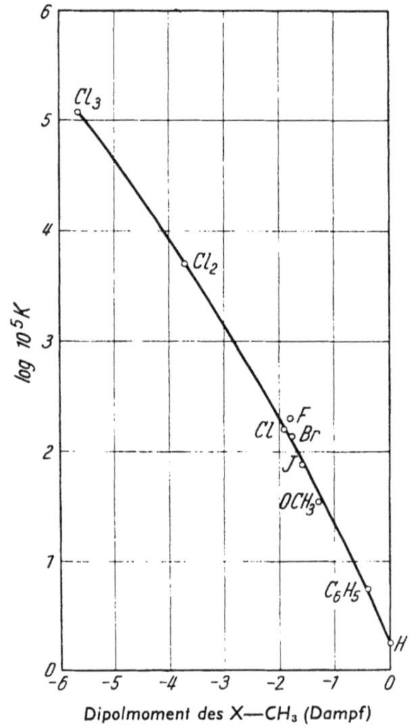

Abb. 37. Beziehung zwischen den Dissoziationskonstanten der Säuren XCH_2COOH und den Dipolmomenten der entsprechend substituierten Kohlenwasserstoffe

Kehren wir wieder zum Ausgangspunkt unserer Betrachtungen über die induktiven Effekte von Schlüsselatomen in gesättigten Verbindungen zurück. Das Schlüsselatom induziert am benachbarten Bindungspartner infolge seiner größeren Elektronenaffinität eine positive Ladung. Bisher war nur von der elektrostatischen Wirkung dieser positiven Ladung ($\delta\oplus$) in den unmittelbar benachbarten Raum der Molekel die Rede. Es ist aber denkbar, daß diese Wirkung sich nicht nur durch den Raum erstreckt, sondern auch das vorhandene Elektronen-Kern-Gerüst der Molekel zur induktiven Fortleitung heranzieht, soweit dies einem solchen Einfluß nachgeben kann. Hier sind *zwei* verschiedene Möglichkeiten erörtert worden. Entweder nimmt man einen sich auf sämtliche vorhandenen Elektronenpaare der Kette erstreckenden *gleichsinnigen*, elektronenanziehenden Effekt an oder aber man nimmt einen vom substituierten α-C-Atom ausgehenden *alternierenden* Effekt in der gesättigten Kette an[2].

[1] WATSON, H. B.: Modern Theories of Organic Chemistry. Oxford: Clarendon Press 1937.
[2] Vgl. hierzu O. SCHMIDTsche Doppelbindungsregel S. 190.

Die folgenden Formelbilder sollen die beiden Möglichkeiten symbolisieren (X = Halogen):

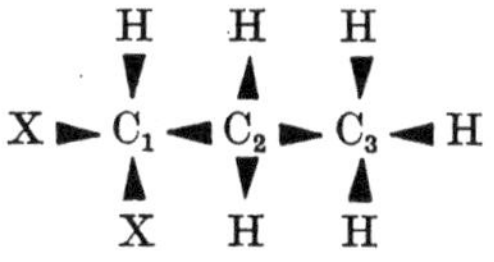
alternierender Effekt

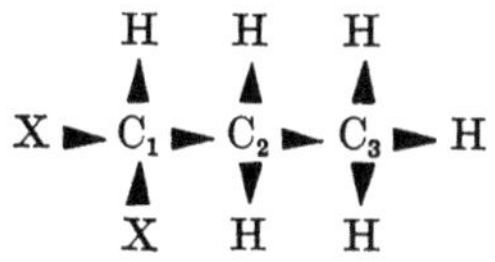
gleichmäßiger Elektronenzug nach C_1 hin, mit zunehmender Entfernung rasch abklingend

Wie man sieht, führen beide Ansichten in bezug auf die Wasserstoffatome des C_2-Atoms zur gleichen Aussage: dort befindliche Wasserstoffatome sind in Übereinstimmung mit der experimentellen Erfahrung leichter als gewöhnlich in Form von Protonen ablösbar. Dagegen unterscheiden sich beide Auffassungen hinsichtlich der H-Atome am C_1 und C_3. Das hier im einzelnen nicht zu erörternde Versuchsmaterial läßt eine sichere Entscheidung zugunsten der einen oder der anderen Auffassung, zumal unter Berücksichtigung der betreffenden physikalischen Grundlagen, nicht zu[1]. Möglicherweise ist aber in anderer Richtung eine Erklärung für den in der Kette selbst wirksam werdenden induktiven Effekt zu suchen. Bei der Besprechung der Konfiguration der einfachen Halogenide vom Typus CH_3X, CH_2X_2 usw. war bereits darauf hingewiesen worden (vgl. S. 98), daß gewisse experimentelle Befunde auf eine gegenseitige *Polarisation* der Halogenatome hinweisen unter Beteiligung formaler „Strukturen wie“:

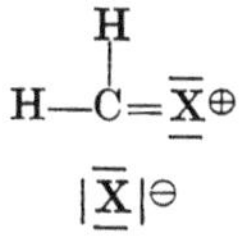

Nimmt man an, daß ein Substituent der oben genannten Art (Halogen, Sauerstoff, Schwefel, Stickstoff) mittels seiner einsamen Elektronenpaare den polaren Zustand von sich fortzuschieben trachtet, insbesondere beim Reaktionsereignis, also im Übergangszustand, was mit einer Erhöhung der Bindungsart (Doppel- statt Einfachbindung bzw. Dreifach- statt Doppelbindung) verbunden ist, dann muß ein anderer Ligand an dem betreffenden (ursprünglich positiven) C-Atom diese Ladung aufnehmen. Das führt im Grenzfall zu folgenden Anordnungen[2]:

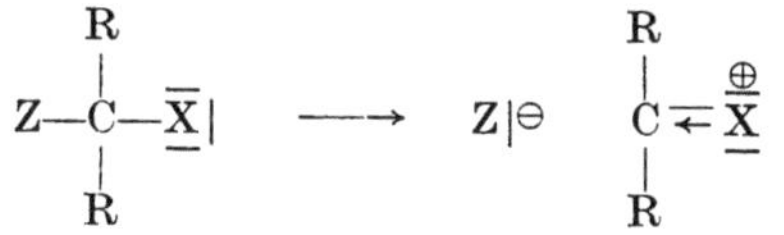

bzw.

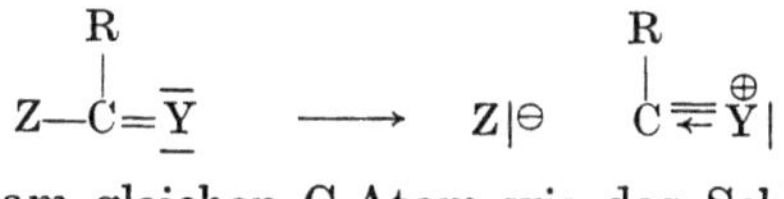

Dadurch erhält ein am gleichen C-Atom wie das Schlüsselatom befindlicher Ligand (Z) einen $\delta^{\ominus}$-Charakter. Demgemäß ist eine Ablösung von Z als $Z^{\oplus}$ sehr unwahrscheinlich, eine Ablösung als Z• (Radikal) noch denkbar. Bevorzugt wird aber die Ablösung von Z als $Z^{\ominus}$-Anion sein. Die zunächst nur für die Verhältnisse am C_1-Atom gegebene Deutung läßt aber auch eine gewisse alternierende Wirkung des Schlüsselatoms X auf die Atome C_2 und C_3 beim reaktiven Verhalten verstehen,

[1] Ausführliche Darstellung s. B. EISTERT: Chemismus und Konstitution, S. 206ff. Stuttgart: F. Enke 1948.

[2] Der Effekt ähnelt der Hyperkonjugation, vgl. S. 410.

wenn man annimmt, daß der Ligand Z die ihm aufgezwungene Ladung in gleicher Weise weiterzugeben trachtet. Es ist anzunehmen, daß auch dieser Effekt relativ rasch mit der Entfernung abnehmen wird. Der Effekt als solcher wird von der Leichtigkeit abhängen, mit der von den betreffenden Atomen einsame Elektronen zur „Bindungserhöhung" zur Verfügung gestellt werden können (Polarisierbarkeit!), d. h. dieser *„induktomere" Effekt*[1] nimmt in der Reihe der Halogene ab nach:

$$\mathrm{J} > \mathrm{Br} > \mathrm{Cl} > \mathrm{F}$$

und ist natürlich nur dann vorhanden, wenn der Substituent X *einsame Elektronenpaare* besitzt.

b) Ionische Substitutionsreaktionen an gesättigten Kohlenstoffatomen

Bei Umsetzungen einer Molekel mit mindestens zwei Atomen verschiedener Elektronenaffinität (hier C und Halogen) vor allem in Lösungen bestimmt die unterschiedliche Neigung zur negativen Ladung, welches der beiden an der betreffenden Bindung beteiligten Atome mehr kationischen oder anionischen Charakter annimmt. Kommt ein Fremdmolekül in die Nähe eines solchen polaren Moleküls, so kann durch *Induktion* diese Polarität noch verstärkt werden. Dabei wird die Größe der induzierten Polarität durch die mehr oder weniger leichte Verschiebbarkeit der Elektronen zu dem einen oder anderen Kern hin, durch die *Polarisierbarkeit*[2] der Molekel, bestimmt. Diese Ladungsverschiebung kann im Grenzfall bis zum Zerfall in Ionen gehen. Zwischen dieser Ionisierung und einer Atombindung mit nur geringem partiellem Ionencharakter sind alle Übergänge, je nach Art des beteiligten Halogens, der Konstitution der organischen Verbindung und den äußeren Bedingungen (z. B. Lösungsmittel mit hoher DK) denkbar und auch praktisch realisiert. Die Grenzfälle scheinen sogar relativ selten zu sein, oder bedürfen zu ihrer Entwicklung einer geeigneten Katalyse, während vielfach sich die Reaktionen so abspielen, als wären die eigentlichen Ionen nicht frei, sondern verborgen (*κρυπτός*). Nach H. MEERWEIN[3] spricht man daher auch von *Kryptoionenreaktionen.*

Es sei nochmals betont, daß die tatsächliche Ausbildung eines Ionenzustandes nicht für einen ionischen Ablauf zwingend notwendig ist. Vielmehr genügt die entsprechende gegenseitige Polarisierung beim Reaktionsereignis, im Reaktionsknäuel oder im Übergangszustand (transition state) *in Richtung auf die Grenzanordnungen,* die Ionen (Kryptoionenreaktionen!).

Die ionischen Substitutionsreaktionen können, abgesehen von der Möglichkeit eines mono-[4] oder bimolekularen Verlaufs, sich als Substitutionen durch Kationen oder durch Anionen darstellen. Die folgenden Schemata sollen dies verdeutlichen:

Elektrophile (kationoide) Substitution:

a) monomolekular
$$\underset{\delta\ominus}{\mathrm{A}}-\underset{\delta\oplus}{\mathrm{X}} \rightarrow |\mathrm{A}^{\ominus} + \mathrm{X}^{\oplus} \quad \text{u.} \quad |\mathrm{A}^{\ominus} + \mathrm{Y}^{\oplus} \rightarrow \mathrm{A}\!\rightarrow\!\mathrm{Y} \qquad (\mathrm{S_E1})$$

b) bimolekular
$$\underset{\delta\ominus}{\mathrm{A}}-\underset{\delta\oplus}{\mathrm{X}} + \underset{\delta\oplus}{\mathrm{Y}}-\underset{\delta\ominus}{\mathrm{B}} \rightarrow \mathrm{A}\!\rightarrow\!\mathrm{Y} + \mathrm{B}\!\rightarrow\!\mathrm{X} \qquad (\mathrm{S_E2})$$

Nucleophile (anionoide) Substitution:

a) monomolekular
$$\underset{\delta\oplus}{\mathrm{A}}-\underset{\delta\ominus}{\mathrm{X}} \rightarrow \mathrm{A}^{\oplus} + |\mathrm{X}^{\ominus} \quad \text{u.} \quad \mathrm{A}^{\oplus} + |\mathrm{Y}^{\ominus} \rightarrow \mathrm{A}\!\leftarrow\!\mathrm{Y} \qquad (\mathrm{S_N1})$$

b) bimolekular
$$\underset{\delta\oplus}{\mathrm{A}}-\underset{\delta\ominus}{\mathrm{X}} + \underset{\delta\oplus}{\mathrm{B}}-\underset{\delta\ominus}{\mathrm{Y}} \rightarrow \mathrm{A}\!\leftarrow\!\mathrm{Y} + \mathrm{B}\!\leftarrow\!\mathrm{X} \qquad (\mathrm{S_N2})$$

---

[1] Siehe C. K. INGOLD: J. Chem. Soc. (London) **1933**, 1120; Structure and Mechanism in Organic Chemistry, S. 64ff. London: G. Bell & Sons Ltd. 1953.

[2] STUART, H. A.: Die Struktur des freien Moleküls. Berlin: Springer-Verlag 1952.

[3] MEERWEIN, H.: Liebigs Ann. **455**, 227 (1927).

[4] Oder pseudo-monomolekular.

Die Substitution mittels kationischer Reagentien wird dabei auch als *elektrophile* (elektronensuchende) Substitution und der umgekehrte Vorgang, die Substitution mittels anionischer Reagentien, als *nucleophile* (kernsuchende, die positive Ladung suchende) Substitution bezeichnet.

An dieser Stelle seien nur noch einige wenige Beispiele für das obige Schema gegeben, da derartige Reaktionsabläufe noch an vielen Stellen dieses Buches im einzelnen beschrieben werden[1]:

Elektrophile (kationoide) Substitution
$$\overset{\delta\ominus}{Ar}-\overset{\delta\oplus}{H} + NO_2^{\oplus} \rightarrow Ar \rightarrow NO_2 + H^{\oplus} \quad \text{(Nitrierung von Aromaten)}$$
$$(R)_3\overset{\delta\ominus}{C}-\overset{\delta\oplus}{H} + \overset{\delta\oplus}{Li}-\overset{\delta\ominus}{R'} \rightarrow (R)_3C \rightarrow Li + R' \rightarrow H \quad \text{(Metallierung)}$$

Nucleophile (anionoide) Substitution
$$\overset{\delta\oplus}{Alk}-\overset{\delta\ominus}{Hal} + OH^{\ominus} \rightarrow Alk \leftarrow OH + Hal^{\ominus} \quad \text{(Verseifung)}$$
$$\overset{\delta\oplus}{Alk}-\overset{\delta\ominus}{Hal} + \overset{\delta\oplus}{Na}-\overset{\delta\ominus}{CN} \rightarrow Alk \leftarrow CN + Na \leftarrow Hal \quad \text{(Cyanierung)}.$$

Da die meisten dieser Reaktionen sich in Lösungsmitteln abspielen, ist vorauszusehen, daß selbst im Falle einer vollständigen primären Ionisierung der organischen Komponenten (z. B. R—Cl) im allgemeinen nicht die nackten Ionen auftreten, sondern stets die *solvatisierten* Kationen bzw. Anionen. Besonders Lösungsmittel, die wie Wasser oder die Alkohole, Äther, Amine u. a. einsame Elektronenpaare an ihren O- oder N-Atomen besitzen, können sich mit den Kationen unter Bildung solvatisierter Komplexe wechselnder Stabilität zusammenlagern, z. B.:

$$H^{\oplus} + |\overline{O}H_2 \rightarrow \left[H \leftarrow \overline{O}\begin{matrix}H\\H\end{matrix}\right]^{\oplus}$$

$$H^{\oplus} + H-\overline{O}-C_2H_5 \rightarrow \left[H \leftarrow \overline{O}\begin{matrix}H\\C_2H_5\end{matrix}\right]^{\oplus}$$

$$CH_3^{\oplus} + |\overline{O}H_2 \rightleftharpoons \left[H_3C \leftarrow \overline{O}\begin{matrix}H\\H\end{matrix}\right]^{\oplus}$$

$$(CH_3)_3C^{\oplus} + |\overline{O}\begin{matrix}C_2H_5\\C_2H_5\end{matrix} \rightleftharpoons \left[(CH_3)_3C \leftarrow \overline{O}\begin{matrix}C_2H_5\\C_2H_5\end{matrix}\right]^{\oplus}$$

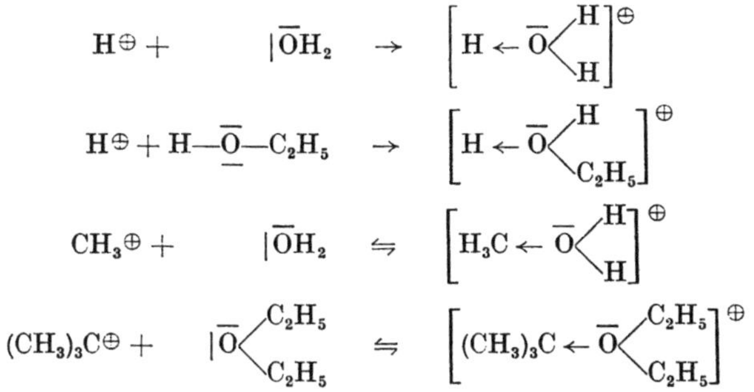

Dasselbe, nur umgekehrt, gilt für Anionen in Lösungsmitteln, die Atome mit Elektronenlücken besitzen:

$$|\overline{F}|^{\ominus} + BF_3 \rightarrow [BF_4]^{\ominus}$$
$$|C_6H_5^{\ominus} + BF_3 \rightarrow [C_6H_5 \rightarrow BF_3]^{\ominus}$$

Eine solche Zusammenlagerung kann auch mit entsprechenden organischen Borverbindungen erfolgen, z. B.:

$$|C_6H_5^{\ominus} + B(C_6H_5)_3 \rightarrow [C_6H_5 \rightarrow B(C_6H_5)_3]^{\ominus}$$

Diese Bildung *solvatisierter* bzw. *komplexer Ionen* kann, wie das letzte Beispiel zeigt, zur völligen Maskierung des ursprünglichen Anions führen. Das Anion $C_6H_5^{\ominus}$ im Phenyllithium ist höchst reaktionsfähig, das komplexe Bor-Anion erleidet beim Kochen in Wasser praktisch keine Veränderung[2]!

---

[1] Vgl. ferner E. R. ALEXANDER, Principles of ionic organic reactions, New York: John Wiley & Sons 1951.
[2] Weitere Beispiele s. G. HESSE, in HOUBEN-WEYL, Methoden der Organischen Chemie, 4. Aufl., Bd. IV/2, S. 61ff. Stuttgart: Georg Thieme 1955.

Außer diesen leicht übersehbaren Grenzfällen gibt es aber auch hier bei dem Lösungsmitteleinfluß praktisch alle denkbaren Abstufungen und Unterschiede. Daraus folgt schon unmittelbar die besondere Bedeutung, die dem *Lösungsmittel* bei vielen Ionen- bzw. Kryptoionen-Reaktionen zukommt[1]. Erfahrungsgemäß macht sich der organische Chemiker dies bei der Herstellung vieler Verbindungen zunutze.

Die *Kinetik* organischer Ionen- bzw. Kryptoionen-Reaktionen ist viel bearbeitet worden. Da eine eingehende Darstellung der Kinetik den Umfang des vorliegenden Buches sprengen würde, sei hier nur auf einiges im Zusammenhang mit den obigen Formulierungen hingewiesen[2]. Die Ordnung der Ionenreaktionen ist meist erster oder zweiter Art, d. h. mono- (bzw. pseudo-mono-) -molekular oder bimolekular. So ist beispielsweise die *Hydrolyse von tert.-Butyl-halogeniden* in 60% wäßrigem Alkohol monomolekular[3]. Hier und in ähnlichen Fällen wird die Reaktionsgeschwindigkeit von der langsam verlaufenden Ionisation:

$$R—X \rightarrow R^{\oplus} + X^{\ominus}$$

bestimmt, während der unmittelbar anschließende Vorgang der eigentlichen Substitution:

$$R^{\oplus} + OH^{\ominus} \rightarrow R{\leftarrow}OH$$

praktisch unmeßbar rasch verläuft (S_N1).

Die *alkalische Hydrolyse primärer Halogenide* verläuft dagegen nach einem ganz anderen Mechanismus, sie ist bimolekular:

$$RCH_2Cl + OH^{\ominus} \leftrightarrows RCH_2OH + Cl^{\ominus}$$

An diesen Beispielen läßt sich bereits erkennen, daß je nach der besonderen Konstitution der zu substituierenden Verbindung einmal ein Halogenid über eine wahre Ionenreaktion praktisch monomolekular reagiert und andererseits ein Halogenid über eine bimolekulare Kryptoionenreaktion die gleiche Reaktion (z. B. die Hydrolyse) eingeht. Dasselbe gilt im Prinzip auch für elektrophile (kationoide) Substitutionsreaktionen. Man darf daher an bestimmten Verbindungen gewonnene Erkenntnisse über den Substitutionsvorgang nicht ohne weiteres verallgemeinern; ganz im Gegenteil, sorgfältige und ausgedehnte Versuchsreihen sind erforderlich, um allgemeinere Gesetzmäßigkeiten beim Substitutionsvorgang zu gewinnen, und auch dann sind sie mitunter nicht immer mit voller Sicherheit zu geben[4].

Einen tieferen Einblick in den Mechanismus dieser Substitutionen kann man bei der Untersuchung optisch aktiver Verbindungen infolge der hier möglichen WALDENschen Umkehr erhalten.

c) Zusammenhänge zwischen Substitution gesättigter Verbindungen und WALDENscher Umkehr

Schon vor einer Reihe von Jahren haben besonders J. GADAMER[5] und J. MEISENHEIMER[6] sich mit der Frage beschäftigt, wie wohl der Reaktionsvorgang bei Substitutionen an valenzmäßig gesättigten Kohlenstoffatomen zu denken ist.

[1] Auch bei Radikalreaktionen kann das Lösungsmittel von sehr erheblicher Bedeutung für den Reaktionsablauf sein, worauf später näher eingegangen wird (vgl. S. 389).

[2] Zusammenfassende Darstellungen über die Kinetik organischer Reaktionen, Ionenreaktionen vgl. C. K. INGOLD: Structure and Mechanism in Organic Chemistry. London: G. Bell & Sons Ltd. 1953. — Radikalreaktionen vgl. E. W. R. STEACIE: Atomic and Free Radical Reactions, The Kinetics of Gas-Phase Reactions Involving Atoms and Organic Radikals. New York: Reinhold Publ. Corp. 1946. — Siehe ferner E. R. ALEXANDER, Principles of ionic organic reactions. New York: John Wiley & Sons 1951.

[3] HUGHES, E. D., u. C. K. INGOLD: J. Chem. Soc. (London) **1935**, **244**.

[4] Vgl. hierzu W. HÜCKEL: Angew. Chem. **53**, 49 (1940).

[5] GADAMER, J.: J. prakt. Chem. [2] **87**, 328 (1913).

[6] MEISENHEIMER, J.: Liebigs Ann. **456**, 127 (1927).

In einer Art „Zeitlupenbetrachtung" wird das Herankommen des neuen und das Fortgehen des verdrängten Substituenten als ein kontinuierlicher, miteinander verkoppelter Mechanismus betrachtet. Dann ist die Richtung, aus der z. B. $Y^\ominus$ kommt, für den Erhalt oder die Änderung der Raumkonfiguration entscheidend. Tritt $Y^\ominus$ von der Seite des Substituenten X an das Tetraeder heran (a), dann bleibt die Konfiguration erhalten, während sie sich im anderen Falle (b) umkehren muß. Handelt es sich hierbei um ein asymmetrisch substituiertes Kohlenstoffatom, so bemerkt man nur im Falle b WALDEN*sche Umkehr*:

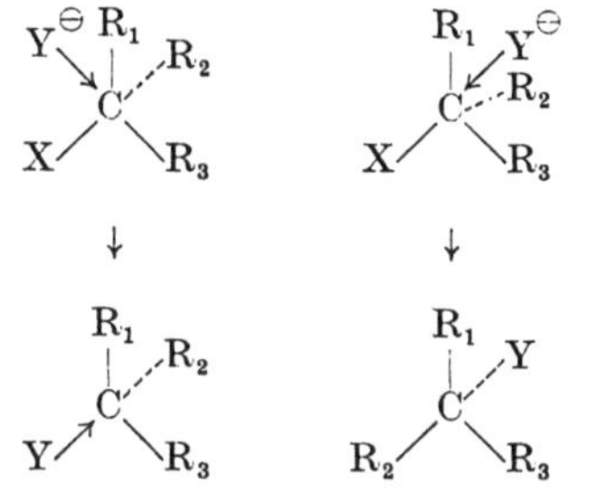

$$
\begin{array}{cc}
Y^\ominus \quad R_1 & R_1 \quad Y^\ominus \\
\diagdown | \diagup R_2 & \diagdown | \diagup R_2 \\
C & C \\
\diagup \quad \diagdown & \diagup \quad \diagdown \\
X \quad R_3 & X \quad R_3 \\
\downarrow & \downarrow \\
R_1 & R_1 \\
\diagdown | \diagup R_2 & \diagdown | \diagup Y \\
C & C \\
\diagup \quad \diagdown & \diagup \quad \diagdown \\
Y \quad R_3 & R_2 \quad R_3 \\
(a) & (b)
\end{array}
$$

Mit der Entwicklung unserer Kenntnisse vom Aufbau der Moleküle, insbesondere unter dem Einfluß der *Dipoltheorie* von P. DEBYE, wurde eine etwas veränderte Theorie der Substitution von N. MEER und M. POLANYI[1], speziell für den Angriff eines Anions auf ein gesättigtes Kohlenstoffatom, aufgestellt. Zu einem weiteren Fortschritt in der Entwicklung der Substitutionstheorie gesättigter Kohlenstoffatome führte die von C. K. INGOLD[2] auf Grund vieler kinetischer Untersuchungen getroffene Klassifizierung der Substitutionsvorgänge in *mono-* und *bimolekulare Mechanismen*, die entweder über den Angriff eines Anions stattfinden (S_N1 bzw. S_N2)[3] oder eines Kations (S_E1, S_E2) oder schließlich radikalisch verlaufen (S_R). Hinzu kommt noch die Möglichkeit eines innermolekularen Ablaufs (S_NI) einer Reaktion. Schließlich gab die neuere Entwicklung der Quantentheorie der chemischen Bindung Anlaß, auch diese Erkenntnis zur Deutung des Substitutionsmechanismus an gesättigten Kohlenstoffatomen heranzuziehen. Wenngleich man auch heute noch nicht von einer in jeder Beziehung gesicherten Theorie der Substitutionsmechanismen sprechen kann, so kann man sich doch mit Hilfe der neueren Anschauungen ein im wesentlichen zutreffendes und mit den experimentellen Erfahrungen übereinstimmendes Bild von diesen Vorgängen machen.

α) Bimolekulare, nucleophile Substitutionen (S_N2)

Derartige Substitutionsvorgänge lassen sich am einfachsten erklären, wenn ein nucleophiles Agens, wie etwa ein radioaktiv indiziertes Brom-anion ein organisches Bromid unter Ersatz des Broms durch das radioaktive Brom-anion in einer bimolekularen Reaktion angreift:

$$\overset{*}{Br}^\ominus + \underset{c}{\overset{a}{b}}\!\!>\!\!C\!-\!Br \longrightarrow \overset{*}{Br}\!-\!C\underset{c}{\overset{a}{\diagdown}}\!\!b + Br^\ominus$$

[1] MEER, N., u. M. POLANYI: Z. phys. Chem. [B] **19**, 164 (1932). — BERGMANN, E., M. POLANYI u. A. SZABO: Z. phys. Chem. [B] **20**, 161 (1933).
[2] INGOLD, C. K., u. E. D. HUGHES: J. Chem. Soc. (London) **1937**, 1256; s. hierzu C. K. INGOLD: Structure and Mechanism in Organic Chemistry. London: G. Bell & Sons Ltd. 1953.
[3] N = nucleophil, E = elektrophil, R = radikalisch, I = innermolekular.

Bei der Annäherung des hier nucleophilen Substituenten müssen die drei anderen Substituenten a, b, c dem neu hinzukommenden etwas Platz machen. Dabei sollen sie in dem sich beim Reaktionsereignis (im Übergangszustand) vorübergehend einstellenden, aktivierten Zustand dem herankommenden Substituenten diesen Platz unter möglichst geringem Energieaufwand schaffen. Das ist so möglich, indem die drei Atombindungen C (a, b, c) sich *in einer Ebene* unter einem Winkel von 120° zueinander anordnen. *Senkrecht* zu dieser Ebene verlaufen dagegen die Bindungsbeziehungen des herankommenden und des fortgehenden Substituenten. Aus röntgenographischen Messungen an geeigneten Verbindungen im kristallisierten Zustand läßt sich abschätzen, daß z. B. diese Entfernungen der schon halb gelösten und der schon halb geschlossenen Br—C-Bindungen um etwa 0,35 Å größer sind als die normale Entfernung C—Br (1,85 Å). Die anionische Ladung des herankommenden Substituenten wird gleichmäßig zwischen den betreffenden Anionen aufgeteilt[1]:

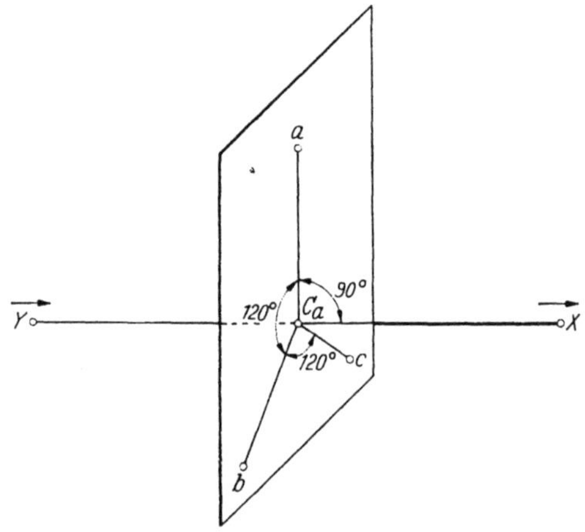

Abb. 38

$$[|\overline{\underline{Y}}..C(a,b,c)..\overline{\underline{X}}|]^{\ominus}$$

Die Dichte der Elektronen Y..C..X in der Ebene C (a, b, c) (vgl. Abb. 38) ist annähernd Null (Knotenfläche), wohingegen die Ladungsdichte der C(a,b,c)-Bindungen dort am größten ist. Damit nehmen die Bindungen C (a, b, c) den Charakter von sp^2-Hybrids (vgl. S. 155) an, analog den σ-Bindungen einer Doppelbindung. Die Bindungen Y—C—X besitzen dagegen mehr den Charakter von π-Bindungen. Da grundsätzlich bei diesen nach einem bimolekularen Mechanismus verlaufenden Vorgängen der neue Substituent von der „Rückseite" kommt, müssen alle nach S_N2 verlaufenden Substitutionsvorgänge zu einer vollständigen *Umkehr der ursprünglichen Konfiguration* führen. Dem Substitutionsmechanismus selbst liegt der denkbar geringste Energieaufwand im Übergangszustand zugrunde und damit auch ein neues sterisches Prinzip.

Im folgenden seien einige Beispiele für Substitutionsreaktionen nach S_N2 gegeben, die unter WALDENscher Umkehr verlaufen.

αα) *Ersatz von Halogen durch OH bzw. OR*

Diese nach S_N2 verlaufenden Substitutionen[2]:

$$\underset{\underset{R_3}{|}}{\overset{\overset{R_2}{|}}{R_1-C-X}} + OR^{\ominus} \longrightarrow \underset{\underset{R_3}{|}}{\overset{\overset{R_2}{|}}{RO-C-R_1}} + X^{\ominus}$$

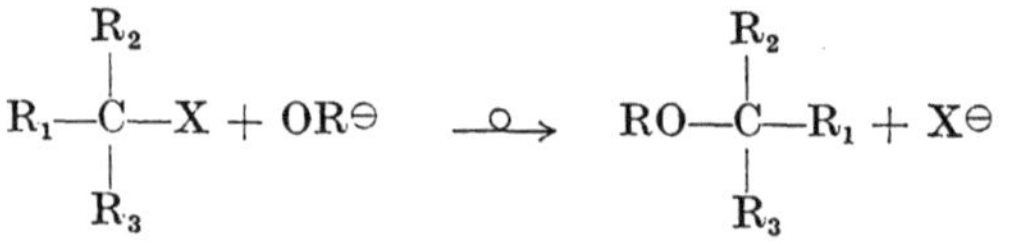

die zu *Alkoholen* oder *Äthern* führen, zeigen allgemein eine völlige Umkehr der ursprünglichen Raumkonfiguration. Auch die Bildung von sauerstoffhaltigen

---

[1] $Y = \overset{*}{Br}{}^{\ominus}$, $X = Br^{\ominus}$.
[2] Beim α-Brompropionsäureester z. B. W. A. COWDREY, E. D. HUGHES u. C. K. INGOLD: J. Chem. Soc. (London) **1937**, 1210.

Estern aus Alkylhalogeniden und Salzen organischer Säuren wie Natrium- (auch Silber)-acetat[1] in Eisessig (in obiger Gleichung anstelle $OR^\ominus$: $OCOR'^\ominus$) ähnelt weitgehend den obigen Verseifungs- bzw. Verätherungsreaktionen bezüglich des stereochemischen Ablaufs der Reaktion. Die Umsetzung von Sulfonsäureestern[2] mit Alkalimetallsalzen von Carbonsäuren verläuft nach S_N2 unter WALDENscher Umkehr:

$$R_1-\underset{R_3}{\overset{R_2}{C}}-OSO_2R + CH_3COO^\ominus \longrightarrow CH_3COO-\underset{R_3}{\overset{R_2}{C}}-R_1 + OSO_2R^\ominus$$

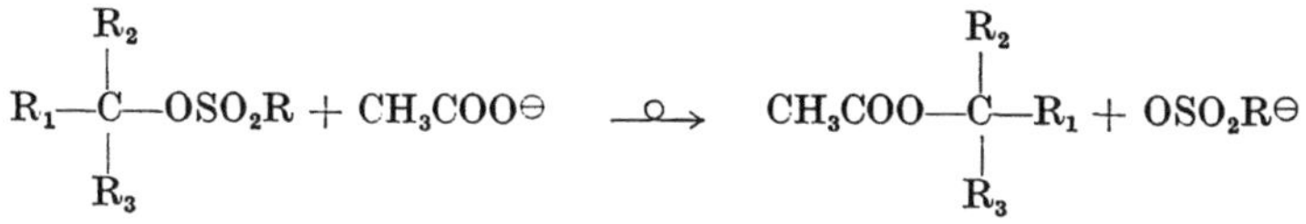

Das gleiche gilt auch für die Bildung von *Nitrilen* aus Alkylhalogeniden und Cyanidanionen:

$$R_1-\underset{R_3}{\overset{R_2}{C}}-Cl + CN^\ominus \longrightarrow NC-\underset{R_3}{\overset{R_2}{C}}-R_1 + Cl^\ominus$$

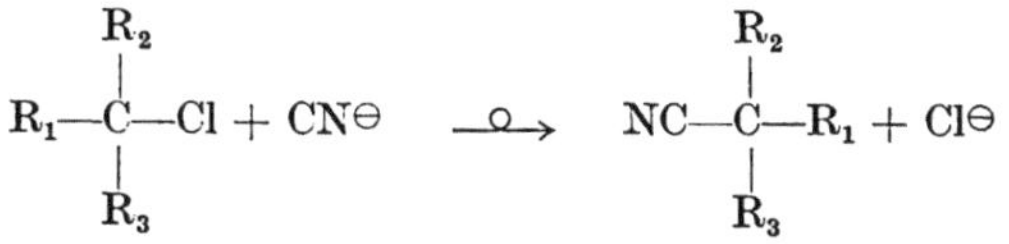

Bei der oben erwähnten Reaktion eines Halogenids mit radioaktivem Halogenidanion[3] z. B.:

$$R_1-\underset{R_3}{\overset{R_2}{C}}-X + \overset{*}{X}{}^\ominus \rightleftarrows \overset{*}{X}-\underset{R_3}{\overset{R_2}{C}}-R_1 + X^\ominus$$

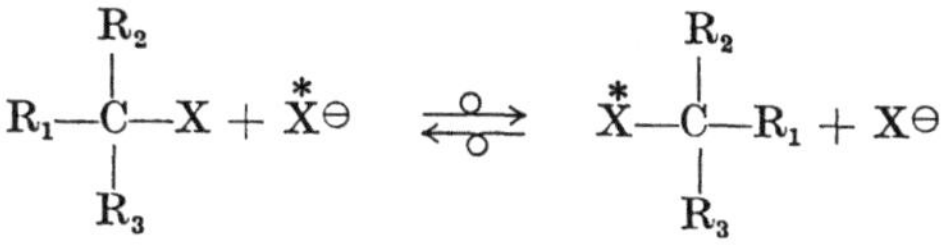

ist die Wahrscheinlichkeit für eine weitere Reaktion von $X^\ominus$ mit gebildetem $(R_1R_2R_3)$ C*X ebenso groß wie die ursprüngliche Reaktion, so daß hier im Endergebnis eine *Racemisierung* anstelle einer völligen Umkehr eintritt. Da ferner die Racemisierungsgeschwindigkeit hier gleich der Substitutionsgeschwindigkeit ist, kann man darin einen Beweis für den erläuterten Mechanismus der Substitution sehen. Jeder Einzelakt der bimolekularen, nucleophilen Substitution führt zur Umkehr.

ββ) Ersatz der OH-Gruppe durch Halogen

Auch diese Substitution, z. B. mit PCl_5[4], verläuft meist nach S_N2 unter WALDENscher Umkehr:

$$R_1-\underset{R_3}{\overset{R_2}{C}}-OH + [Cl_4P]^\oplus Cl^\ominus \longrightarrow Cl-\underset{R_3}{\overset{R_2}{C}}-R_1 + POCl_3 + HCl$$

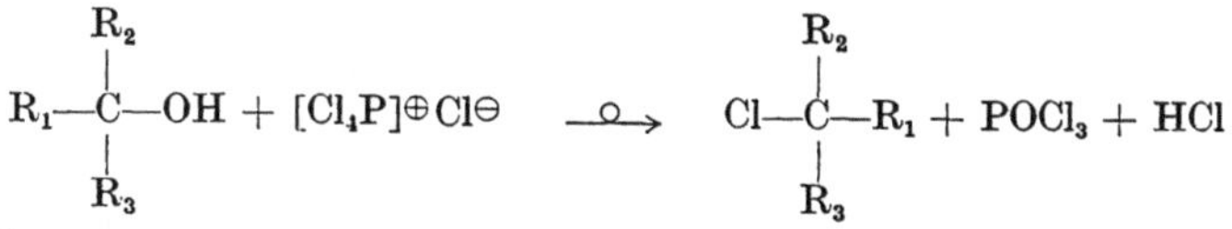

[1] BERGMANN, E.: J. Amer. Chem. Soc. **60**, 1997 (1938).
[2] PHILLIPS, H., J. KENYON u. Mitarb.: J. Chem. Soc. (London) **123**, 44 (1923); **127**, 399, 2552 (1925); **1926**, 2052; **1933**, 173; **1935**, 1072; **1937**, 153. — MÜLLER, A.: Ber. dtsch. chem. Ges. **67**, 421 (1934); **68**, 1094 (1935). — HEILBRON, I. M.: J. Chem. Soc. (London) **1936**, 907.
[3] BERGMANN, E., u. Y. SPRINZAK: Helvet. chim. Acta **20**, 590 (1937). — Versuche an 2-Jodoctan in Acetonlösung und NaJ* s. E. D. HUGHES, F. JULIUSBURGER, S. MASTERMAN, B. TOPLEY u. J. WEISS: J. Chem. Soc. (London) **1935**, 1525; an α-Phenyläthylbromid s. E. D. HUGHES, F. JULIUSBURGER, A. D. SCOTT, B. TOPLEY u. J. WEISS: J. Chem. Soc. (London) **1936**, 1173; ferner W. A. COWDREY, E. D. HUGHES, T. P. NEVELL u. C. L. WILSON: J. Chem. Soc. (London) **1938**, 209.
[4] COWDREY, W. A., E. D. HUGHES, C. K. INGOLD, S. MASTERMAN u. A. D. SCOTT: J. Chem. Soc. (London) **1937**, 1266.

wobei man als halogenspendendes Mittel auch Thionylchlorid in Pyridin[1] nehmen kann. Die Reaktion selbst wird wohl durch eine Art Esterkomplexbildung zwischen dem Halogenierungsmittel und dem Alkohol eingeleitet, wobei dann anschließend das betreffende nucleophile Agens abionisieren und substituieren kann. In speziellen Fällen wie etwa bei der Substitution mit Thionylchlorid scheint die Reaktion nach einem inneren Mechanismus (SI) unter Erhalt der Konfiguration zu verlaufen. Insgesamt betrachtet bieten diese Reaktionen allerdings nicht ein so einheitliches Bild wie die vorgenannten Substitutionen von Halogen durch $OH^{\ominus}$ oder $OR^{\ominus}$-Anionen.

Weitere, schon recht genau erforschte Umsetzungen sind beispielsweise die Substitutionsreaktionen von $NH_2^{\ominus}$ durch $OR^{\ominus}$ oder $Halogen^{\ominus}$ und anderes mehr[2].

γγ) Ladungstypen bei nucleophilen Substitutionsreaktionen

Es ist bei diesen nucleophilen bimolekularen Substitutionsreaktionen nicht immer die Umsetzung eines Anions nötig. Wie die folgende Zusammenstellung von S_N2-Reaktionen zeigt, kommen für diesen Mechanismus S_N2 einerseits auch neutrale Verbindungen mit einsamen Elektronenpaaren und andererseits Verbindungen mit „Oniumstruktur“ (vgl. S. 132; 139) in Betracht, z. B.:

1. $HO^{\ominus} + RCl \rightarrow ROH + Cl^{\ominus}$ $\quad Y^{\ominus} + RX,\ \overset{\delta\ominus}{Y}\,..\,R\,..\,\overset{\delta\ominus}{X}$
   $J^{\ominus} + RCl \rightarrow RJ + Cl^{\ominus}$

2. $(R)_3N| + RCl \rightarrow (R)_3\overset{\oplus}{N}{-}R + Cl^{\ominus}$ $\quad Y + RX,\ \overset{\delta\oplus}{Y}\,..\,R\,..\,\overset{\delta\ominus}{X}$
   $H_2\overline{\underline{O}} + RCl \rightarrow R\overset{\oplus}{\underline{O}}H_2 + Cl^{\ominus}$

3. $N_3^{\ominus} + R\overset{\oplus}{\underline{S}}(R')_2 \rightarrow RN_3 + \overline{\underline{S}}(R')_2$ $\quad Y^{\ominus} + R\overset{\oplus}{X},\ \overset{\delta\ominus}{Y}\,..\,R\,..\,\overset{\delta\oplus}{X}$
   $J^{\ominus} + R\overset{\oplus}{N}(R')_3 \rightarrow RJ + |N(R')_3$

4. $(R)_3N| + R'\overset{\oplus}{\underline{S}}(R_1)_2 \rightarrow (R)_3\overset{\oplus}{N}R' + \overline{\underline{S}}(R_1)_2$ $\quad Y + R\overset{\oplus}{X},\ \overset{\delta\oplus}{Y}\,..\,R\,..\,\overset{\delta\oplus}{X}$

Wie oben erwähnt wurde, bedient sich die Anschauung von C. K. INGOLD über den Mechanismus der S_N2-Substitutionen letzthin quantentheoretisch zu begründender Vorstellungen vom Wesen der chemischen Bindung, hier übertragen auf den *Übergangszustand*. Das Eintreten einer WALDENschen Umkehr hängt demnach *nicht* von den *Polaritäten* des ein- und austretenden Substituenten ab, wie es N. MEER und M. POLANYI angenommen hatten. Welche dieser beiden Auffassungen den Vorzug verdient, müßte sich entscheiden lassen, wenn man eine Verbindung nach S_N2 substituiert, in der nicht ein Dipol $\overset{\delta\oplus}{C} \rightarrow \overset{\delta\ominus}{Cl}$, sondern mit der *umgekehrten* Richtung $\overset{\delta\ominus}{C} \leftarrow \overset{\delta\oplus}{X}$ vorgebildet ist. Geeignete Versuchsbeispiele sind noch selten.

[1] KENYON J., u. H. PHILLIPS: J. Chem. Soc. (London) **1930**, 415. — MCKENZIE, A., u. E. R. L. GOW: J. Chem. Soc. (London) **1933**, 32, 705. — Näheres s. C. K. INGOLD: Structure and Mechanism in Organic Chemistry, S. 393ff. London: G. Bell & Sons Ltd. 1953. — GERRARD, W.: J. Chem. Soc. (London) **1950**, 2088. — Ferner H. C. STEVENS u. O. GRUMMITT: J. Amer. Chem. Soc. **74**, 4876 (1952).

[2] BREWSTER, P., F. HIRON, E. D. HUGHES, C. K. INGOLD u. P. A. D. RAO: Nature (London) **166**, 178 (1950); s. a. C. K. INGOLD: Structure and Mechanism in Organic Chemistry. S. 395ff. London: G. Bell & Sons Ltd. 1953.

In einem Fall dürfte ein solcher Beweis des Mechanismus gelungen sein. Es ist dies die Umsetzung des optisch aktiven *1-Chlor-äthylbenzols* [Phenyl-äthyl-chlorid-(1)] zum *1-Phenyl-äthylamin*. Es läßt sich zeigen[1], daß die Umsetzung folgendermaßen verläuft:

$$C_6H_5-\overset{\delta\oplus}{C}H(CH_3)\overset{\delta\ominus}{Cl} + SH^\ominus \xrightarrow[S_N2]{} C_6H_5-\overset{\delta\oplus}{C}H(CH_3)\overset{\delta\ominus}{S}H + Cl^\ominus$$

$$C_6H_5-\overset{\delta\oplus}{C}H(CH_3)\overset{\delta\ominus}{S}H + 2\,CH_3J \longrightarrow C_6H_5-\overset{\delta\ominus}{C}H(CH_3)\overset{\oplus}{S}(CH_3)_2 + HJ + J^\ominus$$

$$C_6H_5-\overset{\delta\ominus}{C}H(CH_3)\overset{\oplus}{S}(CH_3)_2 + N_3^\ominus \xrightarrow[S_N2]{} C_6H_5-\overset{\delta\oplus}{C}H(CH_3)\overset{\delta\ominus}{N}_3 + S(CH_3)_2$$

$$C_6H_5-\overset{\delta\oplus}{C}H(CH_3)\overset{\delta\ominus}{N}_3 \xrightarrow{Pt/H_2} C_6H_5-\overset{\delta\oplus}{C}H(CH_3)\overset{\delta\ominus}{N}H_2$$

Der Ersatz des positiven Restes $\overset{\oplus}{S}(CH_3)_2$ in der Verbindung $C_6H_5CH(CH_3)\overset{\oplus}{S}(CH_3)_2$ durch das Azidanion $N_3^\ominus$ verläuft nach einem S_N2-Mechanismus, wobei nach weiterer Reaktion ohne Berührung des Asymmetriezentrums die Bildung des entsprechenden Amins mit *entgegengesetzter* Konfiguration eintritt. Damit hat der Ersatz eines *positiven* Restes durch ein *negatives* Anion nach dem INGOLDschen S_N2-Mechanismus ebenfalls zur Umkehr der Raumkonfiguration geführt.

Schließlich kann man in der Unmöglichkeit, das Chlor im *Chlorapocamphan* nach S_N2 (oder S_N1) zu verseifen, wobei intermediär wegen des Brückenskelets keine ebene Anordnung (a, b, c) möglich ist (vgl. S. 110), wenigstens einen „negativen" Beweis zugunsten der INGOLDschen Auffassung sehen.

β) Monomolekulare, nucleophile Substitutionen (S_N1)

Hier liegen die Verhältnisse etwas verwickelter als bei den bimolekularen, nucleophilen Substitutionsreaktionen. Betrachten wir zunächst den Ersatz eines Halogenatoms in einem *tertiären Alkylhalogenid* durch die OH-Gruppe. Die sorgfältige kinetische Analyse hat ergeben, daß der die Reaktionsgeschwindigkeit bestimmende Schritt ein monomolekularer, also wohl die Dissoziation des tertiären Halogenids ist:

$$R_1-\underset{R_3}{\overset{R_2}{C}}-Cl \xrightarrow[S_N1]{langsam} R_1-\underset{R_3}{\overset{R_2}{C}}^\oplus + Cl^\ominus$$

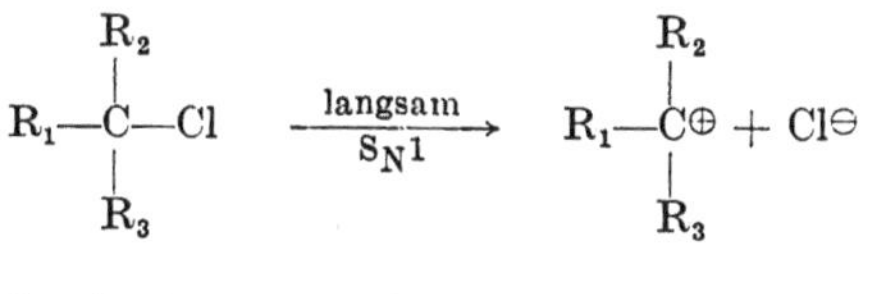

Die gebildeten *Carbeniumkationen* werden dann sehr rasch durch das nucleophile Agens $OH^\ominus$ abgefangen:

$$R_1-\underset{R_3}{\overset{R_2}{C}}^\oplus + OH^\ominus \xrightarrow{rasch} R_1-\underset{R_3}{\overset{R_2}{C}}\leftarrow OH$$

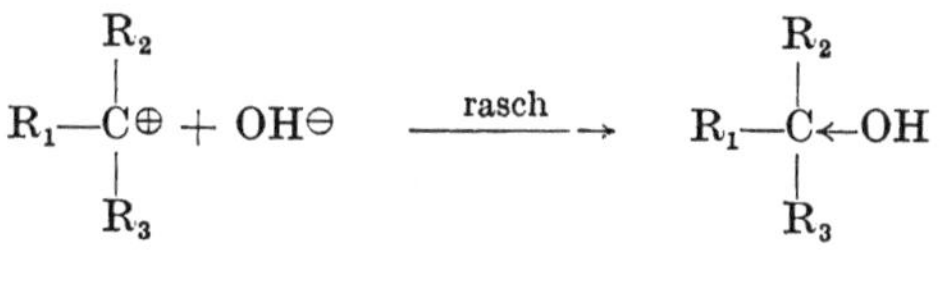

Nimmt man für das intermediär entstehende Carbeniumkation die Möglichkeit einer ebenen Lagerung der drei noch vorhandenen Substituenten, also Aufgabe der ursprünglichen Tetraederkonfiguration an, so entsteht ein symmetrisches

---

[1] INGOLD, C. K., E.D. HUGHES u. Mitarbb.: Nature (London) **166**, 178, 679 (1950); J. Chem. Soc. (London) **1952**, 2488; Nature (London) **171**, 301 (1953); J. Chem. Soc. (London) **1954**, 634.

Gebilde. Aus dieser ebenen symmetrischen Carbeniumform können beim Angriff des nucleophilen Agens OH⊖ infolge des gleichen Energieinhalts optischer Antipoden beide optisch aktiven Formen des Alkohols entstehen. Man sollte daher nach diesen Überlegungen bei einer nach S_N1 erfolgenden pseudomonomolekularen Reaktion eine *Racemisierung* erwarten.

Voraussetzung bei einer solchen Reaktion ist die genügend große *Lebensdauer* des intermediär auftretenden Carbeniumkations zur Umgruppierung seiner räumlichen Lage. Ist diese Umgruppierung durch besondere sterische Effekte, Lösungsmitteleinflüsse usw. erschwert, dann könnte der Angriff des nucleophilen Agens wie bei der bimolekularen Reaktion (S_N2) von „rückwärts" unter WALDENscher Umkehr erfolgen. Tatsächlich beobachtet man je nach der Konstitution des Halogenids neben der Racemisierung ein wechselndes Ausmaß an *WALDENscher Umkehr* (Lösungsmitteleffekte s. S. 120ff.).

Die Bedeutung der Lebensdauer des intermediär entstehenden Carbeniumions läßt sich am *1-Phenyl-äthylchlorid* gut erkennen. Dieses Carbeniumion:

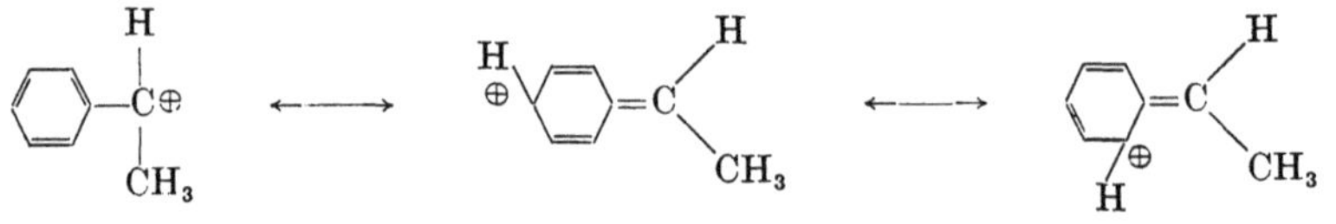

ist durch den Phenylkern mesomeriestabilisiert, wodurch die ebene Lagerung der Substituenten am C⊕ gefördert wird (vgl. S. 319). Daher verläuft hier der S_N1-Mechanismus praktisch nur unter Racemisierung[1].

Bei den sehr kurzlebigen sek.-Alkylkationen, wie z. B. dem vom *2-n-Octylbromid*[2], liefert die nach S_N1 erfolgende Hydrolyse oder Alkoholyse vorherrschend WALDENsche Umkehr neben 30—50% Racemisierung, wohingegen das längerlebige tertiäre Alkylkation des *Methyl-äthyl-isohexylcarbinylchlorids* in einer nach S_N1 erfolgenden Hydrolyse oder Alkoholyse eine Racemisierung

in einem Ausmaß von 70—80% erkennen läßt[3]. Man nimmt an, daß bei einer heterolytischen Trennung der C—Hal-Bindung um etwa 0,4 Å über die normale Bindungslänge hinaus und Verbleiben des Anions in der Nähe des Carbeniumkations (also eine Art Kryptoionenbildung) die tetraedrische Raumkonfiguration noch erhalten bleibt und so das neu eintretende Anion schon von der entgegengesetzten Seite an das $C^{\delta\oplus}$ herantritt, also Umkehr sich bemerkbar macht.

Bei diesen S_N1-Mechanismen können aber weitere Komplikationen eintreten.

So ergibt die in *stark* alkalischer Lösung erfolgende Hydrolyse des *α-Brompropionsäure*-anions nach einem S_N2-Mechanismus unter WALDENscher Umkehr Milchsäure, aber die in sehr *verdünnter* alkalischer Lösung nach S_N1 verlaufende Hydrolyse ergibt eine Milchsäure der gleichen sterischen Konfiguration wie die Ausgangsverbindung[4]. Bei dieser Reaktion bleibt demnach die sterische Konfiguration trotz Reaktion am Asymmetriezentrum erhalten *(Retention)*.

---

[1] HUGHES, E. D., C. K. INGOLD u. K. D. SCOTT: J. Chem. Soc. (London) **1937**, 1201.
[2] HUGHES, E. D., C. K. INGOLD, R. J. L. MARTIN u. D. F. MEIGH: Nature (London) **166**, 679 (1950).
[3] HUGHES, E. D., C. K. INGOLD u. S. MASTERMAN: J. Chem. Soc. (London) **1937**, 1196.
[4] COWDREY, W. A., E. D. HUGHES u. C. K. INGOLD: J. Chem. Soc. (London) **1937**, 1208.

Ersetzt man in diesem Beispiel die Methylgruppe durch die *Phenylgruppe*, so bildet sich wieder ein mesomeriestabilisiertes Carbeniumkation aus, das nun nach S_N1 auch schon in stark alkalischer Lösung reagiert, wobei neben dem vorherrschenden Erhalt der ursprünglichen Raumkonfiguration auch eine durch die längere Lebensdauer des Kations bedingte Racemisierung in Erscheinung tritt:

$$\begin{array}{c} H \\ | \\ CH_3-C-Br \\ | \\ COO^\ominus \end{array}$$

$\xleftarrow[S_N1]{H_2O}$ $\xrightarrow[S_N2]{\substack{+\,OH^\ominus \\ stark\,alk.}}$

$$\begin{array}{c} H \\ | \\ CH_3-C^\oplus \\ | \\ COO^\ominus \end{array} \xrightarrow{OH^\ominus} \begin{array}{c} H \\ | \\ CH_3-C\leftarrow OH \\ | \\ COO^\ominus \end{array} \qquad \begin{array}{c} H \\ | \\ HO\rightarrow C-CH_3 \\ | \\ COO^\ominus \end{array}$$

Retention   Umkehr

$$\begin{array}{c} H \\ | \\ C_6H_5-C-Br \\ | \\ COO^\ominus \end{array} \xrightarrow[S_N1]{+\,OH^\ominus} \begin{array}{c} H \\ | \\ C_6H_5-C^\oplus \\ | \\ COO^\ominus \end{array} \longrightarrow \begin{array}{c} H \\ | \\ C_6H_5-C\leftarrow OH \\ | \\ COO^\ominus \end{array}$$

Retention + Racemisierung

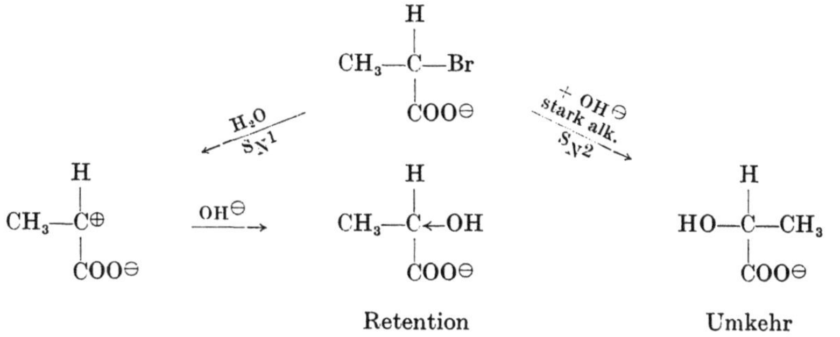

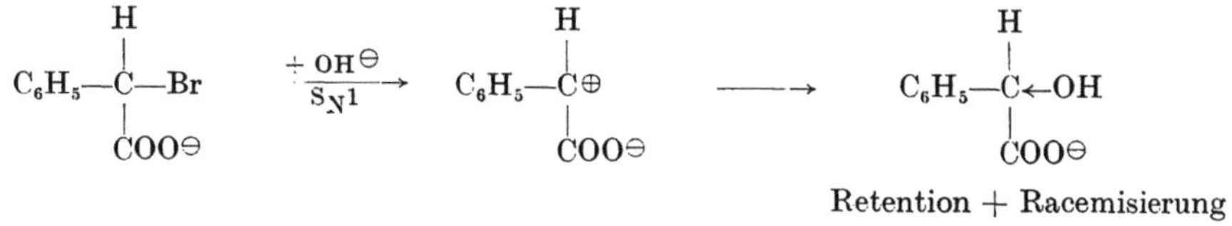

Die nähere Untersuchung solcher Vorgänge hat ergeben, daß für den konfigurationserhaltenden Ablauf der Reaktion die Anwesenheit bestimmter *(konfigurationserhaltender) Gruppen* in Nachbarschaft zum Asymmetriezentrum erforderlich sind. Die wichtigste Gruppe dieser Art ist ein *α-ständiges* $—COO^\ominus$-Anion. Dieses negativ geladene Ion stößt zunächst Elektronen ab und fördert so die Ablösung eines benachbarten Halogens als Anion nach dem S_N1-Mechanismus. Weiterhin ist das Carboxylatanion nucleophil und kann mit dem Carbeniumkation eine elektrostatische, „lange" Dipol- oder Zwitterionenbindung bilden. Dadurch wird die ursprüngliche Raumkonfiguration so lange erhalten (Rückendeckung!), bis der neue Substituent an die Stelle des sich ablösenden Anions unter Erhalt der Konfiguration getreten ist:

$$^\ominus O_2C-CH(CH_3)-Br \longrightarrow \begin{array}{c} O^\ominus\;^\oplus CH(CH_3) + Br^\ominus \\ \diagdown\;\diagup \\ C \\ \| \\ O \end{array} \xrightarrow{H_2O}$$

$$^\ominus O_2C-CH(CH_3)-OH + H^\oplus + Br^\ominus$$

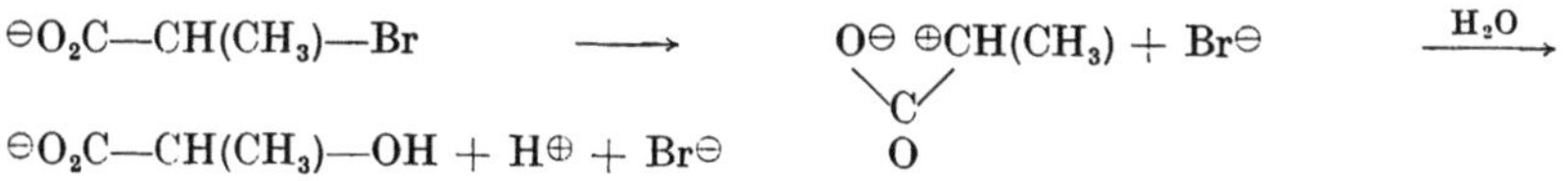

Bei den *β,γ,δ-Halogencarbonsäuren* dieses Typus verläuft der Mechanismus der Reaktion ähnlich, nur liegt hier eine „innere" S_N2-Reaktion vor. Das $—CO_2^\ominus$-Anion greift unmittelbar an das ein Halogen tragende asymmetrische Kohlenstoffatom bimolekular an unter gleichzeitiger Ablösung des Halogenanions. So bilden sich in diesen Fällen die *β,γ,δ-Lactone* unter WALDENscher Umkehr. Die Lactone selbst werden durch Alkali leicht an der —O—CO-Bindung unter Erhalt der jetzt im Lacton schon vorliegenden Konfiguration in Oxysäuren umgewandelt. Daher tritt bei der Hydrolyse von *β,γ,δ-Halogencarbonsäuren* WALDENsche Umkehr ein, während bei dem obigen S_N1-Mechanismus der Verseifung von α-Halogencarbonsäuren die ursprüngliche Raumkonfiguration erhalten bleibt.

Silberionen katalysieren, wie schon lange bekannt ist, die Halogenabspaltungen nach dem S_N1-Mechanismus. Offenbar tritt zunächst Bindung des Silberkations an ein einsames Elektronenpaar des Halogenatoms ein, das so leicht als Halogensilber unter Zurücklassung eines Carbeniumkations (Racem. + Inversion oder Racem. + Retention) entfernt wird:

$$^{\ominus}O_2C{-}CH(CH_3)\overline{\underline{Br}}| + Ag^{\oplus} \rightarrow \left[\overset{\ominus}{O_2}C{-}CH(CH_3)_3\overline{\underline{Br}} \rightarrow Ag\right]^{\oplus} \rightarrow$$

$$\overset{\ominus}{O_2}C{-}\overset{\oplus}{C}H(CH_3) + Ag{-}\overline{\underline{Br}}|$$

Man kennt bei diesen Reaktionen auch Fälle, die unempfindlich gegen Silberkationenkatalyse sind. Dann vollzieht sich die „innere" S_N2-Reaktion schneller als die Abspaltung des Silberhalogenids nach dem $Ag^{\oplus}$—S_N1-Mechanismus.

Außer der α-ständigen Carboxylatgruppe kennt man noch andere, *β-ständige* Gruppen und Atome, die eine erhaltende Wirkung auf die ursprüngliche Raumkonfiguration haben. Es sind dies β-Halogene, β-OR, β-OAc, β-NHPh-Gruppen. Alle besitzen sie einsame Elektronenpaare. Auch die C=C-Doppelbindung kann in β-Stellung infolge ihres π-Elektronenpaares (vgl. S. 155) eine gleiche Wirkung ausüben.

S. WINSTEIN[1] u. Mitarbb. haben die konfigurationserhaltende Wirkung solcher Gruppen bei S_N1-Reaktionen an verschiedenen Beispielen näher untersucht. Untersucht wurden Substitutionen von Cl- oder Br-Atomen eines organischen Halogenids durch die Acetoxygruppe ($OCOCH_3$) durch Umsetzung mit Silberacetat in Eisessiglösung. Gleichzeitig ist in β-Stellung des Ausgangshalogenids ein Cl, Br, OCH_3 oder $OCOCH_3$ vorhanden. Man findet, daß diese β-ständigen Atome oder Atomgruppen den Ersatz des α-ständigen Chlor- oder Bromatoms durch die Acetoxygruppe unter Erhalt der ursprünglichen Raumkonfiguration sichern. So geben die Erythro- und Threo-Formen des 2-Brom-3-methoxy-n-butans die Erythro- und Threo-Formen[2] des 2-Acetoxy-3-methoxy-n-butans. Demgemäß sollte eine *d*-Threo-Ausgangsverbindung das entsprechende Racemat, also *d,l*-Threoverbindung ergeben. Die im nachstehenden formulierte Deutung des Substitutionsvorgangs läßt die intermediäre Bildung eines symmetrischen Kations erkennen, das von der gleichen Seite des abgelösten anionischen Substituenten durch das nucleophile Agens $OCOCH_3^{\ominus}$ angegriffen wird:

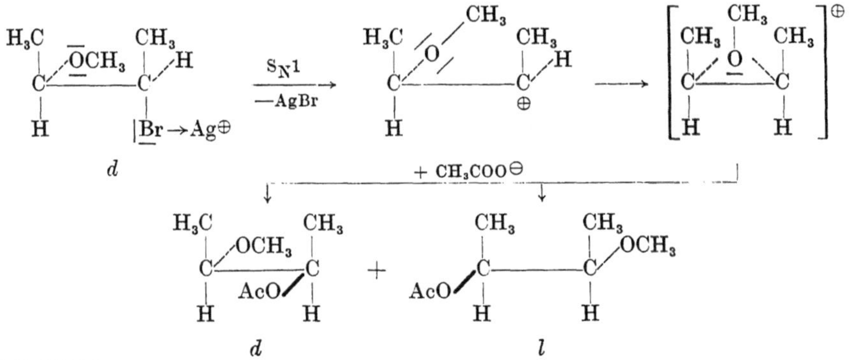

[1] WINSTEIN, S., u. R. E. BUCKLES: J. Amer. Chem. Soc. **64**, 2780, 2787 (1942). — WINSTEIN, S., u. R. R. HENDERSON: J. Amer. Chem. Soc. **65**, 2096 (1943). — WINSTEIN, S., u. D. SEYMOUR: J. Amer. Chem. Soc. **68**, 118 (1946).

[2] Erythro- und Threo-Formen entsprechen in konfigurativem Sinne den beiden Aldotetrosen, z. B. *d*-Erythrose: H|OH / H|OH und *d*-Threose HO|H / H|OH bzw. den entsprechenden Antipoden.

Das einsame Elektronenpaar der $-\overline{\underline{O}}-CH_3$-Gruppe in β-Stellung zum Carbeniumkation stabilisiert so die ursprüngliche Raumlage an diesem *C, möglicherweise über ein symmetrisches Oxoniumkation (Brücken-ion, bridged ion), unter „Rückendeckung" des Carbeniumkohlenstoffs bis zum Angriff des nucleophilen Agens von derselben Seite des sich ablösenden Halogenanions. Wegen der Symmetrie des Übergangszustandes ist sowohl die Bildung von *d*- wie *l*-Konfigurationen im Endprodukt möglich und gleich wahrscheinlich.

Ganz analog vollzieht sich die folgende Reaktion[1]:

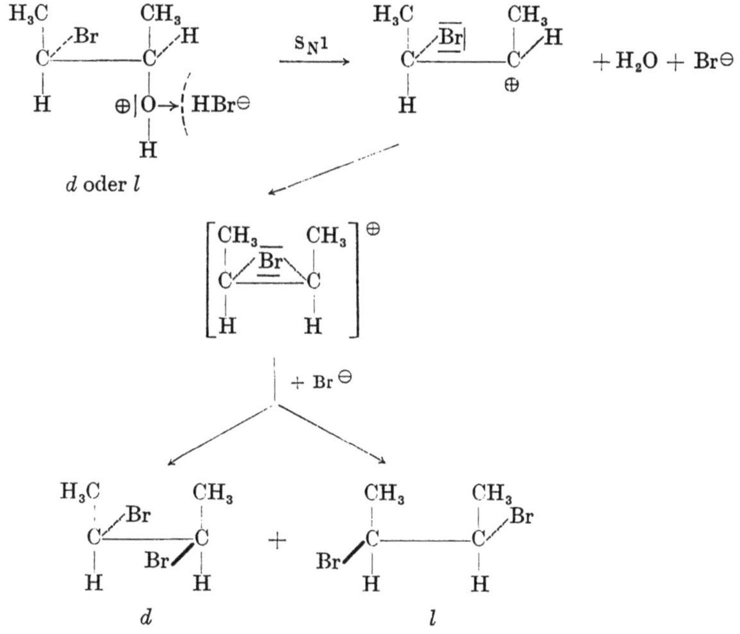

Hier wird von einer reinen optischen Komponente *d* bzw. *l* ausgegangen und man erhält bei diesem S_N1-Mechanismus ganz entsprechend den obigen Ausführungen an der Methoxy-butanverbindung schließlich eine racemisierte Dihalogenverbindung.

Die folgende Tabelle zeigt noch einmal zusammenfassend den sterischen Verlauf des Ersatzes von Halogen gegen OH oder OR nach den verschiedenen Mechanismen und bei verschiedenen substituierten Ausgangshalogeniden:

Tabelle 13

R in R—CH(CH_3)-Hal	S_N2	S_N1	$Ag^{\oplus}$—S_N1
n-C_6H_{13}	Inv.	Rac. + Inv.	Rac. + Inv.
C_6H_5	Inv.	viel Rac. + Inv.	viel Rac. + Inv.
CO_2H, CO_2CH_3	Inv.	—	—
$CO_2^{\ominus}$	Inv.	Ret.	Rac. + Ret.

[1] WINSTEIN, S., u. H. J. LUCAS: J. Amer. Chem. Soc. **61**, 1576, 2845 (1939). — LUCAS, H. J., u. C. W. GOULD jr.: J. Amer. Chem. Soc. **63**, 2541 (1941). — WINSTEIN, S.: J. Amer. Chem. Soc. **64**, 2791 (1942); in der Cholesterinreihe s. C. W. SHOPPEE: J. Chem. Soc. (London) **1946**, 1147.

Man erkennt sehr deutlich die wesentlich eintöniger verlaufende Substitutionsreaktion nach S_N2 und den viel mannigfaltiger in seinen Auswirkungen auftretenden S_N1-Mechanismus.

Verläuft eine Substitution daher nach dem S_N1-Mechanismus, also unter Ausbildung von Carbeniumkationen, so findet *Racemisierung* statt, meist — in Abhängigkeit von der Stabilität des Kations — begleitet von WALDEN*scher Umkehr*. Ist aber eine *konfigurationserhaltende Gruppe* anwesend, wie z. B. ein α-Carboxylatanion, ein β-Hal, β-OR, β-$OCOCH_3$, β-NHPh oder β-C=C, dann kann vollständiger Erhalt der ursprünglichen Raumkonfiguration, z. T. begleitet von Racemisierung, stattfinden.

γ) Elektrophile Substitutionsreaktionen (S_E)

Im Gegensatz zu den nucleophilen Substitutionen sind elektrophile Substitutionsreaktionen an gesättigten Kohlenstoffatomen relativ selten. Letztere sind den aromatischen Verbindungen eigentümlich, dort liegt ihre eigentliche Domäne. Wir werden später sehen, daß hierbei analog den nucleophilen, am gesättigten C-Atom sich abspielenden Substitutionsreaktionen nur in umgekehrter Richtung — Einnahme einer tetraedrischen Konfiguration im Übergangszustand — die Reaktionen sich auch unter Entwicklung eines neuen sterischen Prinzips abspielen. Elektrophile Substitutionen am gesättigten C-Atom setzen die Ablösbarkeit (S_E1) oder die Neigung zur Ablösung des zu ersetzenden Liganden (S_E2) als Kation voraus. Es kann also intermediär nach S_E1 ein *Carbeniat-Kohlenstoffatom* zurückbleiben[1]. Es fragt sich nun, ob die Anwesenheit eines einsamen Elektronenpaars sozusagen als vierter Ligand die ursprüngliche tetraedrische Raumkonfiguration stabilisiert. Dafür sprechen Versuche von F. H. ADAMS und E. S. WALLIS[2] an der Natriumverbindung des 9-Phenyl-2,3-benz-xanthyls:

$$\begin{array}{c} R_2 \\ | \\ R_1\text{—}C\text{—}H \\ | \\ R_3 \end{array} + NaR \longrightarrow \begin{array}{c} R_2 \\ | \\ R_1\text{—}C\text{—}Na \\ | \\ R_3 \end{array} + HR$$

Dagegen soll nach D. S. TARBELL und M. WEISS[3] aus optisch aktivem 2-Chloroctan über die Lithiumverbindung mit Kohlendioxyd eine inaktive Säure entstehen.

Typisch elektrophile Substitutionsreaktionen sind die Umsetzungen geeigneter R—H-Verbindungen mit relativ „beweglichem" Wasserstoff mit Deuterium in Form von D_2O[4]:

$$(R)_3C\text{—}H + D_2O \xrightarrow{S_E1} (R)_3C{\to}D + H{\leftarrow}OD$$

oder Substitutionsreaktionen der folgenden Art, bei der die Ausgangsverbindung in Richtung auf ein Carbeniatanion und ein Bromkation ionisiert[5], z. B.:

$$(CH_3SO_2)_3C\text{—}Br + HBr \longrightarrow (CH_3SO_2)_3C{\to}H + Br{\leftarrow}Br$$

---

[1] Zu den elektrophilen Substitutionsreaktionen gehören auch die Decarboxylierungen, s. H. SCHENKEL u. Mitarbb.: Helvet. chim. Acta **28**, 1211 (1945); **29**, 436 (1946); **31**, 514. 924 (1948); **33**, 16 (1950); s. hierzu a. H. HENECKA, in HOUBEN-WEYL, Methoden der Organischen Chemie, 4. Aufl., Bd. VIII, S. 484. Stuttgart: Georg Thieme 1952; und dieses Buch, S. 269.

[2] ADAMS, F. H., u. E. S. WALLIS: J. Amer. Chem. Soc. **54**, 4753 (1932).

[3] TARBELL, D. S., u. M. WEISS: J. Amer. Chem. Soc. **61**, 1203 (1939).

[4] HOCHBERG, J., u. K. F. BONHOEFFER: Z. phys. Chem. (A) **184**, 419 (1939).

[5] RAMBERG, L., u. SAMÉN: Ark. Kemi B **11**, 31, 40 (1934); A **12**, 8 (1936).

Die vorhandenen Untersuchungsergebnisse reichen aber noch nicht aus, um hier ein klares Bild von diesem elektrophilen Mechanismus bei gesättigten Kohlenstoffverbindungen zu geben, insbesondere im Hinblick auf die dabei zu erwartenden sterischen Gesetzmäßigkeiten.

d) Radikalische Substitutionsreaktionen (S_R)

Auch hier liegen ähnlich wie bei den elektrophilen Substitutionsreaktionen noch zu wenig Beobachtungen vor, um einen allgemeinen Überblick geben zu können. Die von M. S. KHARASCH u. Mitarbb.[1] studierte radikalisch verlaufende Chlorierung von optisch aktivem, primärem Amylchlorid liefert u. a. ein racemisiertes (d, l) 1,2-Dichlor-2-methylbutan:

$$\begin{array}{c} CH_3 \\ | \\ CH_2-\overset{*}{C}-CH_2-CH_3 + Cl_2 \\ | \quad | \\ Cl \quad H \end{array} \longrightarrow \begin{array}{c} CH_3 \\ | \\ CH_2-\overset{*}{C}-CH_2-CH_3 + HCl \\ | \quad | \\ Cl \quad Cl \end{array}$$

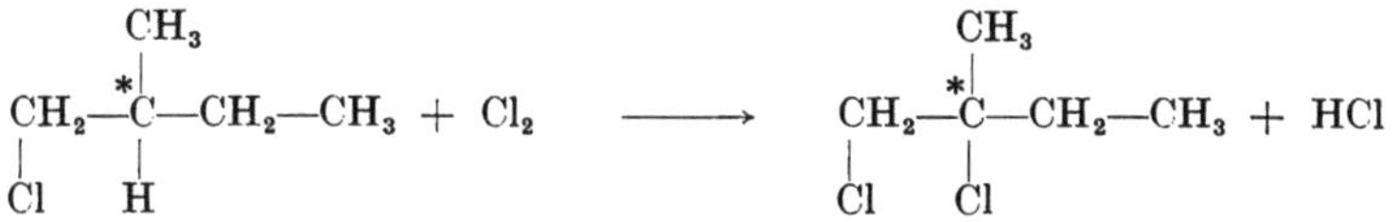

Daraus läßt sich zunächst schließen, daß von den beiden möglichen Reaktionswegen a bzw. b:

$$\begin{array}{ll} Cl_2 & \rightarrow \ 2\,Cl\cdot \\ Cl\cdot + RH & \rightarrow \ RCl + H\cdot \\ H\cdot + Cl_2 & \rightarrow \ HCl + Cl\cdot \\ \quad\quad a & \end{array} \qquad \begin{array}{ll} Cl_2 & \rightarrow \ 2\,Cl\cdot \\ Cl\cdot + RH & \rightarrow \ HCl + R\cdot \\ R\cdot + Cl_2 & \rightarrow \ RCl + Cl\cdot \\ \quad\quad b & \end{array}$$

der Weg b beschritten wird, da nur bei ihm eine racemisierte (d, l)-Verbindung, bei a dagegen WALDENsche Umkehr zu erwarten ist.

Die hier gefundene Racemisierung läßt daher den Schluß zu, daß zunächst im reagierenden, aktivierten Zustand *ebene Radikale* vorliegen. Im übrigen wird der Reaktionserfolg, Racemisierung, Inversion bzw. Retention, von dem feineren Mechanismus der Umsetzung abhängen. Die *Lebensdauer* der entstehenden Radikale in einer S_R-Reaktion kann, verstärkt durch besondere Effekte wie Mesomerie, Lösungsmitteleinflüsse usw., sehr entscheidend für den Ablauf des sterischen Geschehens sein. Werden z. B. instabile freie Radikale in relativ großer Konzentration erzeugt wie etwa bei der Umsetzung von Diacylperoxyden ($CH_3\cdot$ Radikale!) in optisch aktivem Methyl-äthylessigsäureester, so kommt es sofort zur Dimerisierung ohne Verlust der ursprünglichen Raumkonfiguration, also unter Bildung eines dimeren racemischen Bernsteinsäurederivates[2]:

$$2\ C_2H_5-\overset{\overset{CH_3}{|}}{\underset{\underset{COOR}{|}}{\overset{*}{C}}}-H \xrightarrow{\div\, 2\,\cdot CH_3} C_2H_5-\overset{\overset{CH_3}{|}}{\underset{\underset{COOR}{|}}{\overset{*}{C}}}-\overset{\overset{CH_3}{|}}{\underset{\underset{COOR}{|}}{\overset{*}{C}}}-C_2H_5$$

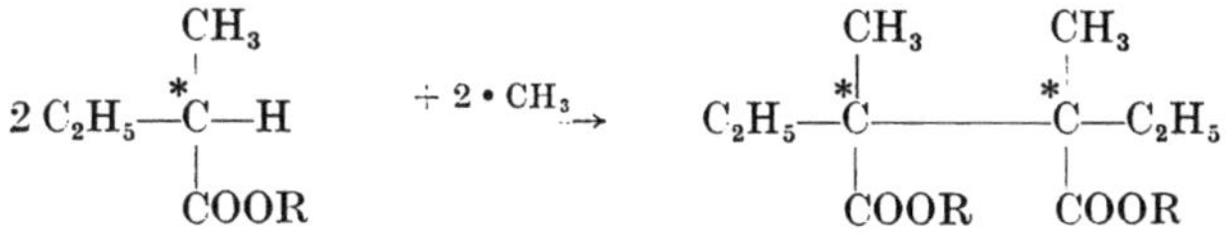

Nur unter besonderen Verhältnissen scheint es daher möglich zu sein, *tetraedrisch aufgebaute freie Radikale* zu erhalten. So liefert die thermische Zersetzung

---

[1] BROWN, H. C., M. S. KHARASCH u. T. H. CHAO: J. Amer. Chem. Soc. **62**, 3435 (1940).
[2] KHARASCH, M. S., L. E. SUTTON u. W. A. WATERS: Discuss. Faraday Soc. **2**, 62 (1947); ferner M. S. KHARASCH, H. C. MCBAY u. W. H. URRY: J. org. Chem. **10**, 394 (1945), Bildung von 98% meso- und 2% racem. Form des Butantetracarbonsäureesters aus Bernsteinsäureester und Peroxyden.

des Apocamphan-1-carbonsäure-peroxyds[1] in Tetrachlorkohlenstoff als Lösungsmittel Reaktionsprodukte, die sich nur mit dem intermediären Auftreten des *1-Apocamphyl-radikals* erklären lassen:

$$(RCOO-)_2 + CCl_4 \rightarrow RCl + RR + RCOOR + RCOOH + C_2Cl_6$$
$$ 36\% 9\% 50\% 5\%$$

R = (Apocamphyl-Struktur)

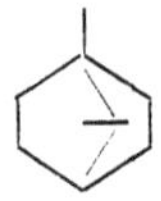

Infolge der Brückenanordnung des „Radikal"-C-Atoms kann sich hier ohne vollständigen Zusammenbruch des ganzen C-Gerüsts keine ebene Anordnung intermediär ausbilden. Weitere Untersuchungen zur Klärung des sterischen Ablaufs von Radikalreaktionen an gesättigten C-Atomen erscheinen wünschenswert.

Ähnlich den oben genannten Beispielen nucleophiler, elektrophiler und radikalischer Substitutionen werden sich auch solche Reaktionen abspielen, bei denen man infolge des Fehlens eines asymmetrischen C-Atoms zur Zeit noch keine Möglichkeit hat, die evtl. bei der Reaktion eingetretene Konfigurationsänderung zu erkennen.

Über die Bedeutung der elektronentheoretischen Vorstellungen, ergänzt von quantenmechanischen Betrachtungen, zur Erklärung des Ablaufs von Substitutionsreaktionen an gesättigten Kohlenstoffatomen braucht heute nichts mehr gesagt zu werden. Die eingeleitete Entwicklung schreitet lebhaft fort. Dagegen seien noch einige Bemerkungen zu den obigen Reaktionsmechanismen gegeben, die zeigen sollen, um wieviel komplizierter die Verhältnisse wohl in Wirklichkeit liegen werden, und daß somit der obigen Darstellung eine nicht zu umgehende, erhebliche Vereinfachung innewohnt.

ε) Besondere Lösungsmittel- und sterische Effekte bei S_N-Reaktionen (Übergangseffekte)

Der Einfluß des *Lösungsmittels* kann sowohl bei S_N1- wie auch S_N2-Reaktionen sehr entscheidend für den Ausgang der betreffenden Reaktion sein.

Bei den innermolekularen Reaktionen treten die Carbenium- bzw. Carbeniationen meist nicht frei, sondern in *solvatisierter* Form auf. So beobachtet man beim Zusatz von etwas Wasser zu einer absolut alkoholischen Lösung von p,p'-Dimethyl-benzhydrylchlorid eine beträchtliche Steigerung der Dissoziation. Aber der Haupteffekt des zugesetzten Wassers ist nicht eine vermehrte Bildung von Hydrol, sondern von Hydroläther[2].

Daraus läßt sich schließen, daß bei der Dissoziation hier keine Carbeniumionen, sondern nur solvatisierte Carbeniumionen entstehen:

$$\left(CH_3-\bigcirc\right)_2 CHCl \xrightarrow[S_N1]{n(H_2O)} \left[\left(CH_3-\bigcirc\right)_2 CH(OH_2)_n\right]^\oplus Cl^\ominus$$

$$\left[\left(CH_3-\bigcirc\right)_2 CH(OH_2)_n\right]^\oplus + OR^\ominus \longrightarrow \left(CH_3-\bigcirc\right)_2 CH(OR) + n\,H_2O$$

und daneben

$$\left[\left(CH_3-\bigcirc\right)_2 CH(OH_2)_n\right]^\oplus \longrightarrow \left(CH_3-\bigcirc\right)_2 CH(OH) + (n-1)H_2O + H^\oplus$$

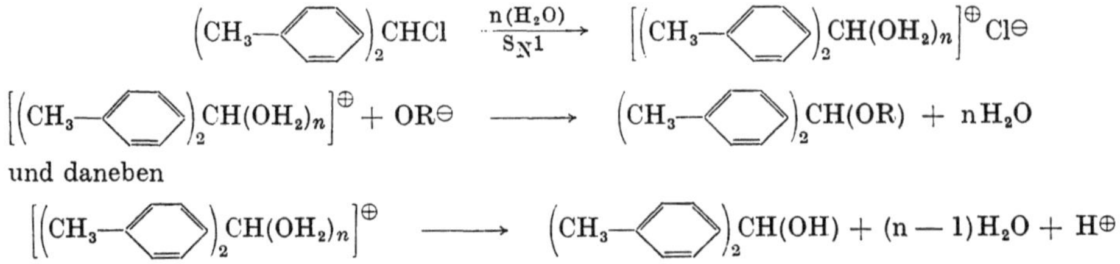

---
[1] KHARASCH, M. S., F. ENGELMANN u. W. H. URRY: J. Amer. Chem. Soc. **65**, 2428 (1943).
[2] FARIMARCI, N. T., u. L. P. HAMMETT: J. Amer. Chem. Soc. **59**, 2544 (1937).

Diese monomolekulare, solvolytische Substitution ist daher einem Solvatzellenzusammenstoß zu verdanken, monomolekular bezüglich des Carbeniumkations und polymolekular bezüglich der Solvensmoleküle. Bei der Verätherung durchbricht in üblicher Weise das OR$^{\ominus}$-Anion die Solvathülle in rascher Reaktion, so daß die Dissoziation (unter Solvatation) der geschwindigkeitsbestimmende Schritt (S_N1) bleibt. Offenbar ermöglicht erst diese *Solvatation* die an sich endotherme *Dissoziation*.

Für diesen Mechanismus spricht das Ergebnis weiterer Versuche mit dem Benzhydrylchloridderivat. Arbeitet man in wäßrigem Aceton und mit variabler Zusatzkonzentration von $N_3^{\ominus}$-Anionen, so bleibt die Geschwindigkeit der konkurrierenden Hydrolyse konstant, während die Geschwindigkeit der Bildung von RN_3 proportional der Azidanionen-Konzentration ist:

$$R-Cl \xrightarrow[S_N1]{\text{langsam}} R^{\oplus} + Cl^{\ominus} \begin{array}{c} \xrightarrow{H_2O} R \leftarrow OH \\ \xrightarrow{N_3^{\ominus}} R \leftarrow N_3 \end{array}$$

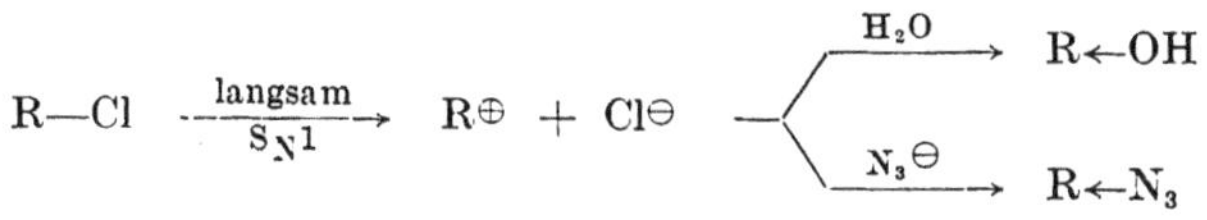

Hält man umgekehrt die Azidionenkonzentration konstant und erhöht die Konzentration des Wassers im Aceton von 10 auf 50%, so steigt zwar die Geschwindigkeit der Gesamtreaktion *stark* an (gesteigerte Dissoziation durch Solvolyse), aber die gebildete Menge RN_3 bleibt konstant[1]. Wirksame Solventien in diesem Sinne sind vielfach Lösungsmittel mit Atomen, die über *einsame Elektronenpaare* verfügen (O, S, N) und solche mit *hoher DK* oder aber *Protonen spendende* Lösungsmittel. Der Einfluß der letzteren, scheinbar indifferenten Lösungsmittel auf die Reaktionsordnung kann sehr beträchtlich sein. Das α-Phenyläthylchlorid reagiert mit Tetramethylammoniumacetat in Aceton nach S_N2 unter WALDENscher Umkehr:

$$\underset{H}{\overset{Ph}{\diagdown}}C\underset{Cl}{\overset{CH_3}{\diagup}} + [(CH_3)_4N]^{\ominus}[OCOCH_3]^{\ominus} \xrightarrow{S_N2} \underset{CH_3COO}{\overset{Ph}{\diagdown}}C\underset{H}{\overset{CH_3}{\diagup}} + [(CH_3)_4N]^{\oplus}Cl^{\ominus}$$

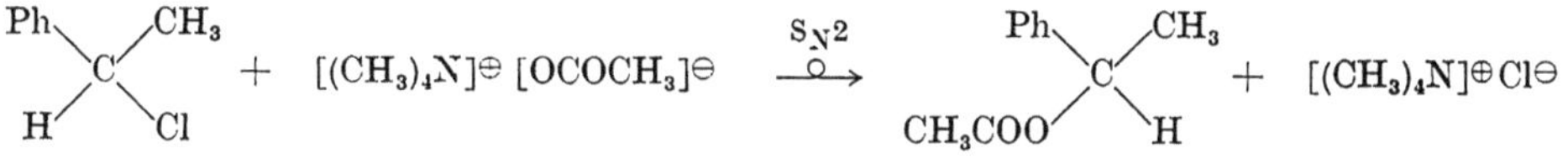

aber in Eisessig nach S_N1 unter teilweiser Racemisierung. Solventien dieser Art geben leicht ein Proton ab. Wie bei der Silberionenkatalyse kann sich hier das Proton infolge seines elektrophilen Charakters

$\left(\text{noch begünstigt durch sein kleines Atomvolumen, auch als } \begin{bmatrix} H-OCOCH_3 \\ | \\ H \end{bmatrix}^{\oplus}\right)$

von der Seite des Halogenatoms diesem nähern. Die besondere Rolle dieser Lösungsmittel ist nun darin zu sehen, daß sie gleichzeitig eine elektrophile ($H^{\oplus}$) und eine nucleophile Komponente ($CH_3COO^{\ominus}$) enthalten. Damit erscheint diese Solvolyse als ein besonderer Fall des allgemeinen S_N-Mechanismus, der entweder durch einen Stoß von „rückwärts" *(backside push)* des nucleophilen Partners nach S_N2 gestartet werden kann oder durch einen Zug an der „Vorderseite" *(front side pull)* durch das Protonen spendende Lösungsmittel oder durch beides zugleich

---

[1] BATEMAN, L. C., E. D. HUGHES u. C. K. INGOLD: J. Chem. Soc. (London) **1940**, 974. — HAWDON, A. R., E. D. HUGHES u. C. K. INGOLD: J. Chem. Soc. (London) **1952**, 2499; Solvolysenversuche mit Halogenidgemischen RCl und RBr und NaN_3 in 90%igem wäßrigem Aceton erhärten diese Befunde. — CHURCH, M. G., E. D. HUGHES u. C. K. INGOLD: J. Chem. Soc. (London) **1940**, 966. — Theorie der Lösungsmitteleffekte s. E. D. HUGHES u. C. K. INGOLD: J. Chem. Soc. (London) **1935**, 252. — COOPER, K. A., M. L. DHAR, E. D. HUGHES, C. K. INGOLD, B. J. MCNULTY u. L. J. WOOLF: J. Chem. Soc. (London) **1948**, 2043.

("concerted displacement")[1] beginnen kann. Im Falle des "front side pull" kann sich die Reaktion sowohl nach S_N1 wie auch nach S_N2 abspielen[2].

Mitunter ist es schwierig, eine Entscheidung zwischen den mono- oder bimolekular verlaufenden Mechanismen überhaupt zu treffen. Daß es *Übergänge* zwischen diesen Mechanismen gibt, erscheint im Hinblick auf die Art der zu lösenden oder zu schließenden Bindungen verständlich. Auch hier gibt es zwischen den Extremen (reine Atombindung, reine Ionenbindung) alle denkbaren Übergänge. Man hat aber auch damit zu rechnen, daß Übergänge zwischen nucleophilen bzw. elektrophilen Mechanismen einerseits und radikalischen Mechanismen andererseits bestehen und daß eine Reaktion ionisch beginnen und radikalisch enden kann und vice versa. So kompliziert sich das Bild des Reaktionsablaufs bei näherem Zusehen sehr beträchtlich.

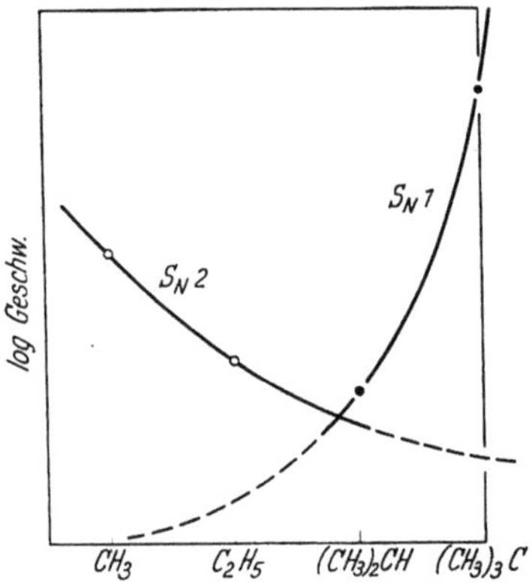

Abb. 39. Y + AlkX → AlkY + X
Alkyle, geordnet nach steigender Elektropositivität (also ihrer Fähigkeit, Elektronen zu entlassen)

Im Grenzgebiet der S_N1- und S_N2-Reaktionstypen liegen manche *Verseifungs- oder Verätherungsreaktionen von Alkylhalogeniden*. In der Reihe CH_3Cl, C_2H_5Cl, $(CH_3)_2CHCl$, $(CH_3)_3CCl$ nehmen die Endglieder eine extreme Stellung insofern ein, als die Hydrolyse von CH_3Cl nach S_N2, die von $(CH_3)_3CCl$ nach S_N1 verläuft. Die Verseifungsgeschwindigkeit des Isopropylchlorids gehorcht aber nicht mehr den einfachen Geschwindigkeitsgesetzen, sondern einem Gesetz der folgenden Art:

$$\frac{-d\,[\mathrm{RCl}]}{dt} = k_1 \cdot [\mathrm{RCl}] + k_2[\mathrm{RCl}] \cdot [\mathrm{OH}^{\ominus}]$$

worin ein mono- und ein bimolekularer Anteil stecken. Die graphische Darstellung der bei der alkalischen Verseifung verschiedener Alkylhalogenide mit verdünntem Alkali in wäßrigem Alkohol gewonnenen Konstanten der S_N1- und S_N2-Glieder (k_1 und k_2) zeigen in Abhängigkeit von der Konstitution der Alkylhalogenide[3] den in Abb. 39 dargestellten Verlauf.

Man sieht, daß Äthyl- und Isopropylhalogenid in der Größenordnung vergleichbare Geschwindigkeitskonstanten k_2 und k_1 haben. Insbesondere die sekundären Alkylhalogenide liegen in dem Grenzgebiet beider Reaktionstypen. Man findet zwar eine Abhängigkeit von der Hydroxylionenkonzentration, aber nicht in dem Maße, wie sie einer reinen S_N1- oder S_N2-Reaktion [Grenztypen $(CH_3)_3CCl$ und CH_3Cl] entsprechen würde[4]. Wählt man nun die experimentellen Bedingungen extrem dem einen oder anderen Mechanismus entsprechend, z. B. Ameisensäure als Solvens, Hydrolyse mit Wasser, S_N1-Typus, dann verlaufen sogar die Hydrolysen von primären Halogeniden nach S_N1. Man erhält nebenstehende *relativen Geschwindigkeiten*.

$-CH_3$	$-C_2H_5$	iso-Propyl-	tert.-Butyl-
1,00	1,71	44,7	$\sim 10^8$

[1] SWAIN, C. G.: J. Amer. Chem. Soc. **72**, 4578 (1950); s. a. T. M. LOWRY: J. Chem. Soc. (London) **127**, 1371 (1925).

[2] STEIGER, J., u. L. P. HAMMETT: J. Amer. Chem. Soc. **59**, 2536 (1937).

[3] HUGHES, E. D., u. C. K. INGOLD: J. Chem. Soc. (London) **1935**, 244. — HUGHES, E. D.: J. Chem. Soc. (London) **1935**, 255. — HUGHES, E. D., C. K. INGOLD u. U. G. SCHAPIRO: J. Chem. Soc. (London) **1936**, 255. — BATEMAN, L. C., K. A. COOPER, E. D. HUGHES u. C. K. INGOLD: J. Chem. Soc. (London) **1940**, 925.

[4] Die in der oben genannten Reihe zunehmende Neigung zum S_N1-Mechanismus beruht auf der zunehmenden Stabilisierung durch Hyperkonjugation (vgl. S. 410) und durch zunehmende sterische und induktive Effekte.

Umgekehrt erhält man beim Arbeiten in Aceton mit Chloranionen:

$$Cl^{\ominus} + RBr \rightarrow RCl + Br^{\ominus}$$

also typischen S_N2-Bedingungen, die relativen Geschwindigkeiten:

$—CH_3$	$—C_2H_5$	$n-C_3H_7$	$iso-C_3H_7$	$tert.-C_4H_9$
100	1,97	1,29	0,004	0,009

In diesen für CH_3Br bzw. tert.-C_4H_9Br umgekehrten Fällen liegen dann die Geschwindigkeitskonstanten $k_1(S_N1)$ und $k_2(S_N2)$ auf den nicht ausgezogenen Kurventeilen der Abb. 39.

Der innere Grund dafür, daß mitunter die Mechanismen umgekehrt werden oder nicht klar nach S_N1 bzw. S_N2 unterschieden werden können, ja daß man keineswegs immer eine solche klare Unterscheidung erwarten kann, liegt, wie schon betont, im Wesen der Vorgänge selbst. Hinzu kommt, daß in dem einen Fall die sich ablösende Gruppe durch das angreifende Reagens in Freiheit gesetzt wird und im anderen Fall dieses „In-Freiheit-Setzen" schon ohne eine solche Hilfe sich abspielt, wobei das substituierende Agens und das ganze System mithin einwirken können[1]. Art und Wesen der Bindung und die Umwelt der Reaktionspartner gehen so in oft noch nicht zu definierender Weise in das Reaktionsgeschehen ein.

Auch der *sterische Einfluß* auf den Reaktionstyp ist deutlich zu erkennen. Hierfür gibt es zwei eindrucksvolle Beispiele. Im *1-Chlorapocamphan*[2] und im *1-Bromtriptycen*[3]:

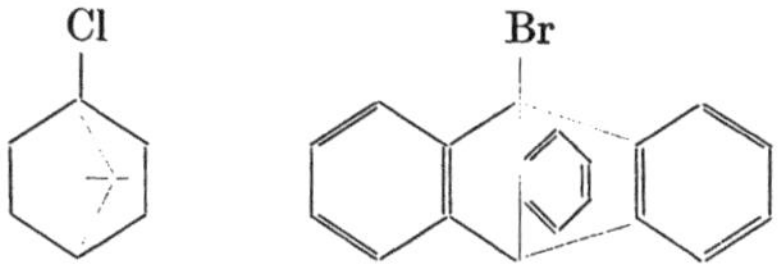

ist das Halogen in wäßrig alkoholischer Lösung mit Silbernitrat nicht nachzuweisen und nicht durch die Hydroxylgruppe zu ersetzen[4]. Aus sterischen Gründen ist eine Annäherung des $OH^{\ominus}$-Ions an das Substitutionszentrum von der dem Chlor oder Brom abgewendeten Seite nicht möglich. Der S_N2-Mechanismus scheidet aus. Aber auch eine S_N1-Reaktion kann nicht stattfinden, da infolge der Starrheit des Kohlenstoffgerüsts keine Möglichkeit zur Ausbildung eines ebenen Kations (Elektronensextett!) gegeben ist. Chlorapocamphan und Bromtriptycen lassen sich daher auf ionischem Wege *nicht* verseifen.

Aber nicht nur die *sterischen Verhältnisse* der Ausgangsverbindung, auch die *des Übergangszustandes* können den Typ einer Reaktion sehr wesentlich beeinflussen. Zunächst sei der experimentelle Befund wiedergegeben:

---

[1] Vgl. hierzu die noch problematischen Ergebnisse von S. WINSTEIN, E. GRÜNWALD u. H. W. JONES: J. Amer. Chem. Soc. **73**, 2700 (1951).

[2] BARTLETT, P. D., u. L. H. KNOX: J. Amer. Chem. Soc. **61**, 3184 (1939).

[3] BARTLETT, P. D., u. E. S. LEWIS: J. Amer. Chem. Soc. **72**, 1005 (1950). — Eine elegante Triptycensynthese haben G. WITTIG u. R. LUDWIG vor kurzem veröffentlicht. Die Autoren addieren das Dehydrobenzol (vgl. S. 387) an Anthracen, Angew. Chem. **68**, 40 (1956).

[4] Auch die Umwandlung von 1-Oxy-apocamphan in das 1-Halogenid mit HCl oder HBr ist in üblicher Weise nicht ausführbar.

Neopentylchlorid reagiert mit starker Natronlauge (überschüssige $OH^{\ominus}$-Ionenkonzentration) sehr langsam nach dem für solche primären Halogenide üblichem S_N2-Mechanismus unter Bildung von Neopentylalkohol:

$$(CH_3)_3C{-}CH_2{-}Cl \xrightarrow[S_N2]{OH^{\ominus}} (CH_3)_3C{-}CH_2{-}OH$$

Mit sehr geringer $OH^{\ominus}$-Ionenkonzentration, wie sie im Wasser vorliegt, findet dagegen rasch nach dem S_N1-Mechanismus die Bildung von Carbeniumionen statt:

$$(CH_3)_3C{-}CH_2{-}Cl \overset{H_2O}{\rightleftharpoons} (CH_3)_3C{-}\overset{\oplus}{C}H_2 + Cl^{\ominus}$$

Hier tritt nun eine Folgereaktion in Erscheinung.

Diese Carbeniumionen stabilisieren sich sofort unter Umlagerung (Anionotropie, vgl. S. 182) zu einem neuen Kation, das dann schließlich unter Einfangen eines $OH^{\ominus}$-Anions[1] tert.-Amylalkohol oder unter Abspaltung eines Protons Amylen liefert:

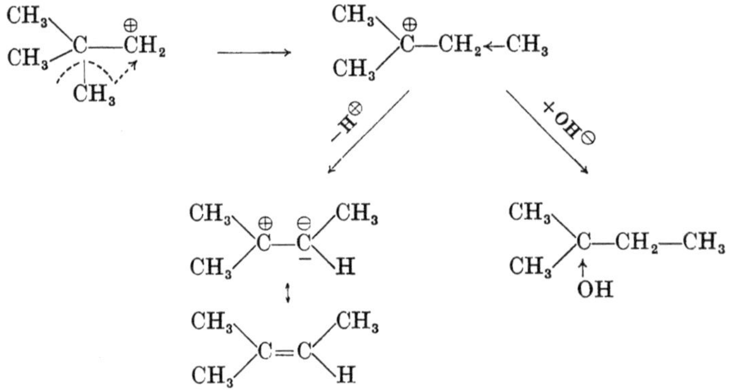

Abgesehen davon, daß man sich solche Reaktionsmöglichkeiten präparativ zunutze machen kann, zeigt dieses Beispiel eine völlige Umkehr des üblichen Reaktionsmechanismus. Das primäre Halogenid reagiert unter S_N2-Bedingungen sehr langsam und schlecht, dagegen leicht nach S_N1.

Unter den Bedingungen der S_N2-Reaktion (z. B. mit $OC_2H_5^{\ominus}$ in absolutem Alkohol) reagiert das *Neopentylbromid* (als primäres Halogenid!) ebenfalls etwa 10^4—10^5mal langsamer als das einfache primäre Alkylbromid CH_3Br. Aber auch hier kann man die Mechanismen willkürlich ändern. Setzt man die Bedingungen einer Hydrolyse solcher primärer Halogenide so, daß sie sich nach dem Typus S_N1 vollziehen können, z. B. in sehr verdünntem Alkohol oder in Ameisensäure, so macht sich nun kein Effekt der β-Substituenten mehr bemerkbar.

Tabelle 14. *Relative Geschwindigkeiten der* S_N2- *und* S_N1-*Reaktion primärer Alkylhalogenide*

primäres R	CH_3CH_2-	$CH_3CH_2CH_2-$	$(CH_3)_2CHCH_2-$	$(CH_3)_3CCH_2-$
$RBr + OC_2H_5^{\ominus}$ in C_2H_5OH, 55°	(1)[2]	(0,82)	(0,030)	(0,0000042)[3]
RBr + 50% wäßriges C_2H_5OH, 95°	(1)	(0,58)	(0,080)[4]	0,0064[5]
$RBr + H_2O$, in HCOOH, 95°	1	0,69	—	0,57

[1] In Alkohol werden $OR^{\ominus}$-Anionen unter Ätherbildung eingefangen.
[2] Eingeklammerte Zahlen = bimolekulare Reaktion, sonst S_N1.
[3] Mit $OC_2H_5^{\ominus}$ sicher S_N2-Mechanismus.
[4] Fraglich, ob S_N2.
[5] Unempfindlich gegen Alkali, sicher S_N1.

Die bimolekulare Substitution S_N2 wird demnach durch Verzweigung in β-Stellung *stark gehemmt*[1].

Tabelle 15. *Relative Geschwindigkeiten der* S_N1-*Reaktion tertiärer Alkylhalogenide*

tertiäres R	$CH_3C(CH_3)_2$	$CH_3CH_2C(CH_3)_2$	$(CH_3)_2CH—C(CH_3)_2$	$(CH_3)_3C—C(CH_3)_2$
RCl + 80% wäßr. C_2H_5OH, 25°	1	1,68	0,87	1,16
RBr + 80% wäßr. C_2H_5OH, 25°	1	1,78	1,22	1,68
RJ + 80% wäßr. C_2H_5OH, 25°	1	2,00	1,62	2,84

Aus diesen Ergebnissen folgt, daß diese nach S_N1 oder S_N2 verlaufenden Reaktionen offenbar nach sehr verschiedenen Mechanismen sich vollziehen.

Zum Verständnis dieser besonderen Reaktionsweise sei eine kurze Betrachtung der *sterischen Verhältnisse im Übergangszustand* angeschlossen.

Ersetzt man die drei Wasserstoffatome der ebenen C (*a*, *b*, *c*)-Gruppe des Übergangszustands (vgl. Abb. 38, S. 110) successive durch Methylgruppen, so erhält man die *α-methylierte* Reihe:

$$CH_3,\ CH_3CH_2,\ (CH_3)_2CH,\ (CH_3)_3C$$

Dabei ergibt sich in nach rechts zunehmendem Maße eine sterische Behinderung für eine S_N2-Reaktion. Der Effekt verdoppelt sich beim Isopropyl und ist etwa verdreifacht beim tert.-Butyl, bezogen auf das Methyl als willkürlichen Ausgangspunkt.

Führt man dagegen in der Äthylgruppe an den Wasserstoffatomen des CH_3 den Ersatz dieser H-Atome durch Methylgruppen durch, so erhält man eine *β-methylierte* Reihe:

CH_3CH_2,	$CH_3CH_2CH_2$,	$(CH_3)_2CHCH_2$,	$(CH_3)_3CCH_2$,
Äthyl	n-Propyl	Isobutyl	Neopentyl

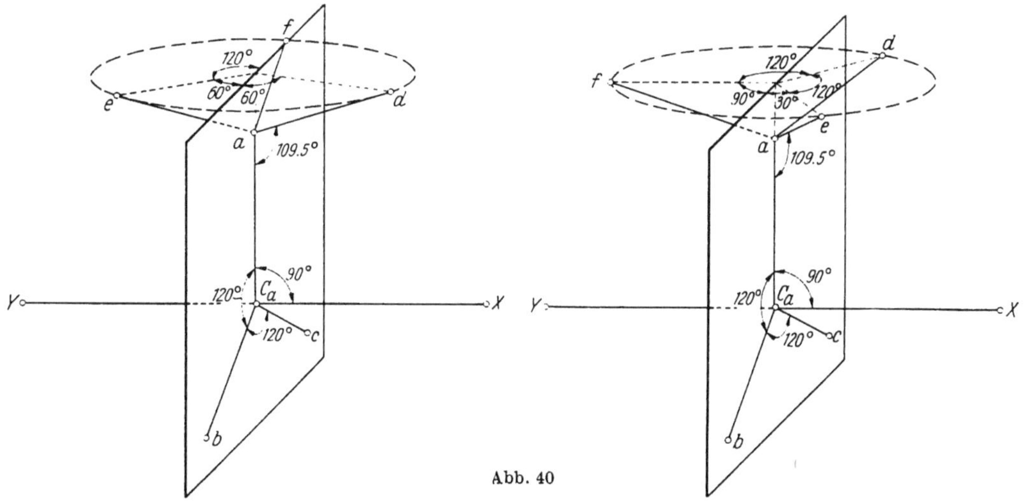

Abb. 40

Betrachtet man das räumliche Modell einer S_N2-Reaktion dieser Art, so sieht man, wie Abb. 40 zeigt, daß in der Methylgruppe des n-Propylrestes noch keine

[1] Durch Umsetzung von $(CH_3)_3C—CH_2O—Si(C_2H_5)_3$ mit SO_2Cl_2 in Chinolin gelingt die Bildung von Neopentylchlorid [neben $(C_2H_5)_3SiCl$] mit guten Ausbeuten ohne Umlagerung des Kohlenstoffskelets, L. H. SOMMER, H. D. BLANKMANN u. P. C. MILLER: J. Amer. Chem. Soc. **76**, 803 (1954).

Behinderung der Gruppen oder Atome Y und X vorhanden ist, dagegen zwei Methylgruppen des Isobutylrestes schon diese Atome Y und X teilweise behindern können, aber noch gewisse ausweichende Stellungen möglich sind, und schließlich beim Neopentylchlorid wegen der drei β-ständigen Methylgruppen auf keinen Fall mehr irgendein Ausweichen in eine Stellung ohne wesentliche Behinderung des herankommenden Substituenten Y möglich ist. Hier tritt demnach sehr starke Behinderung einer Reaktion nach dem S_N2-Typus auf. Wesentlich erscheinen demnach nicht nur die *sterischen Verhältnisse* im anfänglichen Normalzustand, sondern vor allem im reagierenden *Übergangs*zustand[1].

Interessante Verhältnisse finden sich auch, wenn man zur Untersuchung des reaktiven Verhaltens noch *höher verzweigter* Alkylhalogenide übergeht[2].

Bei Umsetzungen solcher Halogenide in 80%igem wäßrigem Alkohol bei 25° nach dem S_N1-Typus ergeben sich folgende relative Reaktionsgeschwindigkeiten:

$(CH_3)_3C—Cl$	$[(CH_3)_3C]_3C—Cl$
1	600

Es machen sich demnach bei den stärkst verzweigten Halogeniden sehr starke *Beschleunigungseffekte* der Reaktionen bemerkbar. Da aber diese Reaktionen fast immer von Umlagerungen des intermediär entstehenden Carbeniumkations begleitet sind, läßt sich zur Zeit nicht entscheiden, ob die Hauptursache dieser Beschleunigung ein sterischer Effekt ist oder die Umlagerungsmöglichkeit maßgeblich sich beteiligt.

Abschließend sei nochmals darauf hingewiesen, wie außerordentlich kompliziert sich die Analyse des feineren Reaktionsmechanismus gestalten kann. Oft ist es schwierig, wenn nicht unmöglich, aus kinetischen Daten allein etwas über den Ablauf des Reaktionsgeschehens zu erfahren und es bedarf dann der ganzen Experimentierkunst unter Zuhilfenahme verschiedenster Methoden physikalischer und chemischer Art, um in das eigentliche Wesen des Reaktionsereignisses weiter eindringen zu können. Zu oft ist aber auch dann noch der Weg versperrt. Hier werden neue experimentelle Erkenntnisse weiter helfen, so, wie seinerzeit die experimentelle Beobachtung P. WALDENs den Anstoß zur Erforschung der Substitutionsreaktionen an gesättigten Kohlenstoffatomen gegeben hat.

V. Kohlenstoff-Sauerstoff- und Kohlenstoff-Schwefel-Bindung

Die Substitution eines H-Atoms in einer nur aus Kohlenstoff und Wasserstoff bestehenden Verbindung durch ein Sauerstoff- bzw. Schwefelatom ergibt gegenüber der Halogensubstitution eine Besonderheit hinsichtlich der Raumanordnung des Moleküls. Wegen der *Zweibindigkeit* der eintretenden Substituenten muß z. B. im Falle der Herstellung einer einfachen C—O-Bindung die zweite noch freie Sauerstoffbindung mit irgendeinem Atom oder einer Atomgruppe abgesättigt sein. Ist das nicht der Fall, so liegt ein Sauerstoffradikal wie in den Aroxylen[3]

---

[1] HUGHES, E. D.: Trans. Faraday Soc. **37**, 620 (1941). — DOSTROVSKY, J., u. E. D. HUGHES: J. Chem. Soc. (London) **1946**, 157, 161, 164, 166, 169, 171. — DOSTROVSKY, J., E. D. HUGHES u. C. K. INGOLD: J. Chem. Soc. (London) **1946**, 173.

[2] BROWN, F., T. D. DAVIES, J. DOSTROVSKY, O. J. EVANS u. E. D. HUGHES: Nature (London) **167**, 987 (1951). — BROWN, H. C., u. R. B. KORNBLUM: J. Amer. Chem. Soc. **76**, 4510 (1954).

[3] MÜLLER, EUGEN, u. K. LEY: Z. f. Naturforsch. 8b, 694 (1953); Chem. Ber. I. Mitt. **87**, 927 (1954); VI. Mitt., EUGEN MÜLLER, K. LEY u. W. SCHMIDHUBER: Chem. Ber. **89**, 1738 (1956); Zusammenfassung Chem.-Ztg. **80**, 618 (1956). — Siehe ferner Kap. B, S. 392.

vor. Für die *Raumanordnung* der Bindungen in einer gesättigten sauerstoffhaltigen Molekel sind verschiedene Möglichkeiten denkbar, z. B.:

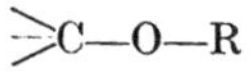
I

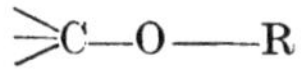
II

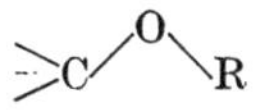
III

I und II unterscheiden sich durch einen verschiedenen *Kernabstand* der mit dem Sauerstoffatom verbundenen Liganden, während in III die Liganden unter einem bestimmten *Winkel* zueinander angeordnet sind. Zu welchem Ergebnis die neuere quantenmechanische Atomtheorie gelangt, sei am Beispiel des Typus *Wasser* angedeutet. Die zur Bindung verfügbaren Atombahnen (atomic orbitals) zur Aufstellung der LCAO-(linear combination atomic orbitals)-Wellenfunktionen sind einerseits die beiden $1s$-Bahnen der Wasserstoffatome H_1 und H_2 und andererseits die $2p_x$- und $2p_y$-Bahnen des Sauerstoffatoms[1] (vgl. Abb. 41).

O: 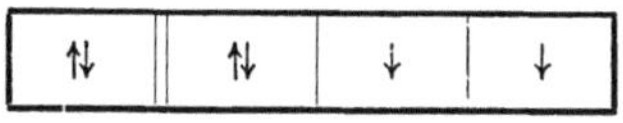

$2s$ $2p$

Nach dem früher schon (s. S. 20) erläuterten Prinzip der maximalen Überlappung der Elektronenbahnen zur Herstellung von Bindungen maximaler Energie (Potentialminimum) ergibt sich das im schematischen Bild (Abb. 41) wiedergegebene Modell des Wassermoleküls. Die beiden gebildeten σ-H—O-Bindungen bilden miteinander einen *rechten Winkel* (p_x und p_y!). Spektroskopische Untersuchungen und Dipolmessungen zeigen aber, daß der Winkel H—O—H größer als 90° sein muß, nämlich 104° 31′ (bei H_2S: 92°). Daher ist die oben angedeutete Berechnung

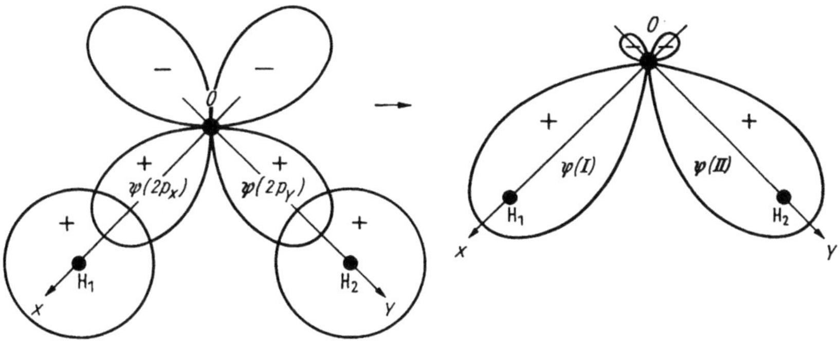

Abb. 41. Lokalisierte Molekularbahnen für das Wasser-Molekül (vgl. COULSON, S. 157)

offenbar von zu sehr vereinfachten Annahmen ausgegangen. Man hat außer den oben genannten Faktoren auch die gegenseitige *Abstoßung* der beiden H-Atome untereinander zu berücksichtigen. Die elektrostatische Wechselwirkung der H-Atome öffnet den Winkel am Sauerstoffatom aber nur auf etwa 95°. Auch dieser Effekt reicht daher offenbar noch nicht zur Wiedergabe der tatsächlichen Verhältnisse aus. Eine weitere Möglichkeit, die ebenfalls eine zusätzliche COULOMBsche Abstoßung der beiden H-Atome und damit weitere Winkelspreizung

[1] Die $2p_z$-Elektronenbahnen kommen wegen ihrer anderen Symmetrie nicht für eine Kombination mit den $1s$-Bahnen in Betracht.

hervorrufen kann, wäre z. B. die Anwesenheit von *polaren* (ionischen) Zuständen neben den kovalenten Bindungen:

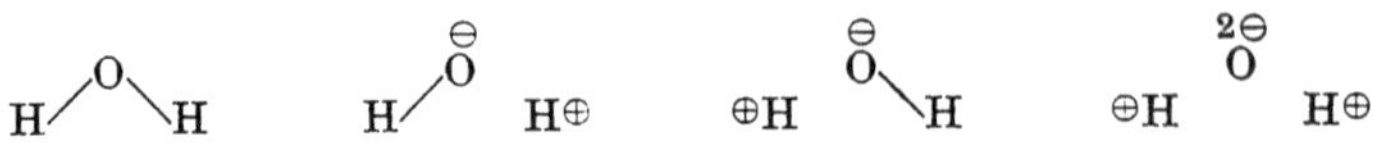

I II III IV

„Strukturen" dieser Art[1] würden der Tatsache Rechnung tragen, daß auch die C—O-Bindung wegen der sehr unterschiedlichen Elektronenaffinität von Kohlenstoff und Sauerstoff keinen reinen Atombindungscharakter besitzt, sondern wie die C-Halogen-Bindung eine Atombindung mit *partiellem Ionencharakter* darstellt, d. h. Überlagerung der beiden zugehörigen ψ-Funktionen nach:

$$\psi = \psi_{cov} + \lambda\, \psi_{ion}$$

Folgt man den PAULINGschen Vorstellungen, dann sollte die O—H-Bindung zu 39% ionischen Charakter besitzen. Die Bedeutung dieser Ionenstrukturen tritt aber erheblich zurück gegenüber dem Phänomen der *Hybridisierung*, wie wir es schon bei der H—Cl-Bindungsbildung kennen gelernt haben und zeigt zugleich, daß die Dinge in Wirklichkeit offenbar viel komplizierter, selbst bei so einfachen Molekülen wie dem Wassermolekül, liegen[2]. Die vom Sauerstoffatom zur Verfügung gestellten Atombahnen sind nämlich keine reinen p-Bahnen, sondern hybridisiert zunächst mit den $2s$-Bahnen der noch im O-Atom vorhandenen nicht bindenden Elektronen. Eine geringe Zumischung (Hybridisierung) von s-Bahnen gibt eine viel stärkere Überlappungsmöglichkeit für die H—O-Bindungsbahnen. Demgemäß verbleiben die nicht bindenden *Elektronen* des Sauerstoffs nicht als einfache $(2s)^2$-Elektronen, sondern nehmen teilweise p-Charakter an mit Ladungsgrenzflächen (bounding surface), die von den H-Atomen fortweisen (vgl. Abb. 42).

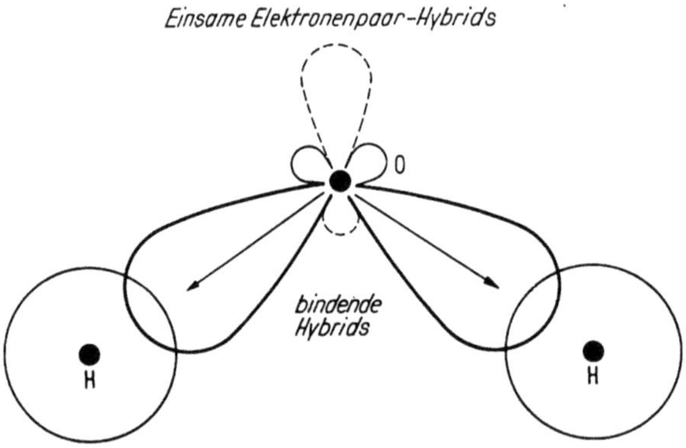

Abb. 42. Hybridisierung im H_2O-Molekül

Daher kommt ein wesentlicher Teil des gesamten *Dipolmoments* des Wassers (1,84 D) auf die atomaren Dipole der nicht bindenden hybridisierten Elektronen. Die ionischen Strukturen spielen offensichtlich eine geringere Rolle, als es zunächst den Anschein hat[3]. Unter Berücksichtigung dieser Hybridisierung erhält man erst eine Übereinstimmung von quantenmechanischer Berechnung und experimentellem Befund. Das Ergebnis zeigt, wie vorsichtig man bei der Abschätzung des ionischen Charakters einer Bindung aus dem gemessenen Dipolmoment sein

[1] Aus dem gemessenen Dipolmoment von 1,84 D ergeben sich folgende „Gewichte" der Strukturen I: 41%, II und III: 23%, IV: 13%.

[2] Die Annahme einer konstanten Elektronegativität für ein Atom X mag noch bei zweiatomigen Molekeln einigermaßen gelten, nicht aber für polyatomare Molekeln. Die polaren oder ionischen Effekte in einer Bindung induzieren entsprechende Effekte in den benachbarten Bindungen!

[3] Dasselbe gilt auch für NH_3, das eine Spreizung des Winkels HNH von 90° auf 106° zeigt (vgl. S. 137).

muß. Es ist eben sehr schwierig, das gemessene Gesamtmoment in die Teilbeiträge der einzelnen Bindungen und der noch eventuell vorhandenen einsamen Elektronenpaare aufzugliedern[1].

Der für die R—S—H- bzw. R—S—R'-Verbindungen zugrunde liegende Typus des *Schwefelwasserstoffs* zeigt einen Bindungswinkel von 92°. Hier spielen daher die oben erläuterten Hybridisierungen eine nur geringe Rolle und die an der H—S-Bindung beteiligten Elektronen nehmen weitgehend in ihren p_x- und p_y-Zuständen teil.

Im grundsätzlichen ändert sich an diesen Überlegungen praktisch nichts, wenn man von den Grundtypen HOH und HSH zu den organischen Derivaten ROH oder ROR' und RSH bzw. R—S—R übergeht. Allerdings müssen die Reste R gesättigt sein und keine Doppelbindungen in geeigneter Stellung zu den Heteroatomen enthalten, bzw. auch keine aromatischen Reste darstellen (Einfluß der Mesomerie, siehe später S. 146). Unter diesen Voraussetzungen kann man daher das quantenmechanische Ergebnis an den Molekeln H_2O bzw. H_2S auf die hier interessierenden organischen O- und S-Derivate übertragen.

1. Konfiguration sauerstoff- und schwefelhaltiger Moleküle

Bereits im voranstehenden Abschnitt war darauf hingewiesen worden, daß die chemischen und physikalischen Untersuchungsergebnisse nur mit einer gewinkelten Konfiguration des Wassermoleküls und der von diesem Typus sich ableitenden organischen Derivate, der Alkohole, Äther, Acetale u. ä. m. in Einklang stehen. Aus Infrarot- und Mikrowellenspektren folgt für das Wassermolekül ein *Bindungswinkel* am Sauerstoff von 105° 3′ und für die *Kernabstände* O—H: 0,957 Å, H—H: 2,2 Å. Damit steht auch das zu 1,84 D bestimmte Dipolmoment des Wassers (in Dampfform) in Übereinstimmung.

Man wird daher auch im *Methylalkohol* und seinen Homologen, ebenso beim *Dimethyläther* und dessen Homologen (analog bei den Acetalen usw.) auf eine am Sauerstoffatom gewinkelte Konfiguration des Moleküls schließen können. Der C—O-Abstand beträgt auf Grund spektroskopischer bzw. durch Elektroneninterferenzen ermittelter Werte durchschnittlich 1,43 ± 0,03 Å. Aus der Bestimmung der KERR-Konstanten ergibt sich ebenfalls ein gewinkelter Aufbau der Alkohole[2].

Die Behinderung der freien Drehbarkeit ist wegen des relativ kleinen Wertes des Behinderungspotentials bei Methanol und Äthanol noch nicht so groß, daß sie bei normalen chemischen Arbeiten in Erscheinung treten würde[3]. Handelt es sich um mehrwertige Alkohole, etwa mit endständigen Hydroxylgruppen, z. B. *Glykol* oder *Dekamethylenglykol,* so sind die endständigen Gruppen in den durch eine längere CH_2-Kette verbundenen Diolen praktisch frei drehbar[4]. Im Falle des Dekamethylenglykols sind die beiden Hydroxylgruppen „bindfadenweich" miteinander verbunden, was zeigt, daß solche Moleküle auch in flüssigem Zustande nicht als gestreckte, starre Zickzack-Ketten, sondern als biegsame Fäden anzusehen sind. Weitere Fragen wie die der Assoziation von Alkoholen siehe S. 260.

---

[1] Vgl. a. H. A. STUART: Struktur des freien Moleküls. Berlin: Springer-Verlag 1952; s. ferner C. A. COULSON: Valence, S. 210ff. New York: Clarendon Press 1952.

[2] Dipolmoment CH_3OH: 1,70 D, n-Dodecylalkohol: 1,62 D.

[3] Einzelheiten der Feinstruktur der Alkohole siehe H. A. STUART: Die Struktur des freien Moleküls, S. 212ff. Berlin: Springer-Verlag 1952.

[4] Damit steht das unter dieser Voraussetzung berechnete Dipolmoment in guter Übereinstimmung. Für den Fall des Glykols s. H. A. STUART: Die Struktur des freien Moleküls, S. 322. Berlin: Springer-Verlag 1952.

Dem gewinkelten Aufbau der Alkohole entsprechend ist auch der räumliche Bau der Äthermolekeln zu denken. Für den *Dimethyläther* erhält man experimentell einen Winkel von 111° ± 3° (im Grundzustand). Etwas komplizierter werden die möglichen Raumformen bei höheren Äthern. Von den verschiedenen möglichen Konfigurationen kommen für den *Diäthyläther* (im Gaszustand) nur die folgenden Stellungen I und II in Betracht (Abb. 43; C—O—C-Winkel 108° ± 3°):

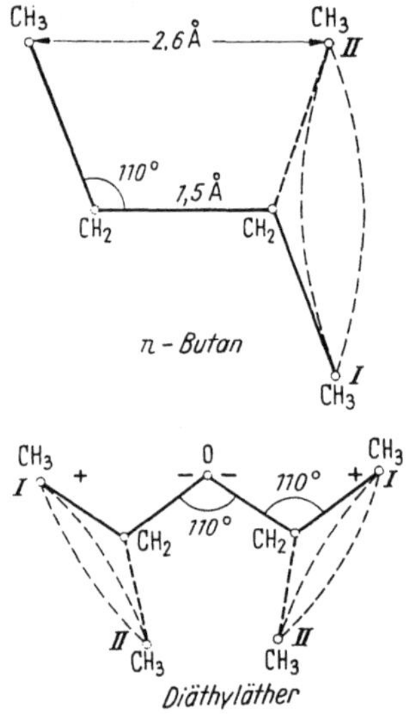

Abb. 43

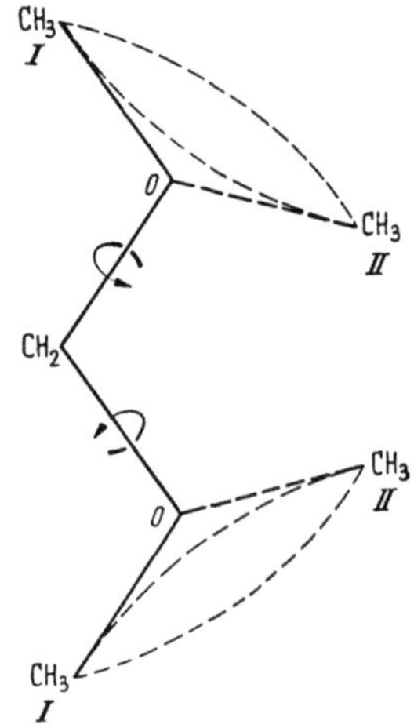

Abb. 44

Die Stellung II mit beiden Methylgruppen in „cis"-Anordnung ist wegen der großen Abstoßung völlig unmöglich. Ebenso ist nach den Erfahrungen am *n-Butan* (vgl. S. 28) eine Anordnung wenig wahrscheinlich, in der die eine Gruppe in I, die zweite in II steht. Dagegen dürfte aus elektrostatischen Gründen eine Form I energetisch begünstigt sein. Nach H. A. STUART sind Formen mit großen Drehschwingungen der Methyl-Gruppen um die Lage I zu erwarten, was in guter Übereinstimmung mit dem Ergebnis der elektrischen Doppelbrechung steht.

Für den *Di-n-propyläther* ergibt sich eine noch etwas kompliziertere Gestalt. Aus den Messungen des Depolarisationsgrades folgt, daß hier offenbar Formen vorliegen, in denen die CH_3- bzw. C_2H_5-Gruppe erheblich aus der durch die Atome C—O—C gebildeten Ebene (hier Papierebene) herausragen z. B.:

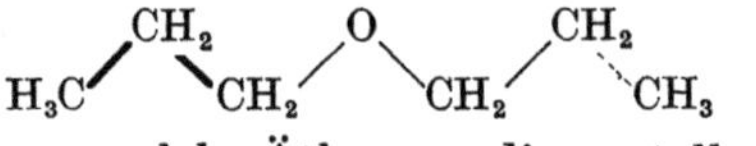

Noch andere Formen nehmen solche Äther an, die anstelle der gesättigten Reste R aromatische oder ungesättigte tragen (Mesomerieeffekt, vgl. S. 146ff.). Dann findet eine weitere Valenzwinkelspreizung am Sauerstoffatom bis zu Werten von etwa 125° statt.

Eine ähnliche Molekülform, wie sie soeben für den Di-n-propyläther erörtert wurde, scheint nach dem Ergebnis von Messungen der Temperaturabhängigkeit des Dipolmoments beim *Dimethoxy-* bzw. *Diäthoxy-methan* vorzuliegen. Wegen der elektrostatischen Kräfte zwischen den Acetalsauerstoffatomen und den CH_3- bzw. CH_3CH_2-Gruppen erscheint eine Gleichgewichtslage am stabilsten, in der die beiden CH_3-Gruppen z.B. auf entgegengesetzten Seiten der O—C—O-Ebene liegen[1] (Abb. 44).

[1] Weiteres siehe H. A. STUART: Die Struktur des freien Moleküls, S. 326ff. Berlin: Springer-Verlag 1952. Die „Konstellationen" sind in obiger Darstellung vernachlässigt, vgl. dazu S. 25.

Ganz ähnlich den vorgenannten Fällen ist das Valenzwinkelgerüst an dem einfach gebundenen Sauerstoffatom in anderen entsprechenden Verbindungen wie z. B. den *Estern* R—CO—O—R (112°± 3°) oder in den *Peroxyden* R—O—O—R (105—108°).

Auch *cyclische Äther* wie Tetrahydrofuran oder 1,4-Dioxan:

$$\begin{array}{cc} H_2C\text{---}CH_2 & H_2C^{\diagup O\diagdown}CH_2 \\ H_2C_{\diagdown O\diagup}CH_2 & H_2C_{\diagdown O\diagup}CH_2 \end{array}$$

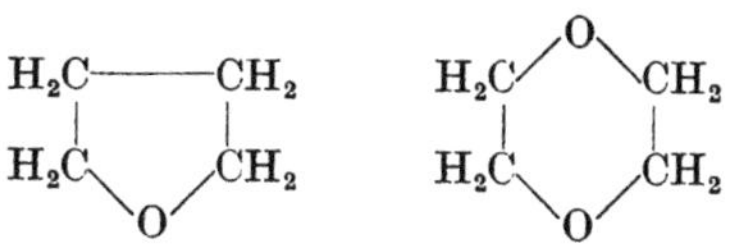

zeigen einen Aufbau mit Winkeln von 111°± 2° bzw. 108°± 5° am Sauerstoffatom.

Für die Raumgestalt des *Äthylenoxyds*:

$$H_2C\text{---}CH_2 \atop \diagdown O \diagup$$

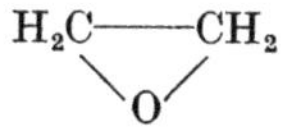

und anderer Epoxyde dürften ähnliche Verhältnisse maßgebend sein wie etwa beim Cyclopropan (vgl. S. 33). Die in einem solchen Dreiringsystem unvollkommene Hybridisierung verursacht den höheren Energieinhalt, das größere Reaktionsvermögen und die „Spannung"[1]. Schließlich wäre noch auf die besondere Raumstruktur des festen *polymeren* Äthylenoxyds hinzuweisen. Das Polymere —$(CH_2\text{—}CH_2\text{—}O)_n$— liegt in einer *Mäanderform* vor, wobei natürlich in der Schmelze oder in Lösung diese Form nicht erhalten bleibt (Abb. 45).

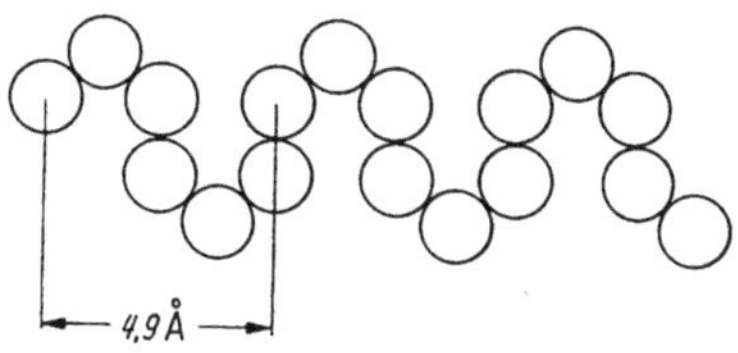

Abb. 45

Diese Beispiele der Konfigurationsbestimmung von O-haltigen Kohlenstoffverbindungen mittels physikalischer Methoden erhärten die schon auf Grund von chemischen Versuchen angenommenen gewinkelten Strukturen. Gerade aus dem Ersatz von CH_2-Gruppen in gesättigten Ringsystemen durch ein O-Atom wie etwa beim *Tetrahydropyran* oder beim *1,4-Dioxan*[2]:

oder auch großen cyclischen Systemen und aus der Existenz vieler anderer derartiger Heterocyclen hatte man schon immer auf eine sterische Gleichartigkeit einer CH_2-Gruppe und eines O-Atoms geschlossen. Man kann daher sagen, daß in gesättigten Verbindungen das Sauerstoffatom mit einem Winkel von rund 110° wie das Kohlenstoffatom selbst seine beiden Liganden bindet. Infolge des Vorhandenseins von *einsamen Elektronenpaaren* am Sauerstoffatom ergibt sich, wie schon oben bemerkt, eine Beeinflußbarkeit des Sauerstoffwinkels im Sinne einer Aufweitung insbesondere durch die Gegenwart anderer (mesomeriefähiger) Reste.

Entsprechend der Stellung des *Schwefels* im Periodensystem der Elemente haben wir uns die Herstellung einer einfachen Kohlenstoff-Schwefel-Atombindung zu denken. Der den Thio-alkoholen, -äthern, -acetalen, -estern usw. zugrunde liegende Typus H_2S zeigt nach physikalischen Meßergebnissen einen Winkel am Schwefelatom von 92° 16'. Entsprechend den früheren Ausführungen liegen hier

---

[1] DONOHUE, J., G. L. HUMPHREY u. V. SCHOMAKER: J. Amer. Chem. Soc. **67**, 332 (1945).
[2] Man kennt auch 1,3-Dioxanderivate, z. B. DBP. Anm. 6505 D 12 q vom 1. 10. 1948, Chem. Werke Hüls AG., L. BUB, H. STEINBRINK u. N. ROH. — Über 1,2-Dioxan (1,2-Dioxacyclohexan) siehe R. CRIEGEE u. G. MÜLLER, Chem. Ber. **89**, 238 (1956).

praktisch *reine* *s*-*p*-Bindungen vor, nicht wie beim Wasser hybridisierte. Die Atomabstände sind H—S: 1,35 Å und H—H: 1,95 Å (ber. für 90°: 1,91 Å). Im *Dimethyldisulfid* ist der Winkel am Schwefelatom (im Grundzustand)

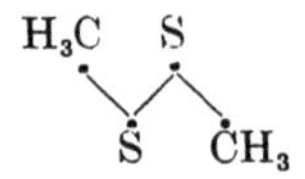

104° ± 5°, der Abstand CH_3—S: 2,04 Å. Wegen dieser größeren Abstände (H_2O: H—O 0,96 Å) wird die Abstoßung der H-Atome und damit die Winkelspreizung kleiner als beim Sauerstoffatom[1].

Die organischen Thioderivate mit einfach gebundenem Schwefelatom sind daher ebenfalls als gewinkelt anzusehen, wobei allerdings dieser Winkel etwas kleiner als der Sauerstoff-Kohlenstoff-Winkel ist. Diese Abweichung macht sich aber kaum bemerkbar, da man ohne weiteres auch den Schwefel wie den Sauerstoff als Ringglied anstelle von CH_2-Gruppen in gesättigte cyclische Verbindungen einbauen kann. Immerhin ist das Ausmaß der Winkelspreizung bei Schwefel geringer als beim Sauerstoff.

Abschließend sei auf eine in ihren Einzelheiten noch nicht geklärte Erscheinung hingewiesen. *Thianthren*[2]:

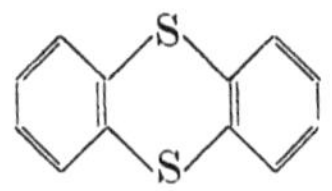

oder *9,10-Dihydro-anthracen*[3]:

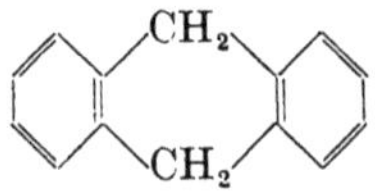

besitzen endliche Dipolmomente und nicht das Moment Null, welches bei einer ebenen Anordnung der drei Ringe vorhanden sein müßte. Zur Deutung dieses Effektes hat man eine mehr oder weniger stabile gefaltete Lage der Molekel (gefaltet um die S—S- bzw. CH_2—CH_2-Achse) angenommen.

Eine Konstanz der Valenzwinkel, wie sie das Kohlenstoffatom zeigt, tritt bei dem Sauerstoff- und Schwefel-Atom nicht in dem gleichen Maße auf, ebenfalls ein Ausdruck der Sonderstellung des Kohlenstoffs im Periodensystem der Elemente, letztlich in dem Bau des Kohlenstoffatoms selbst begründet.

2. Oxoniumsalze

Bei einer Reihe von C—O—C-Verbindungen begegnen wir einem besonderen Verhalten, das in noch ausgeprägterem Maße bei den im folgenden Abschnitt zu besprechenden C—N-Verbindungen auftritt. Nach der Elektronentheorie der Bindung besitzt der Sauerstoff in seinen Verbindungen außer den beiden bindenden Elektronenpaaren noch zwei *einsame Elektronenpaare*: $R—\overline{\underline{O}}—R'$.

Von diesen beiden einsamen Elektronenpaaren kann eines durch Einlagerung in eine *Oktettlücke* eines geeigneten Partners mit diesem anteilig werden und somit

[1] Bei H_2Se (H—Se-Abstand 1,50 Å) beträgt der Winkel am Se bereits 90°, ist also „normal"; Winkel S—S im Cl—S—S—Cl: 104 ± 2,5°.

[2] Bergmann, E., u. M. Tschudnowsky: Ber. dtsch. chem. Ges. **65**, 458 (1932).

[3] Turner, E. E., u. Mitarb.: J. Chem. Soc. (London) **1938**, 404. — Wood, R. G., u. G. Williams: Nature (London) **150**, 321 (1942).

eine neue Bindung herstellen. Im einfachsten Fall kann ein einsames Elektronenpaar des Sauerstoffatoms im Wasser ein Proton anlagern:

$$\begin{array}{c}H\\ \diagdown\\ \underline{O}\\ \diagup\\ H\end{array} + H^{\oplus} \longrightarrow \left[\begin{array}{c}H\\ \diagdown\\ \underline{O}\rightarrow H\\ \diagup\\ H\end{array}\right]^{\oplus}$$

wobei das *Hydroxoniumion* entsteht[1]. In diesem Komplex, der beim Lösen starker Säuren in Wasser entsteht, hat sich im ganzen gesehen der Elektronenbestand des Sauerstoffs nicht geändert, er hat weder Elektronen an andere Atome abgegeben noch aufgenommen, d. h. er ist *zweiwertig* geblieben, aber *dreibindig* geworden. Da dem Sauerstoffatom nun aber nur noch fünf statt der ursprünglichen sechs Elektronen zur Verfügung stehen, führt dies zum Auftreten einer nicht lokalisierbaren *positiven Ladung*, es ist ein komplexes Kation entstanden. Diese analog der Ammoniumsalzbildung[2] (vgl. S.139) in Erscheinung tretenden „Onium"-komplexe werden demgemäß hier als *Ox-onium*-Verbindungen bezeichnet[3]. Da jede O—H-Bindung im Wasser ~ 110 kcal entspricht (Bildungsenergie von H_2O aus O- und H-Atomen = 220 kcal) und da die Protonenaffinität des H_2O etwa 180 kcal beträgt (Bildungsenergie des $[H_3O]^{\oplus}$-Ions also etwa 400 kcal), entspricht die O—H-Bindung im $[H_3O]^{\oplus}$-Ion etwa 133 kcal; das bedeutet, daß der Übergang von H_2O zu $H_3O^{\oplus}$ jede Bindung sehr erheblich verstärkt und somit die Ursache ist für die Bildung des Komplexes, die Hydratation und Dissoziation (z. B. von Säuren) in Wasser.

Durch Ersatz der H-Atome im Wasser durch organische Reste R lassen sich im Prinzip ganz analog die organischen Oxoniumverbindungen ableiten:

$$\begin{array}{c}R\\ \diagdown\\ \underline{O}\\ \diagup\\ R\end{array} + R'X \longrightarrow \left[\begin{array}{c}R\\ \diagdown\\ \underline{O}\rightarrow R'\\ \diagup\\ R\end{array}\right]^{\oplus} X^{\ominus}$$

Zur Erfüllung dieses formalen Bildungsschemas sind aber noch spezielle Voraussetzungen notwendig. So ist beispielsweise schon die einfachste Ätherverbindung dieser Art, das isolierbare Additionsprodukt von *Dimethyläther* und *Chlorwasserstoff* seinen Eigenschaften nach (nicht salzartig, unzersetzt und leicht flüchtig) *nicht* als Oxoniumsalz, sondern als einfache Additionsverbindung zu formulieren:

$$\left[\begin{array}{c}CH_3\\ \diagdown\\ \underline{O}\rightarrow H\\ \diagup\\ CH_3\end{array}\right]^{\oplus} Cl^{\ominus} \qquad\qquad \begin{array}{c}CH_3\\ \diagdown\\ \underline{O}\, ,\, HCl\\ \diagup\\ CH_3\end{array}$$

unrichtig   richtig

---

[1] HANTZSCH, A.: Z. Elektrochem. **29**, 221 (1923).

[2] Wie nahe Oxonium- und Ammonium-Verbindungen verwandt sind, zeigt die Isomorphie der kristallinen Verbindungen Überchlorsäure-monohydrat und Ammonium-perchlorat, was sich formelmäßig so wiedergeben läßt:

$$[H_3O]^{\oplus}ClO_4^{\ominus} \text{ u. } [NH_4]^{\oplus}ClO_4^{\ominus}$$

VOLMER, M.: Liebigs Ann. **440**, 200 (1924).

[3] J. N. COLLIE u. T. TICKLE, die Entdecker dieser Oxoniumsalzbildung an γ-Pyronderivaten, glaubten die Stoffe mit „vierwertigem" Sauerstoff formulieren zu müssen, J. Chem. Soc. (London) **75**, 710 (1899)]; die „vierte" Valenz ist aber im Gegensatz zu den drei anderen eine Ionenbindung, s. a. F. ARNDT: Ber. dtsch. chem. Ges. **57**, 1903 (1924). — Oniumverbindungen entstehen durch Addition eines $H^{\oplus}$ oder $R^{\oplus}$ an das einsame Elektronenpaar des Zentralatoms, daher Ammonium-, Phosphonium-, Oxonium-, Sulfonium-Verbindungen. Die Bildung kationischen Kohlenstoffs durch Ionisation beispielsweise von $R—X \rightarrow R^{\oplus} + X^{\ominus}$ hat damit nichts zu tun. Daher ist die Bezeichnung „Carbonium" unzutreffend und durch Carbenium zu ersetzen. Demgemäß werden die Anionen „Carbeniatanionen oder Carbanionen, Carbeniat-Ionen" genannt. DILTHEY, W., u. R. DINKLAGE: Ber. dtsch. chem. Ges. **62**, 1836 (1929). — EISTERT, B.: Chemismus und Konstitution, S. 30. Stuttgart: F. Enke 1948.

Echte Oxoniumsalze lassen sich auf einem Umweg mittels einer gekoppelten Reaktion gewinnen, eine Reaktion, die wegen der immerhin geringen Basizität des Äthersauerstoffs nicht direkt möglich ist. Man setzt zu diesem Zweck nach den Untersuchungen von H. MEERWEIN[1] z. B. die *Borfluorid*-Additionsverbindung von *Äthern* mit *Alkylhalogeniden* um:

$$(R)_2\overline{O}, BF_3 + R'Hal \longrightarrow \left[\begin{matrix}R\\R\end{matrix}\!\!>\!\!\overline{O}\!\!\rightarrow\!\!R'\right]^{\oplus} [BF_3Hal]^{\ominus}$$

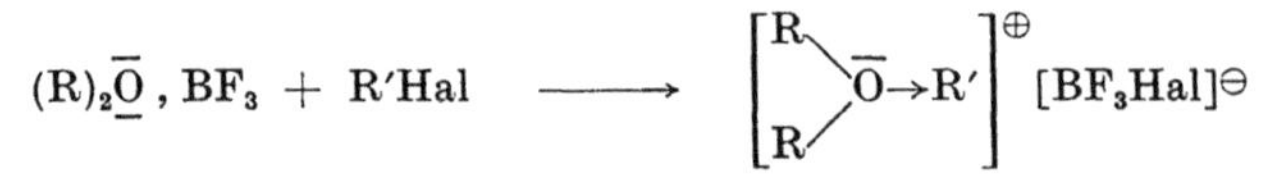

wobei als energieliefernder Vorgang die Bildung des komplexen vierbindigen Boranions in Erscheinung tritt.

Diese Stabilisierung durch Komplexbildung kann man aus dem Elektronenaufbau des Boratoms verstehen. Die Elektronenkonfiguration des Boratoms $1s^2 2s^2 2p$ läßt sich relativ leicht anregen zu dem Valenzzustand $1s^2 2s 2p^2$:

B*: | ↑↓ | ↓ | ↓ | ↓ | |
      1s   2s   2p

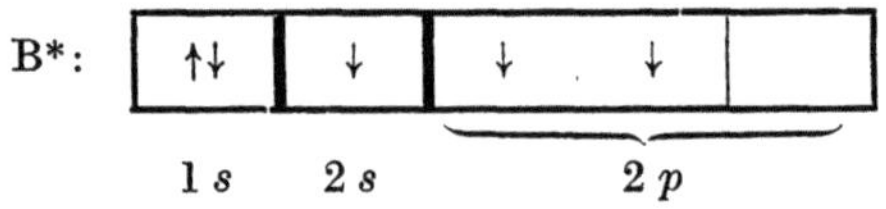

also dem dreibindigen Boratom, wie es normalerweise in seinen Verbindungen vorliegt. Von den insgesamt möglichen drei $2p$-Bahnen können zur Atombindung natürlich nur zwei benutzt werden, da ja das dritte Elektron fehlt (sp^2-Hybrids, $\sphericalangle\,120°$ vgl. S. 155). Wird z. B. aus einem einsamen Elektronenpaar eines Sauerstoffatoms (oder auch Stickstoffatoms) dieses vierte Elektron geliefert, so erhalten wir die Atomkonfiguration des *Boratanions*:

B$^{\ominus}$: | ↑↓ | ↓ | ↓ | ↓ | ↓ |
      1s   2s   2p

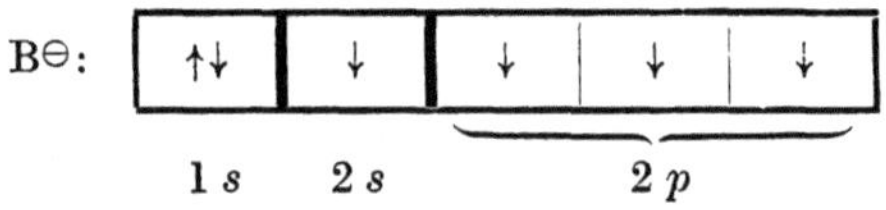

in dem nun eine Hybridisierung der $2s$- und der drei $2p$-Bahnen zu vier sp^3-tetraedrischen Bahnen (analog dem vierbindigen Kohlenstoffatom) eintreten kann. Dies bringt viel mehr Energie ein als etwa eine Hybridisierung von einer s- mit zwei p-Bahnen zu drei sp^2-Bahnen im dreibindigen Boratom. Darauf beruht zu einem wesentlichen Teil die Additionsfähigkeit der dreibindigen Borverbindungen für Substanzen mit einsamen Elektronenpaaren, da ja damit alle Borbindungen durch den Übergang in die tetraedrische sp^3-Bindung des Boranions verstärkt werden. So bringt die Kombination dieses Vorganges mit der Umsetzung von Stoffen mit einsamen Elektronenpaaren wie in den Äthern, letztlich die Bildung tertiärer Oxoniumsalze zustande:

$$(CH_3)_2O, BF_3 + CH_3F \rightarrow [(CH_3)_3O]^{\oplus} [BF_4]^{\ominus}$$
$$\text{oder} \quad CH_3F + BF_3 \rightleftarrows CH_3^{\oplus} [BF_4]^{\ominus}$$

$$\begin{matrix}CH_3\\CH_3\end{matrix}\!\!>\!\!\overline{O} + CH_3^{\oplus}[BF_4]^{\ominus} \rightarrow \left[\begin{matrix}CH_3\\CH_3\end{matrix}\!\!>\!\!\overline{O}\!\!\rightarrow\!\!CH_3\right]^{\oplus} [BF_4]^{\ominus}$$

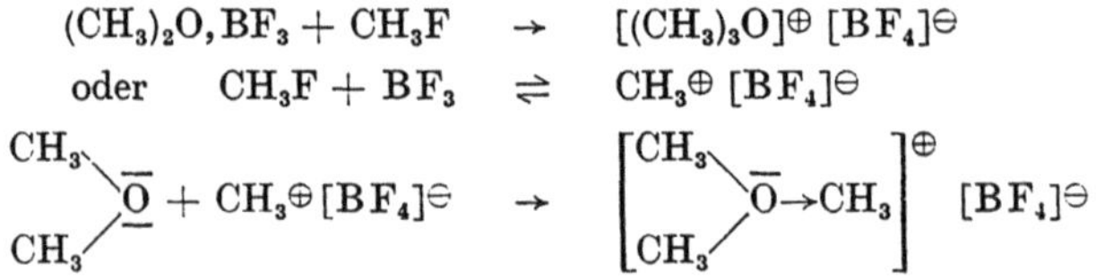

Die Oxoniumsalzbildung, d. h. das „Zurverfügungstellen" eines einsamen Elektronenpaares kann man in der quantentheoretischen Betrachtungsweise folgendermaßen wiedergeben:

---

[1] MEERWEIN, H.: J. prakt. Chem. [2] **147**, 257 (1937). — MEERWEIN, H., u. Mitarbb.: J. prakt. Chem. [2] **154**, 83 (1939); **158**, 287 (1941). — MEERWEIN, H., U. EISENMEYER u. H. MATHIAS: Liebigs Ann. **566**, 150 (1950). — H. MEERWEIN u. Mitarbb. Chem. Ber. **89**, 2062 (1956).

Das Sauerstoffatom besitzt die Elektronenkonfiguration $1s^2 2s^2 2p^4$:

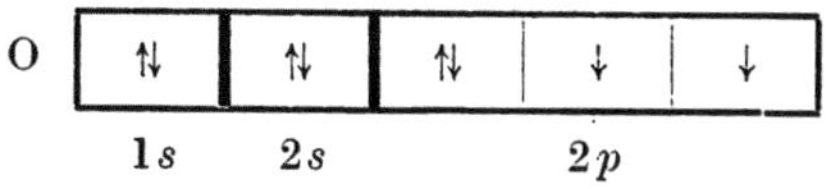

Der Übergang zum $O^{\oplus}$-Kation ergibt die Elektronenbesetzung:

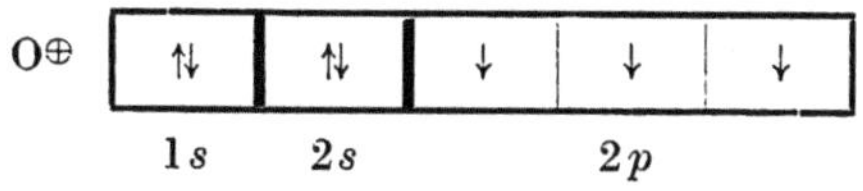

eine Anordnung, wie sie dem dreibindigen Stickstoffatom entspricht (drei *p*-Bindungen stehen senkrecht aufeinander!). Eine Hybridisierung nach sp^3 ist hier nicht möglich im Gegensatz zu den Verhältnissen bei den Ammoniumverbindungen (vgl. S. 140). Daher wird die *Stabilität* der Oxoniumverbindungen im allgemeinen nicht die von Ammoniumverbindungen und erst recht nicht die von Kohlenstoff-Kohlenstoff-Verbindungen erreichen.

Tertiäre Oxoniumsalze wie die oben formulierte Verbindung besitzen ausgesprochen *salzartigen* Charakter und lösen sich in Wasser unter sofortiger Hydrolyse mit saurer Reaktion und Zerfall in Äther und Alkohol. Das Wasser wird also alkyliert. Die Instabilität der tertiären Methyloxoniumsalze läßt sie zu den *besten Methylierungsmitteln* werden, die man kennt. Die durch die positive Ladung erhöhte Elektronegativität des O-Atoms polarisiert die Bindung R—O stärker als in den Äthern, so daß leicht Zerfall eintritt. Der Zerfall dieser Oxoniumsalze liefert ein *Alkylkation*:

$$[(R)_3O]^{\oplus}X^{\ominus} \rightarrow R_2O + R^{\oplus} + X^{\ominus}$$

das sich unter „Alkylierung" an ein einsames Elektronenpaar eines anderen geeigneten Moleküls anlagern kann, wobei neue „Oniumverbindungen" entstehen, z. B.:

$$[(R)_3O]^{\oplus}X^{\ominus} + (R')_3\overline{N} \rightarrow (R)_2O + [(R')_3N{\rightarrow}R]^{\oplus}X^{\ominus}$$

$$[(R)_3O]^{\oplus}X^{\ominus} + (R')_2\overline{\underline{S}} \rightarrow (R)_2O + [(R')_2\overline{S}{\rightarrow}R]^{\oplus}X^{\ominus}$$

$$[(R)_3O]^{\oplus}X^{\ominus} + (R')_2\overline{S}{-}\overline{\underline{O}}| \rightarrow (R)_2O + [(R')_2\overline{S}{-}\overline{\underline{O}}{\rightarrow}R]^{\oplus}X^{\ominus}$$

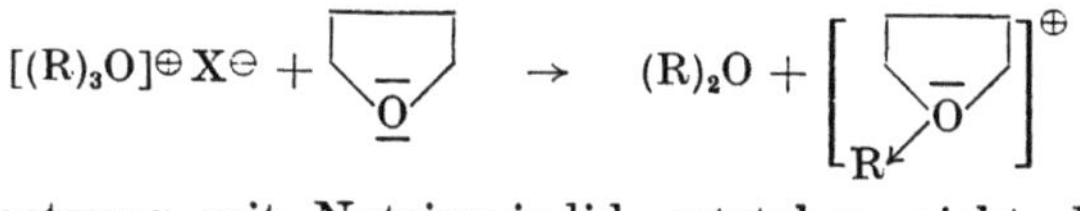

und Folgereaktionen[1]

Durch Umsetzung mit Natriumjodid entstehen nicht die Oxoniumjodide, sondern nur ihre Zerfallsprodukte (Äther und Alkyljodide), wodurch die vergeblichen Versuche zur Anlagerung von Methyljodid an Äther zu $[CH_3(C_2H_5)_2O]^{\oplus}J^{\ominus}$ verständlich werden. Die oben erwähnte reine Additionsverbindung $(CH_3)_2O, HCl$ und diese tertiären Oxoniumsalze stellen offenbar die Grenzen dar, zwischen denen es zahlreiche Verbindungen gibt, bei denen es schwierig ist, ihre Zuordnung zu dem einen oder anderen Grenztyp durchzuführen[2].

Bei der Besprechung der Bildung von tertiären Oxoniumsalzen mittels Borfluorid und Alkylhalogeniden war bereits die Bildung von komplexen ionischen Gebilden erwähnt worden. Anstelle von Borfluorid kann man auch andere Borverbindungen wählen, die alle die Bedingung zur Aufnahme eines einsamen

---

[1] Weitere Reaktionen dieser Art s. G. HESSE in HOUBEN-WEYL, Methoden der Organischen Chemie, 4. Aufl., Bd. IV/2, S. 117. Stuttgart: Georg Thieme 1955.

[2] Siehe hierzu W. HÜCKEL, Theoretische Organische Chemie, Bd. I, S. 117 ff. Leipzig: Akad. Verlagsges. 1956.

Elektronenpaares aus dem Sauerstoffatom infolge der Oktettlücke am Boratom erfüllen. Setzt man z. B. *Borsäureester* mit *Alkoholen* um, so bildet sich aus Gründen, die schon im Vorstehenden erläutert wurden, nach folgender Gleichung schließlich eine komplexe Säure wesentlich *größerer Acidität*, als sie im Ausgangsalkohol vorhanden ist:

$$(R-\bar{O}-)_3B + \bar{O}\begin{smallmatrix}R'\\H\end{smallmatrix} \rightarrow \left[(R-O)_3B\leftarrow\overset{\oplus}{\underset{\ominus}{O}}\begin{smallmatrix}R'\\H\end{smallmatrix}\right] \rightarrow [(RO)_3B-\bar{O}-R']^{\ominus} + H^{\oplus}$$

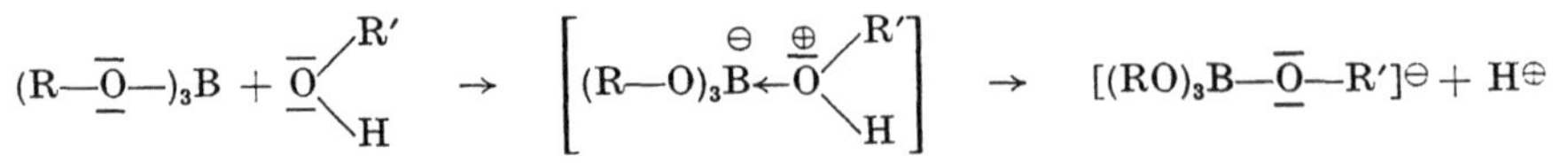

Nach den Untersuchungen von H. MEERWEIN entstehen diese *Alkoxosäuren* von Alkoholen mit allen Verbindungen, die wie das Boratom eine Elektronenlücke in ihrer äußeren Schale aufweisen, z. B. Al, Be, Hg, Zn, Mg, Sb, As, Sn, Ti, Te, Fe, Cr. Auch die komplexe Aluminiumsäure aus Alkohol und Aluminiumtriäthylat ist einbasig und als solche titrierbar. Die Alkoxosäuren reagieren auch infolge ihrer erheblichen Acidität mit *Diazomethan* unter Ätherbildung. Auf diesem Umweg über komplexe Anionen lassen sich Alkohole (auch Thioalkohole) mit Diazomethan veräthern (methylieren), was sonst wegen der geringen Acidität der Alkohole nicht möglich ist.

Unter Umständen ist auch ein Zerfall des obigen Komplexes nach $[(RO)_3B-O-H]^{\ominus}R'^{\oplus}$, also unter Ausbildung von organischen Kationen, *Carbeniumionen*, möglich. Das gilt z. B. für die Aktivierung von *Äthern* mittels Borverbindungen:

$$\begin{smallmatrix}R\\R'\end{smallmatrix}\hspace{-3pt}\bar{O} + BF_3 \longrightarrow \left[\begin{smallmatrix}R\\R'\end{smallmatrix}\hspace{-3pt}\underset{\ominus}{\overset{\oplus}{O}}\rightarrow BF_3\right] \longrightarrow [R-\bar{O}\rightarrow BF_3]^{\ominus}R'^{\oplus}$$

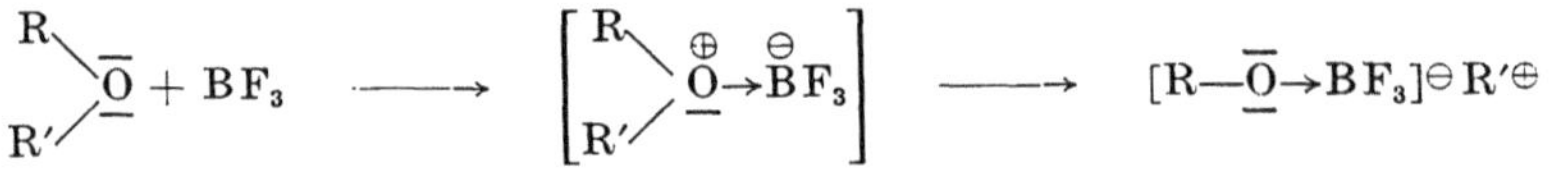

die schließlich unter Ätherspaltung abläuft[1], oder auch für die Aktivierung von *Carbonsäuren*:

$$RCOOH + BF_3 \longrightarrow \left[R-\underset{|O|}{\overset{||}{C}}-\overset{\oplus}{\underset{\ominus}{O}}\rightarrow BF_3 \atop \hspace{40pt} H\right] \longrightarrow [RCOOBF_3]^{\ominus}H^{\oplus}$$

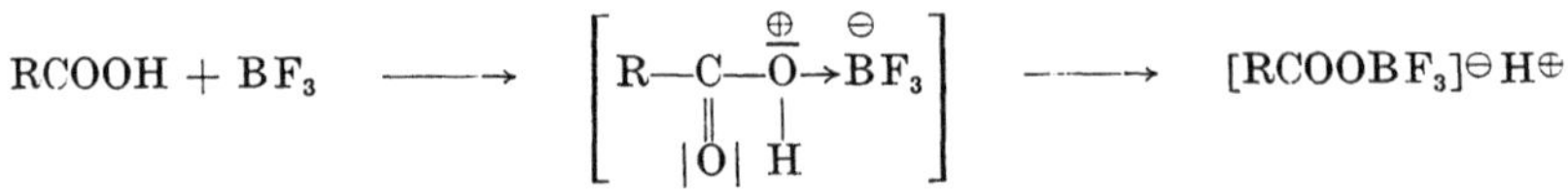

wobei die entsprechende komplexe *Borfluoridessigsäure* eine Aciditätssteigerung in die Größenordnung der Acidität von Schwefelsäure erfährt[2].

Sogar eine Borfluorid-diessigsäure:

$$\left[\begin{matrix}H\\\uparrow\\CH_3C-\underset{\ominus}{O}-H\\||\\O\end{matrix}\right]^{\oplus} \left[\begin{matrix}CH_3C-\bar{O}\rightarrow BF_3\\||\\O\end{matrix}\right]^{\ominus}$$

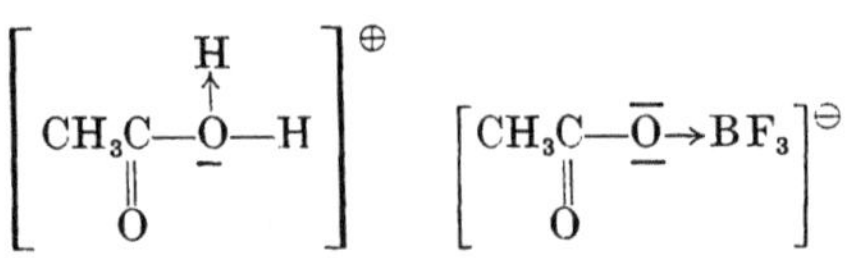

ist bekannt.

In entsprechender Weise kann man auch die Acidität der Borsäure durch Komplexbildung mit Polyalkoholen wie etwa Mannit erhöhen (titrimetrische Bestimmung der Borsäure!)[3].

---

[1] Auch der Komplex $[Cl_3B\rightarrow O(C_2H_5)_2]$ zersetzt sich bei 50° schon in $BCl_2(OC_2H_5)$ und C_2H_5Cl, es tritt so eine durch BCl_3 katalysierte Ätherspaltung ein (analog mit $AlCl_3$).

[2] MEERWEIN, H.: Liebigs Ann. **455**, 227 (1927); Salze von Alkoxosäuren s. H. MEERWEIN: Liebigs Ann. **476**, 113 (1929).

[3] Zusammenfassende Übersicht über Bortrifluorid-Koordinationsverbindungen siehe in Quarterly Reviews 8, Nr. 1, S. 1—39 (1954).

VI. Kohlenstoff-Stickstoff-Bindung

Der Stickstoff besitzt in seiner äußeren (L)-Schale fünf Elektronen, von denen zwei s- und drei p-Elektronen sind ($1s^2 2s^2 2p^3$):

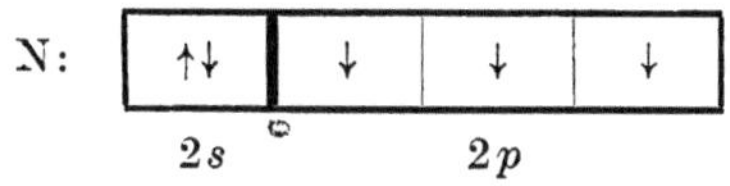

Der dreibindige Stickstoff müßte daher z. B. im *Ammoniak* seine drei p-Bindungen unter einem Winkel von 90° betätigen. Die Verhältnisse liegen hier ähnlich wie beim Wassermolekül, d. h. es findet eine teilweise *Hybridisierung* der $2s$-Bahnen des einsamen Elektronenpaares mit den $2p$-Bahnen der Bindungselektronen statt, wodurch eine Valenzwinkelaufweitung am Stickstoff, unterstützt von den elektrostatischen Abstoßungseffekten der H-Atome unter Bildung eines Winkels HNH von 106° 47′ (gemessener Wert) entsteht.

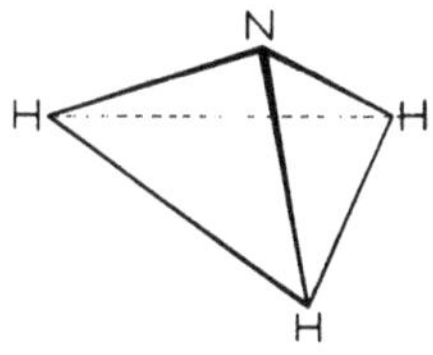

Abb. 46

Nach dem Ergebnis physikalischer Untersuchungen ist der Abstand N—H: 1,014 Å, der von H—H: 1,628 Å. Das N-Atom sitzt an der Spitze einer *flachen dreiseitigen Pyramide* (Abb. 46) von der Höhe 0,381 Å, die Basis bilden die H-Atome, das Dipolmoment hat einen Wert von 1,46 D. Das Analoge gilt auch für die deuterierte Verbindung ND_3. Die Bestimmung der Rotationsfeinstruktur der Banden zeigt, daß das Ammoniak-Molekül zwei Formen gleicher Energie besitzt. Sie kommen dadurch zustande, daß das N-Atom sich einmal oberhalb und zum anderen unterhalb der Basisebene (dargestellt durch die drei H-Atome) befindet und durch diese Ebene hindurchschwingen kann. Die *Molekülinversion* erfolgt mit der Frequenz $\nu = 0{,}66\ \text{cm}^{-1}$, entsprechend einer Zeit zwischen zwei Umklappungen von $2{,}5 \cdot 10^{-1}$ sec. Die Höhe der zu überwindenden Potentialschwelle bei der Inversion des NH_3-Moleküls beträgt etwa 6,4 kcal/Mol[1]. Die Energie braucht nach wellenmechanischen Betrachtungen nicht unbedingt von außen geliefert zu werden, sondern es besteht eine gewisse Wahrscheinlichkeit dafür, daß das Molekül auch ohne äußere Energiezufuhr durch den sog. *Tunneleffekt* von der einen in die andere (spiegelbildliche) Konfiguration umklappen kann[2].

Entsprechend der Konfiguration des Ammoniakmoleküls hat man sich auch die seiner organischen Derivate zu denken. Dafür spricht das Ergebnis physikalischer Untersuchungen an diesen Stoffen [CH_3NH_2: $\mu = 1{,}33 \pm 0{,}01$ D; $(CH_3)_2NH$: $\mu = 1{,}02 \pm 0{,}01$ D; $(CH_3)_3N$: $\mu = 0{,}62 \pm 0{,}01$ D, alles im Gaszustand]. Der Winkel C—N—C beträgt im *Dimethylamin* 111° ± 3°, im *Trimethylamin* 113° ± 3° [3]. Auch die schon lange bekannte chemische Tatsache, in gesättigten Kohlenstoffringen die CH_2-Gruppe durch eine NH-Gruppe ersetzen zu können, weist eindeutig auf diese Konfiguration hin. Hiernach sollte man bei geeignet substituierten Verbindungen N(a, b, c) das Auftreten von *optischer Aktivität* erwarten. Danach ist sehr eifrig, aber lange ohne Erfolg gesucht worden. Die Inversion des N(a, b, c)-Moleküls macht es verständlich, daß hier keine optischen

---

[1] Außer bei NH_3 und ND_3 kennt man eine Molekülinversion auch bei PH_3. Bei H_2O_2 ist sie noch nicht sicher.

[2] Das reine Inversionsspektrum liegt im Mikrowellenbereich. Man beobachtet ein ganzes Spektrum von Linien, von denen eine ($\nu = 23870{,}12 \pm 0{,}02$ mHz, $\lambda = 1{,}25$ cm) wegen ihrer starken Absorption zur Frequenzstabilisierung eines Senders benutzt werden kann (Ammoniakuhr!). Siehe a. H. A. Stuart: Die Struktur des freien Moleküls, S. 480ff. Berlin: Springer-Verlag 1952.

[3] Ganz anders liegen die Verhältnisse bei der Nitrogruppe, auf die auf S. 312 zurückgekommen wird.

Antipoden gefunden werden. Die Energieschwelle beim Umklappen der Raumkonfiguration ist zu niedrig, um die gesonderte Existenz dieser Verbindungen zu ermöglichen. Verhindert man aber, wie V. PRELOG[1] gezeigt hat, durch den Einbau des Stickstoffatoms in ein relativ starres Valenzgerüst die Möglichkeit zum Durchschwingen, dann lassen sich auch von diesem Typus N(*a*, *b*, *c*), wie der Fall der sog. TRÖGER*schen Base* zeigt, optisch aktive Formen gewinnen:

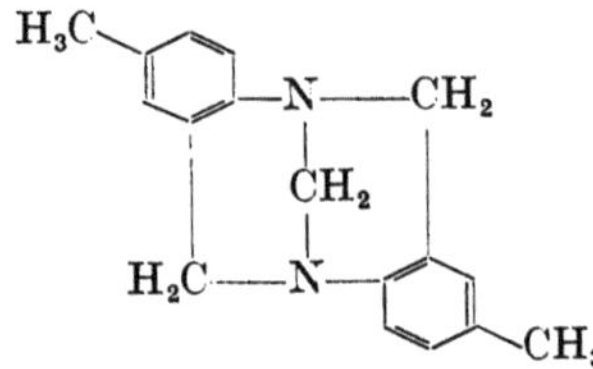

Wegen seines besonderen räumlichen Aufbaus hat auch das *Hexamethylentetramin (Urotropin)* $(CH_2)_6N_4$ eingehende Bearbeitung gefunden (vgl. S. 56).

Infolge der räumlichen Anordnung der Liganden eines N-Atoms treten beim Ersatz von CH_2 durch NH- bzw. NR-Gruppen in cyclischen Verbindungen ähnliche Isomerie- und Spannungsverhältnisse auf.

So sind z. B. aus Spannungsgründen wie beim Campher von den in wichtigen Alkaloiden vorkommenden heterocyclischen Ringsystemen, dem *Tropan* (I) und dem *Chinuclidin* (II):

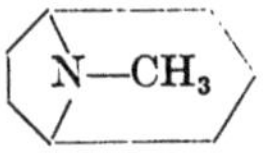

I

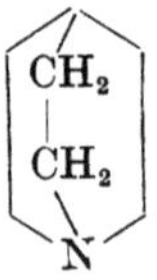

II

nur die Verbindungen mit einer *cis*-Verknüpfung der Brücke bekannt. In kondensierten Systemen wie dem *Dekahydro-chinolin* oder *-isochinolin* sind dagegen ebenso wie beim Dekalin zwei *cis-trans*-isomere Verbindungen aufgefunden worden, die sich durch die verschiedene räumliche Verknüpfung der ringschließenden Atome unterscheiden[2]:

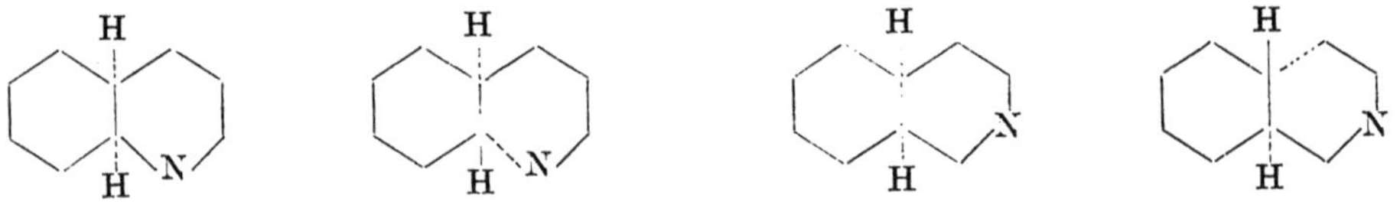

cis trans cis trans

Ein Analogon des spannungsfreien Bicyclononans ist das *Morphan*[3]:

---

[1] PRELOG, V., u. P. WIELAND: Helvet. chim. Acta **27**, 1127 (1944). — Über optisch aktive Arsen-haltige Ringsysteme s. J. CHATT u. F. G. MANN: J. Chem. Soc. (London) **1940**, 1184; um die Enträtselung mancher merkwürdiger Isomeriefälle bei Verbindungen des Typus N(*a*, *b*, *c*) hat sich vor allem J. MEISENHEIMER verdient gemacht, z. B. Ber. dtsch. chem. Ges. **57**, 1747 (1924).

[2] HÜCKEL, W., u. F. STEPF: Liebigs Ann. **453**, 163 (1927). — HELFER, H.: Helvet. chim. Acta **6**, 795 (1923). — SKITA, A.: Ber. dtsch. chem. Ges. **57**, 1979 (1924). — HELFER, H.: Helvet. chim. Acta **9**, 814 (1926). — WITTROP, B.: J. Amer. Chem. Soc. **70**, 2617 (1948).

[3] GINSBURG, D.: J. org. Chem. **15**, 1003 (1950).

Daß auch vielgliedrige Ringsysteme mit NH- bzw. NR-Gruppen darstellbar sind, war bereits im Abschnitt über makrocyclische Systeme erwähnt worden (vgl. S. 40).

Die quantitative Prüfung der Spannungstheorie an heterocyclischen Systemen ist immer noch wenig bearbeitet, so daß man mit der Übertragung von an kohlenstoffhaltigen Systemen gewonnenen Erfahrungen auf heterocyclische Verbindungen vorsichtig sein muß. Wenn auch im ganzen gesehen eine gewisse sterische Gleichwertigkeit von CH_2-, NH-, NR- und —O-Gruppen vorhanden ist, so ist noch nicht zu sagen, bis zu welchem quantitativen Ausmaß diese Gleichwertigkeit tatsächlich erfüllt ist.

VII. Ammonium- und Sulfoniumverbindungen

Die Oniumsalzbildung, also die Bildung eines Komplexes, in dem das Zentralatom eine Atombindung mehr betätigt als es seiner normalen stöchiometrischen Wertigkeit entspricht, ist nicht auf das Sauerstoffatom beschränkt. Vielmehr ist diese Oniumsalzbildung nur abhängig von dem Vorhandensein eines *einsamen Elektronenpaares*, sie tritt daher bei Verbindungen des Stickstoffs ebenfalls auf. Stickstoffverbindungen haben sogar eine ausgesprochene Tendenz zur Bildung von Oniumkomplexen besonderer Beständigkeit. Diese Ammoniumverbindungen sind daher auch die am längsten bekannten Stoffe dieses Typus. Schon die Basennatur des Ammoniaks und der Amine beruht auf dem Anteiligwerden eines Protons mit dem einsamen Elektronenpaar des Stickstoffatoms, also unter „Onium"-Bildung.

$$H-\underset{H}{\overset{H}{N}}| + HOH \longrightarrow \left[H-\underset{H}{\overset{H}{\underset{|}{N}}}-H\right]^{\oplus} OH^{\ominus}$$

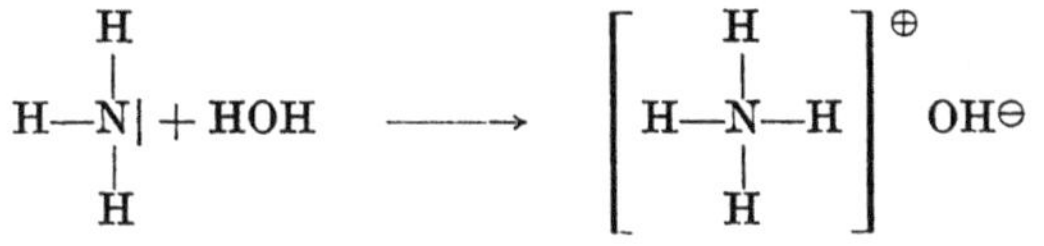

Kann man doch die Basizität einer Verbindung im Sinne von J. N. BRÖNSTEDT[1] als die Aufnahmefähigkeit für Protonen definieren. Je mehr das einsame Elektronenpaar, das der Bindung eines Protons zur Verfügung gestellt werden kann, von dem betreffenden Zentralatom beansprucht wird, desto mehr sinkt die Basizität. Daher findet mit steigender Kernladung eine Abnahme der Basizität statt:

$$(R)_3N| > (R)_2\overline{O} > R\overline{\underline{F}}|$$

Der basische Charakter fällt auch bei den wegen ihrer Protonenaffinität als Basen anzusprechenden Anionen in der folgenden Reihe:

$$[R_3C|]^{\ominus} > [(R)_2\overline{\underline{N}}]^{\ominus} > [R\overline{\underline{O}}|]^{\ominus} > [|\overline{\underline{F}}|]^{\ominus}$$

in der umgekehrten Reihenfolge nimmt der Säurecharakter der entsprechenden Hydride zu:

$$(R)_3CH < (R)_2NH < ROH < FH$$

Zum Verständnis der quantentheoretischen Deutung der *Ammoniumbindung* $[N(a)_4]^{\oplus}$ ist es zweckmäßig, von dem Elektronenzustand des Stickstoffatoms auszugehen (N: $1s^2, 2s^2, 2p^3$):

N: | ↑↓ | ↑ | ↑ | ↑ |
       2s   2p

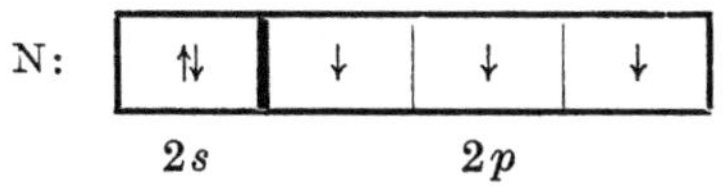

[1] BRÖNSTEDT, J. N.: Ber. dtsch. chem. Ges. **61**, 2049 (1928).

Fortnahme eines Elektrons läßt ein positiv geladenes N-Atom mit folgendem Elektronenzustand entstehen (N$^\oplus$: $1s^2$, $2s$, $2p^3$):

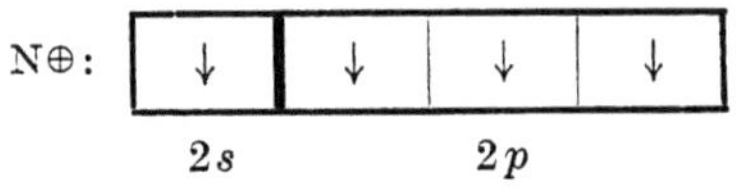

Dieser Elektronenzustand des N$^\oplus$-Ions entspricht dem des vierbindigen C-Atoms:

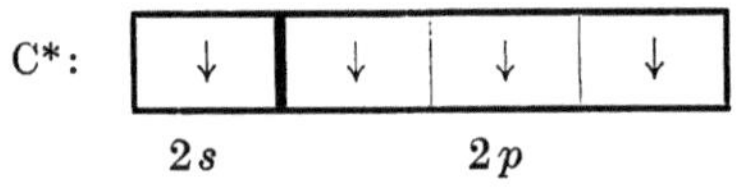

und man darf daher annehmen, daß auch beim vierbindigen N$^\oplus$-Ion eine *Hybridisierung* der einen *s*- mit den drei *p*-Bindungen stattfindet, also der hybridisierte Bindungstyp sp^3 entsteht. Das bedeutet gegenüber dem dreibindigen Stickstoff im Ammoniak und seinen Derivaten mit den drei (im wesentlichen) *p*-Bindungen eine Zunahme der Bindungsenergie für alle vier sp^3-Bindungen in den Ammoniumverbindungen und bezüglich des Raumaufbaus der Molekel die Ausbildung eines *Tetraeders*, genau wie beim vierbindigen Kohlenstoffatom. Es läßt sich zeigen, daß jede NH-Bindung in einer Ammoniumanordnung [NH$_4$]$^\oplus$ eine um etwa 68,5 kcal größere Bildungsenergie als im NH$_3$ besitzt. Als weitere, die Ammoniumanordnung stabilisierende Effekte kommen noch einige andere Dinge hinzu wie die Erhöhung der Energie z. B. in der Molekel NH$_4$Cl durch den Unterschied zwischen der Elektronenaffinität des Halogens zusammen mit der COULOMB-Energie der ionischen Bindung NH$_4^\oplus$-Halogen$^\ominus$ und dem Ionisierungspotential des Ammoniaks. So wird verständlich, daß Ammoniumverbindungen sich leicht bilden und sehr beständig sind.

Betrachten wir noch einmal die elektronentheoretische Formulierung der Bildung eines Ammoniumsalzes z. B.:

$$\begin{array}{c} R \\ | \\ R-N| \\ | \\ R \end{array} + H^\oplus + Cl^\ominus \longrightarrow \left[\begin{array}{c} R \\ | \\ R-N-H \\ | \\ R \end{array}\right]^\oplus Cl^\ominus$$

Der Stickstoff geht nicht, wie man früher in der Ausdrucksweise der Strukturtheorie sagte, aus dem drei- in den „fünf"-wertigen Zustand über. Er behält seine *Dreiwertigkeit* und gibt keine Elektronen ab oder nimmt neue auf, er stellt nur sein einsames Elektronenpaar zur Betätigung einer neuen *vierten Bindung* zur Verfügung. Zählt man in der gebildeten Ammoniumverbindung die Elektronen der äußeren Hülle des N-Atoms ab, so verfügt dieses Atom nur noch über vier Elektronen, d. h. das Stickstoffatom ist *positiv geladen*. Ob die Ladung an dem Zentralatom „sitzen" bleibt oder sich auf die vier Liganden verteilt, ist nicht zu entscheiden. Man schreibt daher am besten die Ladung außen an den kationischen Komplex. Die sog. „fünfte" Bindung des Stickstoffatoms ist in Wirklichkeit eine *Ionenbeziehung* komplexes Kation—Anion (hier Cl-Anion)[1].

---

[1] Man hat früher häufig von einem koordinativ-„vierwertigen" Stickstoff gesprochen. Da aber die Koordinationszahl im Sinne von A. WERNER und P. PFEIFFER ein räumlicher Begriff ist, der die Zahl der um ein Zentralatom versammelten Liganden angibt, also nichts über den Bindungszustand aussagt, ist es besser, von koordinativ-x-zähligen Zentralatomen zu sprechen. Der Stickstoff ist also in den Ammoniumverbindungen koordinativ vierzählig.

In gleicher Weise wie die Bildung eines Ammoniumsalzes aus N(R)$_3$ und HCl zum [N(R)$_3$H]$^\oplus$Cl$^\ominus$ führt, kennt man auch „*quartäre*" *Ammoniumkationen* mit z. B. vier kohlenstoffhaltigen Liganden[1]:

$$\begin{array}{c} CH_3 \\ | \\ H_3C-N| \\ | \\ CH_3 \end{array} + C_2H_5J \longrightarrow \left[\begin{array}{c} CH_3 \\ | \\ H_3C-N \rightarrow C_2H_5 \\ | \\ CH_3 \end{array} \right]^\oplus J^\ominus$$

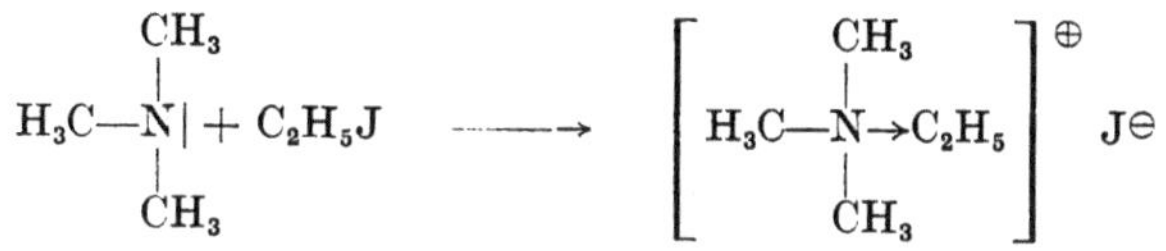

Setzt man aus diesen Salzen durch Zugabe von Silberoxyd die zugrunde liegende Base in Freiheit, so zeigen Leitfähigkeitsmessungen, daß eine sehr starke Base entstanden ist. Diese quartären Ammoniumbasen gehören zu den *stärksten Basen*, die man kennt. Dies ist ebenfalls ein Ausdruck der durch sp^3-Hybridisierung stark verfestigten vier Atombindungen des Stickstoffs.

Die dem Kohlenstoffatom gleiche tetraedrische Gruppierung der vier Liganden in quartären Ammoniumsalzen hat daher in räumlicher Beziehung die gleiche Auswirkung. Mit anderen Worten, eine Verbindung der Zusammensetzung:

$$\left[\begin{array}{c} R_1 \diagdown \quad \diagup R_3 \\ N \\ R_2 \diagup \quad \diagdown R_4 \end{array} \right]^\oplus X^\ominus$$

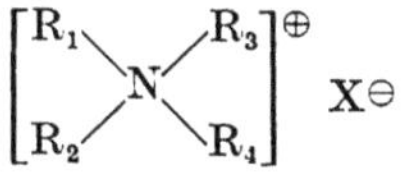

muß bei geeigneter Wahl der Versuchsbedingungen in *optische Antipoden* spaltbar sein. Diese Spaltbarkeit ist auch in zahlreichen Fällen vorhanden[2], z. B.:

$$\left[\begin{array}{c} CH_3 \diagdown \quad \diagup C_3H_7 \\ N \\ C_2H_5 \diagup \quad \diagdown C_4H_9 \end{array} \right]^\oplus Cl^\ominus$$

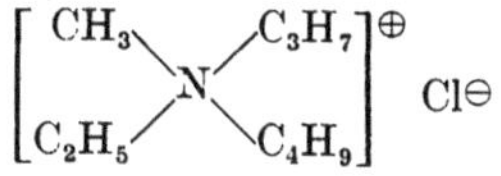

und beweist die Tetraederkonfiguration des Ammoniumstickstoffs. Eine *Racemisierung* tritt erst bei Zerstörung dieser Konfiguration ein[3]:

$$[R_1R_2R_3R_4N]^\oplus X^\ominus \longrightarrow [R_1R_2R_3]N + R_4X$$

Des weiteren gelang die Einführung eines Stickstoffatoms in ein *Spiran*[4], dessen verifizierbare Spaltung in optische Antipoden die Tetraederstruktur des N-Atoms zur Voraussetzung haben muß. Auch eine Reihe weiterer, hier nicht anzuführender Ergebnisse stehen alle mit dem tetraedrischen Aufbau des quartären vierbindigen Stickstoffatoms in bester Übereinstimmung, so daß diese Konfiguration als gesichert angesehen werden kann.

Im Anschluß an die Besprechung der Ammoniumverbindungen seien die *Sulfoniumverbindungen* erwähnt. Sie lassen sich z. B. durch Alkylierung von

---

[1] Der Pfeil in der Komplexformel soll nur die Herkunft des Elektronenpaars andeuten, aber nicht etwa auf eine Ungleichmäßigkeit der vier Bindungen hinweisen. Alle 4 Bindungen sind gleichwertige sp^3-Bindungen.

[2] LE BEL, J. A.: C. r. Acad. Sci. (Paris) **112**, 724 (1891); Ber. dtsch. chem. Ges. **33**, 1003 (1900).

[3] Durch den Übergang NH$_3 \rightarrow$ NH$_4^\oplus$ steigt der partielle Ionencharakter der N—H-Bindung. Wie früher ausgeführt (vgl. S. 18), hängt der p.I.Ch. von der Differenz der Elektronegativität ab. Diese ist ihrerseits wieder eine Funktion der effektiven Kernladungszahl. Da beim Übergang NH$_3 \rightarrow$ NH$_4^\oplus$ der Stickstoff ein Elektron abgibt, steigt seine effektive Kernladung und damit seine Elektronegativität, also auch der partielle Ionencharakter. Die Bindung ist somit im NH$_4^\oplus$ polarer als im NH$_3$, eine Bindung ist daher leichter heterolytisch durch Abspaltung eines Protons bzw. Kations lösbar.

[4] MILLS, W. H.: Spaltung des 4-Phenyl-4'-carboxäthyl-bis-piperidinium-1,1'-spiran-bromids. J. Chem. Soc. (London) **127**, 2507 (1925).

Thioäthern mit tert. Oxoniumsalzen herstellen (vgl. S. 134):

$$\begin{array}{c}R\\ \end{array}\!\!\!\overline{\underline{S}} + [(CH_3)_3O]^\oplus X^\ominus \quad \longrightarrow \quad \left[\begin{array}{c}R\\ \end{array}\!\!\!\overline{\underline{S}}{\to}CH_3\right]^\oplus X^\ominus + (CH_3)_2O$$

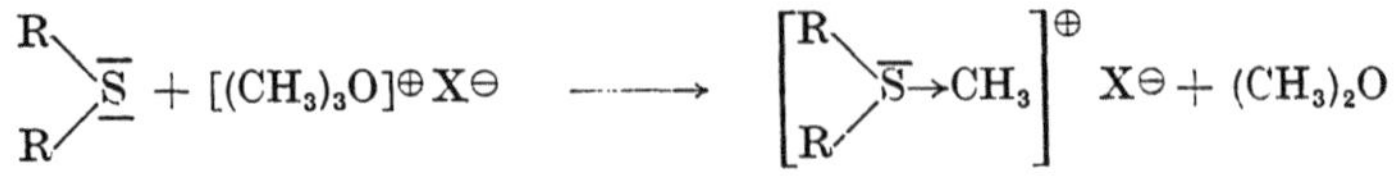

Sulfonium-Verbindungen[1], die am S-Atom drei verschiedene Liganden tragen, wie z. B.:

$$[CH_3(C_2H_5)(CH_2COOH)S]^\oplus Cl^\ominus$$

sind in *optische Antipoden* spaltbar.

Für die Elektronenformulierung der Sulfoniumverbindungen wird man nach den neuesten Erfahrungen an anderen Schwefelverbindungen[2] und an Phosphorverbindungen (vgl. S. 144) eine Überschreitung der Oktettregel[3] unter Hinzuziehung des d-Niveaus, möglicherweise auch unter gleichzeitiger Hybridisierung und Ausbildung z. B. von Elektronendezetten annehmen dürfen. Die Oktettregel gilt streng nur in der ersten Horizontalreihe des Periodensystems der Elemente.

Ähnlich werden die Verhältnisse auch bei anderen noch bekannten „Onium"-Verbindungen wie den *Phosphonium*-[4], *Jodonium*-[5] und *Arsonium*-Verbindungen liegen. Dies sieht man z. B. sehr deutlich an der unterschiedlichen Reaktionsweise der Ammonium- und Phosphonium-Verbindungen. Die entsprechenden „Onium"-Basen geben beim thermischen Zerfall:

$$[(C_2H_5)_4N]^\oplus OH^\ominus \;\to\; H_2O + C_2H_4 + (C_2H_5)_3N$$
$$[(C_2H_5)_4P]^\oplus OH^\ominus \;\to\; C_2H_6 + (C_2H_5)_3PO$$

sehr charakteristisch verschiedene Produkte. Dies legt den Gedanken nahe, daß im Falle der Phosphoniumverbindung das OH z. T. kovalent gebunden ist und die Spaltungsreaktion sich innerhalb des Komplexes vollzieht. Des weiteren tritt bei dieser Reaktion auch die gegenüber dem N-Atom größere Affinität des P-Atoms zum Sauerstoff in Erscheinung.

VIII. Semipolare Bindung

Die Tendenz zum Anteiligwerden des einsamen Elektronenpaars des Stickstoffatoms tritt auch gegenüber anderen Atomen oder Atomgruppen in Erscheinung, die von sich aus eine Oktettlücke mitbringen, also ein *Elektronensextett* besitzen.

---

[1] Geeignet substituierte Selenoniumsalze sind ebenfalls in optische Antipoden spaltbar; vgl. J. POPE: J. Chem. Soc. (London) **77**, 1072 (1900). — Man kennt auch Tellurinumverbindungen.

[2] Vgl. J. GOUBEAU: Mehrfachbindungen in der zweiten Achterperiode, Tagungsbericht, erschienen 1956 im Akademie-Verlag Berlin. — Ferner A. SIMON u. H. KRIEGSMANN: Z. phys. Chem. **204**, 369 (1955) und G. VARSANYI, J. LADIK, Acta chim. Acad. Sci. Hung. **3**, 243 (1952).

[3] Vgl. W. v. E. DOERING: J. Amer. Chem. Soc. **77**, 509, 514, 521 (1955).

[4] Optische Spaltung eines spirocyclischen Phosphoniumsalzes mit molekularer Dissymmetrie siehe F. A. HART u. F. G. MANN: J. Chem. Soc. (London) **1955**, 4107.

[5] „Mehrwertige" Jodverbindungen z. B. Triphenyljod siehe G. WITTIG u. M. RIEBER: Liebigs Ann. **562**, 187 (1949), G. WITTIG u. K. CLAUSS: Liebigs Ann. **578**, 191 (1952) und K. CLAUSS: Diphenylen-phenyl-jod:

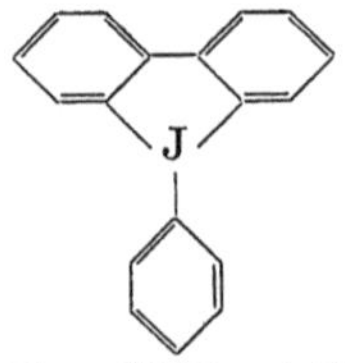

(aus Diphenylen-jodoniumjodid und Phenyllithium) Chem. Ber. **88**, 268 (1955). Diese Stoffe sind relativ unbeständig, aber unter Stickstoff kurze Zeit haltbar.

Ein Fall dieser Art war uns im Prinzip schon bei der Besprechung der *Oxoniumsalze* begegnet, indem ein einsames Elektronenpaar des Sauerstoffatoms, beispielsweise von Äthern, anteilig wurde[1] mit Borverbindungen, z. B.:

$$\begin{array}{c} R \\ \diagdown \\ R \diagup \end{array} \overline{O} + BX_3 \longrightarrow \begin{array}{c} R \\ \diagdown \\ R \diagup \end{array} \overline{O} \rightarrow BX_3 \\ \oplus \quad \ominus$$

Analog hierzu geben *Amine* Additionsverbindungen dieser zwitterionischen Art mit *Borverbindungen*:

$$(R)_3\overline{N} + BX_3 \longrightarrow (R)_3\overset{\oplus}{N} \rightarrow \overset{\ominus}{B}X_3$$

Ebenso führt die geeignet geleitete Oxydation von tertiären Aminen zu solchen zwitterionischen Gebilden, den *Aminoxyden*:

$$(R)_3\overline{N} + \overline{O}| \longrightarrow (R)_3\underset{\oplus}{N} \rightarrow \underset{\ominus}{\overline{O}}|$$

Schließlich läßt sich auch, wie G. WITTIG[2] gezeigt hat, der Kohlenstoff zum Aufbau solcher zwitterionischer Gebilde,

$$[(R)_4N]^{\oplus}Br^{\ominus} \xrightarrow[-C_6H_6]{+ LiC_6H_5} (R)_3\underset{\oplus}{N} - \underset{\ominus}{\overline{C}}H_2, LiBr \qquad (R = CH_3)$$

Verbindungen, die als *Ylide* bezeichnet worden sind, einsetzen.

Die entsprechenden Verbindungen des Phosphors sind ebenfalls bekannt, also *Phosphin-bor-additionsprodukte*:

$$(R)_3\underset{\oplus}{P} \rightarrow \underset{\ominus}{B}X_3$$

Phosphinoxyde[3] sowie *Phosphor-ylide*[4]:

$$(R)_3\underset{\oplus}{P} \rightarrow \underset{\ominus}{\overline{O}}| \qquad (R)_3\underset{\oplus}{P} - \underset{\ominus}{\overline{C}}R_2$$

Auch in der Reihe der Schwefelverbindungen kennt man solche Verbindungen, die formal durch Anteiligwerden eines einsamen Elektronenpaars des Schwefels an ein Atom oder eine Atomgruppe mit Elektronensextett entstanden gedacht werden können, z. B.:

$$\begin{array}{c} R \\ \diagdown \\ R \diagup \end{array} \overline{S} + BF_3 \longrightarrow \begin{array}{c} R \\ \diagdown \\ R \diagup \end{array} \overset{\oplus}{S} \rightarrow \overset{\ominus}{B}F_3$$

Durch Aufnahme von Sauerstoff bilden sich *Sulfoxyde*:

$$\begin{array}{c} R \\ \diagdown \\ R \diagup \end{array} \overline{S} + \overline{O}| \longrightarrow \begin{array}{c} R \\ \diagdown \\ R \diagup \end{array} \overset{\oplus}{S} \rightarrow \overset{\ominus}{\overline{O}}|$$

durch nochmalige Aufnahme von Sauerstoff *Sulfone*:

$$\begin{array}{c} R \\ \diagdown \\ R \diagup \end{array} \overset{\oplus}{S} \rightarrow \overset{\ominus}{\overline{O}}| + \overline{O}| \longrightarrow \begin{array}{c} R \\ \diagdown \\ R \diagup \end{array} \overset{2\oplus}{S} \begin{array}{c} \overline{O}|^{\ominus} \\ \diagup \\ \diagdown \overline{O}|^{\ominus} \end{array}$$

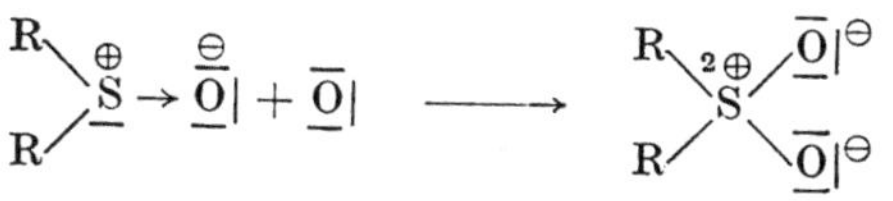

[1] Infolge dieses Anteiligwerdens wird der Elektronendonator positive, der Elektronenacceptor negative Ladung annehmen (oder in dieser Richtung polarisiert sein).
[2] Liebigs Ann. **557**, 193 (1947); Zusammenfassung über Ylide s. G. WITTIG: Angew. Chem. **63**, 15 (1951). — Ferner: Zur Struktur der Stickstoff-Ylide, G. WITTIG u. R. POLSTER: Liebigs Ann. **599**, 1 (1956); ibid. 13, Stickstoff-Ylide als Zwischenverbindungen beim HOFMANN-Abbau.
[3] Vgl. auch die Zusammenfassung von L. HORNER u. H. HOFFMANN: Angew. Chem. **68**, 473 (1956).
[4] WITTIG, G., Ursprung und Entwicklung der Chemie der Phosphin-alkylene. Angew. Chem. **68**, 505 (1956).

In allen diesen Stoffen ist neben einer Atombindung noch *zusätzlich*, sozusagen überlagert, eine *polare* Beziehung vorhanden. Dies soll in den Formeln durch die Zeichen $\oplus$ und $\ominus$ zum Ausdruck gebracht werden, ohne daß aber damit etwa das Vorhandensein einer vollen negativen bzw. positiven Ladung von vornherein postuliert sei. Zur Charakterisierung dieser Bindungsart hat man den vielleicht heute überflüssigen Namen einer „semipolaren" Bindung gewählt. Daß hier nur eine einfache Atombindung und keine reinen doppelten Atombindungen vorliegen, beweisen die Untersuchungen des *Parachors* solcher Verbindungen[1]. Doppelbindungen weisen sich durch ein bestimmtes Bindungsinkrement aus, das in Stoffen mit semipolaren Bindungen nicht gefunden wird.

Aus dem schon eben genannten Beweis für die Struktur der semipolaren Bindung mittels Parachormessungen sprechen auch die gefundenen *Dipolmomente* für diese Formulierung. Die Aminoxyde haben ein hohes Diplomoment, z. B. $(CH_3)_3N \rightarrow O$ 5,02 D in Benzollösung[2], das zwar nicht der theoretischen Erwartung beim Vorliegen völlig freier $\oplus$- und $\ominus$-Ladung entspricht (6,53 D), aber doch mit der weitgehend polaren Struktur übereinstimmt.

In Analogie zu der Existenz optisch aktiver Ammonium-, Phosphonium- und Sulfoniumverbindungen sind geeignet substituierte Aminoxyde[3], Phosphinoxyde[4] und Sulfoxyde[5] ebenfalls in *optische Antipoden* gespalten worden.

Während für die Aminoxyde und die Stickstoffylide die Oktettregel Gültigkeit hat, dürfte dies bei den entsprechenden Phosphorverbindungen, den Phosphinoxyden und Phosphorvliden, nicht der Fall sein. Man kann daher mit einer gemischten Bindungsart, also Überlagerung einer semipolaren mit einer Doppelbindung rechnen:

$$(R)_3P{=}O \quad \text{und} \quad (R)_3\overset{\oplus}{P}\rightarrow\overset{\ominus}{O}$$

$$(R)_3P{=}CH_2 \quad \text{und} \quad (R)_3\overset{\oplus}{P}\rightarrow\overset{\ominus}{\bar{C}}H_2$$

Daß tatsächlich Derivate des Phosphors mit fünf organischen Liganden möglich sind, ist von G. WITTIG[6] u. Mitarbb. durch Herstellung des Pentaphenylphosphors nach:

$$[(C_6H_5)_4P]^{\oplus} J^{\ominus} + C_6H_5Li \rightarrow (C_6H_5)_5P + LiJ$$

experimentell bewiesen worden.

In der Hand von G. WITTIG[7] haben sich die Phosphorylide neuerdings zu einem wichtigen *Olefinierungsmittel* entwickelt. Diese Verbindungen setzen sich mit Ketonen derart um, daß der Ketonsauerstoff gegen eine Methylengruppe ausgetauscht wird. Dabei kommt ebenfalls die hohe Affinität des Phosphors zum Sauerstoff zum Ausdruck:

$$\left[\begin{array}{l} (C_6H_5)_3P{-}CH_2 \\ \quad\;\; \uparrow + \downarrow \\ \quad\;\; |\underline{O}{-}C(R)_2 \end{array}\right] \longrightarrow (R)_2C{=}CH_2 + (C_6H_5)_3PO$$

[1] SIPPEL, A.: Angew. Chem. **42**, 849, 873 (1929); Ber. dtsch. chem. Ges. **63**, 1818 (1930).

[2] LINTON, E. P.: J. Amer. Chem. Soc. **62**, 1945 (1940).

[3] Zum Beispiel $(CH_3)(C_2H_5)(C_3H_7)N \rightarrow O$ J. MEISENHEIMER: Ber. dtsch. chem. Ges. **41**, 3966 (1908); Liebigs Ann. **385**, 117 (1911); **428**, 252 (1922); **449**, 191 (1926).

[4] MEISENHEIMER, J., u. Mitarbb.: Liebigs Ann. **449**, 213 (1926).

[5] $(CH_3)C_6H_4{-}\underset{\underset{O}{\downarrow}}{S}{-}C_6H_4(NH_2)$, s. J. KENYON, H. PHILLIPS u. Mitarbb.: J. Chem. Soc. (London) **127**, 2552 (1925); **1926**, 2079; **1927**, 188; **1928**, 3000.

[6] WITTIG, G., u. M. RIEBER: Liebigs Ann. **562**, 187 (1949).

[7] WITTIG, G., u. W. HAAG: Chem. Ber. **88**, 1654 (1955). Zusammenfassung G. WITTIG: Experientia **12**, 41 (1956).

B. Die doppelte Atombindung

I. Kohlenstoff-Kohlenstoff-Doppelbindung

1. Theorien der Doppelbindung

Gelegentlich der Besprechung von Ringbildungen aus mehreren untereinander einfach gebundenen Kohlenstoffatomen hatten wir bereits die Möglichkeit der Bildung eines Zweirings bei der Verknüpfung von zwei C-Atomen gestreift. Wegen der besonderen physikalischen und chemischen Eigenschaften, die dieser Anordnung der Bindungen zweier C-Atome, der Doppelbindung, zukommen, ist ihre gesonderte, eingehende Besprechung gerechtfertigt. Im folgenden wird gezeigt werden, daß diese Doppelbindung eine Reihe neuer, wichtiger Erscheinungen bedingt, deren Kombination mit den im ersten Kapitel besprochenen Tatsachen des Zustandes einer einfachen Kohlenstoffatombindung ein weitgehenderes Verständnis vom Aufbau und den Reaktionen eines großen Teiles aller organischen Verbindungen ermöglicht.

a) Partialvalenzhypothese von J. Thiele

Von den verschiedenen Theorien zur Erklärung des besonderen reaktiven Verhaltens von Stoffen mit Doppelbindungen hebt sich besonders die von J. Thiele[1] stammende „Partialvalenz"-Hypothese hervor, die den Anlaß zu zahlreichen Versuchen auf diesem Gebiet gegeben hat. Die Thielesche Theorie beruht auf der Vorstellung, daß bei der Herstellung einer doppelten Kohlenstoffatombindung nicht die gesamte zur Verfügung stehende „Valenzkraft" der beiden beteiligten C-Atome völlig verbraucht wird, sondern an jedem C-Atom noch ein gewisser, wenn auch geringer Teil der „Valenzkraft" frei verfügbar bleibt. In seinen Formeln drückt dies J. Thiele durch punktierte Linien aus, z. B.:

$$CH_2{=}CH_2, \quad \text{nach Thiele } \underset{\vdots}{CH_2}{=}\underset{\vdots}{CH_2}$$

Die chemischen Reaktionen sollen sich nun in der Weise abspielen, daß z. B. Halogenatome an diese „*Partialvalenzen*" angelagert werden, worauf schließlich eine feste normale C-Halogenbindung unter Aufhebung der C=C-Doppelbindung den Reaktionsvorgang beendet. Das Vorhandensein dieser Partialvalenzen oder Restaffinitäten wäre demnach die Ursache für das leichte Eintreten zahlreicher *Additionsreaktionen* an C=C-Doppelbindungen. In einem *konjugierten* System sind nun mehrere dieser Partialvalenzen vorhanden, von denen sich etwa beim Butadien die mittleren gegenseitig absättigen. Man erhält dann ein Bindungssystem, das an den Enden die zur Reaktion erforderlichen Restaffinitäten trägt und so die seinerzeit vor allem an solchen Dienen beobachtete *1,4-Addition* recht anschaulich wiedergibt.

$$\underset{\vdots}{CH_2}{=}\underset{\vdots}{CH}{-}\underset{\vdots}{CH}{=}\underset{\vdots}{CH_2} \qquad \underset{\vdots}{CH_2}{=}CH{-}CH{=}\underset{\vdots}{CH_2}$$

[1] Thiele, J.: Liebigs Ann. **306**, 87 (1899); vgl. a. Liebigs Ann. **311**, 194, 241 (1900).

Diese von J. THIELE zur Deutung des reaktiven Verhaltens ungesättigter, konjugierter Systeme gegebene Formel wird mit dem Vorhandensein *polarer Ladungen* an den einzelnen C-Atomen verständlich zu machen gesucht, indem der innere Partialvalenzausgleich mit der Absättigung von Magnetchen verglichen wird:

$$\overset{\oplus}{C}H_2{=}\overset{\ominus}{C}H{-}\overset{\oplus}{C}H{=}\overset{\ominus}{C}H_2$$

Einen besonderen Erfolg errang die THIELEsche Theorie bei der Deutung des *aromatischen* Bindungszustandes im Benzol. Infolge der gegenseitigen Absättigung der Partialvalenzen im Ring entsteht eine völlig gleichmäßige „Valenz"-Verteilung innerhalb des Benzolrings, die nach außen hin keine „Restaffinitäten" mehr zu erkennen gibt. Der aromatische Zustand wird so ausgezeichnet wiedergegeben:

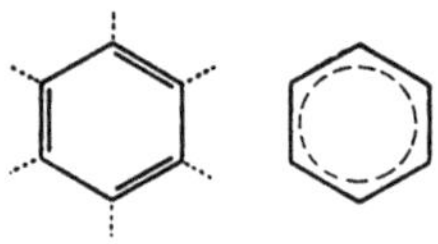

Wenngleich diese heuristische Vorstellung eine Reihe von Tatsachen recht gut erklärt, mußte die geistreiche und in ihrem Grunde zutreffende Theorie doch letzten Endes wegen der unklaren Fassung des Begriffs der Partialvalenz, des „Valenzbegriffes" überhaupt, in einer allgemeinen Anwendung versagen.

Später entwickelten H. WIELAND[1] und insbesondere E. WEITZ[2] auf Grund ihrer Arbeiten über die „*Valenztautomerie*" (vgl. S. 335) Vorstellungen über den Bindungszustand der C=C-Doppelbindung, die den heutigen Anschauungen schon sehr nahe kamen.

b) Einführung des Mesomeriebegriffes

Nach der Elektronentheorie der Bindung sind die beiden C-Atome des Äthylens und analoger Verbindungen mit einer Kohlenstoff-Kohlenstoff-Doppelbindung insgesamt durch vier Elektronen, also *zwei* Elektronenpaare, miteinander verknüpft. Zum Zusammenhalt zweier Atome genügt aber, wie im Vorangehenden ausgeführt wurde, bereits ein Elektronenpaar. Daher wird man erwarten dürfen, daß dieses zweite Elektronenpaar zumindest alle Erscheinungen, die wir bei der einfachen Atombindung kennen gelernt haben, bevorzugt aufweist. Man wird grundsätzlich mit der Möglichkeit einer *Polarisierung* oder einer partiellen bzw. völligen *Heterolyse* wie auch einer *Homolyse* zu rechnen haben, nur daß hier infolge des stets noch vorhandenen Zusammenhalts durch ein Elektronenpaar (der Einfachbindung) letzthin weder Kryptoionen oder gar Kationen bzw. Anionen noch freie Monoradikale auftreten können.

Für die nachfolgenden Überlegungen genügt es zunächst, die Möglichkeit einer Verschiebung des zweiten Elektronenpaares als *Ganzes* zu betrachten[3]. Falls eine solche *heterolytische Verschiebung* des Elektronenpaars in einem C=C-Doppelbindungssystem überhaupt möglich ist, könnte man dies formal so ausdrücken:

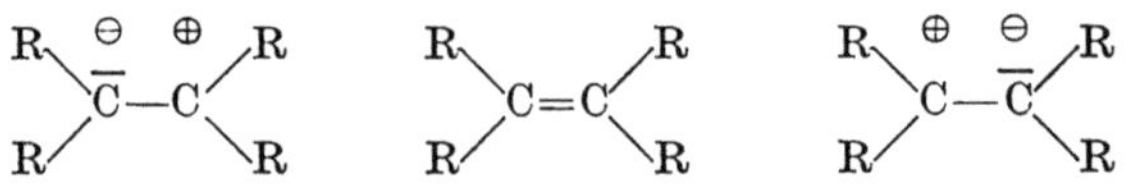

[1] WIELAND, H.: Ber. dtsch. chem. Ges. **53**, 1318 (1920); **55**, 1806 (1922).
[2] WEITZ, E.: Ber. dtsch. chem. Ges. **55**, 2868 (1922).
[3] Weitere Ausführungen hierzu s. S. 150.

Es entstehen so *Zwitterionen*, in denen bei gleichen Substituenten R jedes C-Atom die gleiche Wahrscheinlichkeit besitzt, die negative Ladung (das einsame Elektronenpaar) zu tragen. Dagegen werden voneinander verschiedene Substituenten R, R′ eine in einer Richtung bevorzugte Verschiebung des Elektronenpaares bewirken können.

Gedanken dieser Art nahmen wohl zuerst A. LAPWORTH[1] und R. ROBINSON[2] sowie C. K. INGOLD[3] auf, um sie zu einer Theorie des Ablaufs chemischer Reaktionen anzuwenden.

Sehr klar finden sich diese Überlegungen, die durch die quantentheoretische Begründung der Doppelbindung später eine ausgezeichnete Bestätigung fanden, in den Arbeiten von F. ARNDT[4], der seine Untersuchungsergebnisse am *γ-Pyron* zum Ausgangspunkt der theoretischen Betrachtungen machte.

Die γ-Pyrone:

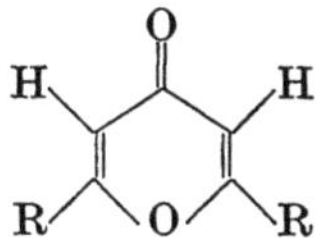

müßten bei Annahme der Richtigkeit dieser Formel in ihrem chemischen Verhalten gewisse Ähnlichkeit mit ungesättigten Ketonen der folgenden Bindungsanordnung:

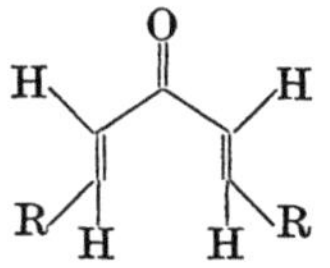

z. B. dem *Dibenzalaceton* ($R = C_6H_5$) oder verwandten Verbindungstypen zeigen. Die offenen Diolefinketone geben alle charakteristischen Nachweisreaktionen der beiden Doppelbindungen und der Carbonylgruppe. Ganz anders ist aber das chemische Verhalten der γ-Pyrone. In den meisten Fällen versagen die üblichen Nachweisreaktionen der Ketogruppe, und bei Versuchen zum Nachweis der Doppelbindungen z. B. durch Addition von Halogenen erhält man keine einfachen Additionsprodukte, sondern in verwickelter Reaktion andere Stoffe[5]. Auch die für ungesättigte Ketone charakteristische Farbreaktion mit konz. H_2SO_4 (Halochromie) versagt bei den γ-Pyronen. Die Strukturformel steht also mit diesem chemischen Verhalten nicht in Einklang. Daher ist man schon frühzeitig zu einer abgeänderten Schreibweise für die γ-Pyrone übergegangen. J. N. COLLIE[6] formulierte diese Verbindungen in folgender Weise:

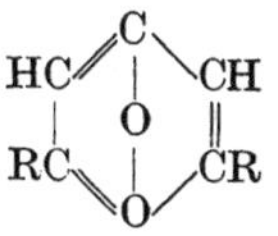

[1] LAPWORTH, A.: J. Chem. Soc. (London) **121**, 416 (1922).

[2] R. ROBINSON, Versuch einer Elektronentheorie organisch-chemischer Reaktionen, Sammlung chemischer und chemisch-technischer Vorträge, Bd. 14. Stuttgart: F. Enke 1932; dort ausführliche Angaben des älteren Schrifttums.

[3] INGOLD, C. K., u. E. H. INGOLD: J. Chem. Soc. (London) **1926**, 1310. — INGOLD, C. K.: J. Chem. Soc. (London) **1933**, 1124, 1126. — INGOLD, C. K.: Structure and Mechanism in Organic Chemistry. London: G. Bell & Sons Ltd. 1953.

[4] ARNDT, F., u. B. EISTERT: Z. Elektrochem. [B] **31**, 125 (1925).

[5] Vgl. D. N. BEDEKAR, R. P. KAUSHAL u. S. S. DESHAPANDE: J. Indian Chem. Soc. **12**, 465 (1935).

[6] COLLIE, J. N.: J. Chem. Soc. (London) **85**, 973 (1904).

Der Ring-Sauerstoff ist in der Sprache der alten Valenzlehre vierwertig, ein *Oxoniumsauerstoff* geworden. Nach dieser Formel sind die Pyrone als innere Salze des basischen Oxoniumsauerstoffs mit einer sauren phenolischen OH-Gruppe aufzufassen. Durch Zugabe von starken Säuren entstehen dann „*Pyroniumsalze*", deren Farblosigkeit und gesättigter Charakter sich nach A. WERNER ungezwungen auf das Vorliegen eines benzoiden, aromatischen Ringsystems zurückführen läßt:

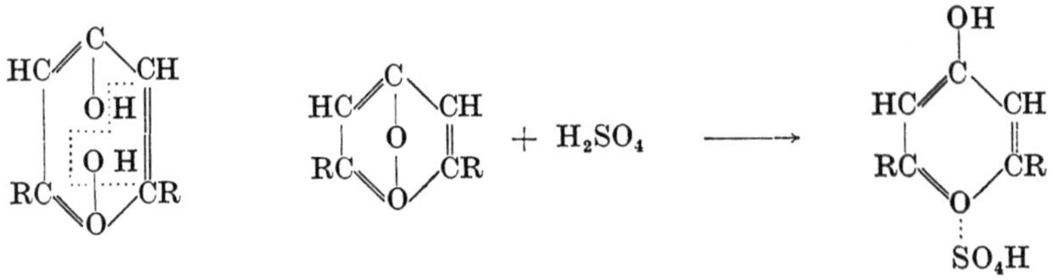

In der Sprache der Elektronentheorie werden die COLLIEsche Pyronformel[1] und die WERNERschen Pyroniumsalze folgendermaßen geschrieben (die „vierte Valenz" des Sauerstoffs ist eine Ionenbeziehung, vgl. S. 140):

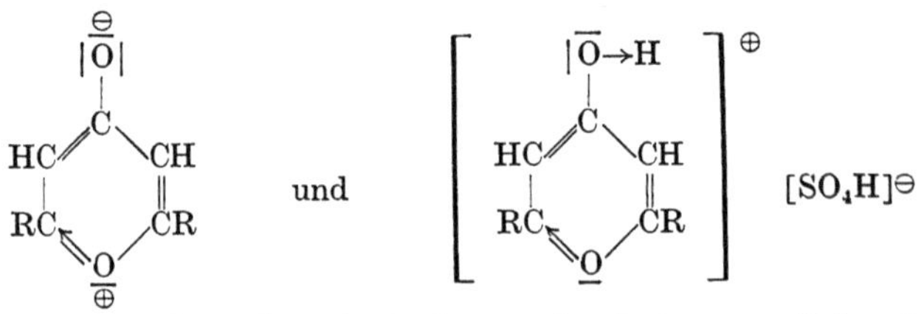

Die COLLIEsche Pyronformel enthält demnach als inneres Salz gleichzeitig eine positive und eine negative Ladung im Molekül, es liegt ein „Zwitterion", eine Art *Betain*[2], vor. In dieser Oxoniumbetainformel ist keine Ketogruppe und keine olefinische Doppelbindung vorhanden. Die Formel erklärt also das Nichteintreten der für diese Atomgruppen charakteristischen Reaktionen in den γ-Pyronen. Der Ringsauerstoff ist nicht nur schlechthin als ein zwei C-Atome zum Ring verbindendes Atom vorhanden, sondern er nimmt auch mit einem seiner beiden *einsamen Elektronenpaare* am Ring teil, der dadurch in ein *benzoides System* umgewandelt wird. Diese Auffassung muß sich an geeigneten Verbindungen durch den Versuch nachweisen lassen. So erhält man nach A. v. BAEYER durch Methylierung mit Methyljodid den Methyläther, der mit Ammoniumcarbonat in das entsprechende *Pyridinderivat* übergeführt werden kann. Denselben Verhältnissen wie beim γ-Pyron begegnen wir bei Ringverbindungen, die statt des Sauerstoffatoms ein Schwefelatom enthalten, bei den sog. *1-Thio-γ-pyronen*. In diesen 1-Thio-γ-pyronen kann man durch Aufoxydation ein bzw. beide einsamen Elektronenpaare des Ringschwefelatoms festlegen[3]:

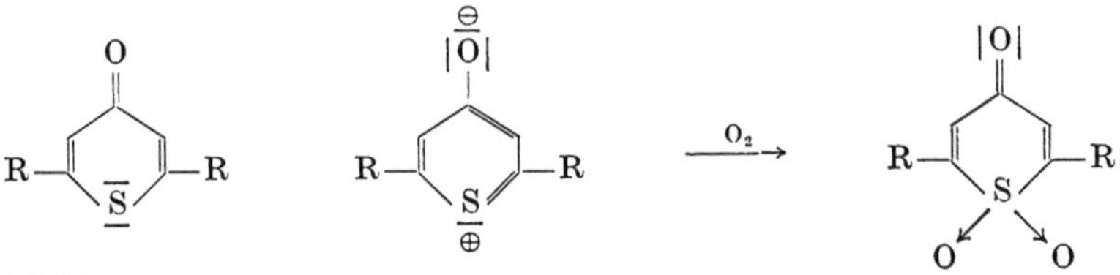

---

[1] Vgl. F. ARNDT: Ber. dtsch. chem. Ges. **57**, 1903 (1924).

[2] Nach R. KUHN versteht man unter Betainen gesättigte, peralkylierte Stoffe, z. B. $(R)_3\overset{\oplus}{N}$—CH_2—$COO^{\ominus}$, während $(R)_2\overset{\oplus}{N}H$—$CH_2$—$COO^{\ominus}$ ein Zwitterion ist.

[3] ARNDT, F., P. NACHTWEY u. J. PUSCH: Ber. dtsch. chem. Ges. **58**, 1636 (1925); ARNDT, F., u. N. BEKIR: Ber. dtsch. chem. Ges. **63**, 2393 (1930).

Dabei muß — die Richtigkeit der obigen Annahme von der Beteiligung einsamer Elektronenpaare des O- und S-Atoms unter Bildung der benzoiden, zwitterionischen Bindungsanordnung vorausgesetzt — ein Stoff entstehen, der nun alle typischen Gruppenreaktionen der C=O- und C=C-Doppelbindung gibt. Das 1-Thio-γ-pyronsulfon zeigt in der Tat alle die genannten typischen Gruppenreaktionen der Diolefinketone, es ist gelb, addiert vier Br-Atome und gibt mit konz. Säuren eine Halochromie.

Wenngleich die Zwitterionenformel der freien Pyrone eine weitgehende Übereinstimmung mit der Erfahrung wiedergibt, so lassen sich doch andererseits Tatsachen anführen, die gegen diese extrem polare Formulierung sprechen[1].

So zeigen die γ-Thiopyrone, welche anstelle der C=O- die C=S-Gruppe tragen, je nach den Substituenten R ein verschiedenes Verhalten[2]. Ist R = CH_3, so sind die Stoffe schwach gelb gefärbt und geben keine Ketonreaktionen; ist aber R = $COOC_2H_5$, so erhält man Nachweisreaktionen der Ketogruppe, und die tiefe Farbe mancher Derivate deutet auf das Vorliegen eines echten ungesättigten Ketons hin.

Besonders lehrreich ist das Ergebnis der Messung des *Dipolmoments* gewisser γ-Pyrone[3]. Bei der ausgesprochen unsymmetrischen Ladungsverteilung in der Zwitterionenformel des γ-Pyrons sollte man, wie auch bei anderen Zwitterionen[4], das Auftreten eines hohen Dipolmomentes erwarten. Das ist aber nicht der Fall. Das gemessene Moment für 2,6-Dimethyl-γ-pyron in Lösung ($\mu = 4{,}05$ D)[5] ist zwar höher, als es der Ketonformel entsprechen würde ($\mu_{ber} = 1{,}75$ D), aber im ganzen bei weitem niedriger, als es für ein reines Zwitterion mit benzoidem Ringsystem sein müßte.

Es lassen sich noch eine Reihe weiterer Gründe dafür anführen, daß einmal die *Keton*- und das andere Mal die *Zwitterionenformel* auf gewisse Reaktionen anspricht. Beide Reaktionstypen sind meist nicht sehr ausgeprägt, in ihrem eigentlichen Wesen „verschleiert". Man kann also nicht sagen, daß die eine oder die andere Pyronformel den allgemein zutreffenden Ausdruck für das chemische Verhalten dieser Stoffklasse darstellt[6].

Es erhebt sich nun die Frage, ob und wie man dieses besondere Verhalten der γ-Pyrone verständlich machen und in einem Formelbild darstellen kann. Man könnte daran denken, daß in einer Lösung dieser Pyrone zwei Arten von Molekülen vorhanden sind, die in einem *Gleichgewicht* etwa wie Keto- und Enolform des Acetessigesters zueinander stehen. Je nach der Art des betreffenden γ-Pyron-Derivates und je nach den wechselnden äußeren Bedingungen wäre dann in der Lösung mehr die eine oder andere Form vertreten. Gegen diese Auffassung spricht, daß weder bei den γ-Pyronen noch in anderen ähnlichen Fällen jemals die Herstellung einer reinen Form — entweder Ketoform oder Zwitterion — gelungen ist. Wir können also weder mit einer Keto- noch einer Zwitterionenformel das reaktive Verhalten der γ-Pyrone eindeutig darstellen, wir können auch nicht die eine oder die andere Form bei irgendeinem Pyronderivat in reiner, einheitlicher Form isolieren. Das chemische Verhalten dieser Stoffklassen zeigt auch nicht die

---

[1] Einwände gegen die COLLIEsche Formel s. R. WILLSTÄTTER u. R. PUMMERER: Ber. dtsch. chem. Ges. **38**, 1463 (1905).

[2] ARNDT, F., u. P. NACHTWEY: Ber. dtsch. chem. Ges. **56**, 2406 (1923); **58**, 1633, 1644 (1925).

[3] SUTTON, L. E.: Trans. Faraday Soc. **30**, 789 (1934). — ARNDT, F., G. T. O. MARTIN u. J. R. PARTINGTON: J. Chem. Soc. (London) **1935**, 602. — WASSILJEW, W. G., u. Y. K. SYRKIN: Chem. Zbl. **1937 II**, 1353.

[4] HAUSSER, I., R. KUHN u. F. GIRAL: Naturwiss. **23**, 639 (1935); Chem. Zbl. **1936** II, 814.

[5] HUNTER, E. C. E., u. J. R. PARTINGTON: J. Chem. Soc. (London) **1933**, 87.

[6] ARNDT, F.: Ber. dtsch. chem. Ges. **63**, 2963 (1930).

typischen Eigenschaften der beiden Formen zugehörenden funktionellen Gruppen, sie treten vielmehr undeutlich, gleichsam „verwischt", in Erscheinung. Der *wirkliche Zustand* der Pyrone liegt demnach *zwischen diesen beiden Grenzformen*, wie wir die Keto- und Zwitterionenformel bezeichnen wollen[1]. Im Gegensatz hierzu liegt bei der *Keto-Enol-Tautomerie* ein *Gleichgewicht wahrer isomerer*, grundsätzlich in Substanz darzustellender Verbindungen vor (vgl. S. 224).

Betrachten wir die Unterschiede dieser beiden Grenzformen, wie sie sich elektronentheoretisch darstellen. Die zugehörigen Formeln gehen ineinander über nur durch eine *Elektronenverschiebung*:

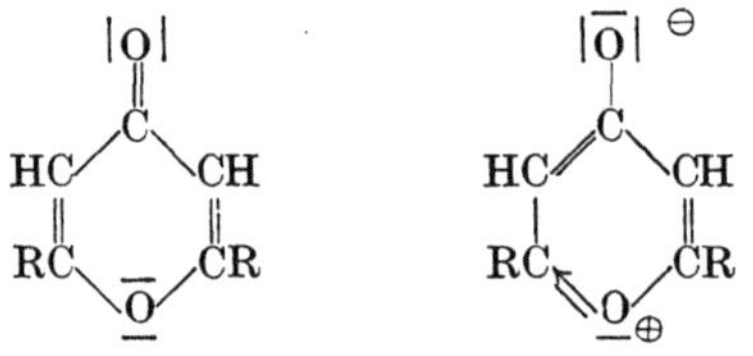

Im Gegensatz zur Keto-Enol-Tautomerie bleibt aber die *Reihenfolge aller Atomkerne*, also aller C-, H-, O- usw. Atome, *unverändert* und ebenso — im wesentlichen jedenfalls — die *Raumanordnung* des Gesamtsystems. Beide Formeln, die sich nur durch eine verschiedene Elektronenanordnung — durch eine elektromere Verschiebung — unterscheiden, stellen die in keinem Falle verwirklichten Grenzformeln der γ-Pyrone dar. Da es sich letzten Endes um eine Verschiebung von Elektronenbahnen handelt, sind aber alle Zwischenstufen denkbar. Die elektromere Verschiebung kann durch die einsamen Elektronenpaare des Ringsauerstoffs veranlaßt werden, von denen wir früher (vgl. S. 132) sahen, daß sie bestrebt sind, „Oniumkomplexe" zu bilden, d. h. anteilig zu werden. Diese einsamen Elektronenpaare werden zwar einerseits von der Kernladung des Sauerstoffs kompensiert, andererseits aber durch die übrigen Elektronen des Sauerstoffatoms abgestoßen. Das Ganze hat natürlich seine Grenzen insofern, als der Sauerstoffatomkern seine Elektronen nicht völlig hergeben wird, andererseits das benachbarte C-Atom je nach seinen an ihm befindlichen Substituenten zur Aufnahme der Elektronen, zum Anteiligwerden mit den Sauerstoffelektronen, mehr oder weniger geneigt sein kann[2].

Wegen der ungleichen Kernladungen des C- und O-Atoms wird das Sauerstoffatom der Carbonylgruppe ebenfalls einen gewissen Zug auf die Elektronen der C=O-Doppelbindung ausüben und zu einem bestimmten Betrage ein Elektronenpaar der Doppelbindung näher an sich heranholen. Die Polarität der C=O-Doppelbindung wird bei der Besprechung dieses Bindungstypus noch einmal behandelt werden (s. S. 213). In dem Molekül des γ-Pyrons wirken demnach zwei Effekte gleichsinnig: erstens die „Aufrichtungstendenz" der Carbonylgruppe und zweitens die Neigung des Ringsauerstoffs zum Übergang in den „Onium"-Zustand.

Insgesamt haben wir also in dem γ-Pyronmolekül mit einer *Elektronenverschiebung* vom Ringsauerstoff über das nur sozusagen als Leiter dieser Verschiebungen dienende Doppelbindungssystem 2 (CR = CH) zum Sauerstoff der

---

[1] Vgl. insbesondere B. EISTERT: Tautomerie und Mesomerie. Stuttgart: Ferd. Enke 1938. Dort ausführliche Angaben des einschlägigen Schrifttums; ferner G. SCHWARZENBACH u. Mitarbb.: Molekulare Resonanzsysteme, Helvet. chim. Acta **20**, 490, 498, 627—633, 654—658, 1252—1260, 1591—1600 (1937); **21**, 1636 (1938); zusammenfassende Darstellung N. V. SIDGWICK: J. Chem. Soc. (London) **1937**, **694**. — INGOLD, C. K.: Nature (London) **141**, 314 (1938).

[2] ARNDT, F., E. SCHULZ u. P. NACHTWEY: Ber. dtsch. chem. Ges. **57**, 1906 (1924).

Carbonylgruppe zu rechnen. Diese Elektronenverschiebungen kann man auch folgendermaßen ausdrücken:

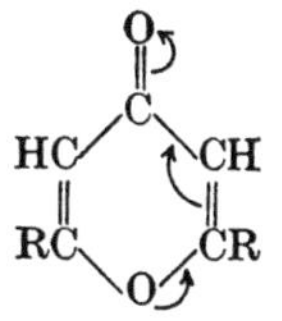
nach R. ROBINSON

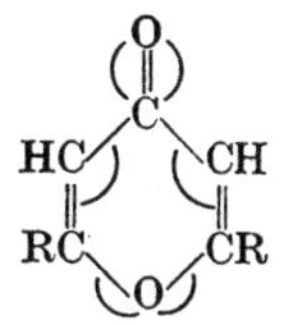
nach C. K. INGOLD

Bei sehr geringer Elektronenverschiebung in einer Richtung hätten wir also die Ketoform, bei starker Verschiebung im entgegengesetzten Sinne die Zwitterionform vor uns. Beide nachstehenden Grenzformeln sowie alle denkbaren

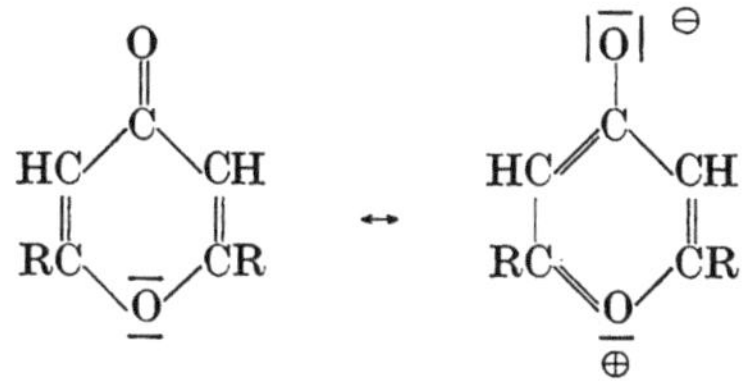

Übergänge sind in der ROBINSONschen Formel durch die Pfeile angedeutet und zusammengefaßt. Da bei komplizierten Molekülen die Pfeile oft die Übersichtlichkeit der Formelbilder stören, bevorzugen wir die Schreibweise mit Grenzformeln und stellen die Tatsache, daß beide Formeln nur Grenzanordnungen für einen nicht formulierbaren Zwischenzustand sind, durch einen Doppelpfeil (↔) dar[1].

Neben den beiden erwähnten Grenzformeln können auch unter bestimmten Bedingungen andere von Bedeutung sein, bei denen nur die Doppelbindungselektronen der C=O-Gruppe die elektromere Verschiebung erleiden, z. B.:

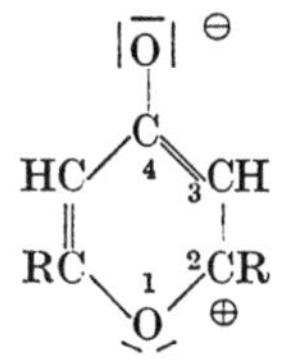

und

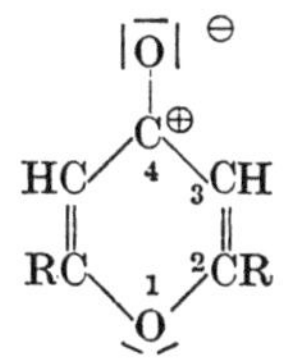

Die durch die unsymmetrische Ladungsverteilung der C=O-Gruppe eingeleitete elektromere Verschiebung entblößt die C-Atome 2 oder 4 von Elektronen, es tritt dort ein Mangel an Elektronen ein, angedeutet durch die Oktettlücke. Im Gegensatz zu der obigen extremen Zwitterionenformel findet aber keine Auffüllung dieser Elektronenlücken durch ein einsames Elektronenpaar des Ringsauerstoffs statt[2].

Wir sehen also, daß die elektronentheoretische Untersuchung der Struktur eines γ-Pyronmoleküls eine gewisse Elektronenverschiebung im Pyronmolekül erkennen läßt von einem solchen Ausmaß, daß weder die reine Keto- noch die reine Zwitterionenform charakteristisch ausgebildet wird. Die Elektronenverschiebung bleibt irgendwo *zwischen diesen Grenzanordnungen* hängen, sie „verschleiert“ das Bild der reinen Grenzformen. Das ist aber genau das, was in dem chemischen Verhalten dieser Verbindungen zum Ausdruck kommt. Wir haben

[1] EISTERT, B.: Angew. Chem. **49**, 33 (1936). Gleichzeitig und unabhängig hiervon C. R. BURY: J. Amer. Chem. Soc. **57**, 2115 (1935).

[2] „Pyrenium“-Formeln von W. DILTHEY, in der Sprache der Elektronentheorie dargestellt, J. prakt. Chem. [2] **138**, 2115 (1935).

also in dem Molekül des γ-Pyrons einen Zwischenzustand[1] vor uns, den man sich auch anders durch Überlagerung aller möglichen Grenzanordnungen entstanden denken kann. Diese *Ausbildung eines Zwischenzustandes* bezeichnet man nach einem Vorschlag von C. K. INGOLD als *Mesomerie* (mesomeric state = between the parts)[2, 3].

Wenn in dem Pyronmolekül wirklich dieses Ausgleichsbestreben (vgl. die THIELEsche Partialvalenztheorie!) verschiedener Grenzformen unter Ausbildung eines Zwischenzustandes vorhanden ist, muß dieser mesomere Zustand auch *energieärmer* als die durch Grenzanordnungen festgelegten Zustände sein.

Nach F. ARNDT[4] läßt sich aus dem Vergleich von Verbrennungswärmen gewisser Verbindungen zeigen, daß der mesomere Zustand zum mindesten energieärmer ist, als der durch die übliche Pyronformel (Ketoform) dargestellte. Dieser Vergleich wird in folgender Weise durchgeführt:

Die *Verbrennungswärmen* der Verbindungen I—IV[5]

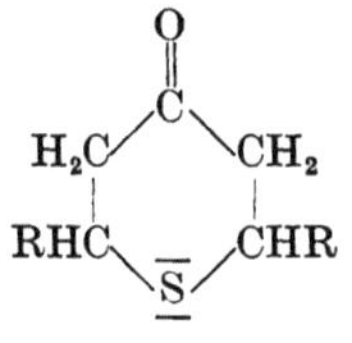
I

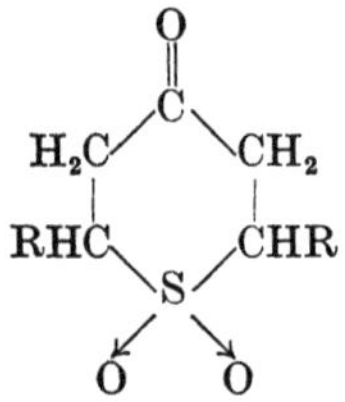
II

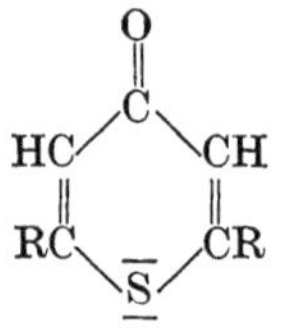
III

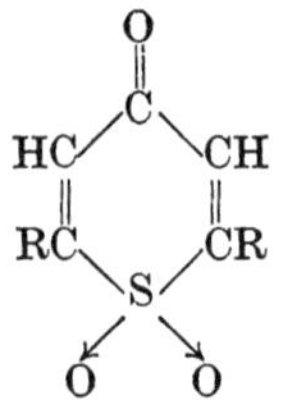
IV

$R = C_6H_5$

haben folgende Werte:

	Verbrennungswärme in kcal
I	2268
II	2188
III	2165
IV	2118

$\Delta_1 = 70$ kcal (II—IV); $\Delta_2 = 103$ kcal (I—III)

$$\Delta_2 - \Delta_1 = 33 \text{ kcal}$$

I und II unterscheiden sich von III und IV durch den Mehrgehalt von 4 H-Atomen. Bilden wir die Differenz der Verbrennungswärmen von II und IV, so erhalten wir den Wert von 70 kcal. Vergleichen wir diesen mit dem Unterschied

[1] ARNDT, F., u. Mitarbb.: Ber. dtsch. chem. Ges. **57**, 1906 (1924); **62**, 50 (1929); **63**, 2964 (1930).

[2] INGOLD, C. K., u. E. H. INGOLD: J. Chem. Soc. (London) **1926**, 1310. — Nature (London) **133**, 946 (1934).

[3] Vielfach, insbesondere in der angelsächsischen Literatur, bezeichnet man auch diesen Zustand zwischen allen formulierbaren Grenzanordnungen, die sich nur durch die Anordnung der Bindungen — elektromere Verschiebung — unterscheiden, nicht sehr glücklich als Resonanz.

[4] ARNDT, F., G. T. O. MARTIN u. J. R. PARTINGTON: J. Chem. Soc. (London) **1935**, 604.

[5] LORENZ, L., u. H. STERNITZKE: Z. Elektrochem. **40**, 501 (1934).

der Verbrennungswärmen von Äthan und Äthylen (~ 32 kcal)[1], den wir wegen der Anwesenheit zweier Äthylengruppierungen in IV noch verdoppeln müssen, so ergibt sich eine recht gute Übereinstimmung dieser Differenzen der Verbrennungswärmen (70 statt 64 kcal). Dagegen ist die von I und III mit 103 kcal beträchtlich größer. Das Pyron ist demnach um 103 — 70 = 33 kcal energieärmer als es bei Annahme einer Ketoformel sein müßte.

In dieser Energiedifferenz von 33 kcal kommt der Energiegewinn zum Ausdruck, den der Übergang der reinen Ketogrenzform in die durch beide Grenzformen eingrenzend beschriebene, als solche nicht formulierbare mesomere Anordnung einbringt. Dieser Energiegewinn wird als *Elektromerisierungsenergie*[2] oder auch als Sonderteil der Energie[3] *W* oder nach B. EISTERT als *Konjugationsenergie* bezeichnet[4].

Aus diesen energetischen Betrachtungen folgt, daß der wirkliche Zustand des Pyronmoleküls in der Tat energieärmer ist, als es die reine Ketoanordnung verlangt. Zum exakten Nachweis der Mesomerie im Pyronmolekül wäre eine gleichermaßen durchgeführte energetische Untersuchung aller möglichen Grenzformeln erforderlich, die noch nicht gegeben werden kann. Da außerdem die obige Energie von 33 kcal/Mol die Differenz zweier größerer Zahlen ist, sind Werte dieser Art mit einer beträchtlichen Unsicherheit behaftet. Immerhin ist schon aus diesen Versuchszahlen eine Bestätigung der theoretischen Überlegungen wenigstens in qualitativer Hinsicht zu entnehmen.

Da bei einer Doppelbindung, insbesondere dann, wenn die beteiligten Atomkerne verschiedene Elektronenaffinität besitzen, wie in der C=O-Gruppe, oder wenn die C-Atome der Äthylendoppelbindung durch verschieden elektronenaffine Reste substituiert sind, immer eine elektromere Verschiebung stattfinden kann, muß man in *allen ungesättigten und aromatischen Systemen grundsätzlich* mit dem Vorhandensein einer *Mesomerie* rechnen[5].

Kein Molekül mit einer doppelten Kohlenstoffatombindung ist daher eindeutig durch eine *einzige* Formel zu beschreiben. Erst durch die *Überlagerung aller denkbaren Grenzformeln* kann der Zustand dieses Moleküls *eingrenzend* beschrieben werden. Die formulierbaren Anordnungen stellen *keine wirklichen Anordnungen* des Moleküls dar, sie sind *fiktiv* und *symbolisieren* energiereichere Zustände als den tatsächlichen. Da man in den meisten Fällen keine eindeutige Schreibweise des mesomeren Zustandes oder allenfalls nur eine die Formel sehr unübersichtlich machende Darstellung geben kann, wird man die Mesomerie eingrenzend durch Angabe der wichtigsten Grenzformeln beschreiben. Weitere Betrachtungen zum Mesomeriebegriff siehe S. 317ff..

Es sei nochmals betont: Kein Zustand eines ungesättigten Moleküls (Grundzustand oder angeregte Zustände) läßt sich durch eine einzige Formel, sondern nur durch das Zusammenwirken aller Grenzformeln beschreiben. Für registrierende Zwecke wird man sich stets der einfachsten Formel in engster Anlehnung an die Strukturtheorie bedienen[6].

---

[1] Hydrierungswärme des Äthylens vgl. kritischen Überblick von F. D. ROSSINI: J. Res. Nat. Bur. Standards **17**, 629—638 (1936). Am besten erscheinen die Werte: +32,58 ± 0,06 bzw. +32,78 ± 0,13 kcal bei 25°.

[2] Im englischen Schrifttum ist der Ausdruck *resonance energy* gebräuchlich.

[3] HÜCKEL, E.: Z. Elektrochem. **43**, 764 (1937).

[4] EISTERT, B.: Chemismus und Konstitution. Stuttgart: F. Enke 1949.

[5] Über die Wirkung der Mesomerie auf die freie Drehbarkeit vgl. die Messungen der Temperaturunabhängigkeit des Dipolmoments beim Benzil. K. I. HIGASI: Bull. Chem. Soc. Japan **13**, 158 (1938).

[6] Zur genauen Beschreibung der Mesomerie einer Verbindung wäre die quantitative Angabe der prozentualen Beteiligung der einzelnen Grenzformeln (ihrer „Gewichte") an der Mesomerie erforderlich, die in einigen Fällen heute näherungsweise gegeben werden kann.

c) Quantenmechanische Deutung der Doppelbindung

Gelegentlich der Besprechung der quantenmechanischen Vorstellungen bei der Bildung von vier einfachen, tetraedrisch gerichteten Atombindungen des Kohlenstoffatoms ist auf die besondere Bedeutung der *Hybridisierung* (Vermischung) der einen *s*-Atombahn mit den drei *p*-Atombahnen des Kohlenstoffatoms hingewiesen worden. Es entstehen so vier hybridisierte sp^3-Bindungen mit lokalisierten, tetraedrisch ausgerichteten Bahnen (vgl. S. 20).

Versucht man mit solchen tetraedrisch ausgerichteten, hybridisierten sp^3-Bahnen ein Modell des Äthylens aufzubauen, so sieht man leicht ein, daß die Richtung dieser sp^3-Atombahnen *keine maximale Überlappung* der Atombahnen A_1A_2, B_1B_2, in Richtung der die Kerne C_1 und C_2 verbindenden Achse gestattet:

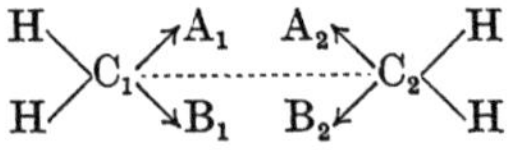

In der klassischen Modellvorstellung hätten wir es hier mit einer „Kantenbindung" der Tetraeder zu tun:

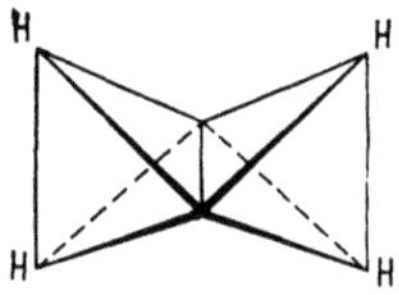

Abb. 47a.
Tetraedermodell der Doppelbindung nach VAN'T HOFF

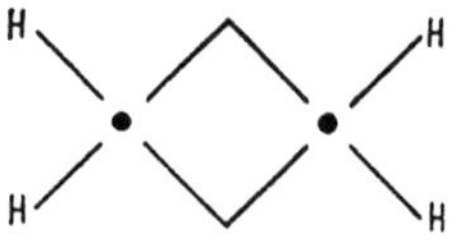

Abb. 47b.
Schema der „geknickten" Valenzen einer Doppelbindung

oder mit einem Molekülmodell mit „geknickten" Valenzen bzw. mit großer „Spannung" innerhalb des Valenzgerüsts (vgl. S. 31). Aus diesem klassischen Modell der C=C-Doppelbindung folgt für den Fall einer verschiedenartigen Besetzung der vorhandenen vier Einfachbindungen die Existenz von geometrischen Isomeren, die *cis-trans-Isomerie*:

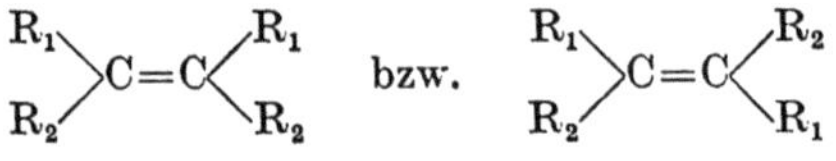

cis trans

Die experimentelle Erfahrung steht hiermit in bester Übereinstimmung, so daß danach die *Zahl* möglicher Isomerer durch diese klassische Anschauung richtig wiedergegeben wird. Von einer doppelten Bindung sollte man eine erhöhte Festigkeit und demnach geringeres Reaktionsvermögen als von einer einfachen Atombindung erwarten. Das Gegenteil ist aber der normale Fall, denn die Verbindungen mit einer C=C-Bindung zeichnen sich durch ihr *erhöhtes Reaktionsvermögen* — ungesättigte Verbindungen! — sowie auch noch durch besondere physikalische Eigenschaften aus.

Das besondere Wesen der Doppelbindung sowie die Zahl möglicher isomerer Formen läßt sich mit Hilfe quantenmechanischer Vorstellungen in folgender Weise erklären:

Im Äthylen und entsprechend in allen Verbindungen mit einer C=C-Doppelbindung ist jedes der an der Doppelbindung beteiligten Kohlenstoffatome von *drei* Atomen, einem Kohlenstoffatom und zwei Wasserstoffatomen (bzw. anderen einbindigen Atomen oder Atomgruppen) umgeben. Man benötigt daher zur Herstellung dieser drei Atombindungen nur drei der vier verfügbaren Atombahnen des Kohlenstoffatoms, die s-Bahn und die p_x- und p_y-Bahnen. Eine der ursprünglichen p-Bahnen, z. B. die p_z-Bahn, bleibt unverändert. Wie bei der Bildung der tetraedrisch gerichteten Bahnen des einfach gebundenen Kohlenstoffatoms erhält man auch hier durch *Hybridisierung* (Vermischung) der einen s-Bahn mit den beiden p-Bahnen (p_x und p_y) drei energetisch begünstigte, hybridisierte sp^2-Bahnen. Diese Bahnen sind, wie Abb. 48 zeigt, in der x—y-Ebene unter einem Winkel von 120° zueinander gerichtet (trigonale sp^2-Form).

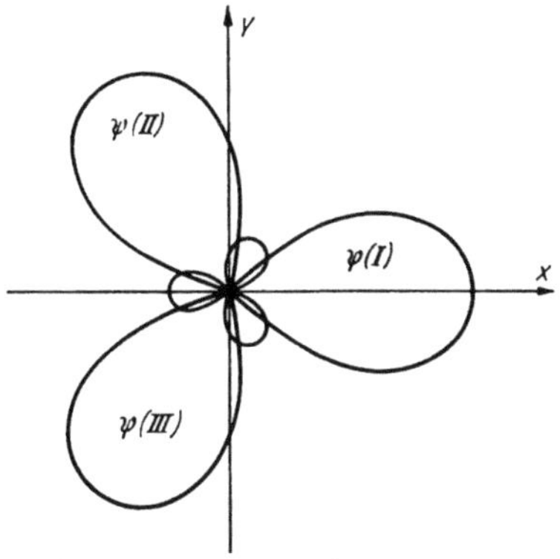

Abb. 48. Die drei trigonalen sp^2-„Hybrids"

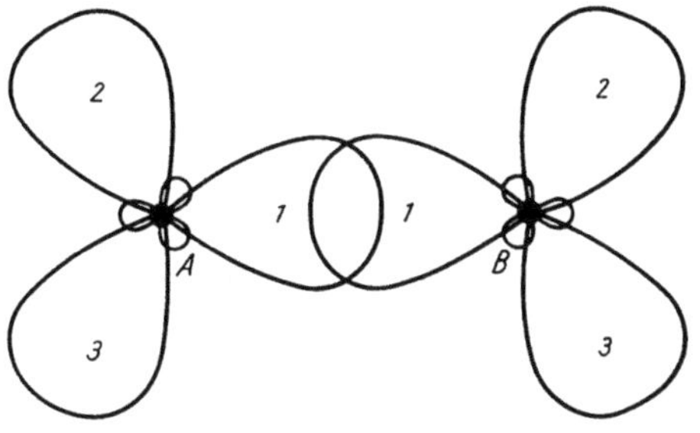

Abb. 49.
Die sp^2-„Hybrids" im Kohlenstoffatomgerüst der Äthylenmolekel (siehe auch C. A. COULSON, l. c. S. 192)

Bei der Betätigung dieser sp^2-Bindungen zur Herstellung eines Äthylenmoleküls werden zwei solcher Bahnen A_1 und B_1 unter Bildung sich maximal überlappender Bahnen gepaart, und die anderen noch vorhandenen Bahnen A_2, A_3 und B_2, B_3 werden mit den Bahnen z. B. von vier Wasserstoffatomen ebenfalls unter maximaler Überlappung der Elektronenbahnen gepaart. Man erhält so, ausgehend von den trigonalen sp^2-Bahnen sechs σ-Bindungen im Äthylenmolekül (Abb. 49).

Das noch übrigbleibende Elektronenpaar (p_z-Bahn) kann keine zweite σ-Bindung zwischen den Kohlenstoffatomen herstellen. Dann wären nämlich vier Elektronen in demselben Zustand, was dem PAULI-Verbot widerspricht. Die übrigbleibenden Elektronen werden daher als nichthybridisierte p-Bahnen sich zu einer *π-Bindung* so paaren, daß das Maximum an Bindungsenergie hierbei entsteht. Diese p_z-Bahnen sind parallel zueinander gerichtet und stehen *senkrecht* zur Ebene der drei sp^2- bzw. σ-Bahnen (Abb. 50), und zwar gleichermaßen oberhalb und unterhalb der Ebene der σ-Bindungen.

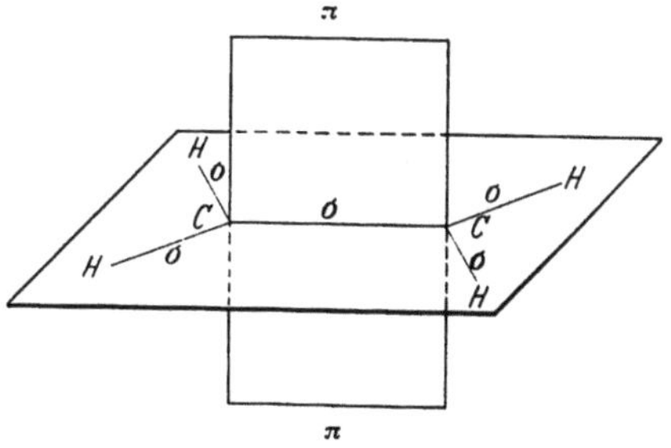

Abb. 50. Raummodell der π-Bindung im Äthylen (Vgl. auch Abb. 7, S. 12)

Nur unter diesen Bedingungen liefert auch die π-Bindung ihre maximale Bindungsenergie. Man kann also sagen, die C=C-Doppelbindung (ähnliches gilt mutatis mutandis für die >C=O- bzw. >C=N-, —N=N-, —N=O-Doppelbindung) besteht aus einem Paar trigonaler sp^2-Atombahnen und einem ihr überlagerten Paar von p-Atombahnen. Eine σ- und eine π-Bindung stellen die Doppelbindung dar.

Die quantenmechanische Deutung der Doppelbindung führt zu folgenden wichtigen Schlüssen:

1. Damit eine *maximale Bindungsenergie* zwischen den Kohlenstoffatomen der Doppelbindung vorhanden ist, müssen sich die p_z-Bahnen so weit wie möglich

überlappen. Dies ist nur bei einer *ebenen* Anordnung der Molekel möglich und mit einem C_1—C_2-Bindungsabstand von 1,34 Å (größere Ladungsdichte zwischen den C-Atomen der Doppel- als der Einfach-Bindung), der also wesentlich *kürzer* ist als der Abstand zweier einfach gebundener Kohlenstoffatome (1,54 Å).

2. Mit jeder Verdrehung der Molekelhälften gegeneinander sinkt das Ausmaß der Überlappung. Infolgedessen muß eine solche Molekel eben aufgebaut und stabil gegen Verdrehung sein. Damit erklärt sich die *Abwesenheit einer freien Drehbarkeit* und die Existenz von *geometrischen Isomeren* bei geeigneter Substitution der Kohlenstoffatome.

3. Die verschiedene Symmetrie der Ladungsverteilung der σ- und π-Elektronen läßt es verständlich erscheinen, daß die π-Elektronen dem Einfluß z. B. *polarisierend wirkender Reagentien* oder dem Angriff von Stoffen mit "odd" Elektronen, *freien Radikalen*, weit mehr ausgesetzt sind als die σ-Elektronen. Wie später ausgeführt wird, liegt darin die erhöhte chemische Reaktionsfähigkeit und das besondere physikalische Verhalten von Stoffen mit Doppelbindungen begründet (THIELEs „Partialvalenzen"). Die Paarung der beiden p_z-Atombahnen bzw. -Elektronen zu einer π-Bindung setzt ebenso wie bei den σ-Bindungen *antiparallele* ($\uparrow\downarrow$) Spinmomente der beteiligten Elektronen voraus.

Diese aus der quantenmechanischen Deutung folgenden Schlüsse stehen somit in bester Übereinstimmung mit der experimentellen Erfahrung und geben uns somit ein exaktes, sicher fundiertes Wissen um das besondere Wesen und die Eigenart des Bindungszustandes einer Doppelbindung.

Der *Grundzustand* eines Äthylenmoleküls läßt sich daher formelmäßig so wiedergeben:

$$H_2C{=}CH_2\ (\uparrow\downarrow)$$

wobei sich die Angabe der Spinrichtungen auf das π-Elektronenpaar beziehen soll. Die quantenmechanische Berechnung des Äthylenmoleküls liefert nun ganz entsprechend den bei der Einfach-(σ)-Bindung erörterten Verhältnissen auch die energetisch höheren, *angeregten Zustände*. Einer von den drei berechneten angeregten Zuständen enthält unter der Voraussetzung des Erhalts der ebenen Anordnung des Moleküls[1] parallele Spinmomente der π-Elektronen:

$$H_2\overset{\times}{C}{-}\overset{\times}{C}H_2\ (\uparrow\uparrow)$$

Diese parallelen Spinmomente müssen ein magnetisches Gesamtmoment von $\mu = \sqrt{8}\,\mu_B$ (analog dem Sauerstoff) besitzen. Man nennt diesen angeregten Zustand den *Triplettzustand*, die Stoffe Biradikale, (vgl. dazu Anm. 1, S.158). Im Gegensatz zur einfachen Atombindung, bei der im Triplettzustand Abstoßung der beiden Atome auftritt (H • H •, $\uparrow\uparrow$) wird hier der Zusammenhalt der Molekel durch die noch vorhandene C—C-Einfachbindung gewährleistet.

Von diesem energiereichen Triplettzustand führt eine Verdrehung einer Molekülhälfte um 90° um die jetzt hier nur noch vorhandene C—C-Einfach-(σ)-Bindung zu einem etwas energieärmeren Zustand, in dem die Achsen der beiden π-Niveaus *senkrecht* aufeinanderstehen und sich so am wenigsten beeinflussen können, sozusagen eine „Allen"-Stellung (vgl. S. 195). Wegen dieser geringsten Wechselwirkung liegt hier ein Zustand mit einem *Energieminimum* vor, der aber seinerseits noch durchaus über dem tiefsten Energieniveau des Grundzustands liegt. Es läßt sich zeigen, daß hier die Spins der beiden Einzelelektronen im Verhältnis der statistischen Gewichte ihrer möglichen Zustände, parallel ($\uparrow\uparrow$) und antiparallel ($\uparrow\downarrow$), demnach wie 3:1, zum gesamten magnetischen Moment beitragen. Das *magnetische Gesamtmoment* dieses echten Doppelradikalzustandes beträgt daher

[1] Nur dann darf man von π-Elektronen (Symbol $\times$) sprechen.

$\mu = \sqrt{6}\mu_B$. Formelmäßig kann man den *Doppelradikalzustand* so wiedergeben:

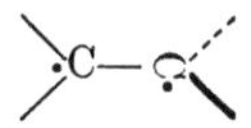

$$\!\!\!\!>\!\!\text{C}\!-\!\text{C}\!\!<\quad (\uparrow\downarrow : \uparrow\uparrow = 1:3)$$

Hier ist die größtmögliche „Vereinsamung" der beiden Einzel-σ-Elektronen und damit auch die größtmögliche Annäherung an einen Radikalzustand wie bei den Monoradikalen erreicht. Diese Radikale sind daher *verdoppelte Monoradikale*[1].

Neben diesen angeregten Zuständen, in denen eine Parallelausrichtung der Elektronenspins[2] eine wesentliche Rolle spielt, liefert die quantenmechanische Berechnung noch zwei weitere, energetisch höher liegende Zustände mit antiparallelen Spinmomenten. Einer dieser *angeregten Singulettzustände* enthält eine *polare* Ladungsverteilung des π-Elektronenpaars (auch wieder in Analogie zur Einfachbindung z. B. H|$\ominus$H$\oplus$). Da Äthylen zwei gleiche Kohlenstoffatome besitzt, sind für diese polare Verteilung zwei gleich berechtigte Möglichkeiten gegeben:

$$\overset{\ominus}{\text{H}_2\text{C}}\!-\!\overset{\oplus}{\text{CH}_2} \longleftrightarrow \overset{\oplus}{\text{H}_2\text{C}}\!-\!\overset{\ominus}{\text{CH}_2} \quad (\uparrow\downarrow)$$

In substituierten Äthylenverbindungen besteht, wie später ausgeführt wird, u. U. die Möglichkeit, daß eines der beiden Kohlenstoffatome besondere Neigung zur Aufnahme des Elektronenpaares (negative Ladung) bzw. umgekehrt zur positiven Ladung (Elektronenlücke) besitzt. Dann ist die Mesomerie in eine bestimmte Richtung bevorzugt verschoben.

Denkbar sind auch die Anordnungen, in denen nicht die ebene Raumlage des Grundzustandes erhalten geblieben ist, sondern — wie im Doppelradikalzustand — eine *Verdrehung* der Molekülhälften um 90° zueinander stattgefunden hat. Dieser Zustand[3] dürfte wohl auch *energieärmer* und daher stabiler als die ebene Anordnung sein:

$$\overset{\text{H}}{\underset{\text{H}}{>}}\!\overset{\ominus}{\text{C}}\!-\!\overset{\oplus}{\text{C}}\!\overset{\text{H}}{\underset{\text{H}}{<}} \longleftrightarrow \overset{\text{H}}{\underset{\text{H}}{>}}\!\overset{\oplus}{\text{C}}\!-\!\overset{\ominus}{\text{C}}\!\overset{\text{H}}{\underset{\text{H}}{<}}$$

Schließlich gibt es noch einen (energetisch höchstgelegenen) *Singulettzustand*. Die Elektronenspins sind zwar *antiparallel*, stehen aber in denkbar *geringster Wechselwirkung* miteinander. Auch hier dürfte die energetisch günstigste Anordnung *nicht* die *ebene* sein, sondern die, in der eine Molekülhälfte um 90° aus dieser Ebene herausgedreht ist:

$$\text{H}_2\overset{\bullet}{\text{C}}\!-\!\overset{\bullet}{\text{C}}\text{H}_2 (\uparrow\downarrow) \quad \text{bzw.} \quad \overset{\text{H}}{\underset{\text{H}}{>}}\!\overset{\bullet}{\text{C}}\!-\!\overset{\bullet}{\text{C}}\!\overset{\text{H}}{\underset{\text{H}}{<}} \quad (\uparrow\downarrow)$$

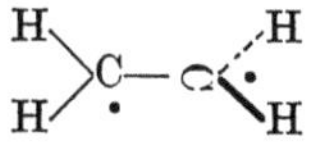

Die verschiedenen Elektronenzustände des Äthylenmoleküls und analog die von anderen Verbindungen mit Doppelbindungen kann man in folgendem verallgemeinerten *Energieschema* zusammenfassen:

```
E↑         ┌─────── Singulett (↑↓) eben
           └┄┄┄┄┄┄┄ Singulett, Spins 90°

       ┌─────── polar (↑↓) eben
       └┄┄┄┄┄┄┄ polar, Spins 90°, (↑↓)

   ┌─────── Triplett (↑↑) eben, Biradikal
   └┄┄┄┄┄┄┄ Doppelradikal (↑↓ : ↑↑ = 1:3), Spins 90°

─────── Grundzustand
```

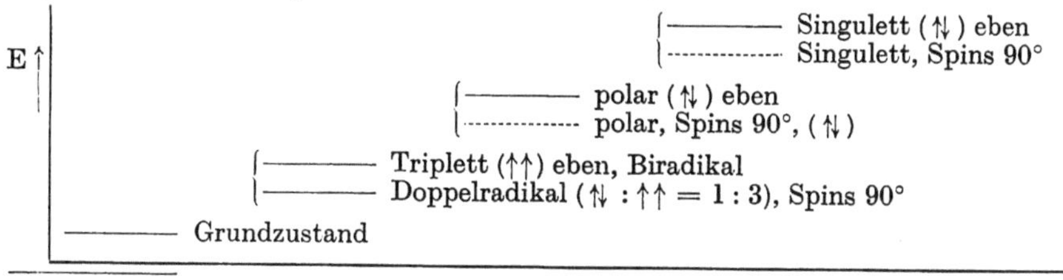

[1] Dieser Fall entspricht der Homolyse einer C—C-Einfachbindung.
[2] Elektronenzustände verschiedener Termmultiplizität (Singulett und Triplettzustand) stehen *nicht* im Verhältnis einer Mesomerie zueinander, vgl. S. 158.
[3] Diese Elektronenverschiebung entspricht der Heterolyse einer C—C-Einfachbindung.

bzw. formelmäßig wiedergeben:

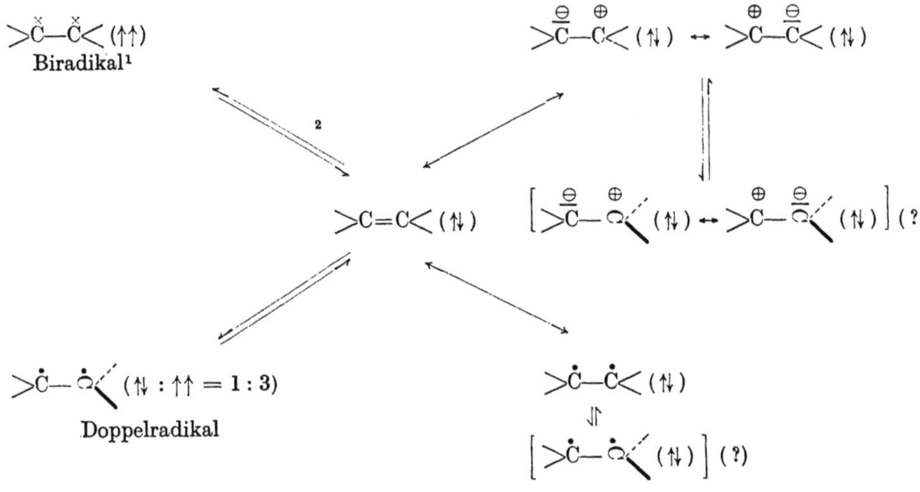

paramagnetische Zustände diamagnetische Zustände

Die Formel des Grundzustandes entspricht nur im wesentlichen, nicht aber exakt den tatsächlichen Verhältnissen. Es besteht eine wenn auch geringe Wahrscheinlichkeit, die Elektronen in Lagen zu treffen, die nicht mehr symmetrisch zu den beiden Kohlenstoffatomen sind, man sagt, die polaren Strukturen sind im geringen Maße auch an der Mesomerie des Grundzustandes beteiligt *(keine reinen Grenztypen!)*. Dies gilt nicht für die biradikalischen Strukturen mit ihrer anderen Termmultiplizität.

Für die Deutung des reaktiven Verhaltens eines Stoffes mit einer Doppelbindung werden wir uns im folgenden, wo es erforderlich erscheint, dieser angeregten Zustände bedienen. Allerdings scheint es für den Eintritt einer Reaktion nicht immer notwendig zu sein, daß diese angeregten Zustände mit ihrer definierten Anregungsenergie auch tatsächlich vorhanden sind. Schon der *in Richtung auf einen dieser angeregten Zustände* gestörte Grundzustand dürfte mitunter zum Eintritt einer Reaktion im Übergangszustand ausreichend sein. Eine solche Störung des Grundzustandes ist mit erheblich geringerer Energie zu erreichen als die angeregten Zustände selbst.

Aus diesen quantenmechanischen Betrachtungen folgt daher dasselbe, was wir schon bei der Besprechung der γ-Pyrone kennengelernt haben. Für das reaktive Verhalten eines Stoffes mit einer Doppelbindung sind grundsätzlich alle denkbaren Elektronenanordnungen (Grenzformeln) in Betracht zu ziehen, von denen, soweit es sich beispielsweise um die Beschreibung des (gestörten) Grundzustands handelt,

---

[1] Zur Definition:
Ein *Doppelradikal* ist eine Verbindung, die zwei ungeradzahlige, mesomer völlig unabhängige π-Elektronen-Teilsysteme besitzt und bei der zwischen den Spins der beiden ungepaarten Elektronen keinerlei Kopplung besteht. Magnetisches Moment: $\mu = \sqrt{6}\ \mu_B$.
Ein *Biradikalett* ist eine Verbindung, die den Singulett- und Triplettzustand im (thermischen oder Strahlungs-) Gleichgewicht enthält. Magnetisches Moment $\mu = 0 < \mu_{eff} \lessapprox \sqrt{6}\ \mu_B$.
Ein *Biradikal* ist eine Verbindung, die den Triplettzustand als energieärmsten (Grund-) Zustand besitzt. Magnetisches Moment $\mu = \sqrt{8}\ \mu_B$. — Vgl. dazu EUGEN MÜLLER in HOUBEN-WEYL. 4. Aufl., Bd. III/2, S. 933. Stuttgart: Georg Thieme 1955.

[2] Mesomerie ist nur zwischen Zuständen gleicher Termmultiplizität vorhanden!

jede für sich nur fiktiven Charakter besitzt. Dies wird noch deutlicher bei der Besprechung des aromatischen Zustandes (S. 315) zum Ausdruck kommen.

Dieser Grenzformeln wird man sich demnach zur Beschreibung des Reaktionsablaufs oder bestimmter physikalischer Eigenschaften bedienen. Für registrierende Zwecke ist, wie schon betont, stets die Schreibweise im Sinne der klassischen Strukturlehre als die einfachste vorzuziehen.

2. Raumlage und Stabilität der Liganden einer Doppelbindung

a) cis-trans-Isomerie

Die quantenmechanische Berechnung der Doppelbindung gibt uns das Verständnis für die räumliche Stabilität dieser Bindungsanordnung und damit auch für die Existenz von zwei isomeren Stoffen bei unsymmetrisch substituierten Doppelbindungen. Isomerien dieser Art hatte bereits VAN'T HOFF auf Grund seines Tetraedermodells vorausgesagt. Am Beispiel *Fumarsäure-Maleinsäure* wurde dann schon 1887 die Existenz dieser cis-trans-Isomerie von W. WISLICENUS[1] sichergestellt:

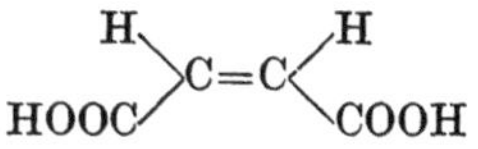

$$\begin{array}{cc} \text{H}\diagdown\quad\diagup\text{H} & \text{HOOC}\diagdown\quad\diagup\text{H} \\ \text{C}=\text{C} & \text{C}=\text{C} \\ \text{HOOC}\diagup\quad\diagdown\text{COOH} & \text{H}\diagup\quad\diagdown\text{COOH} \end{array}$$

cis-Form,   trans-Form,
Maleinsäure   Fumarsäure

Später wurde eine große Zahl solcher geometrisch isomerer Stoffe aufgefunden.

Der *Abstand* der beiden Äthylenkohlenstoffatome muß infolge der größeren Ladungsdichte zwischen diesen Atomen kleiner als der einer einfachen C—C-Bindung sein. Aus röntgenographischen Befunden, Messungen der Elektronenbeugung, der IR-Spektren und Mikrowellenspektren verschiedenster Äthylenverbindungen verfügt man heute bereits über ein größeres Zahlenmaterial.

Der Kernabstand der Äthylen-C-Atome beträgt etwa $1{,}34 \pm 0{,}03$ Å, die Winkel $\alpha \sim 122° \pm 2°$, $\beta \sim 119°$[2]:

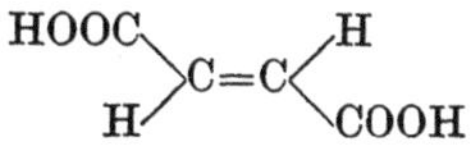

in bester Übereinstimmung mit den quantenmechanischen Berechnungen. Allerdings ist der Kernabstand der Äthylen-C-Atome auch von den *Substituenten* abhängig. Insbesondere die stark elektronegativen Fluoratome beeinflussen diesen Abstand, der in $CF_2=CFCl$ 1,30 Å, im $CHF=CF_2$ 1,28 Å und schließlich im $CF_2=CF_2$ nur noch 1,27 Å beträgt[3].

b) Strukturbestimmung von cis-trans-Isomeren

Eine einwandfreie Strukturbestimmung von cis-trans-isomeren Verbindungen läßt sich mit Hilfe geeigneter physikalischer Methoden ausführen. Bei einfachen Verbindungen kann man hierzu die *röntgenographische Methode* der direkten Abstandsmessung der verschiedenen Gruppen heranziehen, da die Abstände benachbarter Atome in der cis-Verbindung kleiner sind als in der entsprechenden

---

[1] WISLICENUS, W.: Über die räumliche Anordnung der Atome in organischen Molekülen. Leipzig 1887.
[2] Vgl. hierzu H. A. STUART: Struktur des freien Moleküls, S. 162ff. Berlin: Springer-Verlag 1952.
[3] Vgl. hierzu G. BIER, R. SCHÄFF u. K. H. KAHRS: Angew. Chem. **66**, 285 (1954).

trans-Form, z. B.[1]:

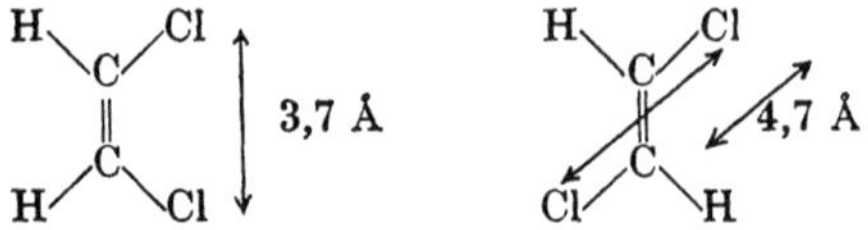

Eine einfache und vielfach gut anwendbare Methode besteht in der Messung des *Dipolmoments*. Verbindungen vom Typus der cis-Formen besitzen eine Symmetrieebene, solche der trans-Form aber ein Symmetriezentrum. Infolge der vektoriellen Zusammensetzung des Gesamtmoments aus den Teilgruppenmomenten müssen alle trans-Verbindungen bei Gleichheit der charakteristischen Atome oder Atomgruppen stets das Gesamtmoment $\mu = 0$ haben, während die cis-Verbindungen stets ein endliches Moment aufweisen:

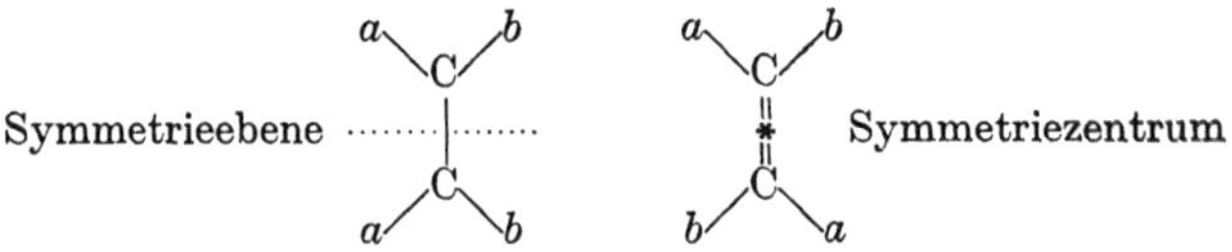

Hierfür einige Beispiele:

Tabelle 16. *Äthylenderivate*

		$\mu \cdot 10^{18}$ (gef.)
cis-Dichloräthylen	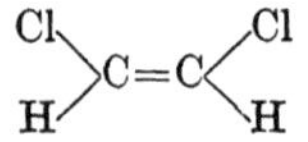	1,89
trans-Dichloräthylen	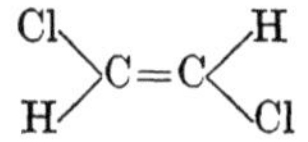	0
cis-Dibromäthylen	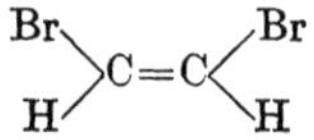	1,35
trans-Dibromäthylen	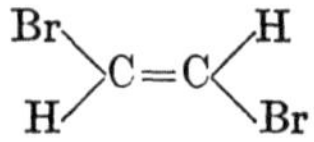	0

Aus der Tatsache, daß die betrachteten trans-Verbindungen das Moment Null besitzen, folgt im übrigen auch die *ebene Lagerung aller Substituenten*.

Bei Verbindungen mit vier voneinander verschiedenen Substituenten

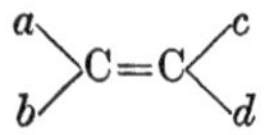

verliert der Begriff der cis-trans-Isomerie seinen eigentlichen Sinn. Aber auch hier wird sich eine Aussage über die räumliche Anordnung der Gruppen *a, b, c, d* am besten mittels der genannten physikalischen Methoden geben lassen, wenngleich in diesen komplizierten Fällen sich eine Aussage nicht immer so eindeutig durchführen läßt wie bei den symmetrisch zusammengesetzten Verbindungen.

Mitunter ist eine Zuordnung von cis-trans-Isomeren auch mittels der *UV-Absorptionsspektren* möglich. Der Habitus der Absorptionskurven ist bei cis- und trans-Isomeren meist sehr ähnlich, die cis-Form zeigt schwächere und oft zum UV-Gebiet verschobene Absorptionsbanden[2]. Aus dem Vergleich der UV-Spektren von *cis-Stilben* (a) und *Phenanthren* (b) kann man auf das Vorliegen eines nicht ebenen Baus des cis-Stilbens entsprechend der Formel (a) schließen. Größere, raumerfüllende Substituenten drehen sich offensichtlich aus der rein

[1] Debye, P.: Phys. Z. **31**, 142 (1930). — Ehrhardt, F.: Phys. Z. **33**, 605 (1932). — Untersuchung mittels Elektroneninterferenzen: R. Wierl: Phys. Z. **31**, 360 (1930). — Dornte, R. W.: J. Chem. Pys. **1**, 566 (1933).

[2] Vgl. hierzu Eugen Müller: Liebigs Ann. **493**, 166 (1932). — Müller, Eugen, u. E. Hory: Z. physik. Chem. [A] **162**, 281 (1932). — Pauling, L.: Proc. Nat. Acad. Sci. USA **25**, Nov. 1939. — Pestemer, M., u. D. Brück, in Methoden der Organischen Chemie, Bd. III/2, 4. Aufl., S. 719. Stuttgart: Georg Thieme 1955.

ebenen Anordnung heraus[1]. Ebene Lagerung aller Substituenten einer Doppelbindung ist daher nur bei entsprechender Größe, Raumerfüllung und Art der Substituenten möglich:

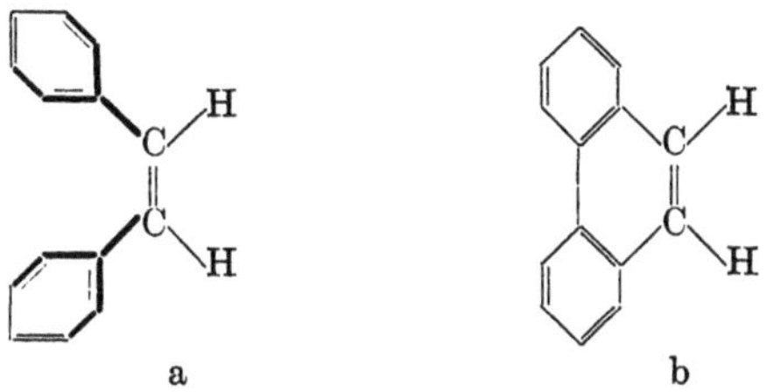

a b

Auch die *Hydrierwärmen* cis-trans-isomerer Stoffe unterscheiden sich meist so, daß die hier energiereichere cis-Form eine größere Hydrierwärme besitzt, z. B.:

cis-Buten-2	—28,57 kcal/Mol,	Kp: 3,53°,	F: —139,3°
trans-Buten-2	—27,62 kcal/Mol,	Kp: 0,96°,	F: —105,8°

Verständlicherweise hat man sich zunächst bemüht, mittels rein *chemischer Methoden* eine eindeutige Strukturbestimmung vorzunehmen. Jedoch liegen hier die Verhältnisse meist recht kompliziert. Man könnte etwa daran denken, durch einfache Addition von Halogenen eine sterische Zuordnung durchzuführen. Die entstehenden Verbindungen sind, worauf noch zurückzukommen sein wird, verschieden, je nachdem, ob man von einer cis- oder trans-Verbindung ausgeht (vgl. S. 190). Dabei hat man die Erfahrung gemacht, daß diese scheinbar so einfache Zuordnung in Wirklichkeit viel komplizierter zu deuten und daher recht unsicher ist. Die Verhältnisse erinnern sehr an die bei Substitutionsreaktionen am asymmetrischen C-Atom beobachteten Umkehrerscheinungen. Daher darf man zur sicheren Konfigurationsermittlung *keine* Reaktionen anwenden, die das sterische Zentrum, hier die Doppelbindung, in Mitleidenschaft ziehen. Auf Grund dieser Erkenntnisse hat K. v. AUWERS[2] eine chemische Zuordnung der *cis-Crotonsäure* zur *Maleinsäure* in folgender einwandfreier Weise ausgeführt:

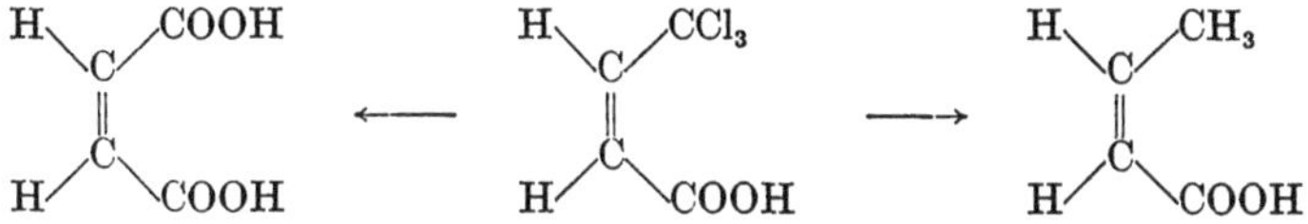

Auch die verschiedene Neigung zur Ringbildung zweier ringschlußfähiger Gruppen kann unter den genannten Voraussetzungen zur Konfigurationsbestimmung benützt werden. Da Maleinsäure leicht ein *inneres Anhydrid* gibt, Fumarsäure aber nicht, konnte W. WISLICENUS[3] mittels dieses Prinzips der „innermolekularen Reaktion räumlich benachbarter Gruppen" die Konfigurationsermittlung durchführen. Aus den schon genannten Gründen ist aber jede chemische Konfigurationsbestimmung geometrisch isomerer Formen mit besonderer Vorsicht auszuwerten.

[1] MERKEL, E., u. C. WIEGAND: Naturwiss. **34**, 122 (1947).
[2] AUWERS, K. v.: Ber. dtsch. chem. Ges. **56**, 715 (1923).
[3] WISLICENUS, W.: Über die räumliche Anordnung der Atome in organischen Molekülen. Leipzig 1887.

c) Stabilität von cis-trans-Isomeren

Für die Stabilität cis-trans-isomerer Formen ist die besondere *Ladungsverteilung* der π-Elektronen und bei substituierten Äthylenen in gewissem Betrage auch die *Wechselwirkungsenergie* mit den Substituenten und der Substituenten selbst untereinander verantwortlich. Was die Mesomerie derartiger Verbindungen anbetrifft, so muß im Grundzustand die normale Bindungsanordnung mit einer σ- und π-Bindung überwiegen. In den *angeregten Zuständen* mit den „homolytisch" oder „heterolytisch" verschobenen π-Elektronen kann dagegen eine *freie Drehbarkeit* zumindest teilweise vorhanden sein. Damit deuten sich bereits die Möglichkeiten zu einer Umwandlung cis-trans-isomerer Formen an, die in einem nachfolgenden Abschnitt (vgl. S. 193) beschrieben werden. Wie bei den optischen Antipoden wird die Schwierigkeit oder Leichtigkeit der Umwandlung cis-trans-Isomerer von der Höhe des Energiebergs zwischen beiden Formen abhängen. Nach Berechnungen von R. S. Mulliken und C. C. J. Roothaan[1] setzt das Äthylen einer Verdrehung beider Molekelhälften gegeneinander einen Widerstand entgegen, der je nach den gewählten Elektronenkonfigurationen zwischen 41 und 76 kcal/Mol liegt.

Die *Energiedifferenzen* zwischen den isomeren cis- und trans-Formen sind meist gering, da sie im wesentlichen nur von den van der Waalschen Kräften zwischen den betreffenden Substituenten und deren Wechselwirkung mit den π-Elektronen der Doppelbindung bestimmt werden. So ist z. B. bei *Dichloräthylen*[2] bei 300° die cis-Form zu 63%, die trans-Form nur zu 37% im Gleichgewichtsgemisch vorhanden[3]. Durch Abschätzung des innermolekularen Potentials und Berücksichtigung des vorhandenen Induktionseffektes, der eine Folge der starken Polarisierbarkeit der C=C-Doppelbindung ist, gelang es H. A. Stuart[4], den Nachweis zu erbringen, daß hier die cis-Form die um etwa 1 kcal/Mol energieärmere und daher stabilere ist. Beim *cis-* und *trans-Buten-(2)* liegen die Verhältnisse umgekehrt, hier ist die trans-Form die stabilere (um 1,3 kcal/Mol)[5]. Man kann daher nicht ohne weiteres sagen, welche der beiden geometrisch isomeren Formen unter bestimmten Bedingungen die energieärmere und daher stabilere ist.

Genauer ist ferner noch das Isomerenpaar *Ölsäure* ⇌ *Elaidinsäure* untersucht,

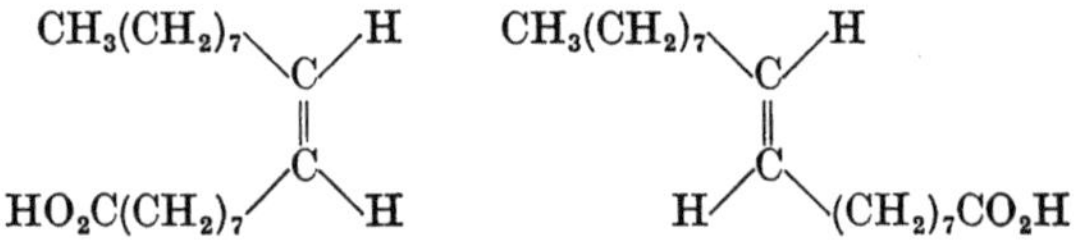

$$\begin{array}{cc} \text{CH}_3(\text{CH}_2)_7 \diagdown \quad \diagup \text{H} & \text{CH}_3(\text{CH}_2)_7 \diagdown \quad \diagup \text{H} \\ \text{C} & \text{C} \\ \parallel & \parallel \\ \text{C} & \text{C} \\ \text{HO}_2\text{C}(\text{CH}_2)_7 \diagup \quad \diagdown \text{H} & \text{H} \diagup \quad \diagdown (\text{CH}_2)_7\text{CO}_2\text{H} \\ \\ \text{Ölsäure} & \text{Elaidinsäure} \end{array}$$

wobei sich zeigte, daß die Ölsäure[6] thermischen Einflüssen gegenüber sehr stabil ist.

---

[1] Mulliken, R. S., u. C. C. J. Roothaan: Chem. Reviews **41**, 219 (1947); vgl. ferner A. R. Olson u. W. Maroney: J. Amer. Chem. Soc. **56**, 1320 (1934); E. R. Wood u. R. G. Dickinson: J. Amer. Chem. Soc. **61**, 3259 (1939). — Jones, J. L., u. R. L. Taylor: J. Amer. Chem. Soc. **62**, 3480 (1940).

[2] Ebert, L., u. R. Büll: Z. phys. Chem. [A] **152**, 451 (1931). — Wood, E. R., u. D. P. Stevenson: J. Amer. Chem. Soc. **63**, 1650 (1941).

[3] Der Weg, den diese Umlagerung nimmt, ist noch nicht sicher bekannt.

[4] Stuart, H. A.: Phys. Z. **32**, 793 (1931).

[5] T. Hill berechnet 1,3 bzw. 2 kcal/Mol, J. Chem. Phys. **16**, 938 (1948).

[6] Thermochemische Untersuchungen der n-Alkylester der monoäthylenischen Monocarbonsäuren der C_{18}-Reihe s. L. J. R. Keffler: J. phys. Chem. **41**, 715 (1937). Umlagerungswärme für Oleinsäuremethylester → Elaidinsäuremethylester ∼ 1,6 ± 0,1 kcal/Mol.

Das Bild ändert sich allerdings dann, wenn in Nachbarschaft zur Doppelbindung mesomeriefähige Gruppen sich befinden, die irgendwie in die Mesomerie der Doppelbindungsanordnung eingreifen können. So läßt sich das Isomerenpaar *Fumarsäure-Maleinsäure* in der Gasphase bei 300° mit merklicher Geschwindigkeit isomerisieren[1].

Insgesamt läßt sich feststellen, daß die durch die Doppelbindung (σ,π-Bindungen) bedingte Raumanordnung ähnlich wie die der vier Liganden am asymmetrischen Kohlenstoffatom äußerst *stabil* ist. Ob überhaupt ein direktes ,,Umklappen" der räumlichen Anordnung unter Erhalt der Elektronenanordnung des Grundzustandes möglich ist, erscheint sehr fraglich, wenn nicht unwahrscheinlich.

Die cis- und trans-Formen auszeichnende Stabilität der C=C-Doppelbindung wird aber völlig geändert unter dem Einfluß *katalytisch* wirksamer Substanzen. Als Katalysatoren dienen bezeichnenderweise meist Stoffe, die auch chemisch die Doppelbindung leicht angreifen können. Es liegt daher nahe, Beziehungen zwischen der katalytisch zu bewirkenden Umlagerung der Isomeren und den normalen chemischen Reaktionen der Doppelbindung anzunehmen.

3. Reaktives Verhalten von Stoffen mit C=C-Doppelbindungen

Das gesamte Verhalten von Stoffen mit C=C-Doppelbindungen, sei es in chemischer oder physikalischer Hinsicht, wird von dem Vorhandensein einer π-*Elektronenwolke* entscheidend und sehr charakteristisch beherrscht. Die durch eine mögliche π-Elektronenverschiebung sich ausbildenden elektromeren oder mesomeren Grenzstrukturen werden daher bei der Deutung des reaktiven chemischen Verhaltens eine besondere Rolle spielen, wenn die ebene Raumanordnung gewahrt bleibt. Im stabilen *Grundzustand* haben die π-Elektronen der Doppelbindung, wie schon früher (S. 156) näher ausgeführt wurde, *antiparallele* Spinmomente. Für den gestörten Grundzustand und erst recht für die verschiedenen *Anregungszustände* wird man im Falle einer ,,heterolytischen" Verschiebung der π-Elektronen mit dem Auftreten von polaren Grenzformeln, bei anderen angeregten Zuständen mit ,,homolytischen" Verschiebungen der π-Elektronen unter Ausbildung von Grenzformeln, die *parallele* Spinmomente enthalten (Biradikal- bzw. Doppelradikalanordnungen), rechnen dürfen.

Grundzustand: >C=C< (↑↓)

Angeregte Zustände:

     Biradikalische Grenzformeln: Polare Grenzformeln:

     >C̈–C̈< (↑↑)   >C̈$^{\ominus}$–C$^{\oplus}$< (↑↓) ⟷ >C$^{\oplus}$–C̈$^{\ominus}$< (↑↓)

     >Ċ–Ċ< (↑↓ : ↑↑ = 1 : 3)   >C̄$^{\ominus}$–C$^{\oplus}$< (↑↓) ⟷ >C$^{\oplus}$–C̄$^{\ominus}$< (↑↓)

         Nicht radikalische und unpolare Grenzformel:

                 >Ċ–Ċ< ⇌ >Ċ–C̄< (↑↓)

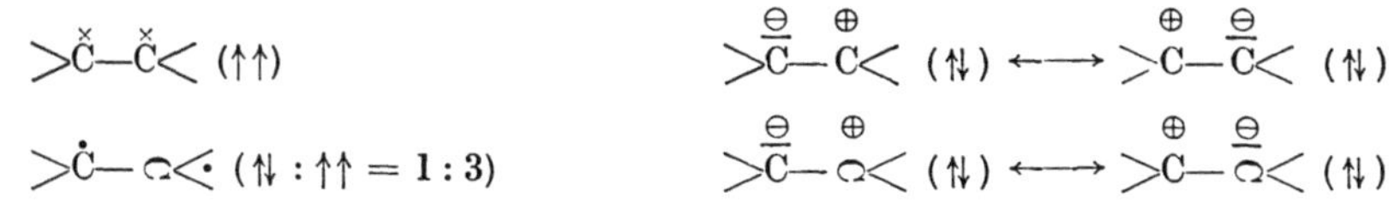

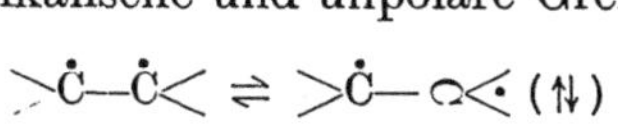

Das hier noch einmal kurz zusammengefaßte Schema läßt zwei verschiedenartige Formeltypen erkennen, einerseits *biradikalische* und andererseits *polare* Strukturen[2].

---

[1] KISTIAKOWSKY, G. B., u. M. NELLES: Z. phys. Chem., Bodenstein-Festband, 369 (1931). — TAMAMUSHI, B., u. H. AKIYAMA: Z. Elektrochem. 45, 72 (1939).

[2] Der energetisch höchstgelegene Zustand der nicht radikalischen und unpolaren Grenzformeln wird hierbei vernachlässigt.

Die im Wesen des elektronischen Aufbaus der Doppelbindung bedingten Verschiebungsmöglichkeiten der π-Elektronen lassen es somit verständlich erscheinen, daß das gesamte reaktive Verhalten der Doppelbindung sich ebenfalls in zwei charakteristische Abläufe gliedern läßt, in *radikalische* und *ionische Reaktionsmechanismen.* Dabei ist es wie bei der Einfachbindung nicht unbedingt notwendig, daß die freien Biradikaletts oder Biradikale bzw. die freie zwitterionische polare Anordnung unmittelbar oder in solvatisierter Form in Erscheinung treten. Es genügt vielmehr beim Reaktionsereignis (Übergangszustand) — worauf nochmals hingewiesen sei — eine Elektronenverschiebung *in Richtung* auf die obigen formulierten Zustände. Mit anderen Worten, auch die Bildung von *Kryptobiradikalen* bzw. *Kryptozwitterionen* läßt uns das reaktive Geschehen verständlich erscheinen. Schließlich ist es nicht notwendig, daß eine bestimmte Reaktion nur im Sinne des einen oder des anderen Mechanismus abläuft. Im Gegenteil, einsinnig radikalische oder ionisch ablaufende Mechanismen sind seltener als solche, bei denen beide Mechanismen eine Rolle spielen, sei es, daß sie gleichzeitig oder in verschiedener Reihenfolge, ein- oder mehrmals den Reaktionstyp wechselnd, sich abspielen. Das wahre Bild des Reaktionsmechanismus ist daher meist viel komplizierter und oft noch nicht genügend bekannt, zumal auch die räumlichen Verhältnisse berücksichtigt werden müssen. Wenn wir uns daher im folgenden zur Deutung der Reaktionsweisen von Stoffen mit Doppelbindungen der oben formulierten *Grenzformeln* bedienen, dann ist das Voranstehende niemals außer acht zu lassen. Diese Formulierungen sind nur als eine zweckentsprechende grobe Vereinfachung anzusehen, und es ist das Bestreben der weiteren Forschung, in den feineren Ablauf des reaktiven Geschehens einen vertieften Einblick zu erhalten.

Für Verbindungen mit einer isolierten Äthylendoppelbindung sind vor allem zwei im Wesen miteinander verbundene Reaktionsarten charakteristisch, die *Addition* und die *Polymerisation.* Mit der Beschreibung dieser Reaktionsabläufe wollen wir uns zunächst beschäftigen, wobei daran erinnert sei, daß jede dieser Reaktionsarten sowohl nach einem radikalischen wie auch nach einem ionischen Mechanismus im Sinne der obigen Ausführungen sich vollziehen kann.

a) Addition und Polymerisation bzw. Telomerisation

In der Sprache der klassischen Valenzlehre dachte man sich den Ablauf einer Additionsreaktion meist so, daß sich die zweite Bindung der Äthylene aufspaltet und die Reaktionspartner aufnimmt, wobei die Reaktion durch Restaffinitäten oder Partialvalenzen an den Kohlenstoffatomen der Doppelbindung eingeleitet werden sollte. Aus dem Additionsprodukt könnte dann in einer Folgereaktion durch Abspaltung von Atomen oder Atomgruppen weiterhin ein *Substitutionsprodukt* entstehen:

$$\underset{\vdots\quad\;\vdots}{CH_2{-}CH_2} + Br_2 \longrightarrow \underset{\underset{Br}{|}\quad\underset{Br}{|}}{CH_2{-}CH_2} \longrightarrow \underset{\underset{Br}{|}}{CH}{=}CH_2 + HBr$$

Die genauere chemische, physikalisch-chemische und physikalische Erforschung solcher Reaktionsabläufe hat aber Ergebnisse gezeitigt, die ein fast verwirrendes Bild von der Vielfalt der hier obwaltenden Erscheinungen gegeben haben. Ob eine Addition gar nicht, schwierig oder leicht erfolgt, hängt z. B. von den *Reaktionspartnern* ab. Während die Umsetzung mit *Halogenen* eine für die Äthylenverbindungen so charakteristische Reaktion ist, daß sie dieser Stoffklasse den Namen Olefine (Ölbildner; Äthylendichlorid bzw. -dibromid ist ölig) eingetragen hat, nimmt Tetraphenyläthylen überhaupt kein Brom mehr auf, Chlor nur schwierig (es wird auch leicht wieder als Cl_2 abgespalten). Umgekehrt addiert Äthylen kein *Alkalimetall*, Tetraphenyläthylen aber spielend leicht. Auch von den spezifischen *Reaktionsumständen* hängt der Eintritt oder das Ausbleiben der Reaktion ab. Versucht man an Äthylen in paraffinierten Gefäßen Brom anzulagern, so gelingt dies nicht. Ohne eine nähere Kenntnis der im besonderen vorliegenden Reaktionsbedingungen kann man daher nicht allgemein einen Schluß auf die Reaktionsweise ziehen und selbst dann, wenn alle Bedingungen gut bekannt sind, ist dies noch keineswegs immer möglich. Die Fülle der vorliegenden Untersuchungen gestattet es aber doch, gewisse typische Reaktionsweisen bestimmter Verbindungsklassen ordnend zu sammeln und unter einheitlichem Gesichtspunkt darzustellen. Wie vorsichtig man dabei vorgehen muß, soll an einem Beispiel aufgezeigt werden.

Alle Verbindungen mit einer isolierten Doppelbindung zeichnen sich in *magnetischer* Hinsicht durch ein *positives Inkrement* aus. Da freie Radikale ebenfalls einen positiven Beitrag zu ihrem gesamten Magnetismus liefern, glaubte man, dieses paramagnetische Inkrement der Doppelbindung als einen Beweis für die Anwesenheit eines biradikalischen Zustands als wahren, höchst reaktionsfähigen Zustand der Doppelbindung ansehen zu können. Die genauere magnetische Untersuchung[1] dieses Inkrements der Doppelbindung zeigte aber, daß es im Gegensatz zum Paramagnetismus freier Radikale *temperaturunabhängig* ist. Es liegt eine sog. *magnetische Polarisation* vor, keine Biradikale! Das gleiche gilt auch für Diene und Polyene. Somit hat diese an sich einleuchtende Erklärung für das besondere reaktive Verhalten von Stoffen mit Doppelbindungen in dieser Form auszuscheiden.

α) Radikalische Mechanismen

Betrachten wir zunächst *Halogenierungen* im Gaszustand entweder bei höheren Temperaturen oder unter der Einwirkung von Licht.

Licht geeigneter Wellenlänge spaltet ähnlich wie die Zufuhr *thermischer Energie* die Halogenmolekel in Atome auf:

$$\mathrm{Cl-Cl} \xrightarrow{h\nu} \mathrm{Cl\cdot + \cdot Cl}$$

Unter diesen Bedingungen durchgeführte Halogenierungen ungesättigter Verbindungen werden sich daher voraussichtlich über radikalische Zustände abspielen. Dies läßt sich mitunter unmittelbar beweisen, indem man in Gegenwart von *Inhibitoren* wie $\cdot NO$ [2] oder O_2 [3] arbeitet, die mit den intermediär gebildeten Radikalen reagieren und isolierbare Stoffe, wie z. B. Nitrosoverbindungen oder Peroxyde geben können.

In Abwesenheit von radikalabfangenden Stoffen wird wie bei der Halogenierungsreaktion gesättigter C-Verbindungen durch Übertragung der Radikaleigenschaften auf das Halogenmolekül eine *Kettenreaktion* ausgelöst:

$$\mathrm{Cl_2 + h\nu \rightarrow 2Cl\cdot} \qquad \text{Start}$$

$$\left.\begin{array}{l}\underline{\mathrm{Cl}}\mathrm{\cdot + CH_2{=}CH_2 \rightarrow Cl{-}CH_2{-}\dot{C}H_2}\\ \mathrm{Cl{-}CH_2{-}\dot{C}H_2 + Cl_2 \rightarrow Cl{-}CH_2{-}CH_2{-}Cl + \cdot}\underline{\mathrm{Cl}}\end{array}\right\}\ \text{Kette}$$

[1] Müller, Eugen, u. J. Dammerau: Ber. dtsch. chem. Ges. **70**, 2561 (1937).
[2] Müller, Eugen, u. H. Metzger: Chem. Ber. **87**, 1282 (1954); **88**, 165 (1955).
[3] Bockemüller, W., u. L. Pfeuffer: Liebigs Ann. **537**, 178 (1939).

In prinzipiell gleichartiger Weise kann man auch *Bromwasserstoff* an ungesättigte Verbindungen addieren, nur wird in diesem Fall das zum Start notwendige Bromatom durch Zugabe von *Oxydationsmitteln* (Luftsauerstoff, Peroxyde wie Benzoylperoxyd u. ä.) erzeugt:

$$\text{H—Br} + C_6H_5COO\cdot \rightarrow C_6H_5COOH + \cdot\text{Br} \qquad \text{Start}$$

worauf sich dann die Additionsreaktion wie folgt vollzieht:

$$\left.\begin{array}{lcl} \underline{\text{Br}}\cdot + CH_2{=}CHR & \rightarrow & BrCH_2\text{—}\dot{C}HR \\ BrCH_2\text{—}\dot{C}HR + HBr & \rightarrow & Br\text{—}CH_2\text{—}CH_2\text{—}R + \underline{\text{Br}}\cdot \end{array}\right\} \text{Kette}$$

Bei unsymmetrisch substituierten Doppelbindungen sind hierbei zwei Möglichkeiten der Addition gegeben:

$$CH_2{=}CH\text{—}CH_2\text{—}Br \xrightarrow{+\,HBr} \begin{cases} \xrightarrow{A} Br\text{—}CH_2\text{—}CH_2\text{—}CH_2\text{—}Br \\ \xrightarrow{B} CH_3\text{—}CHBr\text{—}CH_2\text{—}Br \end{cases}$$

In Anwesenheit von Luftsauerstoff oder Peroxyden wird vorwiegend der Weg *A* beschritten[1]. Diese Wirksamkeit der Peroxyde wird als *Peroxydeffekt* bezeichnet. Er wurde zuerst von W. BAUER[2] und später von Y. URUSHIBARA und R. ROBINSON[3] beobachtet, aber erst von M. S. KHARASCH[4] in zahlreichen Arbeiten in seiner vollen Bedeutung erkannt.

Von den Halogenwasserstoffsäuren lassen sich nur Bromwasserstoff und Chlorwasserstoff[5] nach diesem Additionstyp umsetzen, da Fluorwasserstoff offenbar eine zu hohe Aktivierungsenergie hat und Jodwasserstoff andererseits zu inaktive Jodatome liefert.

Anstelle von Bromwasserstoff lassen sich in der gleichen Weise viele andere Verbindungen an Olefine addieren[6] (auch an Acetylene gelingt, wenn auch schwieriger, diese peroxydisch katalysierte Additionsreaktion, sogar unter Umständen zweimal, wobei schließlich gesättigte, endständig an der Doppelbindung substituierte Verbindungen gewonnen werden). So läßt sich beispielsweise *Kohlenstofftetrachlorid* oder *-tetrabromid* an Äthylene addieren gemäß der Formulierung:

$$CCl_4 + C_6H_5COO\cdot \rightarrow Cl_3C\cdot + C_6H_5Cl + CO_2 \qquad \text{Start}$$

$$\left.\begin{array}{lcl} \cdot\underline{CCl_3} + CH_2{=}CH\text{—}R & \rightarrow & Cl_3C\text{—}CH_2\text{—}\dot{C}H\text{—}R \\ Cl_3C\text{—}CH_2\text{—}\dot{C}H\text{—}R + CCl_4 & \rightarrow & Cl_3C\text{—}CH_2\text{—}CH(Cl)R + \cdot\underline{CCl_3} \end{array}\right\} \text{Kette}$$

Die bei diesen Additionen an unsymmetrisch substituierte Doppelbindungen hervortretende Richtung der Anlagerung von XY entsprechend dem obigen Schema *A* der HBr-Addition an 1-Brom-propylen-(2) beruht offenbar darauf, daß

[1] Auf den Weg *B*, der der MARKOWNIKOFF-Regel entspricht, kommen wir auf S. 173 zurück.

[2] A. P. 1540748 (1922), W. BAUER; Addition von HBr an Vinylbromid in Gegenwart von gewissen Oxydationsmitteln.

[3] URUSHIBARA, Y., u. R. ROBINSON: Chem. a. Ind. **11**, 219 (1933).

[4] KHARASCH, M. S.: J. Amer. Chem. Soc. **55**, 2468, 2521, 2531 (1933); J. org. Chem. **2**, 288, 400 (1937) u. zahlreiche weitere Arbeiten; s. ferner EUGEN MÜLLER: Angew. Chem. **64**, 245 (1952).

[5] A. P. 2440800 (1948), W. E. HANFORD u. R. M. JOYCE jr.; A. P. 2440801 (1948), W. E. HANFORD u. J. HARMON.

[6] ZIEGLER, K.: Brennstoffchem. **30**, 181 (1949). — KHARASCH, M. S., W. H. URRY u. B. M. KUDERNA: J. organ. Chem. **14**, 248 (1949).

das Halogenatom bzw. das freie Radikal stets ein Elektron zur Ergänzung seines Elektronenseptetts sucht, also als elektrophiles Agens wirkt. Das Radikal sucht sich daher bei diesen Additionen Stellen möglichst *hoher Elektronendichte* und diese dazu noch so auf, daß das entstehende neue Radikal die *größte Entropie* aller denkbaren Additionsformen besitzt. Hierin liegt der bei solchen Reaktionen auch sehr wesentliche *räumliche Faktor* (geringste sterische Hinderung) mit eingeschlossen. Diese Radikalregel scheint allgemeine Bedeutung zu haben.

Die oben formulierte Bildung eines 1:1-Adduktes aus einem Äthylenderivat $CH_2=CHR$ und Kohlenstofftetrachlorid in Gegenwart von Peroxyden oder anderen Radikalbildern ist aber nicht der hier einzig mögliche Reaktionsweg. Überträgt nämlich das zwischendurch gebildete Radikal $Cl_3CCH_2-\dot{C}HR$ seine Radikaleigenschaft auf ein weiteres Äthylenmolekül beim Zusammenstoß, so entsteht ein neues Radikal aus zwei Grundbausteinen, dessen Absättigung mit CCl_4 zu folgendem Stoff führt:

$$Cl_3CCH_2-\dot{C}HR + CH_2 = CH(R) \rightarrow Cl_3CCH_2-CH(R)-CH_2-\dot{C}H(R)$$

$$Cl_3CCH_2-CH(R)-CH_2-\dot{C}H(R) + CCl_4 \rightarrow Cl_3CCH_2-CH(R)-CH_2-CH(R)Cl + \cdot CCl_3$$

Das dabei entstehende Radikal $\cdot CCl_3$ führt die Reaktion — als Kettenglied — in dem formulierten Sinne weiter. Findet dagegen noch eine weitere Radikalübertragung auf ein drittes, viertes, ... n-tes Äthylenmolekül statt, so erhält man die ganze Reihe der Addukte von 1:1 bis 1:n, mit anderen Worten, es hat eine *Polymerisation* stattgefunden[1]:

$$Cl_3CCH_2\dot{C}H(R) + nCH_2 = CH(R) \rightleftharpoons Cl_3C-[-CH_2-CH(R)]_n-CH_2-\dot{C}H(R)$$

$$Cl_3C-[-CH_2-CH(R)]_n-CH_2-\dot{C}H(R) + CCl_4 \rightarrow Cl_3C-[-CH_2-CH(R)]_{\overline{n+1}}Cl + \cdot CCl_3$$

Das die ganze Reihe von CH_2—CHR Bausteinen bildende Molekül nennt man *Taxogen* und das die Enden der Makromolekel absättigende Molekül das *Telogen*. Der ganze Vorgang, sozusagen eine gezielte Polymerisation, wird als *Telomerisation* bezeichnet[2].

Welches Reaktionsprodukt überwiegend entsteht, also ob in den Grenzfällen eine 1:1 oder 1:n Addition (wobei $n > 1000$ sein kann) sich abspielt, hängt von den besonderen Versuchsbedingungen wie auch von den Reaktionspartnern selbst ab. Jedenfalls ist die *Konstitution des Telogens* von entscheidender Bedeutung. Das läßt sich schon daran erkennen, daß zwar mit CCl_4 die Telomerisation, mit CBr_4 aber überwiegend die 1:1 Addition stattfindet. Als Telogene sind bisher erfolgreich eingesetzt worden Verbindungen wie $HCCl_3$, H_2C_5J, $CH(R)_2COOH$, $Br-CH_2-CH_2-OH$, CCl_3COOH, SO_2Cl_2, RSO_2X[3], $RCHO$, $SiCl_4$, $Cl_2C=CCl_2$, HCl, H_2S, RSH, auch HSO_3Na, $RS-SR$, Dioxan, Tetrahydrofuran und RCH_2OH bei $CF_2=CF_2$ als Äthylenkomponente[4].

---

[1] Zuerst von J. W. BREITENBACH beobachtet an der Polymerisation des Styrols in Gegenwart von CCl_4, Z. phys. Chem. [A] **187**, 175 (1940); s. ferner Mh. Chem. **82**, 245 (1951); Österr. Chemiker-Ztg. **52**, 222 (1951).

[2] A. P. 2390099 (1945), J. HARMON; ausführliche Literaturangaben s. EUGEN MÜLLER: Angew. Chem. **64**, 246 (1952).

[3] R: Cl—⟨⟩—, X: Cl, Br; $RSO_2X + nCH_2=C{<}^{R'}_{R'} \rightarrow R-SO_2-\left(CH_2-C{<}^{R'}_{R'}\right)_n X$

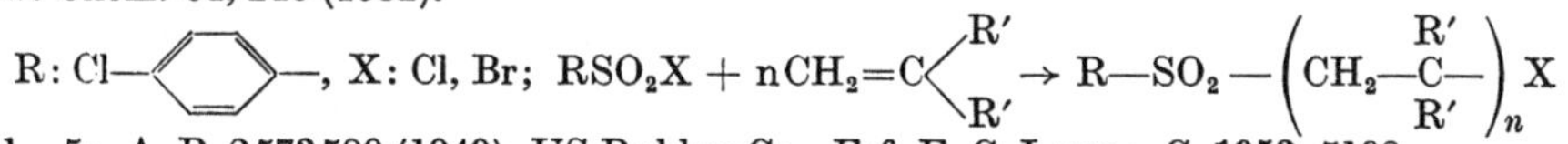

$n = 1$—5; A. P. 2573580 (1949), US Rubber Co., Erf. E. C. LADD; C. **1953**, 5108.

[4] Vgl. hierzu EUGEN MÜLLER: Angew. Chem. **64**, 246 (1952). — Anlagerung von Dibromdifluormethan an fluorhaltige Olefine s. P. TARRANT, A. M. LOVELACE u. M. R. LILYQUIST: J. Amer. Chem. Soc. **77**, 2783 (1955).

Was die *Konstitution des Äthylenderivates* anbetrifft, so ist die Anwesenheit einer Vinylgruppe $CH_2=C\diagup_Y^X$ bzw. $CF_2=C\diagup_Y^X$ zum erfolgreichen Eintritt dieser radikalischen Additionsreaktionen erforderlich[1]. Möglicherweise verbirgt sich hier ein sterischer Effekt, da die Raumbeanspruchung von Wasserstoff- und Fluor-Atomen sehr ähnlich ist und andererseits kinetische Messungen für eine Aktivierungsenergie von ~ 25 kcal/Mol sprechen[2].

Eine solche Aktivierungsenergie wäre nötig, um im reagierenden Zustand (Übergangszustand) bei der Annäherung des radikalischen Partners aus der π-Elektronenwolke des Äthylensystems eine echte *Biradikalanordnung* (oder genauer Doppelradikalstruktur):

$$\overset{R}{\underset{H}{>}}\dot{C}-\dot{C}\overset{H}{\underset{H}{<}} \quad (\uparrow\downarrow : \uparrow\uparrow = 1:3)$$

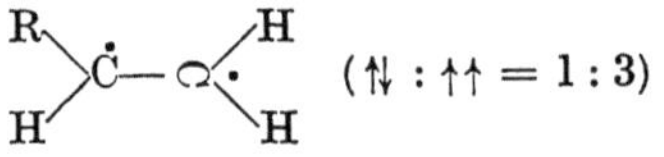

zu schaffen, wohingegen die Schaffung eines Triplettzustandes:

$$\overset{R}{\underset{H}{>}}\overset{\times}{C}-\overset{\times}{C}\overset{H}{\underset{H}{<}} \quad (\uparrow\uparrow)$$

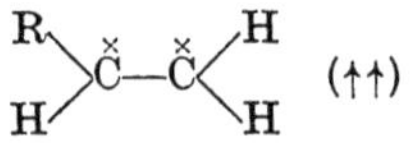

die Zufuhr wesentlich höherer Energie verlangt[3].

Durch Radikale der genannten Art lassen sich sehr viele, aber nicht alle ungesättigten Verbindungen des Typus $CH_2=C(X)Y$ bzw. $CF_2=C(X)Y$ in makromolekulare Verbindungen überführen. Ausnahmen sind z. B. Isobutylen und Vinyläther. Möglicherweise ist im *Isobutylen* durch Hyperkonjugation (vgl. S. 410) der Methylgruppen eine *polare* (heterolytische) Ladungsverschiebung der π-Elektronen wesentlich begünstigter als eine „homolytische", der Radikalreaktion entsprechende Elektronenverteilung[4]:

$$H_2C=C\diagup_{C\equiv H_3}^{C\equiv H_3} \longleftrightarrow H_2\overset{\ominus}{C}-\overset{\oplus}{C}\diagup_{\underset{H\oplus}{\ominus}C=H_2}^{\overset{H\oplus}{\ominus}C=H_2}$$

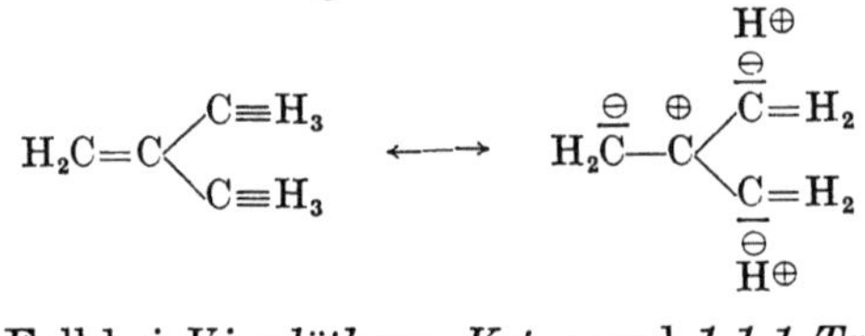

Ähnlich könnte der Fall bei *Vinyläthern, Keten* und *1,1,1-Trifluorpropylen:*

$$CH_2=C\diagup_{OR}^{H}, \quad CH_2=C=O, \quad CH_2=C\diagup_{CF_3}^{H}$$

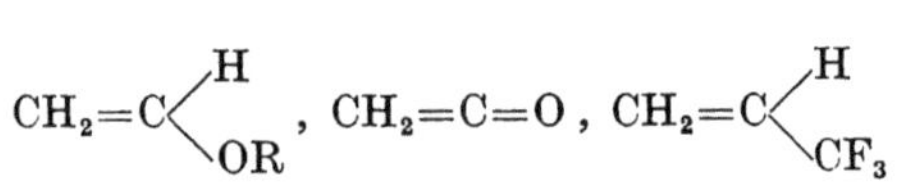

liegen, alles Stoffe, die ihrerseits wieder sehr leicht auf dem anschließend zu erörternden, ionischen Reaktionsweg sich polymerisieren lassen.

Das Spiel der sich bei einer Kettenreaktion immer wieder neu erzeugenden Radikale ist natürlich begrenzt. Auf Start- und Ketten- bzw. Wachstums-Reaktion folgt irgendwann einmal die *Abbruchreaktion*. Sie kann verschiedener Art sein. Eine Möglichkeit des Kettenabbruchs ist die Wiederabstoßung des aufgenommenen radikalischen Substituenten, wobei u. U. cis-trans-Isomerisierung eintreten kann.

---
[1] MÜLLER, EUGEN: Melliand Textilber. **34**, 850, 951, 1065 (1953).
[2] BAWN, C. E. H.: Chemistry of High Polymers, S. 110. London: Butterworth Sci. Publ. Ltd. 1948.
[3] Der Triplettzustand des Äthylens selbst erfordert zur Anregung etwa 70 kcal/Mol.
[4] Zur Formulierung s. S. 412ff.

Eine weitere Möglichkeit des Kettenabbruchs ist die Übertragung der Radikaleigenschaft auf ein schon fertig gebildetes Reaktionsendprodukt, wodurch verzweigte und nicht linear aufgebaute Makromoleküle entstehen können. Schließlich sind auch andere Abbruchreaktionen wie Dimerisation oder Disproportionierung zweier gleicher oder auch verschiedener Radikale denkbar.

Auch die radikalisch gezündeten, früher in der Literatur beschriebenen typischen *Polymerisationsreaktionen* dürften im Prinzip sehr ähnlich der Telomerisation verlaufen. Ein Unterschied, der im Wesen dieser Reaktionsfolgen begründet ist, besteht darin, daß die als Polymerisationen schlechthin bezeichneten Vorgänge meist zu höhermolekularen Stoffen führen als die Telomerisationen. Der mehr oder weniger große Zusatz von Telogenen sorgt naturgemäß für einen rascheren Abbruch des wachsenden Makroradikals unter Ausbildung geringerer Molekulargewichte (sog. *Regler*). Der Vorteil dieser gerichteten Polymerisation ist die in gewissen Grenzen willkürlich festlegbare Absättigung der endständigen Gruppen der Makromolekel und die mitunter systematisch abzufangenden Zwischenstufen bei der Bildung dieser Makromolekeln. Wichtige Textilhilfsmittel, Poliermittel, Waschersatzmittel, Schmieröle, künstliche Fasern, Weichmacher usw., kurz die reichhaltige Auswahl der Kunststoffe, entsteht bei dieser „gezielten" Art der Polymerisation. Weiteres über die technisch so bedeutungsvollen Polymerisationen ist in dem folgenden Abschnitt zu finden. Die zwischendurch gebildeten Radikale können sich bei geeigneter Konstitution z.B. durch Abstoßen von H-Atomen unter Bildung ungesättigter Substitutionsprodukte stabilisieren.

Abschließend läßt sich somit über die möglichen radikalischen Reaktionswege der Additionsreaktionen und Substitutionsreaktionen zusammenfassend folgendes sagen:

Das primär (nach S_R) entstehende (Äthylen)-Radikal kann bewirken:

1. cis-trans-Isomerisierung (s. S. 193)
2. 1:1- bis 1:n-Addition (bzw. Telomerisation) oder sonstige Radikalotropie
3. Substitution.

β) Ionische Mechanismen

Reaktionen dieses Typus werden sich vor allem dann abspielen, wenn die in Reaktion tretende Doppelbindung (also das π-Elektronenpaar) durch geeignete unsymmetrische Substitution bereits in Richtung auf ionische Zustände *polarisiert* ist oder solche Zustände unter der Wirkung geeigneter polarisierend wirkender Reaktionspartner bzw. von Katalysatoren hervorgerufen werden können. Zusätzlich werden weitere Reaktionsbedingungen, wie z.B. das *Lösungsmittel* die Ausbildung polarer Anordnungen im allgemeinen fördern. Je größer die Polarität der Reaktionspartner ist, und je leichter in den an der Reaktion beteiligten Molekeln eine Verschiebung der Ladungsverteilung der π-Elektronen (Polarisierbarkeit) eintreten kann, desto größer wird die Wahrscheinlichkeit für einen ionogenen Ablauf der Reaktion.

αα) Additionsreaktionen

Einer der einfachsten Fälle dieser Art, die Addition von *Brom* an Äthylen, läßt aber die Schwierigkeiten der Deutung dieser Reaktionen schon erkennen. Führt man den Versuch in paraffinierten Gefäßen oder unter völligem Ausschluß von Wasser und Licht durch, dann bleibt die Reaktion aus[1]. Das symmetrische Äthylen und ebenso die Brommolekel müssen daher in Richtung auf reagierende (radikalische bzw. ionische) Zustände aktiviert werden. Führt man aber die Bromierung in Gegenwart von einem *polaren Lösungsmittel* wie Wasser, oder in indifferenten

[1] Stewart, T. D., u. K. R. Edlung: J. Amer. Chem. Soc. **45**, 1014 (1923). — Norrish, R. G. W.: J. Chem. Soc. (London) **123**, 3006 (1923); **1926**, 55. — Talmud, B. A., u. D. L. Talmud: Chem. Zbl. **1940 I**, 11. — Vgl. auch S. 165.

unpolaren (natürlich auch in polaren Lösungsmitteln) unter Zusatz von *Eisen-(III)-* oder *Quecksilber-(II)-chlorid* aus, so findet sofort die Addition von Brom an das Äthylen oder an ungesättigte Verbindungen statt. Die Reaktion verläuft jetzt so rasch, daß man im letzteren Fall sogar eine analytische Methode (elektrometrische Titration) zur Bestimmung von Doppelbindungen (Bestimmung der Jodzahl aus der Bromaddition) entwickeln konnte[1]. Man kann annehmen, daß die Metallhalogenide mit dem Brom unter *Komplexbildung* bzw. *Polarisation der Brommolekel* reagieren, was man schematisch in vereinfachter Form so schreiben kann:

$$Br_2 + FeCl_3 \rightarrow Br^\oplus [FeBrCl_3]^\ominus$$
$$Br_2 + HgBr_2 \rightarrow Br^\oplus [HgBr_3]^\ominus$$

und anschließend eine Reaktion des $Br^\oplus$-Kations mit dem π-Elektronenpaar der Doppelbindung stattfindet (elektrophile Substitution). Die Bildung eines selbständigen Bromkations ist aber nicht unbedingt notwendig, es genügt bereits die Polarisation der Brommolekel in Richtung auf $Br^\oplus Br^\ominus$.

Aus Beobachtungen über den sterischen Verlauf solcher Reaktionen (vgl. S. 190) schließt man auf eine intermediäre π-Komplexbildung[2] der Art:

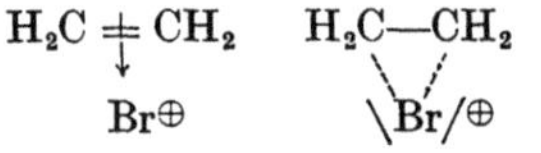

$$\begin{array}{cc} H_2C \neq CH_2 & H_2C-CH_2 \\ \downarrow & \diagdown \diagup \\ Br^\oplus & Br/^\oplus \end{array} \quad \text{„Bromoniumkation"}$$

Über diesen π-Komplex (im aktivierten Zustand, transition state) können sich anschließend mehrere Reaktionsfolgen abspielen:

1. das eingefangene Bromkation wird wieder als solches abgestoßen (bei unsymmetrisch substituierten Äthylenen kann so unter Umständen eine *cis-trans-Umlagerung* eintreten, vgl. S. 195).

2. der kationische π-Komplex stabilisiert sich durch Aufnahme eines Anions, z. B. $Br^\ominus$ aus $[FeBrCl_3]^\ominus$:

$$Br-CH_2-\overset{\oplus}{C}H_2 \leftrightarrow \overset{\oplus}{Br}\!\!\!<\!\!\!\begin{array}{c}CH_2\\|\\CH_2\end{array} + |\overline{Br}|^\ominus \longrightarrow \begin{array}{c}CH_2 \leftarrow \overline{Br}|\\|\\|\overline{Br}-CH_2\end{array}$$

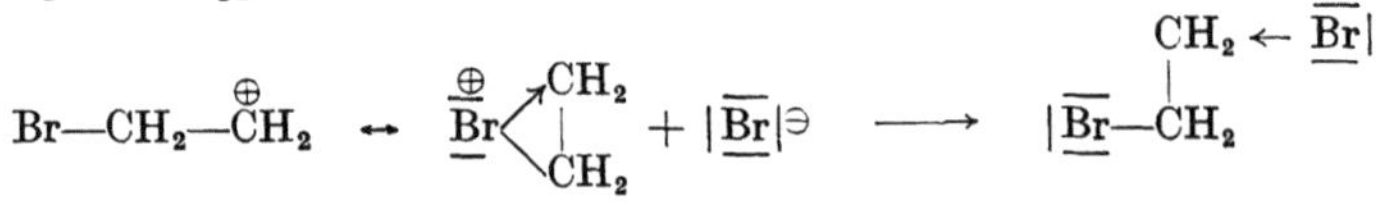

Es entsteht unter trans-Addition[3] das Äthylendibromid, wobei auch hier in geeigneten Fällen nicht nur die *1:1*-, sondern auch die *1:n-Addition*, eine ionische Polymerisation oder sonstige Kationotropie erfolgen kann.

3. Der kationische π-Komplex stabilisiert sich durch Abspaltung eines Protons unter Bildung eines *Substitutions*produktes[4]:

$$\overset{\oplus}{Br}\!\!\!<\!\!\!\begin{array}{c}CH_2\\|\\CH_2\end{array} \longrightarrow H^\oplus + \begin{array}{c}H-C-H\\\|\\Br-C-H\end{array}$$

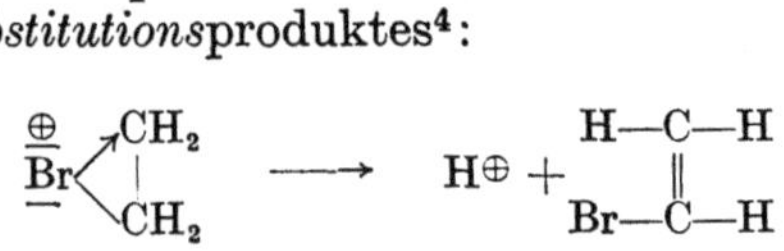

[1] BRAAE, B.: Analyt. Chem. **21**, 1461 (1949).
[2] DEWAR, M. J. S.: J. Chem. Soc. (London) **1946**, 406; Electronic Theory of Organic Chemistry. London: Oxford Univ. Press 1949. — Die Addition von Brom gelingt ohne Nebenreaktionen gut mit komplex gebundenem Brom in Form von Dioxandibromid, A. V. DOMBROVSKIJ, Ž. obšč. Chim. **24**, 610 (1954).
[3] Die THIELEsche Deutung des Reaktionsablaufs der Addition an einer Doppelbindung verlangt eine *cis*-Addition im Widerspruch zu den experimentellen Befunden (vgl. S. 190). — Weitere *trans*-Additionen dieser Art sollen nach S. WINSTEIN z. B. bei der Oxydation von Cyclohexen über Cyclohexenoxyd zum *trans*-Cyclohexan-1,2-diol führen. WINSTEIN, S., u. R. B. HENDERSON: J. Amer. Chem. Soc. **65**, 2196 (1943).
[4] Vgl. hierzu H. MEERWEIN: Angew. Chem. **38**, 816 (1925). — PFEIFFER, P., u. R. WIZINGER: Liebigs Ann. **461**, 132 (1928).

Bromierungen dieser Art kann man auch ohne Zusatz von Metallhalogeniden oder Metallen wie Eisen nur mit überschüssigem Brom durchführen. Man deutet dies durch Annahme komplexer Molekeln wie $Br^{\oplus}[Br_3]^{\ominus}$ im Übergangszustand.

Ionische Mechanismen dieser Art lassen sich durch Arbeiten in wasserhaltigen oder alkoholischen Lösungen, also in *Lösungsmitteln mit größerer Dielektrizitätskonstante*, begünstigen. Zugleich muß man mit dem Auftreten von Halogenhydrinen oder deren Äthern[1] rechnen, da das π-komplexe Kation anstelle eines $Hal^{\ominus}$-Anions auch ein Lösungsmittelmolekül (durch dessen einsame Elektronenpaare) einlagern kann:

$$\oplus Br \leftarrow \| \begin{array}{c} CH_2 \\ CH_2 \end{array} + |\bar{O}\begin{array}{c} H \\ R \end{array} \longrightarrow \left[\begin{array}{c} CH_2 \leftarrow \bar{O} \begin{array}{c} H \\ R \end{array} \\ | \\ Br-CH_2 \end{array} \right]^{\oplus}$$

R = H oder Alkyl.   *a*   *b*

Das neue Kation *b* stabilisiert sich unter Protonenabgabe zu:

$$\begin{array}{c} CH_2-\bar{O}-R \\ | \\ Br-CH_2 \end{array} + H^{\oplus}$$

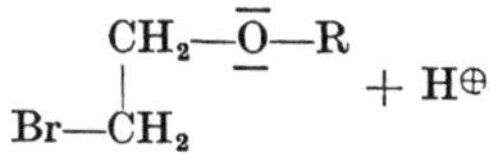

also *Halogenhydrinen* (R=H) bzw. deren *Äthern* (R = Alkyl). Demgemäß führt Erhöhung der Konzentration an $Hal^{\ominus}$-Anionen, etwa durch Zugabe von Kochsalz oder Kaliumbromid, zur vollständigen Halogenaddition[2], dagegen Zugabe von $Hal^{\ominus}$-Anionen abfangenden Mitteln wie $AgNO_3$ oder $CaCO_3$ zur Erhöhung der Ausbeute an Halogenhydrinen bzw. deren Äthern.

Dieser durch LEWIS-Säuren (Ansolvosäuren oder FRIEDEL-CRAFTS-Katalysatoren) katalysierbare Halogenierungsvorgang ungesättigter Verbindungen — eine nach S_N2 erfolgende nucleophile Substitution des Broms[3] — läßt sich in seinem Wesen grundsätzlich verändern, wenn man nicht eine polare, heterolytische Spaltung der Halogenmolekeln, sondern eine *homolytische* Trennung vornimmt. Dazu genügt schon die Halogenierung mit reinem *Eisen-(II)-halogenid*, das nach:

$$FeCl_2 + |\overline{Cl}\cdot \cdot \overline{Cl}| \rightarrow FeCl_3 + |\overline{Cl}\cdot$$

Halogenatome liefert, die einen Radikalmechanismus der Halogenierung einleiten. Wenn das $FeCl_2$ durch diese obige Redoxreaktion unter Bildung von $FeCl_3$ verbraucht ist, tritt der ionische Mechanismus in Erscheinung.

Im Voranstehenden ist als primärer Reaktionsschritt bei der Einwirkung von Halogenen auf Olefine die Bildung eines π-Komplexes beschrieben worden. Ob nun anschließend Aufnahme eines Halogenanions unter Bildung eines Additionsproduktes oder Abspaltung eines Protons unter Bildung eines Substitutionsproduktes stattfindet, hängt von der Leichtigkeit des Austritts des Protons wie

---

[1] MEINEL, K.: Liebigs Ann. **509**, 129 (1934). — IRVIN, C. F., u. G. F. HENION: J. Amer. Chem. Soc. **62**, 1368 (1940); **63**, 858 (1941). — NOZAKI, K., u. R. A. OGG jr.: J. Amer. Chem. Soc. **64**, 697 (1942).
[2] Bromierung in $Cl^{\ominus}$-haltigen wäßrigen Medien führt zu $Br-CH_2-CH_2-Cl$, in $NO_3^{\ominus}$-haltigen wäßrigen Medien zu $Br-CH_2-CH_2-ONO_2$.
[3] Analog der Reaktion von Brom mit Alkali, der Hydrolyse des Brommoleküls:
$$HO^{\ominus} + \overset{\delta\oplus}{Br}-\overset{\delta\ominus}{Br} \rightarrow HO-Br + Br^{\ominus}$$

auch von der Tendenz zur Wiederherstellung der Doppelbindung ab[1]. Äthylen liefert mit Chlor oder Brom im allgemeinen Additionsprodukte. Erst bei Temperaturen über 500° entstehen die Substitutionsprodukte, Vinylchlorid[2] bzw. Vinylbromid. Bei diesen hohen Temperaturen spielen bereits Radikalreaktionen eine Rolle.

Substitution der Wasserstoffatome des Äthylens insbesondere durch *aromatische (mesomeriefähige) Reste* kann das Reaktionsbild weitgehend ändern. Das asymmetrische Diphenyläthylen addiert noch normal bei Zimmertemperatur das Brom:

$$(C_6H_5)_2C{=}CH_2 + Br_2 \rightarrow \underset{\textstyle Br}{(C_6H_5)_2\underset{|}{C}}-\underset{\textstyle Br}{\underset{|}{CH_2}}$$

Allerdings wird aus dem Dibromid bei gelinder Temperaturerhöhung schon leicht Bromwasserstoff abgespalten[3].

In para-Stellung der Phenylkerne durch stark mesomeriefähige (bzw. elektronenspendende) Gruppen wie $(CH_3)_2N$-substituierte asymmetrische Diaryläthylene geben nur noch die ionischen Primärprodukte — keine Additionsprodukte —, die sich sehr leicht unter Bromwasserstoffabspaltung in Substitutionsprodukte umwandeln lassen[4]:

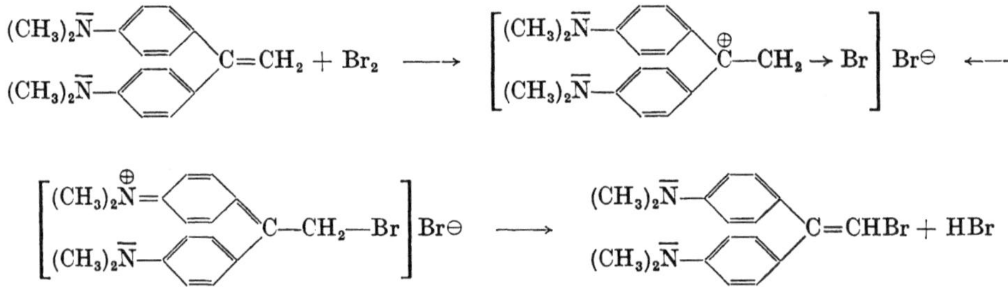

Hier wird die ionische Zwischenstufe durch die Mesomerie-Stabilisierung des Carbenium-Kations des Übergangszustandes so stabil, daß keine weitere Anlagerung eines $Br^{\ominus}$-Anions (also Addition), sondern nur noch endgültige Stabilisierung durch HBr-Abspaltung erfolgt. Diese Neigung zur Bildung von *Substitutionsprodukten* wird somit entscheidend durch die Möglichkeit der Ausbildung zahlreicher mesomerer Grenzanordnungen im "transition state" und im Endzustand gefördert. Art und Zahl der Substituenten einer Doppelbindung üben somit ebenfalls einen wichtigen Einfluß auf das reaktive Geschehen aus.

Das eben Gesagte läßt sich am Beispiel des tetraphenyl-substituierten Äthylens besonders gut verdeutlichen. *Tetraphenyläthylen* addiert Chlor nur noch recht schwer, eine Brommolekel wird aber überhaupt nicht mehr an der Doppelbindung aufgenommen (vgl. S. 165). Bezeichnenderweise reagieren solche Doppelbindungen

[1] Vgl. B. EISTERT: Chemismus und Konstitution, S. 358. Stuttgart: F. Enke 1949.

[2] GROLL, H. P. A., u. G. HEARNE: Ind. Eng. Chem. **31**, 1430, 1530 (1939); A. P. 2130084 (1938), Shell Develop. Co.

[3] LIPP, P.: Ber. dtsch. chem. Ges. **56**, 568 (1923).

[4] PFEIFFER, P., u. R. WIZINGER: Liebigs Ann. **461**, 132 (1928). — PFEIFFER, P., u. P. SCHNEIDER: J. prakt. Chem. [2] **129**, 129 (1930). — WIZINGER, R., u. M. L. COENEN: J. prakt. Chem. [2] **153**, 127 (1939).

rasch mit *Alkalimetallen* unter Bildung der Additionsprodukte[1]:

$$\underset{Ar}{\overset{Ar}{>}}\underset{\underline{Na}}{C}-\underset{\underline{Na}}{C}\underset{Ar}{\overset{Ar}{<}}$$

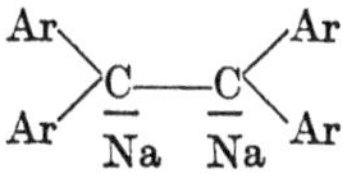

Hier erfolgt offenbar sehr leicht die Aufnahme von zwei Elektronen aus den Alkalimetallatomen. Diese Elektronen werden dann in den Verband der π-Elektronen der „aromatischen" π-Elektronensextette der Arylkerne unter Vermehrung der Mesomeriemöglichkeiten und damit unter Energiegewinn aufgenommen, z. B.:

$$\left[\text{(Ph)}_2\overset{\ominus}{C}-\overset{\ominus}{C}\text{(Ph)}_2 \longleftrightarrow \overset{\ominus}{\text{(Ph)}}\text{(Ph)}C-C\text{(Ph)}\overset{\ominus}{\text{(Ph)}}\right] 2\,Na^{\oplus} \text{ usw.}$$

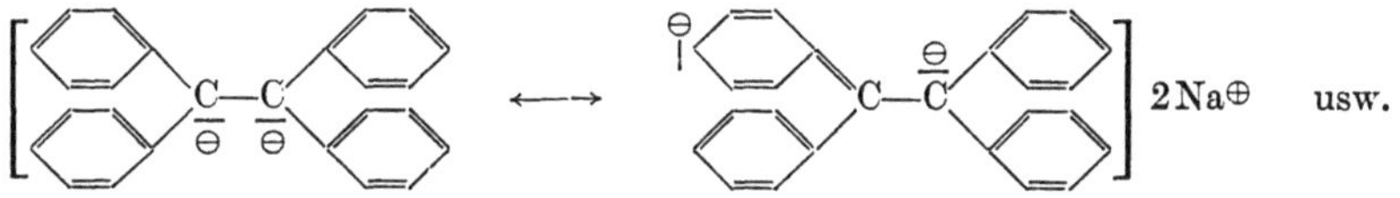

Im Äthylen fehlen naturgemäß diese zusätzlichen Stabilisierungsmöglichkeiten. Andererseits behindert im Tetraphenyläthylen die Konjugation der aromatischen Kerne mit den π-Elektronen der Doppelbindung die Halogenaddition, wobei im Falle des Broms sterische Faktoren der Addition zusätzlich entgegengerichtet sind. Entsprechend der leichten Alkalimetallaufnahme (genauer der schrittweise erfolgenden Aufnahme von 2 Elektronen!) durch das tetraarylierte Äthylen sind Verbindungen dieser Art auch der Hydrierung durch „*alkalisch nascierenden*" *Wasserstoff* (Na + C_2H_5OH usw.) zugänglich, während die unter normalen Bedingungen des Drucks und der Temperatur verlaufende Hydrierung mit *Edelmetallkatalysatoren* ihren Weg möglicherweise über polarisierte Grenzanordnungen der Äthylenmoleküle und Abspaltung bzw. Wiederanlagerung von Protonen[2] nehmen könnte. Ein radikalischer bzw. atomarer Mechanismus ist aber auch nicht von der Hand zu weisen[3].

Nach der hier wiedergegebenen Anschauung[4] besitzen die Arylkerne in den tetraarylsubstituierten Äthylenen das Bestreben, durch ein π-Elektron der Doppelbindung auch untereinander, links sowohl wie rechts, ein möglichst ausgeglichenes Bindungssystem unter Gewinn an Konjugationsenergie der π-Elektronen zu ermöglichen. Dabei werden die π-Elektronen der Doppelbindung gelockert und *radikalische* Reaktionsweisen bevorzugt. Dieser Gewinn an Kopplungsenergie bei Wechselwirkung der π-Elektronen nach den Arylkernen hin ist auch eine der treibenden Ursachen für die Trennung der betreffenden C—C-Atombindung, z. B. für den Zerfall von Hexaaryläthanen in freie Radikale. Daher begünstigen sowohl bei der Alkalimetalladdition der Äthylene, bei der Hydrierung mit „alkalisch nascierendem" Wasserstoff wie auch bei der Radikalbildung Arylsubstituenten den betreffenden Reaktionsablauf.

Diese Darstellung des ionischen Ablaufs einer Addition bzw. Substitution einer Äthylendoppelbindung läßt sich in der angedeuteten Weise auf zahlreiche andere

---

[1] Die Formel dieser alkaliorganischen Verbindung ist wegen der Beteiligung des Lösungsmittels in Wirklichkeit viel komplizierter. Im übrigen verhält sich das Tetraphenyläthandinatrium (TDNa) ähnlich „gelöstem" Alkalimetall. Man kann so in einfacher und ergiebiger Weise alle Halogenide der Allylkonfiguration unter Herausnahme des Halogens als Atom (!) dimerisieren und erhält so z. B. aus Allylchlorid das Diallyl, aus o-Xylylen-dichlorid das Di-o-xylylen und das Tri-o-xylylen (12-Ring) u. a. mehr. Diese Reaktion stellt eine präparativ brauchbare Variante der Würtzschen Synthese dar. EUGEN MÜLLER und G. RÖSCHEISEN: Chem. Ber., im Druck.

[2] Siehe dazu G. SCHILLER, in HOUBEN-WEYL, Methoden der organischen Chemie, 4. Aufl., Bd. IV/2, S. 254 ff. Stuttgart: Georg Thieme 1955.

[3] Vgl. H. HENECKA: Säure-Basen-Katalyse, in HOUBEN-WEYL, Methoden der organischen Chemie, 4. Aufl., Bd. IV/2, S. 50. Stuttgart: Georg Thieme 1955.

[4] Vgl. hierzu EUGEN MÜLLER u. W. JANKE: Z. Elektrochem. **45**, 380 (1939).

Reaktionspartner übertragen. Besonders interessant sind diese Verhältnisse bei der Addition von Halogenwasserstoffen, vorzüglich von *Bromwasserstoff* an unsymmetrisch substituierte Äthylene. Wie bereits früher (radikalische Addition, S. 166) ausgeführt worden ist, wird bei Anwesenheit von Luftsauerstoff oder von Peroxyden Bromwasserstoff z. B. an 1-Brom-propylen-(2) nach dem Schema A aufgenommen, wohingegen der ionische Weg über B zu einem 1,2-Dibromid führt (Regel von MARKOWNIKOFF):

$$CH_2=CH-CH_2Br + HBr \begin{cases} \xrightarrow[\text{radikalisch}]{A} Br-CH_2-CH_2-CH_2-Br \\ \\ \xrightarrow[\text{ionisch}]{B} CH_3-CHBr-CH_2-Br \end{cases}$$

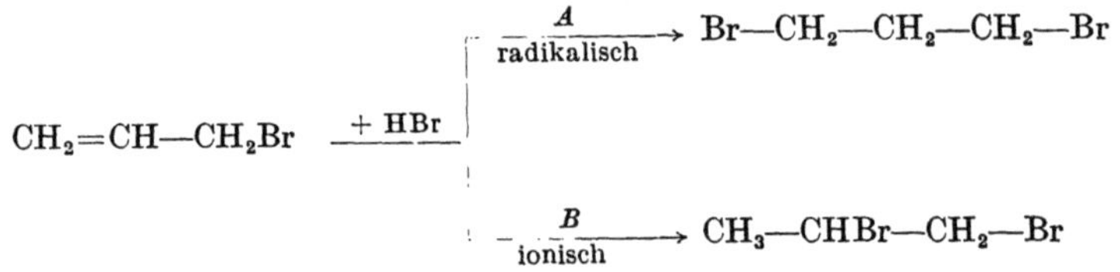

Wie bei allen ionischen Säureadditionen wird auch hier zuerst an der Doppelbindung das Proton aufgenommen:

$$\left\{ \xrightarrow{+H^\oplus} \underset{H}{\overset{H}{>}}C=C\underset{CH_2Br}{\overset{H}{<}} \longleftrightarrow \underset{H}{\overset{H}{>}}\overset{\ominus}{C}-\overset{\oplus}{C}\underset{CH_2Br}{\overset{H}{<}} \right\} \xrightarrow{+H^\oplus} \underset{H\;\downarrow\;}{\overset{H}{>}}C-\overset{\oplus}{C}\underset{CH_2Br}{\overset{H}{<}}$$
$$H$$

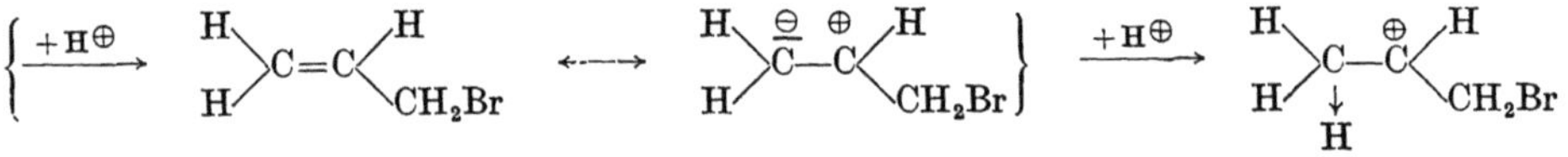

Die *nucleophile Aktivität der Äthylendoppelbindung* würde damit bevorzugt gegenüber der ebenfalls noch vorhandenen elektrophilen reagieren, die erst anschließend in Funktion tritt. Daß tatsächlich solche Verhältnisse vorliegen, läßt sich durch kinetische Untersuchungen wie auch durch die Beschleunigung der Reaktion bei Erhöhung der Wasserstoffionenkonzentration zeigen. Umgekehrt hat Erhöhung der Brom-Anionen-Konzentration *keinen* Einfluß auf die Reaktionsgeschwindigkeit. Dagegen wird die Protonenanlagerung durch Zugabe von *Ansolvosäuren*, die z. B. nach:

$$HX + ZnCl_2 \rightarrow H^\oplus [ZnCl_2X]^\ominus$$

die Wasserstoffionenkonzentration erhöhen, also die „Beweglichkeit" der Protonen vergrößern, wieder begünstigt.

Aus dem obigen Kation entsteht schließlich in der Folgereaktion:

$$H_3C-\overset{\oplus}{C}\underset{CH_2Br}{\overset{H}{<}} + Br^\ominus \longrightarrow H_3C-CH(Br)-CH_2Br$$

das 1,2-Dibrompropan. Grundsätzlich erfolgt die ionische Addition so, daß das *Halogen an das wasserstoffärmste C-Atom* tritt, wie es oben formuliert ist (Regel von MARKOWNIKOFF).

Man deutet diese Regel so, daß bei der Addition des Protons an das Äthylenderivat sich stets das *energieärmste neue Carbeniumkation* bildet. Von den beiden Möglichkeiten, substituiertes Propyl- und Isopropyl-Kation:

$$Br-CH_2-CH_2-\overset{\oplus}{C}H_2 \qquad BrCH_2-\overset{\oplus}{C}H-CH_3$$

ist das Isopropylkation (vermutlich durch Hyperkonjugation, Grenzformeln vgl. S. 410) um etwa 1 kcal/Mol energetisch begünstigter. Die ionische Additionsreaktion spielt sich daher stets im Sinne einer Aufnahme des Halogenanions an das wasserstoffärmste Kohlenstoffatom ab[1]. Es sei auch an dieser Stelle noch einmal

---
[1] Die Addition von Halogenwasserstoffen an α,β-ungesättigten Carbonylverbindungen, z. B. Acrylsäure + HCl → β-Chlorpropionsäure, ist nur scheinbar eine Ausnahme, da hier die elektrophile Aktivität der Carbonylgruppe $\overset{\oplus}{>}C=O \leftrightarrow \overset{\oplus}{>}C-\overset{\ominus}{O}$ der nucleophilen Aktivität der C=C-Doppelbindung entgegensteht — und sie etwas übertrifft.

betont, daß die radikalische peroxydgestartete Reaktion nach dem entgegengesetzten Schema A verläuft (vgl. S. 166).

Entsprechend der MARKOWNIKOFF-Regel verläuft auch die säurekatalysierte Anlagerung von Wasser an eine Doppelbindung, die *Hydratation* von Olefinen, z. B.:

$$\left\{ \begin{array}{c} CH_3 \\ CH_3 \end{array}\!\!>\!\!C=CH_2 \longleftrightarrow \begin{array}{c} CH_3 \\ CH_3 \end{array}\!\!>\!\!\overset{\oplus}{C}-\overset{\ominus}{CH_2} \right\} + H^\oplus OH^\ominus \longrightarrow \begin{array}{c} CH_3 \\ CH_3 \end{array}\!\!>\!\!\underset{\underset{HO}{\uparrow}}{C}-\underset{\underset{H}{\downarrow}}{CH_2}$$

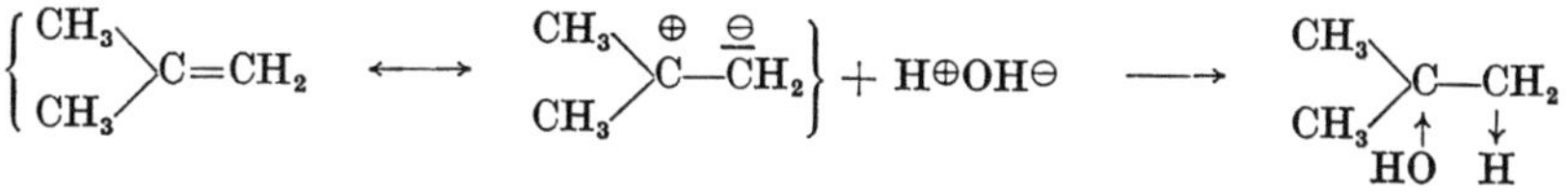

wobei zunächst die Doppelbindung unter der Einwirkung der Säure ein Proton aufnimmt zu einem Carbeniumkation[1]:

$$>\!\!C=C\!\!< + [H_3O]^\oplus \rightleftarrows >\!\!\overset{\oplus}{C}-\underset{H}{C}\!\!< + H_2O$$

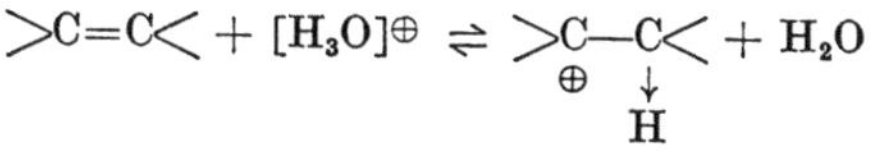

das nun aus dem Wasser ein Hydroxylanion unter Bildung des Alkohols und wieder In-Freiheit-setzen des Protons aufnimmt:

$$>\!\!\overset{\oplus}{C}-\underset{H}{C}\!\!< + H\bar{O}H \longrightarrow >\!\!\underset{\overset{\oplus|O}{\underset{H}{\diagdown}H}}{C}-\underset{H}{C}\!\!< \longrightarrow >\!\!\underset{HO}{C}-\underset{H}{C}\!\!< + H^\oplus$$

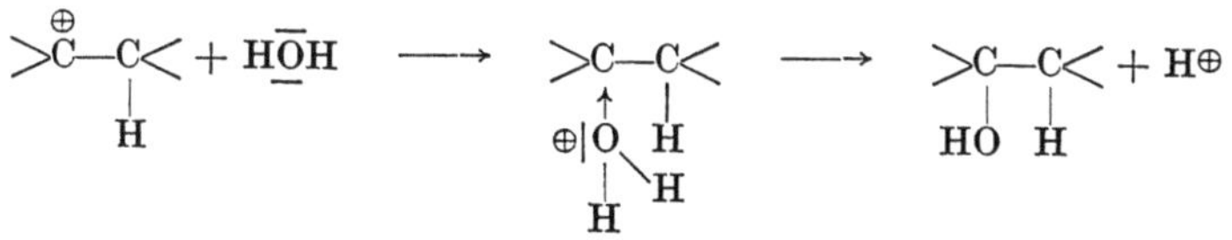

Diese Hydratation ist von dem Ausmaß der Polarität bzw. der Polarisierbarkeit der Doppelbindung stark abhängig. Daher lagern asymmetrisch substituierte Äthylene wie Isobutylen (Hyperkonjugation, stark polarisierbare Doppelbindung) die Bestandteile des Wassers besonders leicht an. Außerdem spielt die Wasserstoffionenkonzentration eine beträchtliche Rolle[2].

Analog verlaufen die säurekatalysierte *Addition von Alkoholen* an Äthylene unter Ätherbildung beim Arbeiten in alkoholischer anstelle wäßriger Lösungen[3] und die *Addition von Carbonsäuren* unter Esterbildung:

$$(CH_3)_2C=CH-CH_3 + CH_3OH \xrightarrow{H^\oplus} (CH_3)_2\underset{\underset{OCH_3}{|}}{C}-C_2H_5$$

$$(CH_3)_2C = CH_2 + HOOCR \xrightarrow{H^\oplus} (CH_3)_2\underset{\underset{OCOR}{|}}{C}-CH_3$$

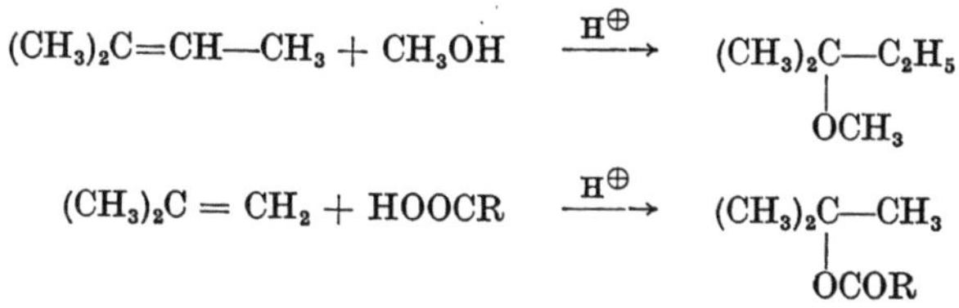

Die letztere Reaktion kann bei geeigneten Verbindungen auch *innermolekular* verlaufen, wobei dann Lactone entstehen, z. B.:

$$\begin{array}{c}(CH_3)_2C=CH \\ HO-CO\end{array}\!\!>\!\!CH_2 \longrightarrow \begin{array}{c}(CH_3)_2\underset{|}{C}-CH_2 \\ O-CO\end{array}\!\!>\!\!CH_2$$

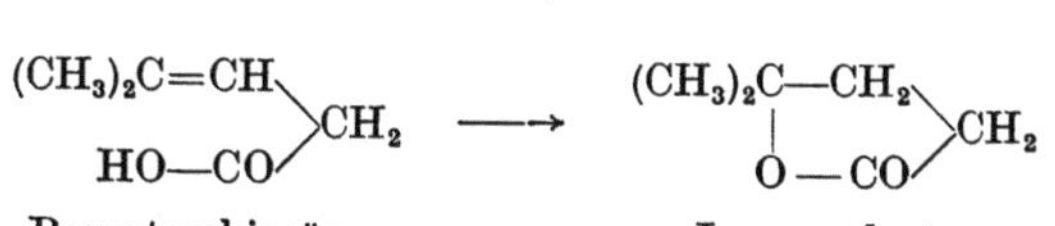

Brenzterebinsäure   Isocaprolacton

---

[1] Dies ist der die Geschwindigkeit bestimmende Schritt, J. B. LEVY, R. W. TAFT u. L. P. HAMMETT: J. Amer. Chem. Soc. **75**, 1253 (1953).

[2] LUCAS, H. J., u. Mitarbb.: J. Amer. Chem. Soc. **56**, 460, 1230, 2138 (1934).

[3] REYCHLER, A.: Bull. Soc. chim. Belg. **21**, 71 (1906). Phenole addieren sich unter Säurekatalyse zu Phenoläthern, die sich unter den Reaktionsbedingungen vielfach zu kernalkylierten Stoffen umlagern; s. hierzu H. HENECKA, Säure-Basen-Katalyse, in HOUBEN-WEYL, Methoden der Organischen Chemie, 4. Aufl., Bd. IV/2, S. 1ff. Stuttgart: Georg Thieme 1955. — Vgl. ferner S. 177.

Auch hier begünstigt ein alkylsubstituiertes C-Atom infolge der dann größeren Polarisierbarkeit der Doppelbindung die Additionsreaktion sehr erheblich[1].

Insbesondere die unsymmetrisch substituierten Äthylene können unter geeigneten Bedingungen sogar Aldehyde und auch aromatische Kohlenwasserstoffe anlagern.

Die KRIEWITZ-PRINS-Reaktion[2] der *Addition von Formaldehyd* verläuft unter Säurekatalyse so, daß sich *m*-Dioxane und 1,3-Glykole bilden. Dabei wird eine protonisierte Formaldehydmolekel z. B. vom Propylen[3] unter Bildung eines Carbeniumkations aufgenommen, das dann entweder eine Molekel Wasser (Bildung von 1,3-Butandiol) oder eine zweite Molekel Formaldehyd (Bildung von 4-Methyl-1,3-dioxan) aufnimmt:

$$CH_3-CH=CH_2 + {}^\oplus CH_2 \longrightarrow CH_3-\overset{\oplus}{CH}-CH_2 \rightarrow CH_2OH$$
$$\qquad\qquad\qquad\qquad\;\; |\underline{O}-H$$
$$\quad a \qquad\qquad\qquad\qquad\qquad\qquad b$$

$$b + HOH \longrightarrow CH_3-CH-CH_2-CH_2 + H^\oplus$$
$$\qquad\qquad\qquad\qquad\;\;\; OH \qquad\quad OH$$

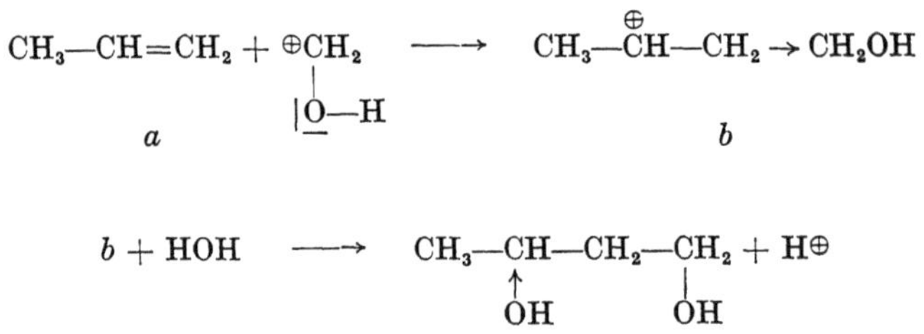

bzw.

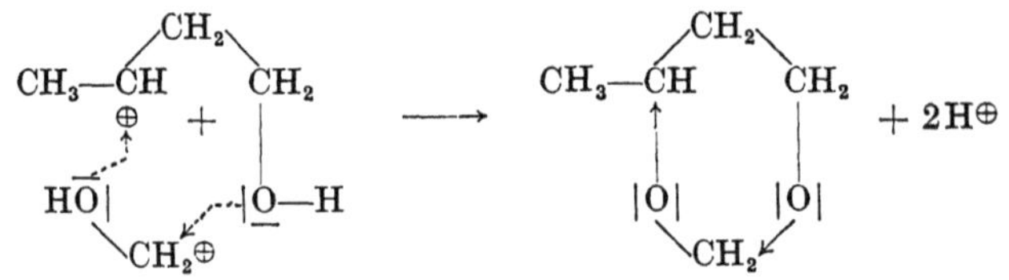

Die *Addition von Aromaten* an Äthylene führt im Endergebnis zu alkylierten aromatischen Verbindungen. Unter der Wirkung konzentrierter Mineralsäuren (H_2SO_4, H_2F_2, sirupöse H_3PO_4) bildet sich durch Protonisierung des Äthylenderivates ein Carbeniumkation:

$$CH_3-CH=CH_2 + H^\oplus \rightarrow CH_3-\overset{\oplus}{CH}-CH_3$$

---

[1] KOSTANECKI, S., v., V. LAMPE u. J. TAMBOR: Ber. dtsch. chem. Ges. **37**, 786 (1904). — LINSTEAD, R. P., u. Mitarbb.: J. Chem. Soc. (London) **1932**, 115; **1933**, 577; **1935**, 258; ferner H. HENECKA, in HOUBEN-WEYL, Methoden der Organischen Chemie, 4. Aufl., Bd. IV/2, S. 43ff. Stuttgart: Georg Thieme 1955.

[2] KRIEWITZ, O.: Ber. dtsch. chem. Ges. **32**, 57 (1899); J. Chem. Soc. (London) **76 I**, 298 (1899).

[3] PRINS, H. J.: Proc. Akad. Amsterdam **22**, 51 (1919); ferner E. ARUNDALE u. L. A. MIKESKA: Chem. Reviews **51**, 505 (1952). Auch Styrol, Anethol, Isosafrol, Cyclohexen lassen sich so in substituierte m-Dioxane überführen, vgl. H. HENECKA, in HOUBEN-WEYL, Methoden der Organischen Chemie, 4. Aufl., Bd. IV/2, S. 1ff. Stuttgart: Georg Thieme 1955. — Das 1,3-Butandiol läßt sich durch Wasserabspaltung in Butadien überführen. Analog entsteht aus Isobutylen über 4,4-Dimethyl-1,3-dioxan und dessen Hydrolyse (besser Alkoholyse zur Entfernung des im Gleichgewicht vorhandenen Formaldehyds als Acetal) Isopren. A. P. 2 337 059 (1943), Standard Oil Development Co., Erf. L. A. MIKESKA u. E. ARUNDALE, Chem. Abstr. **38**, 3291 (1944); vgl. H. HENECKA, in HOUBEN-WEYL, Methoden der Organischen Chemie, 4. Aufl., Bd. IV/2, S. 1ff. Stuttgart: Georg Thieme 1955. — Auch das LEBEDEW-Verfahren zur Herstellung von Butadien aus Alkohol durch Dehydrokondensation steht hiermit in engem Zusammenhang. — Übersichtsreferat s. V. FRANZEN u. H. KRAUCH in Ch.-Ztg. **79**, 335 (1955).

das ein aromatisches System elektrophil substituiert zu den alkylierten Verbindungen, im Falle der Phenole entweder direkt oder indirekt (Phenolätherbildung), z.B.[1]:

$$CH_3-\overset{\oplus}{C}H-CH_3 + \underset{CH_3}{\underset{|}{\overset{OH}{\overset{|}{C_6H_3}}}} \longrightarrow \underset{CH_3}{\underset{|}{\overset{OH}{\overset{|}{C_6H_3}(CH(CH_3)_2)}}} + H^\oplus$$

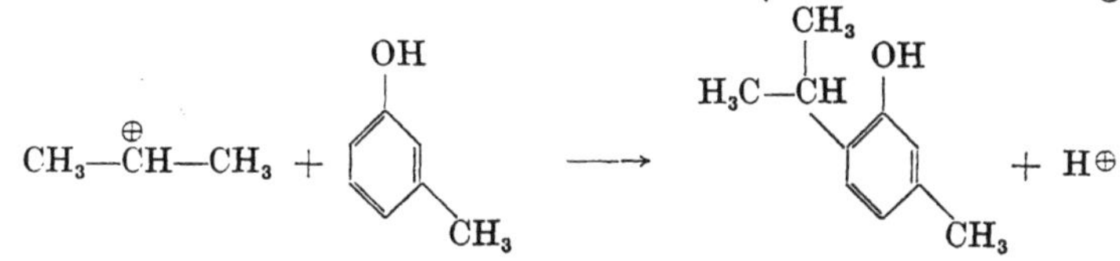

oder[2]

$$(CH_3)_2C=CH_2 + H^\oplus \longrightarrow (CH_3)_2\overset{\oplus}{C}-CH_3$$

$$3(CH_3)_3C^\oplus + \overset{OH}{C_6H_5} \longrightarrow \overset{OH}{C_6H_2(x)_3} + 3H^\oplus$$

$$-x = C(CH_3)_3$$

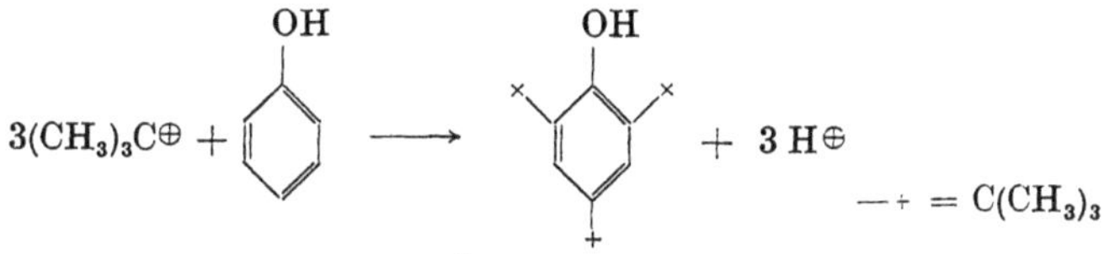

Ähnlich der PRINS-Reaktion verläuft auch die säurekatalysierte *Addition von Nitrilen* an Olefine zu Carbonamiden (RITTER-Reaktion[3]):

$$(CH_3)_2C=CH_2 + H^\oplus \rightarrow (CH_3)_2\overset{\oplus}{C}-CH_3$$

$$\{CH_3-C\equiv N| \leftrightarrow CH_3-\overset{\oplus}{C}=\overset{\ominus}{\underline{N}}|\} + (CH_3)_2\overset{\oplus}{C}-CH_3 \longrightarrow$$

$$(CH_3)_3C\leftarrow\overline{N}=\overset{\oplus}{C}-CH_3$$

$$\downarrow H\overline{O}H$$

$$(CH_3)_3C-\underline{N}=C-CH_3 \longrightarrow H^\oplus + \underset{OH}{\underset{|}{CH_3-C=N-C(CH_3)_3}}$$

$$\overset{\uparrow}{|\overset{\oplus}{O}}$$
$$\overset{/\ \ \backslash}{H\ \ H}$$

$$\downarrow$$

$$\underset{O}{\underset{\|}{CH_3-C-NH-C(CH_3)_3}}$$

N-tert.-Butylacetamid

In Gegenwart von konzentrierter Schwefelsäure entsteht aus Isobutylen und Acetonitril in Lösungsmitteln wie Eisessig oder Dibutyläther und anschließender Hydrolyse das N-tert.-Butylacetamid. Auch mit zahlreichen aliphatischen und aromatischen Mono- und Dinitrilen, mit ungesättigten Nitrilen und Aldehydcyanhydrinen ist diese Reaktion ausführbar. Zur Substitution des Amidstickstoffs können außer Olefinen auch tertiäre Alkohole, ungesättigte Säuren, deren Ester und Oxyester eingesetzt werden.

Diese technisch wichtigen Reaktionen lassen sich auch durch Komplexbildung mit *Ansolvosäuren* katalytisch beeinflussen. So gelingt die Anlagerung von

---

[1] E. PP. 293753, 298600, 325855, 325856, 326215; F.P. 657416 (1928) Rhein. Kampfer-Fabr. G.m.b.H., Erf. K. SCHÖLLKOPF; Chem. Zentralbl. **1929** I, 439; **1930** II, 984/5; **1930** I, 2009.
[2] STILLSON, G. H., D. W. SAWYER u. C. E. HUNT: J. Amer. Chem. Soc. **67**, 300 (1945).
[3] RITTER, J. J., u. P. P. MINIERI: J. Amer. Chem. Soc. **70**, 4045 (1948). — BONZON, F. R., u. J. J. RITTER: J. Amer. Chem. Soc. **71**, 4128 (1949). — HARTZEL, L. W., u. J. J. RITTER: J. Amer. Chem. Soc. **71**, 4130 (1949). — LUSSKIN, R. M., u. J. J. RITTER: J. Amer. Chem. Soc. **72**, 5577 (1950). — PLAUT, H., u. J. J. RITTER: J. Amer. Chem. Soc. **73**, 4076 (1951). — Vgl. H. HENECKA: In HOUBEN-WEYL, Methoden der Organischen Chemie, 4. Aufl., Bd. VIII, S. 663. Stuttgart: Georg Thieme 1952.

aromatischen Kohlenwasserstoffen auch an Äthylen selbst mit Aluminiumchlorid als Katalysator[1] z.B. zum Äthylbenzol (dessen katalytische Dehydrierung Styrol liefert[2]):

$$CH_2=CH_2 + AlCl_3 \rightarrow CH_2-\overset{\oplus}{C}H_2$$
$$\downarrow$$
$$\ominus AlCl_3$$

$$\underset{\underset{\ominus AlCl_3}{\downarrow}}{CH_2-\overset{\oplus}{C}H_2} + \bigcirc \xrightarrow{S_E 2} \left[\bigcirc\!\!\!\!\!\!{\overset{H}{\underset{\oplus \diagdown H}{\diagup}}} \rightarrow CH_2-CH_2-\overset{\ominus}{A}lCl_3 \right] \longrightarrow \bigcirc\!\!\!\!-CH_2CH_3 + AlCl_3$$

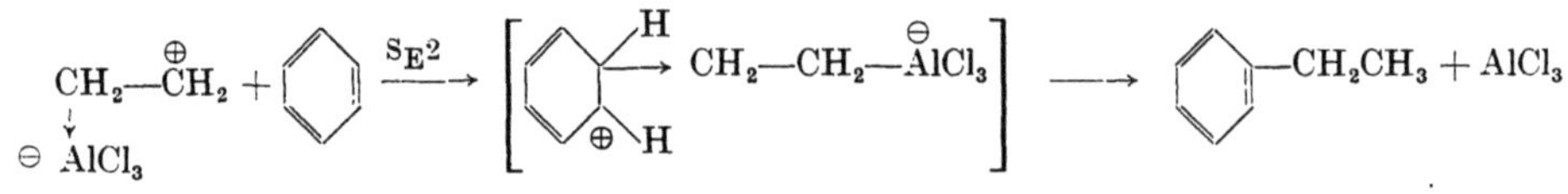

Anwesenheit von Wasser und Säuren, insbesondere Überchlorsäure, fördern die Reaktion, bei der bis zu *sechs* Äthylreste in den aromatischen Kern eingeführt werden können[3].

Durch geeignete Aktivierung der Doppelbindung und des Reaktionspartners lassen sich sogar rein aliphatische Kohlenwasserstoffe, vor allem die Isoparaffine, an Olefine anlagern. Diese technisch wichtige *Alkylierung von Paraffinen* verläuft gut mit Katalysatoren wie Flußsäure, Schwefelsäure oder $AlCl_3$, BF_3 und anderen Metallhalogeniden in Gegenwart von Wasser oder Halogenwasserstoffsäuren (Bildung komplexer Verbindungen wie $H[AlCl_4]$ usw.).

So kann man an Äthylen mittels $AlCl_3$ Isobutan zu 2,3-Dimethylbutan, 2-Methylpentan und wenig 2,2-Dimethylbutan anlagern[4]:

$$CH_2=CH_2 + CH_3-\underset{\underset{CH_3}{|}}{\overset{\overset{H}{|}}{C}}-CH_3 \xrightarrow{+AlCl_3} \begin{cases} CH_3-\underset{|}{\overset{\overset{CH_3}{|}}{C}H}-\underset{}{\overset{\overset{CH_3}{|}}{C}H}-CH_3 & 70\text{—}90\% \\ CH_3-\underset{|}{\overset{\overset{CH_3}{|}}{C}H}-CH_2-CH_2-CH_3 & 10\text{—}20\% \\ CH_3-\underset{\underset{CH_3}{|}}{\overset{\overset{CH_3}{|}}{C}}-CH_2-CH_3 & \text{Rest} \end{cases}$$

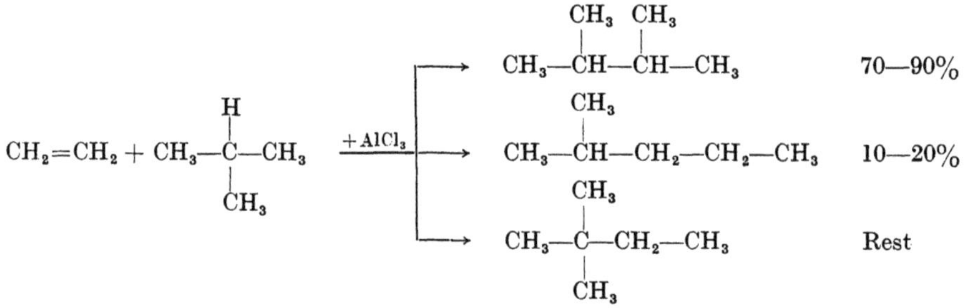

Der Reaktionsablauf ist ziemlich komplex. Die Reaktion bedarf zu ihrem Ablauf sowohl der Aktivierung der olefinischen Doppelbindung wie des gesättigten Kohlenwasserstoffs. Das Aluminiumchlorid, zusammen mit einer Halogenwasserstoffsäure, etwa HCl, bildet zunächst die komplexe starke Säure $H^{\oplus}[AlCl_4]^{\ominus}$, durch die das Olefin protonisiert wird:

$$CH_2=CH_2 + H^{\oplus}[AlCl_4]^{\ominus} \rightarrow [CH_3-CH_2]^{\oplus}[AlCl_4]^{\ominus}$$
oder $(CH_3)_2C=CH_2 + H^{\oplus}[AlCl_4]^{\ominus} \rightarrow [(CH_3)_3C]^{\oplus}[AlCl_4]^{\ominus}$

Das gebildete Carbeniumkation kann sich entweder mit einem weiteren Olefin umsetzen (vgl. den Abschnitt über Polymerisationen S. 183) oder dem gesättigten Kohlenwasserstoff das am tertiären C-Atom befindliche *Wasserstoffatom als Anion*

---

[1] BALSOHN, M.: Bull. Soc. chim. France [2] **31**, 539 (1879); zusammenfassende Darstellung s. C. C. PRICE: Les Mécanismes des Réactions de la Double Liaison Carbone-Carbone. Paris: H. Dunod 1951.

[2] Zum Mechanismus s. S. 361.

[3] Siehe auch H. HESSE, Katalyse über komplexe Kationen und Anionen, in HOUBEN-WEYL, Methoden der Organischen Chemie, 4. Aufl., Bd. IV/2, S. 94ff. Stuttgart: Georg Thieme 1955. Auch Borfluorid, zumal in Anwesenheit von Säuren, ist als Katalysator brauchbar. Der aromatische Kern dürfte ebenfalls durch den zugesetzten Katalysator aktiviert werden.

[4] GROSSE, A. V., u. V. N. IPATIEFF: J. org. Chem. **8**, 438 (1943).

entziehen:

$$\text{a)}\quad [CH_3{-}CH_2]^{\oplus} + CH_2{=}CH_2 \rightarrow [CH_3{-}CH_2{-}CH_2{-}CH_2]^{\oplus}$$

$$\text{bzw.}\quad (CH_3)_3C^{\oplus} + (CH_3)_2\overset{\delta\oplus}{C}{=}\overset{\delta\ominus}{C}H_2 \rightarrow (CH_3)_3C{-}CH_2{-}\overset{\oplus}{C}(CH_3)_2$$

$$\text{b)}\quad [CH_3{-}CH_2]^{\oplus} + (CH_3)_3C{-}H \rightarrow CH_3{-}CH_3 + (CH_3)_3C^{\oplus}$$

Auch das nach a) gebildete Kation kann seinerseits dem Isoparaffin ein H-Anion entziehen, wobei wieder das tert.-Butylkation entsteht:

$$[CH_3CH_2CH_2CH_2]^{\oplus} + (CH_3)_3C{-}H \rightarrow CH_3CH_2CH_2CH_3 + (CH_3)_3C^{\oplus}$$

Das tert.-Butylkation kann sich an nicht umgesetztes Olefin anlagern:

$$CH_2{=}CH_2 + (CH_3)_3C^{\oplus} \rightarrow (CH_3)_3C{-}CH_2{-}CH_2^{\oplus}$$

und das gebildete neue Kation tritt wieder mit dem Isoparaffin unter Bildung des „Überträgers“ $(CH_3)_3C^{\oplus}$ zusammen (Bildung von *2,2-Dimethyl-butan*):

$$(CH_3)_3C{-}CH_2{-}CH_2^{\oplus} + (CH_3)_3C{-}H \rightarrow (CH_3)_3C{-}CH_2{-}CH_3 + (CH_3)_3C^{\oplus}$$

Die zwischendurch entstehenden Carbeniumionen können unter der katalytischen Wirkung des Aluminiumchlorids Verschiebungen von Wasserstoff (als Anion) und anionischen Methylgruppen erleiden:

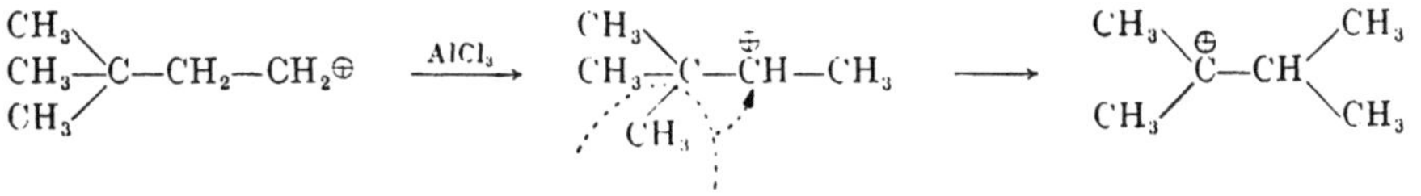

und daraus entsteht mit $(CH_3)_3CH$ das *2,3-Dimethylbutan* (Isomerisierung in Richtung größter Verzweigung = Raumeffekt und Symmetriefaktor!):

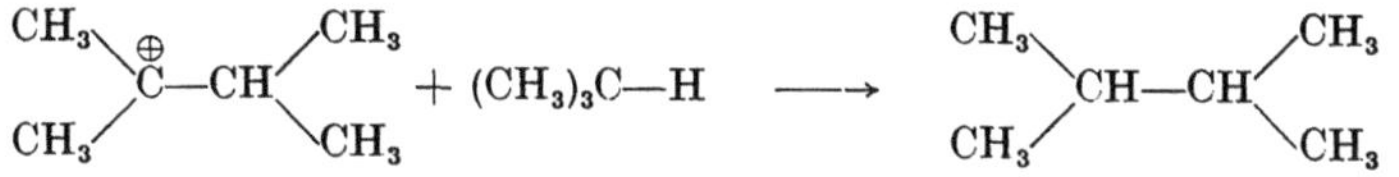

das Hauptprodukt der Reaktion. Schließlich kann auch das Ion:

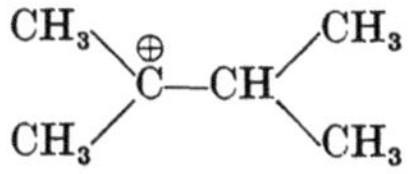

sich durch weitere H-Anionen- und CH_3-Anionen-Wanderung umlagern:

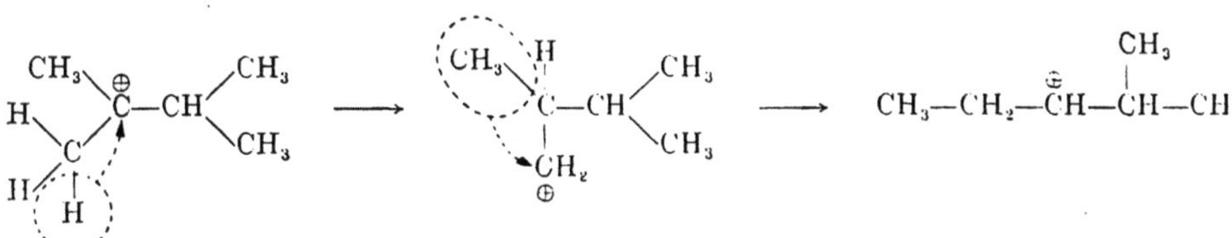

woraus mit Isobutan ein weiteres Reaktionsprodukt, das *2-Methylpentan*, entsteht[1]:

$$CH_3{-}CH_2{-}\overset{\oplus}{C}H{-}\underset{\displaystyle CH_3}{\underset{|}{C}H}{-}CH_3 + (CH_3)_3CH \rightarrow (CH_3)_3C^{\oplus} + CH_3{-}CH_2{-}CH_2{-}\underset{\displaystyle CH_3}{\underset{|}{C}H}{-}CH_3$$

[1] Vgl. hierzu a. P. D. BARTLETT, F. E. CONDON u. A. SCHNEIDER: J. Amer. Chem. Soc. **66**, 1534 (1944).

Andererseits entsteht immer wieder $(CH_3)_3C^\oplus$, das als Kettenglied diese Reaktion unterhält.

Schließlich kann sich ein intermediär gebildetes Carbeniumkation auch durch Abspaltung eines Wasserstoffs als Proton oder eines Alkylkations zu einer neuen ungesättigten Verbindung stabilisieren:

$$\begin{array}{c}CH_3\\CH_3-C-CH-CH_3\\CH_3\end{array} \xrightarrow{-H^\oplus} \begin{array}{c}CH_3\\CH_3-\overset{\oplus}{C}-CH-\overset{\ominus}{CH_2}\\CH_3\end{array} \longleftrightarrow \begin{array}{c}CH_3\\CH_3-C-CH=CH_2\\CH_3\end{array}$$

$$\Big| \xrightarrow{-CH_3^\oplus} \begin{array}{c}CH_3\\ \overset{\ominus}{C}-\overset{\oplus}{CH}-CH_3\\CH_3\end{array} \longleftrightarrow \begin{array}{c}CH_3\\C=CH-CH_3\\CH_3\end{array}$$

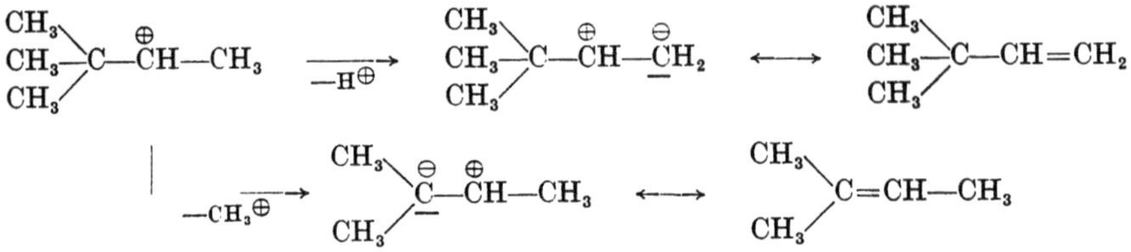

Für die Richtigkeit dieser Deutung läßt sich die „Umsetzung" von radioaktiv „markiertem" Propan mit Aluminiumbromid heranziehen (vgl. S. 363):

$$CH_3-CH_2-\overset{*}{C}H_3 \xrightarrow{AlBr_3} CH_3-\overset{*}{C}H_2-CH_3$$

zumal die Geschwindigkeit dieser Isomerisierung vergleichbar ist mit der Umwandlungsgeschwindigkeit von n-Butan zu iso-Butan unter gleichen Bedingungen[1].

Die Abspaltung von Wasserstoff als Hydridanion hat eine gewisse Analogie in der Bildung der Alkalimetall-chloraluate:

$$Na\{-H + AlCl_3 \to Na\,[AlHCl_3]$$

$$R\{-H + AlCl_3 \to R\,[AlCl_3H]$$

Weitere Beispiele für die Wanderung von anionischen Resten in organischen Kationen, eine Anionotropie, vgl. S. 271.

Die Addition eines Carbeniumkations an ein Olefin vollzieht sich auch leicht unter der Wirkung des Aluminiumchlorids, wenn man *Alkyl-* oder *Acylhalogenide* anstelle von Isoparaffinen als Ausgangskomponente nimmt. Hier wie dort werden zunächst die Carbeniumionen gebildet, z. B.[2]:

$$(CH_3)_3C-Cl + AlCl_3 \to [(CH_3)_3C]^\oplus\,[AlCl_4]^\ominus$$

$$CH_3COCl + AlCl_3 \to [CH_3CO]^\oplus\,[AlCl_4]^\ominus$$

die sich an die polarisierte Form der Doppelbindung unter Bildung neuer Carbeniumionen addieren[3]:

$$(CH_3)_3C^\oplus\,[AlCl_4]^\ominus + \overset{\ominus}{C}H_2-\overset{\oplus}{C}H_2 \to [(CH_3)_3C\leftarrow CH_2-CH_2]^\oplus\,[AlCl_4]^\ominus$$

$$[CH_3CO]^\oplus\,[AlCl_4]^\ominus + \overset{\ominus}{C}H_2-\overset{\oplus}{C}H_2 \to [CH_3CO\leftarrow CH_2-CH_2]^\oplus\,[AlCl_4]^\ominus,$$

---

[1] BEECK, O., J. W. OTVOS, D. P. STEVENSON u. C. D. WAGNER: J. Chem. Phys. **16**, 255 (1948).

[2] SCHMERLING, L.: J. Amer. Chem. Soc. **67**, 1778 (1945).

[3] Ganz entsprechend kann man Äthylen zu Äthylchlorid:

$$H^\oplus\,[AlCl_4]^\ominus + CH_2=CH_2 \to [CH_3-CH_2]^\oplus\,[AlCl_4]^\ominus \xrightarrow{-78°} CH_3CH_2Cl + AlCl_3$$

in 99%iger Ausbeute umsetzen. TULLENERS, A. J., M. C. TUYN u. H. I. WATERMAN: Recueil Trav. chim. Pays-Bas **53**, 544 (1934); ferner H. I. WATERMAN, J. J. LEENDERTSE u. G. M. VAN SCHOUWENBURG: Chim. et Ind. **45**, 347 (1941).

die sich anschließend unter Abspaltung von Aluminiumchlorid stabilisieren:

$$[(CH_3)_3C-CH_2-CH_2]^\oplus [AlCl_4]^\ominus \rightarrow (CH_3)_3C-CH_2-CH_2 \leftarrow Cl + AlCl_3$$

$$[CH_3CO-CH_2-CH_2]^\oplus [AlCl_4]^\ominus \rightarrow CH_3CO-CH_2-CH_2 \leftarrow Cl + AlCl_3$$

Stark polarisierte Halogenide wie CH_3OCH_2Cl lagern sich sogar ohne Katalysator an Isoparaffine an[1]:

und
$$CH_3-\overline{O}-CH_2-Cl \rightleftharpoons \{[CH_3-\overline{O}-\overset{\oplus}{C}H_2] \leftrightarrow [CH_3-\overset{\oplus}{\overline{O}}=CH_2]\} Cl^\ominus$$

$$[CH_3-\overline{O}-CH_2]^\oplus Cl^\ominus + (CH_3)_2\overset{\delta\oplus}{C}=\overset{\delta\ominus}{C}H_2 \rightarrow CH_3-\overline{O}-CH_2 \leftarrow CH_2-\underset{\underset{Cl}{\downarrow}}{C}(CH_3)_2$$

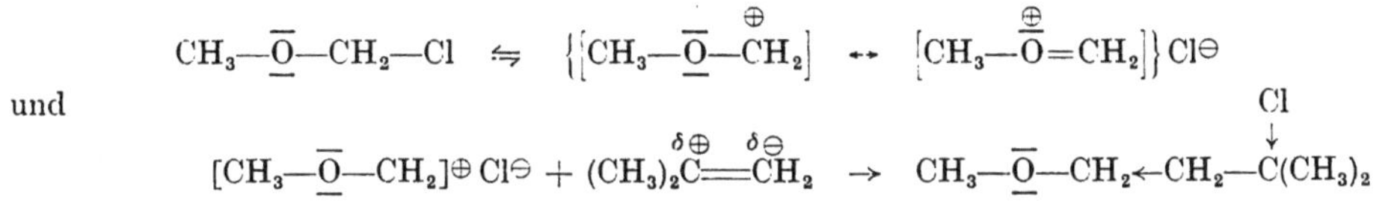

Ionenreaktionen dieser Art können sich in ihrer *Geschwindigkeit* unter Umständen durchaus mit anorganischen Ionenreaktionen messen. So setzt sich beispielsweise tert.-Butylchlorid mit Isopentan (2-Methylbutan) und Aluminiumbromid als Katalysator bei Zimmertemperatur in etwa $1/1000$ sec zu tert.-Amylbromid um[2]:

$$\begin{array}{c}CH_3\\CH_3\end{array}\!\!\!\!>CH-CH_2-CH_3 + (CH_3)_3CCl \xrightarrow{AlBr_3} \begin{array}{c}CH_3\\CH_3\end{array}\!\!\!\!>\underset{\underset{Br}{|}}{C}-CH_2-CH_3 + (CH_3)_3CH$$

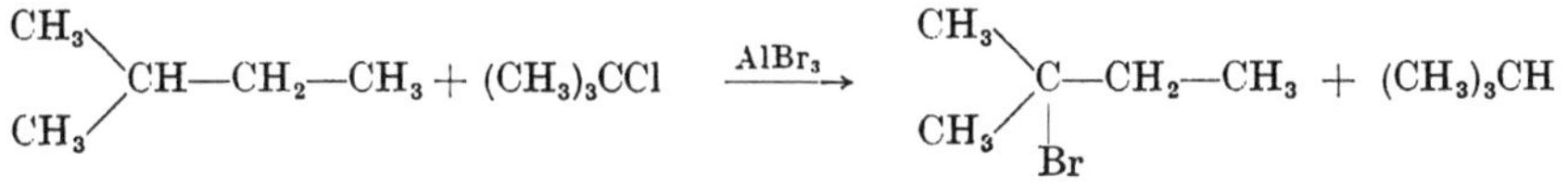

Der komplexe Verlauf der Alkylierung von Paraffinen[3] mit Olefinen unter der Wirkung von geeigneten Komplexbildnern wie Aluminiumchlorid ist typisch für den Ablauf ionischer Reaktionen. Die instabilen, solvatisierten Carbeniumionen suchen sich rasch zu stabilisieren, was auf sehr verschiedenen Wegen möglich ist:

---

[1] STRAUS, F., u. W. THIEL: Liebigs Ann. **525**, 151 (1936).
[2] BARTLETT, P. D., F. E. CONDON u. A. SCHNEIDER: J. Amer. Chem. Soc. **66**, 1534 (1944).
[3] Auch Stickstoff- oder Schwefel-haltige Verbindungen lassen sich unter der Wirkung geeigneter Katalysatoren an Doppelbindungen anlagern, z. B. NH_3 an Fumarsäure zu Asparaginsäure mit $Hg^{2\oplus}$, $Ag^\oplus$:

$$\begin{array}{c}CH-CO_2H\\\|\\HO_2C-CH\end{array} + NH_3 \xrightarrow{Hg^{2\oplus}} \begin{array}{c}CH_2CO_2H\\|\\CH-CO_2H\\|\\NH_2\end{array}$$

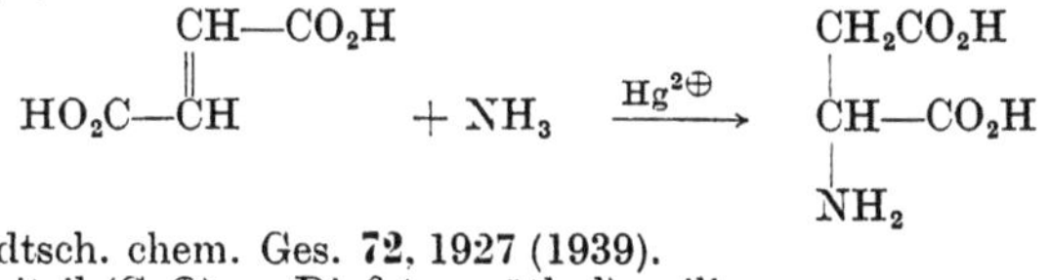

ENQUIST, T.: Ber. dtsch. chem. Ges. **72**, 1927 (1939).
Anilin an Acrylnitril ($Cu^\oplus$) zu Di-β-(cyanäthyl)-anilin:

$$CH_2=CH-CN \xrightarrow[2C_6H_5NH_2]{Cu^\oplus} \underset{\underset{H}{|}}{C_6H_5N}-CH_2-CH_2-CN \longrightarrow C_6H_5-N\!\!\begin{array}{c}CH_2-CH_2-CN\\CH_2-CH_2-CN\end{array}$$

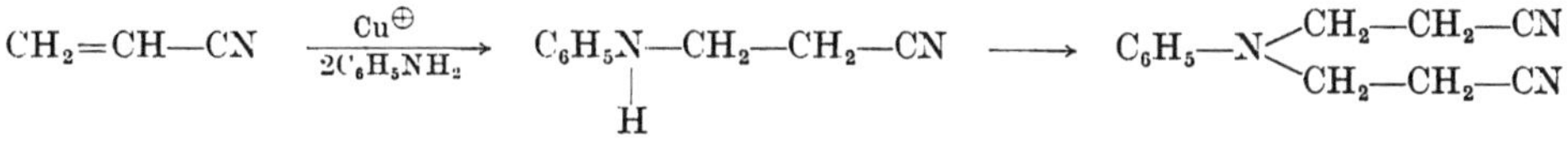

SMITH, P. A. S., u. P. YU: J. Amer. Chem. Soc. **74**, 1096 (1952).
Cyanwasserstoff an Butadien (Cu_2Cl_2/NH_4Cl) zu 1-Cyan-buten-2:

$$CH_2=CH-CH=CH_2 \xrightarrow[Cu_2Cl_2/NH_4Cl]{HCN} \underset{\underset{CN}{|}}{CH_2}-CH=CH-CH_3$$

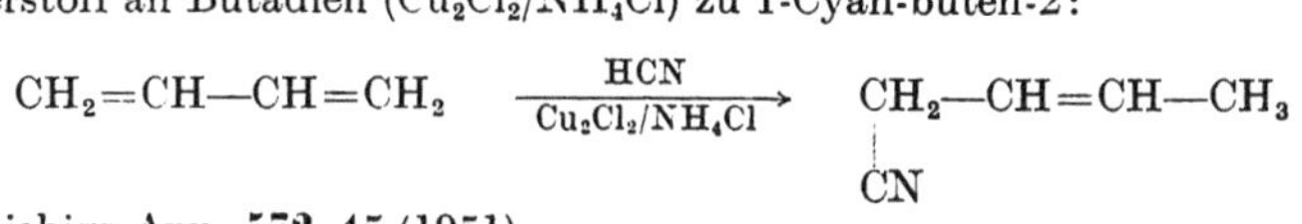

KURTZ, P.: Liebigs Ann. **572**, 45 (1951).
Schwefelwasserstoff an Propylen ($AlCl_3$) zu Propylsulfid:

$$CH_3-CH=CH_2 + H_2S \xrightarrow{AlCl_3} (CH_3-CH_2-CH_2-)_2S$$

A. P. 2510921 (1946); Chem. Zbl. **1951** I, 522.

1. Absättigung des $C^\oplus$-Kations
   a) durch Umsetzung mit Stoffen, die *Anionen* abgeben können ($H^\ominus$, $Cl^\ominus$, $Br^\ominus$),
   b) durch innermolekulare *Abspaltung eines Kations* (Proton oder organisches Kation).

2. Bildung neuer $C^\oplus$-Kationen
   durch innermolekulare *Wanderung von Anionen* (Hydridanion, organisches Anion), eine auch mehrfach mögliche Reaktion.
   Die nach 2. gebildeten neuen, meist stabileren Carbeniumionen können sich nach einer z. B. primär erfolgten innermolekularen Umlagerung sekundär nach 1a) oder b) endgültig stabilisieren.

3. Polymerisation
   Der Vollständigkeit halber sei noch hinzugefügt, daß die primär gebildeten Carbeniumionen sich nach a) auch mit dem nucleophilen Teil einer polarisierten Doppelbindung weiterer Äthylenmoleküle umsetzen können, wobei schließlich eine Polymerisation eintritt, z. B.:

$$(CH_3)_3C^\oplus + n \left\{ \begin{matrix} CH_3 \\ CH_3 \end{matrix} \!\!> \!\! C=CH_2 \quad \longleftrightarrow \quad \overset{\ominus}{C}H_2-\overset{\oplus}{C}\!\!<\!\!\begin{matrix} CH_3 \\ CH_3 \end{matrix} \right\} \longrightarrow$$

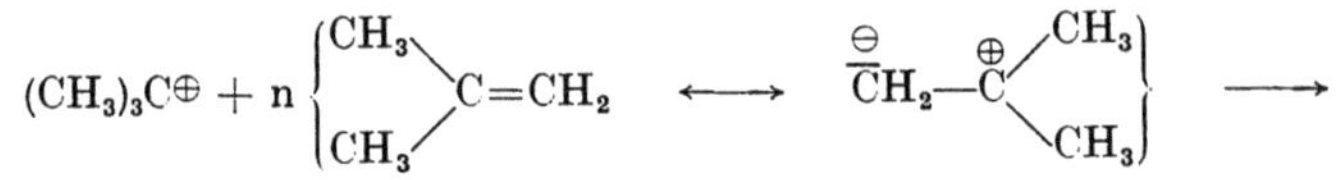

$$(CH_3)_3C\!\leftarrow\![CH_2-C(CH_3)_2]_n^\oplus \qquad \text{(Polyisobutylen-Kation)}$$

Weiteres s. S. 183.

Anschließend seien noch einige andere wichtige und typische Additionsreaktionen von Olefinen erwähnt.

Ähnlich der oben erläuterten Bromierungsreaktion verläuft z. B. die Umsetzung von Olefinen mit *Benzopersäure* zu 1,2-Epoxyden (PRILESCHAJEFF-Reaktion). Durch eine nucleophile Substitution des Sauerstoffatoms der Hydroxylgruppe der Persäure entsteht intermediär ein Carbeniumsalz bzw. eine der Bromoniumformel analoge Oxoniumanordnung, die sich hier durch Abspaltung eines Protons unter Bildung des 1,2-Epoxydes stabilisiert[1]:

$$\left\{ >\!\!C\!=\!C\!\!< \quad \longleftrightarrow \quad >\!\!\overset{\oplus}{C}\!-\!\overset{\ominus}{C}\!\!< \right\} + |\overset{\delta\oplus}{\underline{O}}\!-\!\overset{\delta\ominus}{\underline{O}}\!-\!\underset{|\underline{O}\|}{C}\!-\!R \quad \longrightarrow$$

$$\left[>\!\!C\!-\!\underset{H}{\overset{|}{C}}\!\rightarrow\!\overset{.}{\underline{O}} \right]^\oplus + \left[|\underline{O}\!-\!\underset{|\underline{O}\|}{C}\!-\!R \right]^\ominus$$

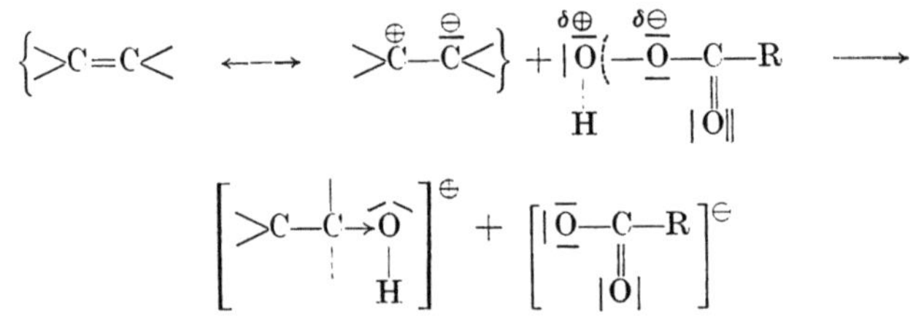

(Anlagerung eines $OH^\oplus$ an das Carbeniat-Kohlenstoffatom!)

$$>\!\!\underset{\overset{\oplus}{|\underline{O}|}}{\underset{H}{C}}\!-\!C\!- \quad \longleftrightarrow \quad >\!\!C\!\cdots\!\!\underset{\underset{H}{\overset{\ominus}{\diagdown\!\underline{O}\!\diagup}}}{\!\!\!\!\!\!\!\!\!\!\!\!C}\!\!< \quad \longrightarrow \quad H^\oplus + >\!\!C\!\!\underset{\underline{O}}{\overline{}}\!\!C\!\!<$$

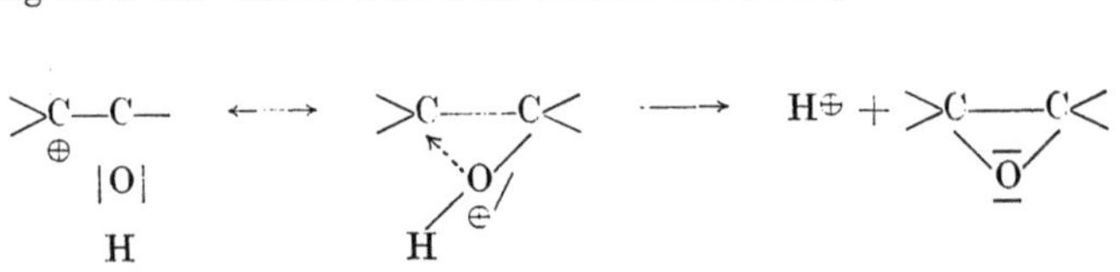

Ein weiteres Beispiel dieser Reaktionsart ist die Anlagerung von *Distickstofftrioxyd* an Olefine unter Bildung von Nitrositen. Während die Addition von reinem NO und reinem NO_2 an Äthylene eine Radikalreaktion ist, verläuft die

---

[1] Bei der technisch durchgeführten Oxydation z. B. des Äthylens mit Luftsauerstoff und Silberoxyd als Katalysator dürfte die Reaktion sich über atomaren Sauerstoff abspielen.

Addition von N_2O_3 oder von NOCl über polare Anordnungen, z. B.:

$$\overset{\oplus}{>}C-\overset{\ominus}{C}< + {}^{\oplus}\underline{N}-\underline{O}-\underline{N}=\underline{O} \longrightarrow >C-C< \longrightarrow$$
$${}^{\ominus}|\underline{O}| |\underline{N}-\underline{O}-\underline{N}=\underline{O}$$
$$ {}^{\ominus}|\underline{O}|$$

$$[|\underline{O}=\underline{N}=\underline{O}|]^{\ominus} + >\overset{\oplus}{C}-\overset{|}{C}- \longrightarrow \left[>C-C<\atop \underset{|\underline{O}|}{\overset{\|}{N}^{\oplus}}\right] \xrightarrow{[ONO]^{\ominus}} >\overset{O-NO}{\underset{NO}{C-C<}}$$
$$\underset{|\underline{O}|}{\overset{\|}{\underset{|}{N}|}}$$

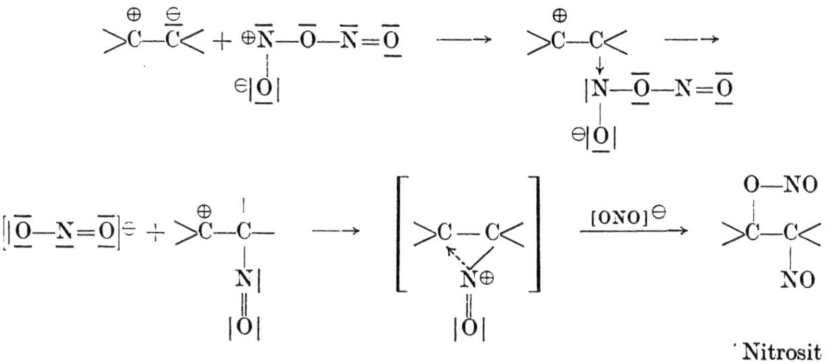

Nitrosit

Eine wichtige Reaktion von Olefinen mit Halogenen, die hier möglicherweise als Kationen in das Reaktionsgeschehen eingreifen, ist die Substitution von Olefinen in der Allylstellung, z. B. mit *N-Bromsuccinimid* oder mit *N-Bromacetamid*[1,2] (Lockerung der übernächsten Bindung, siehe auch O. SCHMIDTsche Doppelbindungsregel, vgl. S. 190).

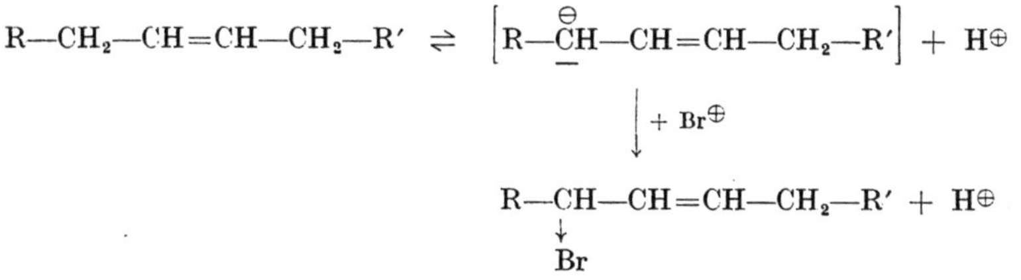

$$R-CH_2-CH=CH-CH_2-R' \rightleftharpoons \left[R-\overset{\ominus}{\underline{CH}}-CH=CH-CH_2-R'\right] + H^{\oplus}$$
$$ \downarrow + Br^{\oplus}$$
$$ R-\underset{Br}{\overset{|}{CH}}-CH=CH-CH_2-R' + H^{\oplus}$$

und[3] $R-\underset{Br}{\overset{|}{CH}}-CH=CH-CH_2-R' + Br^{\ominus} \rightarrow R-\underset{Br}{\overset{|}{CH}}-CH=CH-\underset{Br}{\overset{|}{CH}}-R' + H^{\oplus}$

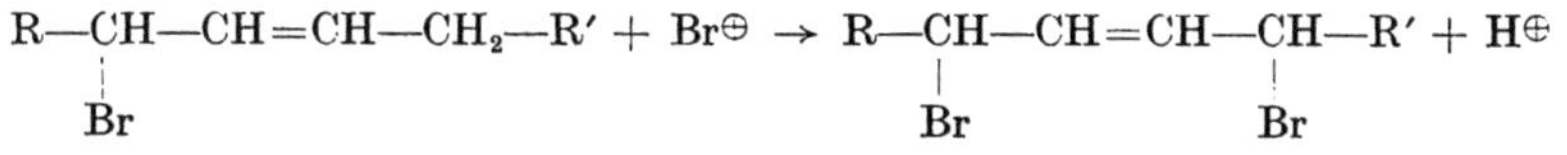

Man neigt neuerdings zu der Auffassung, daß die obigen Reaktionen sich nach einem radikalischen Mechanismus vollziehen[4].

Als eine besondere säure-basen-katalysierte Reaktion der olefinischen Doppelbindung kann man die nach MICHAEL erfolgende Addition von CH-*aciden Verbindungen* an α,β-ungesättigte Carbonylverbindungen ansehen. Auf diese durch Basen katalysierte Reaktion wird bei der Besprechung der konjugierten Bindungssysteme (vgl. S. 295) näher eingegangen.

ββ) Ionische Polymerisationsreaktionen

Einem charakteristischen Typ von ionischen Polymerisationsreaktionen waren wir schon auf S. 182 begegnet, der Polymerisation des *Isobutylens* unter der Wirkung von Katalysatoren wie $AlCl_3$ oder BF_3 unter Zusatz von Cokatalysatoren[5]

---

[1] WOHL, A.: Ber. dtsch. chem. Ges. **52**, 51 (1919); **54**, 476 (1921); ferner K. ZIEGLER u. Mitarb.: Liebigs Ann. **551**, 80 (1942).
[2] Zur Allylkonfiguration vgl. S. 203.
[3] Ebenso könnte man $Br_3^{\oplus}$ formulieren!
[4] Siehe hierzu P. KARRER: Helvet. chim. Acta **29**, 543 (1946).
[5] EVANS, A. G., u. M. POLANYI: J. Chem. Soc. (London) **1947**, 252; G. E. LANGLOIS: Ind. Eng. Chem. **45**, 1471 (1953).

wie HCl[1] oder H_2F_2 (Bildung von $H[AlCl_4]$, bzw. $H[BF_4]$)[2]. Diese Polymerisationsreaktion verläuft sicher über Carbeniumkationen[3]. Zu diesem Typus gehören die meisten derzeit bekannten ionischen Polymerisationsreaktionen.

Zum Ingangsetzen der Reaktion genügt meist eine kleine Menge eines *kationischen Starters*, etwa eines Protons[4] oder z. B. das tert.-Butylkation, das eine Folge von gleichartigen Reaktionsschritten mit dem Olefin auslöst:

$$(CH_3)_3C^{\oplus} + |\overset{\ominus}{C}H_2{-}\overset{\oplus}{C}(CH_3)_2 \rightarrow (CH_3)_3C{\leftarrow}CH_2{-}\overset{\oplus}{C}(CH_3)_2 \qquad \text{Start}$$

$$(CH_3)_3C{-}CH_2{-}\overset{\oplus}{C}(CH_3)_2 + n\left[|\overset{\ominus}{C}H_2{-}\overset{\oplus}{C}(CH_3)_2\right] \rightleftharpoons \qquad \text{Kette}$$

$$\rightleftharpoons (CH_3)_3C{-}[CH_2{-}C(CH_3)_2]_n{-}CH_2{-}\overset{\oplus}{C}(CH_3)_2$$

Der Abbruch des Wachstums des Makrokations kann auf verschiedene Weise erfolgen, entweder durch Einfangen eines Anions oder durch Abgabe eines Protons unter Bildung einer endständigen Doppelbindung und schließlich durch Hereinnahme eines Anions aus einer anderen geeigneten Verbindung, die damit kationisch wird und u. U. ein neues Startzentrum darstellen kann („Kationotropie")[5].

Ebenso wie Isobutylen läßt sich auch *Propylen* mit Phosphorsäure zu höheren Polymeren, Hexylen, Nonylen, Dodecylen, polymerisieren.

Während bei den eben genannten kationischen Polymerisationen die nucleophile Aktivität der Doppelbindung eines Olefins zum Ausdruck kommt, ist in allerdings erheblich selteneren Fällen auch eine *anionische* Polymerisation dank des elektrophilen Teiles einer polarisierbaren Doppelbindung möglich[6]. Ungesättigte Verbindungen, die sich anionisch polymerisieren lassen, besitzen Substituenten wie NO_2, CN, COOR, $CH_2{=}CH{-}$, deren polarisierender Einfluß sich in umgekehrter Weise auf die Methylengruppe auswirkt wie etwa der von Methyl-

---

[1] Verwendet man anstelle von HX DX, so wird Deuterium in das Polymerisat eingebaut in einer dem Polymerisationsgrad entsprechenden Menge. A. FARKAS u. L. FARKAS: Ind. Eng. Chem. **34**, 716 (1942); ferner A. G. EVANS, G. W. MEADOWS u. M. POLANYI: Nature (London) **160**, 869 (1947); R. G. W. NORRISH u. K. E. RUSSEL: Nature (London) **160**, 543 (1947).

[2] Die Wirksamkeit verschiedener Katalysatoren und einer Spur Wasser (als Cokatalysator), bezogen auf die Ausbeute an Polymerisat bei der Polymerisation von Isobuten, fällt in der Reihenfolge:

$$BF_3 > AlBr_3 > TiCl_4 > TiBr_4 > SnCl_4$$

Gleichsinnig fällt der Polymerisationsgrad, Reaktionslenkung durch Komplexbildung! Siehe P. H. PLESCH, M. POLANYI u. H. A. SKINNER: J. Chem. Soc. (London) **1947**, 257.

[3] WHITMORE, F. L.: Ind. Eng. Chem. **26**, 94 (1934).

[4] Vor allem Isobutylen scheint bevorzugt mit Protonen zu polymerisieren. EVANS, A. G.: J. Appl. Chem. **1**, 240 (1951). Die Wirkung des Wassers auf die Polymerisation ungesättigter Verbindungen durch LEWIS-Säuren ist sehr spezifisch. Verzweigte Alkyl-vinyläther werden in ihrer Polymerisationsfähigkeit durch LEWIS-Säuren nicht durch Wasser beeinflußt. SCHILDKNECHT, C. E., A. O. ZOSS u. C. MCKINLEY: Ind. Eng. Chem. **39**, 180 (1947). — SCHILDKNECHT, C. E., u. S. T. GROSS: Ind. Eng. Chem. **41**, 1998 (1949). — SCHILDKNECHT, C. E., A. O. ZOSS u. F. GROSSER: Ind. Eng. Chem. **41**, 2891 (1949).

[5] Über Fragen der Wachstums- und Abbruchreaktionen s. F. PATAT: Angew. Chem. **65**, 173 (1953). Auch durch Umlagerung oder Ringschluß kann gegebenenfalls ein Abbruch erfolgen.

[6] Auch durch Röntgenstrahlen oder hochenergiehaltige Elektronen kann eine — möglicherweise radikalische — Polymerisation ausgelöst werden. CHAPIRO, A.: J. Chem. Phys. **47**, 747 (1950). — SCHMITZ, J. V., u. E. J. LAWTON: Science (Lancaster, Pa.) **113**, 718 (1951). Verdoppelung der Geschwindigkeit der Emulsionspolymerisation durch Ultraschall s. A. S. OSTROSKI u. R. B. STAMBAUGH: J. Appl. Phys. **21**, 478 (1950).

gruppen im Isobutylen, der Chloratome im Vinylchlorid bzw. Vinylidenchlorid oder des O-Atoms im Vinyläther (zur Hyperkonjugation siehe S. 410):

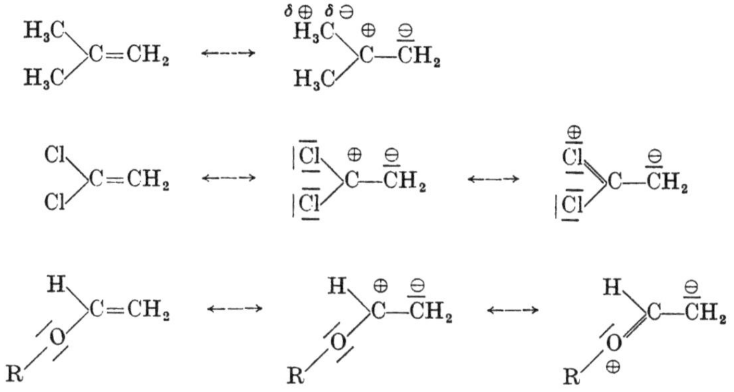

Kationen-Polymerisation

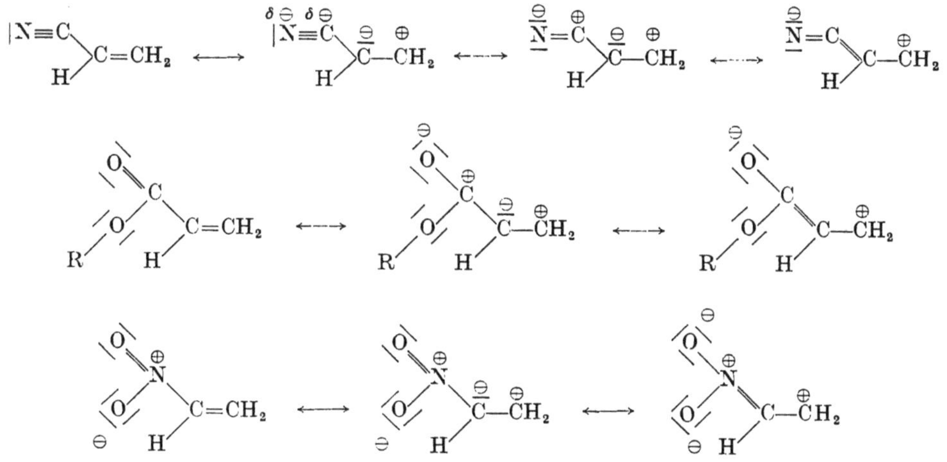

Anionen-Polymerisation

Anionische Polymerisationen müssen daher mit Anionen wie $OH^{\ominus}$, $NH_2^{\ominus}$ angestoßen werden. Es entstehen analog dem Vorgang der kationischen Polymerisation neue Anionen, die ihrerseits zahlreiche andere ungesättigte Verbindungen unter Bildung eines Makroanions anlagern können. Der Abbruch des wachsenden Makroanions erfolgt analog, nur umgekehrt wie der des Makrokations. Beispiele für diese Art von Polymerisation sind *Acryl-* und *Methacrylsäurederivate*, Ester der *α-Cyansorbinsäure* (MICHAEL-Addition!), *Acrylnitril* und *Nitroäthylen, Diene, Styrol*[1].

Die hier und bei der Radikalpolymerisation genannten polymerisierbaren substituierten Äthylene gehören meist dem Vinyltypus $CH_2{=}C\genfrac{}{}{0pt}{}{X}{Y}$ an. Nur der Ersatz von Wasserstoff durch *Fluor-Atome* führt selbst beim Tetrafluoräthylen $F_2C{=}CF_2$ noch zu Polymerisaten (Teflon bzw. Hostaflon aus $FClC{=}CF_2$). Man könnte vermuten, daß hier wegen der in sterischer Hinsicht ähnlichen Verhältnisse

[1] Vgl. hierzu K. HAMANN: Angew. Chem. **63**, 231 (1951).

(fast gleiche Atomvolumina von H und F) ein sterischer Effekt zum Ausdruck kommt.

Die *Geschwindigkeit* einer Polymerisationsreaktion kann sehr verschieden sein, man kann u. U., wie beim Amylen und Hexen Di-Tri- und Tetramere erhalten[1], oder bei der ionischen Polymerisation von Acrylsäureestern mit Natriummethylat 1:2- oder 1:3-Addukte[2], sie kann aber auch explosionsartig verlaufen bzw. sehr hochmolekulare Stoffe ergeben. Es sieht so aus, als würden die vielen monomeren Molekeln bei geeignetem Anstoß einer einzigen Molekel praktisch momentan „einschnappen", bis durch innere oder äußere Bedingungen dem Wachstum eine Grenze gesetzt wird. Dieses eigenartige Verhalten wird etwas verständlicher bei genauerer Betrachtung des Vorgangs, folgt doch dem Anstoß durch ein „odd"-Elektron oder ein geeignetes Ion die Umgruppierung von Elektronen ohne Verschiebung von Atomen oder Atomgruppen. Die Bildung von Oligomeren wird daher die Ausnahme, die von Polymeren die Regel sein, denn es werden nur Ladungen (Elektronen) bewegt, für deren Transport die geeigneten organischen ungesättigten Molekeln wie metallische Leiter wirken. Das Kristallisieren von Metallegierungen zeigt verwandte Züge.

Im übrigen dürften sich auch solche Polymerisationsprozesse abspielen, bei denen *beide* Mechanismen, der radikalische und der ionische, entweder in zeitlich verschiedener Folge oder beim Arbeiten in verschiedenen Aggregatszuständen, mitunter vielleicht auch nebeneinandergehend, verwirklicht sind[3]. Die meisten Olefine lassen sich sowohl nach dem radikalischen wie nach dem ionischen Mechanismus polymerisieren. *Nur ionisch* werden polymerisiert *Keten* (nach eigenen Erfahrungen), *Ketendiacetal*[4], *Isobutylen*, *Vinyläther*, *Trifluorpropen* (vgl. S. 168).

Die im obigen gegebene Formulierung einer Polymerisationsreaktion, sei es radikalisch oder ionisch, entspricht zunächst einem idealisierten Grenzfall. In Wirklichkeit wird sich eine solche Reaktion wie jede andere unter mehr oder weniger ausgeprägter Neigung zu Nebenreaktionen abspielen. Solche Nebenreaktionen können das einfache, idealisierte Bild einer Makromolekülbildung beträchtlich verändern und die Konstitutionsaufklärung sehr erschweren, da die „Nebenprodukte" immanent im „Hauptprodukt" sich befinden und nicht durch die üblichen Reinigungsoperationen wie in der Chemie der Niedermolekularen abgetrennt werden können. So verläuft beispielsweise die *Hochdruck-Polymerisation des Äthylens* über Radikalketten nicht in der idealen Weise nach:

$$n\,CH_2{=}CH_2 + XY \rightleftharpoons X\text{-}[\text{-}CH_2\text{—}CH_2\text{-}]_n\text{-}Y$$

wobei X und Y irgendwelche Telogene, n eine Zahl bis zu 1000—2000 ist. Die infrarotspektroskopische Untersuchung zeigte das Vorhandensein einer beträchtlichen *Verzweigung*[5] an der relativ hohen Intensität einer Bande bei 2960 cm^{-1}, die nicht nur etwa von zwei endständigen Methylgruppen herrühren kann: Man findet für das Verhältnis Methyl- zu Methylengruppen je nach dem Molgewicht der betreffenden Polyäthylenfraktion Werte zwischen 1 : 8 und 1 : 100. Neuerdings wurden je nach Art des Polyäthylens (flüssig, wachsartig oder thermoplastisch) auf

---

[1] OTTO, C.: Brennstoffchem. **8**, 321 (1927).

[2] BAUR, W.: Chimia **5**, 147 (1951). — MEERWEIN, H.: Angew. Chem. **63**, 480 (1951).

[3] Siehe z. B. die katalytische Polymerisation des Formaldehyds. BEVINGTON, J. C., u. R. G. W. NORRISH: Proc. Roy. Soc. (London) [A] **205**, 516 (1951). — Vinyläther ungesättigter Alkohole kann man nach beiden Mechanismen nacheinander polymerisieren. BUTLER, G. B., u. J. L. NOSH jr.: J. Amer. Chem. Soc. **73**, 2538 (1951).

[4] Mit $CdCl_2$ s. P. R. JOHNSON, H. M. BARNES u. S. M. MCELVAIN: J. Amer. Chem. Soc. **62**, 964 (1940).

[5] FOX, J. J., u. A. E. MARTIN: Proc. Roy. Soc. (London) A **175**, 208 (1940).

15—200 C-Atome (etwa 7—100 Äthylenmoleküle) eine Methylgruppe gefunden[1]. Die Methylgruppen scheinen sich in Seitenketten zu befinden, die immerhin schon so lang sind, daß sie sich u. U. parallel zu den Hauptketten einordnen können[2]. Man hat daher mit einer zweigförmigen Struktur dieses Hochdruckpolyäthylens zu rechnen. Außerdem befinden sich noch kleine Mengen von Doppelbindungen in dem Makromolekül (0,3—1 oder 2% Gehalt an doppelt gebundenen C-Atomen[3]), wobei die Doppelbindung den folgenden verschiedenen Typen entsprechen kann:

$$R-CH=CH_2 \qquad \underset{R'}{\overset{R}{>}}C=CH_2 \qquad {}_{CH_2\diagdown}^{CH_2\diagdown}CH^{\diagup CH\diagdown}_{\diagup CH_2\diagup}$$

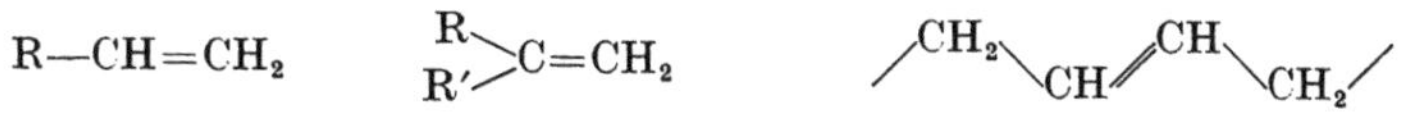

908 cm^{-1} 888 cm^{-1} 967 cm^{-1} (charakteristische Banden)

Auch kleine Mengen des zum Start benötigten Sauerstoffs werden bei dieser Äthylenpolymerisation aufgenommen. Man sieht hieraus, daß die Beschreibung der wirklichen Struktur des Makromoleküls mit ganz außergewöhnlichen Schwierigkeiten verbunden ist und die oben gegebenen Formeln nur streng idealisierte Typen wiedergeben. Auch die Größe und Gestalt der sich bildenden Makromoleküle[4] wird eine Rolle für den Ablauf des reaktiven Geschehens spielen. Schließlich hört eine Polymerisationsreaktion im allgemeinen nicht bei einer einheitlichen Molekülgröße auf, sondern liefert stets sogenannte *polymerhomologe Gemische* mit Durchschnittsmolekulargewichten. Ein Ziel der weiteren, wegen der technischen Bedeutung der Polymerisate sehr lebhaften Forschung auf diesem Gebiet wird es sein, möglichst „reine" Makromolekeln mit möglichst gleicher „Kettenlänge" herzustellen, um an ihnen den Zusammenhang von Molekülbau und chemischen wie physikalischen Eigenschaften zu studieren. In der Telomerisation liegen bereits fruchtbare Ansätze in dieser Richtung vor.

Einen weiteren wichtigen Fortschritt auf diesem Gebiet stellt die *Niederdruck-Polymerisation* des Äthylens nach K. ZIEGLER[5] dar. Hier gelingt es mittels eines Mischkatalysators, z. B. aus Aluminiumtriäthyl und Titantetrachlorid in indifferenten Lösungsmitteln (Fischer-Tropsch-Dieselöl = Aliphatin), das Äthylen schon unter mildesten Bedingungen — bei Zimmertemperatur und Atmosphärendruck — in einem noch nicht sicher bekannten Mechanismus (wahrscheinlich über zweiwertige Ti-Verbindungen) in ein unverzweigtes, geradliniges Makromolekül von Molgewichten (entsprechend der Wahl des Katalysators) von 10000 bis 2—4·10^6 zu überführen. Es ist nicht unwahrscheinlich, daß sich mit diesen Ergebnissen neue sehr wesentliche Erkenntnisse in der Chemie und Physik der Hochmolekularen anbahnen, ganz abgesehen von der großen technischen Bedeutung dieser Erfindung. In diese Richtung weisen auch die neueren Arbeiten von G. NATTA[6] über stereospezifische Katalysen und isotaktische Polymere.

Mischpolymerisationen: Bei den bisher besprochenen Polymerisationen wurde nur eine einheitliche ungesättigte Verbindung in eine Makromolekel übergeführt. Es ist verständlich, daß man auch zwei Olefine, von denen jedes für sich polymerisationsfähig ist, im Gemisch miteinander polymerisieren kann, so daß, wie etwa bei Styrol-Acrylnitril, beide „Ene" das Makromolekül aufbauen. Fraglich sind zunächst die *Art der Verknüpfung* und die *Reihenfolge der Bausteine*.

---

[1] CROS, L. H., R. B. RICHARDS u. H. A. WILLIS: Discuss. Faraday Soc. **9**, 235 (1950). (1949).
[2] AMBROSE, E. J., A. ELLIOTT u. B. B. TEMPLE: Proc. Roy. Soc. (London) A **199**, 183 (1949).
[3] Siehe Anm. 5, S. 186.
[4] Über den Bau von Polymerisaten s. H. STAUDINGER u. M. HÄUBERLE: Makromol. Chem. **9**, 35 (1952); ferner H. STAUDINGER: Angew. Chem. **64**, 150 (1952).
[5] ZIEGLER, K., u. Mitarbb.: Angew. Chem. **67**, 541 (1955).
[6] NATTA, G.: Angew. Chem. **68**, 393 (1956).

Der Einbau der verschiedenen Bausteine in die wachsende Makromolekel ist zwar abhängig von der Art und Zusammensetzung des ursprünglichen Monomerengemischs, aber das Verhältnis der eingebauten Monomeren ist meist nicht gleich dem Verhältnis der Monomeren im Ausgangsgemisch, sondern zugunsten des einen oder anderen Monomeren verschoben.

Besonders interessant sind die Verhältnisse aber dann, wenn man ein für sich nicht polymerisationsfähiges Olefin, etwa *Malein-* oder *Fumarsäure*, zusammen mit einem für sich allein polymerisierbaren Olefin (Styrol) polymerisiert. Es zeigt sich, daß dann vielfach auch das für sich allein nicht polymerisationsfähige Olefin an der Polymerisation teilnimmt unter Bildung eines Mischpolymerisats.

Man erhält hier oft ein Verhältnis der Grundbausteine in der Makromolekel von 1 : 1[1]. In dieser Weise bilden die folgenden Monomerengemische Copolymerisate: Maleinsäureanhydrid + Styrol, α-Methylstyrol + Stilben, Fumarsäureester + Isobutylen, Butadien + Schwefeldioxyd[2] und schließlich gehören hierher auch alle polymeren Peroxyde, z. B. das Oxydationsprodukt des TSCHITSCHIBABINschen KW-Stoffs mit Luftsauerstoff[3].

Wie kompliziert die Verhältnisse sind, zeigt ein weiteres Beispiel. Versucht man aus zwei „En"-Verbindungen wie *Styrol* und *Vinylacetat*, von denen jede für sich leicht polymerisierbar ist, ein Copolymerisat zu erhalten, so gelingt dies nicht. Zunächst entsteht fast reines Polystyrol, später Polyvinylacetat. Gibt man aber Acrylsäureester oder Maleinsäureester hinzu, so bildet dieses ternäre Gemisch nun ein Copolymerisat, das alle drei Bausteine enthält[4].

Es ist verständlich, daß hier die Schwierigkeiten der Untersuchung solcher Makromolekeln noch größer als bei den aus einheitlichen Olefinen hergestellten Polymerisaten sind. In technischer Beziehung spielen diese Copolymerisate (auch Cotelomerisate sind bekannt) oft eine wichtige Rolle wegen ihrer besonderen physikalischen Eigenschaften, z. B. der veränderten Löslichkeiten, der Anfärbbarkeit von Kunstfasern etwa aus Polyacrylnitril (Acrylnitril + basisches Monomeres).

Schließlich läßt sich mittels einer Mischpolymerisation zweier verschiedener Äthylenderivate des öfteren gut erkennen, ob beide Olefine nach dem gleichen oder nach verschiedenen Mechanismen polymerisiert werden, indem mit bestimmten Katalysatoren nur die eine oder die andere, oder auch beide Verbindungen zugleich ansprechen[5]. Neuerdings hat man das „Pfropfen" von Polymerisaten kennengelernt. Benutzt man z. B. das Polymerisat (etwa ein kohlenwasserstofflösliches Copolymerisat[6] aus Styrol und Vinylidenchlorid) als „Überträger" (Radikalotropie) und polymerisiert ein geeignetes Monomeres (z. B. Vinylacetat) eben in Gegenwart dieses Copolymerisats, so werden die neu

[1] WAGNER-JAUREGG, TH.: Ber. dtsch. chem. Ges. **63**, 3213 (1930).

[2] STAUDINGER, H., u. B. RITZENTHALER: Ber. dtsch. chem. Ges. **68**, 455 (1935).

[3] MÜLLER, EUGEN, u. H. METZGER: Chem. Ztg. **78**, 317 (1954).

[4] DRP. 540101 (1930), F. P. 835357 (1938), E. PP. 498329 (1937), 498464 (1937), I. G. Farb., Erf. A. VOSS u. E. DICKHÄUSER.

[5] Zum Beispiel Styrol und γ-Methacrylsäuremethylester, F. R. MAYO u. F. M. LEWIS: J. Amer. Chem. Soc. **66**, 1594, 1600 (1944); WALLING, C., E. R. BRIGGS, W. CUMMINGS u. F. R. MAYO: J. Amer. Chem. Soc. **72**, 48 (1950); F. R. MAYO u. C. WALLING: Chem. Reviews **46**, 191 (1950).

Radikalisch: Äthylen, Butadien, Styrol, Vinylester, Acrylsäureester, Acrylnitril.

Kationisch: Isobuten, Styrol, Vinyläther, Ketenacetale, Äthylenoxyd, Tetrahydrofuran, Äthylenimin.

Anionisch: Nitroolefine, Cyansorbinsäureester, Acryl- und Methacrylsäureester, Styrol, K. HAMANN: Angew. Chem. **63**, 231 (1951); P. H. PLESCH: Cationic Polymerisation and Related Complexes. Cambridge: E. W. Hoffer Sons 1953.

[6] ALFREY, T. jr., J. J. BOTMER u. H. MARK: Copolymerisation, S. 159ff. New York: Interscience Publ. 1952.

entstehenden Makroradikale in das vorhandene Polymerisat eingebaut. Dieses *Pfropfpolymerisat* (graftpolymer[1]) ist löslich in Methyläthylketon, fällbar mit Methanol oder Aceton, während Polyvinylacetat in Alkohol löslich ist.

b) Thermische Spaltung von Äthylenverbindungen

Diese in der Gasphase meist bei höheren Temperaturen und vielfach unter Bestrahlung mit Licht verlaufenden Reaktionen dürften sich bei Abwesenheit von Katalysatoren, die wie Eisen ionische Mechanismen starten, im wesentlichen über intermediär gebildete *kurzlebige freie Radikale* vollziehen.

So führt die thermische Spaltung des *n-Buten* zu Propylen und Methan neben Butadien[2]:

$$CH_2{=}CH{-}CH_2{-}CH_3 \longrightarrow \begin{cases} CH_2{=}CH{-}CH_3 + CH_4 \\ CH_2{=}CH{-}CH{=}CH_2 \end{cases}$$

und *Cyclohexen* zerfällt thermisch in Äthylen und Butadien:

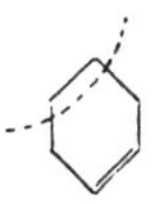

$$\longrightarrow \quad CH_2{=}CH_2 + CH_2{=}CH{-}CH{=}CH_2$$

Weiter gehört hierher auch die durch Bestrahlung erfolgende Umwandlung des *Ergosterins* in Vitamin D_2 und eine Reihe weiterer gleichartiger Reaktionen. O. SCHMIDT[3] hat diese „*Doppelbindungsregel*" in ihrer allgemeinen Bedeutung erkannt und den Versuch einer theoretisch-physikalischen Begründung unternommen. Die Doppelbindungsregel läßt sich ferner zur Deutung des Weiterzerfalls von Radikalen anwenden. So zerfällt das n-Propyl nach:

$$CH_3 \downarrow CH_2{-}CH_2\cdot \rightarrow CH_2{=}CH_2 + \cdot CH_3$$

oder n-Butyl:

$$CH_3{-}CH_2 \downarrow CH_2{-}CH_2\cdot \rightarrow CH_2{=}CH_2 + \cdot CH_2{-}CH_3$$

und das nicht existenzfähige 1,4-Biradikal ergibt sofort zwei Moleküle Äthylen:

$$\cdot CH_2{-}CH_2{-}CH_2{-}CH_2\cdot \rightarrow CH_2{=}CH_2 + CH_2{=}CH_2$$

Auch hier ist demnach die zum freien Elektron nicht benachbarte, also übernächste, Einfachbindung besonders instabil. Dieser Effekt der Verstärkung bzw. Schwächung von C—C-Bindungen soll sich nach den Überlegungen von O. SCHMIDT *alternierend* mit abnehmender Wirkung in einer gesättigten C—C-Kette fortsetzen. Die allgemeine Formulierung dieser wichtigen Regel ist dann unter Berücksichtigung des zuletzt gesagten folgendermaßen zu geben:

---

[1] Vgl. hierzu J. Polymer Sci. 8, 257 (1952).

[2] Z. Elektrochem. **42**, 180 (1936).

[3] SCHMIDT, O.: Z. phys. Chem. [A] **159**, 337 (1932); [B] **39**, 59 (1938); [B] **42**, 83 (1939); Z. Elektrochem. **39**, 969 (1933); **40**, 211, 765 (1934); **42**, 175 (1936); **43**, 238, 853 (1937); Ber. dtsch. chem. Ges. **67**, 1870, 2078 (1934); **68**, 60, 356, 553, 795, 1026 (1935); **69**, 1855 (1936); Chem. Reviews **17**, 137 (1935); Naturwiss. **26**, 444 (1938); vgl. dagegen C. NEUBERG: Ber. dtsch. chem. Ges. **68**, 505 (1935); zur Doppelbindungsregel s. ferner J. v. BRAUN: Ber. dtsch. chem. Ges. **51**, 79 (1918). — BRAUN, J. v., u. G. LEMKE: Ber. dtsch. chem. Ges. **55**, 3538 (1922). — STAUDINGER, H., u. Mitarbb.: Helvet. chim. Acta **5**, 746 (1922); **7**, 25 (1924); **13**, 1336 (1930); Ber. dtsch. chem. Ges. **57**, 1205 (1924); Liebigs Ann. **468**, 6 (1929); ferner R. CRIEGEE: Ber. dtsch. chem. Ges. **68**, 665 (1935). Anwendung in der Alkaloidchemie s. W. AWE: Arch. pharmaz. Ber. dtsch. pharmaz. Ges. **276**, 253 (1938).

Doppelbindungsregel nach O. SCHMIDT: In einem reagierenden Molekül ist die neben dem radikalischen Atom oder Rest bzw. neben einer mehrfachen Bindung stehende einfache Bindung verstärkt, die darauffolgende geschwächt. Dieser Wechsel von starker und schwacher Bindung setzt sich mit abnehmender Intensität durch das Molekül fort.

Dieser Effekt wird von O. SCHMIDT auf eine *Kopplung* der locker gebundenen π-Elektronen der Doppelbindung mit den σ-Elektronen der Einfachbindung unter Annahme eines besonderen Spinverteilungsprinzips zurückgeführt.

Die thermischen und durch Licht bewirkten Zerfallsreaktionen stehen sicher in einer solchen Beziehung zueinander. Dagegen erscheint es fraglich, die gleiche Vorstellung auch zur Erklärung der kryptoionischen- und Radikal-Reaktionen in Lösung anzunehmen. Die Bedeutung dieser Regel für die genannten Reaktionsmöglichkeiten von Stoffen mit Doppelbindungen wird dadurch aber in keiner Weise gemindert.

c) Sterischer Verlauf der Additions- und Abspaltungsreaktionen

Schon bei der Besprechung der WALDENschen Umkehr war ausführlich dargelegt worden, daß Substitutionsreaktionen an einem asymmetrischen C-Atom unter völliger Umkehr der räumlichen Anordnung der Substituenten verlaufen können. Man wird daher bei Schlüssen über die räumliche Anordnung der Substituenten bei Additionsreaktionen an Olefine, die sich ebenfalls an einem sterisch wichtigen Zentrum vollziehen, besonders vorsichtig sein müssen.

Nach dem Raummodell von VAN'T HOFF sollten sich alle Additionsvorgänge einheitlich unter *cis-Anlagerung* der Addenden vollziehen. Das erste hinsichtlich des sterischen Verlaufs der Reaktion gut untersuchte Beispiel, die *Oxydation von Maleinsäure* oder *Fumarsäure* durch Kaliumpermanganat, steht mit dieser Forderung des VAN'T HOFFschen Modells tatsächlich in Einklang. Maleinsäure geht bei dieser Oxydation in meso-Weinsäure, Fumarsäure in racemische Weinsäure über[1]:

$$\begin{array}{c} H-C-COOH \\ \| \\ H-C-COOH \end{array} \longrightarrow \begin{array}{c} H \\ | \\ HO-C-COOH \\ | \\ HO-C-COOH \\ | \\ H \end{array} \quad \text{und} \quad \begin{array}{c} H-C-COOH \\ \| \\ HOOC-C-H \end{array} \longrightarrow \begin{array}{c} H \\ | \\ HO-C-COOH \\ | \\ HOOC-C-OH \\ | \\ H \end{array}$$

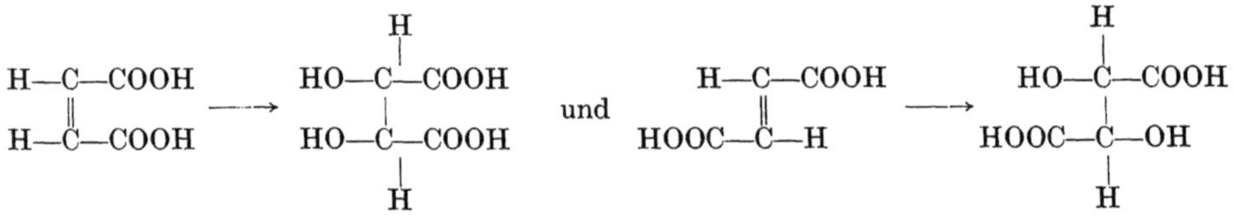

Aber schon die Einwirkung von *Brom* auf die beiden cis-trans-isomeren Säuren zeigt ein ganz anderes Bild. Hier entsteht aus der Maleinsäure die racemische Isodibrombernsteinsäure, während Fumarsäure die meso-Dibrombernsteinsäure liefert. Diese letzte Art der Addition, die *trans-Anlagerung* der Substituenten, ist, wie insbesondere A. MICHAEL[2] gezeigt hat, bei weitem die *häufigere*. Ganz entsprechend liegen die Verhältnisse bei dem umgekehrten Vorgang, der Abspaltung. Die *Dehalogenierung* erfolgt beispielsweise häufig leichter aus der trans- als aus der cis-Stellung der Substituenten heraus.

Die Modelle VAN'T HOFFs gestatten daher nur eine Vorhersage der *Zahl* der räumlichen Isomeren. Eine Deutung des *Reaktionsablaufs* ist mit ihnen *nicht* möglich. Dies geht vielmehr über den eigentlichen Inhalt der VAN'T HOFFschen Tetraedertheorie weit hinaus. Wir wissen heute, daß zwar in dem zuerst untersuchten Beispiel, der Oxydation mit $KMnO_4$, der Reaktionsablauf sich einheitlich

---

[1] TANATAR, S.: Ber. dtsch. chem. Ges. **13**, 1383 (1880). — ANSCHÜTZ, R.: Liebigs Ann. **226**, 191 (1884). — Vgl. a. J. BÖESEKEN: Recueil Trav. chim. Pays-Bas **47**, 683 (1928).

[2] MICHAEL, A., u. O. SCHULTHESS: J. prakt. Chem. [2] **43**, 587 (1891). — MICHAEL, A.: J. prakt. Chem. [2] **46**, 210 (1892); [2] **52**, 289, 344 (1895); Ber. dtsch. chem. Ges. **41**, 2907 (1908); J. Amer. Chem. Soc. **39**, 16 (1908).

durch cis-Anlagerung vollzieht. In allen anderen Fällen hängt die Entscheidung, ob eine cis- oder eine trans-Anlagerung erfolgt, von der Art der Addenden und von den besonderen Versuchsbedingungen in weitestgehendem Maße ab[1]. Die Verhältnisse liegen also ganz ähnlich wie bei dem sterischen Verlauf der einfachen Substitutionsreaktionen.

Die elektronentheoretische Deutung des Reaktionsablaufs der Additionen an doppelte Bindungen läßt eine derartige Analogie erwarten, denn bei den aus mesomeren Grenzanordnungen heraus erfolgenden Additionen tritt z. B. in der polarisierten Form an dem einen C-Atom ein Elektronensextett, an dem anderen ein einsames Elektronenpaar auf, oder aber es handelt sich um Grenzformen mit homolytisch „verschobenen" π-Elektronen (Biradikal-Form).

Das substantielle Auftreten einer *Zwischenkonfiguration mit freier Drehbarkeit*, wie sie in den hochpolarisierten oder Biradikal-Formen vorliegen kann, würde aber die Bildung *gleicher* Mengen cis- und trans-Addukt bedingen (analog zur Racemisierung). In Wirklichkeit erhält man etwa im Falle der Bromanlagerung an Fumarsäure eine ganz überwiegende trans-Addition. Man nimmt daher an, daß das zwischendurch entstehende Monoaddukt, das Carbeniumkation, seine Oktettlücke möglichst rasch durch Aufnahme von Elektronen abzusättigen sucht. Dies ist *innerhalb* des Kations durch Hereinnahme der Elektronen eines einsamen Elektronenpaars des Halogenatoms möglich, wodurch nun ein „cis-stabilisiertes" *Bromoniumkation* erscheint:

Ein zweites Bromatom kann nun als „Anion" nur noch von der nicht besetzten Seite, also der *trans*-Stellung her an das Kohlenstoffkation ↔ Bromoniumkation herantreten. So wird nach S_N2 durch ein Bromanion die Addition in trans-Stellung vollzogen. Nach dieser Auffassung wird demnach die Permanganatoxydation der Fumarsäure zu der racem. Weinsäure als cis-Addition einen anderen Verlauf nehmen. (Analog der Permanganatoxydation stellt die OsO_4-Oxydation stets eine cis-Addition dar.) Immerhin verlaufen solche Additionsreaktionen auch in Abhängigkeit von der Art des Addenden und den Versuchsbedingungen, teils überwiegend nach trans oder nach cis, teils entsteht auch ein Gemisch von cis- und trans-Addukten. Im grundsätzlichen ist der wechselnde sterische Verlauf der Additionen im Sinne der Bildung eines intermediär frei drehbaren Kations (oder bei radikalischem Ablauf eines frei drehbaren instabilen Radikals) bzw. einer „Onium"-Komplexverbindung deutbar.

In unmittelbarem Zusammenhang mit dieser Additionsreaktion stehen, wie oben erwähnt, auch die entsprechenden *Abspaltungsreaktionen*. Man hat sowohl mit Abspaltungen aus einer cis- wie aus einer trans-Stellung zu rechnen. Die bei der Anlagerung durch größere Geschwindigkeit begünstigte sterische Art der Reaktion scheint auch bei der Abspaltung maßgebend zu sein.

Entsprechend den Substitutionsvorgängen am gesättigten C-Atom besteht auch hier, z. B. bei einer zur ungesättigten Verbindung führenden Abspaltungsreaktion, die Möglichkeit, den Vorgang kontinuierlich darzustellen. So kann die Loslösung etwa eines Protons und eines Atoms vom benachbarten C-Atom nicht

---

[1] Vgl. hierzu die Versuche von E. Ott über die katalytische Hydrierung ungesättigter Verbindungen: Ber. dtsch. chem. Ges. **67**, 1669 (1934); ferner C. Weygand, A. Werner u. W. Lanzendorf: J. prakt. Chem. [2] **151**, 231 (1938). Über den sterischen Verlauf der Addition von Alkalimetallen an *cis-trans*-Stilben s. G. F. Wright: J. Amer. Chem. Soc. **61**, 2106 (1939).

gleichzeitig, sondern nur in dem Maße erfolgen, wie sich der Protonenfänger $OH^\ominus$ dem Molekül nähert und das Proton zu sich herüberzieht[1] *(push-and-pull-Effekt[2])*:

$$HO^\ominus + H-\overset{H}{\underset{H}{C}}-\overset{H}{\underset{H}{C}}-Cl + Ag^\oplus \longrightarrow HO^\ominus H^\oplus \ldots {}^\ominus\overset{H}{\underset{H}{C}}-\overset{H}{\underset{H}{C}}{}^\oplus \ldots Cl^\ominus Ag^\oplus \longrightarrow$$

$$H_2O + \left\{{}^\ominus\overset{H}{\underset{H}{C}}-\overset{H}{\underset{H}{C}}{}^\oplus \longleftrightarrow CH_2=CH_2\right\} + AgCl$$

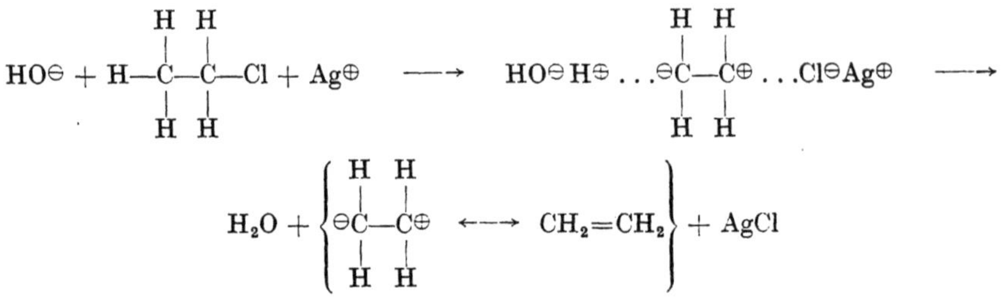

In solchen Fällen dürfte die Abspaltung aus der „trans"-Stellung am wahrscheinlichsten sein. Dies zeigt sich z. B. bei der Umsetzung des *Toluolsulfosäureesters des l-Menthols* mit *Alkoholat*, wobei kein Δ^3-Menthen entsteht, da sich am C_4-Atom in trans-Stellung kein H-Atom, sondern ein Alkylrest befindet. Die trans-Abspaltung findet daher mit einem zum OH trans-ständigen H-Atom am C_2 unter Bildung des Δ^2-Menthens statt:

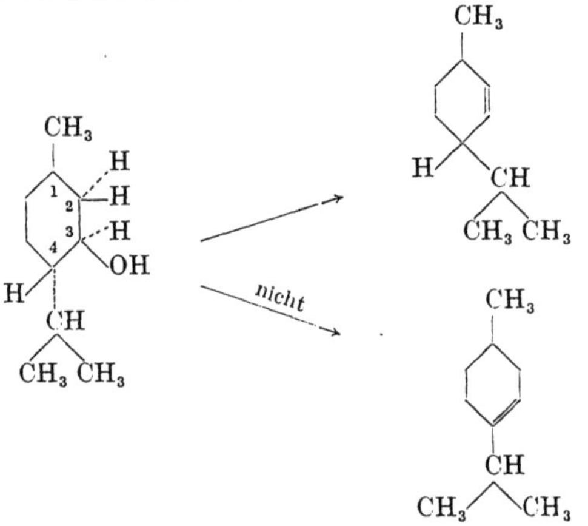

Auf weitere sehr interessante Untersuchungen von W. HÜCKEL[3] über den sterischen Verlauf der Abspaltung nach TSCHUGAEFF bei der thermischen Zersetzung der Xanthogensäureester kann hier nur hingewiesen werden. Da es sich bei der letztgenannten Reaktion um eine *innermolekulare* Abspaltung handelt, ist das Prinzip der innermolekularen Reaktion räumlich benachbarter Gruppen anwendbar, d. h. es findet eine Abspaltung aus der *cis*-Stellung heraus statt. Es gilt hier also das gleiche, was wir bei der Besprechung der WALDENschen Umkehr kennengelernt haben. Diese Erkenntnisse lassen sich verallgemeinern für alle Reaktionen, die sich an sterisch wichtigen Zentren vollziehen. Weitere Aussagen über den sterischen Verlauf der Additions- und Abspaltungsreaktionen an Doppelbindungen sind, entsprechend den Darlegungen für den Ablauf der Substitutionsreaktionen am gesättigten C-Atom, nur durch sehr eingehende und sorgfältige Untersuchungen im Einzelfall zu erreichen.

---

[1] LOWRY, T. M., u. C. CAVELL: Intermediate Chemistry, 3. Aufl., London: McMillan 1942; HANHART, W., u. C. K. INGOLD: J. Chem. Soc. (London) **1927**, 997. — Vgl. ferner W. HÜCKEL: Angew. Chem. **53**, 53 (1940). — Über den sterischen Verlauf der Halogenierung s. J. ROBERTS u. G. E. KIMBELL: J. Amer. Chem. Soc. **59**, 947 (1932).

[2] push = Stoß, pull = Zug.

[3] HÜCKEL, W.: Angew. Chem. **53**, 53 (1940).

d) cis-trans-Umlagerung

In dem Abschnitt über die Stabilität cis-trans-isomerer Formen war schon S. 162 darauf hingewiesen worden, daß die *trans*-Formen im allgemeinen die *energieärmeren* Isomeren darstellen. Unter geeigneten Bedingungen wird man daher eine cis-trans-Umlagerung[2] erreichen können. Die hierzu erforderliche Aktivierung des Äthylenmoleküls besteht vielfach in der Zugabe von *Katalysatoren* wie Halogenen, Schwefel, HCl oder Alkalimetallen, also von Stoffen, die unter Umständen recht glatt mit der Doppelbindung unter Addition reagieren. Es werden daher vermutlich irgendwelche Beziehungen zwischen diesen Additionsreaktionen und der durch Katalysatoren bewirkten cis-trans-Umlagerung bestehen.

Die erste Einwirkung des Katalysators wird in beiden Fällen in einer *Polarisierung* des Äthylenmoleküls zu suchen sein, ohne daß es sofort zu einer Reaktion beider Partner kommen muß. Die hierdurch bewirkte Instabilität der räumlichen Anordnung findet ihren Abschluß entweder in einer normalen Additionsreaktion oder aber in einer Umlagerung zu der energetisch begünstigteren Form, die ihrerseits natürlich wieder in der Lage ist, eine normale Additionsreaktion einzugehen. Ist der Katalysator imstande, soviel Energie in das Äthylenmolekül hineinzutragen, daß auch die energetisch begünstigtere trans-Form genügend aktiviert wird, kann nicht nur die cis→trans-Umlagerung, sondern auch der entgegengesetzte Vorgang, die trans-cis-Umlagerung, bis zu einem bestimmten *Gleichgewicht* cis ⇌ trans bewerkstelligt werden. Häufiger ist jedoch der Vorgang cis→trans wegen des hierzu erforderlichen meist kleineren Energiehubs.

So wird verständlich, daß die Leichtigkeit der cis→trans-Umlagerung abhängig ist 1. von der *Stabilität* der isomeren Verbindungen (der Höhe des Energiebergs, auf den sie zunächst gehoben werden müssen), 2. von der Stärke der *polarisierenden Wirkung* des Katalysators, 3. von der Möglichkeit, daß nicht nur eine Umwandlung cis→trans, sondern auch trans→cis bis zur Ausbildung eines *Gleichgewichts* eintreten kann, 4. von der Möglichkeit, daß der *Katalysator* im Laufe der Zeit durch direkte Reaktion (Addition, Substitution) *vernichtet* wird.

Beispiele hierfür sind die Umwandlungen Maleinsäure → Fumarsäure durch Spuren von Jod, bzw. Maleinsäure → Fumarsäure mit HCl, Ölsäure → Elaidinsäure mit Stickoxyden (Spuren HNO_2)[3] oder die Gleichgewichtszustände von Phenylbenzoylacetylendibromid ($C_6H_5CO—C(Br)=C(Br)—C_6H_5$) und der β-Methoxychalkone $C_6H_5COCH=C(OCH_3)C_6H_5$ (Chalkon = Benzalacetophenon)[1].

Neben der Ausbildung *polarer Grenzanordnungen*, also dem Ablauf der Reaktion auf ionischem bzw. kryptoionischem Wege, können die in der Mesomerievorstellung gegebenen *Biradikal-Grenzformeln* bei der Umlagerung eine Rolle spielen:

$$\left\{ \begin{array}{c} R \diagdown \diagup R' \\ C \\ \| \\ C \\ R \diagup \diagdown R' \end{array} \longleftrightarrow \begin{array}{c} R \diagdown \diagup R' \\ C^\times \\ \\ C^\times \\ R \diagup \diagdown R' \end{array} \right\} \rightleftharpoons \left\{ \begin{array}{c} R \diagdown \diagup R' \\ C^\times \\ \\ C^\times \\ R' \diagup \diagdown R \end{array} \longleftrightarrow \begin{array}{c} R \diagdown \diagup R' \\ C \\ \| \\ C \\ R' \diagup \diagdown R \end{array} \right\}$$

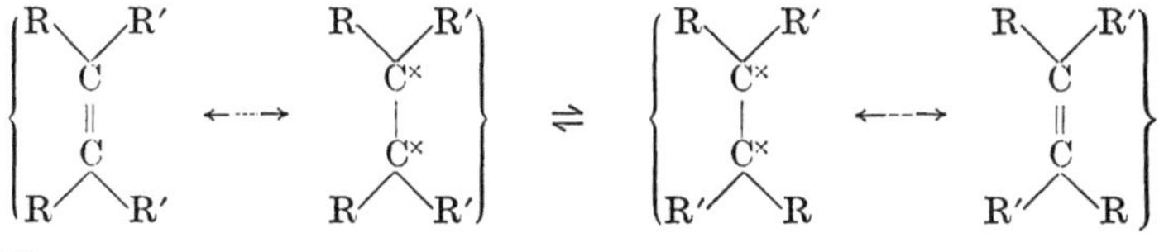

[1] Vgl. hierzu a. R. KUHN, in K. FREUDENBERG: Stereochemie, S. 913 ff.; Leipzig-Wien: F. Deuticke 1933; dort auch Angabe weiteren Schrifttums.
[2] MEYER, H.: Liebigs Ann. **35**, 182 (1840). — GOTTLIEB, J.: Liebigs Ann. **57**, 52 (1846).
[3] DUFRAISSE, CH.: C. r. Acad. Sci. (Paris) **158**, 1691 (1914); **170**, 1262 (1920). — Ann. Chimie [10] **6**, 306 (1926); *cis-trans* Isomerisierung mit dem eine Elektronenlücke aufweisenden Borfluorid s. C. C. PRICE u. M. MEISTER, J. Amer. Chem. Soc. **61**, 1595 (1939); dagegen D. C. DOWNING u. G. F. WRIGHT: J. Amer. Chem. Soc. **68**, 141 (1946); ferner Katalyse der *cis-trans*-Umlagerung von Malein- und Fumarsäureester im Dunkeln durch Anthracen + Brom, s. C. C. PRICE u. J. F. THORPE: J. Amer. Chem. Soc. **60**, 2839 (1938).

Ein solcher Reaktionsweg erscheint bei *höheren Temperaturen* oder durch Zufuhr von *Lichtenergie* möglich. So ist es denkbar, daß die Umwandlung des cis- und trans-Dichloräthylens bei 300° ihren Weg über „entkoppelte" Grenzanordnungen nimmt, ohne daß aber andere Wege ausgeschlossen sind, die sich z. B. durch Abspaltung geringer Mengen des katalytisch wirkenden Chlorwasserstoffs ergeben. Hier erlaubt das experimentelle Material noch keine eindeutige Entscheidung.

Bei der Zufuhr von Lichtenergie kann man im übrigen nicht nur die Umwandlung cis → trans, sondern auch die gegenläufige erreichen. Nach den Untersuchungen von E. WARBURG[1] ergibt die Bestrahlung von Maleinsäure oder Fumarsäure mit ultraviolettem Licht in beiden Fällen ein stationäres Gleichgewicht.

Aber auch mit Alkalimetallen und anderen *paramagnetischen* Stoffen läßt sich eine cis-trans-Umlagerung erzielen[2]. Hierbei werden entsprechend dem Anlagerungsweg der Alkalimetalle an Äthylene die durch Aufnahme des paramagnetischen Reaktionspartners bzw. eines Elektrons entstehenden radikalischen Grenzanordnungen in der oben erläuterten Weise eine wichtige Rolle spielen. Möglicherweise braucht es auch in diesen Fällen nicht zu einem wirklichen Elektronenaustausch zu kommen. Die *Entkopplung* der π-Elektronen *in Richtung* auf die Grenzanordnungen genügt zur Erklärung der Umlagerungsreaktion. Nach Untersuchungen an geeigneten Farbstoffen dürften wegen des Nichteintretens von Polymerisationsreaktionen keine freien Biradikale auftreten. Zu einer sicheren Entscheidung sind noch weitere Untersuchungen erforderlich[3].

In derselben Weise, wie dies für eine durch metallisches Natrium bewirkte Umwandlung gilt, dürfte sich auch die von J. EGGERT und F. WACHHOLTZ[4] gefundene Tatsache der Umlagerung Malein- → Fumarsäure-Ester unter der photochemischen Einwirkung des Broms (paramagnetisches Bromatom!) zwanglos deuten lassen. Man braucht hierzu nicht erst die Bildung einer Verbindung und nachfolgende Halogenabspaltung zum Fumarsäureester anzunehmen. Auch Brom und Eisen-(II)-salze in wäßriger Lösung, also Bedingungen, unter denen das *Bromatom* entsteht, führen zu einer Umlagerung[5]:

$$Br_2 + Fe^{2\oplus} \rightarrow |\overline{\underline{Br}}\cdot + |\overline{\underline{Br}}|^{\ominus} + Fe^{3\oplus}$$

Zu dem gleichen Ergebnis kommt man auch durch Untersuchung der Umlagerung von 1,2-Dijodäthylen in indifferenten Medien unter Verwendung von *radioaktiv markiertem Jod*. Die thermisch oder photochemisch bewirkte Reaktion dürfte sich über eine radikalartige Zwischenstufe, einen „Übergangszustand" der folgenden Art, abspielen[6]:

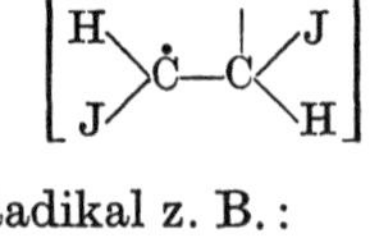

Ein anfänglich gebildetes Radikal z. B.:

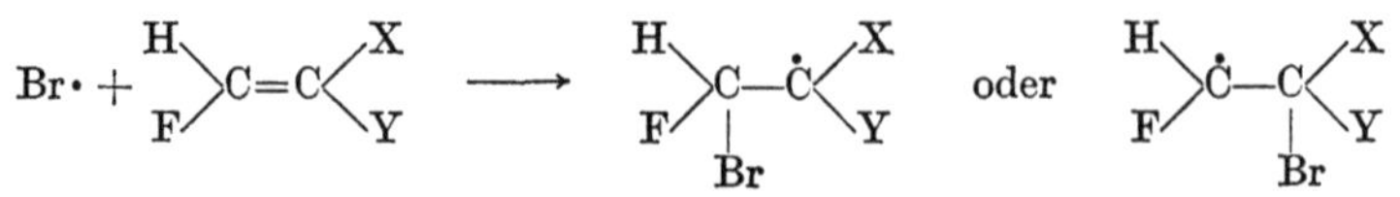

[1] WARBURG, E.: Sitzgsber. preuß. Akad. Wiss. Physik.-math. Kl. **1919**, 960.
[2] MEERWEIN, H., u. J. WEBER: Ber. dtsch. chem. Ges. **58**, 1266 (1925). — SCHLENK, W., u. E. BERGMANN: Liebigs Ann. **463**, 110 (1928).
[3] Vgl. G. SCHEIBE: Vortrag vor der Ortsgruppe Tübingen der GDCh am 17. 12. 1954.
[4] EGGERT, J., u. F. WACHHOLTZ: Phys. Z. **25**, 19 (1924); Z. phys. Chem. **125**, 1 (1927); ferner M. S. KHARASCH u. Mitarbb.: J. Amer. Chem. Soc. **59**, 1155 (1937).
[5] DERBYSHIRE, D. H., u. W. A. WATERS: Trans. Faraday Soc. **45**, 749 (1949).
[6] NOYES, R. M., R. G. DICKINSON u. V. SCHOMAKER: J. Amer. Chem. Soc. **67**, 1319 (1945).

kann beim Zusammenstoß mit einer anderen Äthylenmolekel das soeben angelagerte Bromatom verlieren oder es an das zweite Äthylenmolekül übertragen. Da zwischendurch die *freie Drehbarkeit* um die C—C-Achse wieder hergestellt ist, besteht die Möglichkeit, daß nicht nur die Ausgangskonfiguration des Äthylenderivates, sondern auch die entgegengesetzte sich ausbildet (Reaktion am sterisch wichtigen Zentrum!). Das bedeutet aber den Übergang beispielsweise einer cis- in eine trans-Konfiguration. Der cis-trans-Isomerisierung[1]:

$$\begin{aligned} Br\cdot + C &\rightarrow Ae{-}Br\cdot \\ Br\cdot + T &\rightarrow Ae{-}Br\cdot \\ Ae{-}Br\cdot + T &\rightarrow Ae{-}Br\cdot + C \\ Ae{-}Br\cdot + C &\rightarrow Ae{-}Br\cdot + T \end{aligned} \qquad \begin{aligned} Ae &= \text{Äthylenderivat} \\ T &= \text{trans-Form} \\ C &= \text{cis-Form} \end{aligned}$$

kann sich auch eine *Addition* im früher (S. 165) erläuterten Sinne überlagern:

$$Ae{-}Br\cdot + Br_2 \rightarrow Ae{-}Br_2 + Br\cdot$$

4. Kumulierte Doppelbindungen

Bei einer Kette von drei Kohlenstoffatomen ist die Bildung zweier benachbarter Doppelbindungen möglich. Diese sogenannten *Allene*:

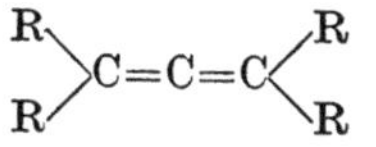

müssen nach den Modellvorstellungen von J. H. VAN'T HOFF bei unsymmetrischer Substitution wegen des Fehlens einer Symmetrieebene oder eines Symmetriezentrums (Molekülasymmetrie) in *optische Antipoden* spaltbar sein.

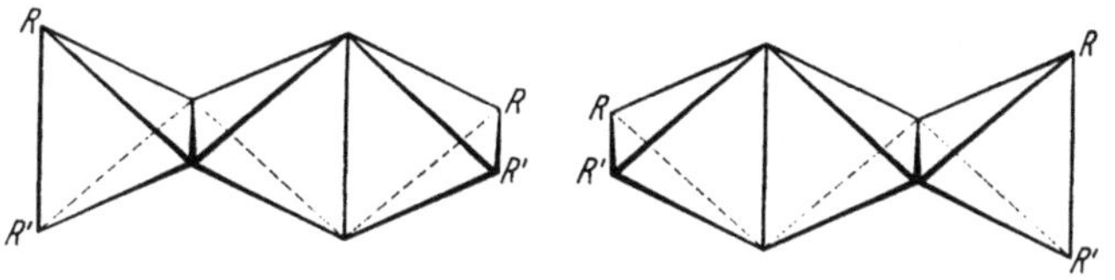

Abb. 51. Modell der Allenbindung nach VAN'T HOFF

Die quantentheoretische Beschreibung des Bindungszustandes einer solchen Allenbindung sieht für die beiden endständigen Kohlenstoffatome einen trigonal hybridisierten sp^2-Elektronenzustand (wie in der C=C-Doppelbindung) vor. Das zentrale C-Atom ist dagegen wie bei einer Acetylenbindung digonal orientiert (sp-hybridisierte Bindung, vgl. S. 423), so daß also das ganze vom zentralen C ausgehende Bindungssystem *linear* ist und die beiden π-Bindungen *senkrecht* aufeinander

[1] KETELAER, J. A. A., P. F. VAN VELDEN, G. H. J. BROERS u. H. R. GERSMANN: J. Physic. Colloid Chem. **55**, 987 (1951), befürworten diesen Mechanismus auf Grund ihrer Untersuchungen über die Reaktion von Brom und cis- bzw. trans-1,2-Dichloräthylen in flüssiger Phase, ohne Lösungsmittel, unter Verwendung von Licht der Wellenlänge 5461 Å. Sie finden ferner Unabhängigkeit vom O_2-Gehalt der Reaktionspartner.

stehen (Minimum der gegenseitigen Beeinflussung, Abb. 52). Demgemäß ist *keine freie Drehbarkeit* vorhanden, die endständigen Reste (H oder R, links und rechts) stehen hier ebenfalls senkrecht zueinander. Das quantenmechanische Modell einer Allenbindung steht daher in vollkommener Übereinstimmung mit dem „mechanischen" Modell von J. H. VAN'T HOFF, ohne aber dessen Schwächen zu haben. Bei unsymmetrischer Substitution sollte daher auch nach dem quantenmechanischen Modell ein Allenderivat in optische Antipoden spaltbar sein.

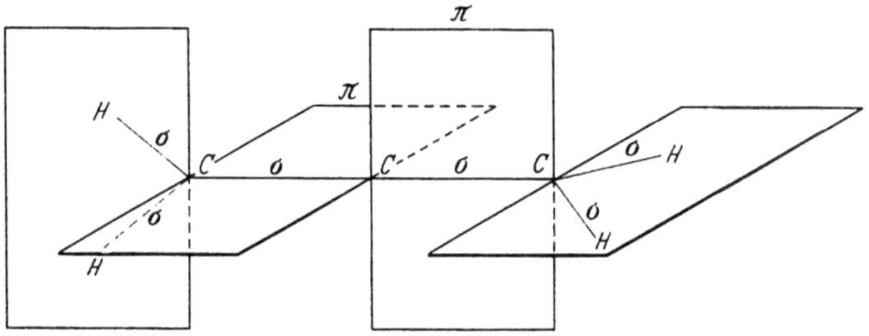

Abb. 52. Bindungsanordnung in der Allenmolekel

Infolge großer präparativer Schwierigkeiten bei der Darstellung zur Spaltung geeigneter Allene ist die optische Spaltung erst 1935 E. P. KOHLER[1] und H. W. MILLS[2] gleichzeitig und unabhängig voneinander gelungen. So kann z. B. der *1,3-Diphenyl-1-naphthyl-allen-3-carbonsäure-ester der Glykolsäure* in optische Antipoden gespalten werden:

$$\begin{array}{c} C_6H_5 \\ \diagdown \\ \diagup \\ COOCH_2COOH \end{array} C=C=C \begin{array}{c} C_6H_5 \\ \diagdown \\ C_{10}H_7 \end{array}$$

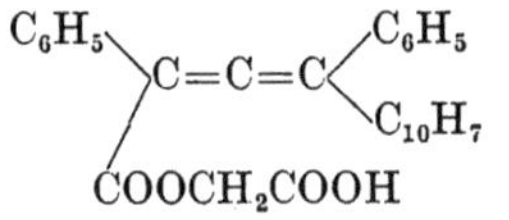

Die Zahl der möglichen Isomeren wird hier wie auch sonst von dem VAN'T HOFFschen Modell richtig wiedergegeben. Infolge der Anwesenheit zweier benachbarter Doppelbindungen ist die Reaktionsfähigkeit in diesen Systemen gesteigert. Additionsreaktionen erfolgen an zwei benachbarten, doppelt gebundenen C-Atomen in üblicher Weise. Auch in der großen Polymerisationsneigung verschiedener Allene kommt die gesteigerte Reaktionsfähigkeit zum Ausdruck.

Stoffe mit *drei* kumulierten Doppelbindungen sind zuerst von K. BRAND[3] dargestellt worden. Später gelang R. KUHN[4] die Gewinnung von Verbindungen mit *mehr* als drei aufeinanderfolgenden Doppelbindungen.

Diese Kumulene lassen sich in folgender Weise herstellen:

$$\begin{array}{c}R\\ R\end{array}\!\!>\!\!C=O + BrMgC\equiv C-C\equiv C-MgBr + O=C\!\!<\!\!\begin{array}{c}R\\ R\end{array} \longrightarrow$$

$$\begin{array}{c}R\\ R\end{array}\!\!>\!\!\underset{OH}{C}-C\equiv C-C\equiv C-\underset{OH}{C}\!\!<\!\!\begin{array}{c}R\\ R\end{array} \xrightarrow{+P_2J_4} \left(\begin{array}{c}R\\ R\end{array}\!\!>\!\!\underset{J}{C}-C\equiv C-C\equiv C-\underset{J}{C}\!\!<\!\!\begin{array}{c}R\\ R\end{array}\right)$$

$$\xrightarrow{-J_2} \left(\begin{array}{c}R\\ R\end{array}\!\!>\!\!\underset{\times}{C}-C\equiv C-C\equiv C-\underset{\times}{C}\!\!<\!\!\begin{array}{c}R\\ R\end{array}\right) \longrightarrow \begin{array}{c}R\\ R\end{array}\!\!>\!\!C=C=C=C=C\!\!<\!\!\begin{array}{c}R\\ R\end{array}$$

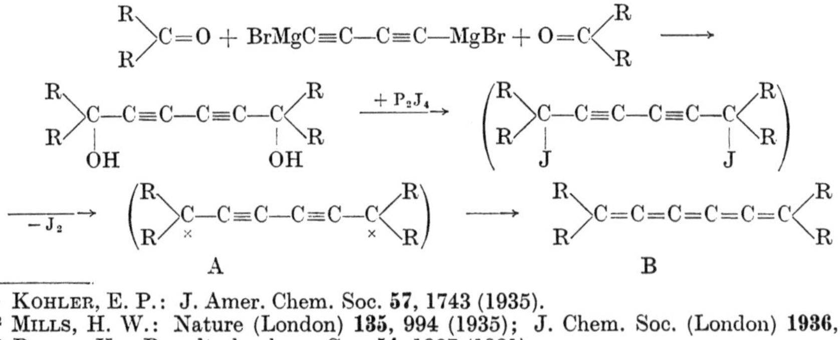

A   B

---

[1] KOHLER, E. P.: J. Amer. Chem. Soc. **57**, 1743 (1935).
[2] MILLS, H. W.: Nature (London) **135**, 994 (1935); J. Chem. Soc. (London) **1936**, 987.
[3] BRAND, K.: Ber. dtsch. chem. Ges. **54**, 1987 (1921).
[4] KUHN, R., u. K. WALLENFELS: Ber. dtsch. chem. Ges. **71**, 783 (1938).

Das intermediär entstehende Biradikal A verschiebt sein Elektronensystem sofort unter Ausbildung des Kumulens B. Diese Erscheinung ist sehr bemerkenswert, da hier der Ausgleich des Elektronensystems in A über eine dreifache Bindung erfolgt[1]. Daß hier *keine Doppelradikale* vorliegen, sondern ein Bindungsausgleich stattgefunden hat, geht aus den vom Verfasser[2] durchgeführten magnetischen Untersuchungen einiger Kumulene hervor. Die Verbindungen sind diamagnetisch, demnach keine Doppelradikale.

Die Kumulene absorbieren im Sichtbaren[3]. Die *Farbe* vertieft sich mit zunehmender Zahl der kumulierten Doppelbindungen. Sie erweisen sich als sehr *reaktionsfähig* gegenüber katalytisch erregtem Wasserstoff, gegen O_3, Br_2, HBr, sie sind dagegen auffallend beständig gegen O_2 und $KMnO_4$. Gegen Zinkstaub/ Eisessig sind einige Derivate der Kumulene ebenfalls beständig[3].

Soviel sich aus dem bisher gefundenen Tatsachenmaterial entnehmen läßt, sind diese Kumulene beständiger als das Anfangsglied der Reihe, das Allen und seine Derivate. Besonderheiten im chemischen Verhalten scheint der *Hydrierungsvorgang* zu zeigen, bei dem die Stufe eines Polyens, z. B. des 1,1,6,6-Tetraphenylhexatriens durchlaufen wird:

$$>\!C\!=\!C\!=\!C\!=\!C\!=\!C\!=\!C\!<\ \rightarrow\ \left(\overset{1\ \ \ 2\ \ \ 3\ \ \ 4\ \ \ 5\ \ \ 6}{>\!C\!=\!C\!-\!C\!\equiv\!C\!-\!C\!=\!C\!<}\atop{\ \ \ \ \ \ \ \ \mathrm{H}\ \ \ \ \ \ \ \ \ \ \ \ \ \ \ \ \mathrm{H}}\right)\ \rightarrow$$

$$\underset{\mathrm{H\ \ H\ \ H\ \ H}}{>\!C\!=\!C\!-\!C\!=\!C\!-\!C\!=\!C\!<}\ \rightarrow\ \underset{\mathrm{H\ \ H_2\ \ H_2\ \ H_2\ \ H_2\ \ H}}{>\!C\!-\!C\!-\!C\!-\!C\!-\!C\!-\!C\!<}$$

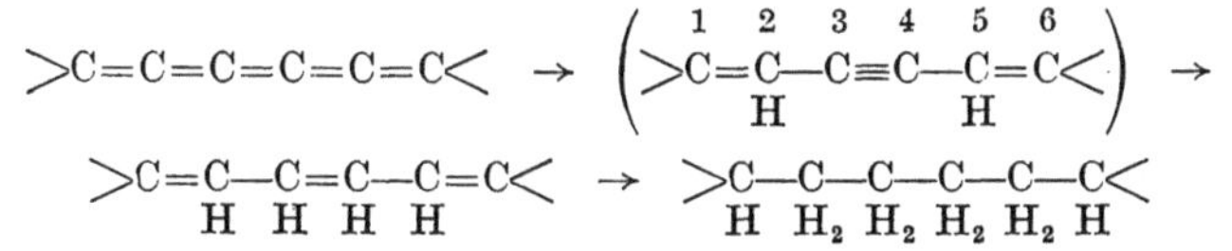

Der Wasserstoff wird vermutlich zunächst in 2,5-Stellung angelagert. Diese Art der Addition an entfernteren Atomen trifft man in verstärktem Maße bei den sogenannten konjugierten Systemen, deren Besprechung im Kapitel 5 (S. 198) gegeben wird.

Nach den Modellvorstellungen VAN'T HOFFs ist damit zu rechnen, daß ein *Butatrien*:

$$\underset{Y}{\overset{X}{>}}\!C\!=\!C\!=\!C\!=\!C\!\underset{Y}{\overset{X}{<}}\ ,\ \text{allgemein}\ \ \underset{Y}{\overset{X}{>}}\!C\!=\!(C_{2n})\!=\!C\!\underset{Y_1}{\overset{X_1}{<}}$$

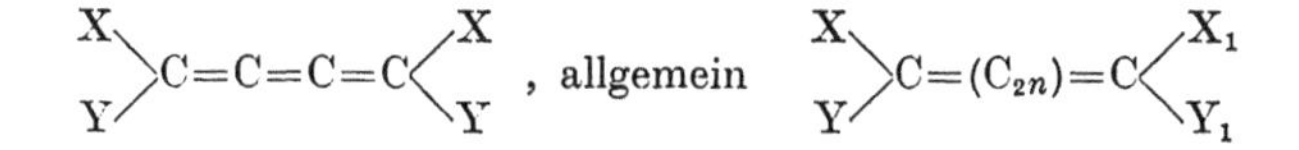

in cis-trans-isomeren Formen vorkommt, dagegen ein *Pentatetraen*:

$$\underset{Y}{\overset{X}{>}}\!C\!=\!C\!=\!C\!=\!C\!=\!C\!\underset{Y}{\overset{X}{<}}\ ,\ \text{allgemein}\ \ \underset{Y}{\overset{X}{>}}\!C\!=\!(C_{2n+1})\!=\!C\!\underset{Y_1}{\overset{X_1}{<}}$$

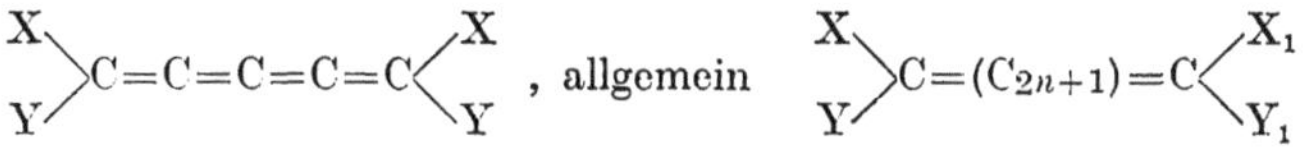

wieder in optische Antipoden spaltbar sein muß. Bei Verlängerung der Kohlenstoffkette durch weitere kumulierte Doppelbindungen tritt dann abwechselnd cis-trans- und optische Isomerie auf. Bei diesen Verbindungen handelt es sich demnach nicht um bewegliche Ketten, sondern infolge der besonderen Anordnung der Doppelbindungen sozusagen um *starre Stäbchen* aus Kohlenstoffatomen. Diese schon von VAN'T HOFF vorausgesagte cis-trans-Isomerie von Allenen der Formel:

$$\underset{R_2}{\overset{R_1}{>}}\!C\!=\!(C_{2n})\!=\!C\!\underset{R_4}{\overset{R_3}{<}}$$

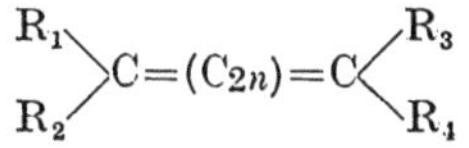

konnte von R. KUHN und K. L. SCHOLLER[4] kürzlich an dem *Bis-[2-nitro-diphenylen]-butatrien* ($n = 1$) aufgefunden werden. Das rote Trien läßt sich

---
[1] Vgl. S. 425.
[2] MÜLLER, EUGEN: Angew. Chem. **51**, 659 (1938).
[3] KUHN, R., u. J. JAHN: Chem. Ber. **86**, 760 (1953).
[4] KUHN, R., u. K. L. SCHOLLER: Chem. Ber. **87**, 598 (1954). — Kumulene mit nur zwei aromatischen Substituenten s. R. KUHN u. H. KRAUCH: Chem. Ber. **88**, 309 (1955).

chromatographisch an Aluminiumoxyd in zwei Stoffe zerlegen, die kristallographisch und in den IR-Spektren[1] verschieden, dagegen in den UV-Spektren praktisch gleich sind. Eine eindeutige Zuordnung der beiden Triene:

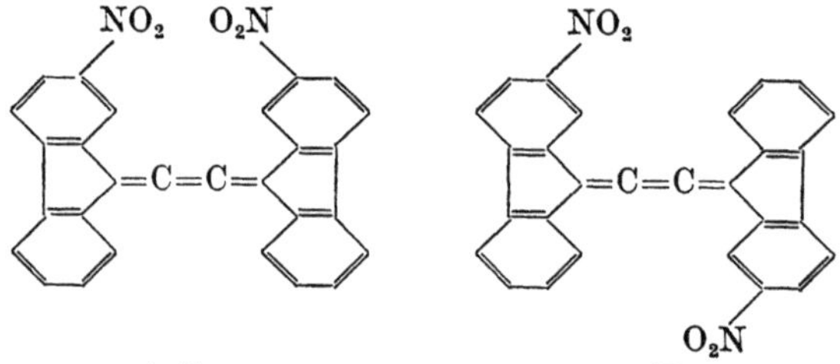

cis-Form trans-Form

gelang noch nicht. Dagegen läßt sich die Aktivierungsenergie der cis-trans-Umlagerung in Brombenzol zu 19,5 kcal/Mol und die Halbwertszeit zu 850 Minuten bei 0° ermitteln.

5. Konjugierte Doppelbindungen

Liegen in einer Verbindung zwei oder mehrere Doppelbindungen in abwechselnder Reihenfolge mit einer einfachen Kohlenstoff-Kohlenstoff-Bindung vor, so nennt man dies ein System konjugierter Doppelbindungen. Dieses System:

$$>C{=}\overset{|}{C}{-}\overset{|}{C}{=}C<$$

zeigt einige neue Reaktionsweisen, z. B. die meist recht leicht eintretenden 1,4-Additionen, deren theoretische Deutung besonders von J. THIELE[2] mittels seiner berühmten *Partialvalenzhypothese* versucht worden ist. Eine physikalisch besser begründete Theorie der konjugierten Doppelbindungen konnte erst in neuerer Zeit gegeben werden.

a) Konfiguration von Dienen

Mittels physikalischer Methoden wie etwa der *Elektronenbeugung* hat man die im Nachstehenden wiedergegebene Konfiguration des *Butadiens* ermittelt:

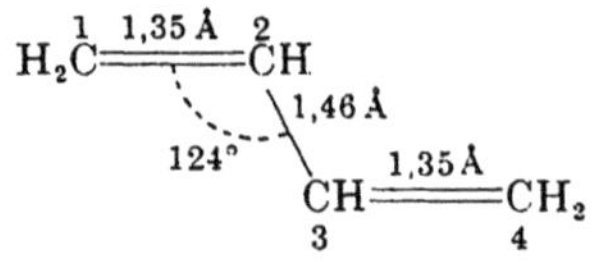

Während der Wert für die Entfernung der doppelt gebundenen Kohlenstoffatome annähernd dem im Äthylen (1,32 Å) entspricht, ist die zentrale, einfache C—C-Bindung deutlich kürzer, als es einer normalen C—C-Bindung, etwa in gesättigten Kohlenwasserstoffen (1,54 Å), entspricht[3]. Diesem kürzeren C—C-Abstand gemäß könnte man sagen, daß die mittlere C—C-Bindung sich dem Charakter einer Doppelbindung nähert, also teilweise einen *Doppelbindungscharakter* besitzt. Ein Überwiegen des Doppelbindungszustandes zwischen C_2 und C_3 kann aber nicht vorhanden sein, denn von geeignet substituierten Dienen sind alle cis-trans-Isomeren an beiden Doppelbindungen bekannt (cis-cis;

[1] OTTING, W.: Chem. Ber. **87**, 611 (1954).
[2] THIELE, J.: Liebigs Ann. **306**, 87 (1899); **311**, 194, 241 (1900).
[3] S. auch R. WIERL: Ann. Physik **13**, 453 (1932). — PAULING, L., u. L. O. BROCKWAY: J. Amer. Chem. Soc. **59**, 1223 (1937).

cis-trans; trans-trans), die auch z. T. ineinander übergeführt werden können:

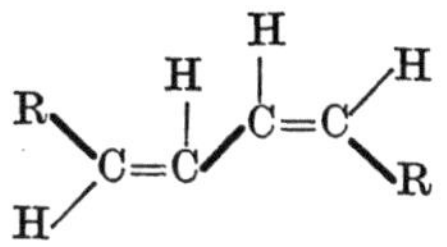

cis-cis

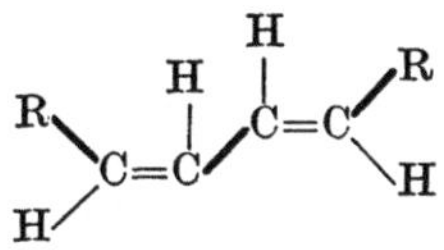

cis-trans

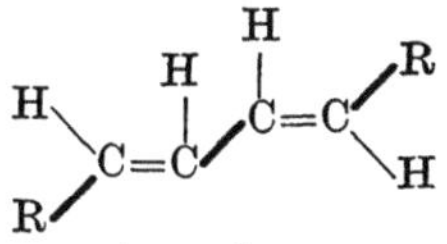

trans-trans

Immerhin scheint sich durch einen teilweisen Doppelbindungscharakter der mittleren C—C-Bindung eine Behinderung der freien Drehbarkeit bemerkbar zu machen. R. S. MULLIKEN führte hierfür den Ausdruck s-cis-trans-Isomerie (s=single bond) ein[1].

b) Zur quantenmechanischen Deutung konjugierter Diensysteme

Übernimmt man zunächst das Bild, das die Quantentheorie für den Bindungszustand einer einzelnen Doppelbindung gibt, so befinden sich in einem konjugierten Dien neben den betreffenden σ-Einfach-Bindungen (s. S. 155, sp^2 hybridisierte Bindungen) noch zwei π-Bindungen. Diese nachbarständig verbundenen π-Bindungen bleiben nun nicht streng lokalisiert, sondern treten in *Wechselwirkung* miteinander in einer Art, die ausführlich bei der Behandlung eines zum Ring geschlossenen Systems von drei Doppelbindungen, also beim Benzol, erörtert werden soll (vgl. S. 315ff.).

Betrachtet man, wie zuerst E. HÜCKEL[2] gezeigt hat, die vier π-Elektronen als nicht lokalisiert im Felde der vier Kerne nach der m. o.-Methode, so erhält man vier denkbare Molekularbahnen, von denen zwei bindend und zwei nichtbindend sind. Von den beiden ersteren bindet die stabilere zwischen allen C-Atomen, während die zweite zwischen C_1C_2 bzw. C_3C_4 bindet, zwischen C_2C_3 aber lockert. Es läßt sich weiterhin zeigen, daß die Bindung durch π-Elektronen zwischen C_1C_2 bzw. C_3C_4 etwa doppelt so stark wie zwischen C_2C_3 ist, aber auch etwas schwächer als für eine isolierte Doppelbindung. Die Bindung zwischen C_2 und C_3 ist jedoch geringer als die Hälfte einer isolierten Doppelbindung. So entsteht im ganzen ein Gewinn an Energie, *Konjugationsenergie*, der absolut genommen größer ist als der zweier isolierter Doppelbindungen. Da sich aber dieser Energiegewinn auf drei Bindungen C_1—C_2, C_2—C_3, C_3—C_4 verteilen muß, ist im Endergebnis die Energie jeder einzelnen Bindung geringer als die einer isolierten Doppelbindung.

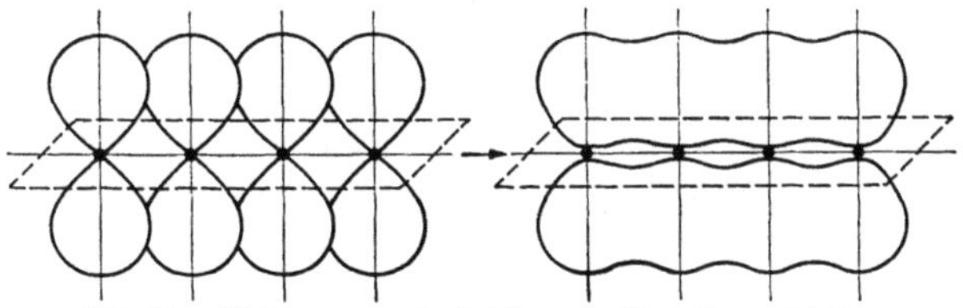

Abb. 53. π-Elektronenwechselwirkung im Butadienmolekül bei ebener Anordnung

[1] Vgl. hierzu W. KLYNE, Progress in Stereochemistry, **1,** S. 137, Butterworths Scientific Publications, London, 1954. — Zusammenfassender Bericht über die cis-trans-Isomerisierung von Verbindungen mit konjugierten Doppelbindungen siehe G. M. WYMAN, Chem. Reviews **55,** 625 (1955).

[2] HÜCKEL, E.: Z. Elektrochem. **43,** 774 (1937).

Welche Folgerungen lassen sich aus dem Gesagten ziehen? Die besondere Verteilung der π-Elektronen in einem solchen konjugierten System bedingt den verschiedenen *Abstand* der einzelnen C-Atome, insbesondere den verkürzten Abstand C_2—C_3. Aber dieser Abstand ist immerhin noch so groß, daß er eine, wenngleich wohl etwas *beschränkte, freie Drehbarkeit* zuläßt. Der über das gesamte Molekül hinweg erfolgende π-Elektronen-„Austausch" läßt sich formal so darstellen:

$$\underbrace{CH_2—CH{=}CH—CH_2}$$

$$\text{oder } {\times}CH_2—CH{=}CH—CH_2{\times}\ (\uparrow\downarrow)$$

Allerdings besitzt diese Grenzformel eine höhere Energie als die übliche Formel des Butadiens:

$$CH_2{=}CH—CH{=}CH_2$$

so daß sie zum Grundzustand des Moleküls weniger beitragen wird. Beide Formen unterscheiden sich — bei ebener Anordnung — nur durch die verschiedene Anordnung der π-Elektronen (letztlich der Bindungen), sie sind also *mesomer* zueinander:

$$CH_2{=}CH—CH{=}CH_2 \leftrightarrow {\times}CH_2—CH{=}CH—CH_2{\times}\ (\uparrow\downarrow)$$

Da die ebene Anordnung, wie im Voranstehenden schon gesagt, aber im allgemeinen nicht fixiert ist, wird der Beitrag der Mesomerieenergie in Wirklichkeit kleiner sein müssen als der unter der Voraussetzung ebener Anordnung berechnete. Dies stimmt gut mit den Ergebnissen überein, da man zwar etwa 9 kcal/Mol berechnet, aber experimentell (aus der Bestimmung der Verbrennungs- oder Hydrierwärme) nur etwa 3,7 kcal/Mol findet.

Schließlich zeigt die quantenmechanische Rechnung das Vorhandensein *polarer* Formeln etwa der folgenden Art:

$$\overset{\ominus}{C}H_2—\overset{\oplus}{C}H—CH{=}CH_2 \leftrightarrow \overset{\oplus}{C}H_2—\overset{\ominus}{C}H—CH{=}CH_2 \leftrightarrow \overset{\ominus}{C}H_2—CH{=}CH—\overset{\oplus}{C}H_2 \leftrightarrow$$

$$\overset{\oplus}{C}H_2—CH{=}CH—\overset{\ominus}{C}H_2$$

Das Auftreten von Ladungen an den endständigen C-Atomen weist auf die Möglichkeit einer 1,4-Addition geeigneter Addenden hin[1]. Die Reaktivität des gesamten Diensystems muß wegen der Verteilung der Mesomerieenergie auf drei Bindungen größer sein als bei isolierten Doppelbindungen. Somit ist die theoretische Deutung des Diensystems durch die Quantenmechanik in bester Übereinstimmung mit den physikalischen und chemischen Befunden.

c) Reaktives Verhalten

α) Addition

Der Gewinn an „Konjugationsenergie" bei Stoffen mit konjugierten Doppelbindungen gegenüber einem Stoff mit der gleichen Zahl *isolierter Doppelbindungen* läßt erwarten, daß letztere Bindungssysteme sich relativ leicht *in konjugierte umlagern* lassen. Diese Erscheinung kann man häufig beobachten[2]. Sie ist bei der Konstitutionsermittlung solcher Stoffe mittels chemischer Reaktionen stets in Rechnung zu setzen. Hinzu kommt die meist größere Reaktivität der Anordnung mit konjugierten Bindungen.

---

[1] Über eine andersartige quantenmechanische Darstellung der THIELEschen Partialvalenztheorie mittels des „Bindungsgrades" s. im Kap. Aromatische Verbindungen, S. 345.

[2] Zum Beispiel Eugenol → Isoeugenol und vieles andere mehr, d. h. es tritt eine Konjugation der Doppelbindung mit den „Doppelbindungen" des aromatischen Kerns ein.

Für die Anlagerung von Addenden ist bei einem Dien grundsätzlich die Möglichkeit der Aufnahme in *1,2-* oder *1,4-Stellung* gegeben. Mit steigender Zahl der konjugierten Doppelbindungen steigt ebenfalls die Zahl dieser möglichen Additionsstellungen. Handelt es sich um zwei verschiedene Addenden X und Y, so ist bei symmetrischen Dienen die Aufnahme von X an C_1 oder C_2 und entsprechend von Y an C_2 bzw. C_1 denkbar, bei unsymmetrisch substituierten Dienen tritt auch die verschiedene 1,4-Aufnahme hinzu. Gleichzeitig ist die Möglichkeit zu sterisch gelenkter Aufnahme wie auch zu sterischen Änderungen während der Addition gegeben. Und schließlich kann sich die Addition auf einem (krypto)-radikalischen oder (krypto-)ionischen Wege vollziehen. Im Hinblick auf diese Vielzahl der Möglichkeiten, die noch durch Temperatur- und Lösungsmittel-Einflüsse vergrößert werden, ist es verständlich, daß hier das Bild der Erscheinungen sehr bunt ist. Da eine größere Zahl geeigneter Untersuchungen noch nicht vorhanden ist, läßt sich ein kurzer Überblick über das reaktive Verhalten nur sehr schematisch und summarisch und nur mit allem Vorbehalt geben.

αα) *Radikalische Additionen*

Die primäre Anlagerung eines Addenden findet vermutlich aus räumlichen und energetischen Gründen stets *endständig* statt. Bei dieser Aufnahme eines Atoms oder Radikals entsteht zunächst ein neues Radikal so, daß die energieärmste aller denkbaren radikalischen Zwischenstufen a bzw. b (Allylstellung) sich ausbilden wird:

$$\begin{array}{c} H\ H \\ R\!\!>\!\!C\!=\!C\!-\!C\!=\!C\!<\!\!R \\ R \qquad\qquad\quad R \end{array} + X\cdot$$

nicht!

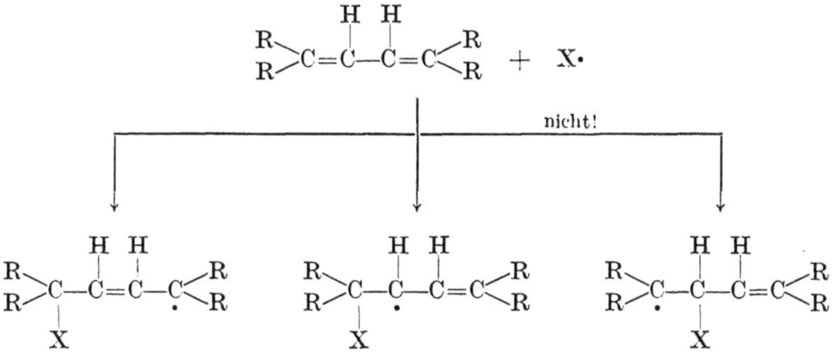

a   b   c

In dem Zwischenstoff a oder b befinden sich die Doppelbindung und das Einzelelektron noch in *Wechselwirkung* (Konjugation) miteinander, was in c wegen der Trennung beider durch ein valenzmäßig gesättigtes, nur σ-Bindungen tragendes C-Atom nicht möglich ist[1]. Die Form c ist somit energetisch weniger begünstigt. Erfolgt die weitere Aufnahme eines Addenden X oder Y (aus X_2 oder XY) wieder nach den obigen Gesichtspunkten, so sollte man die Bildung des endständigen *1,4-Adduktes* erwarten[2]:

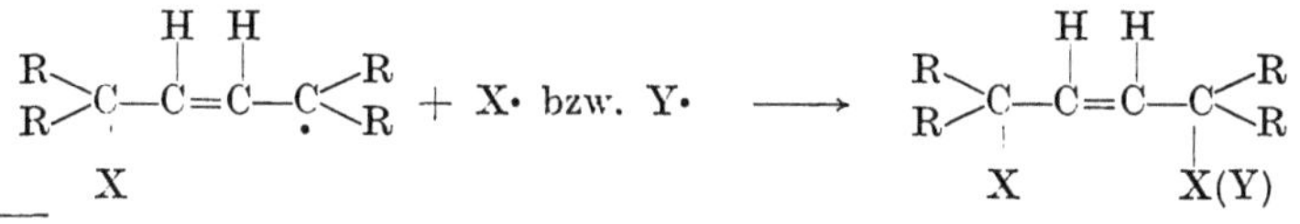

[1] Nach Berechnungen von F. SEEL, Z. Naturforsch. **3a**, 40, 45 (1948) am Hexatrien wird bei dieser endständigen Addition eines X· sogar ein erheblicher Energiebetrag in Freiheit gesetzt, während die nicht endständige Addition Energie verbraucht.
[2] Dies folgt aus den durch Messungen der Hydrier- und Verbrennungswärmen experimentell ermittelten Energieinhalten solcher Systeme.

Außerdem kann leicht eine „*Allylverschiebung*“ (vgl. S. 203) eintreten, die zu den mesomeren Formen b ↔ a führt.

Atomares Chlor[1], das radikalische NO_2[2], Rhodan[3], SO_2[4], alkalisch nascierender Wasserstoff[5], Alkalimetalle[6] und schließlich Triphenylmethyl[7] werden in der Tat stets endständig unter Bildung der entsprechenden *1,4-Addukte* angelagert.

Auch die peroxydkatalysierte Anlagerung von Kohlenstofftetrabromid führt zu 1,4-Addukten[8]:

$$CH_2{=}CH{-}CH{=}CH_2 + CBr_4 \rightarrow \underset{\substack{|\\ Br}}{CH_2}{-}CH{=}CH{-}\underset{\substack{|\\ CBr_3}}{CH_2}$$

Nebenher entstehen bei diesen Anlagerungen häufig höhermolekulare Verbindungen durch Polymerisation oder Telomerisation (s. S. 164). Wie bei der radikalischen Addition an olefinische Verbindungen begünstigen Licht, Peroxyde, hohe Temperaturen, unpolare Lösungsmittel und wohl auch geeignete Substitution des Di- oder Polyens diesen radikalischen Reaktionsmechanismus.

Schließlich erfolgt auch die „Diensynthese“ (s. S. 299) stets als 1,4-Addition des Diens.

ββ) Ionische Additionen

Ähnlich der Aufnahme von Atomen oder freien Radikalen scheint auch die Addition von Ionen wohl *endständig* zu verlaufen. So entsteht aus Butadien und Bromwasserstoff in ionisierenden Medien wie Eisessig das *1,4-Addukt*, das Crotylbromid[9]:

$$CH_2{=}CH{-}CH{=}CH_2 + HBr \rightarrow CH_3{-}CH{=}CH{-}CH_2{-}Br$$

und Chlor wird im Dunkeln bei —78° unter Bildung von trans-1,4-Dichlorbuten-(2) aufgenommen[10]:

$$CH_2{=}CH{-}CH{=}CH_2 + Cl_2 \rightarrow Cl{-}CH_2{-}CH{=}CH{-}CH_2{-}Cl$$

Vermeidet man durch geeignetes Arbeiten die primäre Ionenbildung des Addenden, z. B. durch Einleiten äquivalenter Mengen trockenen Bromwasserstoffs in Isopren, so erhält man das *1,2-Addukt* 3-Brom-3-methyl-buten-(1)[11]:

$$CH_2{=}\underset{\substack{|\\ CH_3}}{C}{-}CH{=}CH_2 + HBr \rightarrow CH_3{-}\overset{\substack{Br\\ |}}{\underset{\substack{|\\ CH_3}}{C}}{-}CH{=}CH_2$$

Offenbar entsteht primär an einer Doppelbindung ein π-Komplex, der sich dann gemäß der MARKOWNIKOFF-Regel stabilisiert. In Gegenwart überschüssigen Bromwasserstoffs lagert sich das gebildete 1,2-Addukt in das 1,4-Addukt um.

---

1 MUSKAT, J. E., u. H. E. NORTHRUP: J. Amer. Chem. Soc. **52**, 4043 (1930).

2 WIELAND, H., u. H. STENZL: Ber. dtsch. chem. Ges. **40**, 4825 (1907); Liebigs Ann. **360**, 299 (1908).

3 MÜLLER, E., u. A. FREYTAG: J. prakt. Chem. **146**, 58 (1938).

4 Bildung von cyclischen Sulfonen s. H. J. BACKER u. Mitarbb.: Recueil Trav. chim. Pays-Bas **51**, 296 (1932); **53**, 525 (1934); **54**, 170 (1935).

5 STRAUS, F.: Liebigs Ann. **342**, 217 (1905). — KUHN, R., u. A. WINTERSTEIN: Helvet. chim. Acta **11**, 123 (1928).

6 WILLSTÄTTER, R., F. SEITZ u. E. BUMM: Ber. dtsch. chem. Ges. **61**, 871 (1928).

7 CONANT, J. B., u. B. F. CHOW: J. Amer. Chem. Soc. **55**, 3475 (1933).

8 KHARASCH, M. S., u. Mitarbb.: J. Amer. Chem. Soc. **68**, 154 (1946).

9 DRP. 522650 (1927), I.G. Farb., Erf. K. MEISENBURG.

10 MISLOW, K., u. H. M. HELLMANN: J. Amer. Chem. Soc. **73**, 244 (1951).

11 CLAISEN, L.: J. prakt. Chem. [2] **105**, 74 (1922).

Diese Verhältnisse seien an der *Bildung des Dibrombutens* näher erläutert:

$$CH_2=CH-CH=CH_2 \xrightarrow{+Br_2} \begin{array}{l} BrCH_2-CH(Br)-CH=CH_2 \\ BrCH_2-CH=CH-CH_2Br \end{array}$$

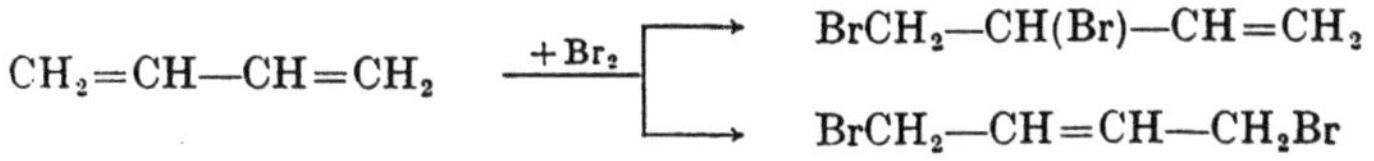

Das Brommolekül kann wie bei den Olefinen als Ganzes unter Bildung eines π-Komplexes aufgenommen werden. Diese Komplexbildung ist vielfach mit dem Auftreten von Farbe verbunden[1]:

$$CH_2=CH-CH=CH_2 + Br_2 \rightarrow \underset{Br_2}{CH_2-CH-CH=CH_2} \rightleftarrows \left[\underset{Br^\oplus}{CH_2-CH-CH=CH_2}\right] Br^\ominus$$

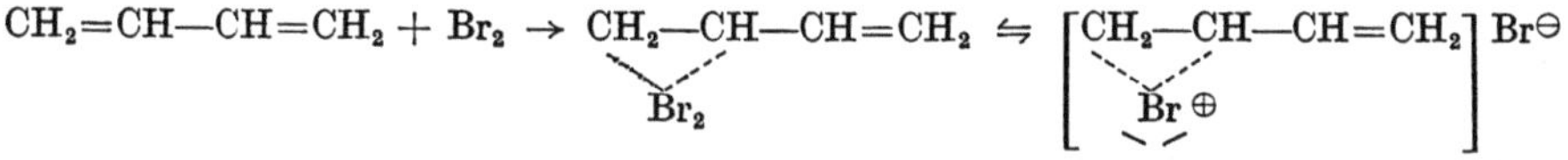

Der Primärkomplex steht mit einem „*Bromonium*"-*bromid-komplex* im Gleichgewicht, aus dem in einer anschließenden Reaktion unter trans-Addition das 1,2-Dibrombuten-(3) entstehen kann:

$$\underset{Br^\oplus}{CH_2-CH-CH=CH_2} \xrightarrow{+Br^\ominus} \underset{Br}{\overset{Br}{CH_2-CH-CH=CH_2}}$$

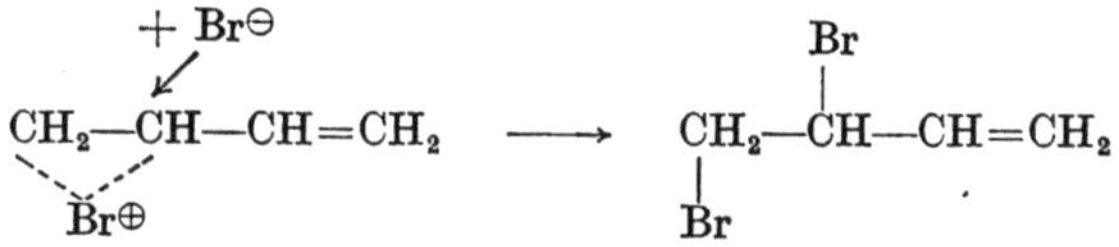

Das „*Bromonium*"-kation zeigt in seiner *mesomeren Carbeniumform* aber eine Besonderheit[2]:

$$\underset{Br^\oplus}{CH_2-CH-CH=CH_2} \longleftrightarrow \underset{Br}{CH_2-\overset{\oplus}{C}H-CH=CH_2}$$

Das ein Elektronensextett tragende C-Atom befindet sich in Nachbarstellung zu einer Doppelbindung. Schreibt man auch die noch vorhandene Äthylendoppelbindung in der mesomeren, polaren Form, so ergibt sich eine weitere Mesomeriemöglichkeit mit einem Carbeniumkation, das nun am *Ende* der Kohlenstoffkette die positive Ladung trägt, es ist eine „*Allylumlagerung*" eingetreten:

$$\underset{Br}{CH_2-\overset{\oplus}{C}H-CH=CH_2} \leftrightarrow \underset{Br}{CH_2-\overset{\oplus}{C}H-\overset{\ominus}{\underline{C}}H-\overset{\oplus}{C}H_2} \leftrightarrow \underset{Br}{CH_2-CH\rightleftharpoons CH-\overset{\oplus}{C}H_2}$$

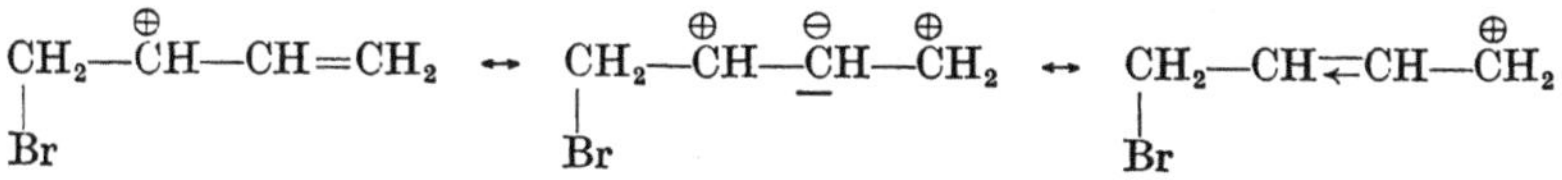

Die weitere Aufnahme eines Bromanions führt somit durch 1,4-Addition zum 1,4-Dibrom-buten-(2):

$$\underset{Br}{CH_2-CH=CH-\overset{\oplus}{C}H_2} + Br^\ominus \rightarrow \underset{Br}{CH_2-CH=CH-\underset{Br}{CH_2}}$$

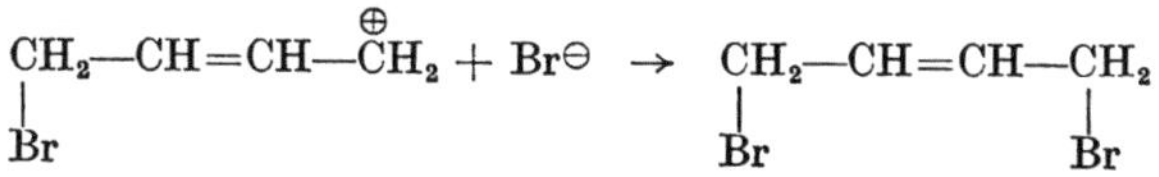

Auf Erscheinungen dieser Art wurde man zuerst durch L. CLAISEN[3] bei Allylverbindungen $CH_2=CH-CHXY$ aufmerksam. Das Allylkation a ist mesomer mit dem Kation b:

$$\underset{a}{CH_2=CH-\overset{\oplus}{C}H(X)} \leftrightarrow \overset{\oplus}{C}H_2-\overset{\ominus}{\underline{C}}H-\overset{\oplus}{C}H(X) \leftrightarrow \underset{b}{\overset{\oplus}{C}H_2-CH\rightleftharpoons CH(X)}$$

---

[1] BOCKEMÜLLER, W., u. R. JANSSEN: Liebigs Ann. **542**, 166 (1939).
[2] In der Form $\overset{\oplus}{C}H_2-CH(Br)-CH=CH_2$ ist keine Konjugation der „Lücke" mit der Doppelbindung vorhanden!
[3] CLAISEN, L.: Ber. dtsch. chem. Ges. **45**, 3157 (1912).

so daß man sowohl die Verbindungen:

$$CH_2=CH-\underset{Y}{CHX} \quad \text{wie auch} \quad CH_2-CH=\underset{}{CHX}$$
$$\phantom{CH_2=CH-CHX \quad \text{wie auch} \quad}\underset{Y}{|}$$

bei geeigneten Umsetzungen erhalten kann.

Die Mesomerie des Allylions selbst zeigt eine völlig *symmetrische Ladungsverteilung*[1]:

$$CH_2=CH-\overset{\oplus}{CH_2} \leftrightarrow \overset{\oplus}{CH_2}-CH=CH_2$$

Durch eine asymmetrische Substitution wird zwar diese völlig symmetrische Ladungsverteilung gestört. Aber das Ausgleichsbestreben der π-Elektronen wird auch noch in den substituierten Allylionen (oder Kryptoionen) vorhanden sein, so daß im Falle der ionischen Bromierung des Butadiens mit einer solchen Allylverschiebung[2] zu rechnen ist. Das Schema der ionischen Bromierung des Butadiens läßt sich daher folgendermaßen wiedergeben:

$$\{CH_2=CH-CH=CH_2 \leftrightarrow \overset{\ominus}{CH_2}-\overset{\oplus}{CH}-CH=CH_2\}$$

$$\downarrow + Br_2$$

$$\left[CH_2-CH-CH=CH_2 \leftrightarrow CH_2-\overset{\oplus}{CH}-CH=CH_2 \leftrightarrow CH_2-CH=CH-\overset{\oplus}{CH_2}\right] Br^{\ominus}$$

$$\underset{\ominus Br}{} \qquad \underset{Br}{|} \qquad \underset{Br}{|}$$

$$\downarrow Br \qquad\qquad\qquad\qquad\qquad\qquad \downarrow Br$$

$$CH_2-CH-CH=CH_2 \quad \text{bzw./und} \quad CH_2-CH=CH-CH_2$$
$$\underset{Br}{|} \qquad\qquad\qquad\qquad\qquad \underset{Br}{|}$$

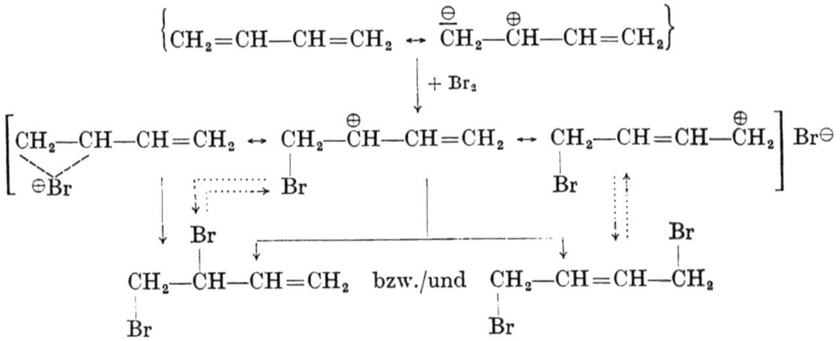

Die gebildeten Bromide (1,2- oder 1,4-) können sich über das Kation mit Allylkonfiguration ineinander umwandeln. Der Arbeitsaufwand zur Heranbringung des ersten Brom-Atoms bzw. -Kations über die Zwischenbildung des π-Komplexes wird dabei relativ gering sein wegen der Ausbildung der energetisch begünstigten Allylkonfiguration. Die Bildung des π-Komplexes wird normalerweise die Aufnahme in 1,2-Stellung begünstigen. Ob das etwa entstehende 1,4-Additionsprodukt primär über das Kation mit einer Allylkonfiguration oder erst sekundär aus schon fertig gebildetem 1,2-Dibromaddukt wieder über die Allylkonfiguration entsteht, ist ohne sorgfältige Untersuchungen des einzelnen Falles nicht zu sagen.

Im Falle der Bromierung entstehen primär beide Additionsprodukte nebeneinander, wobei das 1,2-Addukt überwiegt[3,4]. Das Verhältnis kann sich aber in verschiedenen *Lösungsmitteln* beträchtlich ändern[5], wie nebenstehende Tabelle zeigt.

Lösungsmittel	Temp. [°C]	% 1,4-Addukt
Hexan	−15	38
Chloroform	−15	63
Schwefelkohlenstoff	−15	66
Essigsäure	4	70

[1] Zur quantentheoretischen Begründung siehe E. HÜCKEL: Z. Elektrochem. **43**, 774 (1937).

[2] Die mögliche Bildung eines mesomeren Allylkations erleichtert die Aufnahme eines Addenden im Gegensatz zur einfachen Olefinbindung, bei der diese Möglichkeit im allgemeinen nicht besteht.

[3] THIELE, J.: Liebigs Ann. **308**, 333 (1899).

[4] FARMER, E. H., C. D. LAWRENCE u. J. F. THORPE: J. Chem. Soc. (London) **1928**, 729.

[5] BURTON, H., u. C. K. INGOLD: J. Chem. Soc. (London) **1928**, 910. — INGOLD, C. K., u. C. W. SHOPPEE: J. Chem. Soc. (London) **1926**, 1477. — FARMER, E. H.: J. Chem. Soc. (London) **1929**, 172. — PRÉVOST, C.: Ann. Chimie [10] **10**, 113 (1928). — OGG, R. A. jr.: J. Amer. Chem. Soc. **61**, 1946 (1939).

Einwandfrei untersucht ist auch die Addition von *Brom* an *1,4-Diphenylbutadien*, die im wesentlichen unter 1,2-Aufnahme des Halogens verläuft[1].

Analog der 1,2-Bromaddition werden auch *unterchlorige* und *unterbromige Säure*[2] an Butadien — möglicherweise über einen π-Komplex, ein „Oxonium"-kation — in Nachbarstellung aufgenommen[3]:

$$\overset{\ominus}{C}H_2-\overset{\oplus}{C}H-CH=CH_2 + H-\overline{O}-X$$

$$\downarrow$$

$$\underset{\underset{H}{\diagup}\underset{X^\ominus}{\diagdown}}{\underset{O^\oplus}{\diagup\diagdown}}CH_2-CH-CH=CH_2 \leftrightarrow HO-CH_2-\overset{\oplus}{C}H-CH=CH_2$$

$$\qquad\qquad\qquad\qquad\qquad X^\ominus$$

$$\downarrow$$

$$HO-CH_2-CH(X)-CH=CH_2 \qquad X=Cl, Br$$

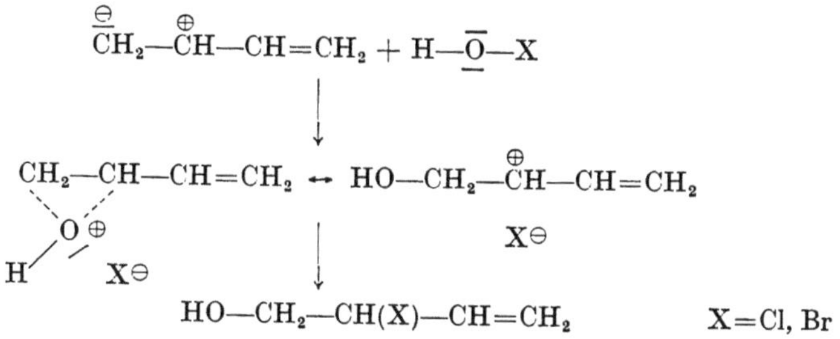

Katalytisch erregter Wasserstoff wird vom Butadien entweder unter vollständiger Hydrierung zum n-Butan addiert oder unter Aufnahme von nur einem Molekül Wasserstoff unter Bildung von 1,2- oder 1,4-Addukten. Vielfach kann man die beiden Reaktionsstufen nicht voneinander trennen, so daß neben unverändertem Ausgangsmaterial stets die völlig hydrierte Verbindung erhalten wird[4].

Die partielle Absättigung kann demnach sowohl in 1,2- wie auch im 1,4-Stellung erfolgen. Immerhin beobachtet man z. B. bei der partiellen katalytischen Hydrierung von Butadien mit Palladium/Bariumsulfat bei $-8°$ die Einstellung eines Gleichgewichts der isomeren Butene[5]. Neben Buten-(1) entsteht viel trans-Buten-(2) und wenig cis-Buten-(2), was zur Vorsicht bei Schlüssen über den Ort der primären Addition mahnt.

Substituenten, insbesondere solche *mit π-Elektronen* wie z. B. im 1-Phenylbutadien, verschieben die Hydrierungsgeschwindigkeit beider Schritte so, daß sich beide Reaktionsstufen unter Umständen leicht abtrennen lassen[6]. Dies läßt sich mit der Annahme entsprechender Mesomeriemöglichkeiten im „Übergangszustand" deuten:

$$C_6H_5-CH=CH-CH=CH_2 \xrightarrow{\text{rasch}} C_6H_5-CH=CH-CH_2-CH_3$$

$$\xrightarrow{\text{langsam}} C_6H_5-CH_2-CH_2-CH_2-CH_3$$

Daß hierbei erst die unsubstituierte Doppelbindung hydriert wird, ist verständlich. Denn von den beiden theoretischen Möglichkeiten der H_2-Aufnahme zu:

$$\underset{a}{C_6H_5-CH=CH-CH_2-CH_3} \quad \text{bzw.} \quad \underset{b}{C_6H_5-CH_2-CH_2-CH=CH_2}$$

weist die Form a noch die Konjugation der aliphatischen Doppelbindung zum Benzolkern auf *(Styrolkonfiguration)*, ist demnach energetisch vor der Form b mit einer isolierten Doppelbindung begünstigt[7]. Dementsprechend verläuft auch

---

[1] STRAUS, F.: Ber. dtsch. chem. Ges. **42**, 2866 (1909).
[2] PETROW, A. A.: Ž. obšč. Chim. **8**, 70, 131, 142 (1938).
[3] In 1,2- und 1,4-Stellung werden aus Bleitetraacetat zwei Acetoxylreste von 2,3-Dimethylbutadien aufgenommen: CRIEGEE, R.: Liebigs Ann. **481**, 263 (1930); **541**, 224 (1939).
[4] VAVON, G.: Bull. Soc. chim. France [4] **41**, 1253 (1927).
[5] YOUNG, W. Y., u. Mitarbb.: J. Amer. Chem. Soc. **69**, 2046 (1947).
[6] MUSKAT, J. E., u. B. KNAPP: Ber. dtsch. chem. Ges. **64**, 779 (1931). — FARMER, E. H., u. GALLEY: J. Chem. Soc. (London) **1932**. 430. — Nature (London) **131**, 60 (1933).
[7] „Alkalisch-nascierender Wasserstoff" wird in 1,4-Stellung addiert.

die Zufuhr der beiden letzten Atome Wasserstoff unter Aufhebung der Konjugation (aromatischer Ring — olefinische Doppelbindung) relativ langsam im Vergleich zur Aufnahme der ersten beiden H-Atome. Wie bei vielen solcher heterogen katalysierten Reaktionen ist das zu erhaltende Endprodukt abhängig von der Art und Beschaffenheit des Katalysators.

β) Polymerisation

Entsprechend den beiden möglichen Reaktionswegen bei Additionsreaktionen kann man die Polymerisationen der konjugierten Systeme darstellen. In technischer Hinsicht sind diese Reaktionen ebenso wie die der Olefine von hoher Bedeutung, da sich die erhältlichen Makromolekularen zu wichtigen Kunststoffen (z. B. Butadien → Buna) verarbeiten lassen.

Allgemein nimmt beim Übergang von einem Mono-en zum Dien und schließlich Polyen die Polymerisationsneigung ab. Die durch den Primärprozeß zunächst entstehenden radikalischen oder ionischen Molekeln besitzen in ihrer Konjugationsmöglichkeit des Einzelelektrons oder des Elektronenpaars zu den noch vorhandenen Doppelbindungen eine innere Stabilisierungsmöglichkeit zu relativ energiearmen Gebilden, die nicht oder nur in geringerem Maße als bei den einfachen „Enen" in der Lage sind, weitere Mono-ene unter Polymerisation aufzunehmen. Unter geeigneten Bedingungen läßt sich das Butadien auch zum Cyclooctadien-(1,5) dimerisieren[1]. Diene wie *Butadien*, *2-Methylbutadien* (Isopren), *2-Chlorbutadien* (Chloropren) u.a. lassen sich z. B. mit *Peroxyden* nach dem radikalischen Mechanismus polymerisieren.

Wie K. WINNACKER und F. PATAT[2] schon 1937 bei der Emulsionspolymerisation des Chloroprens fanden, läßt sich die Polymerisation durch Zugabe geeigneter Oxydations- und Reduktionsmittel, durch eine *Redoxkatalyse*, ganz erheblich beschleunigen. Außerdem, und dies war für die technische Durchführung der maßgebende Gesichtspunkt, ist die Qualität der erhaltenen Polymerisate wesentlich besser als die der nach anderen Verfahren erhaltenen makromolekularen Stoffe. Diese beschleunigende Wirkung beruht darauf, daß bei Reaktionen geeigneter Oxydations- und Reduktionsmittel *freie instabile Radikale* auftreten, die eine Polymerisationsreaktion auslösen können. Ein einfaches und gut untersuchtes Beispiel ist die FENTONsche Reaktion[3]:

$$\text{H—}\underline{\overline{\text{O}}}\text{—}\underline{\overline{\text{O}}}\text{—H} + \text{Fe}^{2\oplus} \rightarrow \text{Fe}^{3\oplus} + \text{H—}\underline{\overline{\text{O}}}|^{\ominus} + \text{H—}\underline{\overline{\text{O}}}\cdot$$

Die entstehenden ·OH-Radikale greifen in üblicher Weise in das π-Elektronensystem der Doppelbindungen ein, wobei neue instabile Radikale entstehen, die ihrerseits mit den π-Elektronen weiterer Monomerer reagieren, bis schließlich das gebildete Makroradikal irgendwie sein Wachstum durch Abbruch beendet:

$$\text{H—}\underline{\overline{\text{O}}}\cdot + \overset{\times}{\text{C}}\text{H}_2\text{—}\overset{\times}{\text{C}}\text{H—CH=CH}_2\,(\uparrow\downarrow) \rightarrow \text{H—}\underline{\overline{\text{O}}}\text{—CH}_2\text{—}\dot{\text{C}}\text{H—CH=CH}_2 \leftrightarrow$$
$$\text{HO—CH}_2\text{—CH=CH—}\dot{\text{C}}\text{H}_2$$

1 ZIEGLER, K., u. H. WILMS: Liebigs Ann. **567**, 1 (1950). — Neuere Theorie zu dieser Reaktion, s. E. VOGEL, Angew. Chem. **68**, 189 (1956).

2 Siehe hierzu W. KERN: Angew. Chem. **59**, 168 (1947); Makromol. Chem. **1**, 209 (1947).

3 HABER, F., u. R. WILLSTÄTTER: Ber. dtsch. chem. Ges. **64**, 2844 (1931). — HABER, F., u. J. WEISS: Proc. Roy. Soc. (London) [A] **147**, 332 (1930). — WEISS, J.: Trans. Faraday Soc. **43**, 116 (1946). — BAXENDALE, J. H., S. BYWATERS u. M. G. EVANS: Trans. Faraday Soc. **42**, 675 (1946). — BAXENDALE, J. H., M. G. EVANS u. J. K. KILHAM: Trans. Faraday Soc. **42**, 668 (1946). — BAXENDALE, J. H., M. G. EVANS u. G. S. PARK: Trans. Faraday Soc. **42**, 155 (1946). — EVANS, M. G.: J. Chem. Soc. (London) **1947**, 266.

Daß die Addition *endständig* erfolgt, läßt sich durch einfache Energiebetrachtung der durch Addition an C_1 oder C_2 gebildeten Radikale verdeutlichen (vgl. auch S. 201):

$$H—\overline{\overline{O}}\cdot + \overset{x}{C}H_2—\overset{x}{C}H—CH=CH_2 \; (\updownarrow)$$

$$HO—CH_2—\overset{\cdot}{C}H—CH=CH_2 \qquad \cdot CH_2—CH—CH=CH_2$$
$$\qquad\qquad\qquad\qquad\qquad\qquad\qquad\qquad |$$
$$\qquad\qquad\qquad\qquad\qquad\qquad\qquad\qquad OH$$

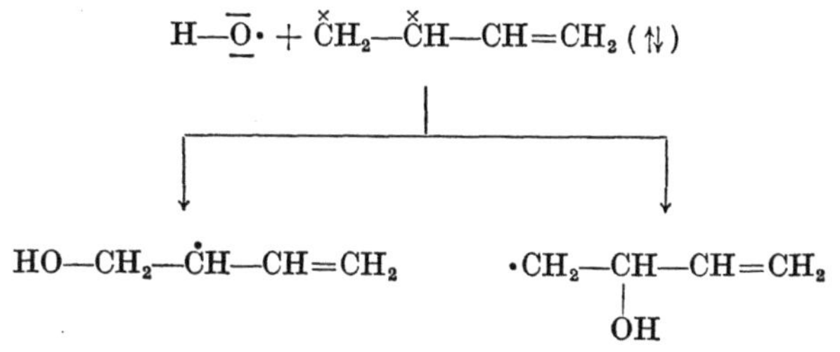

a   b

Nur in a ist eine „Konjugation", eine Wechselwirkung des Einzelelektrons mit den π-Elektronen der benachbarten Doppelbindung möglich, nicht aber in b. Demgemäß muß b energiereicher sein, mit anderen Worten, es bildet sich die energieärmere Anordnung a aus unter Aufnahme des OH-Radikals in 1-Stellung.

Der Fortgang der Reaktion kann bei Dienen und höheren Enen, soweit sie überhaupt polymerisierbar sind, wegen der noch vorhandenen Doppelbindung eine Komplikation in das Spiel der Reaktion hineintragen, ganz analog der nicht zur Polymerisation führenden Additionsreaktion. Hier wie dort ist durch die Mesomerie eine Weiterreaktion in 2- oder 4-Stellung möglich (Mesomerie der Allylradikale):

$$R—CH_2—\overset{\cdot}{C}H—CH=CH_2 \leftrightarrow R—CH_2—CH=CH—\overset{\cdot}{C}H_2$$

$$+ n\,CH_2=CH—CH=CH_2$$

1,2-Addition   1,4-Addition

$$R—CH_2—CH—[—CH_2—CH—]_n \qquad\qquad R—CH_2—CH=CH—CH_2—[—CH_2—CH=CH—CH_2—]_n$$
$$\qquad\quad |\qquad\qquad\quad |$$
$$\qquad\;\; CH\qquad\qquad\;\; CH$$
$$\qquad\;\; ||\qquad\qquad\quad\;\; ||$$
$$\qquad\;\; CH_2\qquad\qquad\; CH_2$$

gemischte 1,2- u. 1,4-Addition

$$R—CH_2—CH—[CH_2—CH=CH—CH_2—]_x CH_2—CH—[CH_2—CH=CH—CH_2—]_{\overline{y}} \; \text{usw.}$$
$$\qquad\quad |\qquad\qquad\qquad\qquad\qquad\qquad\qquad\; |$$
$$\qquad\;\; CH\qquad\qquad\qquad\qquad\qquad\qquad\;\; CH$$
$$\qquad\;\; ||\qquad\qquad\qquad\qquad\qquad\qquad\qquad\; ||$$
$$\qquad\;\; CH_2\qquad\qquad\qquad\qquad\qquad\qquad\; CH_2$$

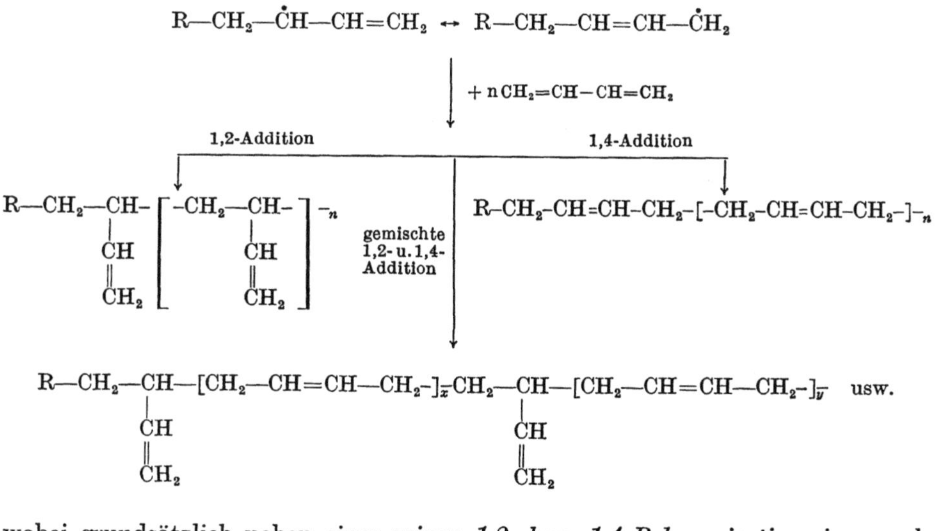

wobei grundsätzlich neben einer *reinen 1,2- bzw. 1,4-Polymerisation* eine regel- oder unregelmäßig *gemischte* 1,2- und 1,4-Polymerisation möglich ist. Entsprechende Untersuchungen haben gezeigt, daß bei der Radikalpolymerisation des Butadiens das *Verhältnis* von 1,2- zu 1,4-Addition wie *1 : 4* ist[1]. Das gleiche Problem erhebt sich auch bei der *Mischpolymerisation* von Dienen mit Enen,

---

[1] KOLTHOFF, I. M., T. S. LEE u. M. A. MAISS: J. Polymer Sci. 2, 220 (1947). — MARVEL, C. S., W. J. BAILEY u. G. E. INSKEEP: J. Polymer Sci. 1, 275 (1946). — Das Verhältnis 1,2-Add. : 1,4-Add. = 1 : 4 ist ziemlich temperaturunabhängig.

z. B. Butadien und Acrylnitril:

$$\begin{array}{l} R{-}CH_2{-}\underset{\displaystyle \underset{\displaystyle CH_2}{\overset{\|}{CH}}}{\overset{}{\underset{|}{CH}}}{-}[CH_2{-}CH(CN){-}]_n \end{array} \quad \text{bzw.} \quad R{-}CH_2{-}CH{=}CH{-}CH_2{-}[CH_2{-}CH(CN){-}]_n \quad \text{usw.}$$

Im letzteren Fall soll die Reaktion sich überwiegend durch 1,4-Addition vollziehen[1].

Besonderes wissenschaftliches Interesse verdient die durch *Alkalimetalle* bewirkte Polymerisation des Butadiens zum „Zahlen"-Buna.

Bei der Einwirkung von Alkalimetallen wie Natrium auf Butadien nimmt man als Primärprodukt die Bildung der nachstehend formulierten Verbindung[2] an:

$$Na{-}CH_2{-}CH{=}CH{-}CH_2{-}Na$$

Dieser Vorgang könnte sich in zwei Stufen abspielen, indem zunächst ein Elektron des Alkalimetalls an das Diensystem unter Radikal-Anionenbildung übertragen wird und anschließend ein zweites Elektron unter Bildung des *Dicarbeniations* aufgenommen wird:

$$CH_2{=}CH{-}CH{=}CH_2 + Na\cdot \rightarrow [|CH_2{-}CH{=}CH{-}CH_2\cdot]^{\ominus} Na^{\oplus}$$
$$\xrightarrow{+Na\cdot} [|CH_2{-}CH{=}CH{-}CH_2|]^{2\ominus}\, 2Na^{\oplus}$$

Zumindest für einen teilweisen derartigen Verlauf spricht die Bildung von *Dimeren*, die man sich durch Vereinigung der intermediär gebildeten anionischen Radikale entstanden denken kann:

$$2\,[|CH_2{-}CH{=}CH{-}CH_2\cdot]^{\ominus} Na^{\oplus} \rightarrow$$
$$\left[\begin{array}{l} |CH_2{-}CH{=}CH{-}CH_2 \\ \qquad\qquad\qquad\quad | \\ |CH_2{-}CH{=}CH{-}CH_2 \end{array}\right]^{2\ominus} 2\,Na^{\oplus}$$

Diese Alkalianionenverbindungen reagieren mit Wasser, Alkohol oder anderen Stoffen mit genügend beweglichen Protonen, indem sie diesen „stärkeren" Säuren die Protonen entreißen unter Bildung von z. B. Alkalialkoholaten und den 1,4-Hydrierungsprodukten der Diene. Da die Hydrierung vor allem mit „alkalisch nascierendem Wasserstoff" bei den Dienen ebenfalls unter eindeutiger 1,4-Addition verläuft, nimmt man für diese einen analogen Reaktionsablauf an.

Wenngleich der Primärvorgang die Abgabe eines Elektrons vom Alkaliatom und dessen Aufnahme (als Kation) an ein Ende des Diensystems sein dürfte, so ist damit der Vorgang wohl doch nicht vollständig erfaßt. Der Wechsel der Alkaliatome läßt z. B. an der verschiedenen Farbigkeit der zwischendurch entstehenden Alkali-Verbindungen erkennen, daß über die reine Elektromerie hinaus doch weitere Beziehungen der organischen Molekel zum Metallatom oder Kation bestehen müssen, Beziehungen, die heute noch nicht klar zu deuten sind.

Nach den Untersuchungen von K. ZIEGLER u. Mitarbb. entstehen bei der durch alkaliorganische Verbindungen bewirkten Polymerisation von Dienen primär Zwischenprodukte wie[3]:

$$Na{-}CH_2{-}CH{=}CH{-}CH_2{-}R \quad \text{oder} \quad CH_2{=}CH{-}\underset{\displaystyle Na}{\underset{|}{CH}}{-}CH_2{-}R$$

---

[1] THOMPSON, H. W., u. P. TORKINGTON: J. Chem. Soc. (London) **1944**, 597.

[2] ZIEGLER, K., F. DERSCH u. H. WOLLTHAN: Liebigs Ann. **511**, 13 (1934). — ZIEGLER, K., H. GRIMM u. R. WILLER: Liebigs Ann. **542**, 90 (1939). — ZIEGLER, K., u. L. JACOB: Liebigs Ann. **511**, 45 (1934). — ZIEGLER, K., L. JACOB, H. WOLLTHAN u. A. WENZ: Liebigs Ann. **511**, 68 (1934).

[3] Derartige Zwischenprodukte lassen sich als 1,2 Addukte des Tritylnatriums an Butadien mit Bortriphenyl abfangen. G. WITTIG u. H. SCHLÖDER, Liebigs Ann. **592**, 38 (1955).

die dann in analogen Folgereaktionen, wiederum als *Alkylalkaliverbindung*

$$Na[CH_2—CH=CH—CH_2R]$$

sich an neue Butadienmolekeln gleichermaßen anlagern unter Bildung der polymeren Stoffe:

$$Na[CH_2—CH=CH—CH_2\text{-}]_n CH_2—CH=CH—CH_2—R$$

Die niedermolekularen Glieder lassen sich bei der Einwirkung von Lithium auf Dimethylbutadien wegen der hier langsam verlaufenden Reaktion im Gegensatz zu der rasch ablaufenden Polymerisation des Butadiens mit metallischem Natrium sogar in Substanz isolieren. Aus Analogiegründen wird die letztgenannte Reaktion auch als eine metallorganische Synthese angesehen, bei der das Metall „durch die wachsende Kette hindurch wandert"[1]. Gegen diese Vorstellung wurden verschiedene Einwände erhoben. Zunächst sind die von K. ZIEGLER isolierten Zwischenprodukte bei großen Konzentrationen an Katalysator und geringen an Monoenen aufgefunden worden, also unter den einer typischen Polymerisation entgegengesetzten Bedingungen. Ferner wurde von B. Eistert darauf hingewiesen, daß man die alkaliorganischen Verbindungen auch als *komplexe Ionen* auffassen könnte mit einem organischen Anion (Carbeniation):

$$[R—CH_2—CH=CH—CH_2]^{\ominus} Na^{\oplus}$$

Die Polymerisation könnte sich demgemäß als *Anionenkettenpolymerisation* vollziehen. Aus dem Ergebnis von Mischpolymerisationen von Butadien mit geeigneten „Olefinen" ergibt sich aber, daß gerade Butadien sehr wenig Neigung zeigt, nach einem anionischen Mechanismus zu polymerisieren. Auch ist Butadien mit Natrium in flüssigem Ammoniak nicht polymerisierbar, im Gegensatz zu der sofort und quantitativ verlaufenden analogen, anionischen Polymerisation etwa des Methacrylnitrils.

Es besteht aber auch die Möglichkeit des Auftretens von *Radikalketten*:

$$Na—CH_2—CH=CH—CH_2\cdot + (\times CH_2—CH=CH—CH_2\times)_n (\uparrow\downarrow) \rightarrow$$

$$Na—CH_2—CH=CH—CH_2\text{-}\left[\text{-}CH_2—CH=CH—CH_2\text{-}\right]_{n-1}\text{-}CH_2—CH=CH—\dot{C}H_2$$

worauf der mitunter beobachtete explosionsartige Verlauf der Alkalimetallpolymerisation der Diene sowie die Dimerenbildung schließen lassen[2].

Die Polymerisation von Dienen mit Alkalimetallen verläuft offenbar *heterogen* an der Metalloberfläche bzw. in der nach Beginn der Reaktion die Metalloberfläche bald bedeckenden Polymerenschicht. Durch Abtrennung des Alkalimetalls von dem übrigen Reaktionsgemisch kommt die Weiterpolymerisation zum Stillstand. Außerdem findet man im Polymeren kein Alkalimetall. Diese Befunde lassen sich eher mit einer radikalischen als mit einer anionischen oder metallorganischen Polymerisationsreaktion vereinbaren. Sauerstoff, auch Kohlendioxyd[3], hemmen die Polymerisation. Auffällig ist die starke *Temperaturabhängigkeit* des 1,2- bzw. 1,4-Additionsverhältnisses bei der Alkalimetallpolymerisation des Butadiens. Bei —50° erhält man fast ausschließlich 1,2-Addukte, bei +100° praktisch nur 1,4-Addukte[4], ganz im Gegensatz zu der mit freien Radikalen gestarteten

[1] Zusammenfassende Darstellung s. K. ZIEGLER: Angew. Chem. **49**, 499 (1936).

[2] Weiteres zu dieser Auffassung einer Radikalpolymerisation z. B. von Isopren s. J. L. BOLLAND: Proc. Roy. Soc. (London) [A] **178**, 24 (1941).

[3] ROBERTSON, R. E., u. L. MARION: Canad. J. Res. B. **26**, 657 (1948).

[4] ROSS, R. M.: J. Amer. Chem. Soc. **71**, 1130 (1949). — SCHULZ, G. V.: Ber. dtsch. chem. Ges. **74**, 1766 (1941). — ZIEGLER, K., H. GRIMM u. R. WILLER: Liebigs Ann. **542**, 90 (1939).

Reaktion mit ihrem konstanten und temperaturunabhängigen Verhältnis 1,2-Add. : 1,4-Add. = 1 : 4. Aus den bisher vorliegenden Untersuchungen über die Polymerisation von Dienen mit Alkalimetallen oder alkaliorganischen Verbindungen kann man mit aller Vorsicht schließen, daß ein *Ionenmechanismus*, vor allem eine Carbanion-Reaktion, wohl *nicht* zur Deutung der experimentellen Befunde geeignet ist und ebenso die Erklärung mittels einer typischen *Radikalketten-Polymerisation* auch *nicht* ganz zutreffend sein wird. Sicher bilden sich primär an der Metalloberfläche *alkaliorganische Verbindungen*, die den Start der Reaktion bedingen. Das Versagen der bisherigen Erklärungsversuche dürfte eng mit der Frage zusammenhängen, wie die Bindung zwischen Alkalimetall und organischer Molekel in den Alkalialkylen des hier in Betracht kommenden Typus vorliegt. Es ist auch schwierig, niedermolekulare Reaktionen der Alkalialkyle einheitlich etwa über die Carbanionenbildung allgemein zutreffend zu deuten. Mit der Lösung des Problems des Zustandes der Bindung Alkalimetall-Kohlenstoff[1] dürfte die Lösung der Frage des Mechanismus der Alkalimetallpolymerisation der Diene zusammenhängen.

γ) Substitutions- und Abspaltungs-Reaktionen von Dienen

Mit dem Vorgang der Addition ist die Substitution unter Abspaltung insbesondere kleiner Molekeln wie HX, H_2O, H_2S, NH_3 usw. bei den konjugierten Systemen ebenso eng verbunden wie der gleiche Vorgang bei den Monoenen. Hier wie dort ist die Ausbildung eines primären 1,2- oder 1,4-Adduktes, aus dem sich sekundär HX oder HOH usw. abspaltet, nicht unbedingt nötig. Unter geeigneten Versuchsbedingungen und bei geeigneten Stoffen kann aus der bei der Addition zunächst entstehenden monoradikalischen oder ionischen Zwischenstufe beispielsweise ein H-Atom oder ein Proton den Molekelverband verlassen, wobei das Substitutionsprodukt als Endstoff der Reaktion entsteht:

$$\begin{array}{c} CH_2-\overset{\bullet}{CH}-CH=CH_2 \leftrightarrow CH_2-CH=CH-CH_2\bullet \\ | \qquad\qquad\qquad\qquad\qquad | \\ Br \qquad\qquad\qquad\qquad\qquad Br \end{array} \xrightarrow{-H\bullet}$$

$$\begin{array}{c} \bullet CH-\overset{\bullet}{CH}-CH=CH_2 \leftrightarrow CH=CH-CH=CH_2 \text{ bzw.} \\ | \qquad\qquad\qquad\qquad\qquad | \\ Br \qquad\qquad\qquad\qquad\qquad Br \end{array}$$

$$\begin{array}{c} \bullet CH-CH=CH-CH_2\bullet \leftrightarrow CH=CH-CH=CH_2 \text{ oder} \\ | \qquad\qquad\qquad\qquad\qquad | \\ Br \qquad\qquad\qquad\qquad\qquad Br \end{array}$$

$$\begin{array}{c} CH_2-\overset{\oplus}{CH}-CH=CH_2 \leftrightarrow CH_2-CH=CH-\overset{\oplus}{CH_2} \\ | \qquad\qquad\qquad\qquad\qquad | \\ Br \qquad\qquad\qquad\qquad\qquad Br \end{array} \xrightarrow{-H^\oplus}$$

$$\begin{array}{c} \overset{\ominus}{CH}-\overset{\oplus}{CH}-CH=CH_2 \leftrightarrow |\overset{\ominus}{CH}-CH=CH-\overset{\oplus}{CH_2} \leftrightarrow CH=CH-CH=CH_2 \\ | \qquad\qquad\qquad\qquad | \qquad\qquad\qquad\qquad | \\ Br \qquad\qquad\qquad\qquad Br \qquad\qquad\qquad\qquad Br \end{array}$$

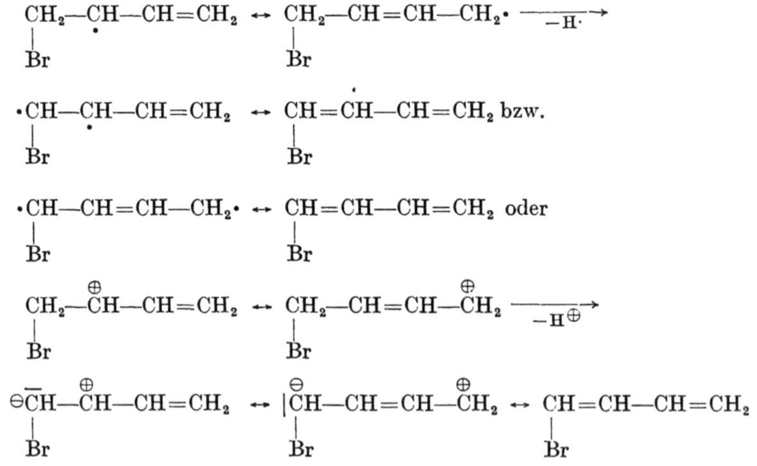

Gegenüber den zu Monoenen führenden Abspaltungsreaktionen kommt hier lediglich die Ausbildung *konjugierter Systeme* hinzu, die ein solche Reaktionen begünstigendes Moment darstellt.

---

[1] Vgl. hierzu die Arbeiten von G. WITTIG u. Mitarb. über die Komplexbildung von alkaliorg. Verbb. mit Triphenylbor: Liebigs Ann. **563**, 110 (1949); **566**, 101 (1950); **573**, 195 (1951); s. a. G. WITTIG u. Mitarb.: Angew. Chem. **53**, 241 (1940); **66**, 10 (1954).

d) Polyene

Systeme, die eine längere Folge konjugierter Doppelbindungen enthalten, heißen Polyene. Sie haben durch ihre Beziehungen zu wichtigen Naturstoffen besondere Bedeutung und sind auch in theoretischer Hinsicht interessante Verbindungen. Während in einem Dien der *Abstand* der mittleren C-Atome noch deutlich verschieden von dem Abstand der doppelt gebundenen C-Atome ist, sollen nach den theoretischen Berechnungen von J. E. LENNARD-JONES und C. A. COULSON[1] die Unterschiede dieser C=C- und C—C-Abstände mit zunehmender Länge der Polyenketten immer geringer werden und sich einem *Grenzwert* von 1,39 Å nähern:

$$H_2C{=}CH{-}CH{=}CH{-}CH{=}CH{-}CH{=}CH{-}CH{-}$$

1,355 1,377 1,383 1,386

1,419 1,407 1,403 1,394

In der Nähe der Mitte einer langen Polyenkette wären demnach die C—C-Abstände annähernd gleich und sehr ähnlich dem C—C-Abstand in einem zum Ring geschlossenen „Polyen" wie dem Benzol. In sterischer Hinsicht bedeutet dies ein Sinken der Existenzmöglichkeiten cis-trans-isomerer Formen bzw. eine Zunahme der Labilität gewisser sterischer Konfigurationen. Auf Grund der bekannten Raumerfüllung von Methylgruppen läßt sich bei den aus Isoprenbausteinen zusammengesetzten Carotinoiden wie z. B. dem Lycopin abschätzen, daß *cis-Anordnungen* hier nur bei Doppelbindungen des Typus:

$$=CH{-}HC{=}\underset{\displaystyle R}{\underset{|}{C}}{-}CH{=}CH{-}$$

möglich sind, die von zwei =CH-Gruppen flankiert sind. Demgemäß soll sich etwa in einem C_{40}-Carotinoid meist nur an *einer* Doppelbindung eines jeden Isoprenteils der aliphatischen Kette eine cis-Stellung ausbilden. Als Ausnahme erscheint die *zentrale Doppelbindung*, die infolge ihrer besonderen Lage in chemischer wie stereochemischer Hinsicht ausgezeichnet erscheint. Daraus folgen für β-Carotin 20, Lycopin 72, α-Carotin 32 und γ-Carotin 64 mögliche Stereoisomere[2]. Präparativ sind neben den *all-trans-Formen*, den langgestreckten Formen:

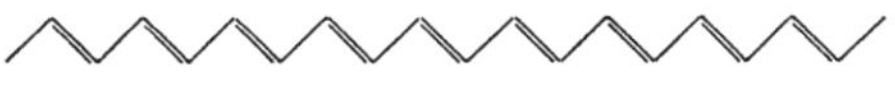

eine Reihe von cis-Formen bekannt geworden. Sie zeichnen sich durch niedrigeren Schmelzpunkt, größere Löslichkeit, Verschiebung der UV-Absorption, Umlagerungsfähigkeit, also durch das für cis-trans-Isomere charakteristische Verhalten aus. Gewisse cis-Carotine weisen ein ausgeprägtes Maximum der Lichtabsorption bei 320—340 mμ auf, den sogenannten „cis-peak". Derartige Moleküle sollen eine V-förmige Gestalt, z. B.:

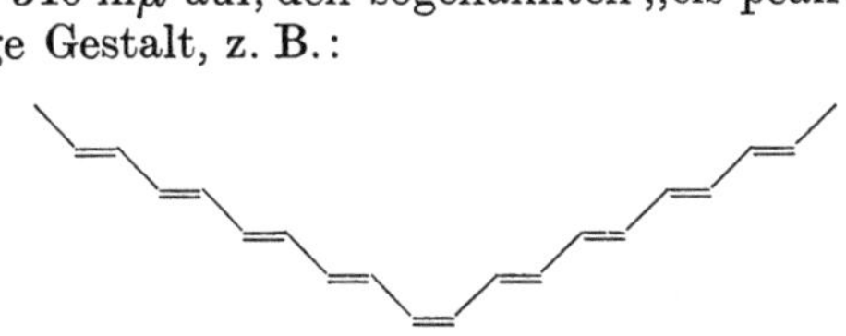

[1] LENNARD-JONES, J. E., u. C. A. COULSON: Trans. Faraday Soc. **35**, 811 (1935). — COULSON, C. A.: Proc. Roy. Soc. (London) [A] **169**, 413 (1939); J. Chem. Phys. **7**, 1069 (1939).

[2] Vgl. hierzu H. H. INHOFFEN u. H. SIEMER: Synthetische Chemie der Carotinoide, in Fortschr. Chem. org. Naturst. **9**, 1ff. (1952).

also eine *zentrale cis-Bindung* besitzen.

Die Besonderheit der zentralen Bindung einer langen Polyenkette kommt auch im *chemischen Verhalten* zum Ausdruck, hier bricht das Molekül relativ leicht auseinander.

So entsteht durch hydrolytische, fermentative Spaltung aus dem β-Carotin das *Wachstumsvitamin A*:

$$\text{CH}=\text{CH}-\overset{|}{\underset{\text{CH}_3}{\text{C}}}=\text{CH}-\text{CH}=\text{CH}-\overset{|}{\underset{\text{CH}_3}{\text{C}}}=\text{CH}-\text{CH}=\text{CH}-\text{CH}=\overset{|}{\underset{\text{CH}_3}{\text{C}}}-\text{CH}=\text{CH}-\text{CH}=\overset{|}{\underset{\text{CH}_3}{\text{C}}}-\text{CH}=\text{CH}$$
$$\text{HOH} \updownarrow \text{HOH}$$

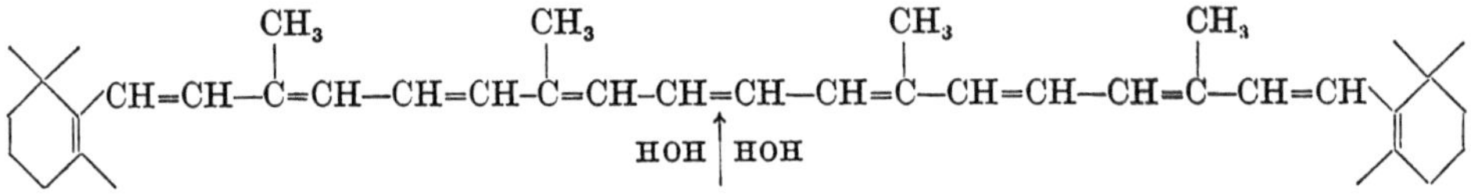

Schließlich weist auch das *magnetische Verhalten* der Polyene eine Besonderheit auf insofern, als das der Doppelbindung zukommende kleine paramagnetische Inkrement vom Dien (jedenfalls bei den untersuchten ω, ω'-Di- und -Tetraphenylpolyenen) an aufwärts konstant ist[1]. Es sieht hiernach so aus, als ob die Einführung einer dritten, vierten usw. Doppelbindung wegen der Angleichung der Abstände den Zustand der Gesamtelektronenwolke in magnetischer Hinsicht nicht mehr wesentlich beeinflußt. Dagegen nehmen die *Reaktionsfähigkeit* z. B. gegen Sauerstoff und die *Farbigkeit* der Polyene mit steigender Zahl der konjugierten Doppelbindungen zu.

Das für das physiologische Geschehen äußerst wichtige *Auseinanderbrechen* in der Mitte, z. B. des Carotinmoleküls, das Sinken der Zahl der nach VAN'T HOFF möglichen cis-trans-Isomeren, die besondere Stellung des V-cis-Isomeren sowie die Erhöhung der Reaktivität und der Farbigkeit ist also letzten Endes ein Ausdruck der besonderen Verteilung der π-Elektronen in einer ununterbrochenen Folge von konjugierten Doppelbindungen, einer Verteilung über die gesamte Molekel hinweg.

Nach dieser Betrachtung des reaktiven Verhaltens von Dienen und Polyenen sei noch einmal kurz zum Ausgangspunkt zurückgekommen.

Die von der THIELEschen *Partialvalenzhypothese* geforderte ausschließliche 1,4-Addition nach dem Formelschema:

$$\overset{|}{\text{CH}_2}-\text{CH}=\text{CH}-\overset{|}{\text{CH}_2}$$

ist auf Grund späterer experimenteller Beobachtungen in dieser Form nicht mehr zu vertreten. Aber es war eine geistreiche Hypothese, die den Anstoß zu vielen wertvollen Experimentaluntersuchungen gegeben hat. Bis zu einem gewissen Ausmaß erkennt auch die *quantenmechanische Deutung* des Bindungszustandes konjugierter Systeme eine Addition in 1,4-Stellung an, sei es ionisch über die Allylstellung oder radikalisch über eine Art Anhäufung von „Bindung" an den Enden des Systems, formal darstellbar mit der Grenzformel:

$$\times\text{CH}_2-\text{CH}=\text{CH}-\text{CH}_2\times \quad (\uparrow\downarrow)$$

Wir werden später (s. S. 345) sehen, daß man in gewisser Weise sogar eine quantentheoretische Begründung der THIELEschen Auffassung geben kann.

Das Bild vom Bindungszustand und den möglichen Reaktionen konjugierter Systeme wird nun dadurch verwickelter, daß an dem konjugierten System nicht nur $>\text{C}=\text{C}<$, sondern auch $>\text{C}=\text{O}$, $>\text{C}=\text{N}-$ usw.-Doppelbindungen teilnehmen können und weiterhin der Einfluß von Substituenten die Mesomerie in Richtung auf eine bestimmte Grenzformel hin mehr oder weniger ausgeprägt verschieben

---

[1] MÜLLER, EUGEN, u. J. DAMMERAU: Ber. dtsch. chem. Ges. **70**, 256 (1937).

kann. Bevor die Besprechung konjugierter Systeme, etwa des Typus $>C{=}\overset{|}{C}{-}\overset{|}{C}{=}O$ u. ä. fortgesetzt wird, ist es notwendig, den Bindungszustand und das reaktive Verhalten von Stoffen mit einer Carbonylgruppe ($>C{=}O$) näher kennen zu lernen.

II. Kohlenstoff-Sauerstoff-Doppelbindung

1. Carbonylgruppe in Aldehyden und Ketonen

a) Mesomerie der C=O-Gruppe

Die unterschiedliche *Elektronenaffinität* von Kohlenstoff und Sauerstoff läßt für eine Carbonyl-Doppelbindung ein anderes reaktives Verhalten als bei der Kohlenstoff-Kohlenstoff-Doppelbindung erwarten. Bei der Carbonylgruppe kann man von vornherein eine *Mesomerie* in Richtung auf eine polare Grenzformel voraussetzen:

a

Daher müssen sich auch die den *einsamen Elektronenpaaren* angehörenden Elektronen des Sauerstoffatoms $(2p_y)^2$ z. B. leichter abionisieren lassen, ihr Ionisationspotential sollte gegenüber dem des Sauerstoffatoms (13,5 eV) erniedrigt sein. Dies ist auch der Fall, wie das Beispiel des Formaldehyds zeigt, bei dem das betreffende Ionisierungspotential nur 11 eV beträgt. Ersatz von einem oder beiden Wasserstoffatomen im Formaldehyd durch eine Gruppe verschiedener Elektronenaffinität sollte schließlich ebenfalls das Ionisierungspotential der einsamen Elektronenpaare des Sauerstoffs beeinflussen. Einen solchen Zusammenhang zwischen der *Polarität* der Carbonylgruppe und diesem *Ionisierungspotential* ist von A. D WALSH[1] aufgezeigt worden (s. nebenstehende Tabelle).

C=O-Substanz	% Polarität	Ionisierungs-potential in eV
Kohlenmonoxyd	1	14,55
Kohlendioxyd . .	9	13,73
Glyoxal	29	~11,4
Formaldehyd . .	35	10,83
Aceton	42	10,2

Diese Effekte verdeutlichen die Schwierigkeiten, die sich der theoretischen Behandlung der Carbonylgruppe in organischen Verbindungen in den Weg stellen. Es ist daher nicht verwunderlich, daß eingehende theoretische Berechnungen des Bindungszustandes der Carbonyl-Doppelbindung ähnlich der Kohlenstoff-Kohlenstoff-Doppelbindung noch nicht ausgeführt worden sind.

Neben der Mesomerie der Carbonylgruppe in Richtung auf polare Grenzformeln (a) spielt bei einigen Reaktionen und bei der Einwirkung von Licht geeigneter Wellenlänge offensichtlich auch eine *radikalische Grenzformel* b eine Rolle[2]:

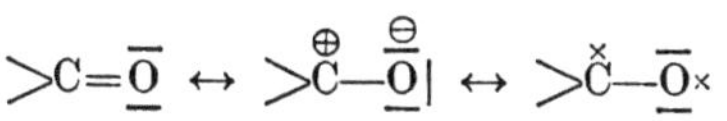

a b

---

[1] WALSH, A. D.: Trans. Faraday Soc. **43**, 158 (1947).

[2] Ob es sich bei der Grenzformel $>\overset{\times}{C}{-}O^{\times}$ um ein Biradikal, π-Elektronen mit parallelem Spin (↑↑), oder um ein echtes Doppelradikal handelt, ↑↓ : ↑↑ = 1 : 3, ist noch nicht entschieden.

Die Mesomerie der Carbonylgruppe wird, worauf schon die im vorangehenden wiedergegebene Tabelle der Ionisierungspotentiale hinweist, weitgehend von der Natur der *Substituenten* R und R':

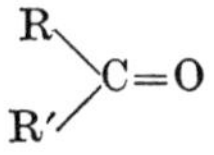

$$\begin{matrix} R \\ R' \end{matrix} C=O \qquad \begin{array}{l} R=R'=H;\ R=H,\ R'=Alkyl\ od.\ Aryl\ (Aldehyde) \\ R=R'=Alkyl\ oder\ Aryl\ (Ketone) \end{array}$$

abhängig sein. Sind die Substituenten R und R' gesättigte aliphatische Ketten, so ist ihr Einfluß auf die Mesomerie der Carbonylgruppe relativ gering (vgl. Kap. Hyperkonjugation, S. 410). Die Verhältnisse werden aber ganz anders, wenn die Substituenten *einsame Elektronenpaare* oder *π-Elektronen* (ungesättigte Reste) besitzen und in einer solchen Stellung zur Carbonyldoppelbindung stehen, daß *Konjugation* eintreten kann. Solche Substituenten vermögen sich dann an der Mesomerie zu beteiligen, indem sie die bei der Polarisierung der >C=O-Gruppe am Kohlenstoff entstehende Oktettlücke — genauer wäre „Stelle geringerer Elektronendichte" — mehr oder weniger „auffüllen"[1]. So kann z. B. in der folgenden Formulierung d der Stickstoff einer *Amino-Gruppe* durch Anteiligwerden eines einsamen Elektronenpaars in folgender formaler Weise an der Mesomerie der CO-Gruppe teilnehmen:

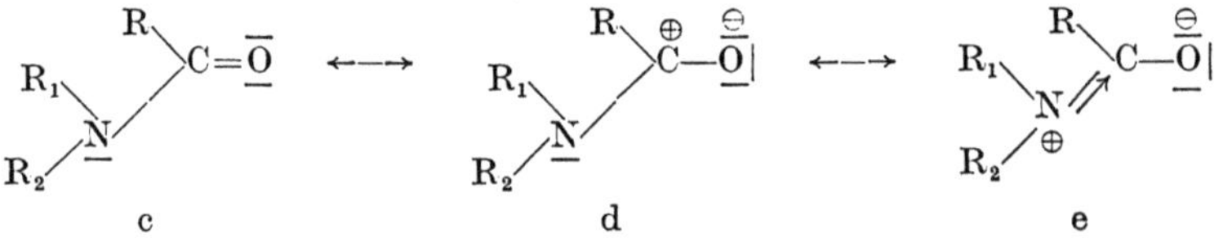

$$\underset{c}{\begin{matrix} R \\ R_1-N-C=\overline{O} \\ R_2 \end{matrix}} \longleftrightarrow \underset{d}{\begin{matrix} R \\ R_1-N-\overset{\oplus}{C}-\overline{\underline{O}}{}^{\ominus}| \\ R_2 \end{matrix}} \longleftrightarrow \underset{e}{\begin{matrix} R \\ R_1-\overset{\oplus}{N}=C-\overline{\underline{O}}{}^{\ominus}| \\ R_2 \end{matrix}}$$

Das Elektronensystem verschmilzt sozusagen zu einer Einheit, es stellt sich eine Zwischenlage ein, die von den Formeln c ↔ d ↔ e eingrenzend beschrieben wird. Das Ausmaß dieser Elektronenverschiebung hängt zunächst von den verschiedenen Substituenten ab und kann u. U. durch geeignete *Lösungsmittel* begünstigt oder verhindert werden. Eine solche Verschiebung der π-Elektronen wird sich auch irgendwie im *Dipolmoment* der Verbindungen, übrigens auch im *magnetischen Verhalten*, bemerkbar machen[2]. Die hier für Carbonamide gemachten Ausführungen gelten sinngemäß auch für andere Substituenten, die einsame Elektronenpaare oder π-Elektronen mitbringen (O, S, C=C usw.).

Im übrigen erscheint weniger die schon vorhandene Polarisation als eine noch mögliche *Polarisierung im Übergangszustand* für das reaktive Verhalten von Stoffen mit >C=O-Gruppen maßgebend zu sein. Zum Unterschied von C=C-Doppelbindungen ist aber im Falle der C=O-Doppelbindung durch die unterschiedliche Elektronenaffinität der an der Doppelbindung beteiligten Atome die *Richtung* der Polarisierbarkeit von vornherein *festgelegt*. Daher werden sich Atome oder Atomgruppen mit einsamen Elektronenpaaren, also auch Anionen, stets an den *positivierten Kohlenstoff* (nucleophile Reagentien), Protonen und allenfalls auch geeignete Kationen an den *negativierten Sauerstoff* der C=O-Doppelbindung anlagern (elektrophile Reagentien). Aber die Tendenz zur Einlagerung sowie die Beständigkeit der entstehenden Stoffe wird weitgehend durch die Natur der Substituenten bestimmt und auch katalytisch beeinflußbar sein.

---

[1] MARSDEN, R. J. B., u. L. E. SUTTON: J. Chem. Soc. (London) **1936**, 1383.
[2] KUMLER, W. D., u. C. W. PORTER: J. Amer. Chem. Soc. **56**, 2549 (1934). — STEVENSON, D. P., H. D. BURNHAM u. V. SCHOMAKER: J. Amer. Chem. Soc. **61**, 2922 (1939); s. a. H. A. STUART: Struktur des freien Moleküls, S. 312f. Berlin-Göttingen-Heidelberg: Springer-Verlag 1952.

b) Additionsreaktionen der C=O-Doppelbindung

α) Ionische Reaktionen

In der polaren Grenzformel einer Carbonyldoppelbindung:

$$\ce{>C=\overline{O}} \leftrightarrow \ce{>\overset{\oplus}{C}-\overset{\ominus}{\overline{O}}|}$$

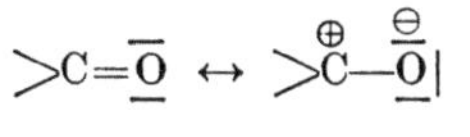

bedeutet entsprechend der Stellung der beiden an der Doppelbindung beteiligten Elemente im Periodensystem das Auftreten negativer Ladung am Sauerstoff für dieses Element keinen so ungewöhnlichen Zustand wie der Elektronenmangel am Kohlenstoffatom, das von sich aus wenig Neigung hat, Elektronen abzugeben oder aufzunehmen, also in den Ionenzustand überzugehen. Man wird daher bei solchen Reaktionen bevorzugt die Absättigung der Elektronenlücke am Kohlenstoffatom, also eine Reaktion mit *nucleophilen Reagentien* erwarten dürfen:

$$\ce{>\overset{\oplus}{C}-\overset{\ominus}{\overline{O}}|} + |X^{\ominus} \rightarrow \ce{>C-\overset{\ominus}{\overline{O}}|} \atop \uparrow \atop X$$

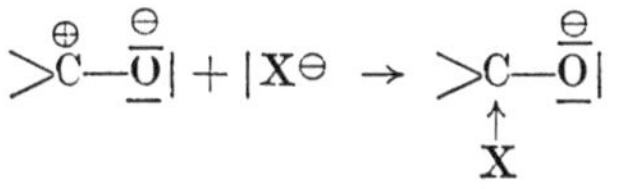

Reaktionen dieser Art lassen sich durch Zugeben von *Säuren katalytisch* beeinflussen. Das Proton addiert sich naturgemäß am Sauerstoff der Carbonylgruppe, wobei formal folgende Möglichkeiten gegeben sind:

$$\left\{\ce{>C=\overline{O}} \leftrightarrow \ce{>\overset{\oplus}{C}-\overset{\ominus}{\overline{O}}|}\right\} + H^{\oplus} \rightarrow \left\{\ce{>C=\overset{\oplus}{\underline{O}}-H} \leftrightarrow \ce{>\overset{\oplus}{C}-\overline{O}-H}\right\}$$

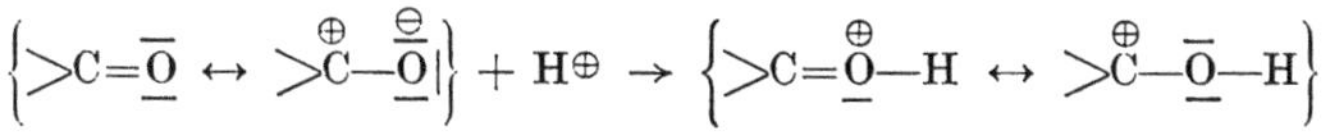

Da Oxonium- und Carbenium-anordnungen energetisch wenig voneinander verschieden sind, bedeutet letzthin die Addition eines Protons eine „Aufrichtung" der C=O-Doppelbindung zu der Carbeniumformel unter Steigerung der Aufnahmefähigkeit der Carbonylgruppe gegenüber nucleophilen Reagentien. Als solche können einsame Elektronenpaare, z. B. des Sauerstoffatoms, im *Wasser* fungieren, wobei nach:

$$\ce{\underset{R_1}{\overset{R}{>}}\overset{\oplus}{C}-\overset{\ominus}{\overline{O}}|} + H-\overline{O}-H \rightleftharpoons \ce{\underset{R_1}{\overset{R}{>}}C-\overset{\ominus}{\overline{O}}|} \atop | \atop \overset{\oplus}{|}O-H \atop | \atop H$$

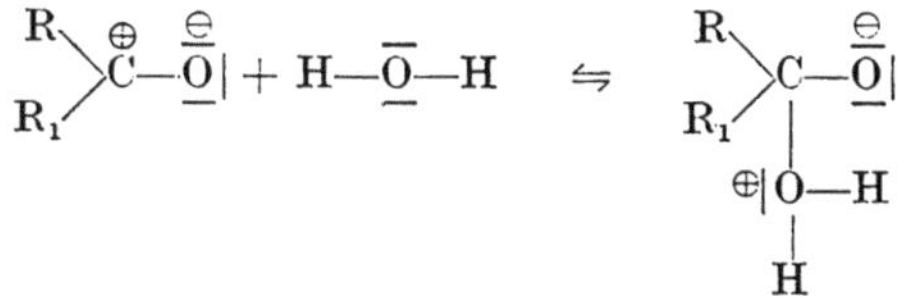

und Stabilisierung unter Protonenwanderung z. B. die *Aldehydhydrate* (R_1=H) entstehen:

$$\ce{\underset{R_1}{\overset{R}{>}}C\underset{\underset{\oplus}{O}-H}{\overset{\overline{O}|^{\ominus}}{<}}(H)} \rightleftharpoons \ce{\underset{R_1}{\overset{R}{>}}C\underset{\overline{O}-H}{\overset{\overline{O}-H}{<}}}$$

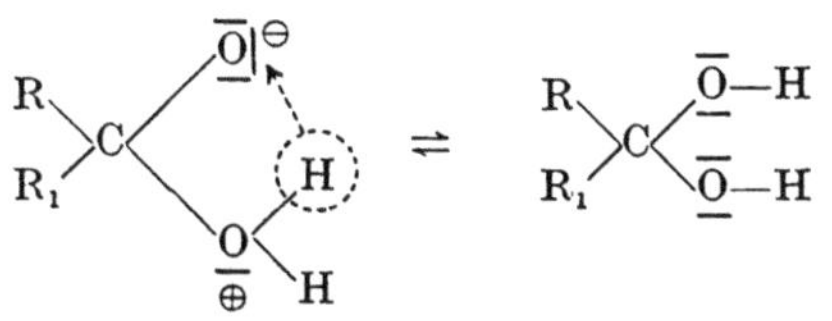

Die Reaktion ist eine typische *Gleichgewichtsreaktion* und als solche unter geeigneten Bedingungen umkehrbar. Die Stabilität der entstehenden Hydrate ist bei den verschiedenen Carbonylverbindungen aber in sehr charakteristischer Weise verschieden. Bekannt ist die außergewöhnlich hohe Stabilität des Chloralhydrats, während der Acetaldehyd selbst nur wenig hydratisiert ist. Im *Chloral*

üben die drei Chloratome einen sehr starken induktiven Effekt auf das C-Atom der Carbonylgruppe aus und verstärken so die Neigung zur „Aufrichtung" der Carbonylgruppe und damit die Fähigkeit zur Aufnahme nucleophiler Addenden:

$$\text{Cl}_3\text{C--C(H)=O}^{\ominus}$$

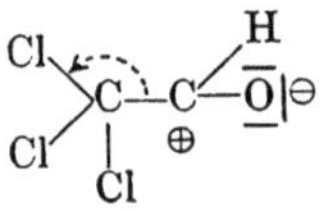

Ähnlich liegt der Fall beim *Mesoxalsäureester*, ROOC—CO—COOR, beim *Alloxan* und ähnlichen Verbindungen.

Für die Anlagerung von Alkoholen, die *Acetalbildung*, gilt das gleiche wie für die Wasseraddition. Die Bildung stabiler Acetale gelingt nicht nur bei Stoffen vom Typus des Chlorals, sondern läßt sich recht allgemein bei Gegenwart einer *katalytischen Menge Mineralsäure* durchführen:

$$>\!C\!=\!\bar{O} + H^{\oplus} \rightleftarrows \left\{ >\!C\!=\!\overset{\oplus}{\bar{O}}\!-\!H \longleftrightarrow >\!\overset{\oplus}{C}\!-\!\bar{O}\!-\!H \right\}$$
$$\qquad\qquad\qquad\qquad\quad a \qquad\qquad\qquad\quad b$$

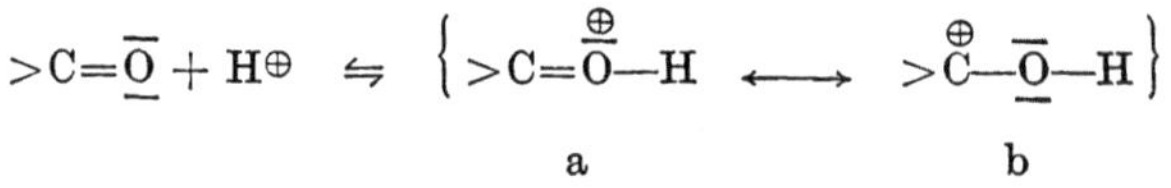

Wie bei der Hydratisierung liegt auch hier das Gleichgewicht sehr zugunsten der Komponenten. Gelegentlich lassen sich aber entsprechende Komplexverbindungen isolieren[1], deren Beständigkeit ihre Ursache z. T. in der Möglichkeit zur inneren Auffüllung des C-Elektronensextetts besitzt, z. B.:

$$\text{CH}_3\text{--C(=O)--\bar{O}--R} + \text{HClO}_4 \rightarrow \left\{ \text{CH}_3\text{--C(=O)--\bar{O}--R} \longleftrightarrow \text{CH}_3\text{--}\overset{\oplus}{\text{C}}\text{--\bar{O}--R} \longleftrightarrow \right.$$
$$\qquad\qquad\qquad\qquad\qquad\quad |\overset{\oplus}{O}\text{--H} \qquad\qquad\qquad |\bar{O}\text{--H}$$

$$\left. \text{CH}_3\text{--C}=\overset{\oplus}{\bar{O}}\text{--R} \right\} \text{ClO}_4^{\ominus}$$
$$\qquad |\bar{O}\text{--H}$$

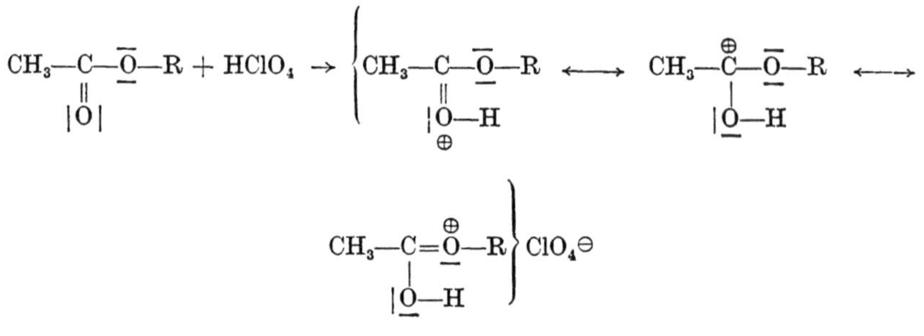

Bei der Acetalbildung lagert sich in das entstehende Carbeniumkation (b) ein einsames Elektronenpaar des Alkoholsauerstoffs ein:

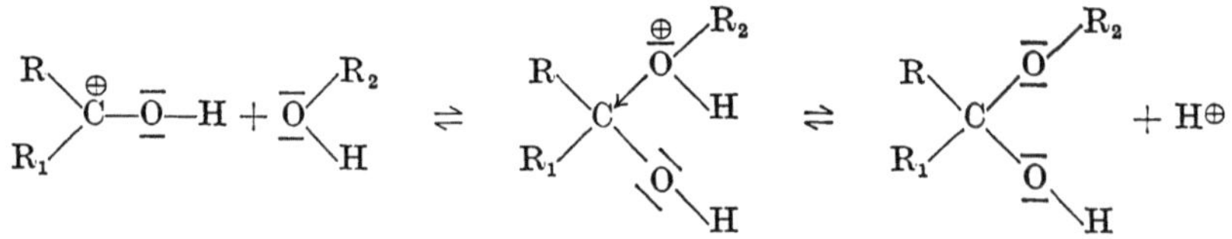

$$\begin{array}{c} R\\ \overset{\oplus}{C}\text{--\bar{O}--H} \\ R_1 \end{array} + \begin{array}{c} R_2\\ \bar{O}\\ H \end{array} \rightleftarrows \begin{array}{c} R\quad \overset{\oplus}{O}\!\!\diagup\! R_2\\ C\qquad H\\ R_1\quad \bar{O}\\ \qquad H \end{array} \rightleftarrows \begin{array}{c} R\quad \bar{O}\!\!\diagup\! R_2\\ C\\ R_1\quad \bar{O}\\ \qquad H \end{array} + H^{\oplus}$$
$$\qquad\qquad\qquad\qquad\qquad\qquad c$$

Dieses intermediär gebildete Addukt c kann sich unter Abspaltung des (katalytisch wirksamen) Protons stabilisieren, es entsteht ein *Halbacetal*. Erneute Aufnahme eines Protons an das Halbacetal führt unter Wasserabspaltung wieder zu einem mesomeriestabilisierten Carbeniumion, das noch einmal ein Molekül des Alkohols aufnehmen und sich dann unter Protonenabspaltung endgültig zum

---
[1] HANTZSCH, A., u. W. LANGBEIN: Z. anorg. Chem. **204**, 193 (1932).

Vollacetal stabilisieren kann:

$$R\underset{R_1}{\diagup}C\overset{\overline{O}-R_2}{\diagdown\overline{O}-H} + H^\ominus \rightleftarrows R\underset{R_1}{\diagup}C\overset{\overline{O}-R_2}{\diagdown\overset{\oplus}{O}\underset{\overline{}}{-}H}_H \rightleftarrows H_2O + R\underset{R_1}{\diagup}\overset{\oplus}{C}\overset{\overline{O}-R_2}{\diagdown}$$

$$\left\{R\underset{R_1}{\diagup}\overset{\oplus}{C}=\overline{O}-R_2 \leftrightarrow R\underset{R_1}{\diagup}\overset{\oplus}{C}-\overline{O}-R_2\right\} + \overline{O}\underset{H}{\diagdown}{}^{R_2} \rightleftarrows$$

$$\rightleftarrows R\underset{R_1}{\diagup}C\overset{\overset{\oplus}{O}\underset{H}{\diagdown}{}^{R_2}}{\diagdown OR_2} \rightleftarrows H^\oplus + R\underset{R_1}{\diagup}C\overset{\overline{O}-R_2}{\diagdown\overline{O}-R_2}$$

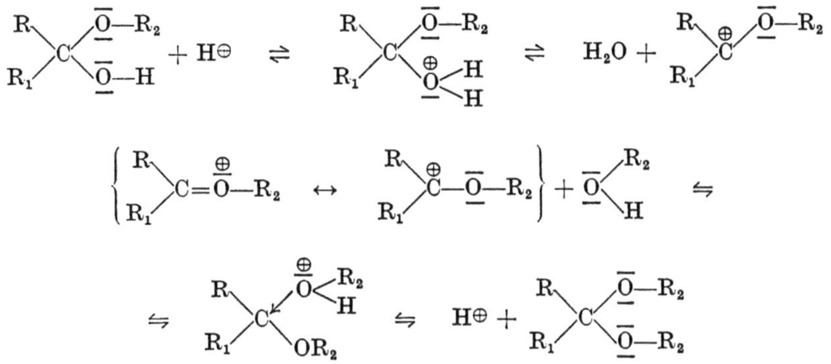

Da die verschiedenen zur Acetalbildung führenden Reaktionen *Gleichgewichtsreaktionen* sind, wird Alkoholüberschuß die Acetalbildung, dagegen Erwärmen mit verdünnten Säuren die Acetalspaltung befördern. Acetale und Ketale, bei denen die $>C=\overline{O}$-Mesomeriemöglichkeit aufgehoben ist, sind daher äußerst empfindlich gegen verdünnte wäßrige Mineralsäuren[1]. Die Reaktionsgeschwindigkeit der Acetalisierung bzw. Ketalisierung ist dagegen meist sehr gering, da hierbei die ursprüngliche Mesomerie der Carbonylgruppe aufgehoben werden muß. In präparativer Hinsicht bedeutet das ein meist längeres Erhitzen der zu acetalisierenden Verbindung mit einem großen *Alkoholüberschuß*. Gegen nucleophile Agentien wie $OH^\ominus$ (also Verseifung) sind die Vollacetale in Übereinstimmung mit ihrer Elektronenformel äußerst stabil.

Ganz analog der Acetalbildung verläuft auch die Bildung der etwas weniger säureempfindlichen Mercaptale aus Aldehyden und Mercaptanen[2].

Außer diesen durch Säuren katalysierten Reaktionen der Carbonylgruppe sind auch durch *Basen katalysierte* Reaktionen bekannt (vgl. hierzu auch den Abschnitt über Aldolkondensationen, S. 245). So findet die Addition von Cyanwasserstoff unter *Cyanhydrinbildung* nach den Untersuchungen von A. LAPWORTH[3] durch eine Basenkatalyse statt. Beispielsweise reagieren Aceton und Blausäure nur sehr langsam miteinander. Zugabe katalytischer Mengen von Kaliumcyanid beschleunigt die Cyanhydrinbildung erheblich. Der Vorgang läßt sich so deuten, daß das Cyananion sich in die Elektronenlücke der polarisierten Carbonylgruppe einlagert und das entstehende neue Anion sich durch Protonenaufnahme aus dem Cyanwasserstoff unter Bildung neuer nucleophil wirksamer Cyananionen stabilisiert:

$$\left\{>C=\overline{O} \leftrightarrow >\overset{\oplus}{C}-\overline{O}|^\ominus\right\} + |CN^\ominus \rightleftarrows >\underset{\underset{CN}{\uparrow}}{C}-\overline{O}|^\ominus,$$

$$>\underset{CN}{C}-\overline{O}|^\ominus + HCN \rightleftarrows >C\overset{\overline{O}-H}{\diagdown CN} + |CN^\ominus \text{ usw.}$$

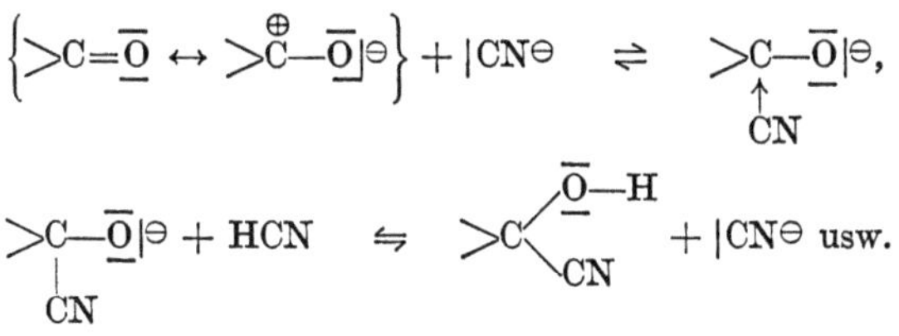

Es spielt sich eine Art *Kettenreaktion* mit dem Cyananion als Träger der Reaktionskette ab.

---

[1] Zum Mechanismus der sauren Hydrolyse der Acetale und Orthosäureester s. H. MEERWEIN u. Mitarb. Chem. Ber. **89**, 2062 (1956).
[2] CRONYN, M. C.: J. Amer. Chem. Soc. **74**, 1225 (1952).
[3] LAPWORTH, A.: J. Chem. Soc. (London) **83**, 995 (1903); **85**, 1206, 1214 (1904).

Das bei jedem Anlagerungsschritt des Cyanwasserstoffs wiederentstehende Cyananion läßt so die Reaktion vollständig ablaufen[1]. Die Reaktion ist aber *umkehrbar*, beispielsweise durch Zugabe stöchiometrischer Mengen von *Alkali* zu fertig gebildeten Cyanhydrinen. Geringe Mengen Säuren stabilisieren dagegen das Cyanhydrin, möglicherweise durch Abfangen nucleophil wirksamer Stoffe oder Anionen.

Die Bildung von Cyanhydrinen ist abhängig von der Konstitution der am Carbonylkohlenstoff befindlichen Atome oder Atomgruppen. Wie bereits im Voranstehenden erwähnt, kann sich hier ein so beträchtlicher Einfluß auf den Bindungszustand der Carbonyldoppelbindung und sterische Effekte bemerkbar machen, daß schließlich überhaupt kein Cyanwasserstoff mehr aufgenommen wird. So bilden zwar Benzaldehyd oder Acetophenon noch Cyanhydrine, nicht aber mehr das rein aromatische Keton, das Benzophenon (Mesomerieeffekt der Phenylgruppen s. S. 288). Charakteristische Unterschiede bei der Bildung der Cyanhydrine findet man auch bei den cyclischen Polymethylenketonen[2]. Bei den C_9—C_{11}-Ketonen ist die Bildung der Cyanhydrine sehr erschwert, das cyclische C_{10}-Keton scheint praktisch überhaupt nicht zu reagieren. Möglicherweise kommt hier ein sterischer Effekt zum Ausdruck, da in diesem Bereich die PITZERsche Spannung (s. S. 43) besonders groß ist.

Nahe verwandt der Cyanhydrinsynthese ist die zu *Benzoinen* führende Dimerisation aromatischer Aldehyde:

$$2 \, C_6H_5CHO \rightarrow C_6H_5CH(OH)COC_6H_5$$

Diese Kondensation wird sehr spezifisch durch *Alkali*- oder *Erdalkalicyanide* katalysiert. Man kann annehmen, daß zunächst durch eine nucleophile Reaktion das Cyananion an der polarisierten Carbonylgruppe des Aldehyds aufgenommen wird, dann aber die Reaktion wegen des Fehlens freier Blausäure einen anderen Weg als den der Cyanhydrinsynthese nimmt (Acyloinkondensation):

$$\left\{ R-\overset{H}{\underset{|}{C}}=\overline{O} \longleftrightarrow R-\overset{H}{\underset{\oplus}{\underset{|}{C}}}-\overline{O}^{\ominus} \right\} + CN^{\ominus} \rightleftarrows R-\overset{H}{\underset{|}{C}}\diagdown \overset{\overline{O}|^{\ominus}}{\underset{CN}{}}$$

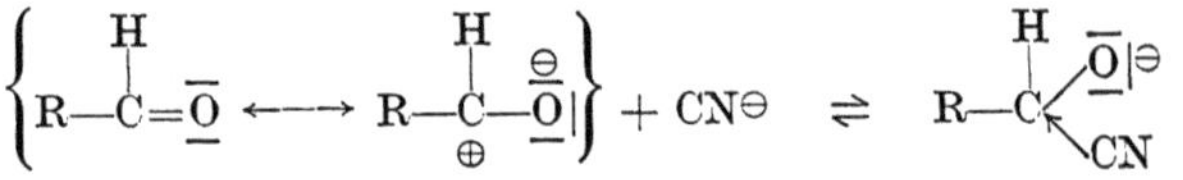

Dieses Anion enthält ein durch die Anwesenheit der Cyangruppe acidifiziertes H-Atom, wodurch eine *Protonenwanderung* zum Sauerstoffanion ermöglicht wird:

$$R-\overset{H}{\underset{CN}{\underset{|}{C}}}-\overline{O}|^{\ominus} \rightleftarrows R-\overset{\ominus}{\underset{CN}{\underset{|}{C}}}-\overline{O}-H$$

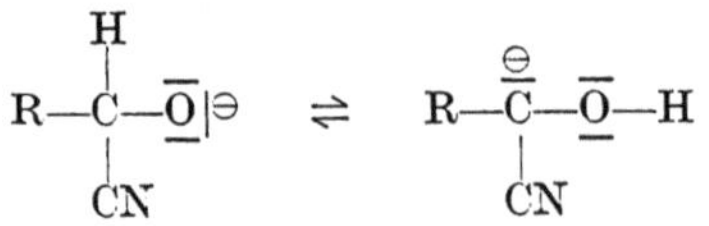

Das entstehende Carbeniatanion lagert sich an eine weitere Aldehydmolekel in der polarisierten Form im Übergangszustand an, wobei das folgende neue „dimere" Anion:

$$R-\overset{|\overline{O}-H}{\underset{CN}{\underset{|}{C}}}|^{\ominus} + \overset{H}{\underset{|\overline{O}|^{\ominus}}{\underset{|}{\oplus C}}}-R \rightleftarrows R-\overset{OH}{\underset{CN}{\underset{|}{C}}}\rightarrow\overset{H}{\underset{|\overline{O}|^{\ominus}}{\underset{|}{C}}}-R$$

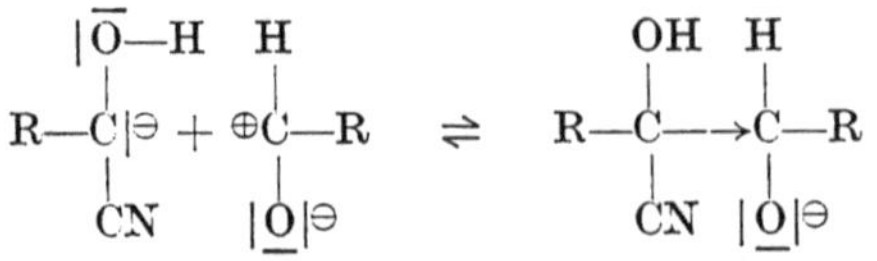

[1] Blausäure wird an Benzaldehyd in Gegenwart von optisch aktiven Basen wie Chinin oder Chinidin zu optisch aktivem, rechtsdrehenden Benzaldehydcyanhydrin angelagert. — BREDIG, G., u. P. S. FISKE: Biochem. Z. **46**, 7 (1912). — Hier kommen noch feinere Einflüsse der Reaktionslenkung durch die zugesetzten Basen zum Ausdruck.

[2] RUZICKA, L., P. A. PLATTNER u. H. WILD: Helvet. chim. Acta **28**, 613 (1945). — PRELOG, V., u. M. KOBELT: Helvet. chim. Acta **32**, 1187 (1949).

entsteht, das sich unter Wiederabspaltung des Cyananions und nochmaliger Prototropie zum Endprodukt, dem Benzoin, stabilisiert[1]:

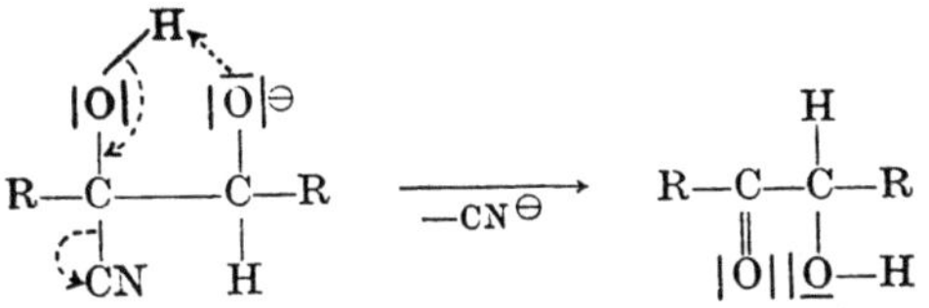

Die Spezifität der Cyananionenkatalyse der Benzoinkondensation ist insofern verständlich, als das sich nucleophil einlagernde Anion gleichzeitig das Wasserstoffatom der Aldehyd-C—H-Gruppe ausreichend acidifizieren muß. Ferner muß das neu entstehende Anion des Acyloins eine *stärkere Base* (größere Protonenaffinität!) als das katalysierende Anion sein, da nur dann dieser Reaktionsablauf sich mit katalytischen Mengen von Cyananionen abspielen kann. Im übrigen spielt auch der Rest R des an der Benzoinkondensation teilnehmenden Aldehydes eine Rolle. Die Aldehydgruppe muß einerseits am Kohlenstoffatom kationoid (a) wie auch andererseits anionoid (b) aktivierbar sein:

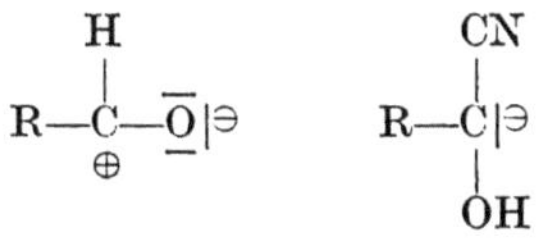

a b

Ist R ein aromatischer Rest mit OCH_3-, $N(CH_3)_2$- oder NO_2-Gruppen als Substituenten, so wird die Benzoinbildung erschwert, wie z. B. beim *Anisoin*, während beim Dimethylaminobenzaldehyd oder Nitrobenzaldehyd die Benzoinbildung ganz verhindert wird. Die Erklärung hierfür ist in der obigen Art der Aktivierung zu a und b zu sehen, die durch $N(CH_3)_2$- oder NO_2-Substituenten am aromatischen Kern und der dadurch bedingten Verschiebung der Mesomerie (sowohl elektronensaugende wie elektronenspendende Gruppen), etwa in der folgenden Art:

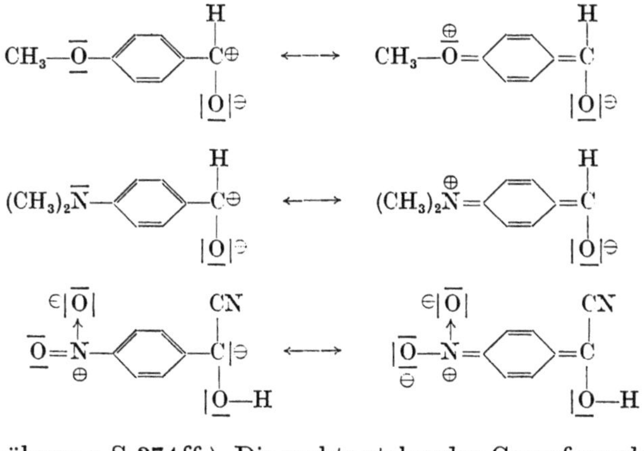

bewirkt wird (näheres s. S. 374ff.). Die rechts stehenden Grenzformeln entsprechen weder der erforderlichen Aktivierung zu a noch zu b.

[1] Pyridin-2-aldehyd läßt sich mit Eisessig fast quantitativ zu Pyridoin — ohne Cyananionen — kondensieren. Offensichtlich handelt es sich hier um einen anderen Mechanismus. H. R. HENSEL: Angew. Chem. **65**, 491 (1953).

Eine Art *Umkehrung* der *Benzoinkondensation* stellt die leicht eintretende *alkoholytische Spaltung* insbesondere *aromatischer Diketone* unter der Wirkung von Cyananionen zu Aldehyd und Carbonsäureester dar, z. B. beim Benzil:

$$C_6H_5COCOC_6H_5 + C_2H_5OH \xrightarrow{CN^\ominus} C_6H_5CHO + C_6H_5COOC_2H_5$$

Das durch Einlagerung des nucleophilen Cyananions entstehende neue Anion enthält ein stark negativiertes C-Atom, so daß die C—C-Bindung gelockert und durch Alkohol (ähnlich der Chloralspaltung) aufgespalten wird:

$$\begin{array}{c} C_6H_5-C=O \\ | \\ C_6H_5-C\leftarrow CN + HOC_2H_5 \\ | \\ |\underline{O}|^\ominus \end{array} \longrightarrow \begin{array}{c} C_6H_5-C=O \\ \uparrow \\ OC_2H_5 \end{array} + \begin{array}{c} H \\ | \\ C_6H_5-C-CN \\ | \\ |\underline{O}|^\ominus \end{array}$$

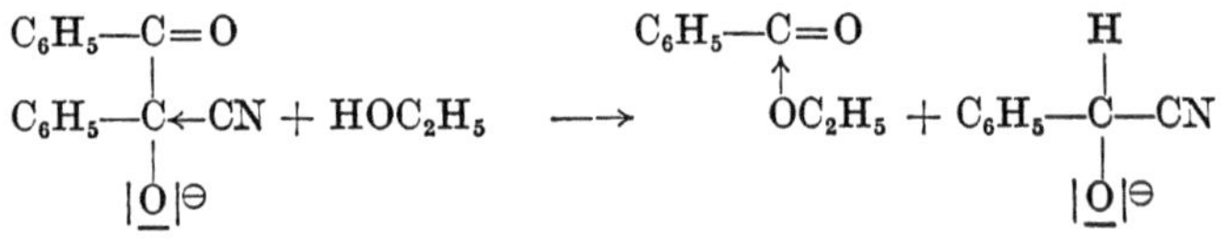

Das Anion des Benzaldehydcyanhydrins kann seine Cyangruppe an unverändertes Benzil unter erneuter Bildung des Benzilcyananions abgeben und bildet dabei selbst den Aldehyd[1]:

$$\begin{array}{c} H \\ | \\ C_6H_5-C-CN \\ | \\ |\underline{O}|^\ominus \end{array} + C_6H_5COCOC_6H_5 \longrightarrow \left\{ \begin{array}{c} H \\ | \\ C_6H_5-C^\oplus \\ | \\ |\underline{O}|^\ominus \end{array} \leftrightarrow \begin{array}{c} H \\ | \\ C_6H_5-C=\overline{O} \end{array} \right\} +$$

$$\begin{array}{c} C_6H_5-C=O \\ | \\ C_6H_5-C\leftarrow CN \\ | \\ |\underline{O}|^\ominus \end{array}$$

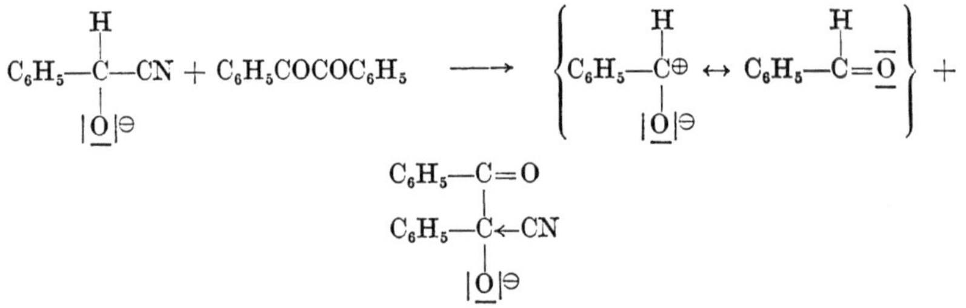

Ähnliche Züge wie die Cyanhydrinbildung zeigt auch das Verhalten der Carbonylverbindungen gegen Hydrogensulfit *(Bisulfitaddition)*. In einer reversiblen Reaktion wird ein Hydrogensulfitanion als nucleophiles Reagens am positivierten Kohlenstoff der polarisierten Carbonylgruppe aufgenommen:

$$\left\{ >C=\overline{\underline{O}} \leftrightarrow >\overset{\oplus}{C}-\overset{\ominus}{\underline{O}}| \right\} + |\overset{\ominus}{S}O_2OH \longrightarrow >C\underset{SO_2OH}{\overset{\overline{O}|^\ominus}{<}}$$

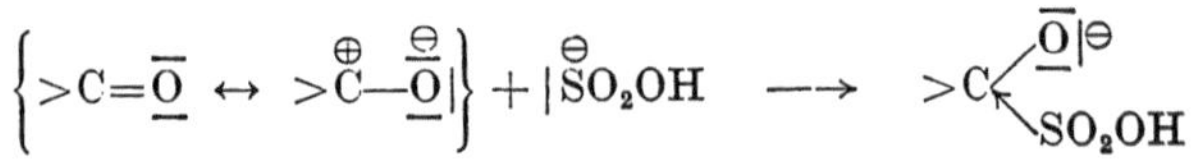

Durch Protonenwanderung stabilisiert sich das primäre Addukt unter Bildung der *Oxysulfonsäure*:

$$>C\underset{SO_2O\dashv H}{\overset{\overline{O}|^\ominus}{<}} \longrightarrow >C\underset{SO_2O^\ominus}{\overset{\overline{O}-H}{<}}$$

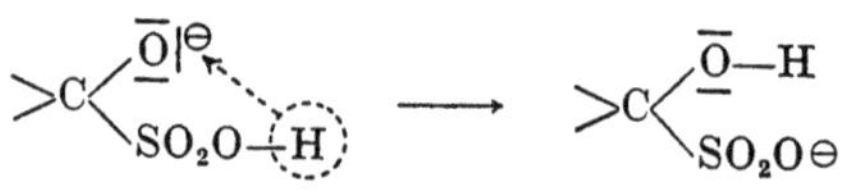

Die Spaltung der Oxysulfonsäuren (Bisulfitverbindungen) kann durch Behandeln mit Säuren oder Basen erfolgen. Erstere greifen in den Primär-Vorgang unter Herausnahme des $SO_3H^\ominus$ als H_2SO_3, ($SO_2 + H_2O$) ein, während die Basen als Protonenfänger die Stabilisierung des Primäradduktes zur Oxysulfonsäure verhindern.

---

[1] Zur theoretischen Deutung s. H. HENECKA, in HOUBEN-WEYL, Methoden der Organischen Chemie, 4. Aufl., Bd. IV/2, S. 24. Stuttgart: Georg Thieme 1955.

Die *Anlagerung stickstoffhaltiger Verbindungen* an die Carbonylgruppe findet als nucleophile Reaktion (Basenaktivierung der Carbonylgruppe) über die einsamen Elektronenpaare des Stickstoffs statt.

$$\left\{ \begin{matrix} R_1 \\ R_2 \end{matrix} \right\} C=\bar{O} \leftrightarrow \begin{matrix} R_1 \\ R_2 \end{matrix} \overset{\oplus}{C}-\bar{\bar{O}}|^{\ominus} \right\} + |N(R)_3 \longrightarrow \begin{matrix} R_1 \\ R_2 \end{matrix} C-\bar{\bar{O}}|^{\ominus} \atop \overset{\uparrow}{\oplus N(R)_3}$$

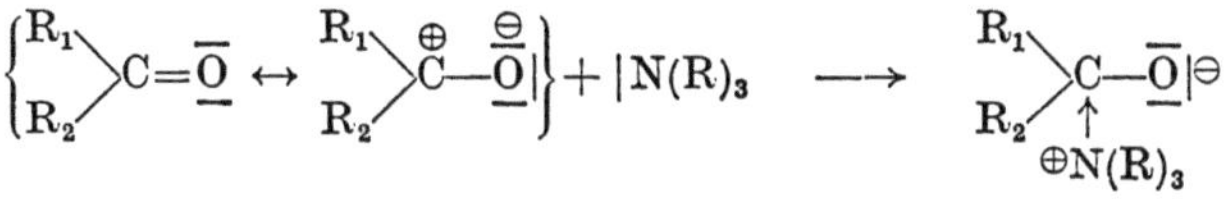

Die Substituenten am Stickstoff bestimmen den weiteren Reaktionsverlauf. Handelt es sich um ein *tertiäres* Amin, so findet nur Bildung eines mehr oder weniger *labilen Adduktes* statt. Im Falle der Addition von NH_3, NH_2R oder $NH(R)_2$ findet wie bei der Hydrogensulfitaddition Stabilisierung des Primäradduktes unter *Protonenwanderung*, hier vom N- zum O-Atom hin, statt. Beim *sekundären* Amin sind damit keine weiteren Reaktionsmöglichkeiten gegeben, wohl aber bei der Anlagerung von *primären* Aminen und von Ammoniak. Es entstehen unter *Wasserabspaltung* SCHIFFsche Basen oder Imine:
a) sekundäres Amin:

$$\begin{matrix} R_1 \\ R_2 \end{matrix} C \begin{matrix} \bar{\bar{O}}|^{\ominus} \\ \overset{\oplus}{N}-H \\ R \quad R \end{matrix} \longrightarrow \begin{matrix} R_1 \\ R_2 \end{matrix} C \begin{matrix} \bar{O}-H \\ \bar{N} \\ R \quad R \end{matrix}$$

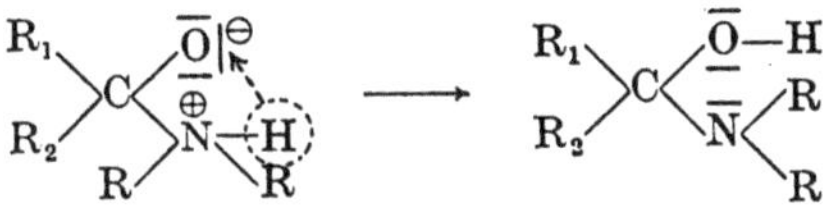

Anlagerungen dieser Art verlaufen besonders gut bei gleichzeitiger Säurekatalyse und sind stark p_H-abhängig.
b) primäres Amin bzw. Ammoniak (R=H):

$$\begin{matrix} R_1 \\ R_2 \end{matrix} C \begin{matrix} \bar{\bar{O}}|^{\ominus} \\ \overset{\oplus}{N}-H \\ | \quad H \\ R \end{matrix} \rightarrow \begin{matrix} R_1 \\ R_2 \end{matrix} C \begin{matrix} \bar{O}-H \\ \bar{N}-H \\ R \end{matrix} \xrightarrow{-H_2O} \begin{matrix} R_1 \\ R_2 \end{matrix} C=\bar{N}-R$$

$$\downarrow -H_2O \atop (R.=H)$$

$$\begin{matrix} R_1 \\ R_2 \end{matrix} C=\bar{N}-H$$

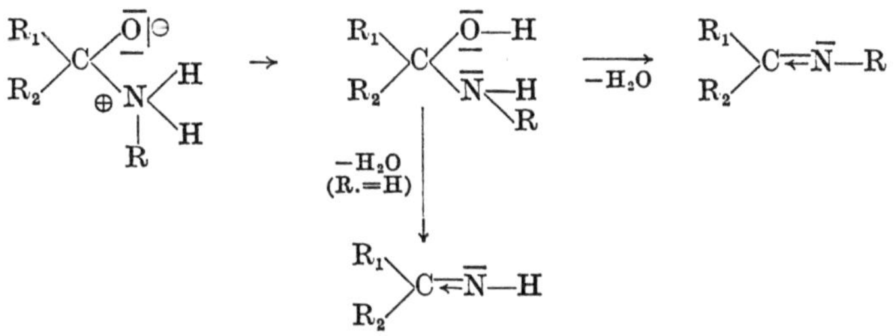

Bei der Anlagerung von Ammoniak ist die Oxy-amin-Additionsverbindung nur beim Chloral (analog der Existenz der Hydrate!) faßbar. Die durch Wasserabspaltung entstehenden *Imine* verändern sich meist leicht in Folgereaktionen. So entsteht aus $CH_2=NH$ in komplizierter Reaktion das *Hexamethylentetramin* (Urotropin), aus $CH_3CH=NH$ das hexacyclische *Trimethyltrimethylentriamin*, aus $C_6H_5CH=NH$ das *Hydrobenzamid*:

$$\begin{matrix} C_6H_5CH=N \\ \\ C_6H_5CH=N \end{matrix} CHC_6H_5$$

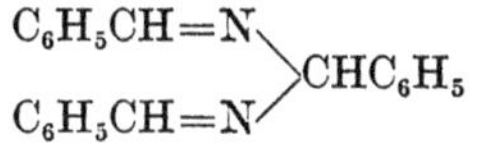

Prinzipiell gleichartig verlaufen die Additionen anderer stickstoffhaltiger Verbindungen, vielfach unter Säure-Basen-Katalyse, an die Carbonylgruppe von Aldehyden oder Ketonen, z. B. von *Hydroxylamin* zu Oximen, von *Hydrazin* und Hydrazinderivaten zu Hydrazonen u. ä. mehr[1].

Bei der Addition vieler *Alkalimetall-* bzw. *Magnesium-organischer Verbindungen* an die Carbonylgruppe tritt das Alkyl- oder Arylanion in die C-Oktettlücke der

---

[1] MEERWEIN, H., u. Mitarbb. Chem. Ber. **89**, 2060 (1956).

polarisierten Carbonyldoppelbindung unter Bildung einer neuen C—C-Atombindung ein, z. B.:

$$\left\{ \begin{matrix} R_1 \\ R_2 \end{matrix} \!\!>\!\! C=\overline{O} \leftrightarrow \begin{matrix} R_1 \\ R_2 \end{matrix} \!\!>\!\! \overset{\oplus}{C}-\overline{\underline{O}}| \right\} + MR \rightarrow \left[\begin{matrix} R_1 \\ R_2 \end{matrix} \!\!>\!\! C-\overline{\underline{O}}|^{\ominus} \atop \underset{R}{\uparrow} \right] M^{\oplus} \quad M = Li, Na, Mg$$

$$\xrightarrow{+H_2O} \begin{matrix} R_1 \\ R_2 \end{matrix} \!\!>\!\! \underset{R}{C}-\overline{\underline{O}}-H + MOH$$

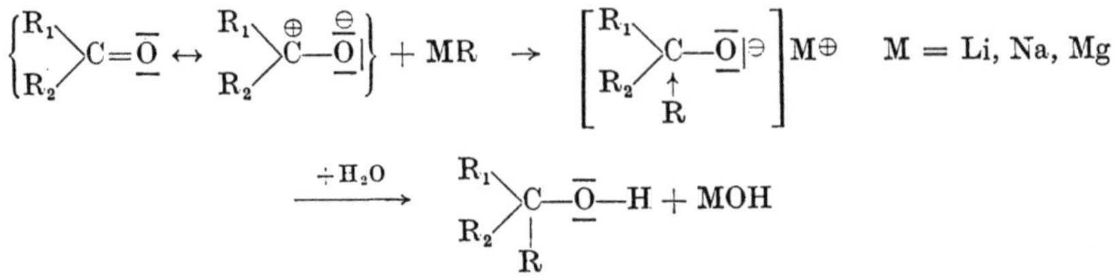

Anders ist dagegen die zum *gleichen* Endprodukt führende Reaktion *aluminiumorganischer* Verbindungen mit Ketonen zu formulieren[1], z. B.:

$$\begin{matrix} R_1 \\ R_2 \end{matrix} \!\!>\!\! \overset{\ominus}{\underset{\oplus}{C}}-\overline{\underline{O}}| + Al(R)_3 \longrightarrow \begin{matrix} R_1 \\ R_2 \end{matrix} \!\!>\!\! \overset{}{\underset{\oplus}{C}}-\overline{\underline{O}} \!\rightarrow\! \underset{R}{Al(R)_2} \longrightarrow \begin{matrix} R_1 \\ R_2 \\ R \end{matrix} \!\!>\!\! C-\overline{\underline{O}}-Al(R)_2$$

$$\xrightarrow{HOH} \begin{matrix} R_1 \\ R_2 \\ R \end{matrix} \!\!>\!\! C-OH + Al(OH)(R)_2$$

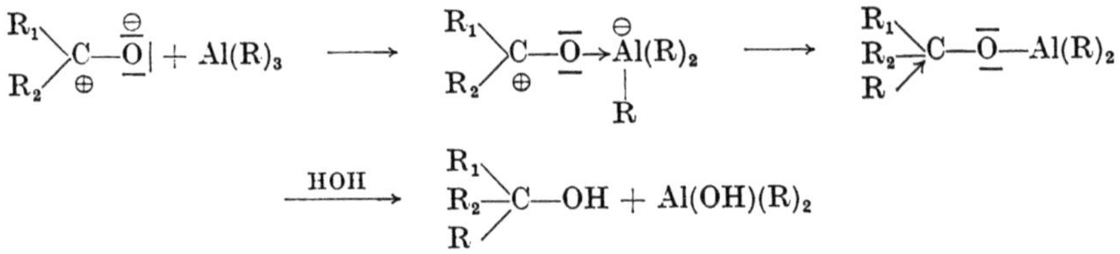

Ähnlich verlaufen die unter dem Einfluß von Alkalien bzw. Alkalimetallen stattfindenden Aldol-Kondensationen. Die *Aldolkondensation* stellt eine der wichtigsten Reaktionen der Carbonylgruppe dar, die sie mit Verbindungen mit „beweglichem" Wasserstoff eingehen kann. Im Acetaldehyd bewirkt die Mesomerie der polaren Carbonylgruppe $>\!C=O \leftrightarrow >\!\overset{\oplus}{C}-\overline{\underline{O}}|^{\ominus}$ durch den induktiven Effekt eine Lockerung α-ständiger Wasserstoffatome, d. h. es ist hier ein Wasserstoffatom der Methylgruppe „beweglich", also als Proton mit geeigneten Acceptoren ablösbar. Hier genügen schon *katalytische* Mengen Alkali, also das OH-*Anion* als Acceptor, wobei ein nach folgenden Grenzformeln mesomeriefähiges organisches Anion entsteht:

a)
$$HCH_2-C\!\!\begin{matrix} H \\ \diagdown\!O \end{matrix} + OH^{\ominus} \rightleftarrows H_2O + \left[|\overset{\ominus}{C}H_2-C\!\!\begin{matrix} H \\ \diagdown\!O \end{matrix} \right]^{\ominus}$$

$$|\overset{\ominus}{C}H_2-C\!\!\begin{matrix} H \\ \diagdown\!\overline{\underline{O}} \end{matrix} \leftrightarrow CH_2=C\!\!\begin{matrix} H \\ \diagdown\!\overline{\underline{O}}|^{\ominus} \end{matrix}$$

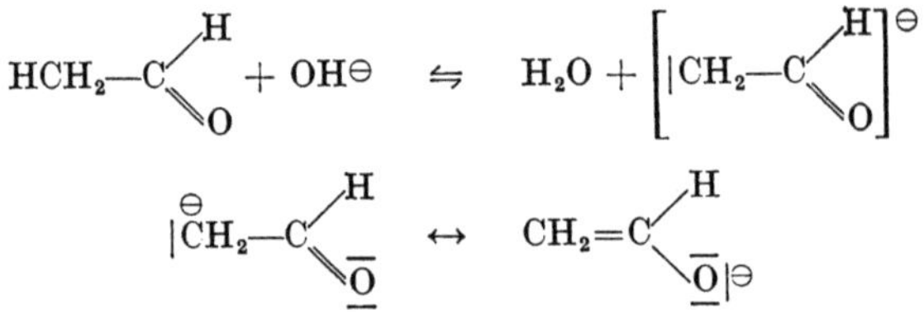

Die Möglichkeit zur Ausbildung eines derartigen *mesomeren Anions* begünstigt erheblich die Reaktion. Das so entstehende Anion greift (nucleophil) in die polarisierte Grenzform eines anderen Aldehydmoleküls ein, wobei das „*Aldolanion*" entsteht:

b)
$$CH_3-\overset{H}{\underset{|\overline{\underline{O}}|^{\ominus}}{\overset{|}{C}{}^{\oplus}}} + |\overset{\ominus}{C}H_2-C\!\!\begin{matrix} H \\ \diagdown\!O \end{matrix} \rightleftarrows CH_3-\overset{H}{\underset{\ominus|\overline{\underline{O}}|}{\overset{|}{C}}}\!\!\leftarrow\! CH_2-C\!\!\begin{matrix} H \\ \diagdown\!O \end{matrix}$$

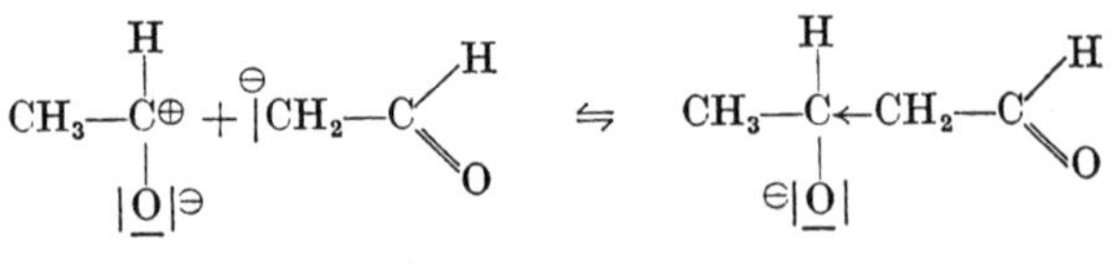

[Absättigung einer Stelle hoher Elektronendichte (Methylenkomponente) mit einer Stelle niedriger Elektronendichte (Carbonylkomponente)].

---

[1] WITTIG, G., u. O. BUB: Liebigs Ann. **566**, 120 (1950).

Das Aldolanion kann sich in einer Art *Säure-Basen-Austausch* ein Proton von einem anderen Aldehydmolekül holen, das damit wieder in den reaktionsbereiten Zustand übergeht[1]:

c) $\quad CH_3-\underset{\underset{\ominus|\underline{O}|}{|}}{\overset{\overset{H}{|}}{C}}-CH_2-\overset{\overset{H}{|}}{C}=O + HCH_2C\overset{H}{\underset{O}{\diagdown}} \rightleftarrows CH_3-\underset{\underset{|\underline{OH}}{|}}{\overset{\overset{H}{|}}{C}}-CH_2-\overset{\overset{H}{|}}{C}=O + |\overset{\ominus}{C}H_2-\overset{\overset{H}{|}}{C}=O$

„Base" „Säure" „Säure" „Base"

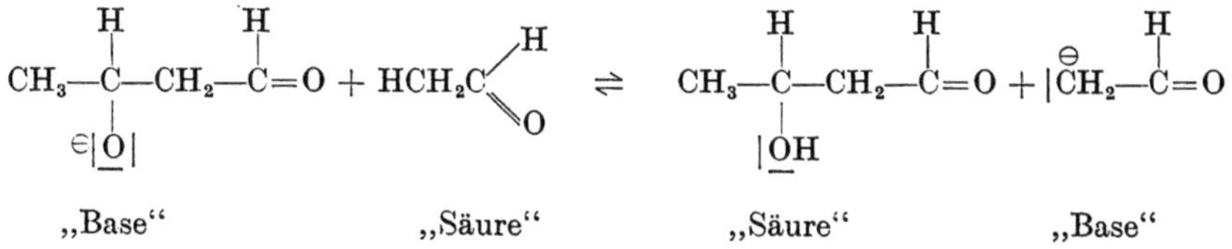

Ebenso ist natürlich ein solcher Säure-Basen-Austausch mit einem geeigneten Lösungsmittel $H^{\oplus}B^{\ominus}$ (z. B. Alkohol) denkbar, allgemein:

$CH_3-\underset{\underset{\ominus|\underline{O}|}{|}}{\overset{\overset{H}{|}}{C}}-CH_2-\overset{\overset{H}{|}}{C}=\underline{O} + H^{\oplus}B^{\ominus} \rightleftarrows CH_3-\underset{\underset{\underset{H}{|}}{|\underline{O}|}}{\overset{\overset{H}{|}}{C}}-CH_2-\overset{\overset{H}{|}}{C}=\underline{O} + |B^{\ominus}$

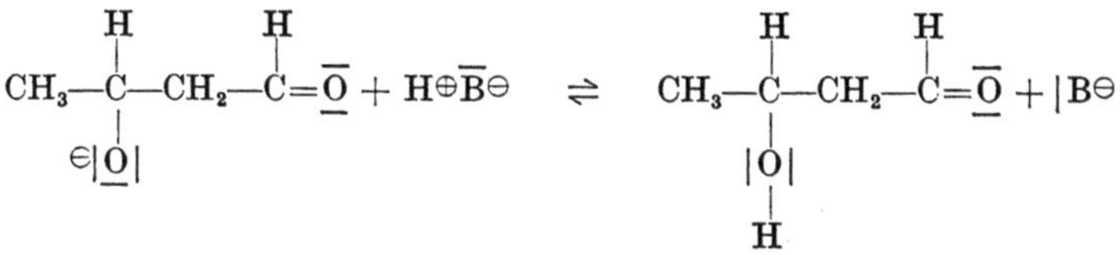

und das entstehende Anion wirkt auf noch nicht umgesetzten Aldehyd erneut im Säure-Basen-Austausch unter Bildung der reaktiven Methylenkomponente ein:

$CH_3-\overset{\overset{H}{|}}{C}=\underline{O} + \overline{B}^{\ominus} \rightleftarrows |\overset{\ominus}{C}H_2-\overset{\overset{H}{|}}{C}=\underline{O} + HB$

„Säure" „Base" „Base" „Säure"

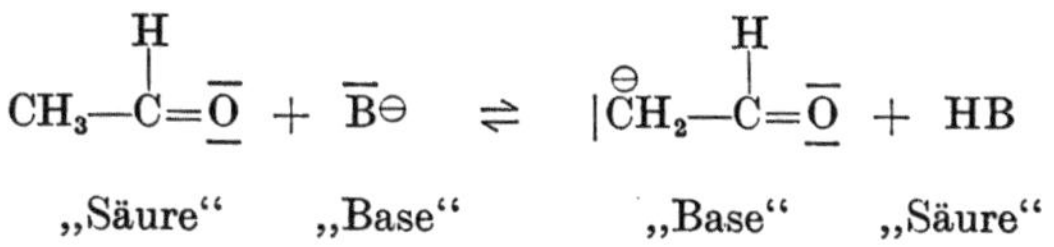

Aldolkondensationen, genauer gesagt Aldoladditionen oder Aldolbildung, sind typische *Gleichgewichtsreaktionen*, die sich durch geeignete Maßnahmen in bestimmter Richtung lenken lassen. Je nach ihrer Konstitution wie auch in Abhängigkeit vom p_H des Mediums spalten die gebildeten Aldole Wasser unter Bildung *ungesättigter Aldehyde* ab:

$CH_3-\underset{\underset{OH}{|}}{CH}-\underset{\underset{H}{|}}{CH}-CHO \rightarrow H_2O + CH_3-CH=CH-\overset{\overset{H}{|}}{C}=O$

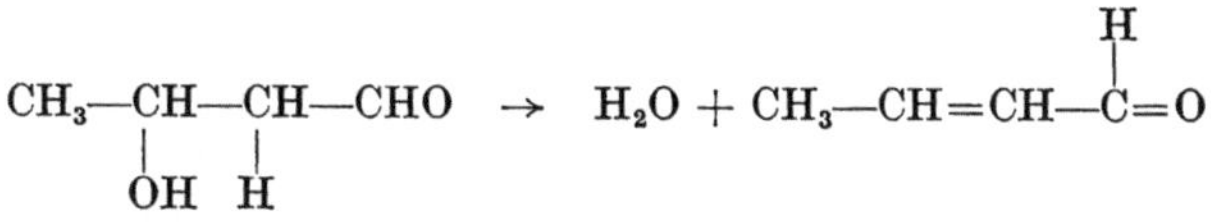

wobei die Wasserabspaltung durch die Bildung eines ungesättigten konjugierten Systems begünstigt wird.

Die Aldolkondensation läßt sich auch mit *Säuren* katalysieren. Durch Protonenaufnahme entsteht ein zwischen Oxonium- und Carbenium-Anordnung mesomeres Kation:

$CH_3-\overset{\diagup H}{C}=\underline{O} + H^{\oplus} \rightleftarrows \left\{ CH_3-\overset{\overset{H}{|}}{C}=\overset{\oplus}{\underline{O}}-H \leftrightarrow CH_3-\underset{\oplus}{\overset{\overset{H}{|}}{C}}-\overline{O}-H \right\}$

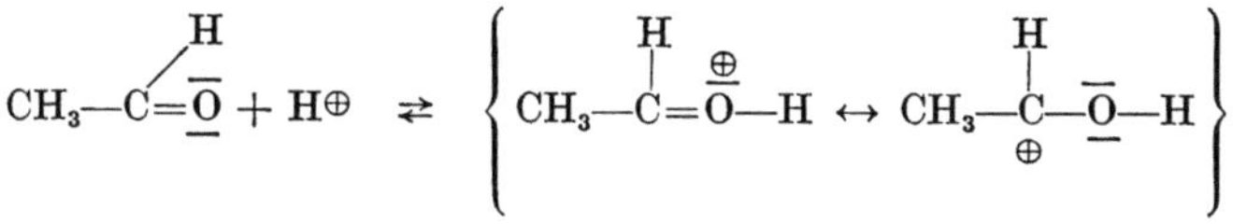

[1] a und c sind Säure-Basen-Austauschreaktionen.

Man kann annehmen, daß das organische Kation mit einem zweiten Aldehydmolekül, möglicherweise in seiner im stark sauren Medium begünstigten polarisierten *Enolform*, in folgender Weise reagiert:

$$CH_3-\underset{\oplus}{C}-\overset{H}{\underset{|}{O}}-H + |\overset{\ominus}{C}H_2-\overset{\oplus}{C}\overset{H}{\diagup}-OH \rightleftarrows \left\{ CH_3-\overset{H}{\underset{OH}{\underset{|}{C}}}\leftarrow CH_2-\overset{H}{\underset{|\underline{O}-H}{\underset{|}{\overset{\oplus}{C}}}} \leftrightarrow \right.$$

$$\left. \leftrightarrow CH_3-\overset{H}{\underset{OH}{\underset{|}{C}}}-CH_2-\overset{H}{\underset{\oplus}{C}\diagdown_{O-H}} \right\} \longrightarrow CH_3-\overset{H}{\underset{OH}{\underset{|}{CH}}}-CH_2-\overset{H}{C\diagdown_O} + H^\oplus$$

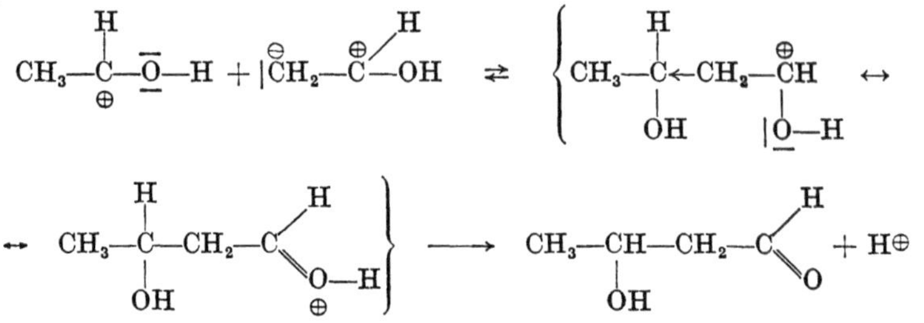

wobei in dem sauren Medium meist anschließend die Abspaltung von Wasser zum *Crotonaldehyd* erfolgt. Im Vergleich zu der alkalisch bewirkten Aldolkondensation ist die mit Säuren durchgeführte präparativ von geringerer Bedeutung.

Als Zwischenstufe spielen Aldolkondensationen eine wichtige Rolle bei der OSTROMYSSLINSKY-LEBEDEW-Synthese des *Butadiens* oder bei der GUERBETschen Reaktion, der Bildung höherer α-verzweigter Carbinole.

Auch bei Stoffwechselvorgängen, etwa im *Zuckerauf-* und *-abbau*, spielen sich wichtige Aldolisierungsreaktionen ab. Nach einem den alkalischen Aldolkondensationen verwandten Mechanismus lassen sich ferner zahlreiche andere Reaktionen, beispielsweise die CLAISENschen Esterkondensationen, die KNOEVENAGEL-Reaktion, die PERKIN-Synthese und anderes mehr durchführen. Kondensationen dieser Art unterscheiden sich u. a. oft durch die Stärke der anzuwendenden Base, $OH^\ominus$-Anion bei der Aldolkondensation, $OC_2H_5^\ominus$-Anion bei der Esterkondensation, mitunter verwendet man $NH_2^\ominus$-, $(C_6H_5)_3\overline{C}^\ominus$- oder $H^\ominus$-Anionen. In noch anderen Fällen ist es nicht nötig, $OH^\ominus$-Anionen anzuwenden, sondern es genügen so milde Mittel wie Piperidinacetat, etwa bei der KNOEVENAGEL-Reaktion (Kondensation mit Acetessigester, Malonester usw.).

β) Tautomere Umlagerungen[1]

Der Name Tautomerie wurde von C. LAAR[2] geschaffen zur Kennzeichnung der Eigenschaft gewisser Verbindungen, bei Umsetzungen im Sinne zweier oder mehrerer Formeln zu reagieren[3]. So fand z. B. A. v. BAEYER[4] im *Isatin* eine Substanz, die Derivate von zwei strukturverschiedenen isomeren Formeln liefert. In der Folgezeit wurden eine große Reihe solcher zur Tautomerie fähiger Verbindungen aufgefunden. L. CLAISEN[5], W. WISLICENUS[6], L. KNORR[7] u. a. gelang es, von gewissen *Diketonen* und *Ketoestern* zwei isomere Formen herzustellen. Aus den chemischen und physikalischen Eigenschaften wurden für diese isomeren

---

[1] Zusammenfassende Darstellung s. H. HENECKA: Chemie der β-Dicarbonylverbindungen. Berlin-Göttingen-Heidelberg: Springer-Verlag 1950. — HENECKA, H.: Esterkondensationen, Fortschr. chem. Forsch. **1**, 685 (1949/50).
[2] LAAR, C.: Ber. dtsch. chem. Ges. **18**, 648 (1885).
[3] Heute würden unter diese Definition auch die Erscheinungen der Mesomerie fallen. Zur Klärung der Begriffe versteht man daher unter Tautomerie nur die Gleichgewichtserscheinungen zwischen stofflich verschiedenen Individuen; vgl. auch S. 227.
[4] BAEYER, A. v.: Ber. dtsch. chem. Ges. **16**, 2188 (1883).
[5] CLAISEN, L.: Liebigs Ann. **291**, 25 (1896).
[6] WISLICENUS, W.: Liebigs Ann. **291**, 147 (1896).
[7] KNORR, L.: Liebigs Ann. **293**, 70 (1896).

Verbindungen eine *Keto*- bzw. *Enol-Struktur* abgeleitet, die in einem Gleichgewicht miteinander stehen:

$$>\!CH-\underset{|}{C}=O \; \rightleftarrows \; >\!C=\underset{|}{C}-OH$$

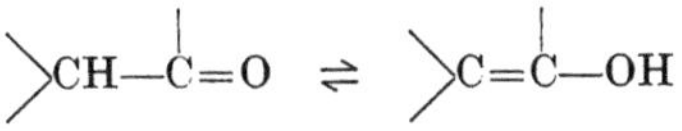

Ähnliche Erscheinungen wurden von A. HANTZSCH und O. W. SCHULTZE[1] am *Phenylnitromethan*:

$$C_6H_5CH_2NO_2 \; \rightleftarrows \; C_6H_5CH=NOOH$$

sowie von R. FITTIG[2] bei der Umwandlung von Salzen organischer Säuren, z. B.:

$$[CH_3-CH=CH-COO]^\ominus \; \rightleftarrows \; [CH_2=CH-CH_2-COO]^\ominus$$

beobachtet. Letzteres ist ein Sonderfall der sogenannten „Drei-Kohlenstoff-Tautomerie":

$$H_2\underset{|}{C}-\underset{|}{C}=C\!\!< \; \rightleftarrows \; H\underset{|}{C}=\underset{|}{C}-\underset{|}{C}H$$

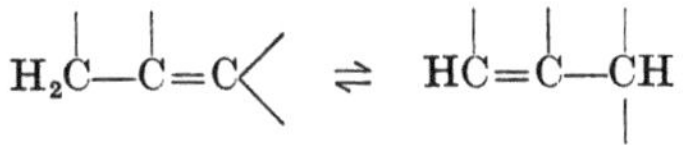

Das bekannteste und am besten untersuchte Beispiel einer tautomeren Verbindung ist der *Acetessigester*, dem von A. GEUTHER[3], der diese Substanz 1863 entdeckte, eine Enolformulierung, dagegen von E. FRANKLAND[4] sowie später von W. WISLICENUS[5] eine Ketoformel zuerteilt wurde. In seinen Reaktionen verhält sich der Acetessigester so, als besitze er bald die eine, bald die andere Konstitution, er zeigt also eine „zweifache Reaktionsfähigkeit"[6]:

$$CH_3-\underset{\underset{OH}{|}}{C}=CH-COOR \qquad CH_3-\underset{\underset{O}{\|}}{C}-CH_2-COOR$$

Die Frage, welche Formel dem Acetessigester selbst zukomme, wurde durch die Untersuchungen von L. KNORR[7] beantwortet, dem es im Jahre 1911 gelang, beide Formen in Substanz darzustellen. Die reine *Ketoform* kristallisiert aus Lösungen des Esters in organischen Lösungsmitteln bei —78° aus, gibt keine Farbreaktion mit FeCl$_3$ und reagiert nicht mit Brom in Übereinstimmung mit ihrer Strukturformel, die keine C=C-Doppelbindung enthält. Setzt man aber aus der Natriumverbindung des Acetessigesters bei —78° mit trocknem Chlorwasserstoff den Ester in Freiheit, so entsteht die reine *Enolverbindung*, die sofort mit FeCl$_3$ oder mit Brom reagiert. Beim Aufbewahren wandeln sich beide Formen mit merklicher Geschwindigkeit in ein und dasselbe Substanzgemisch, den gewöhnlichen Acetessigester, um. Der Acetessigester stellt ein *allelotropes Gemisch* aus Keto- und Enolform dar, die in einem Gleichgewicht miteinander stehen.

Die quantitative Ermittlung des Enolgehaltes einer solchen Gleichgewichtsmischung gelang K. H. MEYER[8] durch *Bromtitration* in Gegenwart von

---

[1] HANTZSCH, A., u. O. W. SCHULTZE: Ber. dtsch. chem. Ges. **29**, 699, 2251 (1896).
[2] FITTIG, R.: Ber. dtsch. chem. Ges. **24**, 82 (1891); LINSTEAD, R. P., u. Mitarbb.: J. Chem. Soc. (London) **1932**, 115; **1933**, 557, 561, 568, 577, 580, 612; **1934**, 1994, 1995, 2001. — INGOLD, C. K., C. L. WILSON u. E. DE SALAS: J. Chem. Soc. (London) **1936**, 1328. — Vgl. W. HÜCKEL: Theoretische Grundlagen der Organischen Chemie, 8. Aufl., Bd. I, S. 211 ff., Leipzig: Akad. Verlagsges. 1956.
[3] GEUTHER, A.: Göttinger Anz. **1863**, 281; **1863**, 323.
[4] FRANKLAND, E., u. B. J. DUPPA: Liebigs Ann. **135**, 217 (1865); **138**, 204, 328 (1866).
[5] WISLICENUS, W.: Liebigs Ann. **186**, 163 (1877).
[6] NESMEYANOV, N. A.: Vortrag auf dem Kongreß für reine und angewandte Chemie in Zürich, Juli 1955.
[7] KNORR, L.: Ber. dtsch. chem. Ges. **44**, 1138 (1911).
[8] MEYER, K. H.: Ber. dtsch. chem. Ges. **44**, 2718 (1911); **45**, 2843 (1912).

Jodwasserstoffsäure, wobei das gebildete Bromid unter Jodabscheidung zum Ausgangsester reduziert wird:

$$\underset{\underset{Br\ Br}{\vert\ \vert}}{\overset{H}{>}}C-C\overset{}{\underset{OH}{<}} \longrightarrow \underset{\underset{Br\ O}{\vert\ \Vert}}{\overset{H}{>}}C-C- + HBr$$

$$>C\overset{H}{\underset{Br}{<}} + 2HJ \longrightarrow >CH_2 + HBr + J_2$$

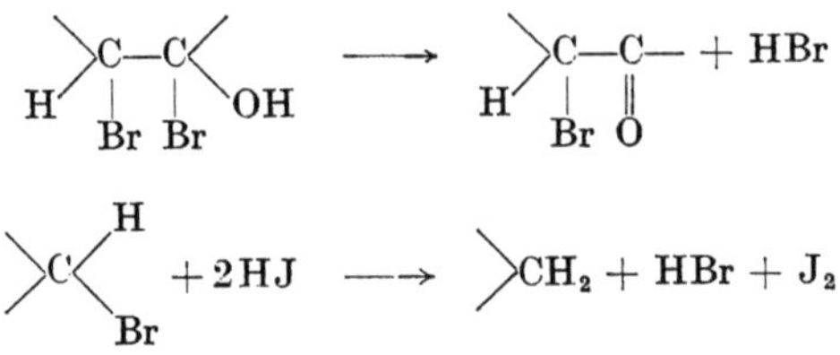

Das gebildete Jod wird in üblicher Weise mit Thiosulfat bestimmt.

Durch diese sehr rasch und quantitativ verlaufende Reaktion wurde der *Enolgehalt* im Gleichgewichtsgemisch des Acetessigesters zu etwa 7% bestimmt. Andere Verbindungen, wie z. B. das *Acetylaceton*, enthalten 80%, *Benzoylaceton* sogar 98% Enolform. Dagegen konnte im *Malonester* praktisch keine Enolform nachgewiesen werden.

Bei der systematischen Untersuchung dieses Gebietes ergaben sich gewisse Gesetzmäßigkeiten über die Lage des *Keto-Enol-Gleichgewichts* dieser Verbindungen in flüssigem oder gelöstem Zustand. Das Gleichgewicht ist abhängig:

1. von der *Konstitution* der Verbindung, z. B.:

Substanz	% Enol	Substanz	% Enol
$CH_2(COOC_2H_5)_2$	0	$C_6H_5COCH_2COOC_2H_5$	29,2
$CH_3COCH_2COOC_2H_5$	7,3	$C_2H_5OCOCOCH_2COOC_2H_5$	88
$CH_3COCH-COOC_2H_5$ $\quad\vert$ $\quad CH_3$	3,1	$CH_3COCH_2COCH_3$	76
		$CH(COOC_2H_5)_3$	0,2
		$CH_3COCH(COOC_2H_5)_2$	64

2. von der Natur des *Lösungsmittels*:

Lösungsmittel	Temperatur [°C]	Acetessigester % Enol	Acetylaceton % Enol
Wasser	0	0,4	19
Chloroform	20	8,2	79
Benzol	20	18	85
Hexan	20	48	92

Zwischen dem erreichten Gleichgewicht und der *Löslichkeit* der beiden isomeren Formen besteht nach J. VAN'T HOFF und O. DIMROTH folgende einfache Beziehung:

$$\frac{[C_{Enol}]}{[C_{Keto}]} = \frac{[L_{Enol}]}{[L_{Keto}]} \cdot G.$$

Das Verhältnis der Konzentrationen beider Formen ist beim Gleichgewichtszustand in einem Lösungsmittel gleich dem Verhältnis der Löslichkeiten in dem betreffenden Medium, multipliziert mit einer Konstanten G. G ist unabhängig vom Lösungsmittel, aber charakteristisch für das betreffende Isomerenpaar. Da das sich einstellende Gleichgewicht hier direkt abhängig ist von der *Umlagerungsgeschwindigkeit* beider Formen ineinander, so ergibt sich zugleich ein Zusammenhang zwischen Isomerisationsgeschwindigkeit und Löslichkeit[1]. In

---

[1] MEYER, K. H.: Liebigs Ann. **380**, 229 (1911); Ber. dtsch. chem. Ges. **47**, 826 (1914). — DIMROTH, O.: Liebigs Ann. **377**, 127 (1910); **399**, 91 (1913).

verdünntem *Gaszustand* beträgt der Enolgehalt des Acetessigesters dagegen bei 0° 63%, bei 20° 52% und bei 180° 14%[1]. Hier nimmt mit steigender Temperatur die Enolisierungstendenz erheblich ab.

Aus diesen Untersuchungen folgt, daß es Verbindungen gibt, die sich bis zu einem bestimmten Gleichgewicht in isomere Stoffe umwandeln, welche sich voneinander nur durch den *Sitz eines Atoms* — insbesondere wie in obigen Fällen eines H-Atoms — und durch die *Anordnung der Bindungen* unterscheiden. Diese Erscheinung nennt man *Tautomerie.*

In vielen Fällen lassen sich beide tautomeren Substanzen *isolieren.* Sie unterscheiden sich durch ihren Energieinhalt, ihre Löslichkeiten, Schmelzpunkte, Kristallformen, Dipolmomente, durch die Lichtabsorption und das chemische Verhalten. Man spricht dann von *Desmotropie* bzw. desmotropen Formen.

Die tautomere Umlagerung hat nach dem Obigen zur Voraussetzung, daß in einem Molekül eine Atombindung, z. B. die C—H-Bindung, gelockert ist, so daß sich das H-Atom ablösen und an eine andere Stelle im Molekül „wandern" kann. Der Wasserstoff ist in solchen Verbindungen „beweglich" geworden.

Eine solche „Beweglichkeit" des Wasserstoffs äußert sich am deutlichsten in der *Alkalilöslichkeit* der Stoffe. Man kennt eine ganze Reihe von Atomgruppen, die ein benachbartes H-Atom „beweglich", sauer, machen. Es sind dies vor allem die Gruppen NO_2, CO, CN, SO_2, deren einmalige oder wiederholte Einführung in das Methan zu Substanzen mit beweglichem Wasserstoff führt:

$$\begin{array}{ll} CH_3NO_2 & CH_2(CN)_2 \\ CH_2(COR)_2 & CH_2(COR)SO_2R \\ CH_2(COR)CN & CH_2(SO_2R)_2 \end{array}$$

Durch die Anwesenheit dieser „acidifizierenden" Gruppen wird die außerordentlich kleine Dissoziationskonstante des Methans[2] — ebenso wie die des Wassers — außerordentlich erhöht, die Verbindungen nehmen daher einen nachweisbaren *Säurecharakter* an:

	HOH	RCOOH	RSO_2OH
Diss.-Konstante	10^{-14}	$\sim 10^{-5}$	$\sim 10^{-1}$

Es lag daher nahe, die Alkalilöslichkeit solcher Stoffe auf einen Ersatz der direkt am Methan-C-Atom befindlichen H-Atome durch Alkalimetall zurückzuführen.

Dieser Auffassung stand aber die von L. Claisen[3] u. a. gefundene Tatsache gegenüber, daß von zwei isolierten, tautomeren Verbindungen immer nur die eine, und zwar die *Enolform,* sich sofort in Laugen löst. Wegen des Vorliegens eines Gleichgewichts beider tautomerer Formen wurde daher geschlossen, daß allgemein die Alkalilöslichkeit und damit die Acidität auf dem voraufgehenden freiwilligen Übergang in die saure Enolform beruht. Selbst dann, wenn die vorhandene Enolmenge äußerst gering ist, würde sie durch Salzbildung abgefangen und müßte sich infolge *erneuter rascher Einstellung des Gleichgewichts* so lange nachbilden, bis die gesamte Verbindung in das Alkalisalz umgewandelt sei. Den Zusammenhang zwischen Acidität und Enolisierungsbestreben sah L. Claisen darin, daß mit steigender Acidifizierung der Methanwasserstoffatome durch eine geeignete Gruppe R auch die „Wanderungs"-Tendenz des Wasserstoffs zum Sauerstoff ansteige, wo jetzt die volle Acidität entwickelt werde.

[1] Briegleb, G., u. H. Rebelein: Z. Naturforsch. **2a**, 562 (1947).
[2] Von G. Schwarzenbach zu 10^{-34} angegeben, Z. physik. Chem. [A] **176**, 151 (1936).
[3] Claisen, L.: Liebigs Ann. **291**, 25 (1896).

Im Gegensatz zu dieser Auffassung wies J. THIELE[1] vom Standpunkt seiner „Partialvalenz"-Hypothese darauf hin, daß für die Enolisierung und damit auch für die Acidität das Bestreben maßgebend sei, ein *konjugiertes System* herzustellen, denn in der Ketoform einer β-Dicarbonylverbindung, z. B. im Acetessigester, liegen zwei isolierte Doppelbindungen vor, in der Enolform dagegen zwei konjugierte:

$$CH_3-\underset{\underset{O}{\|}}{C}-CH_2-\underset{\underset{O}{\|}}{C}-OR, \qquad CH_3-\underset{\underset{OH}{|}}{C}=CH-\underset{\underset{O}{\|}}{C}-OR$$

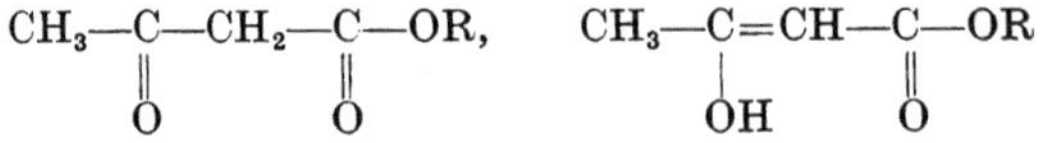

Nach der THIELEschen Auffassung enolisiert also die eine Ketogruppe, während die andere als „Konjugationspartner" das konjugierte Bindungssystem herstellt. Es sind nach dieser Theorie daher mindestens 2 Ketogruppen an demselben Methankohlenstoff erforderlich, um eine freiwillige Enolisierung zu ermöglichen.

Die Ursache der Acidität einer Verbindung sehen wir heute in ihrem Vermögen, Wasserstoffionen, also Protonen, abzuspalten. Somit erscheint der primäre Vorgang der Enolisierung als eine Protonenwanderung, *Prototropie*[2], und nicht als Wanderung eines neutralen Wasserstoffatoms.

Einen grundsätzlich neuen Gesichtspunkt zur Beurteilung der Acidität tautomerer Verbindungen lieferten die Untersuchungen von F. ARNDT[3] und C. MARTIUS. Nach allgemeinen Erfahrungen und in Übereinstimmung mit der Oktetttheorie bilden *Sulfonylverbindungen* keine Enol-formen, denn in der SO_2-Gruppe liegen, wie auf S. 143 dargelegt ist, z. T. *semipolare* Bindungen vor, z. B.:

$$R-\underset{\underset{O}{\downarrow}}{\overset{\overset{O}{\uparrow}}{S}}-\underset{\underset{H}{|}}{\overset{\overset{H}{|}}{C}}-\underset{\underset{O}{\downarrow}}{\overset{\overset{O}{\uparrow}}{S}}-R$$

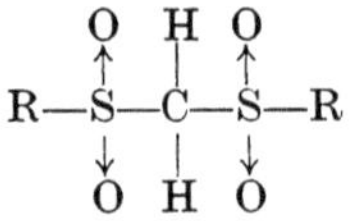

Trotz der Unfähigkeit, Enolformen zu bilden, sind diese Verbindungen mit *Sulfonylgruppen* stark *sauer*, z. B. lieferte die folgende:

$$\underset{H}{\overset{H}{\diagdown}}C\underset{SO_2OR}{\overset{SO_2OR}{\diagup}}$$

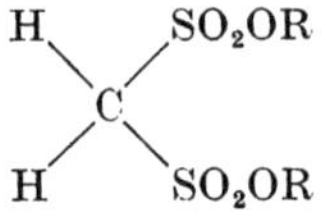

bei der Reaktion mit Diazomethan die entsprechenden C-*Methylderivate*:

$$\underset{H}{\overset{CH_3}{\diagdown}}C\underset{SO_2OR}{\overset{SO_2OR}{\diagup}} \qquad \text{bzw.} \qquad \underset{CH_3}{\overset{CH_3}{\diagdown}}C\underset{SO_2OR}{\overset{SO_2OR}{\diagup}}$$

$$R = CH_3 \qquad\qquad\qquad R = Aryl$$

Diese stark sauren Sulfonylverbindungen bilden nun ein drastisches Beispiel gegen die CLAISENsche Auffassung der allgemeinen Enolacidität.

Ihre Acidität muß nach obigem eine reine C—H-Acidität sein. Dafür sprechen auch die von F. ARNDT[3] durchgeführten *Methylierungs*versuche mit Diazomethan,

---
[1] THIELE, J.: Liebigs Ann. **306**, 119 (1899).
[2] Die Annahme, daß die Wanderung des H ionogen ist, wurde bereits 1902 von A. LAPWORTH geäußert. J. Chem. Soc. (London) **81**, 1508 (1902).
[3] ARNDT, F.: Liebigs Ann. **499**, 228 (1932). — Vgl. a. F. ARNDT, C. r. Soc. Turque, Sci. Phys. Natur. **1935/36**, Nr. 4, 48—68. — ARNDT, F., u. C. MARTIUS: Liebigs Ann. **499**, 228 (1932). Ferner H. BÖHME u. R. MARX: Ber. dtsch. chem. Ges. **74**, 1667 (1941). — Das H-Atom am Kohlenstoffatom ist auch durch andere kationoide Gruppen wie $Br^{\oplus}$, $NO_2^{\oplus}$ ersetzbar, H. J. BACKER: Rec. Trav. chim. Pays-Bas **68**, 827 (1949).

bei denen quantitativ C-Methylderivate erhalten werden, sowie die Festlegung der Gültigkeitsgrenzen der üblichen Enolreaktionen mit Brom bzw. Eisenchlorid.

Allerdings ist erst zu untersuchen, unter welchen Bedingungen man den Sitz eines beweglichen Protons mit Diazomethan bestimmen kann. Nach dem bei den aliphatischen Diazoverbindungen (vgl. S. 444) erläuterten reaktiven Verhalten des Diazomethans gegen Säuren ist es durchaus verständlich, daß das Methyl an die Stelle des „beweglichen" Protons eingeführt wird, eine Tatsache, die bekanntlich nicht für die Alkylierung der Salze mit Dialkylsulfaten, Halogenalkylen usw. (vgl. weiter unten) gilt[1].

Bei der Methylierung mit *Diazomethan* ist zu beachten, daß an sich jede OH-Form wegen der größeren Elektronenaffinität des Sauerstoffs stets saurer sein muß als die entsprechende CH-Form. Daher muß sich neben dem etwa entstehenden C-Methylderivat immer das am *Sauerstoff methylierte* Produkt finden, falls im Gleichgewicht die OH-Form auch nur in denkbar geringsten Mengen vorliegt. Dagegen kann sich ein C-*Methylderivat* nur bei genügender Acidität bilden, selbst dann, wenn praktisch reine CH-Verbindung vorliegt. Weiterhin kommt die Reaktion des CH_2N_2 mit Carbonylverbindungen unter Äthylenoxydbildung in Betracht, ohne daß eine Enolisation vorausgehen muß[2].

Eine *Enolacidität* zeigen dagegen die Verbindungen mit CO-Gruppen wegen der dort vorhandenen Doppelbindung. Ferner tritt grundsätzlich auch eine direkte CH-*Acidität* auf, wenngleich in viel geringerem Maße als bei den sulfonylhaltigen Verbindungen. Man erhält daher mit CH_2N_2 in bestimmten Fällen neben dem üblichen Enoläther auch die C-Methylverbindung. ARNDT konnte hierbei sicher die Möglichkeit ausschließen, daß die gefundenen C-Methylderivate etwa durch nachträgliche Umlagerung primär gebildeter O-Methylverbindungen entstanden sind.

Die Untersuchung von Verbindungen, die neben einer CO-*Gruppe* noch eine oder mehrere *Sulfonylgruppen* enthalten, ergab, daß in diesen Stoffen zwar keine Spur von Enol mit den üblichen Reagentien nachgewiesen werden kann, obwohl mit CH_2N_2 Derivate der Enolform entstehen. Hier erfolgt der Angriff des Diazomethans sehr wahrscheinlich direkt an der nichtenolisierten Carbonylgruppe. Durch diese „indirekte Methylierung" wird die Ausbildung eines Enolsystems bewirkt, das ohne Festlegung durch die Methylgruppe nicht für sich existenzfähig ist[3]:

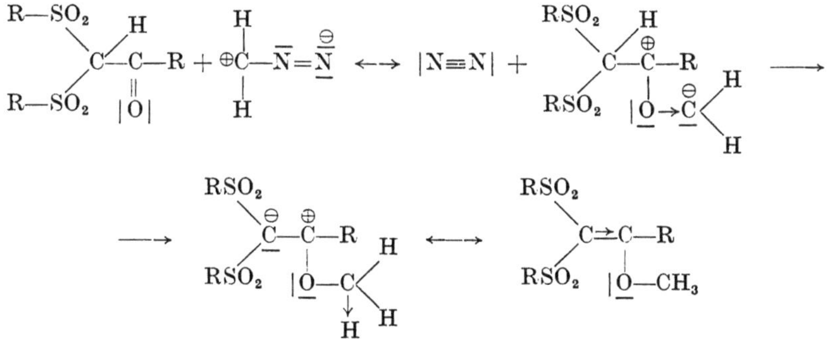

[1] Siehe hierzu F. ARNDT: Statische u. dynamische Acidität, Abh. d. Braunschweig. wiss. Ges. VIII, 1956. Die Arbeit konnte im einzelnen nicht mehr berücksichtigt werden.

[2] Vgl. F. ARNDT u. B. EISTERT: Ber. dtsch. chem. Ges. **68**, 196, 208 (1935). — ARNDT, F., u. J. AMENDE: Mh. Chem. **59**, 212 (1932).

[3] Vgl. F. ARNDT u. J. AMENDE: Mh. Chem. **59**, 202 (1932). — ARNDT, F., u. C. MARTIUS: Liebigs Ann. **499**, 250 (1932).

Diesen Weg der „indirekten Methylierung“ geht nach F. ARNDT und J. D. ROSE[1] auch die Reaktion von Diazomethan mit Nitroverbindungen.

Aus diesen Versuchen kann man den Schluß ziehen, daß eine Sulfonylgruppe trotz des zweifellos vorhandenen stark acidifizierenden Einflusses *keine Enolisierung* einer mit ihr verbundenen CHCO-Gruppe hervorruft, da in der Sulfonylgruppe wegen des Fehlens von „Doppelbindungen“ ein konjugiertes System nicht ausgebildet werden kann.

Es gilt demnach für die freiwillig erfolgende Enolisierung das THIELEsche Konjugationsprinzip, andererseits ist im Gegensatz zur CLAISENschen Auffassung auch eine direkte CH-Acidität, also *Protonenbeweglichkeit* am Kohlenstoff, möglich.

αα) Zur Theorie der Enolisierung und Substituentenwirkung

Als Voraussetzung für eine Tautomerie erscheinen somit zwei konstitutionelle Dinge:

1. das Vorhandensein eines „beweglichen“ Wasserstoffatoms, genauer, eines Protons: *Prototropie*,

2. das Vorhandensein einer verschiebbaren Doppelbindung (auch u. U. einer geeigneten Dreifachbindung), also eine Bindungsverschiebung, eine Änderung der Elektronenverteilung: *Elektromerie*.

Formal läßt sich daher der Vorgang der Enolisierung, z. B. eines Ketons, in folgende Teilvorgänge zerlegen:

1) 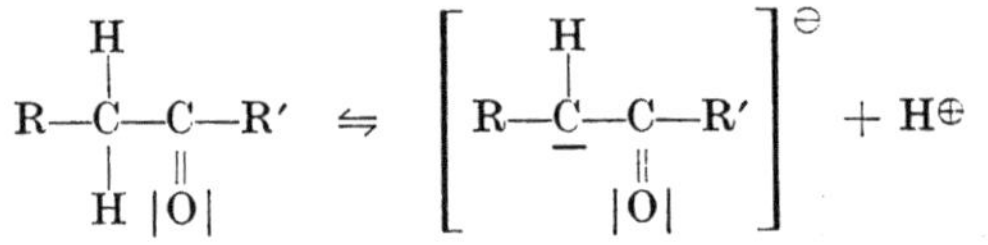

2) 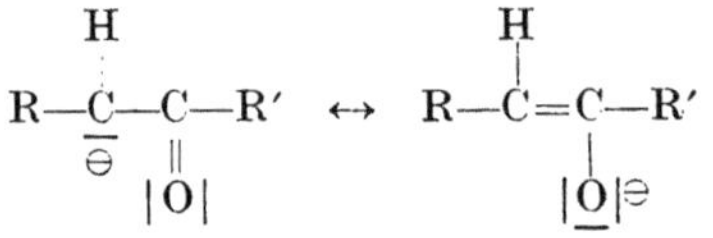

3) 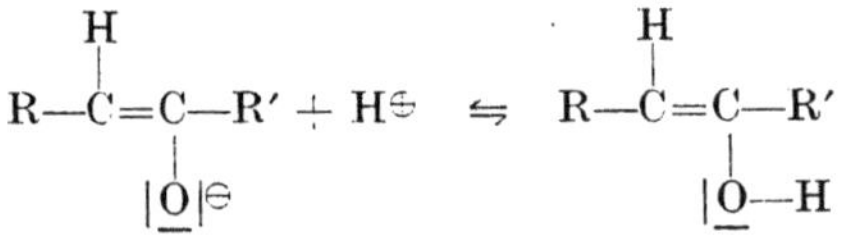

1 und 3 sind prototrope Effekte, 2 stellt eine Mesomerie im Anion dar, einen elektromeren Effekt.

Beide Effekte werden von der Art und Zahl der *Substituenten* in einer tautomeriefähigen Verbindung beeinflußt, wobei die Beeinflussung sich in einer für jeden der beiden Effekte charakteristischen Weise bemerkbar macht. Dies ist, worauf F. ARNDT[2] hingewiesen hat, leicht einzusehen. Ein acidifizierender Substituent lockert ein Proton am benachbarten Kohlenstoffatom. Dieses Proton begibt sich aber unter gleichzeitiger Bindungsverschiebung an ein Sauerstoffatom, an dem es noch lockerer gebunden ist. Falls daher eine solche Protonwanderung bei der Enolisierung stattfindet, dann müssen Lockerung und Wanderung des Protons ganz verschiedene Ursachen haben.

Für den ersten Effekt, die *Prototropie*, kann man aus geeigneten Versuchen (Bestimmung der Dissoziationskonstanten, Salzbildung mit Basen, Diazomethan-

[1] ARNDT, F., u. J. D. ROSE: J. Chem. Soc. (London) **1935**, 1.

[2] ARNDT, F., u. C. MARTIUS: Liebigs Ann. **499**, 231 (1932).

reaktion) die folgende Reihe von Substituenten mit abnehmender Wirkung aufstellen:

$$-NO_2 > {>}SO_2 > -C{\equiv}N > -C{\overset{O}{\underset{OR}{\diagup\!\!\!\diagdown}}} > -C{\overset{O}{\underset{H}{\diagup\!\!\!\diagdown}}} > -C{\overset{O}{\underset{R}{\diagup\!\!\!\diagdown}}}\ ^1$$

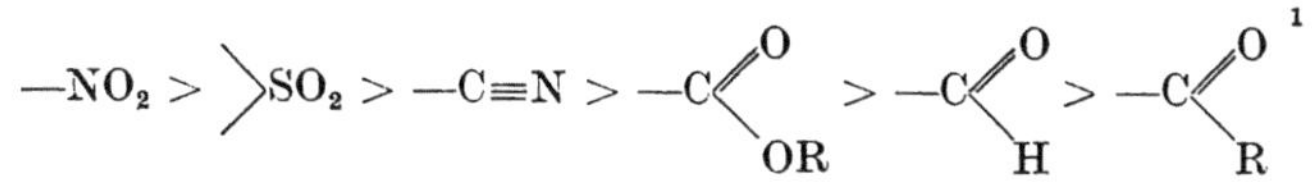

Hier sind es in erster Linie *induktive Effekte*, die sich auf die Lockerungsmöglichkeit eines Protons auswirken.

Anders liegt der Fall bei der Substituentenwirkung auf den *elektromeren* (enotropen) Effekt. Dieser Effekt tritt nur in Erscheinung, wenn die Bildung eines *konjugierten* Systems damit verbunden ist. Hier läßt sich aus experimentellen Befunden folgende Substituentenreihe in absteigender Wirksamkeit aufstellen:

$$-C{\overset{O}{\underset{H}{\diagup\!\!\!\diagdown}}} > -C{\overset{O}{\underset{R}{\diagup\!\!\!\diagdown}}} > -C{\overset{O}{\underset{OR}{\diagup\!\!\!\diagdown}}} > -C{\equiv}N > -NO_2,\quad {>}SO_2 = \text{Null}$$

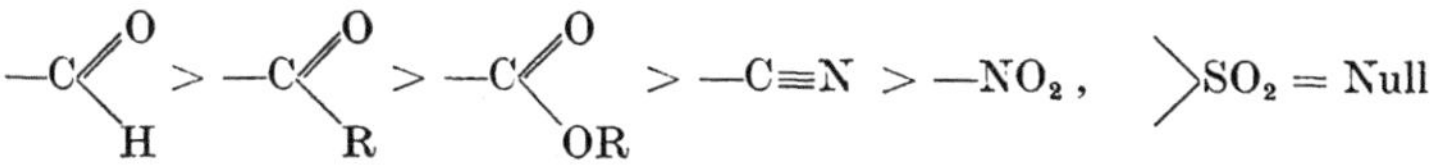

Der für den Übergang des Carbeniatanions in das Enolatanion verantwortlich zu machende elektromere Effekt ist an die Verschiebbarkeit der π-Elektronen der Doppelbindung gebunden. Voraussetzung für diese Elektromerie ist daher die Anwesenheit wahrer Doppelbindungen. Das Ausmaß dieses Effektes hängt bei Verbindungen des nachfolgenden Typus:

$$\left[R{-}\overline{C}H{-}\underset{|\underline{O}|}{\overset{\|}{C}}{-}R' \longleftrightarrow R{-}CH{=}\underset{|\underline{O}|}{\underset{|}{C}}{-}R' \right]^{\ominus}$$

von der „Aufrichtungstendenz" der C=O-Doppelbindung ab. Dieser elektromere Effekt tritt also nur dann in Erscheinung, wenn der Substituent — in obigem Falle die $-\underset{\overset{\|}{O}}{C}-R'$-Gruppe — aus dem mesomeren System ein π-Elektronenpaar aufnehmen kann (E-Effekt).

Die obigen beiden Anionen unterscheiden sich nur im Augenblick der Ablösung des Protons, sei es aus der Carbeniat- oder der Enolat-Form, da die Atomlagen der wirklichen Keto- und Enolformen voneinander verschieden und auch verschieden von denen des fertigen mesomeren Anions sind. Voraussetzung für die Möglichkeit der Bildung eines *mesomeren Anions* sind daher:

1. die aneinander gebundenen Atome müssen die *gleiche räumliche Reihenfolge* aufweisen,
2. *verschieden* ist nur die *Elektronenverteilung* in den fiktiven Grenzformeln des mesomeren Anions,
3. die an den elektromeren Verschiebungen beteiligten Atome müssen *in einer Ebene* liegen können.

Der elektromere (E-)Effekt kann von einer ganzen Reihe von Atomgruppen geliefert werden, z. B.:

$$-CH_2-\underset{\overset{\|}{O}}{C}-R' \leftrightharpoons -CH=\underset{\underset{OH}{|}}{C}-R' \qquad -CH_2-C{\equiv}N \leftrightharpoons -CH=C=NH$$

    Keto   Enol   Nitril   Ketenimid

---

[1] ARNDT, F., H. SCHOLZ u. E. FROBEL: Liebigs Ann. **521**, 111 (1935).

$$-CH_2-\underset{\underset{N-R}{\|}}{C}-R' \leftrightarrows -CH=\underset{\underset{HN-R}{|}}{C}-R' \qquad -CH_2-\underset{\underset{\underset{RR}{\diagup\diagdown}}{C}}{C}-R' \leftrightarrows -CH=\underset{\underset{\underset{RR}{\diagup\diagdown}}{HC}}{C}-R'$$

Ketimid En-amin Dreikohlenstoff-Tautomerie

$$\bigcirc\!\!=\!O \leftrightarrows \bigcirc\!\!-\!OH \qquad -CH_2-N\!\!\diagdown\!\!_O^O \leftrightarrows -CH=N\!\!\diagdown\!\!_{OH}^O$$

cycl. Keton cycl. Enol Nitro aci-Nitro

$$-CH_2-\underset{\underset{S}{\|}}{C}-R' \leftrightarrows -CH=\underset{\underset{SH}{|}}{C}-R' \qquad -NH-\underset{\underset{O}{\|}}{C}-R' \leftrightarrows -N=\underset{\underset{OH}{|}}{C}-R'$$

Thioketon Thio-enol Carbonamid Imino-enol

Ob aber in Wirklichkeit nachweisbare Tautomerie vorliegt, hängt von dem Zusammenwirken beider Effekte, der Prototropie und „Enotropie" ab. Die Wirksamkeit beider Effekte in Abhängigkeit von den Substituenten läßt sich qualitativ abschätzen.

Das Fehlen eines merklichen elektromeren Effekts (E-Effekt) im *Aceton* ist als eine wesentliche Ursache für das Fehlen einer tautomeren Enolform anzusehen (vermutlicher Enolgehalt in reinem Aceton $\sim 2{,}5 \cdot 10^{-4}$ %)[1].

Vergrößert man den elektromeren Effekt durch Ersatz eines Wasserstoffatoms der Methylgruppe des Acetons durch einen *Acetyl-* oder *Carboxalkyl-Rest*, so enthalten die reinen Substanzen merkliche Mengen der Enolform:

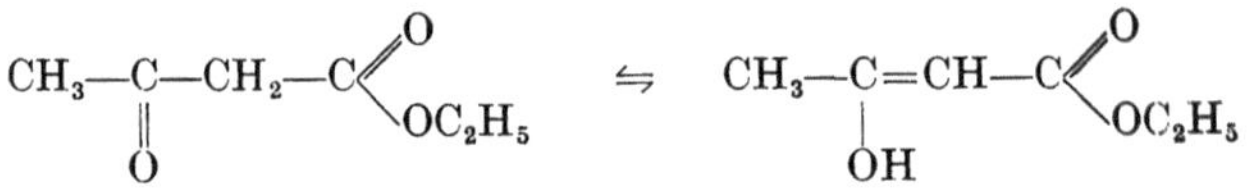

$$CH_3-\underset{\underset{O}{\|}}{C}-CH_2-C\!\!\diagdown\!\!_{OC_2H_5}^O \leftrightarrows CH_3-\underset{\underset{OH}{|}}{C}=CH-C\!\!\diagdown\!\!_{OC_2H_5}^O$$

92,7% 7,2%

$$CH_3-\underset{\underset{O}{\|}}{C}-CH_2-\underset{\underset{O}{\|}}{C}-CH_3 \leftrightarrows CH_3-\underset{\underset{OH}{|}}{C}=CH-\underset{\underset{O}{\|}}{C}-CH_3$$

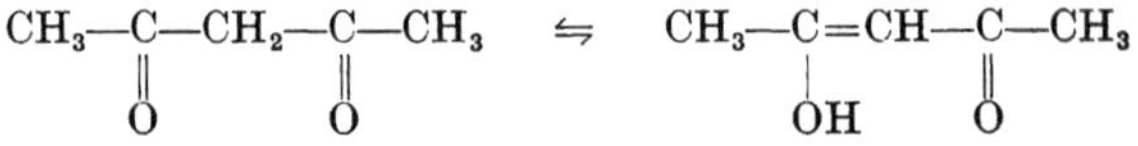

24% 76%

Der besonders hohe Enolgehalt des *Acetylacetons* hat ferner seinen Grund darin, daß das Anion eine weitere, insgesamt symmetrische Mesomerie zeigt:

$$\left\{CH_3-\underset{\underset{|\underline{O}|}{|}}{C}=CH-\underset{\underset{|\underline{O}|}{\|}}{C}-CH_3 \leftrightarrow CH_3-\underset{\underset{O}{\|}}{C}-\overline{CH}-\underset{\underset{O}{\|}}{C}-CH_3 \leftrightarrow CH_3-\underset{\underset{|\underline{O}|}{\|}}{C}-CH=\underset{\underset{|\underline{O}|}{|}}{C}-CH_3\right\}^{\ominus}$$

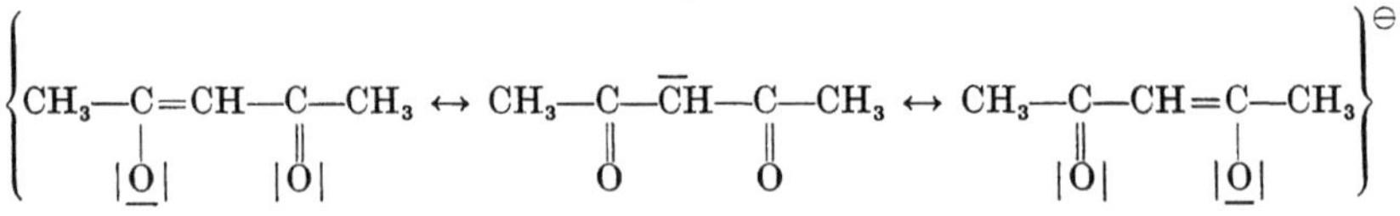

Vergrößert man die Mesomeriemöglichkeiten durch Ersatz noch eines Wasserstoffatoms (der Methylengruppe) durch eine weitere Acetylgruppe, so überwiegt die Enolform derart, daß sie in Substanz herstellbar ist:

$$CH_3-\underset{\underset{|\underline{O}|}{\|}}{C}\!\!-\!\!\!\overset{\overset{O=C-CH_3}{|}}{\underset{\underset{O=C-CH_3}{|}}{C}}\!\!-\!H \leftrightarrows \left\{CH_3-\underset{\underset{|\underline{O}|}{|}}{C}\!\!=\!\!\!\overset{\overset{O=C-CH_3}{|}}{\underset{\underset{O=C-CH_3}{|}}{C}} \leftrightarrow CH_3-\underset{\underset{O}{\|}}{C}\!\!-\!\!\!\overset{\overset{|\overline{O}|-C-CH_3}{\|}}{\underset{\underset{O=C-CH_3}{|}}{C}} \leftrightarrow usw.\right\} H^{\oplus}$$

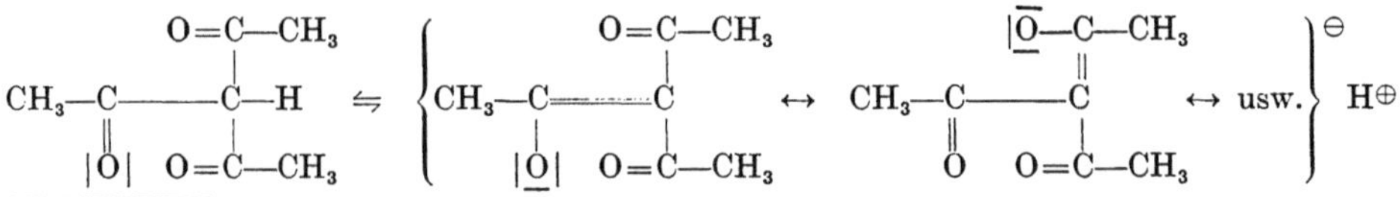

[1] SCHWARZENBACH, G., u. C. WITTWER: Helvet. chim. Acta **30**, 656, 669 (1947).

Allerdings macht sich bei dieser starken Substitution die Raumbeanspruchung der Acylreste bereits bemerkbar, so daß z. B. im *Tribenzoylmethan* die Enolisierungstendenz bereits stark abgesunken ist[1].

Enthält das Molekül nur *eine* tautomeriefähige Gruppe, z. B. ein Carbonyl und sonst keinen „Konjugationspartner", so ist der gesamte E-Effekt eben gleich dem des Carbonyls wie im Aceton. Erhöht man durch geeignete Substitution den prototropen Effekt, z. B.:

$$\begin{array}{c} C_6H_5OSO_2 \\ \diagdown \\ C-COOCH_3 \\ \diagup \\ C_6H_5OSO_2 \end{array} \text{H} \quad , \quad \begin{array}{c} C_6H_5OSO_2 \\ \diagdown \\ C-\underset{\parallel}{C}-C_6H_5 \\ \diagup O \\ C_6H_5OSO_2 \end{array} \text{H}$$

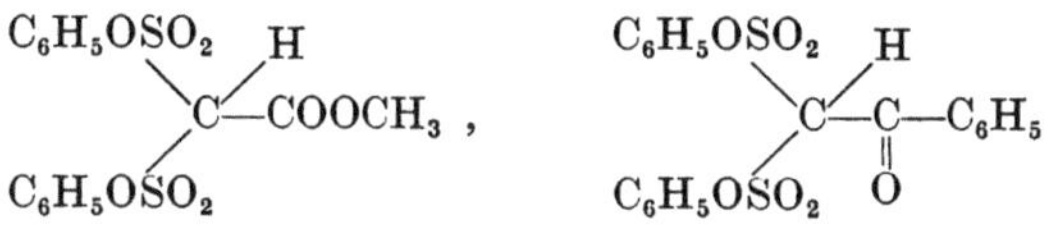

so reicht selbst diese Substitution nicht aus, um eine merkliche Enolisierung hervorzurufen. Dies gelingt erst, wenn man den E-Effekt durch Einführung der *Aldehydgruppe* ebenfalls erhöht:

$$\left(\begin{array}{c}C_6H_5\\ \diagdown \\ N-SO_2- \\ \diagup \\ C_2H_5\end{array}\right)_2 CH-C\overset{H}{\underset{}{=}}O \quad \rightleftharpoons \quad \left(\begin{array}{c}C_6H_5\\ \diagdown \\ N-SO_2- \\ \diagup \\ C_2H_5\end{array}\right)_2 C=C\overset{H}{\underset{OH}{}}$$

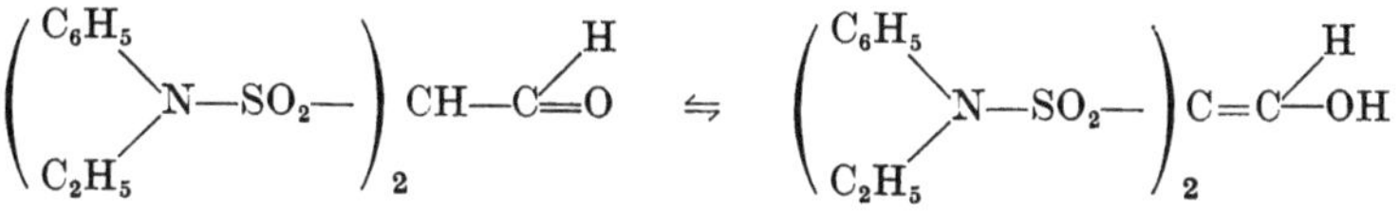

Essigester und *Malonester* lassen wegen des zu geringen E-Effektes keine merkliche Enolisierung erkennen. Dagegen ist der *Methantricarbonsäureester* bereits etwas enolisiert (0,15%). Ebenso enolisiert das *Nitromethan* nicht freiwillig. Starke elektromere Effekte zeigen Substituenten mit olefinischen, vor allem aromatischen Systemen. So ist das *Phenol* praktisch reines Enol.

Was die *Acidität* der genannten Verbindungen anbetrifft, so lösen sich Essigester und Malonester nicht in wäßrigem Alkali, wohl aber der Methantricarbonsäureester schon in 2n Sodalösung. Seine Acidität wird man daher ebenso wie die des Nitromethans auf eine CH-Acidität, also die Wirkung des prototropen Effekts, zurückführen dürfen. Auch die Acidität des Phenols ist recht gering. Sie läßt sich hier durch Einführung von Gruppen mit großem F- und E-Effekt in das aromatische System, z. B. durch drei Nitrogruppen, außerordentlich steigern, was auch im Namen der betreffenden Verbindung, *Pikrinsäure*, zum Ausdruck kommt.

Aus diesen wenigen Beispielen, die sich leicht vermehren lassen, sieht man, in wie verwickelter Weise die empirisch gefundene Acidität einer tautomeriefähigen Verbindung mit der Konstitution zusammenhängt. Hinzu kommt noch, daß auch *sterische Faktoren* bei den Beziehungen zwischen Acidität und Enolisierungstendenz wirksam sein können[2]. Dies wird verständlich, wenn man bedenkt, daß beim Übergang von der Keto- zur Enol-Form die freie Drehbarkeit einer C—C-Bindung stark eingeschränkt wird, das Molekül gleichsam „erstarrt". Damit stehen die früher schon erörterten Befunde in Übereinstimmung, daß nämlich mit steigender Temperatur im *Gaszustand* der Enolgehalt des Acetessigesters sinkt. Sperrige, raumerfüllende Gruppen werden daher ebenfalls der Einnahme einer praktisch ebenen Anordnung in der Enolform abgeneigt sein, d. h. durch solche Substitutionen wird die Enolisierungstendenz geringer werden.

In entsprechender Weise beeinflußt dieser sterische Faktor auch die Ionisierungstendenz des Enols infolge der im Anion auftretenden Mesomerie. Demgemäß ist das *Dimethyldihydroresorcin* sowohl stark enolisiert[3] wie auch gleichzeitig

---
[1] CLAISEN, L.: Liebigs Ann. **291**, 251 (1896). — AUWERS, K. v.: Ber. dtsch. chem. Ges. **65**, 1634 (1932).
[2] SCHWARZENBACH, G., u. E. FELDER: Helvet. chim. Acta **27**, 1706 (1944).
[3] In Wasser 95,3%. SCHWARZENBACH, G.: Helvet. chim. Acta **27**, 1059 (1944).

stark sauer. Durch den Einbau in den Ring befinden sich die beiden β-ständigen Ketogruppen bereits ziemlich starr in der zur Enolisierung und Ionisierung gleich günstigen Stellung[1]:

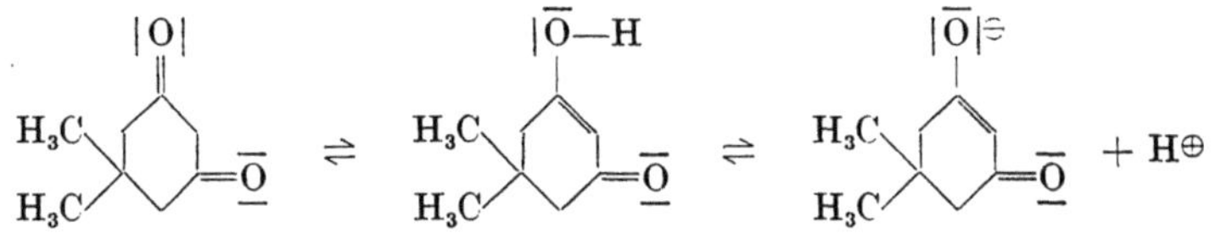

Die Vorstellungen über die Ursache der Keto-Enol-Tautomerie lassen sich unter Berücksichtigung der Bildung von *Wasserstoffbrücken* noch verfeinern. Durch die Bildung von zwischenmolekularen H-Brücken wird der wechselseitige Keto- ⇌ Enol-Übergang sicher erleichtert, vor allem aber wird bei geeigneten Enolen eine Stabilisierung der möglichen cis-Formen durch eine *innermolekulare* Wasserstoffbrückenbindung (Chelat-Bildung) erreicht:

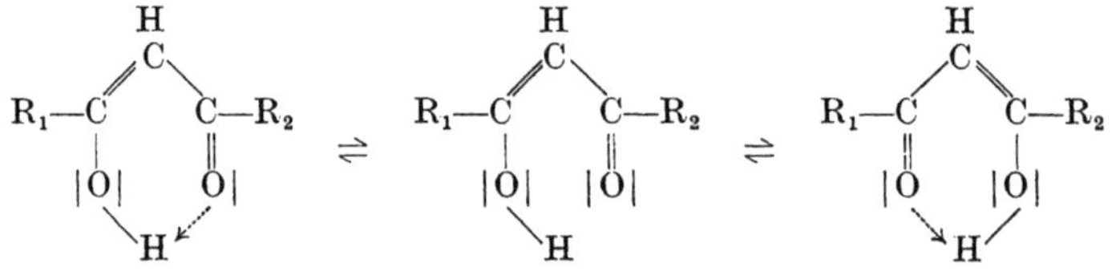

Diese Chelatbildung ist auch die Ursache für die beträchtliche *Löslichkeit* solcher Enole in hydroxylfreien Lösungsmitteln sowie ihre im Gegensatz zur reinen Hydroxylformulierung stehende leichte Flüchtigkeit. Analog den H-Brücken-enolen sind z. B. die Metallderivate etwa des Acetylacetons zusammengesetzt, die infolge dieser Innerkomplexbildung flüchtige, destillierbare Stoffe darstellen, z. B.:

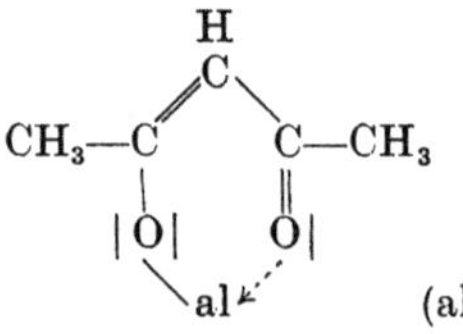

(al = Al/3)

Zusammenfassung. Die besondere Eigenschaft gewisser Verbindungen, unter Verschiebung eines Protons und gleichzeitigem Bindungswechsel bis zu einem Gleichgewicht in einen isomeren Stoff überzugehen, nennt man Tautomerie. Beide Isomeren sind oft in Substanz zu isolieren *(Desmotropie)* und stellen in ihrem Energieinhalt verschiedene Verbindungen dar. Voraussetzung zur Protonenverschiebung ist die „*Beweglichkeit*“ *der Protonen* durch die induktiven Effekte der Substituenten. Der *elektromere (E-)Effekt* der Molekel liefert den zur Enolisierung erforderlichen Gewinn an Mesomerieenergie. In gewisser Vereinfachung kann man sagen, daß dann, wenn dieser Energiegewinn größer ist als die Ablösungsarbeit des Protons, eine freiwillige Enolisierung möglich ist. Bezeichnet man

1. mit E_p den *prototropen Energieaufwand*, d. h. die Differenz der Bindungsenergien zwischen der Keto- und Enol-Form bei der Wanderung eines Protons vom mittelständigen CH_2 eines β-Diketons an das O-Atom einer enolisierten CO-Gruppe,

2. mit E_n die *enotrope Energie*, die beim Übergang in das mesomere Anion frei wird,

3. mit E_{Chel} die bei der *Chelatbildung* aus der cis-Enolform frei werdende Energie,

[1] Weitere Einzelheiten s. H. Henecka: Chemie der β-Dicarbonylverbindungen, S. 27f. Berlin-Göttingen-Heidelberg: Springer-Verlag 1950.

so gilt für die *Energiebilanz*:

$$\Sigma_{KE} = E_p - E_n - E_{Chel}$$

Dies gilt aber nur für den verdünnten *Gaszustand.* In Lösung muß man den Einfluß der *Solvatation* noch berücksichtigen:

$$\Sigma_{KE} = E_p - E_n - E_{Chel} \pm E_{Solv}$$

Über diesen Lösungsmitteleinfluß ist aber noch nichts sicheres bekannt, so daß man die Substituenteneinflüsse auf die Energieanteile E_p und E_n noch nicht exakt bestimmen kann[1].

Beide tautomeren Formen sind durch „Energieberge", die der Schwierigkeit oder Leichtigkeit der Protonenablösung aus jeder der beiden Formen entsprechen, voneinander getrennt und damit für gewisse Verweilzeiten in ihren *Grenzlagen stabilisiert.* Die Ausbildung des Keto-Enol-Gleichgewichts wird durch die Bildung zwischen- oder innermolekularer H-Brücken eingeleitet und gefördert (Chelatbildung der cis-Enolformen).

Chemische Reaktionen können wegen des Vorliegens eines solchen Tautomeriegleichgewichts von beiden an der Tautomerie beteiligten Formen oder auch nur von einer allein gegeben werden. In festem Zustand, mitunter auch in flüssigem oder gelöstem Zustand, in Abwesenheit von Katalysatoren sind die reinen Tautomeren haltbar. Bricht das Kristallgitter der festen Formen beim Schmelzen oder Lösen zusammen, dann führt die Energie der Wärmebewegung die reinen Isomeren vielfach in das betreffende *Gleichgewichtsgemisch* über.

Die *Umwandlung der Keto- in die Enol-Form* der β-Ketosäureester geht, worauf schon hingewiesen wurde, bei Ausschaltung katalytischer Einflüsse auch bei höheren Temperaturen nur sehr langsam vor sich. Auf Grund dieser Tatsache gelang es K. H. MEYER[2], die beiden tautomeren Formen des Acetessigesters durch Destillation in Quarzgefäßen zu trennen. Protonen (bzw. $H_3O^{\oplus}$-Ionen) und $OH^{\ominus}$-Ionen haben dagegen eine starke *katalytische* Wirksamkeit auf die Umwandlungsgeschwindigkeit der beiden Tautomeren ineinander. Nach F. ARNDT und C. MARTIUS[3] bildet sich durch Anlagerung eines Protons an den Ketoacetessigester ein Hydroxy-Carbeniumkation, das entweder das angelagerte Proton unter Rückbildung der Ketoform oder das nun durch induktive Effekte gelockerte α-H-Atom als Proton unter Bildung der Enolform verliert:

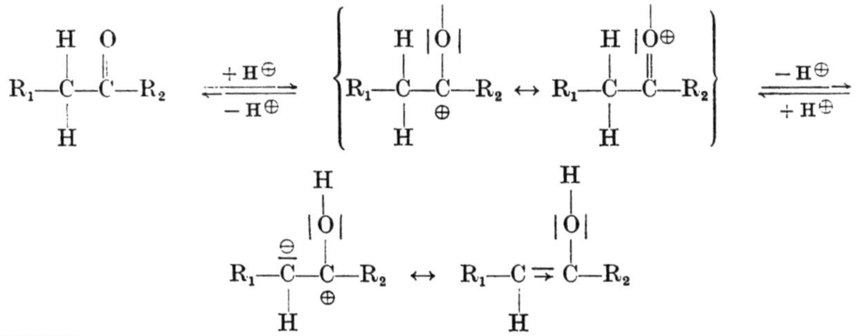

[1] Messungen im Gaszustand an Acetessigester ergeben etwa 50% Enol bei Zimmertemperatur. Näheres s. G. BRIEGLEB, W. STROHMEIER u. J. HÖHNE: Z. Elektrochem. **56**, 240 (1952).

[2] MEYER, K. H., u. V. SCHÖLLER: Ber. dtsch. chem. Ges. **53**, 1410 (1920). — MEYER, K. H., u. H. HOPFF: Ber. dtsch. chem. Ges. **54**, 579 (1921).

[3] ARNDT, F., u. C. MARTIUS: Liebigs Ann. **499**, 259 (1932). — WATSON, H. B.: Trans. Faraday Soc. **37**, 713 (1941).

Bei Reaktionen mit grundsätzlich enolisierbaren Verbindungen wird man daher mit der durch Protonenkatalyse entstehenden Enolform zu rechnen haben. Wenngleich die freiwillige Enolisierung z. B. des Acetons noch äußerst gering ist, verläuft die *Bromierung des Acetons* in saurer wäßriger Lösung mit einer nur von der $H^{\oplus}$-Ionenkonzentration abhängigen Geschwindigkeit. Unter dem Einfluß der $H^{\oplus}$-Ionen erfolgt die Enolisierung mit meßbarer Geschwindigkeit, während das Enol anschließend unmeßbar schnell bromiert wird[1]. Ähnlich verläuft nach K. H. MEYER auch die Bromierung des *Acetessigesters*. Damit kommt also der Säure lediglich die Funktion zu, das Keton in eine reaktionsbereite Form — hier die Enolform — überzuführen, die dann von dem elektrophilen Reagens ($Br^{\oplus}$) aus dem Gleichgewicht herausgefangen wird. Weitere Arbeiten über Halogenierung, Deuterierung und Racemisierung geeigneter Ketone haben die ursprüngliche Auffassung von A. LAPWORTH bestätigt[2]. Die obige Formulierung läßt auch erkennen, daß die Keto-Enol-Umwandlung die gleichzeitige Wirksamkeit eines Protonendonators wie auch eines Protonenacceptors erfordert.

ββ) Zur Konstitution der Alkaliverbindungen tautomerer Stoffe

Über die Konstitution der Alkalimetall-Verbindungen tautomerer Verbindungen ist sehr viel gearbeitet worden. Die neuere Auffassung der Mesomerie der Anionen tautomerer Verbindungen hat zwar einiges Licht in das recht schwierige Problem gebracht, ohne daß man aber bis heute von einer allgemeinen Lösung dieser Fragen sprechen kann[3]. Beginnen wir mit der einfacheren Frage der Konstitution des *Natracetessigesters*, überhaupt der Alkaliverbindungen von einfachen β-Ketosäureestern und β-Diketonen.

Wegen der *Synionie* der Anionen von β-Diketonen oder β-Ketosäureestern[4]:

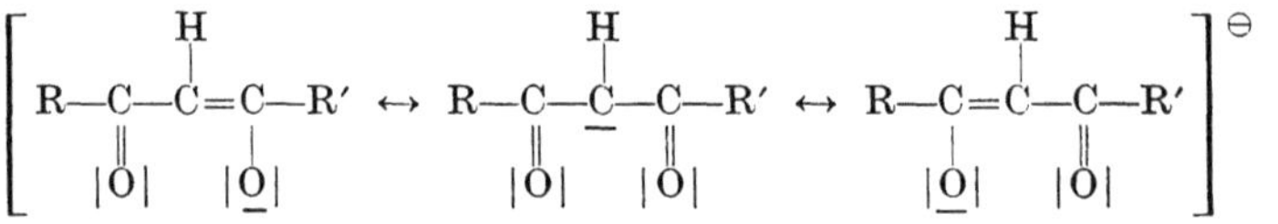

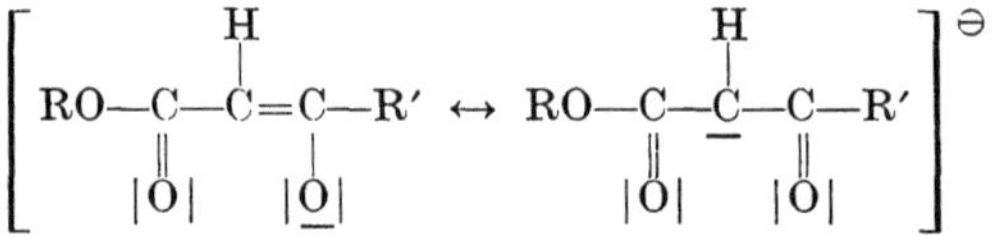

und ihrer zwischen den gedachten Grenzformen befindlichen Elektronenverteilung ist es zunächst fraglich, ob man dem Metallkation überhaupt eine feste Beziehung zu einem bestimmten anionisch erscheinenden Element in dem mesomeren Anion zuordnen kann. Dabei ist zunächst an die Verhältnisse im festen Zustand gedacht. Da bei diesen Salzen der prototrope Arbeitsaufwand fortfällt, kann man aus der Lage des Gleichgewichts der Tautomeren selbst keinen Rückschluß auf die Konstitution des Alkalisalzes ziehen. Es bleibt also nur

[1] LAPWORTH, A.: J. Chem. Soc. (London) **85**, 30 (1904).

[2] Siehe R. HUISGEN: Liebigs Ann. **590**, 40 (1954). — REITZ, O.: Z. Elektrochem. **43**, 659 (1937). — Z. physik. Chem. [A] **179**, 119 (1937). — HSÜ, S. K., C. K. INGOLD u. C. L. WILSON: J. Chem. Soc. (London) **1938**, 78. — INGOLD, C. K., u. C. L. WILSON: J. Chem. Soc. (London) **1934**, 773. — BARTLETT, P. D., u. C. H. STAUFFER: J. Amer. Chem. Soc. **57**, 2580 (1935). — BARTLETT, P. D., in H. GILMAN, Organic Chemistry, Bd. III, S. 87. New York: J. Wiley & Sons 1953.

[3] Vgl. hierzu die eingehenden Ausführungen von W. HÜCKEL, in Theoretische Grundlagen der Organischen Chemie, 8. Aufl., Bd. I, S. 314—329. Leipzig: Akad. Verlagsges. 1956.

[4] PRÉVOST, C., u. A. KIRRMANN: Bull. Soc. chim. France [4] **1931**, 194.

der *elektromere* (enotrope) Effekt zu berücksichtigen, dessen exakte Größe z. Z aber auch noch nicht anzugeben ist. Eine qualitative Abschätzung bei den β-Diketonen und β-Ketosäureestern läßt erkennen, daß dieser elektromere Effekt immerhin erheblich sein muß. Man wird daher mit einiger Wahrscheinlichkeit annehmen dürfen, daß in dem festen Natracetessigester das Natriumkation etwas mehr dem O-Anion als dem C-Anion der mesomeren Grenzformeln zugeordnet ist. Der Natriumacetessigester ist daher als ein mesomeres *Natriumenolat* anzusprechen, für das möglicherweise auch eine Formulierung als *cis-Chelatkomplex* ähnlich dem freien Enol denkbar ist:

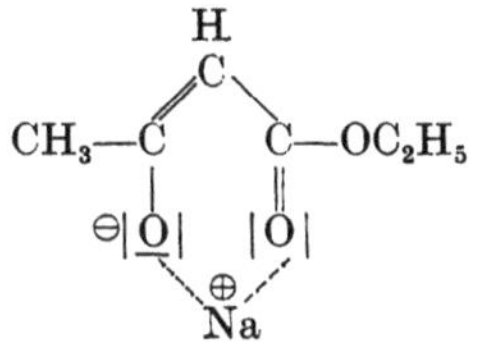

Säuert man den Natracetessigester vorsichtig unter geeigneten Bedingungen an, so erhält man reines Enol. Etwas anders liegt der Fall bei den Alkaliverbindungen des Malonesters, des Malonitrils und des Cyanessigesters.

Im *Malonester* ist der elektromere Effekt der beiden Carboxalkylgruppen insgesamt wohl nicht größer als beim Acetessigester. Da der Malonester freiwillig nicht enolisiert, der prototrope Arbeitsaufwand aber auch nicht größer als beim Acetessigester sein dürfte, sollte man eigentlich hier einen noch geringeren elektromeren Effekt, also keine Bevorzugung der Enolatgrenzformel wie im Acetessigester, erwarten. Dagegen spricht folgender experimenteller Befund: Beim Ansäuern des Natriummalonesters entsteht zunächst das Enol, das sich rasch in die Ketoform umlagert[1]. Der Malonester zeigt eine *Synionie*, da die zur Enolatbildung nötige C—O$^{\ominus}$-Gruppe gegenüber dem Acetessigesteranion zweimal erscheinen kann:

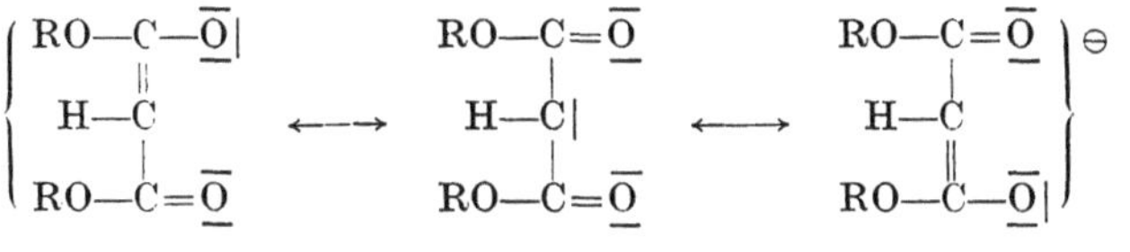

Diese erhöhte Wahrscheinlichkeit zur Herstellung einer Ionenbeziehung O···Metall verursacht möglicherweise die Stabilisierung der festen Verbindung als Enolat. Hinzu tritt wieder die hier noch besser ausgeprägte Möglichkeit zur *Chelatkomplex-Bildung*:

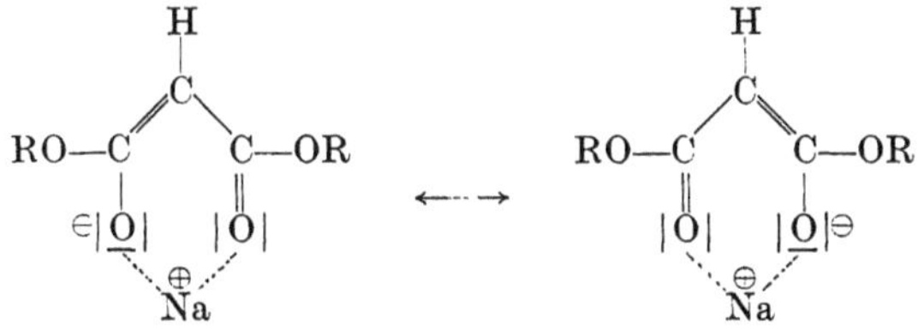

Man sieht an diesem Beispiel, daß man mit der Abschätzung der prototropen und elektromeren Effekte allein nicht zu Aussagen kommt, die mit allen experimentellen Erfahrungen übereinstimmen. Der Natriummalonester ist daher ebenfalls als ein mesomeres Enolat (genauer *Esterenolat*) anzusehen. Ähnlich

[1] MEYER, K. H.: Ber. dtsch. chem. Ges. **45**, 2865 (1912).

dürften die Verhältnisse bei der Natriumverbindung des *Cyanessigesters* und des *Malodinitrils* liegen, wobei nun auch der Stickstoff als Azeniation fungieren kann:

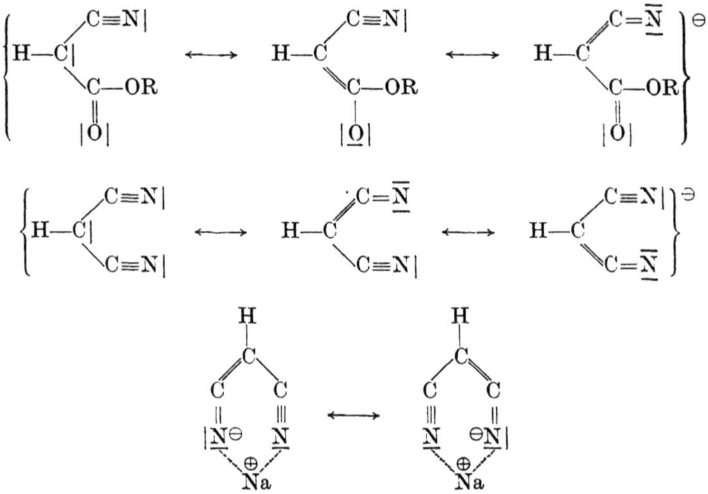

Im *Diazomethylanion*, dessen vorsichtige Protonolyse das *Isodiazomethan* liefert und dessen Reaktionen z. B. mit einem Säurebromid am Azeniatstickstoff beginnen und unter Oxdiazolbildung „rundherum“ verlaufen, scheint der Azeniatstickstoff ebenfalls als charakteristische Ionenbeziehungsstelle des Metalls bevorzugt zu sein[1]:

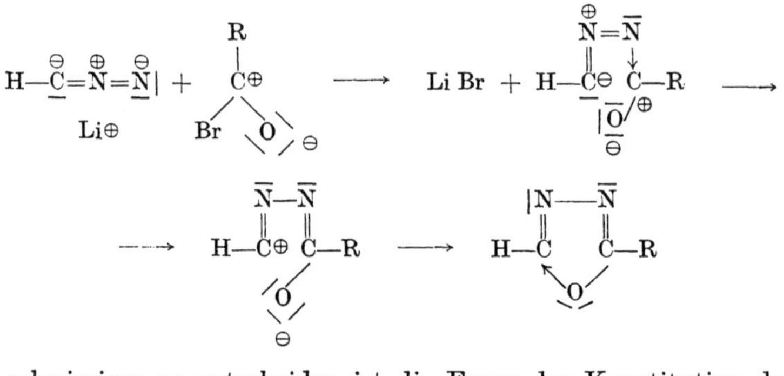

Noch schwieriger zu entscheiden ist die Frage der Konstitution der Alkalimetallverbindungen einfacher Verbindungen wie von *Essigsäureäthylester* oder von *Aceton*. Über die Größe des elektromeren Effekts läßt sich keine gültige Aussage gewinnen, und im reaktiven Verhalten tritt nur die Carbeniat-Anordnung hervor. Auch die Löslichkeit in Benzol scheint dafür zu sprechen, daß in diesen Fällen mehr die „Carbeniat“- als die „Olat“-Atome in einer ionischen Beziehung zum Alkalimetall stehen. Ob darüber hinaus auch eine homöopolare „Bindung“ C—Alkalimetall, jedenfalls zu einem gewissen Betrage, vorhanden ist, läßt sich noch nicht sagen. Diese Frage berührt das Problem des Bindungszustands in Kohlenstoff-Alkalimetall-Verbindungen überhaupt. Hier hängt es von dem Alkalimetall, der Konstitution des organischen Restes, dem Lösungsmittel, sogar der Konzentration ab, welche Bindungsart, eine homöopolare oder ionische oder komplexe, überwiegend vorhanden ist. Die Untersuchung dieser Verhältnisse

[1] MÜLLER, EUGEN, u. D. LUDSTECK: Chem. Ber. 88, 921 (1955).

befindet sich noch in vollem Fluß und eignet sich im gegenwärtigen Stadium noch nicht zu einer eingehenden Erörterung. Für den Reaktionsablauf selbst spielen diese Betrachtungen bei typisch mesomeren Anionen eine geringere Rolle.

γγ) Reaktives Verhalten der Alkaliverbindungen tautomeriefähiger Stoffe

Im Vorangehenden war bereits auf die Tatsache aufmerksam gemacht worden, daß beim *Ansäuern* der Natriumverbindungen des Acetessigesters, aber auch des Malonesters, stets zunächst die saure *Enolform* entsteht. Das gilt auch in anderen, komplizierteren Fällen. So liefert das Diazomethylanion beim vorsichtigen Ansäuern Iso-diazomethan, $H-C\equiv N-\bar{N}-H$, das isostere Analogon zur Stickstoffwasserstoffsäure $|N\equiv N-\bar{N}-H$. Erst mit Hydroxylanionen findet die Rückumwandlung des Iso- in das normale Diazomethan $H_2C=N=\bar{N}$ statt.

Allgemein kann man sagen, daß beim Ansäuern der Alkaliverbindungen von Stoffen mit mesomeriefähigem Anion zunächst die Verbindung entsteht, die von den beiden denkbaren tautomeren Formen die *höhere Acidität* aufweist und die daher im endgültigen Gleichgewicht in geringerer Menge vorhanden ist.

Bei dieser sehr charakteristischen Acidifizierung von Salzen mit mesomeren Anionen dürften allgemeine energetische Verhältnisse als Ursache dieses Verhaltens anzusehen sein.

Viele andere Reaktionen der Alkaliverbindungen tautomerer Stoffe liefern im Gegensatz zu der Protonisierung Derivate, die sich formal von einer C-Metallsalzformel ableiten lassen. Beispielsweise tritt bei *Alkylierungen* der Na-Salze mit Alkylhalogeniden oder Alkylsulfaten das Methyl nicht an den Sauerstoff, sondern an das *Kohlenstoffatom*:

$$\left\{\begin{array}{c} R-C-\overset{\ominus}{\underset{|}{C}H}-C-\overline{O}-R \\ \|\| \\ |\underline{O}||\underline{O}| \end{array} \leftrightarrow \begin{array}{c} R-C=CH-C-\overline{O}R \\ |\| \\ |\underline{O}|^{\ominus}|\underline{O}| \end{array}\right\} + CH_3^{\oplus} J^{\ominus} \rightarrow$$

$$\rightarrow \begin{array}{c} R-C-CH-C-\overline{O}R + NaJ \\ \|\downarrow\| \\ |\underline{O}|CH_3|\underline{O}| \end{array}$$

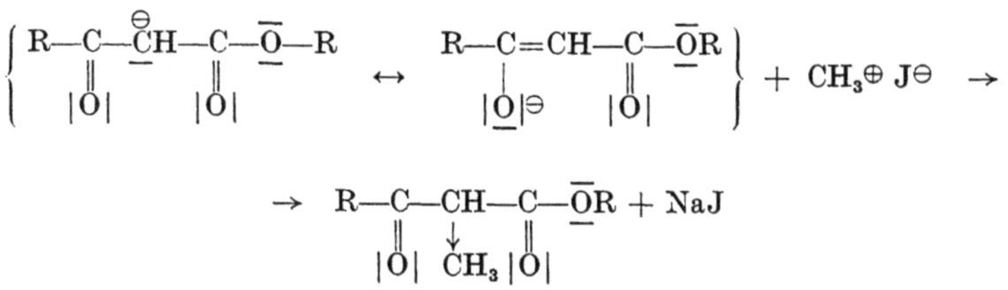

Die Mesomerie im Anion des Acetessigesters läßt es zwar grundsätzlich verstehen, daß hier auch eine C-Alkylierung stattfinden kann. Mehr läßt sich aber auch mittels der Mesomerievorstellung nicht für den weiteren Reaktionsablauf ableiten. Aus Analogieversuchen kann man folgern, daß die sicher unterschiedlichen Reaktionsgeschwindigkeiten der Bildung von O- bzw. C-Alkylderivaten, das Lösungsmittel, der Charakter der Kationen und schließlich die Konstitution der Reaktionspartner einschließlich sterischer Faktoren, eine Rolle spielen werden. Zu einer feineren Analyse des Reaktionsvorgangs wird man wohl erst bei einer genaueren Kenntnis des reagierenden Zustandes (transition state) gelangen können.

Von welcher Bedeutung die *Versuchsbedingungen* sind, zeigt die Tatsache der weitgehenden bzw. ausschließlichen O-*Derivatbildung* bei der Umsetzung von Natracetessigester mit *Säurechloriden* (Acetylchlorid, Chlorameisensäureester) in Pyridin:

$$\left[\begin{array}{c} RO-C-CH=C-R \\ \|| \\ |\underline{O}||\underline{O}| \end{array}\right]^{\ominus} Na^{\oplus} + Cl-\overset{\overset{O}{\|}}{C}-OR' \xrightarrow{\text{Pyridin}} \begin{array}{c} RO-C-CH=C-R + NaCl \\ \|| \\ OOCOOR' \end{array}$$

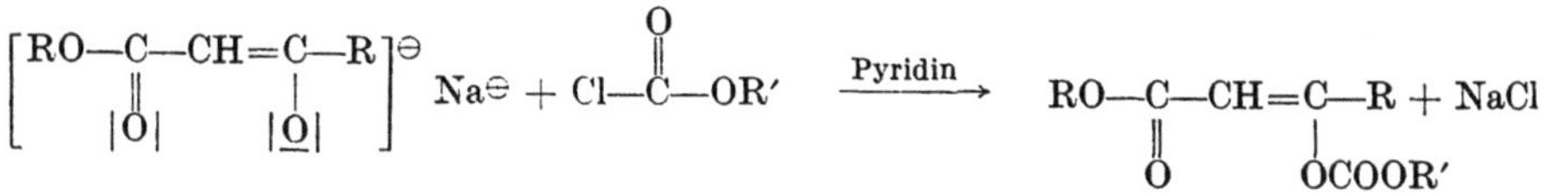

Offenbar wird durch das *Pyridin* die Reaktionsbereitschaft des Säurechlorids durch Komplexbildung unter Entwicklung einer Carbeniumanordnung:

$$CH_3\underset{\underset{O}{\|}}{C}-Cl + \underset{N}{\bigcirc} \rightarrow \left[CH_3-\underset{\underset{O}{\|}}{C}\leftarrow N\bigcirc\right]^{\oplus} Cl^{\ominus} \leftrightharpoons CH_3\underset{\underset{O}{\|}}{C}^{\oplus} \ldots |N\bigcirc + Cl^{\ominus}$$

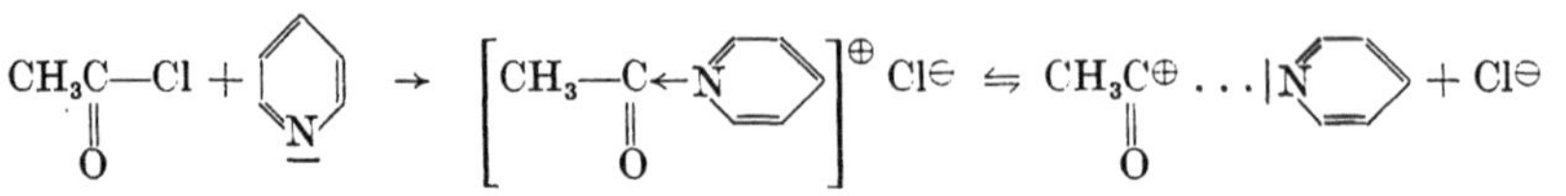

so erhöht, daß eine sehr rasch ablaufende Reaktion, die O-Acylierung, in den Vordergrund tritt.

Manche Säurechloride nehmen bei dieser Reaktion eine Mittelstellung zwischen den extremen Möglichkeiten — ausschließliche O- oder C-Acylierung — ein.

Diese O-*Acylderivate* lassen sich in C-*Acylverbindungen* durch Erwärmen mit einer geringen Menge der ursprünglichen β-Dicarbonylverbindung in alkalischem Milieu (K_2CO_3 in Essigester) *umlagern*[1]. Es handelt sich hierbei wohl um eine Zwischenstoffkatalyse. Die O-Acylverbindung wirkt selbst acylierend auf das in geringer Menge vorhandene Carbeniat-anion, wobei zunächst ein Gemisch von C- und O-Acylverbindung entsteht und sich die ursprünglich vorhandene β-Dicarbonylverbindung zurückbildet. Die C-Acylverbindung kann sich unter Umständen durch Salzbildung abscheiden, so daß der ganze Zyklus bis zur völligen Umlagerung der O- in die C-Acylverbindung abläuft[2]:

$$CH_3-CO-\overset{\ominus}{\underline{C}}H-COOR + CH_3-\underset{\underset{|O-COCH_3}{|}}{C}=CH-COOR \rightarrow CH_3-CO-\underset{\underset{COCH_3}{|}}{CH}-COOR \text{ (als Na-Verbindung}\downarrow\text{)}$$

$$\xrightarrow{\text{mesomeres Anion}} CH_3-\underset{\underset{|\underline{O}|^{\ominus}}{|}}{C}=CH-COOR$$

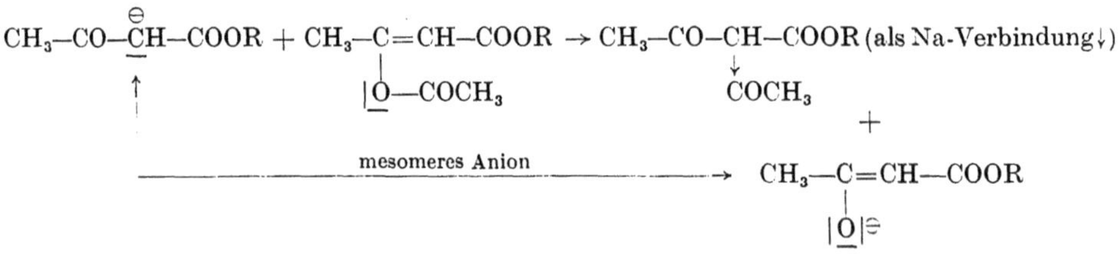

Die einzige bisher bekannte wirkliche Umlagerung von O-*Alkyl-* in C-*Alkylderivate* (O-Allyl-acetessigester in C-Allyl-acetessigester) dürfte ganz anders und ähnlich den CLAISENschen Allylphenoläther-Umlagerungen zu deuten sein[3] (vgl. S. 404).

Der *Natriummalonester* liefert im Gegensatz zum Acetessigesternatrium bei allen Reaktionen mit Ausnahme der Acidifizierung nur C-*Derivate*. Offenbar ist das fertige Enolat infolge innerer Mesomeriemöglichkeiten und cis-Chelatkomplex-Bildung stabilisiert und wenig reaktionsfreudig, so daß schließlich doch die in der Mesomerie sicher wenig begünstigte C-Carbeniatanordnung bei genügender Reaktionszeit des angreifenden Agens als Reaktionsform in Erscheinung tritt. So liefert beispielsweise der Natriummalonester wie eine geeignete metallorganische Verbindung mit *Jod* durch Oxydation unter Natriumjodidbildung und *Verdopplung* des Moleküls den Äthantetracarbonsäureester:

$$2 ROOC-\underset{\underset{COOR}{|}}{\overset{\overset{H}{|}}{C}}|^{\ominus} Na^{\oplus} + 2 \cdot \overline{J}| \longrightarrow 2 NaJ + (ROOC)_2CH-CH(COOR)_2$$

Wahrscheinlich spielen aber auch noch andere Effekte hier in diese Reaktion hinein, denn auch der Natracetessigester läßt sich unter Oxydation mit Jod glatt

---

[1] CLAISEN, L., u. E. HAASE: Ber. dtsch. chem. Ges. **33**, 3778 (1900).

[2] Siehe H. HENECKA: Chemie der β-Dicarbonylverbindungen, S. 366. Berlin - Göttingen - Heidelberg: Springer-Verlag 1950.

[3] Siehe H. HENECKA: Chemie der β-Dicarbonylverbindungen, S. 36—38. Berlin - Göttingen - Heidelberg: Springer-Verlag 1950.

in den Diacetbernsteinsäureester überführen. Würde sich die Reaktion a Enolat-Sauerstoff abspielen, so müßte ein Peroxyd entstehen:

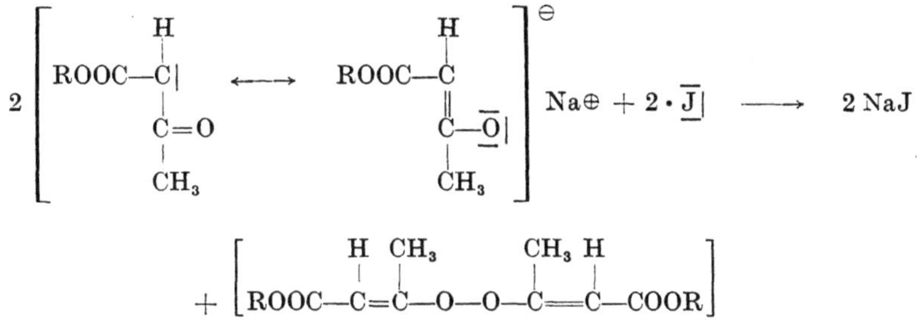

ein sicher ungewöhnlich energiereicher Stoff. Denkbar ist auch ein Vorgang der Art, daß sich aus 1 Mol Natracetessigester und 1 Molekül Jod erst einmal der C-Jod-acetessigester bildet, der in einer Folgereaktion mit dem Natracetessigester mesomerie-stabilisierte Radikale bildet, die sich dimerisieren:

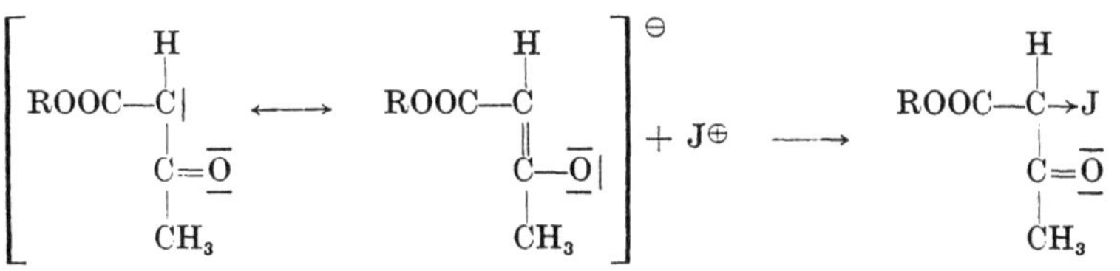

(Eine $\geqslant$C—O—J-Verbindung ist instabil, bildet sich daher nicht!)

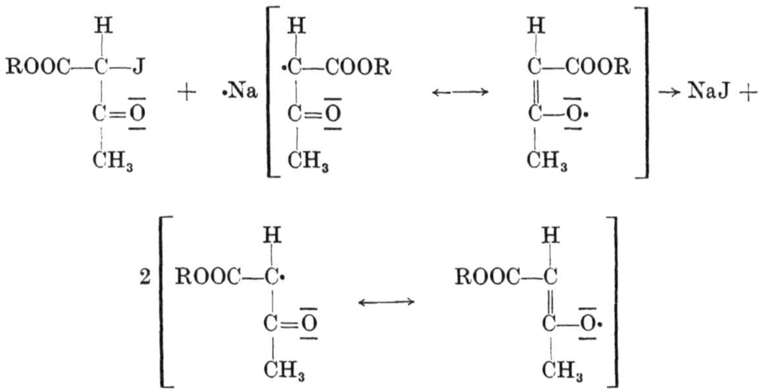

A

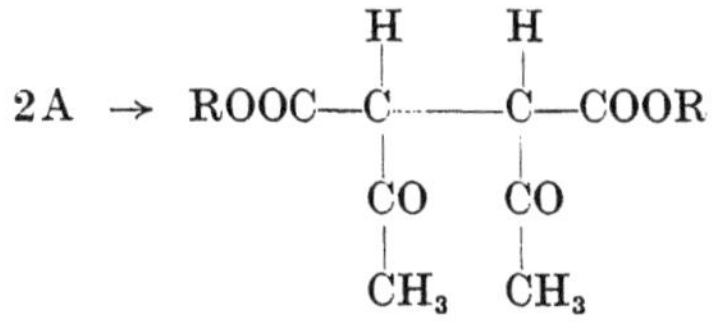

Das angeführte Beispiel zeigt, wie schwierig eine exakte Deutung des Reaktionsmechanismus ohne sehr eingehende experimentelle Grundlagen ist; und auch dann sind bei dem derzeitigen Stand unserer Kenntnisse vom reagierenden Zustand kaum mehr als Vermutungen möglich.

Eine der präparativ wichtigsten Reaktionen zu den β-Dicarbonyl-alkaliverbindungen ist die CLAISENsche *Esterkondensation*. Verbindungen mit ,,beweglichem Wasserstoff'', wie gewisse Ester, Ketone, Nitroverbindungen, sogar Kohlenwasserstoffe wie Fluoren, reagieren mit Estern unter der katalytischen Wirkung alkalischer Reagentien (metallisches Natrium, Natriumäthylat, Natriumamid) unter Austritt der Alkoxygruppe des Esters als Alkohol und Bildung neuer Carbonylverbindungen:

$$C_2H_5O-\underset{\underset{O}{\|}}{C}-\underset{\underset{H}{|}}{\overset{H}{C}}-H + C_2H_5O-CO-CH_3 \rightarrow HOC_2H_5 + C_2H_5O-\underset{\underset{O}{\|}}{C}-CH_2-CO-CH_3$$

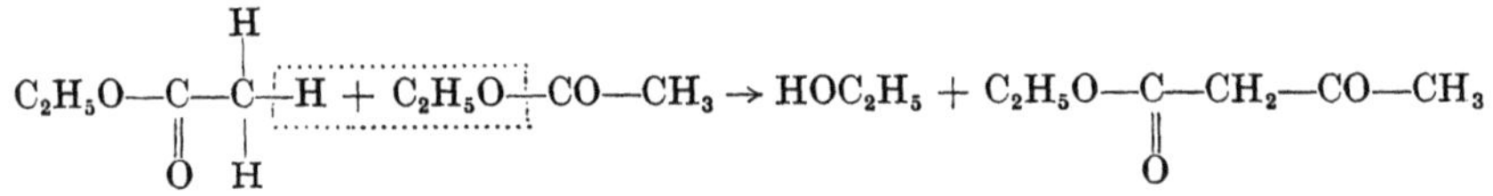

Acetessigestersynthese

$$C_2H_5-O-\underset{\underset{O}{\|}}{C}-\underset{\underset{H}{|}}{\overset{H}{C}}-H + C_2H_5O-\underset{\underset{O}{\|}}{C}-\underset{\underset{O}{\|}}{C}-OC_2H_5 \rightarrow HOC_2H_5 + C_2H_5O-\underset{\underset{O}{\|}}{C}-CH_2-\underset{\underset{O}{\|}}{C}-\underset{\underset{O}{\|}}{C}-OC_2H_5$$

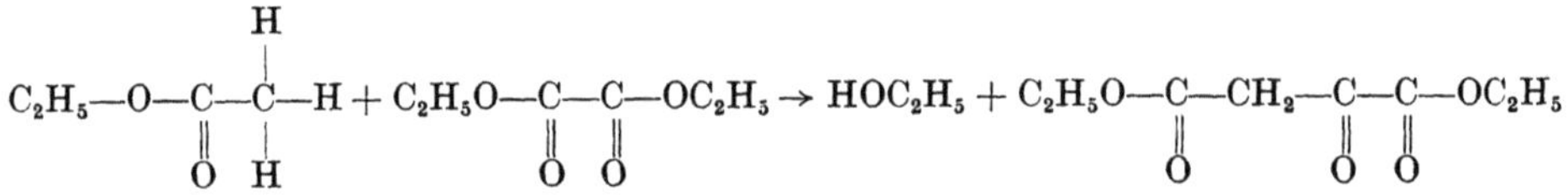

Oxalestersynthese

Im Prinzip wird demnach die Alkoxygruppe der Esterkomponente mit dem *beweglichen Wasserstoffatom* der Methylen- oder Methyl-Gruppe der anderen Komponente als Alkohol abgespalten. Befinden sich die reaktionsfähige Methylen- und die Estergruppe in demselben Molekül, so tritt hierbei *Ringschluß* ein (DIECKMANNsche Esterkondensation).

Die elektronentheoretische Deutung[1] sieht den Primärvorgang in der Schaffung eines reaktionsbereiten *Carbeniatanions* der Methylenkomponente durch Einwirkung des Kondensationsmittels:

$$R-\overset{H}{\underset{|}{C}H}-COOR' + [OC_2H_5]^\ominus \rightleftharpoons R-\overset{H}{\underset{\ominus}{C}}H-COOR' + HOC_2H_5$$

$$\left\{ R-\overset{H}{\underset{|}{C}}-\underset{\underset{|\underline{O}|}{\|}}{C}-OR' \longleftrightarrow R-\overset{H}{\underset{|}{C}}=\underset{|\underline{\underline{O}}|}{C}-OR' \right\}^\ominus$$

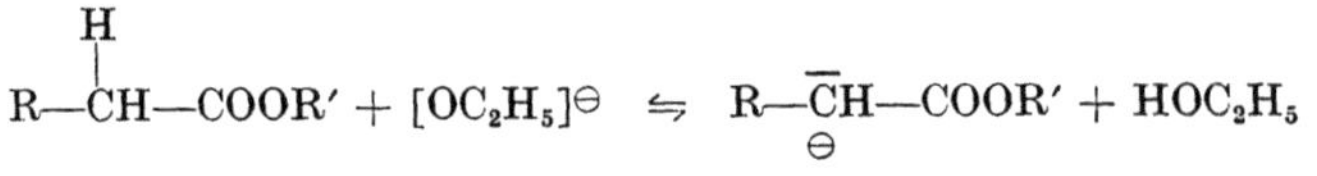

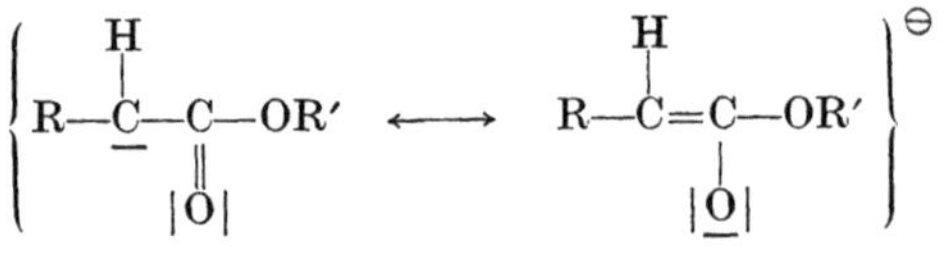

Hier spielt die Protonenaffinität des als Kondensationsmittel benutzten Anions (im vorliegenden Falle $OC_2H_5^\ominus$) die entscheidende Rolle, es liegt also ein Säure-Basen-Austausch vor zwischen der ,,Säure'' Essigester und der ,,Base'' Äthoxylanion. Gleichzeitig wird die Carbonylkomponente aktiviert.

Die zweite Stufe der Esterkondensation stellt die Einlagerung des aktivierten Carbeniatanions der Methylenkomponente in die *elektromere Grenzform der Carbalkoxygruppe* (aufgerichtete Carbonylgruppe!) der Esterkomponente dar

---

[1] Vgl. hierzu H. HENECKA: Chemie der β-Dicarbonylverbindungen, S. 54ff. Berlin-Göttingen-Heidelberg: Springer-Verlag 1950. — Fortschr. chem. Forsch. 1, 685 (1950). — HOUBEN-WEYL, 4. Aufl., Bd. VIII, S. 642, Stuttgart: Georg Thieme Verlag, 1952.

(LEWIS-Neutralisation!). Es bildet sich in einer weiteren Gleichgewichtsreaktion ein Addukt a:

$$\left\{ \begin{array}{c} R-CH_2-C=\overline{O} \\ | \\ |\underline{O}-R' \end{array} \longleftrightarrow \begin{array}{c} R-CH_2-\overset{\oplus}{C}-\overset{\ominus}{\underline{O}|} \\ | \\ |\underline{O}-R' \end{array} \right\} + \begin{array}{c} H \\ | \\ |C^{\ominus}-COOR' \\ | \\ R \end{array} \rightleftharpoons$$

$$\begin{array}{c} |\overline{O}|^{\ominus} \quad H \\ | \quad\quad | \\ R-CH_2-C\leftarrow C-COOR' \\ | \quad\quad | \\ OR' \quad R \end{array}$$

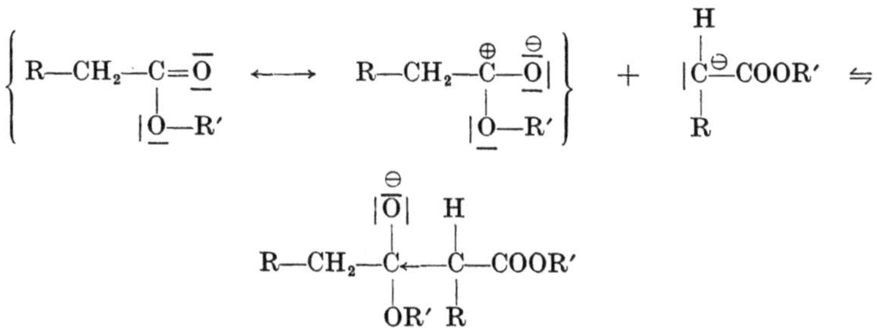

a

In einer dritten Phase der Reaktion wird nun ein Molekül Alkohol R'OH abgespalten[1], wobei das *mesomere Anion des β-Ketocarbonsäureesters* unter Energiegewinn entsteht:

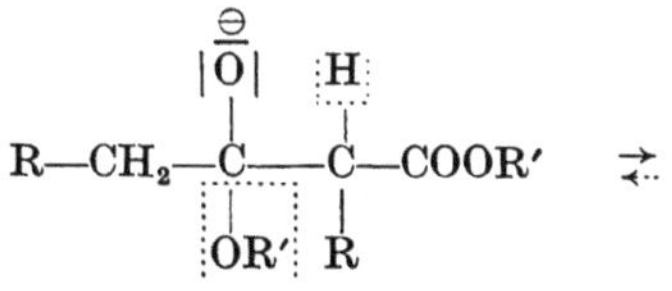

$$\begin{array}{c} |\overline{O}|^{\ominus} \quad \vdots H \vdots \\ | \quad\quad\quad | \\ R-CH_2-C\cdots\cdots C-COOR' \quad \rightleftarrows \\ | \quad\quad\quad | \\ \vdots OR' \vdots \quad R \end{array}$$

a

$$\left\{ \begin{array}{c} |\overline{O}|^{\ominus} \\ | \\ RCH_2-C-\overline{C}-COOR' \\ \oplus \overset{\ominus}{\diagdown} \\ R \end{array} \leftrightarrow \begin{array}{c} |\overline{O}|^{\ominus} \\ | \\ RCH_2-C=C-COOR' \\ | \\ R \end{array} \right\} + R'OH$$

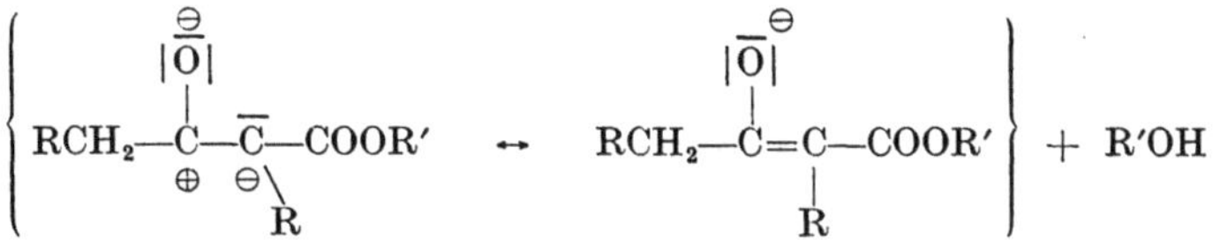

b

Die Neigung zur Bildung dieses mesomeren Anions b ist die treibende Kraft der Esterkondensation[2]. Wie besondere Versuche gezeigt haben, muß das entstehende mesomere Anion (Synion) eine schwächere Base als das Anion des Kondensationsmittels sein. Andernfalls bleibt die entscheidende Phase der Reaktion aus, die Esterkondensation findet überhaupt nicht statt. In solchen Fällen kann man sich helfen, indem man das Kondensationsmittel variiert, z. B. unter Anwendung von *Tritylnatrium*, da das entstehende Triphenylmethan wohl in den meisten Fällen die schwächere Säure gegenüber dem Enol oder anders ausgedrückt, das Tritylanion eine stärkere Base sein wird als das intermediär entstehende (mesomere) Anion. Beispielsweise kann man α-iso-propylierte β-Ketocarbonsäureester, die eine geringere Eigenacidität als Alkohole besitzen (also eine geringe Enolisierungstendenz aufweisen), nicht mit Alkoholaten als Kondensationsmittel herstellen. Die Reaktion läßt sich aber erzwingen, wenn

---

[1] Denkbar ist auch die mit der Annäherung der nucleophilen Komponente zugleich erfolgende Abstoßung des Äthoxylatanions, wobei der entstehende neutrale Acetessigester in einem Säure-Basen-Austausch mit dem Äthoxylatanion in das stark mesomeriefähige Acetessigesteranion übergeht; vgl. dazu CH. R. HAUSER u. Mitarbb.: J. Amer. Chem. Soc. **69**, 2649 (1947).

[2] Daher wird auch bei Esterkondensationen 1 Mol des Kondensationsmittels *verbraucht* zur Stabilisierung des betr. Anions, im Gegensatz zur katalytisch gesteuerten Aldolkondensation (s. S. 222), bei welcher der Katalysator (z. B. die Base OH$^{\ominus}$) immer wieder zurückgebildet wird.

man Kaliumamid oder noch besser Tritylnatrium als Kondensationsmittel anwendet (allgemeine Esterkondensation)[1]:

$$2\,(CH_3)_2CH{-}CH_2{-}COOR \rightarrow (CH_3)_2CH{-}CH_2{-}CO{-}\underset{\displaystyle CH(CH_3)_2}{\underset{|}{CH}}{-}COOR$$

α-Isopropyl-isovalerylessigester

Aus dem obigen Reaktionsschema der Esterkondensation mit Natriumäthylat folgt weiterhin, daß die Methylenkomponente mindestens zwei Wasserstoffatome enthalten muß. Die denkbaren α,α-disubstituierten β-Ketocarbonsäureester zeigen keine merkliche Eigenacidität (Enolisierungsvermögen), so daß sich der dritte Vorgang (vgl. S. 243), die Bildung des mesomeren Anions (als Energielieferant) nicht mehr abspielt[2].

Wendet man in solchen Fällen als Kondensationsmittel ebenfalls Tritylnatrium oder Mesitylmagnesiumbromid bzw. Diisopropylamino-magnesiumbromid an, so gelingt auch bei diesen Estern $(R)_2CHCOOR'$ die Esterkondensation. Die große Protonenaffinität des Trityl- bzw. Mesityl- oder Diisopropylaminanions führt auch dann zur Alkoholabspaltung aus dem ersten halbketalartigen Addukt[3].

Die mit Natrium oder Natriumalkoholat durchführbare Esterkondensation wird als CLAISEN*sche Esterkondensation* bezeichnet, die durch stärkst basische Kondensationsmittel erzwungene als *allgemeine Esterkondensation*[4].

Eine Esterkondensation mit einem andersartigen, konstitutiv bedingten weiteren Verlauf ist die STOBBE-Kondensation, z. B. von Bernsteinsäureester und einem Dialkylketon zur β-Alkyliden-β-carbalkoxy-propionsäure[4]:

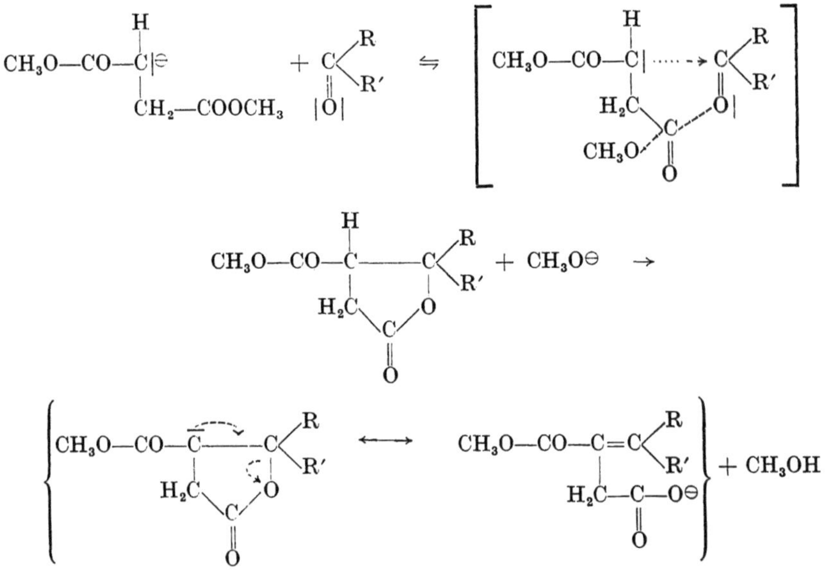

[1] HUDSON, B. E., u. C. R. HAUSER: J. Amer. Chem. Soc. **63**, 3156 (1941).

[2] Vgl. dazu H. HENECKA, in HOUBEN-WEYL, Methoden der Organischen Chemie, 4. Aufl., Bd. VIII, S. 562. Stuttgart: Georg Thieme 1952.

[3] $2\,(CH_3)_2CH{-}COOR + [(CH_3)_2CH]_2N{-}MgBr \rightarrow [(CH_3)_2CH]_2NH + MgBr^{\oplus}OR^{\ominus} + (CH_3)_2CH{-}CO{-}C(CH_3)_2{-}COOR$, α, α-Dimethyl-isobutyrylessigester. — FROSTICK, F. C., u. C. R. HAUSER: J. Amer. Chem. Soc. **71**, 1350 (1949).

[4] Vgl. H. HENECKA: Fortschr. chem. Forsch. **1**, 702 (1950).

Die Einleitung der Esterkondensation mit *metallischem Natrium* beginnt offenbar primär mit der Bildung des für das Säure-Basen-Gleichgewicht erforderlichen *Natriumalkoholates* als des eigentlichen Kondensationsmittels (siehe Acyloinkondensation, S. 283). Die Acyloine selbst entstehen nur bei Ausschluß des Luftsauerstoffs. Beim Arbeiten an der Luft werden wahrscheinlich die nachstehend formulierten Radikale als Acylperoxyde abgefangen, wobei nebenher Natriumäthylat entsteht, das seinerseits wiederum die Esterkondensation auslöst[1]:

$$R-\underset{|\underline{O}|^{\ominus}}{\overset{OC_2H_5}{\underset{|}{C^{\oplus}}}} + Na\cdot \longrightarrow R-\underset{\cdot}{\overset{OC_2H_5}{\underset{|}{C}-\overline{O}|Na}} \quad a$$

$$2a + \times\overline{O}-\overline{O}\times \longrightarrow R-\underset{H_5C_2O}{\overset{|\overline{O}|^{\ominus}}{\underset{|}{C}}}-\overline{O}-\overline{O}-\underset{OC_2H_5}{\overset{|\overline{O}|^{\ominus}}{\underset{|}{C}}}-R$$

$$\quad\quad\quad\quad\quad\quad\quad\quad\quad\quad\quad b$$

$$\longrightarrow R-\underset{O}{\overset{\|}{C}}-O-O-\underset{O}{\overset{\|}{C}}-R + 2\,OC_2H_5^{\ominus}$$

$$R\underset{O}{\overset{\|}{C}}OO\underset{O}{\overset{\|}{C}}R + 2\,Na\cdot \longrightarrow 2\,R\overset{O}{\overset{\|}{C}}-O^{\ominus} + 2\,Na^{\oplus}$$

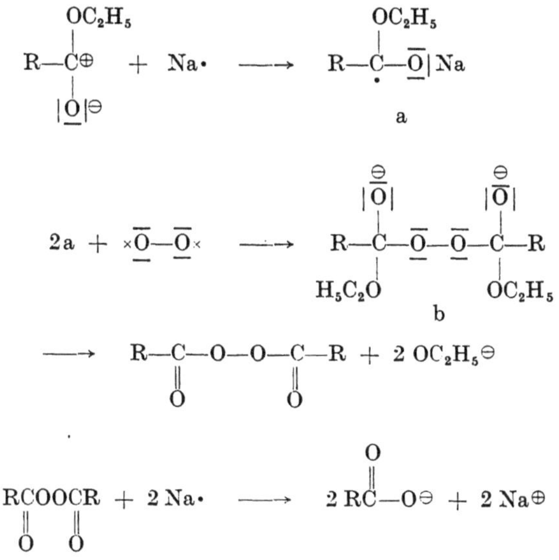

Der mit dem so entstehenden Natriumalkoholat gebildete Acetessigester wird von dem metallischen Natrium als *Natracetessigester* bzw. der Alkohol als *Natriumalkoholat* festgelegt, wodurch die bei Beginn einer mit Natrium durchgeführten Esterkondensation unter Wasserstoffentwicklung sich bemerkbar machende erhebliche Wärmetönung ihre Erklärung findet:

primär $\quad 2\,CH_3COOC_2H_5 + 2\,Na \rightarrow [CH_3COCHCOOC_2H_5]Na + NaOC_2H_5 + H_2$

sekundär $\quad 2\,CH_3COOC_2H_5 + NaOC_2H_5 \rightarrow [CH_3COCHCOOC_2H_5]Na + HOC_2H_5$

Die CLAISENschen Esterkondensationen verlaufen daher nach einem im Anfangsstadium praktisch gleichen Mechanismus wie die alkalisch katalysierten Aldolreaktionen (vgl. S. 222). Immer müssen eine aktivierbare Methylenkomponente (Carbeniatanordnung!) und eine aktivierbare Carbonyl-(Ester- oder Aldehyd-) Komponente anwesend sein:

$$>CH_2 + O=C< \longrightarrow >\underset{OH}{\underset{|}{CH-C}}<$$

$$>\underset{}{\overset{\ominus}{\underline{C}}}-H + \overset{\oplus}{C}\underset{|\underline{O}|^{\ominus}}{\underset{|}{<}} \longrightarrow >CH \rightarrow C\underset{|\underline{O}|^{\ominus}}{\underset{|}{<}}$$

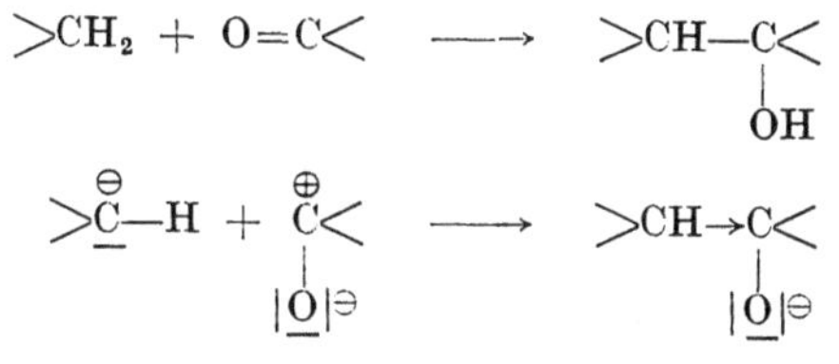

[1] Siehe H. HENECKA, in HOUBEN-WEYL, Methoden der Organischen Chemie, 4. Aufl., Bd. VIII, S. 642. Stuttgart: Georg Thieme 1952; s. a. S. 39.

wobei in einer Folgereaktion[1] oft Wasser abgespalten wird, zumal wenn sich auf diese Weise wie bei der Acetessigesterreaktion ein mesomeriefähiges Anion ausbilden kann:

$$\underset{H}{\overset{H}{\underset{|}{>}}}C-\underset{|}{\overset{OH}{C}}< \longrightarrow >C=C< + HOH$$

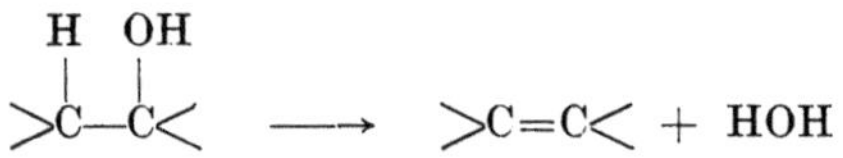

Die von W. H. PERKIN sen.[2] gefundene *Synthese ungesättigter Ester* oder Carbonsäuren aus Aldehyden (Carbonylkomponente) und aliphatischen Säureanhydriden (Methylenkomponente) in Gegenwart basischer Kondensationsmittel, z. B. Natriumacetat, Pyridin oder Tritylnatrium[3], verläuft nach demselben Prinzip:

$$R-\underset{|\underline{O}|^\ominus}{\overset{H}{\underset{|}{C}}^\oplus} + |CH_2-CO-O-CO-CH_3 \longrightarrow R-\underset{|\underline{O}|^\ominus}{\overset{H}{\underset{|}{C}}} \leftarrow CH_2-COOCOCH_3 \xrightarrow[-CH_3COOH]{+H_2O}$$

$$R-\underset{OH}{\overset{H}{\underset{|}{C}}}-CH_2-COOH \longrightarrow R-CH=CH-COOH + H_2O$$

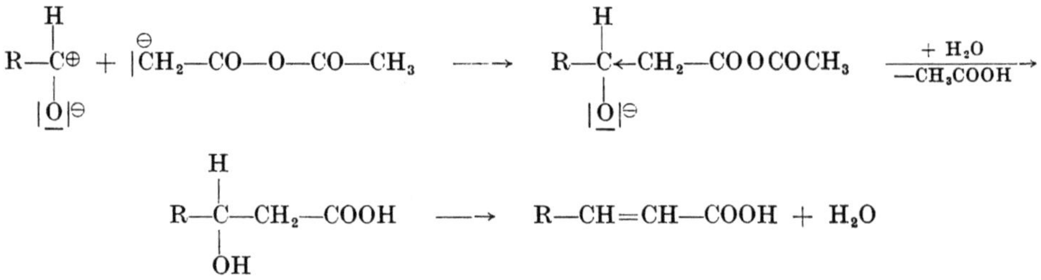

Natriumacetat wirkt als Protonenacceptor und bildet aus dem Säureanhydrid die reaktionsfähige Carbeniatanordnung:

$$CH_3COO^\ominus + CH_3COOCOCH_3 \rightleftharpoons CH_3COOH + |\overset{\ominus}{C}H_2COOCOCH_3$$

worauf die Einlagerung zu dem anionischen Zwischenprodukt erfolgt:

$$R-\underset{|\underline{O}|^\ominus}{\overset{H}{\underset{|}{C}}^\oplus} + |CH_2COOCOCH_3 \rightleftharpoons R-\underset{|\underline{O}|^\ominus}{\overset{H}{\underset{|}{C}}} \leftarrow CH_2COOCOCH_3$$

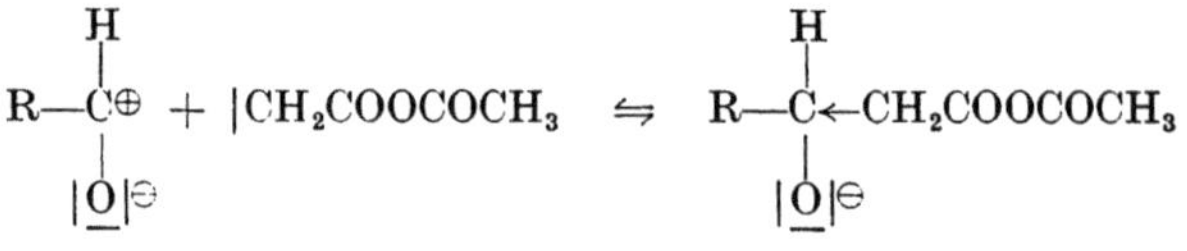

Die primär gebildete Essigsäure wirkt nun als Protonendonator unter Rückbildung des katalytisch wirksamen Acetatanions:

$$R-\underset{|\underline{O}|^\ominus}{\overset{H}{\underset{|}{C}}}-CH_2COOCOCH_3 + HOCOCH_3 \rightleftharpoons R-\underset{|\underline{O}-H}{\overset{H}{\underset{|}{C}}}-CH_2COOCOCH_3 + CH_3COO^\ominus$$

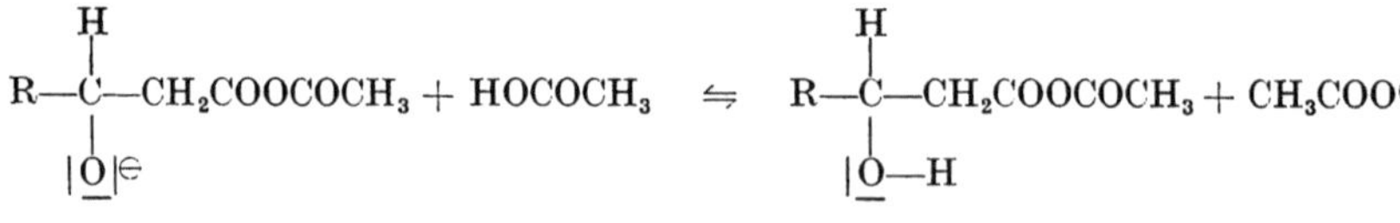

[1] Im Prinzip ein „Lowry"-Chemismus, z. B.:

$$CH_3-\underset{H-\underline{O}|\cdots\cdots\rightarrow H^\oplus B^\ominus}{\overset{H\leftarrow\cdots\cdots B^\ominus\; H^\oplus}{\underset{|}{CH}-\underset{|}{CH}}}-CO-CH_3 \rightleftharpoons CH_3-\underset{H-\underline{O}-H\; B^\ominus}{\overset{HB\quad H^\oplus}{CH=CH}}-CO-CH_3$$

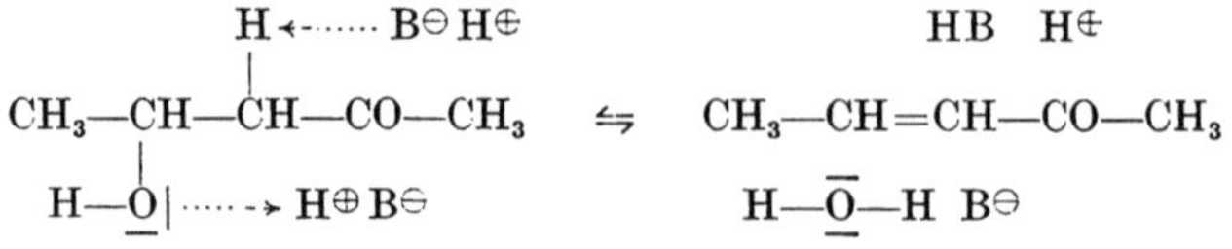

[2] PERKIN, W. H. sen.: J. Chem. Soc. (London) **31**, 389 (1877).
[3] MÜLLER, EUGEN: Liebigs Ann. **491**, 251 (1931); **515**, 97 (1935).

Unter der Wirkung des Säureanhydrids erfolgt nun eine Abspaltung von Wasser, das auch u. U. zugleich verseifend unter Bildung der ungesättigten Säure wirken kann[1]:

$$R-\underset{|\underline{O}H}{\overset{H}{C}}-\underset{H}{CH}-COOCOCH_3 \rightarrow H_2O + \underbrace{R-CH=CH-COOCOCH_3}_{\downarrow}$$
$$R-CH=CH-COOH + CH_3COOH$$

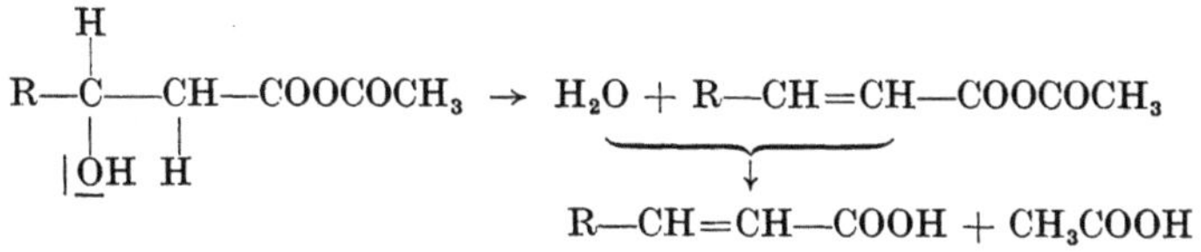

Bei disubstituierten Carbonsäuren $(R)_2CH-COOH$ tritt nur eine teilweise Aldolbildung zur β-Oxysäure ein, da eine sekundäre Wasserabspaltung zur ungesättigten Säure nicht erfolgen kann.

Eine Steigerung der Reaktionsfähigkeit der Methylenkomponente tritt mit erhöhter Leichtigkeit der Protonenabgabe ein, also beim Übergang von Essigsäure zu *Phenylessigsäure* oder *Malonsäure* bzw. *Cyanessigsäure*[2]. Abgesehen davon, daß man bei solchen Kondensationen das Säureanhydrid vielfach entbehren kann, lassen sich die entstehenden Alkylidenmalonsäuren bzw. -cyanessigsäuren durch Erhitzen zu den entsprechenden α,β-ungesättigten Säuren bzw. Nitrilen decarboxylieren.

Führt man die KNOEVENAGELsche Reaktion, wie O. DOEBNER fand[3], unter *Zusatz katalytischer Mengen schwacher Basen* wie Ammoniak, primärer, sekundärer oder tertiärer Amine (Piperidin und Pyridin) durch, so verlaufen diese Aldolreaktionen präparativ besonders gut. Gleichzeitig bewirkt der basische Katalysator eine erhebliche Herabsetzung der Decarboxylierungstemperatur, so daß z. B. unter solchen Bedingungen aus Veratrumaldehyd mit Malonsäure schon bei 100° quantitativ unter CO_2-Entwicklung *3,4-Dimethoxyzimtsäure* entsteht[4].

Auch die *Mannich-Kondensation* besitzt den Charakter einer Aldolkondensation, wobei molare Mengen Base, optimale Acidität des Mediums und der besonders

---

[1] Auch hier läßt sich zur Verdeutlichung des Feinmechanismus der Reaktion ein „Lowry"-Chemismus heranziehen:

$$CH_3COO^{\ominus}H^{\oplus} \cdots \rightarrow R-\underset{||}{\overset{H}{C}} \cdots CH_2-CO-O-CO-CH_3, H^{\oplus} \rightleftharpoons R-\underset{H-O|}{\overset{H}{C}}-CH_2-CO-O-CO-CH_3, \overset{CH_3COOH_2^{\oplus}}{CH_3COO^{\ominus}}$$

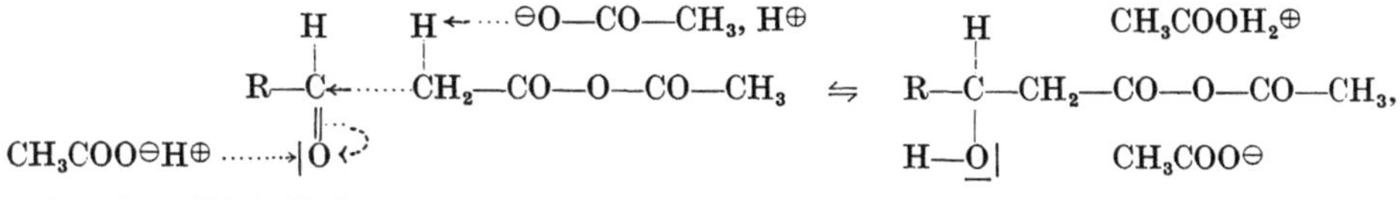

wobei das Aldoladdukt möglicherweise über einen cyclischen Mechanismus unter Säure-Basen-Katalyse in die ungesättigte Säure übergeht. Näheres s. H. HENECKA in HOUBEN-WEYL, Methoden der Organischen Chemie, 4. Aufl. Bd. IV/2, S. 31. Stuttgart: Georg Thieme.

[2] FITTIG, R.: Ber. dtsch. chem. Ges. **16**, 1436 (1883). — CLAISEN, L., u. L. CRISMER: Liebigs Ann. **218**, 135 (1883). — Die CH-Aktivität der Methylenkomponente ist daher von besonderer Bedeutung, wie auch kinetische Untersuchungen am System Benzaldehyd, Phenylessigsäure, Acetanhydrid ergeben haben. BUCKLES, R. E., u. K. G. BREMER: J. Amer. Chem. Soc. **75**, 1487 (1953).

[3] DOEBNER, O.: Ber. dtsch. chem. Ges. **33**, 2140 (1900). — E. KNOEVENAGEL fand bereits vorher die „Aldolkondensation" von Aldehyden mit β-Dicarbonylverbindungen wie Acetessigester, Malonester, Cyanessigester, Nitroparaffinen, also CH-aciden Verbindungen unter dem Einfluß primärer oder sekundärer Aminbasen, [Ber. dtsch. chem. Ges. **31**, 2604 (1898)], KUHN, R., W. BADSTÜBNER u. C. GRUNDMANN: Ber. dtsch. chem. Ges. **69**, 98 (1936). — WITTIG, G., U. TODT u. K. NAGEL: Chem. Ber. **83**, 40 (1950), oder auch Aminosäuren, F. S. PROUT: J. organ. Chem. **18**, 928 (1953); Variante dieses Verfahrens von A. C. COPE: J. Amer. Chem. Soc. **59**, 2327 (1937); **63**, 733, 3452 (1941). — LOWRY, D. F.: J. Amer. Chem. Soc. **65**, 991 (1943); **67**, 1050 (1945). — WIDEQVIST, S.: Acta chem. scand. (Stockh.) **3**, 304 (1949). — Siehe ferner H. HENECKA in HOUBEN-WEYL, Methoden der Organischen Chemie, 4. Aufl. Bd. VIII, S. 450, 618. Stuttgart: Georg Thieme 1952.

[4] HAWORTH, R. D., u. W. H. PERKIN jr.: J. Chem. Soc. (London) **127**, 1714 (1925).

reaktionsfähige Formaldehyd als Carbonylkomponente zu wählen sind:

$$(R)_2\overline{N}H + \underset{|\underset{\|}{O}|\rightarrow H^{\oplus}}{CH_2} \rightleftarrows (R)_2\overset{\oplus}{\underset{}{N}}-CH_2-\overline{O}H \rightleftarrows (R)_2\overline{N}-\overset{\oplus}{\underset{}{C}}H_2 + HOH$$

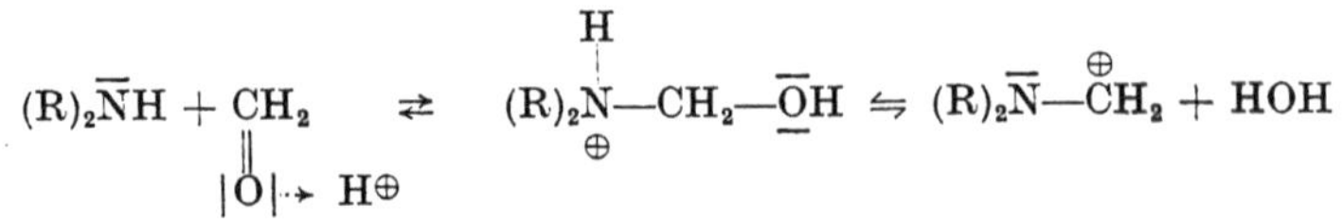

worauf der Eingriff in die Methylenkomponente erfolgt:

$$(R)_2\overline{N}-\overset{\oplus}{C}H_2 + |\overset{\ominus}{C}H_2-X \rightarrow (R)_2\overline{N}-CH_2-CH_2-X$$

Diese Kondensation ist weitgehender Abwandlungen fähig und auch im Hinblick auf Weiterreaktionen der Mannichbasen von besonderer präparativer Bedeutung[1].

Die oben genannten Kondensationen lassen sich auch mit Estern ausführen[2], ebenso mit Tritylnatrium[3], wobei man bei sehr raschem Arbeiten sogar das Aldol isolieren kann[4]. In ähnlicher Weise liefert auch Malonester mit Benzaldehyd in Gegenwart von Eisessig und basischen Katalysatoren *Benzalmalonester*[5]:

$$C_6H_5CHO + CH_2(COOC_2H_5)_2 \rightarrow C_6H_5CH(OH)-CH(COOC_2H_5)_2 \rightarrow$$

$$C_6H_5CH=C(COOC_2H_5)_2 + H_2O$$

Fertiger Natriummalonester reagiert dagegen *nicht* mit Benzaldehyd[6]. Offensichtlich ist hier die „Enolat"-cis-Chelatformulierung weitgehend festgelegt, und die Mesomeriemöglichkeiten sind einsinnig zugunsten des Enolats verschoben. Hinzu kommt, daß unter diesen experimentellen Bedingungen kein Protonenspender vorhanden ist, der aus den gebildeten Gleichgewichten einsinnig das ungesättigte Reaktionsprodukt herausholt. Dieser Versuch wird als Beweis für die Richtigkeit der theoretischen Deutung der Esterkondensationen usw., also für die Bedeutung der Carbeniatformel angesehen[7]. Führt man eine Kondensation z. B. von Acetophenon mit dem Lithium-Carbeniat des Essigsäure-tert.-butylesters analog durch, so gelingt die „Aldol"-Kondensation:

$$\underset{|\underset{\|}{O}|}{\overset{CH_3}{\underset{|}{C_6H_5-C}}} + Li^{\oplus} |\overset{\ominus}{C}H_2-COOC(CH_3)_3 \longrightarrow \underset{|\underset{}{\overline{O}|^{\ominus} Li^{\oplus}}}{\overset{CH_3}{\underset{|}{C_6H_5-C}}}\leftarrow CH_2-COOC(CH_3)_3$$

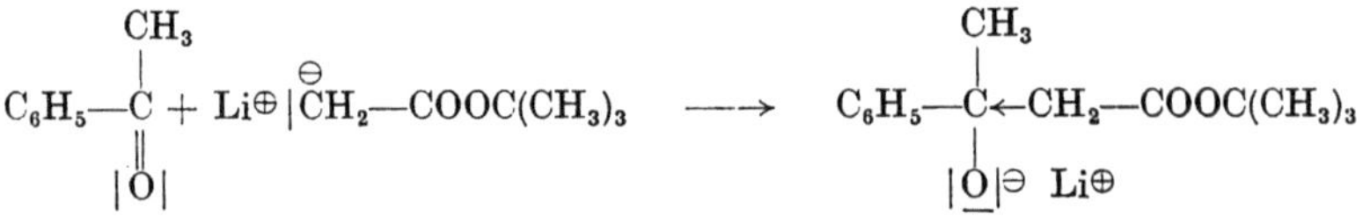

Hier ist der entstehende *β-Phenyl-β-oxybuttersäure-tert.-butylester* acider als der Essigsäure-tert.-butylester, während umgekehrt Malonester acider ist als das zu erwartende Carbinol-Kondensationsprodukt. Dies zeigt sowohl die Bedeutung der Carbeniat-Methylen-Komponente für den Ablauf der Reaktion wie auch die Bedeutung der abschließenden Säure-Basen-Austauschreaktion. In diesen Fällen

---

[1] Vgl. hierzu H. HELLMANN: Angew. Chem. **65**, 473 (1953). — BREWSTER, J. H., u. E. L. ELIEL: Org. Reactions **7**, 99 (1953). — HELLMANN, H., u. G. OPITZ: Angew. Chem. **68**, 265 (1956). — Chem. Ber. Ges. **89**, 81 (1956).

[2] CLAISEN, L.: Ber. dtsch. chem. Ges. **23**, 976 (1890). — STOERMER, R., u. O. KIPPE: Ber. dtsch. chem. Ges. **38**, 1953 (1905). — SCHEIBLER, H., u. H. FRIESE: Liebigs Ann. **445**, 141 (1925).

[3] MÜLLER, EUGEN: Liebigs Ann. **515**, 97 (1935).

[4] HAUSER, C. R., u. D. S. BRESLOW: J. Amer. Chem. Soc. **61**, 794 (1939).

[5] COPE, A. C.: J. Amer. Chem. Soc. **59**, 2327 (1937).

[6] MÜLLER, EUGEN, u. Mitarbb.: Liebigs Ann. **491**, 251 (1931); **515**, 97 (1935). — Siehe ferner G. WITTIG u. Mitarbb.: Chem. Ber. **83**, 116 (1950).

[7] HENECKA, H.: Chemie der β-Dicarbonylverbindungen, S. 211. Berlin-Göttingen-Heidelberg: Springer-Verlag 1950.

wird die Aldoladdition als Esterkondensation ausgeführt und muß sich auch deren Bedingungen — nach H. HENECKA als Prinzip des *neutralisations-analogen Austausches* bezeichnet — unterwerfen. Im übrigen ist diese „Aldol"-Reaktion nur unter den genannten Bedingungen durchführbar, da unter den üblichen Bedingungen der normalen Aldoladdition bzw. -kondensation die sehr geringe CH-Acidität des Essigesters keine Aktivierung der Methylenkomponente zuläßt.

Unter besonderen Bedingungen wird zum Fortgang der Reaktion in einer Richtung kein Protonenspender benötigt. Dieser Fall ist bei der Umsetzung des Homophthalsäureanhydrid-„Enolats" mit Benzaldehyd gegeben. Es bildet sich das *δ-Lacton-carbonsaure Natriumsalz*. Durch diese Lactonbildung wird daher der Protonenspender überflüssig[1]:

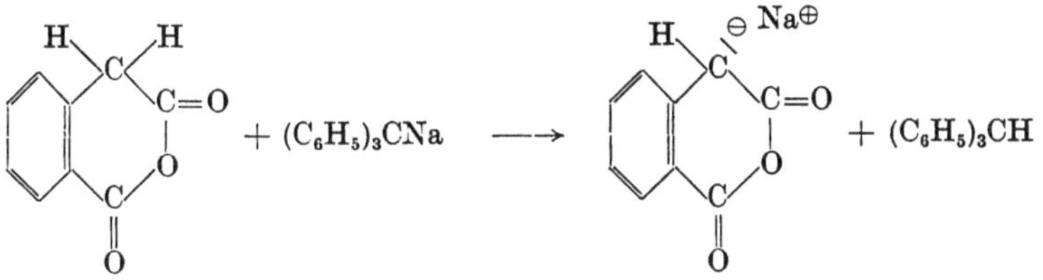

a

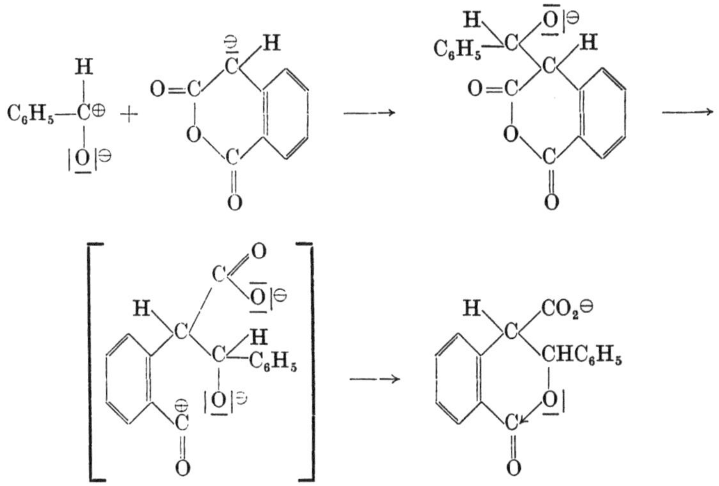

Damit wird die wichtige doppelte Rolle des Protonen-Acceptors und -Donators bei den üblichen PERKINschen Reaktionen deutlich sichtbar: Herstellung eines einlagerungsfähigen Carbeniats und Übertragung des Protons auf das meist nur schwach basische Zwischenaddukt, womit schließlich die Stabilisierung als Aldol bzw. unter $[H_3O]^{\oplus}$-Abspaltung als ungesättigte Verbindung ermöglicht wird.

Zusammenfassend kann man sagen: Aldolreaktionen wie z.B. die PERKINsche Synthese, beginnen mit der *Ablösung eines Protons* vom C-Atom der Methylenkomponente durch Protonenacceptoren, z.B. durch ein geeignetes Anion $CH_3COO^{\ominus}$. Das einsame Elektronenpaar der Carbeniatanordnung lagert sich in die *aufpolarisierte Carbonylgruppe* der Aldehydkomponente zu einem anionischen Zwischenprodukt ein. Durch den im Anfangsstadium aus dem Protonenacceptor entstehenden

[1] MÜLLER, EUGEN: Liebigs Ann. **491**, 251 (1931).

Protonendonator wird das anionische Zwischenprodukt in ein *Aldol* übergeführt unter Rückbildung des zur Reaktionseinleitung erforderlichen Protonenacceptors. Das Aldol kann als solches oder aber nach der Wasserabspaltung als ungesättigte Verbindung isoliert werden.

Die Primärreaktion ist somit sowohl bei der Aldolreaktion, z.B. der PERKIN- wie der CLAISEN-Reaktion dieselbe und erfolgt nach dem allgemeinen Prinzip der alkalisch vorgenommenen Aldolkondensation. Je nachdem, ob die eine Komponente ein Ester oder ein Aldehyd ist, schließen sich verschiedene Folgereaktionen an. Während bei der PERKIN-Reaktion die dritte Phase der Reaktion durch den Protonenspender grundsätzlich beendet wird, erfolgt im Falle der *Esterkondensation* unter weiterem Säure-Basen-Austausch die Bildung eines energieärmeren mesomeriefähigen Anions als treibende Kraft dieses Vorgangs. Die ganze außerordentliche Fülle des vorhandenen Materials, ihr Gemeinsames wie auch ihr Verschiedenes im Reaktionsablauf, steht mit dieser elektronentheoretischen Deutung in Einklang.

Eine weitere wichtige und interessante Reaktion gehen solche Aldehyde unter dem Einfluß von Hydroxylanionen ein, die *nicht aldolisierbar* sind. Aldehyde dieser Art *disproportionieren* unter Bildung äquimolekularer Mengen Alkohol und Carbonsäure:

$$2\,R\text{—CHO} \xrightarrow{OH^\ominus} RCH_2OH + RCOOH$$

Der Mechanismus[1] dieser CANNIZZARO-Reaktion beginnt offenbar mit dem nucleophilen Angriff eines *Hydroxylanions* an die positivierte Stelle der polarisierten Form der Carbonylgruppe ähnlich wie bei der Hydratbildung der Aldehyde:

$$\left\{ R-\overset{H}{\underset{}{C}}=\overline{O} \longleftrightarrow R-\overset{H}{\underset{}{C}}-\overline{\underline{O}}|^\ominus \right\} + OH^\ominus \longrightarrow R-\overset{H}{\underset{|\underline{O}|^\ominus}{C}}\leftarrow OH$$

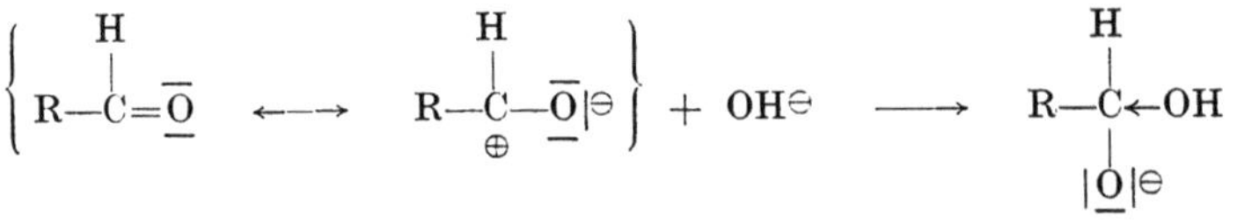

Die Stabilisierung dieses Anions kann durch Abgabe eines H (als Anion!) erfolgen, wobei eine *Säure* entsteht:

$$R-\overset{H}{\underset{|\underline{O}|^\ominus}{C}}-OH \longrightarrow \left\{ R-\overset{\oplus}{\underset{|\underline{O}|^\ominus}{C}}-OH \longleftrightarrow R-C\overset{OH}{\underset{O}{\diagup\!\!\!\diagdown\!\!\!\|}} \right\} + H|^\ominus$$

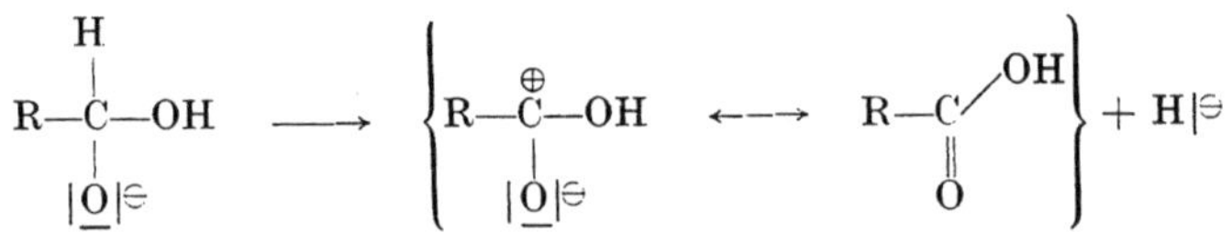

Gleichzeitig, möglicherweise im Übergangszustand zwischen zwei Aldehydmolekeln[1], nimmt das zweite Aldehydmolekül unter Reduktion zum *Alkohol* den anionischen Wasserstoff auf:

$$R-\overset{H}{\underset{|\underline{O}|^\ominus}{C}}{}^\ominus + |H^\ominus \longrightarrow R-\overset{H}{\underset{|\underline{O}|^\ominus}{C}}\leftarrow H \xrightarrow{+\,Na^\oplus} R-CH_2ONa$$

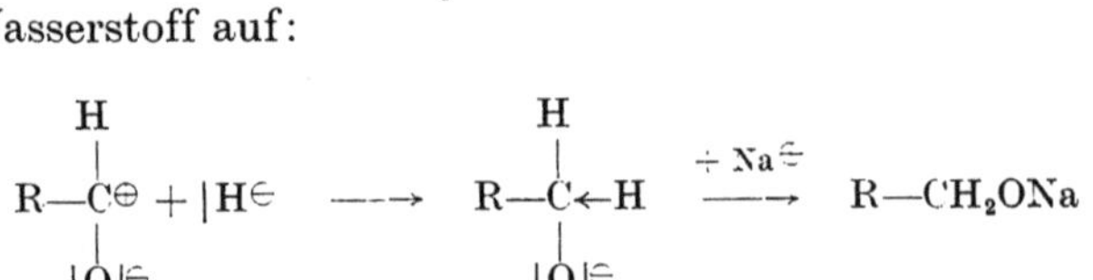

(bzw. RCOONa + RCH$_2$OH).

---

[1] Siehe dazu V. FRANZEN u. H. KRAUCH in Chem.-Ztg. **79**, 432 (1955). — Basische Thiole als Katalysatoren der intramolekularen CANNIZZARO-Reaktion, V. FRANZEN: Chem. Ber. **88**, 1361 (1955).

Die Bildung der Carbonsäure verbraucht bei dieser Reaktion die wirksame Base, die demgemäß bei der CANNIZZARO-Reaktion in *stöchiometrischen* Mengen vorhanden sein muß.

Behandelt man Aldehyde mit *Metallalkoholaten*, z. B. Natrium-[1] oder Aluminiumalkoholaten[2], so genügen bereits *katalytische* Mengen zur Durchführung eines der CANNIZZARO-Reaktion ganz entsprechenden Vorgangs, der hier unter Bildung der *Ester* verläuft (CLAISEN-TISCHTSCHENKO)[3].

Bei dieser Reaktion lagert sich an den Aldehyd das nucleophile Alkoxylanion:

$$R-\overset{H}{\underset{|\underline{O}|^{\ominus}}{C^{\oplus}}} + |\overset{\ominus}{\underline{O}}-CH_2R \longrightarrow R-\overset{H}{\underset{|\underline{O}|^{\ominus}}{C}} \leftarrow \overline{O}-CH_2R$$

worauf durch H-*Anionotropie* der Wasserstoff auf ein neues Aldehydmolekül unter Neubildung des katalytisch wirksamen Alkoxylanions übertragen wird:

$$R-\overset{\dot{H}}{\underset{|\underline{O}|}{C}}-\overline{O}-CH_2R + R-\overset{H}{\underset{|\underline{O}|^{\ominus}}{C^{\oplus}}} \longrightarrow \left\{ R-\overset{\oplus}{\underset{|\underline{O}|^{\ominus}}{C}}-\overline{O}-CH_2R \leftrightarrow R-\underset{O}{\overset{\parallel}{C}}-OCH_2R \right\}$$

$$+ R-\overset{H}{\underset{|\underline{O}|^{\ominus}}{C}} \leftarrow H \quad \text{usw.}$$

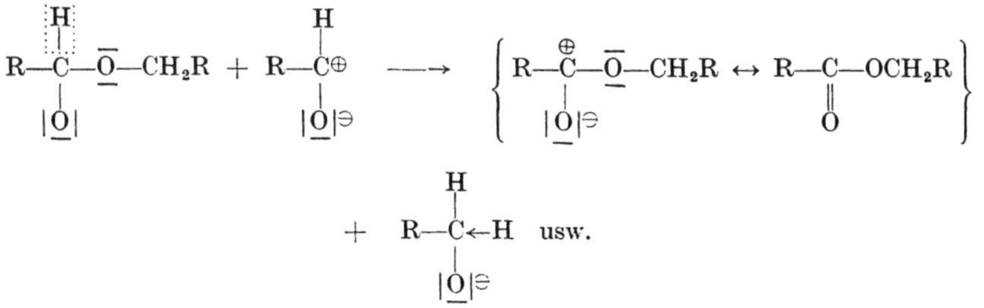

Mittels halogen- und zinkhaltiger Aluminiumalkoholate kann man so Acetaldehyd praktisch quantitativ in Essigester überführen:

$$2\ CH_3CHO \rightarrow CH_3COOC_2H_5$$

Die CANNIZZARO- und die eng mit ihr verwandte CLAISEN-TISCHTSCHENKO-Reaktion stellen eine *intermolekulare Anionotropie* dar.

Als „innere" CANNIZZARO-Reaktion kann man die Umwandlung von Phenylglyoxal in *Mandelsäure*[4]:

$$C_6H_5COCHO \rightarrow C_6H_5CH(OH)COOH$$

---

[1] Anders wird der Reaktionsmechanismus von H. MEERWEIN u. R. SCHMIDT, Liebigs Ann. **444**, 230 (1925), angegeben:

$$RCHO + RCH(OH)_2 \rightarrow \underset{\substack{| \\ OH}}{RCH}-O-\underset{\substack{| \\ OH}}{CHR} \rightarrow RCH_2OH + RCOOH$$
$$\text{„Halbacetal"} \qquad \underset{\substack{| \\ H}}{RCH}-O-\underset{\substack{| \\ OH}}{\overset{\nearrow OH}{C}}-R$$

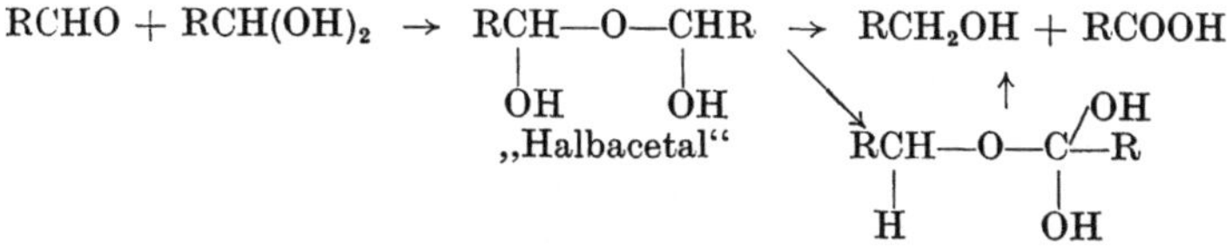

Für diese Auffassung spricht nach K. F. BONHOEFFER u. K. FREDENHAGEN der Reaktionsablauf in D$_2$O, Naturwiss. **25**, 459 (1937). — Vgl. ferner E. PFEIL: Chem. Ber. **84**, 229 (1951).

[2] CLAISEN, L.: Ber. dtsch. chem. Ges. **20**, 646 (1887).

[3] TISCHTSCHENKO, W.: Ž. Russ. Fiz.-chim. obšč. **38**, 355, 482, 540, 547 (1906). — Chem. Zbl. **1906 II**, 1309, 1552, 1555, 1556.

[4] HOUBEN, J., u. W. FISCHER: Ber. dtsch. chem. Ges. **64**, 2644 (1931).

und die Bildung des *Butyrolactons*[1] bei der katalytischen Oxydation des Butan-1,4-diols über den intermediär entstehenden Bernsteinsäuredialdehyd auffassen[2].

Die Auffassung des Reaktionsablaufs der CANNIZZARO-Reaktion als einer H-Anionotropie findet ihre Bestätigung darin, daß unter geeigneten Versuchsbedingungen kein Austausch des wandernden Wasserstoffs gegen Deuterium feststellbar ist[3].

Der Übergang des Aldehyds in die nächst höhere Oxydationsstufe und in die nächst niedrigere Reduktionsstufe — eine Disproportionierung — stellt auch eine im physiologischen Geschehen äußerst wichtige Reaktion dar (z. B. Gärungsvorgänge u. ä.).

Verwandt mit der CANNIZZARO- bzw. TISCHTSCHENKO-Reaktion ist die *Oxydoreduktion von Alkoholen* mit Aldehyden oder Ketonen:

$$\begin{array}{c}R_1\\R_2\end{array}\!\!>\!\!C=O + Al[OCH(CH_3)_2]_3 \rightleftharpoons \begin{array}{c}R_1\\R_2\end{array}\!\!>\!\!C\!\!\begin{array}{c}H\\-O-Al[OCH(CH_3)_2]_2\end{array} + (CH_3)_2C=O \quad \text{bzw.}$$

$$\begin{array}{c}R_1\\R_2\end{array}\!\!>\!\!C=O + Al(OCH_2R')_3 \rightleftharpoons \begin{array}{c}R_1\\R_2\end{array}\!\!>\!\!C\!\!\begin{array}{c}H\\-O-Al(OCH_2R')_2\end{array} + R'CHO$$

$$\downarrow$$

$$\begin{array}{c}R_1\\R_2\end{array}\!\!>\!\!CH(OH) + Al(OH)_3 + 2R'CH_2OH$$

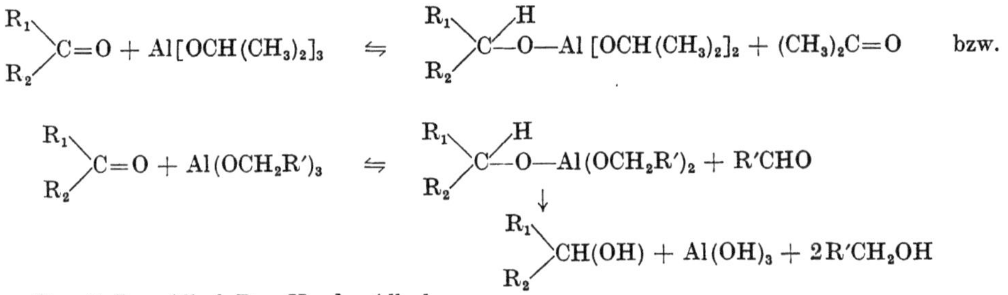

z. B. mit R_1 = Alkyl, R_2 = H oder Alkyl.

Das von H. MEERWEIN[4], W. PONNDORF[5], A. VERLEY[6] und R.V. OPPENAUER[7] aufgefundene Redoxverfahren besteht in der gegenseitigen Einwirkung von Alkoholaten primärer und sekundärer Alkohole auf Aldehyde oder Ketone. Dabei wird der Wasserstoff der Alkoholkomponente auf den als Wasserstoffacceptor fungierenden Aldehyd oder das Keton übertragen, aus dem ursprünglich zugesetzten Alkohol entsteht der Aldehyd und aus dem ursprünglichen Aldehyd oder Keton ein primärer bzw. sekundärer Alkohol. Dieser Vorgang ist eine *Gleichgewichtsreaktion*. Er läßt sich so leiten, daß man Aldehyde zu Alkoholen reduzieren (H. MEERWEIN, W. PONNDORF, A. VERLEY) oder Alkohole zu Aldehyden oxydieren kann (OPPENAUER). Diese letzte Variante kann man z. B. durch Erhöhung der Acceptormenge (Aldehyd oder Keton) oder durch Wahl eines Aldehyds als Acceptor[8], der etwa 50° höher als der entstehende Aldehyd siedet, in der Richtung auf die gewünschte Aldehydbildung verschieben.

Offenbar bilden sich bei dieser Reaktion zunächst *Additionsverbindungen* (Anlagerungskomplexe) zwischen Aluminiumalkoholat und der Carbonyl-

---

[1] DRP. 699945 (1938), I. G. Farb., Erf. W. REPPE, H. KRÖPER u. W. SCHMIDT.

[2] Analog 2,3-Diphenyl-adipin-dialdehyd → 2,3-Diphenyl-1-oxy-valeriansäure-lacton, H. MEERWEIN, J. prakt. Chem. [2] **97**, 225 (1918), und Terephthalaldehyd → p-Oxymethylbenzoesäure, Löw, W.: Liebigs Ann. **231**, 373 (1885).

[3] FREDENHAGEN, K., u. K. F. BONHOEFFER: Z. physik. Chem. [A] **181**, 379 (1938).

[4] MEERWEIN, H., u. R. SCHMIDT: Liebigs Ann. **444**, 221 (1925). — Zum Reaktionsmechanismus s. auch V. FRANZEN u. H. KRAUCH: Ch.-Ztg. **79**, 243 (1955).

[5] PONNDORF, W.: Angew. Chem. **39**, 138 (1926).

[6] VERLEY, A.: Bull. Soc. chim. France [4] **37**, 537, 871 (1925); [4] **41**, 788 (1927).

[7] Vgl. C. DJERASSI, The Oppenauer Oxydation, Org. Reactions **6**, 207—272 (1951).

[8] Man kann hier Zimtaldehyd zur Darstellung von aliphatischen und Anisaldehyd zur Darstellung von alicyclischen Aldehyden verwenden. Vielfach wandelt man zunächst die ganze Menge des zu oxydierenden Alkohols mit einer berechneten Menge Aluminiumisopropylat in das Al-Alkoholat um und bringt dieses mit 120—200% d. Th. eines höher siedenden Aldehyds in das Redoxgleichgewicht.

verbindung, die infolge geeigneter räumlicher Anordnung den Wechsel von *anionischem Wasserstoff* gestatten[1]:

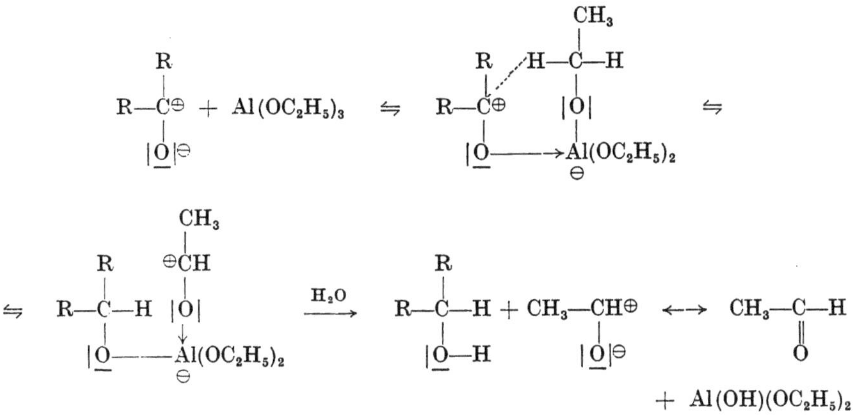

Bei der Durchführung dieses Verfahrens, das sich insbesondere zur Darstellung von empfindlichen Alkoholen bzw. Aldehyden eignet, ist zu beachten, daß möglichst keine Aldolkondensationen der Reaktionspartner durch das Aluminiumalkoholat eintreten[2].

Sehr wichtige Reaktionen stellen auch die *Polymerisationen* der aliphatischen Aldehyde dar[3], sind doch gerade an solchen Reaktionen beim Formaldehyd die Grundlagen der Chemie der Makromoleküle von H. STAUDINGER[4] geschaffen worden.

Aliphatische Aldehyde polymerisieren so leicht, daß eine Polymerisation reinster Monomerer nur durch peinlichsten Ausschluß von Säuren oder Sauerstoff (Zugabe von Antioxydantien) vermieden werden kann.

Sehr reaktionsfähige Aldehyde wie Formaldehyd, Chloral oder Fluoral, polymerisieren zu langkettigen Makromolekeln oder cyclischen Gebilden, während weniger reaktionsfreudige Aldehyde (Acetaldehyd) meist nur zu cyclischen, trimeren Verbindungen (1,3,5-Trioxanderivate) polymerisieren. Die Aldehydpolymeren besitzen keine Aldehydgruppen mehr, sondern verhalten sich wie Acetale.

Da im *Formaldehyd* die Polarisierbarkeit der Carbonylgruppe nicht durch mesomeriefähige Reste beeinträchtigt ist, kommt hier die durch Polarisation der Carbonylgruppe ermöglichte Addition vieler Formaldehydmolekeln zu einem Makromolekül besonders klar zum Ausdruck[5]:

[1] Vgl. hierzu G. WITTIG u. O. BUB: Liebigs Ann. **566**, 122 (1950).

[2] Durch Anwesenheit von Aluminiumchlorisopropylat werden Geschwindigkeit und Ausbeute der MEERWEIN-PONNDORF-Reduktion wesentlich erhöht: G. GÁL, G. TOKAR u. I. SIMONYI: Magyar Kemiai Folyoirat **61**, 268 (1955). Dieselben: Acta chim. Acad. Sci. Hung. 8, 163 (1955).

[3] Aromatische Aldehyde polymerisieren im allgemeinen nicht.

[4] STAUDINGER, H.: Helvet. chim. Acta 8, 65 (1925). — Liebigs Ann. **474**, 232, 243 (1929) — Ber. dtsch. chem. Ges. **64**, 398 (1931).

[5] Flüssiger Formaldehyd polymerisiert schon bei —80°, wenn er nicht extrem gereinigt ist

wobei man als Startmolekül z. B. eine Molekel Aldehydhydrat annehmen kann:

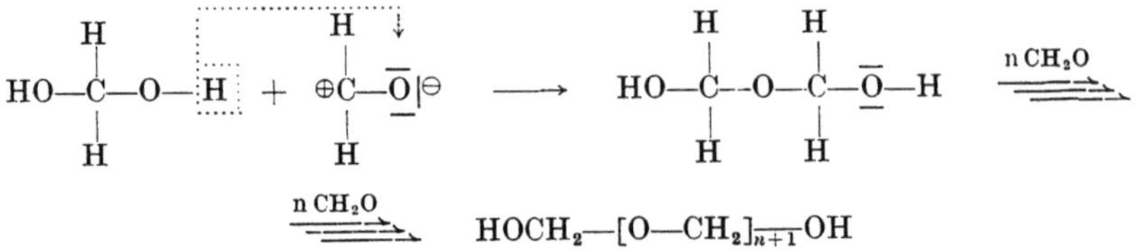

$$\xrightarrow{n\,CH_2O} HOCH_2—[O—CH_2]_{n+1}OH$$

Hier sind sowohl das Dimere wie auch makromolekulare Verbindungen mit einem Molgewicht von über 100000, meist *faserartiger* Struktur, bekannt[1]. Die Bildung *cyclischer, sechsgliedriger Trimerer* wird z. T. aus statistischen oder auch aus energetischen Gründen unter geeigneten Versuchsbedingungen bevorzugt sein und vor allem dann in Erscheinung treten, wenn sich *gesättigte aliphatische Substituenten* am Carbonylkohlenstoffatom befinden (Hyperkonjugation, sterischer Effekt)[2]; aber auch Formaldehyd gibt eine cyklische trimere Verbindung:

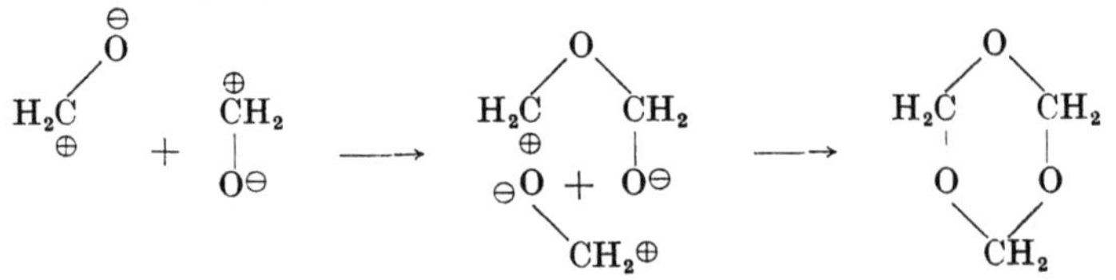

Mit Hilfe von *Säuren* ist bei höheren Temperaturen eine *Depolymerisation* der Polymeren zu den Monomeren möglich. Dialdehyde wie Glyoxal, Bernsteinsäuredialdehyd u. a. polymerisieren besonders leicht zu hochpolymeren, sicher stark vernetzten makromolekularen Stoffen.

γ) Radikalische Reaktionen

Die unterschiedliche Elektronenaffinität der beiden an dem Aufbau der Carbonyldoppelbindung beteiligten Elemente läßt voraussehen, daß die Aktivierung der Carbonyldoppelbindung in Richtung auf einen polaren Zustand einer etwaigen Aktivierung in Richtung auf einen „biradikalischen" Zustand gegenüber weitaus überwiegen wird:

$$>\dot{C}—\overline{\underline{O}}\times \leftrightarrow >C=\overline{\underline{O}} \leftrightarrow >\overset{\oplus}{C}—\overset{\ominus}{\overline{\underline{O}}}|$$

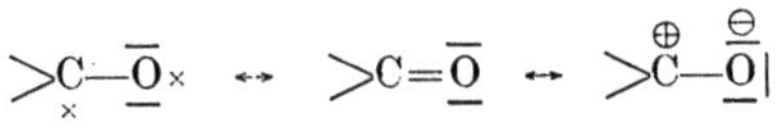

Man kennt aber einige Reaktionen, deren Ablauf sehr wahrscheinlich nach einem radikalischen Mechanismus erfolgt. Reduziert man Ketone elektrolytisch oder mit „*alkalisch nascierendem*" *Wasserstoff* oder im Falle nichtenolisierbarer Ketone mit *Alkalimetallen*, so erhält man unter dimerisierender Reduktion das entsprechende *Pinakon*, z. B.:

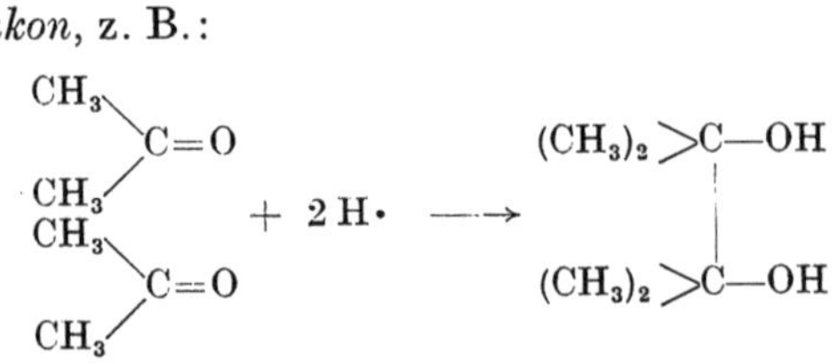

[1] Monographische Darstellung s. J. F. WALKER: Formaldehyde. New York: Reinhold Publ. Corp. 1944. — STAUDINGER, H.: Die Hochmolekularen Organischen Verbindungen. Berlin: Springer 1932.

[2] Cokatalytischer Effekt von Wasserspuren bei der Polymerisation von Acetaldehyd zu Polyacetaldehyd. M. LETORT u. P. MATHIS: C. r. **241**, 651 (1955).

Als Zwischenstufe sind bei der Alkalimetallreduktion unmittelbar freie Radikale, die *Metallketyle*, zu beobachten, so daß man im Zusammenhang mit anderen Erfahrungen den Reaktionsablauf über intermediäre Radikalbildung formulieren darf:

$$\begin{array}{c} CH_3 \\ CH_3 \end{array}\!\!C\!=\!\overline{O} + H\cdot(Na\cdot) \longrightarrow \begin{array}{c} CH_3 \\ CH_3 \end{array}\!\!\overset{\cdot}{C}\!-\!\overline{O}\!-\!H(Na)$$

$$2(CH_3)_2\overset{\cdot}{C}\!-\!OH(Na) \longrightarrow (CH_3)_2C\!-\!-\!-\!-\!C(CH_3)_2$$
$$\qquad\qquad\qquad\qquad\qquad\qquad\qquad |\qquad\quad |$$
$$\qquad\qquad\qquad\qquad\qquad\qquad OH(Na)\ \ OH(Na)$$

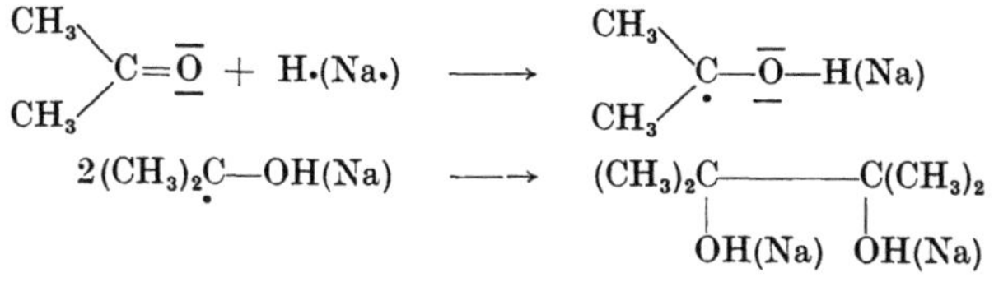

Zahlreiche *photochemische* Reaktionen von Stoffen mit Carbonylgruppen dürften sich ebenfalls über die durch Einstrahlung der erforderlichen Energie angeregte radikalische Form der Carbonylgruppe (Biradikalett oder Biradikal) abspielen. Ein bekanntes und oft untersuchtes Beispiel hierfür ist die *Autoxydation* bzw. die photosensibilisierte Oxydation mit molekularem Sauerstoff des Benzaldehyds zur Benzoesäure.

Die Autoxydation kann man folgendermaßen formulieren:

Start:
$$R\!-\!\overset{H}{\underset{}{C}}\!=\!O \longrightarrow R\!-\!\overset{\cdot}{C}\!=\!O + H\cdot$$

$$\longrightarrow R\!-\!\overset{\cdot}{C}\!=\!O + O_2(\uparrow\uparrow) \longrightarrow R\!-\!\underset{\overset{\|}{O}}{C}\!-\!\overline{O}\!-\!\overline{O}\cdot$$

$$R\!-\!\underset{\overset{\|}{O}}{C}\!-\!\overline{O}\!-\!\overline{O}\cdot + R\!-\!\overset{H}{\underset{}{C}}\!=\!O \longrightarrow R\!-\!\underset{\overset{\|}{O}}{C}\!-\!O\!-\!OH + R\!-\!\overset{\cdot}{C}\!=\!O$$

$$R\!-\!\underset{\overset{\|}{O}}{C}\!-\!O\!-\!OH + R\!-\!\overset{H}{\underset{}{C}}\!=\!O \longrightarrow 2\,R\!-\!COOH$$

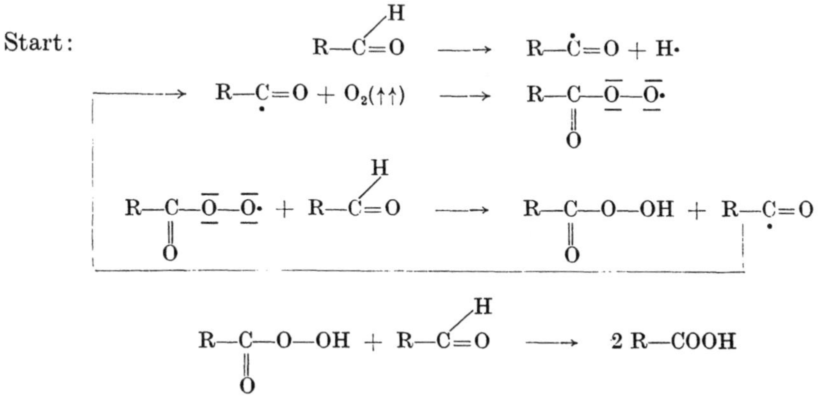

In wäßriger Lösung erfolgt dagegen Dehydrierung:

$$R\!-\!\overset{H}{\underset{\diagdown OH}{C\!\!-\!OH}} + O \longrightarrow R\!-\!\overset{OH}{\underset{}{C}}\!=\!O + H_2O$$

Durch Aufnahme eines Lichtquants entsteht bei der photochemischen Oxydation das *Benzaldehydbiradikal(ett)*, das den Sauerstoff molar zu einer instabilen Verbindung aufnimmt, die nach Aktivierung eines weiteren Aldehydmoleküls sich schließlich unter Kettenabbruch mit dem Benzaldehyd zur Benzoesäure umsetzt[1]:

$$C_6H_5CHO + h\nu \qquad \rightarrow C_6H_5\overset{H}{\underset{\times}{C}}\!-\!O\times (\uparrow\uparrow)$$

$$\rightarrow C_6H_5CHO\times (\uparrow\uparrow) + O_2\,(\uparrow\uparrow) \quad \rightarrow [C_6H_5CHO\ldots O_2]$$

$$[C_6H_5CHO\ldots O_2] + C_6H_5CHO\,(\downarrow\uparrow) \rightarrow [C_6H_5CHOO_2] + C_6H_5CHO\times (\uparrow\uparrow)$$

$$C_6H_5CHOO_2 + C_6H_5CHO \qquad \rightarrow 2\,C_6H_5COOH$$

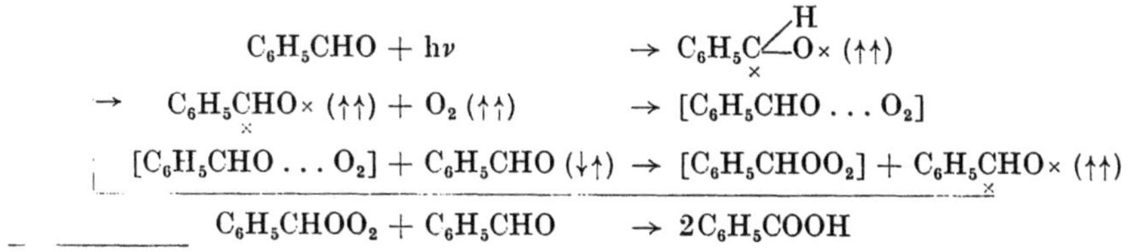

[1] Siehe EUGEN MÜLLER: Fortschr. chem. Forsch. 1, 393 (1949). — HOUBEN-WEYL: Methoden der Organischen Chemie, 4. Aufl., Bd. IV/1, Kap. Antioxydation. Stuttgart Georg Thieme; erscheint voraussichtlich 1958.

Belichtet man Benzaldehyd in verdünnt *alkoholischer* Lösung, so findet unter Dehydrierung des Lösungsmittels und Dimerisierung Bildung von *Hydrobenzoin* statt, ebenfalls wohl eine über Radikale gestartete und verlaufende Reaktion:

$$R-\overset{H}{\underset{|}{C}}=O + h\nu \longrightarrow R-\overset{H}{\underset{|}{C}}-\overline{O}\times \;(\uparrow\uparrow)$$

$$2\, R-\overset{H}{\underset{\times}{C}}-\overline{O}\times \longrightarrow \begin{array}{c} R-\overset{H}{\underset{|}{C}}-\overline{O}\cdot \\ | \\ R-\underset{|}{C}-\overline{O}\cdot \\ H \end{array}$$

$$\begin{array}{c} R-\overset{H}{\underset{|}{C}}-\overline{O}\cdot \\ R-\underset{|}{C}-\overline{O}\cdot \\ H \end{array} \xrightarrow[\substack{\text{(aus dem}\\ \text{Lösungsmittel}\\ \text{Äthanol)}}]{+\,2\,H\cdot} \begin{array}{c} R-\overset{H}{\underset{|}{C}}-\overline{O}H \\ R-\underset{|}{C}-\overline{O}H \\ H \end{array}$$

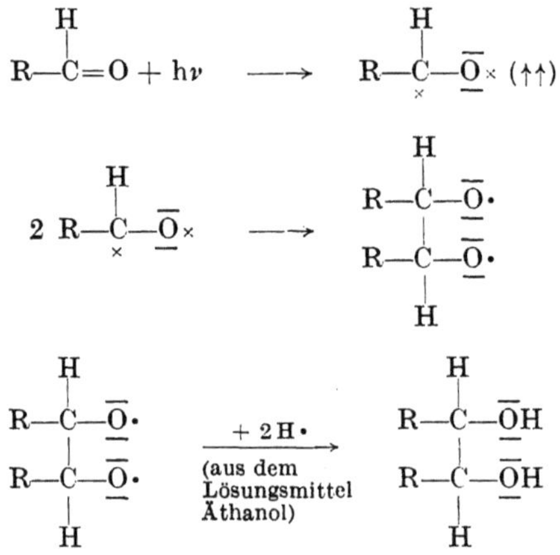

2. Carbonylgruppe in Carbonsäuren und ihren Derivaten

a) Mesomerie und Acidität der Carbonsäuren

Ein besonderes Verhalten zeigt die Carbonylgruppe in solchen Fällen, in denen sie gleichzeitig mit einer Hydroxylgruppe über dasselbe Kohlenstoffatom gebunden, als Carboxylgruppe –COOH, vorliegt. Substanzen dieser Art reagieren in wäßriger Lösung sauer, eine sehr charakteristische Eigenschaft, die der ganzen Stoffklasse ihren Namen, Carbonsäuren, gegeben hat. Diese Carbonsäuren sind *echte Elektrolyte*, die Protonen abspalten und mit Basen zu Salzen unter Neutralisation zusammentreten. Die *Acidität* der Carbonsäuren wird durch die Anwesenheit der beiden stark elektronenaffinen Sauerstoffatome bedingt, die durch *Polarisation* das Carboxylkohlenstoffatom positivieren. Dies wirkt seinerseits wieder durch eine *Feldwirkung* auf das am Sauerstoff gebundene Wasserstoffatom in Richtung auf dessen Ablösung als positiv geladener Kern, als Proton, ein. Hinzu treten noch weitere Effekte. Die Hydroxylgruppe nimmt an einer *Mesomerie* der Carboxylgruppe in folgender Weise teil:

$$R-C\begin{array}{c}\overline{O}\\ \diagdown \\ \overline{O}-H\end{array} \longleftrightarrow R-C\begin{array}{c}\overline{O}|^{\ominus}\\ \diagup\!\!\!\diagdown \\ \overline{O}-H\\ \oplus\end{array}$$

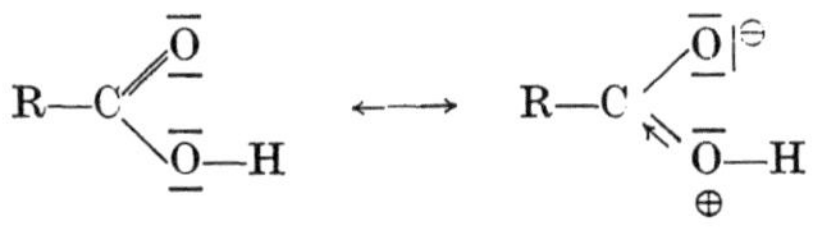

Dies bedeutet eine gleichmäßigere Elektronenverteilung zwischen *beiden* Sauerstoffatomen und dem Kohlenstoffatom, wodurch der typische Charakter einer Carbonylgruppe wie auch der einer alkoholischen Hydroxylgruppe verlorengeht und das H-Atom sich weder an einem einfach noch an einem doppelt gebundenen O-Atom befindet, also sozusagen beiden O-Atomen gleichmäßig zugehört[1].

Zu dieser durch elektrostatische Kräfte bedingten Dissoziationsfähigkeit der Carbonsäuren kommt schließlich noch ein weiterer in dieser Richtung wirkender Effekt, die *symmetrische Ladungsverteilung* und die dadurch bedingte *höhere*

---

[1] HANTZSCH, A.: Ber. dtsch. chem. Ges. **50**, 1431 (1917). — ARNDT, F., u. Mitarb.: Ber. dtsch. chem. Ges. **57**, 1906 (1924); **62**, 50 (1929); **63**, 2964 (1930). — WIBERG, E.: Z. physik. Chem. [A] **143**, 97 (1929).

Mesomeriefähigkeit des *Carboxylat-anions* hinzu. Zwischen den Grenzformen[1]:

$$\left[R-C\overset{\overline{O}}{\underset{\overline{O}|^{\ominus}}{\diagdown}} \longleftrightarrow R-C\overset{\overline{O}|^{\ominus}}{\underset{\overline{O}}{\diagdown}} \right] H^{\oplus}$$

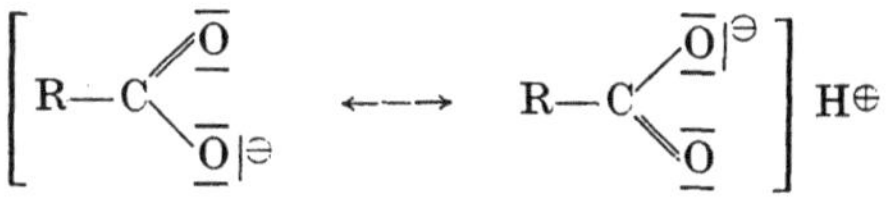

stellt sich ein in höherem Maße ausgeglichener Bindungszustand ein als er in der undissoziierten Carbonsäure möglich ist, so daß ein *Energiegewinn bei der Anionenbildung* eintritt. Die Dissoziation der Carbonsäure ist somit auch energetisch begünstigt.

Eine ähnliche Gruppierung wie bei den Carbonsäuren ist auch in den Verbindungen enthalten, die statt der C=O- eine C=C-Doppelbindung tragen, den *Enolen* und *Phenolen*:

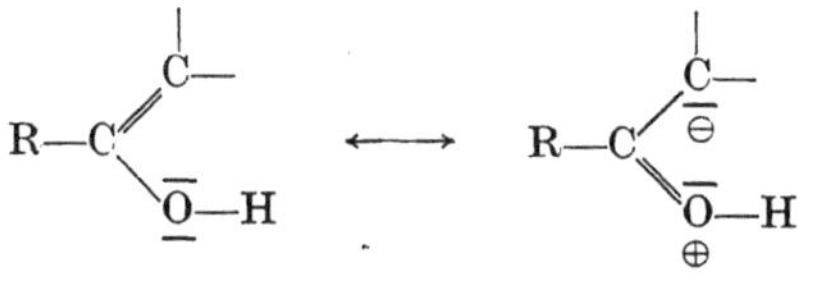

$$R-C\overset{C-}{\underset{\overline{O}-H}{\diagdown}} \longleftrightarrow R-C\overset{C-^{\ominus}}{\underset{\overline{O}-H\ {\oplus}}{\diagdown}} \quad \text{bzw.}$$

$$\left[R-C\overset{C-}{\underset{\overline{O}|^{\ominus}}{\diagdown}} \longleftrightarrow R-C\overset{C-^{\ominus}}{\underset{\overline{O}}{\diagdown}} \right] H^{\oplus}$$

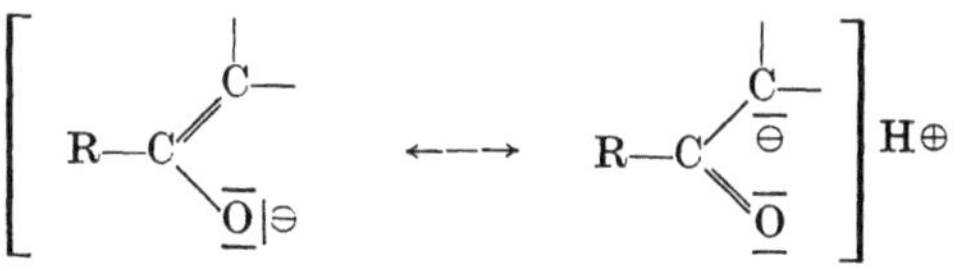

Da jedoch infolge der Beteiligung einer C=C- anstelle einer C=O-Doppelbindung keine derart symmetrische Mesomerie erfolgen kann und auch die Elektronenaffinität des O-Atoms größer als die des C-Atoms ist, wird die *Acidität* der Enole und Phenole im allgemeinen *geringer* als die der Carbonsäuren sein. Sie läßt sich aber ebenso wie die der Carbonsäuren durch Einführung geeigneter Substituenten erheblich steigern.

Die Einführung von *Halogen* in Fettsäuren bewirkt, wie schon DUMAS 1839 erkannte, keine grundlegende Änderung des Verbindungstypus. Dagegen zeigen die Halogenfettsäuren, insbesondere die in α-*Stellung* zur Carbonylgruppe substituierten Verbindungen, worauf schon früher (vgl. S. 102) hingewiesen worden war, eine sehr beträchtliche *Steigerung der Acidität* durch die *induktiven* Effekte der Substituenten. In ähnlicher Weise wirken alle α-ständigen *elektronenaffinen Substituenten*, aber auch Gruppen mit erhöhter Mesomeriefähigkeit wie *Vinyl*- oder *Phenylgruppen*. Sobald aber zwischen den elektronegativen Substituenten und das Carboxylkohlenstoffatom ein valenzmäßig gesättigtes C-Atom eingeschaltet ist, sinkt der Effekt stark ab. Insgesamt wird die Acidität der Carbonsäuren durch die Mesomerie der Carboxylgruppe beherrscht, die sich durch Überlagerung der induktiven Effekte von Substituenten aber weitgehend ändern kann.

Als ein Zeichen für die Eigenschaft der mesomeren Carboxylgruppe, einem möglichst energiearmen Bindungszustand zuzustreben, ist die *Assoziation* von Carbonsäuren zu dimeren Komplexen anzusehen. Diese Fähigkeit ist so groß, daß z. B. die Essigsäure als Dampf beim Siedepunkt noch praktisch völlig dimer ist. Die Dimerisation verläuft über die Bildung von Wasserstoffbrücken (vgl. S. 261).

---

[1] Ein Austausch des ^{16}O-Atoms gegen ^{18}O tritt bei Carbonsäuren (auch bei Salzen, Säureamiden und Estern) in H_2O im allgemeinen bei Zimmertemperatur nicht ein. Läßt sich aber wie bei Benzoesäure, Bernsteinsäure oder Fumarsäure ein Austausch nachweisen, dann sind die beiden O-Atome der COOH-Gruppe nicht unterscheidbar, sie sind gleichberechtigt. Falls der Austausch, vermutlich über eine Ortho-Säure, zustande kommt, umfaßt er demnach beide O-Atome. UREY, H. C.: J. Amer. Chem. Soc. **60**, 679 (1938).

b) Mesomerie der carbonsauren Salze, Ester, Amide und der Aminosäuren

In den Salzen der Carbonsäuren ist, worauf schon im vorangehenden hingewiesen wurde, eine weitgehendere Mesomerie als in den freien undissoziierten Säuren möglich. Besonders symmetrisch ist die Mesomerie der *Carbonat-anionen*:

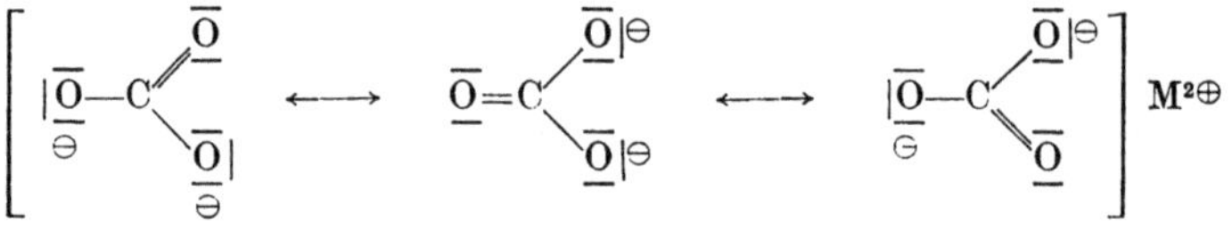

in denen die drei Sauerstoffatome unter einem Winkel von 120° eben angeordnet sind und die drei O–C-Bindungen einen zwischen dem der O–C-Einfach- und der O=C-Doppelbindung liegenden Abstand haben[1]. Aus röntgenographischen Messungen ergeben sich für das Carbonat-ion C–O-Abstände von 1,31 Å, für das *Formiat-ion* 1,29 Å[2], wogegen der C=O-Abstand in einer einfachen Carbonylverbindung ~1,22 Å, der C–O-Abstand in Äthern etwa 1,43 Å ist. Infolge der Mesomerie sind daher die Atomabstände in den Anionen *kleiner* als die Mittelwerte der Atomabstände der C=O- und C–O-Bindungen. Auch andere spektroskopische Beobachtungen deuten auf das Vorliegen solcher Verhältnisse in den Carbonat- bzw. Carbonsäure-anionen[3] hin.

Auch in den *Estern* und *Amiden*:

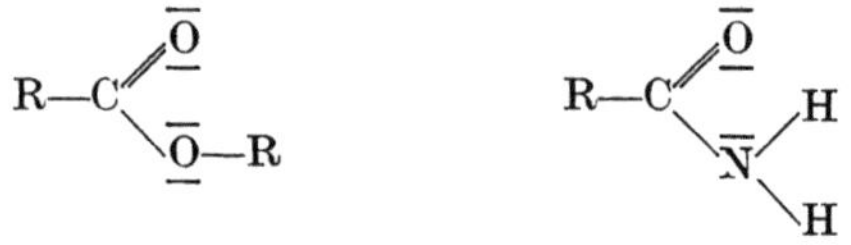

ist eine gewisse Annäherung der beiden Entfernungstypen infolge der Mesomerie vorhanden[4].

Die Substitution des Wasserstoffatoms der Carboxylgruppe durch einen neutralen organischen Rest (Alkyl- oder Arylgruppe) bedingt naturgemäß den Verlust des sauren Charakters. Immerhin wird der polare Charakter der Carboxylgruppe zwar geschwächt, aber nicht vollständig vernichtet, so daß sich für die *Carbonsäureester* folgende Mesomeriemöglichkeiten ergeben:

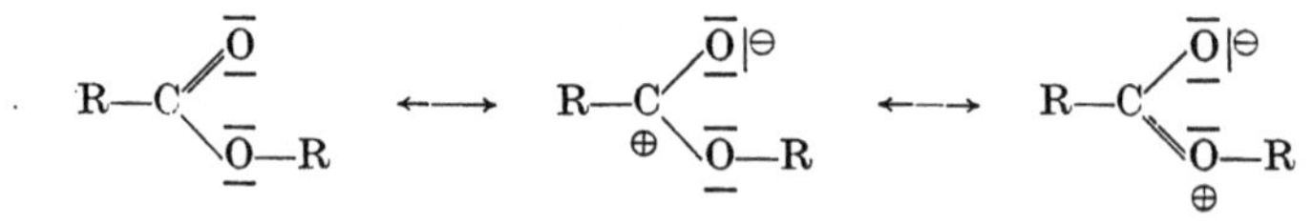

In den *Amiden*[5] führt die Mesomerie zur Ausbildung eines Elektronensystems, das ähnlich dem ist, das durch Wanderung eines Wasserstoffatoms entsteht, der

---

[1] Die Angleichung dieser Abstände wurde bereits aus der Koordinationslehre gefolgert, vgl. A. Hantzsch: Ber. dtsch. chem. Ges. **50**, 1443 (1917). — Madelung, W.: Liebigs Ann. **427**, 35 (1922). — Z. Elektrochem. **37**, 204 (1931).

[2] Bragg, W. L.: Z. anorg. Chem. **90**, 246 (1914). — Pauling, L.: Proc. Nat. Acad. Sci. USA **18**, 293 (1932).

[3] Beobachtungen des Ramaneffektes s. Kohlrausch, F.: Ber. dtsch. chem. Ges. **66**, 1, 1355 (1933); **67**, 1465 (1934).

[4] Bestätigung durch den Ramaneffekt s. Reitz, O., u. M. Wagner: Z. physik. Chem. [B] **43**, 339 (1939).

[5] Carbonsäureamide mit mindestens einem freien H-Atom in der Carbonamidgruppe sind wie die Carbonsäuren zu Dimeren über H-Brücken assoziiert (vgl. S. 261).

tautomeren *Iminoform*:

Das ist bei Untersuchungen z. B. der UV-Absorption, die nur die Lage des Elektronensystems, nicht aber die der H-Kerne anzugeben gestatten, zu berücksichtigen[1].

Sind, wie in den *Harnstoffen*, zwei N-Atome mit der Carbonylgruppe verbunden, so wird die Mesomerie verstärkt:

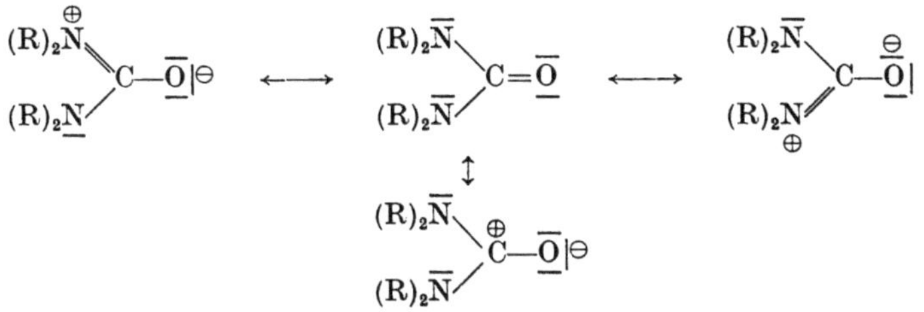

Aber weder beim neutralen Harnstoffmolekül (analog bei den Säureamiden $RCONH_2$) noch bei einem protonisierten Harnstoff:

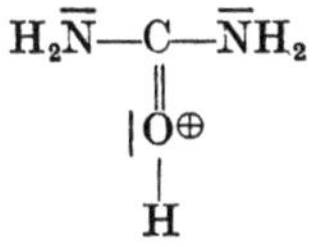

sind so gleichwertige Anordnungen vorhanden, wie z. B. beim *Guanidin*, das in der protonisierten Form eine symmetrische Mesomerie zeigt:

neutrale Molekel:

protonisierte Molekel:

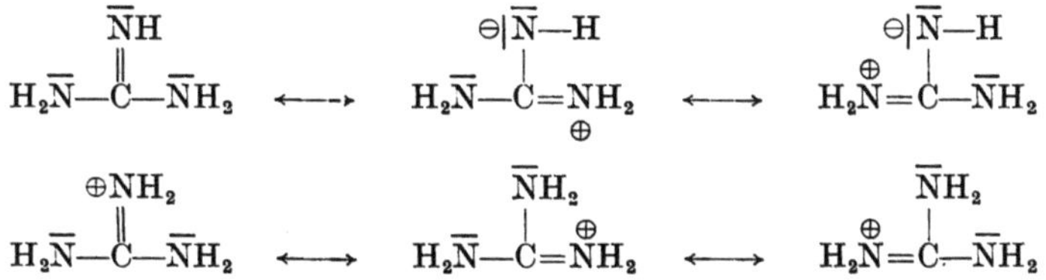

Demgemäß ist beim Guanidin eine besondere Neigung zur Aufnahme eines Protons vorhanden, mit anderen Worten, Guanidin ist eine besonders *starke Base*. Ähnlich liegen die Verhältnisse bei den ebenfalls stark basischen *Amidinen*:

neutral

protonisiert

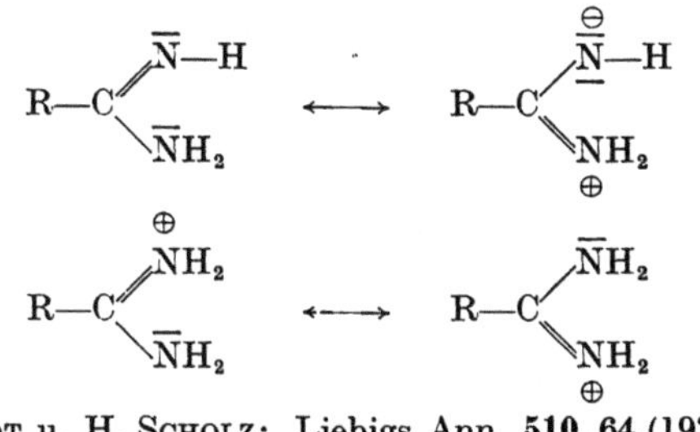

[1] Siehe hierzu F. Arndt u. H. Scholz: Liebigs Ann. **510**, 64 (1934). — Arndt, F., u. B. Eistert: Ber. dtsch. chem. Ges. **71**, 2040 (1938); **72**, 202 (1939). — Jensen, K. A.: J. prakt. Chem. [2] **151**, 177 (1938). — Biltz, H.: Ber. dtsch. chem. Ges. **72**, 807 (1939). — Ley, H., u. H. Specker: Ber. dtsch. chem. Ges. **72**, 192, 201 (1939).

Für das Vorhandensein dieser Mesomeriemöglichkeiten bei den Harnstoffen und ähnlichen Verbindungen sprechen auch die Ergebnisse von Dipol- und magnetischen Messungen[1].

Aminosäuren, $H_2N-R-COOH$, bilden infolge der gleichzeitigen Anwesenheit einer basischen und einer sauren Gruppe innere Salze und können daher in wäßriger Lösung als *Zwitterionen* $H_3\overset{\oplus}{N}-R-COO^{\ominus}$ vorliegen. Die ausgeprägte Unsymmetrie der Ladungsverteilung ruft eine beträchtliche Erhöhung der Dielektrizitätskonstanten des Wassers oder eines anderen Lösungsmittels hervor[2]. Allerdings müßte man bei einem Molekül dieser Struktur beim isoelektrischen Punkt ein Dipolmoment von etwa 13,9 D bei einem Abstand der Ladungen von etwa 2,9 Å finden. Die Messung solcher Stoffe scheitert aber an der Schwerlöslichkeit dieser Verbindungen in unpolaren Lösungsmitteln. Immerhin lassen sich eine Reihe indirekter Beweise für das Vorhandensein von Zwitterionenformen der Aminosäuren erbringen.

Eine Aminosäure kann aber auch unter geeigneten Bedingungen als wahre Aminocarbonsäure vorliegen, es muß in solchen Fällen das Ionenprodukt $[H^{\oplus}]$ $[OH^{\ominus}]$ der basischen Amino- und der sauren Carboxylgruppe annähernd 10^{-14} sein. Dies ist bei der *Damasceninsäure*[3] der Fall, die in wäßriger Lösung als Zwitterion, in organischen Lösungsmitteln als echte Aminocarbonsäure vorliegt:

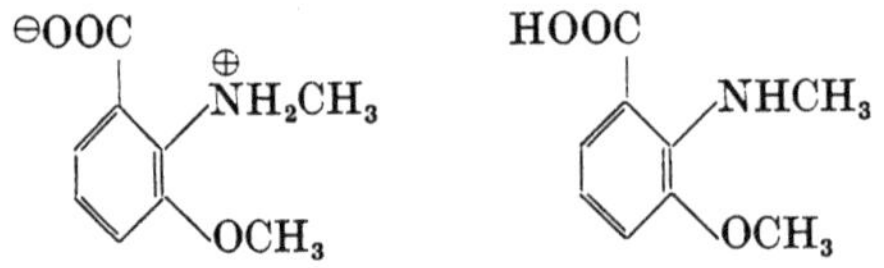

In der Zwitterionenform der Aminosäure $\overset{\oplus}{N}H_3-R-COO^{\ominus}$ verursacht die Mesomerie ähnlich wie bei den Carbonsäuren eine Angleichung der Abstände beider O-Atome[4]:

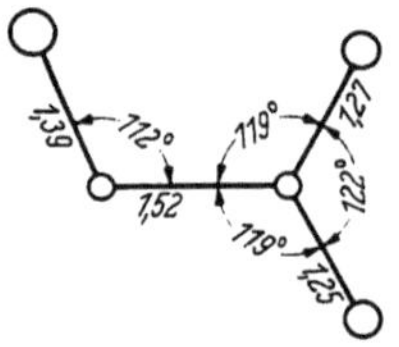

Abb. 54. Konfiguration des Glykokolls nach ALBRECHT und COREY

Abstände: $H_3\overset{\oplus}{N}-C$ 1,39 Å; C—C 1,52 Å; $C\langle{}^{O}_{O^{\ominus}}$ 1,27 bzw. 1,25 Å

c) Wasserstoff-Brücken

Bevor das reaktive Verhalten von Stoffen mit Carbonylgruppen weiter betrachtet wird, sei einer besonderen Erscheinung in der Reihe der Carbonsäuren gedacht, die man auf vielen anderen Gebieten wiederfindet.

---

[1] EBERT, L.: Ber. dtsch. chem. Ges. **64**, 679 (1931). — KUMLER, W. D., u. C. W. PORTER: J. Amer. Chem. Soc. **56**, 2549 (1934). — CLOW, A.: Trans. Faraday Soc. **33**, 381 (1937), magnetische Messungen.

[2] HAUSSER, J.: Sitzgsber. Heidelberg. Akad. Wiss., Math.-Naturwiss. Kl. **1935**, 6. Abh. — KUHN, R., u. F. GIRAL: Ber. dtsch. chem. Ges. **68**, 387 (1935).

[3] KUHN, R., J. HAUSSER u. W. BRYDOWNA: Ber. dtsch. chem. Ges. **68**, 2386 (1935).

[4] ALBRECHT, G., u. R. B. COREY: J. Amer. Chem. Soc. **61**, 1087 (1939); Untersuchung am kristallisierten Glykokoll.

Die *Carbonsäuren* liegen in flüssigem und gelöstem sowie in gasförmigem Zustand — hier bei nicht allzu hohen Temperaturen — nicht in monomerer, sondern in *dimerer* Form vor. Die Ursache hierfür ist in der Ausbildung von dimolekularen Aggregaten durch „Wasserstoffbrücken" zu sehen.

Was versteht man unter H-Brücken[1]? Aus Molekulargewichtsbestimmungen, Messungen der Verteilungskoeffizienten zwischen verschiedenen Solventien, sowie aus Infrarotaufnahmen ist bekannt, daß z. B. Wasser, Alkohole, Enole, Phenole, Amide sich zu größeren Gebilden assoziieren und Carbonsäuren sich dimerisieren können. Da Äther, Enoläther, Phenoläther sowie Carbonsäureester und N-methylierte Säureamide, allgemein alle Verbindungen, in denen das beteiligte H-Atom durch einen Alkylrest ersetzt ist, diese Assoziation nicht zeigen, muß sie auf der Anwesenheit von H-Atomen in den betreffenden Verbindungen beruhen. Von P. H. LATIMER und W. H. RODEBUSH[2] wurde die allgemeine Bedeutung dieses Effektes zuerst erkannt und angenommen, daß der H-Kern nicht nur ein, sondern insgesamt *zwei* Elektronen von zwei verschiedenen Atomen um sich versammeln könnte.

Als Brückenpartner des Wasserstoffatoms kommen F-, O-, N-Atome, also besonders *negative* und relativ *kleine Atome* in Betracht. Daher zeigen HF, H_2O, ROH und NH_3 bzw. R–COOH-Verbindungen auffallend große Wechselwirkungen, während Cl- und S-Atome nur schwache H-Brücken geben.

Sehr charakteristisch sind die *Kernabstände* zweier durch eine H-Brücke verbundener Atome X und Y, vgl. nachstehende Tabelle:

X—H ... Y	$r \cdot 10^8$ cm (n. BRIEGLEB)
F—H ... F	2,5
Cl—H ... Cl	3,89
O—H ... O	2,5—2,8
N—H ... N	3,2—3,4
O—H ... O=C	2,7—2,8
N—H ... O=C	2,7—3

Die Abstände sind erheblich kleiner als die Summe aus dem Kernabstand X–H und den Wirkungsradien von H und Y, mitunter sogar noch kleiner als die Summen der Atomradien von X und Y. Besonders gut sind die Verhältnisse bei *Oxalsäuredihydrat* und *Essigsäure*[3] untersucht. Das Proton muß infolge dieser Abstandsverkürzung direkt in die Elektronenhülle des Y-Atoms eindringen. Daher ist die H-Brückenbildung spezifisch für das Proton und nur mit stark elektronenaffinen und genügend kleinen Teilchen, eben den Protonen, möglich. Die *Energie* dieser *Wechselwirkung* ist relativ hoch, sie beträgt bei Ameisensäure und bei Essigsäure etwa 7,1—7,5 kcal/Mol, bei Propionsäure $\sim 8 \pm 1$ kcal/Mol, für $(CH_3COOD)_2 \rightleftharpoons 2CH_3COOD$ 7,95 kcal/Mol und bei HCN $\sim$ 3,3 kcal/Mol[4]. Beim Wasser, den Alkoholen und den Phenolen werden Werte von 6—4 kcal/Mol und bei Acetamid von $\sim$1,1 kcal/Mol gemessen[5].

---

[1] HUGGINS, M. L.: J. organ. Chem. **1**, 407 (1937). — EISTERT, B.: Chemismus und Konstitution. Stuttgart: F. Enke 1949.

[2] LATIMER, P. H., u. W. H. RODEBUSH: J. Amer. Chem. Soc. **42**, 1430 (1920). — Siehe ferner W. MADELUNG: Liebigs Ann. **427**, 76 (1922); PFEIFFER, P.: Liebigs Ann. **398**, 137 (1913). — Neuere zusammenfassende Darstellungen s. G. BRIEGLEB: Z. Elektrochem. **50**, 35 (1944). — HOYER, H.: Z. Elektrochem. **49**, 97, 134 (1943). — DAVIES, M.: Ann. Rep. Progr. Chem. **43**, 5 (1946). — BRILL, R.: Z. Elektrochem. **50**, 47 (1944). — BRIEGLEB, G.: Z. Elektrochem. **57**, 662, 668 (1953); **58**, 249 (1954); Naturwiss. **41**, 448 (1954). — Untersuchungen über die zwischenmolekulare Bindung durch intermolekulare Mesomerie. IV. Mitteilung. Z. Elektrochem. **59**, 184 (1955).

[3] In diesem Fall ist der Abstand O—H ... O $\sim$ 2,76 Å, die Summe aus dem Kernabstand O—H und die Summe der Wirkungsradien des H- und O-Atoms ergibt etwa 3,5 Å.

[4] Bei $(HF)_n \rightleftharpoons n HF$: 10,0 $\pm$ 2 kcal/Mol. Vgl. hierzu auch die ausführlichen Angaben in H. A. STUART: Struktur des freien Moleküls, S. 46ff. Berlin-Göttingen-Heidelberg: Springer-Verlag 1952.

[5] Die Energie der H-Brückenbindung in Polypeptiden ist noch nicht bestimmt worden.

In welchem Ausmaß sich die Energie der Wechselwirkung bei der Bildung z. B. der dimeren Carbonsäuren auch in einer Änderung des Abstands C−OH bemerkbar macht, läßt sich zur Zeit aus experimentellen Gründen noch nicht angeben.

Während man früher die Ursache der H-Brückenbindung in einer quantenmechanischen Resonanz der beteiligten Moleküle in ihren verschiedenen Grenzformen sah, hat das neuerdings beigebrachte Versuchsmaterial diese Deutung gegenüber der Annahme einer sehr weitgehenden *elektrostatischen* Natur dieses Effekts zurücktreten lassen. Danach soll die H-Brückenbindung mehr durch eine *Dipolanziehung* der beteiligten Bindungen zustande kommen. Zwar wird offenbar der Abstand X−H in der Assoziationsform gegenüber der monomeren Form aufgeweitet, aber nicht so weit, daß das H-Atom oder das Proton sich genau in der Mitte zwischen dem Atom X und Y befindet. Die verschiedenen *Protonaffinitäten* von X und Y, bewirken insgesamt diese Protonenverschiebung von X zu Y hin bis zum Eindringen in dessen Elektronenhülle. Zu dieser rein klassischen Wechselwirkungsenergie kommen wohl gerade bei den organischen mesomeriefähigen Verbindungen noch kleinere Anteile quantenmechanischer Art hinzu (z.B. Verbesserung der Mesomeriemöglichkeiten), doch scheint die Dipolwechselwirkung das wichtigste zu sein. Dabei müssen die sich anziehenden Ladungen vor allem genügend nahe aneinanderkommen, um wirksam zu werden, auch muß das Proton oder Deuteron am Rande der Elektronenhülle von X sich befinden, da es sonst zu sehr abgeschirmt ist[1]. Wenngleich die Energie der Wasserstoffbrücke demnach im wesentlichen elektrostatischer Natur ist, spielen oft auch *Mesomerie-(Resonanz-) Effekte* mit in das Phänomen hinein. So kann man die Wasserstoffbrücke zwischen O−H und O in vereinfachter Schreibweise folgendermaßen darstellen:

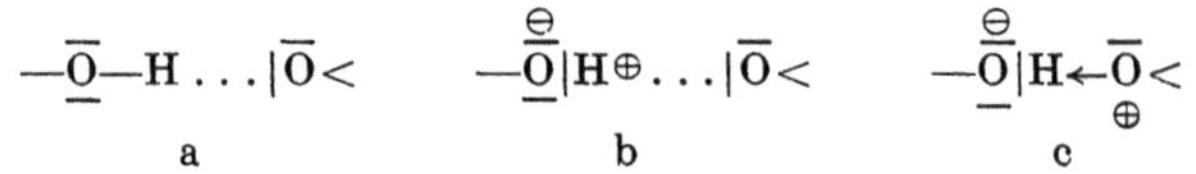

$$-\overline{\underline{O}}-H\ldots|\overline{\underline{O}}< \qquad -\overline{\underline{O}}|H^{\oplus}\ldots|\overline{\underline{O}}^{\ominus}< \qquad -\overline{\underline{O}}|H\leftarrow\overline{\underline{O}}^{\ominus}<$$
$$\phantom{-\overline{\underline{O}}-H\ldots|\overline{\underline{O}}<\qquad -\overline{\underline{O}}|H^{\oplus}\ldots|\overline{\underline{O}}^{\ominus}<\qquad -\overline{\underline{O}}|H\leftarrow}{\oplus}$$
$$\text{a} \qquad\qquad\qquad \text{b} \qquad\qquad\qquad \text{c}$$

wobei die letztere Formulierung einer kovalenten „Resonanz" mit einer relativ langen Bindung (Oxoniumstruktur) entspricht. Von L. PAULING[2] wurden die „Gewichte" dieser einzelnen formalen Anordnungen abgeschätzt (a ∼65%, b ∼31%, c ∼4%).

Bei der β-Form der *Oxalsäure* (im Kristall):

$$\begin{array}{c}H-O\\\ldots O\end{array}\!\!\!\!>\!C\!-\!C\!<\!\!\!\!\begin{array}{c}O\ldots H-O\\O-H\ldots O\end{array}\!\!\!\!>\!C\!-\!C\!<$$

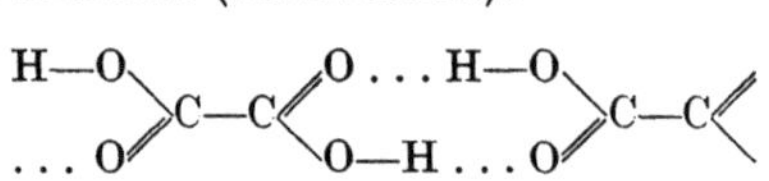

(O ... O-Abstand ∼2,5 Å, Bindungsenergie ∼10 kcal/Mol) wurden folgende Werte berechnet: a ∼60%, b ∼28%, c ∼12%, woraus sich schließen läßt, daß diese relativ kurzen H-Brücken nicht so weitgehend elektrostatischer Natur sind wie die langen H-Brückenbindungen[3]. Die bei der Bildung einer Brücke X−H...Y auftretende teilweise Überlagerung der Elektronenwolken bewirkt nicht nur Änderungen im Bindungszustand X−H und Y, sondern kann sich dann noch fortsetzen, wenn an X oder Y mesomeriefähige Gruppen (z. B. die aromatischen Systeme in Phenolen) gebunden sind.

Neben den H-Brücken vom Typ der Fettsäuren:

$$R-C\!<\!\!\!\!\begin{array}{c}\overline{\underline{O}}-H\ldots\overline{\underline{O}}\\\overline{\underline{O}}\ldots H-\overline{\underline{O}}\end{array}\!\!\!\!>\!C-R$$

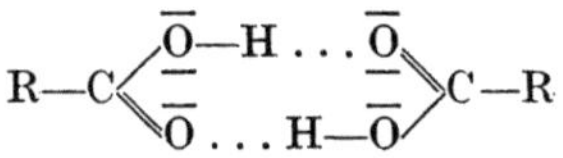

[1] Daher Abnahme der H-Brückenbildung bei HF → HCl!
[2] PAULING, L.: J. Chim. physique **46**, 435 (1949).
[3] Siehe a. E. G. COX, M.W. DOUGILL u. G. A. JEFFREY: J. Chem. Soc. (London) **1952**, 4854.
— GARRET, B. S.: Diss. Abstr. **14**, 1152 (1954) (Neutronenbeugung).

sind auch *innermolekulare* H-Brücken bekannt, z. B.

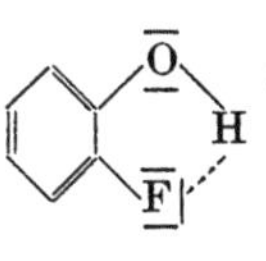
1

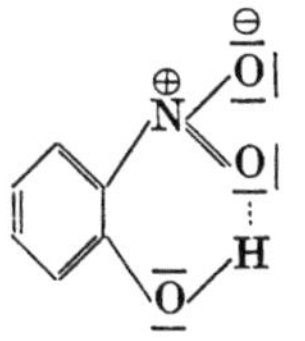
2

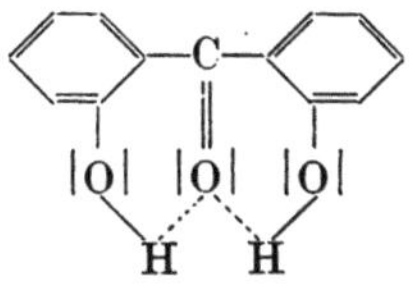

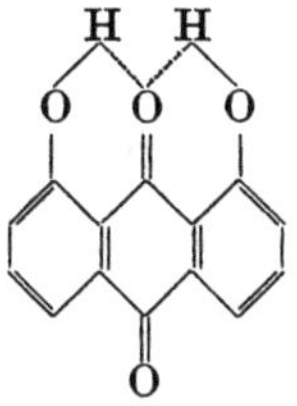

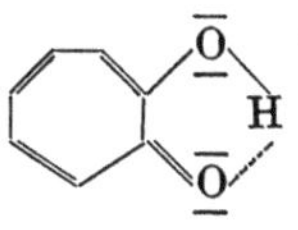
3

was sich in den IR-*Spektren*[4] und sogar auch in dem Verhalten gegen Adsorptionsmittel bemerkbar macht[5].

Im IR-Spektrum des folgenden Phenols:

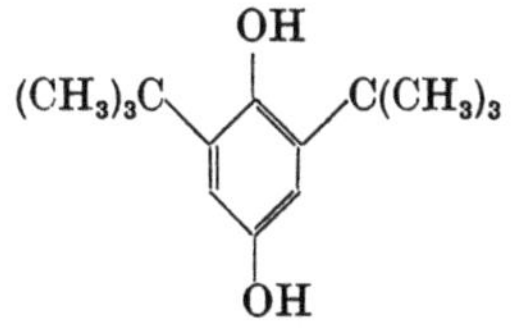

treten sowohl die sterisch behinderte OH-Bande bei 2,7 μ wie auch die breite unbehinderte Bande bei 3,3 μ auf[6]. Der Erscheinung der H-Brücken begegnet man auf sehr vielen Gebieten der organischen Chemie, aber auch der physiologischen und technologischen Chemie.

Offenbar spielt die Wasserstoffbrücke eine wesentliche Rolle für die Bildung von *Polypeptidketten*, und die wichtigsten technologischen Eigenschaften

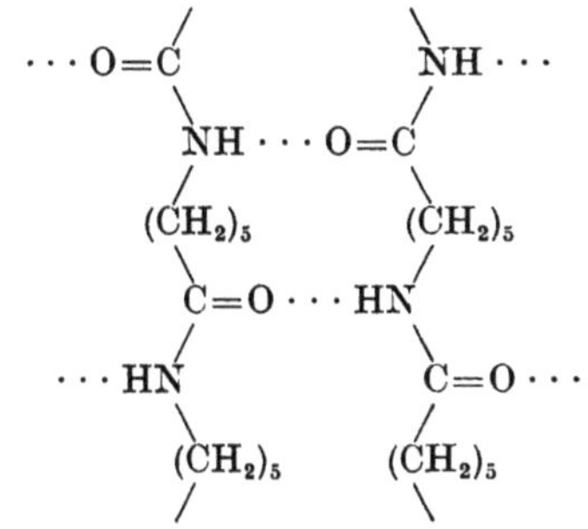
Perlon

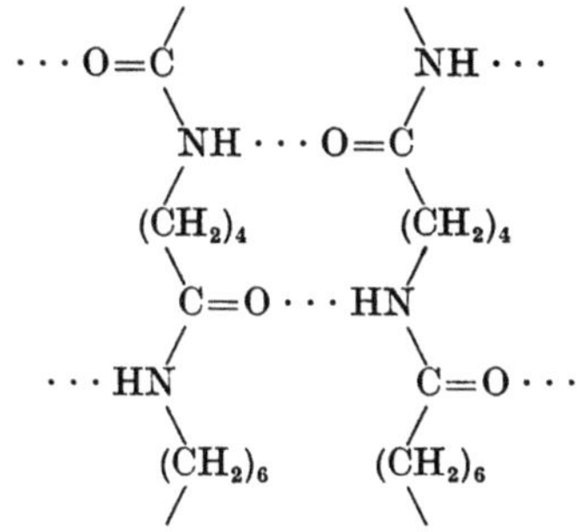
Nylon

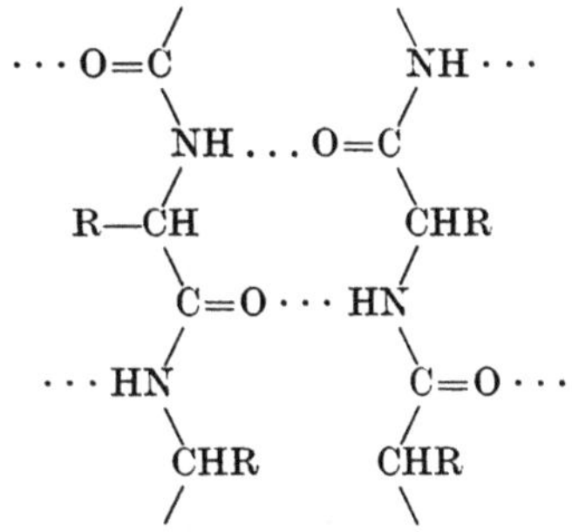
Protein

[1] LÜTTKE, W., u. R. MECKE: Z. physik. Chem. **196**, 56 (1950). — MECKE, R.: Z. Elektrochem. **52**, 269 (1948). — Eine solche scherenförmige Verknüpfung nennt man „Chelat“.

[2] Daher siedet o-Nitrophenol ähnlich dem Nitrobenzol, Kp: 209/Kp: 215°.

[3] Anstelle der OH-Bande bei 2,7 μ tritt eine breite Bande bei etwa 3,3 μ auf, die durch Deuteriumaustausch nach 4,3 μ verschoben wird, also sicher der OH-Bande angehört.

[4] HOYER, H.: Z. Elektrochem. **49**, 124 (1943). — Vgl. auch HOUBEN-WEYL: Methoden der Organischen Chemie, 4. Aufl., Bd. III/2, S. 858ff. Stuttgart: Georg Thieme 1955.

[5] Auch Aciditätsunterschiede können mit der Bildung von H-Brücken in Zusammenhang stehen. So ist Salicylsäure saurer als Benzoesäure und o,o′-Dioxybenzoesäure wesentlich saurer als Salicylsäure! Auch Löslichkeitseigenschaften scheinen sich durch H-Brücken beeinflussen zu lassen.

[6] MÜLLER, EUGEN, u. K. LEY: Chem. Ber. 88, 601 (1955).

von *synthetischen Faserstoffen* auf Polyamid-Basis (Nylon, Perlon) scheinen ihren Ursprung in zahlreichen H-Brücken zu haben.

Auch mit sehr stark polarisierbaren π-*Elektronensystemen* wie z. B. in stark ungesättigten oder auch in aromatischen Systemen werden neuerdings derartige H-Brückeneffekte angenommen[1], z. B.:

$$\begin{array}{c} CH_2=CH_2 \\ \downarrow \\ HX \end{array} \qquad \left(6\pi\cdot\right)\cdots HX$$

3. Reaktives Verhalten der Carbonylgruppe in Carbonsäuren und ihren Derivaten

a) Ionische Reaktionsmechanismen

α) Veresterung und Verseifung von Carbonsäuren bzw. Estern

Die unter der katalytischen Wirkung von Säuren mögliche Veresterung von Carbonsäuren und Verseifung von Carbonsäureestern erfolgt ebenso wie die Acetalisierung der Aldehyde und Ketone über die Hereinnahme des *Protons* der katalysierenden Säure an den Carbonylsauerstoff[2]:

$$R-\underset{\underset{}{}}{\overset{|O|}{\underset{\|}{C}}}-\overline{O}-H + H^\oplus \rightleftharpoons R-\underset{\oplus}{\overset{|\overline{O}-H}{\underset{|}{C}}}-\overline{O}-H$$

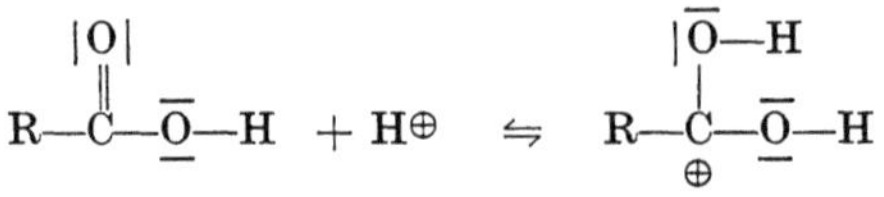

worauf die nucleophile Hydroxylgruppe des Alkohols sich leicht an diese hochpolarisierte Form unter Bildung eines neuen Kations anlagert:

$$R-\underset{|\underline{O}-H}{\overset{|\overline{O}-H}{\underset{|}{C^\oplus}}} + H-\overline{O}-R' \rightleftharpoons R-\underset{\oplus|\underline{O}-R'\atop H}{\overset{|\overline{O}-H}{\underset{|}{C}}}-\overline{O}-H$$

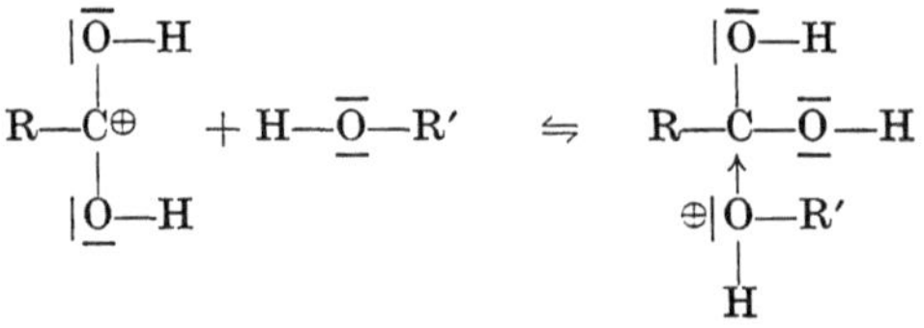

Letzteres stabilisiert sich unter Abspaltung von Wasser und gleichzeitiger Rückbildung des katalytisch wirkenden Protons zum Carbonsäureester:

$$R-\underset{\oplus|\underline{O}-R'\atop H}{\overset{|\overline{O}-H}{\underset{|}{C}}}-\overline{O}-H \longrightarrow \left\{ R-\underset{\oplus}{\overset{|\overline{O}|^\ominus}{\underset{|}{C}}}-\overline{O}-R' \longleftrightarrow R-\underset{}{\overset{|O|}{\underset{\|}{C}}}-\overline{O}-R' \right\} + [H_3O]^\oplus$$

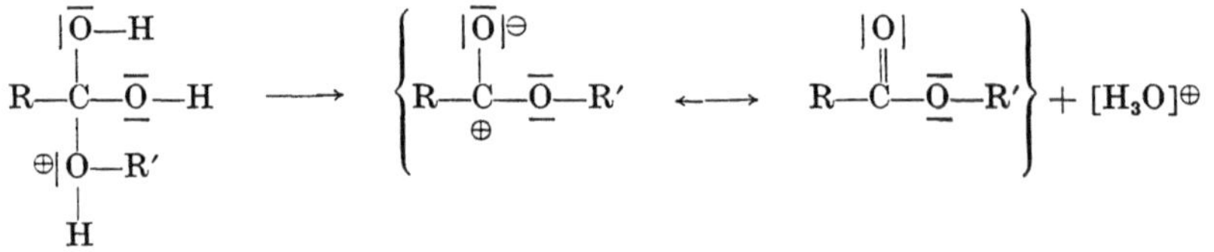

[1] BRIEGLEB, G.: Z. physik. Chem. [B] **31**, 58 (1935); **32**, 305 (1936). — Siehe auch Moosbacher Vorträge über zwischenmolekulare Kräfte, Karlsruhe 1949. — G. BRIEGLEB hat erstmalig auf die Bedeutung der π-Elektronen für zwischenmolekulare Kräfte hingewiesen und sie definiert. Zur Formulierung dieser π-Komplexe s. M. J. S. DEWAR: Electronic Theory of Organic Chemistry, S. 18; Clarendon Press, Oxford 1952. — DEWAR, M. J. S.: J. Chem. Soc. (London) **1946**, 406.

[2] INGOLD, E. H., u. C. K. INGOLD: J. Chem. Soc. (London) **1932**, 756. Dabei soll nicht ausgeschlossen werden, daß auch ähnliche Mechanismen (S_N2) denkbar sind, z. B.:

$$\underset{R}{\overset{O}{\underset{|}{\overset{\|}{C}}}}-OH \xrightarrow{+H^\oplus,\, ROH} R-\overline{O}\rightarrow\underset{H\ R\ H^\oplus}{\overset{O}{\underset{|}{\overset{\|}{C}}}}\rightarrow OH \rightleftharpoons R-\overline{O}-\underset{R}{\overset{O}{\underset{|}{\overset{\|}{C}}}} + H_3O^\oplus$$

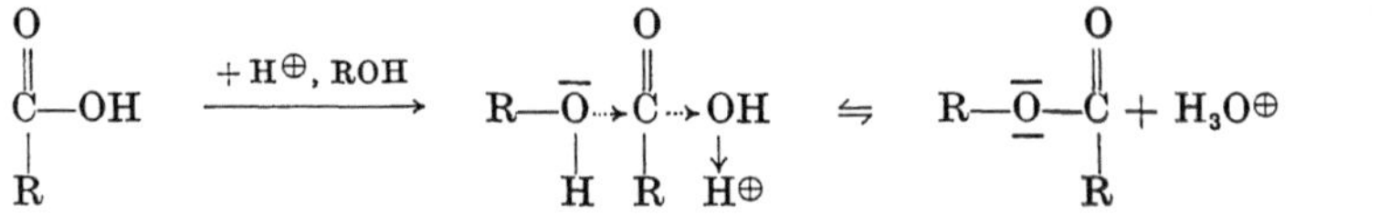

vgl. C. K. INGOLD: Structure and Mechanism, S. 752ff. London: Cornell Univ. Press 1953.

Dieser Mechanismus konnte durch Untersuchung der säurekatalysierten Veresterung mit Methanol, das ein schweres Sauerstoffisotop besitzt, bestätigt werden:

$$C_6H_5COOH + H^{18}OCH_3 \rightarrow C_6H_5CO^{18}OCH_3 + H_2O$$

Der Sauerstoff des entstehenden Wassers wird demnach von der OH-Gruppe der Säure geliefert[1]. Analog wird bei der Veresterung eines Alkohols mit einem *Säureanhydrid* der Sauerstoff des Alkohols im gebildeten Ester wiedergefunden[2]:

$$CH_3CO-O-COCH_3 + H-\overset{*}{O}C_2H_5 \rightarrow CH_3CO\overset{*}{O}C_2H_5 + CH_3COOH$$

Analog der Esterbildung aus Carbonsäure und Alkohol ist auch die Rückreaktion des Estergleichgewichts, die *Verseifung*, durch *Mineralsäuren katalysierbar*. Der Mechanismus ist dem der Bildung analog:

$$R-\underset{|O|}{\overset{}{C}}-O-R' \underset{}{\overset{H^\oplus}{\rightleftarrows}} R-\underset{\oplus}{\overset{|\bar{O}-H}{C}}-O-R' \xrightarrow{HOH} R-\underset{\underset{\oplus}{H-O-H}}{\overset{|\bar{O}-H}{C}}-\bar{O}-R' \xrightarrow[-R'OH,\,-H^\oplus]{} RCOOH$$

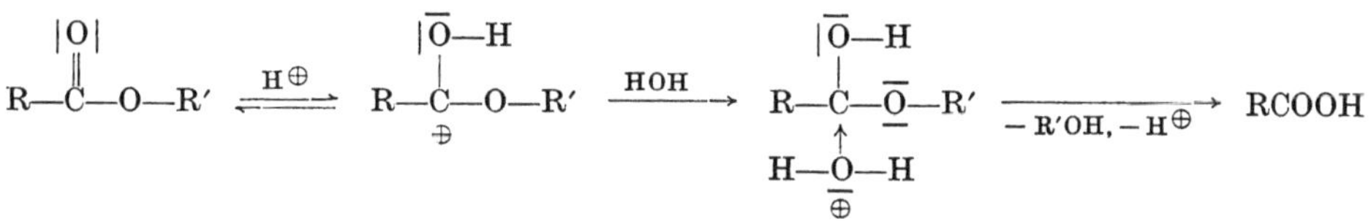

Hierbei ist die Verseifungsgeschwindigkeit im allgemeinen der $H^\oplus$-Ionenkonzentration proportional[3]. Die *Geschwindigkeit* der Verseifung ist dabei stark von der Konstitution sowohl der dem Ester zugrunde liegenden Säure wie des Alkohols abhängig. Ameisensäureester werden relativ leicht verseift.

Während unter der katalytischen Wirkung von Mineralsäuren die Ester primärer Alkohole schneller als die von sekundären verseift werden, sind Ester *tertiärer* Alkohole auf diesem Wege besonders leicht verseifbar. Dieses besondere Verhalten dürfte mit der leichten Dehydratisierbarkeit der tertiären Alkohole zu Olefinen unter dem Einfluß von Säuren zusammenhängen:

$$R-\underset{O}{\overset{}{\underset{||}{C}}}-\bar{O}-C\begin{pmatrix}CH_3\\CH_3\\CH_3\end{pmatrix} \xrightarrow{H^\oplus} R-\overset{\oplus}{C}-\bar{O}-C\begin{pmatrix}CH_3\\CH_3\\CH_3\end{pmatrix} \longrightarrow R-C=\bar{O} + CH_2=C(CH_3)_2 + H^\oplus$$
$$\qquad\qquad\qquad\qquad\qquad |O-H \qquad\qquad\qquad\qquad |OH$$

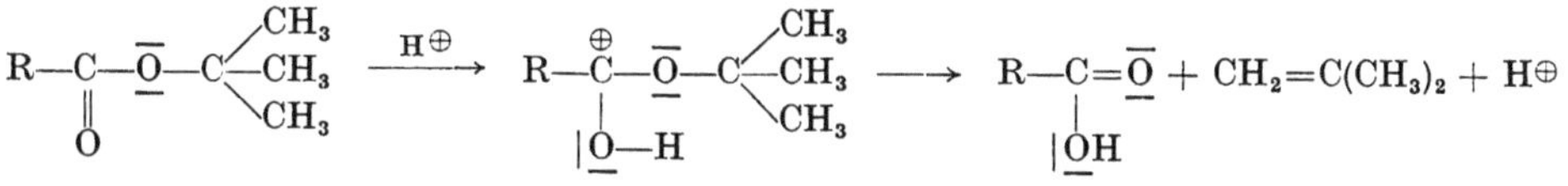

Sterische Behinderungen der Verseifung machen sich dann besonders geltend, wenn das Carboxyl-Kohlenstoffatom an einem sekundären oder tertiären C-Atom gebunden ist wie:

$$CH_3-\underset{CH_3}{\overset{H}{\underset{|}{\overset{|}{C}}}}-COOR \quad \text{oder} \quad (CH_3)_3C-COOR$$

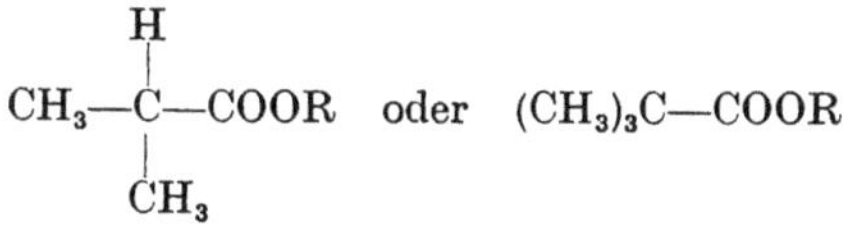

Die *alkalische Verseifung* der Carbonsäureester verläuft wegen der Bildung einer Säure mit *stöchiometrischen* Mengen Alkali und meist glatter (nach S_N2) sowie schneller als die säurekatalysierte Verseifungsreaktion:

$$\underset{R}{\overset{O}{\underset{|}{\overset{||}{C}}}}-OR' + OH^\ominus \left[HO^\ominus \rightarrow \underset{R}{\overset{O}{\underset{|}{\overset{||}{C}}}}-OR'^\ominus\right] \longrightarrow \left[R-\underset{OH}{\overset{|\bar{O}|^\ominus}{\underset{\uparrow}{C}}}-OR'\right] \longrightarrow R-\underset{|\bar{O}|^\ominus}{\overset{|O|}{\underset{}{\overset{||}{C}}}} + R'OH$$

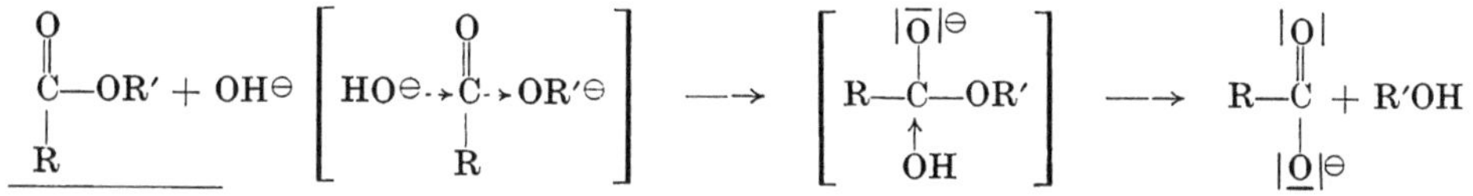

[1] ROBERTS, J., u. H. C. UREY: J. Amer. Chem. Soc. **60**, 2391 (1938); **61**, 2584 (1939).
[2] DEDUSSENKO, N. J., u. A. E. BRODSKY: Acta physicochim. (URSS) **17**, 314 (1942).
[3] OSTWALD, W.: J. prakt. Chem. [2] **28**, 449 (1883). — TREY, H.: J. prakt. Chem. [2] **34**, 353 (1886).

Durch die *Salzbildung* wird hierbei das Estergleichgewicht einsinnig unter Bindung der Säure (als Salz) verschoben und die Verseifungsgeschwindigkeit merklich erhöht.

Auch hier ist die Geschwindigkeit der alkalischen Verseifung sehr weitgehend von der Konstitution der beteiligten Komponenten abhängig. Hohe Dissoziationskonstanten der Säuren beschleunigen die Verseifung[1]. Sterische Effekte können ebenfalls die Verseifungsgeschwindigkeit stark beeinflussen. So sind in α-Stellung zur Carboxyalkylgruppe substituierte Ester mit zunehmendem Verzweigungsgrad immer schwieriger verseifbar, ebenso die Ester entsprechend verzweigter Alkohole. Im Gegensatz zur sauren Verseifung sind die tert.-Alkylester alkalisch schwer verseifbar.

Ganz entsprechend der Verseifung von Carbonsäureestern läßt sich auch die *Verseifung von Säurechloriden* und *-amiden* wiedergeben. Während die Säurechloride meist relativ leicht verseifbar sind[2], lassen sich die Amide etwas schwieriger mit sauren oder alkalischen Mitteln verseifen, so daß man dann besser andere Wege zur Verseifung wie etwa die Umsetzung mit salpetriger Säure nach L. BOUVEAULT[3] einschlägt:

$$R\text{—}CONH_2 + HONO \rightarrow RCOOH + N_2 + H_2O$$

Die Verseifung eines Esters mit einer *optisch aktiven Alkoholkomponente* R* vollzieht sich unter Erhalt der optischen Konfiguration des Restes R*, da die Bindung O−R* nicht angegriffen wird:

$$RCO\text{—}OR^* + H\text{—}OH \rightarrow RCOOH + R^*OH$$

Ebenso liefert die *alkalische Verseifung* von Carbonsäureestern in Wasser mit dem Sauerstoffisotop ^{18}O einen Alkohol, in dem kein ^{18}O vorhanden ist. In Bestätigung der obigen Darlegungen vollzieht sich daher die alkalische Verseifung nach a und nicht nach b[4]:

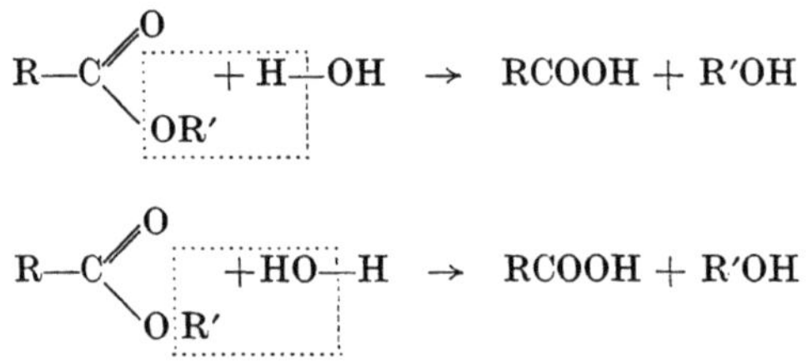

$$R\text{—}C\overset{O}{\underset{OR'}{\diagup}} + H\text{—}OH \rightarrow RCOOH + R'OH \qquad a)$$

und nicht

$$R\text{—}C\overset{O}{\underset{O\,R'}{\diagup}} + HO\text{—}H \rightarrow RCOOH + R'OH \qquad b)$$

Ganz entsprechend fand man[5] bei der *sauren Hydrolyse* von Bernsteinsäuredimethylester in $H_2^{18}O$, daß der isotope Sauerstoff nicht im Alkohol erscheint, und die Hydrolyse demgemäß in Bestätigung der obigen Darlegungen folgendermaßen verlaufen muß:

$$RCO\,OR' + H\,\overset{*}{O}H \rightarrow RC\overset{*}{O}OH + R'OH$$

---

[1] OLSSON, H.: Z. physik. Chem. **133**, 233 (1928).
[2] Leichte Verseifbarkeit der Säurechloride infolge Störung der normalen Carboxylmesomerie (Chlor ist elektronenaffiner als eine Hydroxy- oder Amidogruppe!).
[3] BOUVEAULT, L.: Bull. Soc. chim. France [3] **9**, 368 (1893). — BILTZ, H.: Ber. dtsch. chem. Ges. **34**, 4127 (1901).
[4] POLANYI, M., u. J. L. SZABO: Trans. Faraday Soc. **30**, 508 (1934).
[5] DATTA, S. C., J. N. E. DAY u. C. K. INGOLD: J. Chem. Soc. (London) **1939**, 838.

Die *Hydrolyse von Carbonsäureanhydriden* läßt sich analog formulieren. Dagegen zeigt die Untersuchung der Hydrolyse eines gemischten Anhydrids, der Acetylphosphorsäure in markiertem Wasser, daß im alkalischen Medium die C—O-Bindung, in Säuren dagegen die P—O-Bindung gelöst wird[1]:

alkalische Hydrolyse   saure Hydrolyse

Bei der *Verseifung innerer Ester*, der *Lactone*, sind zwei Wege denkbar, z. B.:

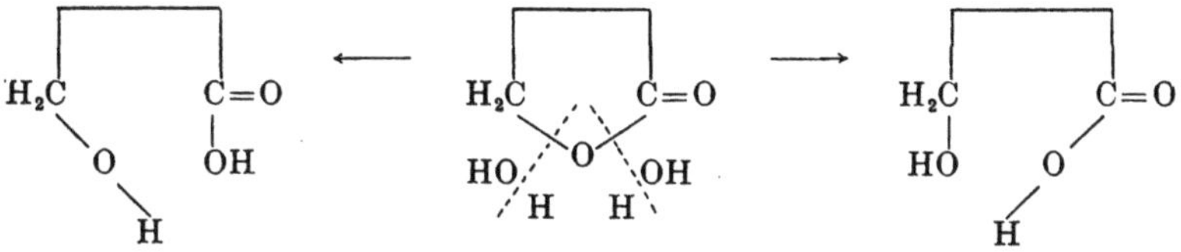

Nach den bisher vorliegenden Untersuchungen scheint der Reaktionsweg sowohl von der Ringweite des Lactons wie auch vom p_H der Hydrolysenlösung abzuhängen. Das β-Butyrolacton:

$$CH_3-CH-CH_2$$
$$||$$
$$O-CO$$

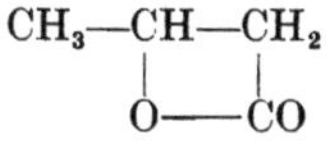

wird nicht nach einem einheitlichen Schema hydrolytisch gespalten, sondern in Abhängigkeit vom p_H-Wert des Mediums hydrolysiert, wie diesbezügliche Versuche mit $H_2^{18}O$ zeigen[2]. Dagegen wird das γ-Butyrolacton in $H_2^{18}O$ an der gekennzeichneten C—O-Bindung aufgesprengt[3]:

$$\longrightarrow HO(CH_2)_3CO\overset{*}{O}H$$

β) Decarboxylierung von Carbonsäuren

Die Haftfestigkeit einer Carboxylgruppe an dem mit ihr verbundenen organischen Rest ist sehr unterschiedlich und abhängig von der Natur dieses organischen Restes. Diese Decarboxylierungsreaktion:

$$RCOOH \to RH + CO_2$$

kann sich schon von selbst bei Zimmertemperatur vollziehen, so daß die betreffenden organischen Säuren äußerst instabil sind. Andere Carbonsäuren decarboxylieren bei höherer Temperatur unter dem Einfluß von sauren, vielfach auch

---

[1] BENTLEY, R.: Nucleonics, Februar **1948**, 27.
[2] OLSON, A. R., u. J. L. HYDE: J. Amer. Chem. Soc. **63**, 2459 (1941).
[3] LONG, F. A., u. L. FRIEDMAN: J. Amer. Chem. Soc. **72**, 3692 (1950). — Zusammenstellung der ^{18}O-Reaktionen s. M. DOLE: Chem. Reviews **51**, 285ff. (1952).

basischen Katalysatoren. Die Reaktion selbst stellt offenbar eine *elektrophile* Substitution dar[1], die sowohl nach S_E1 wie S_E2 verlaufen kann[2]. Decarboxylierungen[3] nach S_E1 sind solche Reaktionen, bei denen die Elektronendichte des zur Carboxylgruppe α-ständigen C-Atoms gering, seine Elektronenaffinität demgemäß besonders hoch ist:

$$RCOOH \rightleftharpoons RCOO^\ominus + H^\oplus, \quad RCOO^\ominus \rightarrow R^\ominus + CO_2$$

$$R^\ominus + H^\oplus \rightarrow R{-}H$$

Die Zerfallsgeschwindigkeit des Anions dürfte die Gesamtgeschwindigkeit der Decarboxylierung bestimmen. Ein charakteristisches Beispiel hierfür ist der Zerfall der *Trichloressigsäure* in Chloroform und Kohlendioxyd[4]:

$$Cl_3C{-}COOH \rightarrow Cl_3CH + CO_2$$

Protonenacceptoren wie Anilin[5], Dimethylanilin, Pyridin oder Chinolin sowie Solventien mit hoher Dielektrizitätskonstante begünstigen die Spaltungsreaktion.

Als gleichzeitige Decarboxylierung und Cyanhydrinsynthese erscheinen die Decarboxylierungen von *Pyridin-* oder *Chinolin-α-carbonsäuren* in Aldehyden oder Ketonen, wobei das nach der Abspaltung des Kohlendioxyds zurückbleibende Anion als „ringgebundenes" Cyananion mit den Ketoverbindungen die Cyanhydrinsynthese unter Bildung von Pyridyl- oder Chinolyl-α-carbinolen[6] eingeht:

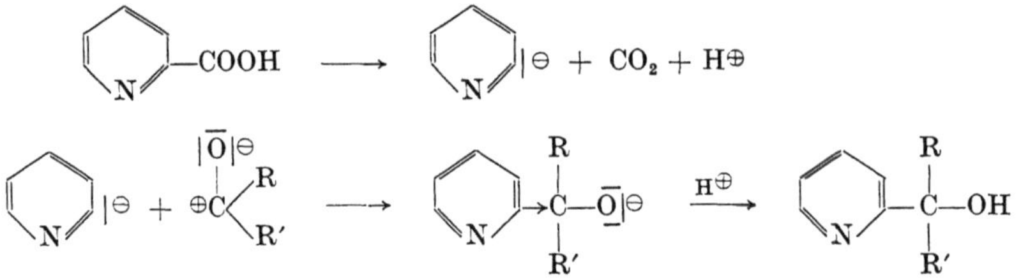

Schließlich gehören in die Reihe dieser Reaktionen auch die Spaltungen von α-*Ketosäuren* oder *Glycidsäuren* zu Aldehyden[7]:

$$RCOCOOH \longrightarrow RCHO + CO_2 \text{ bzw. } RCOOH + CO$$

$$R{-}CH{-}CH{-}COOH \longrightarrow RCH_2{-}CHO + CO_2$$
$$\diagdown O \diagup$$

$$R{-}CH{-}\underset{\diagdown O \diagup}{\overset{R'}{C}}{-}COOH \xrightarrow{-CO_2} RCH{-}\underset{\diagdown O \diagup}{CH}{-}R' \longrightarrow RCH_2COR'$$

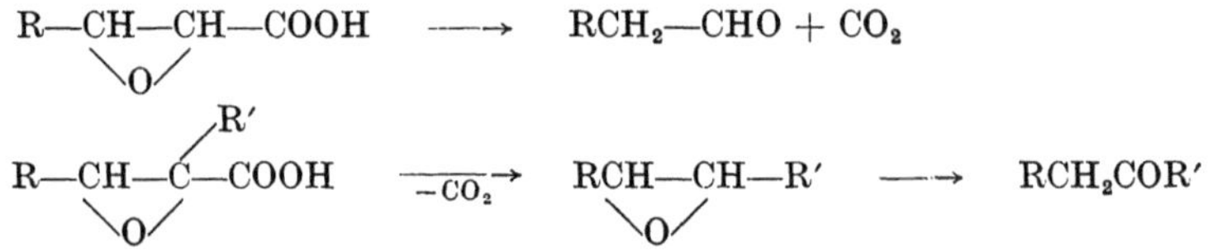

[1] HAMMICK, D. L., u. Mitarb.: J. Chem. Soc. (London) **1937**, 1724; **1939**, 809; **1949**, 173, 659; **1951**, 1384. — SCHENKEL, H., u. Mitarb.: Helvet. chim. Acta **28**, 1211 (1945); **29**, 436 (1946); **31**, 514, 924 (1948); **33**, 16 (1950).
[2] HUGHES, E. D., u. C. K. INGOLD: J. Chem. Soc. (London) **1935**, 244.
[3] Decarboxylierung erster Art nach H. HENECKA, in HOUBEN-WEYL, Methoden der Organischen Chemie, 4. Aufl., Bd. VIII, S. 484ff. Stuttgart: Georg Thieme 1952.
[4] VERHOEK, F. H.: J. Amer. Chem. Soc. **56**, 571 (1934).
[5] SILBERSTEIN, H.: Ber. dtsch. chem. Ges. **17**, 2664 (1884). — VERHOEK, F. H., u. Mitarb.: J. Amer. Chem. Soc. **67**, 1062 (1945); **69**, 613 (1947).
[6] HAMMICK, D. L., u. Mitarb.: J. Chem. Soc. (London) **1937**, 1724; **1939**, 809.
[7] DARZENS, G.: C. r. Acad. Sci. (Paris) **142**, 215 (1906). — Säurekatalysierte Decarbonylierung von $C_6H_5CO^{14}COOH$, K. BAUHOLZER u. H. SCHMID, Helvet. chim. Acta **39**, 548 (1956). Das abgegebene CO stammt aus der Carboxylgruppe, ^{14}CO!

sowie schließlich auch die Spaltungen von α-*Oxysäuren* beim Erwärmen mit konz. Schwefelsäure, die zu Aldehyden:

$$RCH(OH)COOH \longrightarrow RCHO + CO + H_2O$$

oder zu Ketoverbindungen führen kann, wie z. B. die Zersetzung der Citronensäure zu Acetondicarbonsäure:

$$\begin{array}{c} CH_2-COOH \\ | \\ C(OH)-COOH \\ | \\ CH_2-COOH \end{array} \longrightarrow \begin{array}{c} CH_2-COOH \\ | \\ CO \\ | \\ CH_2-COOH \end{array} + CO + H_2O$$

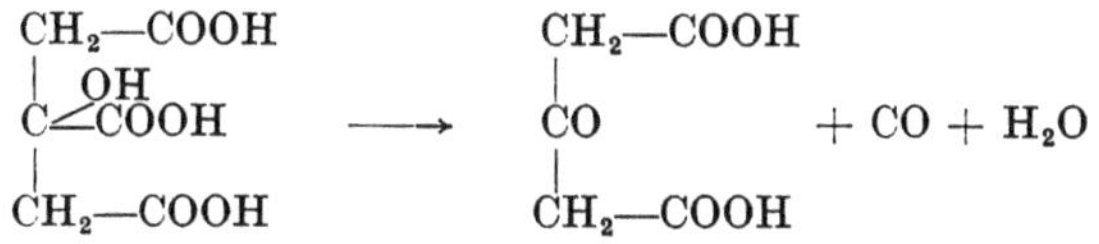

Die *Decarboxylierung „zweiter Art"*[1] tritt dann in Erscheinung, wenn das α-ständige C-Atom sich umgekehrt wie im ersten Falle durch eine besonders hohe Elektronendichte auszeichnet und in β-Stellung ein kationoides C-Atom trägt, welche das bei der Decarboxylierung hinterbleibende Elektronenpaar in einer α-β-Doppelbindung aufnehmen kann. Diese durch Säuren und Basen katalysierbaren Reaktionen verlaufen entweder pseudomonomolekular oder bimolekular ($S_E 2$):

$$H^\oplus + RCOOH \rightleftarrows H^\oplus \ldots R \ldots COOH \to H \leftarrow R + CO_2 + H^\oplus$$

Reaktionen dieser Art sind in der organisch präparativen Chemie von besonderer Bedeutung, da viele Acetessigester- und Malonestersynthesen eine solche Decarboxylierung zweiter Art in ihrem Verlauf aufweisen. So zerfällt beispielsweise eine β-*Ketosäure* in das zugehörige Keton und Kohlendioxyd, indem zunächst durch innere H-Brückenbildung (Chelatisierung) die Carbonylgruppe polarisiert wird und so das β-C-Atom das durch Decarboxylierung zurückbleibende Elektronenpaar unter Bildung einer Doppelbindung aufnehmen kann. Die Stabilisierung erfolgt durch sofortige Tautomerisierung des zunächst entstehenden Enols zur Ketoverbindung:

$$\begin{array}{c} H \\ |O| \quad |O| \\ R-C \quad C=\overline{O} \\ \diagdown \diagup \\ CH_2 \end{array} \rightleftarrows \begin{array}{c} H \\ |O| \quad |\overline{O}|^\ominus \\ R-C^\oplus \quad C=\overline{O} \\ \diagdown \diagup \\ CH_2 \end{array} \xrightarrow{-CO_2} \begin{array}{c} H \\ |O| \\ R-C \\ \| \\ CH_2 \end{array} \to R-C-CH_3 \\ \| \\ O$$

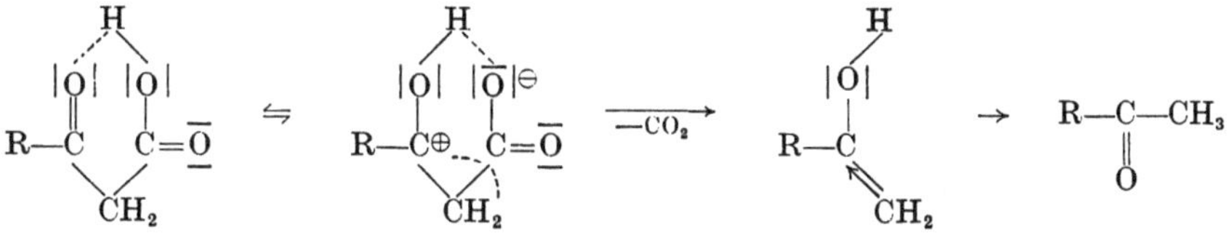

Mit dieser Auffassung des Reaktionsmechanismus[2] steht in Übereinstimmung, daß sich die Reaktion durch Zugabe solcher Stoffe aktivieren läßt, die eine „Aufrichtung" der Carbonylgruppe bedingen, wie z. B. Säuren und Basen:

$$R-\overset{|}{C}=\overline{O} + H^\oplus \rightleftarrows R-\underset{\oplus}{\overset{|}{C}}-\overline{O}-H \rightleftarrows R-\underset{\oplus}{\overset{|}{C}}-\overline{O}|^\ominus + H^\oplus$$

$$R-\overset{|}{C}=\overline{O} + B^\ominus \rightleftarrows R-\underset{\uparrow B}{\overset{|}{C}}-\overline{O}|^\ominus \rightleftarrows R-\underset{\oplus}{\overset{|}{C}}-\overline{O}|^\ominus + B^\ominus$$

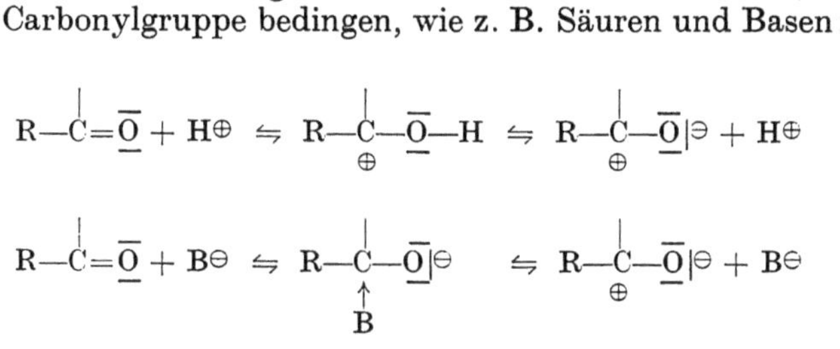

[1] Vgl. H. HENECKA, in HOUBEN-WEYL, Methoden der Organischen Chemie, 4. Aufl., Bd. VIII, S. 485. Stuttgart: Georg Thieme 1952.
[2] SCHENKEL, H., u. M. SCHENKEL-RUDIN: Helvet. chim. Acta **31**, 522 (1948).

Weiterhin folgt aus dem obigen Schema, daß *Substitution* der β-Ketosäure in *α-Stellung*, auch mehrfache Substitution, den Zerfall nicht beeinflußt. In der Tat zerfallen auch derart substituierte, nicht enolisationsfähige β-Ketosäuren ebenso leicht wie unsubstituierte Verbindungen. Ist dagegen aus sterischen Gründen wie bei der *Ketopinsäure* 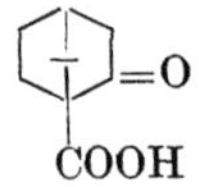

die intermediäre Entstehung einer Enolform unmöglich (BREDTsche Regel), so sind solche β-Ketosäuren nicht oder nur sehr schwer decarboxylierbar[1]:

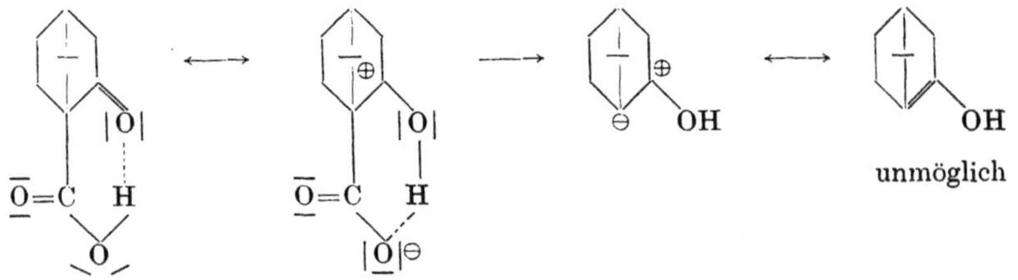

Die Aktivierung der Carbonylgruppe zur reaktionsfähigen, polarisierten Form kann auch durch hohe Solvatisierung verhindert werden. So ist die *Trifluoracetessigsäure*[2] $F_3CCO-CH_2COOH$ thermostabil.

Nur in stark alkalischer Lösung (Vorliegen der Salze) ist die Decarboxylierung (Ketospaltung) nicht möglich. Dann tritt an ihre Stelle die Säurespaltung. In neutraler Lösung genügt zum Zerfall unter CO_2-Abgabe oft schon die durch die Ketosäure selbst hervorgerufene Acidität (Autokatalyse).

Decarboxylierungen zweiter Art verlaufen oft ganz besonders leicht. *Brenztraubensäure* wird schon bei 10° durch Zusatz einer geringen Menge einer Base wie Anilin oder Pyridin decarboxyliert[3] und *Acetondicarbonsäure* zerfällt unter diesen Bedingungen unter stürmischem Aufbrausen in Aceton und Kohlendioxyd[4].

Analog werden die bei der Kondensation von Aldehyden mit Malonsäuren in Pyridin/Piperidin entstehenden *Alkyliden-* oder *Aryliden-malonsäuren* schon bei 100° zu α,β-ungesättigten Carbonsäuren decarboxyliert (DOEBNER-Kondensation).

Interessant sind die unter der katalytischen Wirkung *optisch aktiver Basen* verlaufenden Decarboxylierungen. Führt man z. B. die Decarboxylierung der optischen Antipoden der Bromcamphersäuren zu Bromcampher mit optisch aktiven Basen durch, so verläuft diese Reaktion mit sehr verschiedener Geschwindigkeit, was man auf die Bildung diastereomerer Addukte während der Reaktion zurückführen kann. Geht man vom Racemat aus, so gelingt es auf diese Weise, optisch aktiven Bromcampher zu erhalten[5]:

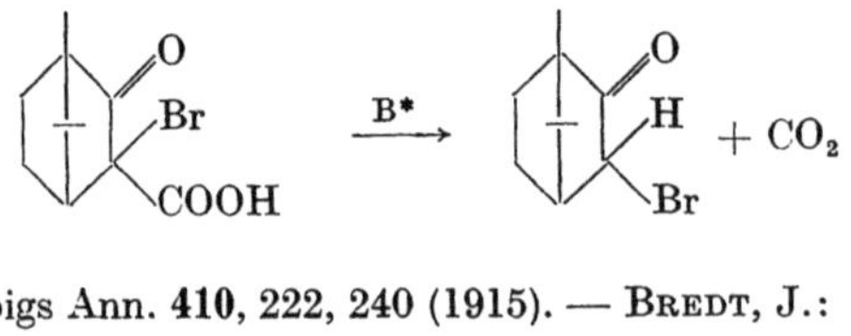

---

[1] ASCHAN, O.: Liebigs Ann. **410**, 222, 240 (1915). — BREDT, J.: J. prakt. Chem. [2] **148**, 221 (1937).

[2] SWARTS, F.: Bull. Acad. Belg. [5] **12**, 679, 692, 721 (1927).

[3] WOHL, A.: Ber. dtsch. chem. Ges. **40**, 2282 (1907).

[4] WILLSTÄTTER, R., u. A. PFANNENSTIEL: Liebigs Ann. **422**, 1 (1921).

[5] FAJANS, K.: Z. physik. Chem. [A] **73**, 54 (1910). — PASTANOGOFF, W.: Z. physik. Chem. [A] **112**, 448 (1924).

γ) Weitere Abbaureaktionen von Carbonsäuren und ihren Derivaten

HOFMANN-, CURTIUS-, LOSSEN-, SCHMIDT-Abbau

An dieser Stelle seien noch einige weitere wichtige Abbaureaktionen der Carbonsäuren erwähnt, die letzthin wieder, wenn auch auf Umwegen, zur Decarboxylierung führen und die Carbonsäuren mit den Aminen in Beziehung setzen. Es sind dies die Abbaureaktionen der Carbonsäuren nach HOFMANN[1] über die Amide, nach CURTIUS über die Hydrazide[2], nach LOSSEN[3] über die Hydroxamsäuren und nach SCHMIDT[4] mittels Stickstoffwasserstoffsäure.

Allen diesen Reaktionen liegt im wesentlichen der gleiche Mechanismus zugrunde.

Der nach HOFMANN aus dem *N-Brom-carbonsäureamid*:

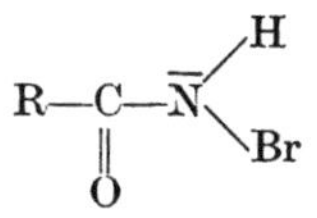

durch Abspaltung von $H^{\oplus}Br^{\ominus}$, bzw. nach CURTIUS aus dem *Säureazid*:

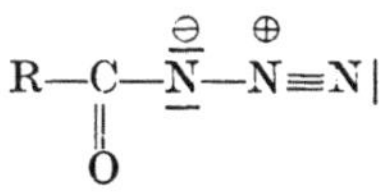

durch Stickstoffabspaltung (|N≡N|) und nach LOSSEN aus der *Hydroxamsäure*:

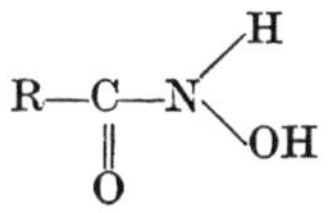

durch Wasserabspaltung intermediär entstehende neutrale Molekültorso mit einem *Elektronensextett* am Stickstoffatom stabilisiert sich unter *anionischer Wanderung* des Restes R unter Bildung eines Isocyanats[5]:

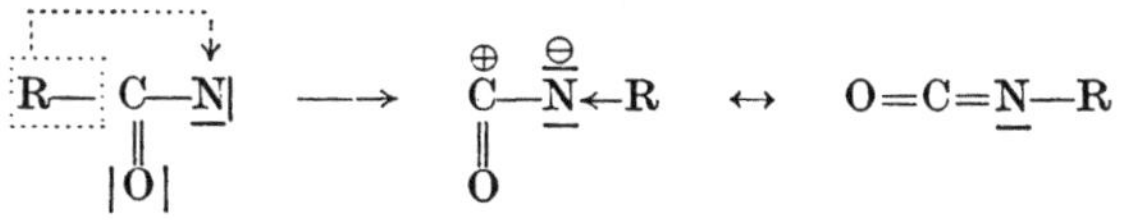

das seinerseits zu Kohlendioxyd und dem betreffenden *Amin* verseift wird:

$$O{=}C{=}N{-}R \xrightarrow{H_2O} CO_2 + RNH_2$$

[1] HOFMANN, A. W. v.: Ber. dtsch. chem. Ges. **14**, 2725 (1881); **15**, 407, 762 (1882); **17**, 1406 (1884); **18**, 2734 (1885). — Siehe ferner E. S. WALLIS u. J. F. LANE: Org. Reactions **3**, 267ff. (1946).

[2] CURTIUS, T., u. E. BOETZDEN: J. prakt. Chem. [2] **64**, 314 (1901). — Ferner P. A. S. SMITH: Org. Reactions **3**, 337 (1946).

[3] LOSSEN, W.: Liebigs Ann. **161**, 347 (1872). — Siehe a. H. L. YALE: Chem. Reviews **33**, 209 (1943). Zum Reaktionsmechanismus s. auch V. FRANZEN u. H. KRAUCH: Chem.-Ztg. **79**, 772 (1955) und V. FRANZEN: Chem.-Ztg. **80**, 8 (1956). — Siehe ferner C. L. ARCUS u. B. S. PRYDAL: Soc. (London) **1954**, 4018. Dort wird ein anderer Abbauweg des C-Benzoylformamids angenommen.

[4] Siehe a. H. WOLFF: Org. Reactions **3**, 307 (1946).

[5] RENFROW, W. B. jr., u. C. R. HAUSER: J. Amer. Chem. Soc. **59**, 2308 (1937). — BRIGHT, A. D., u. C. R. HAUSER: J. Amer. Chem. Soc. **61**, 618 (1939).

Bei dem SCHMIDTschen Abbau[1] entsteht ganz analog über die primäre Additionsverbindung schließlich ebenfalls das Amin RNH_2 und CO_2:

$$R-\underset{\parallel}{\underset{O}{C}}-OH + H-\overset{\ominus}{\underset{|}{N}}-\overset{\oplus}{N}\equiv N| \longrightarrow R-\underset{\underset{H-\underset{\oplus}{\underset{|}{N}}-N\equiv N|}{\uparrow}}{\overset{|\overline{O}|^{\ominus}}{C}}-\overline{O}-H \longrightarrow N_2 + R-\overset{|\overline{O}|^{\ominus}}{\underset{\underset{H}{\overset{\oplus}{N}-H}}{C}}-\overline{O}-H \longrightarrow$$

$$\left\{ {}^{\ominus}|\overline{O}-\overset{\oplus}{\underset{|\underline{O}-H}{C}}-N\overset{H}{\underset{\nwarrow R}{}} \longleftrightarrow \overset{}{\underset{|\underline{O}-H}{\overline{O}=C-\overline{N}HR}} \right\} \longrightarrow RNH_2 + CO_2$$

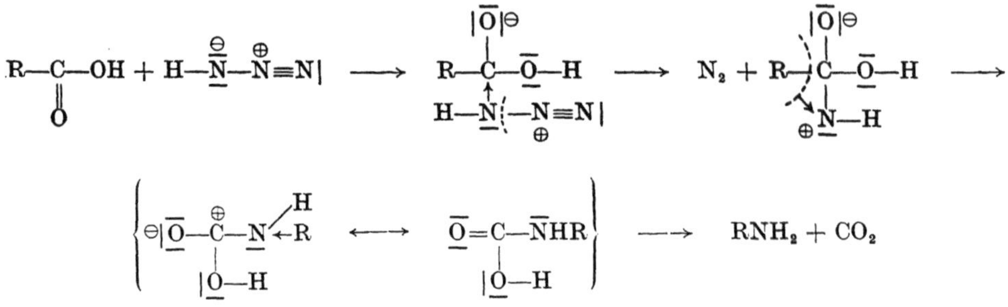

Für die Auffassung dieser Umlagerungen als eine Anionotropie lassen sich die Versuche von C. L. ARCUS und J. KENYON[2] heranziehen. Bei der Umlagerung des (+)-*Hydratropasäureamids*:

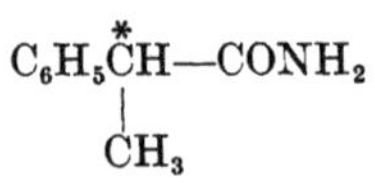

bleibt die optische Aktivität erhalten, d. h., es wandert der Rest

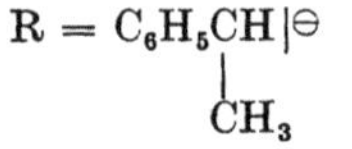

sehr wahrscheinlich als Anion. Das *2-(α-Naphthyl)-3-amino-5-nitro-benzamid*:

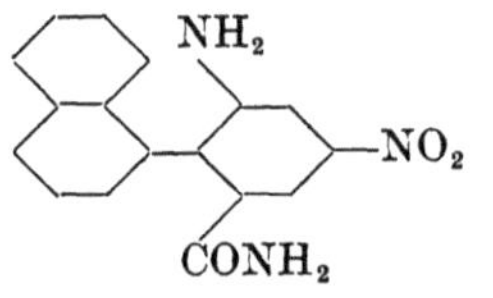

gibt als atropisomer-aktives Material bei dem HOFMANNschen Abbau ebenfalls ein aktives, nicht merklich racemisiertes Isocyanat[3]. Auch die mit isotopem Stickstoff durchgeführten Abbauversuche des *3,5-Dinitrobenzazids* ($\gamma = {}^{15}N$) stehen mit dieser Anionotropieauffassung in Einklang:

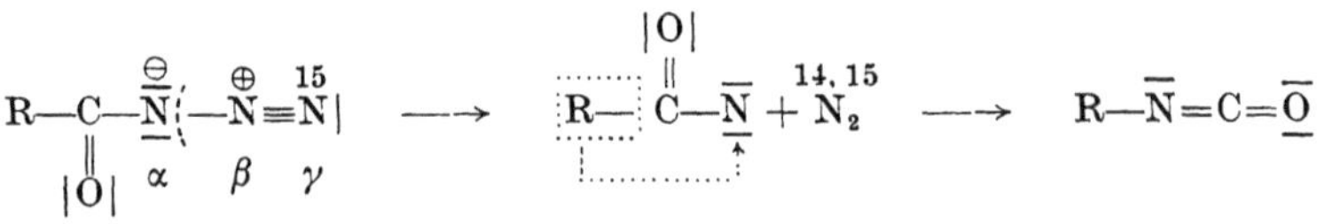

Im abgespaltenen Stickstoff findet sich die Gesamtmenge isotopen Stickstoffs (0,1% $^{15}N^{15}N$, 31,1% $^{15}N^{14}N$ und als Rest $^{14}N^{14}N$)[4]. Das durch Verseifung entstehende Amin enthält keinen Überschuß an ^{15}N. Da außerdem kein Austausch zwischen den N-Atomen der β- mit γ-Stellung stattfindet und die β-γ-N—N-Bindung wegen der kleinen gebildeten Menge $^{15}N^{15}N$ während des Abbaus erhalten

[1] Zum Reaktionsmechanismus (Übersicht) s. V. FRANZEN u. H. KRAUCH: Chem.-Ztg. **79**, 738 (1955).

[2] ARCUS, C. L., u. J. KENYON: J. Chem. Soc. (London) **1939**, 916. — KENYON, J., S. M. PARTRIDGE u. H. PHILIPPS: J. Chem. Soc. (London) **1937**, 207.

[3] WALLIS, E. S., u. W. W. MOYER: J. Amer. Chem. Soc. **55**, 2598 (1933).

[4] BOTHNER-BY, A. A., u. L. FRIEDMAN: J. Amer. Chem. Soc. **73**, 539 (1951).

bleibt, scheiden andersartige Erklärungsversuche z. B. über zyklische, intermediär auftretende Strukturen aus.

In der *Diazoketonreihe* führt eine entsprechende Umlagerung ganz analog zu *Ketenen*:

$$R-\underset{\underset{O}{\|}}{C}-\underset{\ominus}{\overset{R'}{\underset{|}{C}}}-\overset{\oplus}{N}\equiv N| \longrightarrow |N\equiv N| + \boxed{R-\underset{\underset{O}{\|}{\uparrow}}{C}-\bar{C}-R'} \longrightarrow O=C\underset{R}{\overset{R'}{\leftarrow}}C$$

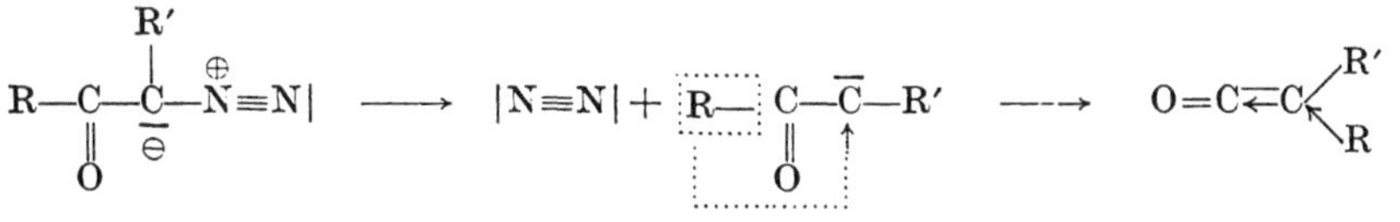

wie die Umlagerungen von Azibenzil zu Diphenylketen oder die von Diaryldiazomethanen zeigen. Allerdings ist diese Umwandlung nur möglich, wenn das die N_2-Gruppe tragende C-Atom von zwei elektronenaffinen Gruppen RCO und R' beeinflußt wird. Bei den Diazoketonen ist aber im Gegensatz zu den obigen Umlagerungen auch eine „endständige" nucleophile $OH^\ominus$-Addition möglich (vgl. S. 448):

$$\left[R-\underset{\underset{O}{\|}}{C}-\underset{H}{\overset{H}{\underset{|}{C}}}-\overset{\oplus}{N}\equiv N|\right] OH^\ominus \longrightarrow R-\underset{\underset{O}{\|}}{C}-\underset{H}{\overset{H}{\underset{|}{C}}}\leftarrow OH + |N\equiv N|$$

Nach einem ähnlichen Mechanismus vollzieht sich möglicherweise auch die ARNDT-EISTERT-Synthese[1], bei der die Kohlenstoffkette der Carbonsäure RCOOH bzw. ihres Chlorids mittels *Diazomethan* um ein C-Atom verlängert wird:

$$RCOOH \rightarrow RCOCl$$

$$RCOCl \xrightarrow[-HCl]{CH_2N_2} R-\underset{\underset{|O|}{\|}}{C}-\underset{\ominus}{\overset{H}{\underset{|}{C}}}-\overset{\oplus}{N}\equiv N| \longrightarrow N_2 + \boxed{R-\underset{\underset{|O|}{\|}{\uparrow}}{C}-\overset{H}{\underset{\bar{\ }}{C}}\,^H}$$

$$\longrightarrow \bar{O}=C\overset{H}{\underset{R}{\leftarrow}}C \xrightarrow{H_2O} RCH_2COOH$$

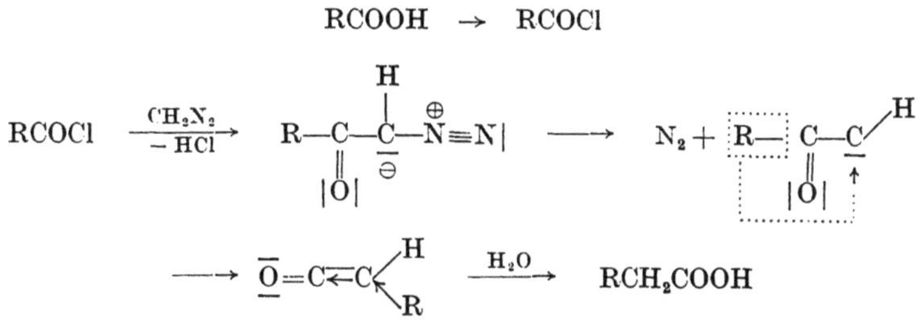

Eine eingehendere Diskussion des Reaktionsmechanismus findet sich bei der Besprechung des reaktiven Verhaltens der aliphatischen Diazoverbindungen auf S. 448/9.

δ) Umlagerungsreaktionen von Carbonylverbindungen zu Carbonsäuren und Carbonsäurederivaten

(BECKMANN-, WILLGERODT-, FAWORSKI-, Benzilsäure-Umlagerungen)

Schließlich seien im Zusammenhang mit den im voranstehenden besprochenen noch einige weitere Umlagerungsreaktionen erwähnt.

Die unter dem Einfluß von Säurechloriden oder konzentrierten Säuren erfolgende Umlagerung von *Oximen* in *Säureamide* wurde zuerst von BECKMANN[2] im Jahre 1886 beobachtet. Der formale Ablauf der Reaktion besteht im Austausch einer der am Kohlenstoff gebundenen Gruppen R_1R_2 gegen die Hydroxylgruppe. Da nach der HANTZSCH-WERNERschen Theorie des räumlichen Aufbaus von

---

[1] Mechanismus siehe B. EISTERT: Ber. dtsch. chem. Ges. **68**, 208 (1935).
[2] BECKMANN, E.: Ber. dtsch. chem. Ges. **19**, 988 (1886).

Stoffen mit einer C=N-Doppelbindung von unsymmetrischen Oximen zwei cis-trans-isomere Formen existieren, muß in diesen Fällen die BECKMANNsche Umlagerung zu zwei verschiedenen Säureamiden führen. Zur Deutung dieser Reaktionen wurde die zunächst sehr anschauliche Vorstellung gemacht, daß dieser Austausch zwischen räumlich benachbarten Gruppen stattfindet:

$$\begin{array}{c} R_1-C-R_2 \\ \| \\ N-OH \end{array} \rightarrow \begin{array}{c} R_1-C-OH \\ \| \\ N-R_2 \end{array} \rightleftarrows \begin{array}{c} R_1-C=O \\ | \\ H-N-R_2 \end{array}$$

$$\begin{array}{c} R_1-C-R_2 \\ \| \\ HO-N \end{array} \rightarrow \begin{array}{c} HO-C-R_2 \\ \| \\ R_1-N \end{array} \rightleftarrows \begin{array}{c} O=C-R_2 \\ | \\ R_1-N-H \end{array}$$

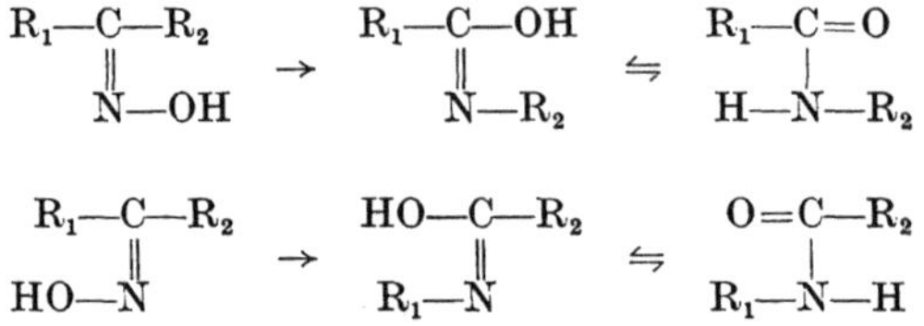

Durch Untersuchungen von MEISENHEIMER[1] wurde aber bewiesen, daß im Gegensatz hierzu ein Austausch zwischen *trans*ständigen Gruppen stattfindet. Der Beweis hierfür läßt sich durch eindeutige Ermittlung der Konfiguration der Oxime erbringen. So entsteht z. B. durch *Ozonspaltung des Triphenylisoxazols* das Benzoat eines Benziloxims. Diesem sollte nach den Ergebnissen der BECKMANNschen Umlagerung gerade die entgegengesetzte Konfiguration zukommen:

$$\begin{array}{c} C_6H_5-C \underset{N}{\overset{\|}{}} C-C_6H_5 \\ \diagdown O \diagup C-C_6H_5 \end{array} + O_3 \longrightarrow \begin{array}{c} C_6H_5-C C-C_6H_5 \\ \| \| \\ N O \\ \diagdown OCOC_6H_5 \end{array}$$

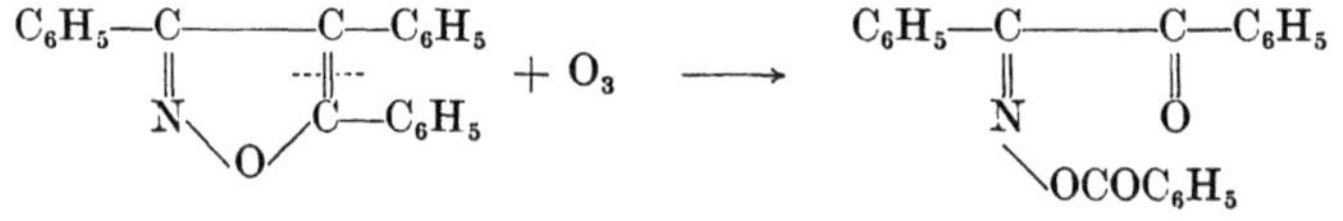

Später konnte KOHLER[2] zeigen, daß auch die *Diphenylisoxazolcarbonsäure* bei der Ozonspaltung das gleiche Benziloxim liefert, so daß kein Zweifel an der Richtigkeit der MEISENHEIMERschen Schlußfolgerung besteht:

$$\begin{array}{c} C_6H_5-C C-C_6H_5 \\ \| \| \\ N C-COOH \\ \diagdown O \diagup \end{array} \xrightarrow{O_3} \begin{array}{c} C_6H_5-C C-C_6H_5 \\ \| \| \\ N O \\ \diagdown OH \end{array}$$

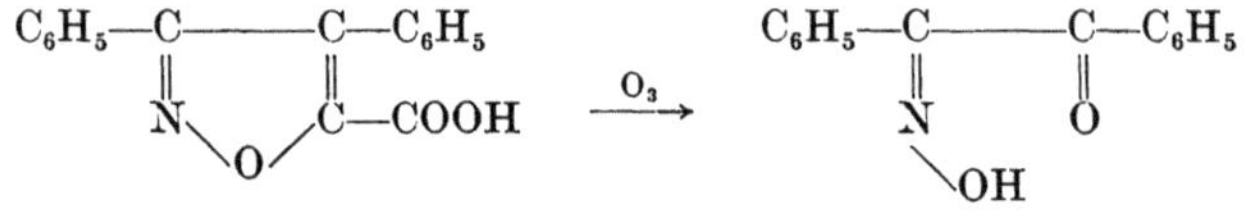

Ebenso wie die Ringaufspaltung läßt sich ferner der *Ringschluß* geeigneter Verbindungen zum sicheren Nachweis der Konfiguration der Oxime verwenden[3]. Auch die Spaltung atropisomerer Oxime[4] und schließlich die Berücksichtigung etwaiger H-Brücken in Verbindungen bestimmter Zusammensetzung bieten weitere Möglichkeiten zum sicheren Nachweis der Konfiguration:

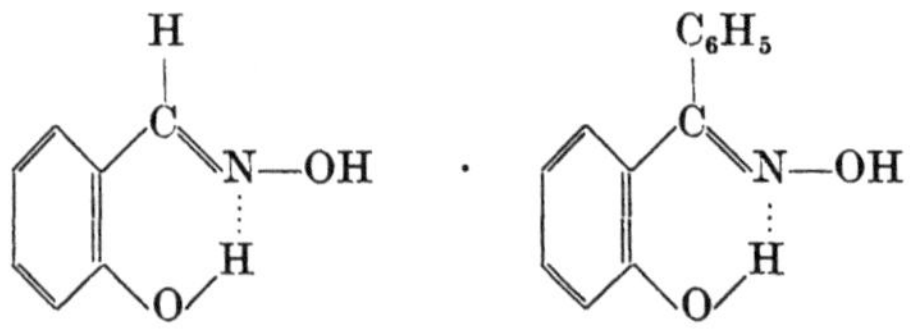

So weisen z. B. die N-Acetylverbindungen obiger Oxime bei den cis-(syn-)Formen wegen der Ausbildung der H-Brücke keine für eine freie OH-Gruppe charakteristische Absorption im Infrarot im Gegensatz zu den trans-(anti-)Verbindungen auf.

---

[1] MEISENHEIMER, J.: Ber. dtsch. chem. Ges. 54, 3206 (1921).
[2] KOHLER, E. P.: J. Amer. Chem. Soc. 46, 1733 (1924). — Vgl. auch R. KUHN, F. EBEL: Ber. dtsch. chem. Ges. 58, 923, 2088 (1925); J. MEISENHEIMER, ebenda 58, 1491 (1925).
[3] MEISENHEIMER, J., P. ZIMMERMANN u. U. v. KUMMER: Liebigs Ann. 446, 205 (1926).
[4] Vgl. Kap. I, S. 89.

Sämtliche auf einwandfreiem Wege durchgeführten Konfigurationsermittlungen zeigen übereinstimmend, daß die alte HANTZSCHsche Auffassung des direkten Austausches benachbarter Gruppen aufgegeben werden muß. In allen sicher bekannten Fällen findet die BECKMANNsche Umlagerung durch Austausch trans-ständiger Gruppen statt. Man ist daher zu dem Schluß berechtigt, daß die *trans-Umlagerung* der Oxime die normale Reaktion ist.

Die Verhältnisse sind also weitgehend ähnlich den Anlagerungs- und Abspaltungsreaktionen an C=C-Doppelbindungen sowie den Substitutionsreaktionen an asymmetrischen C-Atomen. Immer dann, wenn chemische Reaktionen sich an einem sterisch wichtigen Zentrum abspielen, haben wir mit ,,Umkehr''-Erscheinungen zu rechnen, die dem an sich sehr einleuchtenden Prinzip der Reaktion räumlich benachbarter Gruppen widersprechen. Die Ursache dieser Erscheinungen ist in dem der Reaktion zugrunde liegenden Mechanismus zu sehen.

Die elektronentheoretische Deutung der BECKMANNschen Umlagerung[1] kann folgendermaßen gegeben werden:

Der erste Eingriff der Säure oder des Säurechlorids erfolgt entweder am einsamen Elektronenpaar des Stickstoff- oder Sauerstoff-Atoms der Oxime. Es bildet sich ein *Ammonium-* bzw. *Oxonium-Kation*, das unter Wasserabspaltung[2] in gewisser Analogie zur HOFMANNschen (bzw. zur Pinakolin-) Umlagerung in ein Kation mit einem *Stickstoffelektronensextett* übergeht:

$$\begin{array}{c} R_1-C-R_2 \\ \| \\ |N-\underline{O}-H \end{array} + H^\oplus \longrightarrow \begin{array}{c} R_1-C-R_2 \\ \| \\ H\leftarrow N-\underline{O}-H \\ \oplus \quad - \end{array} \text{ oder } \begin{array}{c} R_1-C-R_2 \\ \| \\ |N-\underline{O}-H \\ \downarrow \\ H \end{array} \longrightarrow$$

$$\longrightarrow \begin{array}{c} R_1\cdots C-R_2 \\ \| \\ N^\oplus \end{array} + HOH$$

$$\downarrow$$

$$\left\{ \begin{array}{c} C-R_2 \\ \||| \\ R_1\rightarrow N \\ \oplus \end{array} \longleftrightarrow \begin{array}{c} ^\oplus C-R_2 \\ \| \\ R_1\rightarrow N| \end{array} \right\} \xrightarrow{OH^\ominus} \begin{array}{c} HO\rightarrow C-R_2 \\ \| \\ R_1-N| \end{array} \rightleftarrows \begin{array}{c} OC-R_2 \\ | \\ R_1NH \end{array}$$

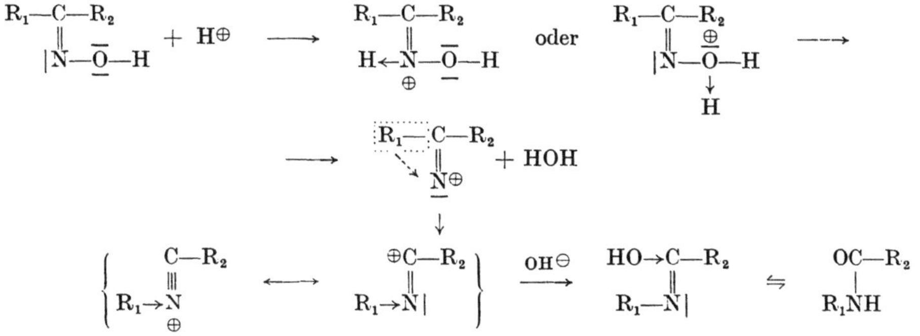

In dem entstehenden ,,Azenium''-Kation ,,wandert'' der Rest R_1 als *Anion*, also mit seinem vollständigen Elektronenpaar, in die Elektronenlücke am Stickstoff[3].

Die Auffüllung der Elektronenlücke am Stickstoffatom ist grundsätzlich auch durch das Anion der katalysierenden Säure möglich. Es entsteht dann z. B. ein *N-Halogen-imid*:

$$\begin{array}{c} R_1-C-R_2 \\ \| \\ |N^\oplus \end{array} + Hal^\ominus \longrightarrow \begin{array}{c} R_1-C-R_2 \\ \| \\ |N-Hal \end{array}$$

Die Bildung dieses N-Halogenimids ist aber sehr wenig begünstigt, denn das Halogen ist wie das Stickstoffatom elektronenaffin. Daher findet die Ausweichreaktion durch Wanderung des R_1 als Anion in die Elektronenlücke des Stickstoffs statt. Die Kohlenstoffatome der Reste R_1 und R_2 geben dem elektronenaffineren N-Atom das Elektronenpaar, welches es zur Auffüllung seines Oktetts

---

[1] Über Reaktionsgleichgewichte bei aliphatischen und alicyclischen Oximen s. P. T. SCOTT, D. E. PEARSON u. L. I. BIRCHER: J. org. Chem. **19**, 1815 (1954).

[2] Die Wasserabspaltung wird durch Oximesterbildung mit dem Säurechlorid erleichtert.

[3] Die bei der Anionotropie entstehende kationische Form ist in hohem Maße mesomeriestabilisiert, wodurch die Auffüllung des Elektronensextetts des Übergangszustandes energetisch begünstigt erscheint (Privatmitteilung von H. HENECKA). Die Abspaltung von H_2O und Wanderung des Anions R_1 kann auch gleichzeitig erfolgen.

benötigt. Gleichzeitig setzt sich aus denselben Gründen das nucleophile Hydroxylanion an die freiwerdende Elektronenlücke des C-Atoms und vervollständigt damit das C-Elektronenoktett. Induktive, elektromere und allgemeine Raumeffekte beherrschen die BECKMANNsche Umlagerung. Die Wanderung von OH und R_1 ist eine *Anionotropie*. Diese Reaktion:

$$R_1-\underset{|\underset{N}{|}-OAc}{\overset{R_2}{\underset{\|}{C}}} \xrightarrow{-OAc^\ominus} R_1\underset{\underset{N^\oplus}{\nwarrow}}{\overset{R_2}{\overset{|}{\underset{\|}{C}}}} \longrightarrow \underset{R_1-N|}{\overset{\oplus C-R_2}{\|}}$$

u. $\underset{R_1-N|}{\overset{\oplus C-R_2}{\|}} + OH^\ominus \longrightarrow \underset{R_1-N|}{\overset{HO \rightarrow C-R_2}{\|}} \rightleftharpoons R_2CO-NHR_1$

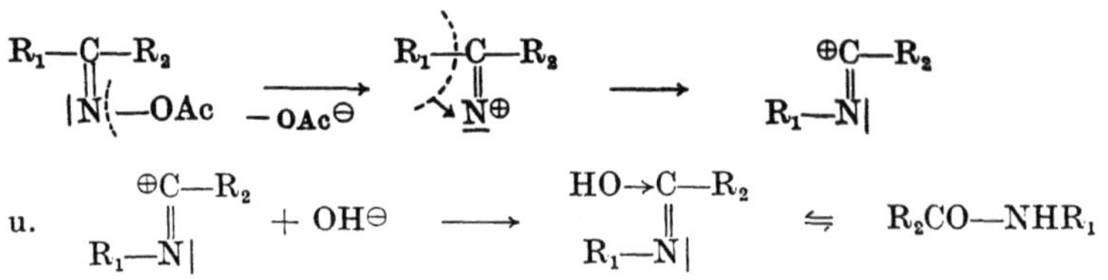

rückt damit in Parallele zu den vorgenannten anionotropen Umlagerungsreaktionen. Für die Richtigkeit des aufgezeigten Reaktionsablaufs lassen sich eine Reihe experimenteller Ergebnisse heranziehen. So begünstigen nach den Untersuchungen von H. D. CHAPMAN[1] stark *ionisierende Lösungsmittel* die Umlagerung. Ebenso erhöhen elektronenanziehende Gruppen in $=N-OX$ die Umwandlungsgeschwindigkeit infolge Erleichterung der Ablösung des $-OX^\ominus$. Beispielsweise ist der *Benzophenonoxim-2,4-dinitrophenyläther* noch bei 100° stabil, während sich der *Pikryläther* schon bei 40° umlagert. Das freie Azeniumkation wird sicher nicht in Substanz, sondern nur intermediär auftreten. Die BECKMANNsche Umlagerung ist von großer praktischer Bedeutung. Lagert man z. B. ein cyclisches Oxim, etwa das Cyclohexanonoxim, in das ringerweiterte Säureamid um, so erhält man das für die Perlonherstellung wichtige ε-*Caprolactam*.

Für diesen Dehydratisierungs-Hydratisierungs-Mechanismus über ein intermediäres Azeniumkation und Anionotropie in diesem N-Kation sprechen auch Versuche mit Benzophenonoxim-PCl_5 und $H_2^{18}O$, da das gebildete Benzanilid ^{18}O enthält (ein Austausch zwischen Benzanilid und $H_2^{18}O$ findet unter den Versuchsbedingungen nicht statt). Damit wird ebenfalls der ionische Mechanismus gestützt[2]:

$$\underset{|N-OH}{\overset{R-C-R'}{\|}} \xrightarrow{+H^\oplus} \left[\underset{|N}{\overset{R-C-R'}{\|}}\right]^\oplus + H_2O \longrightarrow \underset{\underset{N^\oplus}{\nwarrow}}{\overset{R \cdots C-R'}{\|}} \longrightarrow \underset{R-N|}{\overset{\oplus C-R'}{\|}}$$

$$\xrightarrow{^{18}OH^\ominus} \underset{R-N|}{\overset{\overset{18}{HO} \rightarrow C-R'}{\|}} \longrightarrow \underset{^{18}O}{\overset{RNHC-R'}{\|}}$$

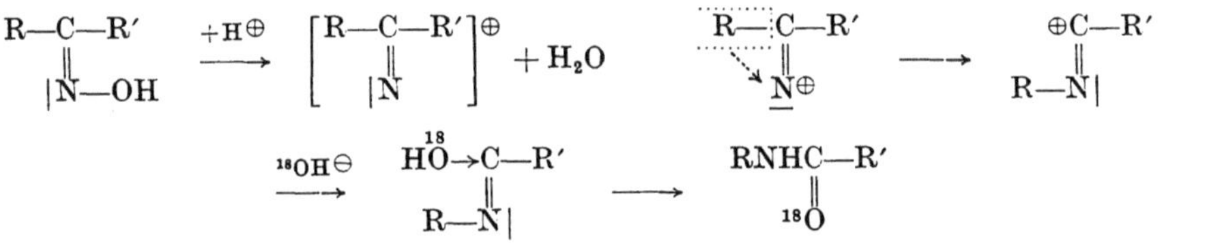

Eine weitere zu Säureamiden bzw. Carbonsäuren führende Umlagerung ist die WILLGERODT-*Reaktion* (1887), z. B. die Überführung von Acetophenon in Phenylacetamid bzw. Phenylessigsäure[3] durch Erhitzen mit Ammoniumpolysulfidlösung auf 150—200°[4]:

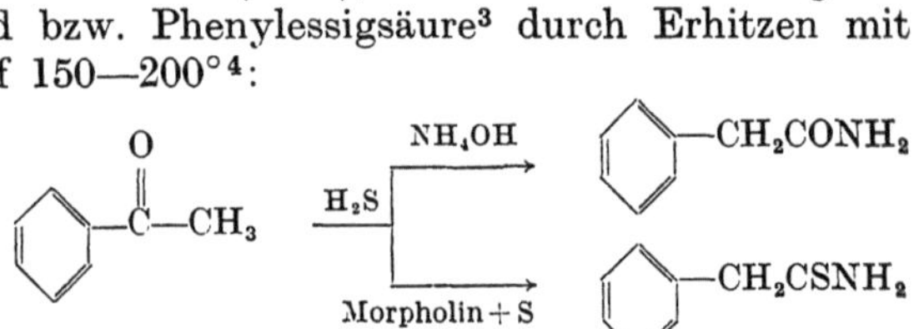

[1] CHAPMAN, H. D.: J. Chem. Soc. (London) **1933**, 806; **1934**, 1550; **1935**, 1223; **1936**, 448.
[2] MIKLUKLIN, G., u. A. BRODSKY: Acta physicochim. (URSS) **16**, 63 (1942).
[3] WILLGERODT, C., u. F. H. MERK: J. prakt. Chem. [2] **80**, 192 (1909).
[4] KINDLER, K.: Liebigs Ann. **431**, 193, 222 (1923); Arch. Pharmaz. **265**, 389 (1927), mit Morpholin. Andere Variante mit NH_4OH, Schwefel, Pyridin s. M. CARMACK u. Mitarbb.: J. Amer. Chem. Soc. **68**, 2025, 2029 (1946).

Eine Änderung des Kohlenstoffskelets scheint nach Arbeiten mit radioaktiv indiziertem Kohlenstoff (^{14}C) nicht einzutreten[1]. Überraschend ist, daß man von höheren Homologen des Acetophenons ausgehend unter Wanderung der Carbonylgruppen durch die ganze Kette Carbonamide mit *endständiger Carbonamidgruppe* erhält, z. B. aus Butyrophenon das γ-Phenylbutyramid:

$$C_6H_5COCH_2CH_2CH_3 \longrightarrow C_6H_5CH_2CH_2CH_2CONH_2$$

Man nimmt an, daß primär entstehende Thioketone zu den Mercaptanen reduziert werden, die Schwefelwasserstoff abspalten und wieder — aber in umgekehrter Reihenfolge, anlagern sollen, ein Spiel, das sich solange wiederholt, bis die Doppelbindung am Kettenende angelangt ist:

$$\underset{O}{R-\overset{\parallel}{C}-CH_2-CH_2-CH_3} \longrightarrow \underset{S}{R-\overset{\parallel}{C}-CH_2-CH_2-CH_3} \longrightarrow \underset{SH}{R-\overset{|}{CH}-CH_2-CH_2-CH_3}$$

$$\xrightarrow[-H_2S]{} RCH=CH-CH_2-CH_3 \xrightarrow{+H_2S} \underset{SH}{RCH_2-\overset{|}{CH}-CH_2-CH_3} \xrightarrow[-H_2S]{} RCH_2-CH=CH-CH_3$$

$$\xrightarrow{+H_2S} \underset{SH}{R-CH_2-CH_2-\overset{|}{CH}-CH_3} \xrightarrow[-H_2S]{} R-CH_2-CH_2-CH=CH_2$$

$$\xrightarrow{+H_2S} R-CH_2-CH_2-CH_2-CH_2-SH$$

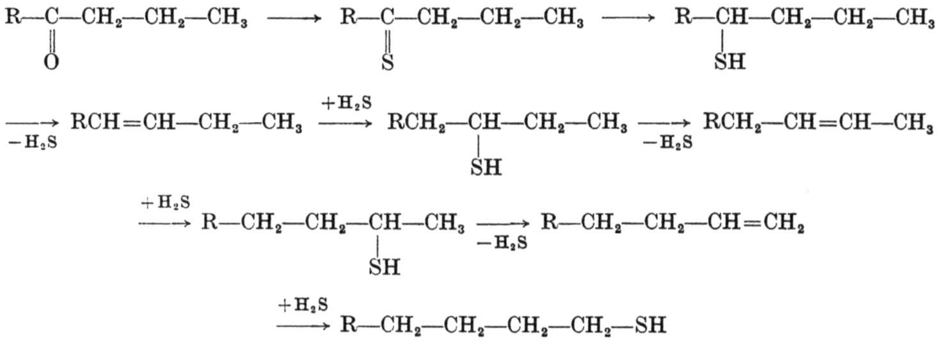

Das entstandene Mercaptan wird zum Thioaldehyd dehydriert und weiter zum Thioamid oxydiert, das schließlich bei Gegenwart von wäßrigem Ammoniak in das Carbonamid oder die Säure übergeht[2]:

$$R-CH_2-CH_2-CH_2-CH_2SH \longrightarrow R-CH_2-CH_2-CH_2-C{\overset{H}{\underset{}{\diagdown S}}}$$

$$\longrightarrow R-CH_2-CH_2-CH_2-C{\overset{S}{\underset{NH_2}{\diagdown}}}$$

$$\longrightarrow R-CH_2-CH_2-CH_2-C{\overset{O}{\underset{NH_2}{\diagdown}}} \longrightarrow R-CH_2-CH_2-CH_2-COOH$$

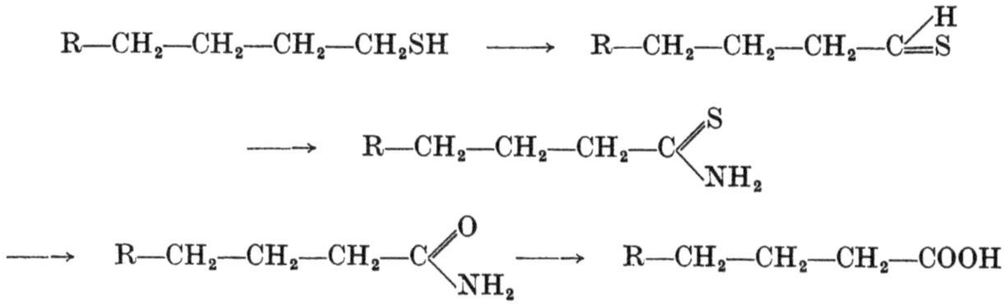

Für diese Deutung läßt sich auch die Tatsache heranziehen, daß eine einfache Kettenverzweigung wie etwa beim Isovalerophenon die Reaktion nicht unterbricht:

$$C_6H_5COCH_2CH{\overset{CH_3}{\underset{CH_3}{\diagdown}}} \longrightarrow \underset{CH_3}{C_6H_5CH_2CH_2\overset{|}{C}HCONH_2}$$

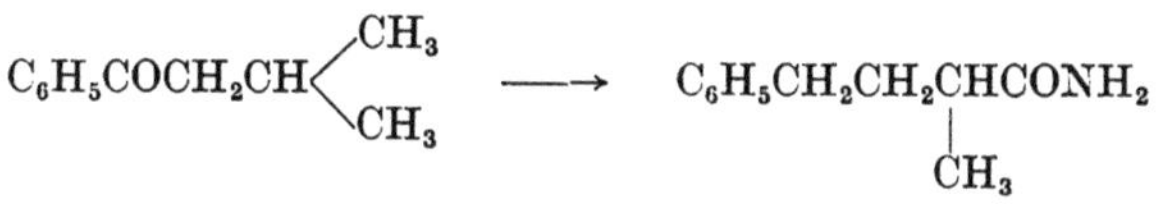

Schließlich seien noch einige Umlagerungsreaktionen hier erwähnt, die zu Carbonsäuren führen, die FAWORSKI- und die *Benzilsäure*-Umlagerung.

---

[1] BROWN, E. V., E. CERWONKA u. R. C. ANDERSON: J. Amer. Chem. Soc. **73**, 3735 (1951). — SHANTZ, E. M., u. D. RITTENBERG: J. Amer. Chem. Soc. **68**, 2109 (1946). — CERWONKA, E., R. C. ANDERSON u. E. V. BROWN: J. Amer. Chem. Soc. **75**, 28, 30 (1953).
[2] CARMACK, M., u. D. F. DE TAR: J. Amer. Chem. Soc. **68**, 2025, 2029 (1946). — DAUBEN, W. G., J. C. REID, P. E. YANKWICH u. M. CALVIN: J. Amer. Chem. Soc. **72**, 121 (1950).

Bei der FAWORSKI-Reaktion werden α-halogenierte Ketone durch Behandeln mit Alkali unter Halogenabspaltung und Umlagerung des Kohlenstoffskeletts in Carbonsäuren übergeführt[1]:

$$\text{Hal—CH}_2\text{—CO—R} + \text{KOH} \longrightarrow \text{RCH}_2\text{COOH} + \text{KHal}$$

(R = Alkyl, Aralkyl, Aryl)

Der Ablauf der Reaktion läßt sich so formulieren, daß zunächst ein OH$^\ominus$-Anion an die polarisierte (durch das Halogenatom in dieser Polarisation noch verstärkte) C=O-Doppelbindung aufgenommen und das Halogen anionisch abgespalten wird:

$$\text{HalCH}_2\text{—C}\begin{smallmatrix}\diagup\text{O}\\\diagdown\text{R}\end{smallmatrix} + \text{OH}^\ominus \longrightarrow \text{Hal—}\overset{|\overline{\text{O}}|^\ominus}{\underset{\underset{\text{R}}{|}}{\text{CH}_2\text{—C}}}\text{—OH} \longrightarrow {}^\oplus\text{CH}_2\text{—}\overset{|\overline{\text{O}}|^\ominus}{\underset{\underset{\text{R}}{|}}{\text{C}}}\text{—OH} + \text{Hal}^\ominus$$

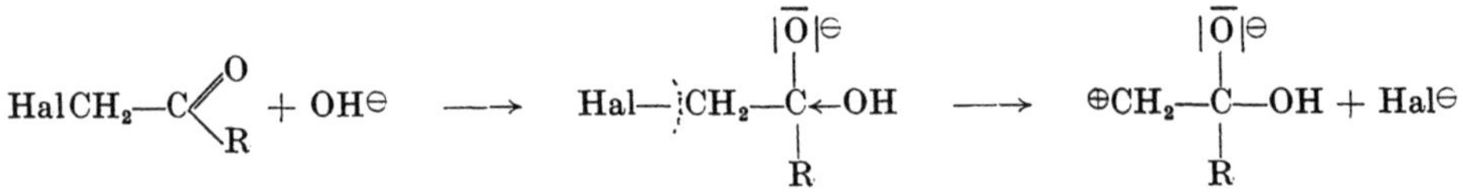

Der intermediär entstehende Stoff stabilisiert sich unter anionischer Wanderung von R zur Carbonsäure[2]:

$$^\oplus\text{CH}_2\text{—}\overset{|\overline{\text{O}}|^\ominus}{\underset{\underset{\text{R}}{|}}{\text{C}}}\text{—OH} \longrightarrow \text{R→CH}_2\text{—}\overset{|\overline{\text{O}}|^\ominus}{\underset{\oplus}{\text{C}}}\text{—OH} \longleftrightarrow \text{RCH}_2\text{—C}\begin{smallmatrix}\diagup\text{O}\\\diagdown\text{OH}\end{smallmatrix}$$

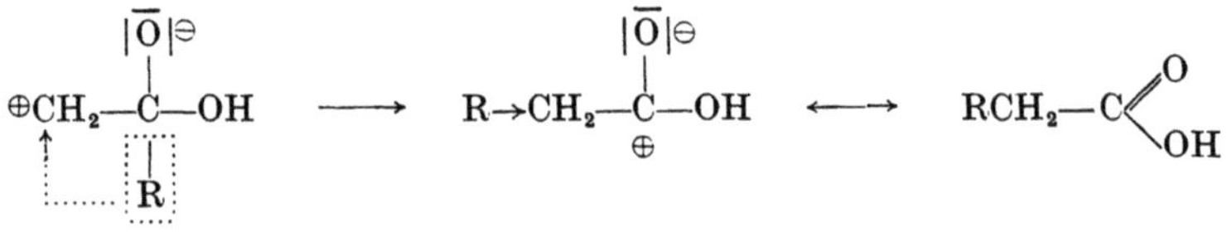

Die Übertragung der FAWORSKI-Reaktion auf α-*Chlorcyclohexanon* mit α-^{14}C-markiertem Kohlenstoff:

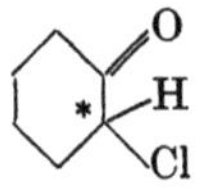

ergibt eine Cyclopentancarbonsäure mit auf die α- und β-Stellungen gleich verteilter Radioaktivität, was gegen den unten formulierten Mechanismus a und für den früher von A. FAWORSKI und O. WALLACH vorgeschlagenen Weg b über eine symmetrische Zwischenstufe spricht:

a

b

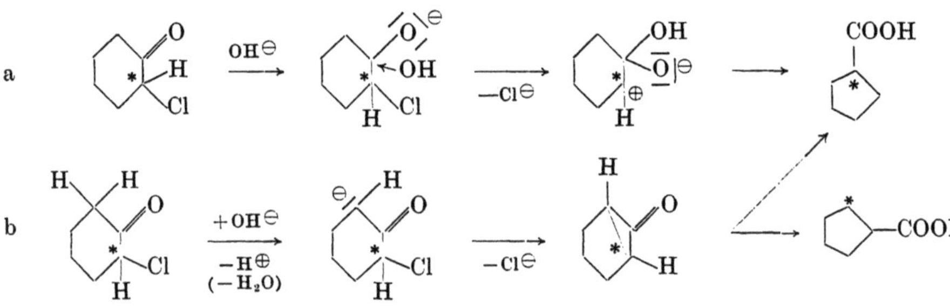

Auch mit Silbernitrat oder Quecksilberacetat in alkoholischer Suspension kann man die FAWORSKI-Reaktion durchführen, z. B. entsteht so aus *1-Brom-bicyclo-*

---

[1] FAWORSKI, A., u. Mitarbb.: J. prakt. Chem. [2] **51**, 533 (1895); [2] **88**, 658 (1914).
[2] TSCHOUBAR, B., u. O. SACKUR: C. r. Acad. Sci. (Paris) **208**, 1020 (1939). — R. B. LOFTFIELD: J. Amer. Chem. Soc. **73**, 4707 (1951) vertritt den Brücken- bzw. Dreiringmechanismus.

[3,3,1]-nonanon-(9) der Bicyclo-[3,3,0]-octan-1-carbonsäureester[1]:

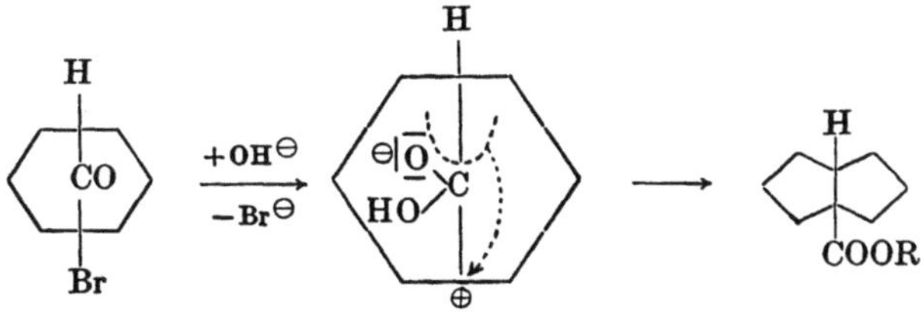

Entsprechend lassen sich auch *Dihalogenketone* in α-β-ungesättigte Carbonsäuren umlagern[2]:

$$(CH_3)_2C(Br){-}CO{-}CH_2Br \rightarrow (CH_3)_2C{=}CH{-}COOH$$

α,α'-Dibrom-isopropyl-methylketon → β,β-Dimethylacrylsäure

Sogar *Tribromketone* geben die FAWORSKI-Reaktion, z. B. 17,21,21-Tribrom-pregnen-3(β)-ol-20-on-acetat → 20-Brom-17-pregnen-3(β)-ol-21-carbonsäure[3]:

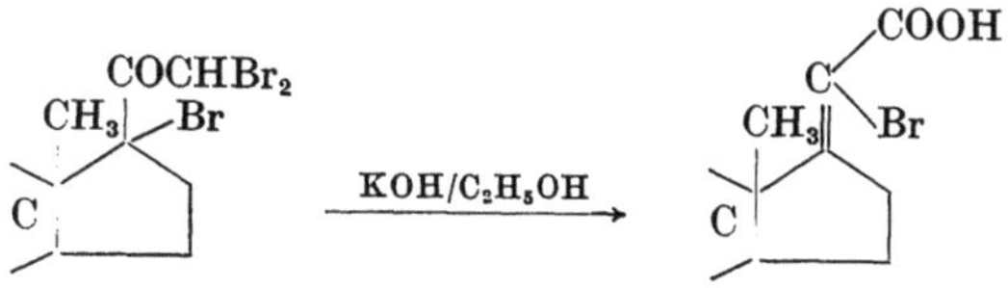

ähnlich wie *Chloral* mit Kaliumcyanid Dichloressigsäure liefert, eine Reaktion, die man analog als eine H-Anionotropie formulieren kann:

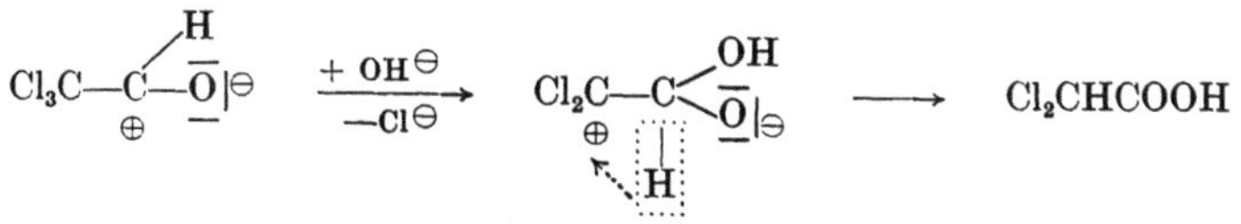

Auch die *Benzilsäureumlagerung* gehört zu den anionotropen Umlagerungsreaktionen. An die durch induktive Effekte polarisierte Carbonylgruppe lagert sich das nucleophile Hydroxylanion ein, worauf durch anionotrope Wanderung (die relativ dicht benachbarten gleichnamigen Ladungen suchen sich in geeigneter Weise zu stabilisieren: „Di-kation- bzw. Di-anion-Effekt") eines Restes R die stabilere Benzilsäureanordnung hergestellt wird[4]:

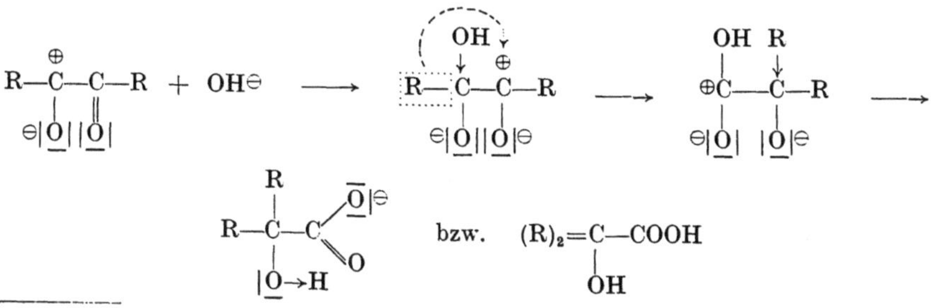

1 COPE, A. C., u. E. S. GRAHAM: J. Amer. Chem. Soc. **73**, 4702 (1951).
2 FAWORSKI, A.: J. prakt. Chem. [2] **88**, 665 (1913).
3 WAGNER, R. B. u. J. A. MOORE: J. Amer. Chem. Soc. **72**, 3655 (1950).
4 LIEBIG, J. V.: Liebigs Ann. **25**, 27 (1838).

In entsprechender Weise geht das cyclische *Phenanthrenchinon* unter Ringverengung in 9-Oxyfluoren-9-carbonsäure[1] und *Cyclohexan-1,2-dion* in Cyclopentanol-(1)-carbonsäure-(1) über[2]:

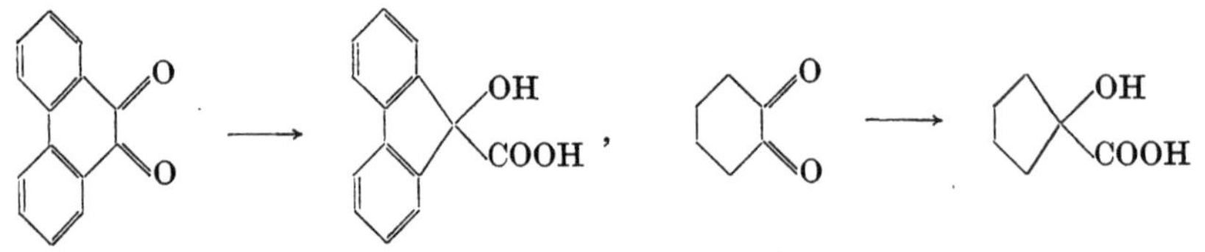

und ähnlich liefert das *Tropolon* mit Alkali Benzoesäure und mit Natriumäthylat Benzoesäureäthylester:

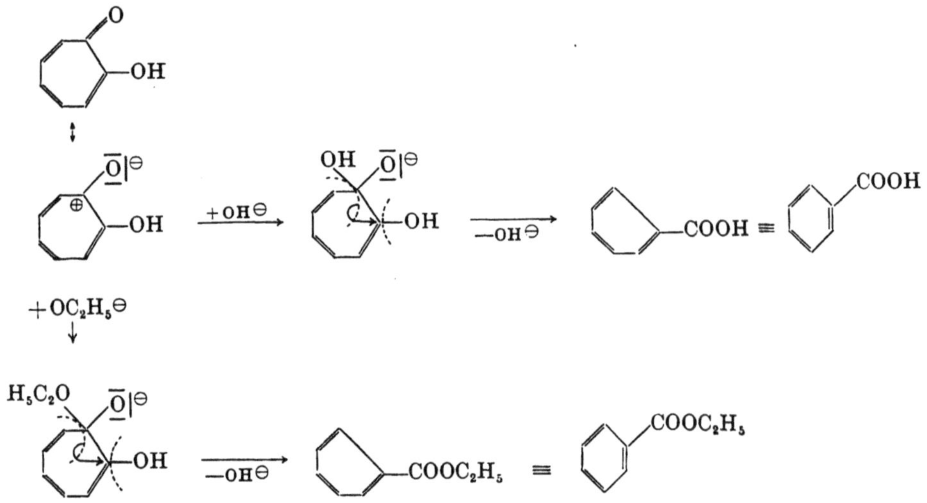

In diesem Fall ist die Umlagerung unter Ringverengung nur möglich, wenn gleichzeitig eine Hydroxylgruppe anionisch abgespalten wird[3].

Rein aliphatische Diketone, wie z. B. *Ketipinsäure*, sind ebenfalls zur Benzilsäureumlagerung fähig[4]:

$$HOOC—CH_2—CO—CO—CH_2—COOH \rightarrow HOOC—CH_2—C(OH)(COOH)—CH_2—COOH$$

Citronensäure

Die intermediäre Aufnahme eines $OH^{\ominus}$- oder $OC_2H_5^{\ominus}$-Anions bei der Benzilsäureumlagerung bestätigen die von J. Roberts und H. C. Urey[5] durchgeführten Untersuchungen dieser Umlagerungen in ^{18}O-haltigem Wasser. Benzil tauscht mit ^{18}O-haltigem Wasser in alkalischer Lösung wesentlich rascher den Sauerstoff aus als in neutraler. Das Anlagerungsprodukt geht in einem langsamen, geschwindigkeitsbestimmenden Schritt in das Benzilsäure-Ion über.

[1] Baeyer, A. v.: Ber. dtsch. chem. Ges. **10**, 125 (1877). — Staudinger, H.: Ber. dtsch. chem. Ges. **39**, 3062 (1906).
[2] Wallach, O.: Liebigs Ann. **414**, 296 (1916); **437**, 148 (1924).
[3] Zusammenfassende Darstellung s. G. Huber: Angew. Chem. **63**, 501 (1951).
[4] Frantzen, H., u. F. Schmitt: Ber. dtsch. chem. Ges. **58**, 222 (1925).
[5] Roberts, J., u. H. C. Urey: J. Amer. Chem. Soc. **60**, 880 (1938).

Bei Benzilderivaten mit verschiedenen *Substituenten* R und R' ist mit Hilfe der *Isotopenmarkierung* ein Einblick gewonnen worden, welcher der beiden Reste R oder R' bevorzugt wandert. Bei dem radioaktiv indizierten Phenylbenzyl-glyoxal A wandert nur die Benzylgruppe unter Bildung von 2,3-Diphenyloxy-propionsäure[1], denn das aus der Oxysäure durch Decarboxylierung erhaltene Desoxybenzoin enthält die gesamte Radioaktivität (^{14}C):

$$C_6H_5-\overset{*}{C}O-CO-CH_2-C_6H_5 \quad A$$

$$\xrightarrow{OH^{\ominus}} C_6H_5-\overset{*}{\underset{\underset{O}{\|}}{C}}-\underset{|O|^{\ominus}}{\overset{OH}{C}}-[CH_2C_6H_5] \xrightarrow{H^{\oplus}} \begin{array}{c} C_6H_5CH_2 \\ C_6H_5 \end{array}\!\!\!>\!\!\!\overset{*}{\underset{OH}{C}}-COOH$$

$$\xrightarrow{\text{nicht}} C_6H_5-\overset{*}{\underset{\underset{|O|^{\ominus}}{|}}{C}}-\underset{\underset{O}{\|}}{\overset{OH}{C}}-CH_2C_6H_5 \xrightarrow{H^{\oplus}} \begin{array}{c} C_6H_5 \\ C_6H_5CH_2 \end{array}\!\!\!>\!\!\!\overset{*}{\underset{OH}{C}}-COOH$$

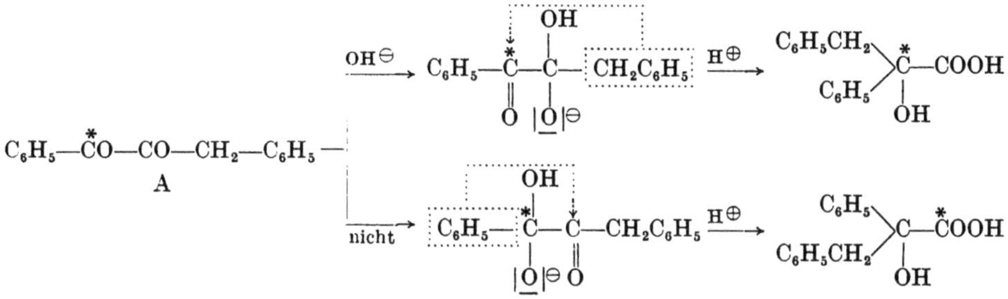

Auf diese Weise läßt sich in einer Verbindung des Typus R—CO—CO—R' die *Wanderungstendenz* folgender Gruppen nachweisen (vgl. nachstehende Tabelle[2]).

R	R'	Wanderung von R in %	Wanderung von R' in %
C_6H_5	—H	0	100
CH_3	—$COOC_2H_5$	0	100
C_6H_5	$C_6H_5CH_2$—	0	100
C_6H_5[1]	CH_3O—⟨⟩—CH_2—	0	100
C_6H_5	CH_3O—⟨⟩— [2]	68,5	31,5
C_6H_5	CH_3—⟨⟩— [3]	61,8	38,2
C_6H_5	Cl—⟨⟩— [4]	38,8	61,2
C_6H_5	⟨⟩—Cl [5]	18,9	81,1 [6]

Die Möglichkeit zur *Hydratbildung* einer Carbonylgruppe scheint ein Maß für ihre *Aktivität* zu sein. Der dieser Carbonylgruppe *benachbarte* Rest wandert dann an die andere Carbonylgruppe[3].

---

[1] COLLINS, C. J., u. O. K. NEVILLE: J. Amer. Chem. Soc. **73**, 2471 (1951).
[2] Die Anmerkungen 1—6 zu dieser Tabelle finden sich auf S. 282.
[3] Siehe dazu auch die Umlagerung von α,β-Diketobuttersäureester in Methyltartronsäure: Wanderung der $COOC_2H_5$-Gruppe vermutlich über Abdissoziation eines Protons aus dem hier stabilen Hydrat $CH_3\overset{*}{C}OC(OH)_2COOC_2H_5$

$$CH_3\overset{*}{C}OCOCOOC_2H_5 \xrightleftharpoons{OH^{\ominus}} \left[CH_3-\overset{*}{\underset{\underset{O}{\|}}{C}}-\underset{|O|^{\ominus}}{\overset{\overset{COOC_2H_5}{|}}{C}}\!\!\leftarrow\!OH \right] \longrightarrow CH_3-\overset{*}{\underset{\underset{COOH}{|}}{\overset{\overset{COOC_2H_5}{|}}{C}}}-OH$$

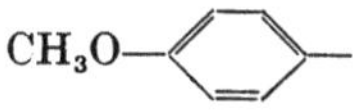

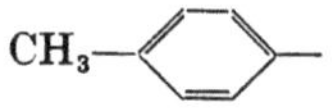

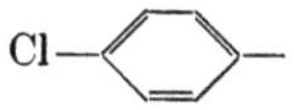

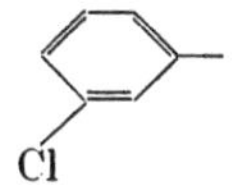

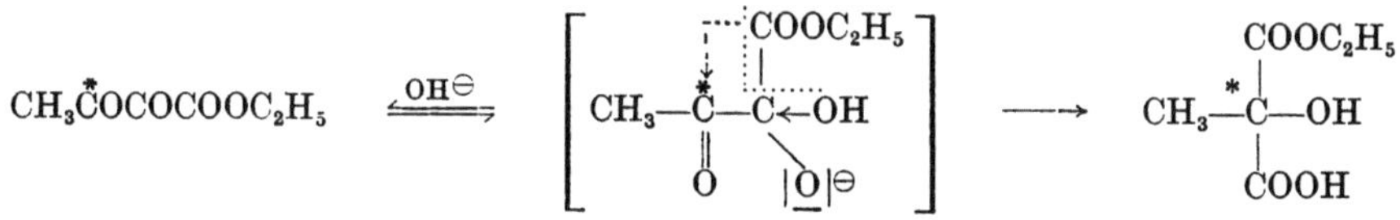

DAVIS, H. W., E. GROVENSTEIN jr. u. O. K. NEVILLE: J. Amer. Chem. Soc. **75**, 3304 (1953).

Bei der Umlagerung des *Phenylglyoxals* in Mandelsäure wird ebenfalls zuerst ein $OH^\ominus$-Anion an die polarisierte Aldehydcarbonylgruppe aufgenommen, worauf dann Wanderung eines Wasserstoffatoms als Hydridanion eintritt.

Daß die Reaktion diesen Verlauf nimmt und nicht etwa das $OH^\ominus$-Anion am Ketocarbonyl aufgenommen wird unter nachfolgender Wanderung eines Phenylanions, läßt sich durch Arbeiten mit in der Ketogruppe durch ^{14}C-markiertem Phenylglyoxal beweisen[1]:

$$\begin{array}{c}
\overset{*}{C}-C \\ | \ \ | \\ |O| \ |O|
\end{array} \xrightarrow{OH^\ominus} \begin{array}{c} C_6H_5 \ H \\ \overset{*}{C}-C\leftarrow OH \\ | \ \ | \\ |O| \ |O|^\ominus \end{array} \longrightarrow \begin{array}{c} C_6H_5 \\ H\rightarrow \overset{*}{C}-C-OH \\ | \ \ | \\ |O|^\ominus |O| \end{array} \xrightarrow{H^\oplus} C_6H_5\overset{*}{C}H(OH)COOH$$

$$\begin{array}{c} C_6H_5 \ H \\ HO\rightarrow \overset{*}{C}-C\leftarrow \\ | \ \ | \\ |O|^\ominus \ |O| \end{array} \longrightarrow \begin{array}{c} H \\ HO-\overset{*}{C}-C\leftarrow C_6H_5 \\ | \ \ | \\ |O| \ |O|^\ominus \end{array} \xrightarrow{H^\oplus} C_6H_5CH(OH)\overset{*}{C}OOH \quad {}^2$$

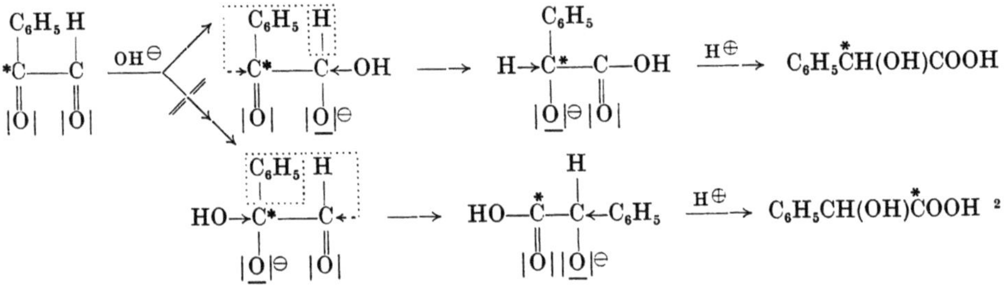

Die im voranstehenden genannten Reaktionen beginnen mit der Einlagerung eines nucleophilen Hydroxylanions. Als eine weitere Reaktion dieser Art kann

---

[1] Vgl. a. W. v. E. DOERING, T. I. TAYLOR u. E. F. SCHADEWALDT: J. Amer. Chem. Soc. **70**, 455 (1948), die mit ^{13}C arbeiten und zu dem gleichen Ergebnis kommen.

[2] NEVILLE, O. K., M. T. CLARK, C. J. COLLINS, H. W. DAVIS, E. GROVENSTEIN jr. u. E. C. HANDLEY: J. Amer. Chem. Soc. **70**, 3499 (1948).

Anmerkungen zur Tabelle auf S. 281

[1] An dem C-Atom der Carbonylgruppe wird durch den Mesomerieeffekt der Phenylgruppe keine positive Ladung erzeugt, daher findet hier keine Aufnahme von $OH^\ominus$, also keine Hydratbildung statt:

$$\overset{\oplus}{\bigcirc}=\underset{|\underline{O}|^\ominus}{C}-$$

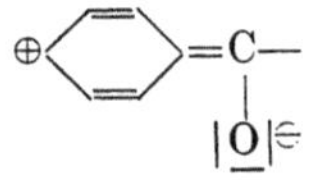

[2] Hier ist der mesomere Effekt der Methoxygruppe maßgebend:

$$CH_3-\overline{O}-\bigcirc- \quad \longleftrightarrow \quad CH_3-\overline{O}\underset{\oplus}{=}\bigcirc^\ominus$$

[3] Die Hyperkonjugation der Methylgruppe drückt Elektronen über den aromatischen Kern an die Carbonylgruppe:

$$H_3C-\bigcirc-\underset{\|O\|}{C}- \quad \longleftrightarrow \quad H^\oplus \ |\overset{\ominus}{C}H_2-\bigcirc-\underset{\|O\|}{C}- \quad \longleftrightarrow \quad H^\oplus \ CH_2=\bigcirc=\underset{|\underline{O}|^\ominus}{C}-$$

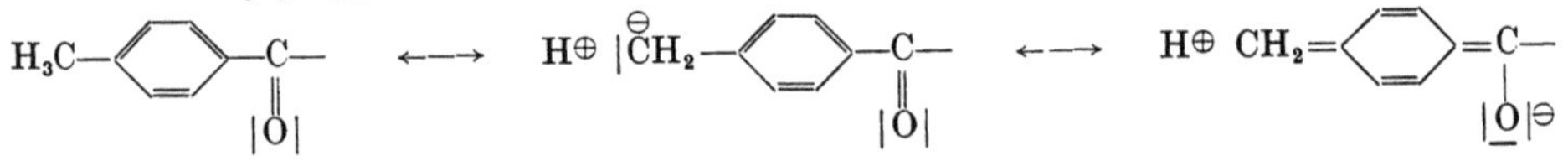

[4] Der mesomere Effekt des Chloratoms negativiert das O-Atom der Carbonylgruppe

$$|\overline{Cl}-\bigcirc-\underset{|O|}{C}- \quad \longleftrightarrow \quad \overset{\oplus}{\overline{Cl}}=\bigcirc=\underset{|\underline{O}|^\ominus}{C}-,$$

der induktive Effekt zieht Elektronen vom C-Atom der Carbonylgruppe ab:

$$|\overline{Cl}-\bigcirc-\overset{\delta\oplus}{\underset{|O|}{C}}-$$

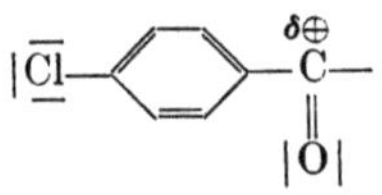

[5] Der allgemeine Induktionseffekt des Chloratoms positiviert das C-Atom der Carbonylgruppe, ein mesomerer Effekt ist hier nicht vorhanden.

[6] Literaturzusammenstellung s. F. WEYGAND u. H. GRISEBACH: Fortschr. chem. Forsch. **3**, 121 ff. (1954).

man auch die im Sinne H. WIELANDs[1] als Dehydrierung darzustellende *Oxydation der Aldehyde* zu Carbonsäuren auffassen. Nach der Einlagerung des $OH^{\ominus}$-Anions in die „aufgerichtete" Carbonylgruppe verläßt der Aldehydwasserstoff als Anion den Komplex, wenn geeignete Acceptoren, z. B. Sauerstoffatome, anwesend sind[2]:

$$R-\overset{H}{\underset{\oplus}{C}}-\overline{O}|^{\ominus} + OH^{\ominus} \rightarrow R-\overset{H}{\underset{\underset{OH}{\uparrow}}{C}}-\overline{O}|^{\ominus} \xrightarrow{-H^{\ominus}} R-\overset{\oplus}{\underset{OH}{C}}-\overline{O}|^{\ominus} \leftrightarrow R-\underset{OH}{C}=\overline{O}$$

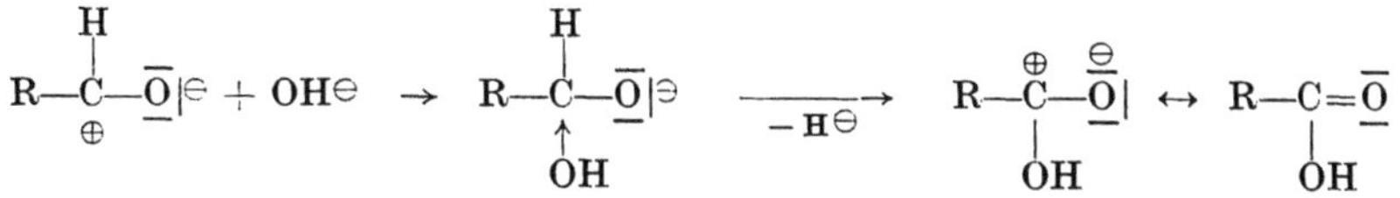

Gegen die Ablösbarkeit des Aldehydwasserstoffs als Proton sprechen auch die Austauschversuche mit Deuterium, in denen kein Austausch nachgewiesen werden konnte. Anders verhalten sich dagegen die Natriumhydrogensulfitverbindungen der Aldehyde, die nun infolge induktiver Effekte z. B. ein D-Atom gegen ein H-Atom austauschen können[3].

b) Radikalische Reaktionsmechanismen der Carbonylgruppe in Carbonsäuren und ihren Derivaten

Die im voranstehenden behandelten Reaktionen der Carbonylgruppe in Carbonsäuren und ihren Derivaten sind Reaktionen, die sich nach heutiger Kenntnis als Ionen- bzw. Kryptoionen-Reaktionen abspielen. Man kennt aber auch eine Reihe zum Teil sehr wichtiger Reaktionen der Carbonylverbindungen, die sich aus einer *radikalisch aktivierten* Carbonyldoppelbindung entfalten, von denen einige bereits auf S. 254 besprochen worden sind.

Nicht nur Ketone, sondern auch *Carbonsäureester* sind unter geeigneten Versuchsbedingungen *monovalent* über eine radikalische Zwischenstufe zu *Acyloinen* reduzierbar. Diese Reaktion, die lange Zeit übersehen worden ist, spielt nach den Versuchen von L. HANSLEY, V. PRELOG und M. STOLL[4] besonders zur Herstellung makrocyclischer Acyloine (s. S. 39) heute eine wichtige Rolle als einfach anzuwendendes präparatives Verfahren. Bei weitgehendem Ausschluß von Luftsauerstoff (z. T. $<0{,}0002\%$) nehmen Carbonsäureester bei etwas erhöhter Temperatur (sied. Äther oder mitunter auch sied. Xylol) Natrium monovalent auf unter Bildung von *Radikalanionen* (in völliger Analogie zu den Metallketylen), die sich dimerisieren[5]:

$$\left\{R-\overset{|\overline{O}|^{\ominus}}{\underset{\ominus}{C}}-OC_2H_5 \leftrightarrow R-\overset{|\overset{\times}{O}|}{\underset{\times}{C}}-OC_2H_5\right\} + \cdot Na \rightarrow \left[R-\overset{|\overline{O}|^{\ominus}}{\underset{\cdot}{C}}-OC_2H_5\right] Na^{\oplus}$$

$$2\,R-\overset{|\overline{O}|^{\ominus}}{\underset{\cdot}{C}}-OC_2H_5 \rightarrow \left[R-\overset{|\overline{O}|^{\ominus}}{\underset{OC_2H_5}{C}}-\overset{|\overline{O}|^{\ominus}}{\underset{OC_2H_5}{C}}-R\right] 2\,Na^{\oplus}$$

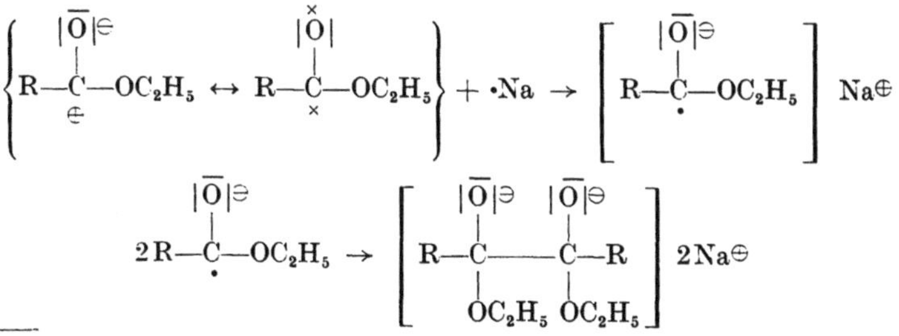

[1] WIELAND, H.: Ber. dtsch. chem. Ges. **45**, 2606 (1912); **46**, 3327 (1913); **47**, 2086 (1914). — Vgl. ferner A. RIECHE: Angew. Chem. **50**, 520 (1937).

[2] Über die Autoxydation der Aldehyde s. S. 255.

[3] THOMPSON, A. F. jr., u. N. H. CROMWELL: J. Amer. Chem. Soc. **61**, 1374 (1939).

[4] HANSLEY, L.: Chem. Abstr. **35**, 2534 (1941). — PRELOG, V., L. FRANKIEL, M. KOBELT u. P. BARMAN: Helvet. chim. Acta **30**, 1741 (1947). — STOLL, M., u. Mitarbb.: Helvet. chim. Acta **30**, 1815, 1822 (1947).

[5] Vgl. hierzu F. F. BLICKE: J. Amer. Chem. Soc. **47**, 229 (1925). — KHARASCH, M. S., E. STERNFELD u. F. R. MAYO: J. organ. Chem. **5**, 362 (1940). — McELVAIN, S. M.: Org. Reactions **4**, 256 (1948). — HENECKA, H.: Chemie der β-Dicarbonylverbindungen, S. 70. Berlin-Göttingen-Heidelberg: Springer-Verlag 1950; ferner K. ZIEGLER, in HOUBEN-WEYL. Methoden der Organischen Chemie, 4. Aufl., Bd. IV/2, S. 755ff. Stuttgart: Georg Thieme 1955.

Aus dem durch Dimerisation des Radikalanions entstandenen Zwischenprodukt spaltet sich Natriumalkoholat ab, und es entsteht als erstes faßbares Zwischenprodukt das *1,2-Diketon*:

$$\begin{array}{c} |\overline{O}|^{\ominus} \quad |\overline{O}|^{\ominus} \\ | \quad\quad | \\ R-C\!-\!\!-\!\!-\!\!-\!C-R \\ | \quad\quad | \\ OC_2H_5 \quad OC_2H_5 \end{array} \longrightarrow \left[\begin{array}{c} {}^{\ominus}|\overline{O}| \quad |\overline{O}|^{\ominus} \\ | \quad\quad | \\ R-C\!-\!\!-\!\!-\!C-R \\ {}^{\oplus} \quad\quad {}^{\oplus} \\ \updownarrow \\ R-C\!-\!C-R \\ \| \quad\quad \| \\ |\underline{O}| \;\; |\underline{O}| \end{array} \right] + 2\,[OC_2H_5]^{\ominus}$$

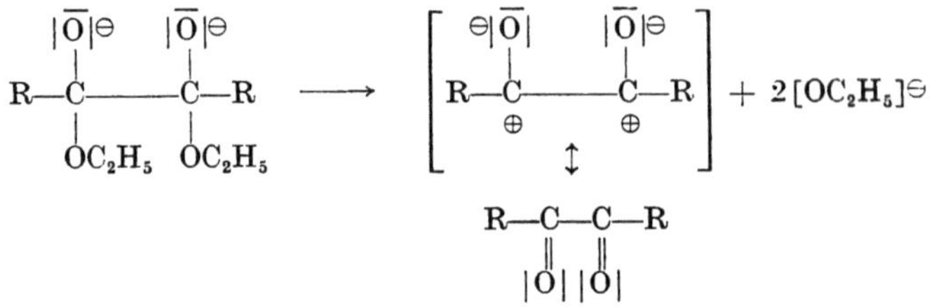

Das Diketon wird dann weiter reduziert (zweimal monovalent!) zum *Endiolatanion* des zugehörigen α-*Ketols*:

$$\begin{array}{c} R-C\!-\!C-R \\ \| \quad\quad \| \\ |\underline{O}| \;\; |\underline{O}| \end{array} + 2\cdot Na \longrightarrow \begin{array}{c} R-C\!\!=\!\!C-R \\ | \quad\quad | \\ {}^{\ominus}\underline{O}| \;\; |\underline{O}|^{\ominus} \end{array} + 2\,Na^{\oplus}$$

aus dem beim Ansäuern das freie Endiol entsteht, das sich zum α-Ketol, dem *Acyloin*, tautomerisiert:

$$\begin{array}{c} R-C\!\!=\!\!C-R \\ | \quad\quad | \\ OH \quad OH \end{array} \rightleftharpoons \begin{array}{c} \quad\quad\quad H \\ \quad\quad\quad / \\ R-C\!-\!C \\ \| \quad\quad \backslash \\ O \quad OH \end{array}$$

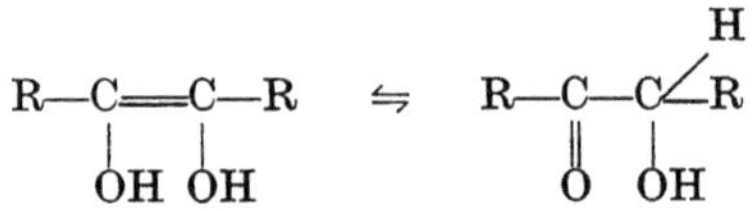

Daneben scheint die Möglichkeit zu bestehen, daß sich unter dem Einfluß des Alkalimetalls zunächst das $\cdot OC_2H_5$ unter Zwischenbildung eines Radikals:

$$\begin{array}{c} R' \\ | \\ R-C\!-\!C-OC_2H_5 \\ | \quad\quad \| \\ R'' \quad O \end{array} \xrightarrow{-OC_2H_5} \begin{array}{c} R' \\ | \\ R-C\!-\!C\cdot \\ | \quad\quad \| \\ R'' \quad O \end{array}$$

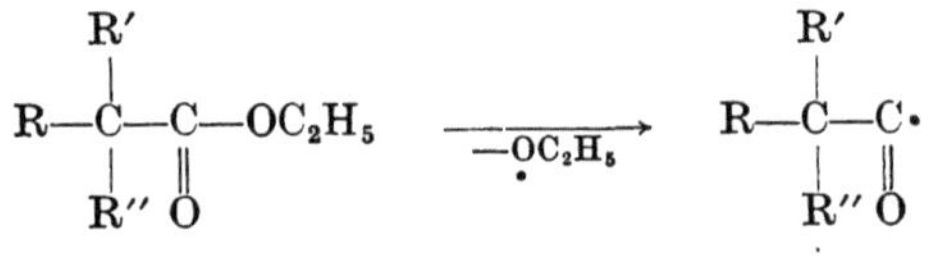

abspaltet. Dieses Radikal kann sich weiter umwandeln unter CO-Abgabe und Bildung eines neuen Radikals:

$$R-C\!\!\begin{array}{c} \nearrow R' \\ \cdot \\ \searrow R'' \end{array} + CO$$

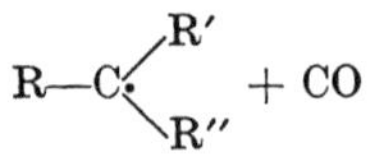

wobei die verschiedenen Radikale unter Bildung von a, b, c:

$$\text{a)} \; \begin{array}{c} R' \quad\;\; R' \\ | \quad\quad | \\ R-C\!-\!C\!-\!C\!-\!C-R \\ | \quad\quad | \\ R''O \;\; O\,R'' \end{array} \quad \text{b)} \; \begin{array}{c} R' \quad R' \\ | \quad\; | \\ R-C\!-\!C\!-\!C-R \\ | \quad\; | \\ R''O \; R'' \end{array} \quad \text{c)} \; \begin{array}{c} R' \; R' \\ | \;\; | \\ R-C\!-\!C-R \\ | \;\; | \\ R'' \; R'' \end{array}$$

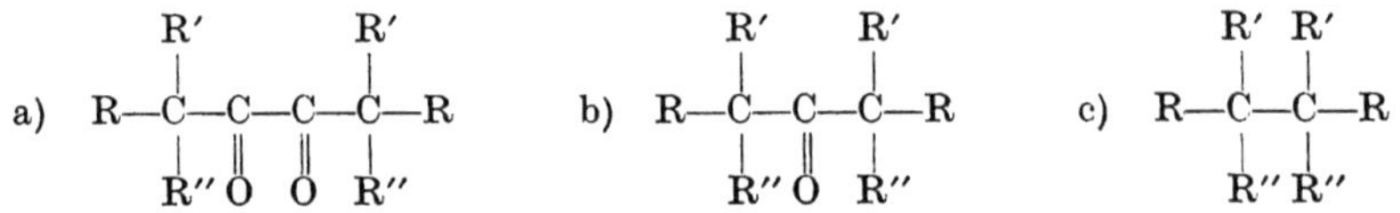

reagieren können. Das nach a gebildete o-Diketon unterliegt dann einer weiteren Reduktion durch das Alkalimetall zum En-diol bzw. Acyloin[1]. *Luftsauerstoff*

---

[1] HEYNINGEN, E. VAN: J. Amer. Chem. Soc. **77**, 4016 (1955). — Bildung freier Radikale bei der Decarbonylierung aliphatischer Ester mit Natrium.

fängt sehr wahrscheinlich sofort die primär entstehenden Radikalanionen ab, wonach unter Abspaltung von Natriumäthylat ein *Acylperoxyd*[1]:

$$R-\underset{\cdot}{\overset{|\overline{O}|^{\ominus}}{C}}-OC_2H_5 + \times \overline{O}-\overline{O}\times \longrightarrow R-\overset{|\overline{O}|^{\ominus}}{\underset{|O-\overline{O}\cdot}{C}}-OC_2H_5 \xrightarrow{+R-\overset{|\overline{O}|}{\underset{\cdot}{C}}-OC_2H_5}$$

$$R-\underset{\overset{|}{O}C_2H_5}{\overset{|\overline{O}|^{\ominus}}{C}}-O-O-\underset{\overset{|}{O}C_2H_5}{\overset{|\overline{O}|^{\ominus}}{C}}-R \longrightarrow R-\overset{|O|}{\overset{||}{C}}-O-O-\overset{|O|}{\overset{||}{C}}-R + 2[OC_2H_5]^{\ominus}$$

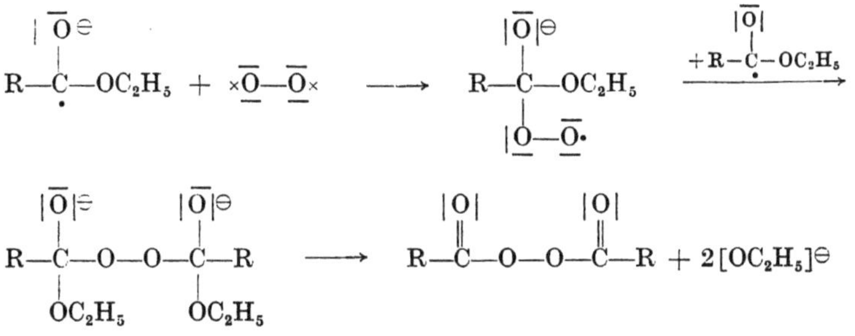

entsteht. Es ist sehr wahrscheinlich, daß die normale mit Natriummetall ausgeführte CLAISENsche *Esterkondensation* (s. S. 245) zunächst *radikalisch* anspringt, wobei dann durch den Luftsauerstoff die radikalische Reaktion unter Bildung von *Natriumäthylat* abgestoppt wird und die langsam mit dem Äthylat in Gang kommende *kryptoionische* Esterkondensation nun in den Vordergrund tritt. Das zunächst gebildete Diacylperoxyd geht mit überschüssigem Alkalimetall schließlich in carbonsaures Alkalisalz über:

$$R-\underset{O}{\overset{||}{C}}-O-O-\underset{O}{\overset{||}{C}}-R + 2\,Na \rightarrow 2\,R-\underset{O}{\overset{||}{C}}-O\,Na$$

das man vielfach bei Esterkondensationen in kleinen Mengen findet.

Bei sorgfältigem *Ausschluß von Luft* entstehen aus Essigester und Natriummetall *Diacetyl* (7%) und *Acetoin* (23%):

$$2\,CH_3COOC_2H_5 + 2\,Na \longrightarrow CH_3COCOCH_3 + 2\,NaOC_2H_5$$

$$CH_3COCOCH_3 + 2\,Na \xrightarrow{+HOH} CH_3COCH(OH)CH_3$$

aus Adipinsäureester *Adipoin*:

$$\begin{matrix}CH_2CH_2COOC_2H_5\\|\\CH_2CH_2COOC_2H_5\end{matrix} \xrightarrow[(HOH)]{+Na} \bigcirc\!\!\begin{matrix}H\\OH\\=O\end{matrix}$$

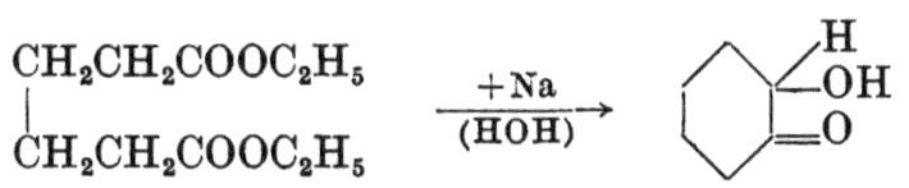

und allgemein aus ω,ω'-Dicarbonsäureestern der Anordnung:

$$C_2H_5OCO-R-COOC_2H_5$$

wobei R nicht mit Alkalimetall reagieren darf, die Acyloine:

$$R\!\!<\!\!\begin{matrix}CO\\|\\CH(OH)\end{matrix}$$

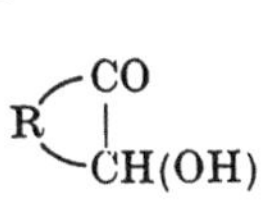

R kann dabei z. B. eine Methylenkette mit 9—20 CH_2-Gruppen sein.

---

[1] HENECKA, H., in HOUBEN-WEYL, Methoden der Organischen Chemie, 4. Aufl., Bd. VIII, S. 642. Stuttgart: Georg Thieme 1952.

Nahe verwandt der Acyloinbildung ist die *Reduktion der Carbonester* mit Natrium und Alkohol nach BOUVEAULT-BLANC[1]:

$$RCOOC_2H_5 + 2 H_2 \rightarrow RCH_2OH + C_2H_5OH$$

Diese Reaktion verläuft ebenfalls zunächst über die *Ketyle* zu den *Acyloinen*, die dann durch das Alkalimetall über die entsprechenden *Glykole* schließlich unter *Wiederaufspaltung* zu den primären Alkoholen reduziert werden[2]. Diese Reaktion ist auf Fettsäureester beschränkt.

Eine weitere interessante Radikalreaktion der Carbonsäuren ist die von H. KOLBE schon 1849[3] entdeckte *Elektrosynthese*. Die carbonsauren Salze werden *anodisch monovalent oxydiert*, wobei über eine nicht faßbare Zwischenstufe unter Decarboxylierung neue Radikale entstehen, die sich bei geeigneter Reaktionsführung unter Dimerisierung stabilisieren[4] z. B.:

$$R-CH_2-C\underset{O\cdot}{\overset{\overline{O}}{\lessgtr}}|^{\ominus} \xrightarrow{-e} \left[R-CH_2-C\underset{O\cdot}{\overset{\overline{O}}{\lessgtr}} \right] \longrightarrow CO_2 + R\dot{C}H_2$$

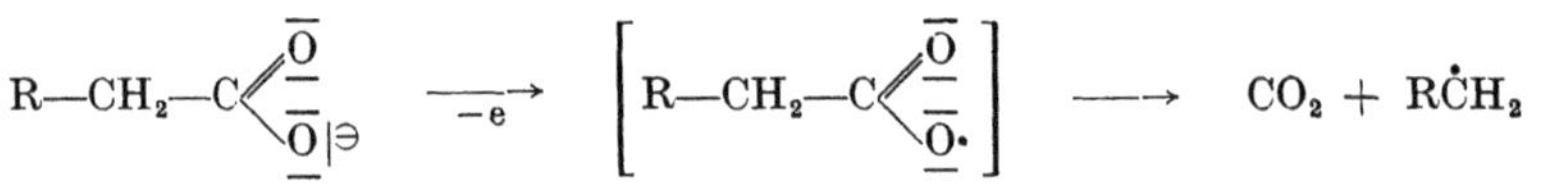

$$2 R\dot{C}H_2 \rightarrow R-CH_2-CH_2-R$$

Als *Nebenreaktion* können insbesondere bei Elektrolyse in schwach alkalischem Medium durch den Angriff von ·OH-Radikalen *Alkohole* oder *Olefine* entstehen:

$$RCH_2\cdot + \cdot OH \rightarrow RCH_2OH \qquad RCH_2CH_2\cdot + \cdot OH \rightarrow RCH=CH_2 + H_2O$$

Olefinbildung ist unter Umständen auch als Folge von *Disproportionierungen* der entstehenden *freien Radikale* zu finden[5].

Auf diesem Wege lassen sich die höheren gesättigten Kohlenwasserstoffe gewinnen, ferner z. B. aus Dicarbonsäurehalbestern die höheren ω,ω'-Dicarbonsäureester[6], aus γ-Cyanbuttersäure das Korksäuredinitril[7] und aus acetalisierten ω-Aldehydcarbonsäuren die sonst schwer zugänglichen ω,ω'-Dialdehyde[8]:

$$2\ {}^{\ominus}OOC-CH_2-CH(OC_2H_5)_2 \xrightarrow[-2\,CO_2]{-2\,e} \begin{array}{c} CH_2-CH(OC_2H_5)_2 \\ | \\ CH_2-CH(OC_2H_5)_2 \end{array} \longrightarrow \begin{array}{c} CH_2-CHO \\ | \\ CH_2-CHO \end{array}$$

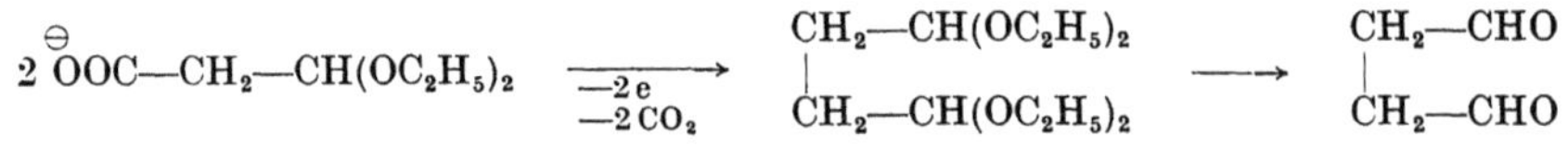

Abschließend sei noch eine *Abbaureaktion* der Carbonsäuren erwähnt, die vermutlich ebenfalls intermediär über freie Radikale verläuft. *Silber- und Quecksilbersalze* der Carbonsäuren geben beim Behandeln z. B. mit Brom in Kohlenstoffdisulfid oder Kohlenstofftetrachlorid unter Kohlendioxydentwicklung

---

[1] BOUVEAULT, L., u. G. BLANC: Bull. Soc. chim. France [3] **29**, 787 (1903); [3] **31**, 666 (1904). — C. r. Acad. Sci. (Paris) **136**, 1676 (1903); **137**, 60 (1903).

[2] BOUVEAULT, L., u. R. LOQUIN: C. r. Acad. Sci. (Paris) **140**, 1593, 1669 (1905). — Bull. Soc. chim. France [3] **35**, 629, 633, 637 (1906).

[3] KOLBE, H.: Liebigs Ann. **69**, 279 (1849).

[4] Siehe a. F. FICHTER: Organische Elektrochemie. Dresden-Leipzig: Th. Steinkopff 1942. — Ferner K. CLUSIUS u. W. SCHANZER: Z. physik. Chem. [A] **192**, 273 (1943). — GOLDSCHMIDT, S., W. LEICHER u. H. HAAS: Liebigs Ann. **577**, 153 (1952).

[5] Vgl. S. 189.

[6] Siehe H. HENECKA, in HOUBEN-WEYL, Methoden der Organischen Chemie, 4. Aufl., Bd. VIII, Kap. Carbonsäureester, S. 599ff. Stuttgart: Georg Thieme 1952.

[7] OFFE, H. A.: Z. Naturforsch. **2b**, 185 (1947).

[8] WOHL, A., u. H. SCHWEITZER: Ber. dtsch. chem. Ges. **39**, 890 (1906).

das betreffende *organische Halogenid*[1]:

$$R\text{—}COOAg + Br_2 \rightarrow R\text{—}Br + CO_2 + AgBr$$

Bei dieser Reaktion entstehen sehr wahrscheinlich zunächst Acylhypohalogenite[2] (gelegentlich als Pyridinkomplexe isolierbar), deren Zerfall durch Licht katalysierbar ist:

$$R\text{—}C{\overset{O}{\underset{O\text{—}Br}{<}}} + h\nu \longrightarrow R\text{—}C{\overset{O}{\underset{O\cdot}{<}}} + \cdot\overline{Br}|$$

$$R\text{—}C{\overset{O\cdot}{\underset{O}{<}}} \longrightarrow R\cdot + CO_2$$

$$R\cdot + \cdot Br \longrightarrow R\text{—}Br$$

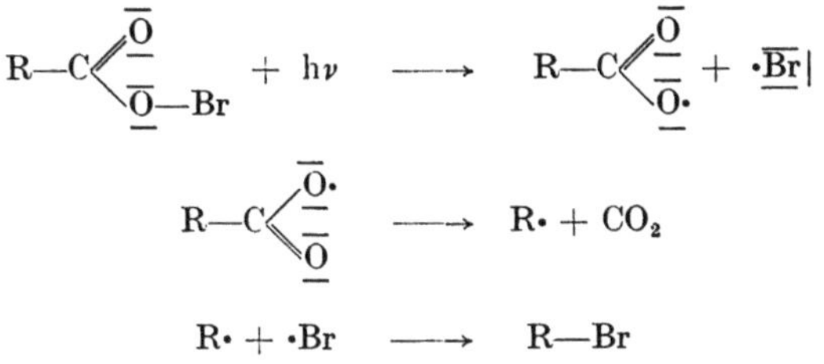

wobei es denkbar ist, daß die beiden letzten Reaktionen in einem Übergangskomplex erfolgen, ohne daß es zum Auftreten der freien Radikale R· selbst kommen muß.

Überblickt man die Reaktionen der Carbonylgruppe, so zeigt sich hier ein bunteres Bild im Vergleich zu den Reaktionen der C=C-Doppelbindung. Die verschiedene Elektronenaffinität der beiden an der Carbonylgruppe beteiligten Elemente legt in gewisser Weise die Richtung der *Polarisierbarkeit* auf eine mesomere Grenzanordnung fest, viel stärker, als es üblicherweise bei den π-Elektronen der C=C-Doppelbindung der Fall sein kann. Daher lassen sich an der C=O-Doppelbindung eine ganze Reihe neuer Reaktionen durchführen. Weiterhin ist die *Reaktionsbereitschaft* bei den verschiedenen Verbindungen mit Carbonylgruppen z. T. sehr unterschiedlich. So kann man die Reihe von Carbonylverbindungen folgendermaßen ordnen:

$$CF_3CHO > HCHO > R\text{—}CHO > R\text{—}CO\text{—}R$$

$$> RCOOH > RCOCl > RCOOR > RCONH_2$$

(R erst aliphatisch, dann aromatisch).

Die Wirkung dieser Gruppen ist am *Chloral* (oder Fluoral) sehr deutlich zu erkennen. Die Halogenatome:

$$\begin{array}{c}Cl\\Cl\text{—}C\text{—}C=\overline{O}\\Cl\end{array} \quad\longleftrightarrow\quad \begin{array}{c}Cl\\Cl\text{—}C\text{—}C\text{—}\overline{O}|^{\ominus}\\Cl_{\delta\ominus}\,{}^{\delta\oplus\,\oplus}\end{array}$$

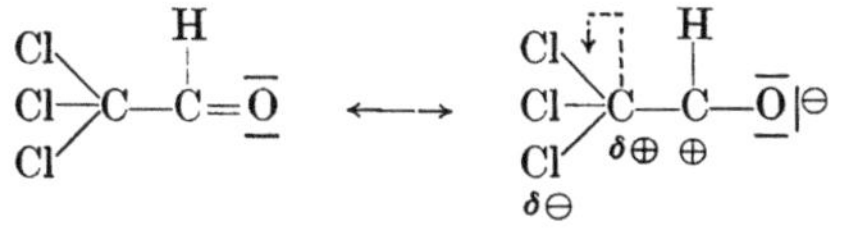

bewirken infolge ihrer Neigung zur negativen Ladung einen *induktiven Effekt* derart, daß das C-Atom der Carbonylgruppe in seinem polarisierten Zustand als Sextett (positiv geladen) stark begünstigt wird. Die dabei sich ausbildende Anordnung ist durch die gleichnamige Ladung an den benachbarten C-Atomen relativ instabil, reaktionsbereit („*Dikation-Effekt*"). Die „Aufrichtungstendenz" der Carbonylgruppe wird also verstärkt und Reaktionen mit *nucleophilen Agentien*

---

[1] BOCKEMÜLLER, W., u. F. W. HOFFMANN: Liebigs Ann. **519**, 165 (1935). — LÜTTRINGHAUS, A., u. D. SCHADE: Ber. dtsch. chem. Ges. **74**, 1565 (1941). — HUNSDIECKER, H., u. C. HUNSDIECKER: Ber. dtsch. chem. Ges. **75**, 291 (1942). — KLEINBERG, J.: Chem. Rev. **40**, 381 (1947).

[2] Reaktionen der positiven Halogene s. P. FRESENIUS, Angew. Chem. **64**, 470 (1952).

begünstigt (man kann auch umgekehrt sagen, die elektrophile Aktivität der Carbonylgruppe wird erhöht). Beim *Formaldehyd* spielen zwar diese induktiven Effekte wegen des Fehlens α-ständiger Halogenatome naturgemäß keine Rolle, aber andererseits wird die elektrophile Aktivität der Carbonylgruppe durch den Wasserstoff wenigstens nicht ungünstig beeinflußt. Anders liegt es schon beim *Acetaldehyd*. Hier spielen *hyperkonjugierte* Zustände (vgl. später S. 410) bereits mit in die Mesomerie der Carbonylgruppe hinein derart, daß die formale positive Ladung auch schon an anderer Stelle als nur an dem Carbonyl-Kohlenstoffatom erscheinen kann[1]:

$$H_3C-CH=\overline{\underline{O}}| \longleftrightarrow H_3C-\overset{\oplus}{C}H-\overline{\underline{O}}|^{\ominus} \longleftrightarrow H^{\oplus} \ H_2C=CH-\overline{\underline{O}}|^{\ominus}$$

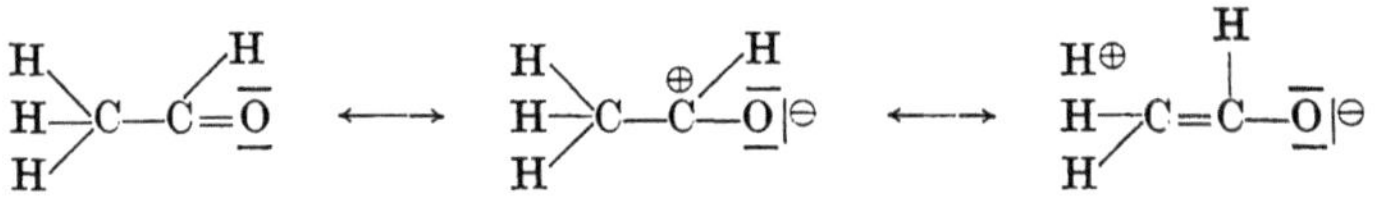

Diese Verteilung der Ladungsanordnung bedingt demgemäß bereits ein Sinken der typischen Carbonylreaktionen, erleichtert andererseits neue Reaktionen wie Aldolkondensation usw. *Aliphatische Ketone* sind aus dem gleichen Grunde, der nur hier formal häufiger in Erscheinung treten kann, in ihrer typischen Carbonylreaktivität gegenüber den Aldehyden als den wandlungsfähigsten aller dieser Carbonylverbindungen gedämpft. Geht man schließlich zu den *aromatisch substituierten* Aldehyden und Ketonen über, so findet durch die hier unmittelbar infolge des aromatischen Systems gegebenen *Mesomeriemöglichkeiten* eine weitere sehr merkliche Dämpfung der Carbonylreaktivität statt:

$$Ph-C(=\underline{\overline{O}}|)-CH_3 \leftrightarrow Ph-\overset{\oplus}{C}(-\underline{\overline{O}}|^{\ominus})-CH_3 \leftrightarrow {}^{\oplus}C_6H_5=C(-\underline{\overline{O}}|^{\ominus})-CH_3 \leftrightarrow C_6H_5{}^{\oplus}=C(-\underline{\overline{O}}|^{\ominus})-CH_3$$

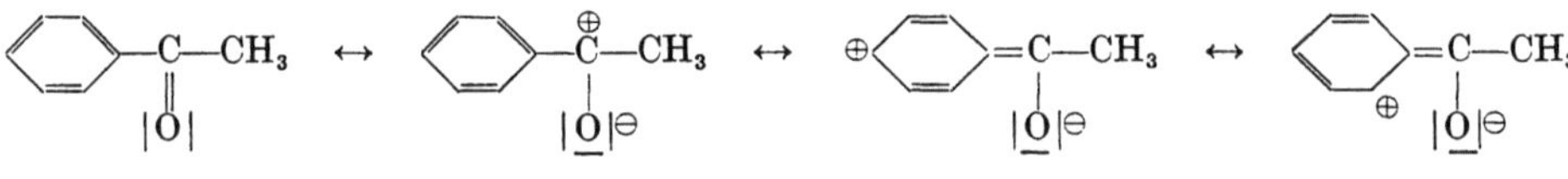

Man sieht bereits an diesen naturgemäß primitiven Bildern, daß sich zwar die aufgerichtete Carbonylgruppe stabilisiert, aber gleichzeitig eine „Verteilung" der „positiven" Ladung über das ganze Molekül hinweg zustande kommt zuungunsten der charakteristischen Gruppierung:

$$>\overset{\oplus}{C}-\overline{\underline{O}}|^{\ominus}$$

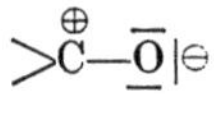

Die elektrophile Aktivität des Carbonyl-C-Atoms sinkt damit weiter ab! Sie kann natürlich durch *Substituenten in den aromatischen Kernen* sowohl wieder erhöht wie auch erniedrigt werden[2]. In den *Carbonsäuren*, ihren *Estern, Halogeniden* und *Amiden* finden sich überall Atome oder Atomgruppen, die selbst Neigung zur Abgabe von Elektronen bzw. Aufnahme von „positiven" Ladungen haben:

$$R-C\underset{\overline{\underline{X}}|}{\overset{\overline{\underline{O}}}{<}} \longleftrightarrow R-\overset{\oplus}{C}\underset{\overline{\underline{X}}|}{\overset{\overline{\underline{O}}|^{\ominus}}{<}} \longleftrightarrow R-C\underset{\overline{\underline{X}}^{\oplus}}{\overset{\overline{\underline{O}}|^{\ominus}}{<}}$$

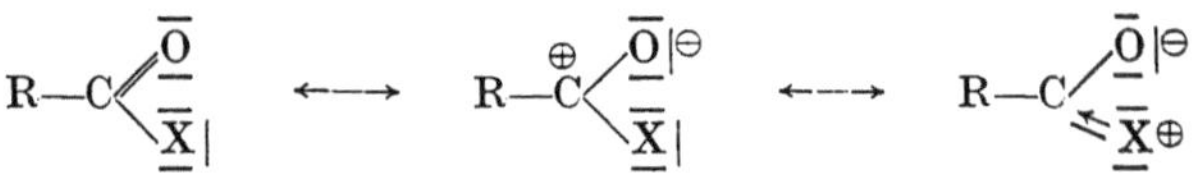

und somit wieder die Mesomerieanordnung mit dem elektrophilen Kohlenstoffatom zurückdrängen. Nur mit stark nucleophilen Reagentien wie z. B. den Anionen

---

[1] Vgl. hierzu den Abschnitt über Hyperkonjugation, S. 410.
[2] Vgl. dazu das Kapitel über aromatische Verbindungen, S. 315.

metallorganischer Verbindungen läßt sich die Additionsreaktion noch durchführen, z. B.:

$$CH_3\!-\!\overset{\oplus}{\underset{|}{C}}\!-\!\overline{O}R \;+\; R^{\ominus}[MgBr]^{\oplus} \longrightarrow CH_3\!-\!\underset{\underset{R}{\uparrow}}{\overset{|\overline{O}|^{\ominus}}{\underset{|}{C}}}\!-\!\overline{O}\!-\!R \;+\; MgBr^{\oplus}$$

$$\longrightarrow CH_3\!-\!C\!\!\overset{\overline{O}}{\underset{R}{\diagdown}} \;+\; [OR]^{\ominus}\,[MgBr]^{\oplus}$$

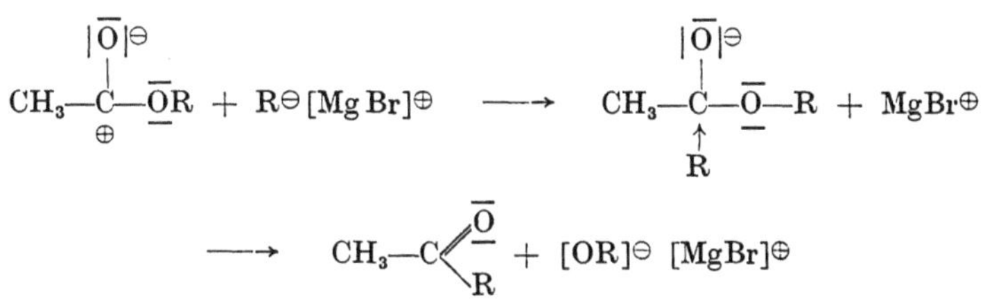

Induktive und mesomere, auch Hyperkonjugations-Effekte bewirken so die Abnahme der Reaktivität von Carbonylverbindungen in der angegebenen Reihenfolge. In den *Carbonaten* $CO_3{}^{2\ominus}$ liegt schließlich eine höchst symmetrische Mesomerie und damit ein energie-armes und daher reaktionsträges Gebilde — sozusagen das „Ende" der Carbonylgruppe — vor.

4. >C=C=O-Doppelbindungssystem (Ketene)

Dieses Bindungssystem liegt in den von H. STAUDINGER 1905[1] entdeckten und ausführlich untersuchten Ketenen vor, deren einfachster Vertreter das *Keten* $CH_2=C=O$ ist[2]. Der Aufbau des Moleküls ist ähnlich dem des Allens:

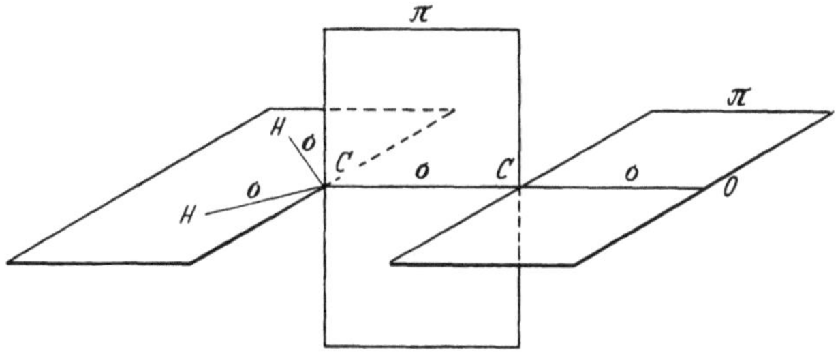

Abb. 55. Anordnung der Bindungen im Keten (aus Y. K. SYRKIN u. M. E. DYATKINA, Structure of Molecules, S. 79)

und ebenso wie bei den Allenen handelt es sich um außergewöhnlich reaktionsfähige Stoffe. Die besondere Bindungsanordnung bedingt offenbar eine weitgehende *Polarisation* in Richtung auf den elektrophil aktiven Reaktionszustand der Carbonylgruppe:

$$>\!C\!=\!C\!=\!\overline{O}\;\leftrightarrow\;>\!C\!=\!\overset{\oplus}{C}\!-\!\overline{O}|^{\ominus}$$

so daß hier Reaktionen glatt und spielend leicht eintreten, die den Verbindungen mit einer normalen Carbonylgruppe entweder fremd oder in diesem Ausmaß nicht zugänglich sind. Bei Anwesenheit geeigneter Substituenten R und R' ist auch

---

[1] STAUDINGER, H., u. H. KLEVER: Ber. dtsch. chem. Ges. **41**, 594 (1908). — Vgl. ferner H. STAUDINGER: Die Ketene, Chemie in Einzeldarstellungen, Bd. I. Stuttgart: F. Enke 1912. — HANFORD, W. E., u. J. C. SAUER: Org. Reactions **3**, 108 (1946); HOUBEN-WEYL: Methoden der Organischen Chemie, 4. Aufl., Bd. VII/2, Kap. Ketene. Stuttgart: Georg Thieme.

[2] Siehe a. N. T. M. WILSMORE u. A. W. STEWART: Proc. Chem. Soc. (London) **23**, 229 (1907). — J. Chem. Soc. (London) **91**, 1938 (1907).

eine *Mesomerie* in der folgenden Art denkbar:

$$\begin{array}{c} R \\ R' \end{array} C=C=\overline{\underline{O}} \longleftrightarrow \begin{array}{c} R \\ R' \end{array} \overset{\ominus}{\underline{C}}-\overset{\oplus}{C}=\overline{\underline{O}}$$

Möglicherweise ist das anomal kleine *Dipolmoment* des Ketens selbst auf eine Mesomerie in dieser Richtung zurückzuführen. Die Ketene kann man wegen ihrer nahen Beziehungen zu den Carbonsäuren auch als deren *innere Anhydride* auffassen. In der Tat läßt sich beispielsweise Keten aus Essigsäure oder Essigsäureanhydrid bei geeigneter Reaktionsführung herstellen wie umgekehrt Essigsäure oder Essigsäureanhydrid durch Wasseranlagerung aus Keten:

$$\begin{array}{c} H \\ H-C-C \\ H \end{array} \begin{array}{c} OH \\ O \end{array} \quad \underset{+H_2O}{\overset{-H_2O}{\rightleftarrows}} \quad H_2C=C=O$$

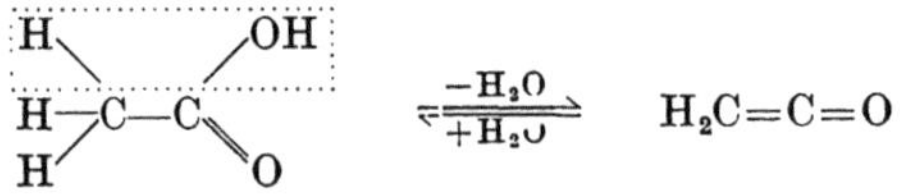

Die hohe elektrophile *Aktivität* der Ketene kommt in zahlreichen Additionsreaktionen wie z. B. der Aufnahme von Wasser (zu Säuren), von Alkohol (zu Estern), von Amiden, Säuren, allgemein von Verbindungen mit beweglichem Wasserstoff zum Ausdruck:

$$CH_2=C=O + HX \rightarrow \underline{CH_3COX}$$

Keten stellt daher ein ausgezeichnetes *Acetylierungsmittel* dar.

Als Endprodukt dieser Additionsreaktionen an die „aufgerichtete" Carbonyldoppelbindung erscheinen Verbindungen, die die *Addenden an der* C=C-*Doppelbindung* tragen. Daher glaubte man längere Zeit, daß diese Reaktionen sich an der C=C-Doppelbindung abspielen. Aus Versuchen über die Addition von *l*-Menthol an Phenyl-p-tolylketen und der hydrolytischen Spaltung des primär entstehenden Esters unter Bildung optisch aktiver Phenyl-p-tolylessigsäure läßt sich schließen, daß über eine *primäre Addition an der* C=O-*Doppelbindung* eine sterisch gerichtete Ketonisierung des zunächst gebildeten Enols stattfindet:

$$\begin{array}{c} C_6H_5 \\ p-CH_3-C_6H_4 \end{array} C=C=O + l\text{-Menthol} \longrightarrow \begin{array}{c} C_6H_5 \\ p-CH_3-C_6H_4 \end{array} C=C \begin{array}{c} O-l\text{-Menthyl} \\ OH \end{array}$$

$$\longrightarrow \begin{array}{c} C_6H_5 \\ p-CH_3-C_6H_4 \end{array} \overset{*}{C}-C \begin{array}{c} O \\ OH \end{array}$$
$$ H$$

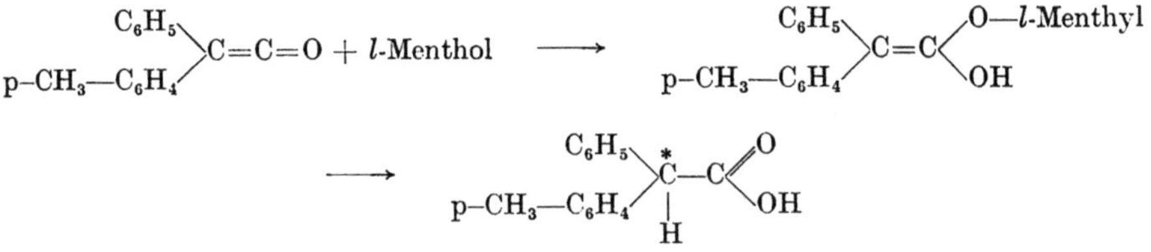

Man darf daher wohl annehmen, daß allgemein Additionen von Verbindungen des Typus HX (z. B. Wasser, Wasserstoffperoxyd, Alkohole, Enole, Phenole, Carbonsäuren, H_2S, Mercaptane, Aminoverbindungen, GRIGNARD- und Alkalimetall-Verbindungen) über die C=O-Doppelbindung verlaufen:

$$\begin{array}{c} R \\ R \end{array} C=\overset{\oplus}{C}-\overline{\underline{O}}|^{\ominus} + H^{\oplus}X^{\ominus} \longrightarrow \begin{array}{c} R \\ R \end{array} C=\overset{\downarrow X}{C}-\overline{\underline{O}}|^{\ominus}H^{\oplus} \quad [\text{„Enol-form"}]$$

$$\longrightarrow \begin{array}{c} R \\ R \end{array} C-C \begin{array}{c} O \\ X \end{array}$$
$$ H$$

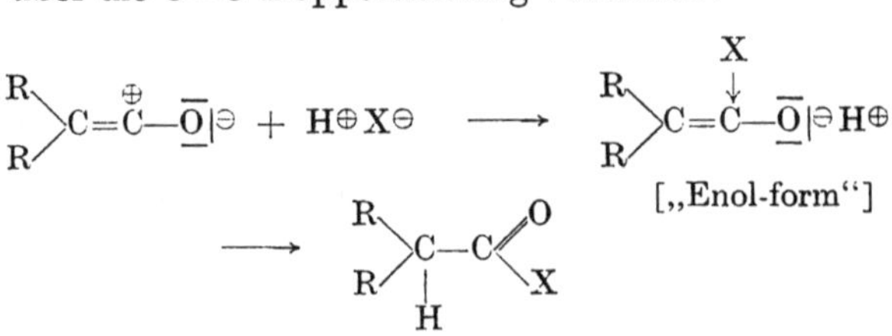

Daneben kennt man auch Additionsreaktionen der Ketene mit Halogenen, Sauerstoff, Aldehyden, Ketonen, Kohlendioxyd, ungesättigten C=C-Verbindungen, Diazomethan usw., die sich wohl primär an der polarisierten C=C-*Doppelbindung* abspielen dürften:

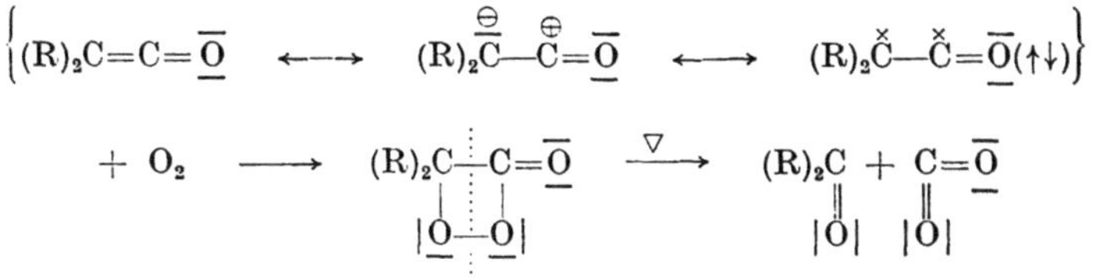

$$\{(R)_2C=C=\overline{O} \longleftrightarrow (R)_2\overset{\ominus}{C}-\overset{\oplus}{C}=\overline{O} \longleftrightarrow (R)_2\overset{x}{C}-\overset{x}{C}=\overline{O}(\uparrow\downarrow)\}$$

$$+ O_2 \longrightarrow (R)_2C-C=\overline{O} \overset{\nabla}{\longrightarrow} (R)_2C + C=\overline{O}$$
$$\qquad\qquad\qquad |\underline{O}-\underline{O}| \qquad\qquad |\underline{O}| \quad |\underline{O}|$$

bzw.

$$\{(R)_2C=C=\overline{O} \longleftrightarrow (R)_2\overset{\ominus}{C}-\overset{\oplus}{C}=\overline{O}\} + \{(R)_2C=O \longleftrightarrow (R)_2\overset{\oplus}{C}-\overset{\ominus}{O}|\} \longrightarrow$$

$$(R)_2\overset{\ominus}{C}-\overset{\oplus}{C}=\overline{O} \qquad (R)_2C-C=\overline{O} \qquad (R)_2C$$
$$\downarrow\;\uparrow \qquad\qquad \downarrow\;\uparrow \qquad\qquad \| \quad + CO_2$$
$$(R)_2C-\overline{O}|^{\ominus} \qquad (R)_2C-\overline{O}| \qquad (R)_2C$$
$$\quad_\ominus$$
A

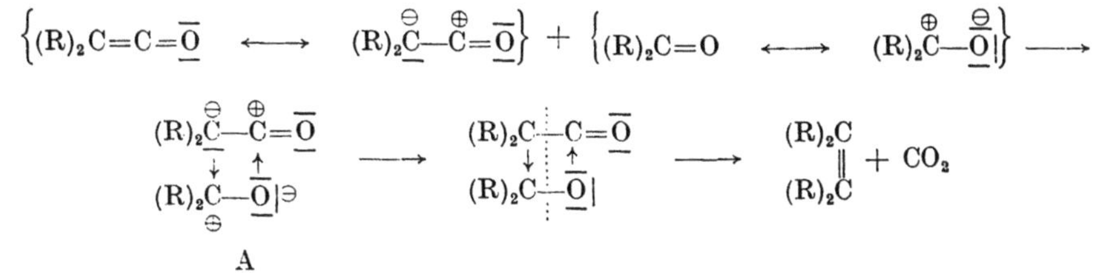

und für $H_2C=O$, also $R=H$:

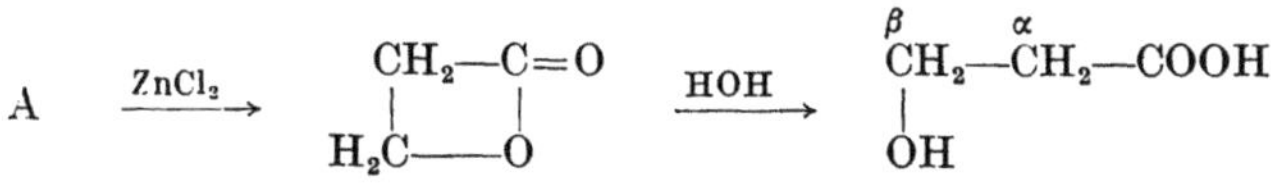

$$A \xrightarrow{ZnCl_2} \begin{array}{c} CH_2-C=O \\ | \qquad | \\ H_2C-O \end{array} \xrightarrow{HOH} \begin{array}{c} \overset{\beta}{CH_2}-\overset{\alpha}{CH_2}-COOH \\ | \\ OH \end{array}$$

β-Propiolacton[1]

Keten und *monosubstituierte Ketene* sind farblose, gegen Luftsauerstoff meist unempfindliche Verbindungen, die leicht zu *Dimeren* zusammentreten. Die Formulierung des dimeren Ketens, einer fälschlicherweise als Diketen bezeichneten Substanz, war lange Zeit sehr umstritten. Man kann annehmen, daß folgende Formulierungen zur Zeit den besten Ausdruck für die Anordnung der Atome in dieser auch technisch bedeutungsvollen Substanz darstellen:

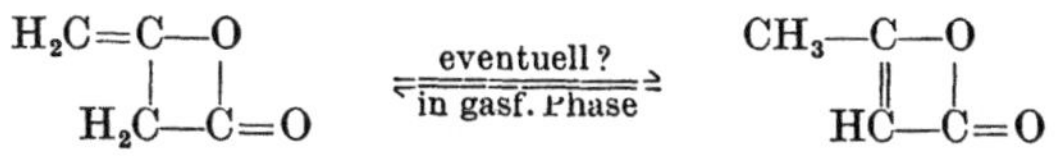

$$\begin{array}{c} H_2C=C-O \\ \| \qquad | \\ H_2C-C=O \end{array} \underset{\text{in gasf. Phase}}{\overset{\text{eventuell?}}{\rightleftarrows}} \begin{array}{c} CH_3-C-O \\ \| \qquad | \\ HC-C=O \end{array}$$

Vinylaceto-β-lacton[2] $\qquad\qquad$ β-Crotolacton

Für diese Formulierungen des Diketens sprechen sowohl die Infrarotspektren wie auch geeignete Versuche mit radioaktiv indizierten Ketenen[3].

---

[1] Eastman Kodak Co.: Amer. Patent 2478388. Erf. H. J. HAGEMEYER (1949). — Vgl. a. H. KRÖPER, in HOUBEN-WEYL, Methoden der Organischen Chemie, 4. Aufl., Bd. VI/2. Stuttgart: Georg Thieme. — Ferner β-Propiolacton, H. E. ZAUGG in Org. Reactions 8, 305ff. New York 1954.

[2] Theoretische Bildungsmöglichkeit:
$$H_2C=C=CH_2.$$
$$+$$
$$O=C=O$$
Die Spaltung in Allen $+ CO_2$ ist bekannt!

[3] ROBERTS, J. D., R. ARMSTRONG, R. F. TRIMBLE jr. u. H. BURG: J. Amer. Chem. Soc. 71, 843 (1949).

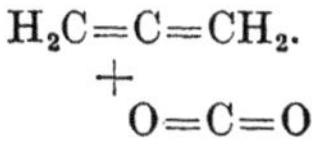

Disubstituierte Ketene sind gefärbte, sehr leicht autoxydable Substanzen. Ihre Dimerisation führt zu Verbindungen, denen man die Formel von *1,3-Diketocyclobutanderivaten* aufgrund ihrer Eigenschaften zuerkennen muß:

$$\begin{array}{c} (R)_2C\!-\!C\!=\!O \\ |\quad\quad| \\ O\!=\!C\!-\!C(R)_2 \end{array}$$

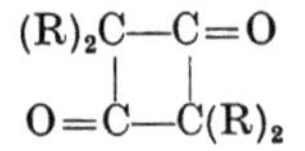

Neben Verbindungen mit einer Ketengruppierung kennt man — zumeist als Zwischenprodukte — auch Verbindungen mit zwei endständigen Ketengruppierungen, also die *eigentlichen Diketene*[1]:

$$\begin{array}{c} O\!=\!C\!=\!C\!-\!R\!-\!C\!=\!C\!=\!O \\ |\quad\quad\quad| \\ H\quad\quad\quad H \end{array}$$

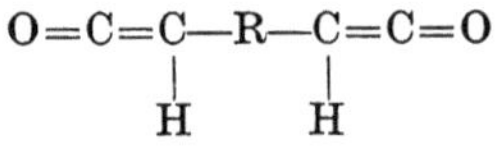

Schließlich ist auch eine Verbindung bekannt, die in unmittelbarer Verknüpfung zwei Ketengruppierungen in ihrer Molekel enthält, das *Kohlensuboxyd*[2]:

$$O\!=\!C\!=\!C\!=\!C\!=\!O$$

Das Kohlensuboxyd wurde von O. DIELS bei der Behandlung von Malonsäure mit Di-phosphorpentoxyd entdeckt[3].

Neben der Dimerisation von Keten kennt man auch *Polymerisationen* z. B. von Halogen-alkyl-ketenen zu hochmolekularen Harzen. Derartige in ihrer Konstitution noch unbekannte Hochpolymere kann man auch aus Keten selbst erhalten, wenn man die Polymerisation durch Spuren von Trimethylamin bei $-80°$ auslöst[4]. Eine radikalische Polymerisation ist bisher nicht zu erzwingen gewesen[5].

Abschließend seien noch die *Ketenacetale*:

$$\begin{array}{c} R\diagdown\quad\quad\diagup OR'' \\ C\!=\!C \\ R'\diagup\quad\quad\diagdown OR''' \end{array}$$

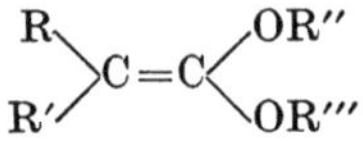

erwähnt, die sich ebenfalls durch hohes Reaktionsvermögen auszeichnen. Als Verbindungen des Typus:

$$CH_2\!=\!C\!\!\begin{array}{c}\diagup OR \\ \diagdown OR\end{array}$$

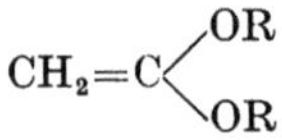

erscheinen sie als Vinylverbindungen, denen die Fähigkeit zur *Polymerisation* eigen ist[6]. Auch das Acetal $(C_2H_5O)_2C\!=\!C(OC_2H_5)_2$ ist herstellbar. Es hat Interesse als Tetraacetal des dimolekularen, für sich nicht existenzfähigen dimeren Kohlenmonoxyds $O\!=\!C\!=\!C\!=\!O$[7]. Man kennt auch *Ketenimine*[8]:

$$H_2C\!=\!C\!=\!NR.$$

---

[1] BLOMQUIST, A. T., u. R. D. SPENCER: J. Amer. Chem. Soc. **69**, 472 (1947); **70**, 30 (1948). — BLOMQUIST, A. T., R. D. SPENCER u. R. W. HOLLEY: J. Amer. Chem. Soc. **70**, 34 (1948).

[2] Allenketen s. H. STAUDINGER u. E. OTT: Ber. dtsch. chem. Ges. **44**, 1633 (1911).

[3] DIELS, O., u. B. WOLF: Ber. dtsch. chem. Ges. **39**, 689 (1906).

[4] STAUDINGER, H.: Helvet. chim. Acta **6**, 326 (1923).

[5] Eigene Erfahrungen.

[6] Zusammenfassende Darstellung, L. N. OWEN, Ketenacetals, in Ann. Rep. Progr. Chem. **41**, 134—139 (1944).

[7] Siehe hierzu vor allem die Arbeiten von S. M. McELVAIN: J. Amer. Chem. Soc. **67**, 650 (1945); **68**, 1917 (1946) u. a.

[8] STEVENS, C. L., u. J. C. FRENCH: J. Amer. Chem. Soc. **75**, 657 (1953).

Die hier nur angedeuteten zahlreichen Reaktionen der Ketene und Ketenacetale machen diese Verbindungen zu wichtigen Stoffen in der präparativen organischen Chemie.

Aber auch in technischer Hinsicht, worauf schon hingewiesen wurde, haben einige Vertreter dieser Stoffklasse, vor allem das Keten und sein Dimeres, besondere Bedeutung. Die hohe Reaktivität wird auf die besondere Elektronenanordnung in dieser *Zwillingsdoppelbindung* zurückzuführen sein, die einmal das Elektronensextett des Kohlenstoffatoms der Carbonylgruppe zum Angriff nucleophiler Agentien freilegt und zum anderen die mesomeren polaren Grenzformeln auch an der Kohlenstoff-Kohlenstoff-Doppelbindung begünstigt. So ergibt sich in doppelter Hinsicht ein aktives, reaktionsbereites Molekül.

5. >C=C—C=O-Doppelbindungssystem

Das reaktive Verhalten von Stoffen, die ein *konjugiertes Bindungssystem* >C=C—C=O oder O=C—C=O besitzen, wird durch die Mesomerie nach den verschiedenen möglichen Grenzformeln wie bei dem >C=C—C=C<-System bestimmt. Infolge der Beteiligung der Sauerstoffatome ist die Mesomerie in Richtung auf bestimmte Grenzanordnungen verschoben[1]:

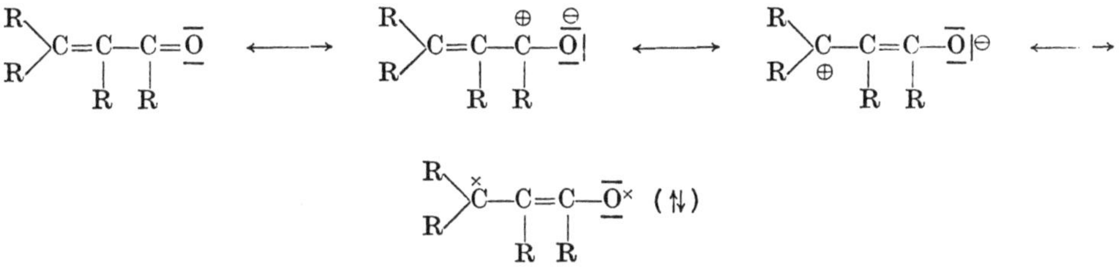

Die Aufnahme von *Halogenen* findet an der C=C-Doppelbindung des konjugierten Systems analog der auf S. 164ff. erläuterten Halogenierung des Äthylens statt.

Bezüglich der Reaktionsfähigkeit des >C=C—C=O-Systems gegen nascierenden und katalytisch erregten *Wasserstoff* finden sich die gleichen Unterschiede, wie wir sie schon bei der Besprechung der Äthylene und des konjugierten >C=C—C=C< Systems kennengelernt haben. Sehr wahrscheinlich verläuft die Aufnahme des *nascierenden* Wasserstoffs über eine Grenzanordnung mit „entkoppelten“ Elektronen (antiparallele Spins!):

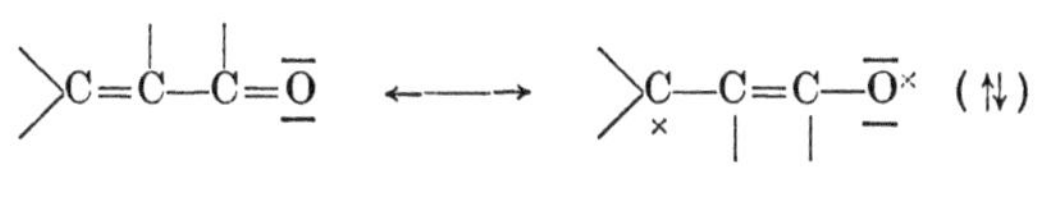

in 1,4-Stellung. Dafür spricht, daß gelegentlich eine *pinakonartige Verknüpfung* der Moleküle bei der Reduktion mit „alkalisch nascierendem“ Wasserstoff

[1] Glyoxal und Methylglyoxal sind eben gebaut und haben trans-Konfiguration. SCHOMAKER, V.: J. Amer. Chem. Soc. **61**, 3520 (1939).

beobachtet worden ist, z. B.[1]:

$$\begin{matrix} C_6H_5-CH=CH-\underset{\underset{CH_3}{|}}{\overset{\overset{CH_3}{|}}{C}}=O \\ C_6H_5-CH=CH-\underset{\underset{CH_3}{|}}{\overset{\overset{}{|}}{C}}=O \end{matrix} + 2\,Na\cdot \longrightarrow \begin{matrix} C_6H_5-\underset{\underset{}{|}}{CH}-CH=\underset{}{\overset{\overset{CH_3}{|}}{C}}-ONa \\ C_6H_5-\underset{\underset{CH_3}{|}}{CH}-CH=\underset{}{\overset{}{C}}-ONa \end{matrix} \xrightarrow{H_2O}$$

$$\begin{matrix} C_6H_5-\underset{\underset{H}{|}}{\overset{\overset{H}{|}}{C}}-CH_2-\overset{\overset{CH_3}{|}}{C}=O \\ C_6H_5-\underset{\underset{H}{|}}{\overset{\overset{}{|}}{C}}-CH_2-\overset{\overset{CH_3}{|}}{C}=O \end{matrix}$$

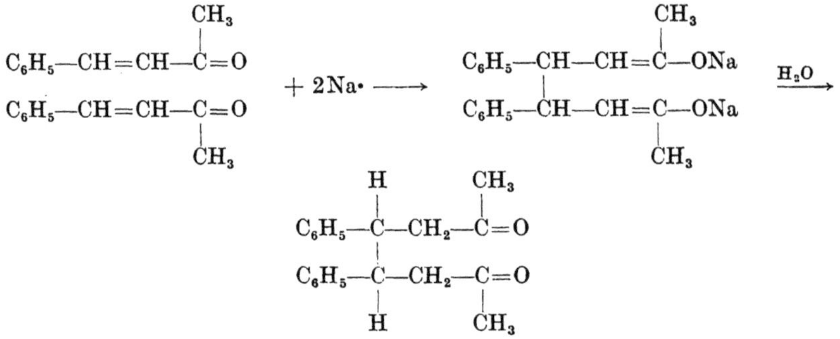

Das Elektron des Alkalimetalls wird vom elektronenaffinen Sauerstoff aufgenommen. An dem 4-ständigen C-Atom tritt ein einsames Elektron auf. Das zwischendurch entstehende Radikal ist so mesomeriestabilisiert, daß es eine genügend lange Lebensdauer zur Dimerisierung besitzt und nicht z. B. mit Lösungsmittelmolekülen unter Herausschlagung von H-Atomen reagiert, worauf sich zwei derartige neue Radikale z.B. dimerisieren. Das entstehende Dienolat geht bei der Hydrolyse (s. Tautomerie, S. 224) in die Ketoform über.

Von *katalytisch erregtem* Wasserstoff wird das >C=C–C=O-System schwieriger als eine isolierte Doppelbindung angegriffen, z. B.[2]:

| Carvon | Carvotanaceton | Tetrahydrocarvon |

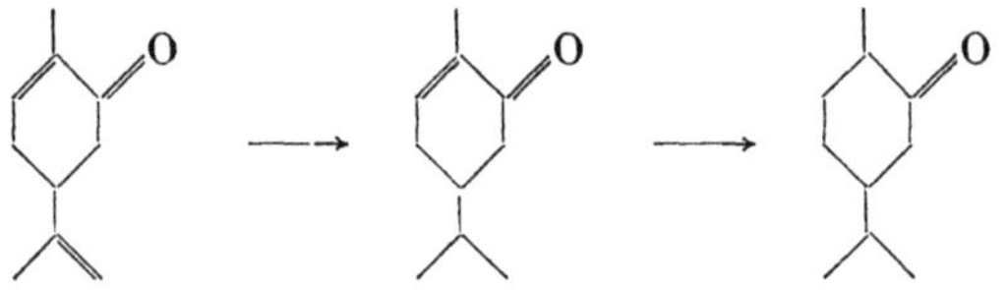

Das unterschiedliche Verhalten der beiden Wasserstoffquellen gegen das >C=C–C=O-System ist also das gleiche wie bei dem >C=C–C=C<-System und der >C=C<-Doppelbindung selbst. Daher können wir auf die schon an anderer Stelle (S. 205) gemachten Ausführungen verweisen.

Eine *1,4-Addition* mit nachfolgender Umlagerung läßt sich auch dann formulieren, wenn es sich um eine *H–X-Anlagerung* handelt entsprechend dem allgemeinen Schema:

$$\left\{ \begin{matrix} R \\ R \end{matrix} \!\!\!\!\!\!>\!\!C\!=\!\underset{2}{\overset{R}{\underset{|}{C}}}\!-\!\underset{3}{\overset{R'}{\underset{|}{C}}}\!=\!\overline{\underset{4}{O}} \longleftrightarrow \begin{matrix} R \\ R \end{matrix}\!\!\!\!\!\!>\!\!\underset{\oplus}{C}\!-\!\overset{R}{\underset{|}{C}}\!=\!\overset{R'}{\underset{|}{C}}\!-\!\underset{\ominus}{\overline{O}|} \right\} + H^{\oplus} + X^{\ominus} \longrightarrow$$

$$\longrightarrow \begin{matrix} R \\ R \end{matrix}\!\!\!\!\!\!>\!\!\underset{\underset{|X|}{\uparrow}}{C}\!-\!\overset{R}{\underset{|}{C}}\!=\!\overset{}{\underset{R'}{C}}\!-\!\overline{O}\!\to\!H \longrightarrow \begin{matrix} R \\ R \end{matrix}\!\!\!\!\!\!>\!\!\underset{X}{\overset{}{\underset{|}{C}}}\!-\!\underset{H}{\overset{R}{\underset{|}{C}}}\!-\!\underset{R'}{\overset{}{C}}\!=\!\overline{O}$$

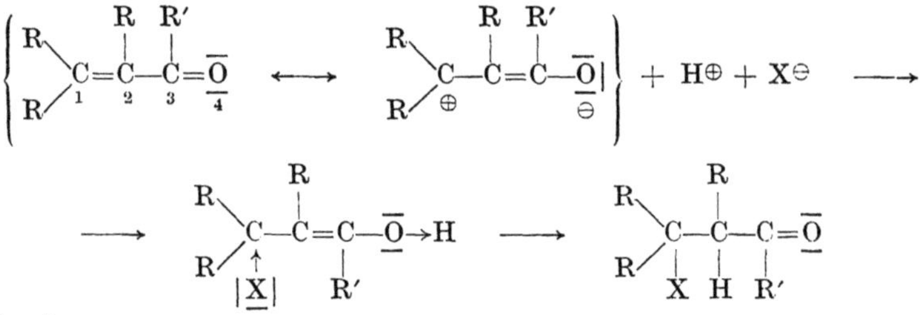

[1] HARRIES, C. D.: Liebigs Ann. **296**, 295 (1897). — Vgl. a. J. THIELE: Liebigs Ann. **306**, 100 (1899). — Siehe ferner H. A. WEIDLICH u. M. MEYER-DELIUS: Ber. dtsch. chem. Ges. **74**, 1195, 1213 (1941).

[2] VAVON, G.: Bull. Soc. chim. France [4] **41**, 1598 (1927). — C. r. Acad. Sci. (Paris) **153**, 68 (1911). — WALLACH, O.: Liebigs Ann. **403**, 74 (1914). — Siehe a. W. HÜCKEL: Theoretische Grundlagen der Organischen Chemie, 8. Aufl., Bd. I, S. 576ff. Leipzig: Akad. Verlagsges. 1956.

Als HX-Komponenten können die Halogenwasserstoffsäuren, ferner bei „alkalischer" Katalyse die Anionen der Blausäure, des Natriummalonesters, Bernsteinsäureesters usw. und schließlich metallorganische Verbindungen RMgX oder LiX 1,4-Reaktionen am $>C=C-C=O$-System eingehen. Die Additionen der Na-Verbindungen der β-Ketocarbonester, Malonester und Cyanessigester stellen die präparativ wichtige MICHAEL-*Addition* dar[1], die nach folgendem allgemeinen Schema verläuft:

$$R_1-CH=CR_2Y + R_3-CHR_4-COOC_2H_5 \xrightleftharpoons{OC_2H_5^{\ominus}} \begin{array}{c} R_1-CH-C(R_2)HY \\ | \\ R_3-C-COOC_2H_5 \\ | \\ R_4 \end{array}$$

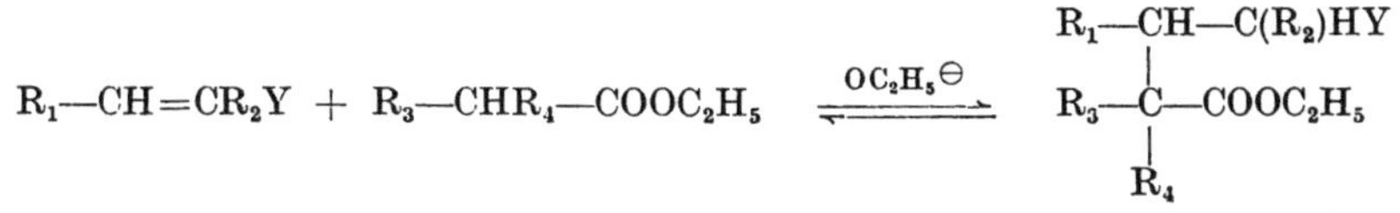

$R_3 = CH_3CO, C_6H_5CO, COOR, Aralkyl$

$R_1, R_2, R_4 = H, Alkyl, Aryl, Aralkyl$

$Y = COCH_3, COC_6H_5, COCH_2C_6H_5, COOC_2H_5, CN$ usw.

Von Bedeutung sind die α-*Cyansorbinsäureester*, die bei Gegenwart eines Protonenacceptors zu hochmolekularen Produkten durch wiederholte MICHAEL-Addition polymerisieren[2] in der Art einer *zwischenmolekularen* MICHAEL-Addition:

$$CH_3-CH=CH-CH=C\begin{array}{c}-COOR \\ | \\ CN \end{array} \quad [\text{Hyperkonjugation}]$$

↓ NaOC$_2$H$_5$

$$\overset{\ominus}{CH_2}-CH=CH-CH=C\begin{array}{c}COOR \\ CN \end{array} + CH_3-\overset{\oplus}{CH}-CH=CH-\overset{\ominus}{C}\begin{array}{c}COOR \\ CN \end{array}$$

↓

$$\begin{array}{c} CH_2-CH=CH-CH=C\begin{array}{c}COOR \\ CN \end{array} \\ | \\ CH_3-CH-CH=CH-\overset{\ominus}{C}\begin{array}{c}COOR \\ CN \end{array} \end{array}$$

$$+ CH_3-\overset{\oplus}{CH}-CH=CH-\overset{\ominus}{C}\begin{array}{c}COOR \\ CN \end{array}$$

↓

$$\begin{array}{c} CH_2-CH=CH-CH=C\begin{array}{c}COOR \\ CN \end{array} \\ | \\ CH_3-CH-CH=CH-C\begin{array}{c}COOR \\ CN \end{array} \\ | \\ CH_3-CH-CH=CH-\overset{-}{C}\begin{array}{c}COOR \\ \ominus \ CN \end{array} \end{array}$$ usw.

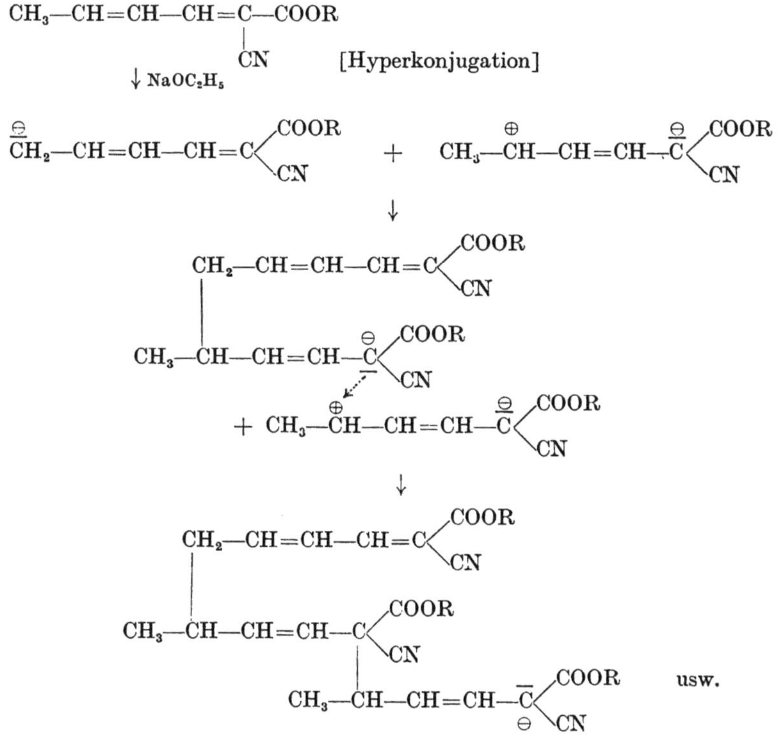

[1] MICHAEL, A.: J. prakt. Chem. [2] **35**, 349 (1887); [2] **43**, 390 (1891). — CLAISEN, L.: Liebigs Ann. **218**, 161 (1883). — J. prakt. Chem. [2] **35**, 413 (1887). — Siehe a. H. HENECKA, in HOUBEN-WEYL, Methoden der Organischen Chemie, 4. Aufl., Bd. VIII, Kap. Carbonsäureester, S. 590ff. Stuttgart: Georg Thieme 1952. — Zum Mechanismus s. C. R. HAUSER u. B. ABRAMOWITSCH: J. Amer. Chem. Soc. **62**, 1763 (1940).

[2] HAMANN, K.: Angew. Chem. **60**, 61 (1948). — D. R. P. 696318 (1935).

Die „*kondensierende*" MICHAEL-*Addition* verläuft z. B. ausgehend vom Isopropylidenaceton (Mesityloxyd) unter Bildung von Dimethyldihydroresorcin:

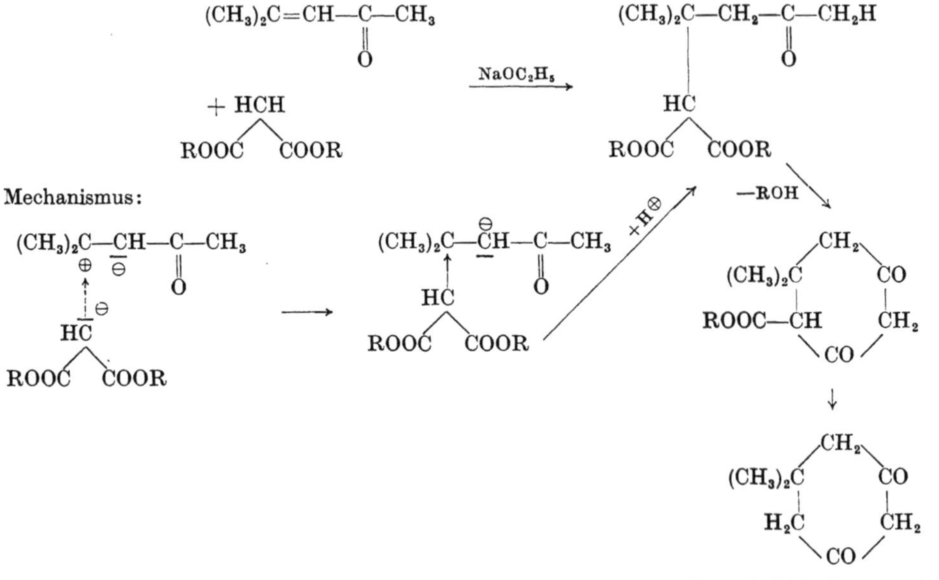

Beteiligt sich der Substituent R an der *Mesomerie* des konjugierten Systems, dann kann der Reaktionsablauf zur Carbonylgruppe unter *1,2-Addition* gelenkt werden. Blausäure wird z. B. von Mesityloxyd[1]:

$$(CH_3)_2C{=}CH{-}C\begin{smallmatrix}\nearrow O\\ \searrow CH_3\end{smallmatrix}$$

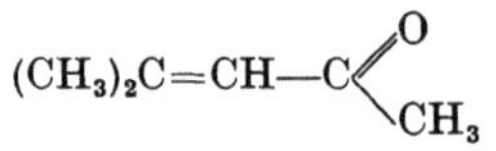

in 1,4-Stellung nach obigem HX-Schema addiert. Beim *Zimtaldehyd* aber:

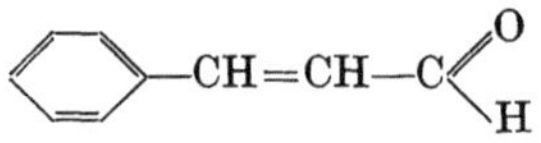

erfolgt wegen der Beteiligung der π-Elektronen des Benzolkerns an der Mesomerie die Aufnahme der Blausäure nur an der Ketogruppe[2]:

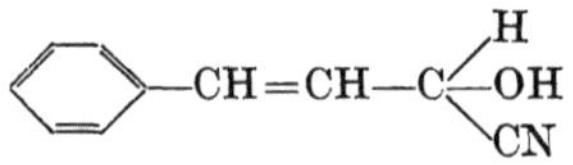

Sind die π-Elektronen der Doppelbindung wie in der *Zimtsäure*:

$$C_6H_5CH{=}CH{-}C\begin{smallmatrix}\nearrow \overline{\underline{O}}\\ \searrow OH\end{smallmatrix}$$

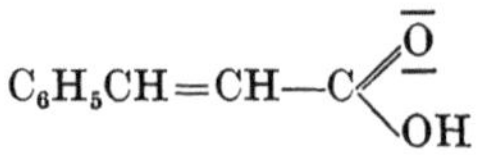

auch an der inneren Mesomerie der Carboxylgruppe beteiligt, so wird die Blausäure überhaupt nicht mehr angelagert[3].

[1] LAPWORTH, A.: J. Chem. Soc. (London) **83**, 999 (1903); **85**, 1214 (1904).
[2] PINNER, A.: Ber. dtsch. chem. Ges. **17**, 2010 (1884). — PEINE, G.: Ber. dtsch. chem. Ges. **17**, 2109 (1884).
[3] THIELE, J., u. J. MEISENHEIMER: Liebigs Ann. **306**, 251 (1899).

$>C=\overset{|}{C}-\overset{|}{C}=O$-Doppelbindungssystem

Durch Belastung eines C-Atoms der Doppelbindung mit mehreren Carboxylgruppen wird ein Elektronenzug nach C_1 ausgeübt, es tritt nun wieder, wie am Beispiel der *Benzalmalonsäure* gezeigt sei, die Aufnahme von HCN an der C=C-Doppelbindung ein[1]:

$$C_6H_5CH=\overset{1}{C}\begin{smallmatrix}COOH\\COOH\end{smallmatrix} \xrightarrow{+HCN} \left[C_6H_5-CH-\underset{\underset{CN}{|}}{CH}\begin{smallmatrix}COOH\\COOH\end{smallmatrix}\right] \longrightarrow$$

$$\longrightarrow C_6H_5-\underset{\underset{CN}{|}}{CH}-CH_2-COOH + CO_2$$

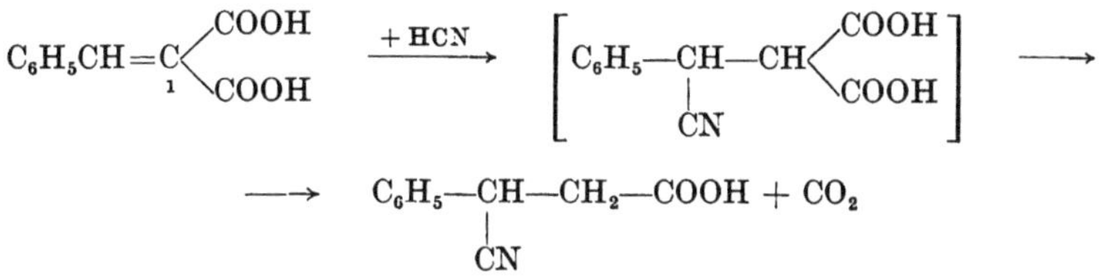

Die Malonsäuregruppierung geht dabei unter CO_2-Abgabe in das System der Essigsäure über, ebenfalls eine Folge der induktiven Effekte.

Auch *Ammoniak, Hydroxylamin, Semicarbazid* reagieren mit dem $>C=\overset{|}{C}-\overset{|}{C}=O$-System. Der Reaktionsablauf wird ebenso wie bei dem $>C=\overset{|}{C}-\overset{|}{C}=C<$-System mit einer Einlagerung des einsamen Elektronenpaares des Stickstoffatoms in die Oktettlücke eines polarisierten Moleküls erfolgen können. Ob dabei die Einlagerung des Stickstoffatoms an das C_3- oder C_1-Atom stattfindet, hängt neben der Konstitution beider Reaktionsteilnehmer auch von den besonderen Versuchsbedingungen ab. Man erhält bei der Einlagerung von Hydroxylamin in C_1 substituierte Hydroxylamine, beim Angriff an C_3 infolge nachträglicher H_2O-Abspaltung ein *Oxim*, z. B.[2]:

$$(CH_3)_2\overset{1}{C}=\overset{2}{\underset{H}{C}}-\overset{3}{\underset{\underset{|O|}{\|}}{C}}-CH_3 + |NH_2OH \xrightarrow[\text{II}]{\text{I}} \begin{matrix}\xrightarrow{NaOCH_3} (CH_3)_2C-CH_2-CO-CH_3\\ \qquad\qquad |\\ \qquad\qquad NH(OH)\\ \xrightarrow{C_2H_5OH} (CH_3)_2C=CH-\underset{\underset{CH_3}{|}}{C}=NOH + H_2O\end{matrix}$$

I $(CH_3)_2\overset{\oplus}{C}-\underset{\underset{\underset{OH}{|}}{H-N-\boxed{H}}}{C}-\overset{H}{\underset{\|}{C}}-CH_3$

II $(CH_3)_2C=\underset{\underset{\underset{OH}{|}}{H-\overset{\oplus}{N}-\boxed{H}}}{\overset{H}{C}}-\underset{\underset{\downarrow}{}}{\overset{CH_3}{\underset{|}{C}}}-\overline{O}|^{\ominus} \longrightarrow (CH_3)_2C=CH-\underset{\underset{\underset{OH}{|}}{|N-H}}{\overset{CH_3}{\underset{|}{C}}}-OH \xrightarrow{-H_2O} (CH_3)_2C=CH-\underset{\underset{\underset{OH}{|}}{|N|^{\ominus}}}{\overset{CH_3}{\underset{|}{C}}}^{\oplus}$

$$\longleftrightarrow (CH_3)_2C=CH-\underset{\underset{\underset{OH}{|}}{|N}}{\overset{CH_3}{\underset{|}{C}}}$$

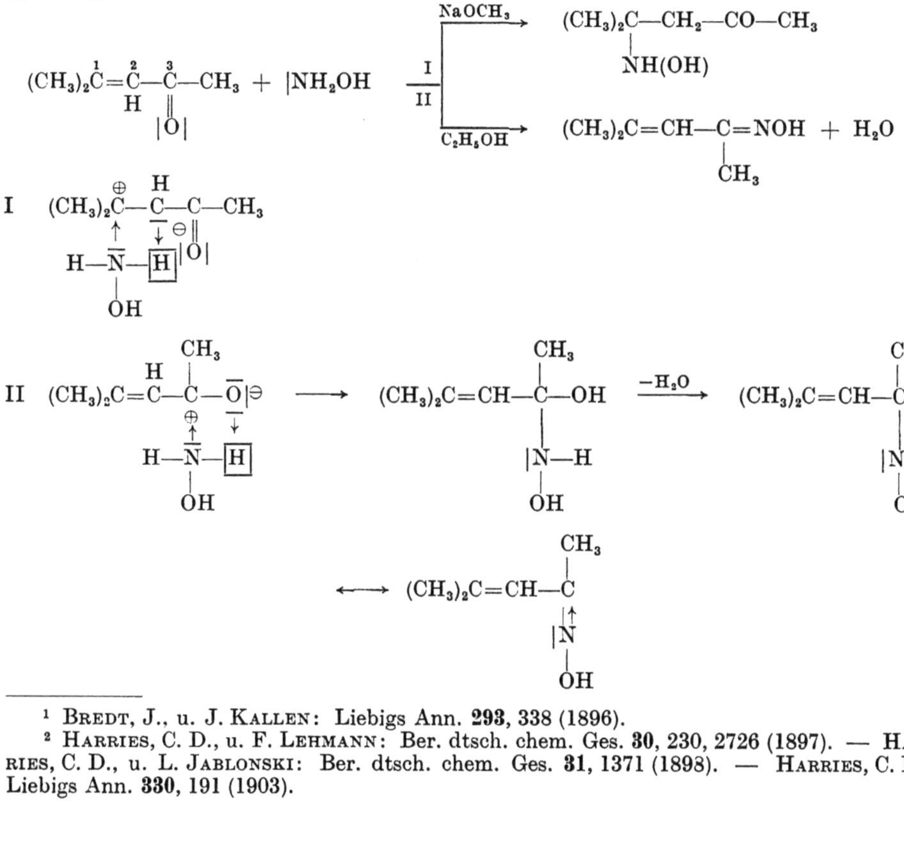

[1] BREDT, J., u. J. KALLEN: Liebigs Ann. **293**, 338 (1896).
[2] HARRIES, C. D., u. F. LEHMANN: Ber. dtsch. chem. Ges. **30**, 230, 2726 (1897). — HARRIES, C. D., u. L. JABLONSKI: Ber. dtsch. chem. Ges. **31**, 1371 (1898). — HARRIES, C. D.: Liebigs Ann. **330**, 191 (1903).

Außer diesen Additionsreaktionen mit Fremdmolekülen können sich auch zwei gleiche Moleküle zusammenlagern. Bekannt ist die *Dimerisation der Zimtsäure*, die in symmetrischer oder unsymmetrischer Richtung erfolgen kann[1]. Hierbei ist ein „biradikalischer" Mechanismus denkbar:

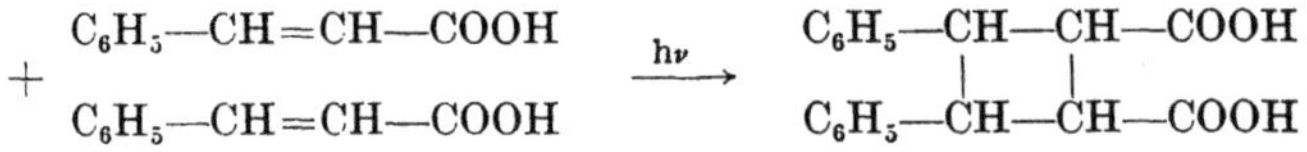

$$\begin{array}{c} C_6H_5-CH=CH-COOH \\ + \\ C_6H_5-CH=CH-COOH \end{array} \xrightarrow{h\nu} \begin{array}{c} C_6H_5-CH-CH-COOH \\ | \quad | \\ C_6H_5-CH-CH-COOH \end{array} \quad \text{(Truxinsäure)}$$

$$\text{oder} \quad \begin{array}{c} C_6H_5-CH=CH-COOH \\ HOOC-CH=CH-C_6H_5 \end{array} \xrightarrow{h\nu} \begin{array}{c} C_6H_5-CH-CH-COOH \\ | \quad | \\ HOOC-CH-CH-C_6H_5 \end{array} \quad \text{(Truxillsäure)}$$

Das reaktive Verhalten des $>C=\overset{|}{C}-\overset{|}{C}=O$-Systems zeigt, daß sowohl 1,2- als auch 3,4- und 1,4-Additionen möglich sind. Ob der eine oder andere Weg beschritten wird, ist von der Konstitution der Reaktionspartner und den Versuchsbedingungen in besonderem Maße abhängig und es ist oft schwierig, wenn derzeit überhaupt möglich, dies zu entscheiden, da die 1,4-Additionen durch nachträgliche Umlagerung als 1,2-Addition erscheinen können. Für die Erklärung des Reaktionsablaufes an dem konjugierten $>C=\overset{|}{C}-\overset{|}{C}=O$-System läßt sich mit Erfolg die *Mesomerie*vorstellung heranziehen. Es gilt auch hier das gleiche, was über die Mesomerie des konjugierten $>C=\overset{|}{C}-\overset{|}{C}=C<$-Systems auf S. 198 ff. gesagt wurde. Das Reaktionsbild ist aber durch Teilnahme eines Heteroatoms (O-Atoms) am konjugierten System etwas leichter zu deuten, da hier der Einfluß von Substituenten und äußeren Bedingungen (Lösungsmittel usw.) die Mesomerie in Richtung auf eine bestimmte Grenzanordnung in stärkerem oder geringerem Ausmaß verschieben kann.

Das gleiche gilt, in entsprechender Weise übertragen, für Bindungssysteme, die statt des Sauerstoffatoms ein oder zwei *Stickstoffatome* enthalten (z. B.: $>C=\overset{|}{C}-\overset{|}{C}=N-$, $O=\overset{|}{C}-\overset{|}{C}=N-$, $O=\overset{|}{C}-\overset{|}{C}=O$, $-N=\overset{|}{C}-\overset{|}{C}=N-$). Das reaktive Verhalten der $>C=\overset{|}{C}-C=O$-Bindung zeigt aber, daß man bei diesen komplizierteren Systemen nicht ein allgemeines Reaktionsschema aufstellen kann, sondern daß in jedem Fall zu untersuchen ist, welche Mesomeriemöglichkeiten das Reaktionssystem bevorzugt darbieten kann und ob nicht durch besondere Versuchsbedingungen die Reaktion in eine bestimmte Richtung gelenkt wird.
Gekreuzt konjugierte Systeme:

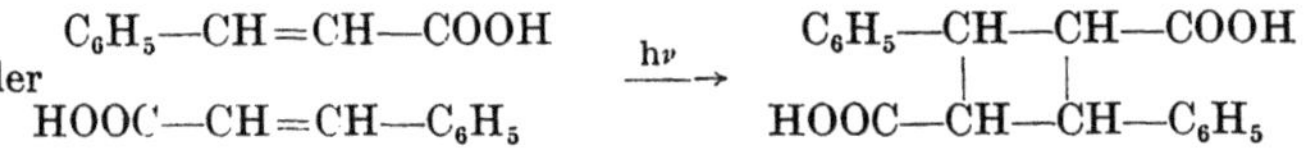

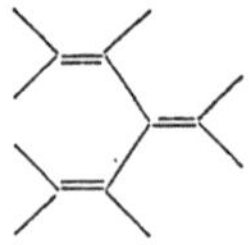

sind noch wenig untersucht worden. Erst neuerdings gelang z. B. die Darstellung des Fulvens[2] selbst aus Cyclopentadien und Formaldehyd in wäßrig-alkoholischer Lösung unter besonderen Vorsichtsmaßnahmen:

[1] STOERMER, R., u. E. LAAGE: Ber. dtsch. chem. Ges. **54**, 77 (1921).
[2] THIEC, J., u. J. WIEMANN: Bl. [5] **23**, 177 (1956).

6. Diensynthesen

Die unter dem Namen „Diensynthesen" zusammengefaßten Reaktionen eines Diens mit einer dienophilen Komponente stellen nach den Ergebnissen von O. DIELS[1] und K. ALDER[2] ein besonders wichtiges und interessantes Gebiet der Reaktionen konjugierter Systeme dar.

Der allgemeine Reaktionsablauf[3] besteht in der Anlagerung einer reaktionsfähigen Doppelbindung des „*Philodiens*" an ein *konjugiertes System* zweier Doppelbindungen (*Dien*) in 1,4-Stellung unter Ausbildung hydroaromatischer Ringe, z.B.:

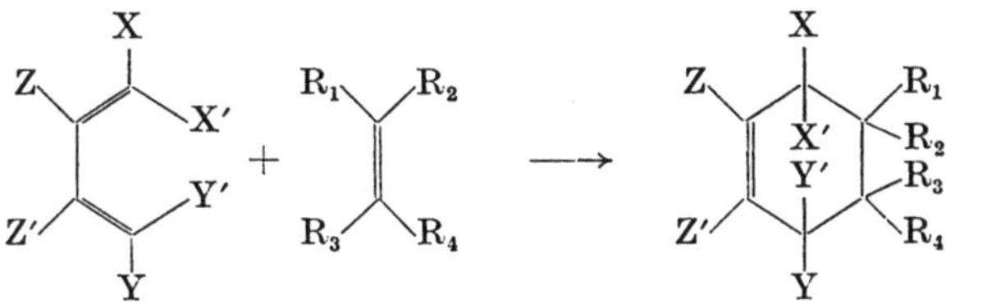

Besonders wichtig ist, daß nach den Untersuchungen von K. ALDER und G. STEIN die Diensynthese im allgemeinen *freiwillig* verläuft und *keiner katalytischen Beeinflussung* durch Säuren, Alkalien oder andere „Kondensationsmittel" unterliegt.

In der Wahl der Dien- und der dienophilen Komponente bestehen vielfältige Möglichkeiten, so daß die Zahl der mittels Diensynthesen herstellbaren Verbindungen sehr groß ist und noch ständig wächst. Der Geltungsbereich des Schemas ist sehr weit. *Ausnahmen* treten bei solchen dienophilen Komponenten ein, die Zwillingsdoppelbindungen enthalten. *Ketene*[4] (und *Allene*[5]) liefern primär Vierringsysteme:

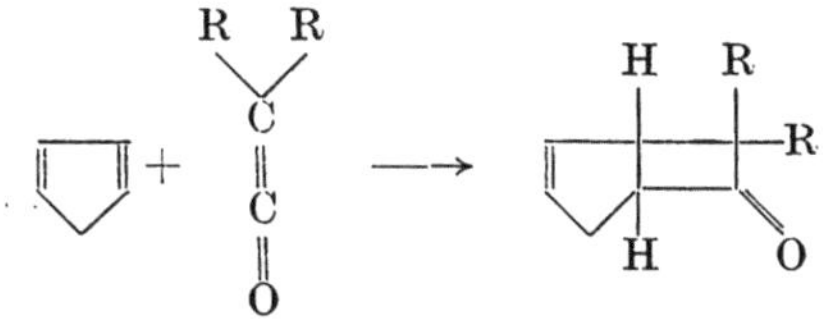

Bei den Dienen finden sich Ausnahmen, insbesondere in gewissen heterocyclischen Systemen, z. B. dem *Pyrrol* (vgl. S. 302), wo die Sechsringbildung durch einen Substitutionsvorgang abgelöst wird. Im übrigen ist wie schon gesagt der Geltungsbereich obigen Schemas überraschend groß. Hierfür einige Beispiele.

a) Variation der Dienkomponente

Als Diene kann man neben Butadien und seinen Derivaten auch *ringgeschlossene Diene*, wie das Cyclopentadien, -hexadien, -heptadien, das Furan, Ergosterin, ja

[1] DIELS, O.: Ber. dtsch. chem. Ges. **69** [A], 195 (1936).

[2] Zusammenfassende Darstellung s. K. ALDER u. G. STEIN: Angew. Chem. **50**, 510 (1937). — ALDER, K.: Die Methoden der Dien-Synthese, in Neuere präparative Methoden der Chemie, Bd. I, S. 257. Berlin: Verlag Chemie 1943. — ALDER, K., u. M. SCHUMACHER: Fortschr. Chem. org. Naturst. **10**, 2ff. (1953).

[3] DIELS, O., u. K. ALDER: Liebigs Ann. **460**, 98 (1928). — Vgl. ferner O. DIELS: Ber. dtsch. chem. Ges. **69** [A], 195 (1936). — ALDER, K. u. G. STEIN: Angew. Chem. **50**, 510 (1937), dort zusammenfassende Darstellung u. Schrifttumsangabe.

[4] BLOMQUIST, A. T., u. J. KWIATEK: J. Amer. Chem. Soc. **73**, 2098 (1951).

[5] ALDER, K., u. O. ACKERMANN: Ber. dtsch. chem. Ges. **87**, 1567 (1954).

sogar das Anthracen und ähnliche K. W.-Stoffe verwenden[1]:

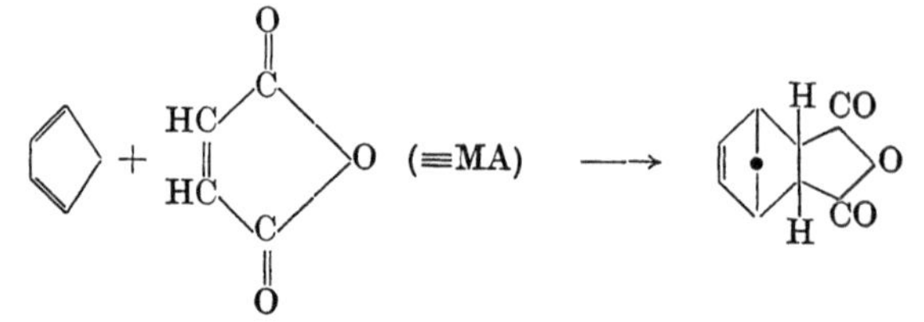

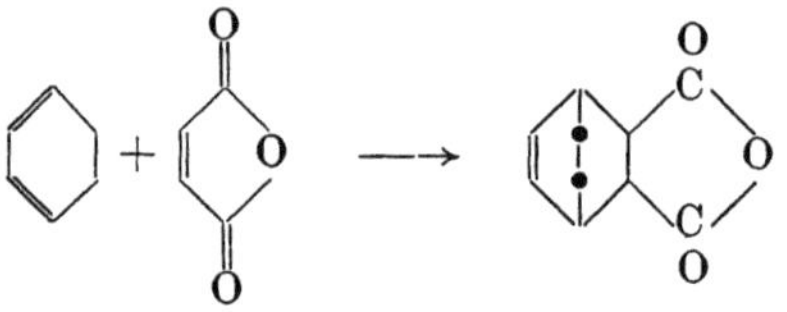

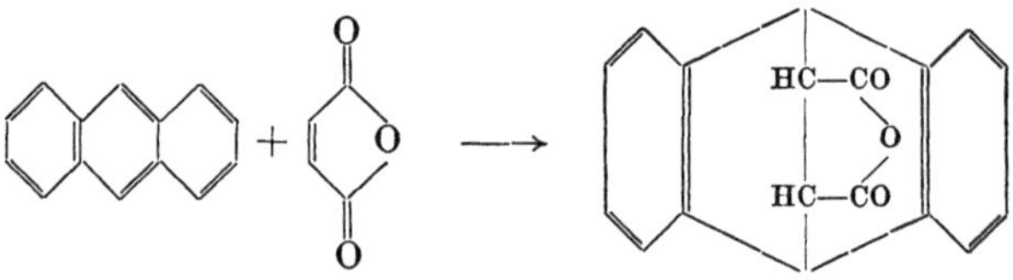

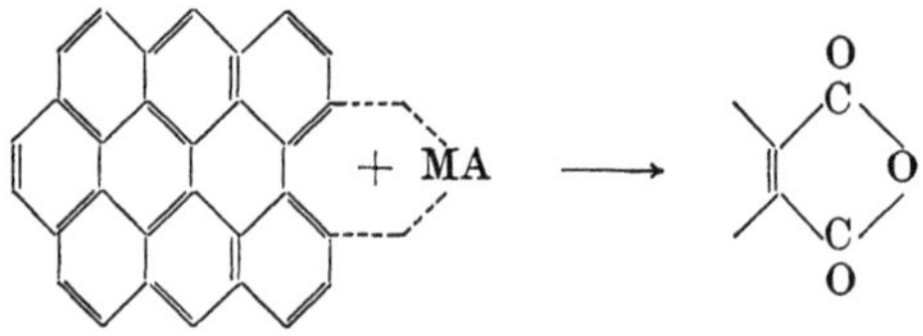

meso-Anthra-dianthren[2]

Die Dienkomponente ist im allgemeinen weitgehend *unabhängig* von der Natur der *Substituenten* X, X′, Y, Y′, Z, Z′. Eine der Doppelbindungen kann auch einem aromatischen System angehören (Styroltypus), ohne daß die Additionsfähigkeit verlorengeht[3]. Während *Styrol* selbst mehr als Philodien fungiert, z. B.:

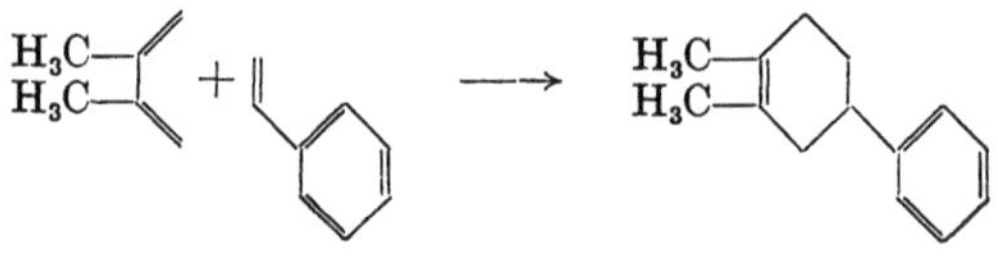

3,4-Dimethyl-1,2,5,6-tetrahydrodiphenyl

[1] Über Synthesen von 1,4,5,8-Bis-endomethylen-dekalinen s. K. ALDER u. E. WINDEMUTH: Ber. dtsch. chem. Ges. **71**, 2404, 2409 (1938); Synthesen von Diphenyl und dem Fluorenringsystem s. K. ALDER u. H. F. RICKERT: Ber. dtsch. chem. Ges. **71**, 373, 379 (1938); auch der Aufbau des Cyclopentanoperhydrophenanthrensystems ist mittels Dien-Synthese gelungen, E. DANE: Liebigs Ann. **532**, 39 (1937). — Vor allem R. B. WOODWARD u. Mitarb.: J. Amer. Chem. Soc. **73**, 2403 (1951); **74**, 4223 (1953). — Siehe a. Angew. Chem. **65**, 381 (1953); **66**, 448 (1954). — Siehe ferner A. MONDON: Angew. Chem. **65**, 333 (1953); Synthesen hocharylierter aromatischer Verbindungen sind von W. DILTHEY u. Mitarb. ausgeführt worden, Ber. dtsch. chem. Ges. **71**, 974 (1938). — J. prakt. Chem. [2] **151**, 185, 257 (1938).

[2] In siedendem Nitrobenzol gleichzeitige Dehydrierung. CLAR, E.: Nature (London) **161**, 238 (1948).

[3] ALDER, K., u. K. TRIEBENECK: Dissertation Köln 1951, unveröffentlicht.

reagieren einige seiner Derivate wie z. B.:

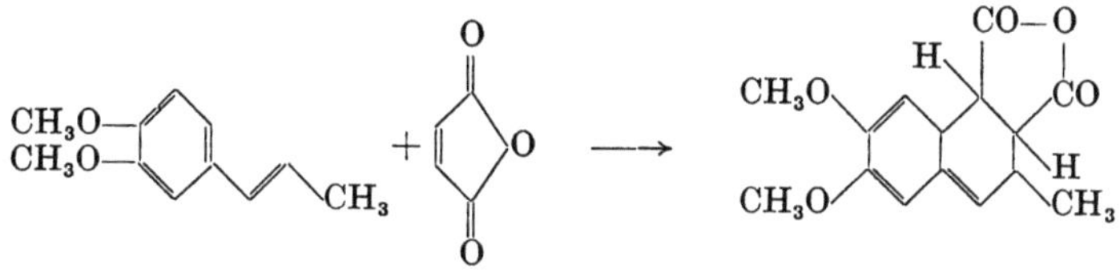

unter Einbeziehung einer „aromatischen“ Doppelbindung als Dien[1]. Entsprechend reagiert *as.-Diphenyläthylen*[2] mit Maleinsäureanhydrid:

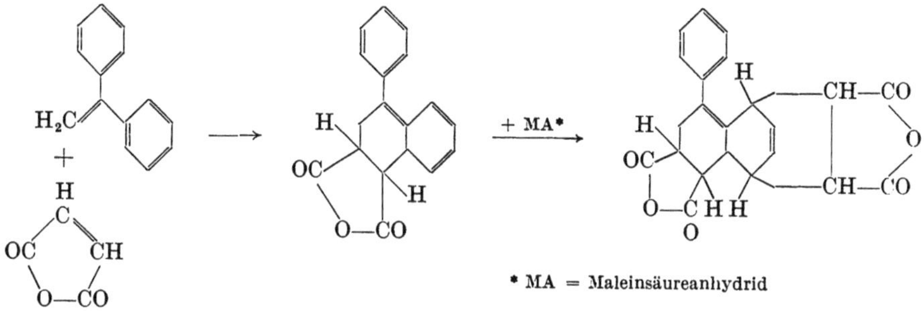

* MA = Maleinsäureanhydrid

Besonders lebhaft reagiert nach diesem Schema *1-Vinylnaphthalin*, wobei Phenanthrenderivate[3] entstehen. 1-Vinylnaphthalin kann unter Umständen sowohl als Dien wie als Philodien reagieren, z. B.[4]:

1-(1′-Naphthyl)-1,2,3,4-tetrahydrophenanthren

Auch das *2-Vinylnaphthalin* kann als Dien reagieren, wobei aber nur die 1,2-„Doppelbindung“ des Naphthalinkernes in Reaktion tritt. Wie auch sonst hat die 2,3-Doppelbindung wesentlich geringeren Doppelbindungscharakter als die 1,2-Doppelbindung[5]. Analog verläuft die Reaktion des 1-(2′-Thienyl)-cyclooct-1-ens mit Maleinsäureanhydrid[6]:

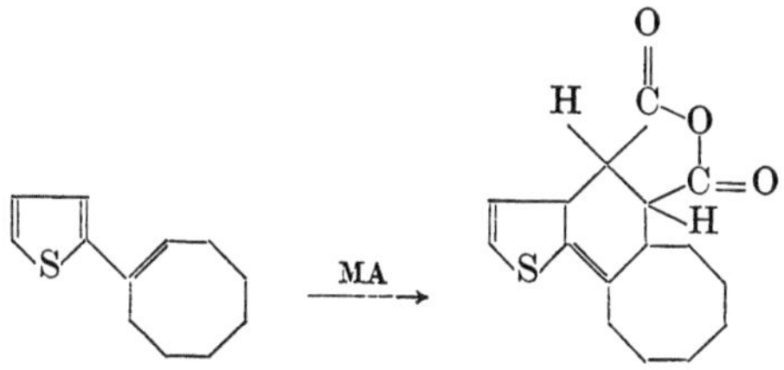

[1] Hudson, B. J. F., u. R. Robinson: J. Chem. Soc. (London) **1941**, 715.
[2] Wagner-Jauregg, T.: Liebigs Ann. **491**, 1 (1931).
[3] Cohen, A.: Nature (London) **136**, 869 (1935). — Cohen, A., u. F. L. Warren: J. Chem. Soc. (London) **1937**, 1315.
[4] Bachmann, W. E., u. N. C. Deno: J. Amer. Chem. Soc. **71**, 3062 (1949).
[5] Cohen, A.: Nature (London) **136**, 869 (1935).
[6] Szmuszkovicz, J., u. E. J. Modest: J. Amer. Chem. Soc. **72**, 571 (1950).

Polyensysteme fungieren grundsätzlich als Dienanordnungen, gehen demnach als Substitutionsprodukte eines Diens die Reaktion ein[1]. Ist z. B. ein Trien unsymmetrisch substituiert, so sind zwei Additionsmöglichkeiten gegeben:

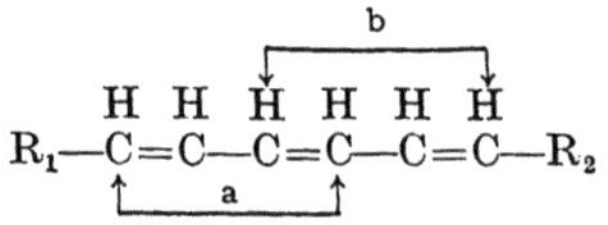

wobei noch sterische Fragen beachtet werden müssen. Der Substituent $-CH=CH-R$ kann sich sowohl in cis- wie in trans-Stellung am Diensystem befinden:

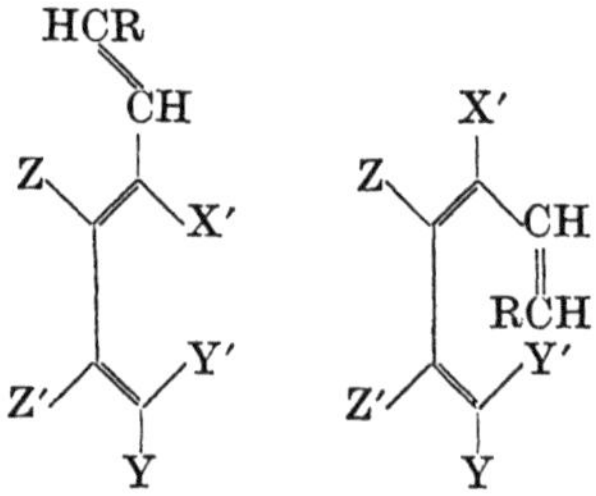

A (trans) *B* (cis)

Welches Diensystem in *A* mit dem Philodien reagiert, hängt von der Art und Zahl der Substituenten ab. Aus der *cis-Anordnung B* ist noch keine Addition bekannt geworden. Dagegen scheinen hier *innermolekulare* Diensynthesen möglich zu sein:

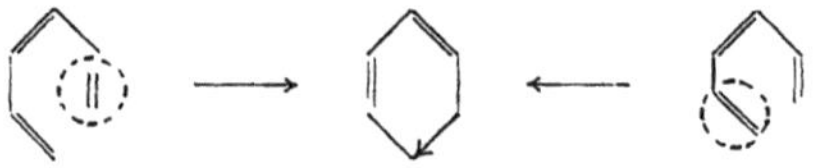

wobei das hexacyclische Dien sowohl von der einen wie der anderen Doppelbindung  als Philodien geliefert werden kann. Ein Sonderfall dieser intramolekular verlaufenden Diensynthese ist die intracyclische Umwandlung von *Cyclooctatrien* in *Bicyclo-(0,2,4)-octadien*[2]:

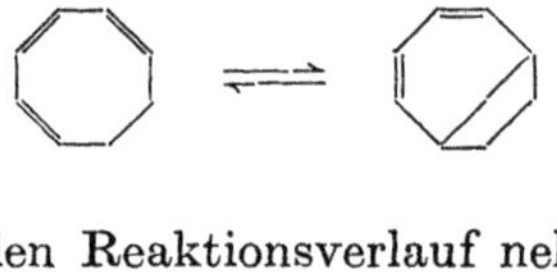

Einen etwas abweichenden Reaktionsverlauf nehmen die Umsetzungen von *Pyrrol, Pyrazol, Imidazol* und *Indol* mit Maleinsäure. Hier findet unter indirekter

---

[1] ALDER, K., u. M. SCHUMACHER: Liebigs Ann. **570**, 178 (1950). — BUTZ, L. W., E. W. J. BUTZ u. A. M. GADDIS: J. organ. Chem. **5**, 171 (1940). — DIELS, O., u. K. ALDER: Ber. dtsch. chem. Ges. **62**, 2081 (1929). — KUHN, R., u. T. WAGNER-JAUREGG: Ber. dtsch. chem. Ges. **63**, 2662 (1930).

[2] ALDER, K., M. SCHUMACHER, B. KAISER, K. RUST u. G. JACOBS: unveröffentlichte Beobachtungen.

„substituierender Addition“ eine Wasserstoffwanderung statt, z. B.:

In dieser Art kann sich auch der Wasserstoff, z. B. von *Propylen*, an Maleinsäureanhydrid addieren (En-Synthesen):

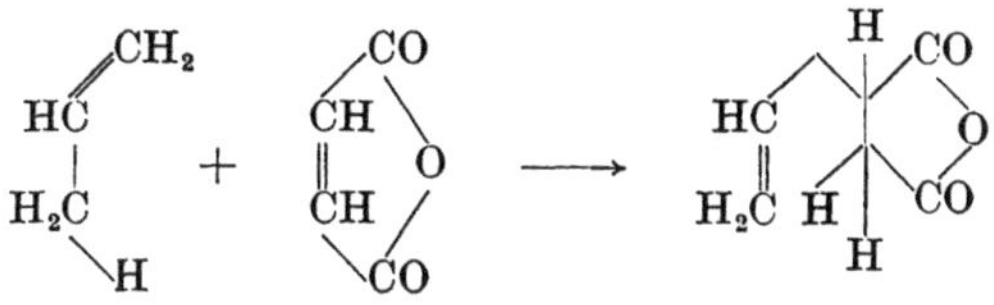

Bei entsprechenden konstitutiven Voraussetzungen können Dien und En-Synthesen auch nacheinander in Erscheinung treten, z. B. beim *Divinylmethan*[1]:

$$CH_2{=}CH{-}CH_2{-}CH{=}CH_2$$

Zu interessanten Ringsystemen führt die Diensynthese mit *Acetylendicarbonsäureester* als dienophiler Komponente und Heterocyclen wie Pyridin, Chinolin, Isochinolin, Chinaldin. Unter Bildung farbiger instabiler Vorprodukte, die von O. Diels in folgender Weise formuliert wurden:

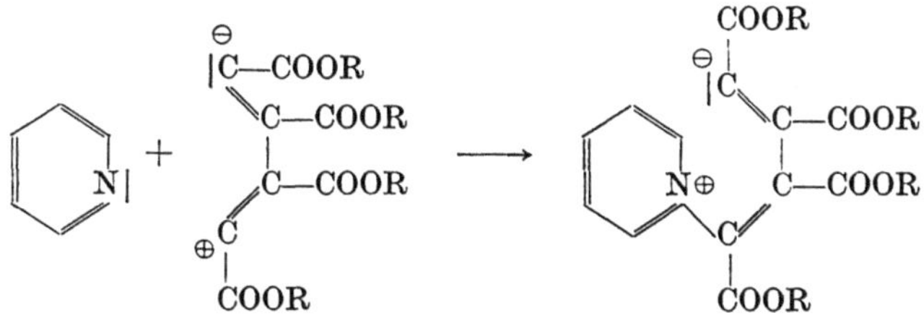

findet schließlich eine Stabilisierung unter Ausbildung neuer Ringsysteme statt. Aus dem „labilen“ Addukt von Pyridin und Acetylendicarbonsäureester entsteht so das *Chinolizinsystem*:

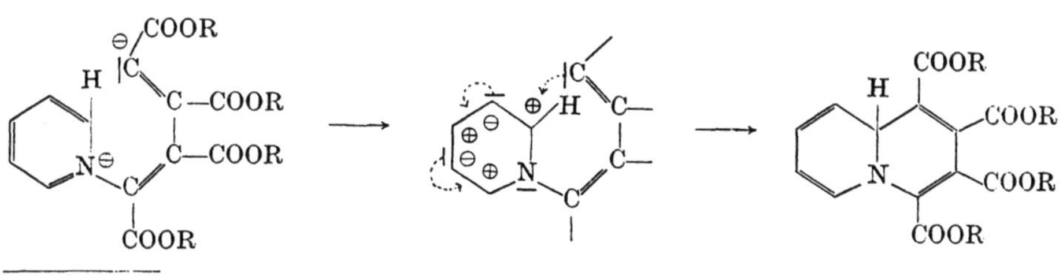

[1] Alder, K., u. F. Münz: Liebigs Ann. **565**, 126 (1949). — Neuere Arbeiten zur Diensynthese s. K. Alder, J. Haydn, K. Heimbach u. K. Neufang: Liebigs Ann. **586**, 110 (1954). — Alder, K., K. Heimbach u. K. Neufang: Liebigs Ann. **586**, 138 (1954). — Alder, K., F. Brochhagen, C. Kaiser u. W. Roth: Liebigs Ann. **593**, 1 (1955). — Alder, K., H. K. Schäfer, H. Esser, H. Krieger u. R. Reubke: Liebigs Ann. **593**, 23 (1955). — Alder, K., u. R. Schmitz-Josten: Liebigs Ann. **595**, 1 (1955). — Alder, K., H. Wollweber u. W. Spanke: Liebigs Ann. **595**, 38 (1955).

b) Variation der dienophilen Komponente

Ebenso zahlreich sind die Möglichkeiten in der Variation der *dienophilen Komponente*, wo neben Maleinsäureanhydrid auch Acrolein, Crotonaldehyd, Benzochinon, α- und β-Naphthochinon, allgemein Verbindungen mit der Atomgruppierung:

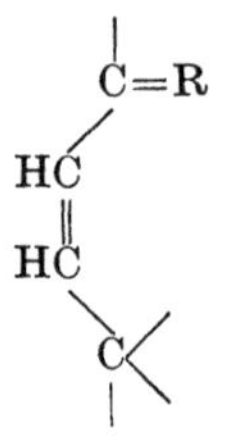

und ebenso Nitrile α,β-ungesättigter Säuren:

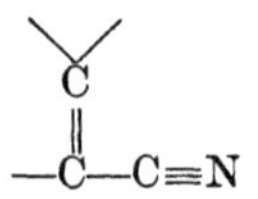

anwendbar sind:

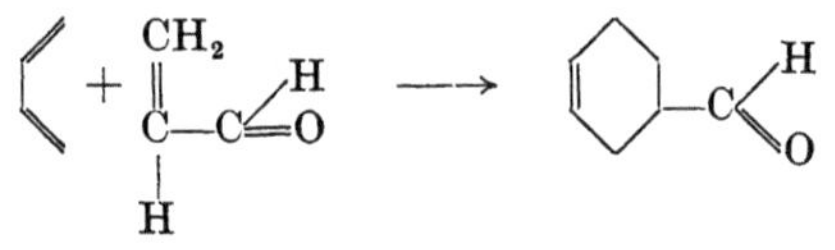

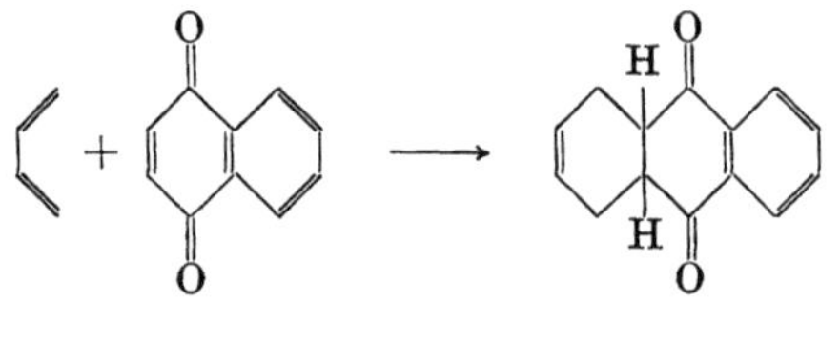

Verwendung von p-Chinonen als Philodien[1]:

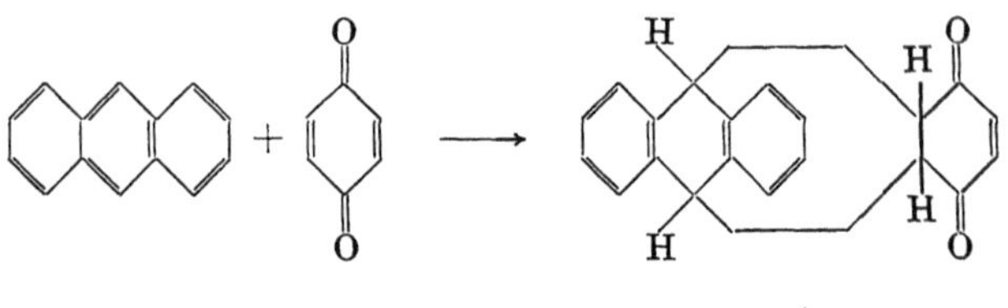

A

[1] 93% Ausbeute. Clar, E.: Ber. dtsch. chem. Ges. **64**, 1676 (1931).

Ferner[1]:

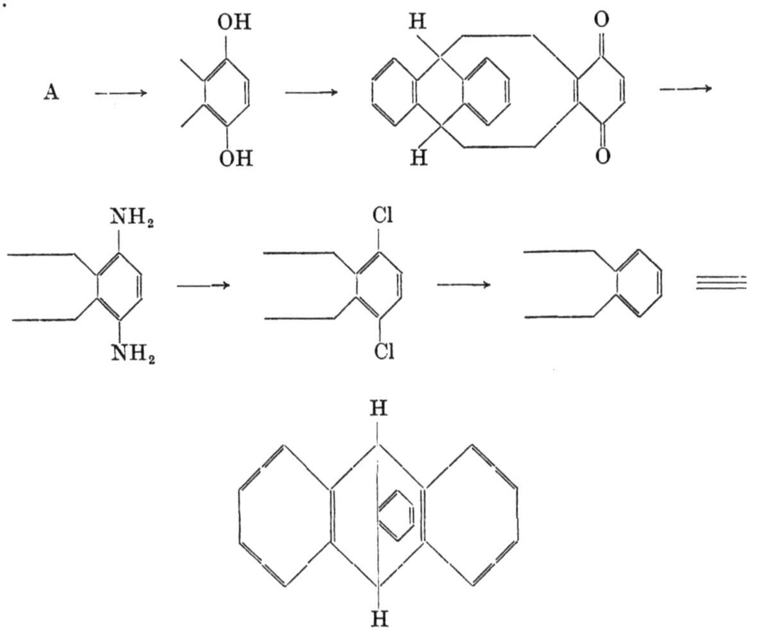

9:10-o-Benzoanthracen ≡ Triptycen ≡ Tribenzo-bicyclo-(2,2,2)-octatrien

Aber auch eine Doppelbindung des Diens selbst kann unter Umständen auf das konjugierte Bindungssystem eines zweiten gleichen Moleküls unter Diensynthese einwirken:

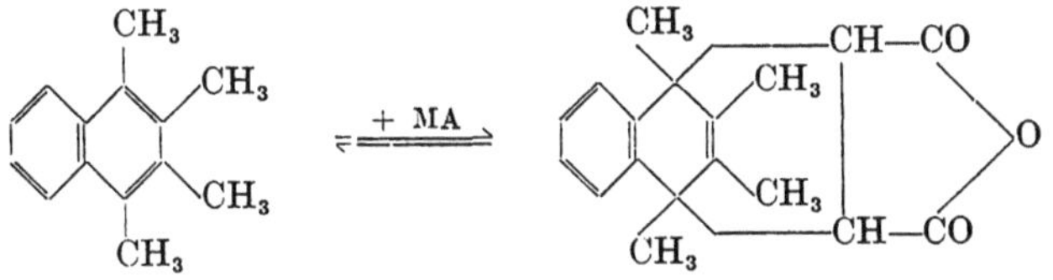

[2]

Während das Dien substituiert sein kann, wird dagegen der dienophile Charakter des Maleinsäureanhydrids durch *Substitution* seiner Wasserstoffatome z. B. durch Methylgruppen wie in Citracon- oder Dimethylmaleinsäure-anhydrid stark abgeschwächt, eine Eigenschaft, die man sich für bestimmte analytische Aufgaben (fraktionierte Diensynthese) zu Nutzen machen kann.

Die Konjugation einer C=C-Doppelbindung des Philodiens mit einem anderen ungesättigten Atom (oder Atomgruppe) ist keine notwendige Bedingung für das

[1] Bartlett, P. D., M. J. Ryan u. S. G. Cohen: J. Amer. Chem. Soc. **64**, 2649 (1942). — Neue Triptycensynthese aus Anthracen und Dehydrobenzol s. G. Wittig u. R. Ludwig: Angew. Chem. **68**, 40 (1956); analog wurde 1-Brom-triptycen hergestellt (reaktionsträges Brom), P. D. Bartlett, S. G. Cohen, J. D. Cotman jr., N. Kornblum, J. R. Landry u. E. S. Lewis: J. Amer. Chem. Soc. **72**, 1003 (1950). — Vgl. S. 123.

[2] Kloetzel, M. C., R. P. Dayton u. H. L. Herzog: J. Amer. Chem. Soc. **72**, 273 (1950).

Eintreten der Dienreaktion. *Allyl-Verbindungen*:

$$CH_2=CH-CH_2-R \quad R = OCOCH_3, Br, Cl,$$

Vinyl-Verbindungen:

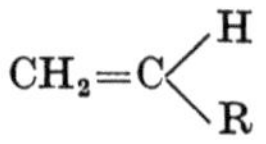

$$CH_2=C{\overset{H}{\underset{R}{\diagdown}}} \quad R = OR',$$

sogar das *Äthylen* selbst und seine nächsten Homologen ($R = CH_3$) addieren sich an Diene[1]. Immerhin sind in solchen Fällen energische Bedingungen zum Gelingen der Diensynthese erforderlich. Die *ungesättigten Substituenten* $>C=O$ $>C=C<$, $-C≡N$, die sich in Konjugation zur addierenden Doppelbindung befinden, spielen offenbar die Rolle von *Aktivatoren*. Aber auch andere Atome, wie *O-* und *N-Atome* können im Philodien ganz oder teilweise die Kohlenstoffatome des Additionszentrums besetzen, wie folgende Beispiele von Philodiensystemen zeigen[2]:

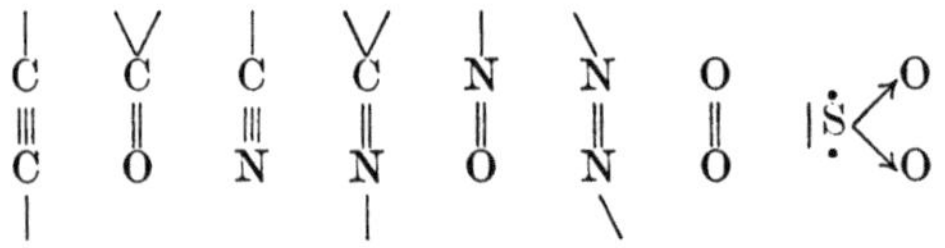

Insgesamt hängt der mehr oder weniger ausgeprägte philodiene Charakter eines Olefins stark von den Substituenten R ab.

c) Sterische Gesetzmäßigkeiten der Diensynthese

Die Dienreaktionen unterliegen charakteristischen Gesetzmäßigkeiten. Schon die Lage ein- und desselben Substituenten in *cis-* oder *trans*-Stellung am Dien:

trans-   cis-
Stellung

ist, wie bereits erwähnt, von bedeutendem Einfluß auf die Bildungsgeschwindigkeit und Konfiguration des entstehenden Adduktes. Additionen mit Substituenten in trans-Stellung verlaufen praktisch unabhängig von der Größe und Art des Substituenten, während bei cis-ständigen Substituenten das Gegenteil der Fall ist. Beispielsweise sinkt hier in der Reihe $X = CH_3, C_2H_5,$ iso-C_3H_7 das Additionsvermögen und verschwindet bei $X = $ tert.-C_4H_9 oder C_6H_5 vollkommen. Die sterische Konfiguration der entstehenden Addukte ist ebenfalls für cis- und trans-ständige gleiche Substituenten, z. B. CH_3, verschieden. Aus dem trans-Dien und Maleinsäureanhydrid bildet sich das „*all-cis*"-*Addukt* (Carboxyl- und

---

[1] ALDER, K., u. H. F. RICKERT: Liebigs Ann. **543**, 1 (1940). — JOSHEL, L. M., u. L. W. BUTZ: J. Amer. Chem. Soc. **63**, 3350 (1941).
[2] DIELS, O., J. H. BLOM u. W. KOLL: Liebigs Ann. **443**, 242 (1925). — SCHENCK, G. O.: Naturwiss. **35**, 28 (1948). — Z. Naturforsch. **3b**, 59 (1948). — Angew. Chem. **64**, 12 (1952). — Addition von $C_6H_5-C≡N$ s. G. J. JANZ u. W. J. H. McCULLOCH: J. Amer. Chem. Soc. **77**, 3014 (1955). — Addition von Nitrosoverbindungen und von Thionylaminen, O. WICHTERLE: Tagungsberichte der chem. Ges. der DDR **1955**, 124.

z. B. CH_3-Gruppen auf derselben Ringseite) dagegen aus dem cis-Dien das Addukt mit in *trans-Stellung* zur Ringebene befindlichen Substituenten:

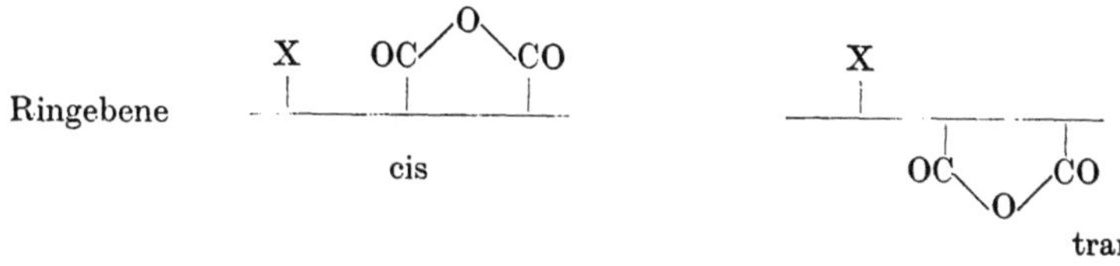

Der Grund für diese unterschiedliche Additionsfähigkeit nur sterisch verschieden substituierter Diene ist in der *freien Drehbarkeit* der Diene um die C_2-C_3-Achse zu sehen. Von den extremen Lagerungen:

„gekrümmte" Konfiguration „gestreckte"

ist nur die *„gekrümmte"* oder eine annähernd gekrümmte Anordnung zur Diensynthese fähig und demgemäß kann durch cis-Substituenten geeigneter Größe und Gestalt die Einnahme dieser zur Addition erforderlichen Konfiguration verhindert werden, nicht aber durch trans-Substituenten. Ist die „gekrümmte" Konfiguration etwa wie beim *Cyclopentadien* festgelegt, dann erfolgt die Addition besonders leicht. Geht man zu „beweglichen" Ringsystemen durch Einschaltung mehrerer CH_2-Gruppen über, so nimmt die Additionsfreudigkeit rasch ab und ist beim *Cyclooctadien* verschwunden:

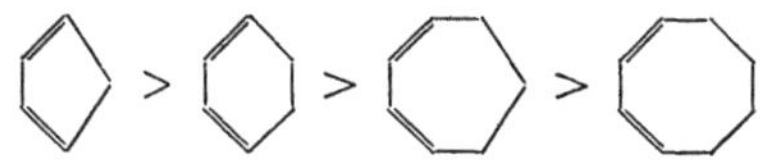

Abnahme des Additionsvermögens der cycl. Diene

Dies stimmt mit dem obigen Postulat überein, daß nur die „gekrümmte" festgelegte Konfiguration der Diene für den Ablauf der Reaktion eine Rolle spielt.

Welche sterischen Möglichkeiten sind bei der Addition eines substituierten Diens und eines substituierten Philodiens grundsätzlich gegeben?

Nach dem allgemeinen Schema:

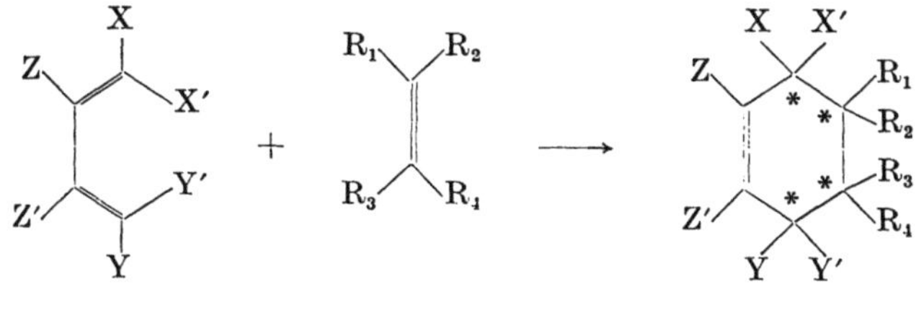

enthält das entstehende Ringsystem 4 Asymmetriezentren (*), d. h. es müßten sich *16 stereoisomere Formen* (8 Antipodenpaare) bilden:

$\frac{X}{X'}\left\{\frac{R_1R_3}{R_2R_4}\right\}\frac{Y}{Y'}$	$\frac{X}{X'}\left\{\frac{R_2R_3}{R_1R_4}\right\}\frac{Y}{Y'}$	$\frac{X}{X'}\left\{\frac{R_1R_4}{R_2R_3}\right\}\frac{Y}{Y'}$	$\frac{X}{X'}\left\{\frac{R_2R_4}{R_1R_3}\right\}\frac{Y}{Y'}$
a	*b*	*c*	*d*
$\frac{X'}{X}\left\{\frac{R_1R_3}{R_2R_4}\right\}\frac{Y}{Y'}$	$\frac{X'}{X}\left\{\frac{R_2R_3}{R_1R_4}\right\}\frac{Y}{Y'}$	$\frac{X'}{X}\left\{\frac{R_1R_4}{R_2R_3}\right\}\frac{Y}{Y'}$	$\frac{X'}{X}\left\{\frac{R_2R_4}{R_1R_3}\right\}\frac{Y}{Y'}$
e	*f*	*g*	*h*

Nach allen bisherigen Erfahrungen bildet sich von diesen denkbaren stereoisomeren Formen meist nur eine *einzige*. Es müssen also bestimmte sterische Auswahlgesetze den Additionsvorgang regeln.

Als grundlegend für den Additionsvorgang — unabhängig von der Natur der Substituenten — ist die Tatsache anzusehen, daß bei der Diensynthese die *Konfiguration* des *Diens* wie des *Philodiens* bei der Addition *erhalten* bleibt, beide also sterisch unverändert in das Addukt eingehen. Die relative Lage der Substituenten im Dien und Philodien bleibt im Addukt die gleiche in bezug auf den Ring wie vor der Addition in bezug auf die Doppelbindungen, d. h. cis-cis- oder trans-trans-Substituenten des Diens finden sich auf der gleichen, cis-trans- oder trans-cis-ständige Substituenten auf verschiedenen Ringseiten des gebildeten Adduktes. Aus einem Dien I und einem Philodien II sind daher nur die Addukte *a* und *d* zu erwarten:

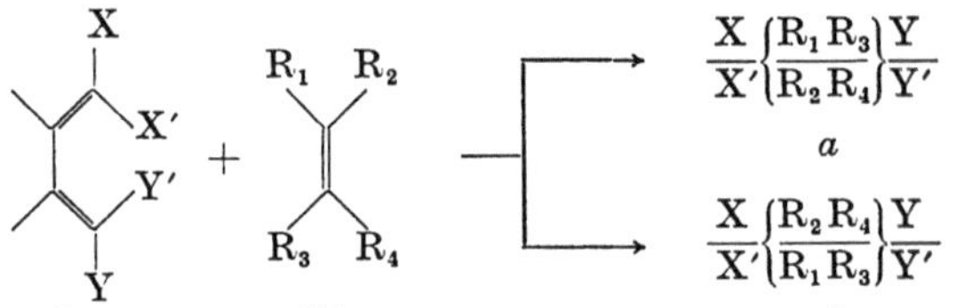

I II *d*

Das gleiche gilt mutatis mutandis für alle anderen Kombinationen von Dien und Philodien. Da aber meist nur *ein* und nicht zwei sterisch verschiedene Addukte entstehen, muß noch ein weiteres Auswahlprinzip wirksam sein. Dieses dritte Prinzip ist bei Verwendung unsymmetrisch substituierter Dien-Komponenten zu erkennen: die Addition der Partner kann sich unter Bewahrung der beiden obigen Auswahlgesetze entweder aus einer Anordnung maximaler oder minimaler Anhäufung der Doppelbindungen vollziehen:

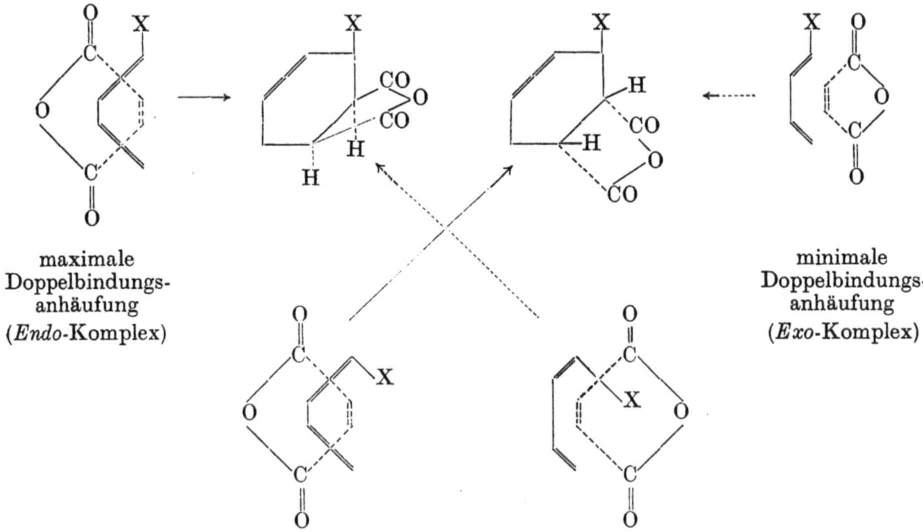

Die Diensynthese erfolgt stets aus einem Orientierungskomplex mit *maximaler Häufung der Doppelbindungssysteme* beider Partner[1].

[1] ALDER, K.: Dien-Synthese und verwandte Reaktionen, Stockholm Les Prix Nobel en 1950. — ALDER, K., u. G. STEIN: Angew. Chem. **47**, 837 (1934); **50**, 510 (1937). — ALDER, K., F. W. CHAMBERS u. W. TRIMBORN: Liebigs Ann. **566**, 27 (1950). — ALDER, K., u. R.

Dieser Erfahrungssatz hat sich an einem großen Tatsachenmaterial sicher bestätigen lassen.

Es ist sehr reizvoll, die Gültigkeit dieses Orientierungsschemas der Addition weiter zu verfolgen. Ringgeschlossene Diene, wie z. B. die *Fulvenderivate*, gehen ebenfalls leicht die Dienreaktion in üblicher 1,4-Addition ein. Aber durch das Vorhandensein einer neuen, an sich am Reaktionsakt nicht beteiligten „semicyclischen" Doppelbindung (5,6):

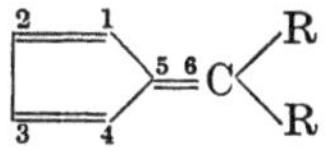

wird die Reaktion in andere Bahnen gelenkt. Das Hinzukommen der neuen Doppelbindung hebt nämlich die bevorzugte einseitige Anhäufung von π-Elektronen auf, und in beiden Orientierungskomplexen ist eine gleichmäßige Verteilung der Doppelbindungen erreicht. Daher geht in diesen Fällen die stereochemische Selektivität verloren und es entstehen annähernd *gleiche* Mengen der endo-cis- und exo-cis-Formen:

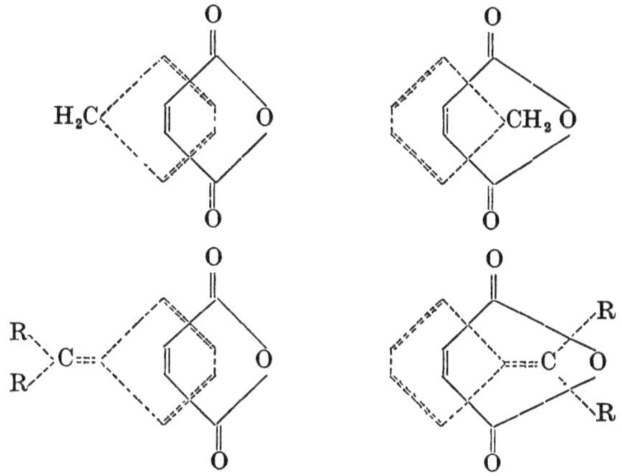

Endo-Komplex Exo-Komplex

Wird dagegen wie im *Diphenylfulven* ($R = C_6H_5$) die Anhäufung der π-Elektronen in der exo-cis-Form größer als in der endo-Form, so tritt eine weitgehende Verschiebung zugunsten der *exo-Form* ein. Im Falle der Addition von Maleinsäureanhydrid an Diphenylfulven ist die Verschiebung so vollkommen, daß nur die reine exo-Form entsteht.

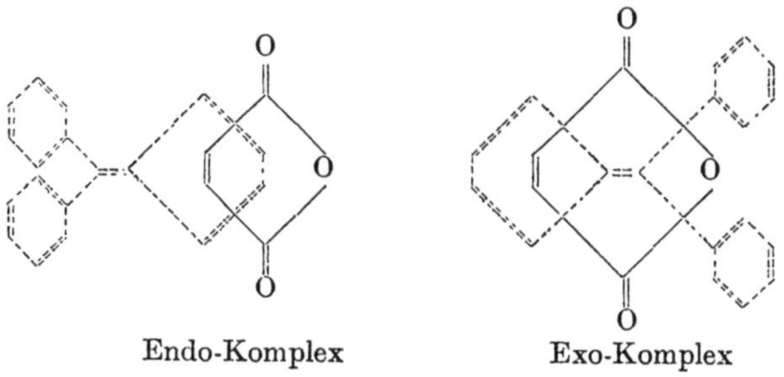

Endo-Komplex Exo-Komplex

Rühmann: Liebigs Ann. **566**, 1 (1950). — Alder, K., u. W. Scholl: Dissertation Köln 1951. — Alder, K., u. W. Trimborn: Liebigs Ann. **566**, 58 (1950). — Woodward, R. B., u. H. Baer: J. Amer. Chem. Soc. **66**, 645 (1944); **70**, 1161 (1948). — Siehe ferner D. Craig, J. J. Shipman, J. Kiehl, F. Widmer, R. Fowler u. A. Hawthorne, die über Ausnahmen der Alderschen Regeln am 6,6-Dimethylfulven + M. A. berichten: J. Amer. Chem. Soc. **76**, 4575 (1954).

Infolge der gegenseitigen Wirkung der π-Elektronen beider Reaktionspartner findet daher eine Addition immer aus dem Zustand maximaler Anhäufung dieser Elektronen statt. So kann sowohl endo-cis- wie exo-cis-Addition erfolgen. Es werden aber beide Wege beschritten, wenn weder die endo- noch die exo-Form durch eine bevorzugte Anhäufung der Doppelbindungen ausgezeichnet ist, wie das auch bei der Addition Fumarsäure + trans-Dien der Fall ist:

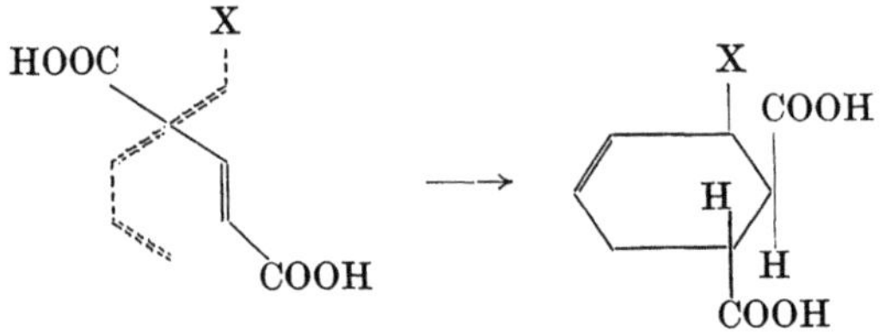

A

bzw.

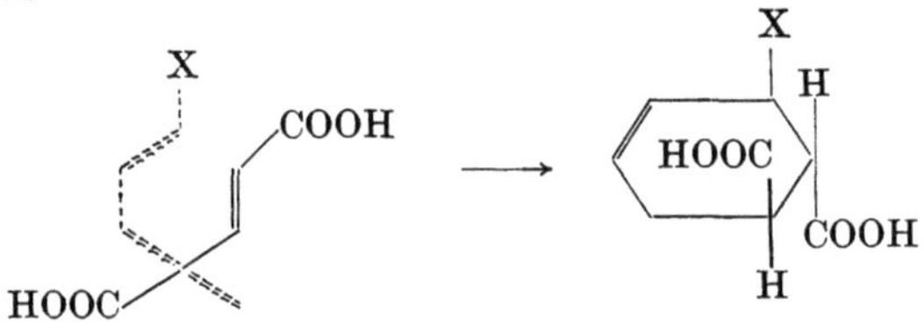

B

Die sterische Selektivität ist nicht mehr gewahrt, und es entstehen die beiden möglichen Addukte *A* und *B* nebeneinander.

Schließlich muß noch einer weiteren Möglichkeit gedacht werden, die bei Diensynthesen mit *unsymmetrischen Addenden* auftreten kann. Grundsätzlich sind hier zwei Wege unter Beachtung der obigen sterischen Gesetzmäßigkeiten möglich:

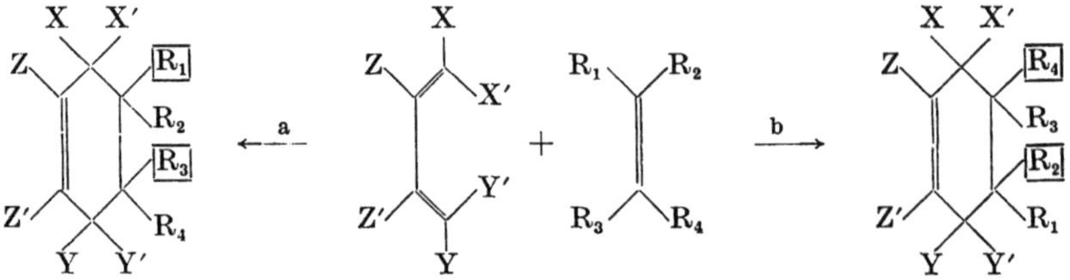

Zur Beantwortung dieser Frage geht man zweckmäßig von den folgenden beiden Grundtypen aus:

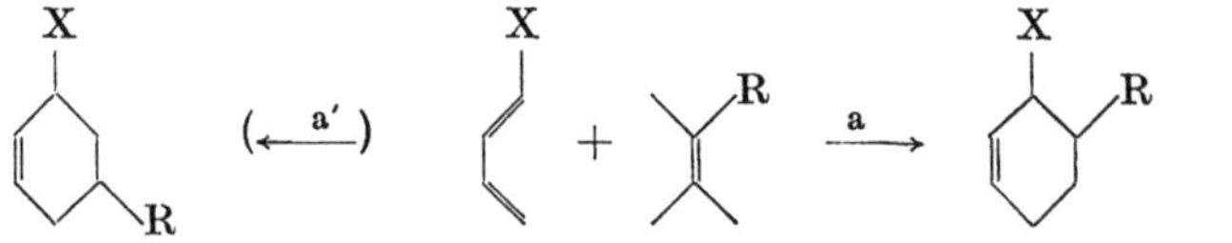

und

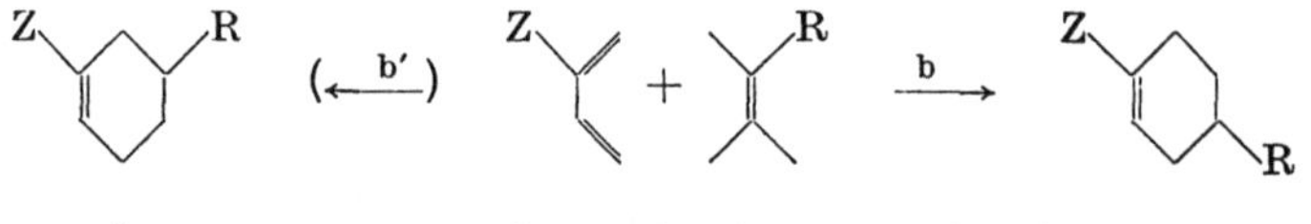

Diensynthesen der erstgenannten Art verlaufen nach allen bisherigen Erfahrungen [X = CH_3, C_6H_5, OCH_3, $N(CH_3)_2$, COOH, COCl und R = CHO, COOH, COCl, C≡N] selektiv unter ausschließlicher Bildung von *ortho-Derivaten* (Weg a).

Für den zweiten Grundtypus der Diensynthesen mit unsymmetrischen Substituenten ($Z = CH_3$, C_6H_5, OCH_3, $R = CHO$, $COOH$, $C{\equiv}N$) ist der Weg b (also nur *para-Verbindung*) der meist beschrittene, wobei aber auch stets merkliche Mengen der *meta-Verbindung* (nach b′) entstehen. Durch Anwendung disubstituierter Diene komplizieren sich die Möglichkeiten, deren Untersuchung sich noch in vollem Fluß befindet.

d) Retrodiensynthese

Die Diensynthese läßt sich vielfach bei höheren Temperaturen rückgängig machen, sie ist im Prinzip eine *Gleichgewichtsreaktion*: Dien + Philodien $\rightleftharpoons$ Addukt. Gemäß der SCHMIDTschen Doppelbindungsregel sind die in der γ,δ-Stellung zur α,β-Doppelbindung befindlichen Bindungen thermisch instabil, wodurch der rückläufige Zerfall in die Ausgangskomponenten bewirkt wird *(Retro-Dien-Zerfall)*. So sind beispielsweise die Dienaddukte an Fulvene unbeständig[1]:

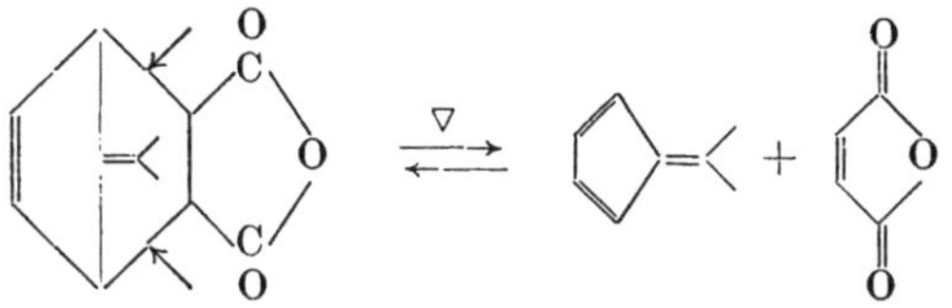

und ebenso die der Furane, in denen die π-Elektronen der semicyclischen Doppelbindung der Fulvene durch die einsamen Elektronenpaare des Furansauerstoffs ersetzt sind[2]:

analog:

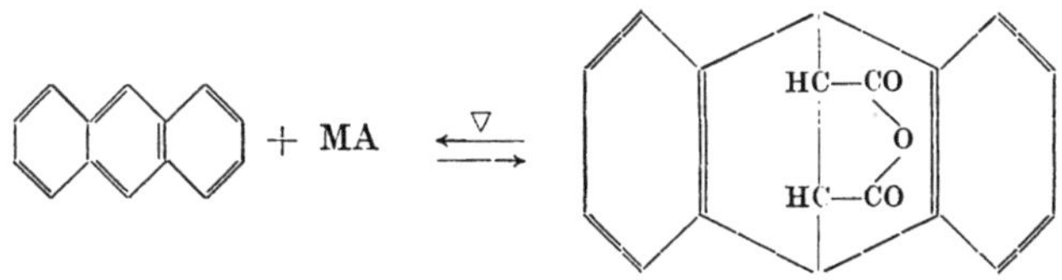

Die *Retrodiensynthese* hat auch präparative Bedeutung, einmal durch die Abtrennung von Dienen über ihre Addukte und deren anschließende thermische Spaltung, wie auch andererseits durch einen besonderen thermischen Zerfall, der zu anderen Stoffen als den Ausgangskomponenten führt, z. B.[3]:

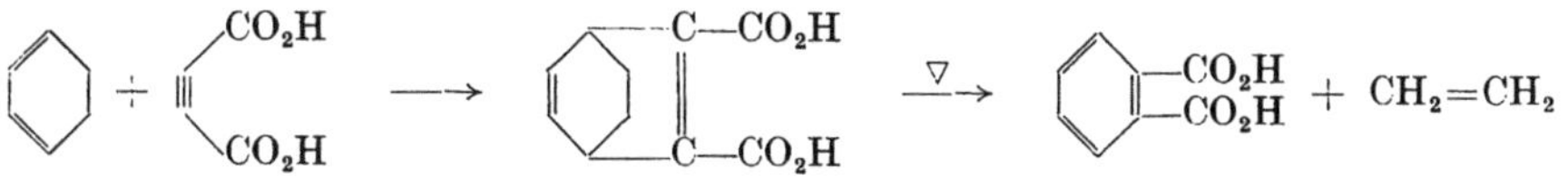

e) Zur Frage des Mechanismus der Diensynthese

Überblickt man das reiche Versuchsmaterial über die Diensynthesen, so läßt sich zunächst sagen, daß es sich um einen reinen *Additionsvorgang* handelt. Aus einem

---

[1] ALDER, K., F. W. CHAMBERS u. W. TRIMBORN: Liebigs Ann. **566**, 27 (1950). — ALDER, K., u. R. RÜHMANN: Liebigs Ann. **566**, 1 (1950). — ALDER, K., u. W. TRIMBORN: Liebigs Ann. **566**, 58 (1950).

[2] WOODWARD, R. B., u. H. BAER: J. Amer. Chem. Soc. **66**, 645 (1944).

[3] ALDER, K., u. H. F. RICKERT: Ber. dtsch. chem. Ges. **70**, 1354 (1937), Zerfall des obigen Adduktes im Sinne der Doppelbindungsregel!

Übergangssystem von 3 Doppelbindungen (nach H. HENECKA: ein zwischenmolekulares, aromatisches Resonanzphänomen) entstehen zwei einfache Bindungen unter Verlagerung der dritten Doppelbindung, also ein Funktionswechsel von insgesamt sechs π-Elektronen. Dabei werden auch die π-Elektronen der aktivierenden Gruppen (CO) die Entkoppelung des π-Elektronensystems des Diens in möglichst günstiger Lage induzieren, d. h. endo-cis-Addition tritt ein. Diese Vorgänge sind nicht auf C-Atome als Träger dieser Systeme beschränkt, sondern zeigen einen ausgesprochenen *elektronenspezifischen Charakter*. Wie auch sonst können die π-Elektronensysteme der Substituenten bestimmend in den Ablauf der Reaktion eingreifen. Der elektronenspezifische Charakter der Dienreaktionen kommt ferner darin zum Ausdruck, daß *Bestrahlung* von Dienen zusammen mit *Sauerstoff* (insbesondere in Anwesenheit von Sensibilisatoren) den letzteren den Charakter eines Philodiens annehmen läßt[1]:

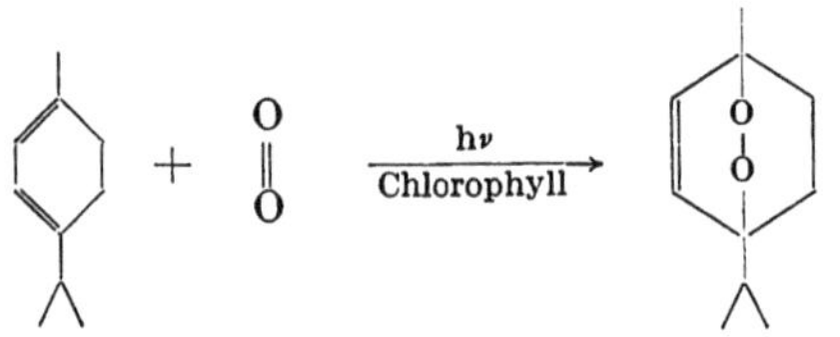

(α-Terpinen)

Es ist denkbar, daß diese Dienreaktionen (im Prinzip) aus einem *Triplettzustand* (Biradikalett) erfolgen, wobei gerade hier der Erhalt der räumlichen, ebenen Anordnung des Triplettzustandes den Ablauf der Additionsreaktion gewährleistet[2]:

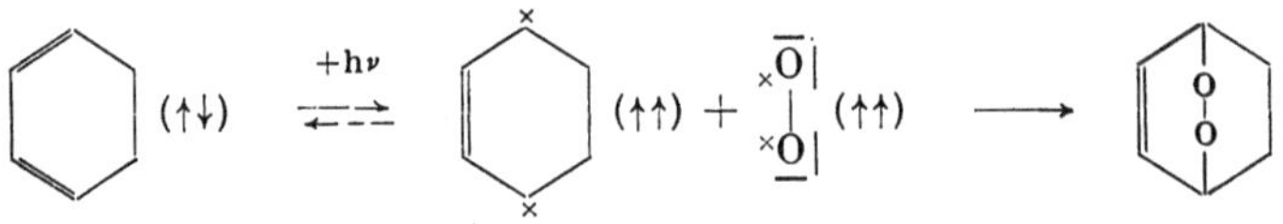

Dann wäre die Diensynthese als eine besondere Reaktion von in Richtung auf ein Biradikalett aktivierten Doppelbindungssystemen aufzufassen, also natürlich keine ionische, aber auch im eigentlichen Sinne keine Radikalreaktion, sondern eine echte Biradikalett-(Triplett)-Reaktion! Immerhin bleibt ein *polarer* Mechanismus unter anderem *nicht ausgeschlossen*[3]! Hier müssen erst weitere Untersuchungen vorliegen, ehe man mehr als einen mutmaßlichen Reaktionsablauf formulieren kann[4].

7. Nitro- und Sulfonyl-Gruppe

Die *Nitrogruppe* besitzt folgende *Mesomerie*[5]:

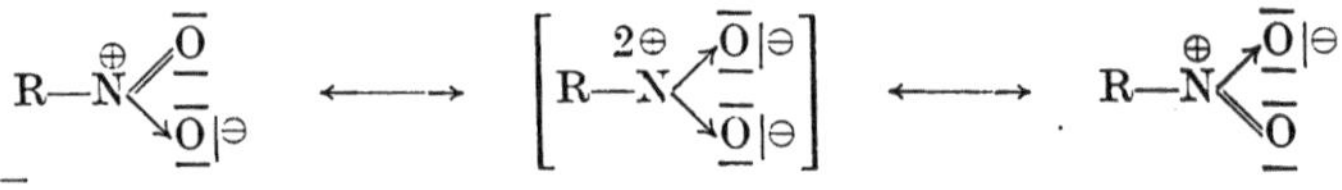

[1] SCHENCK, G. O.: Naturwiss. **35**, 28 (1948). — Z. Naturforsch. **3b**, 59 (1948). — Angew. Chem. **64**, 12 (1952).

[2] MÜLLER, EUGEN: Fortschr. Chem. Forsch. **1**, 390ff. (1949). — Zum Mechanismus der Diensynthese s. H. HENECKA: Z. Naturforsch. **4b**, 15 (1949).

[3] Vgl. hierzu die Umsetzung des o-Phenylens ≡ Dehydrobenzols (S. 387).

[4] Kinetik der Diensynthese. EISLER, B. u. A. WASSERMANN: Chem. Zbl. **1954**, 5725; **1955**, 9293.

[5] Vgl. L. PAULING: Proc. Nat. Acad. Sci. **18**, 293 (1933).

Wir haben daher nicht ein System von zwei Doppelbindungen entsprechend der früheren Schreibweise $R-N\genfrac{}{}{0pt}{}{\nearrow O}{\searrow O}$, sondern nur eine Doppelbindung und eine *semipolare* Bindung in der Nitrogruppe anzunehmen. Elektronenbeugungsversuche zeigen, daß die Gruppe $C-NO_2$ *eben* und *symmetrisch* zur C—N-Richtung zusammengesetzt ist, wobei der Winkel $N\genfrac{}{}{0pt}{}{\nearrow O}{\searrow O}$ etwa 130° und der N—O-Abstand gleichermaßen in beiden Fällen gleich 1,22 ± 0,02 Å ist. Diese Mesomerie erinnert an die des Carboxylat-Ions. Jedoch sind die Reaktionen der NO_2-Gruppe anders, weil der Stickstoff entsprechend seiner Stellung im periodischen System eine größere *Elektronenaffinität* als der Kohlenstoff besitzt. Infolge der Belastung des Stickstoffatoms durch zwei Schlüsselatome (O) werden die induktiven Effekte der NO_2-Gruppe ähnlich groß wie die der COOR-Gruppe.

Von den Reaktionen der NO_2-Gruppe ist ihre *Reduktion* erwähnenswert, die unter Zwischenbildung von Nitrosoverbindungen zu Hydroxylaminen und schließlich zu Aminen führt. Von Bedeutung sind auch die *Tautomerie*erscheinungen von Nitroverbindungen des Typus RCH_2NO_2, auf die bereits früher eingegangen worden ist (vgl. S. 225, 232). Mit *Säuren* lassen sich die Nitroparaffine in Carbonsäuren und Hydroxylamin überführen:

$$RCH_2NO_2 + H_2O + HCl \rightarrow RCOOH + NH_2OH,\ HCl$$

Wichtig ist ferner die alkalische *Kondensation* der Nitroparaffine *mit Aldehyden*. Mit Formaldehyd entsteht z. B.:

$$CH_3NO_2 + 3\ CH_2O \rightarrow (HOCH_2)_3CNO_2$$

$$C_2H_5NO_2 + 2\ CH_2O \rightarrow (HOCH_2)_2C(CH_3)NO_2$$

$$CH_3{-}\underset{\displaystyle NO_2}{\underset{|}{CH}}{-}CH_3 + CH_2O \rightarrow (HOCH_2)C(CH_3)_2NO_2$$

Diese Alkohole kann man wie Glycerin mit HNO_3 verestern, sie bilden dann wichtige Sprengstoffe[1]. Auch Kampfstoffe sind aus Nitroparaffinen herstellbar, z. B. läßt sich Nitromethan mit gasförmigem Chlor in Gegenwart von $CaCO_3$ in Chlorpikrin, Cl_3CNO_2, auf einem sicher ionischen Reaktionsweg überführen[2].

Die Darstellung der *Nitroparaffine* selbst wird heute durch Behandeln von Methan oder Erdgasen mit dem radikalischen NO_2 oder wegen der geringeren Oxydationswirkung meist mit HNO_3 in der Gasphase bei etwa 400° ausgeführt. Katalysatoren sind hierbei ohne Wirkung, so daß der Reaktionsweg über *radikalische* Anordnungen verlaufen dürfte[3]:

$$R\cdot + HO{-}NO_2 \rightarrow R{-}NO_2 + HO\cdot$$

$$R{-}H + \cdot OH \rightarrow R\cdot + HOH \text{ usw.}$$

---

[1] Amer. Patent 2135444 (1938), Purdue Research Foundation, Erf. B. M. VANDERBILT. — Chem. Zbl. **1939 I**, 3257; Amer. Patent 2132352 (1938), Purdue Research Foundation, Erf. H. B. HASS u. B. M. VANDERBILT. — Chem. Zbl. **1939 I**, 2082. — Zur Verwendung aliphatischer Nitroverbindung s. K. JOHNSON u. E. F. DEGERING: J. Amer. Chem. Soc. **61**, 3194 (1939).

[2] Amer. Patent 1996388 (1935), Electro-Chemical Co., Erf. W. RAMAGE. — Chem. Zbl. **1935 II**, 3702.

[3] HASS, H. B., E. B. HODGE u. B. M. VANDERBILT: Industr. Engin. Chem. **28**, 339 (1936). — HASS, H. B., u. J. A. PATTERSON: Industr. Engin. Chem. **30**, 67 (1938). — HASS, H. B. u. Mitarb.: Industr. Engin. Chem. **39**, 817 (1937). — Nitrierung von Dodecan in flüssiger Phase s. F. ASINGER: Ber. dtsch. chem. Ges. **77**, 73 (1944). — GRUNDMANN, C.: Angew. Chem. **56**, 159 (1943). — Siehe ferner O. v. SCHICKH: Angew. Chem. **62**, 547 (1950). — G. B. BACHMAN, L. M. ADDISON, J. V. HEWETT, L. KOHN, A. MILLIKAN: J. org. Chem. **17**, 906 (1952).

So liefern verdünnte Salpetersäuredämpfe mit Tetraäthylblei bei dessen Zerfallstemperatur in freie Äthylradikale (150°) glatt Nitroäthan[1].

In den letzten Jahren ist die radikalische Nitrierung des *Cyclohexans* besonders wichtig geworden, da man das gebildete Nitrocyclohexan z. B. mit Natriumthiosulfat zum Cyclohexanonoxim reduzieren kann, das seinerseits über die BECKMANNsche Umlagerung in das ε-Caprolactam übergeführt wird, das Ausgangsmaterial zur Herstellung von Perlon.

Das ε-Caprolactam bzw. *Cyclohexanonoxim* läßt sich nach den Untersuchungen des Verfassers[2] auf einem eleganteren Wege mit guten Ausbeuten herstellen.

Erzeugt man z. B. mittels *photochemisch* gebildeter *Chloratome* aus Cyclohexan Cyclohexylradikale, so lassen sich diese in guten Ausbeuten mit dem radikalischen *Stickstoffmonoxyd* abfangen. Man erhält das *Nitrosocyclohexan* in dimerer, fester, farbloser Form. Beim Erwärmen spaltet sich die dimere in die monomere Form, die sich in einer innermolekularen Redoxreaktion mit sehr guten Ausbeuten zum Cyclohexanonoxim umlagert:

$$Cl_2 + h\nu \longrightarrow 2\,Cl\cdot$$

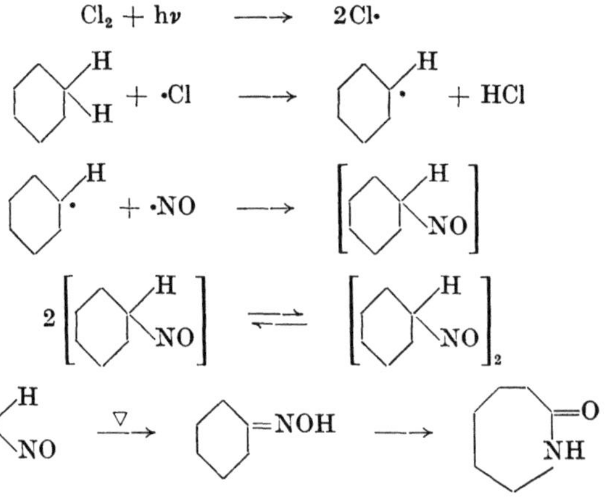

Es ist dies eine im präparativen Maßstab verlaufende Radikalabbruchreaktion, die man auch so leiten kann, daß unmittelbar in einem „Eintopfverfahren" das Cyclohexanonoxim entsteht.

In der *Sulfonylgruppe* wären bei voller Gültigkeit des Oktettprinzips keine Doppelbindungen, sondern nur *semipolare* Bindungen vorhanden, z. B.:

$$R-S(O)(O)-OR' \quad R = H, Alkyl$$

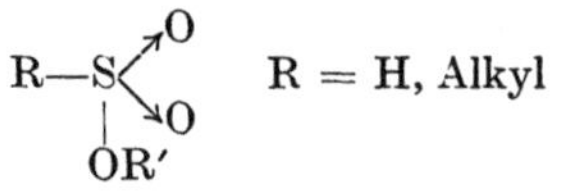

Die *Verseifung der Sulfonsäureester* verläuft in der Tat nicht wie bei den Carbonsäureestern unter Spaltung zwischen S und OR', sondern unter Abspaltung eines Alkylkations:

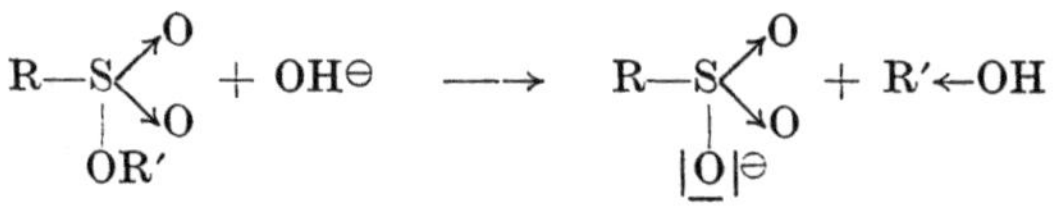

Sulfonsäureester sind daher *Alkylierungsmittel*, Carbonester aber Acylierungsmittel. Bei der Verseifung von Estern mit optisch aktiven Alkoholen R* findet daher nur bei den Sulfonsäureestern eine Konfigurationsänderung statt.

---

[1] MCCLEARY, R. F., u. E. F. DEGERING: Industr. Engin. Chem. **30**, 339 (1938).
[2] MÜLLER, EUGEN, u. H. METZGER: Chem. Ber. **88**, 165 (1955).

Immerhin wird man bei diesen Schwefelverbindungen wie bei den Sulfoxyden und Sulfoniumsalzen mit einer Ausweitung des Oktettsprinzips[1] und daher mit dem Vorliegen einer Mischbindung $>S{=}O \leftrightarrow >\overset{\oplus}{S} \rightarrow \overset{\ominus}{O}$ rechnen müssen (vgl. S. 142ff.).

Die Einführung einer SO_2-Gruppe in aliphatische Kohlenwasserstoffe über eine Radikalkettenreaktion ist zu einem technisch bedeutenden Vorgang geworden. Diese Reaktionen, die *Sulfochlorierung* und die *Sulfoxydation*, sind bereits auf S. 99ff. besprochen worden.

III. Aromatische Bindungssysteme

Infolge der besonderen chemischen und physikalischen Eigenschaften konjugierter Doppelbindungssysteme wird man auch dann, wenn diese Kette konjugierter Doppelbindungen ringgeschlossen ist, ein besonderes Verhalten der entstehenden Bindungssysteme erwarten können. Das ist auch, wie das Beispiel des Cyclohexatriens, des Benzols, in aller Eindringlichkeit lehrt, in weitem Umfang der Fall. Wir wenden uns der Besprechung dieser sogenannten „aromatischen" Verbindungen zu.

1. Theorien des Benzols, benzoider, kondensierter und „gemischter" Systeme

Die zum Ring geschlossene Kette von drei konjugierten Doppelbindungen bietet schon in ihrem einfachsten Vertreter, dem Cyclohexatrien oder Benzol, solche Besonderheiten, daß die eingehende Besprechung dieser Verbindung und ihrer Derivate gerechtfertigt ist.

a) KEKULÉsche Benzolformel

Das Problem, welche Formel dem Benzol als „einzig richtige" zukommt, hat seit der Aufstellung der ersten Benzolformel durch A. KEKULÉ[2] im Jahre 1865 von den verschiedensten Seiten immer wieder neue Bearbeitung gefunden. Je mehr experimentelles Material zur Stützung der einen oder der anderen Benzolformel zusammengetragen wurde, desto klarer wurde, daß *keine* der vielen aufgestellten Formeln allein imstande war, *alle* Erscheinungen des physikalischen und chemischen Verhaltens des Benzols restlos zu deuten. Schließlich einigte man sich dahin, als beste Formel die schon von KEKULÉ gegebene:

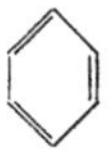

anzusehen mit der Einschränkung, daß eine Festlegung der Doppelbindungen wegen der Nichtexistenz von isomeren o-Di-Derivaten nicht möglich ist, also die beiden Formeln:

einen gleichberechtigten Ausdruck für die Struktur des Benzols darstellen. Während aber ein offenkettiges konjugiertes Doppelbindungssystem eine äußerst reaktionsfreudige Bindungsart darstellt, ist dies bei der zu einem Sechsring geschlossenen Kette von drei konjugierten Doppelbindungen nicht der Fall. Trotz

[1] Vgl. W. v. E. DOERING: J. Amer. Chem. Soc. **77**, 509, 514, 521 (1955).
[2] KEKULÉ, A.: Liebigs Ann. **137**, 158 (1865/66).

des relativ niedrigen Wasserstoffgehaltes ist die Verbindung *abgesättigt, reaktionsträge*[1]. Beispielsweise reagiert das Benzol nicht wie das offene Hexatrien unter sofortiger Addition mit Brom, auch gegen $KMnO_4$ oder reine Salpetersäure ist es in der Kälte durchaus beständig. Die Reaktionen des Benzols sind also nicht die eines Cyclohexatriens, sondern spiegeln einen ausgeglichenen Bindungscharakter des „aromatischen" Systems wider. Trotzdem lassen sich unter bestimmten Bedingungen im Benzolkern auch drei Doppelbindungen nachweisen wie z. B. bei der zu drei Molekülen Glyoxal führenden Ozonisation[2]. Eine aufeinanderfolgende Aufhebung der einzelnen Doppelbindungen des Benzols durch *stufenweise Hydrierung* gelingt besonders leicht bei einer Reihe von Benzolderivaten, den Dicarbonsäuren. Die entstehenden Derivate der Di- und Tetrahydrobenzole zeigen aber ein gänzlich verändertes chemisches Verhalten im Vergleich zu offenkettigen Verbindungen. Die Dihydroderivate geben z. B. leicht ihren Wasserstoff ab unter Rückbildung des aromatischen Systems, so daß sie starke Reduktionsmittel darstellen[3].

Interessant sind die *energetischen* Verhältnisse bei dieser stufenweisen Hydrierung des Benzols[4]. Die zur Dihydrostufe führende Hydrierung des Benzols zeigt einen ungewöhnlich kleinen Wert der Wärmetönung:

$$C_6H_6 + H_2 = \Delta^{1,3}\text{-}C_6H_8 + 5{,}57 \text{ kcal/Mol (endotherm)}$$

während die übrigen Stufen zwar eine größere Wärmetönung ergeben, die aber immer noch wesentlich kleiner ist als die, welche eine isolierte Doppelbindung liefert:

$$\Delta^{1,3}\text{-}C_6H_8 + H_2 = C_6H_{10} - 26{,}70 \text{ kcal/Mol (exotherm)}$$

$$C_6H_{10} + H_2 = C_6H_{12} - 28{,}59 \text{ kcal/Mol}$$

Δ^1-n-Hexen: $$C_6H_{12} + H_2 = C_6H_{14} - 30{,}4 \text{ kcal}$$ [5]

Die Unterschiede der beiden letzten Wärmetönungen der Benzolhydrierung sind verständlich; denn die Aufhebung eines konjugierten Systems, das ja im $\Delta^{1,3}$-C_6H_8 vorliegt, ergibt immer eine kleinere Hydrierungswärme als die Aufhebung einer isolierten Doppelbindung. Lediglich die erste Stufe der Hydrierung fällt aus dem üblichen Rahmen heraus und zeigt an, daß der Aufhebung des „aromatischen" Bindungssystems ein ganz besonderer Widerstand entgegengesetzt wird. Der aromatische Bindungszustand ist von allen diesen Systemen der energieärmste und daher der bei allen Reaktionen bevorzugte.

Diese kurzen Ausführungen lassen erkennen, daß unter bestimmten Bedingungen sich also Doppelbindungen im Benzolmolekül nachweisen lassen. Der *Unterschied* zwischen einem *konjugierten Doppelbindungssystem* und einem *aromatischen* liegt demnach nicht im Grundsätzlichen, sondern mehr in *quantitativer* Hinsicht.

Ein Verständnis für den besonderen ausgeglichenen Bindungszustand des Benzols im Rahmen der klassischen Valenzlehre spiegelt sich in der THIELEschen Formel[6] wider, die als größter Erfolg der THIELEschen Theorie angesehen werden

[1] KEKULÉ, A.: Liebigs Ann. **162**, 86 (1872).
[2] HARRIES, C. D., u. V. WEISS: Ber. dtsch. chem. Ges. **37**, 3431 (1904).
[3] BAEYER, A. v., u. J. HERB: Liebigs Ann. **258**, 1 (1890). — BAEYER, A. v.: Liebigs Ann. **258**, 145 (1890). — BAEYER, A. v.: Liebigs Ann. **269**, 145 (1892).
[4] STOHMANN, F.: J. prakt. Chem. [2] **43**, 13, 538 (1891); [2] **45**, 475 (1892); **48**, 447 (1893). — ROTH, W. A.: Liebigs Ann. **407**, 145 (1915). — KISTIAKOWSKY, G. B., R. RUHOFF, H. A. SMITH u. W. E. VAUGHAN: J. Amer. Chem. Soc. **58**, 137, 146 (1936).
[5] $CH_2 = CH_2 + H_2 \rightarrow CH_3CH_3 - 30{,}0$ kcal/Mol, H. v. WARTENBERG u. G. KRAUSE: Z. physik. Chem. [A] **151**, 105 (1930).
[6] THIELE, J.: Liebigs Ann. **306**, 87 (1899).

kann[1]. Diese Formel läßt erkennen, daß keine der vorgeschlagenen Strukturen den wahren Bindungszustand des Benzols wiedergibt, wie etwa die Formeln von KEKULÉ, DEWAR, CLAUS, LADENBURG u. a. Es ist eben eine völlig *gleichmäßige Bindungsverteilung* im Benzolkern vorhanden, so daß nach außen hin keine merklichen „Valenzkräfte“ oder „Partialvalenzen“ auftreten:

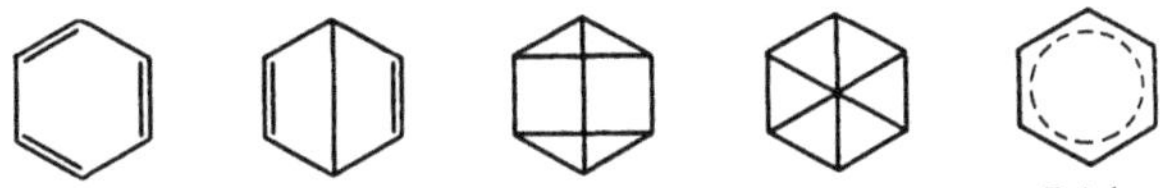

Kekulé Dewar Ladenburg Claus Thiele

Wegen der Unsicherheit der physikalischen Grundlagen der THIELEschen Theorie ist es aber wesentlich, nach einer neuen, sicher begründeten Theorie des Bindungszustandes „aromatischer“ Systeme zu suchen. Diese Theorie ist auf quantenmechanischer Grundlage von E. HÜCKEL[2] und von L. PAULING[3] gegeben worden. Sie ist zugleich der mathematische Ausdruck für das aus der Mesomerielehre abgeleitete Bild.

b) Mesomerie und wellenmechanische Deutung des Benzols

Wie früher (S. 155) dargelegt wurde, enthält jede C=C-Doppelbindung nach der Elektronentheorie zwei Arten von Elektronen (σ- und π-Elektronen), die sich durch die verschiedene Symmetrie der Ladungsverteilung unterscheiden. Nach dem von L. PAULING vorgeschlagenen „ersten“, recht anschaulichen Näherungsverfahren, das hier nur angedeutet werden kann, geht man folgendermaßen vor:

Von den insgesamt 30 Elektronen (der äußeren Schale), die durch die 6 C- und 6 H-Atome im Benzol mitgebracht werden, bleiben nach Herstellung der einfachen Atombindungen noch *6 Elektronen* übrig.

Wenn man diese 6 π-Elektronen auf die einzelnen Ring-C-Atome verteilt, kommt man ohne Berücksichtigung etwaiger polarer Formen zu folgenden Formelbildern für das Benzolmolekül:

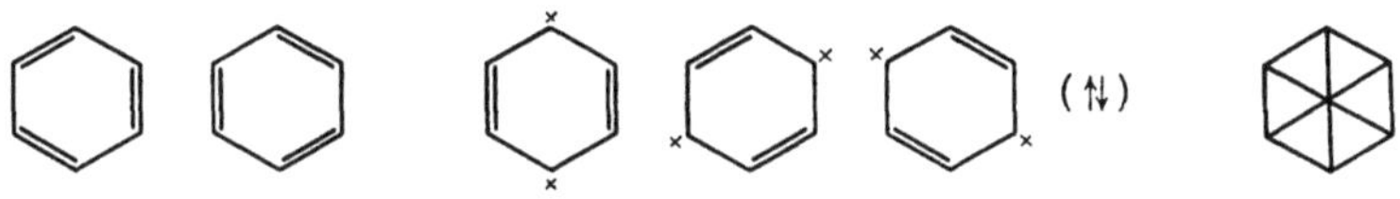

K_1 K_2 — 2 Kekuléformeln; D_1 D_2 D_3 — 3 Dewarformeln; C_1 — 1 Clausformel

3 Ladenburgformeln[4] 2 Hückelformeln

[1] Diese Formel gibt allerdings die Besonderheit des Benzols gegenüber dem Cyclooctatetraen bzw. Cyclobutadien nicht wieder; vgl. S. 353.

[2] Zusammenfassende Darstellung s. E. HÜCKEL, Z. Elektrochem. **43**, 759ff. (1937), dort weiteres Schrifttum.

[3] PAULING, L.: J. Chem. Phys. **1**, 280 (1933).

[4] Entspricht der Prismenformel des Benzols. Da das Benzol in Wirklichkeit eben aufgebaut ist, trifft die obige Grenzformel nicht ganz das, was A. LADENBURG mit seiner Formel meinte:

Solange keine Wechselwirkung zwischen den π-Elektronen besteht, mit anderen Worten, die C-Atome weit genug voneinander entfernt sind, kommt allen diesen Anordnungen die gleiche Energie zu. Jede von ihnen entspricht dann einer Gesamteigenfunktion der 6 π-Elektronen, deren Spins paarweise antiparallel zueinander stehen[1].

Diese Gesamteigenfunktionen der 6 π-Elektronen, die den verschiedenen Grenzanordnungen zukommen, sind aber aus quantenmechanischen Gründen voneinander in der Weise *abhängig*, daß durch 5 dieser Funktionen die übrigen gegeben sind. Für diese 5 unabhängigen Gesamteigenfunktionen wählt man am besten die den beiden KEKULÉ- und den drei DEWAR-Formeln entsprechenden Funktionen. Nach einem Vorschlag von L. PAULING nennt man diese 5 „Grenzformeln" auch „*kanonische Formeln*"[2].

Die beiden KEKULÉ-Formeln und die drei DEWAR-Formeln haben untereinander aus Symmetriegründen das gleiche *Gewicht*. Daß im übrigen diese fünf Grenzformeln alle zur Berechnung wichtigen und notwendigen Anordnungen darstellen, läßt sich leicht zeigen. Wenn 2 n π-Elektronen dieselbe Zahl verschiedener Bahnen besetzen, ist die Zahl der voneinander unabhängigen „Strukturen" mit dem Gesamtspin Null gegeben durch:

$$Z = \frac{2\,n!}{n!\,(n+1)!}$$

also im Falle des Benzols mit 2 n = 6:

$$Z = \frac{6!}{3!\,(3+1)!} = 5$$

Jede andere denkbare Formel ist dann nur noch eine Kombination dieser ursprünglichen, voneinander unabhängigen fünf Formulierungen. Dazu wählt man im Hinblick auf das chemische Verhalten eben die *beiden* KEKULÉ- und die *drei* DEWAR-*Formulierungen*.

Das Bild wird in mathematischer Beziehung wesentlich verwickelter, wenn man zu den realen Verhältnissen übergeht. Sobald nämlich die bis jetzt getrennt gedachten C-Atome einander genähert und in *Wechselwirkung* miteinander gebracht werden, sind diese 5 Funktionen keine Eigenfunktionen mehr. Vielmehr entspricht einem bestimmten Molekülzustand nicht mehr eine der früheren Eigenfunktionen, sondern erst die „Überlagerung" aller Funktionen. Erst diese Überlagerung aller Grenzformeln führt zu einer Annäherung an die wirklichen Verhältnisse. Der wahre Zustand liegt demnach *zwischen* allen denkbaren formulierbaren Grenzzuständen, das *Benzol* ist somit ein *typisches mesomeres System*. Dabei haben die „kanonischen" Grenzformeln einen wesentlichen Beitrag zum gesamten mesomeren System zu geben.

Berechnet man die *Wechselwirkungsenergie* der π-Elektronen einmal so, als ob nur eine KEKULÉ-Formel vorhanden wäre und ein zweites Mal unter gleichzeitiger Berücksichtigung aller 5 kanonischen Formeln, so erhält man für den Grundzustand des Moleküls zwei verschiedene Energien. Der Unterschied der beiden Energien, der den Gewinn an Energie bei Berücksichtigung der 5 kanonischen Formeln gegenüber einer einzelnen KEKULÉ-Formel zum Ausdruck bringt, wird vielfach als *Resonanzenergie*, von E. HÜCKEL wegen des leicht zu Mißverständnissen führenden Resonanzbegriffs als Sonderanteil der Energie W_s bezeichnet. In ihm kommt demnach die Bevorzugung des mesomeren Zustandes, des Zwischenzustandes, gegenüber einer Grenzformel zum Ausdruck. W_s berechnet

[1] Benzol ist diamagnetisch.

[2] Siehe hierzu G. W. WHELAND: J. Chem. Phys. 3, 356 (1935).

sich zu 1,106 J, bzw. nach der m.o.-Methode 2,00 β ($J \sim$ 1,6—1,9 eV; $\beta = 18$ kcal pro Mol) und mit $J = 33{,}5$ kcal/Mol wird $W_s = 37$ kcal/Mol[1]. Das Benzol ist also hiernach um etwa 37 kcal energieärmer als ein fiktives Cyclohexatrien mit lokalisierten Doppelbindungen. Das „Gewicht" der KEKULÉ-Formeln läßt sich zu etwa je 39%, und das jeder DEWAR-Formel zu 7% berechnen. Bei der Bewertung der Berechnungen der *Mesomerieenergie* des Benzols ist aber noch die Raumlage der Atomkerne von entscheidender Bedeutung. Für die Mesomerie kommen nur Formeln in Betracht, in denen die Kerne dieselbe relative räumliche Lage zueinander haben. Daher sind im eigentlichen Sinne zwischen zwei KEKULÉ-Formeln mit ihren verschiedenen Kernabständen, Doppel-Einfach-Bindung, nur wenig Mesomeriemöglichkeiten gegeben:

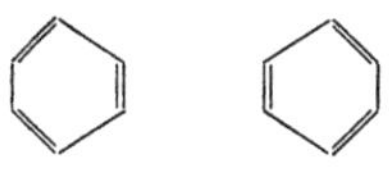

Erst müssen *alle Abstände gleich* sein!, d. h. die einen Abstände müssen verkürzt, die anderen gedehnt werden. Diesen Energieaufwand für die Bildung des „richtigen" Gerüstes kann man zu etwa 35 kcal/Mol[2] für das Benzol abschätzen, so daß die wahre „Resonanzenergie" des Benzols zwischen 70 und 80 kcal/Mol liegen dürfte. Die beobachteten Resonanzenergien auf Grund von Verbrennungs- oder Hydrierwärmen stellen sozusagen nur die „*Netto*"-*Werte* dar, so daß also die wahre „Resonanzenergie", wie sie in den Berechnungen zum Ausdruck kommt, wesentlich größer ist. Man darf daher eine Gleichstellung der theoretischen und der experimentell gefundenen Resonanzenergie nicht zu wörtlich nehmen. Eines ist aber sicher, daß diese aromatisierten Systeme, angefangen mit dem Grundtyp des Benzols, sich durch eine große Mesomerie-Energie auszeichnen. In quantitativer Hinsicht bedürfen die Berechnungen einer weiteren Verfeinerung.

Das Bild, das die quantenmechanische Behandlung des Benzols uns von dem wirklichen Zustand des Moleküls gibt, ist nicht mehr ganz einfach. Wegen der Nichtberücksichtigung der *polaren Formeln*[3] und der *Polarisierbarkeit* des Moleküls sind aber die wahren Verhältnisse noch verwickelter.

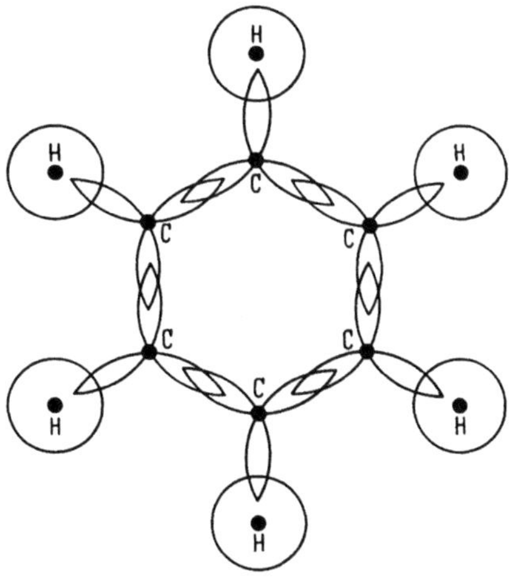

Abb. 56. Schema der σ-„Hybrids" der Benzol-Kohlenstoffatome (aus C. A. COULSON, Valence, S. 224)

Wir wenden uns daher dem „zweiten" Näherungsverfahren zu, das auch diese für das chemische Verhalten besonders wichtigen Grenzanordnungen berücksichtigt.

Bei dem zweiten, von E. HÜCKEL[4] benutzten Näherungsverfahren ordnet man, wie wir schon beim Äthylen gesehen haben, die π-Elektronen nicht einzelnen Atomen, sondern dem *gesamten* ungesättigten System zu. Die jedem π-Elektron

[1] J ist das Austauschintegral, β das Resonanzintegral; vgl. hierzu E. HÜCKEL: Z. Elektrochem. **43**, 761 (1937). — Siehe a. F. KLAGES: Ber. dtsch. chem. Ges. **82**, 358 (1949).

[2] Neuerdings nach D. F. HORNIG: J. Amer. Chem. Soc. **72**, 5772 (1950), nur 25—27 kcal/Mol.

[3] SLATER, J. C.: Physic. Rev. **34**, 1293 (1929).

[4] HÜCKEL, E.: Z. Elektrochem. **43**, 761 (1937).

zugehörige Eigenfunktion und damit räumliche Ladungsdichte verteilt sich durch das ganze Molekül über alle Atome, die miteinander „konjugiert" sind.

Das Kerngerüst der sechs C-Atome im Benzol wird, wie z. B. ganz einwandfrei aus Röntgenuntersuchungen hervorgeht, von einem *ebenen, gleichseitigen Sechseck* gebildet. Die Ringkohlenstoffatome sind unter einem Winkel von 120° zueinander angeordnet. Wir haben es somit in bezug auf das Kerngerüst mit hybridisierten sp^2-Bindungen zu tun. Diese σ-Hybrids der Kohlenstoffatome kann man formal in vorseitiger Abb. 56 darstellen, wobei für eine maximale Überlappung der Paare von Elektronenbahnen unter Ausbildung lokalisierter C–C- und C–H–σ-Bindungen Sorge zu tragen ist. Damit sind aber noch nicht alle verfügbaren Elektronen untergebracht. Es fehlen noch sechs Elektronen. Bezeichnet man die Ebene des Benzols als x, y-Ebene, dann bleiben die sechs parallel zueinander gerichteten und auf dieser Ebene *senkrecht* stehenden $2\,p_z$-Atombahnen übrig:

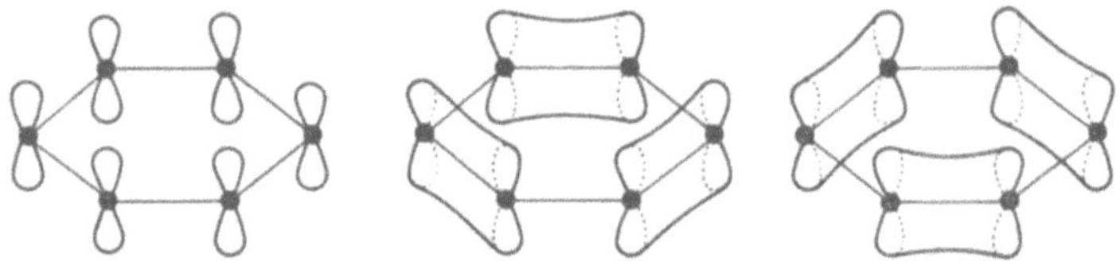

Abb. 56 a: Die einzelnen π-Atom „orbitals" im Benzol; b und c stellen die in den beiden Kekuléformen des Benzols gepaarten π-„orbitals" (= Doppelbindungen) dar. (Aus C. A. COULSON, Valence, S. 224).

Eine Zusammenfassung dieser $2\,p_z$-Elektronenbahnen zu Paaren wie bei einer Doppelbindung ist hier aber nicht möglich. Jede Elektronenbahn besitzt links und rechts den gleichen Partner, also muß eine *Überlappung* aller dieser Bahnen stattfinden. Die sechs π-Elektronen besitzen daher Molekularbahnen, die sich über alle sechs Kohlenstoffatome des Rings ausdehnen, die also *vollständig delokalisiert* sind. Schematisch kann man diese Verhältnisse in der Abb. 57 zum Ausdruck bringen. Berechnet man die Energie dieses Zustandes und vergleicht den erhaltenen Wert mit dem unter der Voraussetzung von drei Doppelbindungen im Benzolring sich ergebenden, so findet man eine Differenz von etwa $2\,\beta$ ($\beta = 18$ kcal/Mol, β = Resonanzintegral)[1]. Um diesen Wert ist die Anordnung mit delokalisierten Atombahnen energieärmer als es einer KEKULÉ-Form des Benzols entsprechen würde. Dieser Zustand des Benzols muß daher der eigentliche Grundzustand der Molekel sein. Diese Energiedifferenz hat man als *Delokalisierungsenergie, Konjugationsenergie, Sonderanteil* der Energie, oder auch als *Mesomerie-* bzw. *Resonanz-Energie* bezeichnet.

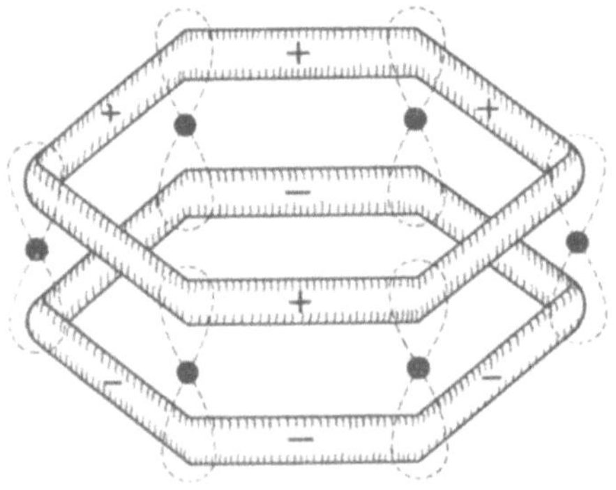

Abb. 57. Die „delokalisierten" π-Molekularbahnen im Benzol (streamers). (Aus COULSON, Valence, S. 226).

Vergleicht man die Ergebnisse der Valenzstruktur- und der Molekularbahn-Methode, so kann man in dem ersten Verfahren, der Überlagerung aller denkbaren „Strukturen", eine Annäherung an die KEKULÉsche Formulierung des Benzols und seine Oscillationstheorie sehen, wohingegen das zweite Verfahren mit seiner

[1] Siehe Tab. 17, S. 325.

gleichmäßigen π-Elektronenverteilung über den ganzen Ring hin sich mehr dem in der THIELEschen Formel zum Ausdruck kommenden Zustand des Benzols nähert. Die *Zahl 6* der abgeschlossenen inneren π-Elektronengruppe bei einem ebenen Sechsringsystem ist für die quantenmechanische Behandlung sehr charakteristisch. Dieser Zahl 6 werden wir bei der Besprechung anderer Ringsysteme von aromatischem Charakter wieder begegnen[1].

Im Benzol ist daher *keine* der KEKULÉ- oder DEWAR-Formeln usw. *real* vorhanden. Erst ihre Überlagerung (v.b.-Methode) oder die Bildung des π-Elektronensextetts (m.o.-Methode) bringt den besonderen „aromatischen" Charakter des Benzols dem Verständnis nahe, so wie das Elektronenoktett der Atome den Edelgas-Charakter zur Anschauung bringen soll.

Wie schon bei der Behandlung des Äthylens nach dem zweiten Näherungsverfahren gezeigt wurde, treten auch beim Benzol, wie hier nicht näher ausgeführt werden kann, zu den schon genannten Grenzanordnungen noch angeregte Anordnungen mit *antiparallelen Spins*[2], sowie im besonderen solche mit einer *polaren Ladungsverteilung* im Molekül. Dazu kommen noch die aus einer Kombination beider Möglichkeiten hervorgehenden „gemischten" Grenzanordnungen. Allerdings ist die Wahrscheinlichkeit für das Auftreten der einzelnen Grenzformeln sehr verschieden; sahen wir doch bei dem ersten Näherungsverfahren, daß für den Grundzustand des Benzolmoleküls vor allem die beiden KÉKULÉ- und die drei DEWAR-Formeln wesentlich sind. Die wichtigsten mesomeren Grenzanordnungen des Benzols sind folgende:

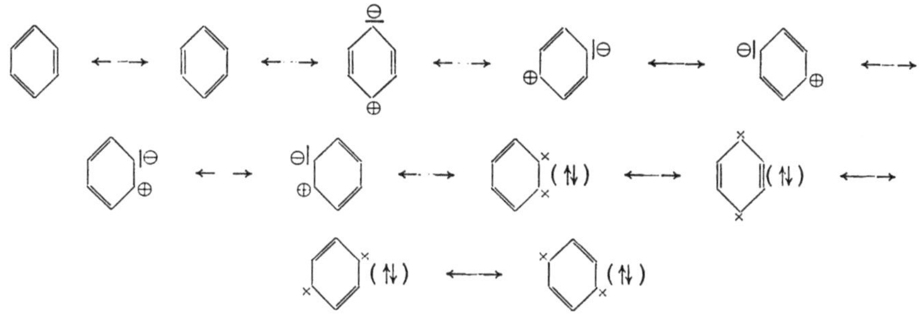

Insgesamt stellt sich daher das Bild des Zustandes eines Benzolmoleküls als recht kompliziert dar. Für die Richtigkeit dieser Auffassung des „ausgeglichenen" Bindungszustandes des Benzols lassen sich die Ergebnisse einiger physikalischer Methoden heranziehen. Aus den röntgenographischen Untersuchungen folgt, daß das Benzolmolekül ein flaches Scheibchen, ein regelmäßiges Sechseck ist, dessen Kantenlänge 1,39 Å beträgt[3] (Abb. 58a u. b).

Wesentlich ist nun, daß der Unterschied zwischen der einfachen und doppelten Kohlenstoffatombindung, den man entsprechend der KÉKULÉschen Formulierung

[1] Die Ursache für das Auftreten der Zahl 6 bei ebenen Ringen ebenso wie die Zahl 8 für eine abgeschlossene Elektronengruppe eines Atoms ist darin zu sehen, daß hier der Zustand tiefster Energie erreicht wird, der das Impulsmoment Null (Nebenquantenzahl $l = 0$) besitzt und nicht entartet ist. Da bei Atomen Kugelsymmetrie, bei Ringen nur eine Symmetrieachse vorhanden ist, wird in ersterem Falle das abgeschlossene Elektronenoktett $(2 + 6)$, im zweiten Falle dagegen das abgeschlossene innere Elektronensextett $(2 + 4)$ ausgebildet.

[2] Anordnungen mit parallelen Spins dürften für den Grundzustand keine wesentliche Rolle spielen.

[3] SCHOMAKER, V., u. L. PAULING: J. Amer. Chem. Soc. **61**, 1769 (1939). — Im Hexachlorbenzol ist der C—C-Abstand 1,41 Å, s. L. O. BROCKWAY u. K. J. PALMER: J. Amer. Chem. Soc. **59**, 2181 (1937). — Vgl. ferner J. E. LENNARD-JONES u. C. A. COULSON: Trans. Faraday Soc. **35**, 81 (1939). — Krystallstruktur des Hexamethylbenzols s. L. O. BROCKWAY u. J. M. ROBERTSON: J. Chem. Soc. (London) **1939**, 1324.

als cyclisches Hexatrien erwarten sollte, vollständig verschwunden ist. Diese Verhältnisse erinnern an die Angleichung der Atomabstände in den Polyenen, nur daß hier die Angleichung eine vollkommenere ist. Wir können also im Benzol die einzelnen *Doppelbindungen nicht mehr festlegen*, es ist ein *mesomeres*, *energiearmes* und *innerlich ausgeglichenes Bindungssystem* vorhanden, das man durch die KEKULÉ-*Formeln* nur *eingrenzend* beschreiben kann. Zu demselben Ergebnis haben auch die Untersuchungen der *Ramanspektren* von deuterierten Benzolen geführt[1]. Auch die *charakteristische Licht-Absorption* des Benzols sowie sein *anomaler Diamagnetismus* und die später zu erörternden Substitutionseffekte stehen mit dieser Deutung des Bindungszustandes im Benzol in bester Übereinstimmung. Den *Gittertyp* des Benzolsystems finden wir im *Graphit* wieder, dessen Elementarkörper aus zwei ineinandergestellten, flächenzentrierten Rhomboedern besteht.

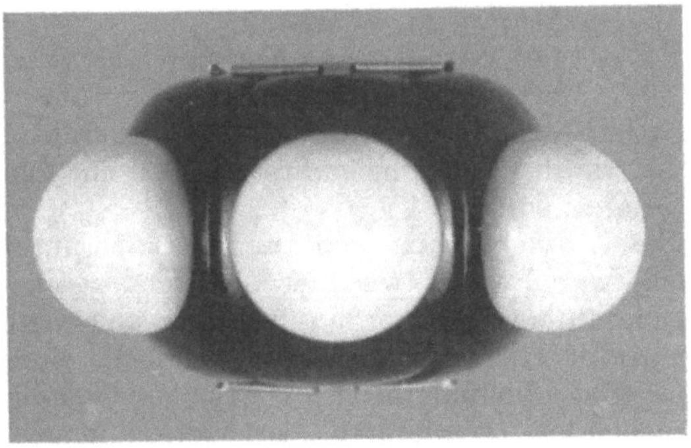

a

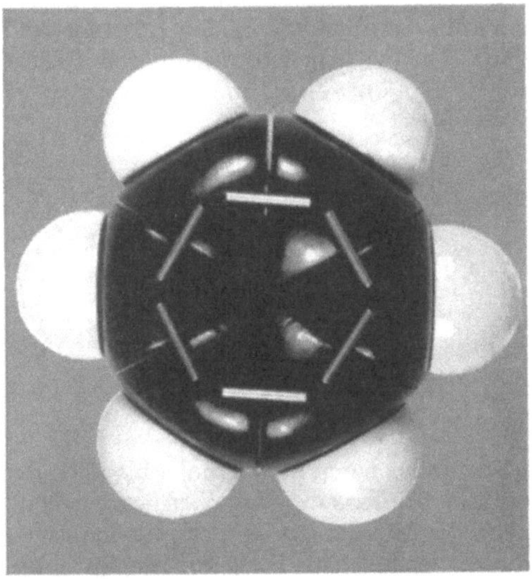

b

Abb. 58a u. b. Kalottenmodell (nach STUART u. BRIEGLEB) des Benzolmoleküls, a seitliche Ansicht, b in Aufsicht

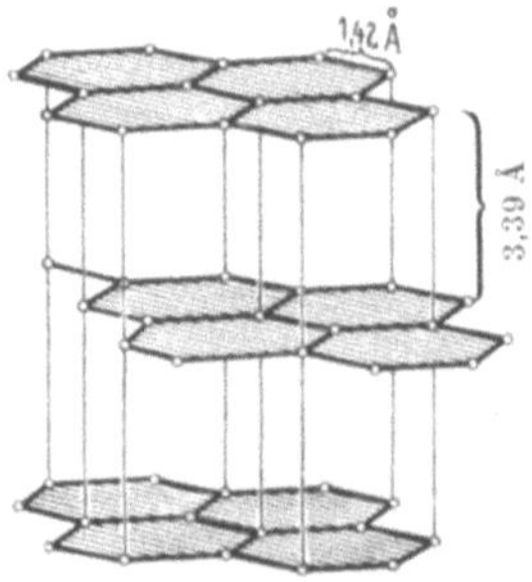

Abb. 59. Graphitgitter

Innerhalb der Graphitebene liegen die benzolähnlichen Strukturen, deren Ebenen durch die vierten C-Bindungen miteinander im Abstand von 3,39 Å verknüpft sind. Da diese Entfernung größer als der gegenseitige Abstand in den Ringen ist (1,42 Å), erklärt sich auch die blättrige Graphitstruktur im Gegensatz zum Diamanten mit seinem nach allen Richtungen fest und gleichmäßig ausgebildeten Bindungssystem. Abschließend sei nochmals darauf hingewiesen, daß das Benzol ein in der organischen Chemie einzig dastehendes Ringsystem ist. Das dem Benzol formal sehr ähnlich zusammengesetzte *Cyclooctatetraen* weist demgegenüber eine ganze Reihe von Besonderheiten auf, an deren Erklärung die THIELEsche Partialvalenzhypothese gescheitert ist. Auf die Eigentümlichkeiten

[1] KLIT, A., u. A. LANGSETH: J. Chem. Phys. **5**, 925 (1937). — Chem. Zbl. **1938 I**, 1765.

des Cyclooctatetraens kommen wir auf S. 353 zurück. Ein auch in theoretischer Hinsicht sehr interessantes Benzol-System liegt in dem in neuester Zeit von G. WITTIG aufgefundenen *Dehydro-benzol* (= o-Phenylen = Benzyn) vor (s. S. 387).

c) Benzoide Systeme

Außer dem Benzol kennt man z. T. schon seit langem eine Reihe weiterer cyclischer Systeme, die in ihrem chemischen und physikalischen Verhalten dem Grundtypus der aromatischen Verbindungen sehr ähnlich, „benzoid", sind. Es handelt sich ebenfalls um relativ gesättigte, stabile Ringsysteme von vielfach ausgesprochen aromatischem Charakter. Verbindungen dieser Art haben meist ein oder mehrere *Heteroatome* anstelle einer CH-Gruppe des Benzolsystems, wie z. B. das *Pyridin, Pyrimidin, Pyrazin*:

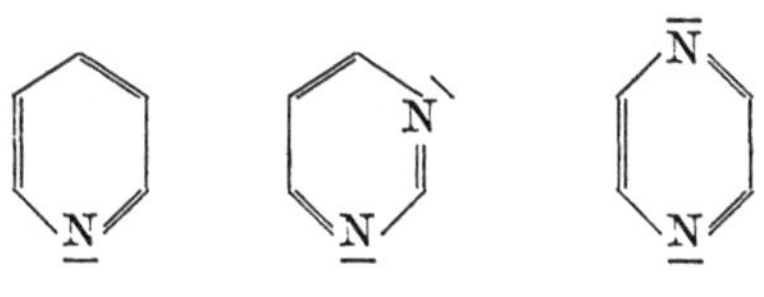

oder es sind heterocyclische Fünfringsysteme wie *Thiophen, Furan, Pyrrol, Thiazol, Pyrazol, Imidazol, Tetrazol, Isoxazol*, um nur einige Beispiele zu nennen:

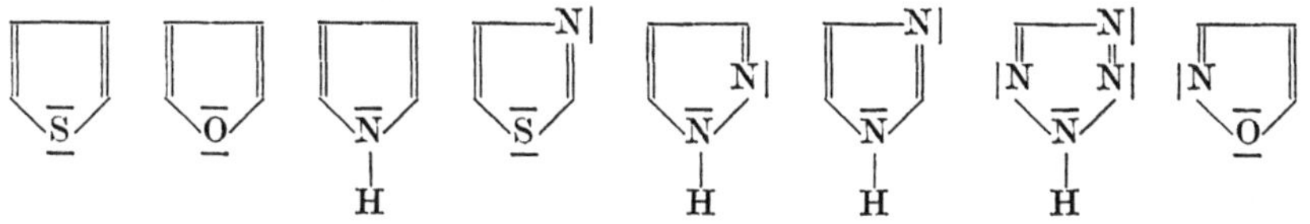

Aber auch geeignete Kationen, Anionen und Zwitterionen verschiedener Ringsysteme zeigen den typischen aromatischen Charakter, z. B. die *Pyrylium-* oder *Benzopyryliumkationen*, das *Tropyliumkation*, das *Cyclopentadienanion* und das *Tropon-System* (ein Zwitterion):

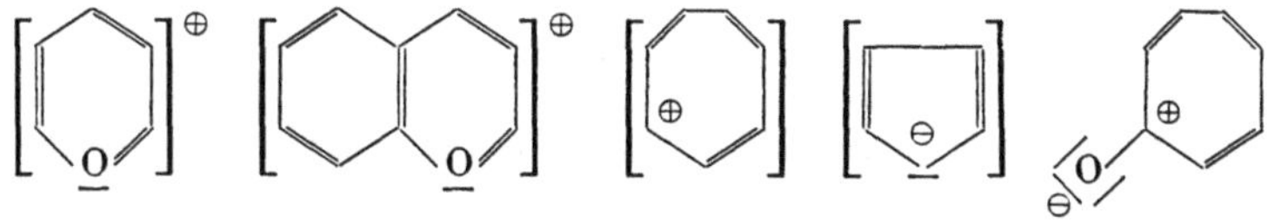

Betrachten wir zunächst das Bindungssystem eines benzoiden 6-Rings, wie er im *Pyridin* vorliegt. Hier ist anstelle einer CH-Gruppe des Benzolrings eine Anordnung –N= getreten. Wiederum sind 3 π-Elektronenpaare zur Bildung eines nicht lokalisierten π-Elektronensextetts vorhanden, was zu sehr ähnlichen Erscheinungen, etwa im reaktiven Verhalten, Anlaß gibt wie das π-Elektronensextett im Benzol.

Neben der dem Benzol analogen Mesomerie:

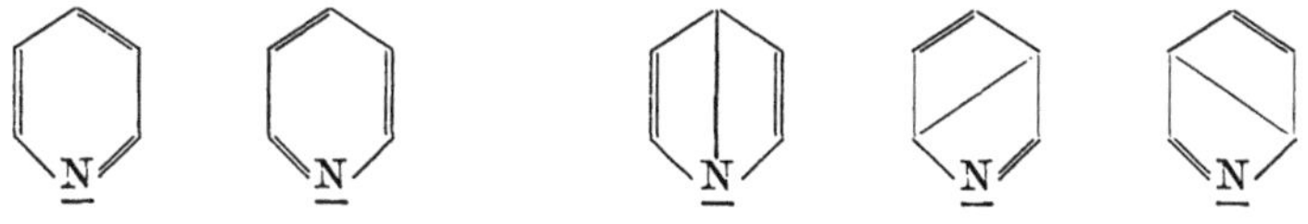

KEKULÉ-Formen DEWAR-Formen

treten wegen der größeren *Elektronenaffinität* des N-Atoms gegenüber dem C-Atom *polare* Formen stärker in Erscheinung:

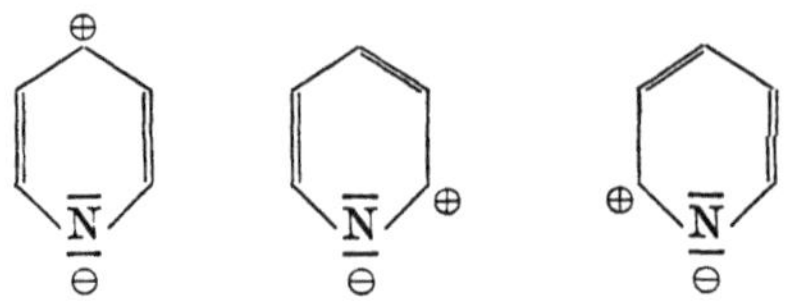

d. h. an den C-Atomen 2, 4 und 6 tritt ein Elektronenmangel ein. Daher finden *elektrophile* Substitutionen am Pyridin nur in 3-(meta)-Stellung, und zwar relativ *schwierig statt.* Dagegen läßt sich Pyridin normal nucleophil substituieren, wie die Umsetzung mit Natriumamid zum α-Aminopyridin nach A. TSCHITSCHIBABIN zeigt[1].

Neuerdings ist auch ein „Ylid" (vgl. S. 143) des Pyridins, das rotbraune Kristalle darstellende Pyridinium-cyclopentadienylid, aufgefunden worden[2]:

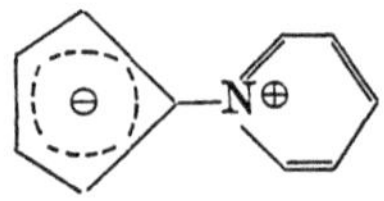

Legt man, etwa durch Oxydation, das einsame Elektronenpaar am Ringstickstoff fest, so werden neue Mesomeriemöglichkeiten, z. B. in dem *Pyridin-N-oxyd,* geschaffen:

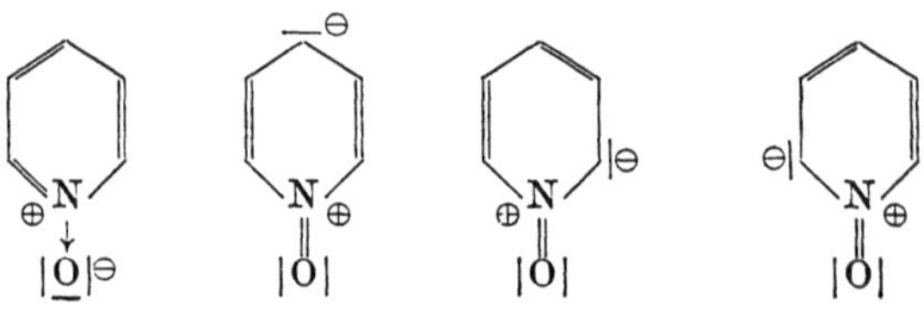

Die im Pyridin-N-oxyd neu geschaffenen Mesomeriemöglichkeiten äußern sich charakteristisch in hier relativ leicht möglichen *elektrophilen* Substitutionsreaktionen des Pyridinrings in 2-, 6- und 4-Stellung. (vgl. S. 384). Nach Fortnahme des N-oxydischen Sauerstoffatoms z. B. mit PCl_5 läßt sich somit das Pyridinsystem auf dem Umweg über das N-Oxyd in o- oder p-Stellung elektrophil substituieren. Die ebenfalls formal denkbaren mesomeren Formen des N-Oxyds, z. B.:

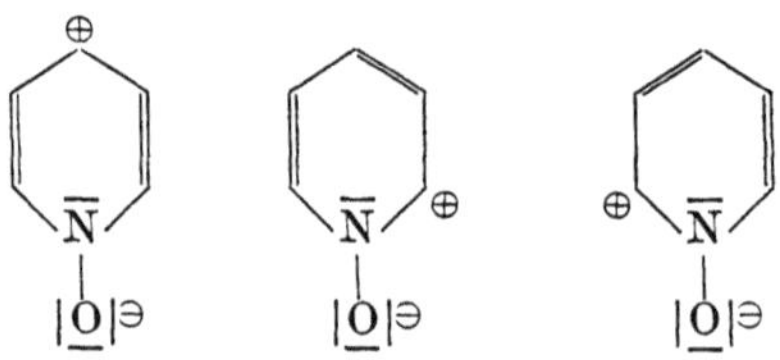

spielen offensichtlich nur eine untergeordnete Rolle.

Die Mesomerie im Pyridin äußert sich auch in ähnlichen *Abständen* der Ringatome wie im Benzol (1,37 Å für C–N und 1,39 Å für C–C) wie auch im Auftreten einer beträchtlichen Mesomerieenergie (28 kcal/Mol).

[1] TSCHITSCHIBABIN, A., u. O. ZEIDE: Chem. Zbl. **1915 I**, 1064.
[2] LLOYD, D., u. J. S. SNEEZUM: Chem. a. Ind. **1955**, 1221.

Tabelle 17. *Mesomerie-(Resonanz)-Energie verschiedener Kohlenwasserstoffe und Heterocyclen* (in kcal/Mol)

Verbindung	I	II	III	IV	V
Benzol	1,106 J	2,00 β	41	39	35,9
Naphthalin	2,04 J	3,68 β	77	75	61,0
Anthracen	2,95 J	5,32 β	116	105	85,8
Phenanthren . . .	3,02 J	5,45 β	130	110	99,2
Diphenyl	2,37 J	4,38 β	91	86	71,0
Butadien	0,23 J	0,47 β	3,5	—	—
Hexatrien	0,48 J	0,99 β	—	—	—
Pyridin	—	—	—	43	27,9
Chinolin	—	—	—	69	48,4
Pyrrol	—	—	—	31	21,6
Indol	—	—	—	54	—
Carbazol	—	—	—	91	—
Furan	—	—	—	23	16,2
Thiophen	—	—	—	31	29,1
Azulen	—	—	—	46[4]	—

I: Berechnet nach der valence-bond-Methode (J = Austauschintegral: ~33,5 kcal/Mol)[1].
II: Berechnet nach der molecular-orbital-Methode (β = Resonanzintegral: ~18 kcal/Mol)[1].
III: Berechnet aus experimentell gefundenen Verbrennungswärmen (etwa 10% zu hoch)[1].
IV: Berechnet aus der Differenz der beobachteten und der für eine einzige valence-bond-Struktur berechneten Bildungswärme[2].
V: Berechnet aus Verbrennungswärmen[3].

Etwas anders, aber nur in quantitativer Hinsicht, liegen die Verhältnisse bei den *5-Ringsystemen*. Man findet hier zwar mitunter schon beträchtliche Unterschiede gegenüber dem Verhalten des Benzols, aber z. B. die auffallende Stabilität des Ringes gegen äußere Eingriffe ist noch ausgeprägt vorhanden. Besonders deutlich geht dies aus dem Verhalten der *teilhydrierten* Ringsysteme der genannten Art hervor. In den Dihydroverbindungen ist der gesättigte Charakter sofort verschwunden, und es tritt der ungesättigte Zustand in Erscheinung, Verhältnisse, die wir bei der Besprechung der Benzolhydrierung schon kennengelernt haben. Da diese Heterocyclen auch bei Anwesenheit mehrerer Heteroatome, wie z. B. bei dem Tetrazol, immer noch quasi-aromatischen Charakter besitzen, wird man die Ursache dafür in der Ausbildung eines benzoiden Ringsystems sehen und nicht allein die Natur der verschiedenen Heteroatome dafür verantwortlich machen können.

Jedes in einem 5-Ring eingebaute Heteroatom (O, S, N) bringt von sich aus *einsame Elektronenpaare* mit, von denen eines die zunächst unvollständige innere π-Elektronengruppe wieder zum nicht lokalisierten π-Elektronensextett auffüllen kann[5].

So werden diese 5-Ringe durch die Teilnahme eines einsamen Elektronenpaares des Heteroatoms *quasiaromatisch*, z. B. das *Pyrrol:*

[1] COULSON, C. A.: Valence. Oxford: Clarendon-Press 1952.
[2] PAULING, L.: Nature of the Chemical Bond. Ithaka/New York: Cornell Univ. Press 1948.
[3] KLAGES, F.: Ber. dtsch. chem. Ges. **82**, 358 (1949).
[4] Nach L. PAULING berechnet. — HEILBRONNER, E., u. K. WIELAND: Helvet. chim. Acta **30**, 947 (1947).
[5] Die Bedeutung der Zahl 6 hat bereits E. BAMBERGER erkannt, Ber. dtsch. chem. Ges. **24**, 1758 (1891). — Liebigs Ann. **273**, 373 (1893).

Die *Delokalisationsenergie* beträgt etwa 21 kcal/Mol. In der Ausdrucksweise der v.b.-Methode kann man zunächst zwei Formeln aufschreiben, von denen allerdings die zweite wegen der Bildung eines bicyclischen, dazu noch einen Cyclobutenring aufweisenden Systems kaum in Betracht kommt:

Alle anderen noch denkbaren Formulierungen müssen das einsame Elektronenpaar des N-Atoms benutzen:

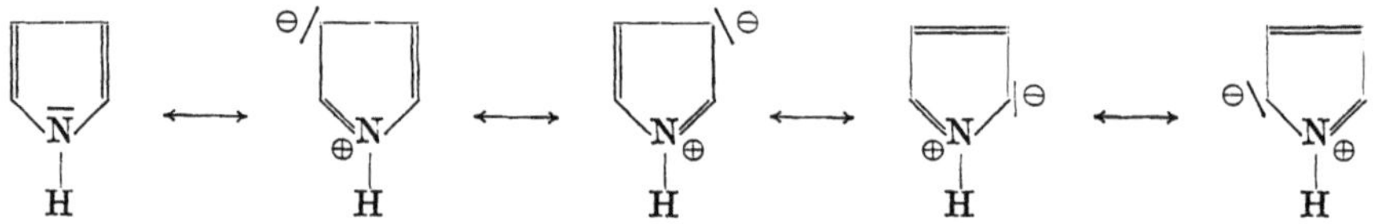

Im Gegensatz zum Pyridin, von dessen N-Atom zur inneren (Sextett-) Mesomerie nur ein Elektron zur Verfügung gestellt zu werden braucht, sind es hier *zwei* Elektronen. Dies kommt in der Ausbildung *polarer Formen* beim Pyrrol zum Ausdruck. Je geringer die Neigung des Heteroringatoms zur Abgabe der negativen Ladung ist, desto ungünstiger wird bei diesen 5-Ringen die Mesomerie zur Ausbildung des aromatischen Zustandes liegen. Demgemäß wäre entsprechend der *Elektronenaffinität* der Heteroringatome eine *Abnahme des aromatischen Charakters* in der Reihe Thiophen, Pyrrol, Furan zu erwarten, was den tatsächlichen Verhältnissen entspricht. So erfolgen beim *Furan* Substitutionsreaktionen relativ leicht, ein Zeichen dafür, daß das π-Elektronensextett nicht in größerem Ausmaß an der Mesomerie im Grundzustand teilnimmt. Die Delokalisationsenergie der π-Elektronen beträgt auch nur 16 kcal/Mol. Das Furan kann sogar als Dien gegenüber dem Sauerstoff reagieren. Es entstehen endo-Peroxyde[1]:

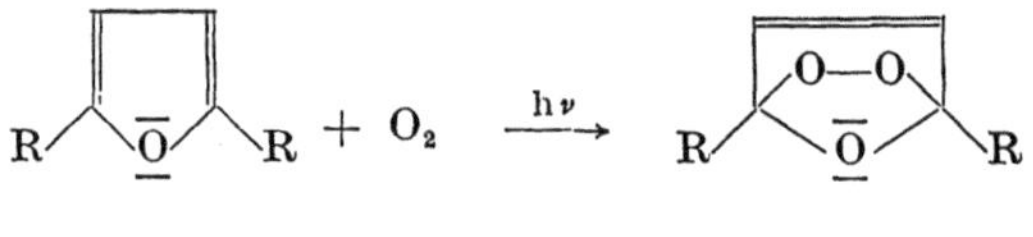

3-Aminofurane sind in ihrem Charakter schon recht verwandt den aliphatischen Aminen und nicht dem Anilin, und 3-Oxyfurane sind den Phenolen nicht mehr vergleichbar.

Das *Thiophen*:

zeigt von den Fünfringen mit einem Heteroatom weitaus den am stärksten ausgeprägten aromatischen Charakter (Delokalisationsenergie: 29 kcal/Mol). In der Ausdrucksweise der v.b.-Methode müssen daher hier die ionischen Formeln stärker an der Mesomerie beteiligt sein als bei den beiden anderen Fünfringsystemen. Von L. Pauling wurden die Gewichte der ionischen Formeln berechnet:

Furan 8%, Pyrrol 24%, Thiophen 28%

---

[1] Schenck, G. O.: Naturwiss. **35**, 28 (1948).

Auch der *Abstand* zwischen den S- und C-Atomen ist beim Thiophen kürzer als in vergleichbaren offenkettigen Thioäthern, nämlich 1,74 Å anstelle von 1,81 Å. Immerhin ist die Mesomerie wegen der Beteiligung eines Heteroatoms auch im Thiophen nicht so vollkommen wie im Benzol. Die Frage des aromatischen Charakters des Thiophens dürfte noch eine gewisse Problematik insofern enthalten, als möglicherweise auch die 3 d-orbitals des Schwefelatoms bei der Besetzung der Elektronenbahnen mit herangezogen werden. Die doch sehr auffallende Benzolähnlichkeit des Thiophens spricht für eine solche Annahme.

d) Basizität und Acidität benzoider Systeme

Das Vorhandensein eines einsamen, wenn auch z. T. durch die Mesomerie des quasiaromatischen Systems beanspruchten Elektronenpaars gibt sich in einer gewissen *Basizität* des Pyrrols zu erkennen. Diese Fähigkeit zur Protonenaufnahme läßt ein *Kation* entstehen, das jetzt zwei konjugierte Doppelbindungen aufweist, also ein *Dien* ist. Daraus erklärt sich die Empfindlichkeit solcher Systeme gegen *Säuren* (leichte Verharzung):

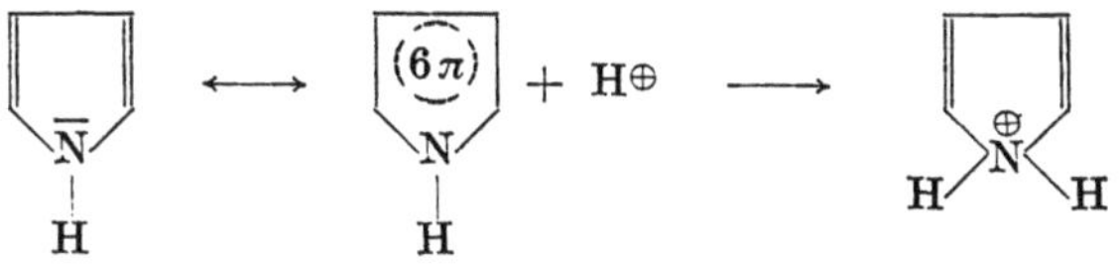

Andere Verhältnisse liegen aber bei einem Ersatz des H-Atoms im Pyrrol durch ein *Alkalimetallatom* vor. Wie bei dem neutralen Molekül lassen sich hier folgende mesomere anionische Formulierungen geben[1]:

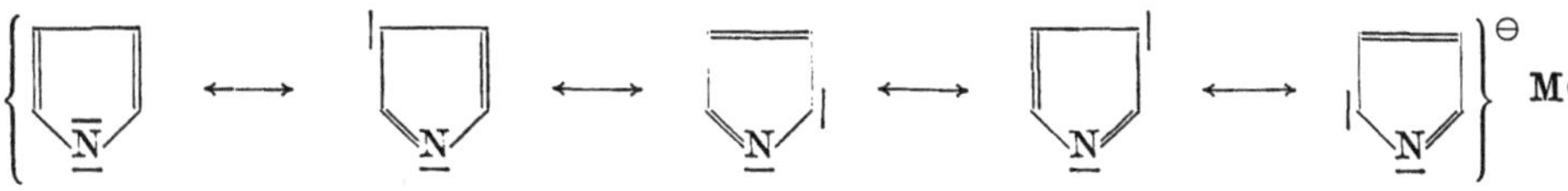

I II III IV V

Das Pyrrol bildet daher relativ leicht Metallverbindungen, auch in komplizierten Stoffen wie den *Porphyrinen* (z. B. Chlorophyll oder Häme) oder in den *Phthalocyaninen*.

Infolge der Beteiligung der π-Elektronen des Stickstoffs an der Mesomerie im Pyrrol ist der protonenbindende Charakter, die Basizität, nur schwach ausgeprägt. Auch die Protonenbeweglichkeit, die Acidität, ist nicht sonderlich groß, da die Mesomerie des Pyrrolanions sich auch schon im Pyrrol selbst findet und daher der Übergang vom neutralen Molekül zum Anion keinen beträchtlichen neuen Energiegewinn liefert. Das Pyrrol zeigt daher *amphoteren* Charakter. Diese Verhältnisse werden beim Pyrrol dadurch kompliziert, daß neben der Mesomerie auch noch eine *Tautomerie*möglichkeit zu einer *Pyrrolenin-Form* besteht[2]:

[1] II—V können als Pyrrolenin-Anionen bezeichnet werden. Kondensationen mit N=O- oder CO-Verbindungen s. Angeli, A., F. Angelico u. E. Calvello: Atti Accad. Lincei Rend. [5] **11**, II, 16 (1902). — Vgl. A. Angeli: Die Azoxyverbindungen. Sammlung chemischer und chemisch-technischer Vorträge, Bd. 17, S. 315, Stuttgart: Ferd. Enke 1912. — Colacicchi, V.: Gazz. chim. ital. **42**, I, 10 (1912). — Atti Accad. Lincei Rend. [5] **21**, 600 (1912). — Vgl. a. J. Thiele: Liebigs Ann. **319**, 229 (1901).

[2] Milone, M., u. G. Müller: Gazz. chim. ital. **65**, 241 (1935). — Krollpfeiffer, F.: Ber. dtsch. chem. Ges. **71**, 597 (1938).

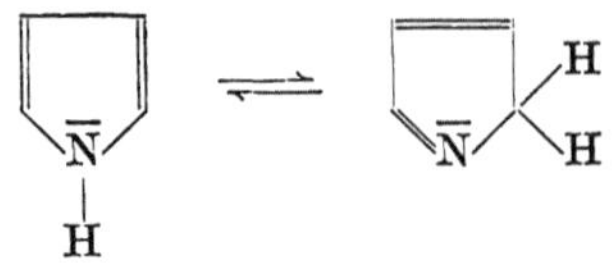

Man kennt auch benzoide Systeme mit stark basischem bzw. stark saurem Charakter wie das *Imidazol* bzw. das *Tetrazol.* Daß basische Funktionen bei Anwesenheit mehrerer Heteroatome vorhanden sein können, erläutert die Formel des Imidazols:

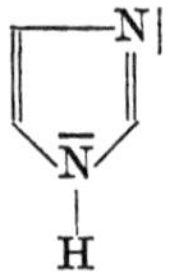

Das einsame Elektronenpaar des oberen N-Atoms kann ohne Aufhebung des π-Elektronensextetts ein Proton binden. Das neue Kation zeigt eine völlig gleichartige Atomgruppierung an beiden Stickstoffatomen, eine *Synionie im Kation*:

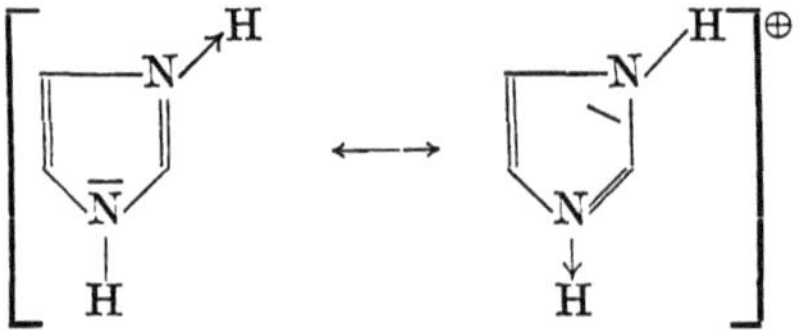

Ebenso ist das durch Protonenabgabe entsprechende Anion durch eine völlig gleiche Anordnung der Atome in beiden Grenzformeln ausgezeichnet *(Synionie im Anion)*:

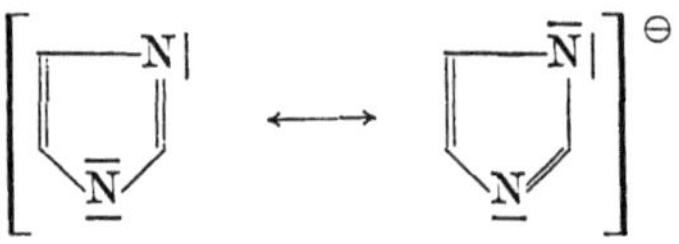

Man kann daher weder beim Kation noch beim Anion des Imidazols ein bestimmtes N-Atom als Träger der positiven oder negativen Ladung ansehen.

Es ist deshalb nicht ohne weiteres möglich, vom Imidazol stellungsisomere 4- oder 5-Derivate herzustellen, da sowohl ihre Anionen wie auch ihre Kationen identisch sind. Beide N-Atome sind in saurer und alkalischer Lösung gleichberechtigt, so daß hierdurch die Nichtexistenz verschiedener 4- und 5-stellungsisomerer Derivate des Imidazols verständlich ist, worauf W. Hückel[1] als erster hingewiesen hat:

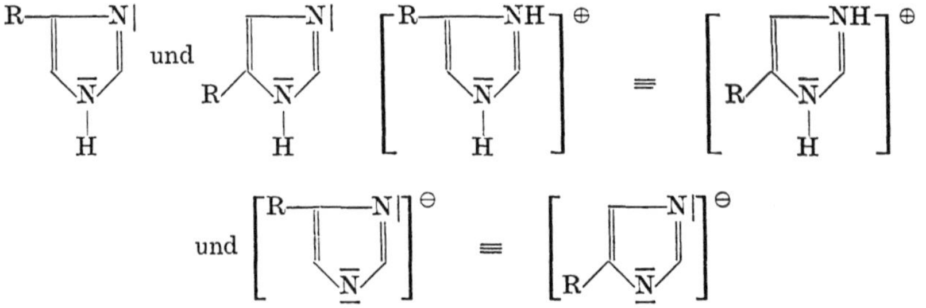

[1] Hückel, W.: Theoretische Grundlagen der Organischen Chemie, 2. Aufl., Bd. I, S. 395. Leipzig: Akad. Verlagsges. 1934.

Schwerlösliche isomere Derivate dieser Art sind neuerdings[1] bekannt geworden. Infolge ihrer Schwerlöslichkeit bilden sie weder Anionen noch Kationen und sind so existenzfähig.

Beim *Tetrazol* erscheinen die N-Atome ebenfalls gleichberechtigt.

Durch Abdissoziation eines Protons „verteilt" sich die negative Ladung auf vier verschiedene N-Atome:

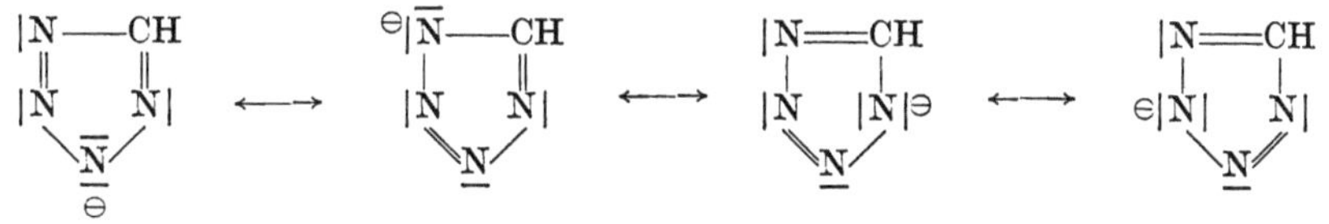

Diese neue Mesomeriemöglichkeit im Tetrazolanion liefert Energie und begünstigt somit die Protonenabgabe, erhöht die Acidität.

In der obigen Zusammenstellung einiger wichtiger benzoider Ringsysteme (vgl. S. 323) findet sich auch das Cyclopentadien-Anion. Das freie *Cyclopentadien* verhält sich, wie wir schon bei den Diensynthesen gesehen haben, im allgemeinen wie ein offenkettiges Dien. Das Cyclopentadien selbst ist daher zu den verschiedensten Reaktionen befähigt und zeigt keineswegs aromatischen Charakter. Aber in einer besonderen Reaktion des Cyclopentadiens, nämlich in der Fähigkeit zur Ausbildung von Metallverbindungen kommt das Streben nach einem benzoiden System zum Ausdruck. Im *Cyclopentadienkalium* z. B., das als ionisiert aufzufassen ist, besitzt das C-Atom der ursprünglichen CH_2-Gruppe ein einsames Elektronenpaar. Das *Cyclopentadien-Anion* ist daher imstande, vermittels dieses einsamen Carbeniat-Elektronenpaares am Aufbau eines aromatischen Sextetts teilzunehmen und stellt sich somit in die Reihe der übrigen betrachteten Ringsysteme. Folgende Grenzanordnungen der Mesomerie sind in dem Cyclopentadienylanion anzunehmen:

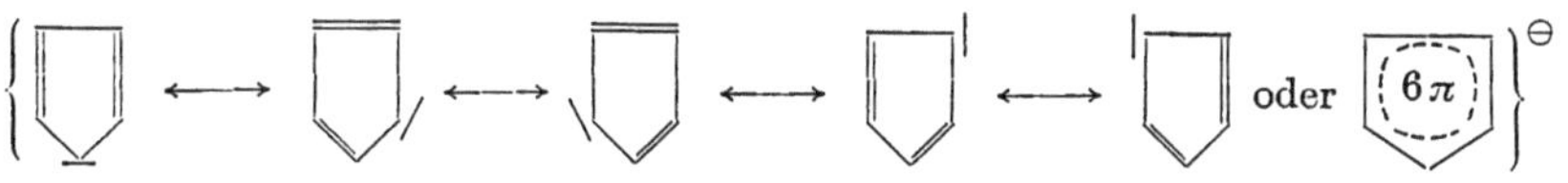

Im Grundzustand der Molekel sind hier alle Grenzanordnungen in gleichem Maße vertreten. Die Bindung zwischen den einzelnen C-Atomen des Ringes ist überall gleich groß, die Delokalisationsenergie beträgt 2,45 $\beta \sim 45$ kcal/Mol. Im Gegensatz zu dieser symmetrischen Ladungsverteilung steht die des Pyrrolanions, in dem durch die Beteiligung des Heteroatoms keine derart hohe Symmetrie zustande kommen kann. Das *Pyrrolanion* verhält sich daher zum *Cyclopentadienylanion* wie das *Pyridin* zum *Benzol*.

Die Bildung eines hochsymmetrischen Cyclopentadienylanions ist sehr charakteristisch. In offenkettigen Dienen mit sonst gleicher Bindungs- und Atomanordnung z. B.:

$$CH_2{=}CH{-}CH_2{-}CH{=}CH_2$$

findet sich diese Fähigkeit zur Bildung von Metallverbindungen nicht, da hierbei kein benzolähnliches π-Elektronensextett ausgebildet werden kann. Damit hängt auch das Kondensationsvermögen der CH_2-Gruppe des Cyclopentadiens mit $>C{=}O$- und $-N{=}O$-Gruppen zusammen, das wiederum in offenkettigen analogen Verbindungen in diesem Maße fehlt[2].

[1] Bredereck, H.: Vortrag in Tübingen 1954 vor der Ortsgruppe der G.D.Ch.

[2] Zum Beispiel Fulvenbildung aus Cyclopentadien und Ketonen. Thiele, J.: Ber. dtsch. chem. Ges. **33**, 666 (1900).

Der aromatische Charakter des Cyclopentadienylanions kommt in sehr origineller Weise in der Bildung von *Bis-cyclopentadienyl-Metallverbindungen* zum Ausdruck. Aus dem Cyclopentadienyl-magnesiumbromid entstehen durch Umsetzung mit den entsprechenden Metallsalzen wie $FeCl_2$ usw. das *Ferrocen, Cobaltocen, Nickelocen, Ruthenocen*[1]. Diese farbigen organischen Schwermetallverbindungen sind neutrale, sehr beständige, flüchtige, wasserunlösliche, diamagnetische Komplexe, denen man auf Grund von Röntgenaufnahmen die nebenstehende „*Sandwich*"-*Struktur* zuerteilen kann.

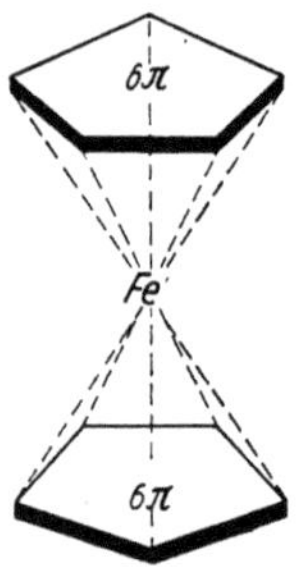

Abb. 60. „Sandwich"-Struktur des Ferrocens

Der aromatische Charakter der Cyclopentadienylanionen kommt beispielsweise in der Fähigkeit zur FRIEDEL-CRAFTS-Synthese oder der Arylierung mit Diazoniumsalzen[2] zum Ausdruck. Die entsprechende Carbonsäure (aus Phosgen, $AlCl_3$ und Biscyclopentadienyleisen zugänglich) ist der Benzoesäure ähnlich. Das $Fe^{2\oplus}$-Ion wird durch die beiden 6 π-Elektronensysteme vollständig nach außen abgeschirmt (Auffüllung der 3 d-Schale ?). Durch Oxydation werden diese „Ocene" in die höheren Wertigkeitsstufen des Metalls übergeführt, wobei tiefgefärbte, nun wasserlösliche, salzartige Gebilde „Ociniumsalze", entstehen z. B. $[(C_5H_5)_2Fe^{III}]^{\oplus}[ClO_4]^{\ominus}$.

e) Tropon-(Cycloheptatrienon)-, Tropolon-(Cycloheptatrienolon)- und Tropylium-(Cycloheptatrienylium)-System sowie Azulen

Ein weiteres, sehr interessantes quasi-aromatisches System ist in den Tropon-Derivaten vorhanden. M. J. S. DEWAR[3] schlug auf Grund theoretischer Überlegungen für das *Colchicin*[4], die *Stipitatsäure*[5] und die *Puberulsäure*[5] (Oxystipitatsäure):

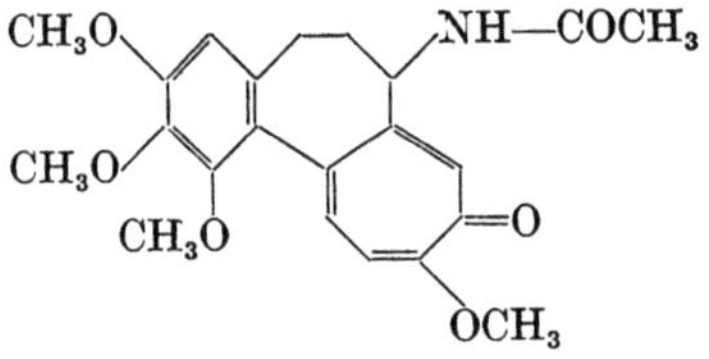

Colchicin

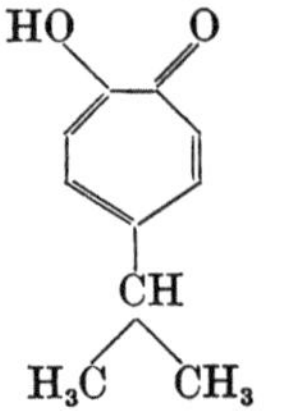

γ-Thujaplicin[6]

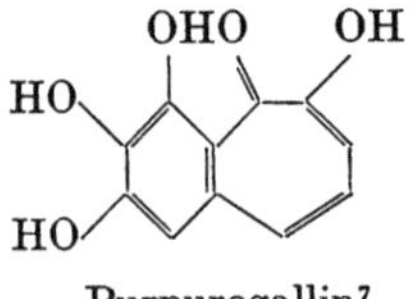

Purpurogallin[7]

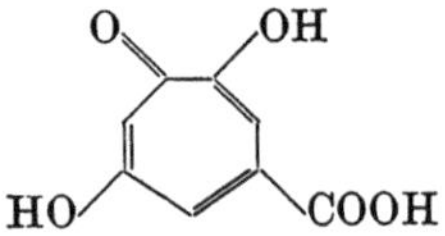

Stipitatsäure

zur Erklärung des z. T. recht eigenartigen Verhaltens dieser Stoffe Formulierungen vor, die ein bis dahin unbekanntes Cycloheptatrienolonsystem enthalten sollen.

[1] KEALY, T. J., u. P. L. PAUSON: Nature (London) **168**, 1039 (1951). — WILKINSON, G., M. ROSENBLUM, M. C. WHITING u. R. B. WOODWARD: J. Amer. Chem. Soc. **74**, 2125, 4971 (1952). — FISCHER, E. O., u. W. PFAB: Z. Naturforsch. **7b**, 377 (1952).

[2] WEINMAYR, V.: J. Amer. Chem. Soc. **77**, 3012 (1955).

[3] DEWAR, M. J. S.: Nature (London) **155**, 50, 142, 479 (1945).

[4] Das Alkaloid der Herbstzeitlose.

[5] Aus Schimmelpilzkulturen, Penicillium stipitatum und Penicillium puberulum.

[6] ERDTMAN, H., J. GRIPENBERG, A. B. ANDERSON: Acta Chem. Scand. **2**, 625, 639, 644 (1948).

[7] CAUNT, D., W. COW, R. H. HAWORTH u. C. A. VODOZ: J. Chem. Soc. (London) **1950**, 1631; **1951**, 1313.

Für dieses Ringsystem wurde eine ganz besondere Stabilität vorausgesagt, die sogar der aromatischer Systeme vergleichbar sein sollte. Von diesem Cycloheptatrienolon lassen sich zwei *tautomere* Formen voraussehen, deren Übergang ineinander zugleich mit einem Wechsel der Doppelbindungsanordnungen im Ring verbunden ist:

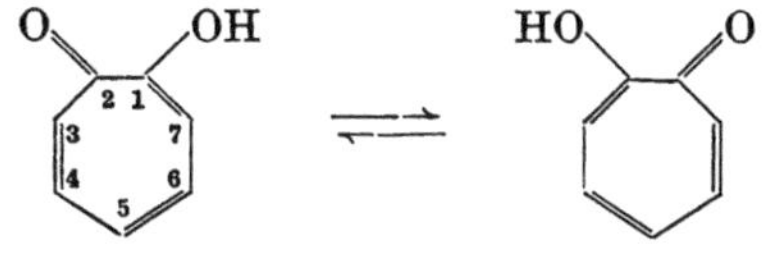

Während diese beiden tautomeren Formen beim Tropolon nicht unterscheidbar sind, sollten sich bei asymmetrisch substituierten und in der Hydroxyl-Gruppe verätherten Derivaten isomere Verbindungen gewinnen lassen, was auch experimentell verifiziert werden konnte[1]:

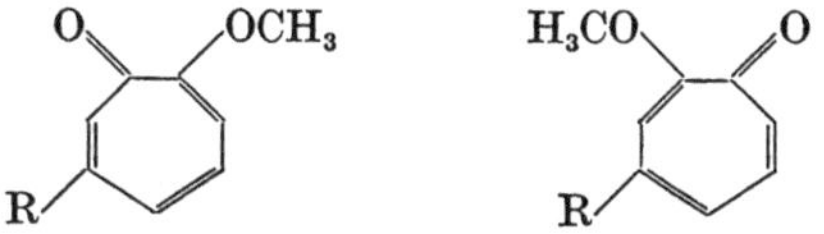

β-Methyltropolon-methyläther

Von den asymmetrisch substituierten Tropolonen selbst lassen sich dagegen keine Desmotropen gewinnen, was für eine außerordentlich rasche Umwandlung der beiden tautomeren Formen ineinander spricht[2]. Daher formulierte man zunächst das Tropolon-System mit einer *Wasserstoffbrücke* zwischen den beiden Sauerstoffatomen oder stellte überhaupt nur das Proton zwischen die beiden O-Atome:

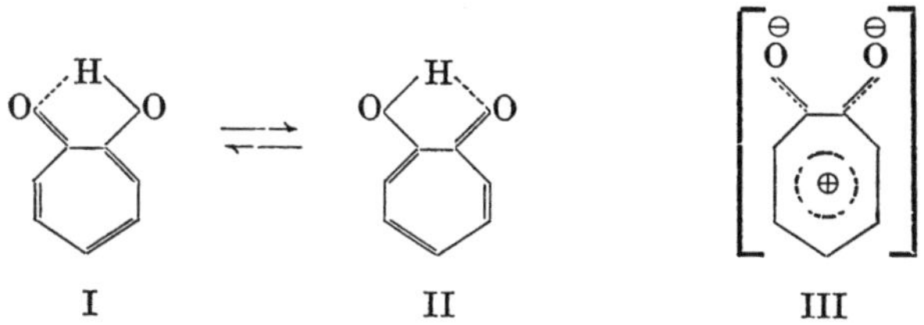

I II III

Infrarotuntersuchungen[3] machen für das Tropolon selbst aber die tautomeren Strukturen I und II wahrscheinlicher, da offenbar das H-Atom der Brücke, wie auch sonst bisher bekannt (vgl. S. 262), sich asymmetrisch zwischen den beiden O-Atomen befindet, also näher am unmittelbaren Bindungspartner (H—O-Abstand ~ 1,1 Å) als am „Carbonyl-Sauerstoffatom" (C=O · · · H-Abstand ~ 1,5 bis 2,0 Å).

Dagegen dürfte für das *Anion des Tropolons* die vollkommen *symmetrische* Formel III zutreffen. Wichtig für das Problem der Konstitution des Cycloheptatrienolons ist ferner die Tatsache, daß die Carbonylgruppe maskiert ist und ihre Eigenschaften erst nach Aufhydrierung des Ringsystems in Erscheinung

[1] Haworth, R. D., u. J. D. Hobson: J. Chem. Soc. (London) **1951**, 561. — Zusammenfassende Darstellung s. G. Huber: Angew. Chem. **63**, 501 (1951). — Ausführliches Sammelreferat P. L. Pauson: Chem. Reviews **55**, 9 (1955).

[2] Über Tautomerie und Mesomerie s. S. 152, 227, 234, 317.

[3] Koch, H. P.: J. Chem. Soc. (London) **1951**, 512.

treten. Im Zusammenhang damit ist es von Bedeutung, daß das Tropolon eine in ihrer Stärke den Carbonsäuren und nicht den Phenolen vergleichbare *Säure* ist ($p_K \sim 6{,}7$, Phenol $p_K \sim 10$, Essigsäure $p_K \sim 5$). Das Tropolon enthält genau wie die Carbonsäuren eine Hydroxyl- und eine Carbonyl-Gruppe, nur in diesem speziellen Fall nicht an demselben Kohlenstoffatom befindlich, sondern an zwei benachbarten, untereinander durch konjugierte Doppelbindungen verbundenen Kohlenstoffatomen. Tropolon ist sozusagen eine *vinyloge Carbonsäure*. Ganz entsprechend den Carbonsäuren kann man daher auch im Falle des Tropolons das H-Atom (als Proton) beiden O-Atomen (auch asymmetrisch) zuordnen. Die Tropolonformel mit einer „aufgerichteten" Carbonylgruppe dürfte daher einen wohl zutreffenden Formelausdruck dieses besonderen Systems wiedergeben:

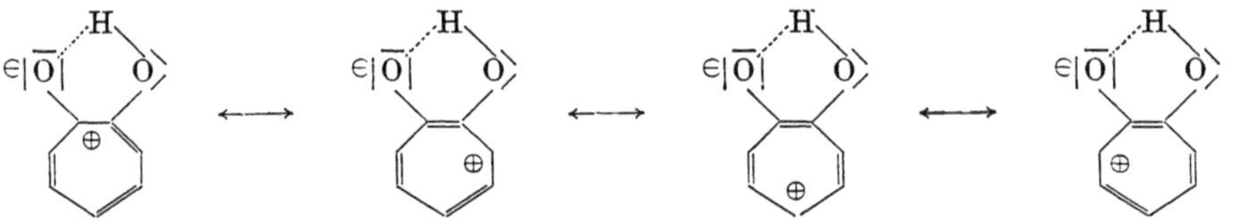

Die ⊕ Lücke wandert im Ring herum *(Allylumlagerung im Kation!)*, wobei in dem ebenen 7-Ring eine annähernd gleichmäßige Verteilung der π-Elektronen über das positivierte Ring-Kohlenstoffatom möglich ist. Andererseits liegt in diesem System, einschließlich der Carbonylgruppe eine *gekreuzt-konjugierte* Anordnung der Doppelbindungen vor:

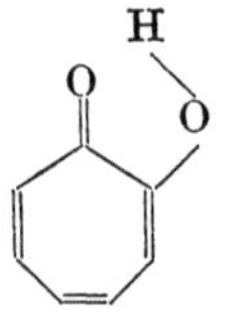

Damit wird ebenfalls die Ausbildung eines inneren π-Elektronensextetts in dem praktisch ebenen 7-Ring ermöglicht. So entsteht ein neues, eigenartiges, *quasiaromatisches* System. Aus der Verbrennungswärme ist von J. W. Cook[1] unter Berücksichtigung der Paulingschen Werte der Bindungsenergien die Mesomerie (Konjugations-)Energie dieses Systems zu $\sim 28{,}6$ kcal/Mol berechnet worden. Dieser Wert liegt in der Nähe der für das Thiophen ermittelten Aromatisierungsenergie (29 kcal/Mol).

Für diesen quasi-aromatischen Charakter des Tropolonsystems sprechen auch die chemischen Eigenschaften. Es zeigt wie das Phenol leicht verlaufende, kationoide *(elektrophile)* Substitutionsreaktionen (vgl. S. 359ff.), wobei die neueintretenden Substituenten in o- bzw. p-Stellung (hier Stellung 5) zu den beiden O-Atomen gelenkt werden[2]. Bei der *katalytischen Hydrierung* mit Platin werden 4 Mole Wasserstoff langsam aufgenommen unter Bildung eines Gemisches der stereoisomeren cis- und trans-Cycloheptandiole-(1,2). Die anionoide *(nucleophile)* Substitution tritt beim Behandeln mit Kaliumhydroxyd (bei 220°) ein, wobei ähnlich der Benzilsäureumlagerung hier Benzoesäure entsteht, vgl. S. 280.

---

[1] Cook, J. W., A. R. Gibb, R. A. Raphael u. A. R. Sommerville: J. Chem. Soc. (London) **1951**, 503. — Ferner M. J. S. Dewar: Nature (London) **166**, 790 (1950). — Nozoe, T.: Nature (London) **167**, 688 (1951).

[2] Mit Bromwasser entsteht ein 3,5,7-Tribrom-tropolon, mit salpetriger Säure bildet sich ein p-Nitroso-Derivat, verd. HNO_3 läßt p-Nitrotropolon entstehen und Diazoniumsalze kuppeln in p-Stellung.

Die oben gegebene Formulierung mesomerer Grenzformen des Tropolons läßt auch gewisse Analogien zum γ-Pyron voraussehen. In der Tat besitzt das Tropolon *basischen Charakter*, der sich in der Bildung von Oxonium-, besser wohl Carbenium-salzen, äußert:

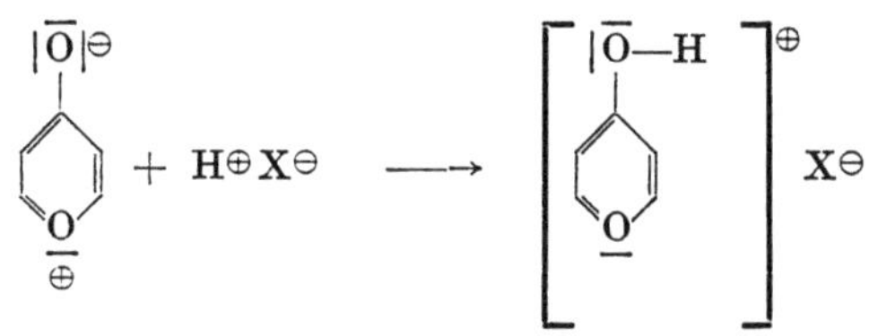

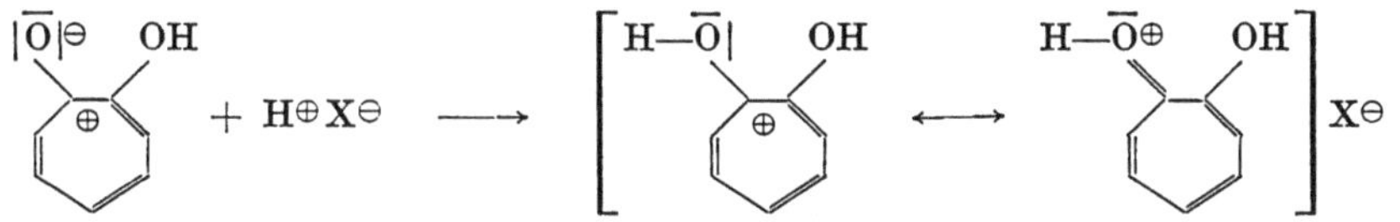

Die *Röntgenstrukturuntersuchung* des *Kupferkomplexes*[1] des Tropolons zeigt mit einem durchschnittlichen C—C-Abstand im Siebenring von etwa 1,4 Å sehr ähnliche Verhältnisse wie beim Benzol mit nur kleinen Unterschieden im Abstand und den Winkeln:

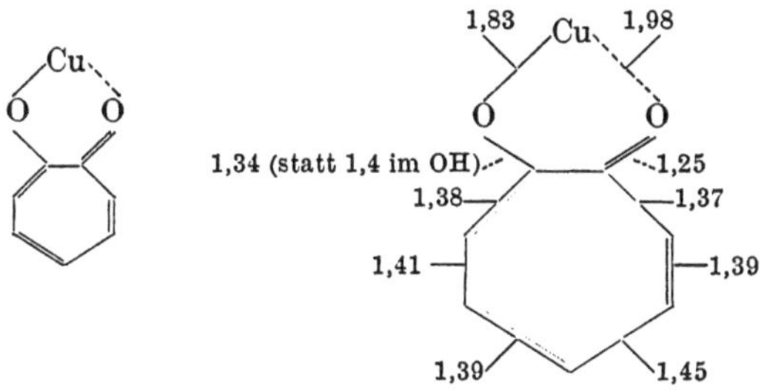

Das gleiche gilt auch für das *Tropon* (Cycloheptatrienon), welches sich ebenfalls aromatisch verhält, wasserlöslich ist, ein beträchtliches Dipolmoment sowie basischen Charakter besitzt. Die Carbonylgruppe ist wie im Tropolon maskiert, so daß wiederum eine polare Grenzformel wesentlich an der Mesomerie beteiligt sein dürfte:

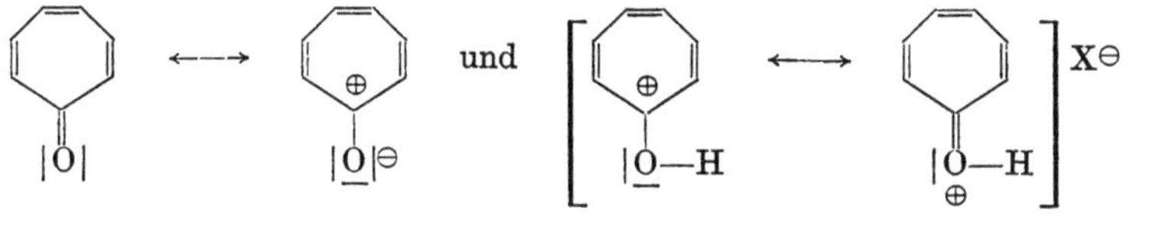

In neuerer Zeit ist es auch gelungen, das dem Tropolon bzw. Tropon zugrunde liegende unsubstituierte System herzustellen[2]. Man erhält es, wie schon G. MERLING[3] gefunden, aber nicht richtig gedeutet hat, durch geeignete Abspaltung von

[1] ROBERTSON, J. M.: J. Chem. Soc. (London) **1951**, 1222.

[2] Zusammenfassende Darstellung: Das Tropylium-Ion, W. v. E. DOERING u. H. KRAUCH, Angew. Chem. **68**, 661 (1956).

[3] MERLING, G.: Ber. dtsch. chem. Ges. **24**, 3108 (1891).

Bromwasserstoff aus Cycloheptatriendibromid[1]:

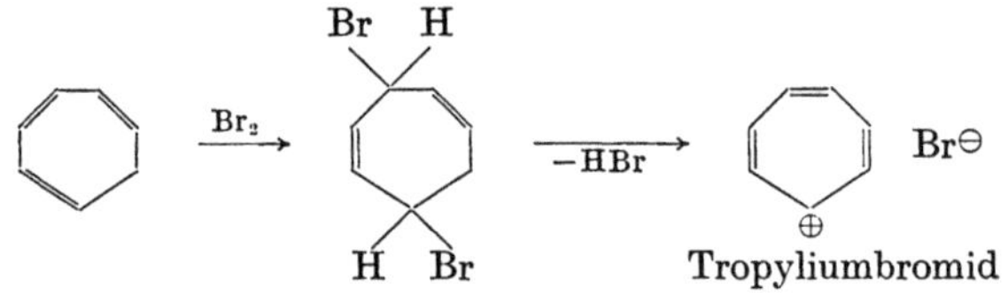

Das *Cycloheptatrienyliumbromid* hat typisch *salzartige* Eigenschaften wie Wasserlöslichkeit, anionisch gebundenes Brom, einfaches IR-Spektrum (infolge hoher Symmetrie des Kations) und ist deutlich verschieden von dem aus Brombenzol und Diazomethan durch Ringerweiterung erhältlichen Bromtropiliden mit homöopolar gebundenem Brom. Gegen Wasser verhält sich das Tropyliumkation wie eine Lewissäure und zeigt die Säurestärke etwa der Essigsäure:

$$C_7H_7^{\oplus} + 2HOH \leftrightarrows C_7H_7OH + H_3O^{\oplus}$$

Cycloheptatrienol

Die durch Kationbildung zu gewinnende Delokalisationsenergie reicht offensichtlich aus, um aus der normalen kovalenten C−Br-Bindung eine *Ionenbindung* $\geqslant C^{\oplus} Br^{\ominus}$ zu schaffen. Auch die bemerkenswerten *basischen* Eigenschaften des Tropons und Tropolons (auch des Azulens) finden in dieser Mesomeriestabilisierung des Cycloheptatrienyliumkations ihre befriedigende Erklärung. Neuerdings gelang auch die Darstellung des Benzotropylium-kations[2].

Die Ursache der Stabilität dieser quasi-aromatischen Ringsysteme ist die gleiche wie beim Cyclopentadienylanion und beim Benzol selbst. Das System von *sechs π-Elektronen*, die in einem *ebenen* Ring delokalisierbar sein müssen, liefert den zur Stabilisierung erforderlichen Energiegewinn. Daher ist nicht das Cyclopentadien, sondern erst sein Anion, und nicht das Cycloheptatrien, sondern erst sein Kation vergleichbar dem cyclischen, symmetrischen ungeladenen Sechsringgebilde, dem Benzol:

Gemäß dem Aufbau dieser Verbindungen erreichen zwar das *Cyclopentadienylanion* und das *Cycloheptatrienylium-kation* nicht ganz den vollkommenen, einzig dastehenden Grad von aromatischem Charakter wie das *Benzol*, aber beide Ionen sind weitgehend benzolähnlich, was sich im gesamten chemischen und physikalischen Verhalten bemerkbar macht. Im übrigen stellen die neuen experimentellen Befunde eine weitere glänzende Bestätigung der wellenmechanischen Theorie des Benzols und benzoider Systeme dar[3].

---

[1] DOERING, W. v. E., u. L. H. KNOX: J. Amer. Chem. Soc. **76**, 3203 (1954). Darstellung des Cycloheptatriens aus Cyclopentadien und Keten:

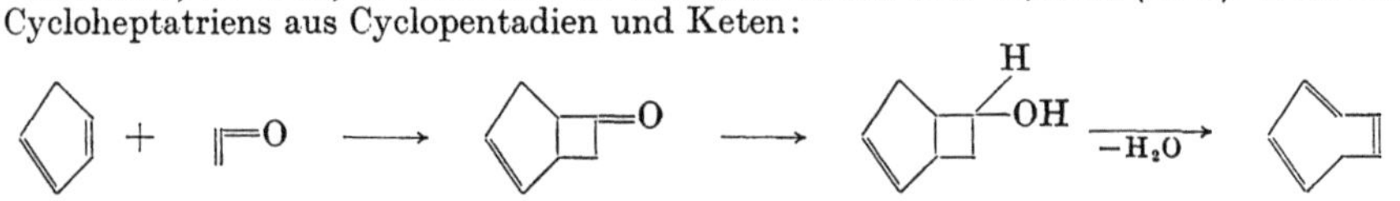

Bicyclo-[3.2.0]-hept-2-en-6-on

DRYDEN, H. L. jr.: J. Amer. Chem. Soc. **76**, 2841 (1954). — Neue Synthese der Tropyliumsalze s. M. J. S. DEWAR u. R. PETTIT: Chem. and Ind. **1955**, 199.

[2] RENNHARDT, H. H., E. HEILBRONNER u. A. ESCHENMOSER: Chem. and Ind. **1955**, 415.

[3] Vgl. E. HÜCKEL: Z. Physik **70**, 204 (1931), $(CH)_5^{\ominus}$: 2,48 β, $(CH)_7^{\oplus}$: 3,00 β, $(CH)_5^{\oplus}$: 1,24 β, $(CH)_7^{\ominus}$: 2,12 β.

Das Hinstreben nach der für diese Ringe charakteristischen Benzolstruktur mit einem inneren π-Elektronensextett ist daher der tiefere Grund für die Benzolähnlichkeit einiger 6- und 5-Ringsysteme. Dabei wird in den meisten Fällen das fehlende π-Elektronenpaar von den Hetero-Ringatomen N, O, S geliefert, gelegentlich aber auch durch den Übergang in einen anionoiden Zustand, wie beim Cyclopentadienkalium, oder in einem kationoiden Zustand, wie bei den Pyrylium- oder Tropyliumverbindungen zur Verfügung gestellt. Daß die Zahl 6 hier eine besondere Rolle spielt, erkannte übrigens schon E. BAMBERGER, der solche Ringe durch ein System von *6 „potentiellen Valenzen“* darstellte:

Ein den Cycloheptatrien-Ring enthaltendes Ringsystem, das *Azulen*, kommt in der Natur vor. So enthält Kamillenöl Derivate des Azulens, das aus einem kondensierten 5- und 7-Ring besteht:

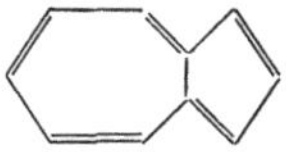

Die erste *Synthese* des Azulens gelang S. PFAU und P. A. PLATTNER[1], ausgehend von $\Delta^{9,10}$-Octalin über Cyclodecandion-(1,6). Später wurden mehrere Synthesen entwickelt (z. B. aus Hydrinden[2] oder durch cyclisierende Polymerisation von Acetylen[3]), die aber alle unter schlechten Ausbeuten verlaufen (die Endphase besteht in einer energischen Dehydrierung). Erst in neuester Zeit gelang es K. ZIEGLER und K. HAFNER[4], das Azulen und seine Derivate auf elegante Weise mit ausgezeichneten Ausbeuten herzustellen. Man geht dabei vom Monomethylanilid des Glutaconaldehyd(-enols) aus[5],

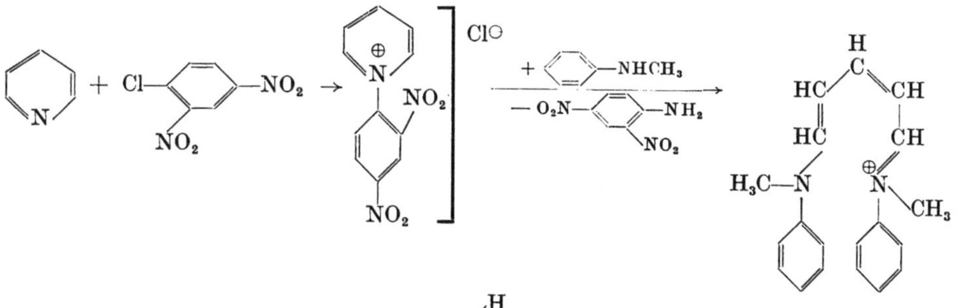

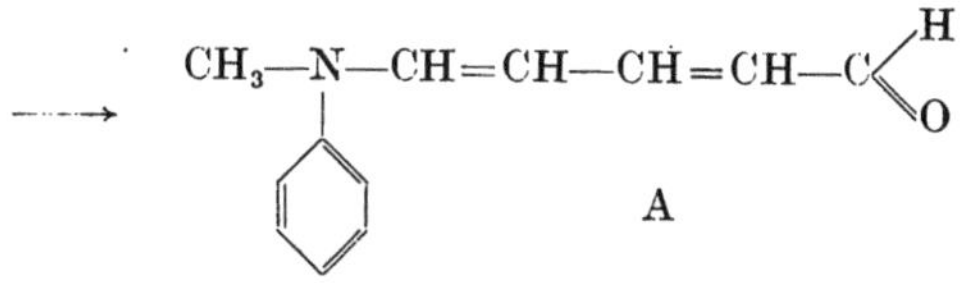

A

Monomethylanilid des Glutaconaldehyd(-enols)

1 PLATTNER, P. A., u. S. PFAU: Helvet. chim. Acta **19**, 865 (1937).
2 PLATTNER, P. A., u. S. PFAU: Helvet. chim. Acta **22**, 202 (1939).
3 REPPE, W., O. SCHLICHTING u. H. MEISTER: Liebigs Ann. **560**, 93 (1948).
4 ZIEGLER, K., u. K. HAFNER: Angew. Chem. **67**, 301 (1955), DP.-Anmeldung Z 3614 IV c/12o vom 7. 8. 1953. — Vgl. ferner H. RÖSLER u. W. KÖNIG: Naturwiss. **42**, 211 (1955).
5 Hergestellt nach T. ZINCKE: Liebigs Ann. **333**, 296 (1904).

das mit Cyclopentadien praktisch quantitativ zum Fulvenderivat umgesetzt wird. Letzteres ergibt bei thermischer Behandlung (i. Vak., 200—250°) 60% Azulen neben Methylanilin:

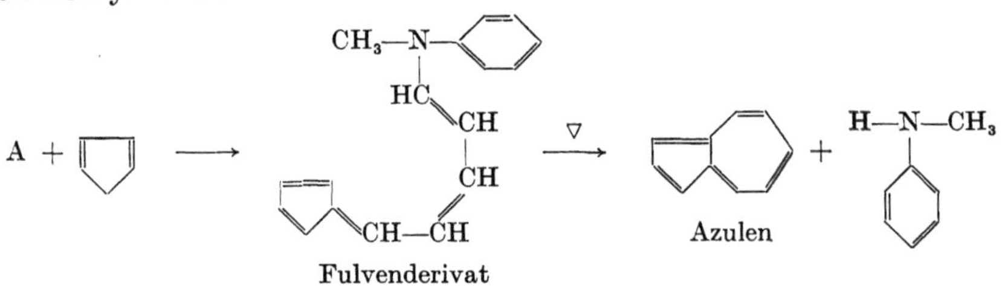

Schon die *tiefblaue* Färbung des Azulens läßt erwarten, daß es sich hier um *kein eigentlich aromatisches* System handelt. In der Tat erweist sich diese Verbindung wie das Cyclooctatetraen (s. S. 353) als stark *ungesättigt* und relativ unbeständig. Ähnlich dem Tropolonsystem (s. S. 333) zeigen auch die Azulene *basischen* Charakter, sie werden z. B. schon von mäßig konzentrierten Mineralsäuren unter Farbumschlag nach gelb gelöst. Die Anlagerung des Protons unter Bildung des Azulenium-Kations findet am C_1 statt. Damit stimmt die gleichwertige UV-Absorption z. B. des 5,6-Benzazulenium-kations mit der des Benzo-tropylium-kations überein[1]:

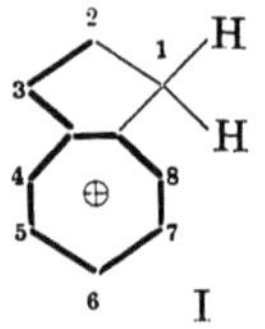

Starke Linien: Resonanzgebiet der π-Elektronen

Weiterhin läßt sich die Stabilität des Azuleniumkations insofern verstehen, als gerade in der Formulierung I die größtmögliche Zahl *mesomerer Grenzformeln* (8) aufstellbar ist:

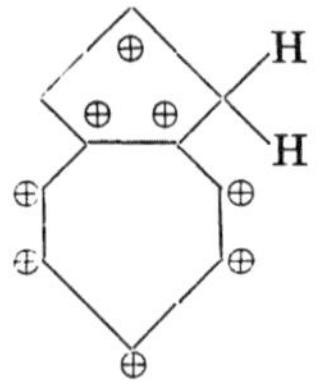

Verteilung der ⊕-Ladung,
acht Grenzformeln des Azuleniumkations

Die starke Basizität des Azulens wird demnach auf den Unterschied der Mesomerie-energien des Ions I und des freien Kohlenwasserstoffs zurückgeführt.

Für das C_1-*Atom* berechnet sich die größte Elektronendichte:

(„Erinnerung“ an das System 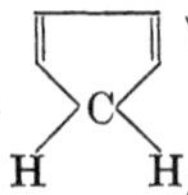),

[1] Vgl. dazu P. A. Plattner: Angew. Chem. **67**, 157 (1955). — Siehe ferner D. H. Reid: Ebenda, S. 761. Hier wird u. a. ein Derivat des Perinaphthenyl-Kations:

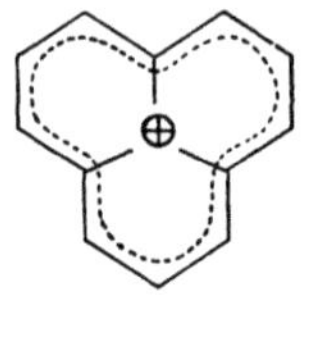

beschrieben.

so daß *elektrophile Substitutionen* dort stattfinden. Man kann in 1-Stellung die FRIEDEL-CRAFTSsche Reaktion oder eine Diazotierung durchführen:

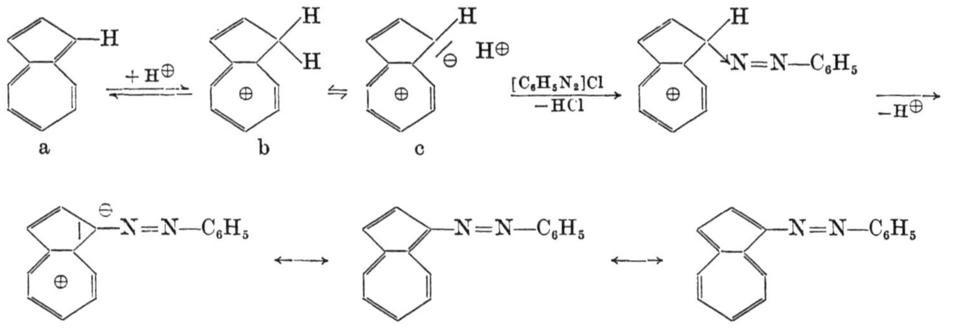

Die Verhältnisse liegen hier ähnlich wie bei dem Tropolon (s. S. 332). Um es noch einmal zu wiederholen, der aromatische Charakter kommt dadurch zustande, daß in einem Ring (6-Ring bei Benzol, 7-Ring bei Tropolon und Azulen) *drei konjugierte Doppelbindungen* vorhanden sind, die entweder kurz *zum Ring geschlossen* sind (Benzol) oder deren Enden an der Unterbrechungsstelle der Konjugation *durch ein C-Atom mit Elektronendefizit (Carbeniumstruktur)* doch miteinander in Wechselwirkung treten können. Der Prototyp des aromatischen Charakters besteht eben nur beim Benzol, während in den anderen Fällen eine mehr oder weniger ausgeprägte Annäherung an den reinen aromatischen Charakter erzwungen wird. Benzol ist sozusagen das „erste Glied einer analogen Reihe" und zeigt die charakteristischen Verhältnisse am deutlichsten. Im Zusammenhang mit diesen Fragen wäre es von Interesse zu untersuchen, ob auch das Vorhandensein eines Einzelelektrons, also anstelle des Carbenium- ein Radikal-C-Atom, noch die Ausbildung eines quasiaromatischen Systems gestattet:

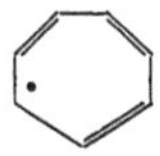

f) Kondensierte Systeme

Für eine Reihe weiterer aromatischer Verbindungen mit kondensierten Ringsystemen, wie z. B. Naphthalin, Anthracen, Phenanthren usw. ist eine sinngemäße Übertragung der für den Bindungszustand des Benzols und benzoider Verbindungen gewonnenen Erkenntnisse möglich.

Die Übertragung der KEKULÉschen Schreibweise des Benzols auf das *Naphthalin* führt zu den folgenden Formelausdrücken, die sich auch hier durch eine verschiedene Anordnung der Doppelbindungen unterscheiden, z. B.:

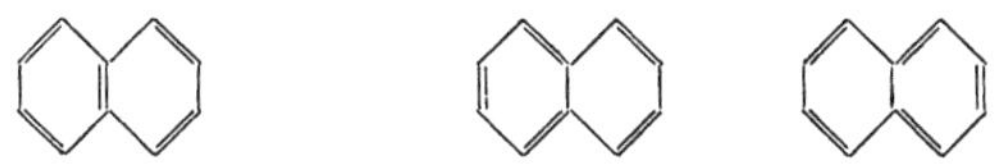

symmetrische Formel nach ERLENMEYER — unsymmetrische Formeln

Im Sinne der Mesomerielehre wird man zwischen diesen Formeln für die Beschreibung des ungestörten Grundzustandes der Molekel nicht unterscheiden, da alle drei Formeln nur durch die Anordnung der Doppelbindungen, also der

π-Elektronen, verschieden und somit *elektromer* zueinander sind. Eine andere Frage ist es, mit welchem „Gewicht" die den einzelnen Formeln zuzuordnenden Zustände am Grundzustand der Molekel beteiligt sind. Einen sehr wertvollen Beitrag zur Frage des aromatischen Bindungszustandes ergibt, wie wir beim Benzol gesehen haben, die Untersuchung der *Atomabstände* in der Molekel. Die gefundenen C–C-Abstände[1] sind in der nachstehenden Formel angegeben:

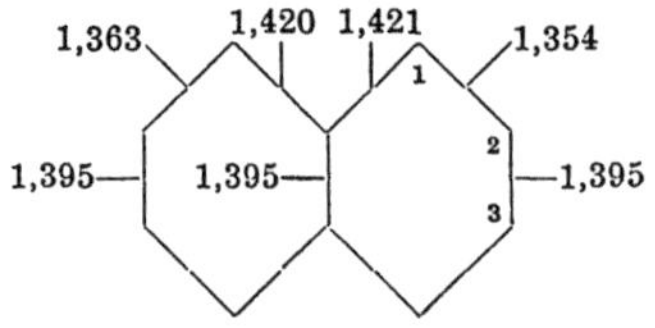

Fehlergrenze: $\pm 0{,}01$ Å

Gegenüber dem regelmäßigen C–C-Abstand im Benzol mit 1,39 Å sind hier Bindungen mit etwas kürzerem und etwas längerem Abstand, also mehr Doppelbindungs- bzw. Einfachbindungscharakter vorhanden, was demnach auf eine gewisse *Unsymmetrie der π-Elektronenverteilung*, eine nicht gleichmäßige Beteiligung der obigen drei Grenzformeln am mesomeren Grundzustand, hindeutet. Dem entspricht der Wert der empirisch ermittelten Konjugations-(Mesomerie-) Energie mit ~75 kcal/Mol, der nicht ganz das Doppelte der Mesomerie-Energie des Benzols ist. Die ermittelten Abstände lassen weiter erkennen, daß die Bindung zwischen C_1 *und* C_2 noch den stärksten *Doppelbindungscharakter* besitzt, jedenfalls entschieden mehr, als die Bindung C_2-C_3. Demgemäß ist im reaktiven Verhalten die C_1-C_2-Bindung vor der C_2-C_3-Bindung deutlich bevorzugt.

Zur Entscheidung der Frage, welche der oben gegebenen Formulierungen für den reagierenden, angeregten Zustand der Molekel besonders wichtig ist, wurden viele Versuche unternommen. Interessant sind in dieser Hinsicht die Ergebnisse der *Ozonisierung von 2,3-Dimethylnaphthalin*[2]. Nach der symmetrischen ERLENMEYER-Formel sollte man 1 Mol Dimethyl-glyoxal und nach der einen unsymmetrischen Formel 2 Mol Methylglyoxal finden. Sind alle Formeln gleichermaßen im reagierenden Zustand der Molekel vorhanden, so sollte das Verhältnis Dimethylglyoxal : Methylglyoxal = 1 : 1 sein. Experimentell wurde das Verhältnis 10 : 1 ermittelt, was für eine Bevorzugung der *symmetrischen* Formel bei der Reaktion mit Ozon im Übergangszustand spricht:

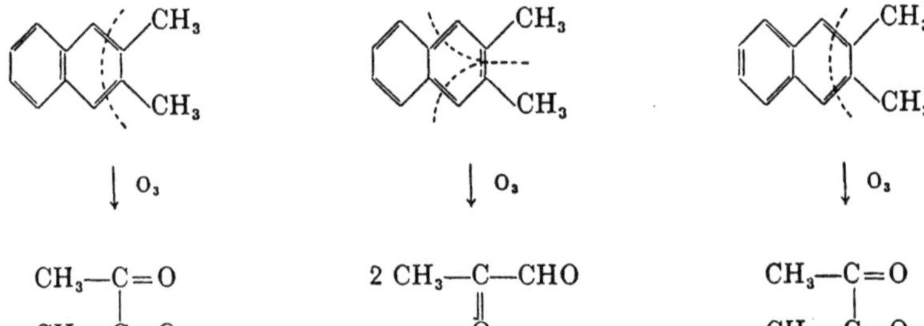

---

[1] ABRAHAMS, S. C., J. M. ROBERTSON u. J. G. WHITE: Acta crystallogr. **2**, 238 (1949). — Siehe ferner C. A. COULSON: Proc. Roy. Soc. A **207**, 91 (1951). — Siehe ferner S. 344.

[2] WIBAUT, J. P., u. J. VAN DIJK: Rec. Trav. Chim. Pays-Bas **65**, 412 (1946). — Ozonolyse von Chinolin, 6,7-Dimethylchinolin, 5,8-Dimethylchinolin und 2,3-Dimethylchinolin in Beziehung zur Reaktivität der Bindungen in den betreffenden Ringsystemen s. J. P. WIBAUT u. H. BOER: Rec. Trav. Chim. Pays-Bas **74**, 241 (1955). — Siehe ferner J. P. WIBAUT: Ind. chim. Belg. **20**, 3 (1955).

In ähnlicher Weise lassen sich auch andere Ergebnisse wie z. B. Kupplungsversuche mit 1,5-Diäthyl-2,6-dioxy-naphthalin[1] auswerten. Offenbar wird beim Eintritt der Reaktion nicht die Mesomerie des gesamten aromatischen Zweikernsystems gestört, sondern nur die Mesomerie in *einem* Ring, wozu demgemäß auch nur etwa die Hälfte der gesamten Mesomerieenergie, also nur rund 35 kcal/Mol, erforderlich sind. Dann sind zwei Doppelbindungen im Sinne der unsymmetrischen Formel festgelegt, entsprechend:

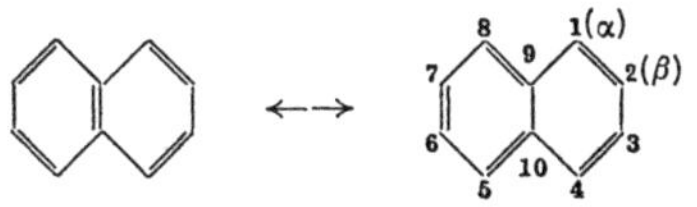

womit zugleich die Reaktivität in der α-Stellung 1 und 4 bzw. die erhöhte Reaktivität der Doppelbindung zwischen C_1 und C_2 oder C_3 und C_4 und die gewisse Indifferenz der Bindung C_2-C_3 erklärbar wird. Erst dann, wenn genügend Energie zur Aufhebung des ganzen aromatischen Systems ($\sim$75 kcal) zur Verfügung steht, ist auch mit Reaktionen der C_2-C_3-Bindung zu rechnen[2]. Diese chemischen Befunde stehen somit nicht im Widerspruch zu den physikalischen Befunden und der theoretischen Deutung, da sie sich auf das reagierende Molekül und nicht auf den ungestörten Grundzustand beziehen.

In ähnlicher Weise kann man auch den „*Mills-Nixon-Effekt*" deuten[3]:

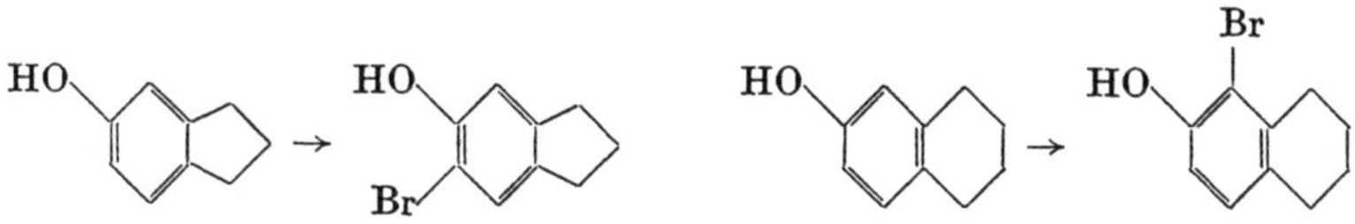

Aus der Bromierung des 5-Oxyhydrindens zum 6-Brom-5-oxy-hydrinden und der Bildung von 1-Brom-2-oxytetralin aus 2-Oxytetralin schlossen Mills und Nixon auf eine Stabilisierung der Kekulé-Formen; aber 3,4-Dimethylphenol liefert ebenfalls ein 6-Bromderivat:

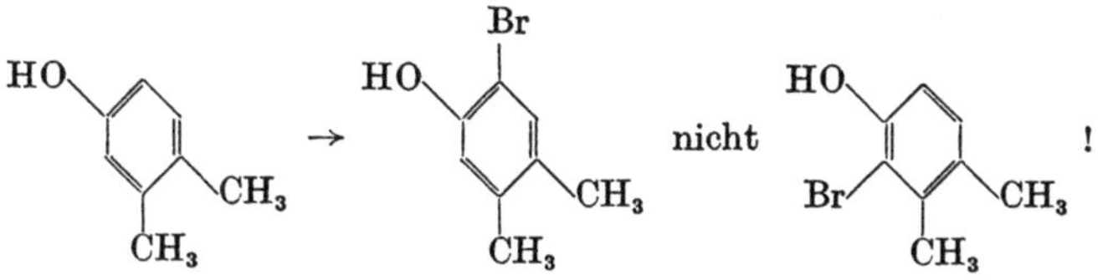

Bei der Aktivierung des aromatischen Rings (im Übergangszustand) wird offenbar diejenige Anordnung mit „fixierten Doppelbindungen" bevorzugt, die den geringsten Energieaufwand erfordert, woraus man aber nicht auf die Verhältnisse im ungestörten Grundzustand schließen kann. Erst im angeregten, reagierenden Übergangszustand ist offenbar eine solche Festlegung denkbar!

Für das Vorliegen eines dem Benzol ähnlichen aromatischen Systems im Naphthalin lassen sich auch die thermochemischen Messungen der stufenweisen Hydrierung dieser Kohlenwasserstoffe heranziehen. Anders als beim Benzol gelingt die *stufenweise Hydrierung* hier schon mit „alkalisch nascierendem" Wasserstoff, also ähnlich wie bei einem konjugierten System[4]. Da eine gleiche

[1] Fieser, L. F., u. W. C. Lothrop: J. Amer. Chem. Soc. **57**, 1459 (1935).
[2] Siehe R. Huisgen: Liebigs Ann. **559**, 101 (1948).
[3] Mills, W. H., u. J. G. Nixon: J. Chem. Soc. (London) **1930**, 2510.
[4] Bamberger, E.: Liebigs Ann. **257**, 1 (1890). — Thiele, J.: Liebigs Ann. **306**, 136 (1899).

Reduktion mit Alkalimetallen[1] durchführbar ist, dürfte die Reaktion durch Aufnahme von zunächst zwei Elektronen aus dem Metall an der Metalloberfläche erfolgen, worauf in Abwesenheit von Protonen liefernden Lösungsmitteln schließlich die Aufnahme des Alkalimetalls in *1,4-Stellung* erfolgt:

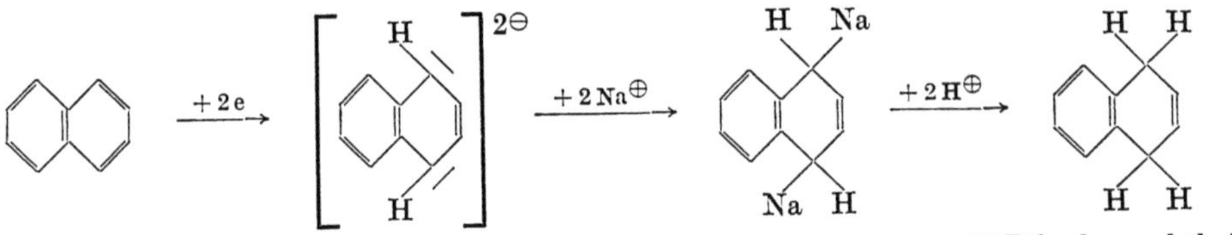

Δ^2-Dihydronaphthalin

Dieses *Δ^2-Dihydronaphthalin* läßt sich durch Erhitzen mit Natriumäthylat[2] oder mit Natriumamid in flüssigem Ammoniak[3] in das *Δ^1-Dihydronaphthalin* umlagern:

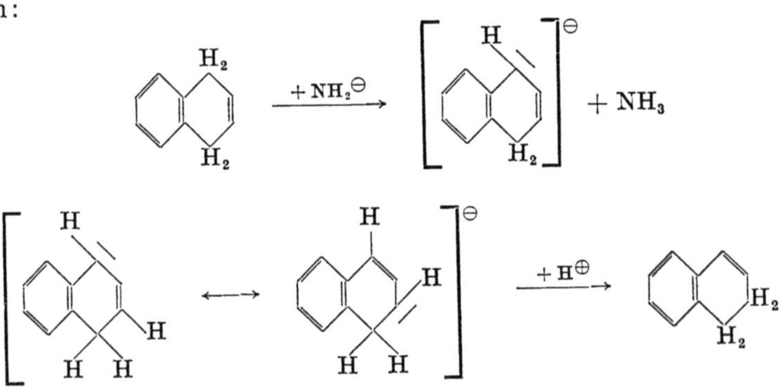

a b

Infolge der Mesomeriemöglichkeit im Anion $a \leftrightarrow b$ ist die Möglichkeit zur Bildung dieses isomeren Δ^1-Dihydroderivates auch ohne die direkte Bildung des Δ^2-Derivates gegeben[4]. In der letzteren Verbindung liegt die „Styrolkonfiguration"[5], also ein *konjugiertes* System vor, und somit ist die Neigung zur Bildung dieses Stoffes recht groß. Andererseits läßt sich dieses System, wenn auch langsam, zum Tetrahydronaphthalin (Tetralin) reduzieren:

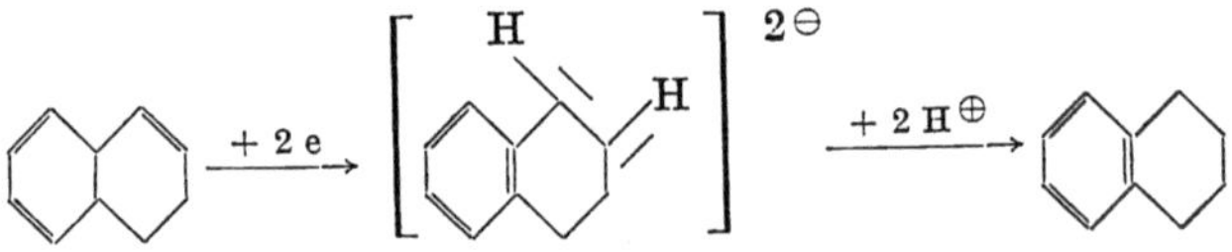

Im *Tetralin* ist wieder ein vollaromatischer Benzolkern vorhanden, der sich, wie üblich, nur schwer und mit energisch wirkenden Katalysatoren unter Bildung des

---

[1] SCHLENK, W.: Liebigs Ann. **463**, 91 (1928). — WOOSTER, C. B., u. F. B. SMITH: J. Amer. Chem. Soc. **53**, 179 (1931); dort wird mit flüss. NH_3 gearbeitet. — HÜCKEL, W.: Liebigs Ann. **540**, 157 (1939).

[2] STRAUS, F., u. L. LENNARD: Ber. dtsch. chem. Ges. **46**, 232, 1051 (1913); **54**, 25 (1921).

[3] HÜCKEL, W.: Liebigs Ann. **540**, 157 (1939).

[4] Die oft beobachtete Bildung des 1,2-Dihydroprodukts kann also indirekt auf verschiedenen Wegen aus dem 1,4-Additionsprodukt erfolgen, das zweifellos das Primärprodukt der Addition darstellt.

[5] Demgemäß zeigen die Werte der Umlagerungswärme Δ^2- → Δ^1-Dihydronaphthalin, daß das letztere die energieärmere, stabilere Verbindung ist, s. Tabelle S. 341.

Dekahydronaphthalins *(Dekalin)* reduzieren läßt. Unter bestimmten Bedingungen der Reduktion erhält man außer dem Δ^2-Dihydronaphthalin in einer weiteren 1,4-Addition das $\Delta^{2,6}$-*Tetrahydronaphthalin* oder Isotetralin[1]:

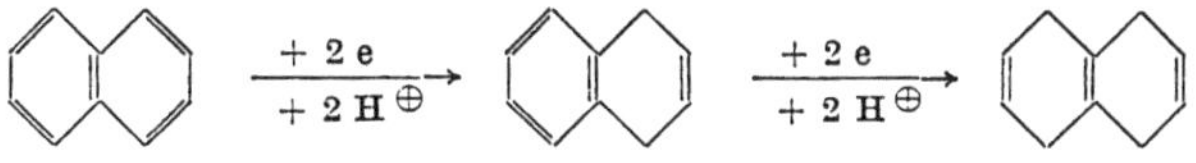

einen recht stabilen, drei isolierte Doppelbindungen tragenden kristallisierten Stoff.

Die thermochemischen Meßergebnisse bei der schrittweisen Hydrierung des Naphthalins, die in der nachstehenden Tabelle zusammengefaßt sind, zeigen folgendes:

Das Vorhandensein des ersten aromatischen Kernes im Naphthalin gibt sich in einem abnorm kleinen Wert für die *Hydrierungswärme* zum Dihydroderivat zu erkennen, allerdings ist dieser Wert im Gegensatz zur Benzolhydrierung hier nicht endotherm. Die weiteren Hydrierwärmen für den Übergang des Δ^1-Dihydro- (oder Δ^2-Dihydro-) zum Tetra- (Hexa- ist unbekannt), Okta- und Dekahydronaphthalin entsprechen ebenfalls den am Benzol gefundenen Verhältnissen.

Tabelle 18

Umwandlungen	Hydrierwärmen, [kcal/Mol]
Naphthalin→Δ^2-Dihydronaphthalin	— 4,5 (exotherm)
Δ^2 → Δ^1 (Umlagerung)	[— 4,9]
Δ^1-Dihydro → Tetrahydro-naphthalin . . .	—29,6
Tetra → Hexahydro-naphthalin	~ 0 geschätzter Wert
Tetralin → trans-Δ^2-Octalin	—24,3 [2]
trans-Δ^2-Octalin → trans-Decalin	—24,1

Der stufenweise Verlauf der Hydrierung des Naphthalins, wobei zunächst der eine, dann der andere Kern angegriffen wird, und weitere chemische Erfahrungen ähnlicher Art auch an Derivaten des Naphthalins ließen — worauf schon früher aufmerksam gemacht wurde — den Gedanken entstehen, daß die beiden Ringe im Naphthalin nicht die gleiche Bindungsart besitzen. Dieser Schluß hat sich aber in der Folgezeit als unhaltbar erwiesen. Es läßt sich zeigen, daß die Versuchsbedingungen dafür maßgebend sind, welcher der beiden Kerne, z. B. eines Naphthalinderivates zuerst angegriffen wird[3]. Somit bleibt als Formulierung für den ungestörten *Grundzustand* des Naphthalins nur eine *symmetrische* Formel übrig, die von E. Bamberger folgendermaßen gegeben wurde:

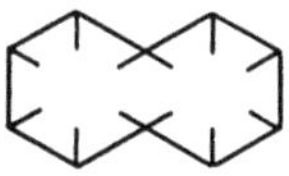

Die Formel läßt in dieser zentrischen Schreibweise sowohl die Analogie wie auch den Unterschied zum Benzol (es fehlt die 9—10-Bindung!) erkennen und

---

[1] Hückel, W., u. H. Schlee: Chem. Ber. 88, 346 (1955).

[2] Hückel, W., R. Danneel, A. Schwartz u. A. Gercke: Liebigs Ann. **474**, 126 (1929). — Hückel, W., u. H. Naab: Liebigs Ann. **502**, 141 (1933).

[3] Z. B. katalyt. Hydrierung von Naphthalin, R. Willstätter u. D. Hatt: Ber. dtsch. chem. Ges. **45**, 147 (1912). — Willstätter, R., u. V. L. King: Ber. dtsch. chem. Ges. **46**, 527 (1913). — Willstätter, R., u. F. Seitz: Ber. dtsch. chem. Ges. **56**, 1388 (1923). — Katalyt. Hydrierung von β-Naphthol, W. Hückel: Liebigs Ann. **451**, 109 (1926).

kommt damit der heutigen Elektronenschreibweise der verschiedenen mesomeren Zustände oder auch der Schreibweise des v.b.-Verfahrens am nächsten:

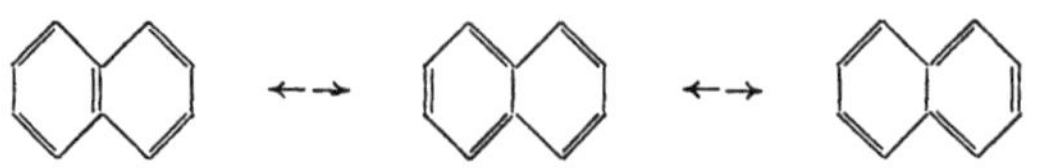

Die *Zahl* der voneinander unabhängigen Formeln mit dem Gesamtspin Null ist entsprechend dem Ausdruck[1]:

$$\frac{2\,n!}{(n!)\,(n+1)!}$$

hier gleich 42.

In dieser Zahl sind die drei obigen KEKULÉ-Formeln die wichtigsten, hierzu treten 16 DEWAR-Formeln und 19 Formeln mit zwei „langen“ und vier mit drei „langen“ Bindungen, z. B.[2]:

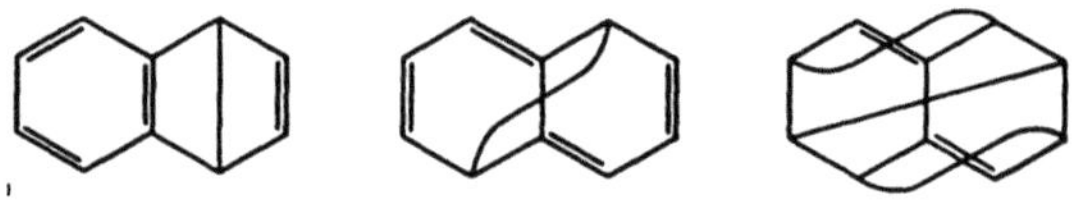

Man erkennt, daß hier die theoretische Berechnung bereits wesentlich komplizierter als beim Benzol wird. Diese Schwierigkeiten steigern sich außerordentlich beim Übergang zu höher kondensierten Systemen. Wesentlich für die theoretische Berechnung des Bindungszustandes in diesen Aromaten ist die Kenntnis, mit welchem „Gewicht“ die einzelnen formal denkbaren Bindungsanordnungen zu bewerten sind. Schon bei der Besprechung des Bindungszustandes des Benzols hatten wir gesehen, daß für den Grundzustand das relative Verhältnis der beiden wesentlichen Formeln, der zwei KEKULÉ- und der drei DEWAR-Formeln, wie 1:0,19 ist, also für jede KEKULÉ-Formel 39% und für jede DEWAR-Formel 7%. Die 6 Bindungen des Benzols sind untereinander gleichwertig und besitzen eine Länge, die zwischen der einer C—C-Einfach- und C=C-Doppelbindung liegt. Man kann somit die Art solcher Bindungen mit gewisser Vorsicht auch durch ihren prozentualen Doppelbindungsanteil wiedergeben. Dazu ist es notwendig, das gesamte „Gewicht“ aller Formeln zu kennen (ausgedrückt in Prozenten), in denen die betreffende Bindung als Doppelbindung erscheint. Betrachtet man beispielsweise die C_1-C_2-Bindung im Benzol, so ist sie in einer der beiden KEKULÉ-Formeln und in einer der drei DEWAR-Formeln doppelbindig:

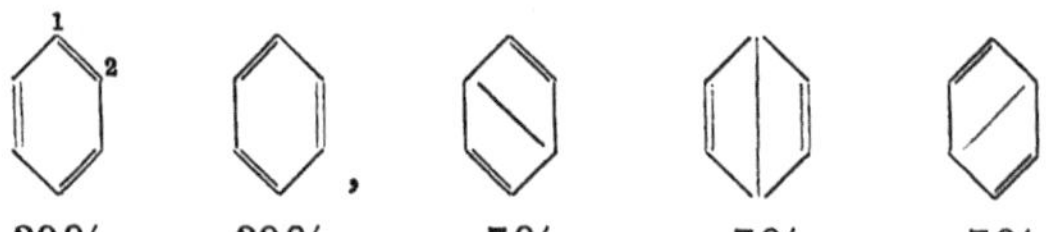

39% 39% 7% 7% 7%

[1] $2n$ ist die Zahl der π-Elektronen, die dieselbe Zahl verschiedener Bahnen besetzen können, hier also gleich 10. ($2n = 10$, $n = 5$) $\frac{10!}{5!\,(6!)} = 42$, vgl. S. 318.

[2] Oder in anderer Schreibweise:

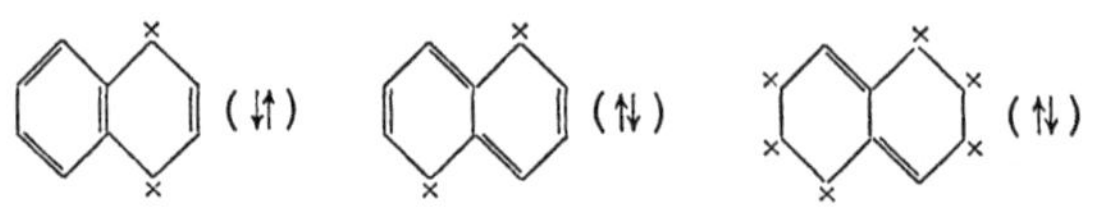

vgl. dazu a. Y. K. SYRKIN u. M. E. DYATKINA: The Structure of Molecules and the Chemical Bond, S. 88. London: Butterworths 1949.

Somit wäre der *prozentuale Doppelbindungscharakter* der C_1-C_2-Bindung im Benzol $39 + 7 = 46\%$, wofür man auch die Bruchzahl 1,46 (Bindungsgrad) setzen kann (1: C–C-Einfachbindung, 2: C=C-Doppelbindung). Berechnet man aus den 42 Naphthalinformeln die *Bindungsgradzahlen* ganz analog für das Naphthalin, so erhält man die folgenden Werte:

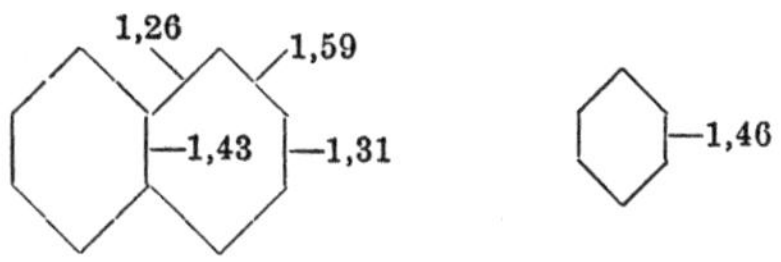

Bindungsgradzahlen in Naphthalin und Benzol nach der v.b.-Methode.
(Nach der m.o.-Methode ergeben sich etwas höhere Werte, s. S. 346.)

Die C_1-C_2-(α,β)-Bindung hat einen viel höheren Doppelbindungscharakter als die C_2-C_3-, C_1-C_9- oder C_9-C_{10}-Bindung und ähnelt damit mehr einer normalen C=C-Doppelbindung. Zum Unterschied von Benzol sind die verschiedenen Bindungen *nicht* mehr *gleichwertig* und praktisch zwischen der C–C-Einfach- und C=C-Doppelbindung stehend, sondern tendieren bald mehr zur Doppel-, bald zur C–C-Einfachbindung. Der vollaromatische, ausgeglichene Bindungszustand des Benzols ist im Naphthalin bereits etwas verlorengegangen; die 10 π-Elektronen können in einem ebenen Ringsystem, auf 10 C-Atome verteilt, nicht mehr den Prototyp der Aromaten, das Benzol, mit seinen 6 π-Elektronen, auf 6 C-Atome im ebenen Ring verteilt, erreichen. Dem entspricht das gesamte chemische und physikalische Verhalten des Naphthalins.

Eine interessante und unter Umständen bedeutungsvolle Anwendung erfährt die Berechnung des Bindungsgrades in der Vorausbestimmung von Bindungsabständen. Diese gebrochene Bindungsgradzahl läßt sich auch mittels des zweiten Näherungsverfahrens, der m.o.-Methode berechnen. Allerdings ist diese Definition der gebrochenen Bindungsgradzahl etwas verschieden von der Definition in der v.b.-Methode. Da jedes π-Elektron hier einer Bahn um mehrere Kerne zugeordnet wird, denkt man es sich als zu allen Bindungen des aromatischen Gerüsts beitragend. Dann ist der gesamte Bindungsgrad irgendeiner Bindung die Summe der Beiträge jeder der besetzten Molekularbahnen. Für *Benzol* findet man in einer hier nicht wiederzugebenden Berechnung[1] einen gesamten Bindungsgrad für alle sechs Bindungen von $1^2/_3$, im Falle des *Butadiens* ergeben sich die folgenden Werte:

$$\underset{}{CH_2}\overset{}{=\!=}\underset{1,894}{}CH\underset{1,447}{-\!-}CH\underset{1,894}{=\!=}CH_2$$

und für den ersten angeregten Zustand dieser Molekel:

$$\times CH_2 \underset{1,447}{-\!-} CH \underset{1,671}{=\!=} CH \underset{1,447}{-\!-} CH_2 \times \quad (\uparrow\downarrow)$$

Mit diesem letzteren Verfahren ist es möglich, solche angeregten Zustände zu berechnen, in denen z. B. ein Elektron aus einer niedrigeren auf eine höhere Bahn gehoben ist.

[1] Ein π-Elektron in der niedrigsten Bahn trägt $^1/_6$ zu dem Bindungsgrad jeder der sechs C—C-Bindungen bei; die Beiträge der anderen besetzten Bahnen sind z. B. 0 und $^1/_6$, insgesamt mit dem ersteren $= {^1/_3}$ oder $^1/_6 + {^1/_4} - {^1/_{12}} = {^1/_3}$ usw. Demnach für zwei Elektronen in allen besetzten Bahnen (2 Elektronen in jeder Bahn) $= {^2/_3}$, vgl. C. A. COULSON: Valence, S. 252. Oxford: Clarendon Press 1952.

So kann man, wie das Butadien-Beispiel zeigt, erkennen, welche Bindungen bei der Anregung verstärkt bzw. geschwächt werden. Hier werden die endständigen Bindungen geschwächt, die mittlere Bindung dagegen wird verstärkt, genau das, was man in vielen Experimenten findet und was THIELE den Anlaß zur Aufstellung seiner Partialvalenzhypothese gegeben hat. Setzt man die Bindungsgradzahl im Äthan gleich eins, im Äthylen gleich zwei und im Acetylen gleich drei, so läßt sich die Abhängigkeit der *Bindungslänge* vom *Bindungsgrad* (total bond order) in nebenstehender Weise graphisch darstellen (Abb. 61). In dieser Kurve sind die nach der m.o.-Methode berechneten Bindungsgradzahlen eingesetzt. Eine ähnliche Kurve erhält man mit den nach der v.b.-Methode berechneten Werten. Für das Benzol ergibt sich aus der Bindungsgradzahl $1^2/_3$ ein C–C-Abstand im Ring von 1,39 Å, also in bester Übereinstimmung mit dem Experiment. Für das *Naphthalin* erhält man die in der folgenden Zusammenstellung wiedergegebenen Werte, wobei wieder zum Vergleich die beobachteten Bindungsabstände mit aufgenommen sind:

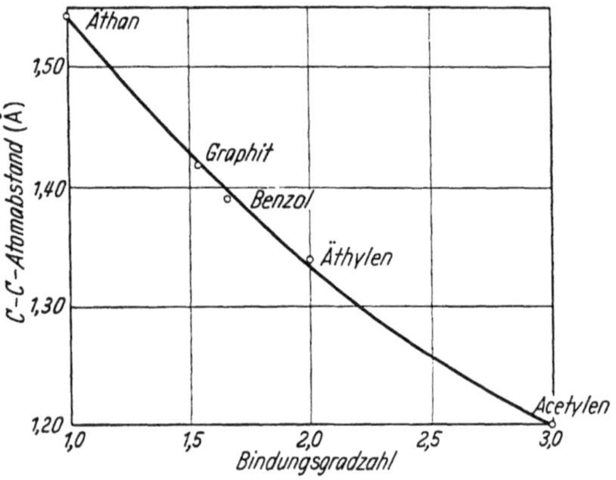

Abb. 61

Bindung zwischen	C_1-C_2	C_2-C_3	C_1-C_9	C_9-C_{10}
Abstand ber. . . .	1,38	1,40	1,40	1,42
Abstand gef. . . .	1,35	1,40	1,42	1,40

Man sieht, daß auch bei dieser Berechnung[1], in der viele *Vernachlässigungen* stecken, und die daher auch nicht den Anspruch auf hohe Genauigkeit machen kann, der C_1-C_2-Abstand der kürzeste, also der Doppelbindungs-ähnlichste ist, genau das, was aus vielen chemischen Erfahrungen sich ergeben hat.

Noch in einer anderen Hinsicht erscheint der Gedanke einer gebrochenen Bindungsgradzahl von Interesse. Es sei dies am Beispiel des *Butadiens* näher erläutert[2]. Die den einzelnen Bindungen zugeordneten gebrochenen Bindungsgradzahlen sind folgende:

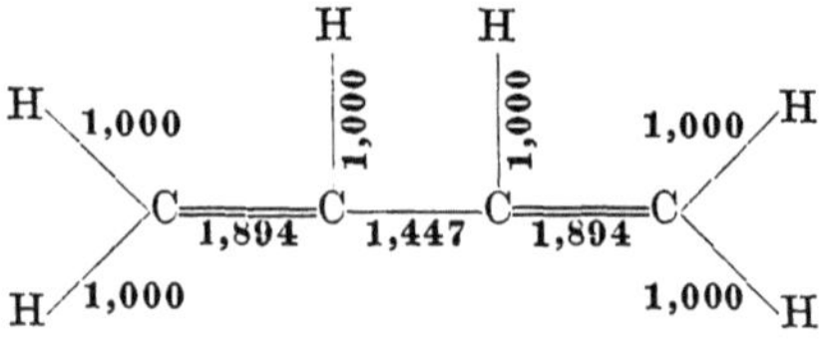

Man kann daher die gesamte Bindungsgradzahl des C_1- bzw. C_4-Atoms gleichsetzen dem Wert N_1:

$$N_1 = 2 \times 1{,}000 + 1{,}894 = 3{,}894$$

[1] Siehe dazu C. A. COULSON: Valence, S. 250ff. Oxford: Clarendon-Press 1952; sowie C. A. COULSON: Proc. Roy. Soc. (London) A **207**, 91 (1951).

[2] Vgl. hierzu C. A. COULSON: Valence, S. 253ff. Oxford: Clarendon-Press 1952, an dessen Ausführungen sich die obige Darstellung anschließt.

und entsprechend N_2 für C_2 bzw. C_3:

$$N_2 = 1{,}000 + 1{,}894 + 1{,}447 = 4{,}341.$$

In diesen Verhältniszahlen N_1 und N_2, auf der willkürlich als 1 gewählten Basis der einfachen C—H-Bindung, wird somit der gesamte Bindungsgrad der betreffenden Atome $C_1 = C_4$ und $C_2 = C_3$ ausgedrückt. Je größer diese Zahl wird, desto höher ist die gesamte *Bindekraft* des betrachteten Atoms beansprucht. Um ein geeignetes Verhältnismaß zu finden, setzt man den größtmöglichen Wert von N_1, also N_{max} für ein doppelgebundenes Kohlenstoffatom:

$$N_{max} = 3 + \sqrt{3} = 4{,}732\,.$$

In dieser Formel ist die Stärke einer reinen s-Bahn als 1,0 und die einer reinen p-Bahn mit $\sqrt{3}$ eingesetzt, also[1]:

$$N_{max} = 3 \times 1{,}0 + 1 \times \sqrt{3} = 4{,}732\,.$$

Wird dieser *maximale Bindungsgrad* N_{max} nicht erreicht, so kann man die übrigbleibende Differenz als einen Ausdruck für den Grad der „*freien Valenz*" ansehen, mit dem das betreffende C-Atom behaftet ist:

$$F_r = N_{max} - N_r$$

und in obigem Fall des Butadiens wird demnach:

$$F_1 = F_4 = 4{,}732 - 3{,}894 = 0{,}838 \quad \text{und} \quad F_2 = F_3 = 0{,}391$$

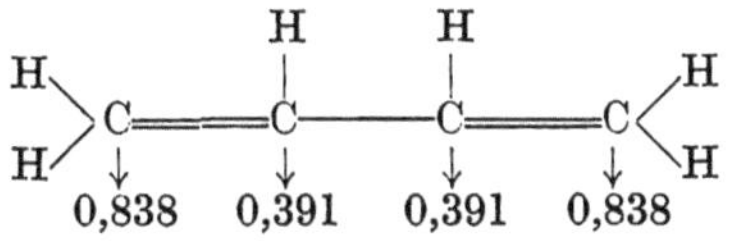

Der in der obigen Formel angeschriebene Grad der „freien Valenz" entspricht in seinem Wesen dem, was J. THIELE als *Partialvalenz*, und A. WERNER als „*Restaffinität*" bezeichnet hat.

Gemäß der obigen Ableitung im Sinne der m.o.-Methode liegt bei einem Wert von $F_r = 1$ oder > 1 ein freies Radikal vor, Werte von $F_r \sim 0{,}8$ entsprechen den endständigen C-Atomen in einem konjugierten, offenkettigen System, $F_r \sim 0{,}4$ entspricht den Kohlenstoffatomen in aromatischen Systemen (Benzol usw.). Noch kleinere Werte von F_r erhält man für die im Innern der Kerne kondensierter, aromatischer Systeme liegenden C-Atome[2].

Trägt man in die entsprechenden Formeln noch zusätzlich die „*Netto*"-*Ladung* jedes Atoms in Einheiten eines Elektrons ein, so erhält man bei den hier

---

[1] Hier ist von den hybridisierten Bindungen abgesehen und nur mit drei s- und einer p-Bahn gerechnet. N_{max} gilt entsprechend obigen Darlegungen nicht für dreifach gebundene Atome.

[2] Nach der v.b.-Methode ergeben sich zwar andere Zahlen entsprechend der anderen Definition der gebrochenen Bindungsgradzahl; aber die relativen Werte sind in beiden Verfahren praktisch dieselben.

betrachteten konjugierten und aromatischen Systemen ein sogenanntes „*Molekulardiagramm*", z. B.:

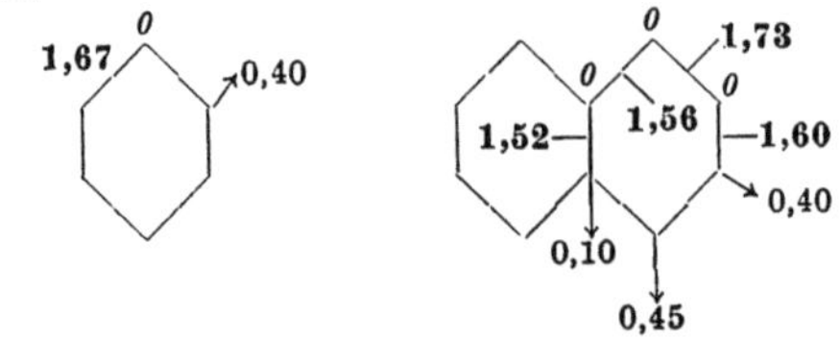

Benzol Naphthalin

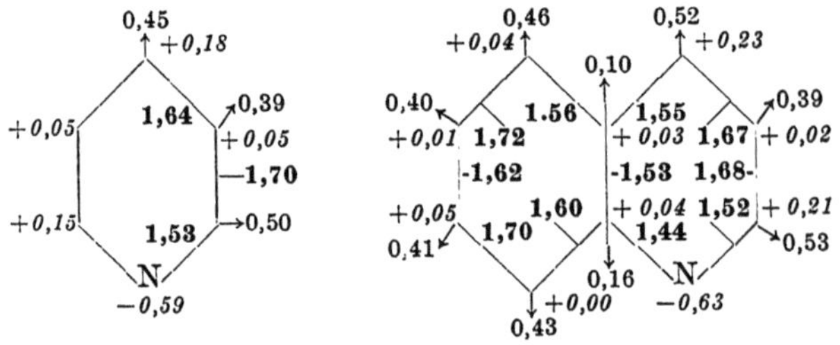

Pyridin Chinolin

Molekulardiagramme verschiedener aromatischer Systeme (m.o.-Methode nach COULSON)

0,00: Bindungsgradzahl (Doppelbindungscharakter) nach der m.o.-Methode
+ *0,00:* Nettoladungen (in Einheiten eines Elektrons)
→ 0,00: „Freie Valenz" F_r

Man kann diesen Molekulardiagrammen die *Bindungslängen*, das Ausmaß der „*Fixierung*" *von Bindungen*, die *Ladungsverteilung* und damit — allerdings mit sehr vorsichtiger Bewertung[1] — die Möglichkeit der Reaktion nach dem elektrophilen oder nucleophilen Mechanismus (kationischer Angriff auf Stellen hoher Elektronendichte und umgekehrt), die Änderung der Atomladungen in Abhängigkeit vom Substituenten und schließlich den möglichen Angriff von Radikalen auf die Stellen mit maximaler „freier" Valenz entnehmen.

Ähnliche Betrachtungen, wie wir sie beim Benzol und Naphthalin kennen gelernt haben, lassen sich auch bei den *höheren linear*, *angular* oder *peri-kondensierten Kohlenwasserstoffen* anstellen. Hier treten gewisse Unterschiede im reaktiven Verhalten gegenüber dem Benzol noch deutlicher als beim Naphthalin hervor. In *Anthracen* und *Phenanthren* zeichnen sich vor allem die *9,10-Stellungen* durch besondere Reaktivität aus:

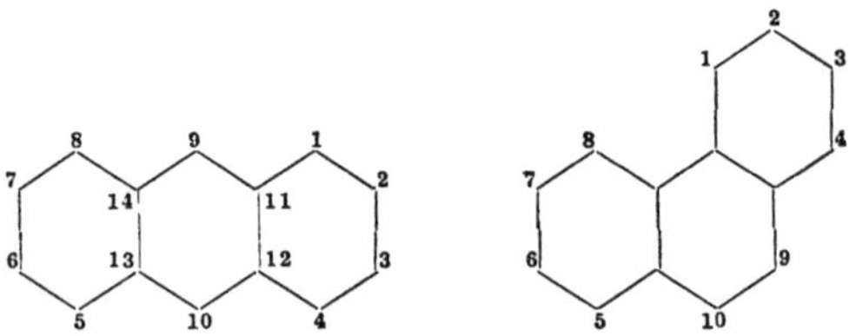

So führt beispielsweise die stufenweise Hydrierung zunächst zum 9,10-Dihydroprodukt[2], dann zum 1,2,3,4-Tetrahydroderivat und über das 1,2,3,4,5,6,7,8-Oktahydroprodukt schließlich zum völlig hydrierten Kohlenwasserstoff. Die besondere Reaktionsfähigkeit der 9,10-Stellung, vor allem beim Anthracen, ist schon frühzeitig beobachtet worden. Der früheren Deutung dieser 9,10-Reaktivität

[1] Wegen der Möglichkeit der Reaktion in einem anderen aktivierten Übergangszustand.
[2] SCHROETER, G.: Ber. dtsch. chem. Ges. 57, 2003, 2015 (1924).

kamen Versuche zum Aufbau des Anthracensystems entgegen, die, wie die nachstehende Synthese[1], die Existenz einer „langen“ Bindung, einer *meso-Bindung* zwischen den C-Atomen 9 und 10 nachgerade zu fordern scheinen:

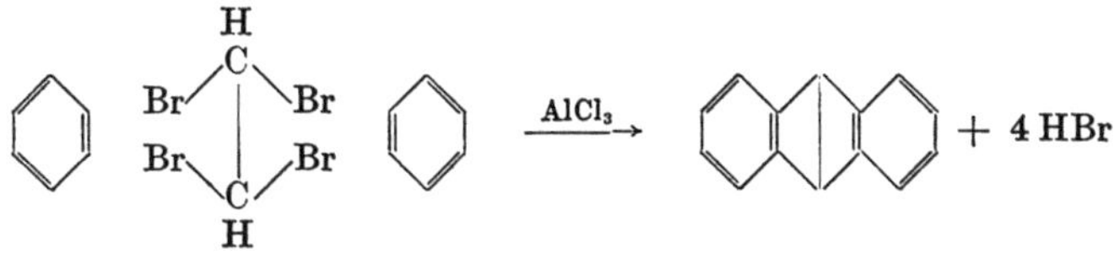

In der heutigen Schreibweise entspricht diese 9,10-meso-Bindung dem DEWAR-Formeltyp des Benzols, so daß man für den *Grundzustand* des Anthracens folgende Formeln zu berücksichtigen hätte:

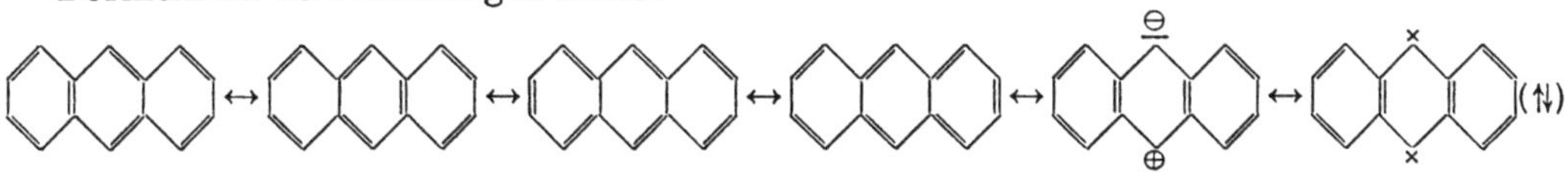

Die Verteilung der 14 π-Elektronen auf 16 Bindungen im Anthracen im Gegensatz zu 10 π-Elektronen auf 11 Bindungen im Naphthalin oder 6 π-Elektronen auf 6 Bindungen im Benzol kann *nicht* so *symmetrisch* wie im letzteren Falle sein. Demgemäß ist von vornherein eine stärkere Abweichung des Anthracen-Systems von dem typisch aromatischen Bindungszustand des Benzols zu erwarten. Die *Bindungsgradzahlen* (BGZ) als Maß für den Doppelbindungscharakter bzw. die Entfernungen der C-Atome in den einzelnen Bindungen zeigen schon deutliche Unterschiede:

Tabelle 19. *Bindungsabstände im Anthracen*

C—C-Abstand	Ber. aus BGZ nach L. PAULING[2] (v. b.-M.) [Å]	Exp. gef.[3] [Å]
$C_1—C_2$, $C_3—C_4$, $C_5—C_6$, $C_7—C_8$	1,364	1,36
$C_2—C_3$, $C_{11}—C_{12}$, $C_{13}—C_{14}$, $C_6—C_7$ . . .	1,390	1,44
$C_1—C_{11}$, $C_4—C_{12}$, $C_8—C_{14}$, $C_5—C_{13}$ . . .	1,419	1,44
$C_9—C_{11}$, $C_9—C_{14}$, $C_{10}—C_{12}$, $C_{10}—C_{13}$ . . .	1,391	1,39

Die C_1-C_2, C_3-C_4, C_5-C_6, C_7-C_8-Bindungen besitzen demnach in Übereinstimmung mit dem chemischen Verhalten den stärksten Doppelbindungscharakter, die „inneren“ Bindungen wie $C_{11}-C_{12}$ usw. gleichen den C_2-C_3-Bindungen und nähern sich am meisten von allen Bindungen dem C—C-Einfachbindungstyp. Eine besondere Reaktivität des Anthracensystems in der 9,10-Stellung kommt so nicht zum Ausdruck, muß aber bei der Berechnung der „freien Valenz“ (im Sinne der THIELEschen Partialvalenz), ähnlich wie beim Naphthalin gezeigt, in einem Molekulardiagramm in Erscheinung treten[4]:

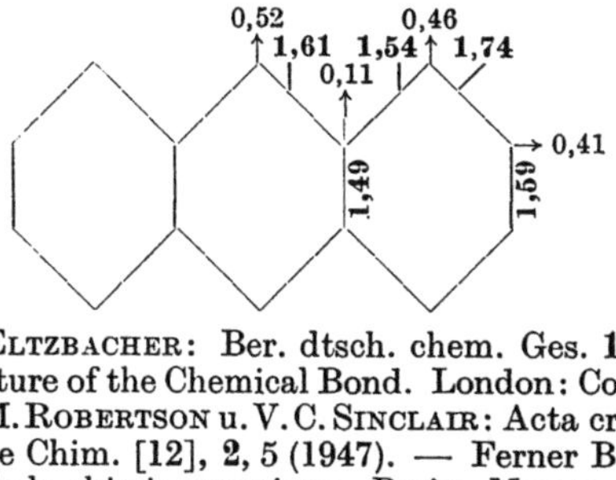

[1] ANSCHÜTZ, R., u. F. ELTZBACHER: Ber. dtsch. chem. Ges. **16**, 623 (1883).
[2] PAULING, L.: The Nature of the Chemical Bond. London: Cornell University Press 1940.
[3] MATHIESON, A. M., J. M. ROBERTSON u. V. C. SINCLAIR: Acta crystallogr. **3**, 245, 251 (1950).
[4] PULLMAN, A.: Ann. de Chim. [12], **2**, 5 (1947). — Ferner B. PULLMAN u. A. PULLMAN: Les théories électroniques de la chimie organique. Paris: Masson & Cie 1952.

Hinzu kommt, daß bei Reaktionen am Anthracen in 9,10-Stellung zwei vollaromatische Systeme ausgebildet werden, wodurch diese Art der Reaktion bevorzugt erscheint:

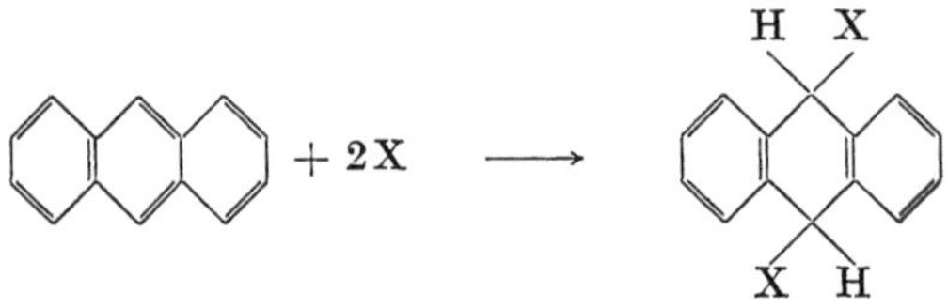

(X z. B. Alkalimetall[1], Chlor[2], NO_2[3] oder o-Phenylen[4])

Durch weitere lineare Anellierung von Benzolkernen an das Anthracensystem gelangt man zu den *Acenen*: Tetracen, Pentacen, Hexacen[5]. Während reines Anthracen noch farblos ist, vertieft sich die *Farbe* mit zunehmender Anellierung über Orangegelb, Violettblau nach Tiefgrün[6]. Die beiden letztgenannten Kohlenwasserstoffe sind außerordentlich luft- und lichtempfindlich, reagieren leicht mit Maleinsäureanhydrid, sie besitzen also *nicht* mehr den typischen Charakter von *aromatischen* Systemen.

Nach den Untersuchungen von E. Clar[6] sowie Eugen Müller[7] sind diese Acene durch folgende *Mesomerie* ausgezeichnet, z. B. *Pentacen*:

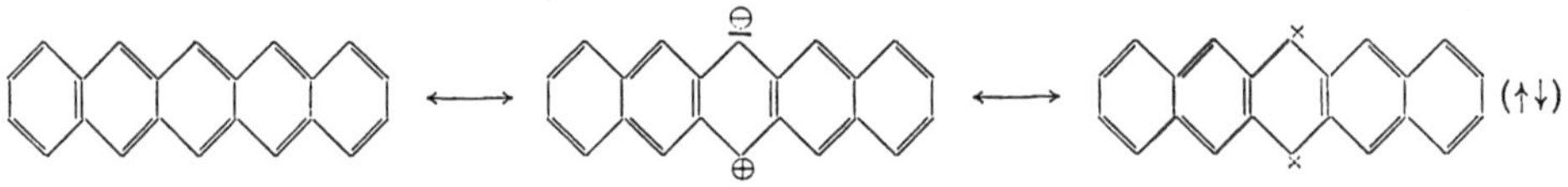

I II III

Durch die Angliederung von Benzolringen an das Anthracen wird die Mesomerie im Grundzustand in Richtung der Grenzformeln II bzw. III verschoben, in denen die *meso-Stellungen* (6,13) besonders reaktionsfähig sind. Als Ursache hierfür ist wiederum der Gewinn an Mesomerie-Energie bei der hier möglichen Ausbildung aromatischer, energiearmer Systeme anzusehen. Allgemein kann man sagen, daß jedes kondensierte System den Zustand mit *möglichst vielen aromatischen Ringen* als das *energieärmste* System herzustellen bestrebt ist. Dem entspricht, daß das Verhalten der linear kondensierten Kohlenwasserstoffe mit zunehmendem Anellierungsgrad an den Mesostellungen immer stärker in den Vordergrund tritt, schließlich so stark, daß man an die Existenz von *Biradikalen* gedacht hat. Das lineare Pentacen ist aber ebenso wie die niedrigeren Acene *diamagnetisch*[7], so daß für die Formulierung des Grundzustandes eine Biradikalformel ausscheidet.

Das Bestreben, einen Zustand mit möglichst vielen aromatischen Kernen einzunehmen, verhindert offensichtlich die Dehydrierung des Dihydro-heptacens

---

[1] Schlenk, W., J. Appenrodt, A. Michael u. A. Thal: Ber. dtsch. chem. Ges. **47**, 479 (1914).
[2] Perkin, W. H.: Bull. Soc. chim. France [2] **27**, 464 (1877).
[3] Meisenheimer, J., u. E. Connerade: Liebigs Ann. **330**, 141 (1904). — Barnett, E. B., J. W. Cook u. H. H. Grainger: J. Chem. Soc. (London) **121**, 2059 (1922).
[4] Vgl. S. 305.
[5] Derivate von Heptacen, Octacen, Nonacen und Undecacen sind bekannt, nicht aber die Kohlenwasserstoffe selbst, s. C. Marshalk: Bull. Soc. chim. France [5] **17**, 311 (1950).
[6] Clar, E.: Ber. dtsch. chem. Ges. **72**, 1817 (1939). — Ferner E. Clar: Aromatische Kohlenwasserstoffe, 2. Aufl. Berlin-Göttingen-Heidelberg: Springer-Verlag, 1952. — Vgl. ferner F. Seel: Naturwiss. **34**, 124 (1947).
[7] Müller, Eugen: Liebigs Ann. **517**, 145 (1935).

und der höheren Dihydroacene zu den instabil werdenden Grundkohlenwasserstoffen. Das dürfte auch für das Gleichgewicht zwischen Methylacenen und den isomeren Methylendihydroacenen zutreffen[1].

Während das *Methylendihydrobenzol* gegenüber dem *Toluol* völlig benachteiligt, instabil, ist, wird mit zunehmender Anellierung, wie das Beispiel 6-Methylpentacen (instabil, violett) bzw. *6-Methylen-6,13-dihydropentacen* (stabil, blaßgelb) zeigt, schließlich das Methylen-dihydroderivat (mit seiner größeren Zahl einfacher aromatischer Systeme) der *stabilere* Stoff. Diese experimentell gefundenen Verhältnisse wurden auf quantenmechanischem Wege von J. K. SYRKIN und M. E. DYATKINA vorausgesagt[2]. Auch in der Reihe der Phenole begegnet man denselben Erscheinungen, nur daß hier, was dem Unterschied zwischen Methylen $>C{=}CH_2$ und $>C{=}O$ entspricht, diese Tautomerie schon beim *Anthranol* ⇋ *Anthron* bemerkbar wird:

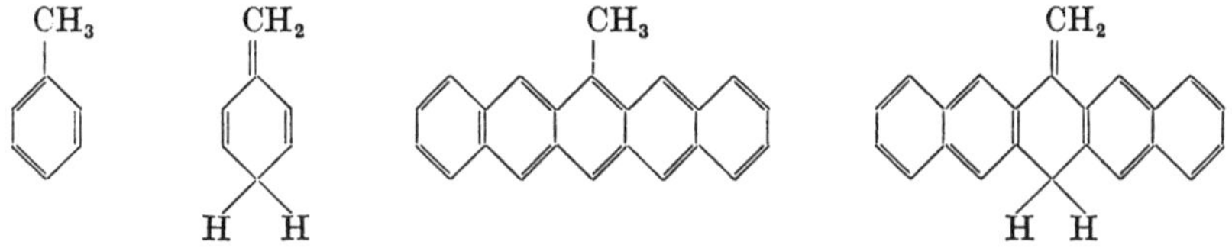

stabil | instabil | instabil, violett | stabil, blaßgelb

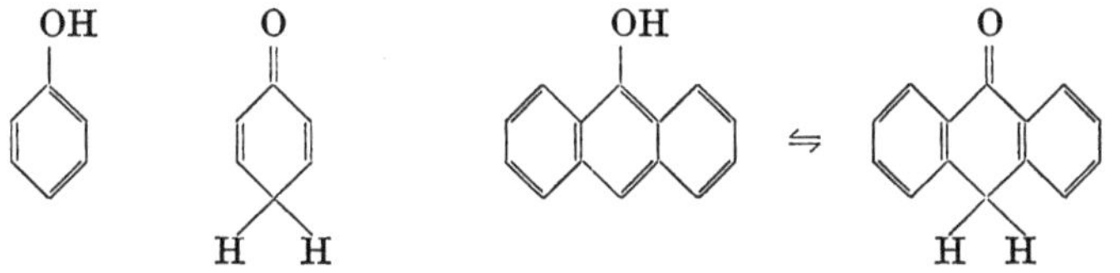

stabil | instabil | instabil, orange (11%) | stabil, farblos (89%)

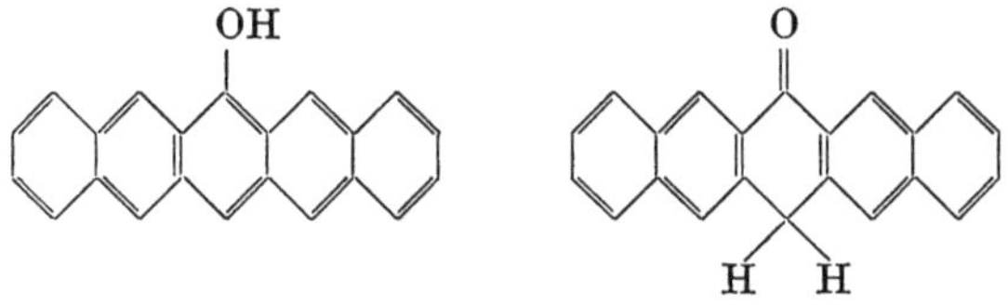

unbekannt | stabil, blaßgelb

Ähnlichen Erscheinungen begegnet man in der Chemie der Acene immer wieder. So ist das *p-Benzochinon* ein wahres Chinon, das *Tetracenchinon* ist gerade noch verküpbar, aber das *Pentacenchinon* küpt nicht mehr. Demgemäß liegen auch die Potentiale E_0 dieser Stoffe (p-Benzochinon: $+0{,}711$; 1,4-Naphthochinon $+0{,}493$; Anthrachinon $+0{,}155$ Volt)[3].

Die *höheren Acenchinone* nehmen den Charakter von sehr stabilen *Diketonen* mit voneinander unabhängigen Carbonylen an. Von weiteren Eigenschaften der Acene, die sich in derselben Weise erklären lassen, sei an das Verhalten gegen

[1] CLAR, E., u. J. W. WRIGHT: Nature (London) **163**, 921 (1949). — Ber. dtsch. chem. Ges. **82**, 508 (1949).

[2] SYRKIN, J. K., u. M. E. DYATKINA: Izv. Akad. S. S. S. R. **1946**, 153. — Brit. Chem. Abstr. **1946**, A I 365. — E. CLAR berechnet, daß die Methylenform um rund 6,5 kcal/Mol stabiler als die Methylform des Pentacens ist, Aromatische Kohlenwasserstoffe, 2. Aufl., S. 64. Berlin: Springer-Verlag 1952.

[3] E_0 nach L. F. FIESER, ($E_{0,0} = +0{,}9607$ V.) — Vgl. E. CLAR, Aromatische Kohlenwasserstoffe, S. 38.

Maleinsäureanhydrid, molekularen Sauerstoff (ohne und mit Belichtung) sowie die eindrucksvolle Änderung der Absorptionsspektren, die E. CLAR[1] zur Aufstellung seines Anellierungsprinzips geführt haben, erinnert.

Die *angulare* Anellierung von Benzolkernen an das Naphthalinsystem führt schon bei *Phenanthren* trotz gleicher Zahl der π-Elektronen (14) und Bindungen (16) wie beim Anthracen infolge der andersartigen Verteilung zu aromatischen Stoffen, deren Verhalten von dem der Acene abweicht:

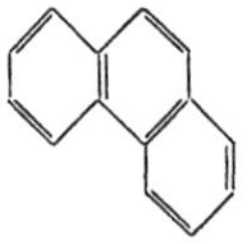
Phenanthren

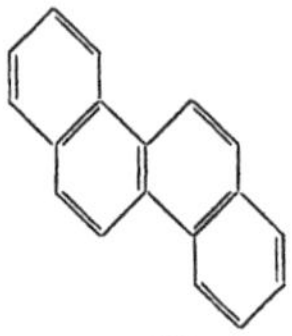
Chrysen

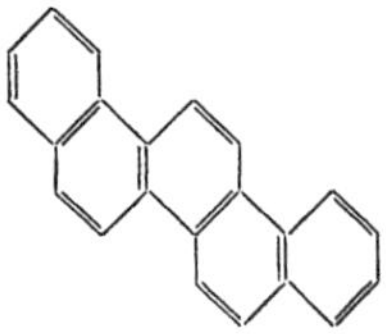
Picen

Die mesomeren Formeln des Phenanthrens lassen erkennen, daß hier keine „meso"-Bindung wie bei den Acenen vorliegen kann, dagegen in *9,10-Stellung* sich eine annähernd *normale Doppelbindung* ausbildet:

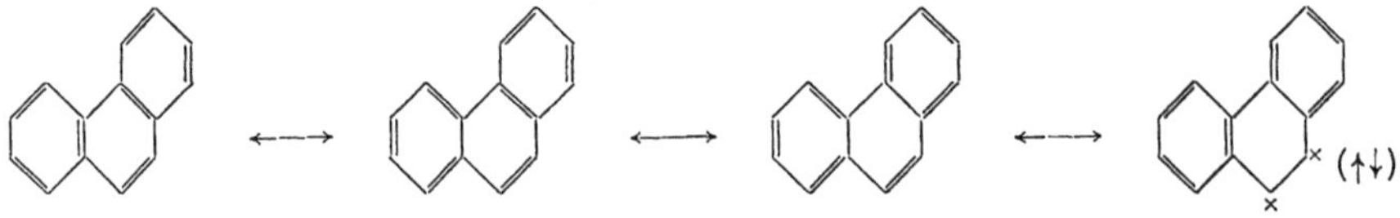
usw.

Daher ist das ganze System *reaktionsträger*, stabiler als das Anthracensystem, die beiden äußeren Ringe verharren möglichst in aromatischem Zustand. Nur der mittleren 9,10-Bindung kann man einige Reaktivität wie einer Doppelbindung zusprechen.

Dort setzen auch in erster Linie die Reaktionen ein, die dann zu recht stabilen Verbindungen (keine Doppelbindung in 9,10-Stellung mehr, zwei aromatische Benzolringe) führen. Das *9,10-Dihydrophenanthren* ist daher stabil, das *9,10-Phenanthrenchinon* besitzt den Charakter eines α-Diketons usw.[2] Diese Unterschiede in der Reaktivität der Acene und Phene treten auch im *Absorptionsspektrum* der letzteren auf. Die *Farbe* erscheint hier erst bei höheren Anellierungsgraden und vertieft sich nicht in dem Maße wie bei den Acenen. Diese Eigentümlichkeiten machen sich auch in den Werten der *Mesomerieenergie* bemerkbar:

Tabelle 20

KW-Stoff	Mesomerieenergie in kcal/Mol		Differenz Δ
	gef.	berechnet aus 	
Benzol	39	—	—
Naphthalin . . .	75	$2 \times 39 = 78$	$+3$
Anthracen . . .	96,4	$3 \times 39 = 117$	$+20,6$
Phenanthren . .	103,5	$3 \times 39 = 117$	$+13,5$
Tetracen	129,6	$4 \times 39 = 156$	$+26,4$
Tetraphen . . .	130,4	$4 \times 39 = 156$	$+25,6$

[1] CLAR, E.: Aromatische Kohlenwasserstoffe, 2. Aufl., S. 21ff. Berlin-Göttingen-Heidelberg: Springer-Verlag 1952.

[2] Ein solcher Effekt zeigt sich auch im Gang der Potentiale der o-Chinone (o-Benzochinon $E = +0{,}756$ V; 9,10-Phenanthrenchinon: $+0{,}498$ V; 5,6-Chrysenchinon: $+0{,}454$ V), vgl. E. CLAR, Aromatische Kohlenwasserstoffe, 2. Aufl., S. 39. Berlin-Göttingen-Heidelberg: Springer-Verlag 1952. — Vgl. ferner A. T. WATSON u. F. A. MATSON: J. Chem. Phys. 18, 1305 (1950).

Die Abweichung Δ gegenüber rein aromatischen Systemen ist bei Phenanthren deutlich kleiner als beim Anthracen und nimmt in der Reihe der Acene wieder beträchtlich zu. Auf die von E. CLAR gefundenen Zusammenhänge zwischen Spektren und Struktur der kondensierten Aromaten (Anellierungsprinzip) kann hier nur hingewiesen werden[1].

Noch andere Effekte ergeben sich bei *peri-Anellierung* von Benzolkernen. Systeme dieser Art liegen im *Pyren*[2], *Hexabenzo-benzol*, dem *Coronen*[3], oder dem *Ovalen*[4] (1,14; 7,8-Dibenzbisanthen) vor z. B.:

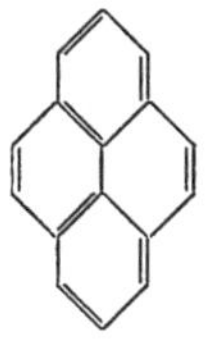

Pyren, farblos
F: 156°

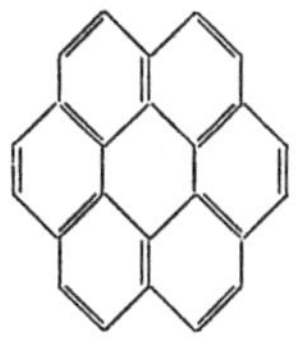

Coronen, blaßgelb
F: 438—440° (i. Vak.)

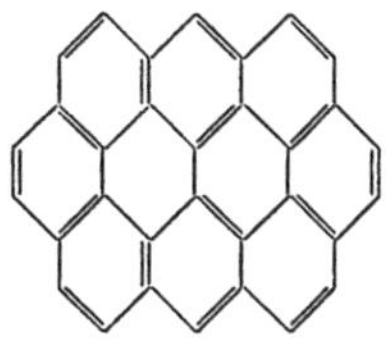

Ovalen, orangefarbig
F: 473° (i. Vak.)

Die Bestimmung der *Atomabstände* ergibt beim Coronen[5] bzw. dem Ovalen[6] folgende Werte:

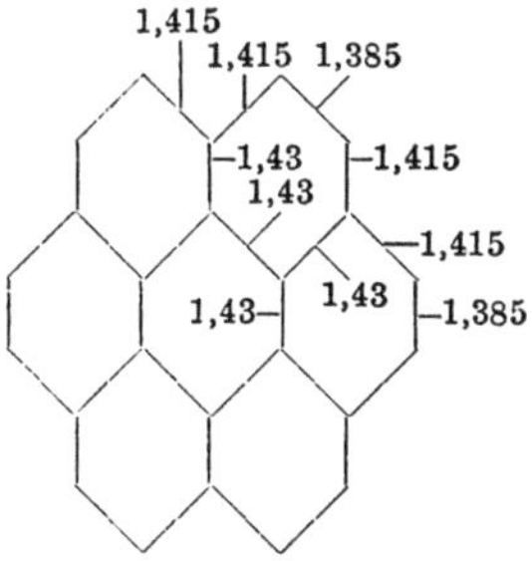

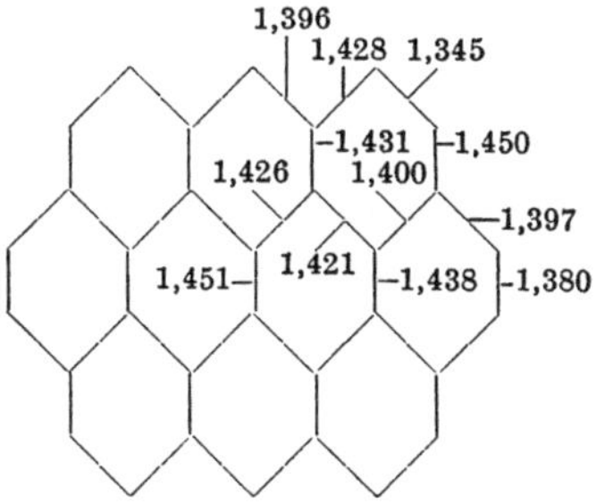

Die Übereinstimmung zwischen berechneten und gefundenen Werten ist selbst beim Ovalen mit seinen 50 KEKULÉ-Strukturen recht gut. Das könnte natürlich

[1] Siehe E. CLAR, Aromatische Kohlenwasserstoffe, 2. Aufl. Berlin-Göttingen-Heidelberg: Springer-Verlag 1952.

[2] Röntgenstrukturanalyse, J. M. ROBERTSON u. J. G. WHITE: J. Chem. Soc. (London) **1947**, 358; reaktives Verhalten des Pyrens s. vor allem H. VOLLMANN, H. BECKER, N. CORELL u. H. STREECK: Liebigs Ann. **531**, 1 (1937). — Siehe ferner E. CLAR: Aromatische Kohlenwasserstoffe, 2. Aufl., S. 318ff. Berlin-Göttingen-Heidelberg: Springer-Verlag 1952.

[3] SCHOLL, R., u. K. MEYER: Ber. dtsch. chem. Ges. **65**, 902 (1932).

[4] CLAR, E.: Nature (London) **161**, 238 (1948). — Ber. dtsch. chem. Ges. **82**, 55 (1949).

[5] ROBERTSON, J. M., u. J. G. WHITE: J. Chem. Soc. (London) **1945**, 607. — RUSTON, W. R., u. W. RÜDORFF: Bull. Soc. chim. Belge **56**, 97 (1947).

[6] DONALDSON, D. M., u. J. M. ROBERTSON: Nature (London) **184**, 1002 (1949).

vorgetäuscht sein, indem bei so vielen KEKULÉ-Formeln die Fehler sich teilweise kompensieren, während sie bei den Acenen mit ihren wenigen KEKULÉ-Formen deutlich in Erscheinung treten. Jedenfalls sieht man sehr deutlich, daß die *inneren* Ringsysteme weitgehend den Charakter des typisch *aromatischen* Benzolsystems *verloren* haben und jede Bindung dieses innersten Ringes sich in Richtung auf eine einfache C–C-Bindung verlängert (der Bindungstyp nähert sich den Sechsringbindungen im Graphit, s. S. 322). Im äußeren Ring bleibt dagegen der Charakter höherer Aromaten, etwa wie der des Anthracens, annähernd enthalten. Besonderheiten im chemischen und physikalischen Verhalten in der Art, wie sie bei den Acenen zu finden sind, treten nicht auf. Dagegen nähert sich mit zunehmender Zahl der peri-kondensierten Ringe das Ganze dem Zustand des *Graphits* (vgl. Abb. 59, S. 322). So ist das Ovalen ein elektrischer Halbleiter und besitzt gemäß seinem Aufbau eine sehr hohe diamagnetische Anisotropie[1].

g) Cancerogene Eigenschaften aromatischer Kohlenwasserstoffe

Eine ganze Reihe aromatischer Kohlenwasserstoffe besitzt cancerogene Wirkung[2], so vor allem das *3.4-Benzpyren* (I) und das *6-Methylcholanthren* (II):

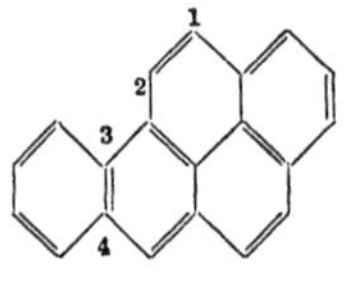

I

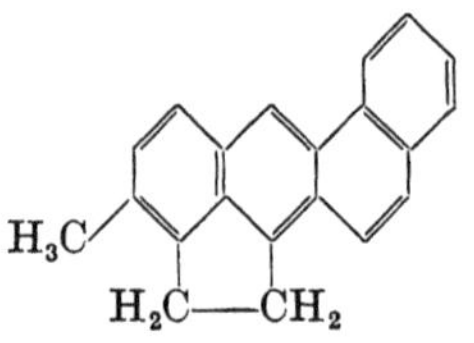

II

Damit im Zusammenhang steht die schon längst bekannte Tatsache des Schornsteinfegerkrebses, der als Hautkrebs eine Berufskrankheit darstellt. Auch Steinkohlenteer und Teerpech sind infolge der Anwesenheit spezieller aromatischer höher kondensierter Verbindungen wie des schon genannten 3,4-Benzpyren cancerogen. In der Zwischenzeit sind zahlreiche aromatische Kohlenwasserstoffe auf ihre cancerogene Wirkung untersucht worden, ohne daß es aber bisher gelang, hier Gesetzmäßigkeiten aufzufinden. So wirkt beispielsweise auch das *1.2, 3.4-Dibenzpyren* (III), sein 7-Methylderivat und das *3.4, 8.9-Dibenzpyren* (IV) stark cancerogen[3]:

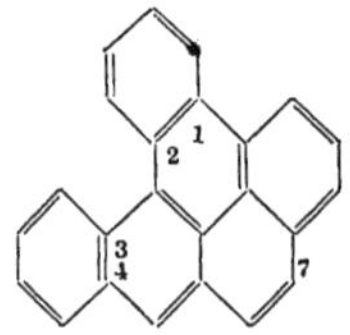

III

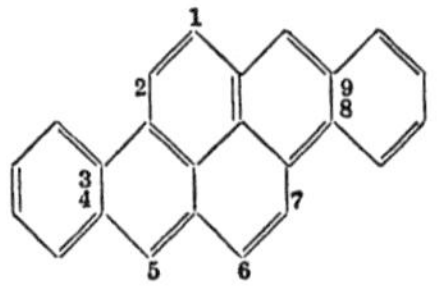

IV

[1] AKAMATSU, H., H. INOKUCHI u. T. HANDA: Nature (London) **168**, 520 (1951). — INOKUCHI, H.: Bull. Chem. Soc. Japan **24**, 222 (1951).

[2] Vgl. hierzu E. CLAR: Aromatische Kohlenwasserstoffe, 2. Aufl., S. 97ff. Berlin-Göttingen-Heidelberg: Springer-Verlag 1952.

[3] CLAR, E.: Ber. dtsch. chem. Ges. **63**, 112 (1930); **72**, 1645 (1939). — BACHMANN, W. E., J. W. COOK, A. DANSI, C. G. M. DE WORMS, G. A. D. HASLEWOOD, C. L. HEWETT u. A. M. ROBINSON: Proc. Roy. Soc. (Edinburgh) [B] **123**, 343 (1937). — COOK, J. W., u. E. L. KENNAWAY: Amer. J. Cancer **33**, 50 (1938).

Auch das *Steranthren* ist sehr stark cancerogen[1]:

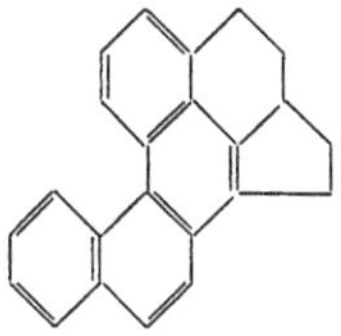

Bisher konnte nur diese angulare und nicht die noch denkbare lineare Form:

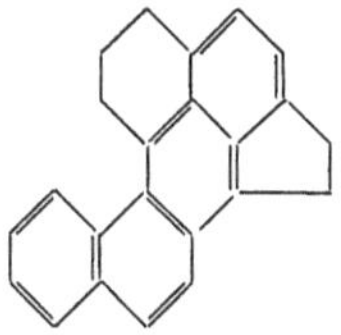

erhalten werden.

Diese Kohlenwasserstoffe sind trotz sehr geringer Löslichkeit sehr aktiv und bilden in kurzer Zeit bösartige Tumoren. Geringe Veränderungen wie z. B. die Einführung einer NO_2-, NH_2-, SO_3H-Gruppe bringen die Aktivität, z. B. des 3.4-Benzpyrens zum Erlöschen[2]. Mit der Auffindung der krebserregenden Wirksamkeit des Methylcholanthrens lag der Gedanke irgendwelcher Beziehungen zu den Gallensäuren und den Sexualhormonen nahe. Es dürfte verfrüht sein, hierüber ein Urteil abzugeben[3].

Bei der *biologischen Oxydation* liefern die cancerogenen Kohlenwasserstoffe mit Ausnahme des 3.4-Benzpyrens (es bildet 8- bzw. 10-Oxy-3.4-benzpyren) Oxyverbindungen, die durch Substitution an solchen Stellen entstehen, die normalerweise bei chemischen Oxydationen nicht angegriffen werden[4]:

Chrysen → 3-Oxychrysen
1.2,5.6-Dibenzanthracen → 4′,4″-Dioxy-1.2,5.6-dibenzanthracen.

h) Cyclooctatetraen und andere größere ungesättigte Ringe

Nach der THIELEschen Partialvalenzvorstellung sollte man von dem Cyclooctatetraen:

aromatischen Charakter erwarten. Bereits R. WILLSTÄTTER[5], der diese interessante Verbindung auf kompliziertem Wege aus einem Granatwurzelalkaloid, dem Pseudopelletierin, herstellte, wies auf den stark *ungesättigten* Charakter dieses Stoffes und sein von den benzoiden Verbindungen abweichendes Verhalten hin. Die eigentliche Erforschung dieses besonderen Acht-Ringsystems beginnt erst mit der Entdeckung von W. REPPE[6], daß dieser ungesättigte Kohlenwasserstoff aus Acetylen unter Druck (verdünnt mit Stickstoff ~20 Atm, 60—70°) und unter der Einwirkung bestimmter Nickelverbindungen, wie z. B. Nickelcyanid in Tetrahydrofuran als Lösungsmittel, auch in technischer Weise leicht herstellbar ist.

[1] DANNENBERG, H.: Angew. Chem. **67**, 716 (1955).
[2] WINDAUS, A., u. S. RENNHAK: Hoppe-Seylers Z. **249**, 256 (1937).
[3] Siehe dazu A. BUTENANDT: Chem. Ztg. **74**, 7 (1950).
[4] Vgl. a. J. W. COOK: J. Chem. Soc. (London) **1950**, 1210.
[5] WILLSTÄTTER, R., u. E. WASER: Ber. dtsch. chem. Ges. **44**, 3433 (1911). — WILLSTÄTTER, R., u. M. HEIDELBERGER: Ber. dtsch. chem. Ges. **46**, 517 (1913).
[6] REPPE, W.: Liebigs Ann. **560**, 1 ff. (1948).

Der Mechanismus dieser auch in thermodynamischer Hinsicht sehr bemerkenswerten Bildung ist noch nicht geklärt. Das Cyclooctatetraen ist eine goldgelbe Flüssigkeit vom *Kp.* 142—143° (760 mm) und schmilzt bei − 7°. Für einen *symmetrischen* Bau des Cyclooctatetraens sprechen neben dem chemischen Verhalten, wie z. B. der Hydrierung mit Palladium-Katalysatoren in Eisessig (Gleichheit aller vier Doppelbindungen) auch physikalische Eigenschaften, wie z.B. das Dipolmoment (~ 0 D) und das Ramanspektrum. Unter der Voraussetzung einer abwechselnden Verteilung der Doppel- und Einfachbindungen läßt sich mittels der STUART-BRIEGLEB-Kalotten ein Modell des Cyclooctatetraens aufbauen, das eine *nichtebene Wannenform* darstellt.

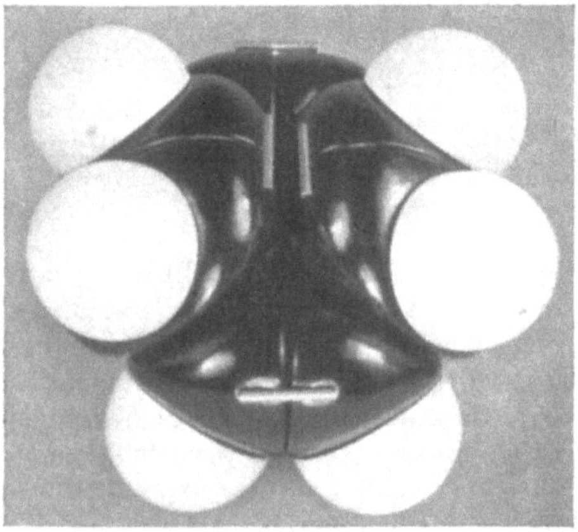

Abb. 62. Kalottenmodell des Cyclooctatetraens, nichtebene Wannenform

Nach der von H. S. KAUFMAN, J. FANKUCHEN und H. MARK[1] durch Röntgenanalyse von Einkristallen des Cyclooctatetraens ausgeführten Untersuchung betragen die Abstände für die doppelte Bindung 1,34 Å und für die einfache 1,54 Å, der Winkel C=C−C ~125°. Damit stimmen auch die neueren thermochemischen Ergebnisse überein, die keinen oder nur einen geringen Anteil an Mesomerieenergie im Molekül des nichtebenen Achtringes erkennen lassen. Die *Verbrennungswärme* ist ungewöhnlich hoch (1096 kcal/Mol, flüssig bei konstantem Druck)[2]. Wenngleich die Wannenform des Cyclooctatetraens nicht nur im Gitter des festen Stoffes als die wahrscheinlichste anzusehen ist, so bedarf diese Frage doch einer weiteren Klärung. So glauben B. D. SAKSENA und H. NARAIN[3] aus spektroskopischen Messungen auf einen gewellten Acht-Ring mit gleichwertigen C−C-Bindungen schließen zu dürfen.

Das Cyclooctatetraen zeigt das typische chemische Verhalten ungesättigter Verbindungen, es wird von Oxydationsmitteln leicht angegriffen, addiert rasch Halogene, kann Diensynthesen eingehen und sich polymerisieren. Bei einem Teil der Reaktionen (Typ I: katalytische Hydrierung, Alkalimetalladdition, Oxydation mit Persäuren) bleibt das Skelet des Achtringes erhalten, während bei anderen außerordentlich leicht *Aromatisierung* unter Bildung von Derivaten des Äthylbenzols bzw. p-Xylols stattfinden kann, wobei das Cyclooctatetraen wie eine Verbindung von Typ II oder III reagiert:

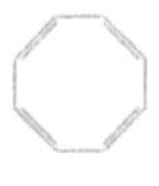

Typ I
Cyclooctatetraen-System

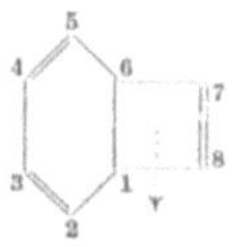

Typ II
Bicyclo-[0,2,4]-octatrien-(2,4,7)-System

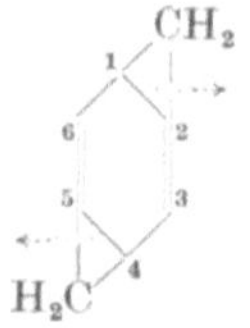

Typ III
1.2,4.5-Dimethylen-cyclohexadien-(2,5)-System

[1] KAUFMAN, H. S., J. FANKUCHEN u. H. MARK: J. Chem. Phys. **15**, 414 (1947); Nature (London) **161**, 165 (1948).

[2] REPPE, W.: Liebigs Ann. **560**, 5 (1948). — PROSEN, E. J., W. H. JOHNSON u. F. D. ROSSINI: J. Amer. Chem. Soc. **69**, 2068 (1947).

[3] SAKSENA, B. D., u. H. NARAIN: Nature (London) **165**, 723 (1950).

So entsteht bei der Behandlung von Cyclooctatetraen in wäßriger Suspension oder Emulsion mit Quecksilbersalzlösungen ($HgSO_4$) in der Wärme unter Abscheidung von metallischem Quecksilber *Phenylacetaldehyd*[1]:

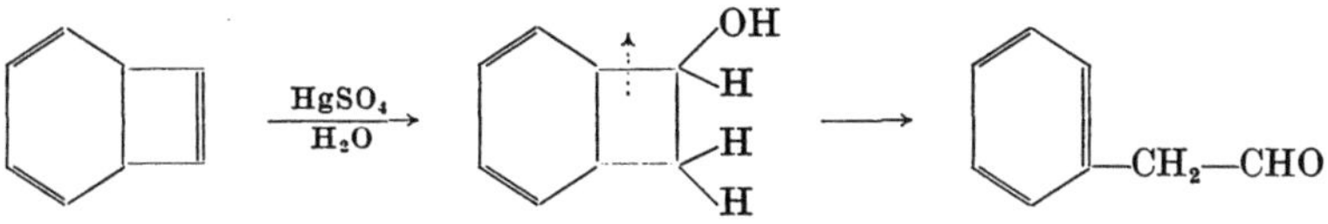

Hierbei erscheint die Bildung des Bicyclo-octatriens als eine Art „intracyclische" Diensynthese[2] des Cyclooctatetraens:

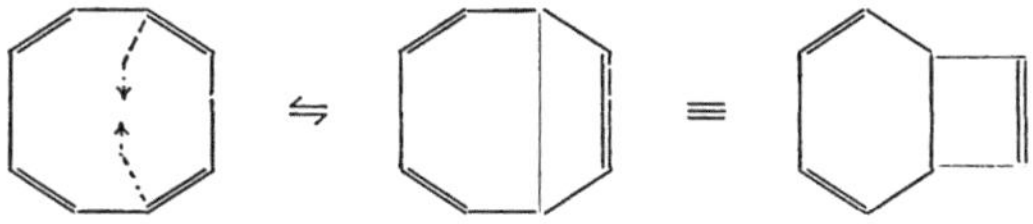

a b

Ein Beweis für das Vorhandensein eines Gleichgewichts $a \rightleftharpoons b$ hat sich bisher noch nicht geben lassen. Dagegen hat man eine ähnliche wahre *Valenztautomerie* beim Cyclooctatrien mittels der paramagnetischen Kernresonanzmethode auffinden können:

Cyclooctatrien-(1,3,5) Bicyclo-[0,2,4]-octadien-(2,4)

Infolge der unterschiedlichen Bindung zweier Wasserstoffatome in den beiden tautomeren Formen läßt sich mittels der genannten Methode das Gleichgewicht bei 100° zu 85% der monocyclischen Trienform und 15% der bicyclischen Dienform bestimmen[3]. Zu demselben Ergebnis führten Versuche von K. ALDER und H. A. DORTMANN[4], die in folgender Weise zu dem Gemisch der Valenztautomeren gelangten:

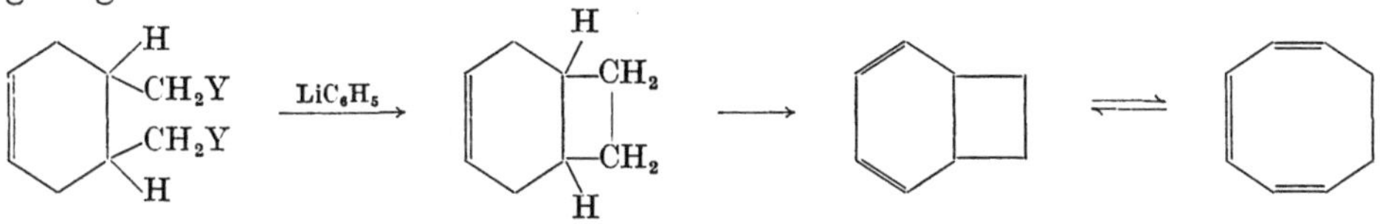

Das gewonnene Produkt enthielt 90% des bicyclischen Diens, welches im Gegensatz zum Trien in stark exothermer Reaktion mit Maleinsäureanhydrid unter

---

[1] REPPE, W. l. c., siehe ferner A. C. COPE u. Mitarbb.: J. Amer. Chem. Soc. **76**, 1100 (1954). — Mit Hg-acetat und CH_3COOH erhält man 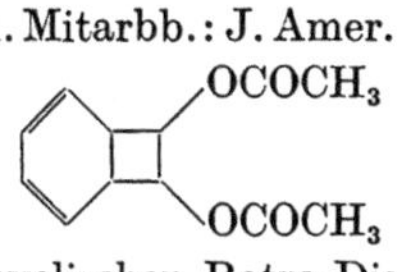 .

[2] Die Reaktion $b \leftrightharpoons a$ stellt einen intracyclischen Retro-Dien-Zerfall dar.

[3] Vgl. auch A. C. COPE, A. C. HAVEN jr., F. L. RAMP u. E. R. TRUMBULL: J. Amer. Chem. Soc. **74**, 4867 (1952); auch die Brechungsindices und IR-Spektren der beiden Tautomeren unterscheiden sich deutlich.

[4] ALDER, K., u. H. A. DORTMANN: Chem. Ber. **87**, 1492 (1954).

Bildung des folgenden Adduktes reagiert:

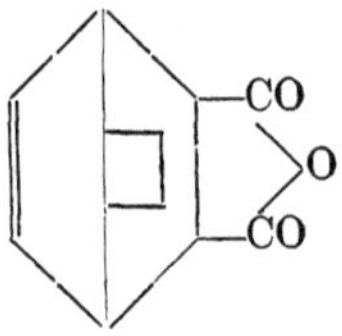

Sowohl Dien wie Trien lassen sich in reiner Substanz herstellen[1]. Durch Erwärmen der beiden reinen Formen auf 100° entsteht das obengenannte Gleichgewichtsgemisch der Valenztautomeren.

Oxydiert man Cyclooctatetraen mit unterchloriger Säure in alkalischem Medium, so erhält man *Terephthal-dialdehyd*[2] neben Benzaldehyd und Benzoesäure:

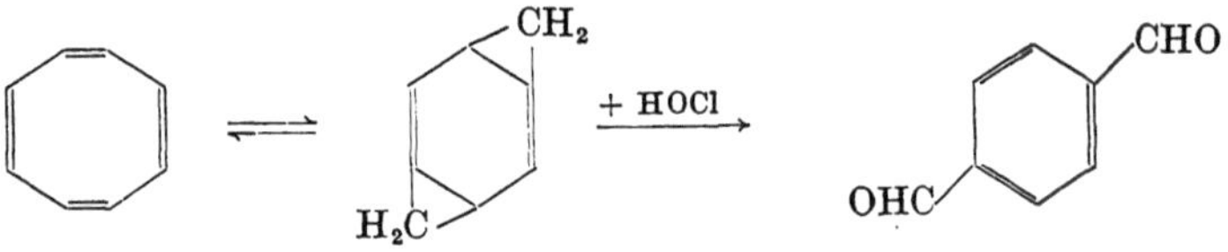

Diese Ringverengerung läßt sich als Umkehrung der Ringerweiterung aromatischer Systeme, z. B. mit aliphatischen Diazoverbindungen auffassen (s. S. 451):

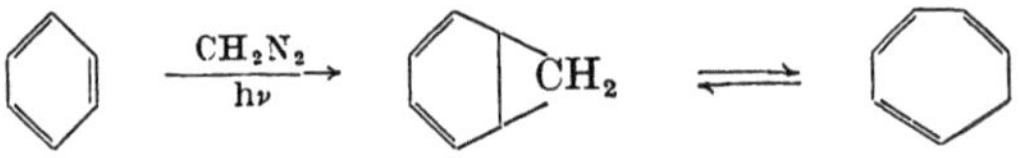

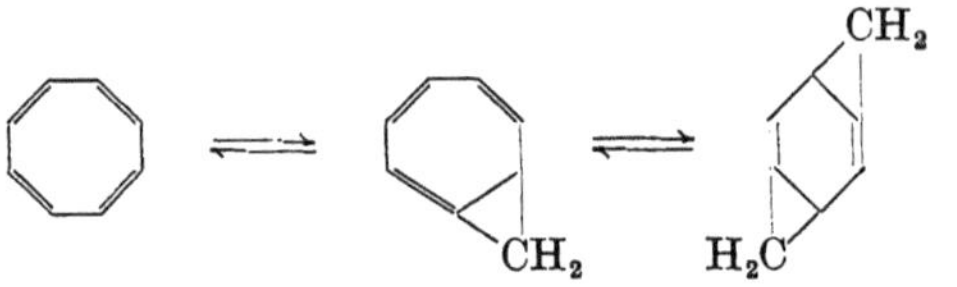

8-Ring 7-Ring + $>CH_2$ 6-Ring + 2 $>CH_2$

Für eine solche Möglichkeit der Isomerisierung sprechen Versuche am *Cycloheptatrien,* das auch als Bicyclo-[0,1,4]-heptadien-(2,4) reagieren kann[3]:

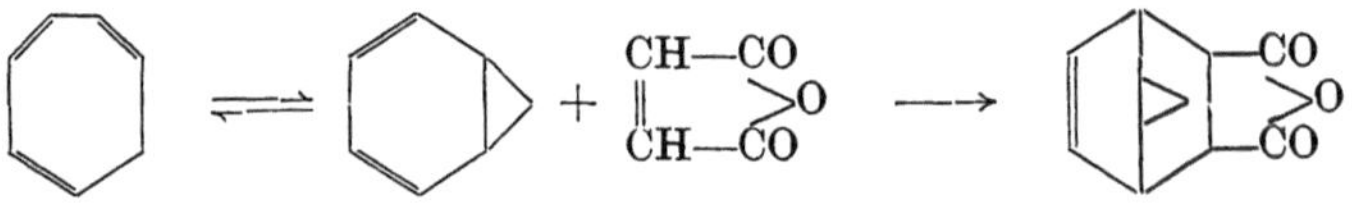

Auch in diesem Falle hat sich das Gleichgewicht der Valenztautomeren mittels der paramagnetischen Kernresonanzmethode bestimmen lassen[4].

Auch das *1.2,5.6-Dibenz-cyclooctatetraen*, das *Tetrabenz-cyclooctatetraen*[5], das *Hexabenz-cyclododekahexaen* und sogar das *Octabenz-cyclohexadekaoctaen*[6] sind

[1] Zum Beispiel bildet das Trien mit alkohol. Silbernitrat einen Komplex, dessen Zersetzung mit Wasser das reine Cyclooctatrien-(1,3,5) liefert.

[2] Der Achtring des Cyclooctans wird beim Dehydrieren mit Selen ebenfalls zum Sechsring des p-Xylols aromatisiert: RUZICKA, L.: Helvet. chim. Acta **19**, 432 (1936).

[3] ALDER, K., u. G. JACOBS: Chem. Ber. **86**, 1528 (1953).

[4] Vgl. z. B. E. J. COREY, H. J. BURKE u. W. A. REMERS: J. Amer. Chem. Soc. **77**, 4941 (1955).

[5] WITTIG, G., H. TENHAEFF, W. SCHOCH u. G. KÖNIG: Liebigs Ann. **572**, 1 (1951).

[6] WITTIG, G.: Dipl.-Arbeit von G. LEHMANN, unveröffentlicht. Reaktionsmechanismus:

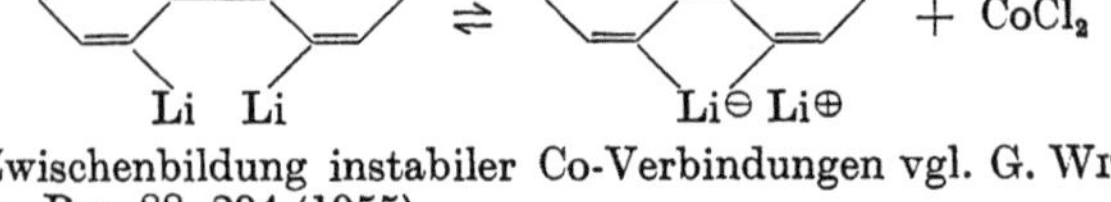

und vermutlich Zwischenbildung instabiler Co-Verbindungen vgl. G. WITTIG, R. LUDWIG u. R. POLSTER: Chem. Ber. **88**, 294 (1955).

sind bekannt:

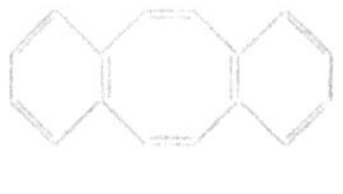

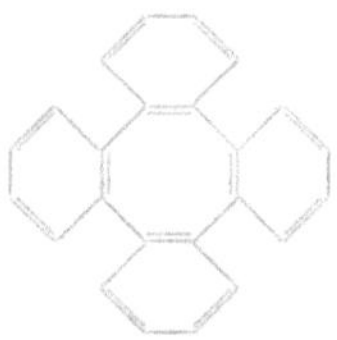

Röntgenographische Untersuchungen des Tetraphenylens haben ergeben, daß der Achtring nicht eben ist und daß die Abstände abwechselnd 1,39 Å und 1,52 Å sowie die Winkel annähernd 120° betragen[1].

Größere ungesättigte Ringe liegen auch im *1,2,3,4,7,8,9,10-Tetrabenzo-cyclododekahexaen* vor, das durch thermische Umwandlung in folgendes Cyclo-

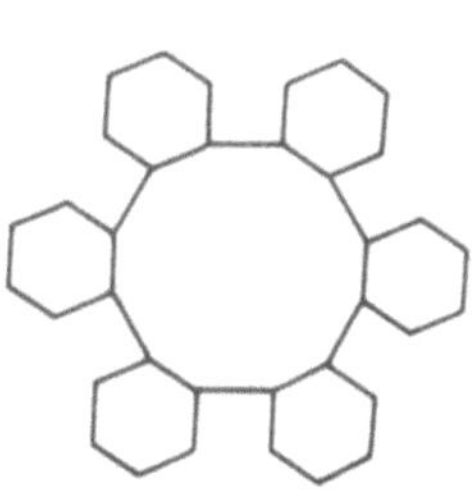

Hexaphenylen
F: 334,5–335°
(Hexabenz-cyclododekahexaen)

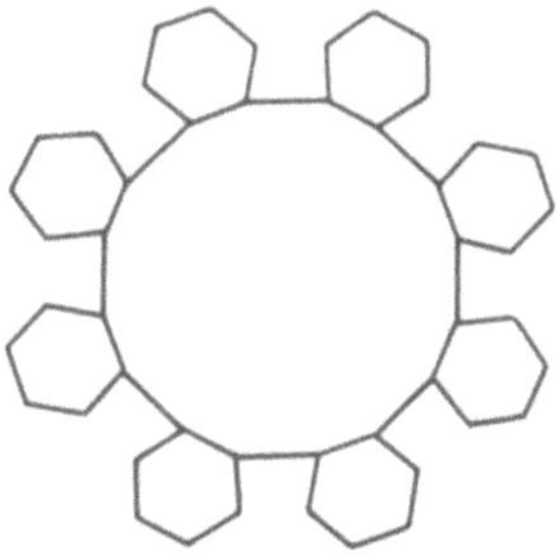

Octaphenylen
F: 424,5–425°
(Octabenz-cyclohexadekaoctaen)

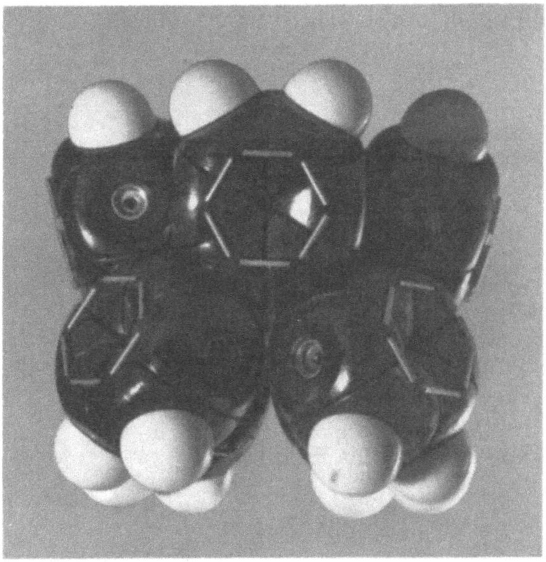

Abb. 63. Octaphenylen, Kalottenmodell

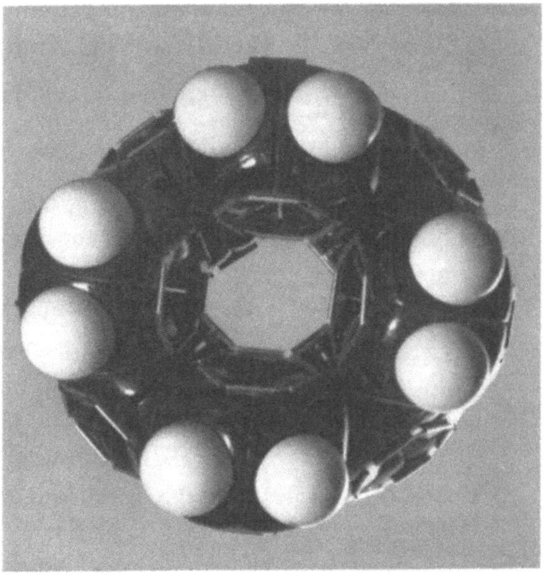

Abb. 64. Octaphenylen, das Modell der Abb. 63 ist um 90° nach hinten gedreht

[1] Karle, I. L., u. L. O. Brockway: J. Amer. Chem. Soc. **66**, 1974 (1944).

butanderivat übergeht (Valenztautomerie)[1]:

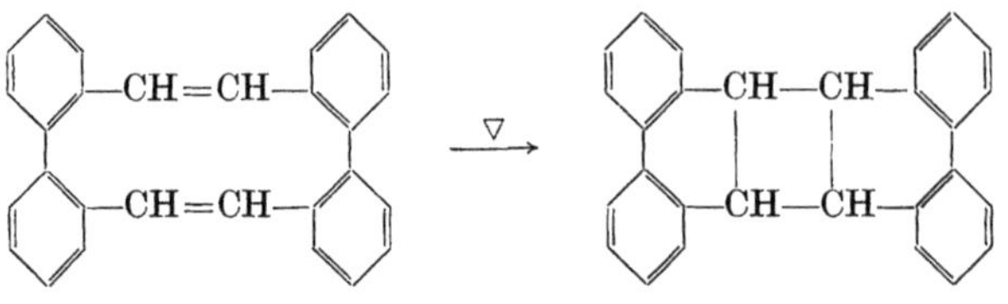

Auch das *Diphenylen* ist zugänglich[2]:

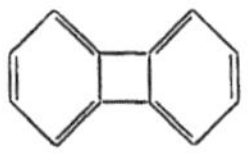

ebenso das 2,3-Dinaphthylen[3]:

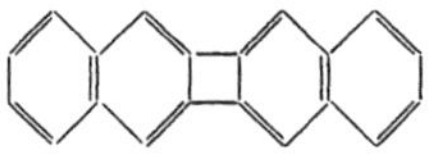

sowie 1,2-Benzphenylen[4]:

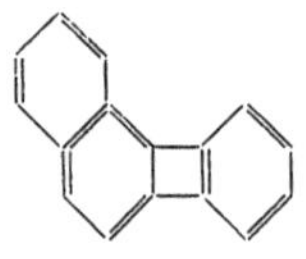

und das 1,2-Dinaphthylen[4]:

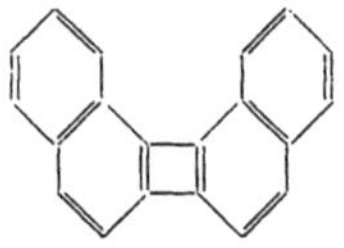

2. Reaktives Verhalten des Benzols

Die für das Grundsystem aller aromatischen Verbindungen, das Benzol, charakteristischen Reaktionen sind vor allem die Halogenierung, die Nitrierung und die Sulfonierung. Betrachten wir unter dem Gesichtspunkt der Mesomerie zunächst die Substitutionsreaktionen des Benzols, anschließend die Wirkung bereits vorhandener Substituenten auf die Weitersubstitution und schließlich die Rückwirkung des aromatischen Kerns auf den schon vorhandenen Substituenten.

a) Substitutionsmechanismen

α) Ionischer Mechanismus

Bereits früher war bei der Besprechung des Substitutionsmechanismus von Olefinen darauf hingewiesen worden, daß z. B. Halogene von den ungesättigten Verbindungen aus polaren Grenzformen unter vorübergehender Bildung von

[1] Wittig, G., G. König u. K. Clauss: Liebigs Ann. **593**, 127 (1955).
[2] Wittig, G., u. W. Herwig: Chem. Ber. **87**, 1511 (1954). — Lothrop, W. C.: J. Amer. Chem. Soc. **63**, 1187 (1941).
[3] Curtis, R. F., u. G. Viswanath: Chem. and Ind. **1954**, 1174.
[4] Cava, M. P., u. J. F. Stucker: J. Amer. Chem. Soc. **77**, 6022 (1955).

Carbenium- oder z. B. Bromoniumverbindungen aufgenommen werden:

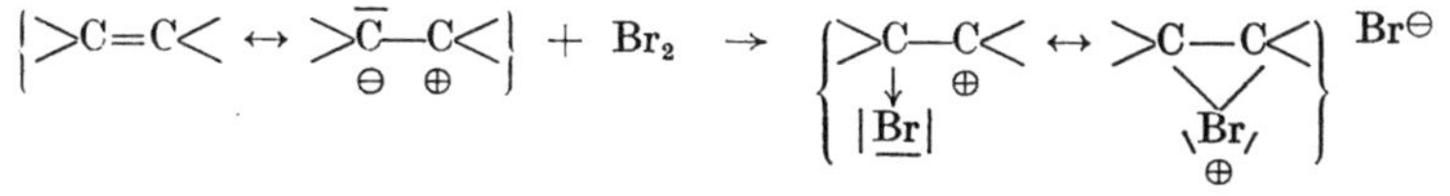

Das Zwischenprodukt kann sich dann entweder durch weitere Aufnahme des Halogens als Anion unter trans-Addition oder durch Abspaltung eines Protons unter Substitution stabilisieren[1]:

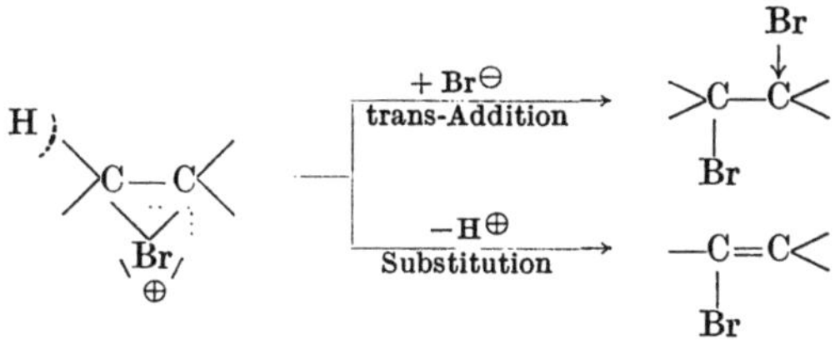

Durch die Beteiligung geeigneter Substituenten in asymm.-Diaryläthylenen, z. B. der Dimethylaminogruppe in p-Stellung am Benzolkern, konnten P. PFEIFFER und R. WIZINGER[2] solche *salzartigen Zwischenprodukte* in Substanz isolieren:

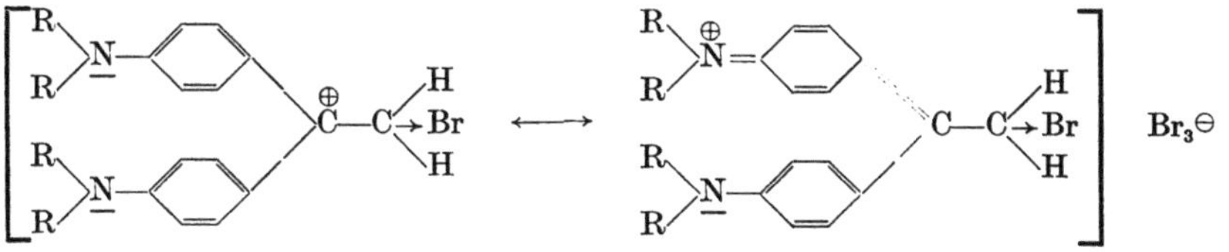

αα) *Halogenierung*

Dieser Reaktionsablauf wurde von den genannten Forschern als Modellversuch für den Ablauf einer elektrophilen Substitution am Benzolkern angesehen, eine Anschauung, die bis heute ihre Gültigkeit behalten hat und durch zahlreiche Versuche bestätigt werden konnte. Danach ist also z. B. die *Bromierung* des Benzols aus polaren Grenzanordnungen heraus darzustellen[3]. Hiermit stimmt der experimentelle Befund sehr gut überein, daß diese Art der Halogenierung des Benzols stets durch solche *Metallhalogenide* katalytisch beschleunigt wird, die als geeignete Komplexbildner für Halogenanionen bekannt sind und daher die für diesen ionischen Reaktionsablauf erforderlichen Halogenkationen durch Spaltung der Halogenmoleküle in $Hal^{\oplus}$ und $Hal^{\ominus}$ schaffen. Beispielsweise bilden $FeBr_3$ oder $SbBr_5$ mit Brommolekülen die Ionen $Br^{\oplus}$ $[FeBr_4]^{\ominus}$ bzw. $Br^{\oplus}$ $[SbBr_6]^{\ominus}$. Da nach dieser Auffassung ein Kation das eigentlich substituierende Agens ist, kann man solche Reaktionen auch als kationoide Substitutionsmechanismen beschreiben. Andererseits muß das aromatische System zum Angriff eines Kations selbst ein Elektronenpaar an einem C-Atom des Ringes, also ein Carbeniat-C-Atom zur Verfügung stellen. So betrachtet sucht sich das substituierende Agens eine Stelle hoher Elektronendichte, es liegt ein *elektrophiler* Substitutionsmechanismus vor. Durch die Annäherung des kationischen (oder auch eines

[1] Vgl. auch das auf S. 169ff. Gesagte über den Verlauf der Halogeneinwirkung auf offenkettige Doppelbindungen.

[2] PFEIFFER, P., u. R. WIZINGER: Liebigs Ann. **461**, 132 (1928).

[3] Bromierung des Phenanthrens mit Bromkationen s. C. C. PRICE u. C. E. ARNTZEN: J. Amer. Chem. Soc. **60**, 2835, 2837, 2839 (1938).

polaren) Partners wird in dem System der 6 π-Elektronen des Benzols im Grenzfall ein C-Atom mit einem einsamen Elektronenpaar ausgestattet, wodurch der Angriff des Kations möglich wird:

$$Br_2 + FeBr_3 \rightleftharpoons Br^{\oplus}[FeBr_4]^{\ominus}$$

Das im *Übergangszustand* entstehende Zwischenprodukt ist mesomeriefähig und dadurch aus dem aromatischen mesomeriestabilisierten Grundzustand überhaupt ohne große äußere Energiezufuhr erhältlich:

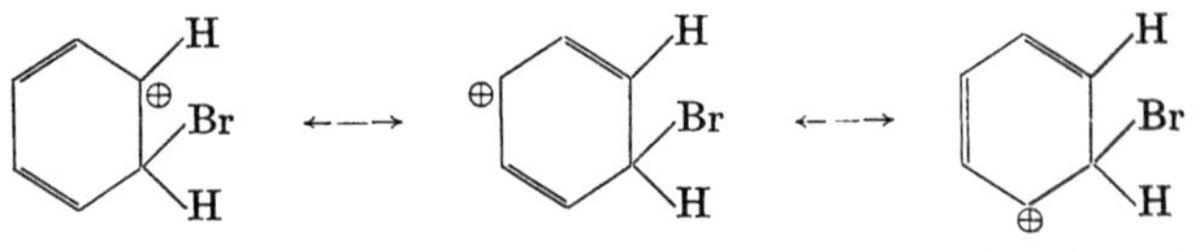

ortho-chinoide — para-chinoide — ortho-chinoide

Cyclohexadienformen[1]

Von Interesse ist, daß bei diesen Übergangszuständen aromatischer Verbindungen auch ein neues sterisches Prinzip wie bei den Übergangszuständen aliphatischer Verbindungen (vgl. S. 110), nur in umgekehrter Weise auftritt, hier Übergang des ebenen Benzol-usw.-systems in die nichtebene, olefinisierte „Dien"-Form ($sp^2 \rightarrow sp^3$), dort Übergang aus der tetraedrischen in die ebene Anordnung ($sp^3 \rightarrow sp^2$).

Durch *Abspaltung eines Protons* vom substituierten C-Atom der Cyclohexadienformen ergibt sich die Möglichkeit zum Rückfall in das *vollaromatische* System:

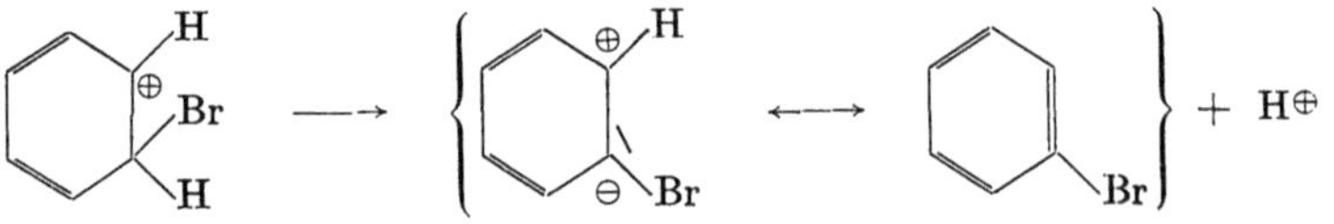

Der hierbei auftretende Gewinn an Mesomerieenergie ist verantwortlich dafür, daß im allgemeinen im Gegensatz zu den Olefinen hier bei den Aromaten keine weitere Aufnahme eines zweiten Halogens (als Anion) unter Addition erfolgt, sondern unter Abspaltung eines $H^{\oplus}$ das Substitutionsprodukt des Aromaten sich bildet. Das ist die Ursache der für die Aromaten so charakteristischen Substitutionsreaktionen der Halogene[2].

ββ) FRIEDEL-CRAFTS-*Reaktion*

Ebenso wie die Halogenierung der Aromaten kann man nach dem elektrophilen Substitutionsmechanismus die Reaktion von FRIEDEL und CRAFTS darstellen[3].

---

[1] Die verschiedenen Formen lassen sich formal leicht durch Verschiebung der π-Elektronen aufzeichnen, wobei diese Verschiebung in Richtung der $\oplus$-Lücke erfolgt.

[2] Besonderheiten bei der Bromierung von Aromaten in Nitromethan s. G. ILLUMINATI u. G. MARINO: Gazz. Chim. Ital. **84**, 1127 (1954). Die Bromierungsgeschwindigkeit von Durol ist in Nitromethan als Lösungsmittel weit größer als in CCl_4, CH_3COOH oder CH_3COOOH, 85%ig.

[3] Vgl. dazu G. HESSE, in HOUBEN-WEYL, Methoden der organischen Chemie, 4. Aufl., Bd. IV/2. Stuttgart: Georg Thieme 1955. Übersicht der Alkylierungs- und Acylierungs-Reaktion nach FRIEDEL-CRAFTS s. G. BADDELEY: Quart. Reviews **8**, 355 (1954). KORSHAK, V. V., u. G. S. KOLESNIKOV: Chem. Abstr. **40**, 4033 (1946).

Das *Aluminiumchlorid* wirkt als Komplexbildner, indem das Aluminium seine äußere Schale durch Hereinnahme eines Elektronenpaares zum Oktett auffüllt. Dabei kann das einsame Elektronenpaar von einem Anion bzw. von einer geeigneten Verbindung, die durch Polarisation oder ihre Polarisierbarkeit unter dem Einfluß des „Katalysators" das Anion liefert, herrühren, z. B.:

$$R-\overline{Cl}| + AlCl_3 \rightleftharpoons R^\oplus + [AlCl_4]^\ominus$$

oder

$$R-H + AlCl_3 \rightleftharpoons R^\oplus + [AlHCl_3]^\ominus$$

$$R = \text{Alkyl, Aryl, Acyl}$$

wobei im letzteren Falle das H als Anion aus dem Kohlenwasserstoff herausgeschlagen wird. Stabilisiert sich das Carbeniumkation durch Protonenabgabe, dann entsteht ein ungesättigter Kohlenwasserstoff R – 2 H. Das Proton tritt dann mit dem Hydridanion als Wasserstoff aus. Das Aluminiumchlorid hat so *dehydrierend* gewirkt. Falls das Proton aus einem anderen Kohlenwasserstoffmolekül entnommen wird, können die beiden kationischen und anionischen Reste zusammentreten, z. B. Bildung von Diphenyl aus Benzol und $AlCl_3$:

$$C_6H_5-H + AlCl_3 \rightarrow C_6H_5^\oplus + [AlHCl_3]^\ominus$$

$$C_6H_5-H + [AlHCl_3]^\ominus \rightarrow C_6H_5|^\ominus + \left(H^\oplus[AlHCl_3]^\ominus\right) \rightarrow AlCl_3 + H_2$$

$$C_6H_5^\oplus + {}^\ominus|C_6H_5 \rightarrow C_6H_5-C_6H_5$$

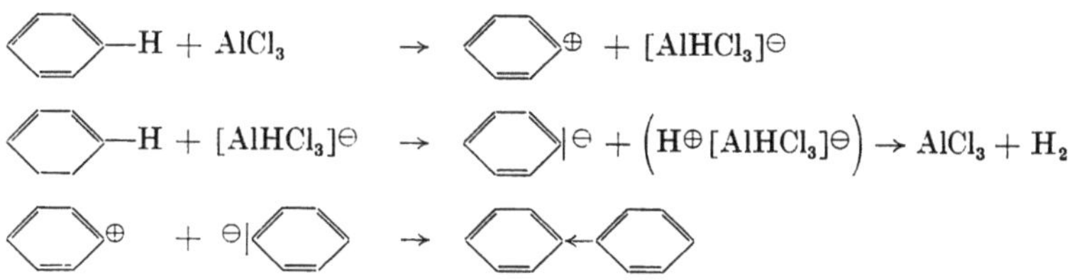

Mit Hilfe der Ansolvosäure (nach MEERWEIN) oder der Lewissäure (Antibase oder FRIEDEL-CRAFTS-Katalysator sind ebenfalls Synonyma) ist so eine „*Kondensation*" eingetreten.

Auch ein *Austausch* der organisch gebundenen Halogenkomponenten ist so möglich:

$$C_6H_5Cl + AlBr_3 \rightleftharpoons C_6H_5^\oplus[ClAlBr_3]^\ominus \rightleftharpoons C_6H_5Br + AlClBr_2$$

Analog der Halogenierung aromatischer Systeme unter der katalytischen Wirkung von Lewissäuren wie FeX_3 oder AlX_3 lassen sich auch *Pseudohalogene* wie BrCN oder JCN zu elektrophilen Substitutionsreaktionen heranziehen, wobei der elektropositivere Partner des Pseudohalogens in den aromatischen Kern eintritt:

$$BrCN + AlCl_3 \xrightarrow{CH_3NO_2} CN^\oplus[BrAlCl_3]^\ominus$$

$$C_6H_6 \leftrightarrow C_6H_6^{\ominus\oplus} + CN^\oplus \rightarrow \left[\begin{array}{c}H\\ \to CN\\ \ominus\\ \oplus H\end{array}\right] \rightarrow$$

$$C_6H_5CN \ (50\% \text{ Ausb.}) + H^\oplus \text{ und } H^\oplus[BrAlCl_3]^\ominus \rightarrow HBr + AlCl_3$$

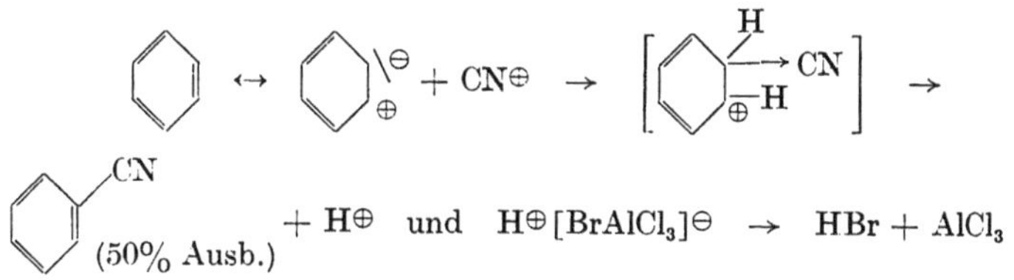

oder:

$$JCN + AlCl_3 \xrightarrow{CH_3NO_2} J^\oplus[AlCl_3CN]^\ominus$$

$$C_6H_6 + J^\oplus \rightarrow H^\oplus + C_6H_5J \ (83\% \text{ Ausb.})$$

$$H^\oplus[AlCl_3CN]^\ominus \rightarrow HCN + AlCl_3$$

Mittels dieser Ansolvosäuren ist auch der Austausch von Wasserstoff am Kohlenstoff von aromatischen Systemen gegen Alkyl- oder Acylreste möglich, d. h. in diesem Falle, daß *Alkylierungen* und *Acylierungen* (mit Acylhalogeniden oder Säureanhydriden: Ketonbildung) an Aromaten auf dem elektrophilen Substitutionsweg möglich sind:

$$CH_3Br + AlCl_3 \leftrightarrows CH_3^{\oplus}[AlBrCl_3]^{\ominus}$$

$$\{\bigcirc \leftrightarrow \bigcirc^{\ominus}_{\oplus}\} + CH_3^{\oplus} \rightarrow \left[\bigcirc\begin{smallmatrix}H\\CH_3\\H\\\oplus\end{smallmatrix}\right] \rightarrow \bigcirc\!\!-\!CH_3 + H^{\oplus}$$

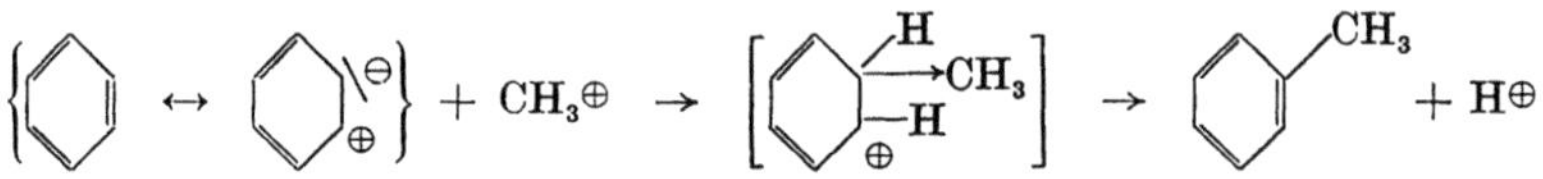

$$H^{\oplus}[AlBrCl_3]^{\ominus} \rightarrow HBr + AlCl_3$$

und

$$CH_3COCl + AlCl_3 \leftrightarrows [CH_3CO]^{\oplus} + [AlCl_4]^{\ominus}$$

$$\{\bigcirc \leftrightarrow \bigcirc^{\ominus}_{\oplus}\} + [CH_3CO]^{\oplus} \rightarrow \left[\bigcirc\begin{smallmatrix}H\\COCH_3\\\oplus H\end{smallmatrix}\right] \rightarrow \bigcirc\!\!-\!COCH_3 + H^{\oplus}$$

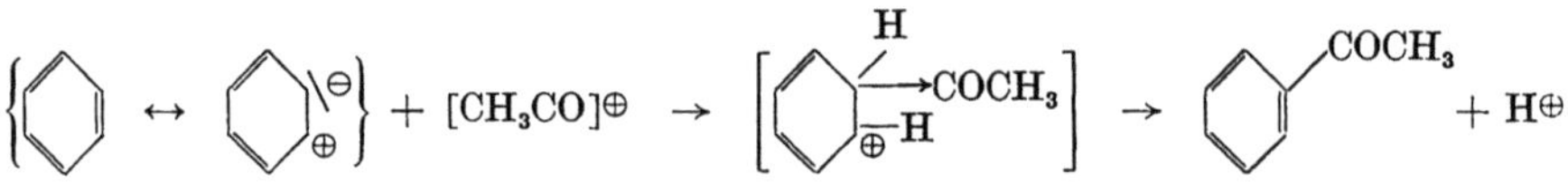

$$H^{\oplus}[AlCl_3]^{\ominus} \rightarrow HCl + AlCl_3$$

Diese Alkylierungen und Acylierungen aromatischer Verbindungen gelingen auch mit Estern. So geben je nach Katalysatormenge und Temperatur Benzol und Äthylacetat mit 1—5 Mol $AlCl_3$ etwa 60% Äthylbenzol bzw. m-Diäthylbenzol oder p-Äthylacetophenon[1]:

$$C_6H_6 + \left[CH_3COOC_2H_5 \xrightarrow{AlCl_3} \begin{matrix}\xrightarrow{20°} C_2H_5^{\oplus}[CH_3COOAlCl_3]^{\ominus}\\ \\ \xrightarrow{100°} CH_3CO^{\oplus}[AlCl_3(OC_2H_5)]^{\ominus}\end{matrix}\right] \begin{matrix}\longrightarrow \bigcirc\!\!-\!C_2H_5 \\ \\ \longrightarrow \bigcirc\!\!-\!COCH_3 \\ \quad\quad\quad\quad\downarrow C_2H_5^{\oplus}\\ \longrightarrow H_5C_2\!\!-\!\bigcirc\!\!-\!COCH_3\end{matrix}$$

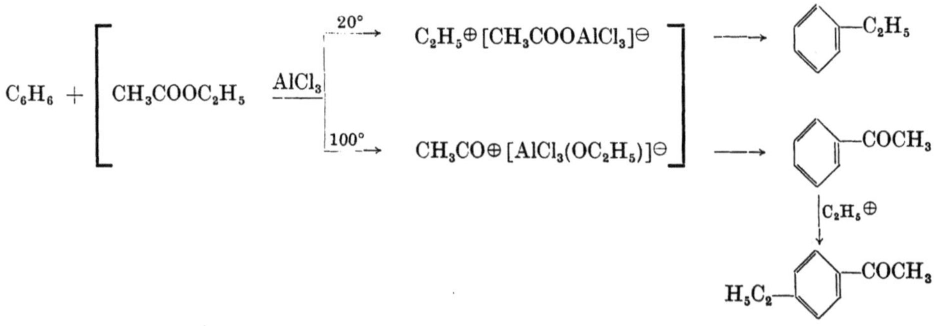

Auch innere Ester, die Lactone, lassen sich analog mit Aromaten umsetzen, z. B.:

$$\bigcirc + O\!\!<\!\!\begin{matrix}CO\!-\!CH_2\\ | \\ CH_2\!-\!CH_2\end{matrix} \xrightarrow{AlCl_3} \bigcirc\!\!-\!\!\begin{matrix}HOOC\\ \\CH_2\end{matrix}\!\!\begin{matrix}CH_2\\ \\CH_2\end{matrix} \longrightarrow \bigcirc\!\!\bigcirc\!\!=\!O$$

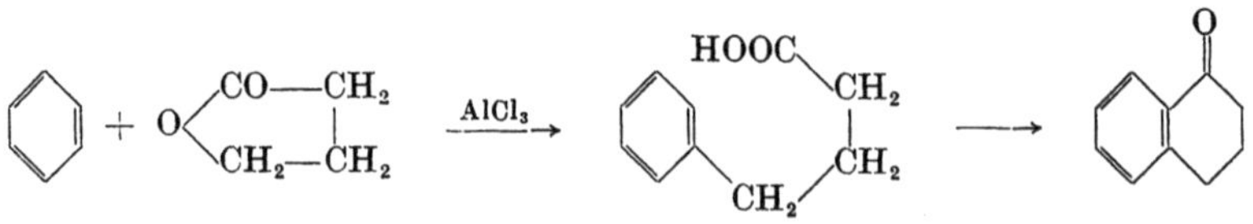

wobei als Folgereaktion ein weiterer Ringschluß zum α-Tetralon[2] unter der Wirkung des $AlCl_3$ eintritt[3].

---

[1] NORRIS, J. F., u . M. STURGIS: J. Amer. Chem. Soc. **61**, 1413 (1939). — NORRIS, J. F., u. P. ARTHUR jr.: J. Amer. Chem. Soc. **62**, 874 (1940).
[2] WOHL, A., u. E. WERTYPOROCH: Ber. dtsch. chem. Ges. **64**, 1357 (1931).
[3] ARNOLD, R. T., J. S. BUCHLEY u. J. RICHTER: J. Amer. Chem. Soc. **69**, 2322 (1947). — TRUCE, W. E., u. C. E. OLSON: J. Amer. Chem. Soc. **74**, 4721 (1952).

Gemäß dieser Formulierung sollte man nur katalytische Mengen der Lewissäure benötigen, während in praxi meist *stöchiometrische* Mengen erforderlich sind. Dies hat seinen Grund darin, daß oft die Reaktionsprodukte mit der Ansolvosäure eine Komplexbildung eingehen und so den ,,Katalysator" festlegen:

$$CH_3-\underset{|\underline{O}|}{\overset{\|}{C}}-C_6H_5 + AlCl_3 \rightarrow CH_3-\underset{\underset{\ominus AlCl_3}{|}}{\overset{\oplus}{\underset{|\underline{O}|}{C}}}-C_6H_5$$

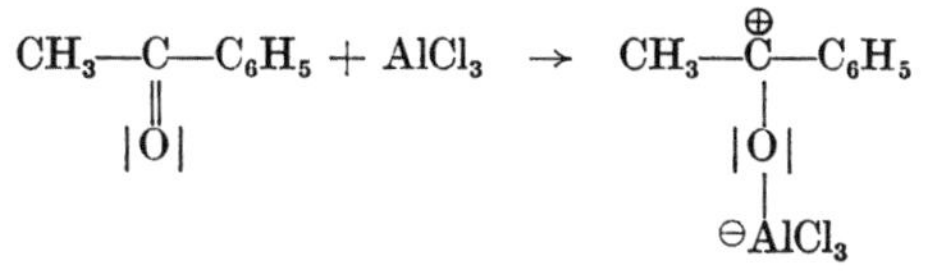

oder daß sich die Reaktion selbst in einem ternären Komplex aus z. B. Kohlenwasserstoff, Alkylhalogenid und Lewissäure vollzieht[1]. Dies ist verständlich, da auch das zu substituierende aromatische System aktiviert, also in Richtung auf den reaktionsfähigen mesomeren Zustand polarisiert werden muß.

In engem Zusammenhang mit diesen FRIEDEL-CRAFTS-Reaktionen stehen auch die Reaktionen ungesättigter Verbindungen vom Typ der *Olefine* mit *Halogeniden* unter der Wirkung der Lewissäuren. Insbesonders leicht polarisierbare Olefine, z. B. chlor-substituierte, reagieren unter *Addition*, da in diesen Fällen das bei Aromaten zur Substitution treibende Moment, der Gewinn an Aromatisierungsenergie, fortfällt[2]:

$$Cl_2C=CCl_2 + CHCl_3 \xrightarrow[\text{Siedehitze}]{0,2 \text{ Mol AlCl}_3} CCl_3-CCl_2-CCl_2H$$

Heptachlor-propan

Mit diesen wenigen Beispielen ist die weit anwendbare Substitutionsreaktion nach FRIEDEL-CRAFTS keineswegs erschöpft. Erwähnt sei, daß die Lewissäure auch unter *Abspaltung von Halogenwasserstoff* wirken kann. So entsteht z. B. aus den Hexachlor-cyclohexanen bei höherer Temperatur (125—225°) ein Gemisch aus 1,2,4-Trichlorbenzol (81—85%) und 1,2,3-Trichlorbenzol (15—19%)[3]. Weiterhin können Komplikationen dadurch eintreten, daß die intermediär entstehenden Carbeniumkationen weitere Veränderungen erleiden. Das n-Propylkation kann sich z. B. durch Wanderung eines Hydridanions und Zwischenbildung eines symmetrischen Ions im Übergangszustand[4]:

$$\underset{\text{,,Propylonium''-Kation}}{H_2C\overset{CH_3}{\underset{\oplus}{\diagup\diagdown}}CH_2} \quad \left(\text{analog zu} \quad \underset{\text{,,Äthylonium''-Kation}}{H_2C\overset{H}{\underset{\oplus}{\diagup\diagdown}}CH_2}\right)^5$$

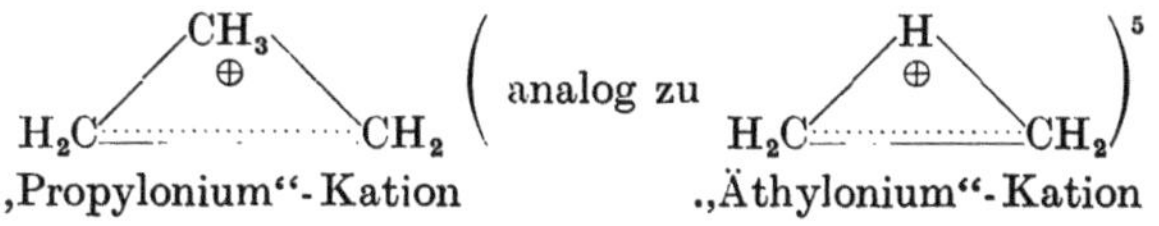

in die möglicherweise durch Hyperkonjugation (s. S. 410) begünstigte Isopropyl-Konfiguration *umlagern*:

$$ClCH_2CH_2CH_3 + AlCl_3 \rightleftarrows [\overset{\oplus}{C}H_2-CH_2-CH_3][AlCl_4]^{\ominus}$$

$$^{\oplus}CH_2-CH-CH_3 \rightleftarrows CH_3-CH-CH_3$$
$$\phantom{^{\oplus}CH_2-CH}\overset{|}{H}\underset{\oplus}{}$$

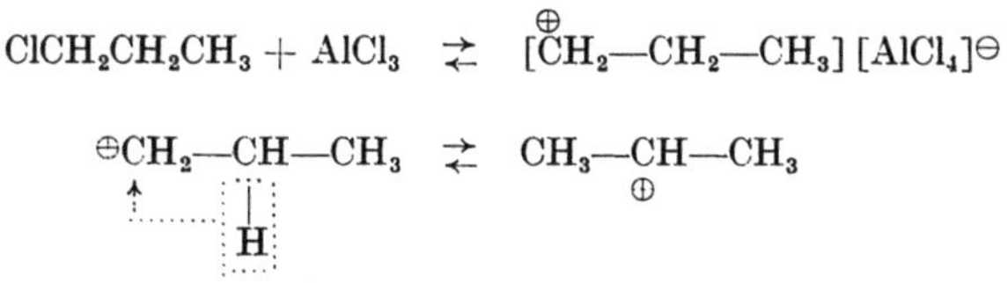

[1] WOHL, A., u. E. WERTYPOROCH: Ber. dtsch. chem. Ges. **64**, 1357 (1931).
[2] PRINS, H. J., u. F. J. W. ENGELHARD: Recueil Trav. chim. Pays-Bas **54**, 307 (1935).
[3] F. P. 1038972 (1951), Dow Chemical Co.
[4] Versuche mit ^{14}C markierten Verbindungen s. J. D. ROBERTS u. M. HALMAN: J. Amer. Chem. Soc. **75**, 5759 (1953).
[5] ROBERTS, J. D., u. J. A. YANCEY: J. Amer. Chem. Soc. **74**, 5943 (1952); dort Beschreibung der Umsetzung von Äthylamin-[1-^{14}C] mit salpetriger Säure und Diskussion des ,,Äthylonium''-kations.

das dann seinerseits den aromatischen Kern elektrophil substituiert. Und schließlich können unter der Wirkung der Lewissäure auch fertig gebildete Alkyl-aromaten wieder *entalkyliert* werden. Auch Komplikationen anderer Art können unter Umständen eintreten, z. B. spielen das Lösungsmittel, auch die Reihenfolge der zusammengegebenen Komponenten u. a. m. eine Rolle (CH_3COCl, $AlCl_3$ und Naphthalin in Dichloräthan geben 97,5% α-Keton, in Nitrobenzol ~65% β-Keton)[1]. Es bedarf daher mitunter einer genauen Bearbeitung der Versuchsbedingungen, um zu den gewünschten Stoffen mit tragbaren Ausbeuten zu gelangen.

Neben den schon genannten Lewissäuren hat sich vor allem das *Borfluorid* bewährt. Vielfach ist auch die Anwesenheit geringerer Mengen von Cokatalysatoren wie Säuren, Wasser, Alkohole, Äther, Olefine oder Alkylhalogenide[2] zur Einleitung der Reaktion erforderlich.

Entsprechend dem elektrophilen Weg der FRIEDEL-CRAFTS-Reaktion ist es verständlich, daß die hier anwendbaren Lewissäuren auch mit solchen Verbindungen Komplexe bilden können, die von sich aus ein *nucleophiles Elektronenpaar* zur Verfügung stellen, wie z. B.:

$$(R)_3N| + BF_3 \rightarrow (R)_3\overset{\oplus}{N}\rightarrow\overset{\ominus}{B}F_3$$

$$\underset{\displaystyle H}{\underset{|}{R-\overline{O}|}} + Al(OR)_3 \rightarrow \underset{\displaystyle H}{\underset{|}{R-\overset{\oplus}{O}}}-\overset{\ominus}{Al}(OR)_3 \rightleftharpoons H^{\oplus}[Al(OR)_4]^{\ominus}$$

$$H^{\oplus}[Al(OR)_4]^{\ominus} + \underset{\displaystyle H}{\underset{|}{R-\overline{O}|}} \rightarrow \left[R-O{<}^{H}_{H}\right]^{\oplus}[Al(OR)_4]^{\ominus}$$

Damit werden weitere Reaktionen ermöglicht, z. B. wird in letzterem Falle, worauf schon früher hingewiesen wurde (vgl. S. 136), der Wasserstoff der alkoholischen Hydroxylgruppe durch den positivierten Sauerstoff selbst so positiv, daß er als Proton ablösbar und z. B. mit Diazomethan methylierbar wird.

γγ) FRIESsche Verschiebung

Im Zusammenhang mit dem Reaktionsmechanismus der FRIEDEL-CRAFTSschen Reaktion steht auch die umlagernde Wirkung von Lewissäuren, z. B. auf Phenolester unter Bildung von o- oder p-acylierten Phenolen. Diese nach ihrem Entdecker genannte FRIES*sche Verschiebung*[3] ist eine wichtige Methode zur Herstellung von Phenolketonen. Das Verhältnis der bei dieser Verschiebung entstehenden isomeren Phenolketone hängt von der Natur des Ausgangsmaterials, der Temperatur (tiefe Temperatur begünstigt das p-Isomere), dem Arbeiten mit oder ohne Lösungsmittel und dem angewandten Katalysator ab. Der Mechanismus

[1] BADDELEY, G.: J. Chem. Soc. (London) **1949**, 99. — BASSILIOS, H. F., S. M. MAKER u. A. Y. SALM: Bull. Soc. chim. France [5] **21**, 72 (1954).

[2] PINES, H., u. R. C. WACKHER: J. Amer. Chem. Soc. **68**, 595, 1642 (1946). — LANGLOIS, G. E.: Industr. Engin. Chem. **45**, 1471 (1953). — EVANS, A. G., u. G. W. MEADOWS: Trans. Faraday Soc. **46**, 327 (1950).

[3] Zusammenfassende Darstellung s. A. H. BLATT: Org. Reactions **1**, 342 (1942).

der Reaktion ist etwa wie folgt zu formulieren:

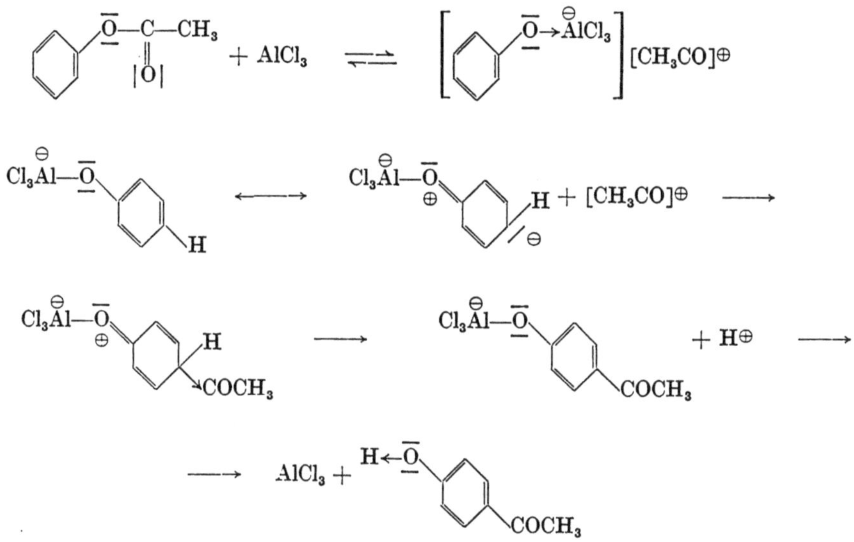

δδ) *Retropinakolin-*, WAGNER-MEERWEIN-, NAMETKIN-, *Pinakolin- und Dienon-Phenol-Umlagerung*

Die umlagernde Wirkung von Lewissäuren kann aber auch bei gesättigten Verbindungen und nicht nur bei aromatischen Systemen zum Ausdruck kommen. Wegen des inneren Zusammenhangs seien daher auch derartige Umlagerungen *gesättigter* Verbindungen an dieser Stelle besprochen. In dem früher erwähnten Fall des n-Propylchlorids besteht die Umlagerung in der Wanderung eines Anions innerhalb des zwischendurch gebildeten Carbeniumkations. Analog wandert bei der *Retropinakolin-Umlagerung* z.B. des nachstehenden *sekundären Halogenids* ein Alkylanion:

$$\begin{array}{c}\text{CH}_3\\|\\ \text{CH}_3-\text{C}-\text{CH}-\text{CH}_3\\|\quad|\\ \text{CH}_3\ \text{Cl}\end{array} + \text{ZnCl}_2 \rightleftharpoons \left[\begin{array}{c}\text{CH}_3\\|\\ \text{CH}_3-\text{C}-\text{CH}-\text{CH}_3\\|\quad\oplus\\ \text{CH}_3\end{array}\right] \rightleftharpoons$$

$$\rightleftharpoons \left[\begin{array}{c}\text{CH}_3\\|\\ \text{CH}_3-\overset{\oplus}{\text{C}}-\text{CH}-\text{CH}_3\\ \uparrow\\ \text{CH}_3\end{array}\right]\text{ZnCl}_3^{\ominus} \rightleftharpoons \begin{array}{c}\text{CH}_3\\|\\ \text{CH}_3-\text{C}-\text{CH}-\text{CH}_3\\ \uparrow\quad|\\ \text{Cl}\ \text{CH}_3\end{array} + \text{ZnCl}_2$$

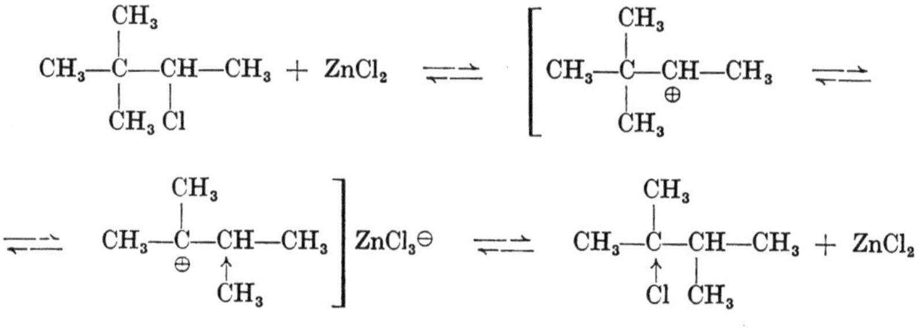

Lagert das umgelagerte Kation das Halogenanion nicht wieder an, so kann es sich durch Protonabspaltung unter Bildung eines Olefins, in diesem Falle des Tetramethyläthylens, stabilisieren:

$$\begin{array}{c}\text{CH}_3\ \ \text{CH}_3\\|\quad\diagup\\ \text{CH}_3-\overset{\oplus}{\text{C}}-\text{C}-\text{CH}_3\\ \diagdown\\ \ddot{\text{H}}\end{array} \longrightarrow \text{H}^{\oplus} + \begin{array}{c}\text{CH}_3\ \text{CH}_3\\|\quad|\\ \text{CH}_3-\overset{\oplus}{\text{C}}-\overset{\ominus}{\text{C}}-\text{CH}_3\end{array} \longleftrightarrow (\text{CH}_3)_2\text{C}=\text{C}(\text{CH}_3)_2$$

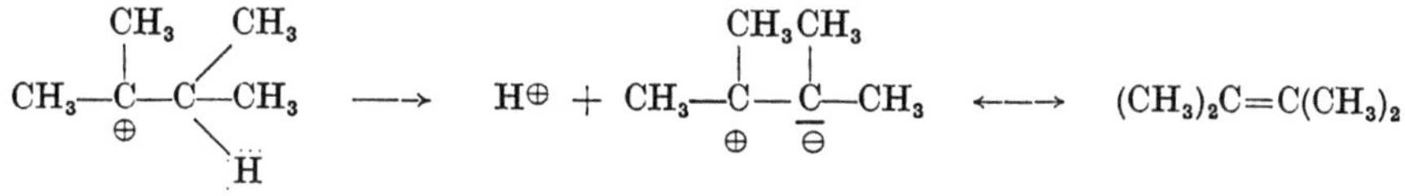

Ein Beweis für diese von H. MEERWEIN und F. STRAUSS zuerst geäußerte Auffassung des Reaktionsablaufs läßt sich darin sehen, daß solche Umlagerungen von allen Einflüssen begünstigt werden, die eine Ionenbildung fördern. Außerdem konnte C. K. INGOLD zeigen, daß eine Substitution an dem zunächst kationisch werdenden C-Atom mit Atomen, die dort eine Elektronenanhäufung bewirken (das C-Atom negativieren), die Umlagerung, also Ablösung des Anions (Aufhebung des Elektronendrucks) ebenfalls begünstigen.

Handelt es sich um ringförmige Verbindungen, dann kann mit dieser Retropinakolinumlagerung eine *Ringverengerung* oder *Ringerweiterung* verbunden sein[1], z. B.:

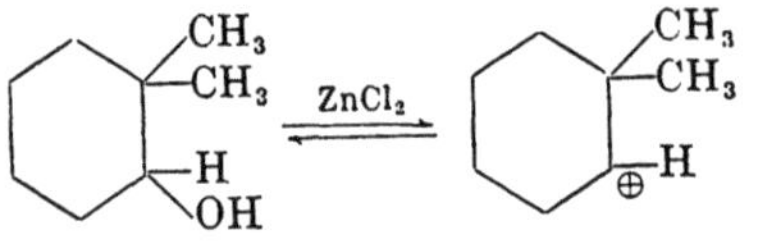

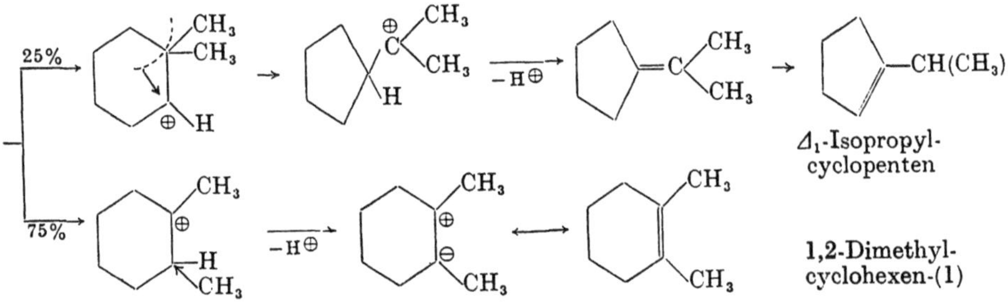

Δ_1-Isopropyl-cyclopenten

1,2-Dimethyl-cyclohexen-(1)

bzw.

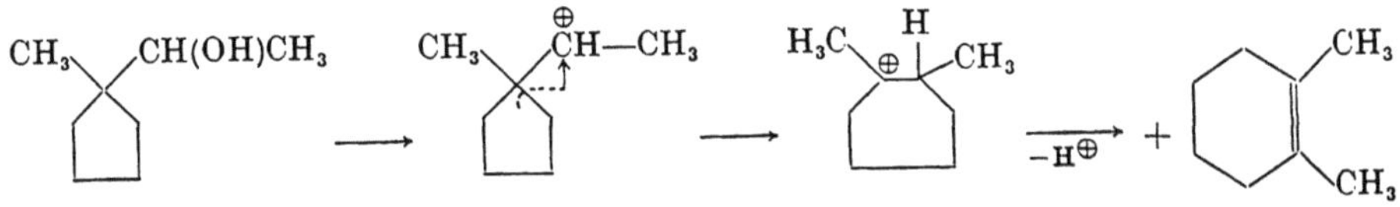

Auch *tertiäre Halogenide* können unter ähnlichen Versuchsbedingungen Umlagerungen wie die sekundären Halogenide erleiden, z. B.:

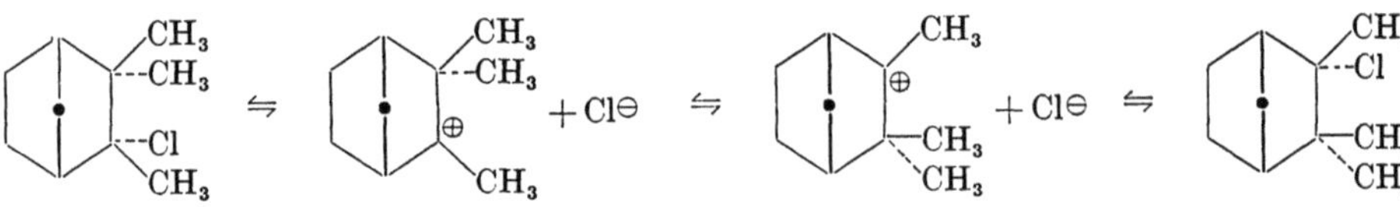

Durch diesen Platzwechsel der cis-ständigen Methylgruppe mit dem Chlor entsteht das Spiegelbild des Camphen-hydrochlorids (NAMETKIN*sche Umlagerung*[2], Racemisierung).

Diese Retropinakolinumlagerung ist ein Spezialfall der WAGNER-MEERWEIN*schen Umlagerung*[3] z. B. der Umlagerung des Camphenyl-hydrochlorids in das

---

[1] Vgl. H. MEERWEIN u. W. UNKEL: Liebigs Ann. **376**, 152 (1910); **405**, 129 (1914); **417**, 255 (1918). — MEERWEIN, H., u. J. SCHÄFER: J. prakt. Chem. [2] **104**, 289 (1922).

[2] NAMETKIN, S., u. L. BRUSSOFF: Recueil Trav. chim. Pays-Bas **459**, 158 (1927).

[3] Siehe hierzu C. K. INGOLD: J. Chem. Soc. (London) **1953**, 2845. — WAGNER, G.: Ž. Russ. Fiz.-chim. Obšč. **31**, 680 (1899). — MEERWEIN, H.: Liebigs Ann. **435**, 190 (1924); **453**, 16 (1927).

Isobornylchlorid:

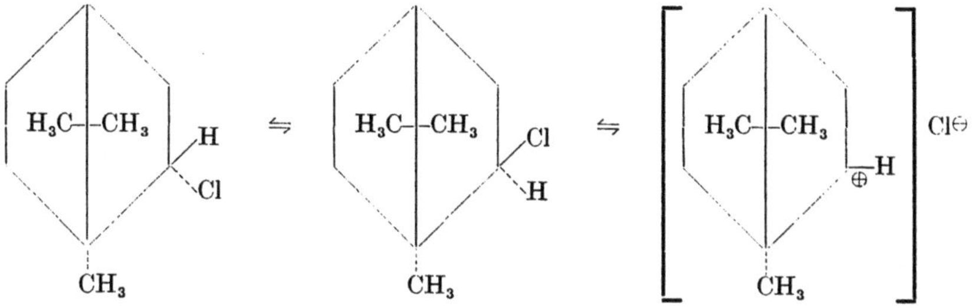

Bornylchlorid endo-Form

Isobornylchlorid exo-Form

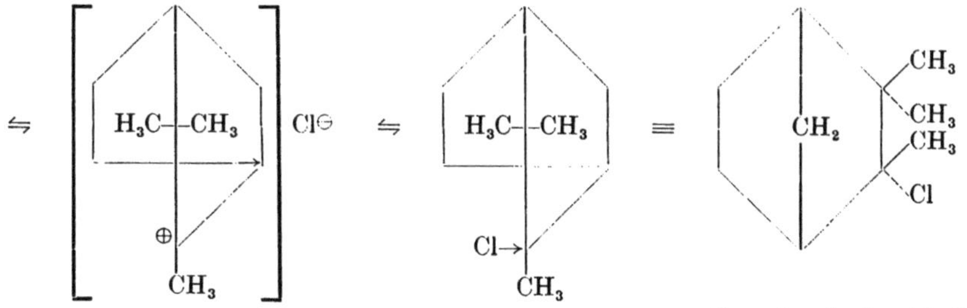

Camphen-hydrochlorid

Wegen der aus sterischen Gründen folgenden Unmöglichkeit, in der letzten Phase eine C=C-Doppelbindung auszubilden (Bredtsche Regel), tritt hier die Stabilisierung durch erneute Anlagerung von Cl⊖ ein, wobei schließlich aus dem sekundären ein tertiäres Chlorid geworden ist.

Der Einfluß des Lösungsmittels und die Natur des Säurerestes sind für den Ablauf der Ionisierung und Isomerisierung sehr wichtig[1].

Zur Deutung des feineren Reaktionsmechanismus der Wagner-Meerwein-Umlagerung hat man die Zwischenbildung eines nicht klassischen „*Bornonium*"-*Kations* vorgeschlagen[2]:

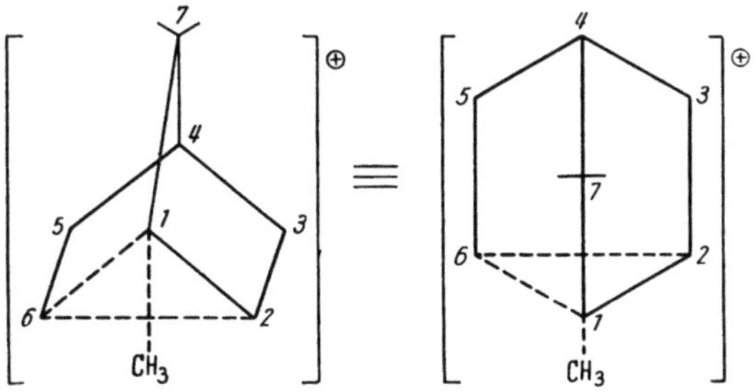

[1] Eine ausgezeichnete, ausführliche Darstellung dieser Umlagerungsreaktionen findet sich bei W. Hückel, Theoretische Grundlagen der org. Chemie, 8. Aufl., Bd. I, S. 367ff. Leipzig: Akad. Verlagsges. 1956.

[2] Nevell, T. P., E. de Salas u. C. L. Wilson: J. Chem. Soc. (London) **1939**, 1188. — Winstein, S., u. D. Trifan: J. Amer. Chem. Soc. **71**, 2953 (1949); **74**, 1147, 1154 (1952).

in dem die mögliche Umlagerung in einem Formelbild verständlich gemacht werden soll:

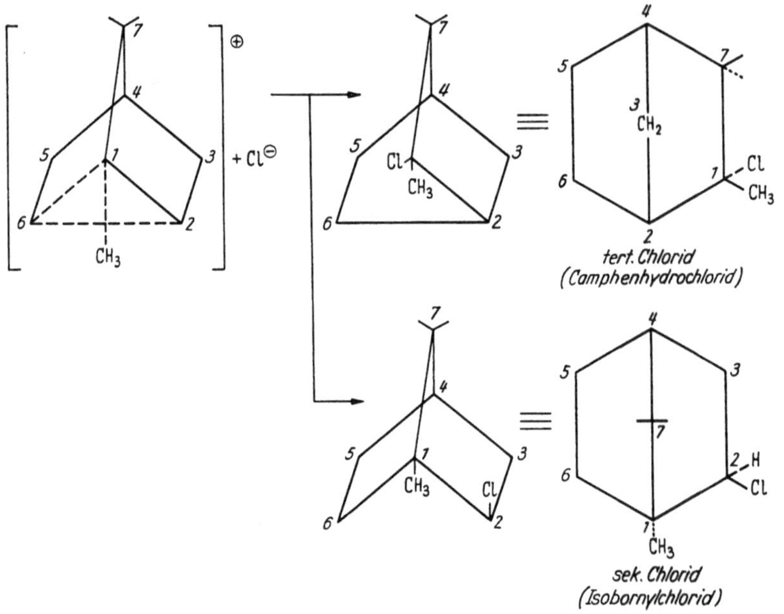

Da aber auch dieses „Bornonium"- bzw. bei den Nor-Verbindungen das analog anzunehmende „Norbornonium"-Kation nicht gleichermaßen allen stereochemischen und kinetischen Untersuchungsergebnissen Rechnung trägt[1], wurden zur weiteren Klärung geeignete Untersuchungen an radioaktiv markierten ^{14}C-Verbindungen aus der Reihe der Norbornylverbindungen aufgenommen[2].

Zur Untersuchung gelangte z. B. die Solvolyse von exo- und endo-Norbornyl-2,3,-^{14}C-p-brombenzolsulfonaten. Durch geeignet geführten Abbau des schließlich erhaltenen exo-Norborneols läßt sich die Verteilung des ^{14}C ermitteln:

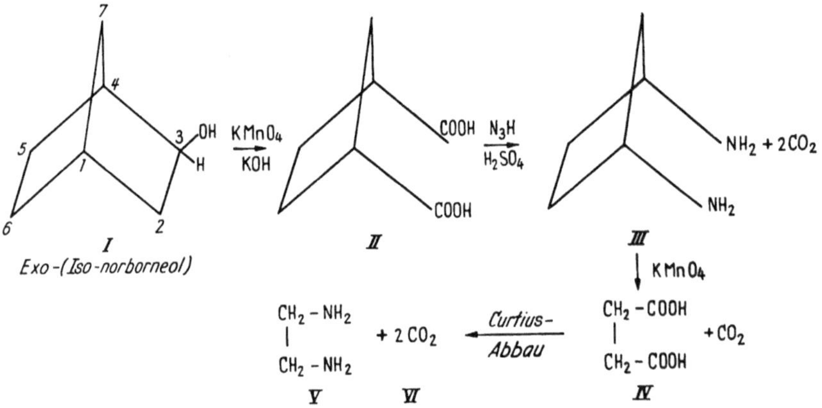

---

[1] Roberts, J. D., R. E. McMahon u. J. Hine: J. Amer. Chem. Soc. **72**, 4237 (1950).

[2] Roberts, J. D., C. C. Lee u. W. H. Saunders jr.: J. Amer. Chem. Soc. **76**, 4501 (1954); Untersuchungen an Dehydro-norbornylderivaten s. J. D. Roberts, C. C. Lee u. W. H. Saunders jr.: J. Amer. Chem. Soc. **77**, 3034 (1955).

Experimentell findet man eine Radioaktivität nicht nur an den Ausgangsstellungen C_2 und C_3, sondern auch an C_1, C_4, C_5 und C_6[1]. Diese Befunde lassen sich mit der zusätzlichen Annahme eines nichtklassischen, rotations-symmetrischen „Nortricyclonium"-Ions deuten[2]:

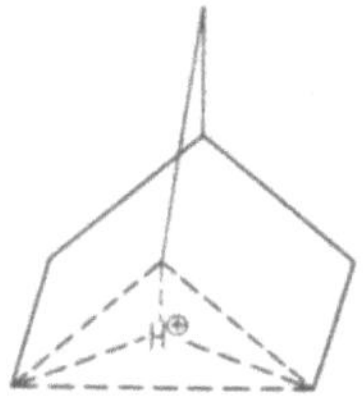

wobei das $H^{\oplus}$ in Beziehung zu C_1, C_2 und C_6 stehen soll. Die Formel ist sehr ähnlich den durch Hydridanion-Verschiebung untereinander hervorgehenden Formulierungen von S. WINSTEIN:

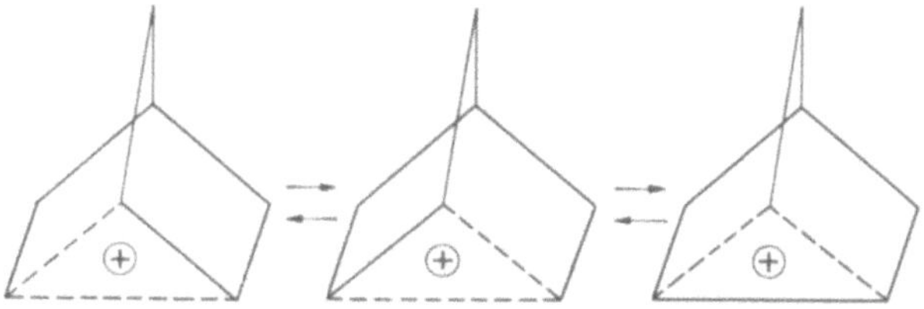

Die „*Tricyclonium*"-*Formulierung* entspricht schließlich einer in die neueren Anschauungen übertragenen früheren Dreiring-(Cyclopropan-)Formel, die als Zwischenform zur Deutung dieser Umlagerung angenommen worden war[3]. Diese Tricyclonium-Formel läßt sich auch mit sp^2- und p-Orbitals, Bananenform des Cyclopropans, bildlich darstellen, (vgl. Abb. 65.) Neuere Untersuchungen an radioaktiv markierten Dehydro-norbornylderivaten[4] lassen es möglich erscheinen, daß der wirkliche Umlagerungsgrad bei der Solvolyse vermutlich geringer ist, als er nach den ^{14}C-Ergebnissen zu sein scheint.

Diese Untersuchungsergebnisse zeigen die außergewöhnlichen Schwierigkeiten, die sich der Erforschung des feineren Reaktionsmechanismus entgegenstellen.

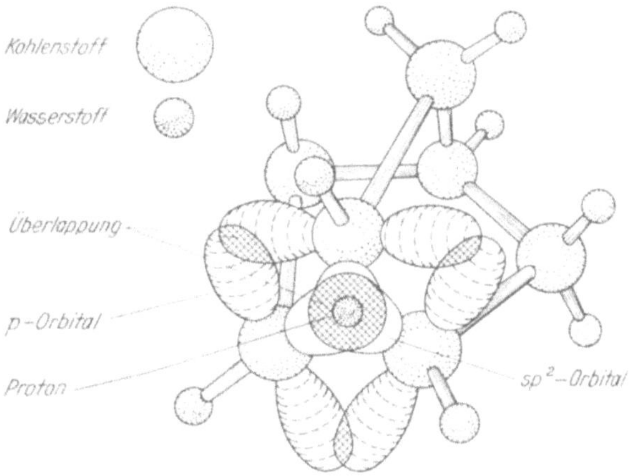

Abb. 65. Modell der Tricyclonium-Form

[1] Die Radioaktivität in II gibt die des Norborneols wieder, wogegen III den aus seiner ursprünglichen 2,3-Stellung „gewanderten" ^{14}C enthält. Die Unterschiede in der Radioaktivität von III und IV geben die Aktivität der 7-Stellung wieder. Schließlich liefert V die Radioaktivität der 5,6-Stellung und VI gibt die Aktivität der 1,4-C-Atome.

[2] Vgl. auch P. D. BARTLETT, in H. GILMAN: Organic Chemistry, Bd. III, S. 68—69. New York: J. Wiley & Sons 1953.

[3] RUZICKA, L.: Helvet. chim. Acta **1**, 110 (1918).

[4] Vgl. J. D. ROBERTS, C. C. LEE u. W. H. SAUNDERS jr.: J. Amer. Chem. Soc. **77**, 3034 (1955).

Schließlich ist es zwar bei der NAMETKINschen Umlagerung nötig, daß intermediär tatsächlich eine Ablösung des Halogen-anions vom C-Skelet erfolgt, nicht aber bei der WAGNER-MEERWEINschen Umlagerung, die sich innermolekular abspielen könnte ("internal return") und die auch tatsächlich meist viel rascher abläuft als die NAMETKINsche Umlagerung. Zu wörtlich sind eben alle Formulierungen, auch die elektronen-theoretischen, nicht zu nehmen.

Im Zusammenhang mit der Retropinakolinumlagerung steht auch die *Pinakolinumlagerung*, d. h. der Übergang eines Pinakons in das entsprechende Pinakolin[1]:

$$\begin{array}{c}R\\R\end{array}\!\!>\!\!\underset{\underset{OH}{|}}{C}\!-\!\underset{\underset{OH}{|}}{C}\!<\!\!\begin{array}{c}R\\R\end{array} \longrightarrow \left[\begin{array}{c}R\\R\end{array}\!\!>\!\!\underset{\underset{R}{|}}{C}\!-\!\underset{\underset{OH}{|}}{C}\!<\!\!\begin{array}{c}R\\OH\end{array}\right] \longleftarrow \begin{array}{c}R\\R\end{array}\!\!>\!\!\underset{\underset{R}{|}}{C}\!-\!\underset{\underset{O}{\|}}{C}\!-\!R + H_2O$$

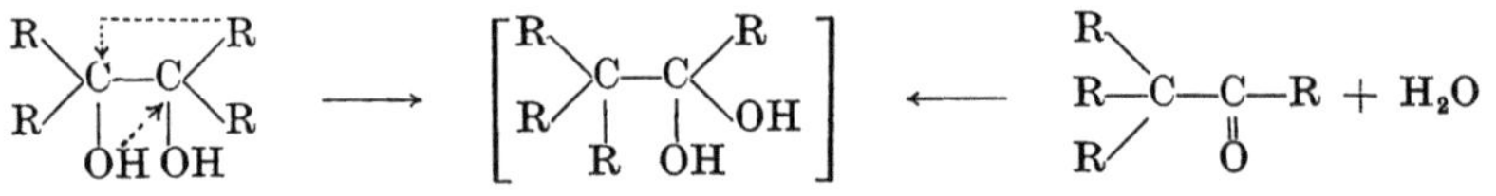

Auch hier findet, formal betrachtet, ein Platzwechsel benachbarter Gruppen und eine Wasserabspaltung statt. Wie bei der Retropinakolinumlagerung treten bei ringförmigen Substituenten *Ringverengung* oder *Ringerweiterung* ein[2]:

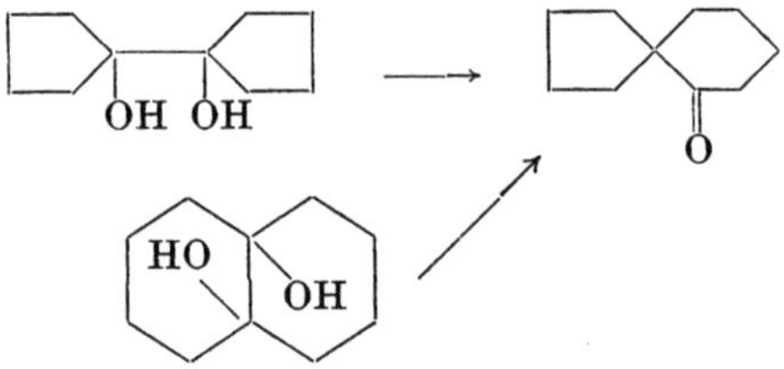

Ebenso wie die tertiären Glykole bei der Umlagerung Pinakoline liefern, entstehen aus sekundären Glykolen hierbei Aldehyde[3], z. B.:

$$C_6H_5CH(OH)CH(OH)C_6H_5 \rightarrow (C_6H_5)_2CH\!-\!C\!<\!\!\begin{array}{c}H\\O\end{array} + H_2O$$

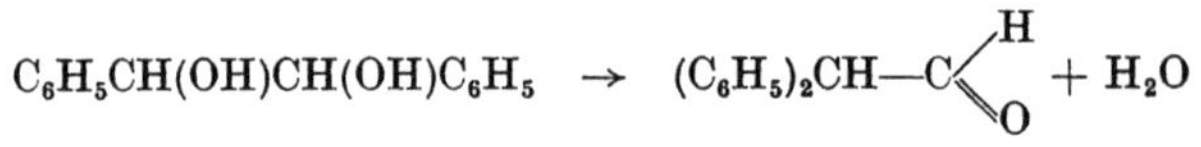

Sind eine sekundäre und eine tertiäre Hydroxylgruppe vorhanden, dann können beide Reaktionswege beschritten werden:

$$\begin{array}{c}C_2H_5\\C_2H_5\end{array}\!\!>\!\!\underset{\underset{OH}{|}}{C}\!-\!\underset{\underset{OH}{|}}{C}\!-\!H \overset{C_6H_5}{} \quad\begin{array}{c}\longrightarrow\\ \\ \longrightarrow\end{array}\quad \begin{array}{l} C_2H_5\!-\!\underset{\underset{O}{\|}}{C}\!-\!CH\!<\!\!\begin{array}{c}C_6H_5\\C_2H_5\end{array} + H_2O \\ \\ \begin{array}{c}C_2H_5\\C_2H_5\\C_6H_5\end{array}\!\!>\!\!C\!-\!C\!<\!\!\begin{array}{c}H\\O\end{array} + H_2O \end{array}$$

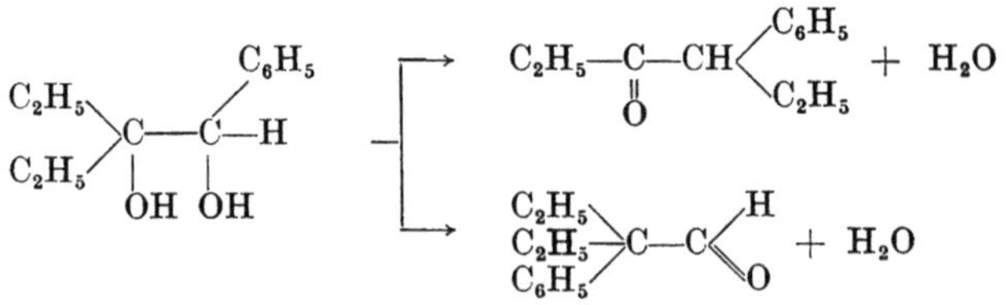

[1] FITTIG, R.: Liebigs Ann. **114**, 56 (1860). — Pinakolin-Umlagerungen in der heterocyclischen Reihe, M. R. KEGELMAN u. E. V. BROWN: J. Amer. Chem. Soc. **76**, 2711 (1954).

[2] MEISER, M.: Ber. dtsch. chem. Ges. **32**, 2049 (1899). — ZELINSKY, N. D., u. N. J. SCHUIKIN: Ber. dtsch. chem. Ges. **62**, 2180 (1929). — HÜCKEL, W., u. R. DANNEEL: Liebigs Ann. **474**, 127 (1929). — Siehe ferner H. J. GEBHART jr. u. K. H. ADAMS: J. Amer. Chem. Soc. **76**, 3925 (1954).

[3] DANILOFF, S., u. E. VENUS-DANILOVA: Ber. dtsch. chem. Ges. **59**, 377, 1032 (1926).

Auch α,β-Aminoalkohole erleiden eine gleichartige Umlagerung[1]:

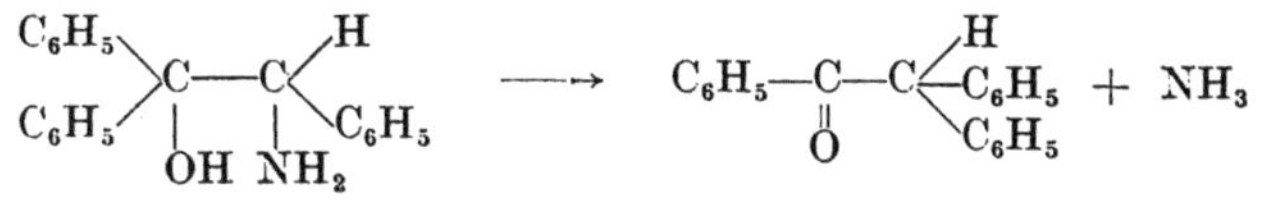

Alle diese Umlagerungen verlaufen in Anwesenheit von *Säuren* (auch Lewissäuren).

Die Pinakolinumlagerung hat ebenso wie die Retropinakolin-Umlagerung vielseitige Bearbeitung gefunden. Was den Reaktionsweg anbetrifft, so kann man auch hier in erster Phase die Bildung von *Oxonium-* bzw. *Carbeniumkationen* durch die zugesetzte Säure oder Lewissäure annehmen:

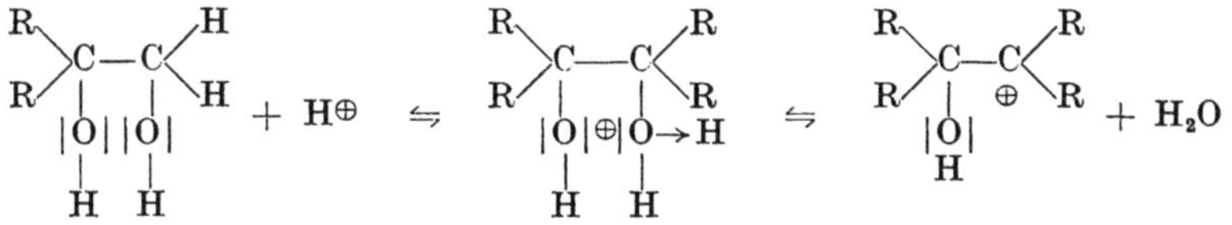

Die Auffüllung der Oktettlücke erfolgt durch Einlagerung eines Anions:

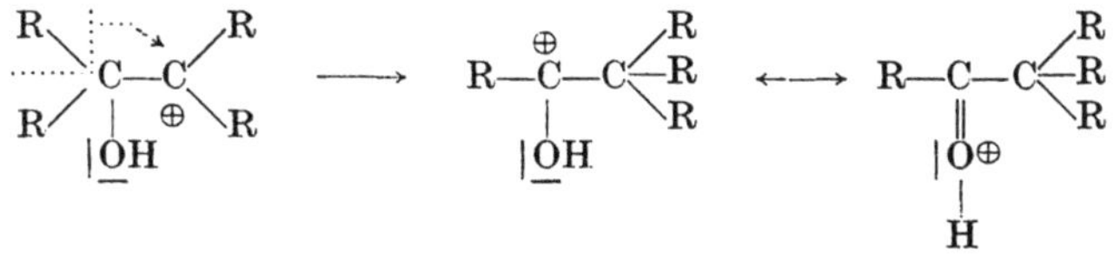

und Stabilisierung tritt dann unter Abspaltung eines Protons und Pinakolinbildung ein:

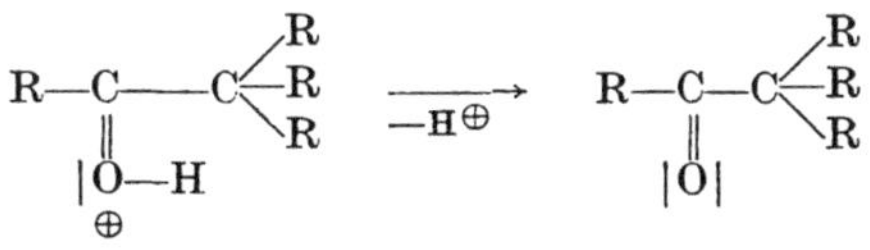

Es handelt sich auch hier um eine im organischen Kation sich abspielende *Anionotropie*, deren Ablauf durch eine entsprechende Reaktion „rund herum" im „transition state" stattfinden mag und die sich insgesamt betrachtet in der folgenden Weise darstellen läßt:

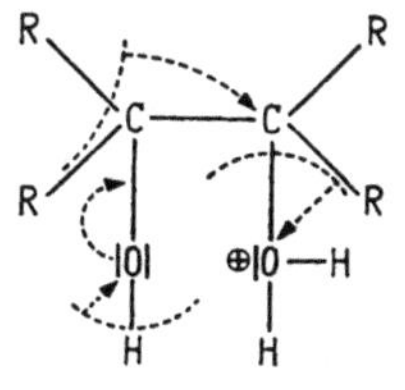

Dagegen nehmen H. J. GEBHART jr. und K. H. ADAMS[2] eine Umlagerung des Benzpinakons in Eisessiglösung mit Überchlorsäure zum β-Benzpinakolin bei 75° über das Tetraphenyläthylenoxyd an, wobei 80% des Pinakolins auf diesem Wege und nur 20% durch direkte Umlagerung entstehen sollen. Möglicherweise

[1] MCKENZIE, A., u. Mitarbb.: J. Chem. Soc. (London) **125**, 2105 (1924).
[2] GEBHART, H. J. jr., u. K. H. ADAMS: J. Amer. Chem. Soc. **76**, 3925 (1954).

können auch solche Umwege gelegentlich unter bestimmten Bedingungen beschritten werden.

Ähnlich der Pinakolin-Umlagerung verläuft die *Dienon-Phenol*-Umlagerung[1]. So erhält man aus 4,4-disubstituiertem Cyclohexadienon mit Säuren leicht das entsprechende Phenol:

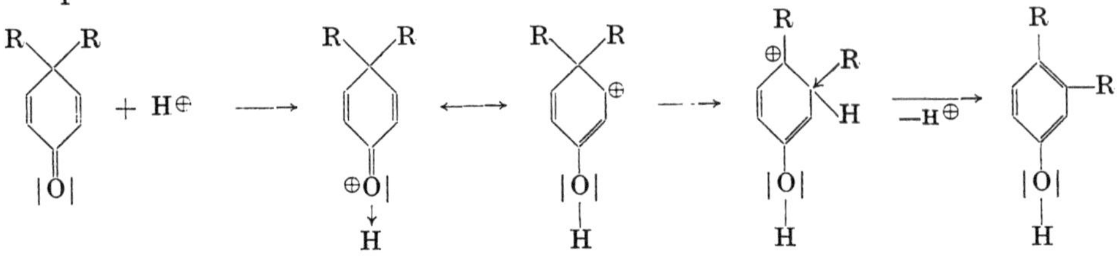

εε) *Nitrierung (Sulfonierung)*

Weiterhin seien andere typisch elektrophile Substitutionsreaktionen am Benzol besprochen. Bei den meisten *Nitrierungen* verwendet man in der aromatischen Reihe nicht reinste Salpetersäure, sondern stickoxydhaltige technische Nitriersäure ($HNO_3 + H_2SO_4$). Dies hat seinen Grund darin, daß als eigentlich wirksames Agens der Nitrierung nach der heutigen Auffassung das *Nitrylkation* angesehen wird. Die Bildung dieser $NO_2^{\oplus}$-Kationen in der Mischsäure ist wohl so zu formulieren:

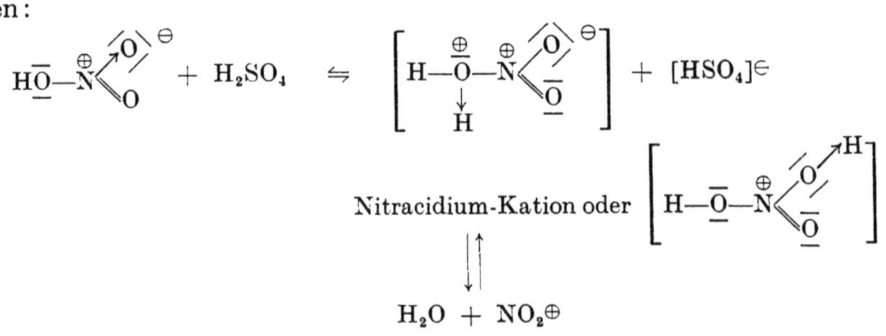

$$H_2O + H_2SO_4 \leftrightharpoons H_3O^{\oplus} + [HSO_4]^{\ominus}$$

und

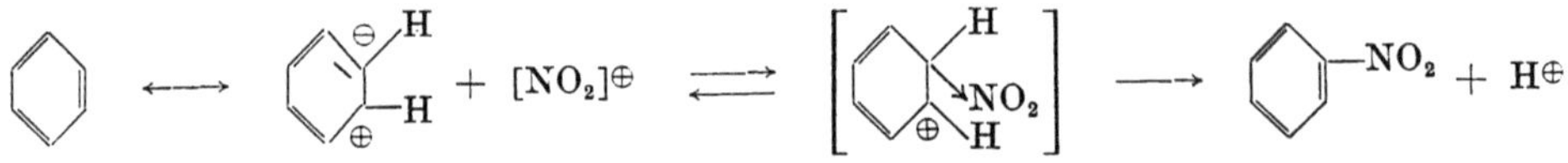

Die Salpetersäure wirkt hier primär als „Lewis-Base". Für die Nitrierung selbst ist die freie Existenz des $NO_2^{\oplus}$-Kations nicht erforderlich, da aus einem

[1] AUWERS, K. VON, u. K. ZIEGLER: Liebigs Ann. **425**, 217 (1921). — Gelegentlich tritt bei der Anionotropie eine Umlagerung ein, z.B. beim Übergang des 10-Methyl-2-keto-$\Delta^{1,9,3,4}$-hexahydronaphthalins (mit sauren Mitteln) in das 5-Oxy-8-methyl-1,2,3,4-tetrahydronaphthalin, R. B. WOODWARD u. T. SINGH: J. Amer. Chem. Soc. **72**, 494 (1952). — Auch die lange bekannte Umlagerung des Santonins in Desmotrop-Santonin gehört hierher, HUANG-MINLON: J. Amer. Chem. Soc. **70**, 611 (1948), ebenso die Aromatisierung des Ringes A der Steroide, H.H. INHOFFEN u. Mitarbb.: Naturwiss. **26**, 756 (1938); Ber. dtsch. chem. Ges. **73**, 451 (1940); **74**, 604, 1911 (1941); Liebigs Ann. **563**, 127, 177 (1949); Angew. Chem. **52**, 473 (1940); **59**, 207 (1947); C. DJERASSI u. Mitarbb.: J. Amer. Chem. Soc. **68**, 1712 (1946); **70**, 1911 (1948). — Ringerweiterung des Spiro-[5,5]-undeka-1,4-dien-3-ons zum 2′-Hydroxy-benzocyclohepten, R. H. BURNELL u. W. I. TAYLOR: J. Chem. Soc. (London) **1954**, 3486. — Siehe ferner S. W. FENTON, R. T. ARNOLD u. H. E. FRITZ: J. Amer. Chem. Soc. **77**, 5983 (1955). — MARVELL, E. N., u. J. L. STEPHENSON: J. Amer. Chem. Soc. **77**, 5177 (1955), Beispiel für einen anomalen Reaktionsablauf.

Protonbrückenkomplex der Mischsäure die $NO_2^{\oplus}$-Kationen an die π-Elektronenwolke des Benzols abgegeben werden können[1].

Für die Bildung der Nitracidium- und Nitronium-Kationen lassen sich kryoskopische und ramanspektroskopische Messungen heranziehen[2]. Die Dissoziationsverhältnisse der reinen Salpetersäure sind jedenfalls recht kompliziert. In Oleum zunehmender Konzentration sinkt die nitrierende Wirkung der Salpetersäure infolge Abnahme der Nitrylionenkonzentration unter Bildung undissoziierter Salpetersäure:

$$2NO_2^{\oplus} + 2HSO_4^{\ominus} \rightleftarrows NO_2^{\oplus} + HS_2O_7^{\ominus} + HNO_3$$

Aus dem Vorstehenden ergibt sich, daß die Schwefelsäure nicht nur die Aufgabe hat, dem reagierenden System Wasser zu entziehen und das Gleichgewicht zugunsten des Substitutionsproduktes zu verschieben, sondern vor allem zur Bildung von Nitrylionen wichtig ist. In ähnlicher Weise entstehen auch aus den Stickoxyden N_2O_3, N_2O_4 und N_2O_5 in Schwefelsäurelösung die wirksamen $NO_2^{\oplus}$-Kationen.

Die Stärke des Nitrierungsmittels $X{-}NO_2$ hängt von der Affinität des X zur negativen Ladung, also zur Anionenbildung $X^{\ominus}$ in einem geeigneten Medium, ab. Man kann folgende Reihe aufstellen[3]:

$$C_2H_5O{-}NO_2 < HO{-}NO_2 < CH_3COO{-}NO_2{}^{4} < O_3N{-}NO_2 < Cl{-}NO_2 < NO_2^{\oplus}$$

Die Bedeutung des *Lösungsmittels* läßt sich an der Geschwindigkeit des Nitrierungsablaufs erkennen:

$$H_2SO_4 > HNO_3 \gg CH_3NO_2 > CH_3COOH \gg H_2O$$

Arbeitet man mit deuterierten oder durch Tritium substituierten Aromaten, so ist das Ausmaß der Nitrierung proportional der Konzentration der in der Lösung erscheinenden Isotopenarten des Protons, in bester Übereinstimmung mit dem oben formulierten elektrophilen Substitutionsmechanismus[5]. In analoger Weise wie die Halogenierung und Nitrierung aromatischer Systeme läßt sich auch die *Sulfonierung* als elektrophile Substitutionsreaktion des $SO_3H^{\oplus}$-Kations auffassen.

Alle diese Reaktionen wie z. B. die Halogenierung und Nitrierung spielen sich im allgemeinen in Lösung ab. Arbeitet man in der *Gasphase* bei höheren Temperaturen oder bei Bestrahlung mit Licht geeigneter Wellenlänge, dann kann man das Halogenmolekül in Atome spalten, die sich an die π-Elektronenwolke des Aromaten addieren. Unter diesen veränderten, einem *radikalischen* Mechanismus angepaßten Versuchsbedingungen entstehen z. B. aus Benzol, Chlor und Licht die isomeren Hexachlor-cyclohexane (z. B. Gammexan). Besitzt der aromatische Kohlenwasserstoff eine aliphatische Seitenkette, dann wird unter solchen Bedingungen z. B. das Toluol radikalisch in der Seitenkette halogeniert.

---

[1] LAUER, K., u. R. ODA: J. prakt. Chem. [2] **144**, 184 (1935). — WESTHEIMER, F. H., u. M. S. KHARASCH: J. Amer. Chem. Soc. **68**, 1871 (1946).

[2] GILLESPIE, R. J., u. Mitarbb.: J. Chem. Soc. (London) **1950**, 2504. — INGOLD, C. K., u. Mitarbb.: J. Chem. Soc. (London) **1950**, 2576. — CHADIN, J.: Ann. de Chimie [11] **8**, 241 (1937). — GILLESPIE, R. J., u. Mitarbb.: Nature (London) **158**, 480 (1946); zusammenfassende Darstellung der Kinetik der aromatischen Nitrierung s. R. J. GILLESPIE u. D. MILLEN: Quart. Rev. **4**, 277 (1948).

[3] Gerechnet nach zunehmender Acidität der zugrunde liegenden Säure HX. — Nitrylfluorid als Nitriermittel s. G. HETHERINGTON u. P. L. ROBINSON: J. Chem. Soc. (London) **1954**, 3512. — Nitrierungen mit Nitrylborfluorid $NO_2^{\oplus}[BF_4]^{\ominus}$ s. G. OLÁH u. S. KUHN: Chem. and Ind. **1956**, 98.

[4] Kann gefährlich explodieren!

[5] LAUER, W. M., u. Mitarbb.: J. Amer. Chem. Soc. **75**, 15 (1953). — MELANDER, L.: Nature (London) **163**, 599 (1949).

β) Regelmäßigkeiten bei ionischen Substitutionen

Die Einführung eines Substituenten in ein aromatisches System ist nicht nur einmal, sondern auch mehrfach ausführbar. Mitunter gelingt sogar ein vollständiger Ersatz aller Wasserstoffatome etwa des Benzolkerns durch andere Atome oder Atomgruppen. Bei diesen Zweit- oder Mehrfach-Substitutionen hat man die Erfahrung gemacht, daß ein schon im Ring vorhandener Substituent den neu eintretenden in eine bestimmte Stellung dirigiert. Die ortho- und para-Stellung erweisen sich hier vielfach als äquivalent im Gegensatz zur meta-Stellung.

Man unterscheidet daher Substituenten, die den neu eintretenden bevorzugt nach ortho- und para-Stellung lenken, und solche Substituenten, die hauptsächlich in die meta-Stellung dirigieren.

Die nach *ortho-* und *para-Stellung* dirigierenden Substituenten nennt man auch Substituenten *erster Klasse*, zu ihnen gehören: die Halogene, Alkyl-, Alkoxylgruppen, die Hydroxy- und die Aminogruppe. Die nach *meta-Stellung* dirigierenden Substituenten *zweiter Klasse* sind Nitro-, Aldehyd-, Carbonyl- (in Ketonen), Carboxyl-, Sulfonsäure- und Nitril-Gruppen, aber auch die CF_3-, CCl_3-Gruppen, Oximgruppen, $N(R)_3^{\oplus}$-, $(R)_2N{\rightarrow}O$-Gruppen, um einige der wesentlichsten zu nennen. Auch die freie Nitrosogruppe ($R{-}N{=}O$) gehört zur letzteren Klasse.

A. F. HOLLEMAN[1] zeigte im Jahre 1895, daß bei Substitutionsreaktionen im allgemeinen alle drei isomeren Benzolderivate, aber in verschiedenen Mengen, entstehen. Eine reine ortho-para- bzw. meta-Substitution dürfte es wohl kaum geben[2].

Meistens wird nur der eine oder der andere Reaktionsweg überwiegend beschritten. Man kennt aber auch alle möglichen Übergänge zwischen einer ortho-para- und meta-Substitution, wie die nebenstehende Zusammenstellung zeigt[3].

Nitrierung von	% meta-Nitroderivat
$C_6H_5CH_3$ . .	4
$C_6H_5CH_2Cl$ . .	12
$C_6H_5CHCl_2$ . .	33
$C_6H_5CCl_3$ . .	48

Um einen Vergleich der *dirigierenden Wirkung* verschiedener Atomgruppen zu erhalten, geht man nach A. F. HOLLEMAN so vor[4]: Man führt einen *dritten Substituenten* in ein Di-Derivat des Benzols ein und bestimmt die Stellung des neu eintretenden Substituenten. Bei der Nitrierung von p-Chlortoluol z. B. erhält man mehr 1-Methyl-4-chlor-5-nitrobenzol als 1-Methyl-4-chlor-6-nitrobenzol, d. h., das Chlor dirigiert die eintretende NO_2-Gruppe stärker als die Methylgruppe nach der ortho-Stellung:

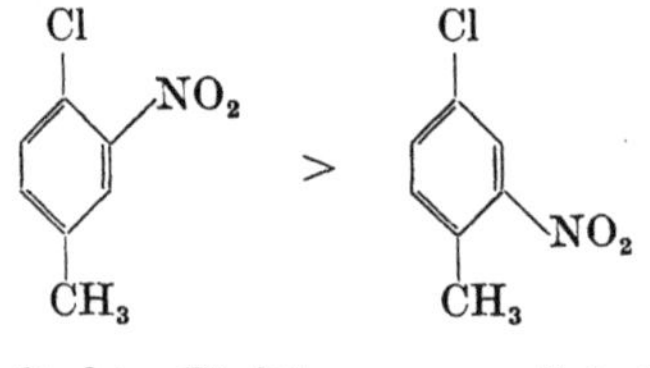

[1] HOLLEMAN, A. F.: Die direkte Einführung von Substituenten in den Benzolkern, Leipzig 1910.

[2] GRIFFITHS, P. H., W. A. WALKEY u. H. B. WATSON: J. Chem. Soc. (London) **1934**, 631.

[3] INGOLD, C. K.: Recueil Trav. chim. Pays-Bas **48**, 805 (1929). — FLÜRSCHEIM, B., u. E. L. HOLMES: J. Chem. Soc. (London) **1928**, 1611. — HOLLEMAN, A. F., J. VERMEULEN u. W. J. DE MOOY: Recueil Trav. chim. Pays-Bas **33**, 1 (1914).

[4] Einen anderen Weg, „Konkurrenzmethode", schlägt C. K. INGOLD ein. Dort werden die relativen Substitutionsgeschwindigkeiten durch Einbringen z. B. von einem Unterschuß an HNO_3 auf eine äquimolare Mischung von Benzol und Benzylchlorid ermittelt. So kann man feststellen, daß hier der Erstsubstituent—CH_2Cl die Weitersubstitution ganz allgemein hemmt, und zwar in meta-Stellung stärker als in ortho- und para-Stellung.

Aus solchen Versuchen erhält man eine Reihe der *relativen dirigierenden Wirkung* verschiedener Atome oder Atomgruppen[1]:

o-p-Substitution: $OH > NH_2 > Hal > CH_3$

m-Substitution: $HOOC > SO_3H > NO_2$

Weiterhin zeigt sich, daß die *ortho-para*-Substitution meist *rascher* als die *meta*-Substitution erfolgt, ja daß letztere *schwerer* als die Erstreaktion des Benzols selbst erfolgt. Das gilt auch für andere aromatische Systeme, z. B. das Naphthalin. Dort tritt ein neuer Substituent, falls in einem Kern schon eine nach meta-Stellung dirigierende Gruppe vorhanden ist, lieber an den noch unsubstituierten Kern als in meta-Stellung zur ersten Gruppe. Erst wenn auch der zweite Kern besetzt ist, erfolgt die meta-Substitution in dem die erste Gruppe tragenden Ring. Man kann daraus schließen, daß die ortho- und para-Substitution meist energetisch begünstigt ist im Gegensatz zur meta-Substitution. Allerdings ist es untunlich, zu weitgehende Verallgemeinerungen zu postulieren, da in jedem Fall die Natur des schon vorhandenen Substituenten und seine Rückwirkung auf das aromatische System berücksichtigt werden müssen.

αα) Substitutionsregelmäßigkeiten bei elektrophilen Substitutionen

Besonders beachtenswert ist der Befund, daß Atomgruppen mit einer *positiven* oder *negativen Ladung* den größten dirigierenden Einfluß entfalten: So dirigiert die positiv geladene $\overset{\oplus}{N}(CH_3)_3$-Gruppe fast ausschließlich nach der meta-Stellung, wohingegen etwa das negativ geladene Phenolatanion $C_6H_5O^{\ominus}$ eine größere dirigierende Wirkung nach ortho- und para-Stellung als Phenol oder Phenoläther aufweist[2]. Es lag daher nahe, diese beobachteten Substitutionsregelmäßigkeiten mit einer besonderen elektrischen Ladungsverteilung in Zusammenhang zu bringen. Die ersten Versuche hierzu machte D. VORLÄNDER[3], allerdings unter Ablehnung jeder elektronischen Deutung. Mit der späteren elektronentheoretischen Deutung der Substitutionsregelmäßigkeiten haben sich eine größere Zahl von Forschern befaßt. Hier seien genannt A. LAPWORTH[4], V. N. SIDGWICK, R. ROBINSON[5], C. K. INGOLD, F. ARNDT und B. EISTERT. Quantentheoretische Berechnungen stammen u. a. von E. HÜCKEL[6], G. W. WHELAND und L. PAULING[7] und F. SEEL[8].

Entsprechend der Einführung des ersten Substituenten in das aromatische System wird der schon vorhandene Substituent in erster Linie durch seine *induktiven* und *mesomeren Effekte* den Ort bestimmen, an dem letztlich ein einsames Elektronenpaar, zumindest die größte Elektronendichte, zum Angriff des elektrophilen Reagenses zur Verfügung gestellt werden kann. Da aber für den Moment der Substitution, also im *Übergangszustand*, nicht nur die schon vorhandenen Polaritäten, sondern auch z. B. die *Polarisierbarkeit* des aromatischen Kernes

---

[1] Bei der Untersuchung der Substitutionsregelmäßigkeiten findet W. THEILACKER folgende Reihe: $NH_2 > OH > NHAc > OAc$; Ber. dtsch. chem. Ges. **71**, 2065 (1938). — Orientierung bei aromatischen Nitrierungsreaktionen von Chlor-, Brom- und Jodbenzol unter Verwendung von radioaktivem Halogenbenzol s. J. D. ROBERTS, J. K. SANFORD, E. L. J. SIXMA, H. CERFONTAIN u. R. ZAGT: J. Amer. Chem. Soc. **76**, 4525 (1954).

[2] SOPER, F. G., u. G. F. SMITH: J. Chem. Soc. (London) **1926**, 1582; **1927**, 2757.

[3] VORLÄNDER, D.: Ber. dtsch. chem. Ges. **52**, 263 (1919).

[4] LAPWORTH, A.: J. Chem. Soc. (London) **121**, 416 (1922).

[5] ROBINSON, R.: Nature (London) **129**, 278 (1932).

[6] HÜCKEL, E.: Z. Phys. **72**, 310 (1931); Z. Elektrochem. **43**, 844 (1937).

[7] WHELAND, G. W., u. L. PAULING: J. Amer. Chem. Soc. **57**, 2086 (1935).

[8] SEEL, F.: Z. Naturforsch. **3a**, 35 (1948).

sowie die räumliche Anordnung eine Rolle spielen, versucht man neuerdings durch energetische Betrachtungen des Ausgangs-, Übergangs- und Endzustandes, die bei der mehrfachen Substitution geltenden Gesetzmäßigkeiten näher zu erforschen. Es ist ohne weiteres verständlich, daß bei kleinerem Energieaufwand zur Erreichung des reagierenden Zustandes (des Übergangszustandes) die Substitution erleichtert und von verschiedenen denkbaren Substitutionsmöglichkeiten die mit dem geringsten erforderlichen Energieaufwand beschritten wird. Daher ist der durch induktive und mesomere Effekte des ersten Substituenten S_1 ausgehende Einfluß auf den Energieinhalt des Übergangszustandes zu untersuchen. Dabei können sich diese Effekte unterstützen oder gegeneinander wirken.

Für die Wirkung des *elektromeren (E-)Effektes* sind zwei Möglichkeiten gegeben:

a) Der Substituent besitzt *einsame Elektronenpaare*, mit denen er sich an der Mesomerie durch elektromere Verschiebung beteiligen kann:

+E-Effekt: (nach DEWAR: —E-Effekt[1])

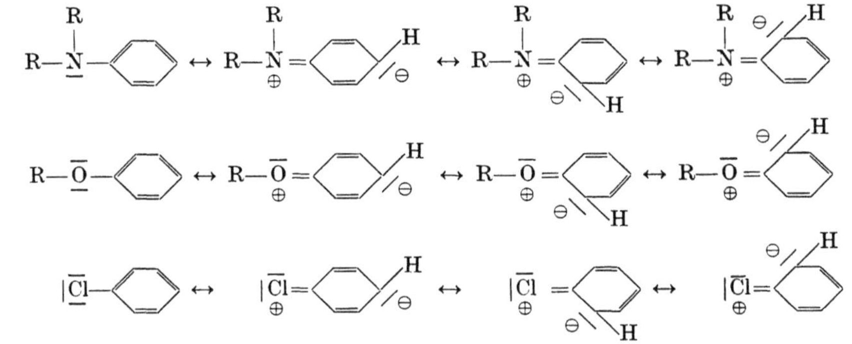

Je leichter beweglich das einsame Elektronenpaar ist, desto größer wird der +E-Effekt. Daher sinkt der +E-Effekt in der Reihenfolge der Elektronenaffinität der „Schlüsselatome" N > O > Cl. Der Substituent kann ein Elektronenpaar in den Kern hineinschieben (negativiert den Kern).

b) Der Substituent besitzt *mehrfache Bindungen*, durch deren Aufrichtung er sich an der Mesomerie durch Aufnahme eines weiteren Elektronenpaares beteiligen kann. Der Substituent zieht Elektronen aus dem aromatischen Kern heraus.

—E-Effekt (positiviert den Kern, daher nach DEWAR +E-Effekt):

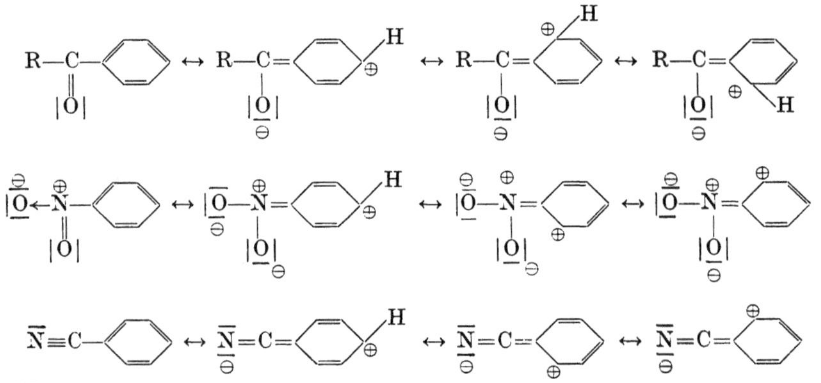

[1] Vgl. dazu F. KLAGES: Lehrbuch der Organischen Chemie, Bd. II, S. 186. Berlin: W. de Gruyter & Co. 1952.

Der −E-Effekt ist um so größer, je leichter die Doppel- oder Dreifachbindung aufrichtbar ist:

$$O{=}C > NO_2 > CN$$

Man sieht zunächst, daß nur ein Substituent mit positivem elektromerem Effekt negative Ladungen in den Kern hineinschicken und damit an den o,o- und p-Stellungen seine Wirkung bei elektrophilen Substitutionsreaktionen entfalten kann.

Wie sehen nun die Verhältnisse im *Übergangszustand* aus, in dem der elektrophile Substituent und das zu ersetzende Wasserstoffatom noch in dem Ringsystem sich befinden. Zunächst hat der Ring seinen aromatischen Charakter verloren, auch die Raumanordnung der C-Atome wird eine andere als im unangeregten, vollaromatischen Grundzustand sein.

Betrachten wir den Fall, daß ein Substituent mit +*E-Effekt* als Erstsubstituent S_1 im Ring vorhanden ist. Dann gibt es folgende *Mesomeriemöglichkeiten* des *Übergangszustandes*, übrigens eine Erscheinung, die mit dazu beiträgt, daß überhaupt das energiearme aromatische System in Reaktion treten kann:

Zweitsubstitution in

1. ortho-Stellung

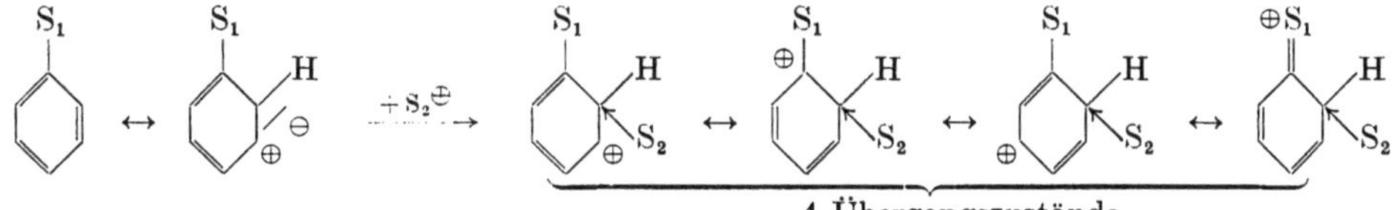

4 Übergangszustände

2. para-Stellung

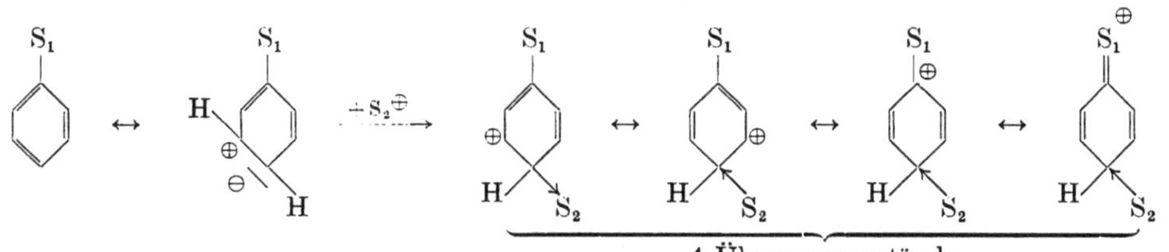

4 Übergangszustände

3. meta-Stellung

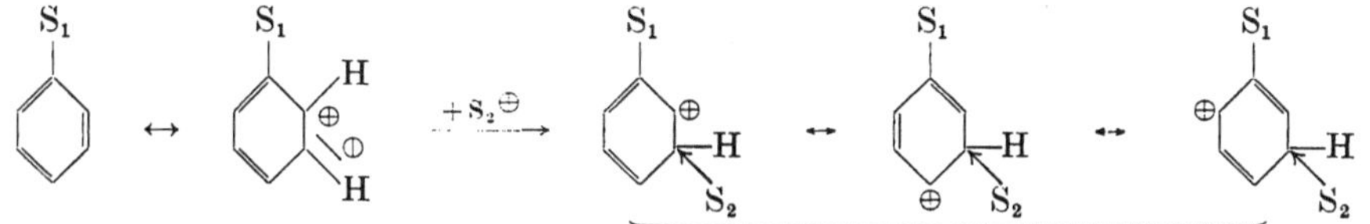

3 Übergangszustände

Man sieht in dieser etwas primitiven Form der Darstellung, daß für eine *meta-Substitution* durch den S_1-Substituenten mit +E-Effekt es im ganzen nur *drei* Formulierungen des Übergangszustandes gibt, gegenüber insgesamt *vier* Formulierungen bei der Aufnahme des Zweitsubstituenten in o- und p-Stellung zum Erstsubstituenten. Damit ist diese o,p-Substitution für den Übergangszustand in diesem Falle energetisch gegenüber der meta-Zweitsubstitution begünstigt, denn es wird stets derjenige Übergangszustand durchschritten, der sich in der formelmäßigen Wiedergabe durch die größte Zahl mit normalen Bindungen darzustellenden Formeln und daher als der energieärmste auszeichnet. Diese Begünstigung der o- und p-Stellungen wird auch durch den Erstsubstituenten für den *Ausgangsgrundzustand* verursacht. Der Übergang in den Endzustand (vollaromatisches System) läßt sich wie bei der Erstsubstitution (vgl. S. 360) wiedergeben.

Ein Substituent S_1 mit positivem mesomerem Effekt wird daher zunächst zu einer gegenüber dem Benzol erleichterten Substitution führen und dann den Zweitsubstituenten in die o,o'- oder p-Stellung lenken. So liefern Dimethylanilin oder Anisol bei der Bromierung, Nitrierung, Sulfurierung oder FRIEDEL-CRAFTSschen Reaktion überwiegend ortho- und para-Derivate. Diese Substitutionen erfolgen dabei viel *leichter* als beim unsubstituierten Benzol selbst. Die Beteiligung einer „Onium"-Struktur beim Übergangszustand läßt sich daran erkennen, daß nebenher *Entmethylierungen* eintreten, z. B. zu substituierten Phenolen, etwa bei den Anisolsubstitutionen. Reaktionen dieser Art sind charakteristisch für Onium-Bindungen; man kann über Oniumverbindungen die aromatischen Äther entalkylieren[1].

Auch die Hydroxygruppe dirigiert den weiter eintretenden Substituenten aus den oben auseinandergesetzten Gründen nach o- oder p-Stellung. Interessant sind die Verhältnisse bei der *Nitrierung*, die hier schon mit verdünnter Salpetersäure gelingt und nicht die Anwendung von Nitriersäure erfordert. Bei der *Phenolnitrierung* wirkt anwesende salpetrige Säure katalytisch durch Bildung von Nitrosylkationen ($NO^{\oplus}$):

$$2\,HNO_2 \rightleftharpoons H_2O + N_2O_3$$

$$N_2O_3 \rightleftharpoons NO^{\oplus} + NO_2^{\ominus}$$

oder

$$N_2O_3 + 3\,H_2SO_4 \rightleftharpoons 2\,NO^{\oplus} + H_3O^{\oplus} + 3\,SO_4H^{\ominus}$$

Das gebildete *Nitrosylkation* kann infolge des großen +E-Effektes der OH-Gruppe aber nur auf das Phenol, nicht auf das Benzol selbst substituierend einwirken. Die entstehenden *Nitrosophenole*:

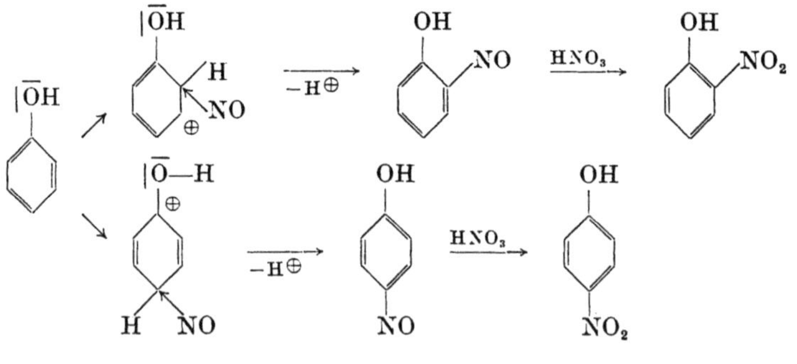

werden nun leicht von der anwesenden Salpetersäure (evtl. auch von der salpetrigen Säure) zu den o- bzw. p-Nitrophenolen *oxydiert*, wobei sich die zur Einleitung der Reaktion erforderliche salpetrige Säure wiederbildet. Die salpetrige Säure braucht demnach nur in kleinen Mengen vorhanden zu sein, sie wirkt als Katalysator.

[1] PREY, V.: Ber. dtsch. chem. Ges. **74**, 1219 (1941); **75**, 350, 445, 537 (1942); **76**, 156 (1943).

Auf eine weiteren Substitutionsreaktion, die gerade den Phenolen eigentümlich ist, sei hingewiesen. Aus Natriumphenolat und Kohlendioxyd erhält man *Salicylsäure* nach dem drucklosen Verfahren von H. KOLBE[1] gemäß:

$$2C_6H_5ONa + CO_2 \longrightarrow NaOC_6H_4COONa(o) + C_6H_5OH$$

und nach dem Verfahren von R. SCHMITT[2] unter 5—6 Atm. Druck die volle Ausbeute an salicylsaurem Natrium:

$$C_6H_5ONa + CO_2 \longrightarrow HOC_6H_4COONa(o)$$

Nach der Ansicht von R. SCHMITT bildet sich in erster Reaktionsphase das phenolkohlensaure Natrium, das sich dann beim Erhitzen unter Druck umlagert:

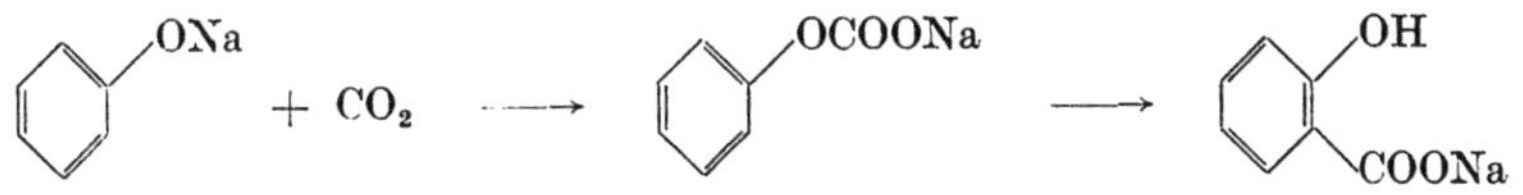

Möglicherweise bildet sich bei tieferen Temperaturen das *phenolkohlensaure Salz*, das sich aber bei höherer Temperatur in seine Ausgangsbestandteile Phenolat und CO_2 wieder spaltet. Der eigentliche Angriff dürfte auf das (mesomere) *Phenolatanion* als elektrophile Substitutionsreaktion erfolgen[3]:

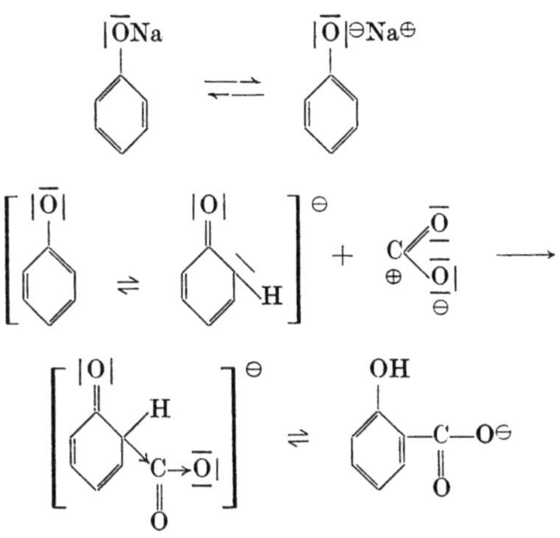

Aus β-Naphtholnatrium erhält man beim Arbeiten unter etwa 25 Atm. Druck die *2-Oxynaphthalincarbonsäure-(1)* in Ausbeuten von etwa 90% der Theorie und mehr[4]. Arbeitet man bei höheren Temperaturen, etwa um 230°, so entsteht die *2-Oxy-naphthalincarbonsäure-(3)*[5]. Das Natriumsalz der bei niedrigeren Temperaturen gewonnenen 2-Oxy-naphthalin-carbonsäure-(1) läßt sich bei höheren Temperaturen in das Salz der 3-Carbonsäure (neben geringen Mengen 1-Carbonsäure) überführen. Von E. SCHWENK[6] sowie später von P. P. KARPUCHIN

[1] KOLBE, H.: J. prakt. Chem. [2] **10**, 89 (1874).
[2] SCHMITT, R.: J. prakt. Chem. [2] **31**, 397 (1885).
[3] Eine etwas andere Formulierung des Reaktionsablaufs s. H. HENECKA in HOUBEN-WEYL, 4. Aufl., Bd. VIII, S. 372. Stuttgart: Georg Thieme 1952.
[4] HAHN, G.: DBP.-Anm. N 4029 IV c/129.
[5] SCHMITT, R.: Ber. dtsch. chem. Ges. **20**, 2702 (1887).
[6] SCHWENK, E.: Chem. Ztg. **53**, 333 (1929).

und I. J. CHUSSID[1] wurde die Ansicht vertreten, daß das primär gebildete Natriumsalz der 1-Säure bei höherer Temperatur Kohlendioxyd unter Rückbildung des Naphtholnatriums abspaltet, das dann seinerseits in die 3-Stellung eingreift. K. BURGDORF, H. GRISEBACH, H. KRACHER und F. WEYGAND konnten diesen Mechanismus durch Arbeiten mit radioaktiv markiertem $^{14}CO_2$ beweisen. Danach findet in Abhängigkeit von der Temperatur die elektrophile Substitution des Naphtolations zunächst am Sauerstoff, dann in 1- und schließlich in 3-Stellung statt, gemäß den verschiedenen Formulierungen a, b, c:

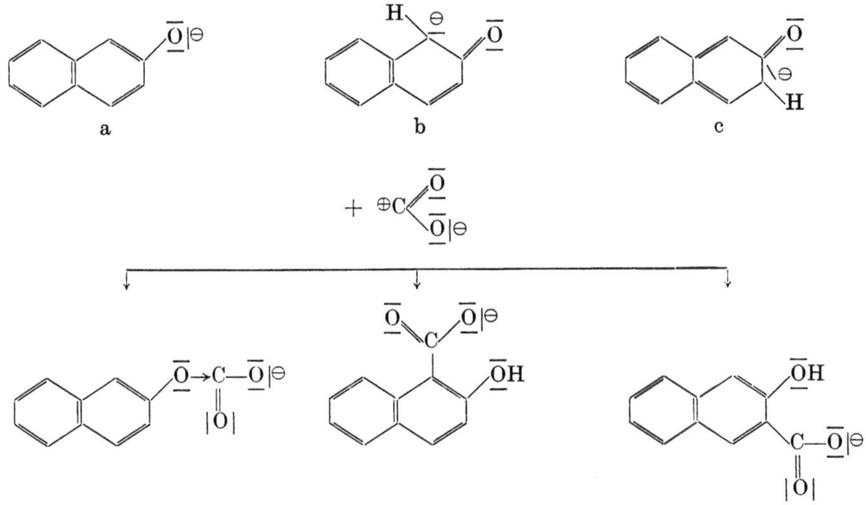

instabil   bei mittlerer Temperatur stabil   >200° stabil

Die Substitutionsformel *c* verlangt als orthochinoide Formulierung die Aufhebung des aromatischen Zustandes in beiden Kernen, muß also gegenüber dem Zustand *b* energetisch benachteiligt und nur durch Zufuhr von genügend Energie erreichbar sein. Dies entspricht auch den sonst bekannten experimentellen Bedingungen der Naphthalin-Substitution[2].

Aber auch diese eben wiedergegebenen Formulierungen des Mechanismus der KOLBE-SCHMITT-Synthese erklären noch nicht alles. Irgendwie muß auch eine Beziehung des *Metallkations* zum Reaktionsablauf vorhanden sein, denn das *Kaliumphenolat* liefert unter den Bedingungen der Salicylsäuresynthese — Kaliumphenolat und Kohlendioxyd — hier im wesentlichen die *p-Oxyphenylcarbonsäure*.

Eine recht wahrscheinliche Deutung dieser Verhältnisse durch die verschiedenartige Tendenz der Alkalisalicylate zur Bildung von Chelaten z. B.:

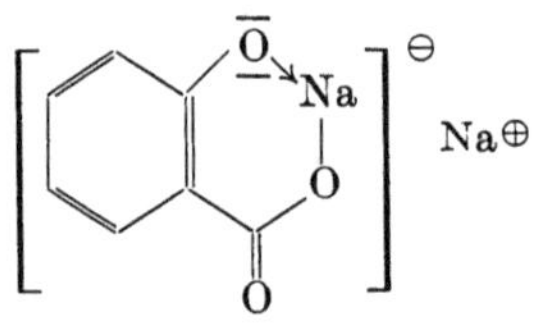

nimmt S. WIDEQUIST[3] an.

[1] KARPUCHIN, P. P., u. I. J. CHUSSID: Chem. Zbl. **1936 I**, 4803.

[2] Siehe hierzu R. HUISGEN: Liebigs Ann. **559**, 101 (1948). — Ferner zur Bildung von 2-Oxy-naphthoesäure-(3), F. SEIDEL, L. WOLF u. H. KRAUSE: J. prakt. Chem. **2**, 53 (1955.)

[3] WIDEQUIST, S.: Ark. Kemi **7**, 229 (1954).

Eine wichtige, neuere technische Anwendung des Prinzips der KOLBE-SCHMITTschen Synthese ist die Herstellung von Terephthalsäure[1] aus Kaliumbenzoat und Kohlendioxyd bei $> 340°$ C, erhöhtem Druck und Zusatz inerter Materialien wie z. B. K_2CO_3, KCl.

In ähnlicher Weise wird die REIMER-TIEMANNsche Synthese von *o-Oxyaldehyden* aus Natriumphenolat und Chloroform gedeutet. Verhindert man durch geeignete Substitution (CH_3 in p-Stellung) die Stabilisierung und den Protonenaustritt, so sind die Cyclohexadienon-zwischenformen faßbar[2], z. B.:

$$\underset{H_3C \quad CHCl_2}{\text{Cyclohexadienon}}$$

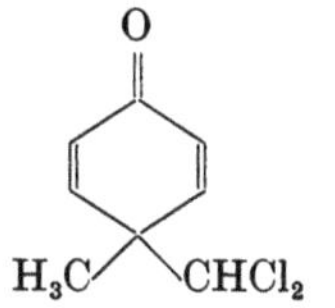

Ob diese den Phenolaten eigentümliche Reaktionsweise tatsächlich eine elektrophile Substitutionsreaktion über eine Cyclohexadienonstruktur ist, oder nicht doch vielleicht teilweise über Radikale, Oxyle bzw. Ketomethyle, sich abspielt, ist noch zu untersuchen.

Substitutionsreaktionen mit Substituenten mit geringerem positivem E-Effekt, z. B. der *Methylgruppe* im Toluol, finden zwar nicht so leicht statt, und die Lenkung nach o- und p-Stellung ist nicht so ausgeprägt, aber doch noch vorhanden. Solche Verhältnisse liegen z. B. bei der Nitrierung des Toluols vor. Hier tritt im übrigen ein neuer Effekt, der der Methylgruppe eigen ist, die *Hyperkonjugation* (vgl. S. 410), hinzu. Dieser Effekt wirkt hier im gleichen Sinne wie der mesomere Effekt, so daß eben insgesamt eine Senkung des Energieniveaus des Übergangszustandes und damit Reaktionserleichterung erreicht wird.

Schwieriger wird der Fall der Deutung einer Zweitsubstitution dann, wenn zu dem mesomeren Effekt noch ausgeprägte *induktive Effekte* wie z. B. beim Chlorbenzol treten. Bei den *Halogenbenzolen* erfolgt die Zweitsubstitution *schwerer* als die Erstsubstitution des Benzols selbst, und zwar an den Stellungen 2, 4, 6. Diese Hemmung ist eine Folge des induktiven Effektes, der z. B. von der C—Cl-Bindung infolge der großen Elektronegativität des Chloratoms ausgeht und durch den die Elektronen vom ganzen Kern in Richtung auf das Chloratom abgezogen werden. Dadurch wird weniger negative Ladung für den Angriff des elektrophilen Reagenses überhaupt verfügbar. Da der *mesomere Effekt* des Chloratoms, der in o,o′,p-Stellung ein Elektronenpaar verfügbar macht, beim Chlor sehr gering ist, überwiegt der induktive Effekt den +E-Effekt, und die Zweitsubstitution ist überhaupt erschwert.

Induktive Effekte treten auch bei der Substitution des *Acetanilids* in Erscheinung. Während Anilin selbst leicht reagiert, wird Acetanilid z. B. wesentlich schwerer in o- und p-Stellung bromiert. Das Carbonyl der Acetylgruppe schwächt infolge seines induktiven Effekts die elektromere Verschiebbarkeit des einsamen Elektronenpaares am N-Atom:

$$\begin{array}{ccc} R-\overline{N}-CH_3 & & R-\overset{\oplus}{N}-CH_3 \\ | & & \Updownarrow \\ C-R' & \longleftrightarrow & C-R' \\ \| & & | \\ |\underline{O}| & & |\underline{O}|^{\ominus} \end{array}$$

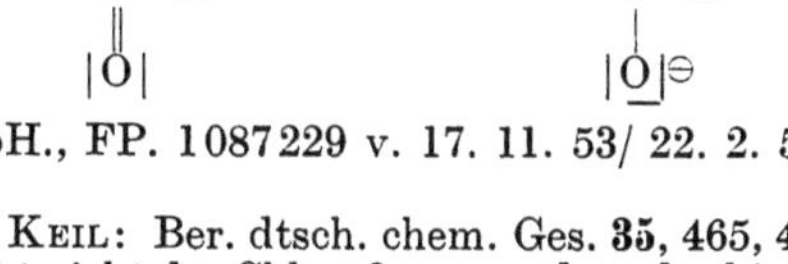

---
[1] Henckel u. Cie., GmbH., FP. 1087229 v. 17. 11. 53/ 22. 2. 55; D. Priorität: 5. 12. 52; Belg. P. 524035.

[2] AUWERS, K. v., u. G. KEIL: Ber. dtsch. chem. Ges. **35**, 465, 4207 (1902); **36**, 1861, 3902 (1903). — H. WYNBERG sieht nicht das Chloroform, sondern das hieraus mit Alkali entstehende Dichlormethylen $Cl_2C|$ als eigentlichen Reaktionspartner der Phenole an. J. Amer. Chem. Soc. **76**, 4998 (1954).

Den +E-Effekt des Stickstoffatoms kann man schließlich ganz ausschalten, wenn man z. B. das einsame Elektronenpaar mit einem Sauerstoffatom anteilig macht wie im *Dimethylanilin-N-oxyd* oder durch Überführung in ein *Ammoniumsalz.* Dann bleibt nur noch der induktive Effekt übrig, der durch die positive Ladung des N-Atoms noch erhöht wird. Der hierdurch ausgeübte allgemeine Elektronenzug zum N-Atom hin erschwert die Weitersubstitution am Kern überhaupt. Zur Frage, in welcher Stellung schließlich doch die Weitersubstitution stattfindet, schreibt man wieder die möglichen Formeln des Übergangszustandes auf:

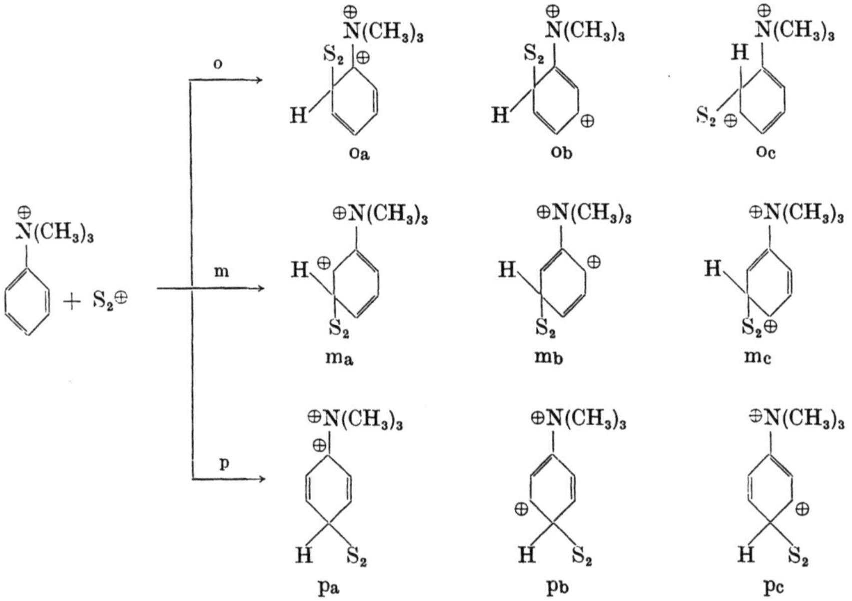

Die Strukturen o_a und p_a scheiden praktisch aus der Energiebetrachtung aus, da sie an zwei unmittelbar miteinander verbundenen Atomen gleichnamige Ladungen aufweisen. Nur die meta-Substitutions-Formeln sind alle *drei* energetisch möglich, d.h. die Zweitsubstitution ist in solchen Fällen *erschwert*, erfolgt aber, wenn überhaupt, dann im wesentlichen in der *meta-Stellung*. (Anilin liefert aus denselben Gründen bei der Nitrierung in H_2SO_4 konz. etwa 50% meta-Derivat[1].)

Nitrobenzol, Benzoesäure oder *Acetophenon* werden — die ersten beiden Substanzen ganz überwiegend — in der meta-Stellung weitersubstituiert. Der *induktive Effekt* der NO_2-Gruppe bzw. der CO-Gruppe setzt allgemein die elektrophile Substitutionsmöglichkeit herab. Bei einer o- oder p-Substitution würde im Übergangszustand wieder eine Formel mit zwei gleichnamigen Ladungen an benachbarten Atomen erscheinen:

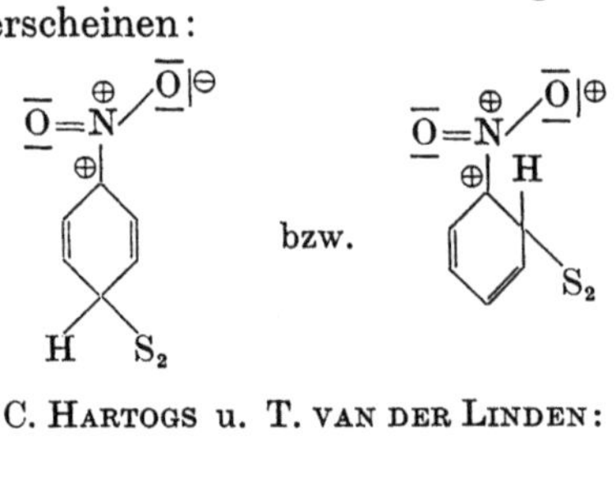

[1] Holleman, A. F., J. C. Hartogs u. T. van der Linden: Ber. dtsch. chem. Ges. **44**, 704 (1911).

und auch im Grundzustand setzt der *mesomere —E-Effekt* in o,o'- und p-Stellung die Verfügbarkeit von Elektronen herab:

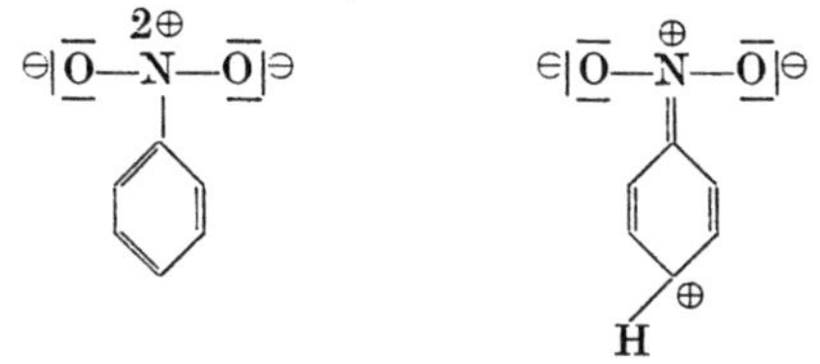

Insgesamt wird so die elektrophile Zweitsubstitution erschwert. Die neu eintretende Gruppe, z. B. bei der Nitrierung des Nitrobenzols zum Dinitrobenzol, tritt dann überwiegend in die meta-Stellung.

Die *Nitrosogruppe* dirigiert einen zweiten Substituenten in üblicher Weise wegen des induktiven und des negativen elektromeren Effekts:

$$-\overline{N}=\underline{\overline{O}} \leftrightarrow -\underset{\oplus}{\overline{N}}-\underline{\overline{O}}|^{\ominus}$$

in die *meta-Stellung*. Allerdings muß die Nitrosoverbindung dabei in *monomerer* Form vorliegen. Ist dagegen, was vielfach der Fall ist, eine dimere Nitrosogruppe vorhanden, so dirigiert diese *dimere* Nitrosogruppe in üblicher Weise den Zweitsubstituenten in *o- und p-Stellung*, und zwar ist dann die Reaktion erleichtert. So wird aus einem Gleichgewicht:

$$2\,RNO \leftrightharpoons (RNO)_2$$

scheinbar die an sich nach meta dirigierende Nitrosoverbindung in o- und p-Stellung substituiert[1].

Die Wirkung von Erstsubstituenten wird durch Zwischenschaltung valenzmäßig gesättigter Kohlenstoffatome aufgehoben, dagegen bei Zwischenschaltung mesomeriefähiger Doppelbindungsgruppen *(Vinylogie)* gleichsinnig fortgelenkt. So kommt bei Einfügen von einer oder mehreren CH_2-Gruppen zwischen die NO_2-Gruppen und den aromatischen Kern nun der positive mesomere Effekt der CH_2-Gruppe (Hyperkonjugation) zum Ausdruck:

$C_6H_5NO_2$	93% m-Dinitroderivat
$C_6H_5CH_2NO_2$	67% m-Dinitroderivat
$C_6H_5CH_2CH_2NO_2$	13% m-Dinitroderivat

Dagegen wird die Zimtsäure $C_6H_5CH{=}CH{-}COOH$ wie die Benzoesäure in meta-Stellung nitriert.

Die für eine Zweitsubstitution wiedergegebenen Ausführungen kann man entsprechend auf die Erstsubstitution des Pyridins oder des Pyridiniumions bzw. von Pyridin-N-oxyd übertragen. Das Ringstickstoffatom im *Pyridin* trägt zwar ein einsames Elektronenpaar, das aber nicht etwa durch einen +E-Effekt in den Ring weitergegeben werden kann, wie es z.B. bei dem außerhalb eines Benzolringes befindlichen N-Atom (im Anilin) der Fall ist. Auch die Neigung zur Protonenaufnahme (Basizität) des N-Atoms im Ring ist gering. So kommt nur die Elektronenaffinität des N-Atoms zum Ausdruck, beispielsweise durch einen *negativen E-Effekt:*

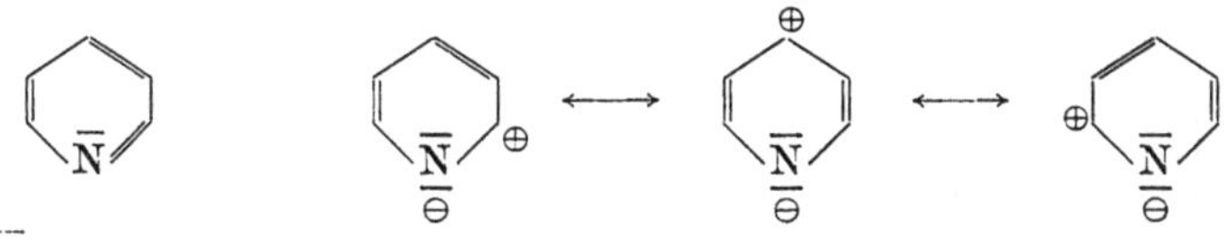

[1] HAMMICK, D. L., W. S. ILLINGWORTH, W. A. M. EDWARDS u. E. EWBANK: J. Chem. Soc. (London) **1931**, 3105. — HAMMICK, D. L., R. C. A. NEW u. R. B. WILLIAMS: J. Chem. Soc. (London) **1934**, 29.

Der *induktive Effekt* des N-Atoms wirkt in derselben Richtung, also mit einem allgemeinen Elektronenabzug von allen Ringatomen in Richtung zum Stickstoff hin.

Die Grenzformeln des Übergangszustandes sind für eine elektrophile o-, p- und m-Substitution folgende:

„Überlagerte Formulierung"

o: 

p: 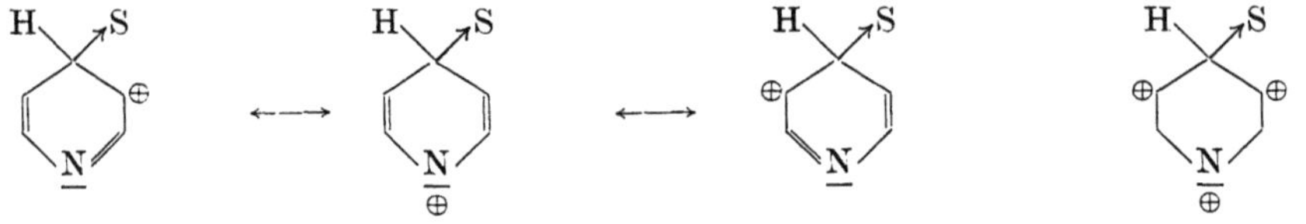

m: 

Nur in den Formeln der meta-Substitution erscheint der Ring-Stickstoff nicht mit der ihm hier fremden positiven Ladung, d. h. die Substitution des Pyridins ist gegenüber der des Benzols zwar *erschwert*, findet dann aber in *meta-Stellung* statt.

Für das *Pyridiniumion* oder das *Pyridin-N-oxyd* fällt der mesomere Effekt überhaupt fort:

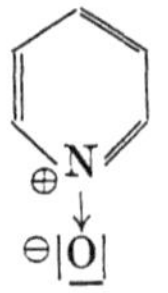

Statt dessen ist der Ringstickstoff positiv geladen, wird also durch seinen *induktiven Effekt* Elektronen aus dem Kern abziehen. Die elektrophile Monosubstitution kann man für den Übergangszustand durch folgende Grenzformeln wiedergeben:

o: 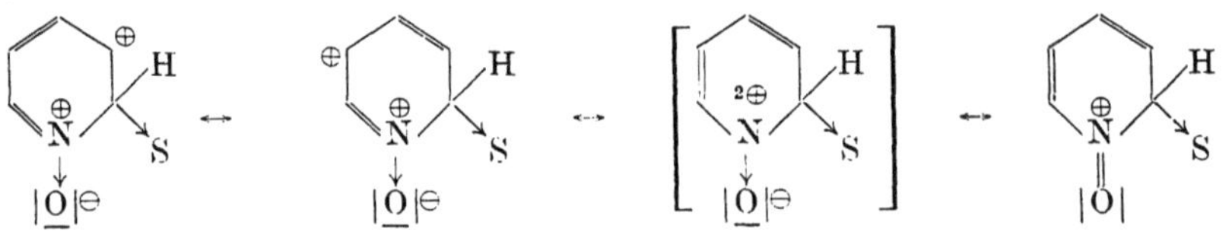

p: 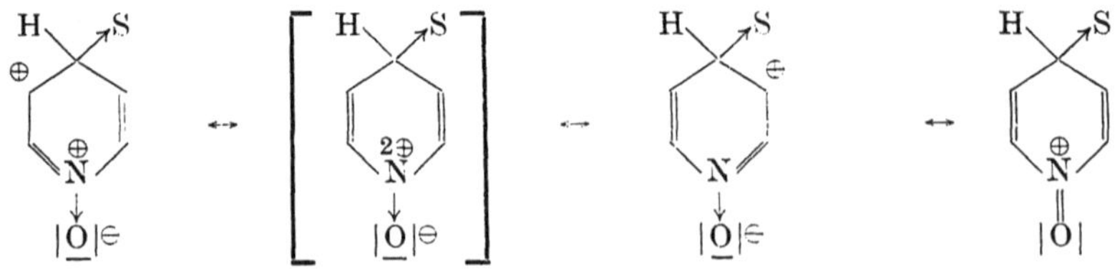

m: 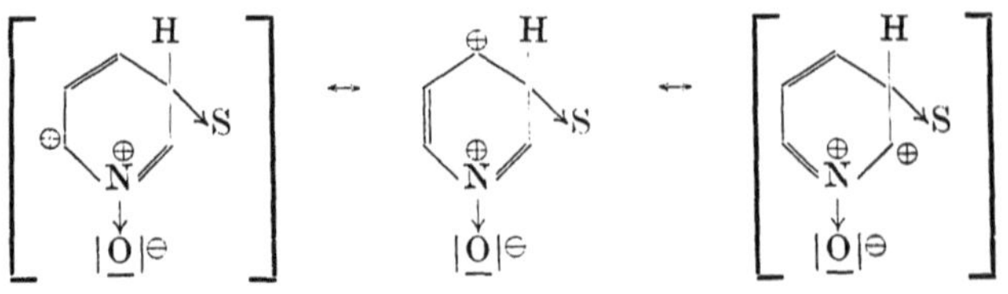

Die meta-Substitution scheidet infolge der geringeren Zahl von Grenzformeln gegenüber den o- und p-Stellungen aus, außerdem scheiden die Formeln mit zwei gleichnamigen Ladungen an benachbarten Atomen aus. So bleibt für die *meta-Substitution* nur *eine* Formulierung des Übergangszustandes wahrscheinlich, für die *o- und p-Substitution* dagegen mindestens je *drei* Formeln (falls man die Formulierungen mit doppelt positiv geladenem Stickstoff ausschließt). Das Pyridin-N-oxyd, analog die Pyridiniumsalze, werden daher im Gegensatz zum Pyridin in o- oder p-Stellung substituiert[1]. Da man den N-oxydischen Sauerstoff nach der Substitution wieder entfernen kann, gelingt es auf diesem Umweg zu o- und p-substituierten Pyridinderivaten zu gelangen[2].

Schließlich spielt auch die *Raumordnung* eine wesentliche Rolle. Wenn z. B. durch geeignete Substitution etwa beim 2,6-Dimethyl-N-dimethylanilin eine *ebene Anordnung unmöglich* ist, kann sich der mesomere +E-Effekt der Dimethylaminogruppe nicht betätigen:

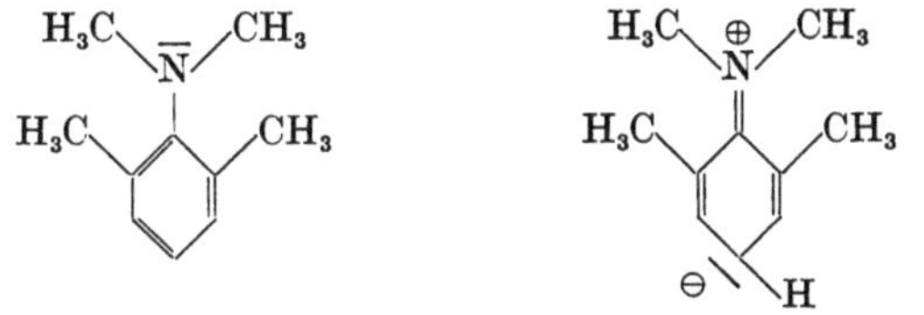

chinoide Konfiguration aus räumlichen Gründen unmöglich

Die induktiven Effekte sind zu klein, um wirksam zu werden. Daher läßt sich dieses Amin z. B. mit Diazoniumsalzen *nicht* zur Azoverbindung kuppeln.

Von besonderem Interesse sind auch die von G. WITTIG und Mitarbeitern[3] in umfassenden Arbeiten untersuchten Regelmäßigkeiten bei der elektrophilen Substitution aromatischer Stoffe durch metallorganische Verbindungen. Zur *Metallierung* werden bevorzugt *lithiumorganische Verbindungen* verwandt, deren Wirksamkeit nach folgender Reihe abnimmt:

$$n\text{—}C_4H_9Li > C_6H_5Li > CH_3Li > (C_6H_5)_3CLi$$

Die Abhängigkeit der Metallierungsgeschwindigkeit verschieden substituierter aromatischer Verbindungen mittels Phenyllithium zeigt folgendes Schema[4]:

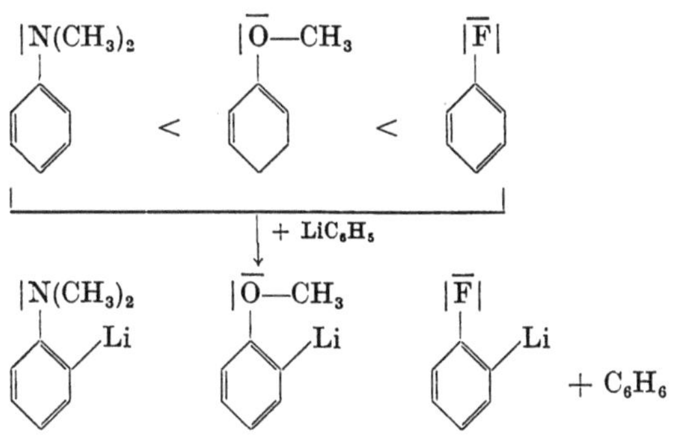

[1] HARTOG, H. J. DEN, M. VAN AMMERS: Recueil Trav. chim. Pays-Bas **74**, 1160 und dieselben mit S. SCHUKKING, ebenda 1171 (1955).

[2] BOEKELHEIDE, V., u. D. L. HARRINGTON: Chem. and Ind. **1955**, 1423. — BERSON, J. A., u. TH. COHEN: J. Amer. Chem. Soc. **77**, 1281 (1955). — FURUKAWA, S.: Pharm. Bl. Japan **3**, 230 (1955). — CISLAK, F. E.: Ind. eng. Chem. **47**, 800 (1955). — HAMANA, M., J. Pharm. Soc. Japan **75**, 121, 123, 127, 130, 135, 139 (1955).

[3] Zusammenfassung s. Angew. Chem. **66**, 10 (1955).

[4] WITTIG, G.: Naturwiss. **30**, 698 (1942).

Als Ursache der wachsenden Protonenbeweglichkeit am ortho-ständigen Ringkohlenstoffatom wird von G. WITTIG der *induktive Effekt* der „Schlüsselatome" N, O und F angesehen. Mit zunehmender Elektronegativität werden von diesen Atomen immer mehr Elektronen aus dem Kern herausgezogen, womit die ortho-C—H-Bindung stärker polarisiert und zur Entlassung eines Protons geneigt wird. Für die wesentliche Wirkung des induktiven Effektes spricht einmal die Tatsache, daß der mesomere +E-Effekt der Substituenten die obige Aciditätsreihe genau umgekehrt ergeben würde, und daß ferner bevorzugt *orthoständige* Protonen gegen das Metallion ausgetauscht werden, weniger häufig meta-ständige und überhaupt keine para-ständigen H-Atome. Die Reichweite der induktiven Effekte ist bekanntlich gering. Dieselbe Aciditätsreihe wie oben erhält man auch bei den H-Verbindungen obiger Substituenten:

$$[HCH_3 <]\ HN(CH_3)_2 < HOCH_3 < HF$$

Eine wesentliche Verstärkung des induktiven Effektes ergibt sich, wenn z. B. zwei OCH_3-Gruppen in meta-Stellung zueinander stehen. Dann wird etwa beim Resorcindimethyläther das zwischen den Alkoxylen befindliche H-Atom bevorzugt schon bei Zimmertemperatur gegen das Lithium im LiC_6H_5 ausgetauscht[1]. m-Difluorbenzol liefert wie eine „Säure" mit CH_3Li unter Metallierung Methan[2].

Im *o-Lithiumfluorbenzol* bemerkt man eine Rückwirkung des einen auf den anderen Substituenten (s. S. 390). Während die $N(CH_3)_2$- und OCH_3-Gruppe bei der Metallierung fest am Kern haften bleiben, lockert das o-Lithium das benachbarte Fluoratom so, daß es leicht als Anion ablösbar wird. Das o-Lithiumfluorbenzol reagiert daher mit Lithiumphenyl weiter unter Bildung von *o-Lithiumdiphenyl*[3]:

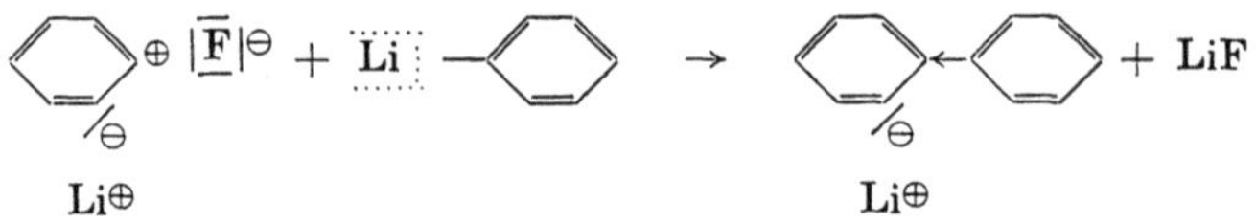

Sogar tertiäre Amine lassen sich in diese lockere C—F-Bindungen einlagern[4]:

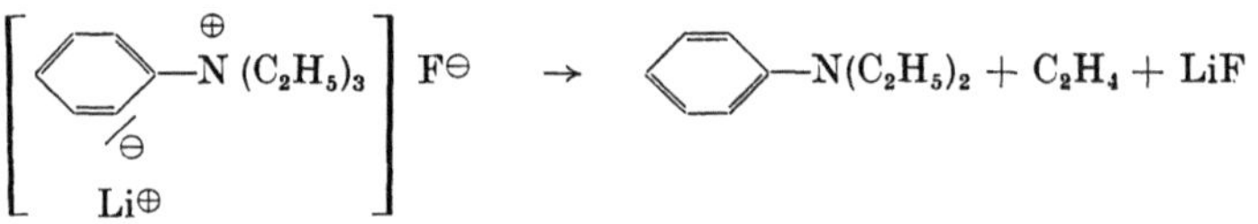

Bereits 1942 wurde von G. WITTIG[5] die Möglichkeit diskutiert, daß Fluorbenzol nach der Metallierung das Lithiumfluorid abspaltet unter intermediärer Bildung eines *o-Dehydrobenzols*:

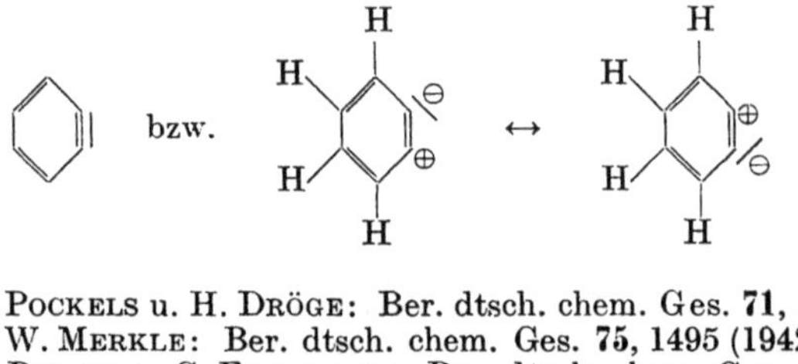

[1] WITTIG, G., U. POCKELS u. H. DRÖGE: Ber. dtsch. chem. Ges. **71**, 1905 (1938).
[2] WITTIG, G., u. W. MERKLE: Ber. dtsch. chem. Ges. **75**, 1495 (1942).
[3] WITTIG, G., G. PIEPER u. G. FUHRMANN: Ber. dtsch. chem. Ges. **73**, 1193 (1940).
[4] WITTIG, G., u. W. MERKLE: Ber. dtsch. chem. Ges. **76**, 109 (1943).
[5] WITTIG, G.: Naturwiss. **30**, 700 (1942).

Das Dehydrobenzol läßt sich, wie neuerdings von G. WITTIG[1] gefunden wurde, *als dienophile Komponente* an Furan anlagern:

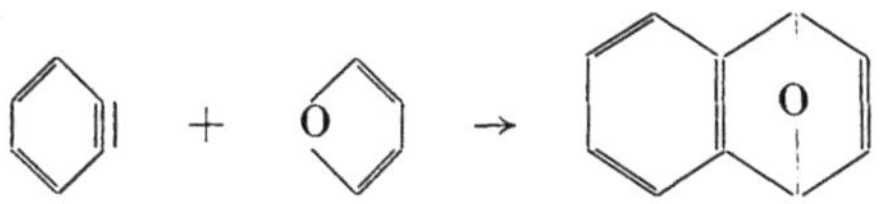

Das in guter Ausbeute entstehende Kondensationsprodukt geht beim Aufkochen mit methanolischer Salzsäure in *α-Naphthol* über:

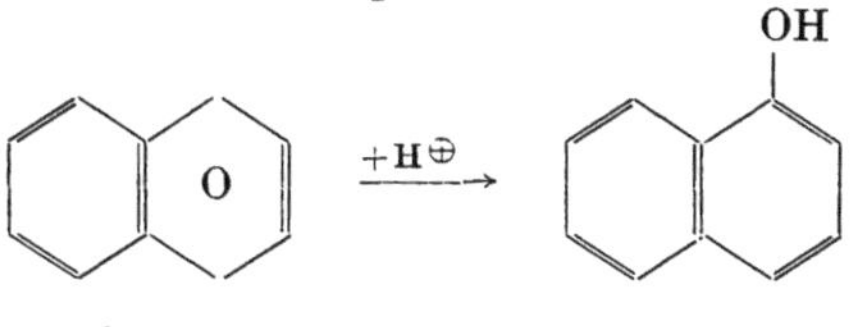

R. HUISGEN und H. RIST[2] erhalten ferner bei der Umsetzung von 1-Fluornaphthalin mit Phenyllithium und anschließender Carboxylierung sowohl 1-Phenylnaphthoesäure-(2) wie auch 2-Phenyl-naphthoesäure-(1). Dies wird durch Annahme eines symmetrischen Zwischenproduktes, eines *o-Dehydronaphthalins*, erklärt:

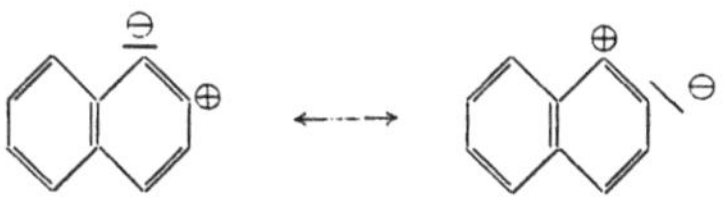

Die Umsetzung von Chlorbenzol-1-^{14}C mit Kaliumamid[3] unter Bildung von Anilin-1-^{14}C und Anilin-2-^{14}C sowie die Umsetzung von Fluorbenzol-1-^{14}C mit Phenyllithium unter Bildung von Diphenyl bei praktisch statistischer Verteilung des Radionuclids:

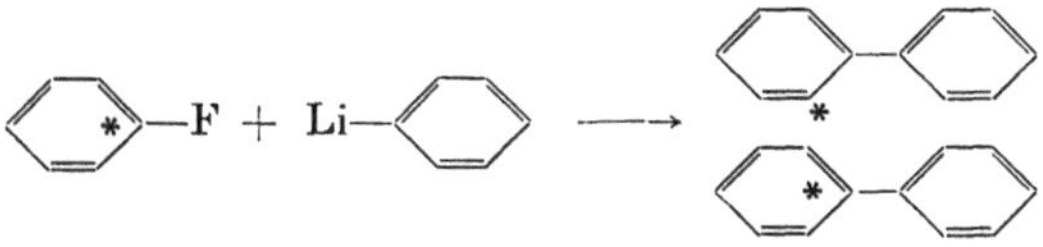

lassen den Schluß zu, daß intermediär ein homöopolares *Benzyn (o-Phenylen)*, also ein instabiles Biradikal, entsteht[4]:

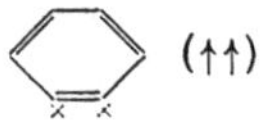

Dafür sprechen auch die eigenen Versuche des Verfassers mit Tetra-phenyläthylendinatrium und o-Di-halogenbenzolen[5].

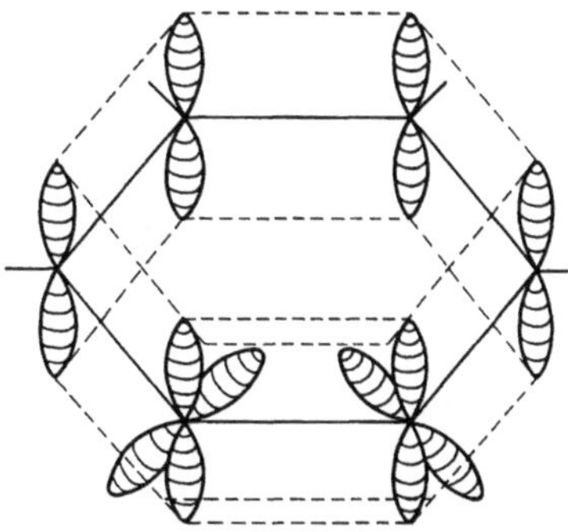

Abb. 66. Modell des Dehydrobenzols bezüglich der Verteilung der π-Molekularbahnen (π-Orbitals). Die nach links und rechts vorn herausragenden π-Orbitals stehen senkrecht auf den „Benzolring"-Orbitals

Wieweit die bei den lithiumorganischen Verbindungen aufgefundenen Regelmäßigkeiten auch für andere alkalimetallorganische Verbindungen wie Natriumverbindungen usw. Geltung haben, bedarf noch weiterer Untersuchungen.

[1] WITTIG, G., u. L. POHMER: Angew. Chem. **67**, 348 (1955).
[2] HUISGEN, R., u. H. RIST: Naturwiss. **41**, 358 (1954). — Liebigs Ann. **594**, 137 (1955).
[3] ROBERTS, J. D., D. A. SEMENOW, H. E. SIMMONS jr. u. L. A. CARLSMITH: J. Amer. Chem. Soc. **78**, 601 (1956). Vgl. ferner A. LÜTTRINGHAUS u. K. SCHUBERT: Naturwiss. **42**, 17 (1955).
[4] JENNY, E. F., u. J. D. ROBERTS: Vortragsbericht in Angew. Chem. **67**, 758 (1955). Helv. Chim. Acta **38**, 1248 (1955).
[5] MÜLLER, EUGEN, u. G. RÖSCHEISEN: Chem.- Ztg. **80**, 101 (1956).

Diese Metallierungsreaktionen haben sich in der Hand von G. WITTIG zu einer neuen Chemie, der „Anionochemie“ entwickelt (vgl. auch die Umlagerungsreaktionen wie STEVENSsche oder SOMMELETsche Umlagerung, s. S. 406).

ββ) Substitutionsregelmäßigkeiten bei nucleophilen Substitutionen

Das für eine elektrophile Substitutionsreaktion Gesagte gilt umgekehrt auch für eine *nucleophile* Substitutionsreaktion. Solche nucleophilen Reaktionen[1] sind mittels $OH^{\ominus}$, $NH_2^{\ominus}$, $CN^{\ominus}$, $C(R)_3^{\ominus}$ u. ä. möglich und treten vor allem bei Häufung von Substituenten am Benzolkern mit *negativem E-Effekt* in Erscheinung. So entsteht z. B. beim Schmelzen von Nitrobenzol mit Alkali ortho-Nitrophenol:

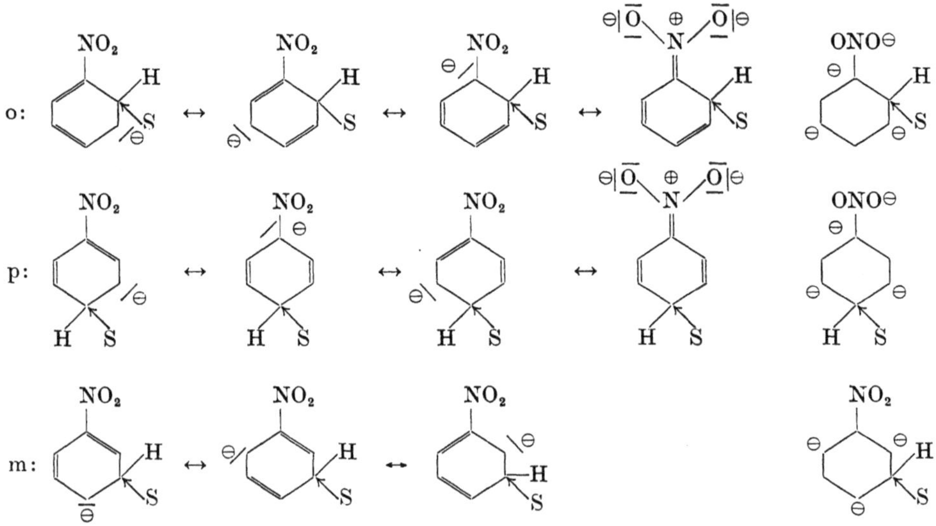

Bei der *o- und p-Substitution* ist eine Formel mehr aufstellbar, da auch die NO_2-Gruppe infolge ihres negativen mesomeren Effektes die negative Ladung aufnehmen kann. Die nucleophile Substitution des Nitrobenzols erfolgt daher in o- oder p-Stellung.

Im übrigen tritt der zu substituierende *Wasserstoff* bei dieser nucleophilen Substitutionsreaktion *als Anion* ($H^{\ominus}$) aus. Wie die Alkalischmelze des Nitrobenzols zum o-Nitrophenol als nucleophile Substitution führt, so wird auch eine *Sulfonsäure* nucleophil durch $OH^{\ominus}$ substituiert. Durch den starken induktiven Effekt der $SO_3^{\ominus}$-Gruppe werden dem Kern Elektronen entzogen, wobei besonders das dem Schwefelatom unmittelbar benachbarte Kern-C-Atom in Mitleidenschaft gezogen wird. Dort herrscht daher der größte Elektronenmangel, und an dieser Stelle greift die nucleophile $OH^{\ominus}$-Gruppe ein. Unter Rückaromatisierung wird die Sulfogruppe als Anion $SO_3^{2\ominus}$ abgespalten:

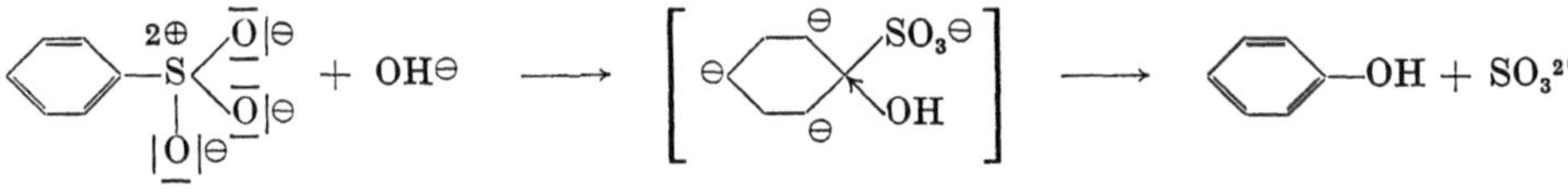

Nucleophile „Austauschreaktionen“ sind von größerer Bedeutung als die nucleophilen Substitutionsreaktionen. Die Möglichkeit zu diesem Austausch ist abhängig von der Art der noch im aromatischen System vorhandenen Substituenten.

[1] Vgl. hierzu J. F. BUNNETT, R. J. MORATH u. T. OKAMOTO: J. Amer. Chem. Soc. **77**, 5055 (1955), und J. F. BUNNETT u. R. J. MORATH, ebenda S. 5051.

So werden die Halogenatome in o- oder p-Nitrohalogenbenzolen, in o- oder p-Halogenbenzoesäuren usw. relativ leicht gegen die Hydroxylgruppe ausgetauscht. Das Halogenatom ist hier unter der Wirkung der Nitrogruppe usw. im Gegensatz zum Halogenbenzol leicht „beweglich". Wie die im voranstehenden gegebenen Formulierungen zeigen, sind die o- und p-Verbindungen im Übergangszustand energieärmer als die meta-Verbindungen (Übernahme der negativen Ladung vom Kern durch die NO_2-Gruppe, —E-Effekt) und schon im Grundzustand erscheinen die *o- und p-Stellungen positiviert*, also zur Aufnahme des nucleophilen Agens geeignet:

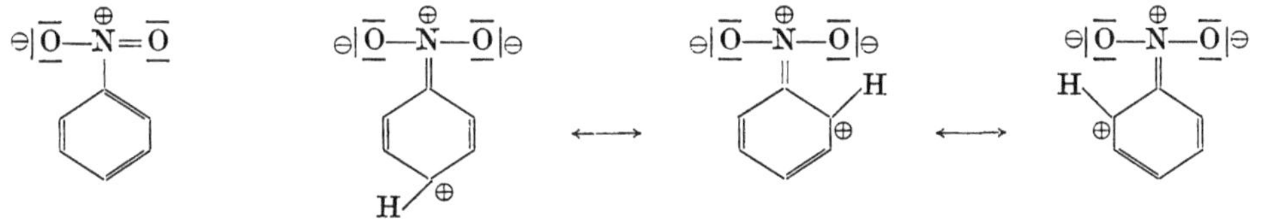

Unterstützen sich mehrere Nitrogruppen in ihrer Wirkung gegenseitig, z. B. durch meta-Stellung, so wird das Halogen immer beweglicher, so daß es schließlich im *Pikrylchlorid* wie das Halogen eines Säurechlorids reagiert (Austausch von Cl gegen OH mit warmem Wasser!)[1].

γ) Radikalische Mechanismen

Diese im Voranstehenden erläuterten Orientierungsmechanismen gelten nur für einen ionischen Mechanismus. Anders liegen die Verhältnisse bei radikalischen Substitutionen am aromatischen Kern, die im übrigen noch wenig untersucht sind[2].

Chloriert man beispielsweise Chlorbenzol in der *Gasphase* bei 500—600° unter strengem Ausschluß von Katalysatoren, die polarisierende Einflüsse ausüben können, so erfolgt der Eintritt des Chlors in 3- und 5-Stellung unter Bildung des symmetrischen Trichlorbenzols, das thermisch am beständigsten ist. In Anwesenheit von Katalysatoren bildet sich wie üblich das 1,2,4-Trichlorbenzol[3]. Auch die Chlorierung des Pyridins in der Gasphase führt zu ähnlichen Ergebnissen[4]. Bei der unter Stickstoff bei 270° über gekörntem Bimsstein erfolgenden Chlorierung entstehen 31% 2-Chlorpyridin, bei 400° überwiegend das 2,6-Dichlorpyridin. Läßt man dagegen Chlor auf eine Schmelze von Pyridinhydrochlorid bei 165—175° einwirken, dann erhält man 3,5-Dichlorpyridin.

Auch bei Reaktionen in *Lösungen* können Radikale auftreten und zu ungewöhnlichen Substitutionsreaktionen Anlaß geben. Sehr wahrscheinlich stellt beispielsweise die ULLMANNsche Synthese einen solchen radikalischen Mechanismus dar[5]. An der Kupferoberfläche findet vermutlich die Radikalbildung statt:

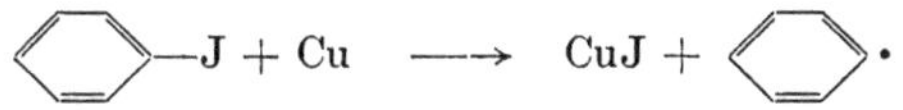

Diese nahe beieinander und gleichzeitig gebildeten Radikale dimerisieren sich zum *Diphenyl*. Ein Teil der Radikale kann aber auch mit dem *Lösungsmittel* reagieren. Verwendet man als solches Benzol, so entsteht in einer noch nicht

[1] m-Dinitrofluorbenzol enthält ein sehr bewegliches Fluoratom; F. SANGER: Biochemic. J. **39**, 507 (1945); vgl. a. H. ZAHN: Angew. Chem. **67**, 561 (1955).

[2] In technischer Hinsicht (Gammexan) wichtige Additionen z. B. von Chlor unter Belichtung und unter Bildung von Benzolhexachlorid siehe z. B. Ethyl Corp., Erf. H. D. ORLOFF u. C. J. WORRD, A. P. 269/051 vom 18. 11. 50/5. 10. 54.

[3] WIBAUT, J. P., L. M. F. VAN DE LANDE u. G. WALLACH: Recueil Trav. chim. Pays-Bas **52**, 794 (1933); **56**, 815 (1937).

[4] WIBAUT, J. P., u. J. R. NICOLAI: Recueil Trav. chim. Pays-Bas **58**, 709 (1939).

[5] NURSTEN, H. E.: J. Chem. Soc. (London) **1955**, 3081.

genauer bekannten Weise Diphenyl:

Mit Toluol als Lösungsmittel bildet sich o-Methyldiphenyl:

und mit Benzoesäureester als Lösungsmittel findet man neben Diphenyl stets o- und p-Diphenylcarbonester[1]:

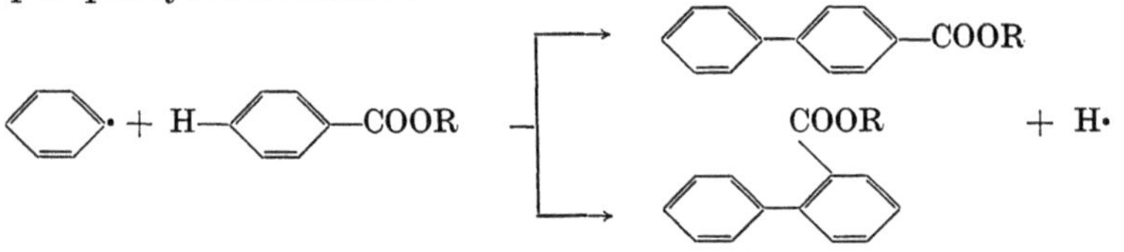

Mitunter werden auch alle drei Stellungen angegriffen, z.B. bei der thermischen Zersetzung von Dibenzoylperoxyd in Pyridin unter Bildung von Phenylpyridinen.

Die radikalische Arylierung von alkylsubstituierten Benzolen[2] bevorzugt die o-Stellung, falls keine besonderen sterischen Verhältnisse vorliegen. Die m- und p-Stellungen werden nach statistischen Gesetzmäßigkeiten angegriffen. Benzotrihalogenide[3] nehmen die Arylradikale z. T. bevorzugt in m-Stellung auf (induktive und sterische Effekte).

δ) Rückwirkung des — auch substituierten — aromatischen Systems auf einen anderen Substituenten

αα) Einige ausgewählte Beispiele

Hierfür ist im Vorangehenden bereits ein Beispiel gegeben worden. Ein in o- oder p-Stellung zur Nitrogruppe befindliches Halogen wird in seiner Reaktionsfähigkeit sehr gesteigert, es ist beweglich und leicht austauschbar geworden. Wichtig ist ferner die Steigerung der *Protonbeweglichkeit in Alkylgruppen*, die durch o- oder p-ständige Nitrogruppen aktiviert sind. Hier sind z. B. *Aldolreaktionen* der folgenden Art möglich:

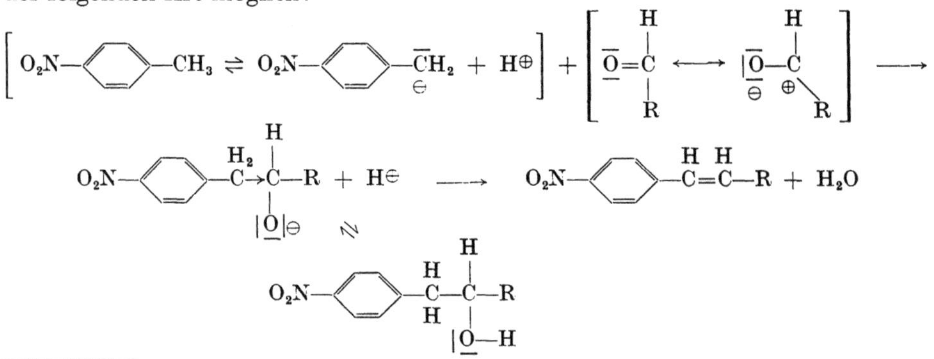

[1] RAPSON, W. S., u. R. G. SHUTTLEWORTH: Nature (London) **147**, 675 (1941); Chem. Zbl. **1942 II**, 266; vgl. a. G. WITTIG: Angew. Chem. **52**, 94 (1939). — Umsetzung 9-substituierter Anthracene mit 2-Cyan-2-propyl-radikalen s. J. W. ENGELSMA, E. FARENHORST u. E. C. KOOYMAN: Rec. Trav. Chim. des Pays-Bas **73**, 878 (1954).

[2] RONDESTVEDT JR., C. S., u. H. S. BLANCHARD: J. org. Chem. **21**, 229 (1956).

[3] DANNLEY, R. L., u. M. STERNFELD: J. Amer. Chem. Soc. **76**, 4543 (1954).

Außer dieser durch das aromatische System erfolgenden gegenseitigen Beeinflussung der Substituenten wirkt auch der Kern für sich auf das chemische Verhalten der Substituenten ein.

Von den zahlreichen bekannten Beispielen seien hier nur einige angeführt: *Phenole* sind erheblich *saurer* als Alkohole, denn die Acidität der OH-Gruppe, ihre Protonenbeweglichkeit, ist durch die direkte Verknüpfung mit dem elektronensaugenden aromatischen System, letztlich mit der Anordnung:

$$\text{>C=C<}_{\text{OH}}$$

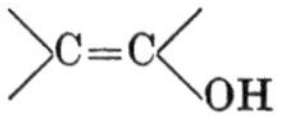

(s. Enole), gesteigert. Das gleiche gilt für *Aminoverbindungen*:

$$\text{>C=C<}_{\text{NH}_2}$$

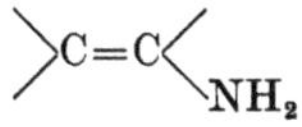

die wie Anilin oder Diphenylamin stabile Alkaliverbindungen bilden können. Die Anionen:

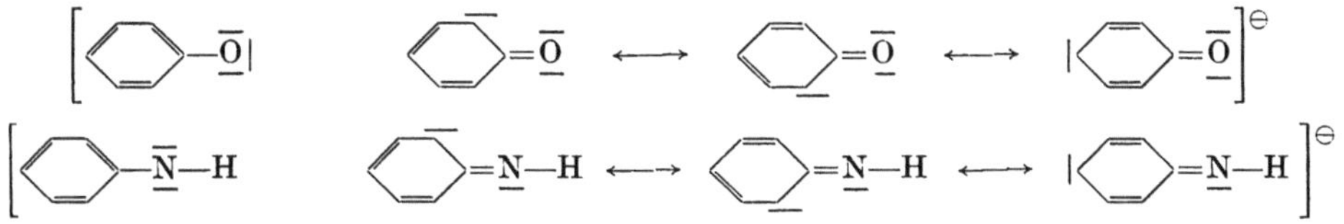

sind durch die *Mesomerie* (+E-Effekt) der O- bzw. N-Atomgruppen so stabilisiert, daß ihre Bildung energetisch begünstigt ist. Außerdem wird durch den Mesomerieeffekt das zur Bindung des Protons erforderliche Elektronenpaar beansprucht und steht somit dem Proton zur Bindung nicht mehr vollständig zur Verfügung. Das Phenyl selbst hat, worauf schon im Voranstehenden hingewiesen wurde, eine gewisse Neigung, Elektronen aufzunehmen, also einen —E-Effekt. Auch der *induktive Effekt* der π-Elektronen des Benzolkerns wirkt in Richtung auf eine Steigerung der Protonenbeweglichkeit, der Acidität. Dementsprechend sinkt in der Reihe des *phenylierten Ammoniaks* die *Basizität* stark ab:

$$\overline{N}H_3 > \overline{N}H_2C_6H_5 > \overline{N}H(C_6H_5)_2 > \overline{N}(C_6H_5)_3$$

Im *Chlorbenzol* ist das Halogen im allgemeinen relativ fest gebunden. Der starke induktive Effekt des Cl-Atoms wird durch den entgegengesetzt wirkenden mesomeren +E-Effekt teilweise kompensiert. Es kommt aber ganz auf den anderen Partner an, ob die bei gewissen Reaktionen recht fest aussehende C_{arom}—Cl-Bindung nicht doch rasch in Reaktion treten kann. So bilden diese Halogenverbindungen mit Metallen wie Mg, Li oder Na meist in Gegenwart absoluter Äther wie Diäthyläther, Tetrahydrofuran usw. relativ leicht die *Metallverbindungen des Benzols*. Dieser Reaktion, z. B.:

$$\text{C}_6\text{H}_5\text{—Cl} + 2\,\text{Li} \xrightarrow{\text{Äther}} \text{C}_6\text{H}_5^{\ominus}\text{Li}^{\oplus} + \text{LiCl}$$

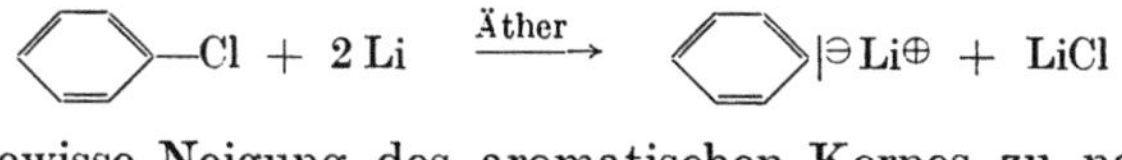

kommen eine gewisse Neigung des aromatischen Kernes zu negativer Ladung (sein —E-Effekt) sowie die gleichzeitig ablaufende Salzbildung als treibende Faktoren sehr entgegen.

Wechselwirkungen zwischen dem oder den Substituenten und dem ungesättigten oder aromatischen System kommen auch in den *Dipolmomenten* der betreffenden Molekeln zum Ausdruck. Die Verhältnisse sind allerdings recht kompliziert, da man nur die Gesamtmomente, aber meist nicht die Momente der einzelnen Bindungen, genauer kennt.

ββ) Aroxyle, stabile „Sauerstoffradikale“

Eine besondere Wechselwirkung zwischen dem aromatischen System und seinen Substituenten auf einen anderen Substituenten kommt bei den neuerdings entdeckten *stabilen Aroxylen*[1] zum Ausdruck.

Dehydriert man mit geeigneten Mitteln das 2,4,6-Tri-tert.-butylphenol, so erhält man eine tiefblaue, luftempfindliche Lösung[2], aus der man das paramagnetische, völlig monomere *2,4,6-Tri-tert.-butylphenoxyl-(1)* als dunkelblaue, schön kristalline Substanz gewinnen kann:

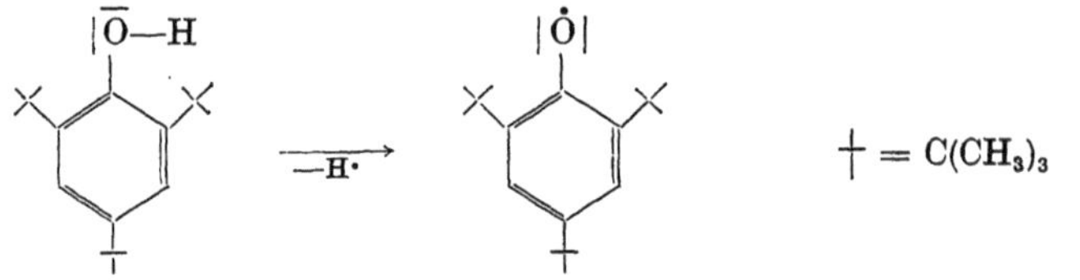

Das IR-Spektrum dieses freien Radikals spricht außerdem für das Vorliegen *chinolider* Anordnungen, wie auch einer polaren Form, die man folgendermaßen wiedergeben kann:

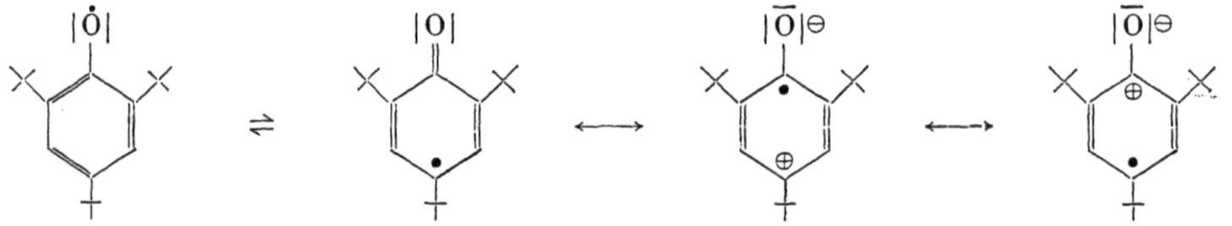

a b c d

Aroxyltypus — *γ*-Ketomethyl-Form (entsprechend *α*-Ketomethyl-Form) — polare Formen

Die Formulierungen c und d kann man auch zusammenfassen und folgendermaßen schreiben:

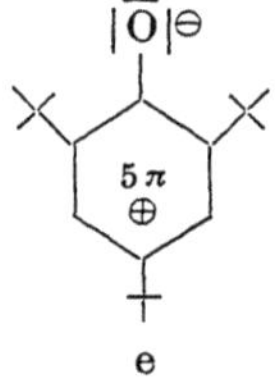

e

In dieser Formulierung als polares, chinolides Radikal (c, d bzw. e) wäre das Aroxyl im Sinne von E. Weitz[3] als ein „*inneres*“ *Merichinon* bzw. als ein zwitterioniges „neutrales“ Semichinon aufzufassen.

[1] Müller, Eugen, u. K. Ley: Z. Naturforsch. **8b**, 694 (1953); dieselben: Chem. Ber. **87**, 927 (1954). — Müller, Eugen, K. Ley u. W. Kiedaisch: Chem. Ber. **87**, 1605 (1954). — Müller, Eugen, u. K. Ley: Chem. Ber. **88**, 601 (1955). — Müller, Eugen, K. Ley u. W. Kiedaisch: Chem. Ber. **88**, 1819 (1955). — Müller, Eugen, K. Ley u. W. Schmidhuber: Chem. Ber. **89**, 1738 (1956). — Zusammenfassende Darstellung: Chem.-Ztg. **80**, 618 (1956). — Siehe ferner C. D. Cook u. Mitarbb.: J. Amer. Chem. Soc. **75**, 6242 (1953); ebenda **78**, 2002 (1956).

[2] Es bilden sich mit O_2 chinoide Peroxyde, z.B.:

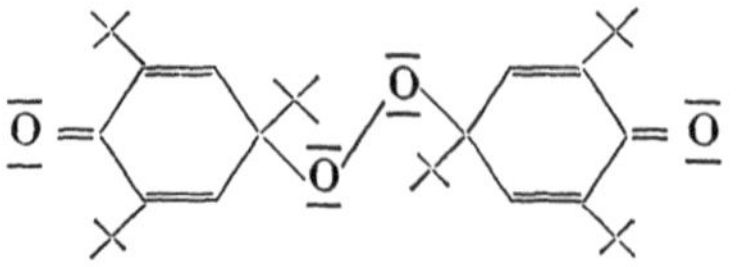

[3] Weitz, E.: Z. Elektrochem. angew. physik. Chem. **34**, 543 (1928).

Die Aroxyle hätten somit nicht nur Radikalcharakter (ungerade Gesamtelektronenzahl), sondern wären gleichzeitig *zwitterionische* Gebilde mit chinoider Struktur. Mit einer solchen Formulierung stehen die chemischen (Aroxyle reagieren sowohl als O- wie als C-Radikale) wie auch physikalische Eigenschaften (intensive Farbigkeit!) in bester Übereinstimmung. Man sieht hier sehr deutlich den Einfluß des aromatischen Kerns (π-Elektronen) auf die charakteristische funktionelle Gruppe, den „einwertigen" Sauerstoff. Aber auch die tertiären Butylgruppen tragen zur Stabilisierung des Aroxyls bei. Der elektronenabstoßende Effekt der tert.-Butylgruppen, wie auch die große räumliche Ausdehnung dieser Gruppen (Verhinderung von Assoziationen) und ihre symmetrische Anordnung sind wesentliche Voraussetzungen der Existenz dieser stabilen „Sauerstoffradikale".

Die weitere Bearbeitung[1] dieser neuen Stoffklasse freier Radikale hat ergeben, daß man eine tert.-Butylgruppe z. B. in 4-Stellung durch die Methoxy- oder tert.-Butoxy-Gruppe ersetzen kann. Offenbar wird durch die mögliche Beteiligung des *Äthersauerstoffs* an der Gesamtmesomerie:

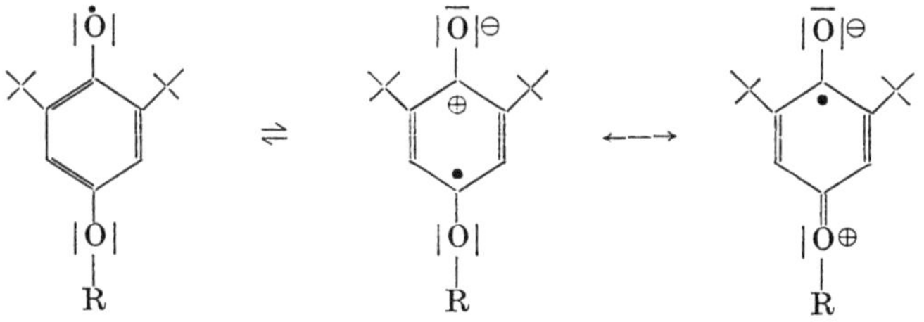

R = CH_3; $C(CH_3)_3$

trotz geringerer Raumerfüllung der 4-ständigen Äthergruppe gegenüber einer tert.-Butylgruppe das Gesamtsystem in genügender Weise stabilisiert.

Ersetzt man dagegen eine o-ständige tert.-Butylgruppe durch die *tert.-Butyloxy*-Gruppe:

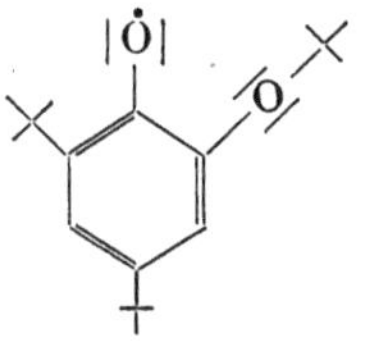

so zeigt die Lösung erst bei höherer Temperatur (65°) unter Farbvertiefung deutlichen Paramagnetismus, der aber nach einiger Zeit (bei 65°) stark abnimmt. Hier ist man offensichtlich an der Grenze der Herstellbarkeit stabiler Aroxyle angelangt. Der durch den Äthersauerstoff erzielte Mesomeriegewinn genügt nicht mehr, das weniger sterisch behinderte Radikal zu stabilisieren.

Während das „Blaue Aroxyl" (2,4,6-Tri-tert.-butyl-phenoxyl-(1)) in reiner Substanz einen dunkelblauen, gut kristallisierten, paramagnetischen Stoff darstellt, erhält man bei Entfernen des Lösungsmittels aus einer tief dunkelrotvioletten Lösung des *4-Tert.-butyloxy-2,6-di-tert.-butyl-phenoxyls-(1)* einen völlig farblosen, diamagnetischen, gut kristallisierenden festen Stoff. Die farblose Verbindung löst sich in unpolaren Lösungsmitteln sofort wieder unter Rückbildung des völlig monomeren, paramagnetischen Radikals. Die Verhältnisse kommen auch im Infrarotspektrum sehr deutlich zum Ausdruck, indem die in Lösung befindliche Substanz das charakteristische Spektrum der Aroxyle gibt, die feste

[1] So sind Aroxyle milde Dehydrierungsmittel z. B. gegen Ascorbinsäure u. a. m. (unveröffentlichte Beobachtung). Mit Mineralsäuren wie HCl disproportionieren die Aroxyle in das Ausgangsphenol und das entsprechende chinolide Chlorid.

Verbindung dagegen das Vorhandensein eines chinoliden Systems zeigt. Da man aus dem ungewöhnlich leichten Zerfall des Stoffes beim Lösungsvorgang auf eine sehr geringe Festigkeit der Bindung zweier Radikalmoleküle schließen muß (etwa 1—3 kcal/Mol), erinnert dieser spielend leichte Zerfall an den von Chinhydronen. Man kann annehmen, daß sich beim Übergang des Radikals aus dem gelösten in den festen Zustand eine „*Elektronendisproportionierung*" abspielt, derart, daß aus 2 Molekülen des zwitterionischen semichinoiden Radikals eine „salzartige" Verbindung entsteht mit einem Oxoniumkation und einem Oxylatanion als polare Partner:

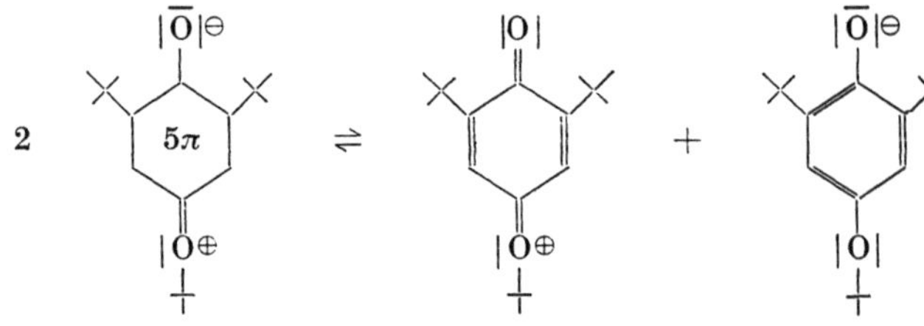

2 $\cdot R^{\oplus}_{\ominus}$ ⇌ $[R^{\oplus} + R^{\ominus}]$

gelöst, farbig paramagnetisch — fest, farblos diamagnetisch

Man kann auch sagen, daß es sich hier um einen Grenzfall des MULLIKENschen "charge transfer", sozusagen um einen "*completed charge transfer*"[1] handelt. Die bisher bekannten chemischen und physikalischen Eigenschaften, wie auch die theoretische Deutung dieser Verhältnisse mit ihrer Beziehung zu den Chinhydronen lassen eine derartige ungewöhnliche Auslegung durchaus diskutabel erscheinen.

Die Beziehung zu den *Chinhydronen* bzw. *Semichinonen* tritt auch bei der Betrachtung der Oxydationsstufe der Aroxyle hervor. Diese neuen Sauerstoffradikale müssen eine Mittelstellung zwischen der reduzierten Stufe (Phenol) und einer oxydierten Stufe (hier Keto-carbenium-Kation) besitzen, ähnlich dem System Hydrochinon—Semichinon—Benzochinon:

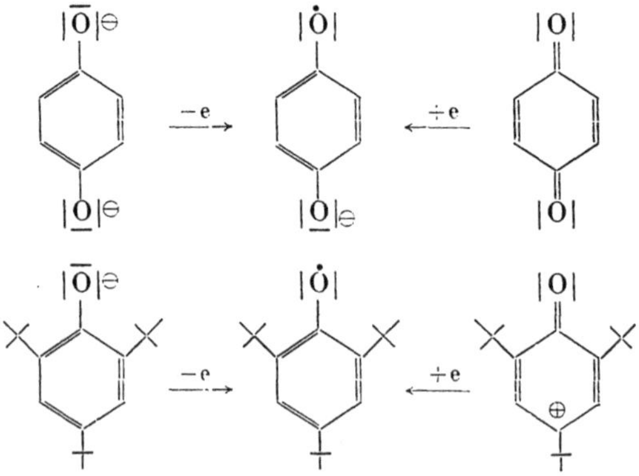

a b c

Das nach der obigen Formulierung hypothetische γ-Keto-carbenium-Kation (c) dürfte als kationischer Partner in dem festen, farblosen 4-Tert.-butoxy-2,6-di-tert.-butyl-phenoxyl-(1) vorliegen.

[1] WEISS, J.: J. Amer. Chem. Soc. **64**, 245 (1942); **65**, 462 (1943); s. ferner auch K. HAUSSER: Z. Naturforsch. **11a**, 20 (1956).

Die Aroxyle lassen sich nicht nur aus den entsprechenden Phenolen, sondern auch aus geeigneten chinoliden Derivaten herstellen:

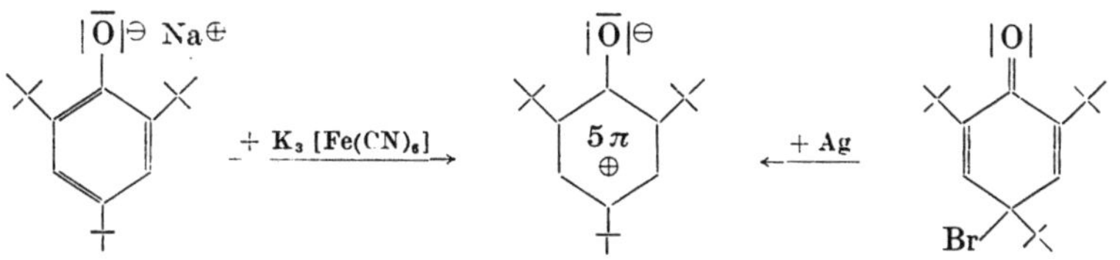

Hier kommt die im Phenol noch verborgene Tautomerie:

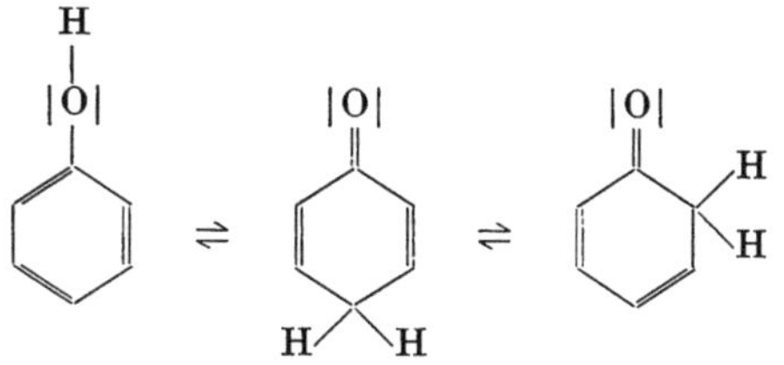

zum Ausdruck, die bekanntlich bei mehrwertigen Phenolen, wie Phloroglucin sich im reaktiven Verhalten sehr deutlich bemerkbar macht.

So stellt, insgesamt betrachtet, diese neue Klasse freier „Sauerstoff"-Radikale — Aroxyle — ein interessantes Problem der Tautomerie, Valenztautomerie (Phenoxyl ⇌ Ketomethyl) und Mesomerie dar.

Für die *Existenz* der *Aroxyle* selbst werden *sterische Effekte* maßgebend sein. Die Stabilität dieser Verbindungen kann durch zusätzliche mesomere Effekte zwar erhöht werden, aber dominierend dürften die sterischen Verhältnisse sein und den Vorrang vor dem eigentlichen Mesomeriephänomen haben[1].

Die Aroxyle lassen sich formal mit den *Tropolonen* (vgl. S. 331) vergleichen. Beiden Verbindungen ist die Sauerstoff-Ring-Polarität gemeinsam:

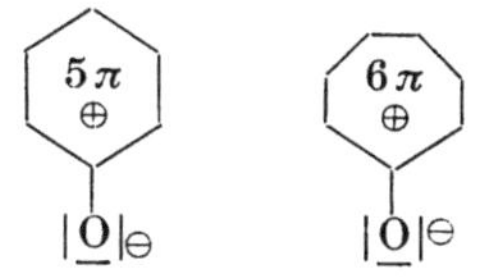

aber charakteristisch verschieden ist die Zahl der π-Elektronen. Das 6π-polare Siebenringsystem ist weitgehend aromatisch, das 5π-polare Sechsringsystem dagegen überwiegend radikalisch; daher treten im letzteren Fall intensive Farbigkeit, höhere Reaktionsfähigkeit und Paramagnetismus auf, während das Tropolonsystem Farblosigkeit, Reaktionsträgheit und Diamagnetismus zeigt.

IV. Stickstoff—Stickstoff-Doppelbindung

1. Azoxybindung

In den von N. ZININ[2] entdeckten Azoxyverbindungen liegt eine Kombination eines —N=O- mit einem N=N-Doppelbindungssystem vor. Ursprünglich erteilte man diesen Verbindungen wegen ihrer Beständigkeit gegen Oxydationsmittel

[1] Zu gleichen Schlüssen auf dem Gebiet der C-Radikale sind schon früher K. ZIEGLER [Angew. Chem. **61**, 168 (1949)] und neuerdings auch W. THEILACKER (Vortrag vor der Ortsgruppe Süd-Württemberg-Hohenzollern der GDCh am 16. 7. 56) gekommen.

[2] ZININ, N.: J. prakt. Chem. **36**, 93 (1841).

und ihrer Neutralität eine *3-Ringformel* (Kekulé)[1]. Diese lange Jahre als gültig angesehene Formel:

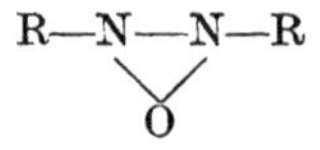

wurde aber aufgegeben, als A. Angeli[2] die Existenz zweier *strukturisomerer Monoderivate* der Azoxyverbindungen beweisen konnte, deren Verschiedenheit durch die 3-Ringformel nicht erklärt werden konnte. Daher führte Angeli die folgende *Strukturformel* ein[3]:

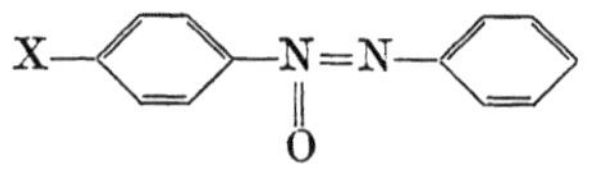

und

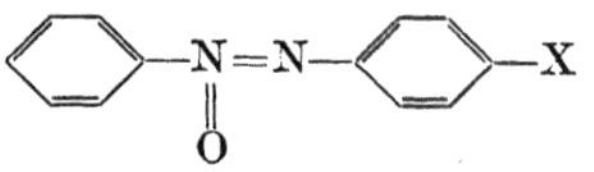

die nach der Elektronentheorie mit einer *semipolaren* N→O-Bindung geschrieben werden muß (die „5. Valenz" des Stickstoffs ist hier wie stets eine Ionenbeziehung):

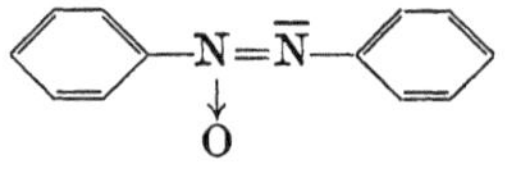

Der Beweis für die Richtigkeit dieser Formulierung ist auf zwei voneinander ganz verschiedene Weisen gegeben worden.

A. Angeli stellte fest, daß eine Azoxyverbindung, die in dem zur N→O-Gruppe benachbarten Kern substituiert ist, leicht am anderen Benzolkern angegriffen wird. Umgekehrt ist eine *Substitution* in dem der N→O-Gruppe benachbarten Phenylkern sehr erschwert bzw. verhindert, z. B.:

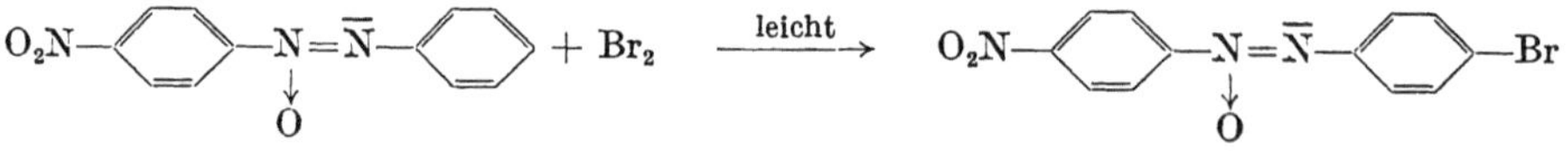

aber

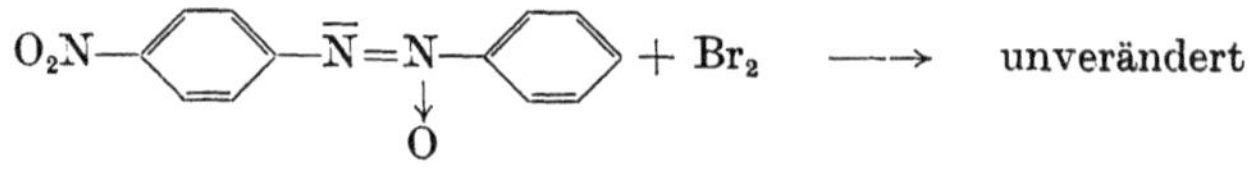

Dieses Verhalten wird verständlich, wenn man bedenkt, daß die *Azogruppe* einen Substituenten stets nach *para*-Stellung und gegenüber dem Benzol erleichtert dirigiert (einsames Elektronenpaar am N, +E-Effekt), daß hingegen die *N→O-Gruppe* nach der *meta*-Stellung zwingt und die Substitution obendrein verzögert (hier ist kein positiver E-Effekt vorhanden, sondern im wesentlichen spielen nur induktive Effekte neben dem —E-Effekt eine Rolle). Das Verhalten der Angelischen Isomeren spricht sehr zugunsten einer *Strukturisomerie* und läßt so auf chemischem Wege eine Strukturermittlung sicher durchführen. Ein ganz anderer, gleichzeitig und unabhängig voneinander von C. S. Marvel[4] und E. Müller[5] durchgeführter Strukturbeweis geht von folgender Überlegung aus:

Wären für die Azoxyverbindungen die 3-Ringformeln richtig, so müßte bei geeigneter Substitution durch asymmetrische C-Atome (C*) eine unspaltbare

[1] Kekulé, A.: Ber. dtsch. chem. Ges. **3**, 233 (1870).
[2] Angeli, A.: Atti R. Accad. naz. Lincei, Rend. [5] **15**, 480 (1906).
[3] Zusammenfassende Darstellung s. Eugen Müller: Die Azoxyverbindungen, in Ahrens-Sammlung, N. F., Bd. 33. Stuttgart: F. Enke 1936.
[4] Marvel, C. S.: J. Amer. Chem. Soc. **55**, 2841 (1933).
[5] Müller, Eugen: Liebigs Ann. **521**, 72 (1935).

meso-Verbindung auftreten. Bei Richtigkeit der ANGELIschen Formel ist aber eine *spaltbare Racemform* zu erwarten:

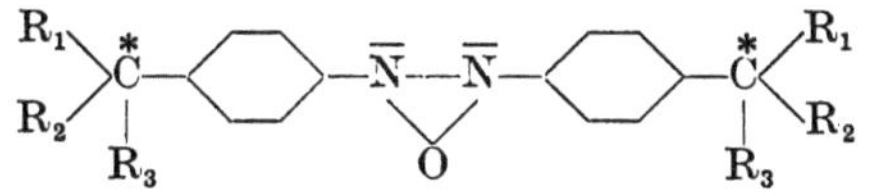

d l

A: unspaltbar

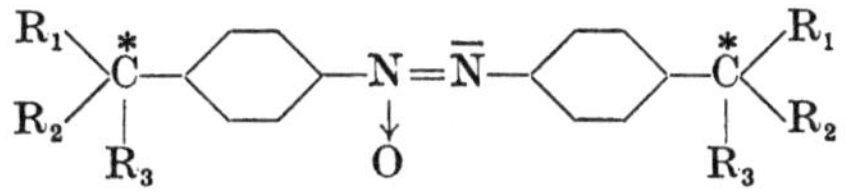

d l

B: spaltbar

Die Form B darf wegen der —N=N-Gruppe (↓ O) keine Symmetrieebene und kein Symmetriezentrum besitzen. In der Tat ließ sich die Spaltung geeigneter Azoxyverbindungen durchführen, ein überzeugender und unangreifbarer Beweis für die Richtigkeit der ANGELIschen Formel. Aus *Parachormessungen*[1] von Azoxyverbindungen ist zu entnehmen, daß diese Stoffe in grundsätzlicher Übereinstimmung mit der ANGELIschen Formulierung eine *semipolare* Bindung enthalten, also in Bestätigung der elektronentheoretischen Formulierung wie die N-Alkyläther von Oximen wiedergegeben werden müssen:

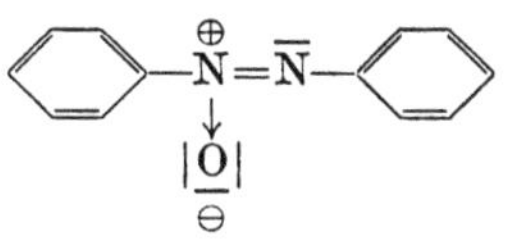

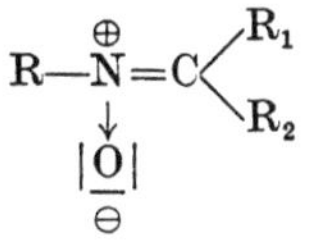

Die Azoxyverbindungen sind aber noch in anderer Hinsicht eine theoretisch interessante Stoffklasse. Unter der Voraussetzung, daß die HANTZSCH-WERNERsche[2] Auffassung einer geometrischen Isomerie von N=N-Verbindungen in Analogie zu den Oximen >C=NOH und Stoffen mit einer C=C-Doppelbindung richtig ist, müßten auch symmetrische Azoxyverbindungen in *isomeren cis-trans-Formen* darstellbar sein:

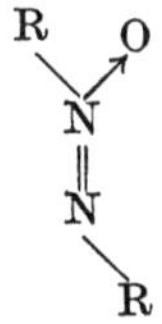

trans-Form

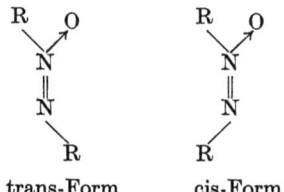

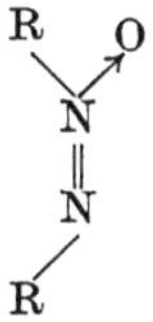

cis-Form

ANGELI[3] gelang die Darstellung solcher Verbindungen nicht. In dem Schrifttum fanden sich aber Angaben von A. REISSERT[4], der annahm, zu isomeren Formen des Azoxybenzols und o-Azoxytoluols gelangt zu sein. Eine Entscheidung für das Vorhandensein einer Stereoisomerie herbeizuführen, gelang REISSERT nicht. Später wurden diese Verbindungen als polymere oder polymorphe Formen der normalen Azoxyverbindungen angesehen[5].

---

[1] SUDGEN, S., J. B. REED u. H. WILKINS: J. Chem. Soc. (London) **127**, 1531 (1925). — MUMFORD, S. A., u. J. W. C. PHILLIPS: J. Chem. Soc. (London) **1929**, 2112.
[2] HANTZSCH, A., u. A. WERNER: Ber. dtsch. chem. Ges. **23**, 11 (1890).
[3] ANGELI, A.: Atti R. Accad. naz. Lincei, Rend. **22**, 201, 282 (1913).
[4] REISSERT, A.: Ber. dtsch. chem. Ges. **42**, 1364 (1909).
[5] HANTZSCH, A., u. G. REDDELIEN: Die Diazoverbindungen, S. 72. Berlin: Julius Springer 1921.

Die sichere Entscheidung, daß in diesen und ähnlichen Verbindungen in der Tat *Stereoisomere* vorliegen, gelang E. MÜLLER[1] und seinen Mitarbeitern. Sie konnten zunächst meta- und para-substituierte Iso-azoxyverbindungen darstellen, so daß die Isomerie nicht allein auf den Grundstoff und seine in ortho-Stellung substituierten Derivate beschränkt blieb. Den Beweis für das Vorliegen der geometrischen Isomerie führten sie mittels der *UV-Absorptionsspektren*, die sich bei den isomeren Verbindungen in analoger Weise wie bei anderen cis-trans-Isomeren unterscheiden. Die eindeutige Konfigurationsermittlung ließ sich durch *Dipolmessungen* erbringen, deren Ergebnisse insgesamt zu dem zwingenden Schluß führen, daß diese Isomerie sich nur durch räumliche Verschiedenheit der betrachteten Verbindungen erklären läßt. Die Unterschiede der Dipolmomente der Isomeren sind sehr beträchtlich, trans-Azoxybenzol: $\mu = 1{,}70$ D, cis-Azoxybenzol: $\mu = 4{,}67$ D. Die labilen, höher schmelzenden und schwerer löslichen Verbindungen stellen die cis-Formen dar, deren Umlagerung in die stabilen trans-Formen z. B. durch Licht, Halogene und Wärme bewirkt werden kann. Damit war zum ersten Male der grundsätzlich wichtige Nachweis einer geometrischen Isomerie an einer N=N-Doppelbindung in Bestätigung der WERNERschen Anschauung geführt worden.

Neuerdings ist auch eine *natürlich* vorkommende[2] Azoxyverbindung, das *Macrozamin* entdeckt worden. Es handelt sich um das Primverosid des Oxy-azoxy-methans, wobei die Konstitution bezüglich der Stellung des semipolar gebundenen Sauerstoffatoms noch unsicher ist:

$$\underset{\displaystyle\mathrm{O}}{CH_3—\underset{\downarrow}{N}=N—CH_2—O—C_6H_{10}O_5—C_5H_9O_4}$$

(bzw. O am anderen N-Atom).

2. Azobindung

Ebenso wie die Azoxyverbindungen sollten nach der HANTZSCH-WERNERschen Theorie auch die Azoverbindungen in *cis-trans-isomeren* Formen auftreten:

cis trans

Diese Isomerie wurde von G. S. HARTLEY[3] einige Zeit nach der Auffindung der cis-trans-Isomerie an Azoxyverbindungen entdeckt. Durch Bestrahlung von trans-Azobenzol mit UV-Licht gelingt eine teilweise Umwandlung in die cis-Verbindung. Das trans-Azobenzol besitzt naturgemäß das *Dipolmoment* $\mu = 0$ D, während das cis-Azobenzol ein Moment von $\mu = 3$ D aufweist. Wie bei dem Azoxybenzol schmilzt auch hier die cis-Form höher als die trans-Form und läßt sich außerordentlich leicht in das stabile Isomere umlagern. Die cis-Form ist um etwa 12 kcal energiereicher als die trans-Form. Aus der Größe des Moments der cis-Form läßt sich auch das zu erwartende Moment des cis-Azoxybenzols

---

[1] MÜLLER, EUGEN: Liebigs Ann. **493**, 167 (1932); **495**, 133 (1932); Physik. Chem. A **162**, 281 (1932); Liebigs Ann. **500**, 296 (1933). — AUWERS, K. v.: Liebigs Ann. **499**, 123 (1932).

[2] LYTHGOE, B., u. Mitarbb.: J. Chem. Soc. (London) **1949**, 2716; **1951**, 2309; **1952**, 4191.

[3] HARTLEY, G. S.: Nature (London) **140**, 282 (1937); J. Chem. Soc. (London) **1938**, 633; ferner L. ZECHMEISTER, O. FREHDEN u. P. F. JÖRGENSEN: Naturwiss. **26**, 495 (1938); chromatographische Trennung an Aluminiumoxyd s. A. H. COOK: J. Chem. Soc. (London) **1938**, 876; **1939**, 1309, 1315.

abschätzen. Da trans-Azoxybenzol selbst schon ein Moment von $\mu = 1{,}70$ D mitbringt, dürfte das cis-Azoxybenzol hiernach etwa das Moment $\mu = 1{,}70 + 3 = 4{,}70$ D besitzen. Damit steht der gefundene Wert von 4,67 D in bester Übereinstimmung. Die HANTZSCH-WERNERsche Idee der möglichen Raumisomerie an N=N-Doppelbindungen hat so ihre beste Bestätigung gefunden. Der Abstand der beiden —N=N-Atome beträgt $\sim 1{,}23$ Å, ist also etwas kleiner als der —C=C-Abstand (1,32 Å)[1].

Man kennt danach verschiedene Möglichkeiten der cis-trans-Isomerie am doppelt gebundenen Stickstoff, der sich wie ein doppelt gebundenes Kohlenstoffatom verhält, cis-trans-isomere Oxime, Azoxy- und Azo-Verbindungen. Die hier häufig zu beobachtende leichtere Umlagerungstendenz cis → trans hängt zweifellos mit dem räumlichen Aufbau des dreibindigen Stickstoffatoms zusammen.

Aliphatische Azoverbindungen zersetzen sich leicht thermisch unter Abgabe von molekularem *Stickstoff*. Dabei bleiben intermediär die organischen Reste als *freie Radikale* zurück, was u. a. aus ihrer Fähigkeit, Polymerisationen von Vinylverbindungen auszulösen, klar hervorgeht:

$$H_3C-\!\!\mid\!\!-\overline{N}=\overline{N}-\!\!\mid\!\!-CH_3 \xrightarrow{\ 7\ } 2 \cdot CH_3 + \left\{\cdot \overline{N}=\overline{N}\cdot \longleftrightarrow |N\!\equiv\!N|\right\}$$

$$\begin{array}{c} H_3C \\ H_3C-C-\overline{N}=\overline{N}-C-CH_3 \\ | \qquad\qquad\qquad | \\ CN \qquad\qquad\qquad CN \end{array} \xrightarrow{\ 7\ } 2 \begin{array}{c} H_3C \\ H_3C \end{array}\!\!\!\!\!\!\!C\cdot + N_2 \\ \qquad\qquad\qquad\qquad | \\ \qquad\qquad\qquad\qquad CN$$

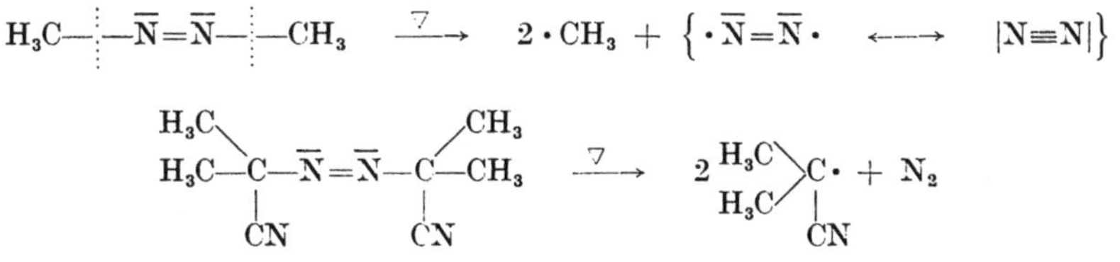

Die Analogie der N=N- zur C=C-Doppelbindung tritt auch dann sehr charakteristisch in Erscheinung, wenn zwei Carbonylgruppen dem N=N-Doppelbindungssystem in Konjugation zugeordnet sind. *Azodicarbonester* können daher wie Maleinsäureanhydrid oder Chinon als dienophile Komponenten bei der DIELS-ALDER-Reaktion wirken. Die *Diensynthese* ist zuerst an diesen Verbindungen erkannt worden:

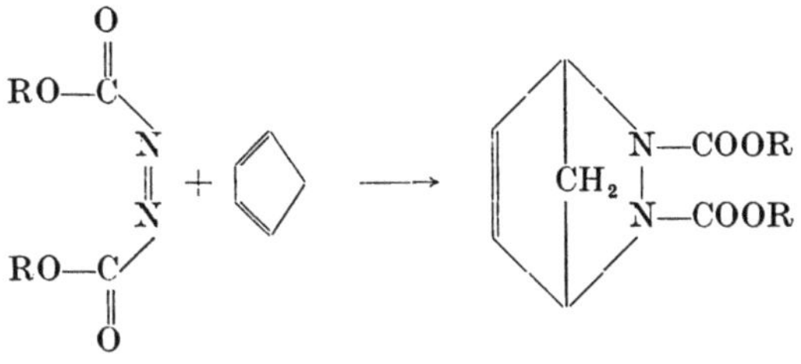

Geeignete aliphatische Azoverbindungen, z. B. das *Azomethan*, reagieren mit einem stark nucleophilen Agens wie *Methyllithium* unter lebhafter Methanentwicklung. Man erhält dabei das *Lithiumsalz des Formaldehyd-methylhydrazons*, offenbar ein Ausdruck des starken Hyperkonjugations-Effekts der beiden Methylgruppen im Azomethan:

$$H_3C-N=N-CH_3 + LiCH_3 \longrightarrow CH_4 + H_2C=N-N-CH_3 \\ \qquad\qquad\qquad\qquad\qquad\qquad\qquad\qquad\qquad | \\ \qquad\qquad\qquad\qquad\qquad\qquad\qquad\qquad\qquad Li$$

---

[1] Kristallstruktur und Konfiguration der stereoisomeren Azobenzole s. J. M. ROBERTSON: J. Chem. Soc. (London) **1939**, 232. — LANGE, J. J., J. M. ROBERTSON u. J. WOODWARD: Proc. Roy. Soc. (London) A **174**, 398 (1939).

Das Azomethan ist also *mesomer* zu formulieren (s. Hyperkonjugation S. 413):

$$\begin{array}{c}H\\H\end{array}\!\!\!>\!\!C\!-\!\overset{\ominus}{\underline{N}}\!=\!\overline{N}\!-\!C\!\!<\!\!\begin{array}{c}H\\H\\H\end{array} \longleftrightarrow \begin{array}{c}H\\H\end{array}\!\!\!>\!\!\overset{\ominus}{C}\!-\!N\!=\!\overline{N}\!-\!C\!\!<\!\!\begin{array}{c}H\\H\\H\end{array} \overset{H^{\oplus}\leftarrow\cdots\cdots}{}$$

Es besitzt demnach eine Stellung zwischen der reinen Azoformulierung und einer reinen Formaldehyd-methylhydrazon-Formel. Ähnliches dürfte auch für alle aliphatischen Azoverbindungen gelten, die noch ein „tautomeriefähiges" H-Atom und damit hyperkonjugierte Anordnungen besitzen[1].

Der Azodicarbonsäureester zeigt überhaupt eine bemerkenswerte Vielseitigkeit im Additionsvermögen. *Nucleophile Agentien* werden an der N=N-Doppelbindung aufgenommen gemäß:

$$H\!-\!B| \;+\; \begin{array}{l}\overline{N}\!-\!COOR\\ \|\\ \underline{N}\!-\!COOR\end{array} \longrightarrow \begin{array}{l}H\!-\!\overset{\oplus}{B}\!\rightarrow\!\overline{N}\!-\!COOR\\ \quad\quad\quad |\\ \quad\quad\;\;\ominus|\underline{N}\!-\!COOR\end{array} \longrightarrow \begin{array}{l}B\!-\!\overline{N}\!-\!COOR\\ \quad\quad |\\ H\!\leftarrow\!\underline{N}\!-\!COOR\end{array}$$

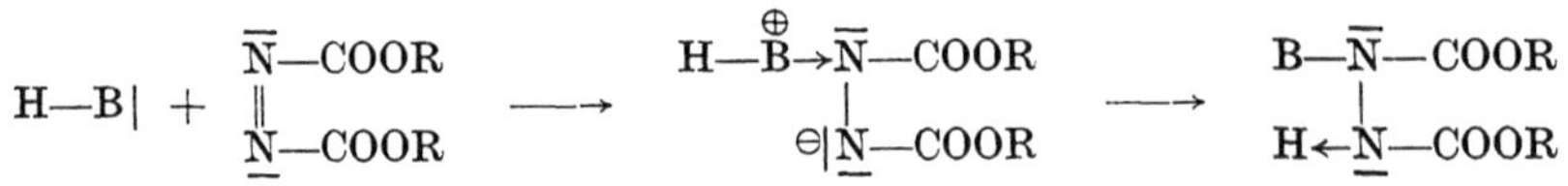

Zu diesem Reaktionstyp gehören die Anlagerungen primärer aromatischer Amine, der Enamine[2], Mercaptane[3], Verbindungen mit aktiven Methylengruppen wie Acetessigester, Malonester[4], Alkohole[3] oder Aldehydrazone[5], Stickstoffwasserstoffsäure[6] und der Diazoalkane[7]. Analog kann man mit Azoestern *aromatische Kerne* elektrophil substituieren, insbesondere nach Aktivierung der N=N-Doppelbindung mit Säuren (HA)[8]:

$$\left\{\begin{array}{l}\overline{N}\!-\!COOR\\ \|\\ \underline{N}\!-\!COOR\end{array} \longleftrightarrow \begin{array}{l}\oplus\overline{N}\!-\!COOR\\ \quad |\\ \ominus|\underline{N}\!-\!COOR\end{array}\right\} + H^{\oplus}A^{\ominus} \longrightarrow \begin{array}{l}\oplus\overline{N}\!-\!COOR\\ \quad |\\ H\!\leftarrow\!\underline{N}\!-\!COOR\end{array} + A^{\ominus}$$

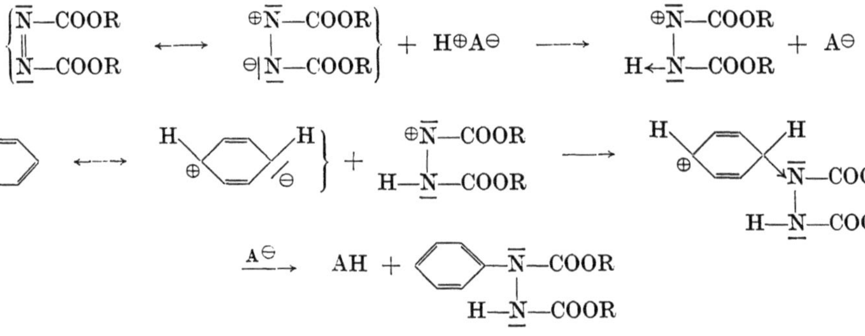

Unter geeigneten Bedingungen gelingen auch *radikalische* Reaktionen der Azodicarbonester[9], z. B.:

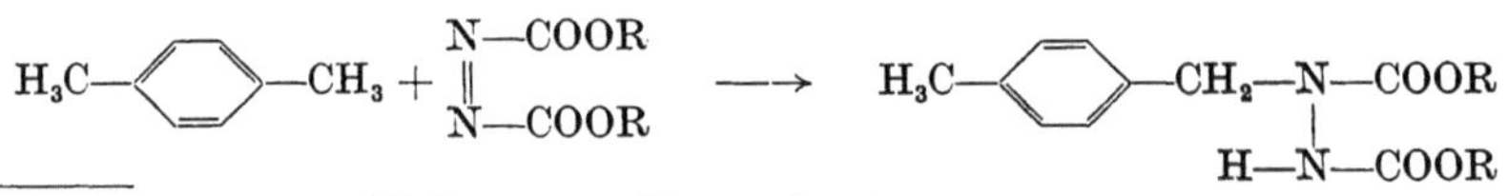

[1] MÜLLER, EUGEN, u. W. RUNDEL: Unveröffentlicht.
[2] DIELS, O.: Liebigs Ann. **429**, 1 (1922).
[3] DIELS, O., u. C. WULFF: Liebigs Ann. **437**, 309 (1924).
[4] DIELS, O.: Liebigs Ann. **429**, 1 (1922). — DIELS, O., u. H. BEHNCKE: Ber. dtsch. chem. Ges. **57**, 653 (1924).
[5] BUSCH, M., H. MÜLLER u. E. SCHWARZ: Ber. dtsch. chem. Ges. **56**, 1600 (1923).
[6] STOLLÉ, R., u. G. ADAM: Ber. dtsch. chem. Ges. **57**, 1656 (1924).
[7] MÜLLER, E.: Ber. dtsch. chem. Ges. **47**, 3001 (1914). — STAUDINGER, H., u. A. GAULE: Ber. dtsch. chem. Ges. **49**, 1961 (1916). — DIELS, O., u. H. KÖNIG: Ber. dtsch. chem. Ges. **71**, 1179 (1938).
[8] STOLLÉ, R., u. K. LEFFLER: Ber. dtsch. chem. Ges. **57**, 1061 (1924). — STOLLÉ, R., u. G. ADAM: J. prakt. Chem. [2] **111**, 167 (1925). — STOLLÉ, R., u. W. REICHERT: J. prakt. Chem. [2] **123**, 74 (1929).
[9] HUISGEN, R., F. JACOB, W. SIEGEL u. A. CADUS: Liebigs Ann. **590**, 1ff. (1954).

wobei der Mechanismus einer Radikalkettenreaktion vorzuliegen scheint. Auch an Ketone, wie z. B. *Cyclohexanon*, ist eine radikalische Addition des Azoesters möglich, wobei allerdings der elektrophile Mechanismus (Substitution des zum Carbonyl ortho-ständigen CH) bevorzugt abläuft[1]:

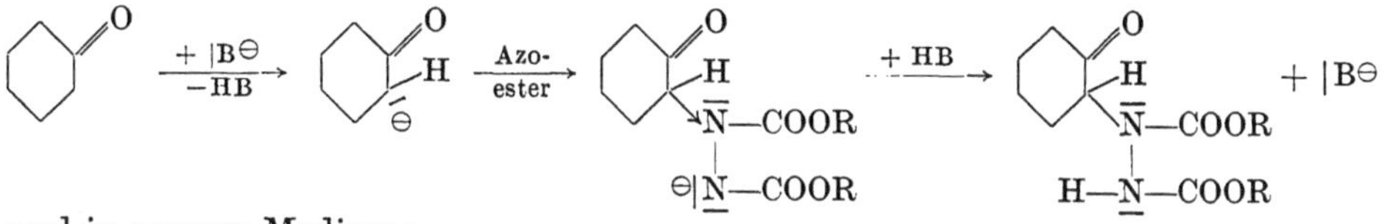

und in saurem Medium:

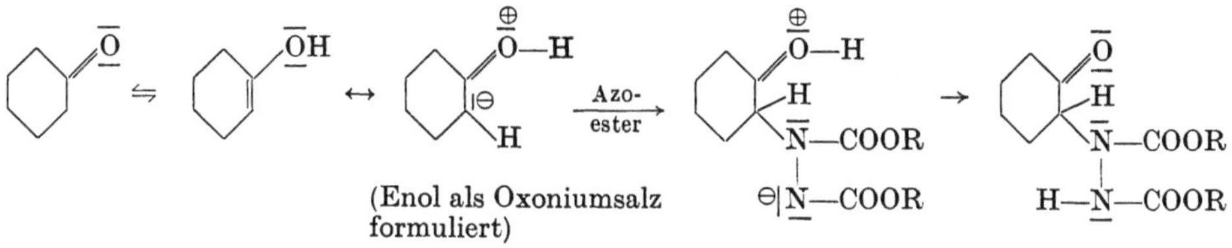

In letzterem Falle laufen beide Mechanismen, der polar ionische und ein radikalischer, nebeneinander her.

Die Anlagerung von *Aldehyden* an Azoester verläuft dagegen nur radikalisch[2]:

$$R-C(O)H \longrightarrow R-CO\cdot + H\cdot$$

$$R-\overset{\cdot}{C}=O + \underset{\underset{N-COOR}{\|}}{N-COOR} \longrightarrow \underset{\underset{\cdot N-COOR}{\,}}{\overset{\underset{O}{\|}}{R-C-\overline{N}-COOR}}$$

$$\underset{\underset{\cdot N-COOR}{\,}}{\overset{\underset{O}{\|}}{R-C-\overline{N}-COOR}} + R-C(H)(O) \longrightarrow \underset{\underset{H\overline{N}-COOR}{\,}}{\overset{\underset{O}{\|}}{R-C-\overline{N}-COOR}} + R-\overset{\cdot}{C}=O$$

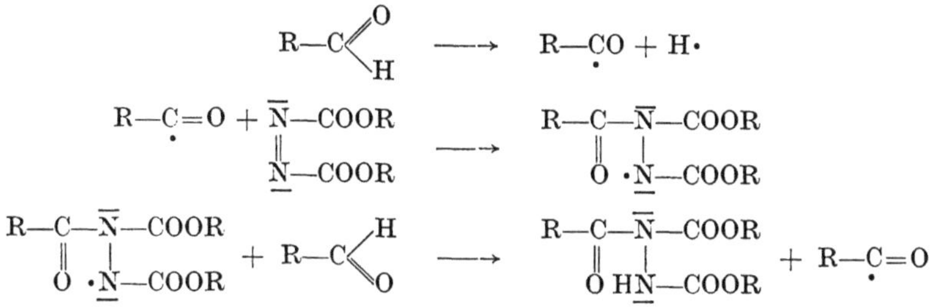

Auch Benzaldehyd lagert sich bei Katalyse mit Di-tert.-butylperoxyd bei 140° an Azobenzol unter Bildung von N-Benzoylhydrazobenzol an[3]. Das CH-Analogon des Azoesters, der *Maleinsäureester*, lagert Aldehyde ebenfalls über eine Radikalkette an[4]. Auch die Addition der Azoester an *Olefine* in der Allylstellung[5] ist nach Versuchen von R. Huisgen und Mitarbeitern eine Radikalkettenreaktion:

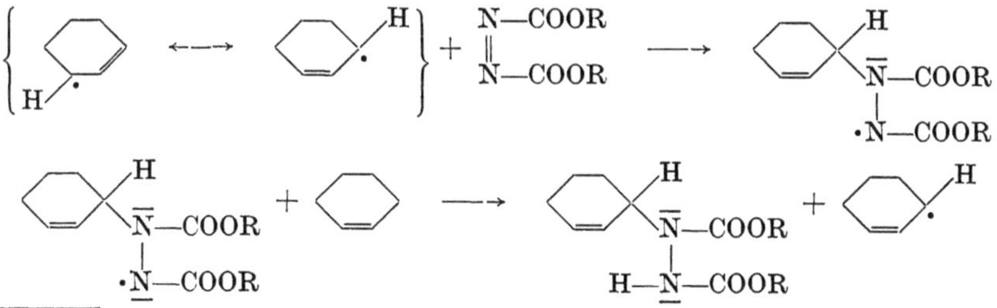

[1] Huisgen, R., u. F. Jacob: Liebigs Ann. **590**, 37 (1954).

[2] Alder, K., u. T. Noble: Ber. dtsch. chem. Ges. **76**, 54 (1943).

[3] Kharasch, M. S., M. Zimmermann, W. Zimmt u. W. Nudenberg: J. organ. Chem. **18**, 1045 (1953).

[4] Patrick, T. M.: J. organ. Chem. **17**, 1009 (1952).

[5] Huisgen, R., u. F. Jacob: Liebigs Ann. **590**, 37 (1954); s. a. R. Huisgen, F. Jacob, W. Siegel u. A. Cadus: Liebigs Ann. **590**, 1 (1954); ebenfalls K. Alder, F. Paschar u. A. Schmitz: Ber. dtsch. chem. Ges. **76**, 27 (1943).

Aromatische Azoverbindungen sind wegen der verschiedenen Mesomeriemöglichkeiten stabiler:

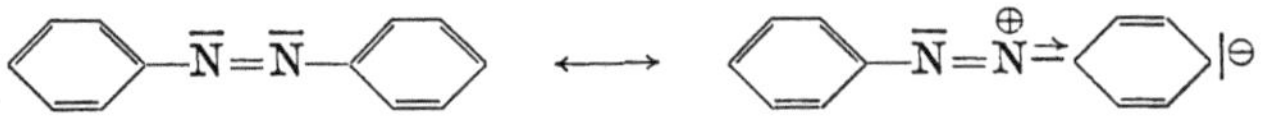

$$\langle\!\!\bigcirc\!\!\rangle\!-\!\overline{\mathrm{N}}\!=\!\overline{\mathrm{N}}\!-\!\langle\!\!\bigcirc\!\!\rangle \longleftrightarrow \langle\!\!\bigcirc\!\!\rangle\!-\!\overline{\mathrm{N}}\!=\!\overset{\oplus}{\mathrm{N}}\!\rightleftharpoons\!\langle\!\!\bigcirc\!\!\rangle|\ominus \text{ usw.}$$

Im ganzen betrachtet sind die aromatischen Azoverbindungen recht reaktionsträge Substanzen, was für ihre Verwendung als *Farbstoffe* wichtig ist. Gegen verdünnte *Säuren* zeigen sie nur schwach basische Eigenschaften. Mit *Alkalimetallen* oder alkalisch nascierendem *Wasserstoff* kann man die N=N-Doppelbindung zu den betreffenden Hydrazinen hydrieren (Zwischenprodukte sind die Alkalimetall-Additionsverbindungen). Bei energischer Hydrierung oder bei saurer Reduktion wird schließlich die N=N-Bindung unter Bildung der entsprechenden Amine aufgespalten, eine Reaktion, die man zur Strukturermittlung von Azofarbstoffen anwenden kann.

Von bedeutendem färberischem Interesse sind die *ortho-Oxy-azoverbindungen*. Sie bilden leicht innermolekulare *Wasserstoffbrücken* in Analogie zu den ortho-Oxy-carbonyl-benzolen:

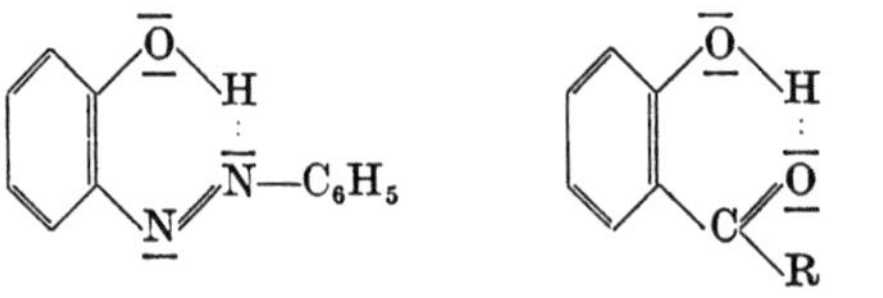

$R = H, C_6H_5$

was sich z. B. im IR-Spektrum am Fehlen der charakteristischen OH-Banden zeigt[1]. Mit Metallverbindungen entstehen stabile innerkomplexe Verbindungen, die zwar in organischen Solventien, dagegen nicht mehr in Wasser löslich sind. Verbindungen dieser Art begegnet man auch bei den o-Oxyaldehyden oder -ketonen. Über die Protonbrücke ist auch die Bildung tautomerer Formen, der *o-Chinonphenylhydrazone*, denkbar:

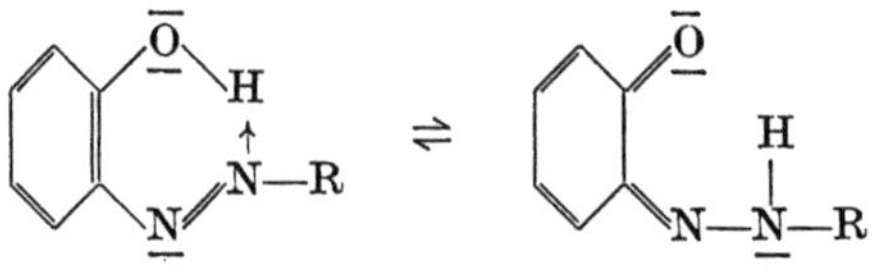

Eine solche *Tautomerie*, sie entspricht dem Typus p-Nitrosophenol ⇌ Chinonmonoxim:

$$\mathrm{HO}\!-\!\langle\!\!\bigcirc\!\!\rangle\!-\!\mathrm{NO} \rightleftharpoons \mathrm{O}\!=\!\langle\!\!\bigcirc\!\!\rangle\!=\!\mathrm{NOH}$$

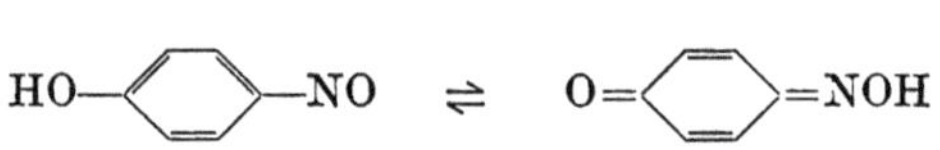

ist auch bei den p-Oxyazoverbindungen möglich:

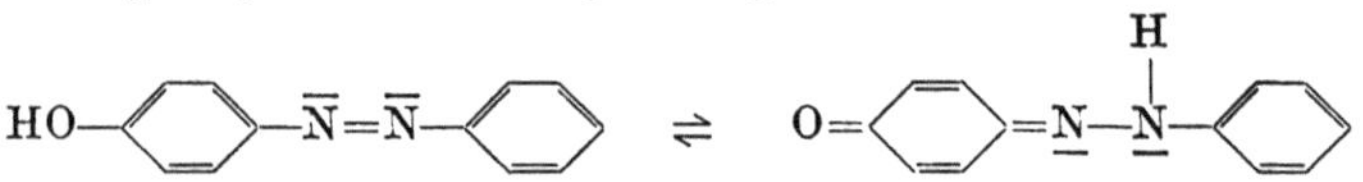

Abschließend sei noch auf die aromatischen Hydrazinderivate hingewiesen, die in der Benzidin-Umlagerung[2] u. a. eine sehr charakteristische Reaktion zeigen.

---

[1] HENDRICKS, S. B., O. R. WULF, G. E. HILBERT u. U. LIDDEL: J. Amer. Chem. Soc. **58**, 1991 (1936).

[2] JACOBSON, O.: Liebigs Ann. **428**, 76 (1922). — INGOLD, C. K., u. H. V. KIDD: J. Chem. Soc. (London) **1933**, 984.

V. Einige Umlagerungsreaktionen

Die im Voranstehenden erwähnte Umlagerung der Hydrazobenzole ist nur ein Beispiel für viele Reaktionen dieser Art, z. B. (vgl. auch S. 364, 365 ff.):

N-Chloranilin	→ p-Chlor-anilin
N-Chlor-acetanilid	→ p-Chlor-acetanilid
Diazoaminobenzol	→ p-Aminoazobenzol
Phenylhydroxylamin	→ p-Aminophenol[1]
N-Nitrosoanilin	→ p-Nitrosoanilin[2]
	(O. FISCHER-HEPPsche Umlagerung)
Phenolacetat	→ o-Oxy-acetophenon
	(FRIESsche Verschiebung, s. S. 364)
Phenolallyläther	→ C-Allylphenole
	(CLAISENsche Allylätherverschiebung, s. S. 404)

STEVENSsche und SOMMELETsche Umlagerung, s. S. 406
WITTIGsche Ätherumlagerung, s. S. 408

Wenngleich diese Reaktionen in ihrem Ablauf ähnlich aussehen, so ist doch keineswegs damit eine Aussage über den eigentlichen Reaktionsmechanismus zu machen.

1. Intermolekulare „Umlagerungen"

Die „Umlagerungen" von z. B. N-Chloracetanilid und Diazoaminobenzol verlaufen sicher intermolekular. So haben A. R. OLSON, R. S. HALFORD und J. C. HORNEL[3] bei der „Umlagerung" des *N-Chloracetanilids* mit radioaktivem Chlorwasserstoff als Katalysator eine Gleichverteilung der Radioaktivität mit dem in o- und p-Stellung in den Kern eintretenden Chlor festgestellt. Ein Teil des Reaktionsweges kann wie folgt formuliert werden:

$$\text{Ph–N(COCH}_3\text{)–Cl} + \text{H}^\oplus \xrightarrow{\text{Cl}^\ominus} \left[\text{Ph–N(COCH}_3\text{)(H)–Cl} \right]^\oplus \text{Cl}^\ominus \rightarrow \text{Ph–NH–COCH}_3 + \text{Cl}_2$$

$$\rightarrow (\text{o- bzw. p-}) \text{Cl–C}_6\text{H}_4\text{–NH–COCH}_3 + \text{HCl}$$

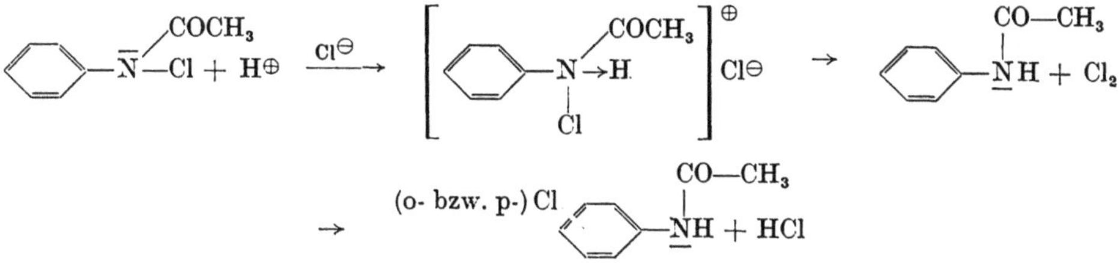

Man nimmt ferner an, daß sich die Umlagerung auch über einen Komplex aus drei Molekülen N-Chloracetanilid vollziehen kann.

Bei der „Umlagerungsreaktion" von *Diazoaminobenzol* in p-Aminoazobenzol war schon früher von T. ZINCKE und H. JAENKE[4] durch Kreuzversuche mit substituierten Diazoaminobenzolen sehr wahrscheinlich gemacht worden, daß es sich um keine eigentliche Umlagerung, sondern um eine *primäre Spaltung* in das aromatische Amin und ein Diazoniumsalz und anschließend um eine *Kupplung* handelt. Durch Arbeiten mit markiertem Stickstoff ^{15}N konnten K. CLUSIUS und H. R. WEISSER[5] dieses Ergebnis sichern. Möglicherweise handelt es sich auch bei der FISCHER-HEPPschen und der BAMBERGERschen Reaktion um keine echten Umlagerungen, sondern um *intermolekulare* Reaktionen.

---

[1] BAMBERGER, E.: Ber. dtsch. chem. Ges. **31**, 1503 (1898); Liebigs Ann. **424**, 233, 297 (1921); **441**, 297 (1925).
[2] FISCHER, O., u. E. HEPP: Ber. dtsch. chem. Ges. **19**, 2991 (1886). — HOUBEN, J.: Ber. dtsch. chem. Ges. **46**, 3984 (1913).
[3] OLSON, A. R., R. S. HALFORD u. J. C. HORNEL: J. Amer. Chem. Soc. **59**, 1613 (1937); J. organ. Chem. **3**, 76 (1938).
[4] ZINCKE, T., u. H. JAENKE: Ber. dtsch. chem. Ges. **21**, 540 (1888).
[5] CLUSIUS, K., u. H. R. WEISSER: Helvet. chim. Acta **35**, 1524 (1952). — CLUSIUS, K.: Angew. Chem. **66**, 497 ff. (1954).

2. Intramolekulare Umlagerungen

a) Benzidin-Umlagerung

Dagegen ist die *Benzidin-Umlagerung* eine wahre *intramolekular* verlaufende Umlagerungsreaktion, was sich durch Kreuzversuche mit geeigneten radioaktiv (^{14}C) substituierten Hydrazobenzolen beweisen läßt[1]:

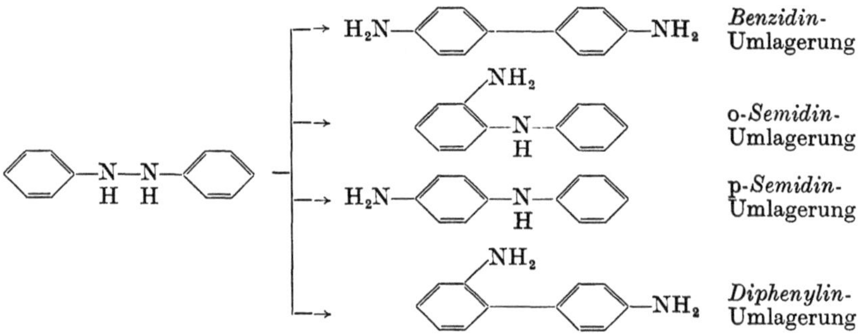

b) Claisensche Phenolallyläther-Umlagerung

Auch die thermisch durchgeführte Claisensche[2] *Phenol-allyläther-Umlagerung* stellt, vor allem nach den Untersuchungen von K. Schmid u. Mitarbb.[3] weder einen radikalischen noch ionischen oder π-Komplex-Mechanismus dar, sondern ist als eine *wahre intramolekulare* Umlagerung anzusehen.

Die Wanderung der Allylgruppe in Allylphenoläthern ist bei einem Übergang in die *ortho-Stellung* immer mit einer Allyl-*Umlagerung* verbunden, wohingegen die bei di-o-substituierten Phenolallyläthern eintretende Wanderung des Allylrestes in die para-Stellung von keiner Allylumlagerung begleitet ist.

Bei der ortho-Claisen-Umlagerung ist die Allylumlagerung durch Zwischenbildung und andersartige Öffnung eines zweiten Sechsrings verständlich:

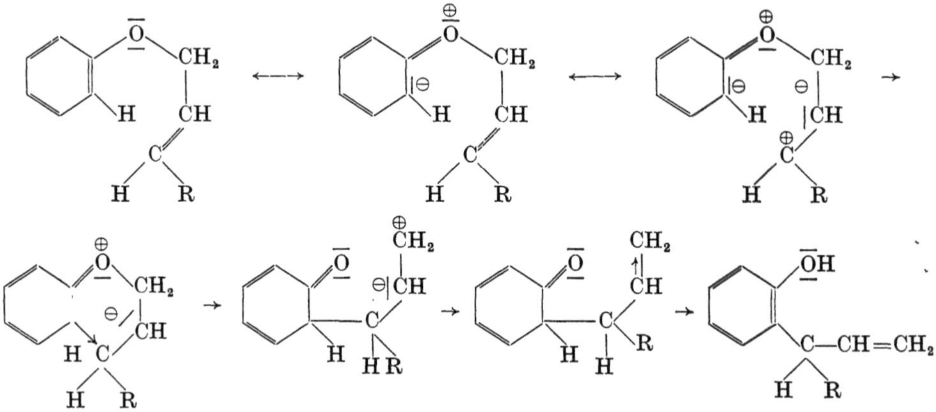

[1] Smith, D. H., J. R. Schwarz u. G. W. Wheland: J. Amer. Chem. Soc. **74**, 2282 (1952). — Bedeutung sterischer Faktoren (Umlagerung des 3,3′,5,5′-Tetrafluorhydrazobenzols) siehe R. B. Carlin u. S. A. Heininger, J. Amer. Chem. Soc. **77**, 2272 (1955).

[2] Claisen, L., u. E. Tietze: Ber. **58**, 275 (1925); **59**, 2344 (1926).

[3] Schmid, H., u. K. Schmid: Helv. **36**, 489, 687 (1953). — Schmid, K., W. Haegele u. H. Schmid: Exp. IX, 414 (1953); dieselben: Helv. **37**, 1080 (1954). — Schmid, H., K. Schmid, P. Fahrni u. W. Haegele: Helv. **38**, 783 (1955). — Reversibilität der para-Claisen-Umlagerung: F. Kalberer, K. Schmid u. H. Schmid: Helv. **39**, 555 (1956); s. ferner O-Allylwanderungen in einen ortho-Allylrest: K. Schmid, P. Fahrni u. H. Schmid: Helv. **39**, 708 (1956). — Ryan, I. P., u. P. R. O'Connor: J. Amer. Chem. Soc. **74**, 5866 (1952).

oder kürzer formuliert:

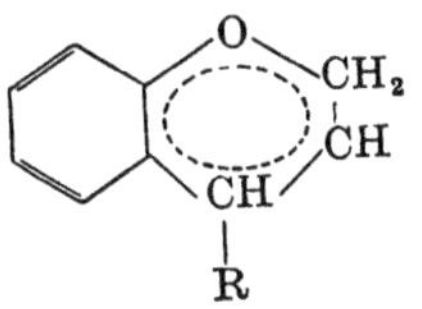

Für die Deutung der para-Allylwanderung lassen sich ähnliche Formulierungen aufstellen, nur daß sich diese „Umlagerung" *zweimal* vollziehen muß, da im Endprodukt keine Umlagerung der ursprünglichen Allyläthergruppe festzustellen ist.

Nimmt man als primäres Produkt ein ortho-„Ketomethylderivat", also ein Dienon an, z. B.[1]:

so kann sich sowohl der Allyl- als auch der Methallylrest über eine *erneute 6-Ring-bildung* in die para-Stellung begeben, was mit den experimentellen Befunden übereinstimmt[2]:

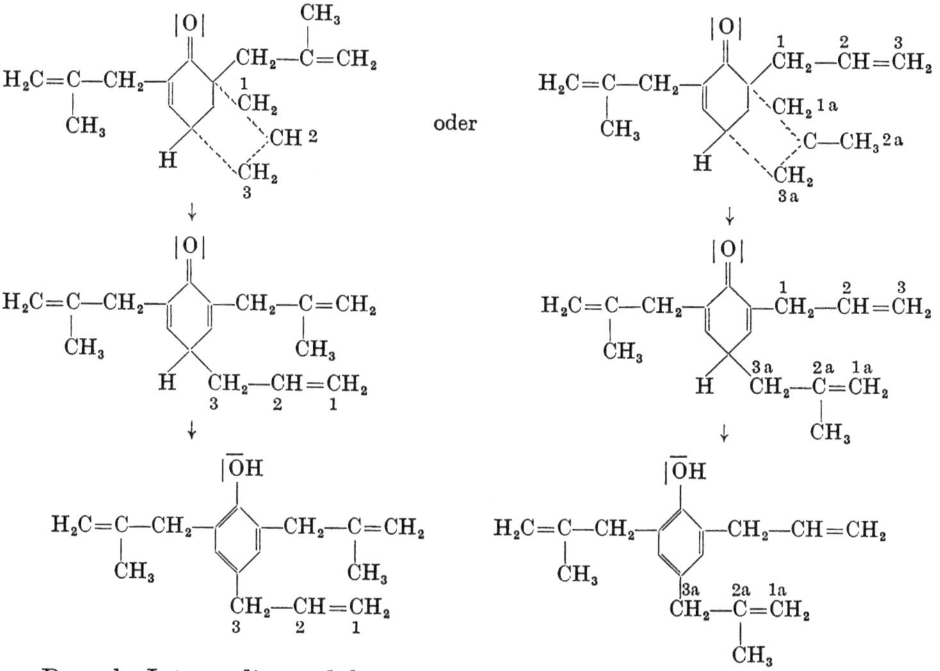

Das als Intermediärprodukt angenommene Dienonderivat läßt sich, wenn auch mit schlechter Ausbeute (6,5%), mit Maleinsäureanhydrid abfangen. Ferner bleibt auch die optische Aktivität eines geeignet substituierten Allylrestes bei der Wanderung in die para-Stellung erhalten[3].

[1] HURD, CH. D., u. M. A. POLLACK: J. org. Chem. **3**, 550 (1939).

[2] CURTIN, D. Y., u. H. W. JOHNSON JR.: J. Amer. Chem. Soc. **76**, 2276 (1954); zum Beweis des intramolekularen Reaktionsablaufs der para-CLAISEN-Umlagerung s. auch S. J. RHOADS, R. RAULINS u. R. D. REYNOLDS (I. Mitteil.): J. Amer. Chem. Soc. **76**, 3456 (1954); S. J. RHOADS u. R. L. CRECELIUS: Ebenda **77**, 5060 (1955) (IV. Mitteil.).

[3] ALEXANDER, E, R., u. R. W. KLUIBER: J. Amer. Chem. Soc. **73**, 4304 (1954).

Für diesen Mechanismus sprechen sehr überzeugend die eingangs erwähnten Versuche von H. Schmid mit Allyläthern, die in o,o'-Stellung mit durch radioaktiven Kohlenstoff markierten Allylgruppen besetzt sind, z. B.:

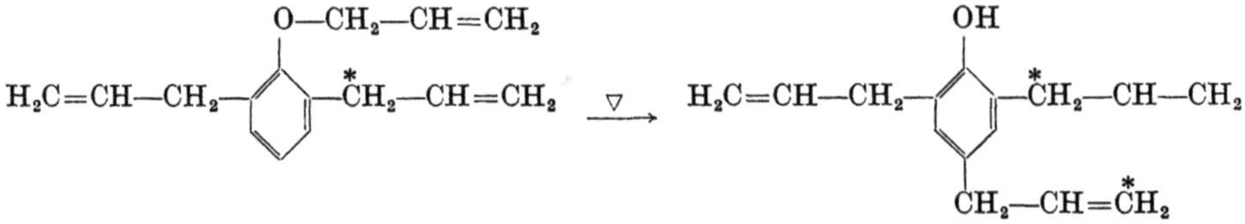

Im einzelnen ergibt sich aus den Isotopenversuchen, daß nicht nur der am Sauerstoffatom haftende Allylrest allein, sondern teilweise auch die 2- und 6-ständigen C-Allylgruppen — eben über die genannten Zwischenprodukte vom Dienontypus — an das Kohlenstoffatom 4 wandern können. Es ist nicht nötig, ein stabiles Dienonderivat als Zwischenprodukt anzunehmen, sondern es genügt die Annahme der Ausbildung eines cyclischen, 6-gliedrigen Übergangszustandes, in dem die Bindungen gleichzeitig gelöst und wieder geschlossen werden.

Die mit den modernsten Methoden untersuchte Claisensche Umlagerung von Phenolallyläthern zeigt sehr eindrucksvoll die großen Schwierigkeiten, die einer sicheren Deutung eines Reaktionsweges entgegenstehen. Fernerhin sieht man, daß es rein innermolekulare Reaktionsabläufe gibt, und schließlich hebt sich auch hier, wie z. B. bei den Aroxylen (vgl. S. 392), die Bedeutung der den Phenolen tautomeren Dienon-Form hervor.

c) Stevens- und Sommelet-Umlagerung

Weiterhin sei auf zwei neuerdings gut untersuchte Umlagerungsreaktionen, die Stevenssche und die Sommeletsche Umlagerung hingewiesen, denen eine Kationotropie zugrunde liegt.

Bei der *Stevensschen Umlagerung* lagern sich Ammoniumsalze unter Abspaltung eines organischen Restes als Kation in neue Kohlenstoffverbindungen um, z.B.:

$$\left[\begin{matrix} C_6H_5CH_2{-}\overset{\oplus}{N}{=}(CH_3)_2 \\ | \\ CH_2{-}C_6H_5 \end{matrix}\right] Br^{\ominus} \rightarrow \begin{matrix} C_6H_5CH{-}N(CH_3)_2 + HBr \\ | \\ CH_2{-}C_6H_5 \end{matrix}$$

Das Dimethyl-dibenzylammoniumbromid läßt sich mit geeigneten Protonenacceptoren wie Natriumalkoholat, Natriumamid oder Phenyllithium in ein Ylid überführen, das sich als nicht isolierbare Zwischenverbindung unter Wanderung eines kationischen Benzylrestes in das Dimethylaminodibenzyl umlagert[1]:

$$\left[\begin{matrix} C_6H_5CH_2{-}\overset{\oplus}{N}(CH_3)_2 \\ | \\ CH_2C_6H_5 \end{matrix}\right] Br^{\ominus} + LiC_6H_5 \rightarrow$$

$$LiBr + \begin{matrix} C_6H_5\overset{\ominus}{\underline{C}}H{-}\overset{\oplus}{N}(CH_3)_2 \\ | \\ CH_2{-}C_6H_5 \end{matrix} + C_6H_6$$

$$\begin{matrix} C_6H_5\overset{\ominus}{C}H{-}\overset{\oplus}{N}(CH_3)_2 \\ \vdots \quad | \\ \dashrightarrow CH_2C_6H_5 \end{matrix} \rightarrow \begin{matrix} C_6H_5{-}CH{-}\underline{N}(CH_3)_2 \\ | \\ CH_2C_6H_5 \end{matrix}$$

[1] Stevens, T. S., u. Mitarbb.: J. Chem. Soc. (London) **1928**, 3193; **1932**, 1932. T. S. Stevens verwandte als Protonenacceptor Natriumalkoholat bzw. Natriumamid. Einen Dreiring als Übergangszustand formulieren J. H. Brewster u. M. W. Kline: J. Amer. Chem. Soc. **74**, 5179 (1952); s. a. G. Wittig u. Mitarbb.: Liebigs Ann. **555**, 133 (1943); **560**, 116 (1948); **572**, 1 (1951).

Diese STEVENSsche Umlagerung gelingt auch mit Arsonium- und Stiboniumsalzen. Mittels dieser Umlagerungsreaktion konnten G. WITTIG und H. ZIMMERMANN[1] z. B. eine *Phenanthrensynthese* ausführen:

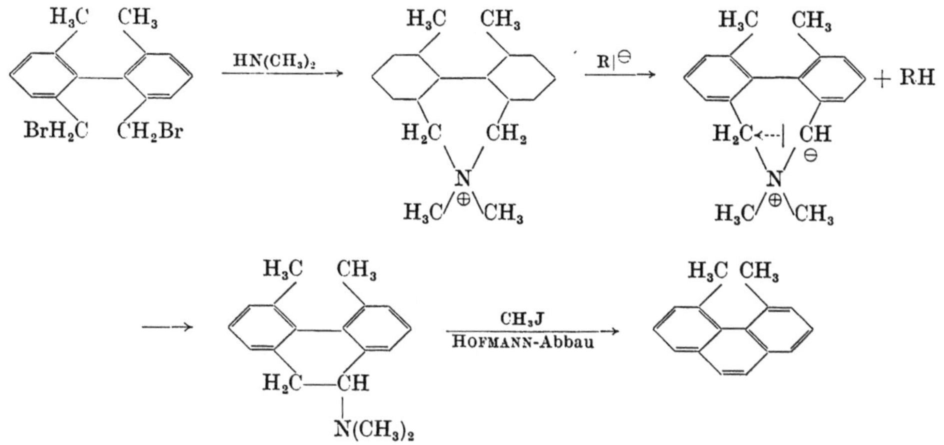

In ähnlicher Weise gelingt auch die Herstellung von Cyclopolyolefinen wie z. B. des *Dibenzocyclooctatetraens* aus Di-o-xylylen-ammoniumbromid:

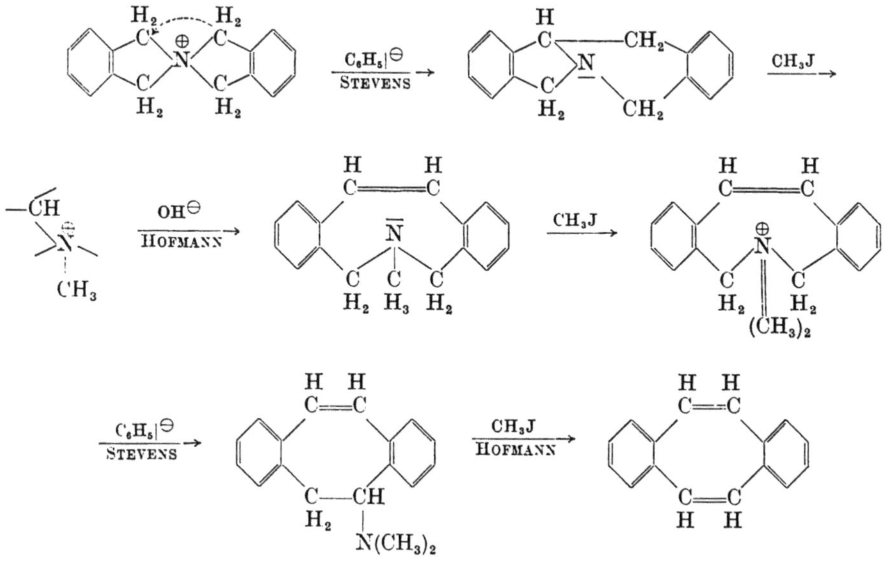

Bei der Einwirkung von Phenyllithium auf das Di-methylbenzyl-ammoniumbromid bildet sich neben dem oben erwähnten Dibenzylderivat nach STEVENS

---

[1] WITTIG, G., u. H. ZIMMERMANN: Ber. dtsch. chem. Ges. **86**, 629 (1953). — Über Ringerweiterung und Ringverengerung auf der Basis der Ylidisomerisationen s. G. WITTIG, G. CLOSS u. F. MINDERMANN: Liebigs Ann. **594**, 89 (1955). — Beweis für intramolekularen Verlauf, R. A. W. JOHNSTONE u. T. S. STEVENS: J. Chem. Soc. (London) **1955, 4487**. — Einfluß der Struktur quartärer Ammoniumionen auf die Umlagerung usw. s. CH. R. HAUSER, R. MANYLIK, W. R. BRASEN u. PH. L. BAYLESS: J. org. Chem. **20**, 1119 (1955).

noch ein anderes isomeres Produkt, das *o-Dimethylaminobenzyl-toluol*[1]:

$$C_6H_5-\overset{\ominus}{C}H-\overset{\oplus}{N}(CH_3)_2 \atop {\Large\bigcirc}-CH_2 \quad \longrightarrow \quad \left[C_6H_5-CH-N(CH_3)_2 \atop {\Large\bigcirc}{\overset{H}{=CH_2}} \right] \quad \longrightarrow \quad C_6H_5-CH-N(CH_3)_2 \atop {\Large\bigcirc}-CH_3$$

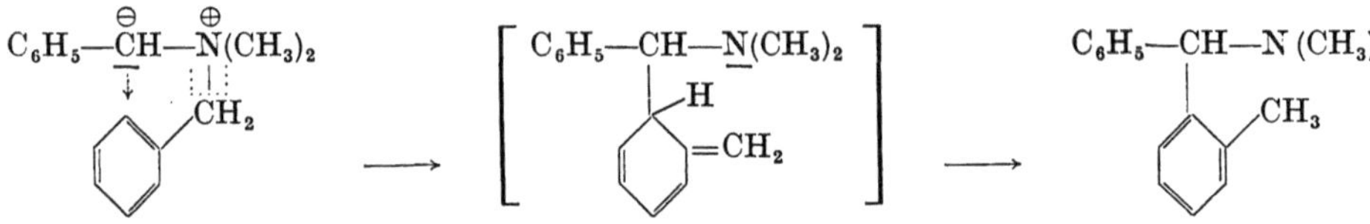

Es entsteht auch hier zunächst das Ylid, das in einer Nebenreaktion sein freies Elektronenpaar mit der aufgerichteten Doppelbindung des aromatischen Kernes anteilig werden läßt. Im Übergangszustand — einem Fünfring — verfestigt sich die neue C—C-Bindung und über das o-Methylenderivat entsteht ein am Kern methyliertes Diphenylmethanderivat. Diese zuerst von M. SOMMELET[2] aufgefundene Umlagerung verläuft nach S. W. KANTOR und C. R. HAUSER[3] als Hauptreaktion bei tiefen Temperaturen mit geeigneten Ammoniumsalzen und Natriumamid in flüssigem Ammoniak. Offenbar ist bei diesen tiefen Temperaturen der sich intermediär im Übergangszustand bildende 5-Ring vor dem erst bei höherer Temperatur sich ausbildenden Dreiring (STEVENSsche Umlagerung) bevorzugt. So konnte der letztgenannte Autor schließlich aus Benzyl-trimethylammoniumjodid das völlig methylierte Benzolderivat, das *Dimethylaminohexamethylbenzol*, herstellen:

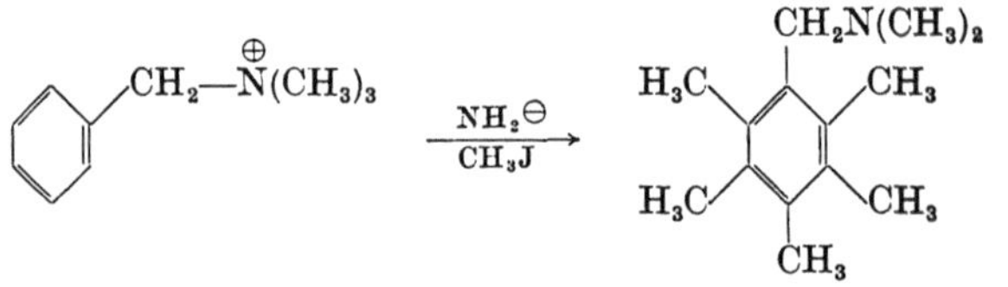

d) WITTIGsche Ätherumlagerung

Ähnliche Umlagerungen wie die von STEVENS aufgefundenen erleiden auch geeignet *metallierte Äther*, z. B.:

$$C_6H_5-\underset{H}{CH}-O-CH_3 \xrightarrow{LiC_6H_5} C_6H_5-\underset{Li}{CH}-O-CH_3 \longrightarrow C_6H_5-\underset{CH_3}{CH}-OLi$$

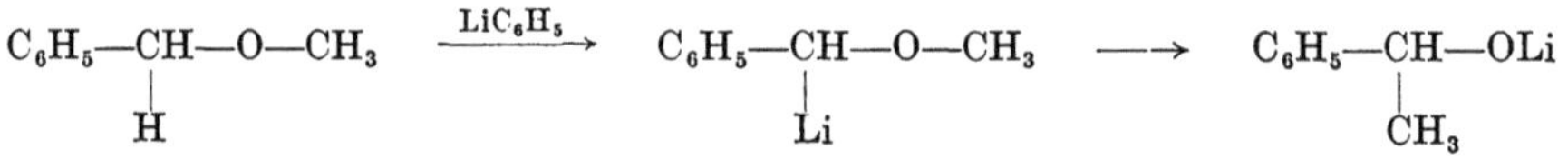

Zunächst wird ein Proton der Benzylgruppe gegen das Lithium ausgetauscht, was an der entstehenden Orangefärbung der Lösung (Typ des Benzyllithiums) sichtbar wird. Das entstehende Anion zieht — möglicherweise über einen Dreiring im Übergangszustand — das Methyl als Kation zu sich herüber, wobei der Sauerstoff seine starke Elektronenaffinität unter Bildung eines „olates" betätigen kann, es entsteht das *Methyl-phenyl-carbinolat*[4]:

$$C_6H_5-\overset{\ominus}{C}H-\bar{O}| \atop CH_3 \longrightarrow \left[C_6H_5-CH-\bar{O} \atop CH_3 \right]^{\ominus} \longrightarrow C_6H_5-CH-\bar{O}|^{\ominus} \atop CH_3$$

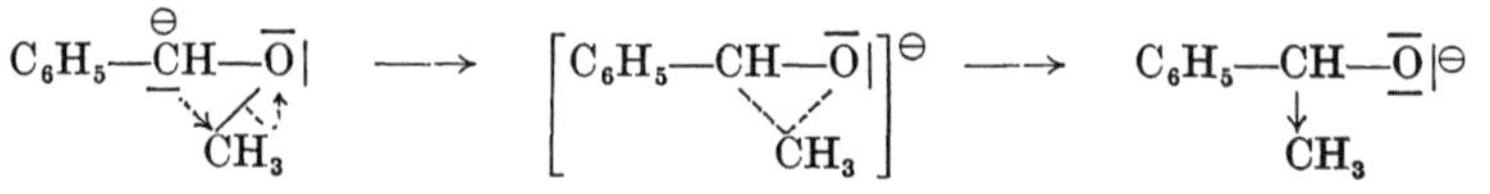

(Kationotropie!)[5]

---
[1] WITTIG, G., u. Mitarbb.: Liebigs Ann. **555**, 133 (1943); **560**, 116 (1948); **572**, 1 (1951).
[2] SOMMELET, M.: C. r. Acad. Sci. (Paris) **205**, 56 (1937). — Übersicht s. S. J. ANGYAL: Org. Reactions 8, 197 (1954).
[3] KANTOR, S. W., u. C. R. HAUSER: J. Amer. Chem. Soc. **73**, 4122 (1951).
[4] WITTIG, G., u. L. LÖHMANN: Liebigs Ann. **550**, 260 (1942).
[5] WITTIG, G., H. DÖSER u. J. LORENZ: Liebigs Ann. **562**, 192 (1949).

Durch eingehende Untersuchungen im aromatischen Kern substituierter aromatischer Benzyläther konnte gezeigt werden, daß Umlagerungen dieser Art durch die Mesomerie geeigneter Substituenten mit einem —E-Effekt in p-Stellung, z. B. der NO_2-Gruppe, alse durch eine positive Aufladung des zur Nitrogruppe para-ständigen Ring-Kohlenstoffatoms begünstigt werden:

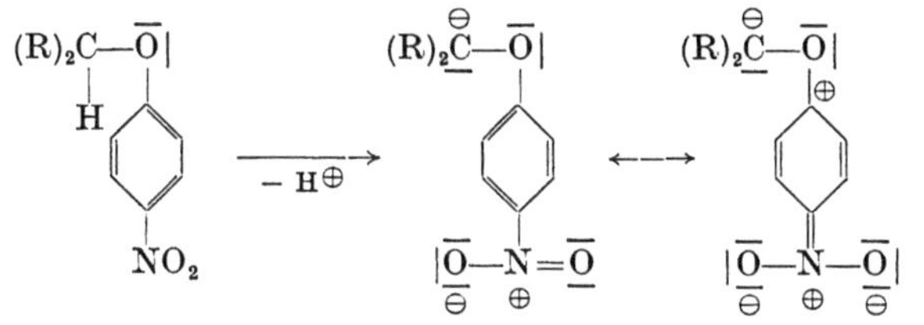

In die Oktettlücke des Kern-C-Atoms setzt sich nun im Übergangszustand unter Dreiringbildung das einsame Elektronenpaar des C-Anions ein, worauf schließlich Stabilisierung durch Ablösung des zum O-Atom hingehenden Elektronenpaares vom Kern erfolgt:

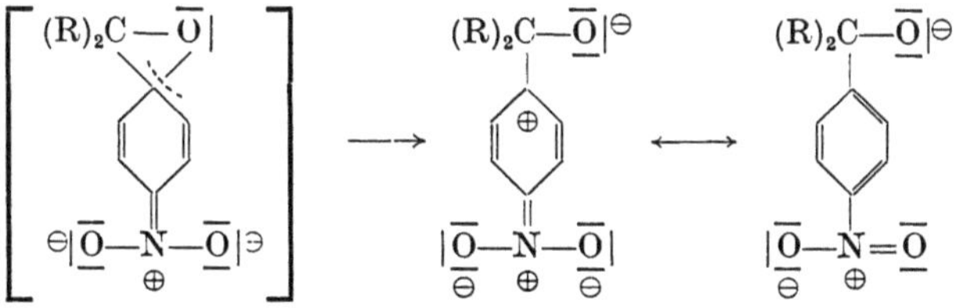

Daß hier tatsächlich der *mesomere Effekt* und nicht ein induktiver wirksam ist, ließ sich durch geeignete Versuche an solchen Äthern zeigen, die anstelle der Nitrophenylgruppe am Sauerstoff den positiv geladenen N-Trimethyl-anilinium-jodid-Rest tragen[1].

Die Analogie zur Retropinakolinumlagerung (s. S. 365) liegt auf der Hand, wie die nachstehenden Formeln zeigen[2]:

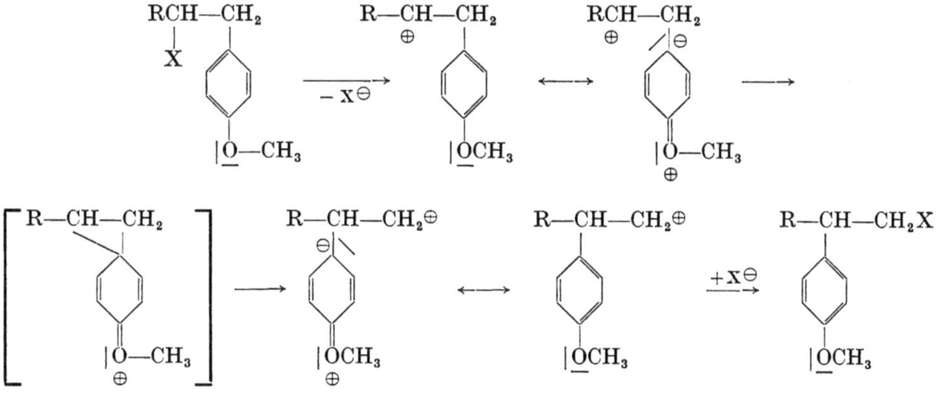

nur daß hier der Natur der Sache nach die Ladungsverhältnisse und damit auch der mesomere Effekt (+E-Effekt) genau umgekehrt liegen.

[1] WITTIG, G., H. DÖSER u. J. LORENZ: Liebigs Ann. **562**, 192 (1949).
[2] BACHMAN, W. E., u. Mitarbb.: J. Amer. Chem. Soc. **54**, 1121 (1932); **56**, 2081 (1934).

Behandelt man einen anderen aromatischen Äther, den Diphenyläther, nicht mit metallorganischen Verbindungen, sondern mit Na-K-Legierung nach E. MÜLLER[1], so erhält man zunächst *Natriumphenolat* und *Phenylkalium*. Das letztere metalliert überschüssigen Diphenyläther, der in einer Folgereaktion in das *o*- bzw. *p-Phenylphenolat* übergeht[2]. Daneben entstehen *Triphenylen* sowie *1.2,6.7-Di-benzpyren*, deren Bildung nach A. LÜTTRINGHAUS[3] durch Abspaltung von Kaliumphenolat aus dem o-Kalium-diphenyläther unter Zwischenbildung des o-Phenylens (s. S. 387) zu deuten ist[4]:

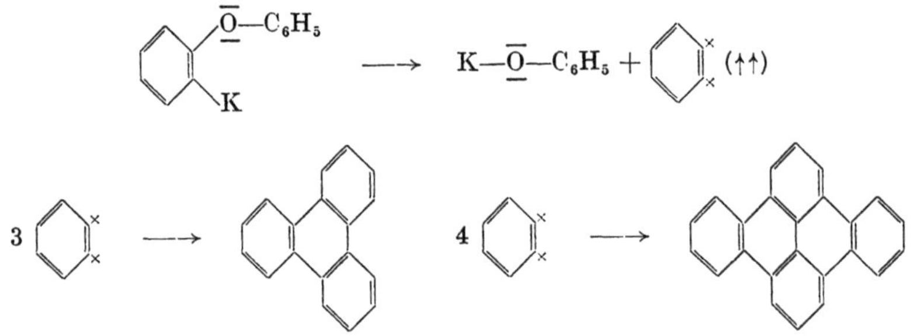

VI. Hyperkonjugation

Während man unter Konjugation die bekannten mehr oder weniger starken Wechselwirkungen benachbarter Doppel- und Dreifachbindungen versteht, ist von R. S. MULLIKEN 1939 der Begriff Hyperkonjugation[5] für eine analoge Wechselwirkung zwischen *Alkylgruppen*, vor allem der Methylgruppe, und *ungesättigten* bzw. *aromatischen Systemen* eingeführt worden. Dieser an sich schon lange bekannte Effekt erstreckt sich im Gegensatz zu der Konjugation über das ungesättigte System hinaus auf benachbarte *Einfachbindungen*. Sein Einfluß auf das physikalische und chemische Verhalten solcher Verbindungen ist demnach wesentlich kleiner als der durch die eigentliche Konjugation, d. h. durch Wechselwirkung zwischen benachbarten π-Elektronensystemen, hervorgerufene Effekt.

Der Begriff der Hyperkonjugation hat sich aus reaktionskinetischen Messungen über den Einfluß von Alkylgruppen auf die Reaktivität gewisser aromatischer Verbindungen wie auch aus der Erkenntnis der Änderungen der Eigenschaften ungesättigter und aromatischer Systeme durch Ersatz von H-Atomen an den Mehrfachbindungen durch Alkylgruppen entwickelt. Beispielsweise ist die Reaktionsgeschwindigkeit der bimolekularen Reaktion von *p-alkylsubstituierten Benzylbromiden* und *Pyridin* in trocknem Aceton dann am größten, wenn der p-Alkylsubstituent eine Methylgruppe ist, und viel kleiner für die tert.-Butyl- oder sek.-Propyl-Gruppe als Substituent[6]:

[1] MÜLLER, EUGEN, u. W. BUNGE: Ber. dtsch. chem. Ges. **69**, 2171 (1936).

[2] LÜTTRINGHAUS, A., u. G. v. SÄÄF: Liebigs Ann. **542**, 241 (1939); **557**, 25 (1945).

[3] LÜTTRINGHAUS, A., u. K. SCHUBERT: Naturwiss. **42**, 17 (1955).

[4] Aus siedendem Chlorbenzol und metallischem Natrium entstehen wohl auf dem gleichen Weg 1—2% Triphenylen, W. E. BACHMAN u. H. T. CLARKE: J. Amer. Chem. Soc. **49**, 2089 (1927).

[5] Neuere zusammenfassende Darstellung s. F. BECKER: Fortschr. chem. Forsch. **3**, 187 (1955); dort ist die einschlägige Literatur weitgehend zitiert.

[6] BAKER, J. W., u. W. S. NATHAN: J. Chem. Soc. (London) **1935**, 1844.

Die *Wirksamkeit der Alkylgruppen* sinkt daher in der Reihenfolge

$$CH_3 > C_2H_5 > CH(CH_3)_2 \approx C(CH_3)_3$$

und kann somit nicht durch einen Induktionseffekt erklärt werden, der die umgekehrte Reihenfolge ergeben sollte. Auch bei der *Hydrolyse von p-alkylsubstituierten Benzhydrylchloriden* in 80%igem wäßrigen Aceton fanden E. D. HUGHES, C. K. INGOLD und N. A. TABER[1] den gleichen „Methylgruppeneffekt":

$$\left(R-\bigcirc-\right)_2 CH-Cl + OH^\ominus \longrightarrow \left(R-\bigcirc-\right)_2 CH\leftarrow OH + Cl^\ominus$$

Auch bei der kinetischen Untersuchung der Einflüsse von Alkylsubstituenten R auf die Lage des Gleichgewichts zwischen *Benzaldehydderivaten* und ihren *Cyanhydrinen*

$$R-\bigcirc-CH(OH)CN \rightleftharpoons R-\bigcirc-CHO + HCN$$

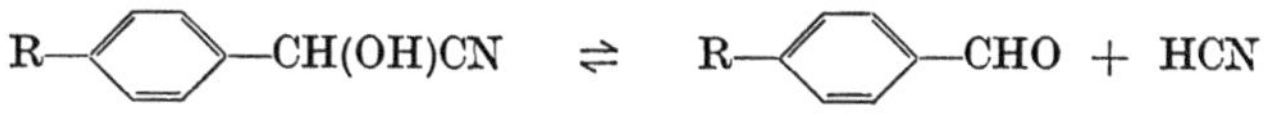

ist ein besonders deutlicher Effekt der Methylgruppe (Stabilisierung des freien Aldehydes) feststellbar, ein Effekt, zu dessen Erklärung der Induktionseffekt nicht in Betracht gezogen werden kann[2]. Bekannt sind ferner der *bathochrome Effekt* von Methyl- bzw. Alkyl-Gruppen an ungesättigten und aromatischen Systemen sowie Änderungen im *Dipolmoment* z. B. beim Übergang von Formaldehyd zu Acetaldehyd oder zu ungesättigten Aldehyden wie Acrolein und Crotonaldehyd. Schließlich weisen die mittels Elektroneninterferenzen gemessenen *Atomabstände* (in Å) von C–C-Einfachbindungen zwischen Doppel- bzw. Dreifach-Bindungen eine charakteristische Verkürzung auf[3]:

$$\underset{1,54}{H_3C-CH_3} \qquad \underset{1,35 \quad 1,47 \quad 1,35}{H_2C=CH-CH=CH_2}$$

$$\underset{1,34}{H_2C=CH_2} \qquad \underset{1,35 \quad 1,42 \quad 1,20}{H_2C=CH-C\equiv CH}$$

$$\underset{1,20}{HC\equiv CH} \qquad \underset{1,19 \quad 1,36 \quad 1,19}{HC\equiv C-C\equiv CH}$$

die sich auch bei Anwesenheit von Methylgruppen an Doppel- und Dreifachbindungen findet:

$$\underset{1,46 \quad 1,20}{H_3C-C\equiv CH} \qquad \underset{1,47 \quad 1,20 \quad 1,38 \quad 1,20 \quad 1,47}{H_3C-C\equiv C-C\equiv C-CH_3}$$

$$\underset{1,47 \quad 1,20 \quad 1,47}{H_3C-C\equiv C-CH_3} \qquad \underset{1,47 \quad 1,20 \quad 1,42 \quad 1,35}{H_3C-C\equiv C-CH=CH_2}$$

$$\underset{1,50 \quad 1,22}{H_3C-\overset{H}{C}=O} \qquad \underset{1,49 \quad 1,16}{H_3C-C\equiv N}\,[4]$$

Diese *Abstandsverkürzung* der C–C-Einfachbindung deutet auf einen *teilweisen „Doppelbindungs"-charakter* solcher Bindungen hin. Die Größe dieser Abstandsverkürzung (0,05—0,08 Å) liegt außerhalb des experimentellen Fehlerbereiches.

---

[1] HUGHES, E. D., C. K. INGOLD u. N. A. TABER: J. Chem. Soc. (London) **1940**, 949.
[2] BAKER, J. W., u. M. L. HEMMING: J. Chem. Soc. (London) **1942**, 191.
[3] PAULING, L., L. O. BROCKWAY u. J. Y. BEACH: J. Amer. Chem. Soc. **57**, 2705 (1935).
[4] PAULING, L., H. D. SPRINGALL u. K. J. PALMER: J. Amer. Chem. Soc. **61**, 927 (1939).

Der Hyperkonjugationseffekt als solcher dürfte daher sicher sein. Die Auswirkung dieses Effektes ist aber meist so gering, daß sehr sorgfältige Untersuchungen im Einzelfall auszuführen sind. Gewisse in der organischen Chemie schon lange bekannte Fälle wie die leichte Oxydation der Methylgruppe im Toluol oder umgekehrt die in der durch die Methylgruppe merklich erleichterten o-p-Substitution des aromatischen Kerns zum Ausdruck kommende Rückwirkung des Alkylsubstituenten auf das aromatische System, finden in der anschließend behandelten Hyperkonjugation eine befriedigende Deutung.

Zur theoretischen Deutung der Hyperkonjugation läßt sich in einer gewissen Analogie zu der quantenmechanischen Beschreibung der „Resonanz" in konjugierten Systemen wie Butadien oder Diacetylen nach R. S. MULLIKEN z. B. eine „Resonanz" der Methylgruppe im Methylacetylen mit der C≡C-Dreifachbindung zunächst rein formal so beschreiben, daß man die Methylgruppe CH_3 mit einer „*Quasi-dreifachbindung*" $-C{\equiv}H_3$ formuliert und demgemäß die quantenmechanische Rechnung durchführt. Diese Schreibweise soll zum Ausdruck bringen, daß die 3 H-Atome der Methylgruppe zu einem „Pseudo-H_3-Atom" zusammengefaßt werden und die drei tatsächlich vorhandenen $C-H-\sigma$-Bindungen eine „Quasi-Dreifachbindung" vorstellen.

Das C-Atom der Methylgruppe besitzt an sich in seinem tetraedrischen sp^3-Bindungszustand kein π-Elektron, ebensowenig die in s-Zuständen befindlichen drei Valenzelektronen der drei Wasserstoffatome. Ist aber die Methylgruppe (in geringerem Maße soll das auch bei $>CH_2$-Methylengruppen wie etwa im Cyclopentadien der Fall sein) mit einem ungesättigten, π-Elektronen enthaltenden System verbunden, so soll sich diesem „normalen" Zustand ein anderer Zustand überlagern, in dem das C-Atom der Methylgruppe den trigonalen sp^2- bzw. den digonalen sp-Bindungszustand angenommen hat, also ein oder zwei π-Elektronen aufweist. Die drei den Wasserstoffatomen zugehörenden Eigenfunktionen werden entsprechend der formalen Schreibweise als $C{\equiv}H_3$-Pseudo-H_3-Atome zu drei „Gruppeneigenfunktionen" kombiniert, deren entsprechende Ladungswolken die folgenden Abbildungen kennzeichnen sollen:

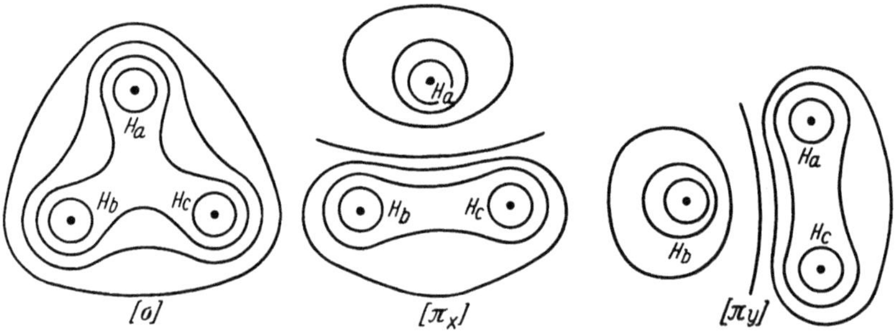

Abb. 67. Quasi-σ- und quasi-π-Eigenfunktion des „Pseudo-H_3-Atoms" [aus F. BECKER, Fortschritte der chemischen Forschung **3**, 196 (1955). Springer-Verlag, (Berlin-Göttingen-Heidelberg)]

Die σ-Ladungswolke (molecular-orbital) hat die Symmetrie eines gleichseitigen Dreiecks und ist angenähert symmetrisch um eine senkrecht zur Papierebene stehende Achse (x), die CH_3-C-Bindung. Diese Molekularbahn hat daher die Symmetrie einer σ-Bindung, die Eigenfunktion wird als „Quasi-σ-Eigenfunktion" bezeichnet. Die beiden anderen Molekularbahnen besitzen eine an die Bahnen der π-Elektronen erinnernde Form und haben senkrecht aufeinander stehende Knotenflächen (Ebenen geringster Elektronendichte). Sie werden als „Quasi-π_x"- und „Quasi-π_y"-Eigenfunktionen des Pseudo-H_3-Atoms bezeichnet.

Der „Quasi-Dreifach"-Bindungscharakter der $C\equiv H_3$-Bindung kommt nun durch *Wechselwirkung* der „π-Elektronen" der $C\equiv H_3$-Gruppe mit denen der ungesättigten Doppel- oder Dreifachbindungssysteme zum Ausdruck. Die Wechselwirkung zwischen dem „Quasi-π_x"-Elektron des Pseudo-H_3-Atoms und dem π_x-Elektron des benachbarten C-Atoms, bzw. dem „Quasi-π_y"-Elektron und dem π_y-Elektron (in der $C\equiv C$-Dreifachbindung) ergibt diesen als *Resonanz zweiter Ordnung* oder Hyperkonjugation bezeichneten Effekt. Da die „Quasi-π"-Elektronen als eigentliche σ-Elektronen viel fester an die Atomkerne gebunden sind als wahre π-Elektronen, und wegen des ebenfalls nur schwach ausgeprägten sp^2- bzw. sp-Valenzzustandes des C-Atoms der Methylgruppe muß dieser Hyperkonjugationseffekt erheblich geringer als ein normaler Konjugationseffekt (Resonanzeffekt erster Ordnung) sein. Daher sind die energetischen Auswirkungen dieser Effekte meist um eine Größenordnung kleiner als die Mesomerieenergien der wahren Konjugation.

Aus dieser Art der qualitativen Darstellung ergibt sich ferner, daß der Hyperkonjugationseffekt bei Konjugationen der Methylgruppe mit $C\equiv C$-Dreifachbindungen meist doppelt so groß sein wird wie bei der Konjugation mit $C=C$-Doppelbindungen. Denn in dem ersteren Falle besteht die Möglichkeit zur Hyperkonjugation sowohl zwischen den „Quasi-π_x"-Elektronen der $C\equiv H_3$-Bindung mit den echten π_x-Elektronen der $C\equiv C$-Dreifachbindung wie auch zwischen den „Quasi-π_y"- und den echten π_y-Elektronen. In $C=C$-Doppelbindungen ist diese Art der Wechselwirkung nur einmal gegeben.

Wie schon erwähnt, ist auch eine $>CH_2$-Gruppe noch zur Hyperkonjugation fähig. Die beiden H-Atome werden zu einem „Pseudo-H_2-Atom" zusammengefaßt und die beiden CH-Bindungen formal als $C=H_2$-*Doppelbindung* geschrieben. Diese „Doppelbindung" kann dann mit benachbarten Doppel- und Dreifachbindungen in Hyperkonjugation treten. Dabei überlagert sich dem normalerweise tetraedrischen sp^3-Bindungszustand der $>C<^H_H$-Gruppe ein Zustand mit trigonaler sp^2-Hybridisierung $>C=H_2$, der ein „Quasi-π-Elektron" enthält. Wieder erhält man aus den beiden Wasserstoffeigenfunktionen zwei Gruppenfunktionen, eine „Quasi-σ-Eigenfunktion" und eine „Quasi-π-Eigenfunktion". Der Doppelbindungscharakter der $>C=H_2$-Gruppe kommt dann durch Wechselwirkung zwischen dem Quasi-π-Elektron der H_2-Gruppe und dem π-Elektron des C-Atoms zum Ausdruck und kann mit benachbarten ungesättigten Systemen so eine Hyperkonjugation eingehen. Es ist denkbar und neuerdings beim Azomethan aufgefunden worden[1], daß neben $C=C$ enthaltenden Systemen dieser Art wie dem schon erwähnten Cyclopentadien auch Heteroatome enthaltende Systeme wie z. B. $N=C$ und $N=N$-Doppelbindungen an einer solchen Hyperkonjugation teilnehmen können, z. B.:

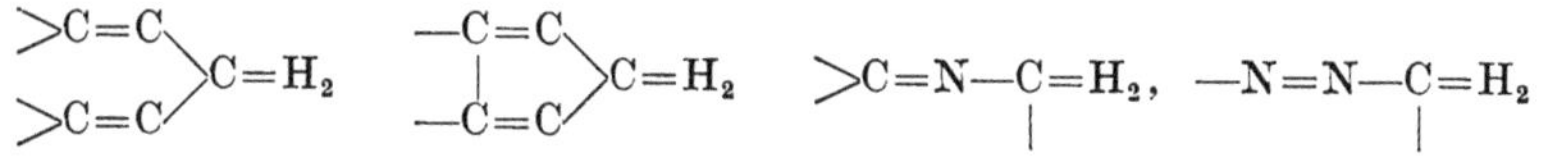

$$>C=C<\atop >C=C<\!\!\!\!>C=H_2 \quad {-C=C-\atop -C=C-}\!\!\!\!>C=H_2 \quad >C=N-C=H_2, \quad -N=N-C=H_2$$

$$|\underset{\ominus}{\underline{N}}=\overset{\oplus}{\underline{N}}=C=H_2, \quad H_3\equiv C-\underline{N}=\underline{N}-C\equiv H_3 \quad {}^1$$

Es sei nochmals betont:
Zum Unterschied von der $C\equiv H_3$-Gruppe mit ihrem „Dreifachbindungscharakter" und ihren Möglichkeiten zur Wechselwirkung über π_x- und π_y-Elektronen, besitzt die $C=H_2$-Gruppe nur noch die Wechselwirkungsmöglichkeit als

---

[1] MÜLLER, EUGEN, u. W. RUNDEL: Vgl. S. 400.

Doppelbindung mit nur einem π-Elektron. Die C–H-Bindung kann nicht mehr zur Hyperkonjugation führen.

Diese Konjugationsmöglichkeit zwischen $C\equiv H_3$ bzw. $C=H_2$ und ungesättigten Systemen läßt sich formal auch auf Fälle ohne jede Doppel- und Dreifachbindung ausdehnen, etwa im *Äthan* $H_3\equiv C-C\equiv H_3$. Die Wechselwirkung zwischen zwei quasidreifach gebundenen C-Atomen wird als „Hyperkonjugation *zweiter* Ordnung" oder als „Resonanz *dritter* Ordnung" bezeichnet. Dieser Effekt ist, wenn er überhaupt existiert, so klein, daß er bisher nicht sicher experimentell nachgewiesen werden konnte.

In der v.b.-Methode ist es formal möglich, für hyperkonjugierte Verbindungen entsprechende Formeln, sei es mit „*langen* Bindungen" oder mit *polaren* Bindungen, zu geben, z. B.:

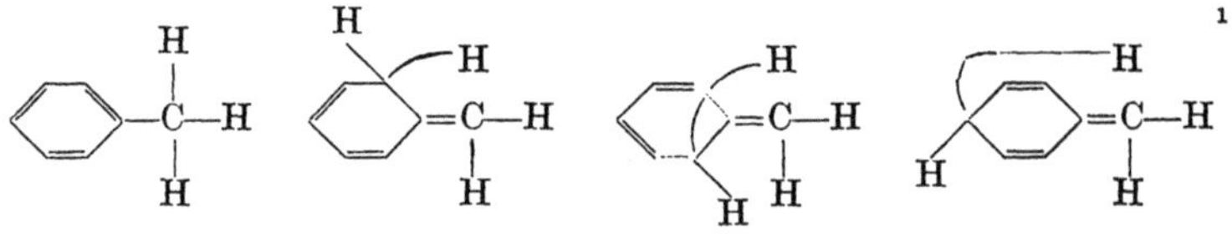
[1]

oder

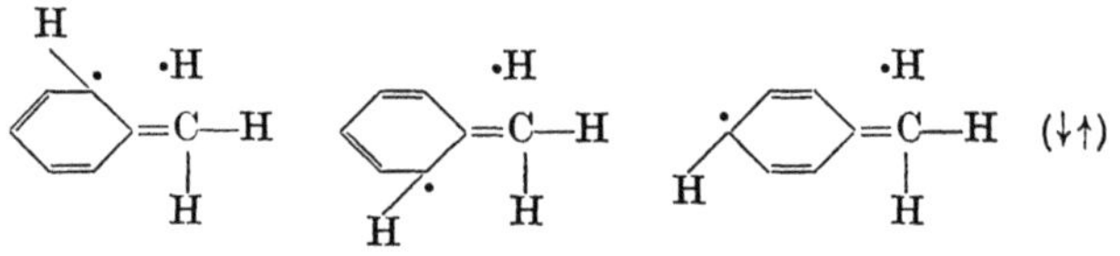

und

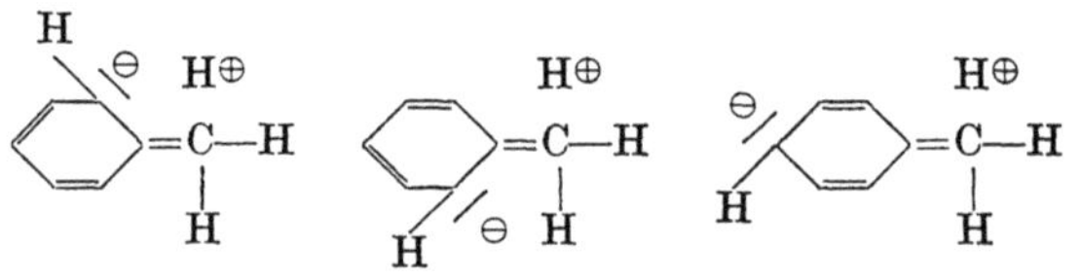

(Wegen der Gleichwertigkeit aller drei H-Atome der Methylgruppe tritt jede dieser „Strukturen" dreimal auf.) Insbesondere die polaren Formeln charakterisieren die Ladungsverschiebung nach o- und p-Stellung und machen das erleichterte Eintreten elektrophiler Substitutionsreaktionen am Toluol verständlich (dasselbe folgt für die Formulierungen des Übergangszustandes). Da durch die Hyperkonjugation neue Valenzformeln zu den für das Toluol üblichen hinzukommen, bedeutet dies eine Erniedrigung der Energie des Grundzustandes bzw. eine *Erhöhung der Resonanzenergie* des Toluols. Sie ist aber wegen des geringen Doppelbindungscharakters der $C_{ar}-C_{al}$-Bindung nur gering. Das relative Gewicht der obigen Formeln am Gesamtzustand der Toluolmolekel zu berechnen, ist noch nicht möglich, so daß diese Betrachtungen sich nur zur qualitativen Beschreibung des Hyperkonjugationseffektes eignen[2]. Die Schwierigkeiten des experimentellen Nachweises der Hyperkonjugation sind durch die Kleinheit der zu erwartenden Effekte bedingt. Es ist daher sehr sorgfältig zu prüfen, ob ein experimentell gefundener Methylgruppeneinfluß wirklich von der Hyperkonjugation herrührt oder nicht auch in anderer Weise ebenso gut erklärt werden

[1] Diese Formeln entsprechen in der älteren Strukturtheorie den o- und p-Chino-methidformeln.

[2] Wiedergabe der quantitativen Näherungsmethoden s. F. Becker, Fortschr. chem. Forsch. 3, 199ff. (1955).

kann. Meist tritt der *Induktionseffekt* gleichzeitig auf und kann sich in dem einen oder anderen Sinne der Hyperkonjugation überlagern. Der Induktionseffekt wird sicher überwiegen, wenn die betreffende Molekel stark polarisierbar ist. Ebenso können auch rein sterische Einflüsse den Hyperkonjugationseffekt überdecken.

Der Einfluß der Alkylsubstituenten bei Äthylenderivaten macht sich in einer Verminderung der *Hydrierungswärme* des Äthylens um 2,0—2,5 kcal/Mol pro eingeführter Methylgruppe bemerkbar. Dies kann man auf eine Mitbeteiligung der „Quasi-π"-Elektronen der $C{\equiv}H_3$-Gruppe an der Gesamtmesomerie des Äthylenderivates zurückführen. Beim Übergang vom Äthylen zum tert.-Butyläthylen sollte die Hydrierwärme bei Vorliegen eines reinen Hyperkonjugationseffektes wieder ansteigen (auf 32,8 kcal/Mol, Äthylenwert!). Das ist aber nicht der Fall, so daß die Abnahme der Hyperkonjugationsenergie beim Übergang CH_3- → $(CH_3)_3C$-Substituenten durch den steigenden Energiegewinn des Induktionseffektes kompensiert werden muß. Bei konjugierten offenkettigen oder aromatischen Systemen findet man mittels der aus Hydrierwärmen berechneten *Mesomerieenergien* (M.E.) eine Stabilisierung von 1—3 kcal pro Mol und pro Methyl- oder Methylengruppe.

Ähnliche Verhältnisse ergeben sich bei der Bestimmung der *Verbrennungswärmen*. Das π-Elektronensystem der C=C-Doppelbindung wird durch die Beteiligung der „Quasi-π"-Elektronen der $C{\equiv}H_3$-Gruppe stabilisiert, wobei aber diese Stabilisierung durch den Induktionseffekt der Butylgruppe fast dieselbe ist, wie der durch die Hyperkonjugation des Methyls zustandekommende Effekt.

Tabelle 21. *Mesomerieenergien*

	M.E.	Δ
Butadien	3,5	0
1-Methylbutadien	6,5	3,0
2,3-Dimethylbutadien	6,7	3,2
Cyclopentadien	9,7	6,2
Cyclohexadien-1,3	5,2	1,7
Cycloheptadien-1,3	9,3	5,8
Benzol	36,0	0,0
Äthylbenzol	36,9	0,9
o-Xylol	38,5	2,5
Mesitylen	38,2	2,2
Hydrinden	40,0	4,0

Auch in den *Dipolmomenten* z. B. alkylsubstituierter *Aldehyde* und *Ketone* kommt neben dem Induktionseffekt ein Hyperkonjugationseffekt zum Ausdruck. Beim Übergang vom Formaldehyd ($\mu = 2{,}27$ D im Gaszustand) zum Acetaldehyd ($\mu = 2{,}72$ D) beträgt die Momentvergrößerung 0,45 D und beim Übergang zum Aceton ($\mu = 2{,}88$ im Gaszustand) noch einmal 0,16 D. Beide Effekte wirken in gleichem Sinne einer Momentvergrößerung, wenngleich die beiden Anteile noch schwer abzuschätzen sind. In den Substituenten wird durch das permanente Moment der Carbonylgruppe ein gleichgerichtetes Dipolmoment induziert, dessen Größe durch Abstand und Polarisierbarkeit der Substituenten bestimmt ist. Mit wachsender Größe des Substituenten CH_3 → $(CH_3)_3C$ nimmt die Polarisierbarkeit ebenso wie bei ungesättigten Substituenten zu. Der *Induktionseffekt* vergrößert daher stets das Gesamtmoment der Carbonylverbindung. Der *Hyperkonjugationseffekt* wirkt sich so aus, als ob eine Verschiebung von Bindungselektronen der C—H-Bindung in Richtung der Carbonylgruppe stattfindet, wiederum eine Vergrößerung des Gesamtmoments.

Man kann aber sagen, daß der Hyperkonjugationseffekt hier wesentlich beteiligt ist, da bei den gesättigten Aldehyden R—CHO die maximale Momentvergrößerung gegenüber H—CHO im wesentlichen schon durch die Methylgruppe allein erreicht wird. In dieselbe Richtung weisen die Effekte der Momentvergrößerung beim Übergang von Acrolein ($\mu = 3{,}04$ D im Gaszustand) zu Crotonaldehyd ($\mu = 3{,}67$ D im Gaszustand). Diese Momentvergrößerungen lassen sich durch folgende Formeln veranschaulichen:

$$H-\overset{H}{\underset{H}{\overset{|}{C}}}\overset{\oplus}{-}\underline{\overset{\ominus}{O}}| \quad \text{dagegen:} \quad H\overset{\oplus}{C}=\overset{H}{\underset{H}{\overset{|}{C}}}-\underline{\overset{\ominus}{O}}| \quad H-\overset{H\oplus}{\underset{H}{\overset{|}{C}}}=\overset{H}{\underset{}{\overset{|}{C}}}-\underline{\overset{\ominus}{O}}| \quad H-\overset{H}{\underset{H\oplus}{\overset{|}{C}}}=\overset{H}{\underset{}{\overset{|}{C}}}-\underline{\overset{\ominus}{O}}|$$

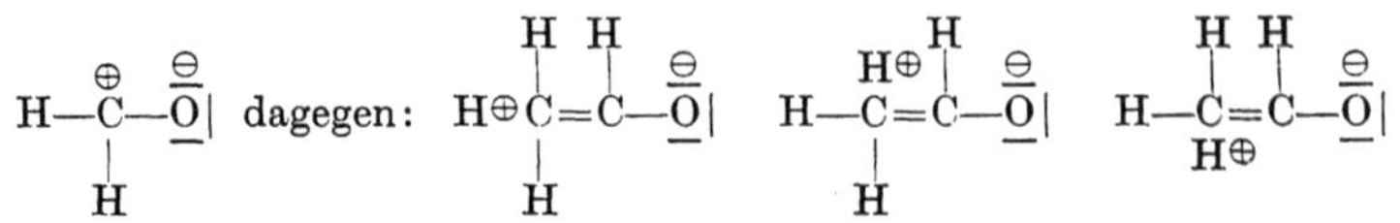

(Vergrößerung des Ladungsabstandes!)

$$\text{und} \quad H-\overset{H}{\underset{H}{\overset{|}{C}}}=\overset{H}{\underset{\oplus}{\overset{|}{C}}}-\overset{}{\underset{}{\overset{|}{C}}}-\underline{\overset{\ominus}{O}}| \quad H-\overset{H}{\underset{H}{\overset{|}{\overset{\oplus}{C}}}}-\overset{H}{\underset{}{\overset{|}{C}}}=\overset{}{\underset{}{\overset{|}{C}}}-\underline{\overset{\ominus}{O}}|$$

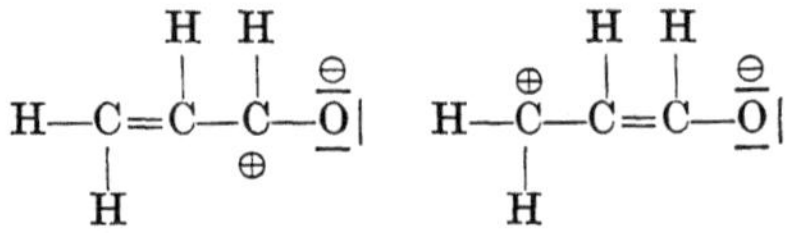

Beim Crotonaldehyd kommen noch drei hyperkonjugierte Formeln mit vergrößertem Ladungsabstand hinzu:

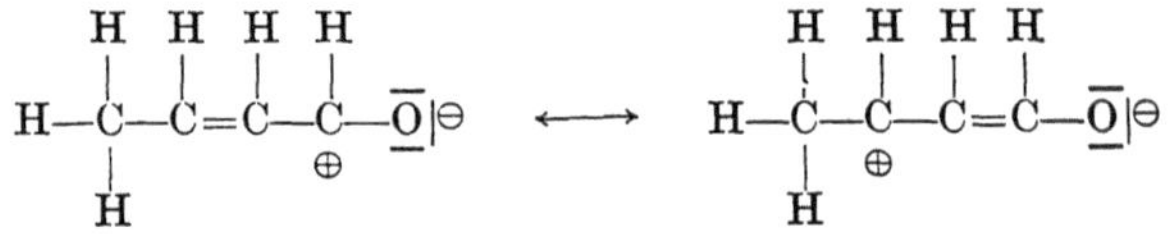

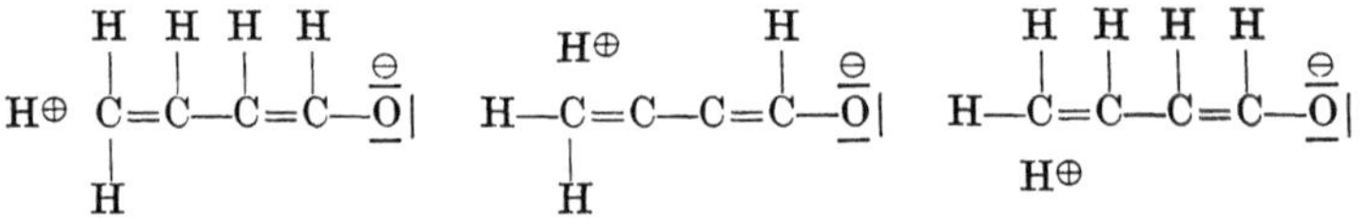

$$H-\overset{H}{\underset{H}{\overset{|}{C}}}-\overset{H}{\underset{\oplus}{\overset{|}{C}}}=\overset{H}{\underset{}{\overset{|}{C}}}-\overset{}{\underset{}{\overset{|}{C}}}-\underline{\overset{}{O}}|^{\ominus} \longleftrightarrow H-\overset{H}{\underset{H}{\overset{|}{C}}}-\overset{H}{\underset{\oplus}{\overset{|}{C}}}-\overset{H}{\underset{}{\overset{|}{C}}}=\overset{}{\underset{}{\overset{|}{C}}}-\underline{\overset{}{O}}|^{\ominus}$$

$$H^{\oplus} \overset{H}{\underset{H}{\overset{|}{C}}}=\overset{H}{\underset{}{\overset{|}{C}}}-\overset{H}{\underset{}{\overset{|}{C}}}=\overset{}{\underset{}{\overset{|}{C}}}-\underline{\overset{\ominus}{O}}| \quad H-\overset{H\oplus}{\underset{H}{\overset{|}{C}}}=\overset{H}{\underset{}{\overset{|}{C}}}-\overset{}{\underset{}{\overset{|}{C}}}=\overset{}{\underset{}{\overset{|}{C}}}-\underline{\overset{\ominus}{O}}| \quad H-\overset{H}{\underset{H}{\overset{|}{C}}}=\overset{H}{\underset{H\oplus}{\overset{|}{C}}}-\overset{H}{\underset{}{\overset{|}{C}}}=\overset{}{\underset{}{\overset{|}{C}}}-\underline{\overset{\ominus}{O}}|$$

ferner:

$$H-C\equiv N| \quad CH_3-C\equiv\overline{N}$$

$$H-C=\overline{N} \quad CH_3-C=\overline{N} \quad \overset{H}{\underset{H}{\overset{|}{\overset{\oplus}{C}}}}=C=\overline{N}^{\ominus} \quad \text{usw.}$$

ebenso:

$$H_3C-CH=CH-C\equiv N| \quad H^{\oplus} \overset{H}{\underset{H}{\overset{|}{C}}}=\overset{H}{\underset{}{\overset{|}{C}}}-\overset{H}{\underset{}{\overset{|}{C}}}=C=\overline{N}^{\ominus}$$

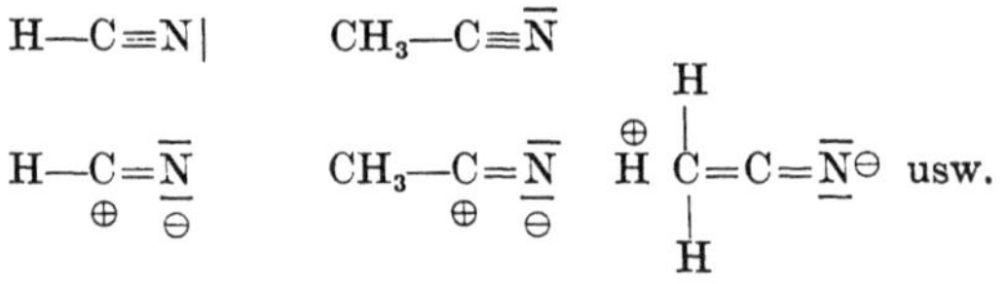

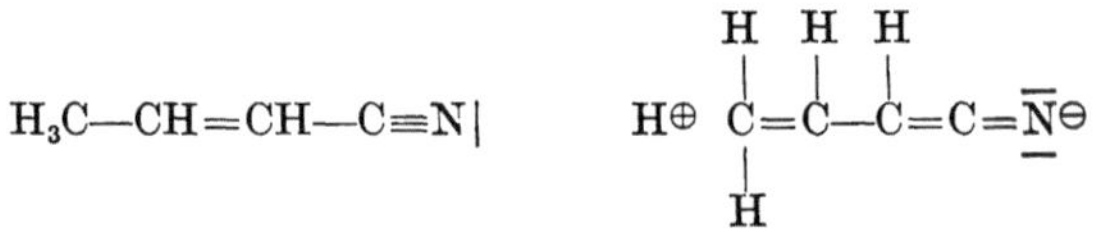

(das Moment von Crotonnitril ist um 0,62 D größer als das von Acrylnitril).
Der Induktionseffekt macht sich in diesen Fällen in einer allmählichen Zunahme der Dipolmomente $CH_3CN \rightarrow (CH_3)_3CCN$ bemerkbar. Wie weit bei *ungesättigten Kohlenwasserstoffen* hyperkonjugierte Formeln, wie z. B.:

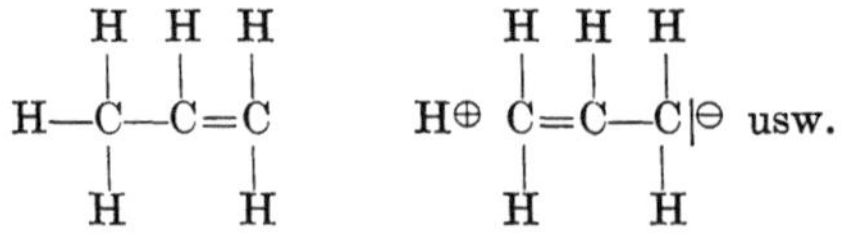

$$H-\overset{H}{\underset{H}{\overset{|}{C}}}-\overset{H}{\underset{}{\overset{|}{C}}}=\overset{}{\underset{H}{\overset{|}{C}}} \quad H^{\oplus} \overset{H}{\underset{H}{\overset{|}{C}}}=\overset{H}{\underset{}{\overset{|}{C}}}-\overset{}{\underset{H}{\overset{|}{C}}}|^{\ominus} \quad \text{usw.}$$

oder

$$CH_3-CH=CH-CH=CH_2 \quad H^{\oplus} \overset{H}{\underset{H}{\overset{|}{C}}}=\overset{H}{\underset{}{\overset{|}{C}}}-\overset{H}{\underset{}{\overset{|}{C}}}=\overset{H}{\underset{}{\overset{|}{C}}}-\overset{H}{\underset{H}{\overset{|}{C}}}|^{\ominus}$$

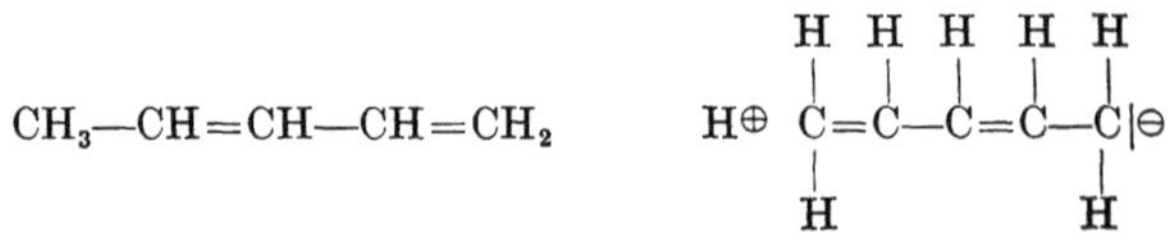

für das Dipolmoment neben dem Induktionseffekt verantwortlich sind, ist noch nicht sicher zu sagen.

Im folgenden seien noch einige Reaktionen kurz beschrieben, bei denen der Hyperkonjugationseffekt eine Rolle spielt. Dabei sei insbesondere der Einfluß der Methylgruppe $C{\equiv}H_3$ berücksichtigt.

Die elektrophile *Halogenaddition* (z. B. Br_2) an *Olefine* vollzieht sich über die im Übergangszustand fixierte mesomere Anordnung mit einem π-Elektronenpaar:

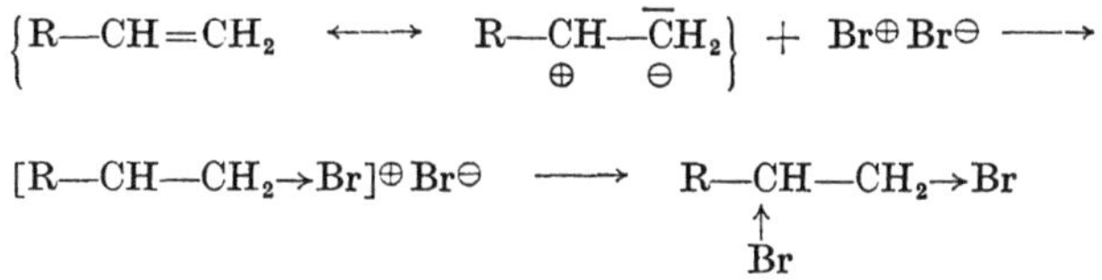

$$\left\{R{-}CH{=}CH_2 \longleftrightarrow R{-}\overset{\oplus}{C}H{-}\overset{\ominus}{\bar{C}}H_2\right\} + Br^{\oplus}Br^{\ominus} \longrightarrow$$

$$[R{-}CH{-}CH_2{\rightarrow}Br]^{\oplus}Br^{\ominus} \longrightarrow R{-}\underset{\uparrow\atop Br}{C}H{-}CH_2{\rightarrow}Br$$

Die zur Fixierung des π-Elektronenpaars im Übergangszustand erforderliche „Lokalisationsenergie" (L. E.) wird durch Anwesenheit mesomeriefähiger Gruppen wie $C{=}C$, C_6H_5, aber auch $C{\equiv}H_3$ geringer, d. h. die *Aktivierungsenergie* dieser Additionsreaktion wird kleiner (Tab. 22). Der Effekt der Methylgruppe $C{\equiv}H_3$ ist zwar nicht groß, aber deutlich vorhanden. Formal läßt sich dies am Äthylen so wiedergeben:

Tabelle 22. *Lokalisierungsenergie für* $R{-}CH{=}CH_2 \rightarrow R{-}\overset{\oplus}{C}H{-}\overset{\ominus}{\bar{C}}H_2$

$CH_2{=}CH{-}R$	L. E.
$R = {-}H$	2,000
${-}CH{=}CH_2$	1,644
${-}CH{=}CH{-}CH{=}CH_2$ . .	1,542
${-}C_6H_5$	1,704
${-}C{\equiv}H_3$	1,960

L. E. in $\beta \approx 18{,}5$ kcal/Mol
($\beta \equiv$ Resonanzintegral, s. S. 319, 325)

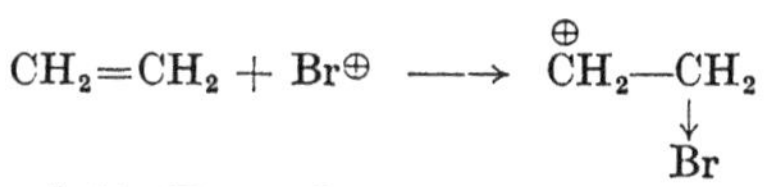

$$CH_2{=}CH_2 + Br^{\oplus} \longrightarrow \overset{\oplus}{C}H_2{-}\underset{\downarrow\atop Br}{C}H_2$$

Dazu kommen beim Styrol die Formeln:

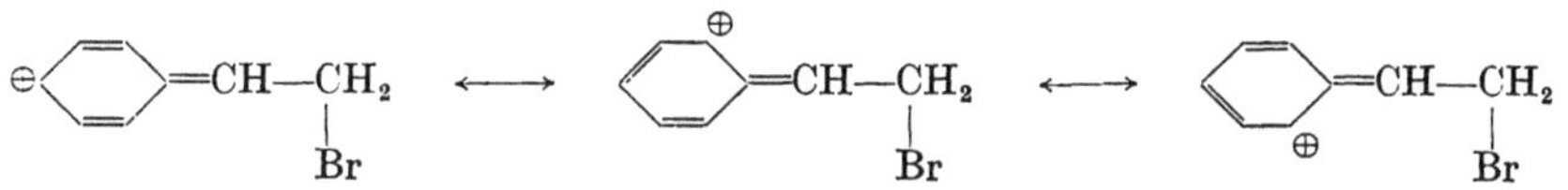

und beim *p-Methylstyrol* treten die drei hyperkonjugierten Formulierungen hinzu:

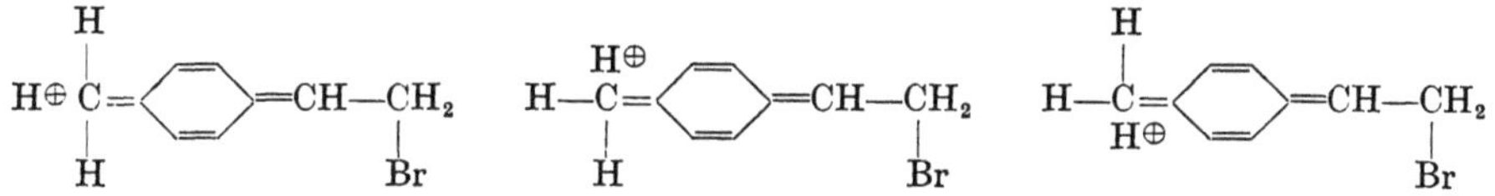

oder beim *Propylen:*

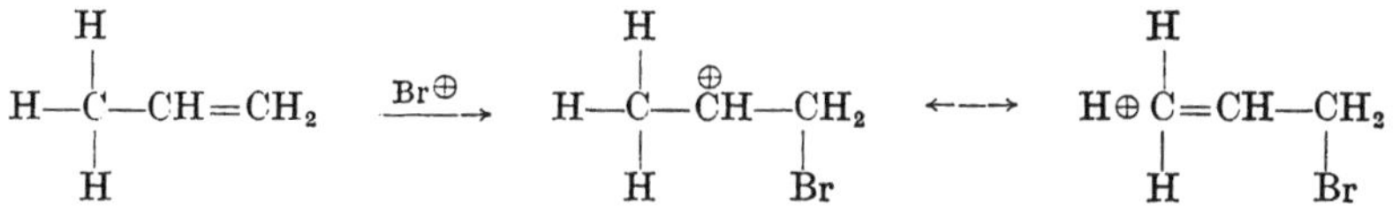

Damit lassen sich die Ergebnisse von P. W. ROBERTSON und Mitarbeitern[1] über die gefundenen relativen Reaktionsgeschwindigkeiten (rel. R.g.k., Tab. 23) der

[1] Vgl. F. BECKER: Fortschr. chem. Forsch. 3, 232 (1955).

thermischen[1] Chloraddition an *Acrylsäure, Zimtsäure* und deren Derivate gut erklären. Die gefundenen Unterschiede sind z. T. recht beträchtlich, wie die nachfolgende Tab. 23 zeigt:

Tabelle 23

	rel. R. g. k.
$CH_2=CH-COOH$	0,018
trans-$CH_3-CH=CH-COOH$	0,62
$(CH_3)_2C=CH-COOH$	52
trans-$C_6H_5-CH=CH-COOH$	4,9
trans-p-$CH_3-C_6H_4-CH=CH-COOH$	103
trans-$C_6H_5-CH=CH-CO-C_6H_5$	61
trans-p-$CH_3-C_6H_4-CH=CH-COC_6H_5$	800

In ähnlicher Weise, jedoch auf radikalische Art, ist auch der bekannte beschleunigende Effekt von Methylgruppen auf die *Autoxydation von Olefinen* (radikalinduzierte Kettenreaktion) zu deuten:

$$-\overset{\bullet}{C}H-CH=CH-\underset{H}{\overset{H}{\underset{|}{\overset{|}{C}}}}-H \quad \longleftrightarrow \quad -HC=CH-\overset{\bullet}{C}H-\underset{H}{\overset{H}{\underset{|}{\overset{|}{C}}}}-H \quad \longleftrightarrow$$

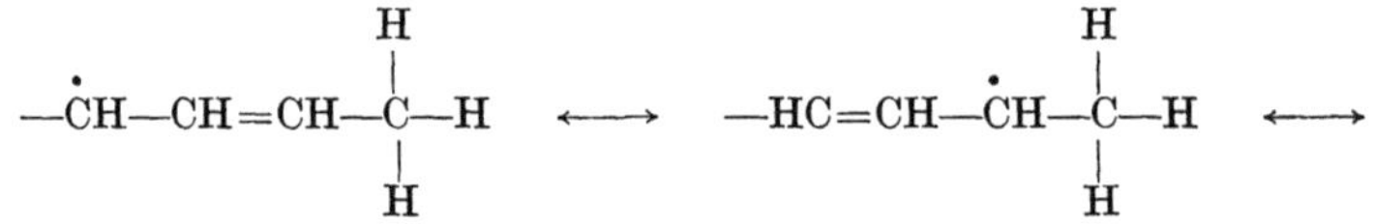

Allylverschiebung

$$-CH=CH-CH=\underset{H}{\overset{H}{\underset{|}{\overset{|}{C}}}}\ H\cdot$$

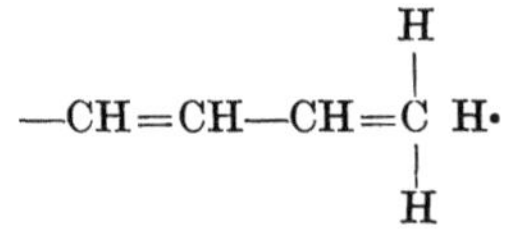

Hyperkonjugation

Die zwischendurch entstehenden freien Radikale erfahren so eine zusätzliche Stabilisierung[2].

Nicht nur bei Additionsreaktionen, sondern auch bei *Abspaltungsreaktionen* macht sich der Einfluß von Methylgruppen durch Hyperkonjugation charakteristisch bemerkbar. Bei der thermischen, bimolekular verlaufenden Spaltung von *alkylierten Oniumbasen* bildet sich nach der Regel von HOFMANN überwiegend das Olefin mit der *geringsten* Zahl von Substituenten an der C=C-Doppelbindung, z. B. aus tert.-Amyl-dimethylsulfoniumäthylat:

$$\left[(CH_3)_2\overset{\oplus}{S}-\underset{b\ \swarrow H CH_2}{\overset{CH_3\ \overset{a}{\nearrow}\ H}{\underset{|}{C}}}-CH-CH_3 \right] (OC_2H_5)^{\ominus} \quad \overset{a}{\underset{b}{\longrightarrow}} \quad \begin{array}{l} CH_3-CH=C(CH_3)_2 \quad 14\% \\ \\ CH_3-CH_2-\underset{CH_3}{\overset{|}{C}}=CH_2 \quad 86\% \end{array}$$

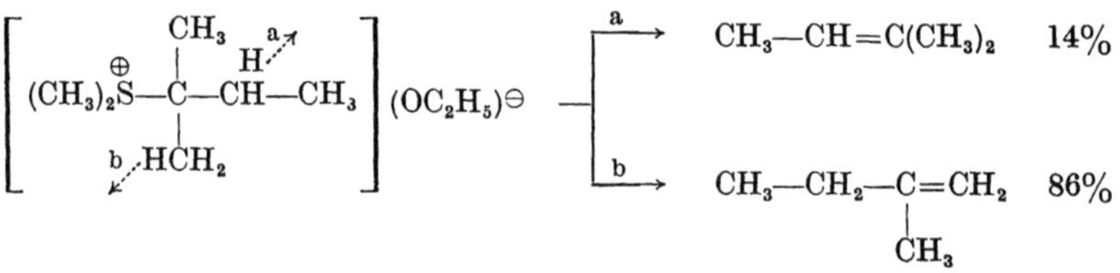

Die HOFMANNsche Regel gilt nur für bimolekular verlaufende Abspaltungen aus den Oniumverbindungen. Das Proton wird dabei von demjenigen β-C-Atom

---

[1] Möglicherweise radikalisch zu formulieren, vgl. dazu weiter unten.
[2] FARMER, E. H., G. F. BLOOMFIELD, A. SUNDRALINGAM u. D. A. SUTTEN: Trans. Faraday Soc. **38**, 348 (1942). — BOLLAND, J. L.: Kinetic of Olefin Oxydation. Quart. Reviews **3**, 1 (1949).

abgelöst, das die geringste Zahl von Alkylsubstituenten trägt:

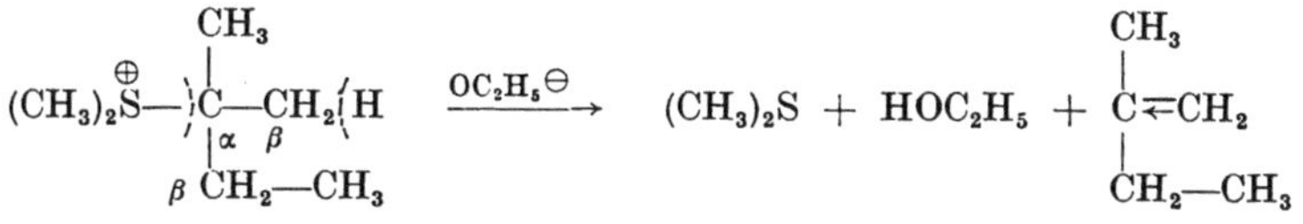

Führt man in β-Stellung Alkylgruppen ein, so nimmt die Reaktionsgeschwindigkeit ab. Methylgruppen in α-Stellung erhöhen dagegen die Reaktionsgeschwindigkeit.

Durch den ausgeprägten *Induktionseffekt* infolge der stark polarisierend wirkenden Oniumgruppe werden an den α- und β-C-Atomen positive Ladungen induziert, die eine Abtrennung der H-Atome als Protonen erleichtern. Alkylgruppen in β-Stellung heben durch ihre Polarisierbarkeit diese induzierte positive Ladung der β-C-Atome teilweise wieder auf. Daher ist ein Proton an einem β-C-Atom am leichtesten zu entfernen, wenn dieser entgegengesetzte Einfluß gering wird, d. h. es spaltet dasjenige β-C-Atom mit der geringsten Zahl von Alkylgruppen am leichtesten ein Proton ab. Zu dem induktiven Effekt tritt, in gleichem Sinne wirkend, noch der *Hyperkonjugationseffekt* der $C{\equiv}H_3$-Gruppen, d. h. α-ständige CH_3-Gruppen erhöhen, β-ständige erniedrigen die Reaktionsgeschwindigkeit.

Der entgegengesetzte Effekt findet sich bei der *Abspaltung* von *Halogenwasserstoff* aus sek.- oder tert.-*Alkylhalogeniden*. Es bildet sich vorwiegend das Olefin mit der *größten* Zahl von Substituenten an der C=C-Doppelbindung (Regel von SAYTZEFF). Als Beispiel diene die bimolekulare Reaktion des 2-Brombutans mittels Natriumäthylat:

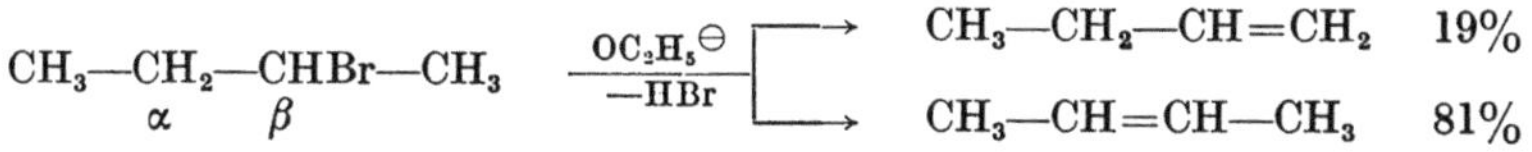

wobei die Protonenabspaltung aus dem sek. Halogenid vorzugsweise an dem C-Atom erfolgt, das die größere Zahl von Substituenten trägt. Demgemäß erhöht eine Substitution mit Alkylgruppen an diesen C-Atomen die Reaktionsgeschwindigkeit. Im Falle des 2-Brombutans wird sich nach dem S_N2-Mechanismus im Übergangszustand eine Doppelbindung so ausbilden, daß möglichst viele hyperkonjugationsfähige Methylgruppen an ihr in „Resonanz" stehen. Das ist aber zwischen den Atomen C_α und C_β der Fall. Für die mono-molekular verlaufende *Olefinbildung aus Sulfoniumjodiden* und die ebenfalls monomolekular verlaufende Olefinbildung aus geeigneten *Alkylbromiden* gilt das gleiche:

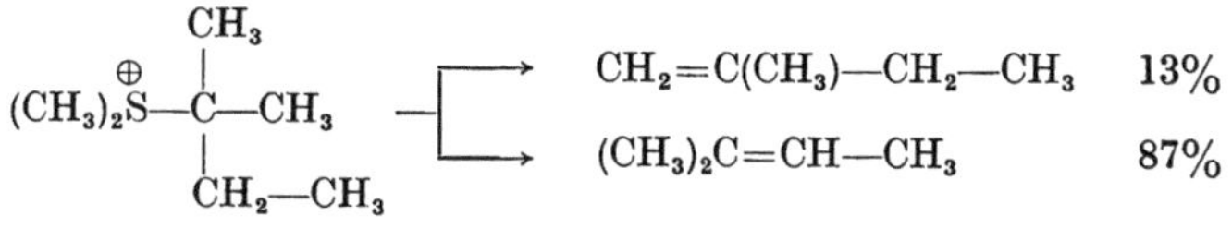

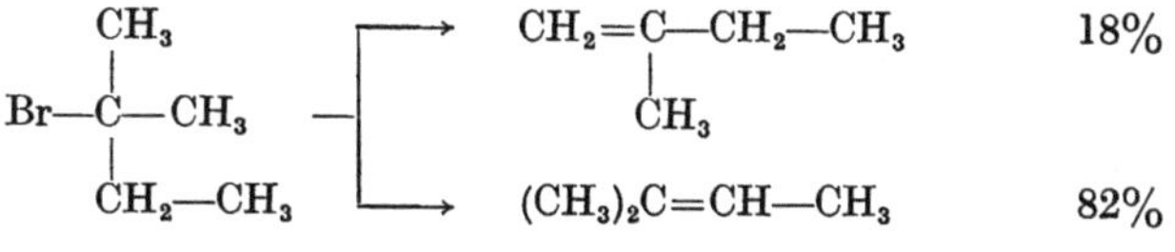

Bei dem S_N1-Mechanismus der Spaltung der Sulfoniumsalze kann sich im Gegensatz zu den S_N2-Oniumspaltungen ein induktiver Effekt der Sulfoniumgruppe nicht auswirken:

$$(CH_3)_2\overset{\oplus}{\underline{S}}-\overset{\overset{\displaystyle CH_3}{|}}{\underset{\underset{\displaystyle H}{|}}{C}}-CH_2-CH_3 \longrightarrow H\overset{\overset{\displaystyle CH_3}{|}}{\underset{\oplus}{C}}-CH_2-CH_3 + |\overline{S}(CH_3)_2$$
$$a$$

$$a \longrightarrow H-\overset{\overset{\displaystyle CH_3}{|}}{C}=CH-CH_3 + H^\oplus$$

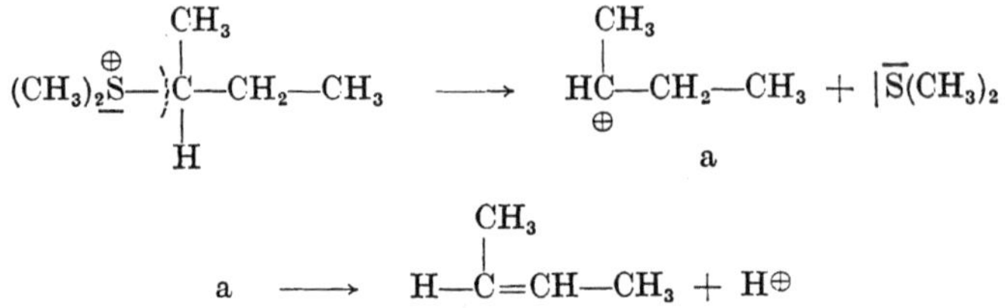

Die Protonenablösung erfolgt aus dem primär entstehenden Kation a. Ganz entsprechendes gilt für die Abspaltungsreaktion der tertiären Halogenide:

$$Br-\overset{\overset{\displaystyle CH_3}{|}}{\underset{\underset{\displaystyle CH_3}{|}}{C}}-CH_2-CH_3 \longrightarrow Br^\ominus + \overset{\overset{\displaystyle CH_3}{|}}{\underset{\underset{\displaystyle CH_3}{|}}{\overset{\oplus}{C}}}-CH_2-CH_3 \longrightarrow$$

$$\overset{\overset{\displaystyle CH_3}{|}}{\underset{\underset{\displaystyle CH_3}{|}}{C}}=CH-CH_3 + H^\oplus$$

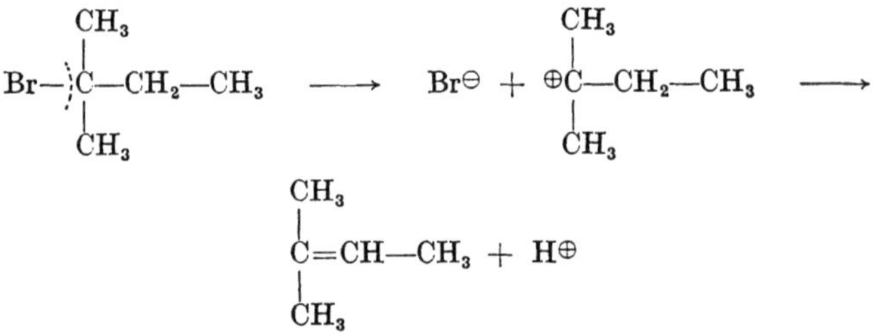

Dieselben Verhältnisse gelten offenbar auch für die säurekatalysierte *Wasserabspaltung* aus sek.- oder tert.-*Alkoholen* zu Olefinen[1], z. B.:

$$C_8H_{17}-CH_2-CH(OH)-CH_3$$
$$\downarrow$$
$$C_8H_{17}-CH_2-\underset{\ominus}{CH}-CH_3 \xrightarrow{-H^\oplus} \begin{array}{l} C_8H_{17}-CH_2-CH=CH_2 \quad 4\% \\ C_8H_{17}-CH=CH-CH_3 \quad 96\% \end{array}$$

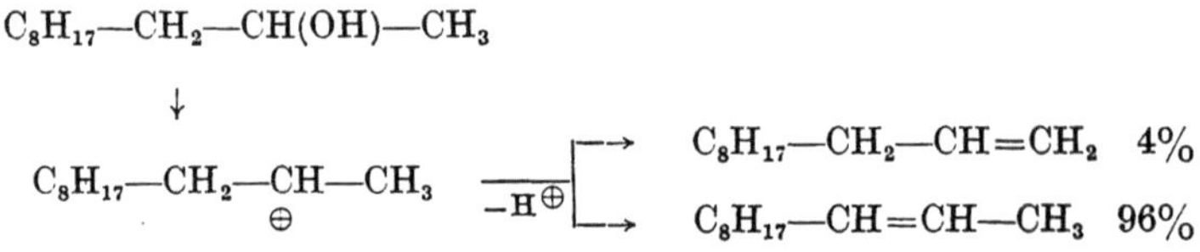

Bei der Wasserabspaltung aus Pinakolinalkohol (bei 301°, Kieselgel + P_2O_5) ist immer das durch Umlagerung entstehende Tetramethyläthylen das Hauptprodukt[2]:

$$(CH_3)_3C-CH(OH)-CH_3 \longrightarrow \begin{array}{ll} (CH_3)_3C-CH=CH_2 & 3\% \\ (CH_3)_2C=C(CH_3)_2 & 61\% \\ (CH_3)_2CH-C(CH_3)=CH_2 & 31\% \end{array}$$

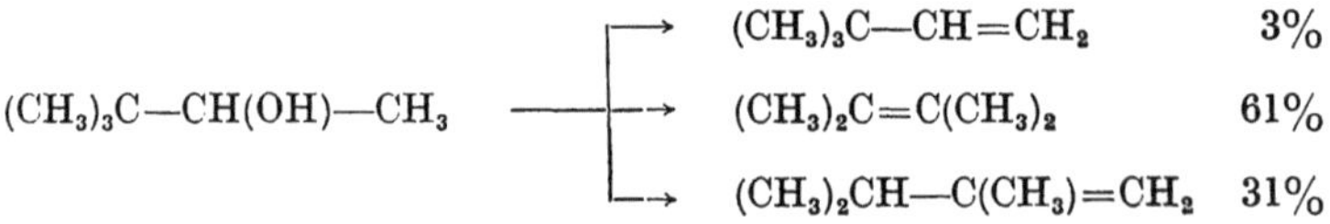

Auch die *säurekatalysierte Bromierung* von aliphatischen *Ketonen* folgt nach H. M. E. CARDWELL und A. E. H. KILNER[3] dem Prinzip der SAYTZEFFschen Regel. Dabei tritt das Bromatom bevorzugt an dasjenige α-C-Atom der Ketone,

---

[1] THOMS, H., u. C. MANNICH: Ber. dtsch. chem. Ges. **36**, 2544 (1903).
[2] LAUGHLIN, K. C., C. W. NASH u. F. L. WHITMORE: J. Amer. Chem. Soc. **56**, 1395 (1934).
[3] CARDWELL, H. M. E., u. A. E. H. KILNER: J. Chem. Soc. (London) **1951**, 2430.

das am meisten substituiert ist:

$$R-\underset{\underset{H}{|}}{C}H-\underset{\underset{H}{|O|}}{C}-R' + H^{\oplus} \longrightarrow R-\underset{\underset{H}{|}}{C}H-\overset{\oplus}{\underset{\underset{H}{|O|}}{C}}-R' \longrightarrow R-CH=\underset{\underset{}{OH}}{C}-R' + H^{\oplus}$$

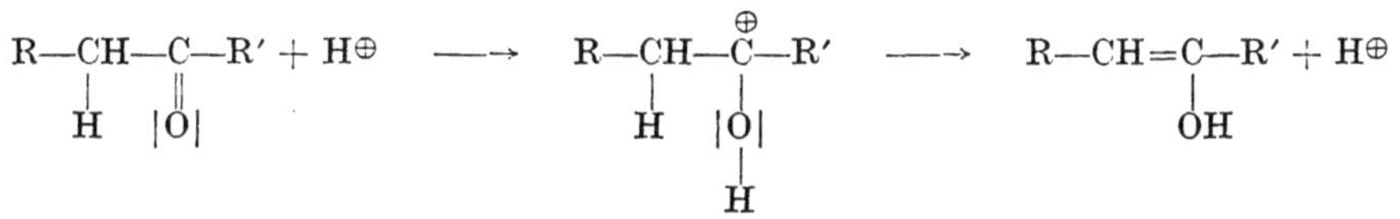

Die rasch erfolgende Umsetzung des Enols mit Brom liefert die Bromketone, deren Verhältnis im Endprodukt somit ein Maß für die Bildungsgeschwindigkeit der verschiedenen denkbaren Enolformen darstellt.

Wie die nachstehenden Beispiele zeigen, ist die Bildung solcher Enole begünstigt, bei denen die meisten hyperkonjugationsfähigen Alkylgruppen an der C=C-Bindung stehen:

$$CH_3-\underset{\underset{O}{\|}}{C}-CH_3 \longrightarrow CH_3-\underset{\underset{OH}{|}}{C}=CH_2 \longrightarrow CH_3-\underset{\underset{O}{\|}}{C}-CH_2Br \quad 50$$

$$CH_3-CH_2-\underset{\underset{O}{\|}}{C}-CH_3 \longrightarrow \begin{cases} CH_3-CH_2-\underset{\underset{OH}{|}}{C}=CH_2 \longrightarrow CH_3-CH_2-CO-CH_2Br \quad 28 \\ CH_3-CH=\underset{\underset{OH}{|}}{C}-CH_3 \longrightarrow CH_3-CHBr-CO-CH_3 \quad 76 \end{cases}$$

$$C_2H_5-CH_2-\underset{\underset{O}{\|}}{C}-CH_3 \longrightarrow \begin{cases} C_2H_5-CH_2-\underset{\underset{OH}{|}}{C}=CH_2 \longrightarrow C_2H_5-CH_2-CO-CH_2Br \quad 35 \\ C_2H_5-CH=\underset{\underset{OH}{|}}{C}-CH_3 \longrightarrow C_2H_5-CHBr-CO-CH_3 \quad 59 \end{cases}$$

$$C_2H_5-\underset{\underset{O}{\|}}{C}-CH_2-CH_3 \longrightarrow C_2H_5-\underset{\underset{OH}{|}}{C}=CH-CH_3 \longrightarrow C_2H_5-CO-CHBr-CH_3 \quad 41$$

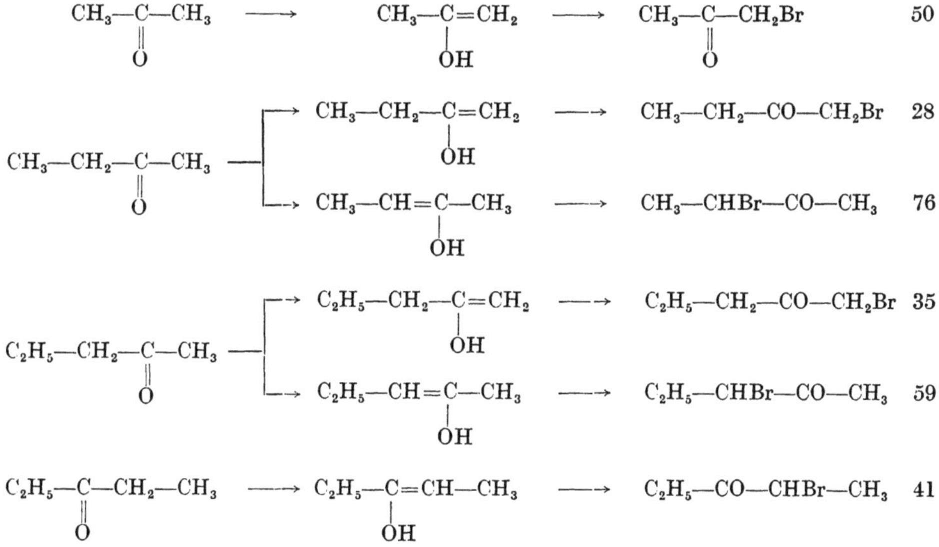

(Die Zahlenangaben (rechts) beziehen sich auf die relativen Reaktionsgeschwindigkeiten)

Im Gegensatz hierzu steht die basenkatalysierte *Jodierung* von *Methyl-alkylketonen*, bei der die H-Atome der Methylgruppe bevorzugt substituiert werden. Diese Halogenierung von aliphatischen Ketonen folgt daher wieder der HOFMANN-schen Regel[1].

Der Einfluß von Alkylgruppen auf die Geschwindigkeit der *Allylumlagerung* geeigneter Verbindungen:

$$HO-\underset{\underset{X}{|}}{C}(R_1)-C(R_2)=C\overset{R_3}{\underset{R_4}{\diagdown}} \rightleftarrows X-C(R_1)=C(R_2)-\underset{\underset{OH}{|}}{C}\overset{R_3}{\underset{R_4}{\diagdown}}$$

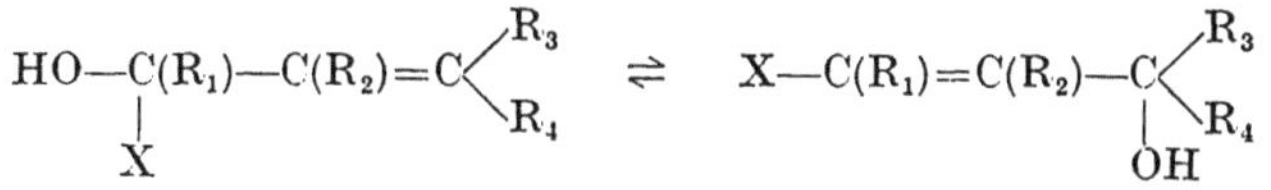

(in 60% Aceton + HCl, 30°) ist durch Erhöhung der Stabilität der ionischen Zwischenstufe:

$$X-\overset{\oplus}{C}(R_1)-C(R_2)=C\overset{R_3}{\underset{R_4}{\diagdown}} \longleftrightarrow X-C(R_1)=C(R_2)-\overset{\oplus}{C}\overset{R_3}{\underset{R_4}{\diagdown}}$$

[1] CARDWELL, H. M. E.: J. Chem. Soc. (London) **1951**, 2442.

infolge hyperkonjugierter Wirkung der Methylgruppe, z. B. mit $R_1=CH_3$ durch zusätzliche Bildung der Formen:

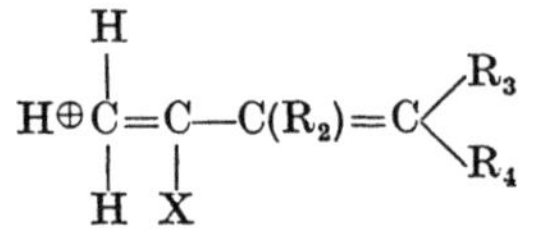

$$H^\oplus \overset{H}{\underset{H\ X}{C}}=C-C(R_2)=C\begin{smallmatrix}R_3\\R_4\end{smallmatrix}$$

oder mit $R_4=CH_3$:

$$X-C(R_1)=C(R_2)-\underset{R_3}{C}=\overset{H}{\underset{H}{C}}\ H^\oplus$$

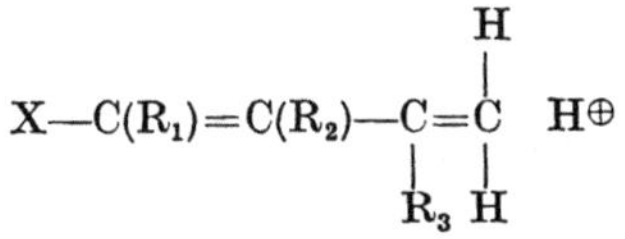

deutlich vorhanden[1].

Diese Beispiele sollen einmal die Bedeutung des auch quantenmechanisch erfaßbaren Effektes der Hyperkonjugation dartun und zum anderen zeigen, in welcher besonders umsichtigen Weise man Alkylgruppeneinflüsse untersuchen muß, ehe man sie eindeutig als Ausdruck eines vorhandenen Hyperkonjugationseffektes ansprechen darf. Der Effekt als solcher ist, wie ausgeführt wurde, naturgemäß so klein, daß zu seiner sicheren Ermittlung meist ein umfangreiches Beweismaterial notwendig ist. Mit der Deutung neu aufgefundener Erscheinungen als Hyperkonjugationseffekte muß man daher sehr vorsichtig sein.

---

[1] BRAUDE, E. A.: Quart. Reviews 4, 404 (1950).

C. Dreifache Atombindung

I. Kohlenstoff-Kohlenstoff-Dreifachbindung

1. Konstitution

Die quantentheoretische Deutung der C-Dreifachbindung sieht anstelle der σ-Bindung zwischen den beteiligten C-Atomen die Paarung zweier sp-hybridisierter Atombahnen vor. Für die Bindung der beiden Wasserstoffatome im *Acetylen* werden die Elektronenbahnen der H-Atome so mit den Bahnen A_2 und B_2 überlappt, daß eine maximale Bindungsmöglichkeit entsteht (Abb. 69). Es entsteht so eine linear aufgebaute Molekel. Die übrigbleibenden p_y- und p_z-Bahnen jedes C-Atoms werden unter Bildung *zweier* π-Bindungen gepaart. Beide π-Bindungen müssen aufeinander senkrecht stehen.

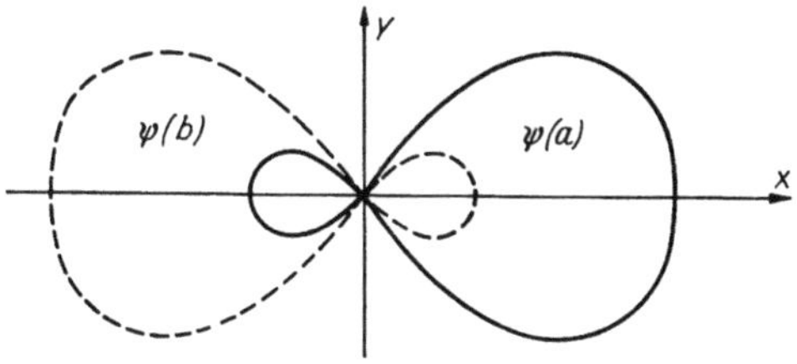

Abb. 68. Die beiden digonalen sp-Hybrids (aus COULSON, Valence S. 192)

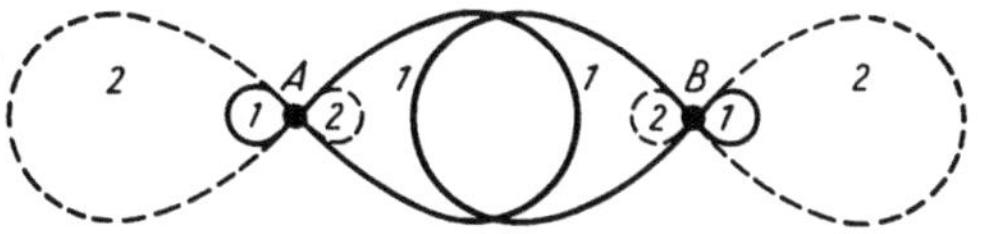

Abb. 69. Schema der sp-hybridisierten Kohlenstoff-Kohlenstoff-Bindung im Acetylen unter Fortlassung der beiden π-Molekularorbitals (aus COULSON, Valence, S. 193)

Durch die Überlagerung der beiden senkrecht aufeinander stehenden π-Bindungen um die gleiche Achse besitzt das ganze Molekül Zylindersymmetrie. Acetylene sind hiernach *linear* mit axialer Symmetrie aufgebaut (s. Abb. 70).

Da die σ- und π-Elektronen paarweise antiparallele Spins besitzen, ist das Molekül *diamagnetisch*. Eine kleine paramagnetische Abweichung ($+0{,}77 \cdot 10^{-6}$) läßt sich wie bei der Doppelbindung auf eine geringe magnetische Polarisation zurückführen. Für den molekularen Aufbau folgt aus dem quantentheoretischen Modell, daß infolge der Ladungsverteilung der π-Elektronen die Verbindung der beiden C-Atome *starr* gegen eine Drehung sein muß. Freie Drehbarkeit ist also nicht vorhanden. Die Acetylene gleichen vielmehr wie die Cumulene kurzen starren Stäbchen und können wegen der ebenen Lagerung der Liganden auch bei verschiedenen Substituenten A–C≡C–B keine optische Aktivität zeigen. Gleichzeitig muß das *Dipolmoment* symmetrisch substituierter Acetylene R–C≡C–R infolge innerer Kompensation gleich Null sein. Die lineare Anordnung verbietet auch das Auftreten cis-trans-isomerer Verbindungen.

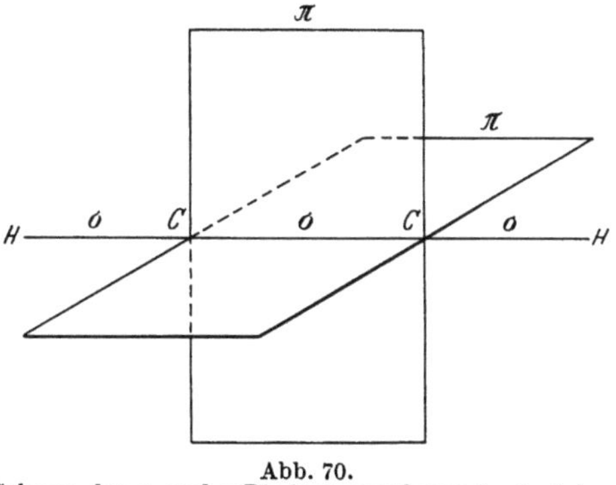

Abb. 70.
Schema der σ- und π-Bindungsanordnung im Acetylen

Zu denselben Schlüssen führt auch die Modellbetrachtung des räumlichen Aufbaues der Acetylene nach den Vorstellungen von VAN'T HOFF. Die *Tetraedermodelle* (Abb. 71) stellen eine Dreifachbindung durch Aneinanderlagerung zweier Tetraeder mit je einer Dreiecksfläche dar, woraus eben die Starrheit gegen Verdrehung und das oben Gesagte folgen, also das gleiche, was das Elektronenmodell ebenfalls fordert. Die Zahl der Isomeren ist wie immer von dem VAN'T HOFFschen Modell richtig wiedergegeben. Jedoch hat das Modell dieselben Mängel wie das Modell der Doppelbindung, „geknickte" Valenzen sind physikalisch nicht sinnvoll und führen zu einem zu kleinen Abstand der beiden dreifach gebundenen Atome. Aus dem Ergebnis physikalischer Untersuchungen folgt, daß der gegenseitige *Abstand* der dreifach gebundenen C-Atome etwa 1,2 Å beträgt. Es ist also gegenüber der C=C-Doppelbindung mit 1,32 Å eine weitere Verkürzung infolge der Anhäufung von Ladungen zwischen den C-Atomen eingetreten. Auch das zu Null ermittelte Dipolmoment des Acetylens[1] bestätigt den linearen Aufbau.

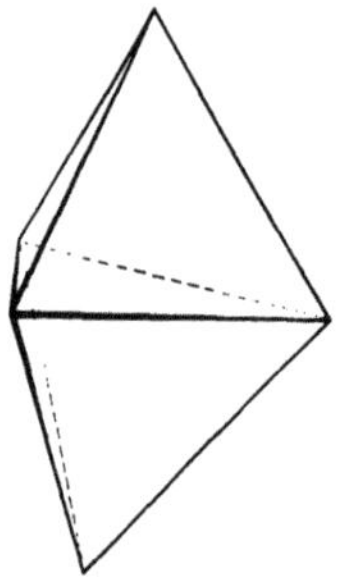

Abb. 71. Modell der Dreifachbindung nach VAN'T HOFF

Neuere Untersuchungen an Methylacetylen, Diacetylen, Vinylacetylen (C≡C Abstand: $1{,}19 \pm 0{,}02$ Å)[2] weisen darauf hin, daß die neben einer C≡C-Dreifachbindung befindlichen C–C-Einfachbindungen einen im Vergleich zum normalen C–C-Abstand verkürzten Abstand aufweisen, z. B. C–C-Abstand im $CH_3{-}C{\equiv}CH$ **1,46** $\pm$ 0,02 Å[2]. Die Entfernung der beiden einfach gebundenen C-Atome im *Diacetylen* beträgt nur $1{,}36 \pm 0{,}02$ Å. Es tritt also ein partieller Doppelbindungscharakter in Erscheinung. Das Ausbreitungsbestreben der π-Elektronen läßt sich mit folgenden mesomeren Formeln darstellen:

$$H{-}C{\equiv}C{-}C{\equiv}C{-}H \leftrightarrow H{-}\underset{\oplus}{C}{=}C{=}C{=}\underset{\ominus}{\overline{C}}{-}H \text{ usw.}$$

An dieser Mesomerie können sich auch andere geeignete Atome wie O oder N beteiligen, z. B. in den *Acetylenaldehyden*[3]:

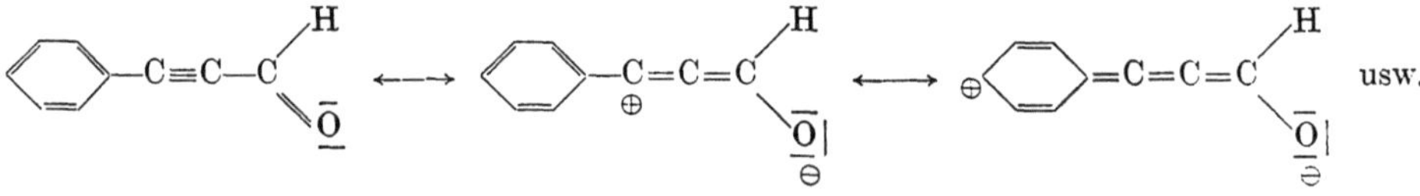

2. Reaktionen der Dreifachbindung

Überträgt man die am Äthylensystem gewonnenen Erkenntnisse auf das Acetylensystem, so wird man auch hier für das reaktive Verhalten solcher Verbindungen mit einer *Mesomerie* zwischen verschiedenen Grenzformen, z. B.:

$$R{-}C{\equiv}C{-}R \leftrightarrow R{-}\overset{\ominus}{\overline{C}}{=}\overset{\oplus}{C}{-}R \leftrightarrow R{-}\overset{\oplus}{C}{=}\overset{\ominus}{\overline{C}}{-}R \leftrightarrow R{-}\underset{\times}{C}{=}\underset{\times}{C}{-}R\ (\uparrow\downarrow) \text{ u. a. m.}$$

[1] DEBYE, P.: Z. Elektrochem. **34**, 45 (1928). — CURRAN, C. C., u. H. H. WENZKE: J. Amer. Chem. Soc. **59**, 943 (1937).

[2] PAULING, L., H. D. SPRINGALL u. K. J. PALMER: J. Amer. Chem. Soc. **61**, 927 (1939); im $CH_3{-}C{\equiv}C{-}C{\equiv}C{-}CH_3$ ist der Abstand C—C $\sim$ 1,38 $\pm$ 0,02 Å; vgl. hierzu den Abschnitt über Hyperkonjugation, S. 410ff. Auch im Tolan $C_6H_5{-}C{\equiv}C{-}C_6H_5$ tritt eine Verkürzung des Abstandes der Einfachbindung vom Ring-C-Atom zum —C≡ auf: 1,40 $\pm$ 0,02 Å; ROBERTSON, J. M., u. J. WOODWARD: Proc. Roy. Soc. (London) [A] **164, 436** (1938).

[3] GÖBEL, H. L., u. H. H. WENZKE: J. Amer. Chem. Soc. **59**, 2301 (1937).

zu rechnen haben, aber eine Ähnlichkeit mit olefinischen Verbindungen ist nur bedingt vorhanden. So ist das Dreifachbindungssystem *gegen nucleophile Agentien* wie Wasser, Alkohole, Amine *reaktiver* als das Doppelbindungssystem, während für elektrophile Agentien wie z. B. Halogene, Persäuren, Ozon das Umgekehrte gilt. Das unterschiedliche Verhalten mag mit der bei einer Dreifachbindung höheren und symmetrischeren Konzentrierung der Elektronen um die die Kerne verbindende Achse zusammenhängen. So findet gleichsam ein Elektronensog in Richtung auf die Mitte zwischen den beiden C-Atomen der Dreifachbindung statt, das Wasserstoffatom wird weniger fest gebunden, es ist bekanntlich *durch Metall ersetzbar:*

$$H-C\equiv C-H \rightleftarrows H^{\oplus} [|C\equiv C-H]^{\ominus}$$

Auch aus den Ergebnissen physikalischer Methoden, z. B. der Lichtabsorption, folgt, daß die π-Elektronen einer Dreifachbindung *weniger polarisierbar* sind als die einer Doppelbindung, die unsymmetrisch aufgebaut ist. In die gleiche Richtung führt auch die quantentheoretische Betrachtung, die bei der Dreifachbindung das C–C-Grundsystem aus der digonalen sp-hybridisierten Bindung aufbaut, während bei der C=C-Doppelbindung die trigonal hybridisierte sp^2-Bindung mit einem höheren p-Anteil das Grundskelet darstellt[1].

a) Ionische Mechanismen und deren sterischer Verlauf

α) Additionen an die C≡C-Bindung

Während die vollständige katalytische Hydrierung von Acetylenverbindungen keine Besonderheiten aufweist, sind die Verhältnisse bei der *partiellen katalytischen Hydrierung* (meist mit Pd auf einem Träger) interessanter, da sie bei disubstituierten Acetylenen zu cis- oder trans-Olefinen führen können. Dabei entsteht meist ganz überwiegend die *cis*-Form des Olefins[2]. (Mit $Pd/CaCO_3$ und teilweiser Vergiftung des Katalysators mit Bleiacetat oder Chinolin lassen sich auch Dreifachbindungen in Konjugation zu Doppelbindungen zu Dienen oder Polyenen reduzieren.)

Die *Halogenaddition* an die C≡C-Dreifachbindung vollzieht sich als elektrophile Addition eines Kations, und zwar als *trans*-Addition. Aus den schon genannten Gründen ist die Halogenaddition an die Dreifachbindung (z. B. mit Brom) eine viel langsamer verlaufende Reaktion als die Halogenaufnahme der Doppelbindung, so daß selektive Additionen der folgenden Art möglich sind[3]:

$$CH_2=CH-CH_2-C\equiv CH \xrightarrow{Br_2} CH_2Br-CHBr-CH_2-C\equiv CH$$

Die Bromierung von Olefinen in der Allylstellung mittels N-Bromsuccinimid ist bei entsprechenden Acetylenen wenig begünstigt.

Unterhalogenige Säuren liefern mit Acetylenen die betreffenden α,α-Dihalogenketone[4]:

$$R-C\equiv CH + HOX \rightarrow R-C=CH \rightarrow R-C-C\begin{matrix}H\\ \\H\end{matrix} \xrightarrow[-HX]{+X_2} R-C-C\begin{matrix}H\\ \\X\end{matrix}$$
$$\begin{matrix}|\\OH\end{matrix}\begin{matrix}|\\X\end{matrix}\begin{matrix}\|\\O\end{matrix}\begin{matrix}\\X\end{matrix}\phantom{\xrightarrow{+X_2}}\begin{matrix}\|\\O\end{matrix}\begin{matrix}\\X\end{matrix}$$

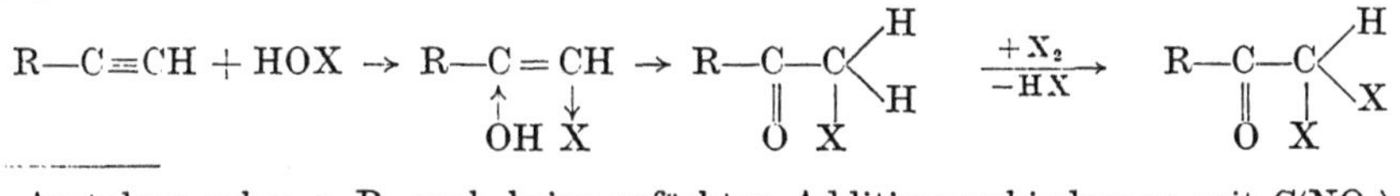

[1] Acetylene geben z. B. auch keine gefärbten Additionsverbindungen mit $C(NO_2)_4$, wie es für die Olefine sehr charakteristisch ist.

[2] LINDLER, H.: Helvet. chim. Acta **35**, 446 (1952).

[3] PRÉVOST, C., P. SONDAY u. J. CHAUVELIER: Bull. Soc. chim. France **18**, 714 (1951). — Bromierung von Diphenylpolyacetylenen s. H. H. SCHLUBACH u. E. V. TRAUTSCHOLD: Liebigs Ann. **594**, 67 (1955).

[4] KRESSTINSKI, W. N., u. N. I. SSUMM: Ž. obšč. Chim. **10**, 927 (1940); Chem. Zbl. **1940 II**, 3016. — WITTORF, N.: Ž. Russ. Fiz.-chim. Obšč. **32**, 88 (1900); Chem. Zbl. **1900 II**, 29.

während *Natriumhypohalogenite* nur den Ersatz des Acetylenwasserstoffs durch das Halogen bewirken[1]:

$$R{-}C{\equiv}C{-}H \xrightarrow{NaOX} R{-}C{\equiv}C{-}X$$

Die Addition von *Chlorwasserstoff* führt in Gegenwart von $HgCl_2$ zu dem technisch wichtigen Vinylchlorid (s. „Vinylierung", S. 430).

Für die Addition von *Bromwasserstoff* gelten ähnliche Bedingungen wie bei den Olefinen. Die ionische Addition verläuft nach der Regel von MARKOWNIKOFF, der radikalische Additionsmechanismus spielt sich in Anwesenheit von Peroxyden ab[2]:

$$C_4H_9{-}C{\equiv}C{-}H \xrightarrow[\text{Markownikoff}]{HBr} C_4H_9{-}CBr{=}CH_2$$

$$C_4H_9{-}C{\equiv}C{-}H \xrightarrow[\text{Peroxyd}]{HBr} C_4H_9{-}CH{=}CHBr$$

Auch im Verhalten gegen Oxydationsmittel kommt der Unterschied der Doppel- und Dreifachbindung deutlich zum Ausdruck. So oxydiert *Chromtrioxyd* in saurer Lösung die Doppelbindung viel schneller als die Dreifachbindung, z. B.[3]:

$$HC{\equiv}C{-}(CH_2)_7{-}CH{=}C(CH_3)_2 \xrightarrow{CrO_3} HC{\equiv}C(CH_2)_7{-}COOH$$

und ähnlich liegen die Verhältnisse bei der Einwirkung von *Ozon*[4].

Besonders deutlich wird der Gegensatz in der Reaktionsfähigkeit der Doppel- und Dreifachbindungssysteme gegenüber der Oxydationswirkung von *Persäuren*. So kann man Doppelbindungssysteme neben Dreifachbindungen sogar in Konjugationsstellung selektiv oxydieren:

$$C_6H_5{-}C{\equiv}C{-}CH{=}CH{-}C_5H_{11} \xrightarrow{CH_3COO_2H} C_6H_5{-}C{\equiv}C{-}\underset{\diagdown\,O\,\diagup}{CH{-}CH}{-}C_5H_{11}$$

Erst bei langdauernder Einwirkung werden die Molekeln auch an der Dreifachbindung unter Carbonsäurebildung aufgespalten[5]. Diese zu den elektrophilen Substitutionsreaktionen [Angriff eines $HO^{\oplus}$ aus $HO^{\oplus}$ $(OCOC_6H_5)^{\ominus}$, vgl. S. 182] gehörende PRILESCHAJEFF-Reaktion zeigt den Widerstand der Dreifachbindung gegen die Aufnahme von Kationen im Gegensatz zur Doppelbindung besonders deutlich. Dagegen verläuft die WILLGERODT-*Reaktion* sehr gut mit Acetylenverbindungen, z. B.[6]:

$$C_6H_5{-}C{\equiv}C{-}H \xrightarrow{S/NH_4OH} C_6H_5{-}CH_2{-}CONH_2$$

oder

$$C_6H_5{-}C{\equiv}C{-}CH_3 \xrightarrow{S/NH_4OH} C_6H_5{-}CH_2{-}CH_2{-}CONH_2$$

Ein auch technisch sehr bedeutungsvoller Prozeß ist die Anlagerung von *Wasser* an die Dreifachbindung unter Bildung von Aldehyden oder Ketonen. Meist wird

---

[1] STRAUS, F., L. KOLLEK u. W. HEYN: Ber. dtsch. chem. Ges. **63**, 1868 (1930).

[2] YOUNG, C. A., R. R. VOGT u. J. A. NIEUWLAND: J. Amer. Chem. Soc. **58**, 1806 (1936). — HARRIS, P. L., u. J. C. SMITH: J. Chem. Soc. (London) **1935**, 1572.

[3] BLACK, H. K., u. B. C. L. WEEDON: J. Chem. Soc. (London) **1953**, 1785.

[4] NAZAROW, J.: Chem. Abstr. **36**, 1296 (1942); **37**, 2342 (1943).

[5] RAPHAEL, R. A.: J. Chem. Soc. (London) **1949**, 44.

[6] CARMACK, M., u. D. F. DE TAR: J. Amer. Chem. Soc. **68**, 2029 (1946). — PATTISON, D. B., u. M. CARMACK: J. Amer. Chem. Soc. **68**, 2033 (1946). Die glatt verlaufende WILLGERODT-Reaktion an Acetylenen deutet vielleicht auf eine primäre nucleophile Addition von $|SH^{\ominus}$ an die Dreifachbindung hin.

in saurer Lösung unter Zusatz von Quecksilbersalzen[1] gearbeitet, die sich primär an die Dreifachbindung anlagern.

Im Endergebnis entsteht so aus Acetylen *Acetaldehyd:*

$$HC\equiv CH + H_2O \xrightarrow[H^\oplus]{Hg^{2\oplus}} CH_3-CHO$$

Der Reaktionsmechanismus selbst ist noch nicht sicher zu formulieren, da neben einer nucleophilen Addition auch ein kryptoradikalischer Mechanismus dieser durch Quecksilber katalysierten Reaktion möglich erscheint.

Von Bedeutung, aber in ihrem Verlauf ebenfalls noch ungeklärt, sind die auch technisch durchgeführten Synthesen von *Aceton* aus Acetylen und Wasserdampf über aktivem Zinkoxyd als Katalysator:

$$2\,C_2H_2 + 3\,H_2O \xrightarrow[ZnO]{350°} CH_3COCH_3 + 2\,H_2 + CO_2$$

sowie die Umsetzung mit Ammoniak über einem Zink-Aluminium-Katalysator unter *Acetonitril*-Bildung:

$$C_2H_2 + NH_3 \xrightarrow[\text{Alkalichlorid}]{ZnCl_2/440-550°} CH_3CN + H_2$$

Ist die Elektronenaffinität der Gruppen R_1 und R_2 im $R_1-C\equiv C-R_2$ annähernd gleich, so entstehen bei Anlagerung von $X^\oplus Y^\ominus$ die beiden möglichen Additionsprodukte:

$$R_1-C\equiv C-R_2 + X^\oplus Y^\ominus \longrightarrow \underset{\underset{X\ \ Y}{|\ \ |}}{R_1-C=C-R_2} \text{ und } \underset{\underset{Y\ \ X}{|\ \ |}}{R_1-C=C-R_2}$$

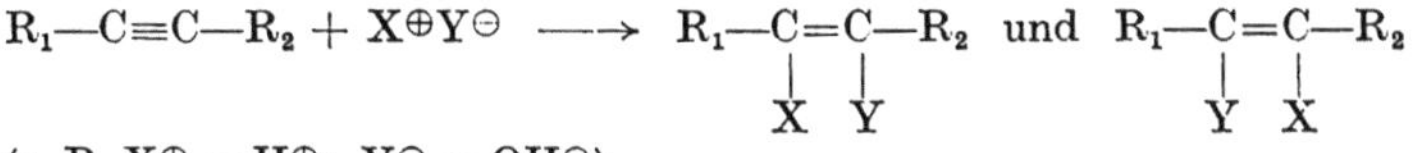

(z. B. $X^\oplus = H^\oplus$; $Y^\ominus = OH^\ominus$)

Eine Ausnahme zu der obigen Regel stellt die durch Quecksilber katalysierte Wasseranlagerung an acyl-monosubstituierte Acetylene dar, die nicht die β-Ketoaldehyde, sondern α-*Diketone* liefert[2]:

$$\underset{|\underline{O}|}{C_6H_5-\overset{\|}{C}-C\equiv C-H} \xrightarrow[H_3O^\oplus]{Hg^{2\oplus}} \begin{array}{l} C_6H_5COCOCH_3 \\ C_6H_5-COCH_2CHO \end{array}$$

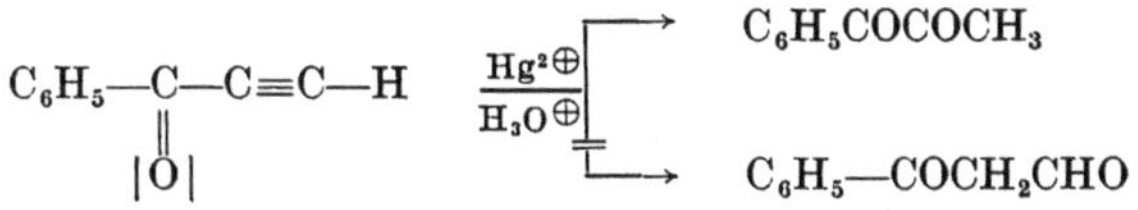

Vermutlich bildet sich in diesen Fällen primär durch Ersatz des noch vorhandenen Acetylenwasserstoffatoms eine C–Hg-Verbindung, in der nun die Richtung der Polarisation der C≡C-Dreifachbindung umgekehrt ist:

$$\underset{|\underline{O}|}{R-\overset{\|}{C}-C\equiv C-H} \longleftrightarrow \underset{|\underline{O}|^\ominus}{R-\overset{|}{C}=C=C-H}_{\oplus}$$

aber

$$\underset{|\underline{O}|}{R-\overset{\|}{C}-C\equiv C-Hg} \longleftrightarrow \underset{|\underline{O}|}{R-\overset{\|}{C}-C\equiv \overline{C}}\ \underset{\ominus}{Hg^\oplus}$$

[1] REPPE, W.: Neue Entwicklungen auf dem Gebiete der Chemie des Acetylens und Kohlenoxyds. Berlin-Göttingen-Heidelberg: Springer-Verlag 1949.
[2] BOWDEN, K., E. A. BRAUDE u. E. R. H. JONES: J. Chem. Soc. (London) **1946**, 945.

Einen Hinweis für die Richtigkeit der ersten Deutung kann man in dem Ablauf solcher Versuche sehen, die *ohne Quecksilberkatalyse* an diesen Verbindungen ablaufen:

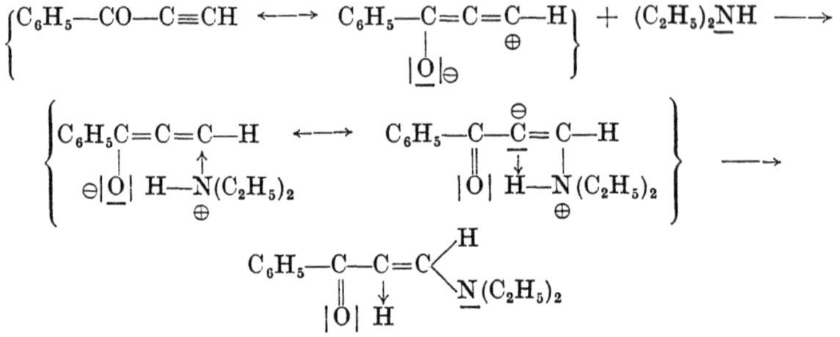

Auch Trifluormethylacetylen und Pentafluoräthylacetylen liefern die entsprechenden Methyl-α-diketone[1].

Der *sterische* Ablauf dieser nucleophilen Additionsreaktionen ist noch nicht völlig sicher geklärt. Meist entstehen Gemische von cis- und trans-Isomeren, wobei die Bildung der letzteren — entweder in einer primären trans-Addition oder in sekundärer Umlagerung primär gebildeten cis-Adduktes — noch dahingestellt sein mag.

Gleichermaßen wie man die Elemente des Wassers an die Dreifachbindung anlagern kann, gelingt es auch, primäre *Alkohole* in Anwesenheit von Katalysatoren wie Quecksilberoxyd, Borfluorid, Trichloressigsäure nach einem nucleophilen Mechanismus zu addieren:

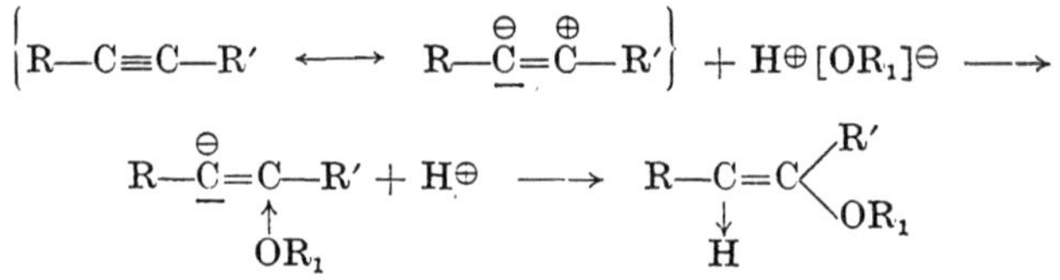

oder auch

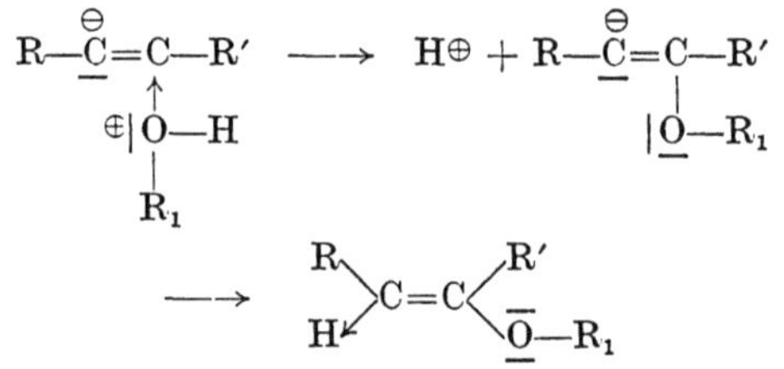

Die Reaktion bleibt dabei nicht stehen, es wird ein weiteres Alkoholmolekül unter Bildung von *Ketalen* addiert:

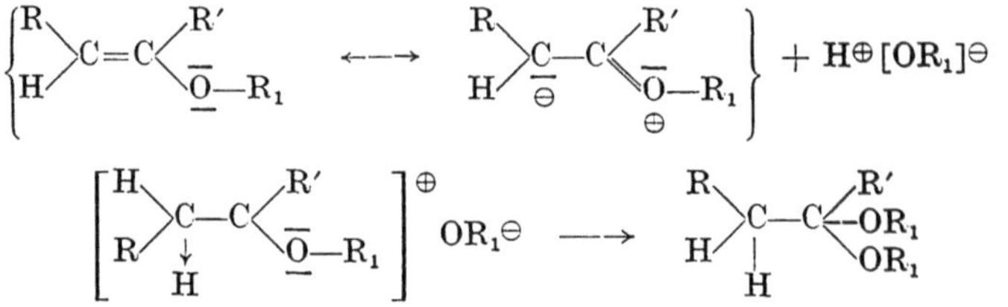

---

[1] HASZELDINE, R. N., u. K. LEEDHAM: J. Chem. Soc. (London) **1952, 3483; 1954,** 1261. — HENNE, A. L., u. M. NAGER: J. Amer. Chem. Soc. **74,** 650 (1952).

wobei nun die nucleophile Aktivität der Doppelbindung in Erscheinung tritt (elektrophile Addition)[1]. Die entstehenden Ketale werden von Säuren zu Ketonen hydrolysiert, die so leicht zugänglich sind.

Als nucleophile Reaktion läßt sich auch die mit vielen Acetylenen durchführbare MICHAEL-*Addition* auffassen[2]:

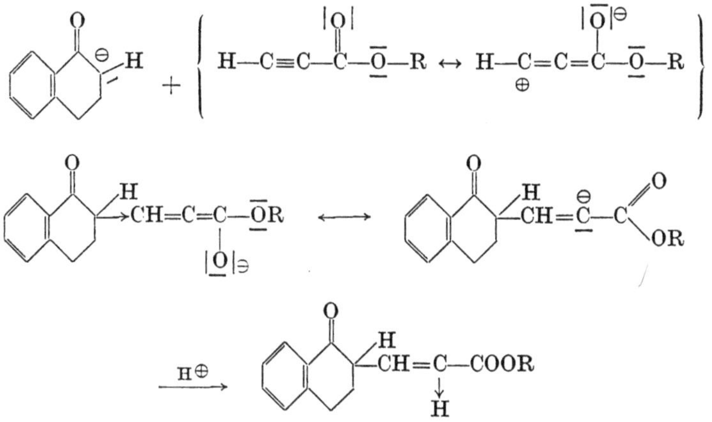

Mit Acetessigester, Malonester oder Cyanessigester und β-Diketonen lassen sich diese MICHAEL-Additionen ebenfalls am Phenylpropriolsäureester ausführen. MICHAEL-Additionen mit konjugierten Acetylenketonen und Malonestern führen in die Reihe der α-*Pyrone*[3]:

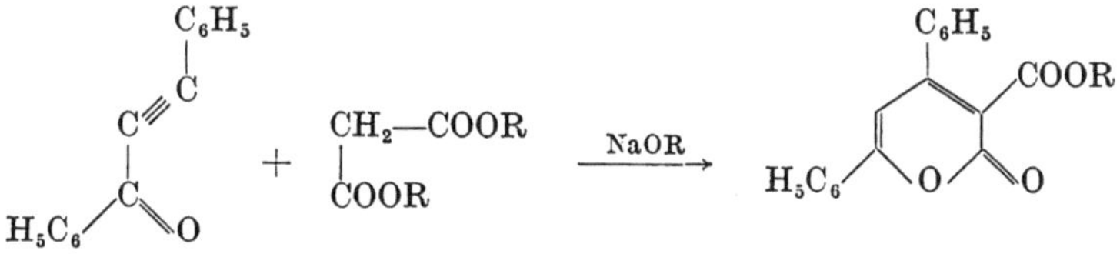

Aus δ-Hydroxy-α,β-acetylencarbonsäureestern[4] entstehen ebenfalls leicht α-Pyronderivate:

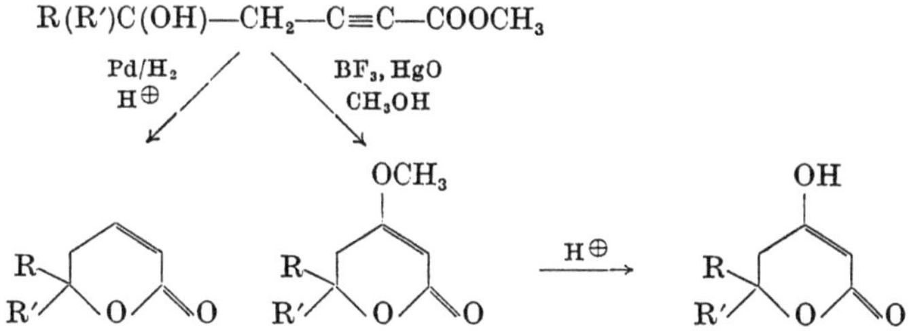

Cyclohomotetronsäure

[1] ZOSS, A. O., u. G. F. HENNION: J. Amer. Chem. Soc. **63**, 1151 (1941). — NEWMAN, M. S., u. H. A. LLOYD: J. organ. Chem. **17**, 577 (1952). — SPRING, F. S.: Ann. Rep. Progr. Chem. **39**, 131 (1942).

[2] BACHMAN, W. E., G. J. FUJIMOTO u. E. K. RAUMIO: J. Amer. Chem. Soc. **72**, 2533 (1950).

[3] ANKER, R. M., u. A. H. COOK: J. Chem. Soc. (London) **1945**, 311. — DEY, A. N.: J. Chem. Soc. (London) **1937**, 1057. — BICKEL, C. L.: J. Amer. Chem. Soc. **72**, 1022 (1950). — KOHLER, E. P.: J. Amer. Chem. Soc. **44**, 379 (1922).

[4] JONES, E. R. H., u. M. C. WHITING: J. Chem. Soc. (London) **1949**, 1419, 1423. — BROWN, J. B., H. B. HENBEST u. E. R. H. JONES: J. Chem. Soc. (London) **1950**, 3628, 3634. — FOXLER, E. M. F., u. H. B. HENBEST: J. Chem. Soc. (London) **1950**, 3642.

Die S. 428 formulierte Additionsreaktion von Verbindungen des Typus HX, z. B. von Alkoholen usw. läßt sich mit Acetylen selbst unter geeigneten Bedingungen auch auf der ersten Stufe halten, wobei hier die nach dem REPPE-Verfahren leicht zugänglichen Vinylverbindungen entstehen *(Vinylierung)*:

$$H-C\equiv C-H \; +$$

- $\xrightarrow[\text{HgCl}_2]{\text{HCl}}$ $H_2C=CHCl$ Vinylchlorid[1]

- $\xrightarrow[\substack{\text{NaOH, Ca(OH)}_2 \\ \text{Zn, Cd-Salze org. Säuren}}]{\text{HOR}}$ $H_2C=CHOR$ Vinyläther[2]

- $\xrightarrow[+ \text{OH}^{\ominus}]{\text{CO(OR)}_2}$ $RO-CH=C(C(=O)OR)H$ β-Alkoxyacrylsäureester[3]

- $\xrightarrow[\substack{\text{in Dioxan + KSH} \\ 10-20 \text{ atü, } 100°}]{\text{HSH}}$ $[H_2C=CHSH] \rightarrow (CH_3-CHS)_3$

  Trithioacetaldehyd[4]

- $\xrightarrow{\text{HSR}}$ $H_2C=CHSR$ Vinylthioäther[2]

- $\xrightarrow[\substack{\text{Zn, Cd-Salze} \\ \text{BF}_3, \text{Ag}_2\text{O}}]{\text{RCOOH}}$ $H_2C=CHOCOR$ Vinylester[2,5]

- $\xrightarrow[\text{NH}_4\text{Cl, Cu}_2\text{Cl}_2]{\text{HC}\equiv\text{N}}$ $H_2C=CHCN$ Vinylcyanid ≡ Acrylnitril[6]

- $\xrightarrow[\text{Ni, Co-Salze } 100°]{\text{HNH}_2}$ $[H_2C=CHNH_2] \rightarrow$ 2-Methyl-5-äthylpyridin[2]

- $\xrightarrow[\text{Cd, Zn Katalysat.}]{\text{>NH}}$ z. B. N-Vinylcarbazol[2] (CH=CH$_2$)

- $\xrightarrow[\text{H}_2\text{O, 20 Atm. (CH}_3)_3\text{N}]{\text{>N}}$ z. B. $[(CH_3)_3N-CH=CH_2]^{\oplus} OH^{\ominus}$ Neurin[2,7]

- $\xrightarrow{-\text{NH}-\text{CO}-}$ z. B. mit Pyrrolidon → N-Vinylpyrrolidon[2]

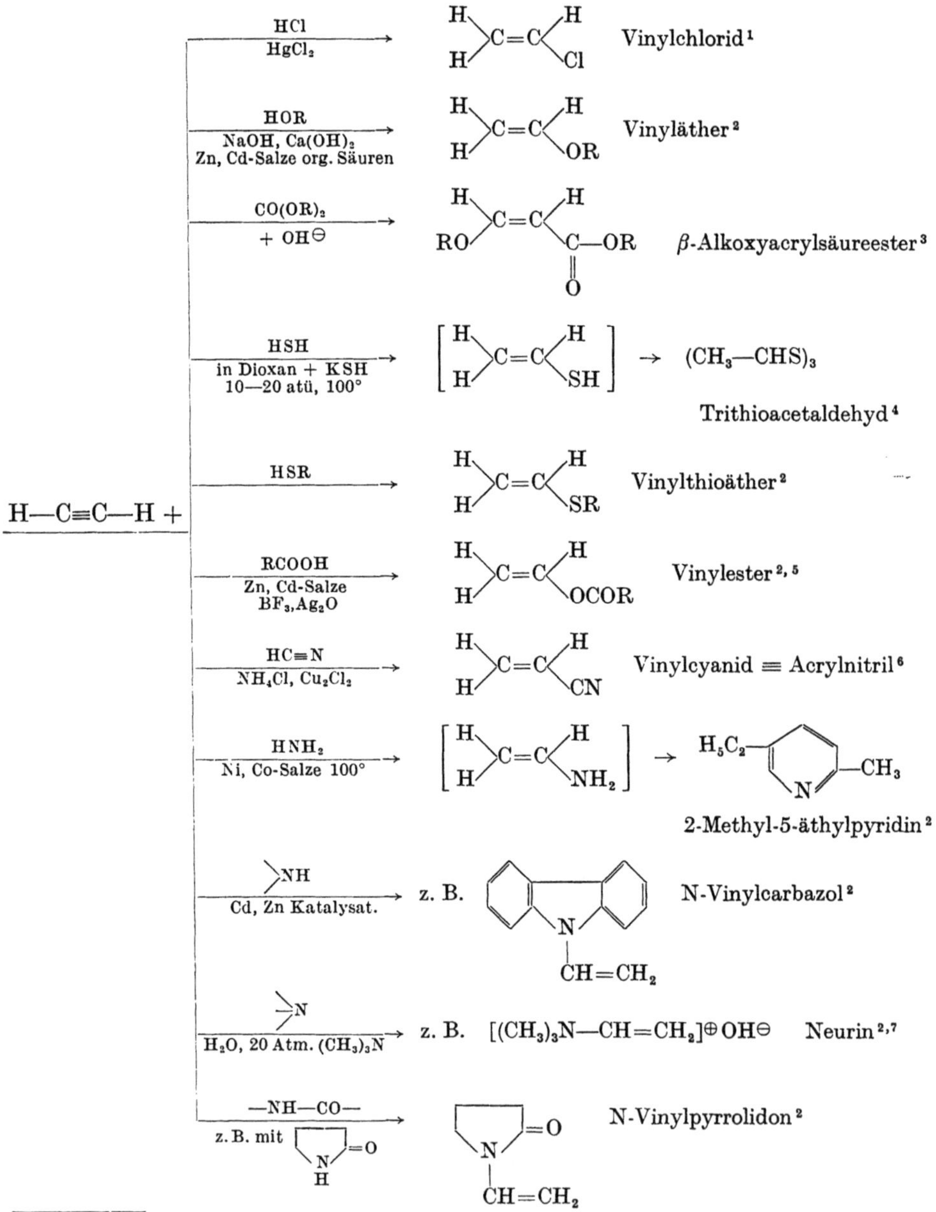

[1] DRP. 281687 (1915), Chemische Fabrik Griesheim-Elektron, Frankfurt-M. Chem. Zbl. **1921 II**, 646. — Vinylbromid s. H. STAUDINGER, M. BRUNNER u. W. FEISST: Helvet. chim. Acta **13**, 805 (1930). — Vinylfluorid s. A. E. NEWKIRK: J. Amer. Chem. Soc. **68**, 2467 (1946).

[2] REPPE, W.: Neue Entwicklungen auf dem Gebiet des Acetylens und Kohlenoxyds. Berlin-Göttingen-Heidelberg: Springer-Verlag 1949.

[3-7] siehe S. 431.

Allgemein versteht man unter *Vinylierung* die Additionsreaktionen des Acetylens und seiner Monosubstitutionsprodukte mit H—X-Verbindungen geeigneter aliphatischer, alicyclischer und aromatischer Verbindungen, also eine sehr umfassende Reaktion. X kann z. B. sein: Halogen, OH, OR, SH, SR, $-NH_2$, $=NH$, $\equiv N$, OCOR, $C\equiv N$ usw.:

$$H-C\equiv CH + HX \longrightarrow \overset{H}{\underset{H}{>}}C=C\overset{H}{\underset{X}{<}}$$

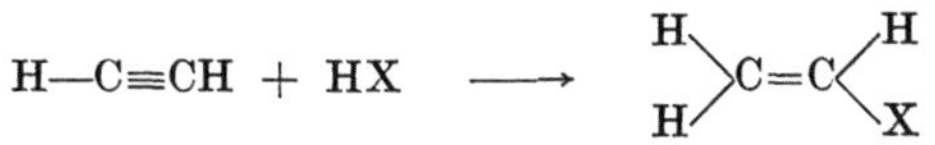

Den Reaktionsweg kann man über die elektrophile Aktivität der Dreifachbindung formulieren:

$$H-\overset{\ominus}{\underline{C}}=\overset{\oplus}{C}-H + {}^{\ominus}OC_2H_5 \longrightarrow H-\overset{\ominus}{\underline{C}}=C-H$$
$$\phantom{H-\overset{\ominus}{\underline{C}}=C-H + {}^{\ominus}OC_2H_5 \longrightarrow H-\overset{\ominus}{\underline{C}}=C-H} \uparrow$$
$$\phantom{H-\overset{\ominus}{\underline{C}}=C-H + {}^{\ominus}OC_2H_5 \longrightarrow H-\overset{\ominus}{\underline{C}}=C-H} OC_2H_5$$

$$H-\overset{\ominus}{\underline{C}}=C\overset{H}{\underset{OC_2H_5}{<}} + H^{\oplus} \longrightarrow \overset{H}{\underset{H}{>}}C=C\overset{H}{\underset{OC_2H_5}{<}}$$

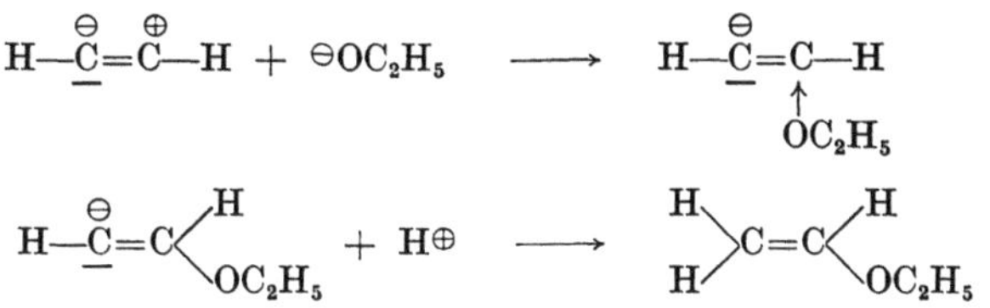

Die technische Bedeutung dieser Vinylierungsreaktionen ist darin zu sehen, daß alle diese Vinylverbindungen sich leicht zu makromolekularen Verbindungen (Kunststoffen) polymerisieren.

In die Reihe dieser Reaktionen dürfte auch die unter der Einwirkung von Cu_2Cl_2 und NH_4Cl in saurer Lösung stattfindende Bildung von *Vinyl-* und *Divinyl-acetylen* nach NIEUWLAND gehören[8]. Auch hier verläuft die Reaktion primär über eine Kupferverbindung als Zwischenprodukt nach einem möglicherweise nucleophilen, den obigen Wegen analogen Mechanismus:

$$\{H-C\equiv C-H \longleftrightarrow H-\overset{\ominus}{\underline{C}}=\overset{\oplus}{C}-H\} + H^{\oplus}[|C\equiv CH]^{\ominus} \xrightarrow{Cu^{\oplus}}$$

$$\left[\begin{array}{c}H-\underline{C}=C-H\\ \uparrow\\ C\equiv CH\end{array}\right]^{\ominus} H^{\oplus} \longrightarrow \overset{H}{\underset{H}{>}}C=C\overset{H}{\underset{C\equiv CH}{<}} \xrightarrow{+HC\equiv CH}$$

$$\xrightarrow{+HC\equiv CH} H_2C=CH-C\equiv C-CH=CH_2$$

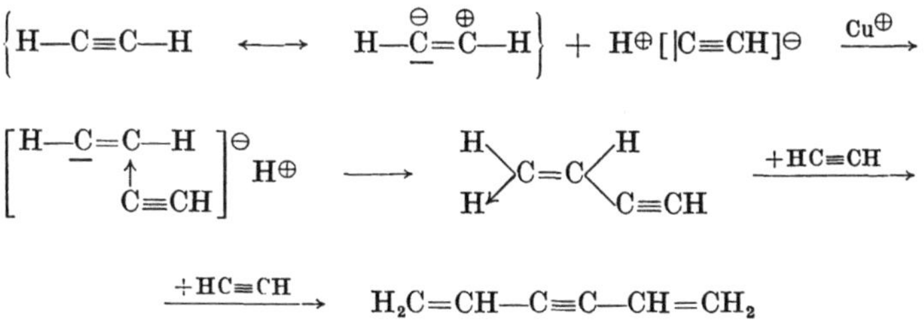

Allerdings ist auch für diese Reaktion ein kryptoradikalischer Mechanismus denkbar.

Die Anlagerung von Acetylen gelingt aber nicht nur an die Dreifachbindung eines anderen Acetylenmoleküls, sondern auch an polare Doppelbindungen. Dabei kann man Acetylen und monosubstituierte Acetylene einerseits und Aldehyde oder Ketone andererseits verwenden, doch auch Amine oder Alkylolamine reagieren, wie

---

[3] CROXALL, W. C., u. Mitarbb.: J. Amer. Chem. Soc. **71**, 1257, 1261, 2422 (1949). — Kinetik u. Mechanismus s. S. I. MILLER u. G. SHKAPENKO: J. Amer. Chem. Soc. **77**, 5038 (1955).
[4] DRP. 625660 (1934), I. G. Farb., Erf. W. REPPE u. F. NICOLAI.
[5] HENNION, G. H., u. Mitarbb.: J. Amer. Chem. Soc. **56**, 1130, 1802 (1934). — FROMIG, J. F., u. G. H. HENNION: J. Amer. Chem. Soc. **62**, 653 (1940).
[6] KURTZ, P.: Liebigs Ann. **572**, 24 (1951).
[7] DBP. 860058 (1942), I. G. Farb., Erf. W. REPPE u. A. MAGIN. — BIOS Final Rep. 359. — GARDNER, C., V. KERRIGAN, J. D. ROSE u. B. C. L. WEEDON: J. Chem. Soc. (London) **1949**, 789.
[8] NIEUWLAND, J. A., u. R. R. VOGT: The Chemistry of Acetylene, S. 160. New York: Verlag Reinhold Publ. Corp. 1945. — TREIBS, A.: Angew. Chem. **60**, 289 (1948).

W. REPPE gefunden hat[1]. Diese Anlagerungsreaktion unter Erhalt der Dreifachbindung wird als *Äthinylierung* bezeichnet:

$$\left\{ R-\overset{H}{\underset{}{C}}=\overline{\overline{O}} \longleftrightarrow R-\overset{H}{\underset{\oplus}{C}}-\overline{\underline{\overline{O}}}| \right\} + H^{\oplus}[|C\equiv C-H]^{\ominus} \longrightarrow \overset{R}{\underset{H}{>}}C\overset{\overline{O}-H}{\underset{}{-}}C\equiv C-H$$

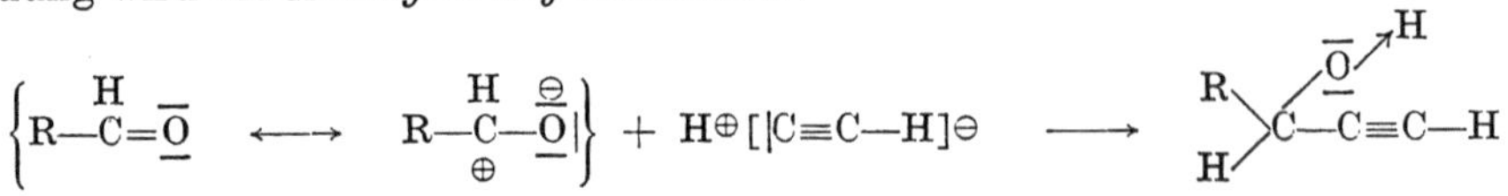

bzw. mit 2 RCHO (R=H) ⟶ HOCH$_2$—C≡C—CH$_2$OH
                                          1,4-Butindiol

Die Anlagerung läßt sich katalytisch nach W. REPPE mit Schwermetallacetyliden wie z. B. Kupferacetylid und Acetylen (unter Druck!) in technischem Maßstab durchführen. Analoge Reaktionen sind mit Vinylacetylen und Diacetylenen möglich. Der feinere Mechanismus dieser katalytisch bewirkten Reaktion ist noch nicht sicher bekannt.

Für die Umsetzung mit *Ketonen* hat es sich als zweckmäßig erwiesen, den Schwermetallacetyliden katalytische Mengen Alkali hinzuzugeben und in hydroxylfreien Lösungsmitteln zu arbeiten[2] *(Alkinolsynthese)*:

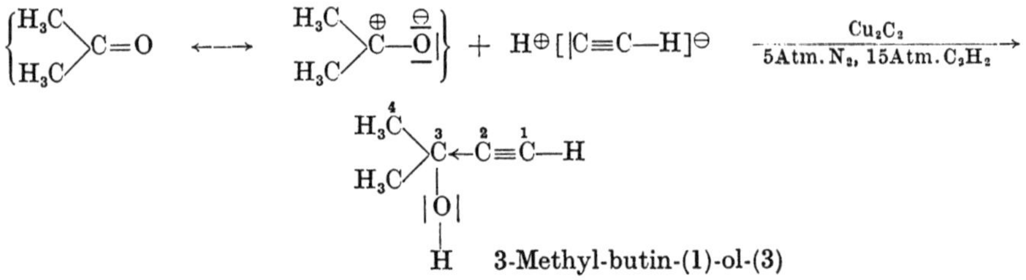

$$\left\{ \overset{H_3C}{\underset{H_3C}{>}}C=O \longleftrightarrow \overset{H_3C}{\underset{H_3C}{>}}\overset{\oplus}{C}-\overline{\underline{\overline{O}}}| \right\} + H^{\oplus}[|C\equiv C-H]^{\ominus} \xrightarrow[5\text{Atm.}N_2,\ 15\text{Atm.}C_2H_2]{Cu_2C_2}$$

$$\overset{H_3C}{\underset{H_3C}{>}}\overset{4}{C}\underset{|\overline{O}|}{\overset{3}{\leftarrow}}\overset{2}{C}\equiv\overset{1}{C}-H$$
                          H   3-Methyl-butin-(1)-ol-(3)

Die Einwirkung von Acetylen auf Ketone in Gegenwart von Natrium oder Natriumamid führt ebenfalls zur Äthinylierung, eine Reaktion, die bereits im Prinzip am Phenylacetylen von J. U. NEF[3] aufgefunden wurde und dann von G. MERLING[4] zur *Isopren*-synthese verwendet worden ist.

Ähnlich verläuft die Addition von Acetylen (Äthinylierung) an *Amine* und *Aminoalkohole*, eine Art MANNICH-Kondensation z. B.[5]:

$$\text{z. B. } CH_3-\overset{H}{\underset{}{C}}=O + HN(CH_3)_2 \longrightarrow CH_3-\overset{H}{\underset{N(CH_3)_2}{C}}-OH$$

$$CH_3-\underset{|\underline{O}H}{\overset{H}{\underset{}{C}}}-\overline{N}(CH_3)_2 + H-C\equiv C-H \longrightarrow CH_3-\underset{|N(CH_3)_2}{\overset{H}{\underset{}{C}}}-\overset{H}{\underset{\oplus}{\overline{O}}}\overset{H}{<}\ [|C\equiv CH]^{\ominus}$$

$$\xrightarrow{-H_2O} CH_3-\underset{|N(CH_3)_2}{\overset{H}{\underset{}{\overset{|}{C}^{\oplus}}}} + [|C\equiv CH]^{\ominus} \longrightarrow CH_3-\underset{|N(CH_3)_2}{\overset{H}{\underset{}{C}}}\leftarrow C\equiv C-H$$

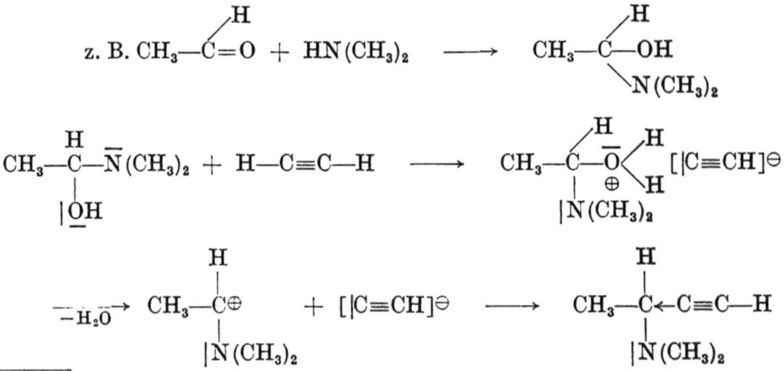

[1] DRP. 724759 (1937), I. G. Farb., Erf. W. REPPE, E. KEYSSNER u. O. HECHT. — REPPE, W., u. Mitarbb.: Liebigs Ann. **596**, 1—224 (1955).

[2] BERGMANN, E. D., M. SULZBACHER u. D. F. HERMAN: J. Appl. Chem. **3**, 39 (1953).

[3] NEF, J. U.: Liebigs Ann. **308**, 264 (1899).

[4] DRP. 280226 (1913), Farbenfabr. Bayer. Chem. Zbl. **1914 II**, 1370. — DRP. 284764 (1913), Farbenfabr. Bayer. Chem. Zbl. **1915 II**, 216. — HESS, K., u. H. MUNDERLOH: Ber. dtsch. chem. Ges. **51**, 380 (1918). — SCHEIBLER, H., u. A. FISCHER: Ber. dtsch. chem. Ges. **55**, 2903 (1922).

[5] LORITSCH, J. A., u. R. A. VOGT: J. Amer. Chem. Soc. **61**, 1462 (1939).

Die entstehenden Verbindungen besitzen Interesse, da besonders die arylsubstituierten Aminobutine sich relativ leicht zu Aminobutadienen isomerisieren lassen:

$$\underset{\underset{NHR}{|}}{H_3C-CH}-C\equiv CH \quad \longrightarrow \quad H_2C=\underset{\underset{NHR}{|}}{C}-CH=CH_2$$

Das Acetylen und seine Monosubstitutionsprodukte zeigen eine weitere wichtige Anlagerungsreaktion, die Addition von Kohlenmonoxyd zusammen mit Verbindungen mit beweglichem Wasserstoff, die sog. *Carbonylierung*[1]. In Gegenwart von carbonylbildenden Metallen, deren Verbindungen oder auch der Carbonyle selbst, lagert sich das Kohlenmonoxyd (unter Druck) zusammen mit dem Anion (nucleophile Reaktion) der betreffenden Verbindung mit beweglichem Wasserstoff an die C≡C-Dreifachbindung an. Das entstehende Anion wird schließlich von dem Proton neutralisiert, es entsteht so beispielsweise aus Acetylen, Kohlenmonoxyd und Alkohol der Acrylsäureäthylester:

$$H-C\equiv C-H + CO + HOC_2H_5 \quad \longrightarrow \quad H_2C=\overset{H}{C}-COOC_2H_5$$

(Im Gegensatz zu den Olefinen, s. S. 482, verläuft die Anlagerung von CO + H$_2$ beim Acetylen nur sehr schlecht. Aber auch disubstituierte Acetylenderivate, wie z. B. Tolan, können carbonyliert werden, eine Reaktion, die mit Olefinen nicht möglich ist.)

Als Reaktionskomponente mit „acidem" Wasserstoff kommen in Betracht: H$_2$O, ROH, RSH, NH$_3$, NH$_2$R, RCOOH usw. Der Reaktionsmechanismus dürfte recht kompliziert sein. Offenbar ist zum Start die Anwesenheit von Nickelhalogeniden erforderlich, möglicherweise unter Primärbildung von Vinylhalogeniden. Dafür spricht, daß solche Vinylverbindungen mit Nickelcarbonyl und Wasser oder Alkohol sich zu den gleichen Stoffen umsetzen lassen, wie sie bei der eigentlichen Carbonylierung entstehen[2], und daß sich Halogenwasserstoffe bei der Umsetzung von Nickelhalogeniden mit Kohlenmonoxyd und Wasser bilden[3]. Man könnte die Reaktion so formulieren[4]:

$$H-C\equiv C-H \xrightarrow{HBr} CH_2=CHBr \rightleftarrows [CH_2=CH]^{\oplus}Br^{\ominus}$$

$$|O\equiv C \rightarrow \underset{\underset{\underset{O}{\overset{|||}{C}}}{\overset{\overset{O}{\overset{|||}{C}}}{\uparrow}}}{\overset{\oplus}{Ni}} \overset{\ominus}{-}C=\overline{O}| \quad \xrightarrow{[CH_2=CH]^{\oplus}Br^{\ominus}} \quad \left[\overset{\oplus}{Ni}(CO)_3\underset{\underset{O}{\overset{||}{}}}{C}-CH=CH_2\right]Br^{\ominus}$$

$$\xrightarrow{H_2O/CO} CH_2=CH-\underset{\underset{O}{\overset{||}{}}}{C}-OH + Ni(CO)_4 + HBr$$

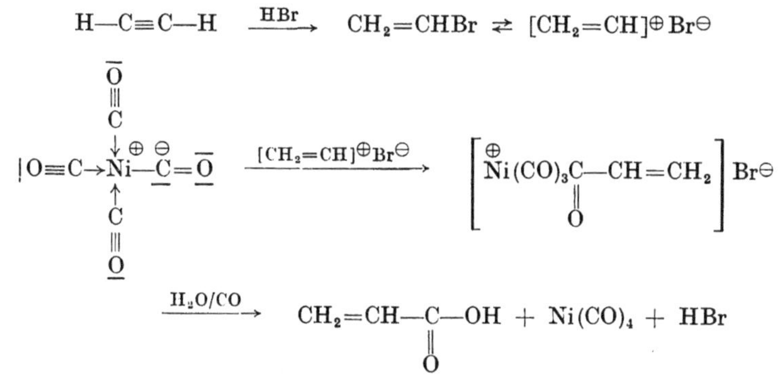

[1] REPPE, W.: Neuere Entwicklungen auf dem Gebiet der Chemie des Acetylens und Kohlenoxyds, S. 94ff. Berlin-Göttingen-Heidelberg: Springer-Verlag 1949.
[2] DBP. 895767 (1951), BASF, Erf. H. KRÖPER.
[3] REPPE, W.: Liebigs Ann. 582, 88 (1953).
[4] Vgl. H. KRÖPER, in HOUBEN-WEYL, Methoden der Organischen Chemie, Bd. IV/2, S. 414ff. Stuttgart: Georg Thieme 1955.

Interessant ist die Zusammensetzung der erforderlichen *Katalysatoren*, z. B. Triphenylphosphin-Nickelbromid $[(C_6H_5)_3P]_2NiBr_2$, die auch noch ein Halogenalkan aufnehmen können $[(C_6H_5)_3P]_2NiBr_2$, C_4H_9Br. Auch die sich sehr leicht bildenden partiell substituierten Nickelcarbonyle wie $[(C_6H_5)_3P]Ni(CO)_3$ bzw. $[(C_6H_5)_3P]_2Ni(CO)_2$ entfalten in Anwesenheit von Halogen (oder Halogenwasserstoff) katalytische Wirksamkeit, vermutlich wieder unter intermediärer Bildung von Vinylhalogenid, das dann in einem Komplex aufgenommen wird:

$$H{-}C{\equiv}C{-}H \xrightarrow{HBr} CH_2{=}CHBr$$

$$\xrightarrow{(C_6H_5)_3P/Ni(CO)_4} \left[(C_6H_5)_3PNi(CO)_2{-}\underset{\underset{O}{\|}}{C}{-}CH{=}CH_2\right]^{\oplus} Br^{\ominus} + CO$$

$$\xrightarrow{CO/H_2O} CH_2{=}CH{-}COOH + Ni(CO)_4 + (C_6H_5)_3P + HBr$$

wobei schließlich die katalytisch wirksamen Stoffe wie $Ni(CO)_4(C_6H_5)_3P$, aber auch HBr wieder auftreten[1]:

$$HC{\equiv}CH + CO \xrightarrow[140\text{-}180°/10\ \text{atü}]{+\,H_2,\ CO\ \text{auf Träger}} \text{wenig}\ CH_2{=}CH{-}CHO\ ^{2}$$

$$HC{\equiv}CH + CO \xrightarrow[30\text{-}40°,\ 6\ \text{atü}\ N_2,\ 6\ \text{atü}\ C_2H_2]{+\,H_2O,\ Ni(CO)_4} CH_2{=}CH{-}COOH\ ^{3,6}$$

$$HC{\equiv}CH + CO \xrightarrow[C_4H_9Br,\ 155\text{-}165°,\ 30\ \text{atü}]{C_4H_9OH,\ [(C_6H_5)_3P]_2NiBr_2} CH_2{=}CH{-}COOC_4H_9\ ^{4}$$

$$HC{\equiv}CH + CO \xrightarrow[50\text{-}55°,\ 0{,}1\ \text{atü}]{C_6H_5\text{-}SH,\ Ni(CO)_4} CH_2{=}CH{-}COSC_6H_5\ ^{3}$$

$$HC{\equiv}CH + CO \xrightarrow[K[Ni(CN)_3],\ 100\text{-}180°,\ 35\ \text{atü}]{C_6H_5NH_2,\ NiJ_2\ (2\ \%)} CH_2{=}CH{-}CONHC_6H_5\ ^{5}$$

Arbeitet man mit Eisenpentacarbonyl, so lassen sich Acetylen und seine Derivate mit Kohlenmonoxyd in wäßrig-alkoholischer Lösung zu *Hydrochinon* und dessen Derivaten umsetzen[7]:

$H_2Fe(CO)_4 + 4\,C_2H_2 + 2\,H_2O \rightarrow 2\,HO$—  —$OH + Fe(OH)_2$ [7]

---

[1] Mit stöchiometrischen Mengen $Ni(CO)_4$ und in stark polaren Lösungsmitteln wie Eisessig gelingt die Carbonylierung des Acetylens auch ohne Halogenverbindungen (über Vinylacetat?).

[2] ROELEN, O.: Naturforsch. Med. Dtschl. 1939—1946, **36** I, 168 (1948).

[3] DBP. 855110 (1939), BASF, Erf. W. REPPE.

[4] DBP. 872939 (1939), BASF, Erf. W. REPPE.

[5] DBP. 859611 (1940), BASF, Erf. W. REPPE, O. HECHT u. E. GASSENMEYER.

[6] Analog mit Tolan $\rightarrow C_6H_5CH{=}CH(C_6H_5)COOH$, cis-Form; daraus cis-Spezifität der Reaktion ableitbar; mit

$$C_6H_5C{\equiv}CH \xrightarrow[Ni(CO)_4]{CO/H_2O} C_6H_5\underset{\underset{COOH}{|}}{C}{=}CH_2\,,$$

daraus ist ein nucleophiler Reaktionsweg ableitbar; DBP. 857635 (1940), BASF, Erf. W. REPPE u. A. SIMON; vgl. a. HOUBEN-WEYL, Methoden der Organischen Chemie, 4. Aufl., Bd. IV/2, S. 417ff. Stuttgart: Georg Thieme 1955.

[7] REPPE, W., u. H. VETTER: Liebigs Ann. **582**, 133 (1953). — DBP. 870698 (1944), Erf. W. REPPE u. A. MAGIN.

Bei dieser Reaktion sind eine Reihe noch unbekannter Eisen-Komplexverbindungen aufgefunden worden. Arbeitet man mit Komplexverbindungen der Eisen- und Kobaltcarbonylwasserstoffsäure wie $Fe[(Co(CO)_4]_2$, 6 NH_3, so läßt sich ebenfalls die katalytische Darstellung des Hydrochinons aus Acetylen, Kohlenmonoxyd und Wasser, formal nach folgendem Schema erreichen[1]:

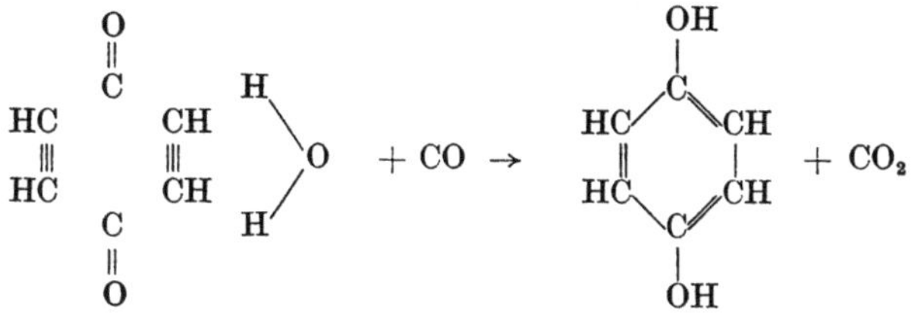

Mit Nickelcarbonyl unter Druck setzt sich das Acetylen in indifferenten Lösungsmitteln wie n-Octylen bei 80° unter Bildung von *α-Hydrindon* um[2]:

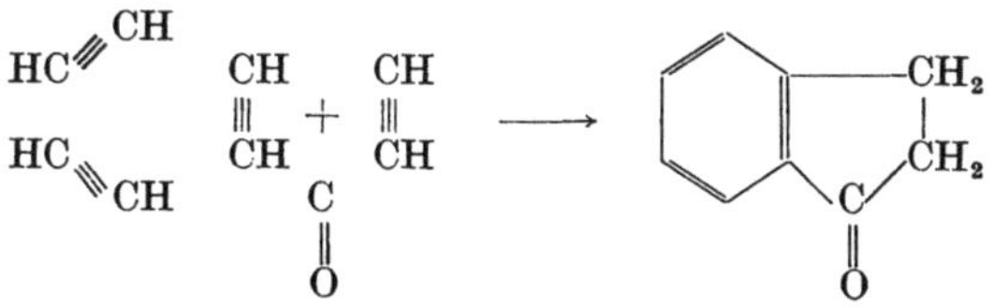

Der Mechanismus dieser Reaktionen ist noch nicht geklärt. Reaktionen dieser Art führen bereits in das Gebiet der wichtigen Polymerisation des Acetylens hinein. Erwähnt sei noch, daß aus Acetylen und Acrylester je nach den Bedingungen 2,4-Dihydrobenzoesäureester oder Tetrahydrophthalsäureester, aus Acetylen, Acrylat und Vinyläther der Tetrahydrobutoxybenzoesäureester sich bilden[3].

In Gegenwart von Zink- oder Cadmiumstearat bzw. -naphthenat in Lösungsmitteln und unter Druck reagiert das Acetylen sogar mit dem „Dien“ Anthracen, wobei das 9,10-Endoäthylenanthracen entsteht[4]:

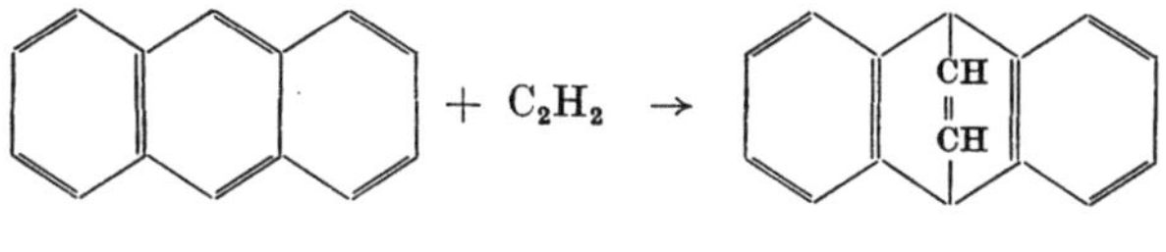

β) Polymerisationen

Von den verschiedenen Möglichkeiten der Polymerisation, der Ketten- und Ring-Polymerisation, ist die letztere besonders interessant.

Die *Cyclisierung* von Acetylen mit Triphenylphosphin-Nickelcarbonylkomplexverbindungen führt unter relativ milden Reaktionsbedingungen und Anwendung

[1] DBP. 874910 (1951), BASF, Erf. W. Reppe.

[2] Reppe, W., u. H. Vetter: Liebigs Ann. **582**, 143 (1953).

[3] Reppe, W.: Liebigs Ann. **560**, 4 (1948). — DBP. 805642 (1948), BASF, Erf. W. Reppe, W. Schweckendiek, A. Magin u. K. Klager.

[4] Reppe, W., H. Pasedach u. M. Seefelder: DP. Anm. B 21440 (120) v. 31. 7. 1955/ 3. 3. 1955.

etwas erhöhten Druckes zu *Benzol* und *Styrol*[1]:

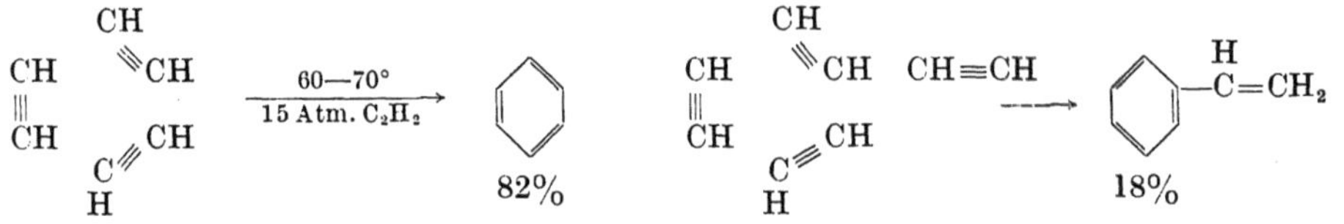

In analoger Weise läßt sich auch z. B. Propargylalkohol zum 1,3,5- und 1,2,4-Benzolderivat trimerisieren:

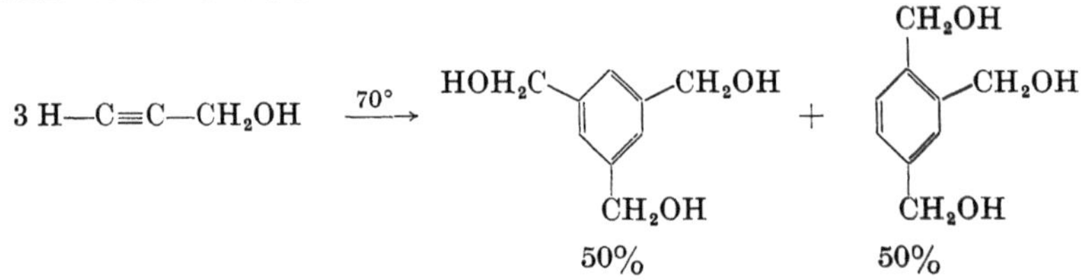

Mit Nickelcyanid als Katalysator gelang W. REPPE die auch technisch durchführbare Polymerisation des Acetylens zum *Cyclooctatetraen* (vgl. S. 353). Daneben entstehen geringe Mengen von *Azulen* sowie höheren ungesättigten Kohlenwasserstoffen[2]:

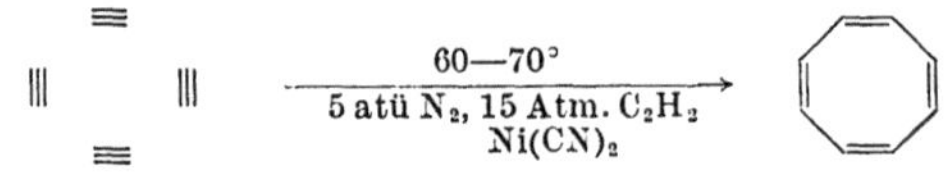

Der Bildungsmechanismus dieser Cyclopolyolefine ist noch nicht sicher bekannt.

Außer dieser cyclisierenden Polymerisation kann das Acetylen auch noch auf andere Weise polymerisieren, indem es wie z. B. bei der Äthinylierung das *Cupren*, eine korkähnliche Masse, bildet. Die Bildung dieses vermutlich unter der Wirkung von Kupfer gebildeten Nebenproduktes kann im technischen Prozeß unterdrückt werden und spielt praktisch keine Rolle. Offenbar handelt es sich bei diesem Stoff um stark vernetzte Moleküle.

γ) Isomerisierungen

Zum Schluß dieses Abschnittes sei noch die *Isomerisierung* der Alkine erwähnt.

Unter der Wirkung von basischen Katalysatoren wie Kaliumäthylat, Natriumamid u. a. finden bei höheren Temperaturen leicht Isomerisierungen der Alkine statt, z. B.:

$$\underset{\text{1-Alkin}}{CH_3—CH_2—C{\equiv}CH} \xrightarrow[OR^{\ominus}]{\nabla} \underset{\text{2-Alkin}}{CH_3—C{\equiv}C—CH_3}$$

$$CH_3—CH_2—C{\equiv}CH \longrightarrow \begin{cases} H_3C—HC{=}C{=}CH_2 \\ H_2C{=}\underset{H}{C}—\underset{H}{C}{=}CH_2 \end{cases}$$

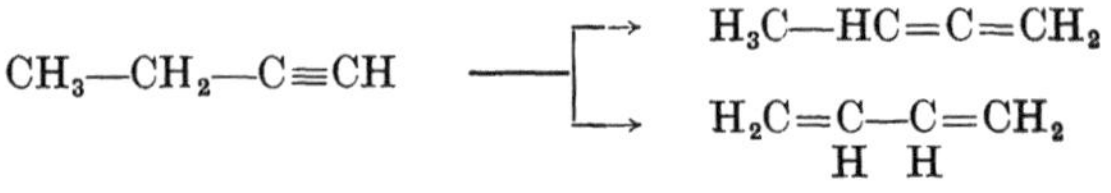

Umlagerungen dieser Art beginnen vermutlich mit dem Herausfangen eines Protons, worauf dann im organischen Anion eine Kationotropie oder Prototropie

[1] DBP. 805642 (1948), BASF, Erf. W. REPPE, W. SCHWECKENDICK, A. MAGIN u. K. KLAGER. — REPPE, W., O. SCHLICHTING, K. KLAGER u. T. TOEPEL: Liebigs Ann. **560**, 38, 110 (1948).

[2] REPPE, W., u. Mitarbb.: Liebigs Ann. **560**, 38, 99, 110 (1948).

stattfindet:

$$CH_3-CH_2-C\equiv CH \longrightarrow [H_3C-CH_2-C\equiv C|^{\ominus}]H^{\oplus}$$

$$CH_3-\underset{H}{CH}-C\equiv C|^{\ominus} \longrightarrow [CH_3-\underline{CH}-C\equiv C\rightarrow H \longleftrightarrow CH_3-CH\rightarrow C=\underline{C}-H]^{\ominus} + H^{\oplus}$$

$$\longrightarrow CH_3-CH=C=CH_2$$

oder

$$[\overset{\uparrow}{CH_3}-CH_2-C\equiv C|]^{\ominus} \longrightarrow [\underset{\ominus}{\overline{C}H_2}-C\equiv C\rightarrow CH_3] \xrightarrow{H^{\oplus}} CH_3-C\equiv C-CH_3$$

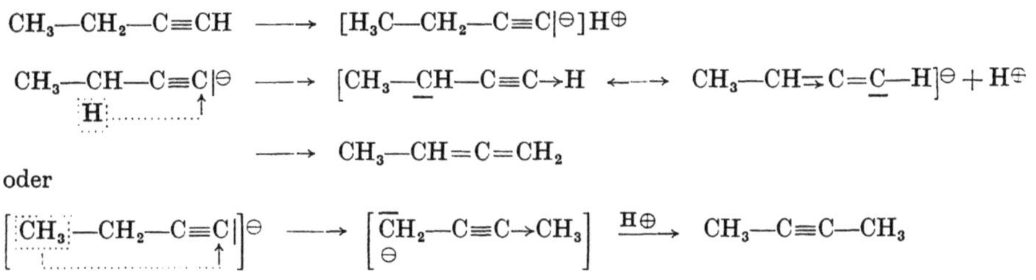

b) Radikalische Mechanismen

Während die im Voranstehenden beschriebenen Reaktionen im wesentlichen einem nucleophilen Additionsmechanismus entsprechen, kennt man auch, ähnlich wie bei den Reaktionen der Olefine, Additionsreaktionen, die sich über freie Radikale oder Atome abspielen. So addiert sich *Alkalimetall* an Tolan, worauf sich noch nicht ganz geklärte Folgereaktionen anschließen.

Eine Art Radikalreaktion ist z. B. die *Hydrierung* der Acetylene mittels Natrium in flüssigem Ammoniak. Dabei entsteht unter partieller Reduktion das trans-Äthylen-Derivat:

$$2\,Na\cdot + \{R-C\equiv C-R' \longleftrightarrow R-\underset{\cdot}{C}=\underset{\cdot}{C}-R'\} \longrightarrow 2\,Na^{\oplus} +$$

$$[R-\underline{C}=\underline{C}-R']^{2\ominus} \xrightarrow{2\,H^{\oplus}} \underset{H}{\overset{R}{>}}C=C\underset{R'}{\overset{H}{<}}$$

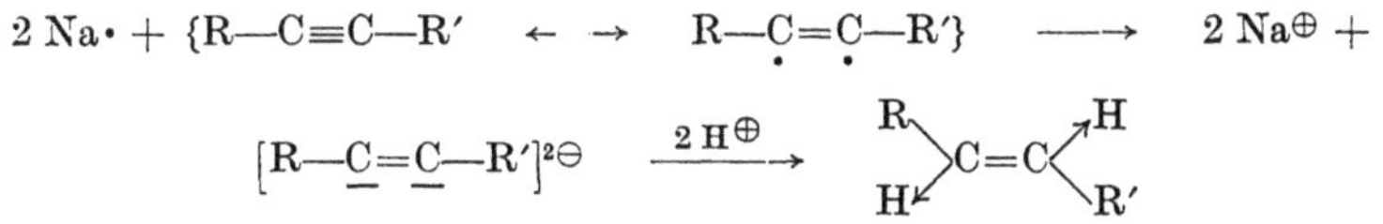

Der stufenweise erfolgende Elektronenübergang führt zu einem Anion, dessen beide Ladungen sich an benachbarten Atomen befinden müssen. Daher werden sich die beiden sp²-Elektronenbahnen soweit wie möglich voneinander entfernen, so daß die trans-Lagerung:

$$\underset{}{\overset{R}{>}}C=\overline{C}\underset{\ominus}{\overset{}{<}}R'$$
(mit ⊖ an linkem C)

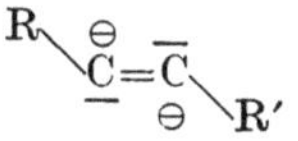

im Zwischenprodukt als die stabilste Konfiguration erreicht und nach der Protonübertragung das trans-Olefin gebildet wird. Bei aromatischen Resten R besteht die Möglichkeit des Ausweichens der benachbarten Ladungen *(Di-anion-Effekt)* in mesomere Anordnungen der Reste R. Diese im Gegensatz zu den Olefinen hier leicht erfolgende Reduktion ist ein Hinweis auf den bevorzugt elektrophilen Charakter der Dreifachbindung (also Reaktion mit nucleophilen Reagentien).

Wie bei den Olefinen kennt man weiterhin durch *Peroxyde* oder *Licht* katalysierte Additionsreaktionen (vgl. das S. 166 über die Addition von HBr Gesagte). Mit CCl_4 oder CCl_3Br erhält man unter solchen Bedingungen meist das 1:1-Addukt, z. B.[1]:

$$C_nH_{2n+1}-C\equiv C-H \xrightarrow{BrCCl_3} C_nH_{2n+1}-CBr=CH-CCl_3$$

So kann man auf Umwegen z. B. fluorierte Acetylene herstellen[2]:

$$CF_3J + HC\equiv CH \longrightarrow CF_3-CH=CHJ \xrightarrow{-HJ} CF_3-C\equiv CH$$

---

[1] KHARASCH, M. S., J. J. JEROME u. W. H. HOVY: J. organ. Chem. **15**, 966 (1950).
[2] HASZELDINE, R. N., u. K. LEEDHAM: J. Chem. Soc. (London) **1952**, 3483; **1954**, 1261. — HENNE, A. L., u. M. NAGER: J. Amer. Chem. Soc. **74**, 650 (1952). — HASZELDINE, R. N.: J. Chem. Soc. (London) **1950**, 3037; **1951**, 588, 2495.

Auch *Aldehyde* lassen sich an Acetylene ebenso wie an Äthylene addieren:

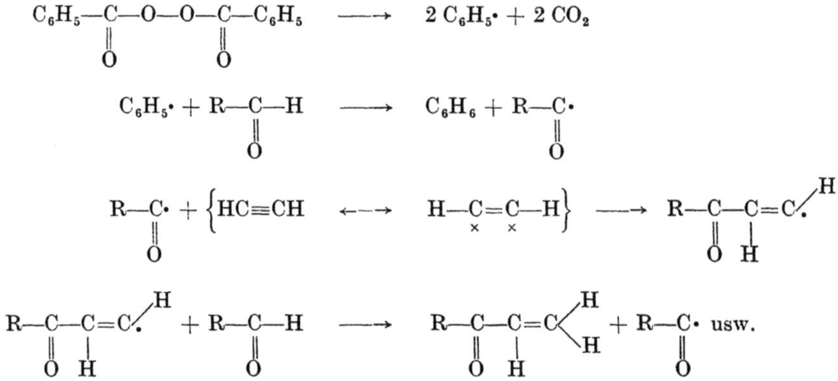

$$C_6H_5-\underset{\underset{O}{\|}}{C}-O-O-\underset{\underset{O}{\|}}{C}-C_6H_5 \longrightarrow 2\,C_6H_5\cdot + 2\,CO_2$$

$$C_6H_5\cdot + R-\underset{\underset{O}{\|}}{C}-H \longrightarrow C_6H_6 + R-\underset{\underset{O}{\|}}{C}\cdot$$

$$R-\underset{\underset{O}{\|}}{C}\cdot + \{HC\equiv CH \longleftrightarrow H-\underset{\times}{C}=\underset{\times}{C}-H\} \longrightarrow R-\underset{\underset{O}{\|}}{C}-\underset{\underset{H}{|}}{C}=C\diagup^H$$

$$R-\underset{\underset{O}{\|}}{C}-\underset{\underset{H}{|}}{C}=C\diagup^H + R-\underset{\underset{O}{\|}}{C}-H \longrightarrow R-\underset{\underset{O}{\|}}{C}-\underset{\underset{H}{|}}{C}=C\underset{\diagdown H}{\diagup^H} + R-\underset{\underset{O}{\|}}{C}\cdot \text{ usw.}$$

und

$$R-\underset{\underset{O}{\|}}{C}-CH=CH_2 + R-\underset{\underset{O}{\|}}{C}-H \longrightarrow R-CO-CH_2-CH_2-CO-R\quad^1$$

$$R = CH_3: \quad CH_3COCH_2-CH_2-CO-CH_3$$
Acetonyl-aceton

Gegenüber den Olefinen erscheinen diese Radikalreaktionen der Acetylene etwas gedämpft. Dies geht auch daraus hervor, daß hier relativ geringe Mengen von *Telomerisaten* z. B. bei der Radikalreaktion mit dem Telogen CCl_4 gefunden werden.

Abschließend sei noch eine radikalinduzierte Reaktion an der Dreifachbindung erwähnt. Die *Thioessigsäure*, CH_3COSH, lagert sich in Gegenwart des cyclischen Peroxyds Ascaridol rasch und mit guten Ausbeuten in folgender Weise an:

$$R-C\equiv C-H \xrightarrow[\text{Ascaridol}]{CH_3COSH} R-\underset{\underset{H}{|}}{C}=\underset{\underset{H}{|}}{C}-S-\underset{\underset{O}{\|}}{C}-CH_3$$

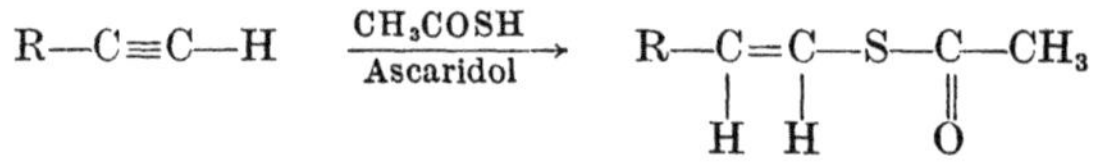

Die entstehenden Verbindungen können durch Phenylhydrazin, Hydroxylamin oder Semicarbazid leicht in die entsprechenden Aldehyd-Derivate übergeführt werden, wodurch eine leichte Umwandlung der $\equiv C-H$-Gruppe in die endständige Aldehydgruppe möglich ist:

$$R-CH=CH-SCOCH_3 + H_2N-NHC_6H_5 \longrightarrow$$

$$\left[R-CH_2-CH\diagup^{S-CO-CH_3}_{\diagdown NH-NH-C_6H_5}\right] \to R-CH_2-CH=N-NH-C_6H_5 \xrightarrow{H_2O} R-CH_2-CHO$$

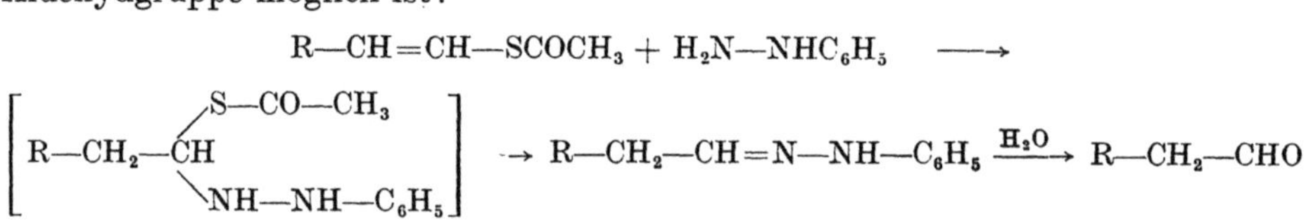

An das bei der Thioessigsäure-Reaktion entstehende olefinische Addukt kann man übrigens noch ein Mol Thioessigsäure radikalisch anlagern. Man erhält dann schließlich 1,2-Dithiole[2]:

$$R-CH=CHSCOCH_3 + CH_3COSH \xrightarrow{\text{Ascaridol}} R-\underset{\underset{SCOCH_3}{|}}{CH}-CH_2-SCOCH_3$$

$$\longrightarrow R-\underset{\underset{SH}{|}}{CH}-\underset{\underset{SH}{|}}{CH_2}$$

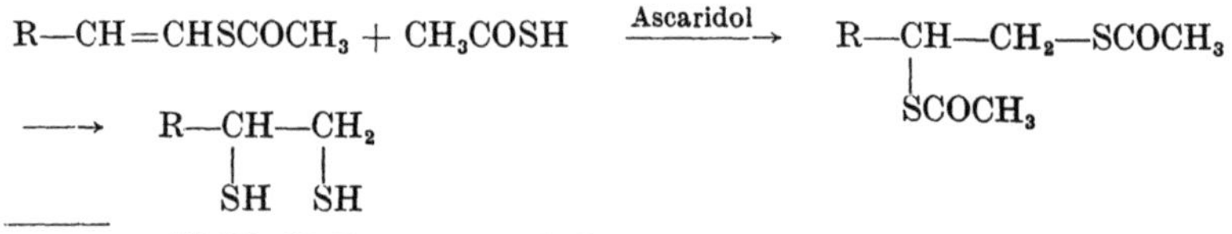

[1] SCHLUBACH, H. H., V. FRANZEN u. E. DAHL: Liebigs Ann. **587**, 124 (1954).
[2] BACHER, H., L. C. CROSS, I. M. HEILBRON u. E. R. H. JONES: J. Chem. Soc. (London) **1949**, 619. — BEHRINGER, H.: Liebigs Ann. **564**, 219 (1949). — KOHLER, E. P., u. H. POTTER: J. Amer. Chem. Soc. **57**, 316 (1935).

Die Thioessigsäureaddition scheint nicht stereochemisch spezifisch zu sein, da sowohl *cis*- wie *trans*-Additionen auftreten.

Die Chemie des Acetylens und seiner Derivate ist in den letzten 20 Jahren, vor allem durch die Arbeiten von W. REPPE sehr gewachsen. Zweifellos werden sich noch weitere interessante Reaktionen dieser energiereichen Systeme auffinden lassen.

II. Kohlenstoff—Stickstoff-Dreifachbindung

Die $-C{\equiv}N$-Dreifachbindung liegt in einer Reihe von Stoffen des Typus $X-C{\equiv}N$ vor, in denen X z. B. H, Alkyl, Aryl, Acyl, Aroyl, HO-, HS-, RS-, Halogen und $-NH_2$ sein kann.

Als einfachste Verbindung mit einer $C{\equiv}N$-Dreifachbindung ist die *Blausäure* $H-C{\equiv}N$ anzusehen. Ihr elektronischer Aufbau zeigt:

$$H{-}C{\equiv}N| \leftrightarrow \underset{\oplus}{H{-}C}{=}\underset{\ominus}{\overline{N}} \quad \text{und} \quad \leftrightharpoons H^{\oplus}[|C{\equiv}N|]^{\ominus}$$

daß die Reaktionen entweder auf einer Aufrichtung der Dreifachbindung, also auf einer durch polare Grenzanordnungen des Moleküls, wie beim Acetylen, eingeleiteten Addition oder auf einer vorhergehenden Ionisation in Proton und Cyanid-Ion beruhen können[1]. Die Reaktionen der *Nitrile* $R-C{\equiv}N$ sowie der anderen Verbindungen lassen sich im wesentlichen mit der leichten Aufrichtbarkeit der Dreifachbindung und ihrer nucleophilen Aktivität (Reaktionen mit Anionen usw.) erklären. Da die auf einer Addition beruhenden Reaktionen z. T. schon im vorangehenden ausführlich besprochen worden sind, kann auf eine eingehendere Darlegung verzichtet werden. Wegen der verschiedenen Elektronenaffinitäten von C und N ist hier ebenso wie bei der C=O-Gruppe die Richtung der *Polarisation* von Anfang an festgelegt. Die Entfernung der dreifach gebundenen Atome beträgt in der Blausäure und den Nitrilen $1{,}15 \pm 0{,}02$ Å [2].

Die Neigung zur Aufrichtung der Dreifachbindung äußert sich auch gegenüber gleichen Molekülen; so bildet sich z. B. unter Wirkung von Natriumäthylat in alkoholischer Lösung aus Acetonitril ein ringförmiges Produkt, ein *Aminopyrimidin*[3]. Diese Reaktion beginnt mit einer Protonablösung aus einem CH_3. Aromatische Nitrile, wie Benzonitril, die keinen Wasserstoff in α-Stellung zur Cyangruppe tragen, ferner HOCN, HSCN, Hal—CN polymerisieren sich dagegen zu symmetrischen Triazinderivaten:

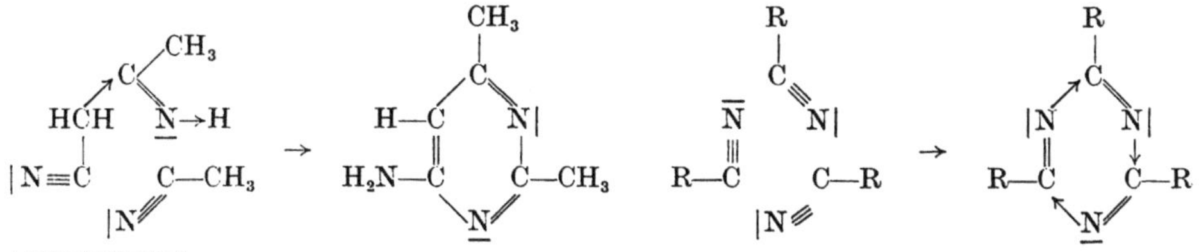

[1] Struktur der HCN-Tetrameren s. R. L. WEBB, S. FRANK u. W. C. SCHNEIDER: J. Amer. Chem. Soc. **77**, 3491 (1955).

[2] HERZBERG, G., u. I. W. T. SPINKS: Proc. Roy. Soc. (London) A **147**, 434 (1934). — PAULING, L., H. D. SPRINGALL u. K. J. PALMER: J. Amer. Chem. Soc. **61**, 927 (1939). — Im $CH_3{-}C{\equiv}N$ ist die Entfernung der beiden einfach gebundenen C-Atome infolge der Mesomerie (u. evtl. Hyperkonjugation) verkürzt und beträgt $1{,}49 \pm 0{,}03$ Å; s. ferner H. A. STUART: Struktur des freien Moleküls, S. 163. Berlin-Göttingen-Heidelberg: Springer-Verlag 1952.

[3] MEYER, E. v.: J. prakt. Chem. [2] **39**, 156 (1889).

eine Reaktion, die auch von der Cyanwasserstoffsäure selbst gegeben wird (*s-Triazin*-Bildung)[1].

Fernerhin ist für eine Reihe von Verbindungen des Typus $X-C\equiv N$ die Fähigkeit zur *Tautomerie* charakteristisch (vgl. S. 231). Die Blausäure bietet folgende Tautomeriemöglichkeit:

$$H-C\equiv N| \leftrightharpoons |C=\underline{N}-H \leftrightarrow |\overset{\ominus}{C}\equiv \overset{\oplus}{N}-H$$

Aus ihren Eigenschaften[2] kann man schließen, daß sie ganz überwiegend in der Form $H-C\equiv N|$ vorhanden ist. Es besteht jedoch die Möglichkeit, daß ihre besonders große Giftwirkung mit dem Vorhandensein einer geringen Menge des Tautomeren $|C=\underline{N}-H \leftrightarrow |\overset{\ominus}{C}\overset{\oplus}{\equiv}N-H$ in Zusammenhang zu bringen ist[3]. Offenbar ist die Einstellgeschwindigkeit des Tautomeriegleichgewichts so groß, daß man über dessen Lage aus chemischen Versuchen kaum etwas aussagen kann. Dies gilt für viele Verbindungen dieser Art. Auch bei den *Salzen* der Blausäure ist eine Tautomeriemöglichkeit in Erwägung gezogen worden. Ihre Alkalisalze jedoch sind aus Ionen aufgebaut $K^{\oplus}+[|C\equiv N|]^{\ominus}$. Deshalb liegt hier keine Tautomerie, sondern wohl eine *Mesomerie* im Anion vor:

$$[|C\equiv N|]^{\ominus} \leftrightarrow [|C=\overline{\underline{N}}]^{\ominus}$$

so daß die Frage, ob das Alkalimetall an ein C- oder N-Atom gebunden ist, hier ein Scheinproblem darstellt[4]. Daher können z. B. bei *Methylierungen* mit Methyljodid Derivate beider tautomeren Formen entstehen, indem das Methylkation entweder am Carbeniatkohlenstoff oder am Azeniatstickstoff aufgenommen wird:

$$[|C\equiv N|]^{\ominus} + CH_3^{\oplus} \longrightarrow \begin{cases} H_3C\leftarrow C\equiv N| \\ |\overset{\ominus}{C}\equiv\overset{\oplus}{N}\rightarrow CH_3 \end{cases}$$

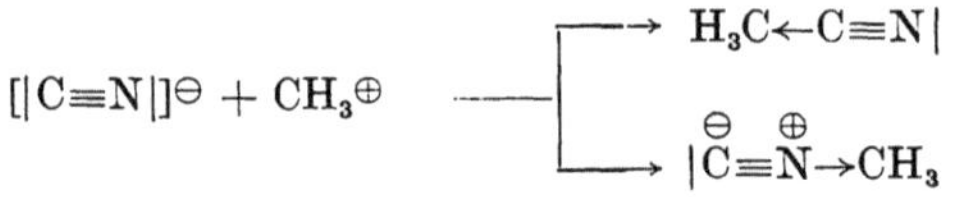

Nur im festen Zustand, in den Kristallen, liegen Ionengitter vor. Hier ist es möglich und z. B. durch röntgenographische Untersuchung grundsätzlich feststellbar, ob etwa das Metallion dem Stickstoff näher steht als dem C-Atom oder umgekehrt. Für nichtionisierte Schwermetallderivate gilt das gleiche.

Erwähnt sei nochmals das aus HCN und $HC\equiv CH$ (vgl. S. 430) darstellbare *Acrylnitril*[5], $CH_2=CHCN$, das als Vinylverbindung leicht polymerisiert werden kannzum Polyacrylnitril. Dessen Verspinnung in Dimethylformamidlösung führt zu einer wichtigen Kunstfaser, Orlon, Phrilon, PAN-Faser genannt.

Die sehr unbeständige *Cyansäure* $H-O-C\equiv N|$ zeigt neben der üblichen Polymerisation zu einem Triazinderivat, der *Cyanursäure*, noch eine andersartige,

---

[1] Die sogenannte „dimere Blausäure" von J. U. NEF: Liebigs Ann. **287**, 337 (1895). konnte vor kurzem als s-Triazin aufgeklärt werden. — GRUNDMANN, C., u. A. KREUTZBERGER: J. Amer. Chem. Soc. **76**, 632, 5646 (1954). — GRUNDMANN, C., H. SCHRÖDER u. W. RUSKE: Chem. Ber. **87**, 747, 1865 (1954); das symmetrische Trimethyltriazin besitzt den typischen Mäusegeruch des unreinen Acetamids.

[2] Vgl. hierzu N. V. SIDGWICK: Organic Chemistry of Nitrogen, S. 304ff. Oxford: Clarendon Press 1937.

[3] Vgl. hierzu den Abschnitt über zweiwertigen Kohlenstoff, S. 483.

[4] Über die Konstitution von KCN s. G. SPACU u. E. POPPER: Physik. Chem. A **180**, 154 (1937).

[5] DRP. 728767 (1939), I. G. Farb., Erf. P. KURTZ; s. a. P. KURTZ: Liebigs Ann. **572**, 38 (1951).

die zum *Cyamelid* führt. Nach seinen Eigenschaften ist das Cyamelid als ein offenkettiges, lineares Hochpolymeres aufzufassen. Man kann der Verbindung in Analogie zu den Polyoxymethylenen folgende Formel zuerteilen:

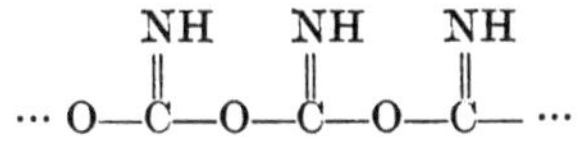

wobei die Art der Absättigung der endständigen Bindungen noch nicht bekannt ist.

In der freien Cyansäure ist eine *Tautomerie* möglich:

$$\mathrm{H{-}\overline{\underline{O}}{-}C{\equiv}N|} \leftrightharpoons \mathrm{\overline{\underline{O}}{=}C{=}\overline{N}{-}H}$$

Das Gleichgewicht liegt nach den Ergebnissen der Ramanspektren überwiegend auf seiten der Isoform (rechts). *Salze* der Cyansäure, z. B. KOCN, zeigen dagegen *Mesomerie* im Anion:

$$[\mathrm{|\overline{\underline{O}}{-}C{\equiv}N|}]^{\ominus} \leftrightarrow [\mathrm{\overline{\underline{O}}{=}C{=}\overline{\underline{N}}}]^{\ominus}$$

Interessant ist, daß bisher nur *Ester der Isoform* aufgefunden worden sind, während sich die normalen Ester sofort bei ihrer Entstehung zu den entsprechenden Triazinderivaten polymerisieren.

Historisch von besonderer Bedeutung ist die Reaktion der Cyansäure mit *Ammoniak*, die nach der 1828 von WÖHLER ausgeführten Untersuchung zum *Harnstoff* führt:

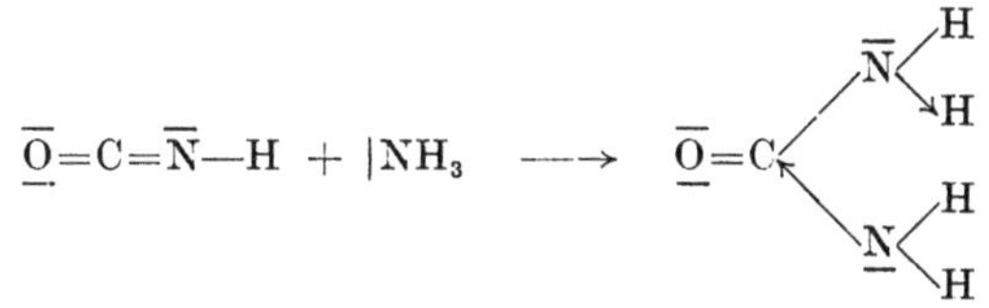

Die Harnstoffbildung ist eine typische nucleophile Einlagerungsreaktion an der CO-Gruppe (vgl. Kap. IV, S. 480).

Für die Struktur der *Thiocyansäure* ist wieder im Prinzip eine Tautomerie möglich:

$$\mathrm{|N{\equiv}C{-}\overline{\underline{S}}{-}H} \leftrightharpoons \mathrm{H{-}\overline{N}{=}C{=}\overline{\underline{S}}}$$

wobei die bekannten Reaktionen für die Nitrilform sprechen. Abgesehen von der möglichen Tautomerie zur Isosäure[1] $\mathrm{\overline{\underline{S}}{=}C{=}\overline{N}{-}H}$ kann in den Anionen geeigneter Salze wieder eine Mesomerie:

$$[\mathrm{|\overline{\underline{S}}{-}C{\equiv}N|}]^{\ominus} \leftrightarrow [\mathrm{\overline{\underline{S}}{=}C{=}\overline{\underline{N}}}]^{\ominus}$$

angenommen werden. Wichtig ist das natürliche Vorkommen von Isothiocyansäure-Estern in den *Senfölen*[2].

[1] Auch eine Zwitterionenformel $\mathrm{H{-}\overset{\oplus}{N}{\equiv}C{-}\underset{\ominus}{\overline{S}}|}$ ist als Grenzanordnung möglich.

[2] SCHNEIDER, W.: Lauch- und Senföle, Senfölglucoside, in G. KLEIN, Handbuch der Pflanzenanalyse, Berlin: Julius Springer 1932; vgl. a. HOUBEN-WEYL, Methoden der Organischen Chemie, 4. Aufl., Bd. IX, S. 867ff. Stuttgart: Georg Thieme 1955.

Für die Verbindungen Hal—C≡N| tritt als besondere Reaktion noch eine Wirkung als Oxydationsmittel hinzu, wobei aus dem Hal—C≡N| das entsprechende Reduktionsprodukt, die Blausäure, gebildet wird. Die Verbindungen erscheinen daher in manchen Reaktionen so, daß sie als Derivate der Cyansäure, in anderen aber als Derivate der Blausäure wirken können (*Cyanchlorid* bzw. „Chlorcyanid" mit positiviertem Halogen[1], z. B.: Cl—C≡N ⇌ $Cl^{\oplus}$ + $|CN^{\ominus}$). Schließlich sei noch als ein technisch sehr wichtiges Produkt das Amid der Cyansäure $H_2\overline{N}$—C≡N|, das *Cyanamid*, erwähnt. Es erleidet einen hydrolytischen Zerfall in CO_2 und NH_3, der für die Verwendung des Ca-Salzes als Düngemittel wesentlich ist (Kalkstickstoff). Auch hier ist grundsätzlich eine *Tautomerie* möglich:

$$H_2\overline{N}—C≡N| \quad \leftrightarrows \quad H\overline{N}=C=\overline{N}H$$

Cyanamid Carbodiimid

Zusammenfassend kann man über den Bindungszustand und das reaktive Verhalten von Stoffen mit einer C≡N-Dreifachbindung folgendes sagen:

In ihrer additiven Reaktionsweise bieten sie gegenüber den schon besprochenen Verbindungen vor allem der Acetylenreihe nichts grundsätzlich Neues. Allen diesen Verbindungen wohnt aber die Tendenz zur Stabilisierung in Form von symmetrischen *Triazinderivaten* inne. Weiterhin tritt bei den H-haltigen Verbindungen als Besonderheit die Möglichkeit der *Tautomerie* auf, die in den geeigneten Salzen zur *Mesomerie* werden kann. Diese Tatsachen, verbunden mit der oft beträchtlichen Unbeständigkeit der Stoffe, haben die Bearbeitung der Verbindungen sowie ihre Formulierung sehr erschwert und bringen in das reaktive Verhalten eine besondere Note herein.

III. Stickstoff—Stickstoff-Dreifachbindung

1. Aliphatische Diazoverbindungen

a) Konstitution

Aliphatische Diazoverbindungen enthalten die charakteristische Atomgruppe $>CN_2$, für deren Struktur von T. CURTIUS[2], dem Entdecker dieser Stoffklasse, eine *Ringformel* vorgeschlagen wurde, die späterhin von A. ANGELI[3] und J. THIELE[4] durch eine *kettenförmige* Anordnung der Stickstoffatome ersetzt wurde.

nach CURTIUS nach ANGELI und THIELE

Beide Formulierungen gestatten es, die Reaktionen der aliphatischen Diazoverbindungen zu erklären. Obwohl später die Gründe, die CURTIUS zur Aufstellung seiner Ringformel veranlaßten, sich als unrichtig erwiesen[5], gab man sie zunächst

[1] Über positives Halogen s. P. FRESENIUS: Angew. Chem. **64**, 470 (1952).
[2] CURTIUS, T.: Ber. dtsch. chem. Ges. **16**, 2230 (1883).
[3] ANGELI, A.: Atti R. Accad. naz. Lincei, Rend. **16**, 790 (1907).
[4] THIELE, J.: Ber. dtsch. chem. Ges. **44**, 2522 (1911).
[5] Vgl. ERNST MÜLLER: Ber. dtsch. chem. Ges. **47**, 3005 (1914).

noch nicht zugunsten der kettenförmigen auf. Dabei dachte man z. B. an die Dreiringformeln des Äthylenimins oder des Cyclopropans, Stoffe, die infolge ihrer ringförmigen Atomanordnung durch ein beträchtliches Reaktionsvermögen ausgezeichnet sind.

Überträgt man die ANGELI-THIELEsche Formel in die Ausdrucksweise der Elektronentheorie, so ergeben sich unter Berücksichtigung der Tatsache, daß die „5. Valenz" des Stickstoffatoms stets eine Ionenbeziehung ist, folgende *Grenzformeln*[1]:

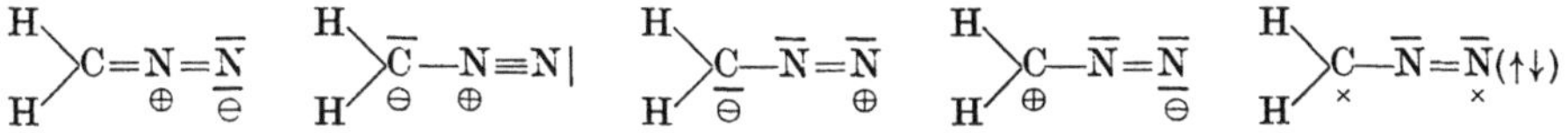

I II III IV V

Auch die CURTIUS-Formel läßt sich so auffassen, daß eine C—N-„Valenz" eine Ionenbeziehung ist. Das ergibt, abgesehen von der Raumlage, die bereits oben wiedergegebenen Formeln III und IV:

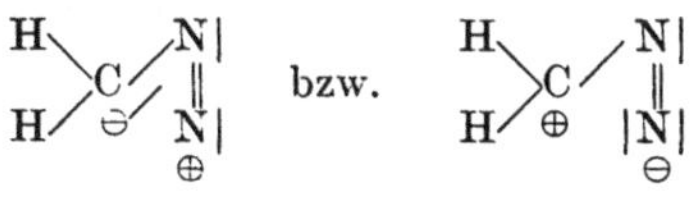

Da bei vielen Reaktionen der aliphatischen Diazoverbindungen ein Verlust von elementarem *Stickstoff* eintritt und das übrige reaktive Verhalten sowohl mit der Ring- wie der Kettenformel deutbar erscheint, ist eine Entscheidung zugunsten der CURTIUS- oder ANGELI-THIELEschen Formulierung aus chemischen Tatsachen allein nicht ableitbar. Aber das physikalische Verhalten dieser Verbindungen gibt insbesondere durch Elektronenbeugungsaufnahmen einen sicheren Hinweis, daß die *kettenförmige* Atomanordnung den besten Formelausdruck darstellt: Die *Atomabstände* betragen im Diazomethan[2]:

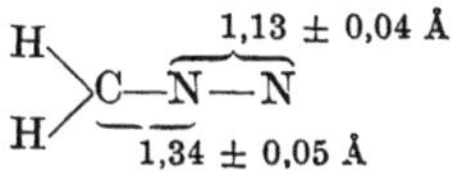

Infolge der Ausbildung von Zwitterionen nach I, II, III und IV sollten die Diazoverbindungen, falls eine dieser Formeln den einzig richtigen Ausdruck darstellen würde, ein beträchtliches Dipolmoment besitzen. Das *Dipolmoment* der CN_2-Gruppe ist aber nur 1,4 D[3]. In Wirklichkeit gilt daher keine der vier Formeln I, II, III und IV als einziger zutreffender Formelausdruck der aliphatischen Diazoverbindungen. Vielmehr stellen diese Formeln, die sich voneinander nur durch die Art der Elektronenverteilung unterscheiden, gedachte Grenzzustände dar. Der wirkliche Zustand der Diazoverbindungen liegt zwischen diesen gedachten Grenzanordnungen, mit anderen Worten, in den aliphatischen Diazoverbindungen haben wir — bedingt durch die Gegenwart und den Bindungszustand zweier Stickstoffatome — einen ausgeprägten Fall von *Mesomerie* vor uns.

---

[1] Die Begründung für die erstmalig in der ersten Auflage dieses Buches verwendete Formel III siehe später S. 452. — Vgl. ferner H. HILMANS, S. H. COLEMAN, C. E. ADAMS u. P. E. PRATT: J. organ. Chem. **3**, 99 (1938). — MURTY, S.: Current Sci. **5**, 424 (1937). — SMITH, L. I.: Chem. Reviews **23**, 193 (1938).

[2] BOERSCH, H.: Mh. Chem. **65**, 31 (1935).

[3] SIDGWICK, N. V., W. THOMAS u. L. E. SUTTON: J. Chem. Soc. (London) **1933**, 406.

Es gelten die offenkettigen Formeln I↔II↔III usw. unter Berücksichtigung des Mesomerieprinzips, das alle sich widerstreitenden Ansichten auf Grund des chemischen und physikalischen Verhaltens hier sinnvoll vereint[1].

b) Reaktives Verhalten

Die wichtigste aliphatische Diazoverbindung, zugleich der einfachste Vertreter dieser Stoffklasse, ist das *Diazomethan*[2], CH_2N_2, dessen Reaktionen sich mittels der obigen elektromeren Grenzanordnungen darstellen lassen.

Während die Grenzanordnung I wesentlich zur Stabilisierung der Verbindung beitragen wird, stellt II eine sehr reaktionsfähige Anordnung dar, die durch Einlagerung von Atomen oder Atomgruppen mit einem *Elektronensextett* an das einsame Elektronenpaar des C-Atoms, dadurch eine Blockierung der Mesomerie im Übergangszustand erzeugend mit nachfolgender Abspaltung des schon gleichsam vorgebildeten N_2-Moleküls ($|N\equiv N|$), zahlreiche Umsetzungen mit den verschiedensten Stoffen eingehen kann[3].

α) Methylierungsreaktion

Am bekanntesten sind die Methylierungsreaktionen des CH_2N_2 mit Verbindungen, die ein *bewegliches*, acidifiziertes *H-Atom* enthalten, z. B.:

$$CH_2N_2 + HOCOR \rightarrow H_3COCOR + N_2$$

Den Reaktionsweg kann man so formulieren[4]:

$$\begin{array}{c}H\\H\end{array}\!\!\!>\!\!\overset{\ominus}{\underset{-}{C}}\!-\!\overset{\oplus}{N}\!\equiv\!N| \;+\; HX \;\longrightarrow\; \left[\begin{array}{c}H\\H\end{array}\!\!\!>\!\!\underset{\downarrow}{C}\!-\!\overset{\oplus}{N}\!\equiv\!N|\right]X^{\ominus} \;\longrightarrow\; \begin{array}{c}H\\H\end{array}\!\!\!>\!\!\underset{\underset{H}{|}}{C}\!\leftarrow\!X \;+\; |N\!\equiv\!N|$$

A

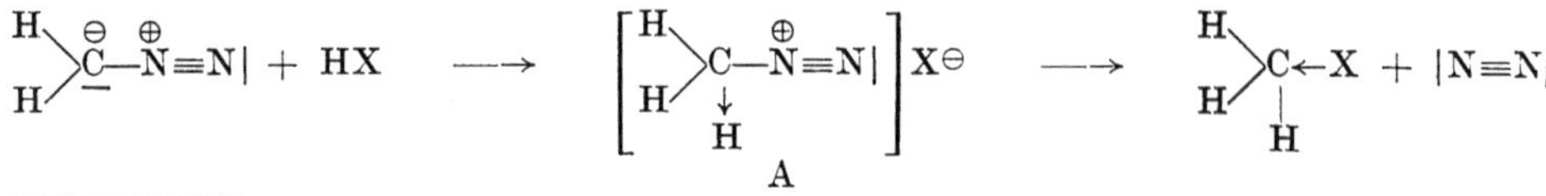

[1] Zusammenfassende Darstellung über aliphatische Diazoverbindungen s. B. EISTERT: Angew. Chem. **54**, 99, 124, 308 (1941); **55**, 118 (1942). — HUISGEN, R.: Angew. Chem. **67**, 439 (1955) und Österr. Chem. Ztg. **55**, 237 (1954). — Ein interessanter Typ von Diazoverbindungen, das Diazo-cyclopentadien ⟨⊖⟩—$\overset{\oplus}{N}\equiv N|$, wurde von W. v. E. DOERING u. C. H. DE PUY aufgefunden, J. Amer. Chem. Soc. **75**, 5955 (1953).

[2] Zur Darstellung s. H. v. PECHMANN: Ber. dtsch. chem. Ges. **27**, 1888 (1894); **28**, 855 (1895). — ARNDT, F., u. J. AMENDE: Angew. Chem. **43**, 444 (1930); Org. Synth. **15**, 3 (1935). — Aus Sulfonylnitrosamiden s. T. J. DE BOER u. H. J. BACKER: Recueil Trav. chim. Pays-Bas **73**, 582 (1954), z. B.

$$CH_3-C_6H_4-SO_2-N(NO)CH_3 + C_2H_5O^{\ominus} \rightarrow [CH_3NNO]^{\ominus} \rightarrow OH^{\ominus} + CH_2N_2.$$

Aus Dinitrosodimethyloxamid s. A. P. 2675378 (1955), DuPont, Erf. F. S. FAWCETT:

$$CH_3-N(NO)-CO-CO-N(NO)-CH_3 + 2CH_3NH_2 \xrightarrow{-2H_2O}$$
$$2CH_2N_2 + CH_3-NH-CO-CO-NH-CH_3;$$

In einer neuen Synthese wird das Distickstoffmonoxyd als „Nitrosoquelle" benützt, EUGEN MÜLLER, D. LUDSTECK u. W. RUNDEL: Angew. Chem. **67**, 617 (1955); N_2O mit Methyllithium umgesetzt ergibt bei der alkalischen Aufarbeitung etwa 75% Diazomethan:

$$\overset{\ominus}{N}=\overset{\oplus}{N}=\overline{O} + CH_3Li \xrightarrow[\text{Hydrolyse}]{\text{nach}} CH_2N_2 + LiOH$$

[3] Vgl. hierzu F. ARNDT u. B. EISTERT: Ber. dtsch. chem. Ges. **68**, 193 (1935). — EISTERT, B.: Ber. dtsch. chem. Ges. **68**, 208 (1935).

[4] Vgl. hier F. ARNDT u. K. MARTIUS: Liebigs Ann. **499**, 239 (1932). — Über die Reaktion des Diazomethans mit Acetessigester s. F. ARNDT u. Mitarb.: Ber. dtsch. chem. Ges. **71**, 1640 (1938). — F. ARNDT formuliert die Methylierung in org. Medien über eine Protonbrückenbeziehung $X-H \cdots |CH_2N_2 \rightarrow X \cdots H-CH_2 + N_2$. Abhandl. d. Braunschweig. Wiss. Ges., Bd. VIII. Braunschweig: F. Vieweg & Sohn 1956.

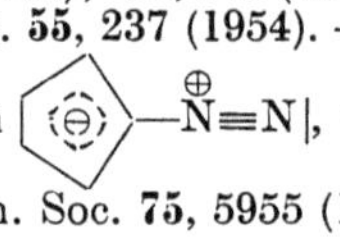

Aus dem intermediär entstehenden „Diazonium"-kation A wird sehr leicht infolge der vorgebildeten Elektronen-Anordnung sowie der Blockierung der Mesomerie im Übergangszustand N_2 entlassen, das Anion $X^{\ominus}$ setzt sich mit einem einsamen Elektronenpaar in die verbleibende Oktettlücke des Kohlenstoffs, die Methylierung ist beendet. So lassen sich Phenole, Enole, Carbonsäuren, gewisse Amine und NH-Verbindungen, sogar Alkohole in Form von Alkoxoverbindungen in die Methylverbindungen überführen (vgl. Kap. I, S. 136).

In analoger Weise reagiert Diazomethan mit *Halogenen*, vor allem Jod, unter Bildung von CH_2J_2 und N_2. Die durch das Hineinspielen der elektromeren Formel II verursachte Instabilität des Diazomethans äußert sich ferner im *Selbstzerfall* und in dem thermischen Verhalten. So zerfällt CH_2N_2 allmählich beim Stehen seiner ätherischen Lösung unter N_2-Abgabe in Polymethylen $(CH_2)_x$ einen Stoff noch unbekannter Struktur[1]. Beim *Erhitzen* (auch bei Bestrahlen, vgl. S. 484) von verdünntem CH_2N_2 auf höhere Temperaturen soll vorübergehend das freie Methylen CH_2 auftreten mit einer Halbwertzeit[2] von wenigen $^1/_{1000}$ sec. Verbindungen wie der *Diazoessigester*, $N_2CHCOOR$, geben beim thermischen Zerfall in indifferenten Medien unter Stickstoffentwicklung den betreffenden ungesättigten Ester, hier *Fumarsäureester*[3]. Unter Einwirkung von *Sonnenlicht* spielt sich eine eigenartige Reaktion des Diazomethans ab, bei der formal an Kohlenstoff gebundener Wasserstoff, z. B. in den Äthern, durch CH_2 ersetzt wird. Der Reaktionsweg kann möglicherweise über eine primäre Addition des Azeniumstickstoffs (in der Form III vgl. S. 443) an ein einsames Elektronenpaar des Sauerstoffatoms, anschließender Abspaltung eines Alkylkations (unter Rückbildung der normalen Sauerstoffbindung aus der Oxoniumstruktur) und Wanderung an das Carbeniatkohlenstoffatom des Diazomethanrestes, schließlich Abspaltung von Stickstoff und endgültige Stabilisierung erklärt werden:

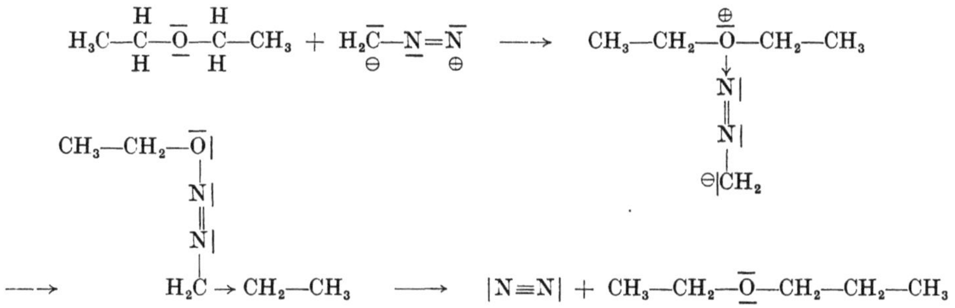

Dafür spricht, daß auch stickstoffhaltige Nebenprodukte und verzweigte Äther (Äthylisopropyläther) bei dieser Reaktion aufgefunden worden sind[4]. Bewiesen ist dieser „ionische" Mechanismus aber nicht. Es ist grundsätzlich auch ein (krypto)-radikalischer Mechanismus denkbar.

---

[1] Der Zerfall läßt sich durch BF_3 katalytisch beschleunigen: H. MEERWEIN, Angew. Chem. **60**, 78 (1948). — Kinetik des katalysierten Zerfalls (ionischer Mechanismus) s. J. FELTZIN, A. J. RESTAINO u. R. B. MESROBIAN, J. Amer. Chem. Soc. **77**, 206 (1955)

[2] RICE, F. O., u. A. L. GLASEBROOK: J. Amer. Chem. Soc. **56**, 2381 (1934).

[3] Eine Beschreibung des reaktiven Verhaltens aliphatischer Diazoverbindungen s. N. V. SIDGWICK, Organic Chemistry of Nitrogen, S. 347ff. Oxford: Clarendon Press 1937. — Ferner C. GRUNDMANN: Liebigs Ann. **536**, 29 (1938).

[4] MEERWEIN, H., H. RATHJEN u. H. WERNER: Ber. dtsch. chem. Ges. **75**, 1610 (1942).

β) Reaktionen des Diazomethans mit der C=O-Doppelbindung
(Aldehyde, Ketone und Säurechloride)

Mit Carbonylverbindungen[1] reagiert das Diazomethan aus der oben (S. 443) formulierten elektromeren Grenzanordnung II heraus unter Bildung einer Verbindung A:

$$\left\{ \begin{array}{c} |\underline{O}| \\ \| \\ R-C \\ | \\ R' \end{array} \longleftrightarrow \begin{array}{c} |\overline{O}|^{\ominus} \\ | \\ R-C^{\oplus} \\ | \\ R' \end{array} \right\} + \begin{array}{c} H \\ | \\ ^{\ominus}|C-N\equiv N| \\ | \\ H \end{array}^{\oplus} \longrightarrow \begin{array}{c} H \\ R \quad | \\ {>}C \leftarrow C-N\equiv N| \\ R' \quad | \quad | \quad \oplus \\ |\underline{O}| \quad H \\ \ominus \end{array} \quad A$$

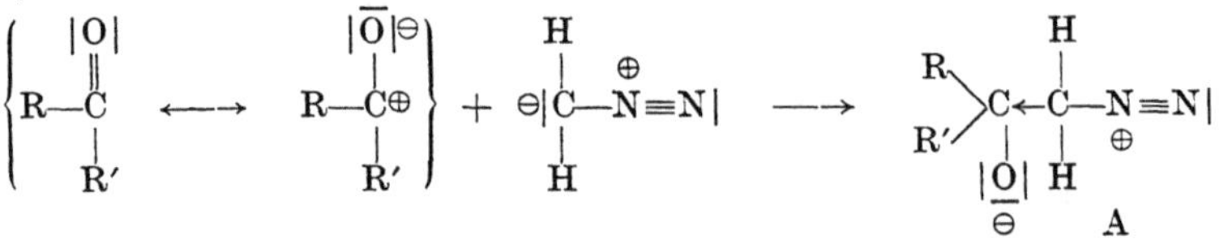

Die Anlagerungsverbindung A ist ein „*Diazonium*"-*betain*. Bildung, Stabilität und Zerfall von A hängen in charakteristischer Weise von den Substituenten R und R' ab. Ist R' = H und R = CCl$_3$, liegt also das Chloral vor, so beginnt die Reaktion des Diazomethans mit dem Aldehyd außerordentlich leicht. Infolge der schon früher erörterten Eigenart des Chlorals besitzt es eine große Neigung, die elektromere, zur CH$_2$N$_2$-Addition geeignete Grenzanordnung auszubilden[2]:

$$\begin{array}{c} Cl \\ | \\ Cl-C-Cl \\ | \\ C-H \\ \| \\ |\underline{O}| \end{array} \longleftrightarrow \begin{array}{c} Cl \\ | \\ Cl-C-Cl \\ | \\ ^{\oplus}C-H \\ | \\ ^{\ominus}|\underline{O}| \end{array}$$

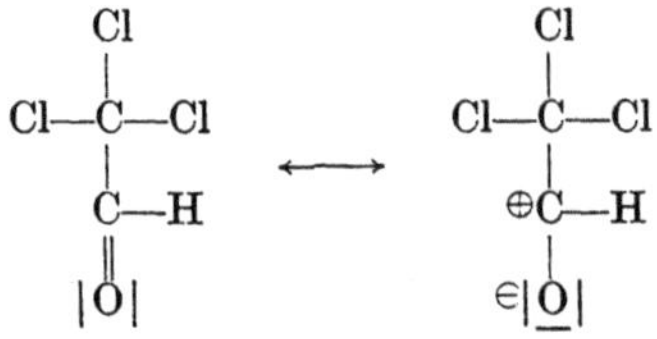

Andere Carbonylverbindungen, besonders Ketone, reagieren zwar langsamer, lassen sich aber grundsätzlich mit Diazomethan umsetzen. Der „Diazonium"-betain-Zustand ist in jedem Falle nicht stabil, da in A die Diazogruppe an einem mit 4 Liganden besetzten C-Atom haftet und so die Mesomerie wieder blockiert ist. Dadurch sind ihre Stickstoffatome auf eine dem freien N$_2$-Molekül ($|N\equiv N|$) zukommende Elektronenanordnung festgelegt und werden leicht als N$_2$ abgespalten. Bei dieser N$_2$-Abspaltung entsteht ein Molekülrest B:

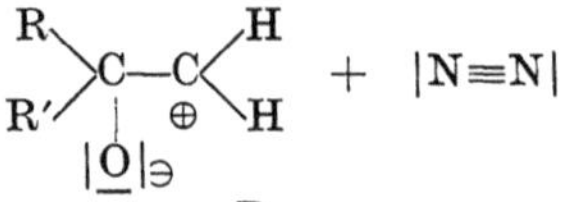

$$\begin{array}{c} R \quad\quad H \\ {>}C-C{<} \\ R' \quad | \quad\oplus\quad H \\ |\underline{O}|^{\ominus} \end{array} + |N\equiv N| \quad\quad B$$

dessen Oktettlücke auf irgendeine Weise zur *Stabilisierung* aufgefüllt werden muß. Dies kann auf drei verschiedenen Wegen geschehen:

1. Ist R'=H, so kann das H als Anion wandern, es entsteht ein *Methylketon*:

$$\begin{array}{c} H \searrow H \\ | \quad\; | \\ R-C-C^{\oplus} \\ | \quad\; | \\ |\underline{O}| \quad H \\ \ominus \end{array} \longrightarrow \left\{ \begin{array}{c} H \\ R \quad\oplus\; | \\ {>}C-C\leftarrow H \\ ^{\ominus}|\underline{O}| \quad H \end{array} \longleftrightarrow \begin{array}{c} R \\ {>}C-CH_3 \\ \| \\ |\underline{O}| \end{array} \right\}$$

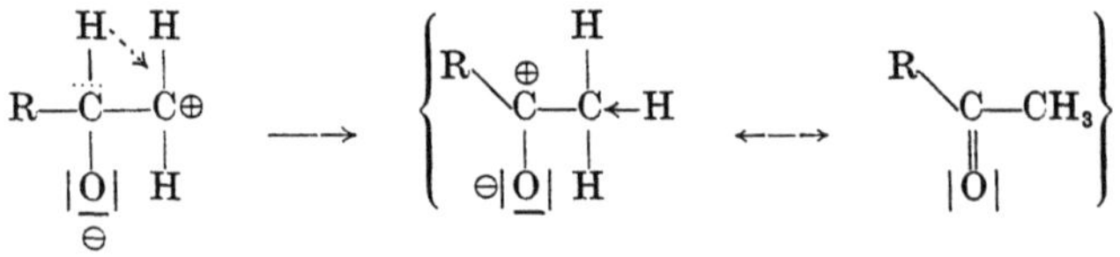

2. R wandert als Anion unter Bildung eines *homologen Aldehyds*[3]:

$$\begin{array}{c} R \searrow H \\ | \quad\; | \\ H-C-C^{\oplus} \\ | \quad\; | \\ |\underline{O}| \quad H \\ \ominus \end{array} \longrightarrow \left\{ \begin{array}{c} H \\ H \quad\oplus\; | \\ {>}C-C\leftarrow R \\ ^{\ominus}|\underline{O}| \quad H \end{array} \longleftrightarrow \begin{array}{c} H \\ | \\ C-CH_2R \\ \| \\ |\underline{O}| \end{array} \right\}$$

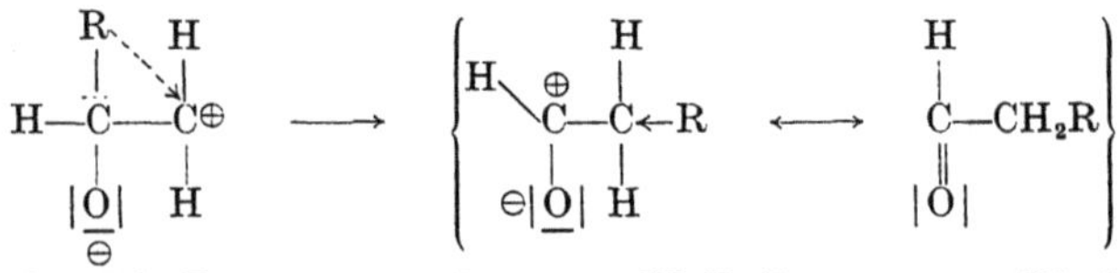

[1] Zusammenfassende Darstellungen hierzu s. W. E. BACHMAN u. W. S. STRUVE: Org. Reactions 1, 38 (1942). — GUTSCHE, C. D.: Org. Reactions 8, 364 (1954).

[2] Vgl. F. ARNDT u. B. EISTERT: Ber. dtsch. chem. Ges. 68, 197 (1935).

[3] Entsteht nach 2 ein homologer Aldehyd, so tritt nun Weiterreaktion mit CH$_2$N$_2$ ein.

3. Das einsame Elektronenpaar des O-Atoms greift in die Oktettlücke ein, es wird unter Ringschluß ein *Äthylenoxydderivat* gebildet:

$$\begin{array}{c}\text{R}\diagdown\quad\quad\text{H}\\\quad\text{C}-\overset{|}{\text{C}}-\text{H}\\\text{R}'\diagup\quad\underset{\ominus}{|\text{O}|}\overset{\oplus}{}\end{array}\quad\longrightarrow\quad\begin{array}{c}\text{R}\diagdown\quad\quad\diagup\text{H}\\\quad\text{C}-\text{C}\\\text{R}'\diagup\diagdown\overline{\text{O}}\diagup\diagdown\text{H}\end{array}$$

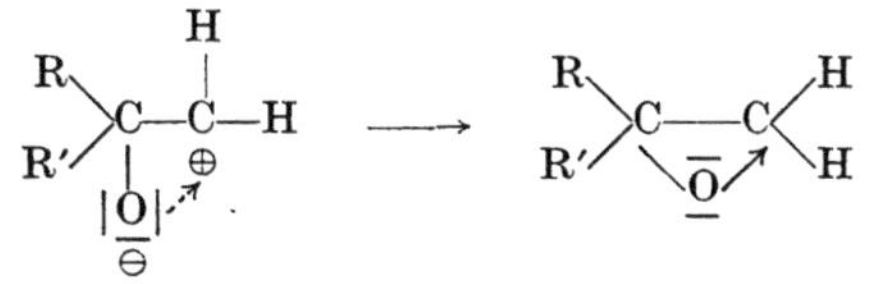

Welcher Reaktionsweg eingeschlagen wird, hängt im wesentlichen von der Natur der Gruppen R, R′ und z. T. von besonderen Reaktionsbedingungen ab[1].

Ist R′=H und R wie im Chloral infolge Elektronenabzuges durch die Schlüsselatome positiviert, so wirkt dies der Ablösung von R oder H als Anion entgegen. Aus diesen theoretischen Überlegungen folgt, daß in solchen Fällen, z. B. bei der Reaktion des Chlorals oder des o-Nitrobenzaldehyds mit Diazomethan, die Epoxydbildung zur Hauptreaktion werden muß. Besitzt R ein stabiles Oktett (Methyl, Phenyl usw.), so finden die Anionenwanderungen nach 1 oder 2 statt. Sie werden durch Anwesenheit von OH-Anionen begünstigt.

Liegt ein unsymmetrisches Keton vor, so sollte man aus theoretischen Gründen die Wanderung desjenigen R erwarten, welches das stabilste Oktett besitzt[2].

In entsprechender Weise lassen sich die Reaktionen des Diazomethans mit *Säurechloriden* darstellen:

$$\left\{\begin{array}{c}|\overline{\text{Cl}}|\\|\\\text{R}-\text{C}\\\|\\|\underline{\text{O}}|\end{array}\longleftrightarrow\begin{array}{c}|\overline{\text{Cl}}|\\|\\\text{R}-\text{C}^\oplus\\|\\|\underline{\text{O}}|^\ominus\end{array}\right\}+\begin{array}{c}\text{H}\\|\\{}^\ominus|\text{C}-\overset{\oplus}{\text{N}}\equiv\text{N}|\\|\\\text{H}\end{array}\longrightarrow\begin{array}{c}|\overline{\text{Cl}}|\ \ \text{H}\\|\ \ \ \ |\\\text{R}-\underset{1}{\text{C}}\leftarrow\underset{2}{\text{C}}-\overset{\oplus}{\text{N}}\equiv\text{N}|\\|\ \ \ \ |\\|\underline{\text{O}}|^\ominus\text{H}\end{array}$$

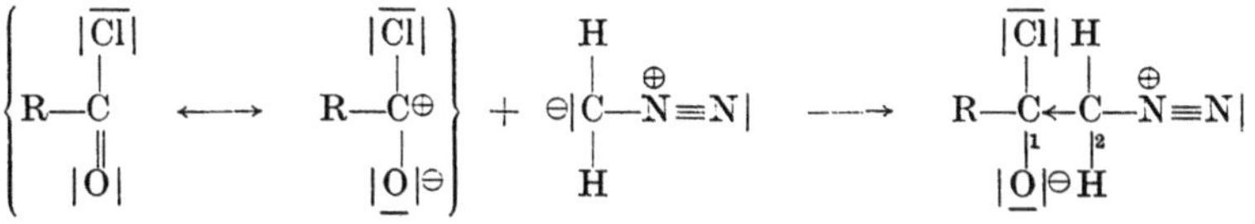

Die Stabilisierung des instabilen „Diazonium"betains erfolgt hier wegen der Anwesenheit zweier elektronenaffiner Atome am C_1 in anderer Weise. Durch die induktiven Effekte ist die Ablösung von $|N\equiv N|$ erschwert, die Ablösung von $H^\oplus$, also eines Protons, vom C_2 aber erleichtert. So kommt es hier unter HCl-Austritt zur Bildung eines *Diazoketons*:

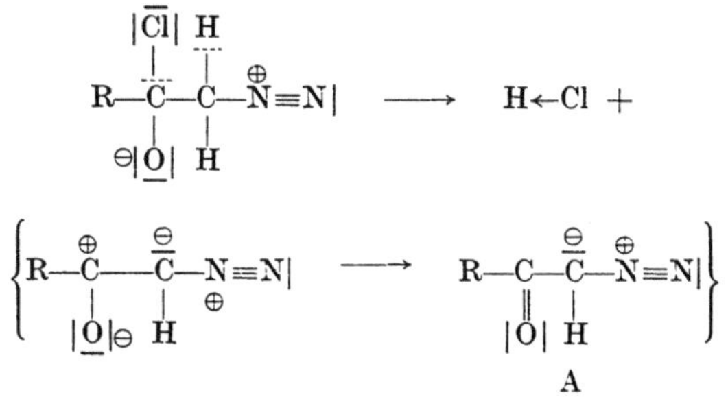

$$\begin{array}{c}|\overline{\text{Cl}}|\ \ \text{H}\\|\ \ \ \ |\\\text{R}-\text{C}-\text{C}-\overset{\oplus}{\text{N}}\equiv\text{N}|\\|\ \ \ \ |\\{}^\ominus|\underline{\text{O}}|\ \text{H}\end{array}\longrightarrow\ \text{H}\leftarrow\text{Cl}\ +$$

$$\left\{\begin{array}{c}\overset{\oplus}{\text{R}-\text{C}}-\overset{\ominus}{\text{C}}-\text{N}\equiv\text{N}|\\|\ \ \ \ |\\|\underline{\text{O}}|^\ominus\ \text{H}\end{array}\longrightarrow\begin{array}{c}\text{R}-\text{C}-\overset{\ominus}{\text{C}}-\overset{\oplus}{\text{N}}\equiv\text{N}|\\\|\ \ \ \ |\\|\text{O}|\ \text{H}\end{array}\right\}$$
$$\text{A}$$

---

[1] So liefert o-Nitrobenzaldehyd mit Diazomethan überwiegend das Oxyd, während der um ein CH_2 reichere o-Nitrophenylacetaldehyd ausschließlich unter H-Anionotropie das Methylketon, also o-Nitrophenylaceton, liefert.

[2] Acetessigester wird nicht nur als Enol methyliert, sondern nebenher entsteht aus der Ketoform das entsprechende Äthylenoxyd, F. ARNDT: Ber. dtsch. chem. Ges. **72**, 204 (1939). Ringketone erleiden bei diesen Reaktionen eine Ringerweiterung, vgl. E. MOSETTIG u. A. BURGER: J. Amer. Chem. Soc. **52**, 3456 (1930). — ARNDT, F., B. EISTERT u. W. ENDER: Ber. dtsch. chem. Ges. **62**, 48 (1929). — MEERWEIN, H., u. W. BURNELEIT: Ber. dtsch. chem. Ges. **61**, 1840 (1928). — MEERWEIN, H., T. BERSIN u. W. BURNELEIT: Ber. dtsch. chem. Ges. **62**, 999 (1929).

In A ist das die Diazogruppe tragende C-Atom nur mit 3 Liganden verbunden. Außerdem besitzt es ein einsames Elektronenpaar, so daß die folgende Mesomerie möglich ist, die den Stoff vor weiterem Zerfall schützt:

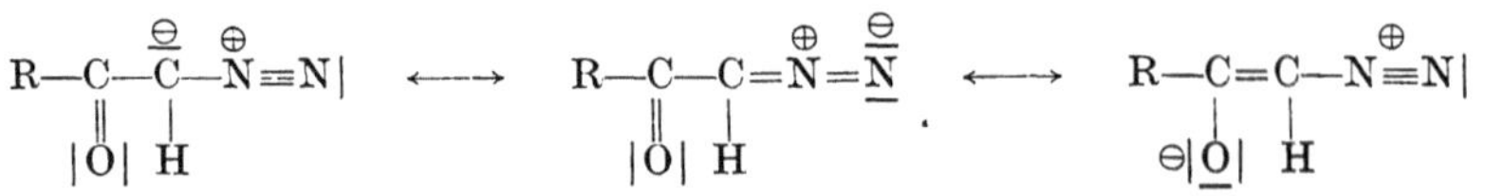

Durch Einwirkung von *Säuren* auf Diazoketone wird über die Aufnahme eines Protons an das einsame Elektronenpaar des Kohlenstoffatoms ein „Diazonium"-salz gebildet, das unter N_2-Abgabe in ein substituiertes Keton zerfällt, z. B. entsteht mit HCl ein *Chlorketon*:

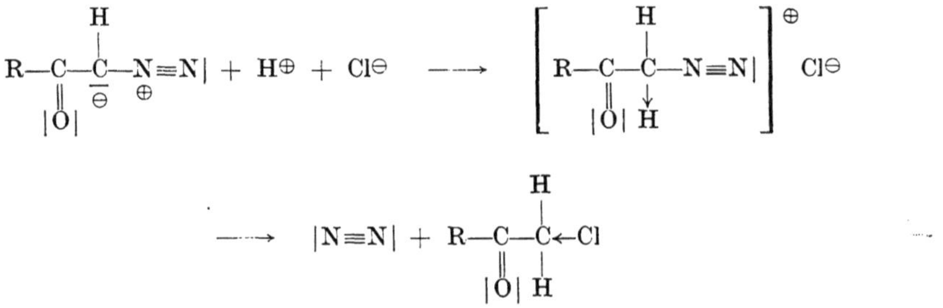

mit verdünnter H_2SO_4 ein *Ketol* und mit Eisessig dessen Ester. In schwach alkalischem Medium beginnt der Angriff des Reaktionspartners nucleophil an der Carbonylgruppe:

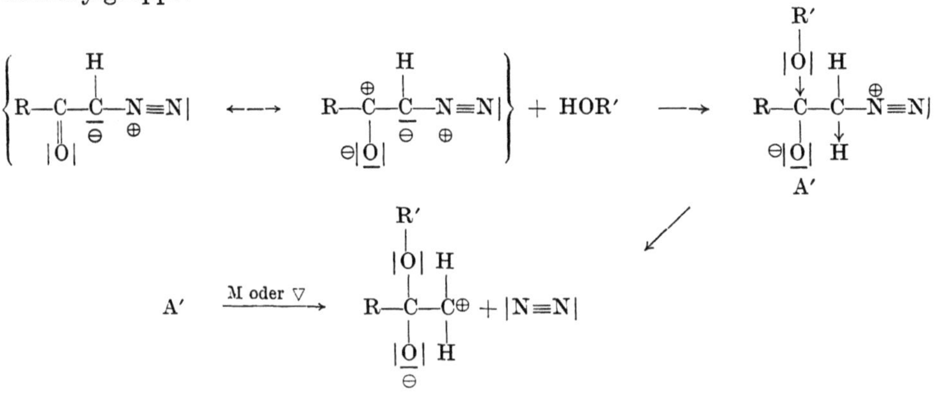

Das Produkt A′ spaltet in der Wärme oder unter der Einwirkung von fein verteilten Metallen N_2 ab und stabilisiert sich durch Anionenwanderung unter Bildung der *homologen Carbonsäure* bzw. deren Ester:

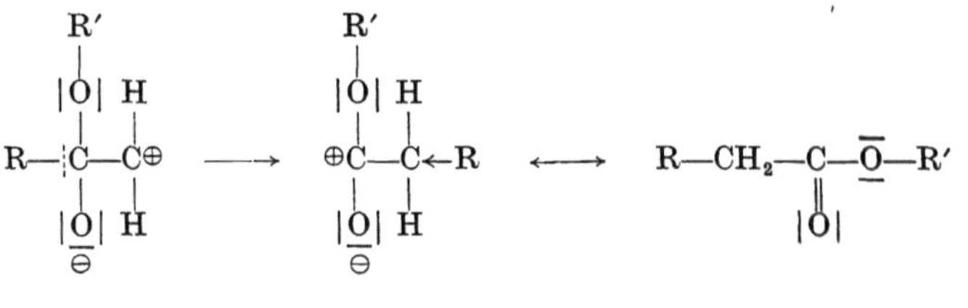

Man kann die Reaktion auch so formulieren, daß als Zwischenverbindung ein *Keten* angenommen wird[1]:

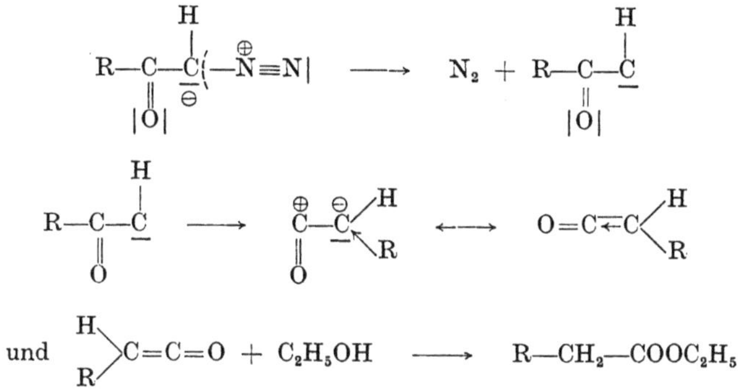

Durch Arbeiten mit dem schweren Kohlenstoffisotop ^{13}C:

$$C_6H_5-{}^{13}COOH \rightarrow C_6H_5-{}^{13}C(=O)Cl \rightarrow C_6H_5-{}^{13}C(=O)CHN_2 \rightarrow$$

$$N_2 + C_6H_5CH={}^{13}C=O \rightarrow C_6H_5CH_2{}^{13}COOH$$

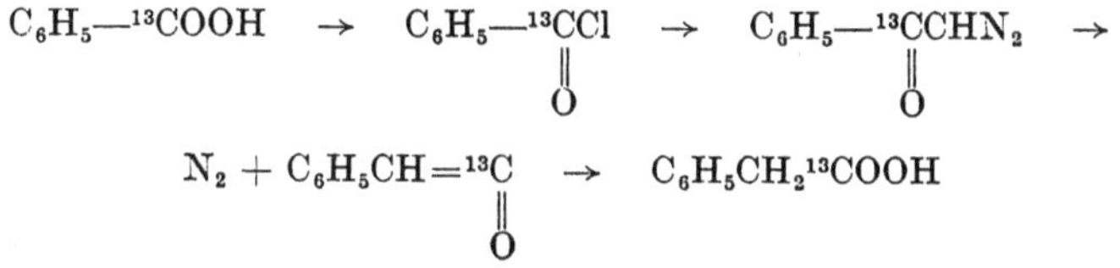

konnte dieser Mechanismus bezüglich der Reihenfolge der C-Atome bestätigt werden[2]. So entsteht z. B. aus *Phenylessigsäure* über das Säurechlorid mit Diazomethan der *Hydrozimtsäureester*:

$$C_6H_5CH_2COOH \rightarrow C_6H_5CH_2COCl$$

$$C_6H_5CH_2COCl + CH_2N_2 \rightarrow C_6H_5CH_2COCHN_2 \rightarrow C_6H_5CH_2CH_2COOC_2H_5$$

Nach F. ARNDT und B. EISTERT[3] liegt hier eine allgemein anwendbare Methode zur Überführung von Carbonsäuren in ihre höheren Homologen vor. Auch die Amide und die freien Homosäuren selbst lassen sich auf ähnliche Weise herstellen.

Die thermische N_2-Abspaltung führt zu einem Molekülrest, der sich entweder wie im Fall des Diazoessigesters dimerisiert oder wie beim Azibenzil in das isomere Keten (Diphenylketendarstellung) umlagert[4]:

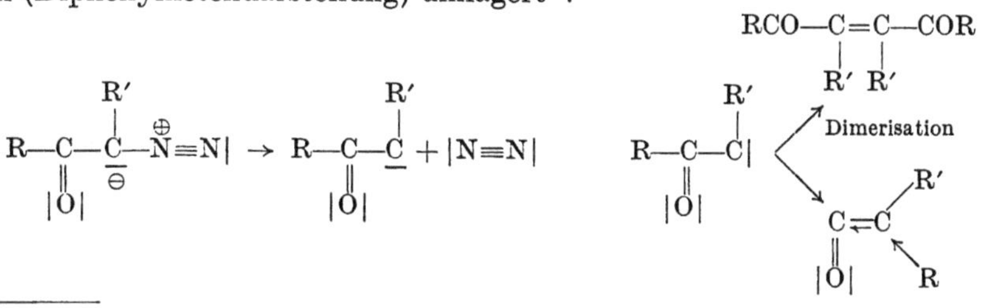

[1] SCHROETER, G.: Ber. dtsch. chem. Ges. **42**, 2346 (1909); **49**, 2704 (1916). — STAUDINGER, H., u. H. HIRZEL: Ber. dtsch. chem. Ges. **49**, 2522 (1916).

[2] HUGGET, C., R. T. ARNOLD u. T. J. TAYLOR: J. Amer. Chem. Soc. **64**, 3043 (1942).

[3] ARNDT, F., u. B. EISTERT: Ber. dtsch. chem. Ges. **68**, 200 (1935); **68**, 212 (1935). — EISTERT, B.: Ber. dtsch. chem. Ges. **68**, 208 (1935). — LANE, F., J. WILLENZ, A. WEISSBERGER u. E. S. WALLIS: J. organ. Chem. **5**, 276 (1940); **6**, 443 (1940).

[4] Weitere Einzelheiten siehe in den bereits zitierten Originalabhandlungen. In Analogie zu der Ketenbildung steht der CURTIUSsche Abbau von Aziden zu Isocyanaten bzw. Urethanen; vgl. S. 271.

Andere Verbindungen, die Carbonylgruppen enthalten, wie Säureester und Säureamide, reagieren infolge Behinderung des Carbonyls durch „innere" Mesomerie nicht mit Diazomethan[1]. Dagegen ist Diazomethan interessanterweise in der Lage, in ätherisch-methanolischer Lösung katalytisch eine Esterspaltung, vermutlich nach folgendem Mechanismus, zu bewirken[2]:

$$CH_3OH + \overset{\ominus}{C}H_2 - \overset{\oplus}{N} \equiv N| \rightarrow CH_3 - O - H \leftarrow |\overset{\ominus}{C}H_2\overset{\oplus}{N}_2$$
$$a$$

$$a + RCOOR' \rightarrow \begin{bmatrix} CH_3 - \overset{\oplus}{O} - H \leftarrow |\overset{\ominus}{C}H_2\overset{\oplus}{N}_2 \\ \downarrow \uparrow \\ R - C - O - R' \\ | \\ |\underline{O}|^{\ominus} \end{bmatrix} \begin{array}{l} \xrightarrow{R'=Alkyl} R'OH + CH_2N_2 + RCOOCH_3 \\ \\ \xrightarrow{R'=Aryl} R'OCH_3 + N_2 + RCOOCH_3 \end{array}$$

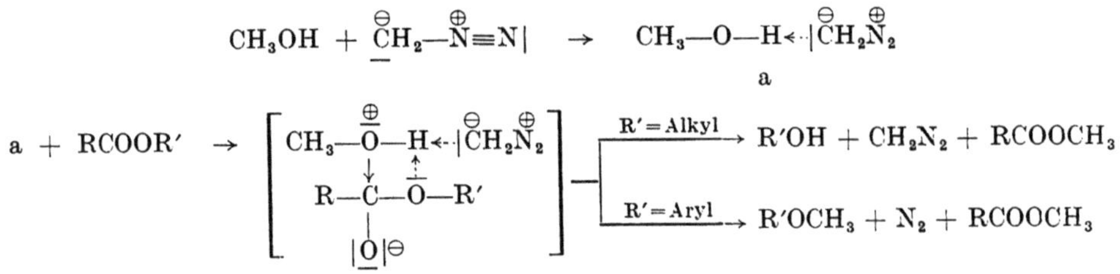

Sulfonylverbindungen treten nicht in Reaktion, weil die SO_2-Gruppe keine aufrichtbaren Doppelbindungen enthält. Aber Aminosäuren lassen sich mit Diazomethan zu Betainen methylieren[3].

Die in diesen Reaktionen zum Ausdruck kommende „Basizität" der Diazoalkane, also ihre Umsetzungen mit Lewis-Säuren (Antibasen), ist auch die Ursache für Reaktionen mit *aromatischen Diazoverbindungen*, z. B.[4]:

$$\left\{ O_2N - \underset{}{\bigcirc} - \overset{\ominus}{N} \equiv \overset{\oplus}{N} \leftrightarrow O_2N - \underset{}{\bigcirc} - \overset{}{\bar{N}} = \overset{\oplus}{\bar{N}} \right\} + |\overset{\ominus}{C}H_2 - \overset{\oplus}{N} \equiv N| \rightarrow$$

$$O_2N - \underset{}{\bigcirc} - \bar{N} = \bar{N} - CH_2 - \overset{\oplus}{N} \equiv N| \xrightarrow{-N_2} O_2N - \underset{}{\bigcirc} - \bar{N} = \bar{N} - \underset{\oplus}{CH_2} \xrightarrow{+Cl^{\ominus}}$$

$$O_2N - \underset{}{\bigcirc} - \bar{N} = \bar{N} - CH_2Cl \longrightarrow O_2N - \underset{}{\bigcirc} - \bar{N}H - \bar{N} = CH(Cl)$$

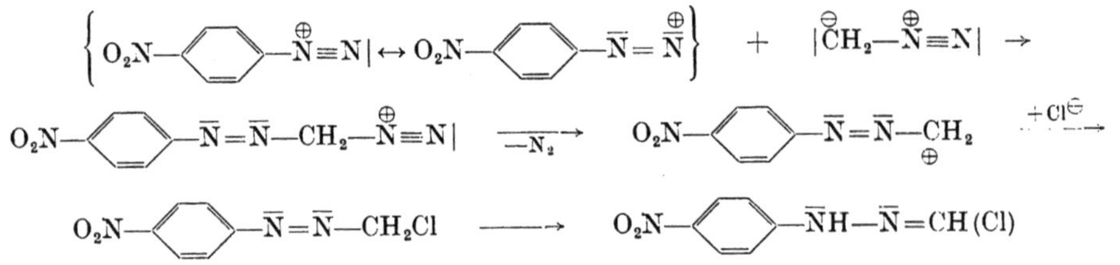

Je nach den Versuchsbedingungen entsteht ferner 1-(p-Nitrophenyl)-tetrazol:

$$\left[O_2N - \underset{}{\bigcirc} - \overset{\oplus}{N} \equiv N| \right] Cl^{\ominus} + \overset{\ominus}{\bar{N}} = \overset{\oplus}{\bar{N}} = CH_2 \rightarrow O_2N - \underset{}{\bigcirc} - \bar{N} = \bar{N} - \bar{N} = \bar{N} - \overset{\oplus}{C}H_2 \rightarrow$$

$$\xrightarrow{-H^{\oplus}} O_2N - \underset{}{\bigcirc} - \underset{N \diagdown N \diagup N}{\overset{N --- CH}{|}}$$

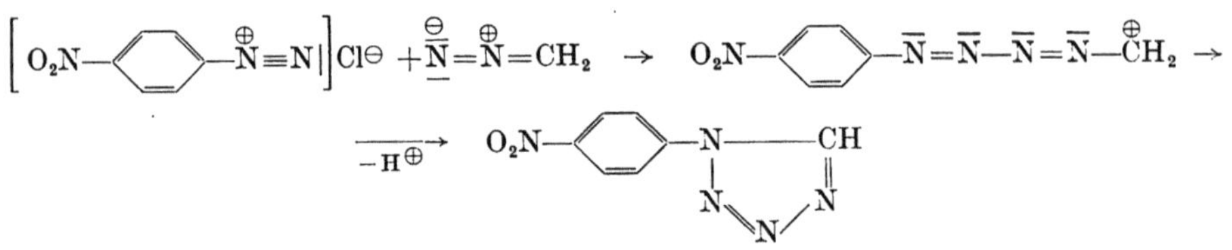

indem das Azeniatende des Diazomethans als nucleophiler Partner reagiert.

γ) Reaktionen des Diazomethans mit der C=C-Doppelbindung (Additionen)

Für die vielfach recht leicht erfolgenden Additionsreaktionen des Diazomethans an C=C-Doppelbindungen gibt es mehrere Reaktionswege, von denen einer über polare Grenzanordnungen führt. Es bildet sich ein *fünfgliedriger Heterocyclus*, mit —C=C— ein Pyrazolinderivat bzw. mit C≡C-Verbindungen

---

[1] Über die Umsetzung von Diazoäthan und Benzaldehyd, die zum Propiophenon führt, vgl. D. V. ADAMSON u. J. KENNER: J. Chem. Soc. (London) **1939**, 181.

[2] MEERWEIN, H., u. G. HINZ: Liebigs Ann. **484**, 1 (1930). — BREDERECK, H., R. SIEBER u. L. KAMPHENKEL: Angew. Chem. **67**, 347 (1955); dieselben: Chem. Ber. **89**, 1169 (1956): TH. WIELAND u. R. K. ROTHAUPT: Chem. Ber. **89**, 1176 (1956).

[3] BILTZ, H., u. H. PAETZOLD: Ber. dtsch. chem. Ges. **55**, 1066 (1922). — KUHN, R., u. W. BRYDOWNA: Ber. dtsch. chem. Ges. **70**, 1333 (1937). — KUHN R., u. H. W. RUELIUS, Chem. Ber. **83**, 420 (1950).

[4] HUISGEN, R., u. H. J. KOCH: Liebigs Ann. **591**, 200 (1955).

ein Pyrazol:

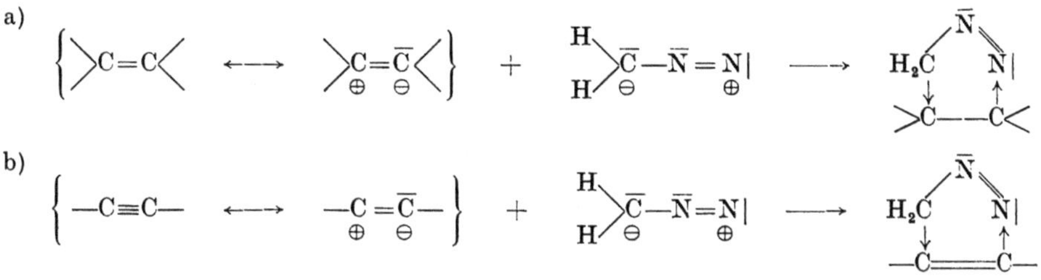

Dieser Reaktionsablauf sollte durch Stoffe, die auf die >C=C<-Doppelbindung polarisierend wirken, gefördert werden. Näheres ist hierüber nicht bekannt geworden. Grundsätzlich besteht als weitere Reaktionsmöglichkeit die eines radikalischen Reaktionsweges.

Die Additionen verlaufen mitunter so leicht, daß sogar aromatische „Doppelbindungen" mit CHN_2COOR oder mit Diazomethan reagieren. Bekannt ist die Reaktion des *Benzols* mit Diazoessigester, die unter energischen Bedingungen über das zwischendurch entstehende Pyrazolin zu einem Cyclopropanderivat, dem *Norcaradiencarbonsäureester*, unter N_2-Abspaltung führt[1]:

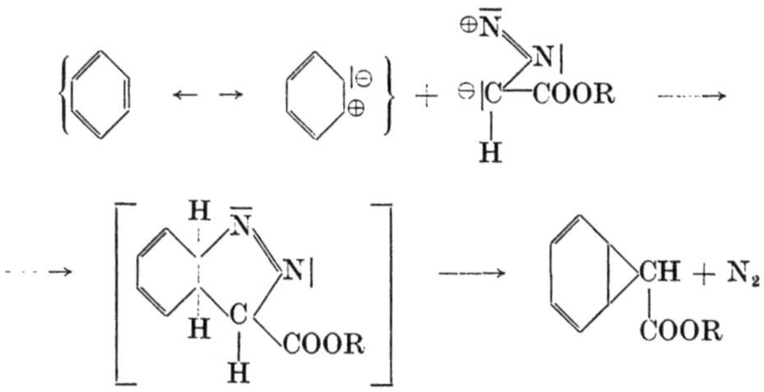

Daß sich bei diesen Anlagerungsreaktionen nicht aus der Formel II (S. 443) heraus ein „Diazonium-carbeniat-betain" bildet, sondern Formel III reagiert, dürfte seinen inneren Grund in der durch 5-Ring-bildung wesentlich erhöhten Stabilität des entstehenden Pyrazolinderivates haben[2]. Diazoessigester läßt sich mit aromatischen Kohlenwasserstoffen unter *Belichtung* schon bei Temperaturen unter 100°

[1] BUCHNER, E., u. T. CURTIUS: Ber. dtsch. chem. Ges. **18**, 2377 (1885). — BUCHNER, E., u. Mitarbb.: Ber. dtsch. chem. Ges. **34**, 982 (1901); **36**, 3509 (1903); Liebigs Ann. **358**, 1 (1908); **377**, 259 (1910). — G. O. SCHENCK u. H. ZIEGLER: Liebigs Ann. **584**, 221 (1953). — GRUNDMANN, C., u. G. OTTMANN: Liebigs Ann. **582**, 163, 174 (1953), Schwermetallspuren sind sorgfältig zu vermeiden. Der entstehende *Norcaradien-carbonsäureester* erleidet leicht Ringerweiterung zum Cycloheptatriencarbonsäureester. Mit geeigneten Verbindungen gelangt man so in die Azulen- wie auch Tropolon-Reihe:

[2] Bei anderen Diazoparaffinen, z. B. dem Diphenyldiazomethan, kommt es infolge der Anwesenheit der Phenylgruppen zur merklichen Ausbildung folgender elektromerer Grenzanordnungen, z. B.:

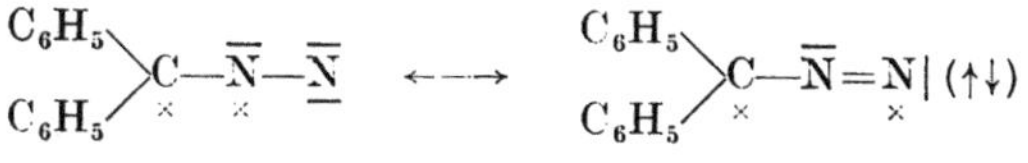

Hier tritt auch intensive Farbigkeit auf.

und ohne Arbeiten unter Überdruck ebenfalls zu Norcaradiencarbonsäureestern gut umsetzen[1]. Sogar das Diazomethan kann man auf photochemischem Wege[2] sehr gut und einfach, z. B. mit Benzol, in das *Cycloheptatrien* überführen, womit eine synthetische Möglichkeit zum Aufbau von Tropolonen (vgl. S. 331) gegeben ist[3].

δ) Diazomethan — Isodiazomethan, eine Tautomerie

Während Diazomethan mit *Grignardverbindungen* nach den Untersuchungen von H. STAUDINGER[4] und H. GILMAN[5] durch endständige Addition am Stickstoff unter Bildung substituierter Hydrazinderivate reagiert:

$$\left\{ \begin{array}{c} H \\ H \end{array} \!\!>\! \underline{\overline{C}} - \overline{\underline{N}} = \overline{\underline{N}} \;\; \longleftrightarrow \;\; \begin{array}{c} H \\ H \end{array} \!\!>\! C = \overline{\underline{N}} - \overline{\underline{N}} \right\} + R|^{\ominus} MgX^{\oplus} \longrightarrow$$

$$\left[\begin{array}{c} H \\ H \end{array} \!\!>\! C = \overline{\underline{N}} - \overline{\underline{N}} \leftarrow R \right]^{\ominus} MgX^{\oplus} \xrightarrow[(HOH)]{RMgX} \begin{array}{c} H \\ H \end{array} \!\!>\! \underset{\underset{R}{|}}{C} - \underset{\underset{H}{|}}{N} - \underset{\underset{H}{|}}{N} - R$$

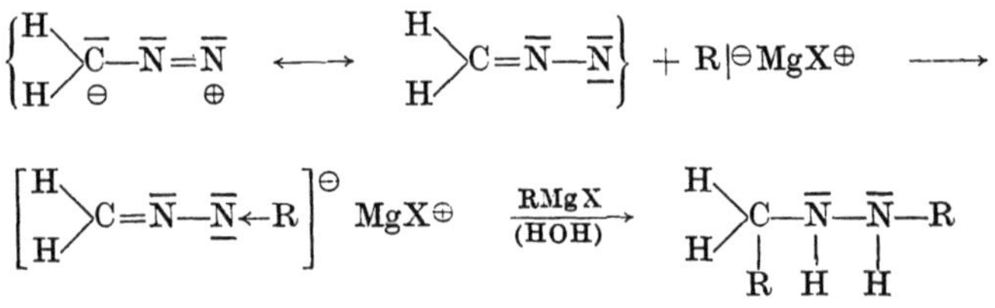

verläuft die Einwirkung von *alkalimetallorganischen* Verbindungen wie Tritylnatrium, Methyllithium oder Phenyllithium in ganz anderer Richtung. Man erhält einen explosiblen Niederschlag[6,7] der Formel $[CHN_2]M$ und Tritan bzw. Benzol oder Methan gemäß der Bruttogleichung:

$$CH_2N_2 + LiR \longrightarrow [CHN_2]Li + RH \quad (R = CH_3, (C_6H_5)_3C, C_6H_5)$$

Die Umsetzung mit Methyllithium verläuft unter quantitativer Methanbildung[7,8].

Setzt man aus der gebildeten neuen Metallverbindung die zugrunde liegende „Säure" in geeigneter Weise bei tiefen Temperaturen (—50°) in Freiheit, so erhält man eine schwach-gelbliche, leicht bewegliche Flüssigkeit, die sich beim Erwärmen auf Zimmertemperatur unter Stickstoffentwicklung explosionsartig zersetzt. Dem Stoff kommt nach seinen Eigenschaften die Konstitution eines isomeren Diazomethans:

$$H - C \equiv \overset{\oplus}{\underline{N}} - \overset{\ominus}{\underline{N}} - H \leftrightarrow H - \overset{\ominus}{\underline{C}} = \overset{\oplus}{\underline{N}} = \underline{N} - H \;\; \text{usw.}$$

zu. Dieses *Isodiazomethan* ist ein isosteres Analogon der Stickstoffwasserstoffsäure:

$$|N \equiv \overset{\oplus}{\underline{N}} - \overset{\ominus}{\underline{N}} - H \leftrightarrow \overset{\ominus}{\underline{N}} = \overset{\oplus}{\underline{N}} = N - H$$

---

[1] G. O. SCHENCK s. H. ZIEGLER: Dissertation Göttingen 1952, Endoperoxyde mit dem Kohlenstoffgerüst des Norcaradiens; s. a. HOUBEN-WEYL, Methoden der Organischen Chemie, 4. Aufl., Bd. IV/2, S. 799. Stuttgart: Georg Thieme 1955.

[2] Vgl. dazu S. 484.

[3] MEERWEIN, H. s. H. VAN DE VLOED: Dissertation Marburg 1946. — RINTELEN, H.: Dissertation Marburg 1951. — DOERING, W. v. E., u. L. H. KNOX: J. Amer. Chem. Soc. **72**, 2305 (1950); **73**, 828 (1951); **75**, 297 (1953).

[4] STAUDINGER, H.: Helvet. chim. Acta **2**, 619 (1919); **5**, 75 (1922).

[5] GILMAN, H.: J. organ. Chem. **3**, 99 (1938).

[6] MÜLLER, EUGEN, u. H. DISSELHOFF: Liebigs Ann. **512**, 250 (1934). — MÜLLER, EUGEN, u. W. KREUTZMANN, Liebigs Ann. **512**, 264 (1934).

[7] MÜLLER, EUGEN, u. D. LUDSTECK: Chem. Ber. **87**, 1887 (1954).

[8] MÜLLER, EUGEN, u. W. RUNDEL: Chem. Ber. **88**, 917 (1955).

Mit *Hydroxylanionen* läßt sich das Isodiazomethan sofort und quantitativ in das normale Diazomethan umwandeln, mit *Wasser* bzw. *Säuren* findet die Bildung von Formylhydrazin bzw. N-Formyl-N'-acyl-hydrazinen statt:

$$\{H-C\equiv N-\overline{\underline{N}}-H \leftrightarrow H-\underline{C}=N=\underline{N}-H\}$$

$(+ \text{OH}^{\ominus})\quad -\text{H}^{\oplus} \qquad \text{HOH, HOAc}$

$$[H-\underline{C}=N=\overline{\underline{N}}]^{\ominus} \qquad \begin{bmatrix} H-\overset{\oplus}{C}=\overline{N}-\overset{\ominus}{\underline{N}}-H \\ H-\underline{O} \longrightarrow H(Ac) \end{bmatrix}$$

$\downarrow +\text{H}^{\oplus}$

$$\begin{matrix} H \\ H \end{matrix}\!\!\!\!>\!\!C=N=\overline{\underline{N}} \atop \oplus\quad\ominus$$

$$H-C=\overline{\underline{N}}-\overline{\underline{N}}\!\!<\!\!\begin{matrix}H\\H(Ac)\end{matrix} \quad \leftrightharpoons \quad \begin{matrix}H\\H\end{matrix}\!\!>\!\!C-NH-N\!\!<\!\!\begin{matrix}H\\H(Ac)\end{matrix}$$
$H-\underline{O}| \qquad\qquad\qquad\qquad \overset{\|}{O}$

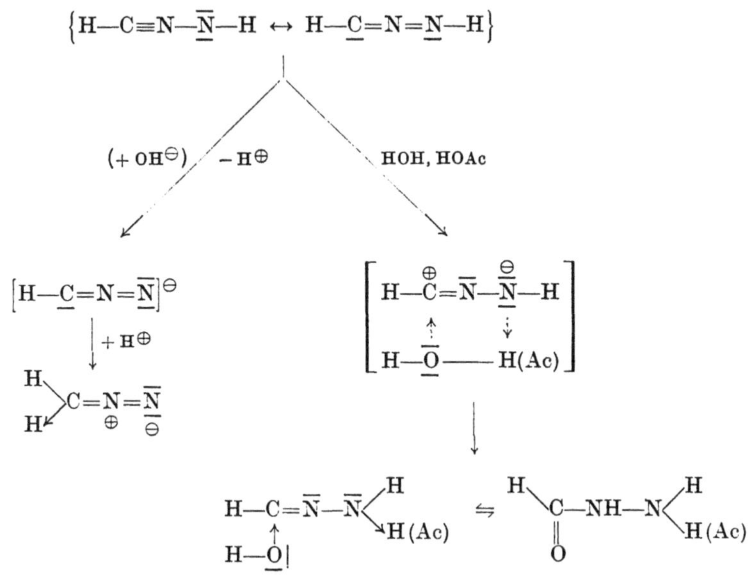

Da auch die eingehende Untersuchung der Rotationsschwingungsbanden des Diazomethans von J. M. MILLS und H. W. THOMPSON[1] für die Anwesenheit geringer Mengen Isodiazomethan im normalen Diazomethan spricht, dürfte die Bildung des Diazomethyllithiums wohl eher über das isomere als das normale Diazomethan erfolgen. Das *Tautomeriegleichgewicht*:

$$H_2C=\overset{\oplus}{N}=\overset{\ominus}{\underline{N}} \leftrightharpoons HC\equiv\overset{\oplus}{N}-\overset{\ominus}{\underline{N}}-H$$

liegt normalerweise ganz überwiegend auf der linken Seite, kann sich aber offensichtlich so rasch einstellen, daß mit alkalimetallorganischen Verbindungen die isomere und acidere Isoform reagiert. Das Diazomethylanion:

$$\left[H-\overset{\ominus}{\underline{C}}=\overset{\oplus}{N}=\overset{\ominus}{\underline{N}}\right]$$

übernimmt bei Protonenzufuhr bevorzugt das Proton am Stickstoffatom, wenn man katalytische Beeinflussungen ausschaltet. Aber nicht nur Protonen werden bevorzugt am endständigen N-Atom aufgenommen, sondern die nucleophile Reaktivität dieses N-Atoms zeigt sich auch in Umsetzungen mit Verbindungen, die eine polarisierbare *Carbonylgruppe* oder *Nitrilgruppe* (Carbeniumkohlenstoff!) enthalten[2]. Dabei entstehen schließlich, z. B. bei der Umsetzung mit Benzoylbromid oder Benzonitril nach einer Elektronenumgruppierung des Zwischenproduktes Phenyl-oxdiazol bzw. -triazol, die als quasiaromatische

---
[1] MILLS, J. M., u. H. W. THOMPSON: Trans. Faraday Soc. **50**, 1270 (1954).
[2] MÜLLER, EUGEN, u. D. LUDSTECK: Chem. Ber. **88**, 921 (1955).

Systeme die größte Bildungstendenz besitzen:

$$\begin{array}{c}\mathrm{R}\\ \mathrm{X}\end{array}\!\!\mathrm{C}=\overline{\underline{\mathrm{Y}}} \leftrightarrow \begin{array}{c}\mathrm{R}\\ \mathrm{X}\end{array}\!\!\overset{\oplus}{\mathrm{C}}-\overline{\underline{\underline{\mathrm{Y}}}}|^{\ominus}$$

X = C$_6$H$_5$, OC$_2$H$_5$, Br
Y = O

$$\mathrm{R}-\mathrm{C}\equiv\mathrm{Y} \leftrightarrow \mathrm{R}-\overset{\oplus}{\mathrm{C}}=\overline{\underline{\mathrm{Y}}}{}^{\ominus}$$

Y = N

$+\ |\overset{\ominus}{\underline{\mathrm{N}}}=\overset{\oplus}{\mathrm{N}}=\overset{\ominus}{\mathrm{C}}-\mathrm{H}$ ⟶

$$\begin{array}{c}\mathrm{R}\\ \mathrm{X}\end{array}\!\!\mathrm{C}\!\!\begin{array}{c}\overline{\mathrm{N}}=\overset{\oplus}{\mathrm{N}}=\overset{\ominus}{\mathrm{C}}-\mathrm{H}\\ \underline{\underline{\mathrm{Y}}}{}^{\ominus}\end{array} \rightarrow \begin{array}{c}\mathrm{R}\\ \mathrm{X}\end{array}\!\!\mathrm{C}\!\!\begin{array}{c}\overline{\underline{\mathrm{N}}}-\overline{\mathrm{N}}\\ ||\\ \underline{\underline{\mathrm{Y}}}-\mathrm{CH}\end{array}$$

X = C$_6$H$_5$
Y = O

bzw.

$$\begin{array}{c}\mathrm{R}\\ \end{array}\!\!\mathrm{C}\!\!\begin{array}{c}\overline{\mathrm{N}}=\overset{\oplus}{\mathrm{N}}=\overset{\ominus}{\mathrm{C}}\mathrm{H}\\ \underline{\underline{\mathrm{Y}}}|^{\ominus}\end{array} \rightarrow \mathrm{R}-\mathrm{C}\!\!\begin{array}{c}\overline{\underline{\mathrm{N}}}-\mathrm{N}|\\ ||\\ \underline{\underline{\mathrm{Y}}}-\mathrm{CH}\end{array}$$

Y = N   Y = O, NH

$\downarrow -\mathrm{X}^{\ominus}$

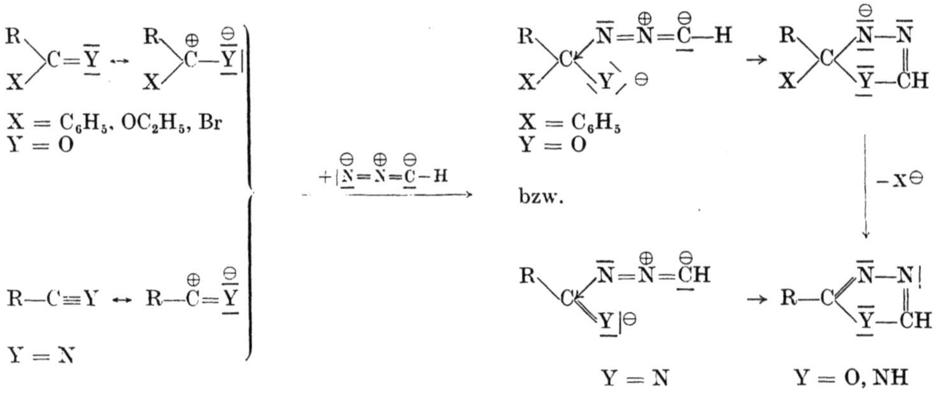

Die mit Ketonen intermediär entstehenden Oxdiazolinringe sind dagegen instabil und spalten Cyanatanionen unter Bildung von *Ketimiden* ab:

$$\begin{array}{c}\mathrm{R}\\ \mathrm{Y}\end{array}\!\!\mathrm{C}\!\!\begin{array}{c}\overset{\ominus}{\mathrm{N}}-\overline{\mathrm{N}}\\ ||\\ \overline{\mathrm{X}}-\mathrm{CH}\end{array} \longrightarrow \begin{array}{c}\mathrm{R}\\ \mathrm{Y}\end{array}\!\!\mathrm{C}=\overline{\mathrm{N}}-\mathrm{H} + \left[\overset{\ominus}{\underline{\mathrm{N}}}=\overset{\oplus}{\mathrm{C}}=\overset{\ominus}{\underline{\mathrm{X}}}\right]$$

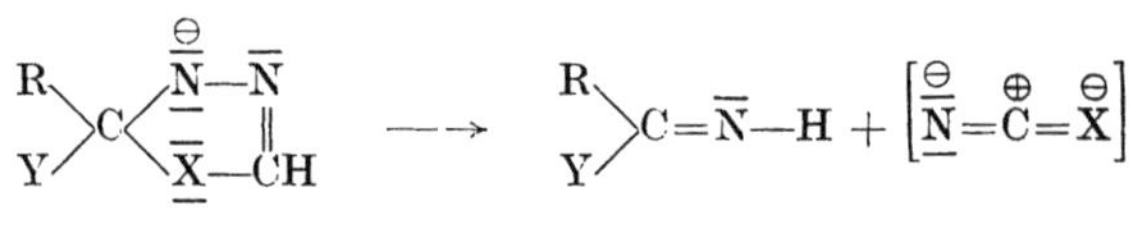

Y = C$_6$H$_5$, X = O

Das Diazomethylanion selbst ist isoster mit dem Azidanion, aber auch z. B. mit dem Cyanatanion:

$$\overset{\ominus}{\underline{\mathrm{N}}}=\overset{\oplus}{\mathrm{N}}=\overset{\ominus}{\underline{\mathrm{C}}}-\mathrm{H} \leftrightarrow \mathrm{H}-\mathrm{C}\equiv\overset{\oplus}{\mathrm{N}}-\overset{2\ominus}{\underline{\mathrm{N}}}|$$

$$\overset{\ominus}{\underline{\mathrm{N}}}=\overset{\oplus}{\mathrm{N}}=\overset{\ominus}{\underline{\mathrm{N}}} \leftrightarrow |\mathrm{N}\equiv\overset{\oplus}{\mathrm{N}}-\overset{2\ominus}{\underline{\mathrm{N}}}|$$

$$\overset{\ominus}{\underline{\mathrm{N}}}=\mathrm{C}=\overline{\underline{\mathrm{O}}}| \leftrightarrow |\mathrm{N}\equiv\mathrm{C}-\overline{\underline{\mathrm{O}}}|^{\ominus}$$

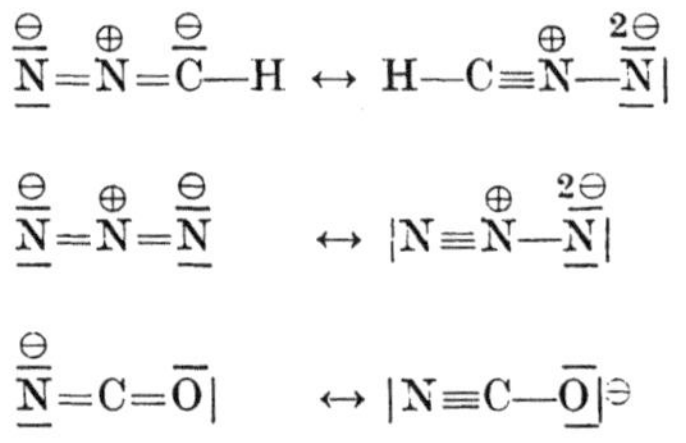

Die Tautomerieverhältnisse beim Diazo-Isodiazomethan bzw. die Mesomerie ihrer Anionen erinnern an ähnliche Erscheinungen bei der Cyan- bzw. Thiocyansäure, dem Cyanamid und schließlich auch bei der Blausäure. Bei der Deutung des reaktiven Verhaltens von aliphatischen Diazoverbindungen wird man mit der Möglichkeit des Vorliegens einer Tautomerie rechnen müssen[1].

Nach dem Ergebnis der Umsetzungen von Diazomethan mit alkalimetallorganischen Verbindungen kann man annehmen, daß auch die STAUDINGERsche Diazomethansynthese[2] aus Chloroform und Hydrazin in Gegenwart von Alkali über das Isodiazomethan als Zwischenstufe verläuft:

$$\begin{array}{c}\mathrm{H}\\ \mathrm{Cl}\end{array}\!\!\mathrm{C}\!\!\begin{array}{c}\mathrm{Cl}\\ \mathrm{Cl}\end{array} + \mathrm{H}_2\mathrm{N}-\mathrm{NH}_2 \xrightarrow{-2\mathrm{HCl}} \begin{array}{c}\mathrm{H}\\ \mathrm{Cl}\end{array}\!\!\mathrm{C}=\mathrm{N}-\mathrm{N}\!\!\begin{array}{c}\mathrm{H}\\ \mathrm{H}\end{array} \xrightarrow{-\mathrm{HCl}}$$

$$\mathrm{H}-\mathrm{C}\equiv\mathrm{N}-\overline{\underline{\mathrm{N}}}-\mathrm{H} \xrightarrow{\mathrm{OH}^{\ominus}} \mathrm{H}_2\mathrm{C}=\mathrm{N}=\overline{\underline{\mathrm{N}}}$$

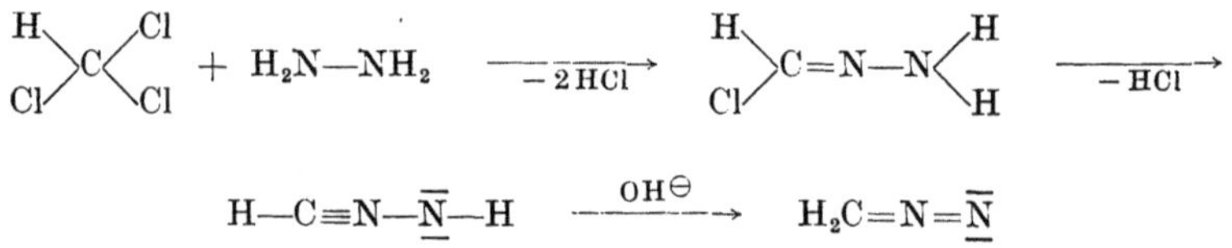

[1] Vgl. hierzu R. HUISGEN u. H. J. KOCH: Liebigs Ann. **591**, 200 (1955).
[2] STAUDINGER, H., u. O. KUPFER: Ber. dtsch. chem. Ges. **45**, 505 (1912).

2. Azide
a) Konstitution

Das Problem der Konstitution der Azide, RN_3, ist eng verwandt mit dem der Diazoparaffine. Für die Azide nahm T. CURTIUS eine *Ringformel*:

$$R-N\begin{pmatrix}N\\ \parallel \\ N\end{pmatrix}$$

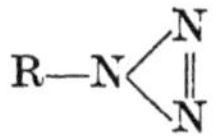

an, die später von A. ANGELI und von J. THIELE durch die Annahme einer *kettenförmigen* Atomanordnung ersetzt wurde:

$$R-N=N\equiv N$$

Da die „5. Valenz" des Stickstoffs wieder eine Ionenbeziehung ist, gehen die alten Formeln von CURTIUS-ANGELI-THIELE entsprechend den Formulierungen der Diazoparaffine in die folgenden *elektromeren Grenzformeln* der Elektronen-Schreibweise über:

$$R-\overline{N}=N=\overline{N} \leftrightarrow R-\overline{N}-N\equiv N| \leftrightarrow R-\overline{\overline{N}}-\overline{N}=\overline{N}$$
$$\leftrightarrow R-\overline{\overline{N}}-\overline{N}=\overline{N} \leftrightarrow R-\overline{N}=N=\overline{\overline{N}} \quad (\uparrow\downarrow)$$

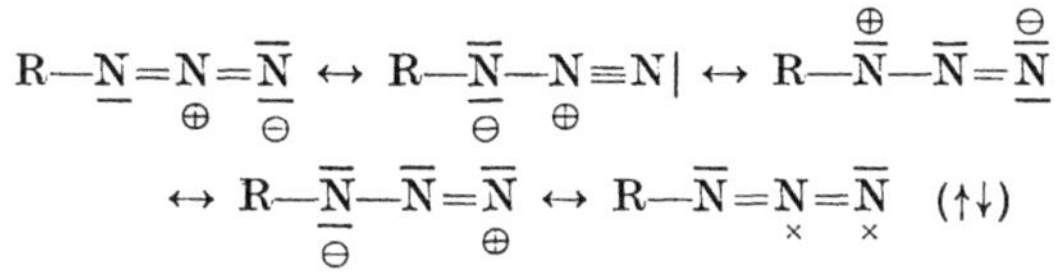

Als einen Beweis für die kettenförmige Atomanordnung der N-Atome in den Aziden ist das Ergebnis der Elektronenbeugung des Methylazids anzusehen[1]. Die Lage der einzelnen Atome und der gegenseitige Abstand ist aus der folgenden Formel ersichtlich:

$$H_3C\underset{1,47}{\diagdown}\overset{N-N-N}{\underset{1,26\ \ 1,10\text{ Å}}{}}$$

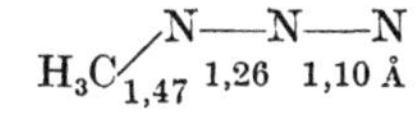

Zum gleichen Ergebnis führt die Röntgenstrukturanalyse von Kristallen des *Cyanursäuretriazids*[2]:

$$N_3-C\begin{pmatrix}N-C\diagdown N_3 \\ \parallel \\ N=C\diagdown N_3\end{pmatrix}$$

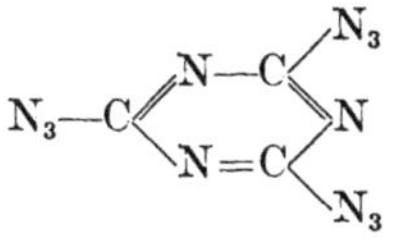

aus der die gestreckte Atomanordnung der N_3-Gruppe mit fast den gleichen Atomabständen wie bei der Elektronenbeugung des CH_3N_3 hervorgeht. Die N_3-Gruppe stellt daher ebenso wie die N_2-Gruppe in den aliphatischen Diazoverbindungen ein mesomeres Bindungssystem dar. In Übereinstimmung hiermit ist das *Dipolmoment* der N_3-Gruppe recht klein, denn je zwei der oben angegebenen elektromeren Formeln besitzen ein entgegengesetzt gerichtetes Moment. Schließlich lassen die *Verbrennungswärmen* der Azide in erster Näherung den Schluß zu, daß der im Verhältnis zum berechneten um 20 kcal zu klein gefundene Wert eine durch Mesomerie hervorgebrachte Stabilisierung des Moleküls unter Verminderung seines Energieinhaltes anzeigt. Neuerdings ist das Problem der Konstitution der Azide noch einmal von K. CLUSIUS in folgender Weise bearbeitet worden. In der Ringformel sind im Gegensatz zur offenen Formel die beiden N-Atome (2 und 3) sterisch und energetisch gleichwertig:

$$R-\underset{1}{N}\begin{pmatrix}N_2\\ \parallel \\ N_3\end{pmatrix} \quad R-\underset{1}{\overline{N}}=\overset{\oplus}{\underset{2}{N}}=\overset{\ominus}{\underset{3}{\overline{N}}} \quad \text{usw.}$$

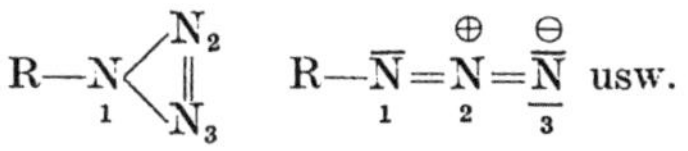

[1] BROCKWAY, L. O., u. L. PAULING: Proc. Nat. Acad. Sci. USA. **19**, 860 (1933). Auch der Ramaneffekt des Methylazids führt zur Bestätigung der offenen, gestreckten Formel, K. W. F. KOHLRAUSCH u. Mitarbb.: Z. physik. Chem. B **39**, 431 (1938).

[2] KNAGGS, J. E.: Proc. Roy. Soc. (London) A **150**, 576 (1935). — HUGHES, E. D.: J. Chem. Phys. **3**, 1 (1935).

Es wird nun Phenylhydrazin mit $H^{15}NO_2$ zum Phenylazid umgesetzt und dieses anschließend mittels C_6H_5MgBr in das Diazoaminobenzol übergeführt, das schließlich reduktiv in Anilin und Ammoniak gespalten wird. Liegt die cyclische Formel im Azid vor, so müßte bei der Umsetzung mit C_6H_5MgBr erst der Ring geöffnet und den funktionell gleichwertigen N-Atomen 2 und 3 ihr Platz im Diazoaminobenzol zugewiesen werden, wogegen in der Kettenformel die Plätze schon festgelegt sind. Daher muß man endlich eine verschiedene *Isotopenverteilung* der ^{15}N im Anilin und NH_3 erhalten, je nachdem, welche Konstitution (Ring oder Kette) im Ausgangsstoff vorliegt:

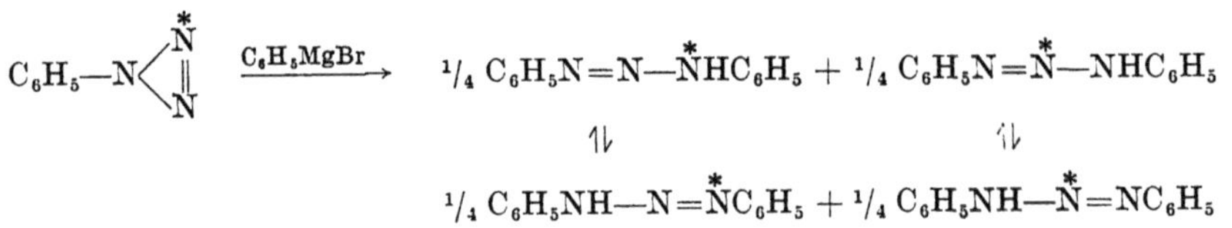

$$C_6H_5-N\underset{N}{\overset{\overset{*}{N}}{\underset{\|}{<}}} \xrightarrow{C_6H_5MgBr} {}^1\!/_4\, C_6H_5N=N-\overset{*}{N}HC_6H_5 + {}^1\!/_4\, C_6H_5N=\overset{*}{N}-NHC_6H_5$$
$$\Updownarrow \qquad\qquad\qquad \Updownarrow$$
$${}^1\!/_4\, C_6H_5NH-N=\overset{*}{N}C_6H_5 + {}^1\!/_4\, C_6H_5NH-\overset{*}{N}=NC_6H_5$$

und

$$C_6H_5-\overset{\oplus}{N}=N=\overset{\ominus}{\underset{*}{N}} \xrightarrow{C_6H_5MgBr} {}^1\!/_2\, C_6H_5N=N-\overset{*}{N}HC_6H_5 + {}^1\!/_2\, C_6H_5NH-N=\overset{*}{N}C_6H_5$$

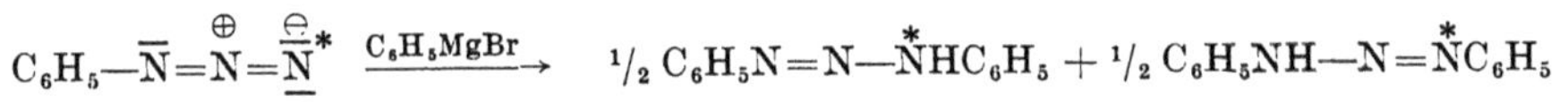

Bei der Verteilung ist die „Tautomerie" der Diazoaminoverbindung berücksichtigt. Die Isotopenanalysen ergeben, daß nur eine *lineare* Konstitution mit dem Versuchsergebnis in Einklang zu bringen ist[1]. Interessanterweise findet CLUSIUS bei der Bildungsreaktion des Azids aus $C_6H_5NHNH_2$ und $H^{15}NO_2$ kleine Mengen von $R-N=^{15}N=N$. Daraus wird geschlossen, daß neben dem üblichen Reaktionsweg noch ein anderer Mechanismus eine Rolle spielt:

$$C_6H_5-NH-NH_2 \xrightarrow{H^{15}NO_2} \begin{matrix} [C_6H_5-NH-NH-{}^{15}NO] \longrightarrow C_6H_5-N=N={}^{15}N \\ \begin{bmatrix} C_6H_5-N-NH_2 \\ | \\ {}^{15}NO \end{bmatrix} \dashrightarrow C_6H_5-N=\overset{15}{N}=N \end{matrix}$$

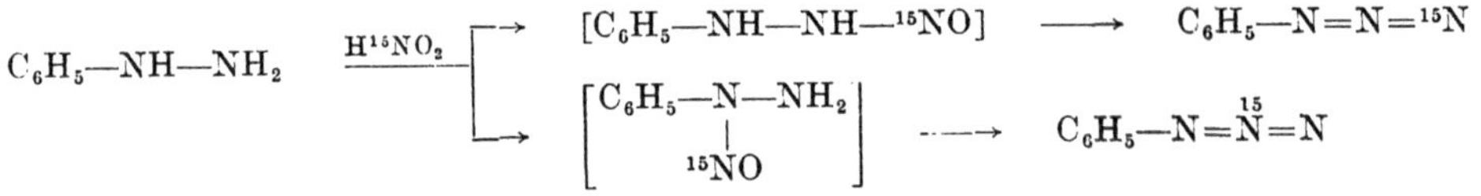

Dieses Ergebnis zeigt, wie schwierig es ist, selbst bei so lange bekannten Reaktionen etwas Sicheres über den feineren Ablauf des Reaktionsgeschehens auszusagen.

Die Stickstoffwasserstoffsäure ist eine wesentlich stärkere *Säure* (p_H 4,67) als das Isodiazomethan, da hier anstelle der verhältnismäßig indifferenten $HC\equiv$ Gruppe eine $|N\equiv$ Gruppe einen stärkeren induktiven und mesomeren elektronensaugenden Effekt auf die endständige N–H-Bindung ausübt, und damit bei der Stickstoffwasserstoffsäure eine höhere Protonenbeweglichkeit hervorgerufen wird.

Die an den leicht rein darstellbaren anorganischen Aziden, z. B. KN_3, mittels Röntgenstrahlen[2] durchgeführte Strukturermittlung des *Azid-Ions* $N_3^\ominus$ sowie die Ergebnisse der RAMAN-Spektren[3] bestätigen den linearen Aufbau der N_3-Gruppe. In dem Azid-Ion ist folgende *Mesomerie* anzunehmen (Synionie, vgl. S. 236):

$$[|\overline{N}-N\equiv N|]^\ominus \longleftrightarrow [\overline{N}=N=\overline{N}]^\ominus \qquad \text{B ist symmetrisch}$$
$$\text{A} \qquad\qquad \text{B}$$

---

[1] CLUSIUS, K., u. H. R. WEISSER: Helvet. chim. Acta **35**, 1548 (1952). — CLUSIUS, K.: Angew. Chem. **66**, 497 (1954).
[2] HENDRICKS, S. B., u. L. PAULING: J. Amer. Chem. Soc. **47**, 2904 (1925).
[3] KOHLRAUSCH, K. W. F., u. Mitarbb.: Z. physik. Chem. B **39**, 431 (1938). — LANGSETH, A., u. J. R. NIELSEN: Physic. Rev. **44**, 326 (1933).

Da die N_3-Gruppe sich vielfach wie Chlor verhält, wird sie auch als ein *Pseudohalogen* betrachtet. Das Problem der Konstitution der Azide, ebenso wie das der Diazoparaffine, findet somit in der Elektronentheorie eine allen Versuchsdaten gerechtwerdende Lösung. Gerade die bei diesen Stoffklassen früher aufgetretenen Schwierigkeiten der Formulierung werden uns heute verständlich, gehören zu diesen beiden Verbindungstypen doch ausgeprägt mesomere Systeme, für die eine einzige Formel nicht zur Beschreibung der Konstitution ausreichend ist.

b) Reaktives Verhalten

Gegen *thermische* Einflüsse sind die Azide ebenso wie die Diazoparaffine empfindlich. Sie zersetzen sich daher beim Erwärmen vielfach explosionsartig. Im Verhalten gegen *Alkalien* kommt der Pseudohalogencharakter der Azidogruppe zum Ausdruck. Während z. B. Phenylazid gegen Alkalien recht beständig ist, wird 2,4-Dinitrophenylazid leicht in 2,4-Dinitrophenol und N_3H gespalten in Analogie zu dem Verhalten der entsprechenden Chlorverbindungen.

Mit *Säuren*, z. B. HCl, findet beim Erwärmen Reaktion statt, die im Falle des Phenylazids zu o- bzw. p-Chloranilin führt[1]. Diese Reaktion läßt sich entsprechend der Umsetzung der Diazoparaffine wie folgt wiedergeben:

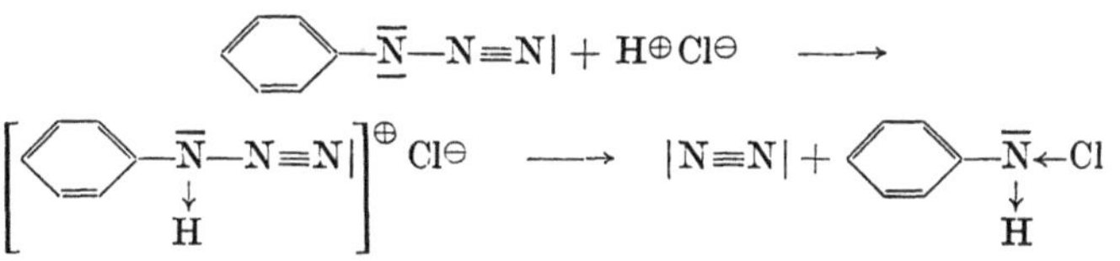

Das entstehende N-Chloranilin lagert sich, wie auf S. 403 auseinandergesetzt, unter dem Einfluß von Säuren in ortho- bzw. para-Chloranilin um. Daneben ist auch eine direkte Einwirkung möglich.

α) Reaktionen von N_3H mit Carbonylverbindungen (K. F. SCHMIDTsche Reaktion)

Die Umsetzungen der freien Stickstoffwasserstoffsäure mit Carbonylverbindungen führen im Falle von Ketonen zu *Amiden*, mit Säuren zu *Aminen*[2]. Auch hier läßt sich ein dem Diazomethan analoges Verhalten der N_3H feststellen. In die aufgerichtete Carbonylgruppe wird das einsame N-Elektronenpaar eingelagert. Das entstehende Additionsprodukt A ist ein „Diazoniumbetain", das unter N_2-Abspaltung einen Molekülrumpf B hinterläßt:

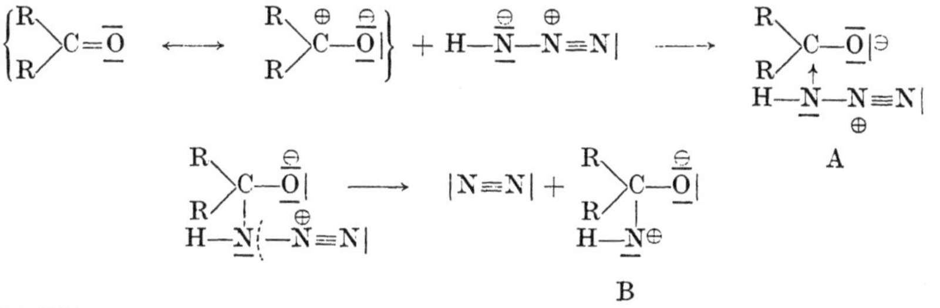

[1] Die Art der aus Arylaziden entstehenden Produkte hängt sehr vom Lösungsmittel und der angewandten Säure ab. Vgl. hierzu E. BAMBERGER: Liebigs Ann. **424**, 233 (1921); **443**, 192 (1925).

[2] SCHMIDT, K. F.: Ber. dtsch. chem. Ges. **57**, 704 (1924). — WOLF, H.: Org. Reactions **3**, 307 (1946). — BRAUN, J. v.: Liebigs Ann. **490**, 125 (1931). — 1-Apocamphancarbonsäure liefert mit N_3H in 94%iger Ausbeute 1-Apocamphylamin, D. N. KURSANOV u. S. V. VITT: Ž. obšč. Chim. **25**, 2509 (1955).

Der Molekülrest B stabilisiert sich durch Ablösung von R als Anion und Auffüllung der Oktettlücke des N-Atoms[1]:

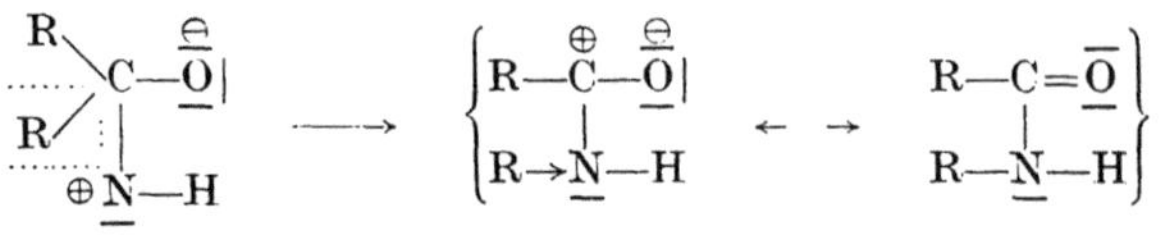

Diese Umlagerung entspricht der Bildung von homologen Aldehyden bei der Reaktion von RCHO-Verbindungen mit Diazomethan. Die Tendenz zur Rückbildung der Carbonylgruppe ist so stark, daß ringförmige Ketone eine *Ringerweiterung* erleiden[2]:

$$(CH_2)_n\!\!-\!\!CO \xrightarrow{N_3H} (CH_2)_n\begin{array}{c}CO\\|\\N-H\end{array}$$

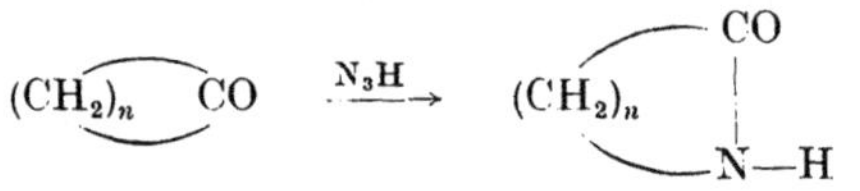

Mit überschüssiger N_3H entstehen leicht *Tetrazole*, z. B. aus Cyclohexanon das Pentamethylentetrazol (Cardiazol):

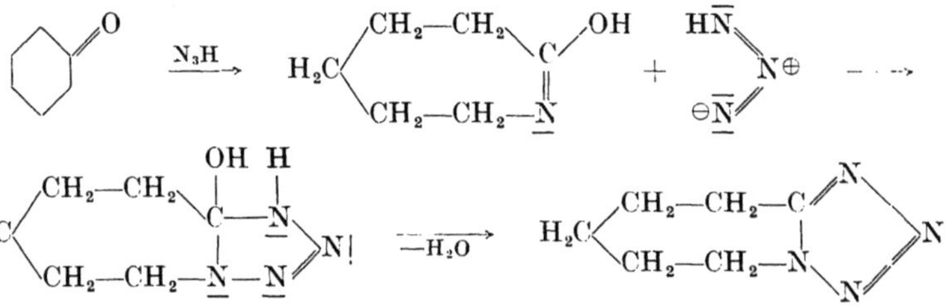

Mit Carbonsäuren führt die Reaktion analog, wie schon auf S. 272 kurz dargelegt wurde, über folgende Zwischenstufen:

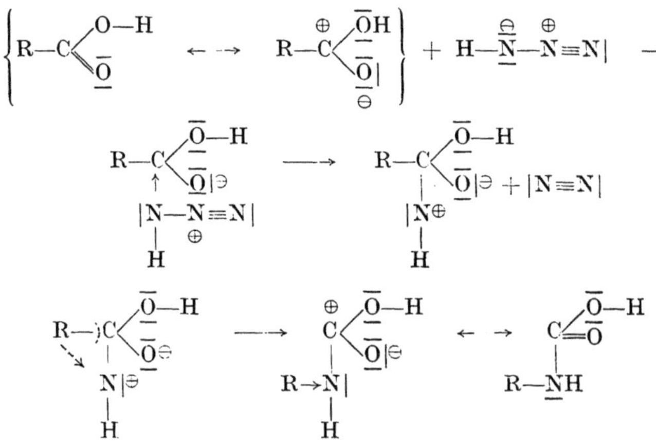

Die Verbindung:

$$R\!-\!\underset{H}{N}\!-\!\underset{\underset{O}{\|}}{C}\!-\!OH$$

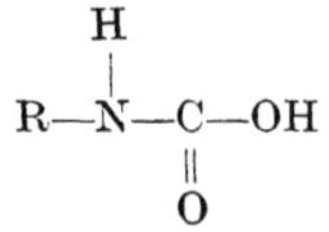

[1] In entsprechender Weise läßt sich auch die Anilinbildung aus Benzol, N_3H und konz. H_2SO_4 erklären; vgl. ferner M. S. NEWMAN, H. L. GILDENBORN u. P. A. S. SMITH: J. Amer. Chem. Soc. **70**, 317, 320 (1948).

[2] SCHMIDT, K. F.: Ber. dtsch. chem. Ges. **57**, 704 (1924). — HUISGEN, R., I. UGI, H. BRADE u. E. RAUENBUSCH: Liebigs Ann. **586**, 30, 32 (1954). — Übersicht s. V. FRANZEN u. H. KRAUCH: Chem.-Ztg. **79**, 738 (1955).

ist als Carbaminsäure unbeständig und zerfällt in CO_2+RNH_2, die Endprodukte dieser Reaktion. Die für die Umwandlung der Carbonsäuren hier in der ersten Auflage erstmalig gegebene Deutung erscheint sinnvoller als die hypothetische Annahme des durch Zersetzung aus N_3H entstehenden NH-Radikals, dessen eigentümliche Reaktionsweise unverständlich bleibt.

Für die Richtigkeit der hier vorgetragenen Reaktionsweise sprechen auch die präparativen Bedingungen der Reaktion: Anwendung von $N_3H+H_2SO_4$ konz. und indifferentem Medium.

Bei der Einwirkung von *Säurechloriden* auf NaN_3 erfolgt die Stabilisierung des Säureazids unter NaCl-Austritt, ganz in Analogie zu der Diazoketonbildung aus $CH_2N_2+RCOCl$[1]. Die Weiterzersetzung der Säureazide führt hier zum *Isocyanat* bzw. bei den Diazoketonen zum *Keten*[2] (vgl. S. 271, 449):

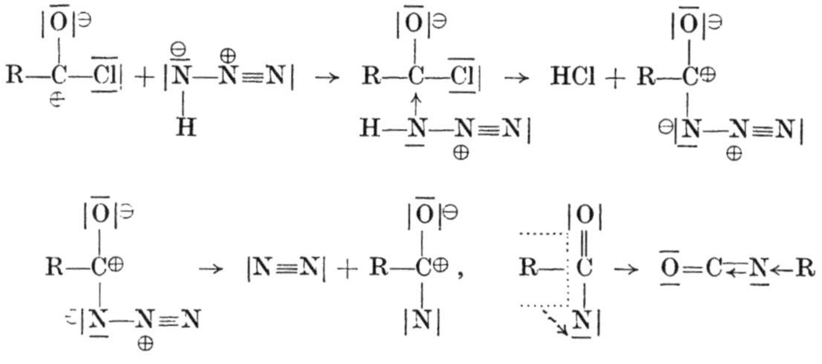

β) Reaktionen der Azide mit der C=C-Doppelbindung (Additionen)

Durch Addition der Azide, insbesondere des Phenylazids, an die C=C-Doppelbindung entstehen *1,2,3-Triazole*. Dabei kann die Addition der Azide auch an die Carbeniat-Anionen des Natrium-Acetessigesters oder -Malonesters ausgeführt werden[3], bzw. an Verbindungen erfolgen, die wie Acetylen oder das Endomethylencyclohexen eine reaktionsfähige Dreifach- oder Doppelbindung enthalten:

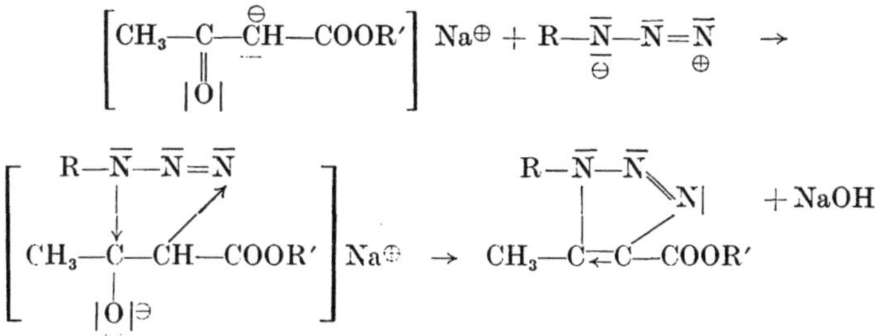

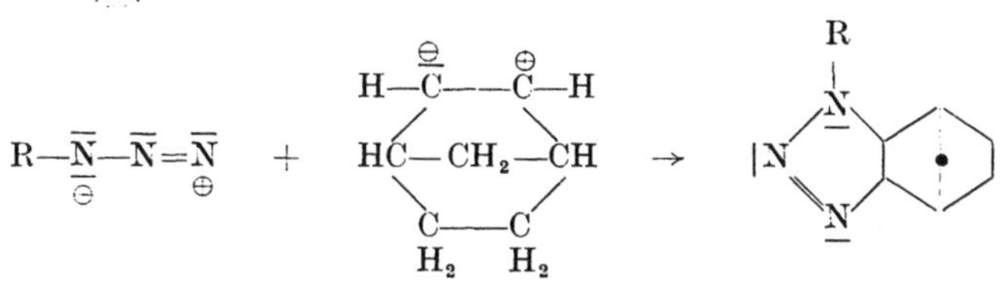

[1] Powell, G.: J. Amer. Chem. Soc. **51**, 2436 (1929); eine Übersicht über die Curtiusschen Arbeiten s. A. Darapsky: J. prakt. Chem. [2] **125**, 1 (1930).

[2] Vgl. F. Arndt u. B. Eistert: Ber. dtsch. chem. Ges. **68**, 202 (1935).

[3] Dimroth, O.: Ber. dtsch. chem. Ges. **35**, 1029, 4041 (1902); **36**, 909 (1903); **38**, 670 (1905).

Während die Additionen des Phenylazids an Stoffe wie Acetylen[1] viel schwerer ablaufen als die entsprechenden Reaktionen der Diazoparaffine, addieren bicyclische, gespannte Systeme an ihren Doppelbindungen außerordentlich leicht $C_6H_5N_3$, so daß sich hierauf ein *Strukturbeweis bicyclischer Systeme* gründen läßt[2].

Erwähnt sei schließlich noch, daß Phenylazid mit *metallorganischen Stoffen* unter Bildung von Diazoaminoverbindungen reagiert[3].

Abschließend kann man sagen, daß Diazoparaffine und Azide sich in ihrem reaktiven Verhalten weitgehend ähneln. Im allgemeinen verlaufen aber die Reaktionen der Azide weniger leicht und vielfach uneinheitlicher als bei den Diazoparaffinen.

Die Moleküle beider Stoffklassen stellen eine lineare, kettenförmige Atomverknüpfung dar mit der Einschränkung, daß keine der möglichen Bindungsanordnungen für sich allein dem wirklichen Zustand der Verbindungen entspricht. Der wirkliche Zustand liegt zwischen allen denkbaren Grenzanordnungen, Diazoparaffine und Azide sind durch ihre Mesomerie ausgezeichnete Stoffe.

3. Aromatische Diazoverbindungen

Durch Einwirkung von salpetriger Säure auf die Salze primärer aromatischer Amine bzw. auf primäre Amine in saurer Lösung entstehen die Diazoniumsalze der allgemeinen Formel $ArN_2^{\oplus}X^{\ominus}$, deren Entdeckung durch P. GRIESS im Jahre 1858 zu einer der fruchtbarsten Taten in der Entwicklungszeit der organischen Chemie gehört. Einerseits stellen die Diazoniumverbindungen das Ausgangsmaterial sowohl für das riesige Heer technisch zum Teil sehr wertvoller Azofarbstoffe, wie auch zahlreicher anderer wichtiger Verbindungen der aromatischen Chemie dar. Andererseits hat die bis heute noch nicht zum Abschluß gekommene Erörterung der Konstitution der Diazoverbindungen in langem Für und Wider die Entwicklung unserer Kenntnisse der theoretischen Grundlagen der organischen Chemie entscheidend gefördert[4].

a) Konstitution

Zur *Herstellung* der Diazoniumverbindungen läßt man auf 1 Mol des primären Amins 1 Mol salpetrige Säure und 1 Mol einer anderen Mineralsäure (wie HCl) oder aber auch 1 weiteres Mol salpetriger Säure einwirken. Es liegt nahe, anzunehmen, daß sich die Einwirkung der salpetrigen Säure auf das sich aus dem Amin und der noch vorhandenen Mineralsäure bildende Ammoniumsalz vollziehen könnte[5]. Kinetische Untersuchungen[6] des Diazotierungsvorgangs lassen sich so deuten, daß als wirksame diazotierende Agentien z. B. N_2O_3 oder NOCl

---

[1] DIMROTH, O., u. G. FESTER: Ber. dtsch. chem. Ges. **43**, 2219 (1910).

[2] ALDER, K., u. G. STEIN: Liebigs Ann. **485**, 211 (1931); **501**, 1 (1933).

[3] DIMROTH, O.: Ber. dtsch. chem. Ges. **36**, 909 (1903).

[4] SAUNDERS, K. H.: The Aromatic Diazo-Compounds and their Technical Applications. 2. Aufl., London: E. Arnold & Co. 1949. — HOLZACH, K.: Die aromatischen Diazoverbindungen. Stuttgart: F. Enke 1947. — SIDGWICK, V. N.: Organic Chemistry of Nitrogen. Oxford: Clarendon Press 1937. — MEISENHEIMER, J., u. W. THEILACKER, in K. FREUDENBERG, Stereochemie, S. 114. Leipzig: F. Deuticke 1932. — HANTZSCH, A., u. G. REDDELIEN: Die Diazoverbindungen. Berlin: Julius Springer 1921. Besonders interessant ist der Meinungsstreit A. HANTZSCH - E. BAMBERGER in den Originalmitteilungen zu verfolgen, vgl. die betreffenden Schrifttumsangaben.

[5] Zur Diazotierung schwach basischer Amine mit Phosphorsäure vgl. H. A. I. SCHOUTISSEN: Chem. Weekbl. **34**, 506 (1937); ferner Diazotierung und Nitrosierung von Aminen, I. C. EARL u. N. G. HILLS: J. Chem. Soc. (London) **1939**, 1089.

[6] SCHMID, H., u. G. MUHR: Ber. dtsch. chem. Ges. **70**, 421 (1937). — SCHMID, H. u. Mitarbb.: Monatsh. **85**, 424 (1954).

(aus 2 HNO_2 bzw. HNO_2 + HCl) bzw. das *Nitrosylkation*[1] $NO^{\oplus}$ die Reaktion mit dem primären Amin einleiten:

$$C_6H_5\overline{N}H_2 + {}^{\oplus}\underset{|\underline{O}|^{\ominus}}{\overline{N}}-\underline{\overline{O}}-N=\underline{\overline{O}}\ (\text{bzw.} + NO^{\oplus}) \rightarrow C_6H_5-\underset{\underline{N}=\underline{O}|}{\overset{\oplus}{N}H_2} + {}^{\ominus}|\underline{\overline{O}}-\overline{N}=\underline{\overline{O}}$$

$$\underset{\oplus}{C_6H_5\overset{|N=\overline{O}}{N}H_2} \rightarrow C_6H_5N_2^{\oplus} + H_2O$$

Analog verläuft zunächst die Diazotierung von *primären aliphatischen* Aminen. Nur ist in diesen Fällen die Mesomeriemöglichkeit durch den gesättigten aliphatischen Rest blockiert, so daß das in der „Onium"-Form gleichsam vorgebildete Stickstoffmolekül $|N\equiv N|$ als solches entlassen wird. Das freiwerdende organische Kation sättigt sich z. B. mit dem Lösungsmittel (meist Wasser) ab, wobei die betreffenden Alkohole gebildet werden können. Bei einem optisch aktiven Rest im aliphatischen Amin besteht die Möglichkeit einer Konfigurationsänderung. Je nach der Konstitution des aliphatischen Amins ist aber auch eine andere Stabilisierung möglich. So liefert β,β,β-Trifluor-äthylamin wegen der großen induktiven Effekte der Fluoratome mit salpetriger Säure über die Diazoniumverbindung unter Abstoßung eines Protons Trifluordiazoäthan[2]:

$$F_3C-CH_2N_2^{\oplus} \rightarrow F_3C-CH=\overset{\oplus}{N}=\overset{\ominus}{\underline{\overline{N}}} + H^{\oplus}$$

Anders verläuft die Reaktion, wenn R ein *aromatisches*, mesomeriefähiges System darstellt. Hier kann das N-Elektronensystem in Richtung auf andere Grenzanordnungen unter Einbeziehung der π-Elektronen des aromatischen Kerns ausweichen[3], die aromatischen Diazoverbindungen sind daher bis zu einem gewissen Grade infolge dieser *Mesomeriemöglichkeit* stabilisiert:

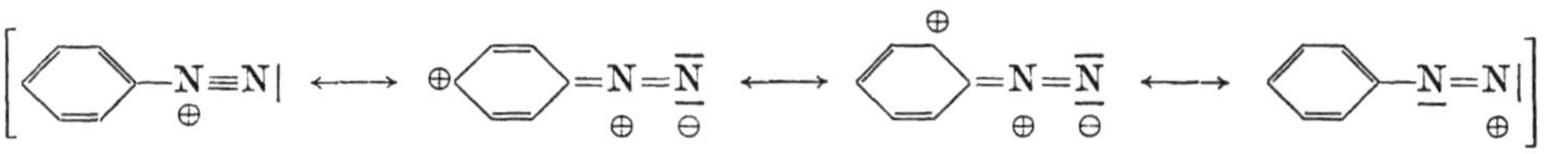

Die entstandenen Diazoniumsalze entsprechen in ihren Eigenschaften weitgehend den Ammonium- bzw. Aniliniumsalzen, eine Analogie, die durch den in beiden Verbindungen ähnlichen Charakter des am C haftenden N-Atoms bedingt ist[4]. Andererseits zeigen die Diazoniumsalze eine sehr große Reaktionsfähigkeit, auf die im folgenden Abschnitt näher eingegangen wird.

Für Diazoniumverbindungen ist die unter dem Einfluß von *Alkali* sich abspielende Umwandlung von besonderer Bedeutung.

---

[1] Ähnlich der Nitrierungsreaktion durch das Nitryl-Kation $NO_2^{\oplus}$, vgl. S. 372.

[2] GILMAN, H., u. R. G. JONES: J. Amer. Chem. Soc. **65**, 1458 (1943). — Analog kann auch ein Substituent X mit —E-Effekt wirken, z. B. X = COOR:

$$X-CH_2-\overset{\oplus}{N}\equiv\overline{N} \rightarrow X-CH=\underset{\oplus}{N}=\underset{\ominus}{\underline{\overline{N}}} + H^{\oplus}$$

[3] Vgl. F. ARNDT u. B. EISTERT: Ber. dtsch. chem. Ges. **68**, 210 (1935). — BRADLEY, W., u. R. ROBINSON: J. Chem. Soc. (London) **1928**, 1310; J. Amer. Chem. Soc. **52**, 1558 (1930). — SIDGWICK, N. V., L. E. SUTTON u. W. THOMAS: J. Chem. Soc. (London) **1933**, 406.

[4] Die Analogie betonte zuerst H. BLOMSTRAND in seinem Lehrbuch 1869; vgl. a. A. STREKKER u. P. RÖMER: Ber. dtsch. chem. Ges. **4**, 786 (1871).

Bei vorsichtigem Arbeiten läßt sich die vorübergehende Existenz der den Diazoniumsalzen zugrunde liegenden starken Base, des *Diazoniumhydroxyds*, nachweisen. In Substanz hat man Stoffe dieser Art bisher wegen ihrer leichten Zersetzlichkeit nicht isolieren können, es besteht aber kein Zweifel, daß es sich um eine echte, aus Ionen bestehende Oniumbase handeln muß [1]:

$$\left[\langle\bigcirc\rangle-N\equiv N|\right]^{\oplus} Cl^{\ominus} + AgOH \rightarrow AgCl + \left[\langle\bigcirc\rangle-N\equiv N|\right]^{\oplus} OH^{\ominus}$$

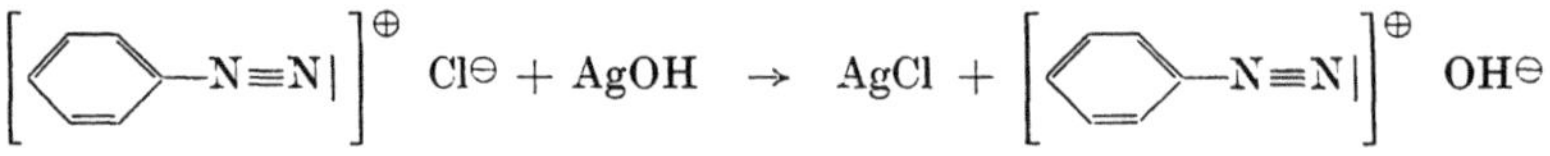

Diese Diazoniumhydroxyde erleiden spontan und insbesondere unter der Wirkung schwacher Alkalien eine weitere Umwandlung in die Alkalisalze der sogenannten *Diazohydroxyde*, in denen die Gruppe $ArN_2O^{\ominus}$ als Anion fungiert. Im Gegensatz zu den Oniumbasen, aus denen sie entstehen, sind diese Verbindungen Salze schwacher Säuren. Die zugrunde liegenden Säuren lassen sich infolge leichter Umwandelbarkeit ebenfalls nicht in Substanz isolieren (vgl. S. 464). Die Alkalisalze der Diazohydroxyde, die *n-Diazotate*, gehen mit starkem Alkali — meist in der Hitze — in *isomere Diazotate* über, die in ihren Eigenschaften von den normalen Diazotaten stark abweichen. Die letztgenannte Isomerisierung hängt sehr von der Art der Substituenten im aromatischen Ring ab: bei p-Nitrophenyldiazoniumsalzen z. B. kann man die normalen Diazotate kaum herstellen, da sie sich sehr rasch in die Iso-diazotate umwandeln. Dagegen liefert das p-Methoxyphenyldiazoniumsalz ein sehr beständiges normales Diazotat, das sich nur schwer und in schlechter Ausbeute in das betreffende iso-Diazotat umlagern läßt.

Der Streit um die Konstitution dieser n- und iso-Diazotate stellt eines der interessantesten Kapitel der klassischen organischen Chemie dar. Drei Formelpaare standen im wesentlichen für die beiden Isomeren zur Diskussion (klassische „Valenz"-Formeln):

	E. BAMBERGER	A. ANGELI	A. HANTZSCH

normal:	Ar—N=N—ONa	Ar—N=N—Na
		        |
		        O
			Ar—N
			     ||
			NaO—N

iso:	Ar—N—N=O
	    |
	    Na
		Ar—N=N—ONa	Ar—N
			     ||
			   N—ONa

BAMBERGER[2] und ANGELI[3] postulieren also eine „*Struktur-Isomerie*", HANTZSCH[4] eine *Stereomerie* ähnlich der von ihm vertretenen Oximisomerie (s. S. 274).

b) Elektronentheoretische Deutung

Wenn wir obige Formeln elektronisch schreiben, so sieht man, daß die BAMBERGERsche Formulierung keine isomeren Stoffe wiedergibt, sondern nur *elektromere* Grenzformeln eines einheitlichen mesomeren Anions:

$$\left[Ar-\underline{N}=\underline{N}-\overline{\underline{O}}|^{\ominus} \longleftrightarrow Ar-\overline{\underline{N}}-\underline{N}=\overline{\underline{O}}|\right] Na^{\oplus}$$
$$\ominus$$

---

[1] HANTZSCH, A.: Ber. dtsch. chem. Ges. **31**, 340, 1612 (1898); **33**, 2147 (1900).
[2] BAMBERGER, E.: Ber. dtsch. chem. Ges. **27**, 1948 (1894); **28**, 1218 (1895); **29**, 457, 473 (1896); **30**, 2279 (1897); **31**, 2636 (1898); **45**, 2054 (1912).
[3] ANGELI, A.: Gazz. chim. ital. **51**, 35 (1921); Ber. dtsch. chem. Ges. **59**, 1400 (1926); **62**, 1924 (1929); **63**, 1977 (1930); Atti R. Acad. naz. Lincei, Rend. **9**, 933, 1118 (1929).
[4] HANTZSCH, A.: Ber. dtsch. chem. Ges. **33**, 2517 (1900); **37**, 1084 (1904); **60**, 667 (1927); **62**, 1235 (1929); **63**, 1270, 1786 (1930).

Dieses Formelpaar kann also gemeinsam nur eines der Isomeren beschreiben, entweder das n-Diazotat oder das iso-Diazotat. Dabei ist eine ionogene Beziehung zwischen dem N- bzw. O-Atom und dem Metallatom vorausgesetzt. Falls aber, was auch denkbar ist, eine Art kovalenter Beziehung zwischen dem N- und dem Metall-Atom existieren sollte, stellt die BAMBERGERsche Formel der n-Reihe einen von den iso-Diazotaten doch verschiedenen Stoff dar. Die ANGELIschen Formeln[1] schreibt man elektronisch wie folgt:

$$\text{normal:} \quad \left[\text{Ar}-\overset{\oplus}{\text{N}}=\overset{\ominus}{\text{N}} \mid \atop \underset{|\underline{\text{O}}|\ominus}{|} \right] \text{Na}^\oplus \qquad \text{bzw. iso:} \quad [\text{Ar}-\overline{\text{N}}=\overline{\text{N}}-\overset{\ominus}{\underline{\text{O}}}|] \text{ Na}^\oplus$$

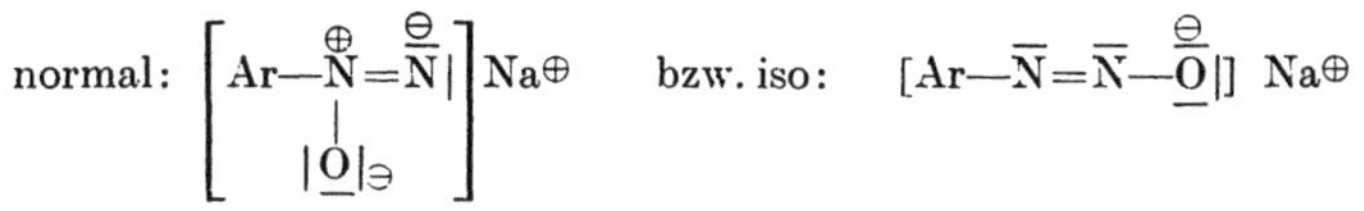

Hier handelt es sich um zwei auch im Anion durch den verschiedenen Sitz des O-Atoms *isomere* Formeln für zwei verschiedene Individuen. Es ist hervorzuheben, daß die ANGELIsche Formel für die iso-Diazotate identisch ist mit der oberen linken Strukturformel der BAMBERGERschen Isomeren. Die HANTZSCHschen Formeln schließlich postulieren für eben dieselbe Formel eine *Stereomerie* und suchen damit die Ursache des Unterschiedes der beiden Isomeren zu erfassen. Alle drei Autoren sind sich also, vom heutigen Standpunkt aus gesehen, darin einig, daß sie den iso-Diazotaten eine Formel zuschreiben, in welcher der Sauerstoff an das vom aromatischen Kern entferntere N-Atom gebunden ist. Es fragt sich zunächst: welche Gründe sprechen für oder gegen ANGELIs Formel der normalen Diazotate, in welcher das O-Atom mit dem dem aromatischen Ring benachbarten N-Atom verknüpft ist. Vorauszuschicken ist, daß auch hierfür mehrere Grenzformeln denkbar sind, z. B.:

$$\left[\bigcirc-\overline{\text{N}}-\overline{\text{N}} \atop |\underline{\text{O}}|^\ominus \right] \longleftrightarrow \bigcirc-\overset{\oplus}{\text{N}}=\overset{\ominus}{\underline{\text{N}}} \atop |\underline{\text{O}}|\ominus \longleftrightarrow \left[\ominus\bigcirc=\overset{\oplus}{\text{N}}-\overline{\text{N}} \atop |\underline{\text{O}}|\ominus \right] \text{Na}^\ominus$$

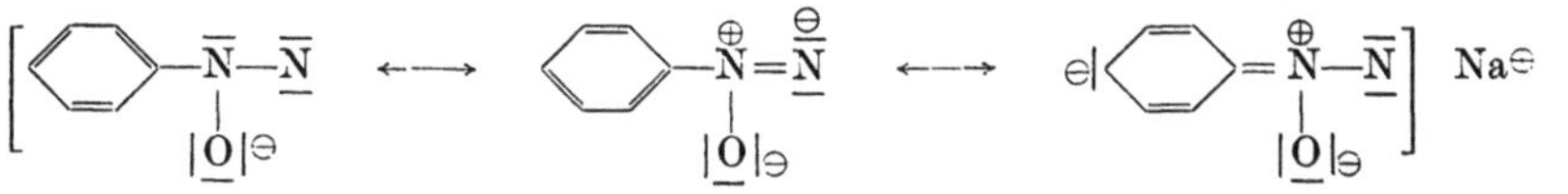

Abgesehen davon, daß sich mittels dieser modifizierten ANGELIschen Formel, wie weiter unten gezeigt werden wird, zahlreiche Reaktionen der Diazoverbindungen erklären lassen, sei hier auf einige Argumente hingewiesen, die ANGELI[2] selbst zugunsten seiner Formulierung besonders betonte: So können z. B. die n-Diazotate in alkalischer Lösung *oxydierend* wirken und Eisen(II)- in Eisen(III)-Salz, Hydrochinon in Chinon und Alkohole in Aldehyde verwandeln. Alle gegen die ANGELIsche Formulierung erhobenen chemischen Befunde sprechen wegen der charakteristischen Wandelbarkeit dieser Stoffe nicht gegen die obige Darstellung des organischen Anions mittels der Mesomerieformeln.

Gegen die HANTZSCHsche Annahme einer rein sterischen Isomerie läßt sich einwenden, daß die Unterschiede im Verhalten für Stereomere außergewöhnlich groß sind. Der Vergleich mit den Oximen, der nach der klassischen Schreibweise wohl naheliegt, hinkt stark, da wir es ja mit einem Anion zu tun haben, das überdies mesomeriefähig ist. Ausgeprägte Mesomerie setzt aber die Stabilität cis-trans-Isomerer herab bzw. stellt freie Drehbarkeit her, wie z. B. die am Indigo gemachten Befunde lehren[3]. Die HANTZSCHsche Ansicht, auf die wir auf S. 476 näher zurückkommen, hat daher nicht sehr viel für sich. Aber man kann

---

[1] Vgl. A. HANTZSCH u. K. DANZIGER: Ber. dtsch. chem. Ges. **30**, 2529 (1897).
[2] ANGELI, A.: Ber. dtsch. chem. Ges. **63**, 1977 (1930); vgl. a. E. BAMBERGER: Helvet. chim. Acta **14**, 242 (1931).
[3] ARNDT, F., u. B. EISTERT: Ber. dtsch. chem. Ges. **72**, 206 (1939).

auch mittels der zur Deutung dieser verwickelten Verhältnisse modifizierten ANGELIschen Formulierung die ganze Isomerisierung eines Diazoniumsalzes in das Iso-Diazotat wie folgt wiedergeben:

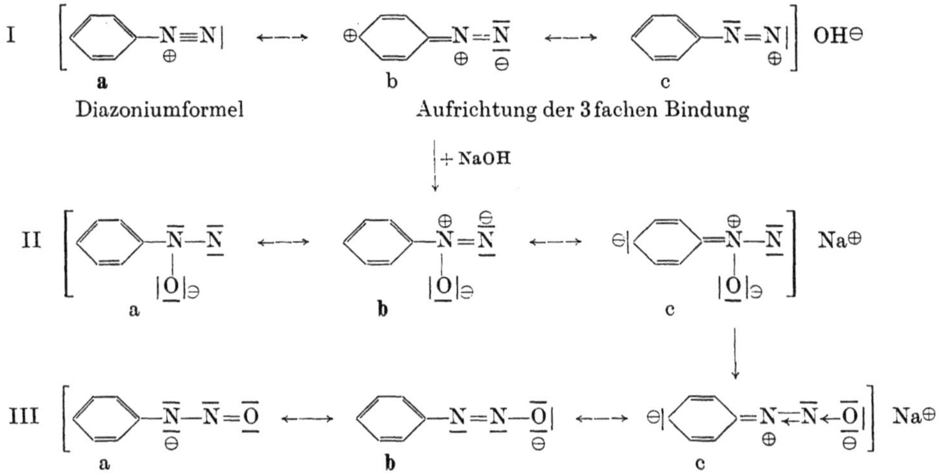

Die Umwandlung I → II wird durch einen +E-Effekt (Beispiel: OCH_3) bzw. den Hyperkonjugationseffekt der Methylgruppen in ortho- und para-Stellung erleichtert. Die Umwandlung II → III ist über die Formel II c mit einer Oktettlücke am endständigen N-Atom als Anionotropie denkbar. Diese Formel wird durch Substituenten mit −E-Effekt (NO_2) bzw. $\delta(+)$-Charakter gefördert, z. B. $(CH_3)_3N^{\oplus}$. Auch Chlor in jeder Stellung wirkt so wegen des starken F-Effektes. Bemerkt sei an dieser Stelle, daß damit hier *keine* Entscheidung zugunsten der einen oder anderen Auffassung gegeben, sondern nur die auch heute noch trotz aller Bemühungen bestehende Problematik aufgezeigt werden soll.

Sehr wichtig ist, daß die n-Diazotate im Gegensatz zu den iso-Diazotaten ebenso zur „Azokupplung" befähigt sind wie die Diazoniumsalze. Zum Verständnis dieser wichtigsten Reaktion der Diazoverbindungen, der sogenannten *Kupplungsreaktion* mit aromatischen Aminen, Phenolen usw. (vgl. S. 470), bedienen wir uns der Elektronenformel I c[1]. Die Oktettlücke am rechten N-Atom vermittelt die Azokupplung durch Einlagerung entsprechender Carbeniatanordnungen, z. B. mit Phenol:

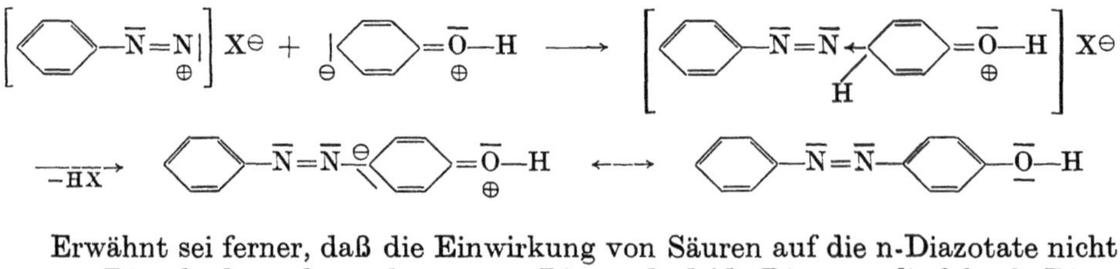

Erwähnt sei ferner, daß die Einwirkung von Säuren auf die n-Diazotate nicht zum n-Diazohydroxyd, sondern zum *Diazoanhydrid* (Diazooxyd) führt[2]. Diese Verbindungen sind äußerst reaktionsfähig, so erfolgt z. B. heftige Reaktion

[1] Entsprechende nicht elektronische Formeln, die sich aber leicht in die Sprache der Elektronentheorie übersetzen lassen, gaben W. DILTHEY u. C. BLANKENBURG: J. prakt. Chem. [2] **142**, 177 (1935). — MEERWEIN, H.: J. prakt. Chem. [2] **152**, 237 (1939). — EISTERT, B.: Tautomerie u. Mesomerie, S. 145. Stuttgart: F. Enke 1938.

[2] BAMBERGER, E.: Ber. dtsch. chem. Ges. **29**, 446, 1383 (1896); **31**, 2636 (1898).

mit Benzol unter Diarylbildung. Die Konstitution dieser sehr interessanten Stoffe ist noch immer unbekannt. Ja, man weiß nicht einmal sicher, ob die Verbindungen Sauerstoff enthalten oder nicht.

Die durch Zusatz von überschüssigem Alkali, vielfach auch durch Erwärmen bewirkte „innere Kupplung“ der n-Diazotate zu den *Isomeren*[1] führt zu Verbindungen, deren Anionen wiederum durch *Mesomerie* ausgezeichnet sind (vgl. S. 464)

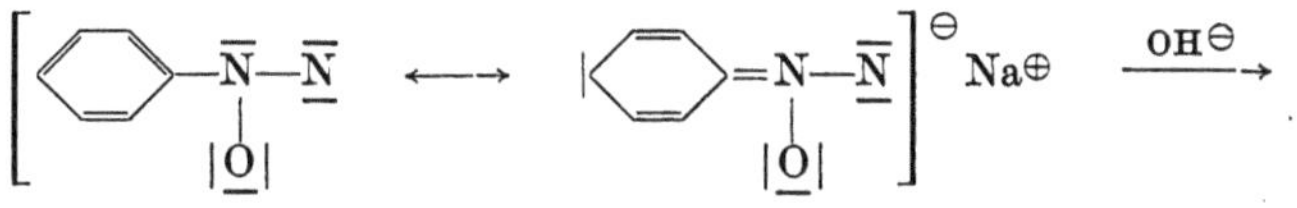

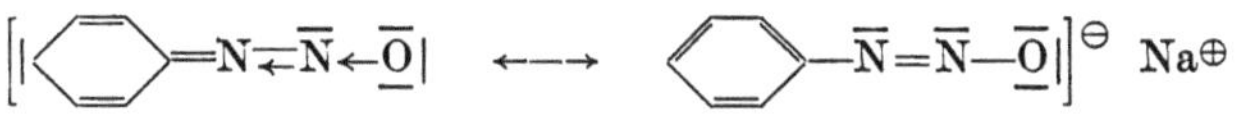

und

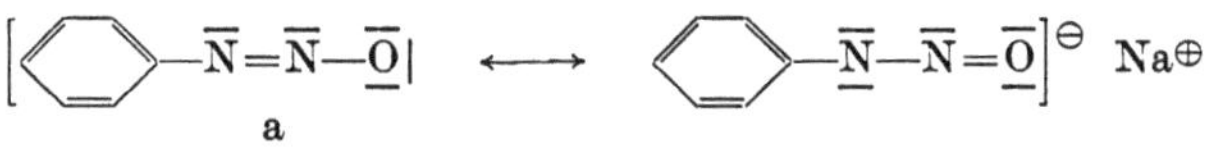

Infolgedessen ist es nicht ohne weiteres zu erwarten, daß aus der Form a heraus cis-trans-isomere Verbindungen unbedingt existenzfähig sein müssen, wie etwa bei den Oximen:

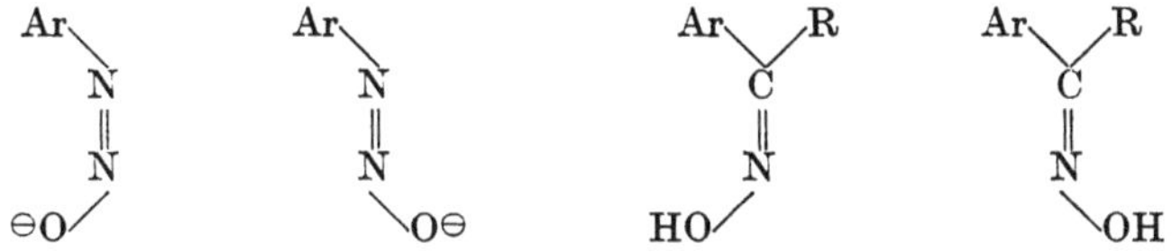

Die Stabilität von a hängt davon ab, wie weit die Mesomerie in Richtung auf diese Grenzanordnung verschoben ist.

Bei den *Isodiazotaten* finden wir eine weitere, neue Isomerie. Die im Anion vorhandene Mesomerie der Isodiazotate macht es sehr verständlich, daß aus diesen Verbindungen je nach den Reaktionsbedingungen verschiedene *N- oder O-Derivate* zu gewinnen sind:

$$R{-}N{=}N{-}OR' \quad \text{oder} \quad R{-}\underset{\displaystyle R'}{\underset{|}{N}}{-}N{=}O$$

Setzt man aus den Isodiazotaten die zugrunde liegende Säure in Freiheit[2], so wird das bei den Anionen als Mesomerie auftretende Problem bei den freien N-Verbindungen zur *Tautomerie* (Isodiazohydroxyd ⇄ Nitrosamin)[3]:

$$Ar{-}N{=}N{-}OH \quad \rightleftharpoons \quad Ar{-}\underset{\displaystyle H}{\underset{|}{N}}{-}N{=}O$$

---

[1] Entdeckt von C. SCHRAUBE u. C. SCHMIDT: Ber. dtsch. chem. Ges. **27**, 514 (1894).

[2] HANTZSCH, A., M. SCHUMANN u. A. ENGLER: Ber. dtsch. chem. Ges. **32**, 1703 (1899). — ENGLER, A.: Ber. dtsch. chem. Ges. **33**, 2188 (1900). — HANTZSCH, A., u. W. POHL: Ber. dtsch. chem. Ges. **35**, 2964 (1902). — ORTON, K. J. P.: J. Chem. Soc. (London) **83**, 797 (1903); **87**, 99 (1905); **91**, 1559 (1907). — HANTZSCH, A.: Ber. dtsch. chem. Ges. **36**, 2069 (1903). — BAMBERGER, E.: Ber. dtsch. chem. Ges. **45**, 2058 (1912). — HANTZSCH, A.: Ber. dtsch. chem. Ges. **45**, 3036 (1912).

[3] Die Nitrosaminformel wurde zuerst von H. v. PECHMANN vorgeschlagen, Ber. dtsch. chem. Ges. **25**, 3505 (1892).

Alle diese Verwandlungen sind mit Säuren umkehrbar bis zum Diazoniumsalz. Die Reaktion ist technisch von großer Bedeutung, da man die stabilen „Nitrosamine“ bzw. Isodiazotate verwenden und aus ihnen durch einen großen Säureüberschuß schließlich wieder zur kupplungsfähigen Komponente, n-Diazotat oder Diazoniumsalz, zurückgelangen kann.

c) Reaktives Verhalten

Das reaktive Verhalten der aromatischen Diazoverbindungen ist so mannigfaltig, daß hier nur der grundsätzlich typische Reaktionsablauf hervorgehoben werden kann.

Aus den Diazoniumverbindungen läßt sich *Stickstoff* abspalten, wobei die verschiedensten Substitutionsprodukte unter Einlagerung der betreffenden Anionen entstehen:

$$[RN_2]^{\oplus}X^{\ominus} + KY \longrightarrow RY + KX + N_2$$

$$Y = J, CN, SH, N_3, AsO_3Na_2, SbO_3Na_2, SCS(OC_2H_5)$$

$$\text{oder } KY = HOH$$

Die Elektronenschreibweise der mesomeren Grenzanordnungen zeigt, daß in A die Elektronenanordnung des Stickstoffmoleküls gleichsam vorgebildet ist ($|N\equiv N|$) und daher leicht als N_2 aus dem Atomverband entlassen werden kann:

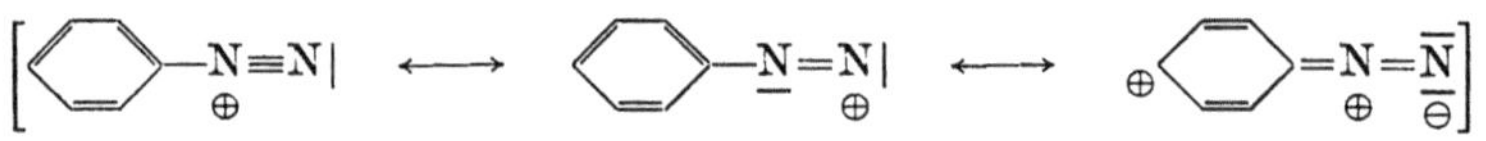

A B C

Das hinterbleibende organische Kation vereinigt sich anschließend mit dem einsamen Elektronenpaar des Anions:

Einführung von *Substituenten mit –E-Effekt* (HCO, RCO, ROCO, CN, NO_2) in die ortho- oder para-Stellung des aromatischen Kerns begünstigt die Anordnung B, steigert in B daher die Kupplungsfähigkeit der Diazoniumverbindungen. Sind dagegen Substituenten mit *+E-Effekt* (Cl, Br, OCH_3) in dem aromatischen Kern in ortho- oder para-Stellung vorhanden, dann wird die Ammoniumsalz-ähnliche Form A stabilisiert. Bei diesen Reaktionen spielt auch das Anion eine Rolle. Ist nämlich das Anion des Diazoniumsalzes Cl, Br, CN, NCO, SCN, SO_2 oder SO_3H, dann tritt bei der N_2-Abspaltung nicht das Anion $Y^{\ominus}$, sondern $OH^{\ominus}$ unter Phenolbildung in die Oktettlücke des organischen Kations ein. Wie weiter unten gezeigt wird, läßt sich diese formal über ein Arylkation erfolgende Reaktionsweise nicht ohne besondere Versuche auf alle genannten Reaktionen übertragen.

Während die bisher besprochenen Reaktionen über das Diazoniumkation $[RN_2]^{\oplus}$, also ionisch, verlaufen, ist die Reaktion von Diazoverbindungen mit *Alkohol* eine Umsetzung, bei der die beiden möglichen Reaktionswege, *ionischer* und *radikalischer* Chemismus, gleichzeitig beschritten werden können. Neben dem Phenetol als Hauptprodukt bilden sich in geringer Menge (etwa 5%) Benzol und Acetaldehyd:

$$C_6H_5N_2Cl + C_2H_5OH \begin{cases} \longrightarrow C_6H_5\text{—}OC_2H_5 + N_2 + HCl \\ \longrightarrow C_6H_6 + CH_3CHO + N_2 + HCl \end{cases}$$

Arbeitet man mit in p-Stellung durch Chlor oder Brom substituierten aromatischen Diazoniumsalzen, so tritt die Ätherbildung sogar vollständig gegenüber der Halogenbenzolbildung zurück. Wechselt man das Lösungsmittel und führt die Reaktion in Pyridin aus, so findet man 2- und 4-Phenylpyridin. Im Zusammenhang mit anderen Beobachtungen (z. B. thermische Zersetzung von labilen Peroxyden oder Azoverbindungen wie Phenyl-trityl-azomethan in Pyridin) kann man daraus den Schluß ziehen, daß die Bildung dieser Phenylpyridine und damit auch die Reduktion der Diazoverbindungen mit Alkoholen über freie Radikale als Zwischenstufen sich abspielt:

$$\left[C_6H_5-\overset{\oplus}{N}\equiv N|\right] \longrightarrow C_6H_5^{\oplus} + N_2$$

$$C_6H_5^{\oplus} + C_2H_5OH \longrightarrow C_6H_5\leftarrow OC_2H_5 + H^{\oplus}$$

$$C_6H_5-\overline{N}=\overline{N}-\overline{\underline{X}}| \longrightarrow C_6H_5\cdot + |N\equiv N| + \cdot\overline{\underline{X}}|$$

Nach Untersuchungen mit deuterierten Alkoholen $R-CH_2OD$, bei denen sich im aromatischen Kern kein Deuterium findet, ist es sehr wahrscheinlich, daß in einer Radikalkettenreaktion ein α-ständiges Wasserstoffatom aus dem Alkohol primär herausgeschlagen wird[1]:

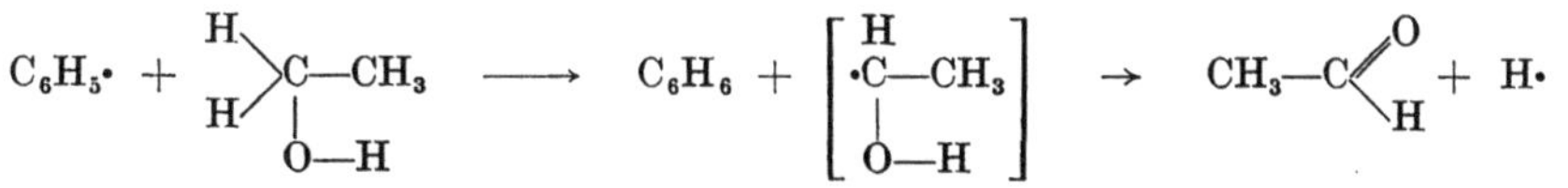

Dem gleichen radikalischen Mechanismus dürften auch die PSCHORRsche *Phenanthrensynthese*[2] und ähnliche Reaktionen, wie die *Diphenylbildung* aus Phenyldiazoniumsulfat, Alkohol und Kupferpulver[3] u. a. m. folgen.

Diesen Reaktionen nahe verwandt sind die SANDMEYERschen und GATTERMANNschen Reaktionen der Diazoverbindungen. Für den Ablauf dieser präparativ äußerst wichtigen Reaktionen kann man sich auf Grund der bisherigen Ergebnisse folgendes Bild machen:

Bei der in wäßriger Lösung auszuführenden SANDMEYERschen Reaktion[4] verwendet man als *Katalysatoren* die Kupfer-(I)-Salze der in den aromatischen Kern über die Diazoniumverbindung einzuführenden Reste X, also $[ArN_2]X$, Cu_2X_2, oder Kupferpulver nach L. GATTERMANN. Nur Jod reagiert in wäßriger Lösung ohne weitere Zusätze. Nach den Ergebnissen der Arbeiten von W. A. WATERS[5] handelt es sich z. B. bei der Bildung von Chlor- oder Brombenzol mittels der Katalysatoren Cu_2Cl_2 bzw. Cu_2Br_2 um radikalische Reaktionen innerhalb des zunächst entstehenden labilen Komplexes. In diesen Komplexen, z. B.:

$$[R-N\equiv N\rightarrow Cu^{(I)}Cl]^{\oplus}$$

findet die Abspaltung von Stickstoff homolytisch statt — sie wird offenbar durch das lockere Elektron des Kupfersalzes eingeleitet —, wobei das entstehende Phenylradikal ein Cl als Atom aus dem anionischen Teil des Komplexes herausholt unter Bildung von Chlorbenzol und das N_2-Radikal seine Elektronenhülle durch Aufnahme einer negativen Ladung vom Kupfer vervollständigt und als elementarer Stickstoff entweicht. Das Kupfer-(I)-chlorid hat dabei als Elektronendonator

[1] REKASCHEWA, A. F., u. G. P. MIKLUCHIN: Doklady Akad. Nauk SSSR **80**, 221 (1951); Chem. Zbl. **1952**, 1626.

[2] PSCHORR, R.: Ber. dtsch. chem. Ges. **29**, 496 (1896).

[3] GATTERMANN, L.: Ber. dtsch. chem. Ges. **23**, 1226 (1890).

[4] Siehe hierzu E. PFEIL: Theorie und Praxis der SANDMEYERschen Reaktion. Angew. Chem. **65**, 155 (1953).

[5] WATERS, W. A.: J. Chem. Soc. (London) **1942**, 266.

gewirkt, ist zwischendurch zur Kupfer-(II)-Stufe oxydiert und dann wieder reduziert worden:

$$CuCl + 2\,Cl^{\ominus} \leftrightarrows CuCl_3^{2\ominus}$$

Diese erste Stufe reguliert die Konzentration an Katalysator und somit die Reaktionsgeschwindigkeit sowie die Ausbeute[1]:

$$[RN_2]^{\oplus} + CuCl \rightarrow [R-\overline{N}=\overline{N}\rightarrow CuCl]^{\oplus}$$

$$[R-\overline{N}=\overline{N}-CuCl]^{\oplus} \rightarrow [R\cdot + (Cu^{II}Cl)^{\oplus}] + N_2$$

$$[R\cdot + (Cu^{II}Cl)^{\oplus}] \rightarrow R-Cl + Cu^{I\oplus}$$

$$Cu^{I\oplus} + 3\,Cl^{\ominus} \rightarrow [CuCl_3]^{2\ominus}$$

Die Reaktion läuft zwar *radikalisch* ab, aber doch so *innerhalb des Komplexes*, daß in keiner Phase wirklich freie Radikale auftreten[2]. Nach neueren Untersuchungen[3] ist das CuCl selbst der Katalysator, dessen Wirksamkeit durch Cl-Anionen gehemmt wird:

$$CuCl + 2\,Cl^{\ominus} \rightarrow [CuCl_3]^{2\ominus}$$

Das einwertige oder metallische Kupfer dient demnach im wesentlichen als Elektronenüberträger. Das Analoge gilt für die ohne Kupfer stattfindende Bildung des Jodide, bei der das Jod seine Oxydationsstufen wechselt:

$$2|\overline{\underline{J}}|^{\ominus} \leftrightarrows |\overline{\underline{J}}-\overline{\underline{J}}| + 2\ominus$$

und J_2 noch zusätzlich den Komplex $J_3^{\ominus} \leftrightarrows J_2 + |\overline{\underline{J}}|^{\ominus}$ bilden kann. Arbeitet man bei dem Versuch der *Jodierung* in Anwesenheit reduzierender Stoffe wie $NaHSO_3$ oder $Na_2S_2O_3$, so tritt die Reaktion wegen der fehlenden Übertragungsmöglichkeit der Elektronen (alleinige Anwesenheit von Jodionen) nicht in Erscheinung, wohl aber, wenn man wieder Oxydationsmittel wie Kupfer-(II)-sulfat hinzusetzt[4]. Bei diesen typischen Sandmeyer-Reaktionen verbraucht demnach das Diazoniumkation ein Elektron zu seiner Spaltung in ein Arylradikal und elementaren Stickstoff, es wirkt als Oxydationsmittel. Das entstehende Arylradikal benötigt zur Stabilisierung ein zweites Radikal, das ein gleiches sein kann (Dimerisierung) oder nimmt unter Reduktion des Komplexes nur ein Halogen- usw. -Atom zur Bildung der Verbindungen RX auf, wobei also ein Elektron abgegeben wird.

Die Sandmeyer-Reaktion wird stets von der Bildung von *Azoverbindungen* und *Diphenylderivaten* begleitet. Nach E. Pfeil ist dies im Grunde die Haupt-

---

[1] Vgl. hierzu E. Pfeil: Angew. Chem. **65**, 157 (1953). Die diesem Schema entgegengesetzten Ergebnisse von H. H. Hodgson: J. Chem. Soc. (London) **1944**, 18, stehen nur in scheinbarem Widerspruch hierzu. Die Aktivität der als Katalysator bei H. H. Hodgson fungierenden Metallsalze in der höchsten Wertigkeitsstufe ist nur scheinbar, sie haben an sich keine katalytische Wirksamkeit. Diese beruht vielmehr auf der intermediären Bildung der niedrigen Oxydationsstufen, wobei das Reduktionsmittel aus dem Diazoniumsalz selbst entsteht, z. B.:

$$[RN_2]^{\oplus} + 2\,H_2O \rightarrow RNH_2 + HNO_2 + H^{\oplus}$$

Anschließend wird das Cu-(II)-Salz vom Amin in geringer Menge zum Cu-(I)-Salz reduziert, Näheres s. E. Pfeil, Angew. Chem. **65**, 158 (1953).

[2] Hodgson, H. H., S. Birtwell u. J. Walker: J. Chem. Soc. (London) **1941**, **774**.

[3] Pfeil, E., u. O. Velten: Liebigs Ann. **562**, 163 (1949); **565**, 183 (1949).

[4] Näheres s. H. H. Hodgson, S. Birtwell u. J. Walker: J. Chem. Soc. (London) **1941**, 773ff.

reaktion bei der Einwirkung von Kupfer-(I)-chlorid auf Diazoniumverbindungen:

$$2\,[R{-}N_2]^{\oplus} + 2\,CuCl \longrightarrow R{-}N{=}N{-}R + N_2 + 2\,Cu^{II}Cl^{\oplus}$$

$$2\,[R{-}N_2]^{\oplus} + 2\,CuCl \longrightarrow R{-}R + 2\,N_2 + 2\,Cu^{II}Cl^{\oplus}$$

Bei Steigerung der Halogenionen-Konzentration nimmt die Ausbeute an Halogenaryl trotz starker Hemmung der Umsetzungsgeschwindigkeit zu, weil die Nebenreaktionen noch stärker gehemmt werden als die SANDMEYER-Reaktion selbst.

Nur diesem Zusammenhang von Halogenionen-Konzentration und Reaktionsgeschwindigkeit ist es zu verdanken, daß man durch Verkleinerung der Katalysatorkonzentration die SANDMEYER-Reaktion zur Hauptreaktion machen kann.

Versucht man die Einführung von *Fluor* auf diese Weise, so muß man zu ganz anderen Arbeitsbedingungen übergehen. Entweder arbeitet man in konzentrierter Flußsäure, oder man zersetzt das komplexe Diazoniumsalz[1]. Hierbei zerfällt das Diazoniumkation unter Stickstoffentwicklung und Bildung eines Arylkations, das sich ein Anion einfängt:

$$[Ar{-}N{\equiv}N|]^{\oplus}[BF_4]^{\ominus} \rightarrow \underbrace{Ar^{\oplus} + |N{\equiv}N| + BF_3 + F^{\ominus}}_{Ar \leftarrow F}$$

Diese Reaktion wird daher um so besser verlaufen, je schwächer die Ar—N-Bindung und je polarer das Komplexsalz aufgebaut sind. In ähnlicher Weise verlaufen auch andere derartige Reaktionen polarer Diazoniumkationen mit komplexen Anionen, die als Halogenüberträger wirksam sind.

Die Diazoniumhalogenide reagieren nach den Untersuchungen von H. MEERWEIN[2] auch mit sämtlichen *α,β-ungesättigten Carbonylverbindungen*, d. h. mit α,β-ungesättigten Aldehyden, Ketonen, Säuren und deren Derivaten. Durch die starke polarisierende Wirkung dieser Carbonylverbindungen und unter dem Einfluß polarisierender Lösungsmittel wie Wasser, Pyridin oder Acetonitril sowie durch Zusatz von Salzen (Natriumacetat bzw. Pyridinacetat) wird diese Reaktion der Diazoniumsalze begünstigt.

Für einen *ionischen* Reaktionsablauf sprechen die Befunde von H. MEERWEIN, daß sowohl Substituenten mit großem −E-Effekt diese Reaktionen günstig beeinflussen, wie auch die im Anion polarisierbaren Diazoniumsalze gut reagieren. Das bei dem Zerfall entstehende Arylkation addiert sich an die polare Grenzformel der Doppelbindung unter Ergänzung seines Carbenium-Elektronen-Sextetts, wobei das folgende Kation entsteht:

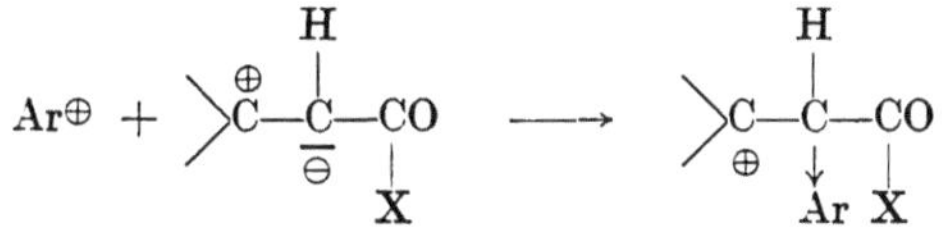

das sich auf verschiedene Weise *stabilisieren* kann:

1. Durch *Protonabspaltung*, gefolgt von der Rückbildung der Doppelbindung:

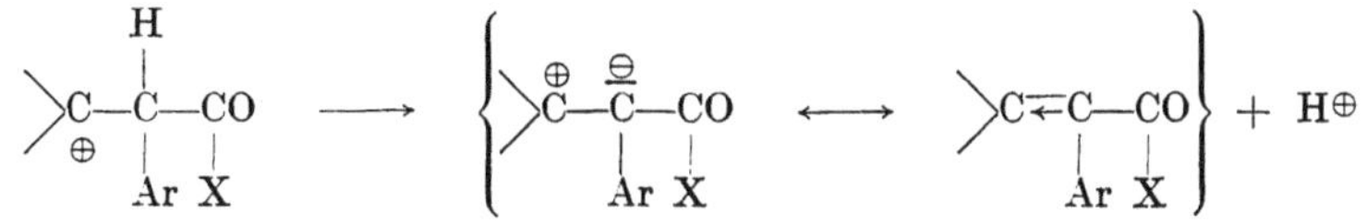

(z. B. Chinon, Cumarin[3], Zimtaldehyd)

[1] BALZ, G., u. G. SCHIEMANN: Ber. dtsch. chem. Ges. **60**, 1186 (1927).
[2] MEERWEIN, H., E. BÜCHNER, K. VAN EMSTER: J. prakt. Chem. [2] **152**, 237 (1939).
[3] Vgl. dazu O. VOGL u. C. S. RONDESTVEDT: J. Amer. Chem. Soc. **77**, 306 (1955).

2. Durch *Einfangen* eines *Halogen-Anions*[1]:

$$\underset{H\ \ X}{\overset{Ar}{\underset{\oplus}{>}C-C-CO}} \xrightarrow{+\ Hal^{\ominus}} \underset{Hal\ H\ X}{\overset{Ar}{>C-C-CO}}$$

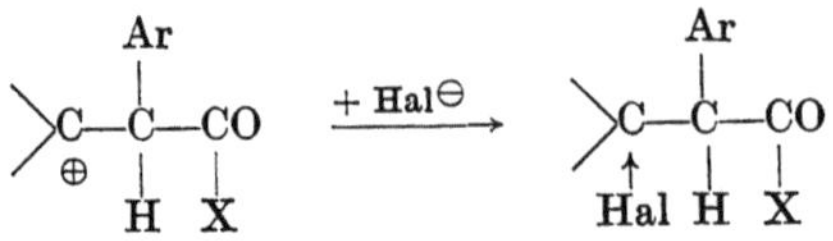

(z. B. Maleinsäureester, Zimtsäureester)

3. Durch *intramolekulare Absättigung* bei α,β-ungesättigten Säuren unter Bildung instabiler β-Lactone mit dem Carboxylat-Anion. Diese Stoffe zerfallen unter CO_2-Abgabe in ungesättigte Kohlenwasserstoffe:

$$\underset{\ominus|\bar{O}-C=\bar{O}}{\overset{Ar}{\underset{\oplus}{>}C-C-H}} \longrightarrow \underset{|\underline{O}-C=O}{\overset{Ar}{>C-C-H}} \longrightarrow \left\{ \underset{\oplus\ \ \ominus}{\overset{Ar}{>C-C-H}} \longleftrightarrow \overset{Ar}{>C=C-H} \right\} + CO_2$$

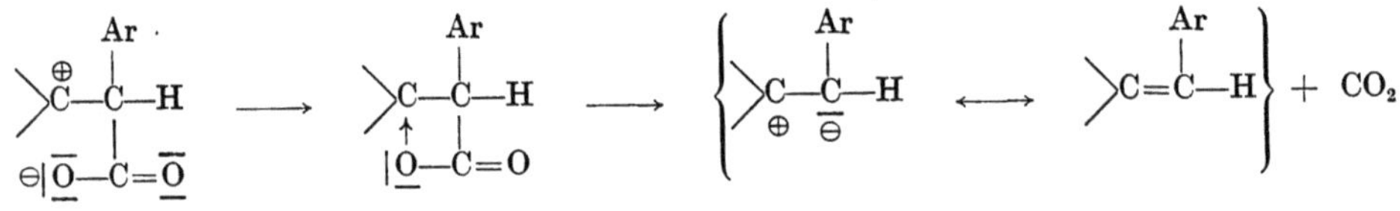

Eine weitere sehr wichtige Reaktion ist die unter Bildung von Azoverbindungen verlaufende *Kupplung* aromatischer Diazoverbindungen mit aromatischen Aminen, Phenolen, Phenoläthern, Enolen, Kohlenwasserstoffen u. a. (vgl. auch S. 464). W. DILTHEY[2] und P. L. ROBINSON hatten wohl zuerst die Erkenntnis gewonnen, daß bei der Kupplungsreaktion die Diazogruppe an einem „negativierten" C-Atom angreift. Das heißt in der Elektronentheorie, die kupplungsfähige Komponente stellt ein einsames Elektronenpaar zur Verfügung, das sich in eine Stickstoff-Oktettlücke einlagert. Die Diazoniumsalze können infolge ihrer Mesomerie ein solches Bindungssystem zur Verfügung stellen, das Diazoniumkation wirkt als ein *kationoider Substituent* bei dieser elektrophilen Substitutionsreaktion:

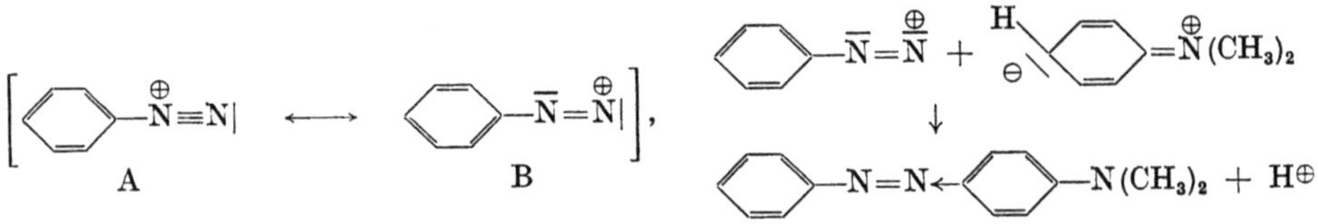

Wie schon früher erwähnt, wird die Anordnung B durch geeignete Substitution im Kern gefördert, so daß z. B. p-Nitrobenzol-diazoniumchlorid wesentlich kupplungsfreudiger als der Grundstoff ist[3].

Umgekehrt kann man auch die anionoide Komponente zur Umsetzung mit dem an sich meist nur schwach kationoiden Reagens aktivieren. So kuppeln die Phenole in alkalischer Lösung, in der sie als Phenolat-Anionen mit ihrer bevorzugten Mesomerie vorliegen, wesentlich leichter, während umgekehrt Anilin als freie Base kuppelt (Diazoaminobenzol-Bildung), die Salze aber *kupplungsunfähig* sind.

---

[1] In Gegenwart von Kupfer-(I)-chlorid lagert sich das Diazoniumsalz in umgekehrter Richtung z. B. an Acrylnitril, möglicherweise nach einem Radikalchemismus, an:

$$[ArN_2]Cl + CH_2=CH-CN \rightarrow ArCH_2-CH(Cl)-CN$$

KOELSCH, C. F., u. V. BOEKELHEIDE: J. Amer. Chem. Soc. **66**, 412 (1944); **65**, 57 (1943). — F. BERGMANN u. D. SCHAPIRO halten einen ionischen Mechanismus für wahrscheinlich, J. organ. Chem. **12**, 57 (1947). — Zur radikalischen Auffassung dieser MEERWEIN-SCHUSTER-Arylierung vgl. auch V. FRANZEN u. H. KRAUCH: Chem.-Ztg. **79**, 101 (1955).

[2] DILTHEY, W., u. C. BLANKENBURG: J. prakt. Chem. [2] **142**, 177 (1935); vgl. a. H. ZOLLINGER: Chem. Reviews **51**, 347 (1952).

[3] CONANT, J. B., u. W. D. PETERSON: J. Amer. Chem. Soc. **52**, 1220 (1930).

Durch Zugabe von Alkali entstehen allgemein aus den Diazoniumsalzen die entsprechenden Basen, die sich in schwache Säuren, die *Diazohydroxyde* bzw. ihre Alkalisalze, umlagern. Hierbei bleibt in dem mesomeren Anion des normalen Diazotats in der Formulierung nach ANGELI die Stickstoff-Oktettlücke und damit die *Kupplungsfähigkeit erhalten* (vgl. S. 464):

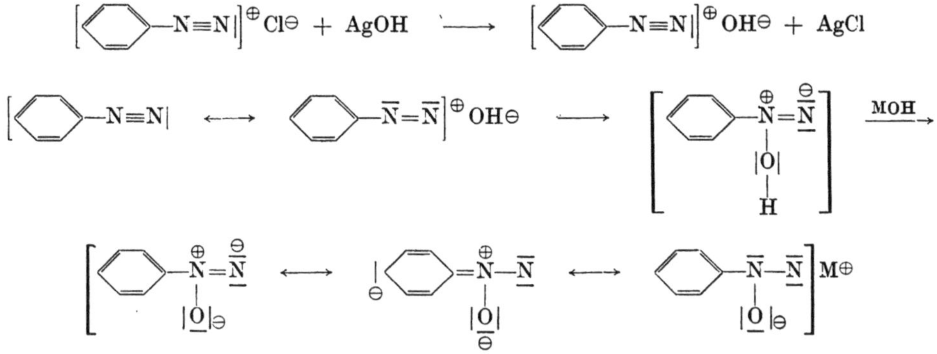

a b c

Der Eigenart der n-Diazotatanordnungen b und c mit einem Elektronensextett am N-Atom entspricht die große Reaktionsfähigkeit und gesteigerte Unbeständigkeit dieser Verbindungen, die sich entweder durch „innere" oder „äußere" Kupplung zu den Iso- oder den Azo-Verbindungen stabilisieren. Der Kupplungsvorgang der n-Diazotate stellt sich entsprechend dem Schema der elektrophilen Substitution in der elektronischen Formulierung der ANGELIschen Gedankengänge wie folgt dar[1]:

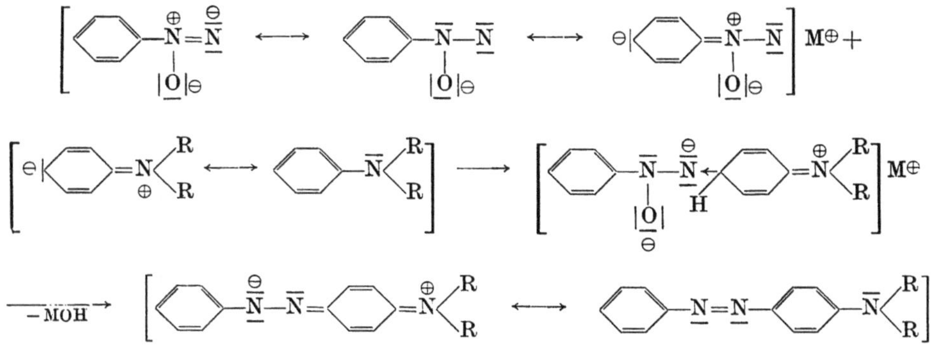

Die Kupplung findet nicht nur mit Phenolen, Phenoläthern und Dienkohlenwasserstoffen statt[2], sogar mit *aromatischen* Kohlenwasserstoffen, wie z. B. Benzpyren oder Methylcholanthren, tritt Kupplung auf[3]. Es sind dies interessanterweise solche Kohlenwasserstoffe, die sich durch ihre cancerogene Wirksamkeit auszeichnen (vgl. S. 352). Ist, wie W. DILTHEY (vgl. S. 470) zeigen

[1] Gelegentlich ist ein von der Diazoamino- oder Aminoazoverbindung sicher verschiedenes, sehr instabiles, primäres Additionsprodukt beobachtet worden: Mikrophotographien der Komplexverbindung aus Diazosulfanilsäure und m-Phenylendiamin s. H. E. FIERZ-DAVID u. L. BLANGEY: Künstliche organische Farbstoffe. Berlin: Julius Springer 1926, Tafel 5. Es ist allerdings fraglich, ob es sich hierbei um die obengenannten „Zwischenverbindungen" handelt.

[2] MEYER, K. H.: Ber. dtsch. chem. Ges. **52**, 1468 (1919).

[3] FIESER, L. F., u. W. P. CAMPBELL: J. Amer. Chem. Soc. **60**, 1142 (1938).

konnte, eine C=C-Doppelbindung durch geeignete Substitution in Richtung auf einen polaren Grenzzustand verschoben wie beim α,α'-Dianisyläthylen oder Ditolyläthylen, so findet bei Anwendung genügend reaktionsfähiger Diazoverbindungen die Kupplung schon mit Stoffen statt, die nur eine Doppelbindung besitzen.

In *schwach saurer Lösung* kuppeln aromatische Amine und Phenole auch am Stickstoff bzw. Sauerstoffatom. Diese Atome stellen hier das einsame Elektronenpaar für die Kupplung zur Verfügung (die Kupplung ist also abhängig vom p_H der Lösung):

$$[C_6H_5-\overline{N}=\overset{\oplus}{N}] + \underset{H}{\overset{H}{|}}\overline{N}-C_6H_5 \rightarrow C_6H_5-\overline{N}=\overline{N}-\underset{H}{\overset{H\oplus}{N}}-C_6H_5$$

$$\downarrow$$

$$C_6H_5-\overline{N}=\overline{N}-\underset{H}{\overline{N}}-C_6H_5 + H^\oplus$$

Durch Zusatz überschüssiger Säure zerfällt die gebildete *Diazo-amino-* oder *-oxyverbindung* wieder in ihre Komponenten. Gleichzeitig wird durch Besetzung des einsamen N- oder O-Elektronenpaares mit dem Proton der zugesetzten Säure die normale Kupplungsreaktion in Gang gebracht und es entstehen Azo-amino- bzw. Azo-oxyverbindungen[1] (analog der Kationotropie: N-Chloranilin → p-Chloranilin, vgl. S. 403).

Aus dem obigen Reaktionsschema folgt, worauf schon im Vorangehenden hingewiesen wurde, daß Substituenten in hervorragendem Maße die Kupplung fördern oder hemmen können. So kuppelt diazotiertes 2,4-Dinitranilin besonders glatt, sogar mit Mesitylen[2]! Andererseits wird die Kupplung durch Substitution in der zweiten Komponente ebenfalls beträchtlich gefördert, wenn die para- oder ortho-Stellungen in genügendem Maße ein einsames Elektronenpaar zur Verfügung stellen kann.

Die *Reduktion* der Diazoverbindungen führt, je nachdem, ob man in saurer oder alkalischer Lösung reduziert, zu verschiedenen Endprodukten. In *saurer* Lösung entsteht, wie zuerst E. FISCHER[3] fand, das entsprechende aromatische *Hydrazin*:

$$\left[\bigcirc-N\equiv N|\right]^\oplus Cl^\ominus + 2 H_2 \longrightarrow \left[\bigcirc-\underset{H}{\overset{H}{\underset{|}{N}}}-\underset{H}{\overset{|}{N}}-H\right]^\oplus Cl^\ominus$$

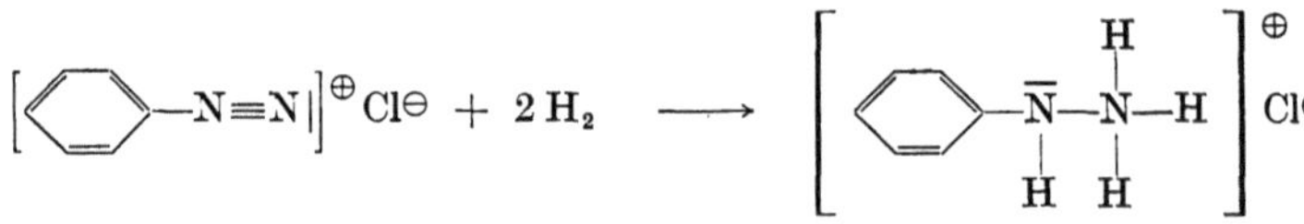

Dagegen wird in *alkalischer* Lösung unter Verwendung von Alkohol als Reduktionsmittel N_2 abgespalten unter Bildung eines *Kohlenwasserstoffes*[4] und Acetaldehyd (vgl. hierzu S. 467):

$$C_6H_5N_2OH + C_2H_5OH \rightarrow N_2 + CH_3CHO + C_6H_6 + H_2O$$

---

[1] ROSENHAUER, E., u. H. UNGER: Ber. dtsch. chem. Ges. **61**, 392 (1928).
[2] MEYER, K. H., u. H. TOCHTERMANN: Ber. dtsch. chem. Ges. **54**, 2283 (1921).
[3] FISCHER, E.: Ber. dtsch. chem. Ges. **8**, 589 (1875).
[4] BAMBERGER, E., u. F. MEIMBERG: Ber. dtsch. chem. Ges. **26**, 497 (1893). — EIBNER, A.: Ber. dtsch. chem. Ges. **36**, 815 (1903). — HANTZSCH, A.: Ber. dtsch. chem. Ges. **36**, 2065 (1903). — R. Q. BREWSTER u. J. POJE reduzieren mit alkalischer Formaldehydlösung, J. Amer. Chem. Soc. **61**, 2418 (1939).

Bei der *Oxydation* der Diazotate mittels H_2O_2 entstehen Nitranilide und Nitroso-phenylhydroxylamine. Die Oxydation setzt daher an dem einen oder dem anderen N-Atom ein:

$$\left[\text{C}_6\text{H}_5-\underline{N}=\underline{N}-\overline{\underline{O}}| \right]^{\ominus} M^{\oplus}$$

$$\downarrow + \overline{\underline{O}}|$$

$$\left[\text{C}_6\text{H}_5-\underset{|\underline{\underline{O}}|}{\underline{N}=\underline{N}-\overline{\underline{O}}|} \right]^{\ominus} M^{\oplus} \qquad \left[\text{C}_6\text{H}_5-\underset{|\underline{\underline{O}}|}{\underline{N}=\underline{N}-\overline{\underline{O}}|} \right]^{\ominus} M^{\oplus}$$

$$\downarrow HX \qquad\qquad \downarrow HX$$

$$\text{C}_6\text{H}_5-\underset{|\underline{\underline{O}}|}{\underline{N}=\underline{N}-\overline{\underline{O}}-H} \qquad \text{C}_6\text{H}_5-\underset{|\underline{\underline{O}}|}{\underline{N}=\underline{N}-\overline{\underline{O}}-H}$$

$$\updownarrow \qquad\qquad \updownarrow$$

$$\text{C}_6\text{H}_5-\underset{|\underline{O}-H}{\overline{N}-\underline{N}=\overline{\underline{O}}} \qquad \text{C}_6\text{H}_5-\underset{H}{\overline{N}-N\underset{\overline{\underline{O}}|}{\overset{\overline{O}}{\diagup}}}$$

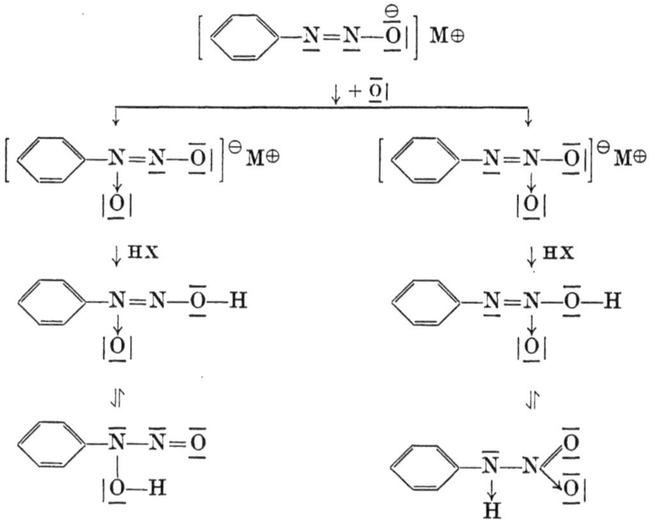

Schließlich ist noch die Bildung unsymmetrisch substituierter Diaryle bei der GOMBERG-Reaktion, der Einwirkung von Diazohydroxyden[1] oder Nitroso-acyl-aryl-amiden auf aromatische KW-Stoffe zu erwähnen. Bei diesen *Arylierungs-reaktionen*, die in nichtwäßrigen Medien bzw. in nicht wäßriger Phase und unpolaren Lösungsmitteln schematisch folgendermaßen ablaufen:

$$RN_2OH + H-\text{C}_6\text{H}_5 \longrightarrow R-\text{C}_6\text{H}_5 + N_2 + H_2O$$

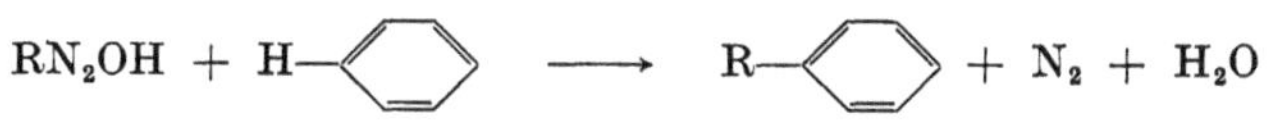

wird man den Überlegungen von D. H. HEY[2] und W. A. WATERS[3] folgen und einen *radikaschen* Reaktionsablauf annehmen. Die beim Zerfall der Diazo-verbindungen hier entstehenden neutralen Arylradikale[2]:

$$RN_2OH \rightarrow R\cdot + N_2 + \cdot OH \quad \text{bzw.} \quad RN_2Cl \rightarrow R\cdot + N_2 + \cdot Cl$$

sind als Vorstufe dieser Arylierung anzusehen.

Wesentlich ist hierbei, daß die Zersetzung der Diazohydroxyde in *nicht ionisierenden Medien* vorgenommen wird. Wählt man als Lösungsmittel Kohlenstofftetrachlorid, so bilden sich Chlorbenzol und andere chlorierte Stoffe, ein Zeichen für den radikalischen Chemismus dieser Reaktion. Die in Benzol als Lösungsmittel ausgeführte Zersetzung des Nitroso-acetanilids liefert Diphenyl, Stickstoff und Essigsäure[4]. Sind Metalle wie z. B. Zn, Sn, Al, Cu, Hg bei dieser Reaktion anwesend, so werden sie unter Acetatbildung gelöst. Die Reaktion verläuft sicher über Radikale, zumal man gelegentlich das Auftreten von Kohlen-

---

[1] GOMBERG, M., u. W. E. BACHMAN: J. Amer. Chem. Soc. **46**, 2339 (1924). — GOMBERG, M., u. J. C. PERNEST: J. Amer. Chem. Soc. **48**, 1372 (1926).
[2] HEY, D. H., u. W. A. WATERS: Chem. Reviews **21**, 178 (1937). Dort auch weitere Schrifttumsangaben; GRIEVE, W. S. M., u. D. H. HEY: J. Chem. Soc. (London) **1938**, 108.
[3] WATERS, W. A.: J. Chem. Soc. (London) **1937**, 2009; **1938**, 843, 1077.
[4] BAMBERGER, E.: Ber. dtsch. chem. Ges. **30**, 366 (1897). — HANTZSCH, A., u. L. E. WECHSLER: Liebigs Ann. **325**, 226 (1902); vgl. a. W. E. BACHMAN u. R. H. HOFFMAN: Org. Reactions **2**, 224 (1944).

dioxyd als typisches Spaltprodukt des Acetoxyl-radikals beobachten kann:

$$C_6H_5\text{—}N(NO)\text{—}COCH_3 \rightleftharpoons C_6H_5\text{—}N{=}N\text{—}O\text{—}COCH_3 \rightarrow C_6H_5\cdot + N_2 + \cdot OCOCH_3$$
$$\cdot OCOCH_3 \rightarrow CO_2 + CH_3\cdot$$

Wenngleich an einem radikalischen Chemismus dieser Reaktion nicht zu zweifeln ist, sind doch die Einzelheiten des Ablaufs der Reaktion wohl nicht so einfach, wie sie die obige Gleichung darstellt. Insbesondere übt das Metall auch eine deutliche katalytische Wirksamkeit aus, so daß man an den Ablauf der GATTERMANN-Reaktion erinnert wird. Daher nimmt R. HUISGEN[1] an, daß sich die Reaktion über *Kryptoradikale* — im Reaktionsknäuel — abspielt und nur selten dabei wirklich freie Radikale auftreten. Die Wirkung der Metalle beruht auch hier wie bei den SANDMEYER- und GATTERMANN-Reaktionen auf einer Elektronenübertragung:

$$RN_2X + Hg \rightarrow R\cdot + N_2 + Hg^{\oplus} + X^{\ominus}$$

und ferner:

$$R\cdot + Hg\cdot + Ac^{\ominus} \rightarrow R\text{—}Hg \leftarrow Ac$$

Dadurch, daß bei dem Zerfall das energiearme $Ac^{\ominus}$ an der Metalloberfläche gebildet werden kann, z. B. anstelle des viel energiereicheren Acetoxylradikals, wird diese Reaktion durch Metalle sehr gefördert. In gleicher Weise dürften auch die Metalle bei der von W. A. WATERS studierten Reaktion von Diazoverbindungen in *Aceton* in Gegenwart von Metallen in das Reaktionsgeschehen eingreifen. Damit wären nicht primär entstehende Chloratome oder Acetoxylradikale das angreifende Agens gegenüber den Metallen, sondern der durch Elektronenübergang aus dem Metall ermöglichte Zerfall unter Bildung von Arylradikalen und Metallionen sowie Chlor- bzw. Acetatanionen liefert in einer Folgereaktion die Umsetzungsprodukte. Zum Beispiel wird bei der Zersetzung von $C_6H_5N_2Cl$ in Acetonlösung und in Anwesenheit von Metallen wie Sb, Pb, Cu, Hg, ja sogar Gold (bei Zusatz von $CaCO_3$ zum Abfangen gebildeten Chlorwasserstoffs) das Aceton chloriert, und die Metalle werden unter Bildung metallorganischer Verbindungen aufgelöst:

$$2\,C_6H_5\text{—}N_2Cl + CH_3\text{—}CO\text{—}CH_3 \xrightarrow{Au} Cl\text{—}CH_2\text{—}CO\text{—}CH_3 + 2\,N_2 + 2\,[C_6H_5\text{—}Au/_3] + HCl$$

Wie vorsichtig man in der Formulierung von Reaktionsabläufen sein muß, zeigen die neueren Untersuchungen von K. CLUSIUS[2] über den Mechanismus der Bildung von Arylaziden aus Aryldiazoniumsalzen und *Azid-Ionen* mittels ^{15}N-markierter Verbindungen. Dabei hat es sich einwandfrei gezeigt, daß die klassische Eliminierung des Diazostickstoffs überhaupt ausbleibt. Bei dieser Reaktion:

$$R\text{—}\underset{a}{\overline{N}}{=}\overset{\oplus}{\underset{b}{N}} + \overset{\ominus}{\underset{c}{\underline{\overline{N}}}}{=}\overset{\oplus}{\underset{d}{N}}{=}\overset{\ominus}{\underset{e}{\underline{\overline{N}}}} \longrightarrow R\text{—}N_3 + N_2$$

entstehen:

$$R\text{—}\underset{c}{\overline{N}}{=}\overset{\oplus}{\underset{d}{N}}{=}\overset{\ominus}{\underset{e}{\underline{\overline{N}}}} + |\underset{a}{N}{\equiv}\underset{b}{N}| \quad 0\%$$

$$R\text{—}\underset{a}{\overline{N}}{=}\overset{\oplus}{\underset{b}{N}}{=}\overset{\ominus}{\underset{c}{\underline{\overline{N}}}} + |\underset{d}{N}{\equiv}\underset{e}{N}| \quad 85\%$$

$$R\text{—}\underset{a}{\overline{N}}{=}\overset{\oplus}{\underset{e}{N}}{=}\overset{\ominus}{\underset{d}{\underline{\overline{N}}}} + |\underset{b}{N}{\equiv}\underset{c}{N}| \quad 15\%$$

[1] HUISGEN, R.: Liebigs Ann. **562**, 137 (1949).

[2] CLUSIUS, K.: Angew. Chem. **64**, 354 (1952); **66**, 505 (1954). — CLUSIUS, K., u. H. HÜRZCH: Helvet. chim. Acta **35**, 1548 (1952).

Das Ergebnis zeigt, daß in Wirklichkeit zwei unerwartete Reaktionswege beschritten werden und der aus Analogiegründen wie etwa bei der Umsetzung von Aryldiazoniumsalzen mit Jod angenommene Weg:

$$[\underset{a\,b}{RN_2}]^{\oplus}X^{\ominus} + N_3^{\ominus} \longrightarrow R^{\oplus} + N_3^{\ominus} + X^{\ominus} + \underset{a\,b}{N_2}$$

$$R^{\oplus} + N_3^{\ominus} \longrightarrow R\leftarrow N_3$$

überhaupt nicht in Erscheinung tritt.

Vermutlich entstehen intermediär *Pentazene*, die sehr rasch und in spezifischer Weise zerfallen:

$$\left\{R-\overset{\oplus}{N}\equiv N| \longleftrightarrow R-\overline{N}=\overset{\oplus}{\overline{N}}\right\} + \underline{\overset{\ominus}{N}}=\overset{\oplus}{N}=\underline{\overset{\ominus}{N}} \longrightarrow$$

$$R-\overline{N}=\overline{N}\leftarrow\underline{N}=\overset{\oplus}{N}=\underline{\overset{\ominus}{N}} \longrightarrow R-\overline{N}=\overset{\oplus}{N}=\underline{\overset{\ominus}{N}} + |N\equiv N|$$

Auch die Umsetzung von Aryldiazoniumionen mit Cyananionen zeigt eine in die gleiche Richtung weisende Besonderheit. Nur in Gegenwart von Kupfer-(I)-cyanid bilden sich sofort unter Zerfall des Diazoniumsalzes das aromatische Nitril und Stickstoff, während ohne Kupfersalze das n-Diazocyanid gebildet wird. Letzteres zerfällt unter der katalytischen Wirkung von Kupfer-(I)-salzen in Stickstoff und das aromatische Nitril.

Diese Tatsachen legen den Gedanken nahe, daß bei den Umsetzungen der Diazoniumsalze nicht die stabilen „Ammonium"-konfigurationen beteiligt sind, sondern die labilen mesomeren *Azeniumformen*:

$$\left[R-\overset{\oplus}{N}\equiv N| \longleftrightarrow R-\overline{N}=\overset{\oplus}{\overline{N}}\right] X^{\ominus}$$

relativ stabil — reaktionsfähige Form

Damit nähert sich die elektronentheoretische Formulierung einer schon viel früher angenommenen Formel der Diazoverbindungen, die in der klassischen Schreibweise der Strukturtheorie als:

$$R-N=N-X$$

wiedergegeben werden kann.

Auch für die elektronentheoretische Formulierung muß man annehmen, daß je nach der Natur von R und $X^{\ominus}$ sowie den sonstigen Bedingungen ein Übergang zwischen ionischer und kovalenter Bindung des Restes X an das N-Atom möglich ist, wie beispielsweise die Zersetzung der Diazoniumsalze in nichtionisierenden Medien wie Aceton gezeigt hat:

$$[R-\overline{N}=\overline{N}]^{\oplus}\ |\underline{\overline{X}}|^{\ominus} \rightleftharpoons R-\overline{N}=\overline{N}\leftarrow\underline{\overline{X}}|$$

Damit ist die Analogie zur klassischen früheren Schreibweise der Diazoniumverbindungen noch stärker hervorgehoben. Gleichzeitig kommt so die doppelte Reaktionsweise der Diazoniumverbindungen über ionische und radikalische Wege zum Ausdruck, indem aus der linken Formulierung der N_2 elementar unter Hinterlassung von Arylkationen und X-Anionen, in der rechten Formel aber unter Bildung von Arylradikalen und X-Radikalen bzw. Atomen freigegeben werden kann.

Des weiteren legen die obengenannten Versuchsergebnisse nahe, daß auch bei den SANDMEYER-Reaktionen zunächst durch Reaktion des Azeniumstickstoffs die syn.-Diazoverbindungen entstehen, aus denen dann in der bei der Besprechung der SANDMEYER-Reaktion gezeigten Weise die Stickstoffabspaltung und Bildung der weiteren Reaktionsprodukte erfolgt. Dabei bleibt es offen, ob solche Zwischenverbindungen wie das Pentaza-trien:

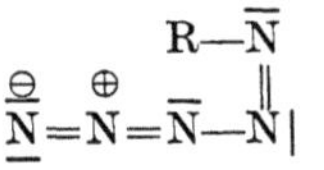

$$\overset{\ominus}{N}=\overset{\oplus}{N}=\overset{}{N}-\overset{\overset{R-\overline{N}}{\|}}{N}|\qquad\qquad R-\overline{N}=\overline{N}-\overline{N}=\overset{\oplus}{N}=\overset{\ominus}{\underline{N}}$$

$$\text{syn(cis-)Form}\qquad\qquad\qquad\text{gestreckte Form}$$

noch als (cis- bzw. trans-)isomere Formen existieren können oder die Anwesenheit der vielen zur Mesomerie fähigen N-Atome nicht eine lineare, gestreckte Anordnung schafft, wie sie in den aliphatischen Diazoverbindungen und den Aziden mit Sicherheit vorliegt. Jedenfalls darf man nach den neueren Ergebnissen gerade in der Chemie der so wandlungsfähigen Diazoverbindungen nicht ohne exakten Beweis eine bestimmte Formulierung herausstellen und sie auf scheinbar analoge Fälle übertragen. Für genauere Festlegungen von Struktur und Reaktionsweg müssen auf diesem Gebiet sorgfältige Untersuchungen von Substanz zu Substanz ausgeführt werden. Betont sei nochmals, daß offenbar nicht die stabilen Diazoniumsalze, sondern die labilen Diazoverbindungen vielfach die Träger der Reaktionen sind.

d) Diazotate — Stereo- oder Struktur-Isomere?

Bei den Versuchen zur Beantwortung der obigen Frage hat die Ähnlichkeit der drei Stofftypen: Diazotate, Diazocyanide und Diazosulfonate eine große Rolle gespielt. Auf Grund neuerer Untersuchungen der *Diazosulfonate* hat sich herausgestellt, daß hier die Auffassung von A. HANTZSCH, der eine cis-trans-Isomerie der Art:

$$\begin{matrix} \text{Ar}-\text{N} & & \text{Ar}-\text{N} \\ \| & & \| \\ \text{NaO}_3\text{S}-\text{N} & & \text{N}-\text{SO}_3\text{Na} \end{matrix}$$

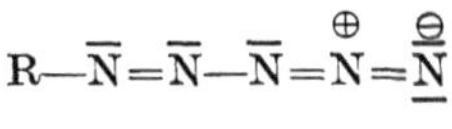

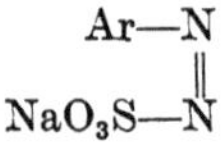

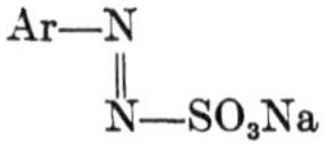

annahm, wohl nicht zutreffend ist[1]. Im Sinne von E. BAMBERGER[2] ist eine Strukturisomerie der Art:

$$R-N=N-SO_3Na \qquad R-N=N-OSO_2Na$$

als wahrscheinlicher anzusehen.

Die beiden *Diazocyanide* weisen in ihren Reaktionen relativ große Unterschiede auf. Die normalen Verbindungen sind sehr zersetzlich, verpuffen beim Erhitzen, spalten mit Kupferpulver Stickstoff ab und kuppeln sofort β-Naphthol zu Azofarbstoffen. Die Isocyanide dagegen sind stabiler, spalten keinen Stickstoff ab, kuppeln nicht und sind intensiver farbig als die normalen Verbindungen. Übrigens unterscheiden sich die isomeren Diazosulfonate gleichermaßen, ein Verhalten, das für cis-trans-isomere Verbindungen recht ungewöhnlich ist. Der Nicht-Elektrolytcharakter der Diazocyanide und ihre UV-Spektren werden von A. HANTZSCH u. a. als Beweis für die Existenz einer *cis-trans-Isomerie* der beiden Diazocyanide herangezogen. Dagegen kann man, wie hier nicht näher ausgeführt

---

[1] HODGSON, H. H., u. E. MARSDEN: J. Chem. Soc. (London) **1943**, 470. — HODGSON, H. H., u. D. BAILEY: J. Soc. Dyers Col. **65**, 231 (1949). — Für das Vorliegen von Stereoisomerie auf Grund der UV-Spektren: s. H. C. FREEMAN u. R. J. W. LeFÈVRE: J. Chem. Soc. (London) **1951**, 415, 1977. — J. Chem. Soc. (London) **1949**, 944, 1106; **1952**, 2952, 3381.

[2] BAMBERGER, E.: Ber. dtsch. chem. Ges. **27**, 2586, 2930 (1894).

werden soll, beträchtliche Einwendungen erheben. Eine *Strukturverschiedenheit* beider Diazocyanide im Sinne ANGELIs:

A

B

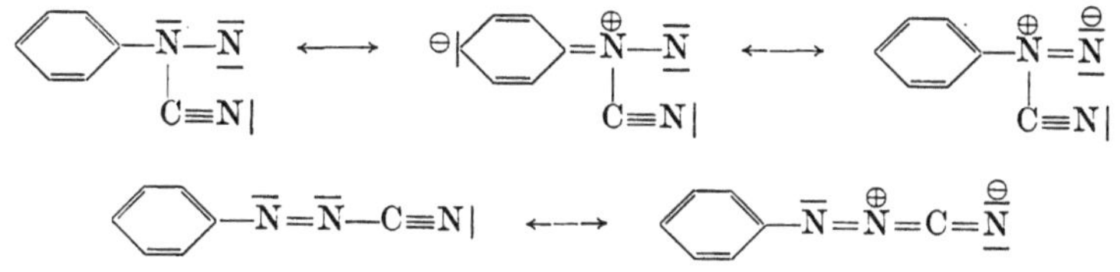

läßt sich mit den obigen Argumenten nicht ausschalten. Dagegen scheinen die IR-Spektren und die Schwingungsspektren[1] für eine Stereoisomerie der beiden Diazocyanide zu sprechen. Die im Diazocyanid mögliche Mesomerie:

$$\mathrm{Ar{-}\overline{N}{=}N{-}C{\equiv}N|} \leftrightarrow \mathrm{Ar{-}\overline{N}{=}\overset{\oplus}{N}{=}C{=}\overset{\ominus}{\underline{\overline{N}}}}$$

könnte aber mehr eine gestreckte Form als eine cis-trans-isomere, am Stickstoff gewinkelte Konfiguration begünstigen. Sehr genaue Röntgenstrukturanalysen der beiden Diazocyanide wären zur Strukturaufklärung sicher sehr dienlich. (*Dipolmessungen* der n- und iso-Diazocyanide lassen auch keine ganz sichere Entscheidung zu. Sie stimmen zwar mit den für eine cis-trans-Isomerie bekannten Werten gut überein, können aber keinen schlüssigen Beweis gegen die Auffassung einer Strukturisomerie etwa im Sinne ANGELIs geben, da die vektorielle Momentzusammensetzung zu ähnlichen Werten führen könnte[2]).

Für einige *Diazoester* dagegen scheint das Vorliegen einer cis-trans-Isomerie sicher zu stehen[3]. Diese Diazoester entstehen durch Umlagerung von N-Nitroso-acyl-arylaminen in einer Art, die an die innere Redoxreaktion der aliphatischen oder cycloaliphatischen primären und sekundären Nitrosoverbindungen erinnert[4]:

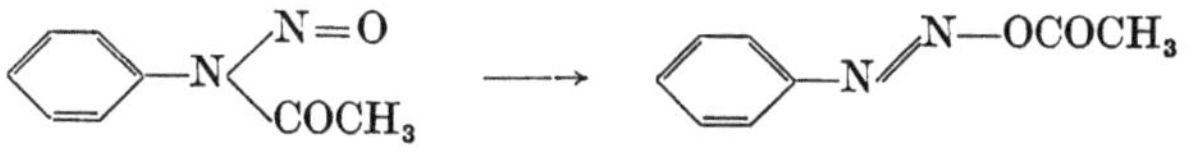

Nitroso-acet-anilid — Phenyl-diazo-acetat

Nitroso — Oxim

analog:

Nitrosamin — Diazohydroxyd

Es läßt sich in Übereinstimmung mit den Modellvorstellungen zeigen, daß die als Reaktion 1. Ordnung verlaufende Umlagerung zur *anti*-Form des

[1] ANDERSON, D., u. R. J. W. LEFÈVRE: J. Chem. Soc. (London) **1947**, 445. — SAVAGE, J., J. SHEPPARD u. G. B. B. M. SUTHERLAND: J. Chem. Soc. (London) **1947**, 453.

[2] LEFÈVRE, R. J. W., u. H. VINE: J. Chem. Soc. (London) **1938**, 431.

[3] HUISGEN, R.: Angew. Chem. **62**, 369 (1950).

[4] Umwandlung Nitroso → Oxim s. a. EUGEN MÜLLER, D. FRIES u. H. METZGER: Ber. dtsch. chem. Ges. **88**, 1891 (1955).

Esters führt:

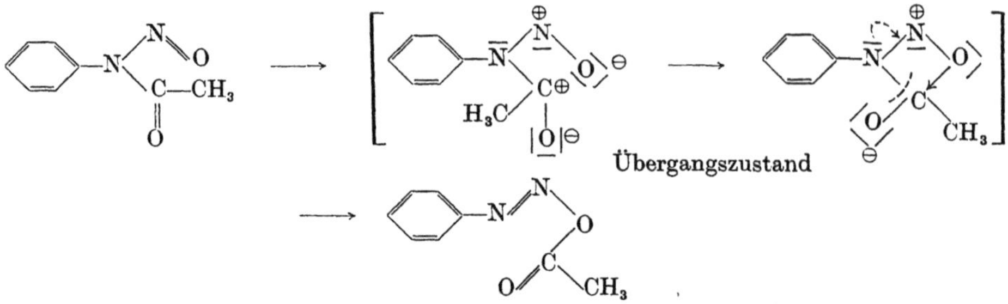

Substituiert man den Arylkern in ortho-Stellung durch Methyl, so erhält man nur aus dem stabileren Isomeren einen Ringschluß zum *Indazol*, während die instabile Form diesen Ringschluß nicht eingeht. Diese Beobachtungen werden mit der Annahme einer *Stereoisomerie* im Sinne der nachstehenden Formeln gedeutet:

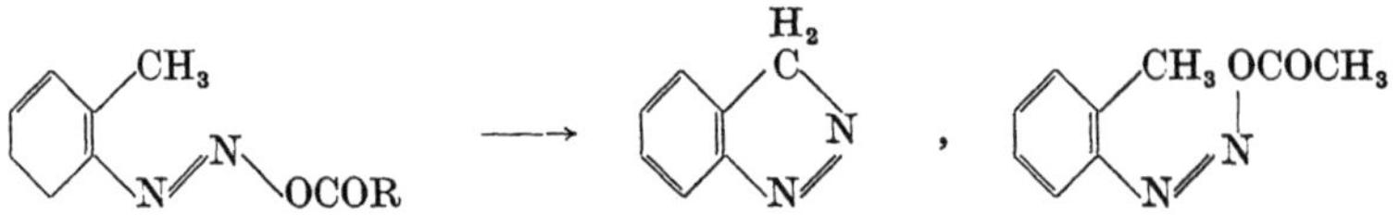

stabil, anti, Ringschluß[1] — instabil, syn, kein Ringschluß

Diese Verschiedenheit der beiden nur in Lösung vorübergehend existenzfähigen Diazoester läßt sich im Sinne einer *cis-trans-Isomerie* der normalen und iso-Diazoverbindungen verwenden. Was nun schließlich die Verhältnisse bei den normalen und isomeren *Diazotaten* selbst anbetrifft, so ist dieses Problem heute noch nicht als geklärt anzusehen. Wie gefährlich Analogieschlüsse sein können, zeigt das Beispiel der Phenylazid-Bildung mit indiziertem Stickstoff. Zur Klärung dieser Fragen bedarf es daher weiterer sehr sorgfältiger Untersuchungen.

Fassen wir abschließend zusammen:

1. Der erste Schritt bei der Diazotierung erfolgt durch den Eingriff letztlich eines *Nitrosylkations* NO⊕ an das einsame Elektronenpaar des Aminostickstoffs, wobei Stabilisierung unter Austritt von Wasser und Bildung eines Diazoniumsalzes eintritt:

$$C_6H_5\underline{N}H_2 + NO^{\oplus} \longrightarrow \left[\begin{matrix} C_6H_5\overset{\oplus}{N}H_2 \\ | \\ NO \end{matrix}\right] \longrightarrow C_6H_5N_2^{\oplus} + H_2O$$

Diazoniumsalze sind analog den Ammoniumsalzen Elektrolyte, stabilisiert durch die mögliche Mesomerie mit dem aromatischen System. Infolge einer elektromeren Verschiebung zu einer Formel mit endständigem Azeniumstickstoff, deren Ausmaß von den Substituenten im aromatischen Kern weitgehend beeinflußt werden kann, sind Diazoniumsalze *kupplungsfähig*. Andererseits entlassen sie ihren *Stickstoff* in Form des N_2-Moleküls (Diazoreaktionen, Sandmeyer, Gattermann und Meerwein), wobei verschiedene Reaktionswege eingeschlagen werden können.

2. Aus den Diazoniumsalzen entstehen bei Zugabe von Alkali starke „*Oniumbasen*", die bisher nicht in Substanz isoliert worden sind:

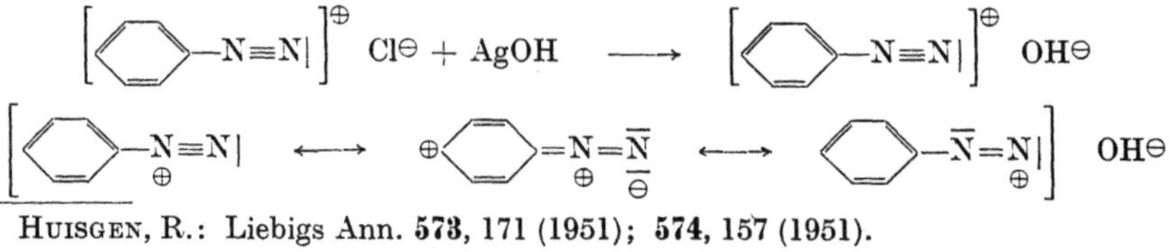

[1] Huisgen, R.: Liebigs Ann. **573**, 171 (1951); **574**, 157 (1951).

3. Durch weitere Einwirkung von $OH^\ominus$ erfolgt eine Umlagerung der Diazoniumbase über eine ebenfalls nicht isolierbare, kupplungsfähige Säure, das *Diazohydroxyd*, in die normalen, salzartigen Diazotate noch nicht völlig sicherer Konstitution:

$$\left[C_6H_5-N\equiv N\right]^\oplus OH^\ominus \xrightarrow{MOH} C_6H_5-N_2OM + H_2O$$

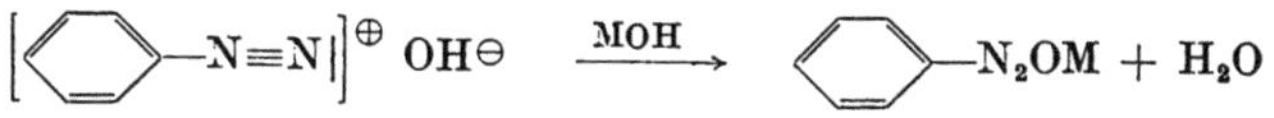

Diazohydroxyde bzw. ihre Salze, die normalen Diazotate, sind höchst reaktionsfähig, sie zeigen z. B. die Kupplungsreaktion (äußere Kupplung!).

4. Die Instabilität der Salze der normalen Diazohydroxyde führt zu einer *Stabilisierung* in Form von „Azoverbindungen", eine Reaktion, die man im Sinne ANGELIs als eine „innere" Kupplung auffassen könnte:

$$C_6H_5-N_2OH \xrightarrow{+OH^\ominus} C_6H_5-N=N-O^\ominus$$

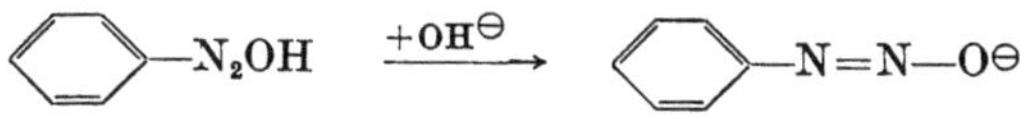

5. In den Anionen dieser Isodiazotate ist folgende Mesomerie möglich:

$$\left[C_6H_5-\overline{N}=\overline{N}-\underline{\overline{O}}| \underset{\ominus}{} \longleftrightarrow C_6H_5-\underset{\ominus}{\overline{N}}-\overline{N}=\underline{\overline{O}}\right] M^\oplus$$

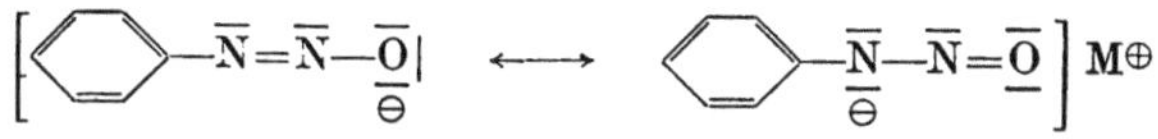

Setzt man daher aus Isodiazotaten die zugrunde liegende Säure in Freiheit, so gelingt es, zwei tautomere Verbindungen zu erhalten:

$$\left[C_6H_5-\overline{N}=N-\underline{\overline{O}}| \longleftrightarrow C_6H_5-\overline{N}-\overline{N}=\underline{\overline{O}}\right]^\ominus$$

$$\downarrow H^\oplus$$

$$C_6H_5-\overline{N}=\overline{N}-\underline{O}-H \qquad C_6H_5-\underset{H}{\overline{N}}-\overline{N}=O$$

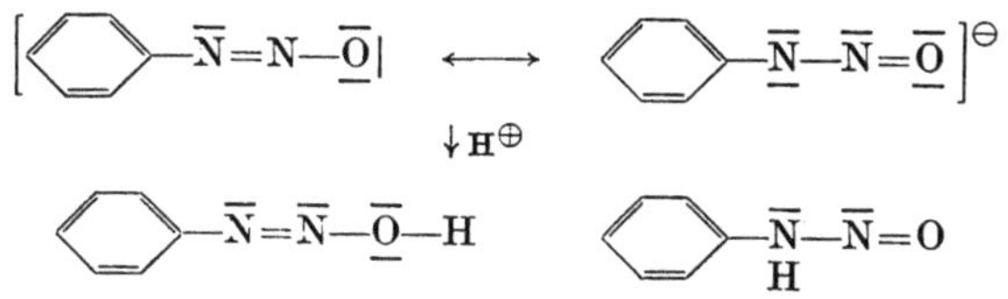

Isodiazohydroxyd   *Nitrosamin*

Durch Methylierung der Isodiazotate entstehen je nach den besonderen Versuchsbedingungen Derivate der Azo- oder der Nitrosamin-Form. Schließlich kann man durch Zugabe starker Säuren die Diazotate rückläufig in das Diazoniumsalz überführen. Das folgende Reaktionsschema soll diese Verhältnisse noch einmal erläutern:

$$\left[C_6H_5-\overset{\oplus}{N}\equiv N| \longleftrightarrow C_6H_5-\overline{N}=\underset{\oplus}{\overline{N}}\right]|\underline{\overline{X}}|^\ominus \rightleftharpoons C_6H_5-\overline{N}=\overline{N}-\underline{\overline{X}}|$$

$$\downarrow \qquad\qquad\qquad\qquad\qquad\qquad \downarrow$$

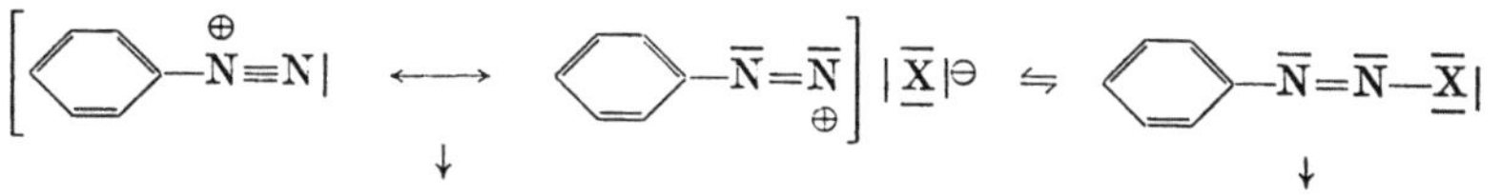

Ionische Reaktionen   *Radikalische Reaktionen*

unter N_2-Abgabe, also über $\left[C_6H_5\right]^\oplus$:

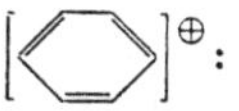

thermische Zersetzung fester Komplexsalze
Reaktionen in Lösung über komplexe Anionen
Verkochen
anomale SANDMEYER-Reaktion, ($C_6H_5N_3$ usw.)
MEERWEIN-Reaktion

unter Erhalt von N_2:
Kupplungen

SANDMEYER-GATTERMANN-Reaktion, allgemein mit Metallen als Elektronenüberträgern
GOMBERG-Reaktion, Diazohydrate, Zerfall von Nitrosoacylamiden
Nitrilbildung über n-Diazocyanide
Ersatz von N_2 durch H (z. B. mit Äthanol)
Umsetzung mit Jod
BARTHsche Reaktion
MEERWEIN-SCHUSTER-Reaktion in Gegenwart von Kupfer-(I)-chlorid

Die bei der Phenylazidbildung aufgefundenen Besonderheiten der Reaktionswege mahnen zur Vorsicht in bezug auf Verallgemeinerung eines bestimmten Reaktionsablaufs. Denkbar ist ferner bei vielen Reaktionen die primäre Zwischenbildung labiler n-Diazoverbindungen, deren mehr oder weniger leichter Zerfall unter N_2-Abgabe die Endprodukte auf diesem Wege entstehen läßt.

Überblickt man das gesamte Verhalten der theoretisch sehr reizvollen und praktisch äußerst wichtigen Diazoverbindungen, so sieht man gerade hier, in wie komplizierter Weise die verschiedensten Reaktionswege von ein und derselben Verbindung gegeben werden können, und welcher besonders sorgfältigen Arbeit es bedarf, um zu stichhaltigen Aussagen zu gelangen. Die Chemie der Diazoverbindungen ist sicher weder in theoretischer noch praktischer Hinsicht völlig ausgeschöpft und erweckt gerade infolge der Kompliziertheit der Erscheinungen einen besonderen Anreiz zu weiterem Studium.

IV. „Zweiwertige“ Kohlenstoffverbindungen

Das Kohlenstoffatom besitzt nach der Analyse der Spektral-Terme in seiner äußersten „Schale“ zwei s- und zwei p-Elektronen, deren Energieniveaus aber nicht sehr voneinander verschieden sind. Daher bildet der Kohlenstoff im allgemeinen Verbindungen, bei denen alle vier äußeren Elektronen an der Bindung teilnehmen (sp^3-Hybridisierung). Das Kohlenmonoxyd CO ist das wichtigste Beispiel für einen Verbindungstyp, bei welchem nur zwei Elektronen der äußeren Hülle eine Bindung eingehen, während die anderen unbeteiligt bleiben.

1. Kohlenmonoxyd und seine Derivate

Die zuerst von J. U. Nef[1] gegebene Formel mit „zweiwertigem“ Kohlenstoff läßt sich als Elektronenformel folgendermaßen schreiben:

$$|C=\overline{\underline{O}}$$
(I)

Formel I zeigt am C-Atom eine *Oktettlücke*, während am O-Atom wie immer einsame Elektronenpaare auftreten. Es wurde daher von I. Langmuir[2] vermutet, daß eines der einsamen Elektronenpaare des Sauerstoffs in der Oktettlücke am C unter elektromerer Verschiebung eingreift. Man kommt so zu der Formel II:

$$\ominus|C\equiv O|\oplus \qquad |N\equiv N|$$
(II) (III)

Sie stellt ein „*Oxonium-carbeniat*“ dar. Dabei kommt sehr deutlich die Isosterie mit dem Stickstoffmolekül (III) zum Ausdruck. Gegen diese Formel wurden Bedenken geäußert. So zeigt das CO *kein* endliches *Dipolmoment*[3], während II ein endliches Moment besitzen sollte. Hier liegt aber ein Mißverständnis vor: Wenn auch eines der Elektronenpaare des Sauerstoffs in die C-Oktettlücke elektromer hineingezogen ist, so ist doch die Elektronenaffinität des Sauerstoffs erheblich größer als die des Kohlenstoffs.

Alle drei Elektronenpaare zwischen C und O in der Formel II gehören mehr zum O- als zum C-Atom infolge dieser induktiven Kräfte. Letztere kompensieren demnach die durch elektromere Verschiebung eines O-Elektronenpaares bewirkte

[1] Nef, J. U.: J. Amer. Chem. Soc. **26**, 1549 (1904); Liebigs Ann. **270**, 267 (1892); **287**, 265 (1895).

[2] Langmuir, I.: J. Amer. Chem. Soc. **41**, 1543 (1919). Ferner G. N. Lewis, Valence and the Structure of Atoms and Molecules, S. 127. New York 1923.

[3] New, R. C. A., u. L. E. Sutton: J. Chem. Soc. (London) **1932**, 1415.

„Positivität" des Sauerstoffatoms[1]. Die beiden Formeln I und II stehen zueinander im Verhältnis der *Mesomerie* (I ↔ II).

Die Ähnlichkeiten und Verschiedenheiten der beiden Isosteren CO und N_2 können hier nur flüchtig gestreift werden. Beide Gase verhalten sich bei der *Hydrierung* an Metallkontakten ähnlich: CO wird in Methylalkohol[2], N_2 in NH_3 übergeführt[3]. Auf die außerordentliche technische Bedeutung dieser Hydrierungen wie auch auf die *Wassergasbildung* sei hier nur hingewiesen.

Ein unterschiedliches Verhalten beider Isosterer kommt in der Bildung flüchtiger Metallverbindungen zum Ausdruck. Während N_2 mit Metallen keine flüchtigen Additionsverbindungen bildet, entstehen mit CO die *Metallcarbonyle*[4]. Der hier zutage tretende Unterschied beruht zweifellos auf der Symmetrie und geringen Polarisierbarkeit von N_2, während das an sich dipollose CO polarisierbar ist.

Mit *Alkalimetallen* kann das CO noch in anderer Weise reagieren. So entstehen unter Reduktion (Elektronenaufnahme) dimere „Metalladdukte"[5]:

$$2\,Cs + 2\,CO \longrightarrow Cs_2C_2O_2$$

$$[\overline{O}=\underline{C}-\underline{C}=\overline{O}] \longleftrightarrow [|\overline{O}-C\equiv C-\overline{O}|]^{2\ominus}\ 2\,Cs^{\oplus}$$

deren Hydrolyse zum Glyoxal $\underset{O}{\overset{H}{\diagdown}}C-C\underset{O}{\overset{H}{\diagup}}$ führt.

Eine Dimerisation bei gleichbleibender Oxydationsstufe zu O=C=C=O ist bisher nicht gelungen.

Auch mit *aromatischen Kohlenwasserstoffen* läßt sich CO in Reaktion bringen (GATTERMANNsche Synthese), wobei allerdings die Anwesenheit von HCl und $AlCl_3$ erforderlich ist (intermediäre Bildung von $[H\leftarrow\underset{\oplus}{C}\equiv O| \leftrightarrow H\leftarrow\underset{\oplus}{C}=\overline{O}]\ AlCl_4^{\ominus}$).

Die anschließende Reaktion mit dem aromatischen Kohlenwasserstoff erfolgt dann wie üblich nach dem elektrophilen Substitutionsmechanismus[6].

Die *Hydratisierung* des CO gelingt nicht direkt, sondern auf dem Umweg über eine OH-Addition. Es bildet sich das Formiat:

$$\begin{bmatrix}^{\ominus}|C=\overline{O}\\ \uparrow\\ H-\underline{O}|\end{bmatrix} Na^{\oplus} \rightleftharpoons \begin{bmatrix}H\leftarrow C=\overline{O}\\ |\\ |\underline{O}|\\ \ominus\end{bmatrix} Na^{\oplus}$$

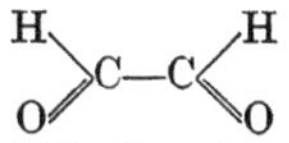

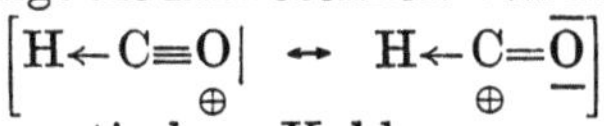

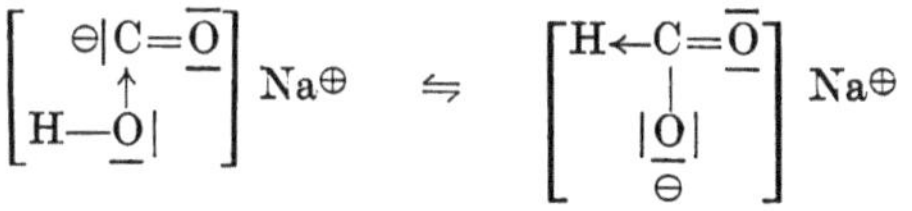

Das Tautomeriegleichgewicht liegt ganz auf der rechten Seite der Gleichung.

Sehr wichtig ist ferner die Reaktion des CO mit *Chlor* an aktiver Kohle im Licht oder bei höherer Temperatur zu Phosgen. Hier dürfte die Reaktion möglicherweise ihren Weg über *radikalische* Zwischenstufen nehmen.

Von besonderer technischer Bedeutung sind die verschiedenen *Carbonylierungsreaktionen*, die mittels geeigneter Katalysatoren und meist durch Arbeiten bei höheren Temperaturen und Drucken die Einführung von Kohlenmonoxyd in

---

[1] Nach F. ARNDT: Privatmitteilung von B. EISTERT.
[2] FISCHER, F.: Ber. dtsch. chem. Ges. **56**, 2438 (1923).
[3] FRANKENBURGER, W.: Z. Elektrochem. **39**, 269 (1933).
[4] Vgl. bes. W. HIEBER: Angew. Chem. **52**, 371 (1939); **64**, 465 (1952).
[5] HACKSPILL, L., u. L. A. VAN ALTNEA: C. r. Acad. Sci. (Paris) **206**, 1818 (1938). Chem. Zbl. **1938 II**, 2908.
[6] Vgl. auch die FRIEDEL-CRAFTSschen Synthesen an KW-Stoffen: HOPFF, H.: Ber. dtsch. chem. Ges. **64**, 2739 (1931); **65**, 482 (1932). — HOPFF, H., C. D. NENITZESCU, D. A. ISACESCU u. I. P. CANTUNIARI: Ber. dtsch. chem. Ges. **69**, 2244 (1936).

Alkohole, Olefine und Acetylene, vielfach in Gegenwart von Wasserstoff oder Verbindungen mit „beweglichem“ Wasserstoff, gestatten, z. B.:

$$CH_3\text{—}OH + CO \longrightarrow CH_3COOH$$

$$C_2H_5\text{—}O\text{—}C_2H_5 + 2\,CO + HOH \longrightarrow 2\,C_2H_5COOH$$ [1]

$$R\text{—}CH{=}CH_2 + CO + H_2 \xrightarrow[\text{120—160°, ca. 100 Atm.}]{Co(CO)_4} \begin{cases} R\text{—}CH_2\text{—}CH_2\text{—}CHO \\ R\text{—}CH(CHO)\text{—}CH_3 \end{cases}$$ [1] Oxoreaktion [2]

$$R\text{—}CH{=}CH_2 + CO + H_2O \xrightarrow[\text{200 Atm., 210—270°}]{Ni(CO)_4} \begin{cases} R\text{—}CH_2\text{—}CH_2\text{—}COOH \\ R\text{—}CH(COOH)\text{—}CH_3 \end{cases}$$ [1]

$$HC{\equiv}CH + CO + ROH \xrightarrow[\text{250—300°, 100—200 Atm. CO}]{Co(CO)_4} CH_2{=}CH\text{—}COOR$$

Der Mechanismus dieser Reaktionen ist noch nicht sicher bekannt; vgl. auch S. 433.

Zu den Verbindungen mit „stöchiometrisch zweiwertigem“ Kohlenstoff gehören neben dem Kohlenmonoxyd die *Isonitrile* (Carbylamine) und die *Knallsäure*. Die Elektronenformeln dieser Verbindungen lassen sich analog zu der des CO aufstellen:

$$|C{\leftarrow}O| \qquad |C{\leftarrow}N\text{—}R \qquad |C{\leftarrow}N\text{—}\overline{\underline{O}}\text{—}H$$

Die O- und N-Atome (also die dem C benachbarten Atome) treten als Elektronenspender (Donator), das C-Atom als *Elektronenacceptor* auf. Daß ein N-Atom als *Donator* wirken kann, ist schon früher verschiedentlich, z. B. bei der Besprechung der *Aminoxyde*, erwähnt worden[3]. In den Aminoxyden tritt aber der Sauerstoff als Acceptor in Erscheinung, während bei den Verbindungen des „zweiwertigen“ Kohlenstoffs das C-Atom selbst ein Elektronenpaar aufnimmt:

$$\underset{}{(R)_3{\equiv}\overset{\oplus}{N}{\rightarrow}\overset{\ominus}{\overline{O}}|} \qquad X\text{—}\overset{\oplus}{N}{\rightleftarrows}\overset{\ominus}{C}|$$

Atome, die ein einsames Elektronenpaar besitzen, zeichnen sich durch die leichte Aufnahmefähigkeit von Protonen oder Kationen aus. Daher wird man aus der Elektronenformel der Isonitrile auf ein entsprechendes Verhalten dieser Stoffe schließen können. Durch einen solchen Additionsvorgang entsteht ein mesomeriefähiges Kation, dessen Elektronenanordnung nach der Seite eines Carbeniumkations ausweicht, an dem sich weiterhin Reaktionen vollziehen können, nun aber mit Anionen. So tritt uns der „zweiwertige“ Kohlenstoff in seinen Verbindungen sowohl als Elektronenspender, infolge seines einsamen Elektronenpaares, wie auch als Acceptor (Carbeniumkation) beim Aufrichten der CN-Bindung entgegen. Daraus folgt, daß der „zweiwertige“ Kohlenstoff das Angriffszentrum der sehr reaktionsfreudigen Verbindungen darstellt, deren

[1] REPPE, W.: Neuere Entwicklungen auf dem Gebiet der Chemie des Acetylens und Kohlenoxyds. Berlin: Julius Springer 1949.

[2] ROELEN, O.: Angew. Chem. **60**, 62, 213 (1948); s. a. C. SCHUSTER, Fortschr. chem. Forsch. **2**, 311 (1951).

[3] Vgl. S. 143.

chemisches Verhalten an das der ungesättigten Stoffe erinnert, z. B.:

$$|\underset{\ominus}{C}\equiv\underset{\oplus}{N}-R + H^{\oplus}OH^{\ominus} \longrightarrow \{H\leftarrow C\overset{\oplus}{\equiv}\underline{N}-R \longleftrightarrow H-\overset{\oplus}{C}=\underline{N}-R\} OH^{\ominus} \rightarrow$$

$$H-\underset{\underset{|\underline{OH}}{\uparrow}}{C}=\underline{N}-R \rightleftarrows H-\underset{\underset{|\underline{O}|\ H}{\|}}{C}-\overline{N}-R$$

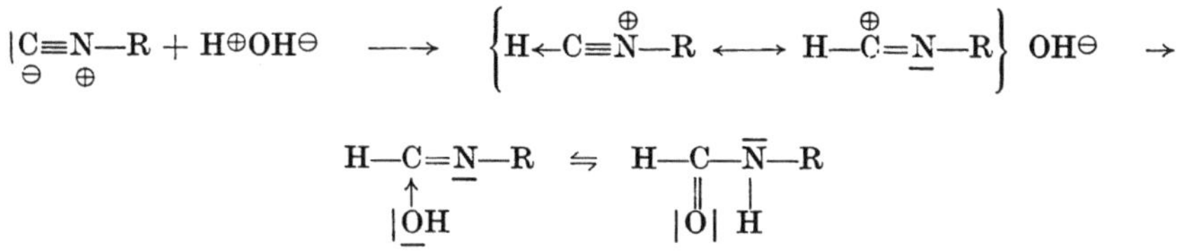

Die weitere Verseifung aller dieser Verbindungen führt daher stets zu Ameisensäure und einem primären Amin:

$$H-\underset{\underset{|\underline{O}|\ H}{\|}}{C}-\overline{N}-R + H_2O \longrightarrow \underset{HO}{\overset{H}{>}}C=O + H_2NR$$

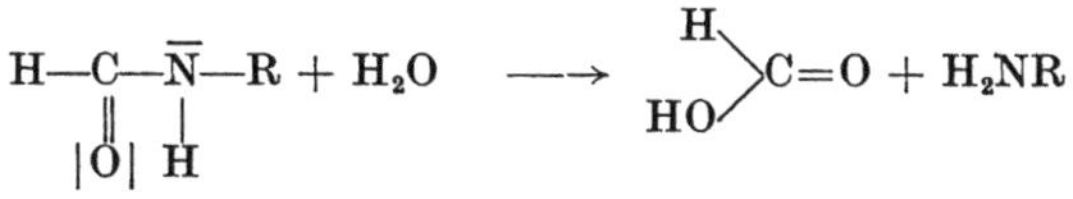

Hinweise für diese Elektronenformulierung der Verbindungen mit „stöchiometrisch zweiwertigem" Kohlenstoff lassen sich durch Anwendung physikalischer Methoden, z. B. Bestimmung des Parachors[1], der Bildungswärmen[2], der Ramanspektren[3] und des Dipolmomentes[4] erbringen. So ist z. B. das *Dipolmoment* des p,p'-Phenylen-di-isocyanids gleich Null, was nur mit einem geradlinigen gestreckten Molekül vereinbar ist:

$$|C\rightleftharpoons N-\hspace{-2pt}\bigcirc\hspace{-2pt}-N\rightleftharpoons C|$$

Das einsame Elektronenpaar am C-Atom der Isonitrile gibt sich auch durch die Bildung von *Komplexverbindungen* zu erkennen, in denen die $|C\equiv N$-Gruppe die gleichen Funktionen wie die $|NH_3$-Gruppe übernommen hat[5]:

[Pt(CH$_3$NC)$_2$Cl$_2$]   [Pt(CH$_3$NC)$_4$]PtCl$_4$

[Pt(NH$_3$)$_2$Cl$_2$]   [Pt(NH$_3$)$_4$]PtCl$_4$

Alle Verbindungen mit „zweiwertigem" Kohlenstoff zeichnen sich durch besondere *Giftigkeit* aus. Es besteht daher die Möglichkeit, daß die Giftwirkung der Blausäure von der Anwesenheit der tautomeren Form mit „zweiwertigem" Kohlenstoff herrührt (vgl. S. 440).

Auch das *Isodiazomethan* läßt sich als Verbindung mit „zweiwertigem" Kohlenstoff formulieren (vgl. S. 452):

$$H-C\equiv\overset{\oplus}{N}-\overset{\ominus}{N}-H \longleftrightarrow H-\underline{C}-\overline{N}=\overline{N}-H$$

Von den Reaktionen der Carbylamine[6] ist bereits ihre charakteristische *Verseifung zu Ameisensäure* und primären Aminen erwähnt worden. Das einsame

---

[1] LINDEMANN, H., u. L. WIEGREBE: Ber. dtsch. chem. Ges. **63**, 1650 (1930).
[2] KHARASCH, M. S.: J. Res. Nat. Bur. Standards **2**, 410 (1929). — HAMMICK, D. L., R. C. A. NEW, N. V. SIDGWICK u. L. E. SUTTON: J. Chem. Soc. (London) **1930**, 1876.
[3] DADIEU, A.: Ber. dtsch. chem. Ges. **64**, 358 (1931).
[4] NEW, R. C. A., u. L. E. SUTTON: J. Chem. Soc. (London) **1932**, 1415.
[5] HOFMANN, K. A., u. G. BUGGE: Ber. dtsch. chem. Ges. **40**, 1774 (1907). — TSCHUGAEFF, L., u. P. TEEARU: Ber. dtsch. chem. Ges. **47**, 570 (1914).
[6] Bei höheren Temperaturen stabilisieren sich viele Isonitrile durch Umlagerung in die entsprechenden Nitrile.

C-Elektronenpaar veranlaßt ferner die Aufnahme von O, S oder Cl_2 unter Bildung von Isocyanaten, Senfölen und im Falle des CO von Phosgen.

Auch Chlorwasserstoff wird am C-Atom addiert, wobei z. B. aus der Knallsäure das Formylchlorid-oxim entsteht:

$$|\overset{\ominus}{C}\equiv\overset{\oplus}{N}-\underline{\bar{O}}-H + HCl \longrightarrow \left\{H\leftarrow C\equiv\underset{\oplus}{N}-\underline{\bar{O}}-H \longleftrightarrow H-\overset{\oplus}{C}=\underline{N}-\underline{\bar{O}}-H\right\} Cl^{\ominus}$$

$$\longrightarrow \begin{array}{c}H\\Cl\end{array}\!\!\!>\!\!C=\underline{N}-\underline{\bar{O}}-H$$

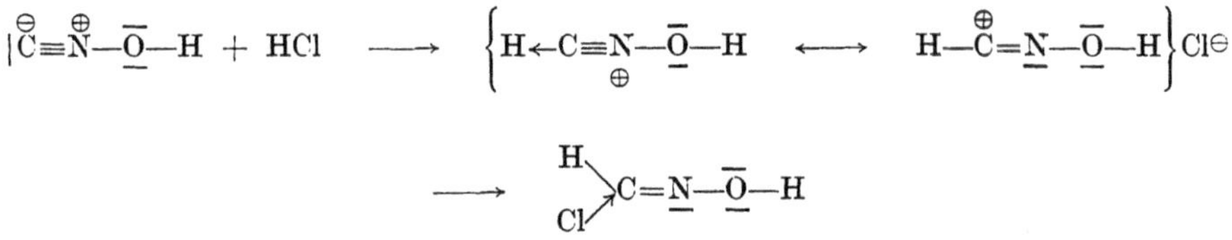

Knallsäure selbst läßt sich nicht in Substanz darstellen, da sie leicht in *polymere* Verbindungen verschiedener Art übergeht. Dagegen sind ihre explosiblen Schwermetallsalze von erheblicher Bedeutung. Die leichte Wandelbarkeit der Knallsäure und ihrer Derivate hat die Untersuchungen, die von H. WIELAND[1] in meisterhafter Weise durchgeführt wurden und die zu einem klaren Bild dieser interessanten Verbindungen geführt haben, sehr erschwert.

Der „stöchiometrisch zweiwertige" Kohlenstoff ist bis jetzt nur in Verbindungen des Kohlenstoffs mit O (nur am CO!) und N in Form definierter Substanzen bekannt geworden. Wieder ist es vor allem das Stickstoffatom, dessen Elektronenhülle dem C-Atom zur Stabilisierung in der „zweiwertigen" Form verhilft. Verbindungen der Art:

$$\uparrow\downarrow C=C\!\!<\!\!\begin{array}{c}R\\R\end{array} \quad \text{oder} \quad \uparrow\downarrow C\!\!<\!\!\begin{array}{c}R\\R\end{array} \quad R = \text{Alkyl oder Aryl}$$

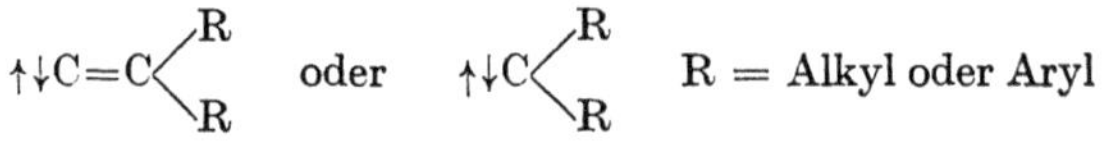

mit zwei „freien Valenzen" am C-Atom in *Substanz* sind unbekannt. Auch die Existenz von Kohlenoxydacetalen $C(OR)_2$ ist widerlegt worden[2].

2. Methylene

Dagegen sind kurzlebige instabile „*Radikale*" vom Typus des Methylens bekannt.

Beim photochemischen Zerfall[3] von Diazomethan oder Keten oder unter der Einwirkung von Katalysatoren[4] entsteht das freie Methylen:

$$(\uparrow\downarrow)\,|\,CH_2$$

Seine Halbwertszeit soll etwa doppelt so groß sein wie die des freien Methyls. Es ist wahrscheinlich, daß das Methylen im Grundzustand die Spins der beiden Elektronen des „einsamen" Elektronenpaars in antiparalleler Stellung enthält, aber der angeregte Triplettzustand wird energetisch nicht sehr viel höher als der Singulett-Grundzustand liegen.

Das bei der photochemischen Spaltung des Diazomethans in Freiheit gesetzte Methylen kann sich an Benzol unter Bildung eines Cycloheptatriens[5] addieren oder

---

[1] WIELAND, H.: Die Knallsäure. Slg. chem. u. techn.-chem. Vorträge **14**, 385 (1909).
[2] ADICKES, F.: Ber. dtsch. chem. Ges. **69**, 654 (1936).
[3] MEERWEIN, H., H. RATHJEN u. H. WERNER: Ber. dtsch. chem. Ges. **75**, 1610 (1942).
[4] Zum Beispiel Borverbindungen, H. MEERWEIN: Angew. Chem. **60**, 78 (1948).
[5] HOUBEN-WEYL: 4. Aufl. Bd. IV/2, S. 800, Stuttgart: Georg Thieme 1955; ferner W. v. E. DOERING u. L. H. KNOX: J. Amer. Chem. Soc. **72**, 2305 (1950); **73**, 828 (1951); **75**, 297 (1953). — Siehe auch S. 452.

mit CCl_4 bzw. $BrCCl_3$ das 1,3-Di-chlor-2,2-bis-(chlormethyl)-propan bzw. 1,3-Di-chlor-2-chlormethyl-2-brommethyl-propan[1] liefern:

$$\langle\text{benzene}\rangle + CH_2N_2 \xrightarrow[365\,\mu]{h\nu} \langle\text{norcaradiene with CH}_2\rangle \text{ bzw. } \langle\text{cycloheptatriene}\rangle + N_2$$

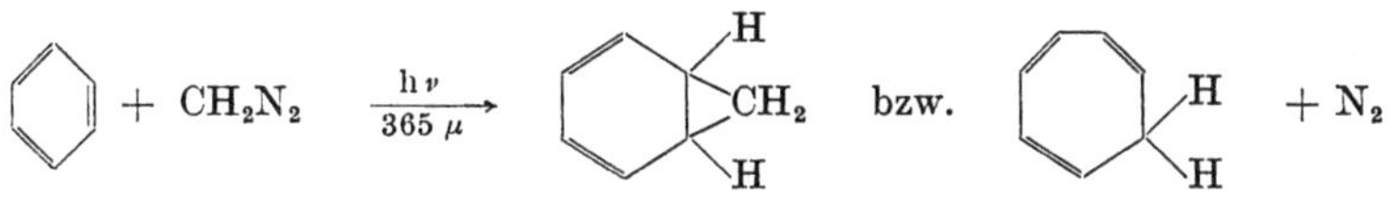

$$CCl_4 + 4\,CH_2N_2 \xrightarrow{h\nu} ClCH_2-\underset{\underset{CH_2Cl}{|}}{\overset{\overset{CH_2Cl}{|}}{C}}-CH_2Cl + 4\,N_2$$

$$BrCCl_3 + 4\,CH_2N_2 \xrightarrow{h\nu} ClCH_2-\underset{\underset{CH_2Br}{|}}{\overset{\overset{CH_2Cl}{|}}{C}}-CH_2Cl + 4\,N_2$$

Nach neueren Arbeiten von W. v. E. DOERING[2] ist es möglich, auch aus Trihalogenmethanen durch Behandeln mit Kaliumtertiärbutylat ein Methylenderivat, das Dichlor- oder Dibrom-Methylen, als instabilen Zwischenstoff für synthetische Zwecke zugänglich zu machen[3]:

$$HCX_3 + K^\oplus\,{}^\ominus[|\overline{O}-C(CH_3)_3] \longrightarrow (CH_3)_3COH + CX_3{}^\ominus + K^\oplus$$

$$CX_3{}^\ominus \rightleftharpoons X^\ominus + |CX_2$$

$$\langle\text{cyclohexene}\rangle + |CX_2 \longrightarrow \langle\text{norcarane-CX}_2\rangle \qquad (X = Cl, Br)$$

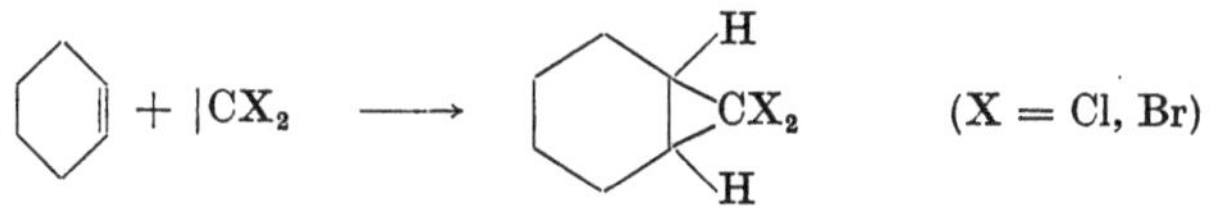

Auch andere Äthylenderivate, wie Isobutylen, Hexen-1 usw., addieren das Dichlormethylen.

Hier, wie auch in manchen anderen Fällen (freies Methyl, freies o-Phenylen ≡ Dehydrobenzol), kommt eine neuere Richtung der organischen Chemie zur Geltung, die es sich zum Ziel setzt, mit an sich in Substanz nicht faßbaren, kurzlebigen Zwischenprodukten neue synthetische Möglichkeiten zu schaffen.

---

[1] URRY, W. H., u. I. E. EISZNER: J. Amer. Chem. Soc. **73**, 2977 (1951); **74**, 5822 (1952) — URRY, W. H., u. J. W. WILT: J. Amer. Chem. Soc. **76**, 2594 (1954). — Zur Deutung s. R. HUISGEN: Angew. Chem. **67**, 456 (1955).

[2] DOERING, W. v. E., u. A. KENTARO HOFFMANN: J. Amer. Chem. Soc. **76**, 6162 (1954).

[3] Daß ein solches Teilchen intermediär auftritt, konnte durch Deuterium-Austausch, z. B. am Chloroform u. ä., wahrscheinlich gemacht werden: R. H. SHERMAN u. R. B. BERNSTEIN: J. Amer. Chem. Soc. **73**, 1376 (1951); J. HINE, R. C. PEEK u. B. D. OAKS: J. Amer. Chem. Soc. **76**, 827 (1954); des weiteren gelingt die Anlagerung des $CCl_3{}^\ominus$ an Carbonylverbindungen:

$$R-\underset{O}{\overset{\|}{C}}-H \xrightarrow[KOH]{HCCl_3} \left[R-\underset{|\overline{O}|^\ominus}{\overset{H}{\underset{|}{C}{}^\oplus}} + CCl_3{}^\ominus\right] \longrightarrow R-\underset{|\overline{O}|^\ominus}{\overset{H}{\underset{|}{C}}}\leftarrow CCl_3 \xrightarrow{\pm H^\oplus} R-\underset{|\overline{O}\rightarrow H}{\overset{H}{\underset{|}{C}}}\leftarrow CCl_3$$

$$R = C_6H_5$$

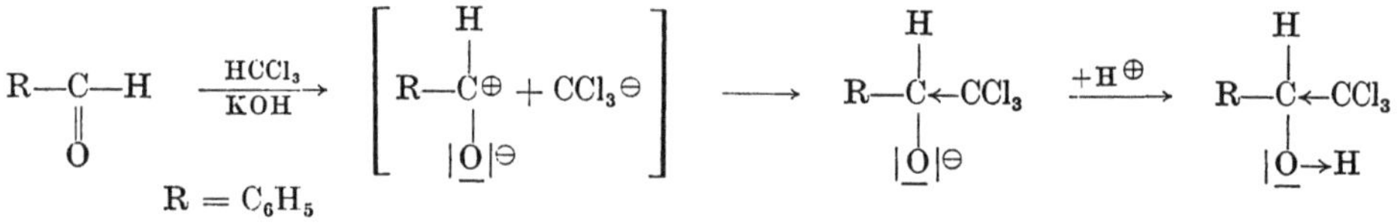

E. D. BERGMANN, G. GINSBURG u. D. LAVIE: J. Amer. Chem. Soc. **72**, 5012 (1950).

V. Atomradien nach L. PAULING (Tabellen)

Abschließend seien für die einfache, doppelte und dreifache Atombindung die *Atomradien* verschiedener Elemente nach L. PAULING[1] wiedergegeben. Die aus der Tabelle folgenden Summen zweier Atomradien entsprechen den betreffenden *Atomabständen* in Molekülen, deren Bindungen nicht durch mesomeriefähige Gruppen beeinflußt sind.

Über die Beziehung zwischen Atomabstand und Bindungsgrad bzw. Doppelbindungscharakter s. Abb. 61, S. 344.

Tabelle 24. *Atomradien nach* L. PAULING

	C	N	O	F	H
Einfache Bindung .	0,771 Å	0,70 Å	0,65 Å	0,64 Å	0,30 Å
Doppelbindung . .	0,665 Å	0,60 Å	0,55 Å	0,54 Å	
Dreifachbindung .	0,602 Å	0,55 Å	0,50 Å		
	Si	P	S	Cl	B
Einfache Bindung .	1,17 Å	1,10 Å	1,04 Å	0,99 Å	0,88 Å
Doppelbindung . .	1,07 Å	1,00 Å	0,94 Å	0,89 Å	0,76 Å
Dreifachbindung .	1,00 Å	0,93 Å	0,88 Å		0,68 Å
	Ge	As	Se	Br	
Einfache Bindung .	1,22 Å	1,27 Å	1,17 Å	1,14 Å	
	Sn	Sb	Te	J	
Einfache Bindung .	1,40 Å	1,41 Å	1,37 Å	1,33 Å	

Tabelle 25. VAN DER WAALS*sche Atomradien*

		H 1,0—1,2 Å
N 1,5 Å	O 1,40 Å	F 1,35 Å
P 1,9 Å	S 1,85 Å	Cl 1,80 Å
As 2,0 Å	Se 2,00 Å	Br 1,95 Å
Sb 2,2 Å	Te 2,20 Å	J 2,15 Å

Für die VAN DER WAALSschen Atomradien, die eine Berechnung der Entfernung sich berührender, aber nicht gebundener Atome gestatten, gibt L. PAULING nebenstehende Werte.

Tabelle 26. *Atomabstände in konjugierten Systemen*

C—C-Einfachbindung zwischen Doppelbindungen oder Benzolringen:	
Butadien	1,47 ± 0,03 Å
Stilben	1,44 ± 0,02 Å
p-Terphenyl	1,46 ± 0,03 Å
Dibenzyl (mittlere —CH_2—CH_2-Bindung)	1,46 ± 0,03 Å
C—C-Einfachbindung zwischen einem Benzolring und einer dreifachen Bindung:	
Tolan	1,40 ± 0,02 Å
C—C-Einfachbindung zwischen zwei Dreifachbindungen:	
Diacetylen	1,36 ± 0,03 Å
Dimethyldiacetylen	1,38 ± 0,03 Å
C—C-Einfachbindung, endständig zu einer Dreifachbindung:	
Methylacetylen	1,46 ± 0,02 Å
Dimethyldiacetylen	1,47 ± 0,02 Å
Acetonitril	1,49 ± 0,03 Å
C—C-Einfachbindung zwischen Doppel- und Dreifach- bzw. zwei Dreifachbindungen:	
Methylvinylacetylen	1,42 Å
Dimethyldiacetylen	1,38 Å
C—C-Bindung im Benzolring	1,39 Å

[1] PAULING, L.: The Nature of the Chemical Bond, Ithaca, N. Y.: Cornell Univ. Press 1948. Ferner L. PAULING: Fortschr. Chem. organ. Naturst. **3**, 210—214 (1939).

Autorenverzeichnis

Abell, J. s. Cram, D. J. 42
Abrahams, S. C., J. M. Robertson u. J. G. White 338
Abramowitsch, B. s. Hauser, C. R. 295
Ackermann, O. s. Alder, K. 299
Adam, G. s. Stollé, R. 400
Adams, C. E. s. Hilmans, H. 443
Adams, F. H., u. E. S. Wallis 118
Adams, K. H. s. Gebhart, H. J. jr. 370, 371
Adams, R. 81, 88
— u. Mitarbb. 79
— s. Bock, L. H. 87
— s. Browning, E. 86
— u. T. L. Caires 86
— s. Chang, C. 87, 88
— s. Knauf, A. E. 87
— u. R. H. Mattson 88
— s. Searle, N. E. 82
— u. H. R. Snyder 83
— s. Stearns, H. A. 82
— s. Stoughton, R. W. 83
— u. L. N. Whitehill 44
— s. Yuan, H. C. 81
Adamson, D. V., u. J. Kenner 450
Addison, L. M. s. Bachman, G. B. 313
Adickes, F. 484
Akamatsu, H., H. Inokuchi u. T. Handa 352
Akiyama, H. s. Tamamushi, B. 163
d'Alembert 4
Albrecht, G., u. R. B. Corey 260
Albrecht, H. s. Kuhn, R. 83, 85
Alder, K. 299, 308
— u. O. Ackermann 299
— F. Brochhagen, C. Kaiser u. W. Roth 303
— F. W. Chambers u. W. Trimborn 308, 311
— s. Diels, O. 299, 302
— u. H. A. Dortmann 355
— J. Haydn, K. Heimbach u. K. Neufang 303
— K. Heimbach u. K. Neufang 303
— u. G. Jacobs 356
— u. F. Münz 303
— u. T. Noble 401
Alder, K., F. Paschar u. A. Schmitz 401
— u. H. F. Rickert 300, 306, 311
— u. R. Rühmann 308, 309, 311
— H. K. Schäfer, H. Esser, H. Krieger u. R. Reubke 303
— u. R. Schmitz-Josten 303
— u. W. Scholl 308, 309
— u. M. Schumacher 299, 302
— — C. Kaiser, K. Rust u. C. Jacobs 302
— u. G. Stein 299, 308, 480
— u. K. Triebeneck 300
— u. W. Trimborn 308, 309, 311
— u. E. Windemuth 300
— H. Wollweber u. W. Spanke 303
Alexander, E. R. 95, 107, 108
— u. R. W. Kluiber 405
— u. A. G. Pinkus 95
Alfrey, T. jr., J. J. Botmer u. H. Mark 188
Allinger, N. L., u. D. J. Cram 42
— s. Cram, D. J. 42
Altar, W. s. Condon, E. V. 94
Altnea, L. A. van s. Hackspill, L. 481
Ambrose, E. J., A. Elliott u. B. B. Temple 187
Amende, J. s. Arndt, F. 229, 444
Ammers, M. van s. Hartog, H. J. den 385
Anderson, A. B. s. Erdtmann, H. 330
Anderson, D., u. R. J. W. LeFèvre 477
Anderson, R. C. s. Brown, E. V. 277
— s. Cerwonka, E. 277
Angeli, A. 327, 396, 397, 442, 443, 455, 462
— F. Angelico u. E. Calvello 327
Angelico, F. s. Angeli, A. 327
Angyal, S. J. 408
Anker, R. M., u. A. H. Cook 429
Anschütz, R. 190
— u. F. Eltzbacher 347
Anziani, P. s. Vavon, G. 76
Appenrodt, J. s. Schlenk, W. 348
Arago, D. F. 59
Arcus, C. L., u. J. Kenyon 272
— u. B. S. Prydal 271
Armstrong, R. s. Roberts, J. D. 291
Arndt, F. 133, 147, 148, 149, 152, 228, 229, 230, 447, 481
— u. Mitarbb. 152, 256, 444
— u. J. Amende 229, 444
— u. N. Bekir 148
— u. B. Eistert 147, 229, 259, 273, 375, 444, 446, 449, 459, 461, 463
— — u. W. Ender 447
— G. T. O. Martin u. J. R. Partington 149
— u. C. Martius 228, 229, 230, 235, 444
— u. P. Nachtwey 149
— — u. J. Pusch 148
— u. J. D. Rose 230
— u. H. Scholz 259
— — u. E. Frobel 231
— E. Schulz u. P. Nachtwey 150
Arnold, R. T., J. S. Buchley u. J. Richter 362
— s. Fenton, S. W. 372
— s. Hugget, C. 449
Arntzen, C. E. s. Price, C. C. 359
Arthur, P. jr. s. Norris, J. F. 362
Arundale, E., u. L. A. Mikeska 176
— s. Mikeska, L. A. 176
Aschan, O. 270
Asinger, F. 98, 99, 313
Aston, J. G. 26
Aurnhammer, R. s. Ziegler, K. 42
Auwers, K. v. 161, 233, 398
— u. G. Keil 381
— u. K. Ziegler 372
Awe, W. 189

Bacher, H., L. C. Cross, I. M. Heilbron u. E. R. H. Jones 438
Bachman, G. B., L. M. Addison, J. V. Hewett, L. Kohn u. A. Millikan 313
Bachman, W. E., u. Mitarbb. 409
— u. H. T. Clarke 410

Bachman, W. E., J. W. Cook, A. Dansi, C. G. M. de Worms, G. A. D. Haslewood, C. L. Hewett u. A. M. Robinson 352
— u. N. C. Deno 301
— G. J. Fujimoto u. E. K. Raumio 429
— s. Gomberg, M. 473
— u. R. H. Hoffman 473
— u. W. S. Struve 446
Backer, H. J. 228
— u. Mitarbb. 202
— s. Boer, T. J. de 444
— u. H. B. J. Schurink 66
Baddeley, G. 360, 364
Badische Anilin- und Sodafabrik AG s. BASF
Badstübner, W. s. Kuhn, R. 247
Baer, H. s. Woodward, R. B. 308, 309, 311
Baeyer, A. v. 31, 32, 37, 51, 67, 148, 224, 280, 316
— u. J. Herb 316
Bailey, D. s. Hodgson, H. H. 476
Bailey, W. J. s. Marvel, C. S. 207
Baker, J. W., u. M. L. Hemming 411
— u. W. S. Nathan 410
Baker, W. 43
Balfe, M. P. 93
Balsohn, M. 178
Balz, G., u. G. Schiemann 469
Bamberger, E. 325, 339, 341, 403, 457, 460, 462, 464, 465, 473, 476
— u. F. Meimberg 472
Banus, J., H. J. Emeléus u. R. N. Haszeldine 96
Barman, P. s. Kobelt, M. 43
— s. Prelog, V. 283
Barnes, H. M. s. Johnson, P. R. 186
Barnett, E. B., J. W. Cook, u. H. H. Grainger 348
Barrick, P. L. s. Coffman, D. D. 52
Barth 479
Bartlett, P. D. 43, 236, 369
— S. G. Cohen, J. D. Cotman jr., N. Kornblum, J. R. Landry u. E. S. Lewis 305
— F. E. Condon u. A. Schneider 179, 181
— u. L. H. Knox 123
— u. E. S. Lewis 123
— M. J. Ryan u. S. G. Cohen 305
— u. C. H. Stauffer 74, 236
Barton, D. H. R. 35
— u. A. S. Lindsey 52
BASF 433, 434, 435, 436
Bassilios, H. F., S. M. Maker u. A. Y. Salm 364
Bastiansen, O., u. O. v. Hassel 34, 35
Bateman, L. C., K. A. Cooper, E. D. Hughes u. C. K. Ingold 122
— E. D. Hughes u. C. K. Ingold 121
Bauer, H. s. Fredga, A. 55
Bauer, W. 166
Baur, W. 186
Bawn, C. E. H. 168
Baxendale, J. H., S. Bywaters u. M. G. Evans 206
— M. G. Evans u. J. K. Kilham 206
— — u. G. S. Park 206
Bayless, P. L. s. Hauser, C. R. 407
Beach, J. Y. 35
— s. Pauling, L. 411
Becker, F. 410, 412, 414, 417
Becker, H. s. Vollmann, H. 351
Beckett, C. W., K. S. Pitzer u. R. Spitzer 35
Beckmann, E. 273
Bedekar, D. N., R. P. Kaushal u. S. S. Deshapande 147
Beeck, O., J. W. Otvos, D. P. Stevenson u. C. D. Wagner 180
Beesley, R. H., J. F. Thorpe u. C. K. Ingold 52
Behncke, H. s. Diels, O. 400
Behringer, H. 438
Beisswenger, O. s. Meisenheimer, J. 89
Bekir, N. s. Arndt, F. 148
Bell, F. 86
Belten, O. s. Pfeil, E. 468
Bentley, R. 267
Bergmann, E. 111
— M. Polanyi u. A. Szabo 109
— s. Schlenk, W. 194
— u. Y. Sprinzak 111
— u. M. Tschudnowsky 132
Bergmann, E. D., G. Ginsburg u. D. Lavie 485
— M. Sulzbacher u. D. F. Herman 432
— s. Weizmann, C. 75
Bergmann, F., u. D. Schapiro 470
Bernstein, R. B. s. Sherman, R. H. 485
Bersin, T. s. Meerwein, H. 102, 447
Berson, J. A., u. T. Cohen 385
Berzelius, J. J. 1
Bevington, J. C., u. R. G. W. Norrish 186
Bick, J. R. C., E. S. Even u. A. R. Todd 43
— u. A. R. Todd 43
Bickel, C. L. 429
Bier, G., R. Schäff u. K. H. Kahrs 97, 159
Bijvoet, J. M. s. Peerdeman, A. F. 94
— A. F. Peerdeman, u. A. J. van Bommel 94
Biltz, H. 259, 266
— u. H. Paetzold 450
Biot u. Seebeck 60
Birch, S. F., T. V. Cullum, R. A. Dean u. R. L. Denyer 55
Bircher, L. I. s. P. T. Scott 275
Birkofer, L. s. Kuhn, R. 76
Birtwell, S. s. Hodgson, H. H. 468
Black, H. K., u. B. C. L. Weedon 426
Blackall, E. L., s. Eastham, A. M. 76
Blanc, G. s. Bouveault, L. 286
Blangey, L., s. Fierz-David, H. E. 471
Blankenburg, C. s. Dilthey, W. 464, 470
Blankmann, H. D. s. Sommer L. H. 125
Blatt, A. H. 364
Blicke, F. F. 283
Blöck, K. A. 1
Blom, J. H. s. Diels, O. 306
Blomquist, A. T. 39
— u. J. Kwiatek 299
— u. L. H. Liu 44
— u. R. D. Spencer 292
— — u. R. W. Holley 292
Blomstrand, H. 461
Bloomfield, G. F. s. Farmer, E. H. 418
Bock, L. H., u. R. Adams 87
Bockemüller, W., u. F. W. Hoffmann 287
— u. R. Janssen 203
— u. L. Pfeuffer 165
Bodenstein, M. 98
Böckmann, W. s. Stetter, H. 56
Böeseken, J. 37, 190
Böhme, H., u. R. Marx 228
Boekelheide, V., u. D. L. Harrington 385
— s. Koelsch, C. F. 470
Boer, H. s. Wibaut, J. P. 338
Boer, T. J. de, u. H. J. Backer 444
Boersch, H. 443
Böttger, O. 53
Boetzden, E. s. Curtius, T. 271
Bolland, J. L. 209, 418

Bommel, A. J. van s. Bijvoet, J. M. 94
— s. Peerdeman, A. F. 94
Bonhoeffer, K. F., u. K. Fredenhagen 251
— s. Fredenhagen, K. 75, 252
— s. Hochberg, J. 118
Bonzon, F. R., u. J. J. Ritter 177
Bothner-By, A. A., u. L. Friedman 272
Botmer, J. J. s. Alfrey, T. jr. 188
Bouveault, L. 266
— u. G. Blanc 286
— u. R. Loquin 286
Bowden, K., E. A. Braude u. E. R. H. Jones 427
Braae, B. 170
Brade, H. s. Huisgen, R. 458
Bradley, W., u. R. Robinson 461
Brändström, A. 55, 56
— s. Fredga, A. 55
Bragg, W. L. 258
Brand, K. 196
Brasen, W. R. s. Hauser, C. R. 407
Braude, E. A. 422
— s. Bowden, K. 427
Braun, E. s. Kuhn, W. 94
Braun, J. v. 189, 457
— u. G. Lemke 189
Braun, R. D. 52
Bredereck, H. 329
—, Sieber, R., u. L. Kamphenkel 450
Bredig, G., u. P. S. Fiske 218
Bredt, J. 37, 270
— u. J. Kallen 297
Breitenbach, J. W. 167
Bremer, K. G. s. Buckles, R. E. 247
Breslow, D. S. s. Hauser, C. R. 248
Brewster, J. H., u. E. L. Eliel 248
— u. M. W. Kline 406
Brewster, P., F. Hiron, E. D. Hughes, C. K. Ingold u. P. A. D. Rao 112
Brewster, R. Q., u. J. Poje 472
Briegleb, G. 261, 264
— u. Mitarbb. 25
— u. H. Rebelein 227
— W. Strohmeier u. J. Höhne 235
Briggs, E. R. s. Walling, C. 188
Bright, A. D., u. C. R. Hauser 271
Brill, R. 261
— s. Grimm, H. G. 58
Brochhagen, F. s. Alder, K. 303
Brockway, L. O. 81
— s. Karle, L. I. 357
— u. K. J. Palmer 321
— u. L. Pauling 455
— s. Pauling, L. 198, 411
— u. J. M. Robertson 321
Brodsky, A. E. s. Dedussenko, N. J. 265
— s. Mikluklin, G. P. 276
Brönstedt, J. N. 139
Broers, G. H. J. s. Ketelaear, J. A. A. 195
Brooks, L. A. s. Marvel, C. S. 53
Brown, E. V. s. Cerwonka, E. 277
— E. Cerwonka u. R. C. Anderson 277
— s. Kegelman, M. R. 370
Brown, F., T. D. Davies, J. Dostrovsky, O. J. Evans u. E. D. Hughes 126
Brown, H. C. s. Kharasch, M. S. 99
— M. S. Kharasch u. T. H. Chao 119
— u. R. B. Kornblum 126
Brown, J. B., H. B. Henbest u. E. R. H. Jones 429
Browning, E., u. R. Adams 86
Bruce, J. s. Willstätter, R. 33
Brück, D. s. Pestemer, M. 160
Brunner, M. s. Staudinger, H. 430
Brussoff, L. s. Nametkin, S. 366
Brydowna, W. s. Kuhn, R. 260, 450
Bub, L., H. Steinbrink u. N. Roh 131
Bub, O. s. Wittig, G. 222, 253
Buchholz, K. s. Lüttringhaus, A. 44
Buchley, J. S. s. Arnold, R. T. 362
Buchman, E. R., D. H. Deutsch u. G. J. Fujimoto 53
Buchner, E., u. Mitarbb. 451
— u. T. Curtius 451
Buckles, R. E. u. K. G. Bremer 247
— s. S. Winstein 116
Büchner, E., s. Meerwein, H. 469
Büll, R. s. L. Ebert 162
Bugge, G. s. Hofmann, K. A. 483
Bumm, E. s. Willstätter, R. 202
Bunge, W. s. Müller, Eugen 410
Bunnett, J. F., u. R. J. Morath 388
— — u. T. Okamoto 388
Burg, H. s. Roberts, J. D. 291
Burgdorf, K., H. Grisebach, H. Kracher u. F. Weygand 380
Burger, A. s. Mosettig, E. 447
Burke, H. J. s. Corey, E. J. 356
Burneleit, W. s. Meerwein, H. 447
Burnell, R. H., u. W. I. Taylor 372
Burnham, H. D. s. Stevenson, D. P. 214
Burton, H., u. C. K. Ingold 204
Bury, C. R. 151
Busch, M., H. Müller u. E. Schwarz 400
Butenandt, A. 353
Butler, G. B., u. J. L. Nosh jr. 186
Butz, E. W. J. s. L. W. Butz 302
Butz, L. W., E. W. J. Butz u. A. M. Gaddis 302
— s. Joshel, L. M. 306
Bywaters, S. s. Baxendale, J. H. 206

Cadus, A. s. Huisgen, R. 400, 401
Caires, T. L. s. Adams, R. 86
Callier, A. s. Vavon, G. 76
Calvello, E. s. Angeli, A. 327
Calvin, M. s. Dauben, W. G. 277
Campbell, W. P. s. Fieser, L. F. 471
Cantuniari, I. P. s. Hopff, H. 481
Cardwell, H. M. E. 421
— J. W. Cornforth, S. R. Duff, H. Holtermann u. R. Robinson 50
— u. A. E. H. Kilner 420
Carlin, R. B., u. S. A. Heininger 404
Carlsmith, L. A. s. Roberts, J. D. 387
Carmack, M. 276
— u. Mitarbb. 277
— s. Pattison, D. B. 426
— u. D. F. de Tar 276, 277, 426
Carothers, W. H., u. J. W. Hill 42
Caunt, D., W. Cow, R. H. Haworth u. C. A. Vodoz 330
Cava, M. P., u. J. F. Stucker 358
Cavell, C. s. Lowry, T. M. 192

Cerfontain, H. s. J. D. Roberts 375
Cerwonka, E., R. C. Anderson u. E. V. Brown 277
— s. Brown, E. V. 277
Chadin, J. 373
Chambers, F. W. s. Alder, K. 308, 311
Chang, C., u. R. Adams 87, 88
Chao, T. H. s. Brown, H. C. 119
Chapiro, A. 184
Chapman, H. D. 276
Chatt, J., u. F. G. Mann 138
Chauvelier, J. s. Prévost, C. 425
Chemische Fabrik Griesheim-Elektron 430
Chemische Werke Hüls 131
Chow, B. F. s. Conant, J. B. 202
Christie, G. H., A. Holderness u. J. Kenner 79
— u. J. Kenner 78, 79, 80, 82
Church, M. G., E. D. Hughes u. C. K. Ingold 121
Chussid, I. J. s. Karpuchin, P. P. 379, 380
Cislak, F. E. 385
Claisen, L. 202, 203, 224, 227, 233, 248, 295, 404
— u. L. Crismer 247
— u. E. Haase 240
— u. E. Tietze 404
Clar, E. 300, 304, 348, 349, 350, 351, 352
— u. J. W. Wright 349
Clark, M. T. s. Neville, O. K. 282
Clarke, H. T. s. Bachman, W. E. 410
Claus, A. 317
Clauss, K. 142
— s. Wittig, G. 142, 358
Clemo, G. R., u. V. Prelog 51
Closs, G. s. Wittig, G. 407
Clow, A. 260
Clusius, K. 403, 455, 456, 474
— u. H. Hürzch 474
— u. W. Schanzer 286
— u. H. R. Weisser 403, 456
Coenen, M. L. s. Wizinger, R. 172
Coffman, D. D., P. L. Barrick, R. C. Cramers u. M. S. Raasch 52
Cohen, A. 301
— u. F. L. Warren 301
Cohen, S. G. s. Bartlett, P. D. 305
Cohen, T. s. Berson, J. A. 385
Colacicchi, V. 327
Coleman, S. H. s. Hilmans, H. 443
Collie, J. N. 147
Collie, J. N., u. T. Tickle 133
Collins, C. J., u. O. K. Neville 281
— s. Neville, O. K. 282
Conant, J. B., u. B. F. Chow 202
— u. W. D. Peterson 470
Condon, E. V., W. Altar u. H. Eyring 94
Condon, F. E. s. P. D. Bartlett 179, 181
Connerade, E. s. Meisenheimer, J. 348
Cook, A. H. 398
— s. Anker, R. M. 429
Cook, C. D., u. Mitarbb. 392
Cook, J. W. 332, 353
— s. Bachman, W. E. 352
— s. Barnett, E. B. 348
— A. R. Gibb, R. A. Raphael u. A. R. Sommerville 332
— u. E. L. Kennaway 352
Coolidge, A. S. s. James, H. M. 10
Cooper, K. A. s. Bateman, L. C. 122
— M. L. Dhar, E. D. Hughes, C. K. Ingold, B. J. McNulty u. L. J. Woolf 121
Cope, A. C. 247
— u. Mitarbb. 355
— u. E. S. Graham 279
— A. C. Haven jr., F. L. Ramp u. E. R. Trumbull 355
— u. W. R. Schmitz 52
Cordon, M. s. Cram, D. J. 42
Corell, N. s. Vollmann, H. 351
Corey, E. J., H. J. Burke u. W. A. Remers 356
Corey, R. B. s. Albrecht, G. 260
Cornforth, C. W. s. Cardwell, H. M. E. 50
Cotman, J. D. jr. s. Bartlett, P. D. 305
Coulson, C. A. 9, 12, 19, 20, 127, 155, 211, 319, 320, 325, 338, 343, 344, 346, 423
— s. Lennard-Jones, J. E. 211, 321
— u. W. E. Moffit 34
Cow, W. s. Caunt, D. 330
Cowdrey, W. A., E. D. Hughes u. C. K. Ingold 110, 114
— — — S. Masterman u. A. D. Scott 111
— — T. P. Nevell u. C. L. Wilson 111
Cox, E. G., M. W. Dougill u. G. A. Jeffrey 262
Craig, D., J. J. Shipman, J. Kiehl, F. Widmer, R. Fowler u. A. Hawthorne 308, 309
Cram, D. J., u. J. Abell 42
— u. N. L. Allinger 42
— s. Allinger, N. L. 42
— u. M. Cordon 42
— u. H. U. Daeniker 42, 44
— u. B. L. van Duuren 53
— u. R. W. Kierstead 42
— s. Steinberg, H. 40, 44
Cramers, R. C. s. Coffman, D. D. 52
Crecelius, R. L. s. Rhoads, S. J. 405
Criegee, R. 189, 205
— u. G. Müller 131
Crismer, L. s. Claisen, L. 247
Cromwell, N. H. s. Thompson, A. F. jr. 283
Cronyn, M. C. 217
Cros, L. H., R. B. Richards u. H. A. Willis 187
Cross, L. C. s. Bacher, H. 438
Crowfoot, D. 48
Croxall, W. C., u. Mitarbb. 431
Cullum, T. V. s. Birch, S. F. 55
Cummings, W. s. Walling, C. 188
Curran, C. C., u. H. H. Wenzke 424
Curtin, D. Y., u. H. W. Johnson jr. 405
Curtis, R. F., u. G. Viswanath 358
Curtius, T. 271, 442, 443, 449, 455
— u. E. Boetzden, E. 271
— s. Buchner, E. 451

Dadieu, A. 483
Daeniker, H. U. s. Cram, D. J. 42, 44
Dahl, E. s. Schlubach, H. H. 438
Dammerau, J. s. Müller, Eugen 165, 212
Dane, E. 300
Daniloff, S., u. E. Venus-Danilova 370
Danneel, R. s. Hückel, W. 341, 370
Dannenberg, H. 353
Dannley, R. L., u. M. Sternfeld 390
Dansi, A. s. Bachman, W. E. 352
Danziger, K. s. Hantzsch, A. 463
Darapsky, A. 459
Darzens, G. 268
Datta, S. C., J. N. E. Day u. C. K. Ingold 266
Dauben, W. C., J. C. Reid, P. E. Yankwich u. M. Calvin 277

Davies, G. F., u. E. C. Gilbert 46
Davies, M. 261
Davies, T. D., s. Brown, F. 126
Davis, H. W., E. Grovenstein jr. u. O. K. Neville 281
— s. Neville, O. K. 282
Day, J. N. E. s. Datta, S. C. 266
Dayton, R. P. s. Kloetzel, M. C. 305
Dean, R. A. s. Birch, S. F. 55
Debye, P. 109, 159, 424
Dedussenko, N. J., u. A. E. Brodsky 265
Degering, E. F. s. Johnson, K. 313
— s. McCleary, R. F. 314
Deno, N. C. s. Bachman, W. E. 301
Denyer, R. L. s. Birch, S. F. 55
De Puy, C. H. s. Doering, W. v. E. 444
Derbyshire, D. H., u. W. A. Waters 194
Dersch, F. s. Ziegler, K. 208
Desai, R. D., u. M. A. Wali 53
Deshapande, S. S. s. Bedekar, D. N. 147
Deutsch, D. H. s. Buchman, E. R. 53
Dewar, M. J. S. 2, 170, 264, 317, 330, 332, 376
— u. R. Pettit 334
Dey, A. N. 429
Dhar, J. 91
Dhar, M. L. s. Cooper, K. A. 121
Dickhäuser, E., s. Voss, A. 188
Dickinson, R. G. s. Noyes, R. M. 194
— s. Wood, E. R. 162
Diels, O. 292, 299, 400
— u. K. Alder 299, 302
— u. H. Behncke 400
— J. H. Blom u. W. Koll 306
— u. H. König 400
— u. B. Wolf 292
— u. C. Wulff 400
Disselhoff, H. s. Müller, Eugen 452
Dijk, J. van s. Wibaut, J. P. 338
Dilthey, W. 151, 470, 471
— u. Mitarbb. 300
— u. C. Blankenburg 464, 470
— u. R. Dinklage 133
Dimroth, O. 226, 459, 460
Dimroth, O. u. G. Fester 460
Dinklage, R. s. Dilthey, W. 133
Djerassi, C. 252
— u. Mitarbb. 372
Doebner, O. 247
Doering, W. v. E. 142, 315, 485
— u. C. H. De Puy 444
— u. M. Faber 26
— u. A. Kentaro Hoffmann 485
— u. L. H. Knox 334, 452, 484
— u. H. Krauch 333
— T. J. Taylor u. E. F. Schadewaldt 282
Döser, H. s. Wittig, G. 408, 409
Dohr, M. s. Stetter, H. 55
Dole, M. 267
Dombrovskij, A. V. 170
Donaldson, D. M., u. J. M. Robertson 351
Donohue, J., G. L. Humphrey u. V. Schomaker 34, 53, 131
Dornte, R. W. 160
Dortmann, H. A. s. Alder, K. 355
Dostrovsky, J. s. Brown, F. 126
— u. E. D. Hughes 126
— — u. C. K. Ingold 126
Dougill, M. W. s. Cox, E. G. 262
The Dow Chemical Co. 363
Downing, D. C., u. G. F. Wright 193
Dröge, H. s. Wittig, G. 386
Dryden, H. L. jr. 334
Duff, S. R. s. Cardwell, H. M. E. 50
Duffey, G. H. 34
Dufraisse, C. 193
Dumas, J. 257
Dunitz, J. D., u. V. Schomaker 34
E. I. DuPont de Nemours & Co. (DuPont) 444
Duppa, B. J. s. Frankland, E. 225
Duuren, B. L. van s. Cram, D. J. 53
Dyatkina, M. E. s. Syrkin, Y. K. 1, 2, 23, 289, 342, 349

Earl, I. C., u. N. G. Hills 460
Eastham, A. M., E. L. Blackall u. G. A. Latremouille 76
Eastman Kodak Co. 291
Ebel, F. s. Kuhn, R. 274
Ebert, L. 260
Ebert, L., u. R. Büll 162
Eckoldt, H. 99
Edlung, K. R. s. Stewart, T. D. 169
Edwards, W. A. M., s. Hammick, D. L. 383
Eggert, J., u. F. Wachholtz 194
Ehrhardt, F. 160
Eibner, A. 472
Eisenmeyer, U. s. Meerwein, H. 134
Eisler, B., u. A. Wassermann 312
Eistert, B. 102 105, 133, 150, 151, 153, 172, 209, 261, 273, 444, 449, 464, 481
— s. Arndt, F. 147, 229, 259, 273, 375, 444, 446, 447, 449, 459, 461, 463
Eiszner, I. E. s. Urry, W. H. 485
Electro-Chemical Co. 313
Eliel, E. L. 95
— s. Brewster, J. H. 248
Elliot, K. A. C. s. Mills, W. H. 88
Elliott, A. s. Ambrose, E. J. 187
Eltzbacher, F. s. Anschütz, R. 347
Emeléus, H. J., s. Banus, J. 96
Emster, K. van s. Meerwein, H. 52, 469
Ender, W. s. Arndt, F. 447
Engelhard, F. J. W. s. Prins, H. J. 363
Engelhardt, W. v. 60
Engelmann, F. s. Kharasch, M. S. 120
Engelsma, J. W., E. Farenhorst u. E. C. Kooyman 390
Engler, A. 465
— s. Hantzsch, A. 465
Enquist, T. 181
Erdtmann, H., J. Gripenberg u. A. B. Anderson 330
Erlenmeyer, H. 337
— u. Mitarbb. 74
Eschenmoser, A. s. Rennhardt, H. H. 334
Esser, H. s. Alder, K. 303
Ethyl Corp. 389
Evans, A. G. 184
— u. G. W. Meadows 364
— — u. M. Polanyi 184
— u. M. Polanyi 183
Evans, M. G. 206
— s. Baxendale, J. H. 206
Evans, O. J. s. Brown, F. 126
Even, E. S. s. Bick, J. R. C. 43
Ewbank, E. s. Hammick, D. L. 383

Eyring, H. s. Condon, E. V. 94
— s. Gorin, E. 94
— s. Kauzmann, W. J. 94

Faber, M. s. Doering, W. v. E. 26
Fahrni, P. s. Schmid, H. 404
— s. Schmid, K. 404
Fajans, K. 270
Fankuchen, J. s. Kaufman, H. S. 354
Fansy, M., s. Prelog, V. 43
Farbenfabriken Bayer AG (Farbf. Bayer) 432
Farenhorst, E. s. Engelsma, J. W. 390
Farimarci, N. T., u. L. P. Hammett 120
Farkas, A., u. L. Farkas 184
Farkas, L. s. Farkas, A. 184
Farmer, E. H. 204
— G. F. Bloomfield, A. Sundralingam u. D. A. Sutten 418
— u. Galley 205
— C. D. Lawrence u. J. F. Thorpe 204
Faulkner, I. J. s. Lowry, T. M. 76
Fawcett, F. S. 54, 444
Faworski, A. 277, 278, 279
— u. Mitarbb. 278
Feisst, W. s. Staudinger, H. 430
Felder, E. s. Schwarzenbach, G. 233
Feldman, I. s. Rodebush, W. H. 90
Feltzin, J., A. J. Restaino u. R. B. Mesrobian 445
Fenton, S. W. 206
— R. T. Arnold u. H. E. Fritz 372
Fester, G. s. Dimroth, O. 460
Fichter, F. 286
Fickett, W. 95
Fierz-David, H. E., u. L. Blangey 471
Fieser. L. F. 37, 49, 349
— u. W. P. Campbell 471
— u. W. C. Lothrop 339
Finkelnburg, W. 1, 4
Fischer, A. s. Scheibler, H. 432
Fischer, E. 61, 63, 71, 94, 472
Fischer, E. O., u. W. Pfab 330
Fischer, F. 481
Fischer, I. R. s. Shand, W. jr. 34
Fischer, O., u. E. Hepp 403
Fischer, W. s. Houben, J. 251
Fiske, P. S. s. Bredig, G. 218
Fittig, R. 225, 247, 370
Flürscheim, B., u. E. L. Holmes 374
Förster, T. 34
Fowler, R. s. Craig, D. 308, 309
Fox, J. J., u. A. E. Martin 186, 187
Foxler, E. M. F., u. H. B. Henbest 429
France, H. s. Pickett, L. W. 90
Frank, S. s. Webb, R. L. 439
Frankenburger, W. 481
Frankiel, L. s. Prelog, V. 283
Frankland, E., u. B. J. Duppa 225
Frantzen, H., u. F. Schmitt 280
Franzen, V. 250, 271
— u. H. Krauch 75, 176, 250, 252, 271, 272, 458, 470
— s. Schlubach, H. H. 438
Fredenhagen, K., u. K. F. Bonhoeffer 75, 252
— s. Bonhoeffer, K. F. 251
Fredga, A. 55
— u. H. Bauer 55
— u. A. Brändström 55
— u. Olsson, K. 55
Freeman, H. C., u. R. J. W. LeFèvre 476
Frehden, O. s. Zechmeister, L. 398
French, J. C. s. Stevens, C. L. 292
Fresenius, P. 96, 287, 442
Fresnel, A. 93
Freudenberg, K. 60, 63, 65, 193, 460
— u. A. Lux 71
— s. Wohl, A. 68, 69
Freytag, A. s. Müller, E. 202
Friedman, L. s. Bothner-By, A. A. 272
— s. Long, F. A. 267
Fries, D. s. Müller, Eugen 477
Fries, K. 364
Friese, H. s. Scheibler, H. 248
Fritz, H. E. s. Fenton, S. W. 372
Frobel, E. s. Arndt, F. 231
Fromig, J. F., u. G. H. Hennion 431
Fromm, E., u. P. Ziersch 55
Frostick, F. C., u. C. R. Hauser 244
Fuchs, O. s. Wolf, K. L. 65
Fuhrmann, G. s. Wittig, G. 386
Fujimoto, G. J. s. Bachman, W. E. 429
— s. Buchman, E. R. 53
Furter, M. s. Ruzicka, L. 48, 49
Furukawa, S. 385
Fuson, R. C., u. G. R. Speranza 40
Gadamer, J. 108
Gaddis, A. M. s. Butz, L. W. 302
Gál, G., G. Tokar u. I. Simonyi 253
Galley s. Farmer, E. H. 205
Gardner, C., V. Kerrigan, J. D. Rose u. B. C. L. Weedon 431
Garret, B. S. 262
Gassenmeyer, E. s. Reppe, W. 434
Gatas, M., u. G. Tschudi 75
Gattermann, L. 467
Gaule, A. s. Staudinger, H. 400
Gebhart, H. J. jr., u. K. H. Adams 370, 371
Gercke, A. s. Hückel, W. 341
Gerhardt, C. 1
Gerrard, W. 112
Gersmann, H. R. s. Ketelaear, J. A. A. 195
Geuther, A. 225
Giacomello, G. s. Ruzicka, L. 43
Gibb, A. R. s. Cook, J. W. 332
Gilbert, E. C. s. Davies, G. F. 46
Gildenborn, H. L. s. Newman, M. S. 458
Gillespie, R. J., u. Mitarbb. 373
— u. D. Millen 373
Gilman, H. 236, 369, 452
— u. H. G. Jones 103
— u. R. G. Jones 461
Ginsburg, D. 138
Ginsburg, G. s. Bergmann, E. D. 485
Giral, F. s. Hausser, J. 149
— s. Kuhn, R. 260
Glasebrook, A. L. s. Rice, F. O. 445
Glockler, G. 26
Gloggen, I. s. Huisgen, R. 44
Göbel, H. L., u. H. H. Wenzke 424
Goldberg, M. W. s. Ruzicka, L. 48, 49
Goldfinger, P. s. Kuhn, R. 85
Goldschmidt, S., W. Leicher u. H. Haas 286
Goldsworthy, J. 66
Gomberg, M. 1, 473
— u. W. E. Bachman 473
— u. J. C. Pernest 473
Goring, E., W. J. Kauzmann u. J. E. Walter 94
— J. E. Walter u. H. Eyring 94
Gorman, O., u. V. Schomaker 34
Gottlieb, J. 193
Goubeau, J. 142

Gould, C. W. jr. s. Lucas, H. J. 117
Gow, E. R. L. s. McKenzie, A. 112
Graham, E. S. s. Cope, A. C. 279
Grainger, H. H. s. Barnett, E. R. 348
Gralher, H. s. Lüttringhaus, A. 89, 90
Greber, G. s. Krässig, H. 42
Griess, P. 460
Grieve, W. S. M., u. D. H. Hey 473
Griffiths, P. H., W. A. Wakley u. H. B. Watson 374
Grignard, V. 290
Grimm, H. s. Ziegler, K. 208, 209
Grimm, H. G., R. Brill, C. Hermann u. C. Peters 58
Grimwood, R. C., C. K. Ingold u. J. F. Thorpe 52
Gripenberg, J. s. Erdtmann, H. 330
Grisebach, H. s. Burgdorf, K. 380
— s. Weygand, F. 282
Groll, H. P. A., u. G. Hearne 172
Gross, S. T. s. Schildknecht, C. E. 184
Grosse, A. V., u. V. N. Ipatieff 178
Grosser, F. s. Schildknecht, C. E. 184
Grovenstein, E. jr. s. Davis, H. W. 281
— s. Neville, O. K. 282
Grünwald, E. s. Winstein, S. 123
Grumitt, O. s. Stevens, H. C. 112
Grundmann, C. 313, 445
— s. Kuhn, R. 247
— u. A. Kreutzberger 440
— u. G. Ottmann 451
— H. Schröder u. W. Ruske 440
Guerbet, M. 75, 224
Gutmann, H. R. s. Wood, J. L. 63
Gutsche, C. D. 446

Haag, W. s. Wittig, G. 144
Haas, H. s. Goldschmidt, S. 286
Haase, E. s. Claisen, L. 240
Haber, F., u. J. Weiss 206
— u. R. Willstätter 206
Hackspill, L., u. L. A. van Altnea 481
Häfliger, O. s. Prelog, V. 41, 43, 44
Haegele, W. s. Schmid. H. 404
Haegele, W. s. Schmid, K. 404
Häuberle, M. s. Staudinger, H. 187
Hafner, K. s. Ziegler, K. 335
Hagmeyer, H. J. 291
Hahn, G. 379
Halford, R. S. s. Olson, A. R. 403
Halman, M. s. Roberts, J. D. 363
Hamana, M. 385
Hamann, K. 185, 188, 295
Hammett, L. P. s. Farimarci, N. T. 120
— s. Levy, J. B. 175
— s. Steiger, J. 122
Hammick, D. L., u. Mitarbb. 268
— W. S. Illingworth, W. A. M. Edwards u. E. Ewbank 383
— R. C. A. New, N. V. Sidgwick u. L. E. Sutton 483
— — u. R. B. Williams 383
Handa, T. s. Akamatsu, H. 352
Handley, E. C. s. Neville, O. K. 282
Hanford, W. E., u. J. Harmon 166
— u. R. M. Joyce jr. 166
— u. J. C. Sauer 289
Hanhart, W., u. C. K. Ingold 192
Hansley, L. 39, 44, 283
Hantzsch, A. 133, 256, 258, 273, 275, 460, 462, 463, 465, 476
— u. K. Danziger 463
— u. A. Langbein 216
— u. W. Pohl 465
— u. Reddelien, G. 397, 460
— u. O. W. Schultze 225
— M. Schumann u. A. Engler 465
— u. L. E. Wechsler 473
— u. A. Werner 397, 398, 399
Harmon, J. 167
— s. Hanford, W. E. 166
Harries, C. D. 294, 297
— u. L. Jablonski 297
— u. F. Lehmann 297
— u. V. Weiss 316
Harrington, D. L. s. Boekelheide, V. 385
Harris, P. L., u. J. C. Smith 426
Hart, F. A., u. F. G. Mann 142
Hartley, G. S. 398
Hartmann, H. 2
Hartog, H. J. den, u. M. van Ammers 385
Hartogs, J. C. s. Holleman, A. F. 382
Hartzel, L. W., u. J. J. Ritter 177
Haslewood, G. A. D. s. Bachman, W. E. 352
Hass, H. B., u. Mitarbb. 99, 313
— E. B. Hodge u. B. M. Vanderbilt 313
— u. J. A. Patterson 313
— u. B. M. Vanderbilt 313
Hassel, O. v. s. Bastiansen, O. 34, 35
— u. B. Ottar 35
— u. H. Viervoll 35
Haszeldine, R. N. 437
— s. Banus, J. 96
— u. K. Leedham 428, 437
Hatt, D. s. Willstätter, R. 341
Haug, P. s. Kortüm, G. 62
Hauschild, K. s. Lüttringhaus, A. 45
Hauser, C. R. 243
— u. Mitarbb. 243
— u. B. Abramowitsch 295
— u. Breslow, D. S. 248
— s. Bright, A. D. 271
— s. Frostick, F. C. 244
— s. Hudson, B. E. 244
— s. Kantor, S.W. 408
— R. Manylik, W. R. Brasen, u. P. L. Bayless 407
— s. Renfrow, W. B. jr. 271
Hausser, J. 260
— s. Kuhn, R. 260
— R. Kuhn u. F. Giral 149
Hausser, K. 394
Haven, A. C. jr. s. Cope, A. C. 355
Hawdon, A. R., E. D. Hughes u. C. K. Ingold 121
Haworth, R. D., u. J. D. Hobson 331
— u. W. H. Perkin jr. 247
Haworth, R. H. s. Caunt, D. 330
Haworth, W. N. 61
Hawthorne, A. s. Craig, D. 308, 309
Haydn, J. s. Alder, K. 303
Hearne, G. s. Groll, H. P. A. 172
Hechelhammer, W. s. Ziegler, K. 42
Hecht, G., u. H. Henecka 57
Hecht, O. s. Reppe, W. 432, 434
Hedberg, K. W. s. Nowacki, W. 53
Heenig, H. s. Stetter, H. 56
Heidelberger, M. s. Willstätter, R. 353
Heilbron, I. M. 111
— s. Bacher, H. 438
Heilbronner, E. s. Rennhardt, H. H. 334
— u. Wieland, K. 325

Heimbach, K. s. Alder, K. 303
Heininger, S. A. s. Carlin, R. B. 404
Heitler, W. 9
— u. F. London 3, 4, 7, 8, 9, 10
Helfer, H. 138
Hellmann, H. 248
— u. G. Opitz 248
Hellmann, H. M. s. Mislow, K. 202
Hemming, M. L. s. Baker, J. W. 411
Henbest, H. B. s. Brown, J. B. 429
— s. Foxler, E. M. F. 429
Henderson, R. R. s. Winstein, S. 116, 170
Hendricks, S. B., u. L. Pauling 456
— O. R. Wulf, G. E. Hilbert u. U. Liddel 402
Henecka, H. 39, 75, 118, 173, 175, 176, 177, 220, 224, 234, 240, 242, 244, 245, 247, 249, 268, 269, 275, 283, 285, 286, 295, 311, 379
— s. Hecht, G. 57
Henkel & Cie. GmbH 381
Henne, A. L., u. M. Nager 428, 437
Hennion, G. F. s. Irvin, C. F. 171
— s. Zoss, A. O. 429
Hennion, G. H., u. Mitarbb. 431
— s. Fromig, J. F. 431
Hensel, H. R. 219
Hepp, E. s. Fischer, O. 403
Herb, J. s. Baeyer, A. v. 316
Herman, D. F. s. Bergmann, E. D. 432
Hermann, C. s. Grimm, H. G. 58
Hertel, E. s. Müller, Eugen 90
Herwig, W. s. Wittig, G. 358
Herynk s. Vavon, G. 76
Herzberg, G. 4, 10
— u. I. W. T. Spinks 439
Herzog, H. L. s. Kloetzel, M. C. 305
Hess, K., u. H. Munderloh 432
Hesse, G. 107, 135, 178, 360
Hetherington, G., u. P. L. Robinson 373
Heuser, A. 46
Heusler, K. s. Woodward, R. B. 50
Hewett, C. L. s. Bachman, W. E. 352
Hewett, J. V. s. Bachman, G. B. 313
Hey, D. H. 473
— s. Grieve, W. S. M. 473
— u. W. A. Waters 473
Heyn, W. s. Straus, F. 426
Heyningen, E. van 284
Hieber, W. 481
Higasi, K. I. 153
Hilbert, G. E. s. Hendricks, S. B. 402
Hill, J. W. s. Carothers, W. H. 42
Hill, T. 83, 162
Hillemann, H. 79
Hills, N. G. s. Earl, I. C. 460
Hilmans, H., S. H. Coleman, C. E. Adams u. P. E. Pratt 443
Hine, J., R. C. Peek u. B. D. Oaks 485
Hine, J. S. s. Roberts, J. D. 368
Hinz, G. s. Meerwein, H. 450
Hiron, F. s. Brewster, P. 112
Hirzel, H. s. Staudinger, H. 449
Hobson, J. D. s. Haworth, R. D. 331
Hochberg, J., u. K. F. Bonhoeffer 118
Hodge, E. B. s. Hass, H. B. 313
Hodgson, H. H. 468
— u. D. Bailey 476
— S. Birtwell u. J. Walker 468
— u. E. Marsden 476
Höhne, J. s. Briegleb, G. 235
Höring, M. s. Meisenheimer, J. 84
Hoff, J. H. van't 1, 20, 60, 64, 190, 226
Hoffmann, F. W. s. Bockemüller, W. 287
Hoffmann, H. s. Horner, L. 143
Hoffmann, R. H. s. Bachman, W. E. 473
Hofmann, A. W. v. 271
Hofmann, K. A., u. G. Bugge 483
Holderness, A. s. Christie, G. H. 79
Holl, H. s. Ziegler, K. 42
Holleman, A. F. 374
— J. C. Hartogs u. T. van der Linden 382
— J. Vermeulen u. W. J. de Mooy 374
Holley, R. W. s. Blomquist, A. T. 292
Holmes, E. L. s. Flürscheim, B. 374
Holtermann, H. s. Cardwell, H. M. E. 50
Holzach, K. 460
Hopff, H. 481
— s. Meyer, K. H. 235
Hopff, H., C. D. Nenitzescu, D. A. Isacescu u. I. P. Cantuniari 481
Hornel, J. C. s. Olson, A. R. 403
Horner, L., u. H. Hoffmann 143
Hornig, D. F. 319
Hory, E. s. Müller, Eugen 160
Houben, J. 403
— u. W. Fischer 251
Hovy, W. H. s. Kharasch, M. S. 437
Hoyer, H. 261, 263
Hsu, S. K., C. K. Ingold u. C. L. Wilson 74, 236
— u. C. L. Wilson 74
Huang-Minlon 372
Huber, G. 280, 331
Hudson, B. E., u. C. R. Hauser 244
Hudson, B. J. F., u. R. Robinson 301
Hückel, E. 4, 10, 93, 153, 199, 204, 317, 318, 319, 334, 375
Hückel, W. 32, 33, 46, 60, 66, 77, 108, 135, 192, 225, 236, 294, 328, 340, 341, 367
— u. R. Danneel 370
— — A. Schwartz u. A. Gercke 341
— u. H. Naab 341
— u. H. Schlee 341
— u. F. Stepf 138
Hürzch, H. s. Clusius, K. 474
Hugget, C., R. T. Arnold u. T. J. Taylor 449
Huggins, M. L. 261
Hughes, E. D. 72, 122, 126, 455
— s. Bateman, L. C. 121, 122
— s. Brewster, P. 112
— s. Brown, F. 126
— s. Church, M. G. 121
— s. Cooper, K. A. 121
— s. Cowdrey, W. A. 110, 111, 114
— s. Dostrovsky, J. 126
— s. Hawdon, A. R. 121
— u. C. K. Ingold 108, 121, 122, 268
— s. Ingold, C. K. 109, 113
— C. K. Ingold, R. J. L. Martin u. D. F. Meigh 114
— — u. S. Masterman 114
— — u. U. G. Schapiro 122
— — u. K. D. Scott 114
— — u. N. A. Taber 411
— F. Juliusburger, S. Masterman, B. Topley u. J. Weiss 111
— — A. D. Scott, B. Topley u. J. Weiss 111

Huisgen, R. 236, 339, 380, 444, 474, 477, 478, 485
— u. Mitarbb. 26, 401
— u. F. Jacob 401
— — W. Siegel u. A. Cadus 400, 401
— u. H. J. Koch 450, 454
— W. Rapp, I. Ugi, H. Walz u. I. Gloggen 44
— u. H. Rist 387
— I. Ugi, H. Brade u. E. Rauenbusch 458
Hulstkamp, J. s. Stoll, M. 39, 40
Humphrey, G. L. s. Donohue, J. 34, 53, 131
Hund, F. 3, 10
Hunsdiecker, C. s. Hunsdiecker, H. 287
Hunsdiecker, H. 39
— u. C. Hunsdiecker 287
Hunt, C. K. s. Stillson, G. H. 177
Hunter, E. C. E., u. J. R. Partington 149
Hurd, C. D., u. M. A. Pollack 405
Hussay, A. S. s. Newman, M. S. 89
Hyde, J. L. s. Olson, A. R. 267
Hylleraas, E. A., u. G. Jaffé 7

I. G. Farbenindustrie AG (I. G. Farb.) 188, 202, 252, 431, 432, 440
Illingworth, W. S. s. Hammick, D. L. 383
Illuminati, G., u. G. Marino 360
Ingold, C. K. 2, 106, 108, 109, 112, 147, 150, 151, 152, 264, 367, 374, 375
— u. Mitarbb. 373
— s. Bateman, L. C. 121, 122
— s. Beesley, R. H. 52
— s. Brewster, P. 112
— s. Burton, H. 204
— s. Church, M. G. 121
— s. Cooper, K. A. 121
— s. Cowdrey, W. A. 110, 111, 114
— s. Datta, S. C. 266
— s. Dostrovsky, J. 126
— s. Grimwood, R. C. 52
— s. Hanhart, W. 192
— s. Hawdon, A. R. 121
— s. Hsu, S. K. 74, 236
— u. E. D. Hughes 109
— s. Hughes, E. D. 108, 114, 121, 122, 268, 411
— — u. Mitarbb. 113
— u. E. H. Ingold 147, 152
— s. Ingold, E. H. 264
— u. H. V. Kidd 402
Ingold, C. K., u. C. W. Shoppee 204
— u. C. L. Wilson 74, 236
— — u. E. de Salas 225
Ingold, E. H., u. C. K. Ingold 264
— s. Ingold, C. K. 147, 152
Ingold, W. s. Prelog, V. 44
Inhoffen, H. H., u. Mitarbb. 372
— u. H. Siemer 211
Inokuchi, H. 352
Inskeep, G. E. s. Marvel, C. S. 207
Ipatieff, V. N. 33
— s. Grosse, A. V. 178
Irvin, C. F., u. G. F. Hennion 171
Isacescu, D. A. s. Hopff, H. 481
Iwasaki, M. s. Morino, Y. 26

Jablonski, L. s. Harries, C. D. 297
Jacob, F. s. Huisgen, R. 400, 401
Jacob, L. s. Ziegler, K. 208
Jacobs, G. s. Alder, K. 302, 356
Jacobson, O. 402
Jaenke, H. s. Zincke, T. 403
Jaffé, G. s. Hylleraas, E. A. 7
Jahn, J. s. Kuhn, R. 197
Jalinovsky, F., u. H. Langer 56
James, H. M., u. A. S. Coolidge 10
Janke, W. s. Müller, Eugen 173
Janssen, R. s. Bockemüller, W. 203
Janz, G. J., u. W. J. H. McCulloch 306
Jeffrey, G. A. s. Cox, E. G. 262
Jenny, E. F., u. J. D. Roberts 387
Jensen, K. A. 259
Jerome, J. J. s. Kharasch, M. S. 437
Jörgensen, P. F. s. Zechmeister, L. 398
Johnson, H. W. jr. s. Curtin, D. Y. 405
Johnson, K., u. E. F. Degering 313
Johnson, P. R., H. M. Barnes u. S. M. McElvain 186
Johnson, W. H. s. Prosen, E. J. 354
Johnstone, R. A. W., u. T. S. Stevens 407
Jones, E. R. H. s. Bacher, H. 438
— s. Bowden, K. 427
— s. Brown, J. B. 429
Jones, E. R. H., u. M. C. Whiting 429
Jones, H. G. s. Gilman, H. 103
Jones, H. W. s. Winstein, S. 123
Jones, J. L., u. R. L. Taylor 162
Jones, R. G. s. Gilman, H. 461
Jordan, D. O. s. Partridge, M. A. 1, 2, 23, 289, 342
Joshel, L. M., u. L. W. Butz 306
Joyce, R. M. jr. s. Hanford, W. E. 166
Juliusburger, F. s. Hughes, E. D. 111

Kahrs, K. H. s. Bier, G. 97, 159
Kaiser, C. s. Alder, K. 302, 303
Kalberer, F., K. Schmid u. H. Schmid 404
Kallen, J. s. Bredt, J. 297
Kamphenkel, L. s. Brédereck, H. 450
Kantor, S. W., u. C. R. Hauser 408
Karle, I. L., u. L. O. Brockway 357
Karpuchin, P. P., u. I. J. Chussid 379, 380
Karrer, P. 183
Kaufler, F. 77, 78, 79
Kaufman, H. S., J. Fankuchen u. H. Mark 354
Kaushal, R. P. s. Bedekar, D. N. 147
Kauzmann, W. J. s. Gorin, E. 94
— J. E. Walter u. H. Eyring 94
Kealy, T. J., u. P. L. Pauson 330
Keffler, L. J. R. 162
Kegelman, M. R., u. E. V. Brown 370
Keil, G. s. Auwers, K. v. 381
Kekulé, A. 1, 315, 316, 317, 320, 396
Kelham, R. M. s. Mills, W. H. 88
Kelly, R., D. M. McDonald u. K. Wiesner 40, 44
Kennaway, E. L. s. Cook, J. W. 352
Kenner, J. s. Adamson, D. V. 450
— s. Christie, G. H. 78, 79, 80, 82
Kentaro Hoffmann, A. s. Doering, W. v. E. 485
Kenyon, J. s. Arcus, C. L. 272

Kenyon, J., S. M. Partridge u. H. Phillips 272
— u. H. Phillips 112
— s. Phillips, H. 111
— H. Phillips u. Mitarbb. 144
Kern, W. 206
— u. H. Willersinn 100
Kerrigan, V. s. Gardner, C. 431
Ketelaear, J. A. A., P. F. van Velden, G. H. J. Broers u. H. R. Gersmann 195
Keyssner, E. s. W. Reppe 432
Kharasch, M. S. 166, 483
— u. Mitarbb. 119, 194, 202
— u. H. C. Brown 99
— s. Brown, H. C. 119
— F. Engelmann u. W. H. Urry 120
— J. J. Jerome u. W. H. Hovy 437
— H. C. McBay u. W. H. Urry 119
— E. Sternfeld u. F. R. Mayo 283
— L. E. Sutton u. W. A. Waters 119
— W. H. Urry u. B. M. Kuderna 166
— s. Westheimer, F. H. 373
— M. Zimmermann, W. Zimmt u. W. Nudenberg 401
Kidd, H. V. s. Ingold, C. K. 402
Kiedaisch, W. s. Müller, Eugen 392
Kiehl, J. s. Craig, D. 308, 309
Kierstead, R. W. s. Cram, D. J. 42
Kilham, J. K. s. Baxendale, J. H. 206
Kilner, A. E. H. s. Cardwell, H. M. E. 420
Kimball, R. H. 74
Kimbell, G. E. s. Roberts, J. 192
Kindler, K. 276
King, H. 43, 78
King, V. L. s. Willstätter, R. 341
Kippe, O. s. Stoermer, R. 248
Kirrmann, A. s. Prévost, C. 236
Kishner, N. M., u. J. B. Lossik 52
Kistiakowsky, G. B., u. M. Nelles 163
— R. Ruhoff, H. A. Smith u. W. E. Vaughan 316
— u. W. R. Smith 83
Klager, K. s. Reppe, W. 435, 436
Klages, F. 319, 325, 376
Klein, G. 441
Kleinberg, J. 287
Klever, H. s. Staudinger, H. 289
Kline, M. W. s. Brewster, J. W. 406
Klit, A., u. A. Langseth 322
Kloetzel, M. C., R. P. Dayton u. H. L. Herzog 305
Kluiber, R. W. s. Alexander, E. R. 405
Klyne, W. 36, 51, 60, 199
Knaggs, J. E. 455
Knapp, B. s. Muskat, J. E. 205
Knauf, A. E., P. R. Shildneck u. R. Adams 87
Knoevenagel, E. 247
Knopf, E. s. Kuhn, W. 94
Knorr, L. 224, 225
Knox, L. H. s. Bartlett, P. D. 123
— s. Doering, W. v. E. 334, 452, 484
Kobelt, M., P. Barman, V. Prelog u. L. Ruzicka 43
— s. Prelog, V. 218, 283
Koch, H. J. s. Huisgen, R. 450, 454
Koch, H. P. 331
Koelsch, C. F., u. V. Boekelheide 470
König, G. s. Wittig, G. 356, 358
König, H. s. Diels, O. 400
König, W. s. Rösler, K. 335
Kohler, E. P. 196, 274, 429
— u. H. Potter 438
Kohlrausch, F. 258
Kohlrausch, K. W. F., u. Mitarbb. 455, 456
Kohn, L. s. Bachman, G. B. 313
Kolbe, H. 286, 379
Kolesnikov, G. S. s. Korshak, V. V. 360
Koll, W. s. Diels, O. 306
Kollek, L. s. Straus, F. 426
Kolthoff, I. M., T. S. Lee u. M. A. Maiss 207
Kondo, H., u. M. Tomita 43
Kooyman, E. C. s. Engelsma, J. W. 390
Kornblum, N. s. Bartlett, P. D. 305
Kornblum, R. B. s. Brown, H. C. 126
Korshak, V. V., u. G. S. Kolesnikov 360
Kortüm, G. 61
— u. P. Haug 62
— u. Kortüm-Seiler, M. 62
— u. H. Schöttler 62
— u. G. Schreyer 62
Kortüm-Seiler, M. s. Kortüm, G. 62
Kossel, W. 1
Kostanecki, S. v., V. Lampe u. J. Tambor 176
Kracher, H. s. Burgdorf, K. 380
Krässig, H., u. G. Greber 42
Krauch, H. s. Doering, W. v. E. 333
— s. Franzen, V. 75, 176, 250, 252, 271, 272, 458, 470
— s. Kuhn, R. 197
Krause, G. s. Wartenberg, H. v. 316
Krause, H. s. Seidel, F. 380
Krause, H. J. s. Stetter, H. 55
Kresstinski, W. N., u. N. I. Ssumm 425
Kreutzberger, A. s. Grundmann, C. 440
Kreutzmann, W. s. Müller, Eugen 452
Krieger, H. s. Alder, K. 303
Kriegsmann, H. s. Simon, A. 142
Kriewitz, O. 176
Kröper, H. 291, 433
— s. Reppe, W. 252
Krollpfeiffer, F. 327
Kuderna, B. M. s. Kharasch, M. S. 166
Kuhn, H. 28
Kuhn, R. 66, 78, 148, 193
— u. H. Albrecht 83, 85
— W. Badstübner u. C. Grundmann 247
— u. L. Birkofer 76
— u. W. Brydowna 450
— u. F. Ebel 274
— u. F. Giral 260
— u. P. Goldfinger 85
— s. Hausser, J. 149
— — u. W. Brydowna 260
— u. J. Jahn 197
— u. H. Krauch 197
— u. Ruelius, H. W. 450
— u. K. L. Scholler 197
— u. T. Wagner-Jauregg 71, 83, 302
— u. K. Wallenfels 196
— u. A. Winterstein 202
Kuhn, S. s. Oláh, G. 373
Kuhn, W. 73, 93, 94
— u. E. Braun 94
— u. E. Knopf 94
Kumler, W. D., u. C. W. Porter 214, 260
Kummer, U. v. s. Meisenheimer, J. 274
Kupfer, O. s. Staudinger, H. 454
Kursanov, D. N., u. S. V. Vitt 457

Kurtz, P. 181, 431, 440
Kwiatek, J. s. Blomquist, A. T. 299

Laage, E., s. Stoermer, R. 298
Laar, C. 224
Ladd, E. C. 167
Ladenburg, A. 317
— s. Ladenburg, M. 60
Ladenburg, M., u. A. Ladenburg 60
Ladik, J. s. Varsany, G. 142
Lampe, V. s. Kostanecki, S. v. 176
Lande, L. M. F. van de, s. Wibaut, J. P. 389
Landry, J. R., s. Bartlett, P. D. 305
Lane, J. F., s. Wallis, E. S. 271
— J. Willenz, A. Weissberger u. E. S. Wallis 449
Langbein, A., s. Hantzsch, A. 216
Lange, J. J., J. M. Robertson u. J. Woodward 399
Langenbeck, W. 95
Langer, H. s. Jalinovsky, F. 56
Langlois, G. E. 183, 364
Langmuir, I. 2, 21, 480
Langseth, A. s. Klit, A. 322
— u. J. R. Nielsen 456
Lanzendorf, W. s. Weygand, C. 191
Lapworth, A. 147, 217, 228, 236, 296, 375
Lassé, R. s. Roth, W. A. 46
Latimer, P. H., u. W. H. Rodebush 261
Latremouille, G. A. s. Eastham, A. M. 76
Lauer, K., u. R. Oda 373
Lauer, W. M., u. Mitarbb. 373
Laughlin, K. C., C. W. Nash u. F. L. Whitmore 420
Lavie, D. s. Bergmann, E. D. 485
Lawrence, C. B., s. Farmer, E. H. 204
Lawton, E. J. s. Schmitz, J. V. 184
Lebedew, O. V. s. Levina, R. J. 53
— s. Ostromysslinsky, J. 224
Le Bell, J. A. 1, 20, 60, 75, 141
Lee, C. C. s. Roberts, J. D. 368, 369
Lee, T. S. s. Kolthoff, I. M. 207
Leedham, K. s. Haszeldine, R. N. 428, 437
Leendertse, J. J., s. Waterman, H. I. 180
LeFèvre, R. J. W. s. Anderson, D. 477
— s. Freeman, H. C. 476
— u. H. Vine 477
Leffler, K. s. Stollé, R. 400
Lehmann, F. s. Harries, C. D. 297
Lehmann, G. 356
Leicher, W. s. Goldschmidt, S. 286
Lemain, H. P., u. R. L. Livingstone 34
Lemke, G. s. Braun, J. v. 189
Lennard, L. s. Straus, F. 340
Lennard-Jones, J. E. 4, 10
— u. C. A. Coulson 211, 321
Leteur, F. 55
Letort, M., u. P. Mathis 254
Lettré, H. 62
Levına, R. J., N. N. Mezeniova u. O. V. Lebedew 53
Levy, J. B., R. W. Taft u. L. P. Hammett 175
Lewis, E. S. s. Bartlett, P. D. 123, 305
Lewis, F. M. s. Mayo, F. R. 188
Lewis, G. N. 2, 3, 4, 21, 480
Ley, H., u. H. Specker 259
Ley, K. s. Müller, Eugen 126, 263, 392
Liddel, U. s. Hendricks, S. B. 402
Liebig, J. v. 279
Lilyquist, M. R. s. Tarrant, P. 167
Lindemann, H., u. L. Wiegrebe 483
Linden, T. van der, s. Holleman, A. F. 382
Lindler, H. 425
Lindsey, A. S. s. Barton, D. H. R. 52
Linstead, R. P., u. Mitarbb. 176, 236
Linton, E. P. 144
Lipp, P. 172
Liu, L. H. s. Blomquist, A. T. 44
Livingstone, R. L. s. Lemain, H. P. 34
Lloyd, D., u. J. S. Sneezum 324
Lloyd, H. A. s. Newman, M. S. 429
Lobry de Bruyn, C. A. 75
Löhmann, L., vgl. Wittig, G. 408
Löw, W. 252
Loftfield, R. B. 278
London, F. 9
— s. Heitler, W. 3, 4, 7, 8, 9, 10
Long, F. A., u. L. Friedman 267
Loquin, R. s. Bouveault, L. 286
Lorenz, J. s. Wittig, G. 408, 409
Lorenz, L., u. H. Sternitzke 152
Loritsch, J. A., u. R. A. Vogt 432
Lossen, W. 271
Lossik, J. B. s. Kishner, N. M. 52
Lothrop, W. C. 358
— s. Fieser, L. F. 339
Lovelace, A. M. s. Tarrant, P. 167
Lowry, D. F. 247
Lowry, T. M. 122, 246, 247
— u. C. Cavell 192
— u. I. J. Faulkner 76
Lucas, H. J., u. Mitarbb. 175
— u. C. W. Gould jr. 117
— s. Winstein, S. 117
Ludsteck, D. s. Müller, Eugen 238, 444, 452, 453
Ludwig, R. s. Wittig, G. 123, 305, 356
Lüttke, W., u. R. Mecke 263
Lüttringhaus, A. 43, 44, 45, 410
— u. K. Buchholz 44
— u. H. Gralher 89, 90
— u. K. Hauschild 45
— u. G. v. Sääf 410
— u. D. Schade 287
— u. K. Schubert 410
— u. H. Simon 44
— s. Ziegler, K. 42, 44
Lukeš, R., u. K. Syhora 56
Lusskin, R. M., u. J. J. Ritter 177
Lux, A. s. Freudenberg, K. 71
Lythgoe, B., u. Mitarbb. 398

McBay, H. C. s. Kharasch, M. S. 119
McCleary, R. F., u. E. F. Degering 314
McCulloch, W. J. H. s. Janz, G. J. 306
McDonald, D. M. s. Kelly, R. 40, 44
McElvain, S. M. 283, 292
— s. Johnson, P. R. 186
McKenzie, A., u. Mitarbb. 371
— u. E. R. L. Gow 112
McKinley, C. s. Schildknecht, C. E. 184
McLamore, W. s. Woodward, R. B. 50
McMahon, R. E. s. Roberts, J. D. 368
McMath, A. M. s. Read, J. 77

McNulty, B. J. s. Cooper, K. A. 121
Madelung, W. 258, 261
Magin, A. s. Reppe, W. 431, 434, 435, 436
Maiss, M. A. s. Kolthoff, I. M. 207
Maker, S. M. s. Bassilios, H. F. 364
Mann, F. G. s. Hart, F. A. 142
— s. Chatt, J. 138
Mannich, C. 247
— s. Thoms, H. 420
Manylik, R. s. Hauser, C. R. 407
Marburg, R. s. Wolff, L. 56
Marino, G. s. Illuminati, G. 360
Marion, L. s. Robertson, R.E. 209
Mark, H. s. Alfrey, T. jr. 188
— s. Kaufman, H. S. 354
Markownikoff, W. 166
Maroney, W. s. Olson, A. R. 162
Marsden, E. s. Hodgson, H.H. 476
Marsden, R. J. B., u. L. E. Sutton 214
Marshalk, C. 348
Mathieson, A. M., J. M. Robertson u. V. C. Sinclair 347
Martin, A. E. s. Fox, J. J. 186, 187
Martin, G. T. O. s. Arndt, F. 149
Martin, R. J. L. s. Hughes, E. D. 114
Martius, C. s. Arndt, F. 228, 229, 230, 235, 444
Marvel, C. S. 396
— W. J. Bailey u. G. E. Inskeep 207
— u. L. A. Brooks 53
Marvell, E. N., u. J. L. Stephenson 372
Marx, R. s. Böhme, H. 228
Mauser, H. 61
Masterman, S. s. Cowdrey, W. A. 111
— s. Hughes, E. D. 111, 114
Mathias, H. s. Meerwein, H. 134
Mathis, P. s. Letort, M. 254
Matson, F. A. s. Watson, A. T. 350
Mattson, R. H. s. Adams, R. 88
Mayer, J. E. 83
— s. Westheimer, F. H. 83
Mayo, F. R. s. Cummings, W. 188
— s. Kharasch, M. S. 283
— u. F. M. Lewis 188
— u. C. Walling 188
Meadows, G. W. s. Evans, A. G. 184, 364
Mecke, R. 263
— s. Lüttke, W. 263
Meer, N., u. M. Polanyi 109, 112
Meerwein, H. 52, 75, 106, 134, 136, 170, 186, 217, 221, 252, 366, 445, 452, 464, 484
— u. Mitarbb. 134, 217, 221
— u. T. Bersin 102
— — u. W. Burneleit 447
— E. Büchner u. K. van Emster 469
— u. W. Burneleit 447
— U. Eisenmeyer u. H. Mathias 134
— u. K. van Emster 52
— u. G. Hinz 450
— H. Rathjen u. H. Werner 445, 484
— u. J. Schäfer 366
— u. R. Schmidt 75, 251, 252
— u. F. Straus 366
— u. W. Unkel 366
— u. J. Weber 194
Meigh, D. F. s. Hughes, E. D. 114
Meimberg, F. s. Bamberger, E. 472
Meinel, K. 171
Meisenburg, K. 202
Meisenheimer, J. 80, 81, 82, 89, 108, 138, 144, 274
— u. Mitarbb. 144
— u. E. Connerade 348
— u. M. Höring 84
— u. W. Theilacker 460
— — u. O. Beisswenger 89
— s. Thiele, J. 296
— P. Zimmermann u. U. v. Kummer 274
Meiser, M. 370
Meister, H. s. Reppe, W. 335
Meister, M. s. Price, C. C. 193
Meixner, N. s. Petuely, F. 76
Melander, L. 373
Merk, F. H. s. Willgerodt, C. 276
Merkel, E., u. C. Wiegand 91, 161
Merkle, W. s. Wittig, G. 386
Merling, G. 333, 432
Mesrobian, R. B. s. Feltzin, J. 445
Metzger, H. s. Müller, Eugen 100, 165, 188, 314, 477
Meyer, E. v. 439
Meyer, H. 193
Meyer, K. s. Scholl, R. 351
Meyer, K. H. 225, 226, 235, 236, 237, 471
— u. H. Hopff 235
— u. V. Schöller 235
— u. H. Tochtermann 472
Meyer-Delius, M. s. Weidlich, H. A. 294
Mezeniova, N. N. s. Levina, R. J. 53
Michael, A. 295
— s. Schlenk, W. 348
— u. O. Schulthess 190
Micheel, F. 61, 76
Mikeska, L. A., u. Arundale, E. 176
— s. Arundale, E. 176
Mikluklin, G. P., u. A. E. Brodsky 276
— s. Rekaschewa, A. F. 467
Millen, D. s. Gillespie, R. J. 373
Miller, P. C. s. Sommer, L. H. 125
Miller, S. I., u. G. Shkapenko 431
Millikan, A. s. Bachman, G. B. 313
Mills, J. M., u. H. W. Thompson 453
Mills, W. H. 80, 81, 82, 88, 141, 196
— u. K. A. C. Elliot 88
— u. R. M. Kelham 88
— u. J. G. Nixon 339
Milone, M., u. G. Müller 327
Mindermann, F. s. Wittig, G. 407
Minieri, P. P. s. Ritter, J. J. 177
Mislow, K., u. H. M. Hellmann 202
Mitchovitsch, V. M. s. Vavon, G. 76
Modest, E. J. s. Szmuskovicz, J. 301
Moffit, W. E. s. Coulson, C. A. 34
Mohr, E. 32, 33, 38, 58
Mondon, A. 50, 300
Moore, J. A., vgl. Wagner, R. B. 279
Mooy, W. J. de, s. Holleman, A. F. 374
Morath, R. J. s. Bunnett, J. F. 388
Morino, Y., u. M. Iwasaki 26
Mosettig, E., u. A. Burger 447
Moycho, S., u. F. Zienkowki 52
Moyer, W. W. s. Wallis, E. S. 272
Müller, A. 29, 111
Müller, E., u. A. Freytag 202
Müller, Ernst 400, 442
Müller, Eugen 90, 92, 100, 158, 160, 166, 167, 168, 197, 246, 248, 249, 255, 312, 348, 396, 398, 410
— u. Mitarbb. 248, 398

Müller, Eugen, u. W. Bunge 410
— u. J. Dammerau 165, 212
— u. H. Disselhoff 452
— D. Fries u. H. Metzger 477
— u. E. Hertel 90
— u. E. Hory 160
— u. W. Janke 173
— u. W. Kreutzmann 452
— u. K. Ley 126, 263, 392
— — u. W. Kiedaisch 392
— — u. W. Schmidhuber 126, 392
— u. D. Ludsteck 238, 452, 453
— — u. W. Rundel 444
— u. H. Metzger 100, 165, 188, 314
— u. I. Müller-Rodloff 92
— u. H. Neuhoff 90, 92
— u. H. Pfanz 90
— u. G. Röscheisen 173, 387
— u. W. Rundel 400, 413, 452
— u. E. Tietz 90
Müller, G. s. Criegee, R. 131
— s. Milone, M. 327
Müller, H. s. Busch, M. 400
Müller-Rodloff, I. s. Müller, Eugen 92
Münz, F. s. Alder, K. 303
Muhr, G. s. Schmid, H. 460
Mulliken, R. S. 3, 10, 17, 199, 410, 412
— u. C. C. J. Roothaan 162
Mumford, S. A., u. J. W. C. Phillips 397
Munderloh, H. s. Hess, K. 432
Murty, S. 443
Muskat, J. E., u. B. Knapp 205
— u. H. E. Northrup 202

Naab, H. s. Hückel, W. 341
Nachtwey, P. s. Arndt, F. 148, 149, 150
Nagel, K. s. Wittig, G. 247
Nager, M. s. Henne, A. L. 428, 437
Nametkin, S. 365, 366
— u. L. Brussoff 366
Narain, H. s. Saksena, B. D. 354
Nash, C. W. s. Laughlin, K. C. 420
Nathan, W. S. s. Baker, J. W. 410
Natta, G. 187
Nazarow, J. 426
Nef, J. U. 432, 440, 480
Nelles, M. s. Kistiakowsky, G. B. 163
Nenitzescu, C. D. s. Hopff, H. 481
Nesmeyanow, A. N. 225
Neuberg, C. 189
Neufang, K. s. Alder, K. 303
Neuhoff, H. s. Müller, Eugen 90, 92
Nevell, T. P. s. Cowdrey, W. A. 111
— E. de Salas u. C. L. Wilson 367
Neville, O. K., M. T. Clark, C. J. Collins, H. W. Davis, E. Grovenstein jr. u. E. C. Handley 282
— s. Collins, C. J. 281
— s. Davis, H. W. 281
New, R. C. A. s. Hammick, D. L. 383, 483
— u. L. E. Sutton 480, 483
Neweihy, E. s. Prelog, V. 43
Newkirk, A. E. 430
Newman, M. S., H. L. Gildenborn u. P. A. S. Smith 458
— u. A. S. Hussay 89
— u. H. A. Lloyd 429
Nicolai, F. s. Reppe, W. 431
Nicolai, J. R. s. Wibaut, J. P. 389
Nielsen, J. R. s. Langseth, A. 456
Nieuwland, J. A. 431
— u. R. R. Vogt 431
— s. Young, C. A. 426
Nixon, J. G. s. Mills, W. H. 339
Noble, T. s. Alder, K. 401
Norris, J. F., u. P. Arthur jr. 362
— u. M. Sturgis 362
Norrish, R. G. W. 169
— s. Bevington, J. C. 186
— u. K. E. Russel 184
Northrup, H. E. s. Muskat, J. E. 202
Nosh, J. L. jr. s. Butler, G. B. 186
Nowacki, W. 53
— u. K. W. Hedberg 53
Noyes, R. M., R. G. Dickinson u. V. Schomaker 194
Nozaki, K., u. R. A. Ogg jr. 171
Nozoe, T. 332
Nudenberg, W. s. Kharasch, M. S. 401
Nursten, H. E. 389

Oaks, B. D. s. Hine, J. 485
O'Connor, P. R. s. Ryan, I. P. 404
Oda, R. s. Lauer, K. 373
Offe, H. A. 286
Ogg, R. A. jr. 204
— s. Nozaki, K. 171
Ohle, H. 61
Okamoto, T. s. Bunnett, J. F. 388
Oláh, G., u. S. Kuhn 373
Olson, A. R., R. S. Halford u. J. C. Hornel 403
— u. J. L. Hyde 267
— u. W. Maroney 162
Olson, C. E. s. Truce, W. E. 362
Olsson, H. 266
Olsson, K. s. Fredga, A. 55
O'Neill, R. C. s. Sheeham, J. C. 39
Oosterhoff, L. J. 26
Opitz, G. s. Hellmann, H. 248
Oppenauer, R. 252
Orloff, H. D. 36, 46
— u. C. J. Worrd 389
Orthner, L. 100
Orton, K. J. P. 465
O'Shaughnessy, M. T., u. W. H. Rodebush 90
Ostromysslinsky, J., u. O. V. Lebedew 224
Ostroski, A. S., u. R. B. Stambaugh 184
Ostwald, W. 265
Ott, E. 191
— s. Staudinger, H. 292
Ottar, B. s. Hassel, O. v. 35
Otting, W. 198
Ottmann, G. s. Grundmann, C. 451
Otto, C. 186
Otvos, J. W. s. Beeck, O. 180
Owen, L. N. 292

Paetzold, H. s. Biltz, H. 450
Palmer, K. J. s. Brockway, L. O. 321
— s. Pauling, L. 411, 424, 439
Paquin, H. M. 56
Park, G. S. s. Baxendale, J. H. 206
Partington, J. R. s. Arndt, F. 149, 152
— s. Hunter, E. C. E. 149
Partridge, M. A., u. D. O. Jordan 1, 2, 23, 289, 342
Partridge, S. M. s. Kenyon, J. 272
Paschar, F. s. Alder, K. 401
Pasedach, H. s. Reppe, W. 435
Pastanogoff, W. 270
Pasteur, L. 60, 63, 94
Patat, F. 184
— s. Winnacker, K. 206
Patrick, T. M. 401
Patterson, J. A. s. Hass, H. B. 313
Pattison, D. B., u. M. Carmack 426

Pauling, L. 3, 7, 17, 18, 20, 98, 101, 160, 258, 259, 311, 317, 318, 325, 326, 347, 486
— u. L. O. Brockway 198
— s. Brockway, L. O. 455
— L. O. Brockway u. J. Y. Beach 411
— s. Hendricks, S. B. 456
— s. Schomaker, V. 321
— H. D. Springall u. K. J. Palmer 411, 424, 439
— s. Wheland, G. W. 375
Pauson, P. L. 331
— s. Kealy, T. J. 330
Pearson, D. E. s. Scott, P. T. 275
Pechmann, H. v. 444, 465
Peek, R. C. s. Hine, J. 485
Peerdeman, A. F. s. Bijvoet, J. M. 94
— A. J. van Bommel u. J. M. Bijvoet 94
Peine, G. 296
Perkin, W. H. jr. 37
— s. Haworth, R. D. 247
Perkin, W. H. sen. 246, 348
Pernest, J. C. s. Gomberg, M. 473
Pestemer, M., u. D. Brück 160
Peters, C. s. Grimm, H. G. 58
Peterson, W. D. s. Conant, J. B. 470
Petri, H. s. Wittig, G. 85
Petrow, V. A. 205
Pettit, R. s. Dewar, M. J. S. 334
Petuely, F., u. N. Meixner 76
Pfab, W. s. Fischer, E. O. 330
Pfannenstiel, A. s. Willstätter, R. 270
Pfanz, H. s. Müller, Eugen 90
Pfau, S. s. Plattner, P. A. 335
Pfeiffer, P. 71, 140, 261
— u. P. Schneider 172
— u. R. Wizinger 170, 172, 359
Pfeil, E. 251, 467, 468
— u. O. Velten 468
Pfeuffer, L. s. Bockemüller, W. 165
Phillips, H. s. Kenyon, J. 112, 144, 272
— J. Kenyon u. Mitarbb. 111
Phillips, J. W. C. s. Mumford, S. A. 397
Pickett, L. W., G. F. Walter u. H. France 90
Pieper, G. s. Wittig, G. 386
Pines, H., u. R. C. Wackher 364
Pinkus, A. G. s. Alexander, E. R. 95
Pinner, A. 296
Pitzer, K. S. 26, 35
— u. Mitarbb. 26
— s. Beckett, C. W. 35
Planck, M. 1
Plattner, P. A. 336
— u. S. Pfau 335
— s. Ruzicka, L. 218
Plaut, H., u. J. J. Ritter 177
Plesch, P. H. 188
— M. Polanyi u. H. A. Skinner 184
Pockels, U. s. Wittig, G. 386
Pohl, W. s. Hantzsch, A. 465
Pohmer, L. s. Wittig, G. 387
Poje, J. s. Brewster, R. Q. 472
Polanyi, M. s. Bergmann, E. 109
— s. Evans, A. G. 183, 184
— s. Meer, N. 109, 112
— s. Plesch, P. H. 184
— u. J. L. Szabo 266
Pollack, M. A. s. Hurd, C. D. 405
Pollard, C. B. s. Rietz, E. G. 2
Polster, R. s. Wittig, G. 143, 356
Ponndorf, W. 75, 252
Pope, J. 142
Pope, W. J., u. J. Read 77
Popper, E. s. Spacu, G. 440
Porter, C. W. s. Kumler, W. D. 214, 260
Potter, H. s. Kohler, E. P. 438
Powell, G. 459
Pratt, P. E. s. Hilmans, H. 443
Prelog, V. 39, 43, 44, 283
— u. Mitarbb. 26, 40
— s. Clemo, G. R. 51
— M. Fansy, E. Neweihy u. O. Häfliger 43
— L. Frankiel, M. Kobelt u. P. Barman 283
— O. Häfliger u. K. Wiesner 41
— W. Ingold u. O. Häfliger 44
— u. M. Kobelt 218
— s. Kobelt, M. 43
— u. R. Seiwerth 53
— u. P. Wieland 138
— u. K. Wiesner 44
— — W. Ingold u. O. Häfliger 44
Prévost, C. 204
— u. A. Kirrmann 236
— P. Sonday u. J. Chauvelier 425
Prey, V. 378
Price, C. C. 178
— u. C. E. Arntzen 359
— u. M. Meister 193
— u. J. F. Thorpe 193
Prileschajeff 182, 426
Pringsheim, H. 61
Prins, H. J. 176
— u. F. J. W. Engelhard 363
Prosen, E. J., W. H. Johnson u. F. D. Rossini 354
Prout, F. S. 247
Prydal, B. S. s. Arcus, C. L. 271
Pschorr, R. 467
Pullman, A. 347
— s. Pullman, B. 2, 347
Pullman, B., u. A. Pullman 2, 347
Pummerer, R. s. Willstätter, R. 149
Purdue Research Foundation 313
Pusch, J. s. Arndt, F. 148

Raasch, M. S. s. Coffman, M. S. 52
Ramage, W. 313
Ramberg, L., u. Mitarbb. 74
— u. Samén 118
Ramp, F. L. s. Cope, A. C. 355
Rao, P. A. D. s. Brewster, P. 112
Raphael, R. A. 426
— s. Cook, J. W. 332
Rapp, W. s. Huisgen, R. 44
Rapson, W. S., u. R. G. Shuttleworth 390
Rathjen, H. s. Meerwein, H. 445, 484
Rauenbusch, E. s. Huisgen, R. 458
Raulins, R. s. Rhoads, S. J. 405
Raumio, E. K. s. Bachman, W. E. 429
Read, J., u. A. M. McMath 77
— s. Pope, W. J. 77
Rebelein, H. s. Briegleb, G. 227
Reddelien, G. s. Hantzsch, A. 397, 460
Reed, C. F. 99
Reed, J. B. s. Sudgen, S. 397
Reichert, W. s. Stollé, R. 400
Reid, D. H. 336
Reid, J. C. s. Dauben, W. G. 277
Reis, A. 62
Reissert, A. 397
Reitz, O. 74, 236
— u. M. Wagner 258
Rekaschewa, A. F., u. G. P. Mikluklin 467
Remers, W. A. s. Corey, E. J. 356
Remick, A. E. 2
Renfrow, W. B. jr., u. C. R. Hauser 271

Rennhak, S. s. Windaus, A. 353
Rennhardt, H. H., E. Heilbronner u. A. Eschenmoser 334
Reppe, W. 353, 354, 355, 427, 430, 432, 433, 434, 435, 436, 439, 482
— u. Mitarbb. 432, 436
— O. Hecht u. E. Gassenmeyer 434
— E. Keyssner u. O. Hecht 432
— H. Kröper u. W. Schmidt 252
— u. A. Magin 431, 434
— u. F. Nicolai 431
— H. Pasedach u. M. Seefelder 435
— O. Schlichting, K. Klager u. T. Toepel 436
— — u. H. Meister 335
— W. Schweckendiek, A. Magin u. K. Klager 435, 436
— u. A. Simon 434
— u. H. Vetter 434, 435
Restaino, A. J. s. Feltzin, J. 445
Reubke, R. s. Alder, K. 303
Reychler, A. 175
Reynolds, R. D. s. Rhoads, S. J. 405
Rheinische Kampfer-Fabrik GmbH 177
Rhoads, S. J., u. R. L. Crecelius 405
— R. Raulins u. R. D. Reynolds 405
Rice, F. O., u. A. L. Glasebrook 445
Richards, R. B. s. Cros, L. H. 187
Richter, J. s. Arnold, R. T. 362
Rickert, H. F. s. Alder, K. 300, 306, 311
Rieber, M. s. Wittig, G. 142, 144
Rieche, A. 283
Rietz, E. G., u. C. B. Pollard 2
Rintelen, H. 452
Rist, H. s. Huisgen, R. 387
Rittenberg, D. s. Shantz, E. M. 277
Ritter, J. J. 177
— s. Bonzon, F. R. 177
— s. Hartzel, L. W. 177
— s. Lusskin, R. M. 177
— u. P. P. Minieri 177
— s. Plaut, H. 177
Ritzenthaler, B. s. Staudinger, H. 188
Roberts, J., u. G. E. Kimbell 192
— u. H. C. Urey 265, 280
Roberts, J. D., R. Armstrong, R. F. Trimble jr. u. H. Burg 291
— u. M. Halman 363
— s. Jenny, E. F. 387
— C. C. Lee u. W. H. Saunders jr. 368, 369
— R. E. McMahon u. J. Hine 368
— J. K. Sanford, E. L. J. Sixma, H. Cerfontain u. R. Zagt 375
— D. A. Semenow, H. E. Simmons jr. u. L. A. Carlsmith 387
— u. J. A. Yancey 363
Robertson, J. M. 333, 399
— s. Abrahams, S. C. 338
— s. L. O. Brockway 321
— s. D. M. Donaldson 351
— s. Lange, J. J. 399
— s. Mathieson, A. M. 347
— u. J. G. White 352
— u. J. Woodward 424
Robertson, P. W., u. Mitarbb. 417
Robertson, R. E., u. L. Marion 209
Robinson, A. M. s. Bachman, W. E. 352
Robinson, P. L. 470
— s. Hetherington, G. 373
Robinson, R. 147, 151, 375
— s. Bradley, W. 461
— s. Cardwell, R. M. E. 50
— s. Hudson, B. J. F. 301
— s. Urushibara, Y. 166
Rodd, E. H. 79
Rodebush, W. H., u. I. Feldman 90
— s. Latimer, P. H. 261
— s. O'Shaughnessy, M. T. 90
— s. Williamson, B. 90
Roelen, O. 434, 482
Römer, P. s. Strecker, A. 461
Röscheisen, G. s. Müller, Eugen 173, 387
Rösler, H., u. W. König 335
Roh, N. s. Bub, L. 131
Rondestvedt, C. S. jr., s. Vogl, O. 469
Roothaan, C. C. J. s. Mulliken, R. S. 162
Rose, J. D. s. Arndt, F. 230
— s. Gardner, C. 431
Rosen, N. 10
Rosenblum, G. s. Wilkinson, G. 330
Rosenhauer, E., u. H. Unger 472
Ross, R. M. 209
Rossini, F. D. 153
— s. Prosen, E. J. 354
Roth, W. s. Alder, K. 303
Roth, W. A. 316
Roth, W. A. u. R. Lassé 46
Rothaupt, R. K. s. Wieland, T. 450
Rouvé, A. 39
— s. Stoll, M. 39, 40, 42
Rüdorff, W. s. Ruston, W. R. 351
Rühmann, R. s. Alder, K. 308, 309, 311
Ruelius, H. W. s. Kuhn, R. 450
Ruff, O. 70
Ruggli, P. 38
Ruhoff, R. s. Kistiakowsky, G. B. 316
Rundel, W. s. Müller, Eugen 400, 413, 444, 452
Ruske, W. s. Grundmann, C. 440
Russel, K. E. s. Norrish, R. G. W. 184
Rust, K. s. Alder, K. 302
Ruston, W. R., u. W. Rüdorff 351
Ruzicka, L. 38, 43, 48, 356, 369
— M. Furter u. M. W. Goldberg 48, 49
— u. G. Giacomello 43
— s. Kobelt, M. 43
— P. A. Plattner u. H. Wild 218
Ryan, I. P., u. P. R. O'Connor 404
Ryan, M. J. s. Bartlett, P. D. 305

Sachse, H. 32, 33, 38
Sackur, O. s. Tschoubar, B. 278
Sadron, C. 28
Sääf, G. v. s. Lüttringhaus, A. 410
Sako, S.-i. 84
Saksena, B. D., u. H. Narain 354
Salas, E. de, s. Ingold, C. K. 225
— s. Nevell, T. P. 367
Salm, A. Y. s. Bassilios, H. F. 364
Salomon, G. 42, 43
Samén s. Ramberg, L. 118
Sandmeyer, T. 467
Sanford, J. K. s. Roberts, J. D. 375
Sanger, F. 389
Sauer, J. C. s. Hanford, W. E. 289
Saunders, K. H. 460
Saunders, W. H. jr. s. Roberts, J. D. 368, 369
Savage, J., J. Sheppard u. G. B. B. M. Sutherland 477
Sawyer, D. W. s. Stillson, G. H. 177

Saytzeff, A. 419
Schade, D. s. Lüttringhaus, A. 287
Schadewaldt, E. F. s. Doering, W. v. E. 282
Schäfer, H. K. s. Alder, K. 303
Schäfer, J. s. Meerwein, H. 366
Schäff, R. s. Bier, G. 97, 159
Schanzer, W. s. Clusius, K. 286
Schapiro, D. s. Bergmann, F. 470
Schapiro, U. G. s. Hughes, E. D. 122
Scheibe, G. 194
Scheibler, H., u. A. Fischer 432
— u. H. Friese 248
Schenck, G. O. 306, 312, 326, 452
— u. H. Ziegler 451
Schenkel, H., u. Mitarbb. 118, 268
— u. M. Schenkel-Rudin 269
Schenkel-Rudin, M. s. Schenkel, H. 269
Schickh, O. v. 313
Schiemann, G. s. Balz, G. 469
Schildknecht, C. E., u. S. T. Gross 184
— A. O. Zoss u. F. Grosser 184
— — u. C. McKinley 184
Schiller, G. 173
Schlee, H. s. Hückel, W. 341
Schlenk, W. 340
— J. Appenrodt, A. Michael u. A. Thal 348
— u. E. Bergmann 194
Schlenk, W. jr. 95
Schlichting, O. s. Reppe, W. 335, 436
Schlöder, H. s. Wittig, G. 208
Schlubach, H. H., V. Franzen u. E. Dahl 438
— u. E. V. Trautschold 425
Schmerling, L. 180
Schmid, H. 406
— u. Mitarbb. 460
— s. Kalberer, F. 404
— u. G. Muhr 460
— u. K. Schmid 404
— s. Schmid, K. 404
— K. Schmid, R. Fahrni u. W. Haegele 404
Schmid, K., u. Mitarbb. 404
— P. Fahrni u. H. Schmid 404
— W. Haegele u. H. Schmid 404
— s. Kalberer, F. 404
— s. H. Schmid 404
Schmidhuber, W. s. Müller, Eugen 126, 392
Schmidt, C. s. Schraube, C. 465
Schmidt, K. F. 457, 458
Schmidt, O. 104, 183, 189, 190, 271
Schmidt, O. T. 90
Schmidt, R. s. Meerwein, H. 75, 251, 252
Schmidt, W. s. Reppe, W. 252
Schmitt, F. s. Frantzen, H. 280
Schmitt, R. 379
Schmitz, A. s. Alder, K. 401
Schmitz, J. V., u. E. J. Lawton 184
Schmitz, W. R. s. Cope, A. C. 52
Schmitz-Josten, R. s. Alder, K. 303
Schneider, A. s. Bartlett, P. D. 179, 181
Schneider, P. s. Pfeiffer, P. 172
Schneider, W. 441
Schneider, W. C. s. Webb, R. L. 439
Schoch, W. s. Wittig, G. 356
Schöller, V. s. Meyer, K. H. 235
Schöllkopf, K. 177
Schöttler, H. s. Kortüm, G. 62
Scholl, R., u. K. Meyer 351
Scholl, W. s. Alder, K. 308, 309
Scholler, K. L. s. Kuhn, R. 197
Scholz, H. s. Arndt, F. 231, 259
Schomaker, V. 293
— s. Donohue, J. 34, 53, 131
— s. Dunitz, J. D. 34
— s. Gorman, O. 34
— s. Noyes, R. M. 194
— u. L. Pauling 321
— s. Shand, W. jr. 34
— s. Stevenson, D. P. 214
Schoon, T. s. Thiessen, P. A. 29
Schoutissen, H. A. I. 460
Schouwenburg, G. M., van, s. Waterman, H. I. 180
Schraube, C., u. C. Schmidt 465
Schreyer, G. s. Kortüm, G. 62
Schröder, H. s. Grundmann, C. 440
Schrödinger, E. 4, 5, 9
Schroeter, G. 346, 449
Schubert, K. s. Lüttringhaus, A. 410
Schuikin, N. J. s. Zelinsky, N. D. 53, 370
Schukking, S. 385
Schulthess, O. s. Michael, A. 190
Schultze, O. W. s. Hantzsch, A. 225
Schulz, E. s. Arndt, F. 150
Schulz, G. V. 209
Schumacher, M. s. Alder, K. 299, 302
Schumann, M. s. Hantzsch, A. 465
Schurink, H. B. J. s. Backer, H. J. 66
Schuster, C. 482
Schwartz, A. s. Hückel, W. 341
Schwarz, E. s. Busch, M. 400
Schwarz, J. R. s. Smith, D. H. 404
Schwarzenbach, G. 227, 233
— u. Mitarbb. 150
— u. E. Felder 233
— u. C. Wittwer 232
Schweckendiek, W. s. Reppe, W. 435, 436
Schweitzer, H. s. Wohl, A. 286
Schwenk, E. 379
Scott, A. D. s. Cowdrey, W. A. 111
— s. Hughes, E. D. 111, 114
Scott, P. T., D. E. Pearson u. L. I. Bircher 275
Searle, N. E., u. R. Adams 82
Seebeck s. Biot 60
Seefelder, M. s. Reppe, W. 435
Seel, F. 201, 348, 375
Seidel, F., L. Wolf u. H. Krause 380
Seitz, F. s. Willstätter, R. 202, 341
Seiwerth, R. s. Prelog, V. 53
Semenow, D. A. s. Roberts, J. D. 387
Senter, G. 72
Seymour, D. s. Winstein, S. 116
Shand, W. jr., V. Schomaker u. I. R. Fischer 34
Shantz, E. M., u. D. Rittenberg 277
Sheeham, J. C., R. C. O'Neill u. M. A. White 39
Shell Development Co. 172
Shenstone, G. A. 19
Sheppard, J. s. Savage, J. 477
Sheppard, N., u. G. J. Szasz 28
Sherman, R. H., u. R. B. Bernstein 485
Shildneck, P. R. s. Knauf, A. E. 87
Shipman, J. J. s. Craig, D. 308, 309
Shkapenko, G. s. Miller, S. I. 431
Shoppee, C. W. 117
— s. Ingold, C. K. 204
Shuttleworth, R. G. s. Rapson, W. S. 390

Sidgwick, N. V. 150, 375, 440, 445, 460
— s. Hammick, D. L. 483
— L. E. Sutton u. W. Thomas 461
— W. Thomas u. L. E. Sutton 443
Sieber, R. s. Bredereck, H. 450
Siegel, W. s. Huisgen, R. 400, 401
Siemer, H. s. Inhoffen, H. H. 211
Silberstein, H. 268
Simmons, H. E. jr., s. Roberts, J. D. 387
Simon, A., u. H. Kriegsmann 142
— s. Reppe, W. 434
Simon, H. s. Lüttringhaus, A. 44
Simonyi, I. s. Gál, G. 253
Sinclair, V. C. s. Mathieson, A. M. 347
Singh, T. s. Woodward, R. B. 372
Sippel, A. 144
Sircar, A. C. 78
Sixma, E. L. J. s. Roberts, J. D. 375
Skinner, H. A. s. Plesch, P. H. 184
Skita, A. 138
Skrabal, A. 72
Slater, J. C. 3, 319
Smare, D. L. 81
Smith, D. H., J. R. Schwarz u. G. W. Wheland 404
Smith, F. B. s. Wooster, C. B. 340
Smith, G. F. s. Soper, F. G. 375
Smith, H. A. s. Kistiakowsky, G. B. 316
Smith, J. C. s. Harris, P. L. 426
Smith, L. I. 443
Smith, P. A. S. 271
— s. Newman, M. S. 458
— u. P. Yu 181
Smith, W. R. s. Kistiakowsky, G. B. 83
Sneezum, J. S. s. Lloyd, D. 324
Snyder, H. R. s. Adams, R. 83
Sommelet, M. 406, 408
Sommer, L. H., H. D. Blankmann u. P. C. Miller 125
Sommerfeld, A. 1
Sommerville, A. R. s. Cook, J. W. 332
Sonday, P. s. Prévost, C. 425
Sondheimer, F. s. Woodward, R. B. 50
Soper, F. G., u. G. F. Smith 375
Spacu, G., u. E. Popper 440
Spanke, W. s. Alder, K. 303
Specker, H. s. Ley, H. 259
Spencer, R. D. s. Blomquist, A. D. 292
Speranza, G. R. s. Fuson, R. C. 40
Spinks, I. W. T. s. Herzberg, G. 439
Spitzer, R. s. Beckett, C. W. 35
Spring, F. S. 429
Springall, H. D. s. Pauling, L. 411, 424, 439
Sprinzak, Y. s. Bergmann, E. 111
Ssumm, N. I. s. Kresstinski, W. N. 425
Stambaugh, R. B. s. Ostroski, A. S. 184
Standard Oil Development Co. 176
Stanley, W. M. 81
Stark, J. 1
Staudinger, H. 187, 253, 254, 280, 289, 292, 452
— u. Mitarbb. 189
— M. Brunner u. W. Feisst 430
— u. A. Gaule 400
— u. M. Häuberle 187
— u. H. Hirzel 449
— u. H. Klever 289
— u. O. Kupfer 454
— u. E. Ott 292
— u. B. Ritzenthaler 188
Stauffer, C. H. s. Bartlett, P. D. 74, 236
Steacie, E. W. R. 108
Stearns, H. A., u. R. Adams 82
Steiger, J., u. L. P. Hammett 122
Stein, G. s. Alder, K. 299, 308, 460
Steinacker, K. H. s. Stetter, H. 55, 56
Steinberg, H., u. D. J. Cram 40, 44
Steinbrink, H. s. Bub, L. 131
Stenzl, H. s. Wieland, H. 202
Stepf, F. s. Hückel, W. 138
Stephenson, J. L. s. Marvell, E. N. 372
Sternfeld, E. s. Kharasch, M. S. 283
Sternfeld, M. s. Dannley, R. L. 390
Sternitzke, H. s. Lorenz, L. 152
Stetter, H. 43, 53, 56
— u. W. Böckmann 56
— u. M. Dohr 55
— u. H. Heenig 56
Stetter, H., u. H. J. Krause 55
— u. K. H. Steinacker 55, 56
Stevens, C. L., u. J. C. French 292
Stevens, H. C., u. O. Grumitt 112
Stevens, T. S. 406, 407, 408
— u. Mitarbb. 406
— s. Johnstone, R. A. W. 407
Stevenson, D. P. s. Beeck, O. 180
— Burnham, H. D., u. V. Schomaker 214
— s. Wood, E. R. 162
Stewart, A. W. s. Wilsmore, N. T. M. 289
Stewart, T. D., u. K. R. Edlung 169
Stillson, G. H., D. W. Sawyer u. C. K. Hunt 177
Stobbe, S. H. 67
Stoermer, R. 67
— u. O. Kippe 248
— u. E. Laage 298
Stohmann, F. 316
Stoll, M. 42, 44, 283
— u. Mitarbb. 283
— u. J. Hulstkamp 39
— J. Hulstkamp u. A. Rouvé 40
— u. A. Rouvé 39, 42
Stollé, R., u. G. Adam 400
— u. K. Leffler 400
— u. W. Reichert 400
Stoughton, R. W., u. R. Adams 83
Straus, F. 202, 205
— L. Kollek u. W. Heyn 426
— u. L. Lennard 340
— s. Meerwein, H. 366
— u. W. Thiel 181
Strecker, A., u. P. Römer 461
Streeck, H. s. Vollmann, H. 351
Strohmeier, W. s. Briegleb, G. 235
Struve, W. S. s. Bachman, W. E. 446
Stuart, H. A. 1, 19, 22, 27, 65, 81, 96, 97, 106, 129, 130, 137, 159, 162, 214, 261, 439
Stucker, J. F. s. Cava, M. P. 358
Sturgis, M. s. Norris, J. F. 362
Sudgen, S., J. B. Reed u. H. Wilkins 397
Sulzbacher, M. s. Bergmann, E. D. 432
— s. Weizmann, C. 75
Sundralingam, A. s. Farmer, E. H. 418

Sutherland, G. B. B. M. s. Savage, J. 477
Sutten, D. A. s. Farmer, E. H. 418
Sutton, L. E. 149
— s. Hammick, D. L. 483
— s. Kharasch, M. S. 119
— s. Marsden, R. J. B. 214
— s. New, R. C. A. 480, 483
— s. Sidgwick, N. V. 443, 461
Swain, C. G. 122
Swarts, F. 270
Syhora, K. s. Lukeš, R. 56
Syrkin, Y. K., u. M. E. Dyatkina 1, 2, 23, 289, 342, 349
— s. Wassiljew, W. S. 149
Szabo, A. s. Bergmann, E. 109
Szabo, J. L. s. Polanyi, M. 266
Szasz, G. J. s. Sheppard, N. 28
Szmuszkovicz, J., u. E. J. Modest 301

Taber, N. A. s. Hughes, E. D. 411
Taft, R. W. s. Levy, J. B. 175
Talmud, B. A., u. D. L. Talmud 169
Talmud, D. L. s. Talmud, B. A. 169
Tamamushi, B., u. H. Akiyama 163
Tambor, J. s. Kostanecki, S. v. 176
Tanatar, S. 33, 190
Tar, D. F. de, s. Carmack, M. 276, 277, 426
Tarbell, D. S., u. M. Weiss 118
Tarrant, P., A. M. Lovelace u. Lilyquist, M. R. 167
Taub, D. s. Woodward, R. B. 50
Taylor, R. L. s. Jones, J. L. 162
Taylor, T. J. s. Doering, W. v. E. 282
— s. Hugget, C. 449
Taylor, W. I. s. Burnell, R. H. 372
Teearu, P. s. Tschugaeff, L. 483
Temple, B. B. s. Elliott, A. 187
Tenhaeff, H. s. Wittig, G. 356
Tesslie, M. S., u. E. E. Turner 82
Thal, A. s. Schlenk, W. 348
Theilacker, W. 63, 395
— s. Meisenheimer, J. 89, 460
Thiec, J., u. J. Wiemann 298
Thiel, W. s. Straus, F. 181
Thiele, J. 145, 146, 198, 204, 228, 294, 316, 327, 329, 339, 344, 345, 442, 443, 455
— u. J. Meisenheimer 296
Thiessen, P. A., u. T. Schoon 29
Thomas, W. s. Sidgwick, N. V. 443, 461
Thompson, A. F. jr., u. N. H. Cromwell 283
Thompson, H. W. s. Mills, J. M. 453
— u. P. Torkington 208
Thoms, H., u. C. Mannich 420
Thorpe, J. F. 78
— s. Beesley, R. H. 52
— s. Farmer, E. H. 204
— s. Grimwood, R. C. 52
— s. Price, C. C. 193
Tickle, T. s. Collie, J. N. 133
Tietz, E. s. Müller, Eugen 90
Tietze, E. s. Claisen, L. 404
Tischtschenko, W. 252
Tochtermann, H. s. Meyer, K. H. 472
Todd, A. R. s. Bick, J. R. C. 43
Todt, U. s. Wittig, G. 247
Toepel, T. s. Reppe, W. 436
Tokar, G. s. Gál, G. 253
Tomita, M. s. Kondo, H. 43
Topley, B. s. Hughes, E. D. 111
Torkington, P. s. Thompson, H. W. 208
Trautschold, E. V. s. Schlubach, H. H. 425
Treibs, A. 431
Trey, H. 265
Triebeneck, K. s. Alder, K. 300
Trifan, D. s. Winstein, S. 367
Trimble, R. F. jr., s. Roberts, J. D. 291
Trimborn, W. s. Alder, K. 308, 309, 311
Truce, W. E., u. C. E. Olson 362
Trumbull, E. R. s. Cope, A. C. 355
Tschitschibabin, A. E. 324
— u. O. Zeide 324
Tschoubar, B., u. O. Sackur 278
Tschudi, G. s. Gatas, M. 75
Tschudnowsky, M. s. Bergmann, E. 132
Tschugaeff, L. 192
— u. P. Teearu 483
Tulleners, A. J., M. C. Tuyn u. H. I. Waterman 180
Turner, E. E. 78
— u. Mitarbb. 132
Turner, E. E. s. Tesslie, M. S. 82
Tuyn, M. C. s. Tulleners, A. J. 180

Ufford, C. W. 19
Ugi, I. s. Huisgen, R. 44, 458
Ullmann, F. 78
Unger, H. s. Rosenhauer, E. 472
Unkel, W. s. Meerwein, H. 366
Unokuchi, H. s. Akamatsu, H. 352
Urey, H. C. 257
— s. Roberts, J. 265, 280
Urry, W. H., u. I. E. Eiszner 485
— s. Kharasch, M. S. 119, 120, 166
— u. J. W. Wilt 485
Urushibara, Y., u. R. Robinson 166
US Rubber Co. 167

Vanderbilt, B. M. 313
— s. Hass, H. B. 313
Varsany, G., u. J. Ladik 142
Vaughan, W. E. s. Kistiakowsky, G. B. 316
Vavon, G. 37, 76, 205, 294
— u. P. Anziani 76
— — u. Herynk 76
— u. A. Callier 76
— u. V. M. Mitchovitsch 76
Velden, P. F. van, s. Ketelaear, J. A. A. 195
Venus-Danilova, E. s. Daniloff, S. 370
Verhoek, F. H. 268
— u. Mitarbb. 268
Verley, A. 75, 252
Vermeulen, J. s. Holleman, A. F. 374
Vetter, H. s. Reppe, W. 434, 435
Viervoll, H. s. Hassel, O. v. 35
Vine, H. s. LeFèvre, R. J. W. 477
Viswanath, G. s. Curtis, R. F. 358
Vitt, S. V. s. Kursanov, D. N. 457
Vloed, H. van de 452
Vodoz, C. A. s. Caunt, D. 330
Vogel, E. 206
Vogl, O., u. C. S. Rondestvedt jr. 469
Vogt, R. A. s. Loritsch, J. A. 432
Vogt, R. R. s. Nieuwland, J. A. 431
— s. Young, C. A. 426

Vollmann, H., H. Becker, N. Corell u. H. Streeck 351
Volmer, M. 133
Vorländer, D. 375
Voss, A., u. E. Dickhäuser 188

Waals, J. H. van der 162
Wachholtz, F. s. Eggert, J. 194
Wackher, R. C. s. Pines, H. 364
Wagner, C. D. s. Beeck, O. 180
Wagner, G. 366
— u. A. Wolf 2
Wagner, M. s. Reitz, O. 258
Wagner, R. B., u. J. A. Moore 279
Wagner-Jauregg, T. 188, 301
— s. Kuhn, R. 71, 83, 302
Walden, P. 60, 61, 71, 126
Wali, M. A. s. Desai, R. D. 53
Walker, J. s. Hodgson, H. H. 468
Walker, J. F. 254
Walkey, W. A. s. Griffiths, P. H. 374
Wallach, G. s. Wibaut, J. P. 389
Wallach, O. 278, 280, 294
Wallenfels, K. s. Kuhn, R. 196
Walling, C., E. R. Briggs, W. Cummings u. F. R. Mayo 188
— s. Mayo, F. R. 188
Wallis, E. S. s. Adams, F. H. 118
— u. J. F. Lane 271
— s. Lane, J. F. 449
— u. W. W. Moyer 272
Walsh, A. D. 34, 213
Walter, G. F. s. Pickett, L. W. 90
Walter, J. E. s. Gorin, E. 94
— s. Kauzmann, W. J. 94
Walz, H. s. Huisgen, R. 44
Warburg, E. 194
Warren, F. L. s. Cohen, A. 301
Wartenberg, H. v., u. G. Krause 316
Waser, E. s. Willstätter, R. 353
Wassermann, A. s. Eisler, B. 312
Wassiljew, W. G., u. Y. K. Syrkin 149
Waterman, H. I., J. J. Leendertse u. G. M. van Schouwenburg 180
— s. Tulleners, A. J. 180
Waters, W. A. 467, 473
— s. Derbyshire, D. H. 194
— s. Hey, D. H. 473
— s. Kharasch, M. S. 119
Watson, A. T., u. F. A. Matson 350
Watson, H. B. 104, 235
— s. Griffiths, P. H. 374
Webb, R. L., S. Frank u. W. C. Schneider 439
Weber, H. s. Ziegler, K. 39
Weber, J. s. Meerwein, H. 194
Wechsler, L. E. s. Hantzsch, A. 473
Weedon, B. C. L. s. Black, H. K. 426
— s. Rose, J. D. 431
Weidlich, H. A., u. M. Meyer-Delius 294
Weinbaum, S. 10
Weinmayr, V. 330
Weiss, J. 206, 394
— s. Haber, F. 206
— s. Hughes, E. D. 111
Weiss, M. s. Tarbell, D. S. 118
Weiss, V. s. Harries, C. D. 316
Weissberger, A. s. Lane, J. F. 449
Weisser, H. R. s. Clusius, K. 403, 456
Weitz, E. 146, 392
Weizmann, C., E. D. Bergmann u. M. Sulzbacher 75
Wenning, H. s. Wizinger, R. 53
Wenz, A. s. Ziegler, K. 208
Wenzke, H. H. s. Curran, C. C. 424
— s. Göbel, H. L. 424
Werner, A. 67, 140, 273, 345
— s. Hantzsch, A. 397, 398, 399
— s. Weygand, C. 191
Werner, H. s. Meerwein, H. 445, 484
Wertyporoch, E. s. Wohl, A. 362, 363
Westheimer, F. H., u. M. S. Kharasch 373
— u. J. E. Mayer 83
Weygand, C., A. Werner u. W. Lanzendorf 191
Weygand, F. s. Burgdorf, K. 380
— u. H. Grisebach 282
Wheland, G. W. 318
— u. L. Pauling 375
— s. Smith, D. H. 404
White, J. G. s. Abrahams, S. C. 338
— s. Robertson, J. M. 352
White, M. A. s. Sheeham, J. C. 39
Whitehill, L. N. s. Adams, R. 44
Whiting, M. C. s. Jones, E. R. H. 429
— s. Wilkinson, G. 330
Whitmore, F. L. 184
— s. Laughlin, K. C. 420
Wibaut, J. P. 338
— u. H. Boer 338
— u. J. van Dijk 338
— L. M. F. van de Lande u. G. Wallach 389
— u. J. R. Nicolai 389
Wiberg, E. 256
Wichterle, O. 306
Wideqvist, S. 247, 380
Widmer, F. s. Craig, D. 308, 309
Wiegrebe, L. s. Lindemann, H. 483
Wiegand, C. s. Merkel, E. 91, 161
Wieland, H. 146, 283, 484
— u. H. Stenzl 202
Wieland, K. s. Heilbronner, E. 325
Wieland, P. s. Prelog, V. 138
Wieland, T., u. R. K. Rothaupt 450
Wiemann, J. s. Thiec, J. 298
Wierl, R. 160, 198
Wiesner, K. s. Kelly, R. 40, 44
— s. Prelog, V. 41, 44
Wild, H. s. Ruzicka, L. 218
Wilkins, H. s. Sudgen, S. 397
Wilkinson, G., M. Rosenblum, M. C. Whiting u. R. B. Woodward 330
Willenz, J. s. Lane, J. F. 449
Willer, R. s. Ziegler, K. 208, 209
Willersinn, H. s. Kern, W. 100
Willgerodt, C. 276, 426
— u. F. H. Merk 276
Williams, G. s. Wood, R. G. 132
Williams, R. B. s. Hammick, D. L. 383
Williamson, B., u. W. H. Rodebush 90
Willis, H. A. s. Cros, L. H. 187
Willstätter, R., u. J. Bruce 33
— s. Haber, F. 206
— u. D. Hatt 341
— u. M. Heidelberger 353
— u. V. L. King 341
— u. A. Pfannenstiel 270
— u. R. Pummerer 149
— u. F. Seitz 341
— — u. E. Bumm 202
— u. E. Waser 353
Wilms, H. s. Ziegler, K. 52, 206
Wilsmore, N. T. M., u. A. W. Stewart 289
Wilson, C. L. s. Cowdrey, W. A. 111
— s. Hsu, S. K. 74, 236

Wilson, C. L. s. Ingold, C. K. 74, 225, 236
— s. Nevell, T. P. 367
Wilt, J. W. s. Urry, W. H. 485
Winchell, A. L. 60
Windaus, A., u. S. Rennhak 353
Windemuth, E. s. Alder, K. 300
Winnacker, K., u. F. Patat 206
Winstein, S. 117, 170, 369
— u. Mitarbb. 117
— u. R. E. Buckles 116
— E. Grünwald u. H. W. Jones 123
— u. R. R. Henderson 116, 170
— u. H. J. Lucas 117
— u. D. Seymour 116
— u. D. Trifan 367
Winterstein, A. s. Kuhn, R. 202
Wislicenus, W. 60, 159, 161, 224, 225
Wittig, G. 24, 60, 68, 103, 143, 144, 323, 356, 385, 386, 387, 388, 390, 408
— u. Mitarbb. 144, 210, 248, 385, 406, 408
— u. O. Bub 222, 253
— u. K. Clauss 142
— G. Closs u. F. Mindermann, 407
— H. Döser u. J. Lorenz 408, 409
— u. W. Haag 144
— u. W. Herwig 358
— G. König u. K. Clauss 358
— u. L. Löhmann 408
— u. R. Ludwig 123, 305
— — u. R. Polster 356
— u. W. Merkle 386
— u. H. Petri 85
— G. Pieper u. G. Fuhrmann 386
— U. Pockels u. H. Dröge 386
— u. L. Pohmer 387
— u. R. Polster 143
— u. M. Rieber 142, 144
— u. Schlöder, H. 208
— H. Tenhaeff, W. Schoch u. G. König 356
— U. Todt u. K. Nagel 247
— u. H. Zimmermann 407
Wittorf, N. 425
Wittrop, B. 138
Wittwer, C. s. Schwarzenbach, G. 232
Wizinger, R., u. M. L. Coenen 172
— s. Pfeiffer, P. 170, 172, 359
— u. H. Wenning 53
Wöhler, F. 441
Wohl, A. 63, 70, 183, 270
— u. K. Freudenberg 68, 69
— u. H. Schweitzer 286
— u. E. Wertyporoch 362, 363
Wohlgemuth, K. s. Ziegler, K. 42
Wolf, A. s. Wagner, G. 2
Wolf, B. s. Diels, O. 292
Wolf, H. 457
Wolf, K. L., u. O. Fuchs 65
Wolf, L. s. Seidel, F. 380
Wolff, H. 271
Wolff, L., u. R. Marburg 56
Wollthan, H. s. Ziegler, K. 208
Wollweber, H. s. Alder, K. 303
Wood, E. R., u. R. G. Dickinson 162
— u. D. P. Stevenson 162
Wood, J. L., u. H. R. Gutman 63
Wood, R. G., u. G. Williams 132
Woodward, J. s. Lange, J. J. 399
— s. Robertson, J. M. 424
Woodward, R. B., u. Mitarbb. 300
— u. H. Baer 308, 309, 311
— u. T. Singh 372
— F. Sondheimer u. D. Taub 50
— — — K. Heusler u. W. McLamore 50
— s. Wilkinson, G. 330
Woolf, L. J. s. Cooper, K. A. 121
Wooster, C. B., u. F. B. Smith 340
Worms, C. G. M. de s. Bachman, W. E. 352
Worrd, C. J. s. Orloff, H. D. 389
Wright, G. F. 191
— s. Downing, D. C. 193
Wright, J. W. s. Clar, E. 349
Wulf, O. R. s. Hendricks, S. B. 402
Wulff, C. s. Diels, O. 400
Wyman, S. M. 199
Wynberg, H. 381
Yale, H. L. 271
Yancey, J. A. s. Roberts, J. D. 363
Yankwich, P. E. s. Dauben, W. G. 277
Young, C. A., R. R. Vogt u. J. A. Nieuwland 426
Young, W. Y., u. Mitarbb. 205
Yu, P. s. Smith, P. A. S. 181
Yuan, H. C., u. R. Adams 81

Zagt, R. s. Roberts, J. D. 375
Zahn, H. 389
Zaugg, H. E. 291
Zechmeister, L., O. Frehden u. P. F. Jörgensen 398
Zeide, O. s. Tschitschibabin, A. E. 324
Zelinsky, N. D., u. N. J. Schuikin 53, 370
Ziegler, H. 452
— s. Schenck, G. O. 451
Ziegler, K. 26, 38, 39, 40, 42, 166, 187, 209, 283, 295
— u. Mitarbb. 183, 187, 208
— u. R. Aurnhammer 42
— s. Auwers, K. v. 372
— F. Dersch u. H. Wollthan 208
— H. Grimm u. R. Willer 208, 209
— u. K. Hafner 335
— u. W. Hechelhammer 42
— u. H. Holl 42
— u. L. Jacob 208
— — H. Wollthan u. A. Wenz 208
— u. A. Lüttringhaus 44
— — u. K. Wohlgemuth 42
— u. H. Weber 39
— u. H. Wilms 52, 206
Zienkowki, F. s. Moycho, S. 52
Ziersch, P. s. Fromm, E. 55
Zimmermann, H. s. Wittig, G. 407
Zimmermann, M. s. Kharasch, M. S. 401
Zimmermann, P. s. Meisenheimer, J. 274
Zimmt, W. s. Kharasch, M. S. 401
Zincke, T. 335
— u. H. Jaenke 403
Zinin, N. 395
Zollinger, H. 470
Zoss, A. O., u. G. F. Hennion 429
— s. Schildknecht, C. E. 184

Sachverzeichnis

Abbau von Carbonsäuren 271f., 458
Abbruchreaktion
bei ionischen Polymerisationen 184, 185
bei radikalischen Polymerisationen 168
Absolutkonfiguration
Berechnung von W. KUHN am Methyl-äthyl-carbinol 93
durch Bestimmung der Röntgenstruktur des Weinsäure-Rubidiumsalzes 94
Abspaltungsreaktionen
zu C=C-Doppelbindungen führend, sterischer Verlauf 190f.
aus *cis*- bzw. *trans*-Stellung 191, 192
innermolekulare 192
kontinuierliche 191, 192
push and pull-Effekt 192
zu Dienen führend 210
von Halogen aus *trans*-Stellung 190
und Hyperkonjugation 418f.
Abstoßungskräfte zwischen den H-Atomen des Äthans 26
Acenchinone, Chinon- und Diketon-Charakter 349
Acene 348
Lichtabsorption 348
Magnetismus 348
Mesomerie 348
methylierte, Tautomerie 349
Acetaldehyd
aus Acetylen 427
Reaktionsfähigkeit der Carbonylgruppe 288
Acetale
Bildung 216, 217
gesättigte, Konfiguration 129f.
Acetanilid, elektrophile Substitution und induktive Effekte 381
Acetessigester
durch CLAISENsche Esterkondensation 242
Enolisierung 225, 226
Bromtitration 225, 226, 236
im Gaszustand 227, 233
Ketoform 225
Methylierung und Äthylenoxydbildung mit Diazomethan 447
Natriumverbindung, s. d. 236f, 459
Acetoin 285
Aceton
aus Acetylen 427
Alkaliverbindung, Konstitution 238
Enolisierung und Bromierung 236
Acetondicarbonsäure, Decarboxylierung 270
Acetonitril
aus Acetylen und Ammoniak 427
Cyclisierung zu Aminopyrimidin 439
Acetophenon, elektrophile Substitution 382
Acetoxyl-Radikal 474
Acetylaceton, Enolgehalt 232
N-Acetyl-N-methyl-p-toluidin-3-sulfonsäure, Spaltbarkeit in stabile Antipoden 88
Acetylen
Aceton-Synthese 427
Acetonitril-Bildung mit Ammoniak 427
Addition
an Amine (Aminoalkohole) 432
an polare Doppelbindungen (Äthinylierung) 431, 432
von HX, Vinylierung 430, 431
an Ketone (Alkinolsynthese) 432
von Kohlenmonoxyd und aciden Verbindungen (Carbonylierung) 433f., 482
σ-π-Bindungsanordnung 423
„Dien"-Synthese mit Anthracen 435
Divinyl- und Vinylacetylen-Bildung 431
Hydrochinon-Synthese 434
Polymerisation 435
zu Azulen 436
zu Benzol und Styrol 436
zu Cupren 436
zu Cyclooctatetraen 436
Reaktion mit Acrylester und Vinyläther 435
Tetraedermodell 424
Wasseranlagerung zu Acetaldehyd 427
Acetylen-aldehyde, Mesomerie 424
Acetylenbindung s. Kohlenstoff-Kohlenstoff-Dreifachbindung
Acetylenderivate
Acidität 425
Additionsreaktionen 425f.
von Aldehyden, radikalisch 438
von primären Alkoholen 428
von Bromtrichlormethan oder Kohlenstofftetrachlorid, 1:1-Addition, radikalische 437
von Bromwasserstoff 426
von Chlorwasserstoff 426
von Diazomethan 450, 451
von Halogen (*trans*) 425
von Thioessigsäure, radikalisch, zu Aldehyden oder 1,2-Dithiolen 438
von unterhalogenigen Säuren 425
Diamagnetismus 423
Dipolmoment 423
elektrophile Reaktivität 425, 426
fluorierte, Herstellung 437
Hydrierung
mit Natrium in Ammoniak 437
partielle, zu *trans-(cis)*-Äthylenen 425, 437

Acetylenderivate
  Isomerisierung 436, 437
  Mesomerie 424
  MICHAEL-Addition 429
  monoacylierte, Wasseranlagerung zu α-Diketonen 427
  nucleophile Reaktivität 427, 428
  Oxydierbarkeit mit Chromtrioxyd 426
  Ozoneinwirkung 426
  radikalische Mechanismen 437f.
  Reaktion mit Persäuren 426
  Substitution mit Halogen 426
  Wasseranlagerung 426, 427
  WILLGERODT-Reaktion 426
Acetylendicarbonsäure-ester als Philodien 303
Acetylen-ketone, MICHAEL-Addition mit Malonester zu α-Pyronen 429
Achterschalenkonfiguration des vierbindigen C-Atoms 23
Achterschalenprinzip s. Oktettprinzip 1
Acidität s. a. CH-Acidität
  von Acetylenen (425)
  bei benzoiden Systemen 327f.
  von Carbonsäuren 104
    und Mesomerie 256f.
    und Wasserstoffbrücke 263
  von Halogencarbonsäuren 102
  tautomeriefähiger Verbindungen, sterische Faktoren 233
  von Trichloräthanol 102
α-Acidopropionsäure-dimethylamid, optische Aktivität durch Bestrahlung des Racemats 94
Acrolein
  hyperkonjugierte Formeln 416
  als Philodien 304
Acrylnitril 430, (440)
Acrylnitril-Butadien, Mischpolymerisation 208
Acrylsäure-Derivate, thermische Chloraddition und Hyperkonjugation 418
O-Acyl-Derivate von β-Dicarbonylverbindungen, Umlagerung in C-Acyl-Derivate 240
Acylhalogenide
  Anlagerung an Äthylene 180f.
  FRIEDEL-CRAFTS-Reaktion mit Aromaten 362
Acylhypohalogenite als Zwischenprodukte des Abbaus von Carbonsäure-Silber- bzw. Quecksilbersalzen mit Halogen 287
Acylierung von Aromaten 362
O-Acylierung von Natrium-acetessigester 239
Acyloin-Endiol-Tautomerie 284
Acyloine, makrocyclische 39, 283, 285
Acyloinkondensation
  von Aldehyden 218, 219
    Basenstärke der katalysierenden Anionen 219
    Prototropie 218, 219
    Substituentenwirkung 219
  von Carbonsäure-estern (HANSLEY-PRELOG-STOLL-Verfahren) 283f.
Acylperoxyde bei Acyloinbildung 285
Adamantan 53
Adamantoide Verbindungen 53f.
  Stereoisomere von substituierten 53
Addition
  an Acetylene
    Aldehyde, radikalisch 438
    Alkohole 428
    Amine (Amino-alkohole) 432
    Bromtrichlormethan, radikalisch 437
    Bromwasserstoff 426
    CH-acide Verbindungen (MICHAEL) 429
    Chlorwasserstoff 426
    Diazomethan 450, 451
    Halogen 425
    HX-Verbindungen (Vinylierung) 430, 431
    Kohlenmonoxyd und acide Verbindungen (Carbonylierung) 433f.
    polare Doppelbindungen (Äthinylierung) 432
    Thioessigsäure, radikalisch 438
    trans-Addition 425
    unterhalogenige Säuren 425
    Wasser 426, 427
  an Äthylene 164f.
    und Abspaltung, sterischer Verlauf 170, 190f.
      elektronentheoretische Deutung 191
      frei drehbares Zwischenprodukt 191
      und VAN'T HOFFsches Raummodell 190
      und katalytische Hydrierung 191
    Alkohole 175
    Aromaten, mit Ansolvosäuren 178
    Azide 459
    Azodicarbonester 401
    Brom 169f.
      an asymmetrisch substituierte 172
    Bromwasserstoff 166, 174
      Peroxydeffekt 166
      nach MARKOWNIKOFF 174
    Carbonsäuren 175
    cis-Addition 190
    Diazomethan 450, 451
    Dibrom-(Dichlor)-methan 485
    Distickstofftrioxyd 182, 183
    Formaldehyd (KRIEWITZ-PRINS) 176
    Halogenide 363
    Kohlenstoff-tetra-chlorid (-bromid) 166
    Nitrile, säurekatalysiert 177
    Radikalregel 167
  an Azodicarbonester 400, 401
  an Butadien
    (1,2- bzw. 1,4-) von Alkalimetall, Temperatureinfluß 209
    von unterhalogenigen Säuren 205
  an Carbonylgruppen 215ff.
    Alkohole 216, 217
    Amine und Ammoniak 221
    Cyanwasserstoff 217, 218
    Hydrazin und Hydroxylamin 221
    Hydrogensulfit 220

Addition
  an Carbonylgruppen
    ionische Mechanismen 215ff.
    Mercaptane 217
    radikalische Mechanismen 254
    Wasser 215
  an C=C—C=O-Systeme 293f.
    Blausäure (1,2-, 1,4-) 296, 297
    Halogen 293
    HX-Verbindungen 294
    Hydroxylamin (3,4-), Ammoniak, Semicarbazid 297
    (1,4-) β-Ketocarbonester, Malonester, Cyanessigester (MICHAEL-Addition) 183, 295
    Wasserstoff (1,2- und 1,4-) 293, 294, Substituentenwirkung 296
  an die C≡N-Dreifachbindung 439
  an Diene (1,2- und 1,4-) 200f.
    und Diensynthese 202, 299f.
    ionische Mechanismen 202f.
    Lösungsmitteleinfluß 204
    und Polymerisation 207f.
    radikalische Mechanismen 201
    THIELEsche Partialvalenztheorie 212
  an Fumarsäure, Brom- in *trans*-Stellung 190
  an Ketene 290, 291
  nach MICHAEL 183, 295
  „substituierende" bei Pyrrol mit Maleinsäure („En"-Synthese) 302, 303
Addition und Substitution, radikalische, Zusammenfassung 169
Adipoin 39, 285
Äquatoriale Bindungen in Cyclohexanen 35,36
Äthan
  Abstoßungskräfte zwischen den H-Atomen 26
  Hyperkonjugation zweiter Ordnung 414
  Konstitution und Abstand der C-Atom-Kerne 24
  rotationsisomere (staggered- bzw. eclipsed- bzw. gauche-) Formen 25
Äthanbindung s. Kohlenstoff-Kohlenstoff-Einfachbindung
Äthan-di-derivate, symmetrische, skew form 25
Äthantetracarbonsäureester 240
Äther
  Aktivierung mittels Borverbindungen 136
  aliphatische, photochemische Reaktion mit Diazomethan 445
  cyclische, Konfiguration 131
  gesättigte, Konfiguration 129f.
  aus gesättigten Halogeniden 110
Ätherspaltung
  mit Alkalimetall 410
  mit Borfluorid 136
Ätherumlagerung nach WITTIG 408
  und Retropinakolin-Umlagerung 409
  Substituenteneinfluß (-E-Effekt) 409
Äthinylierung 432
Äthylbenzol 178
Äthylchlorid 180
Äthylen (s. a. Kohlenstoff-Kohlenstoff-Doppelbindung)
  Elektronentheorie der Bindung 146
    π-Bindung, Raummodell 155
    Biradikalstruktur 168
    Elektronenzustände, Energie- und Formelschema 157, 158
    sp^2-Hybrids 155
    Kernabstand und Valenzwinkel, Substituenteneinfluß 159
    nucleophile Aktivität 174
    Polarisierung und *cis- trans*-Umlagerung 193
    Protonenanlagerung 174
    Singulett-Zustand 157
    Triplett-Zustand 168
  Reaktionen
    Addition
      von Aromaten 178
      von Brom, *trans* 169, 170
      von Isobutan 178, 179
    als Philodien 306
    Polymerisation
      Hochdruckverfahren 186
      Niederdruckverfahren nach K. ZIEGLER 187
Äthylenbindung s. Kohlenstoff-Kohlenstoff-Doppelbindung
Äthylenderivate, s. a. Olefine
  Addition 169f.
    u. Abspaltung, sterischer Verlauf 190f.
    von Alkoholen 175
    von Aromaten 176f.
    von Brom 170
      und Substitution 170
    von Bromwasserstoff, Peroxydeffekt 166
    von Dibrom- bzw. Dichlor-methylen 485
    elektronentheoretische Deutung 191
    von Formaldehyd (KRIEWITZ-PRINS-Reaktion) 176
    von Halogeniden und FRIEDEL-CRAFTS-Reaktion 363
    von Kohlenstofftetra-bromid bzw. -chlorid 166
    nach MARKOWNIKOFF 174
    und Polymerisation bzw. Telomerisation 164
    sterischer Verlauf 170, 190f.
      und katalytische Hydrierung 191
    stickstoff- und schwefelhaltiger Verbindungen 181
    von unterhalogenigen Säuren zu Halogenhydrinen 171
  Alkylierung mit Alkyl- oder Acylhalogeniden 180f.
  alkylsubstituierte, Hydrier- und Verbrennungswärmen und Hyperkonjugation 415
  asymmetrisch substituierte
    Addition
      von Brom, und Substitution 172
      von Bromwasserstoff 174

Äthylenderivate
Grenzformel-Schema 163
Grundzustand und angeregte Zustände 163
Halogenierung
im Gaszustand 165
katalytisch, π-Komplexbildung 171
ionische Mechanismen 169f.
Lösungsmitteleinflüsse 169, 171
Krypto-biradikale und -zwitterionen 164
perfluorierte 97
radikalische Polymerisation bzw. Telomerisation 167
substituierte polymerisierbare 185, 188
fluorhaltige 185
thermische Spaltung 189
cis-trans-Umlagerung 193f.
und Addition 195
Aktivierung durch Katalysatoren 193
mit Alkalimetall 194
π-Entkopplung 194
polare und radikalartige Zwischenstufen 193, 194, 195
Äthylenimin
Ringspannung und Reaktionsvermögen 33
Verfestigung und Winkelspreizung 34
Äthylenoxyd
festes polymeres, Raumstruktur 131
Konfiguration 131
Ringspannung und Reaktionsvermögen 33
Verfestigung und Winkelspreizung 34
Äthylenoxyde aus Carbonylverbindungen mit Diazomethan 447
Äthylensulfid
Ringspannung und Reaktionsvermögen 33
Verfestigung und Winkelspreizung 34
Äthylonium-kation 363
Ätio-allocholan (Androstan)
räumlicher Bau 48
sterisch mögliche Formen 48
Ätiocholan (Testan), räumlicher Bau 48
Aktivierungsenergie
der Halogenaddition an Olefine und Hyperkonjugation 417
der Racemisierung 74, 83, 92
Aktivität, optische, s. Optische Aktivität
cis-Alanyl-anhydrid, Spaltbarkeit in optische Antipoden 68
Aldehyde
Acetalbildung 216, 217
aus Acetylenen 426, 427
durch Thioessigsäure-Addition 438
Addition
an Acetylene, radikalisch 438
an Azodicarbonester 401
aliphatische
Polymerisation 253
Substituenten-Einfluß 254
aromatische
Acyloinkondensation 218, 219
Mesomerie und Reaktivität der Carbonylgruppe 288
Cyanhydrinbildung 217, 218
Aldehyde
Enolform bei der säurekatalysierten Aldolkondensation 224
homologe, durch Reaktion von Diazomethan mit Carbonylverbindungen 446
Hyperkonjugation und Dipolmoment 415, 416
Kondensation
mit Nitroparaffinen 313
mit Säureanhydriden (PERKIN-Synthese) 246
Mercaptalbildung 217
nicht aldolisierbare
Disproportionierung (CANNIZZARO-Reaktion) 250, 251, 252
CLAISEN-TISCHTSCHENKO-Reaktion 251
Oxydation zu Carbonsäuren und Hydridwanderung 283
Reaktion mit Diazomethan 446
Oxydo-Reduktion mit Alkoholen, s. MEERWEIN-PONNDORF- und OPPENAUER-Reaktion 252
ungesättigte, durch Aldolkondensation 223
Aldehyd-hydrate 215
Aldehydpolymere
Acetalnatur 253
Depolymerisation 254
Aldol-addition und -kondensation 222f.
allgemeiner Reaktionsablauf 249
Basenkatalyse 222, 245f.
DOEBNER-Kondensation 247, 270
und Esterkondensationen, 224, 250
KNOEVENAGEL-Reaktion 247
MANNICH-Kondensation 247
mit o-(p)-Nitrotoluol 390
PERKINsche Synthese 246, 247
Säurekatalyse 223
als Zwischenstufe 224
Alicyclen
Aufbau nach E. MOHR 33
Epimerisierung und Konstellation 37
Alkalimetall
Addition
(1,4) an Butadien 208
an *cis-trans*-Stilben 191
Katalyse der Butadien-Polymerisation 208f.
Reaktion mit Ketonen 254, 255
Alkalimetall-chloraluate 180
Alkalimetall-ketyle 255
Alkalimetall-organische Verbindungen
Addition an die Carbonylgruppe 221, 222
bei der Alkalimetall-Polymerisation von Dienen 209
als Starter 210
Komplexbildung mit Triphenylbor 210
Tetraphenyläthylen-dinatrium 173, 387
Alkaliverbindungen von tautomeren Stoffen
Konstitution 236f.
reaktives Verhalten 239f.
C-Alkylierung 239
O-Alkylierung 239
mit Säuren 239

Alkaliverbindungen von tautomeren Stoffen
stickstoffhaltige, Azeniatstruktur 238
Alkane, s. Kohlenwasserstoffe, s. Paraffine
Alkene, s. Äthylene, s. Kohlenwasserstoffe, s. Olefine
Alkine, s. Acetylene, s. Kohlenstoff-Kohlenstoff-Dreifachbindung
Alkinolsynthese 432
Alkohole
Aciditätssteigerung mit Ansolvosäuren 364
Addition
an Äthylene, säurekatalysierte 175
an die Carbonylgruppe 216
Carbonylierung 482
gesättigte, Konfiguration 129f.
aus gesättigten Halogeniden, Mechanismus 110
Methylierung mit Diazomethan über komplexe Anionen 136, 364
Oxydoreduktion mit Aldehyden oder Ketonen, s. MEERWEIN-PONNDORFF- und OPPENAUER-Reaktion 252
primäre, Addition an Acetylene 428
sekundäre und tertiäre, Wasserabspaltung und Hyperkonjugation 420
tertiäre, Dehydratisierbarkeit und Verseifung der Ester 265, 266
Veresterung 264
Wasserstoffbrücken 261
Alkoholyse von aromatischen Diketonen 220
Alkoxosäuren 136
β-Alkoxy-acrylsäure-ester 430
Alkyl-alkali-Verbindungen
bei der Alkalimetall-Polymerisation von Dienen 209
als komplexe Ionen 209
Alkylaromaten
Entalkylierung mit Ansolvosäuren 364
Steigerung der Protonbeweglichkeit durch o-(p)-Nitrogruppen 390
Alkyl-aryl-ketone, Umlagerung in endständige Carbonamide durch WILLGERODT-Reaktion 276, 277
Alkylbromide, monomolekulare Halogenwasserstoffabspaltung und Hyperkonjugation 419
Alkylbenzole, radikalische Arylierung 390
O-Alkyl-Derivate von β-Dicarbonylverbindungen, Umlagerung in C-Alkyl-Derivate 240
tert.-Alkyl-ester, Verseifbarkeit 265, 266
Alkylgruppen in aromatischen Verbindungen
Hyperkonjugationseffekt 410ff.
bathochromer Effekt 411
und Dipolmoment 411
Alkylhalogenide 101f.
aus Alkoholen unter WALDEN-Umkehr 111
Anlagerung an Äthylene 180f.
aus Carbonsäure-Silber- bzw. Quecksilbersalzen 287
höher verzweigte, Verseifung 126
Beschleunigungseffekte 126
Alkylhalogenide
Konfiguration 96f.
Racemisierung mit Halogenanion 111
Verseifungs- und Verätherungsreaktionen 108, 122
sek.-Alkylhalogenide, Umlagerung in tertiäre 365
sek.- und tert.-Alkylhalogenide, bimolekulare Halogenwasserstoffabspaltung und Hyperkonjugation 419
tert.-Alkylhalogenide
Racemisierung, s. NAMETKIN-Umlagerung 366
Verseifung 113
Alkyliden-malonsäuren, Decarboxylierung 270
Alkylierung
von Äthylenen mit Alkyl- oder Acylhalogeniden 180f.
von Aromaten 362
mittels Äthylenen 176f.
von Paraffinen mit Olefinen und Ansolvosäuren 178
C-Alkylierung
von Natriumverbindungen tautomerer Stoffe 239, 240
Alkyl-lithium-Verbindungen aus Dimethylbutadien und Lithium 209
Alkyl-oxoniumsalze, tertiäre, als Methylierungsmittel 135
Alkylpersulfo-acetanhydrid 100
Allelotropie beim Acetessigester 225
Allenbindung, quantentheoretische Beschreibung 195, 196
Allene 195f.
1,2-Addition an Diene 299
cis-trans-Isomerie 197
Modell der Bindungsordnung 196
Modell nach VAN'T HOFF 195
Polymerisationsfähigkeit 196
quantentheoretische Beschreibung 195, 196
Spaltbarkeit in optische Antipoden 195, 196
Allocholan-Reihe 47
Alloxan, Hydratbildung 216
O-Allyl-acetessigester, Umlagerung in C-Allyl-acetessigester 240
Allylanion, Ladungsverteilung 204
Allylphenoläther-Umlagerung 404
o-Umlagerung 404
p-Umlagerung 405
Isotopen-Untersuchung 406
Allylradikale als Zwischenstufen der Addition an Diene 201
Allylstellung als Substitutionsort bei Olefinen 183
Allylumlagerung
im Bromoniumkation aus Butadien 203
bei der CLAISENschen Phenolallyläther-Umlagerung 404, 405
und Hyperkonjugation 421
Allyl-verbindungen als Philodien 306
Allylverschiebung
in freien Radikalen (418)

Allylverschiebung
bei der ionischen Bromierung von Butadien 204
bei radikalischen Zwischenstufen der Dien-Addition 202
Alternierender Effekt 104
Aluminiumalkoholate
als Katalysatoren der CLAISEN-TISCHTSCHENKO-Reaktion 251
zur MEERWEIN-PONNDORF-VERLEY-OPPENAUER-Reaktion 252, 253
Aluminiumchlorid
zur Alkylierung von Aromaten und Paraffinen mit Olefinen 177, 178
bei der FRIEDEL-CRAFTS-Reaktion am Benzol 361
Aluminiumchlorisopropylat zur MEERWEIN-PONNDORF-Reaktion 253
Aluminiumorganische Verbindungen, Reaktion mit Ketonen 222
Ambrettolid 41
Amide, s. Carbonsäure-amide
Amidine, Mesomeriemöglichkeiten 259
Amin-anionen, aromatische, Mesomeriestabilisierung 391
Amine
Addition
an Acetylen 432
an Carbonylgruppen 221
aliphatische
Dipolmomente 137
primäre, Diazotierung 461
aromatische
Azokupplung 470, 471
in saurer Lösung 472
primäre, Diazotierung 460
Protonbeweglichkeit 386, 391
aus Carbonsäuren durch SCHMIDT-Abbau 458
als Katalysatoren der KNOEVENAGEL-Reaktion 247
Aminoalkohole, Addition von Acetylen 432
Aminobutine, Isomerisierung zu Aminobutadienen 433
Aminocarbonsäuren, echte 260
Aminopyrimidin aus Acetonitril 439
Aminosäuren
l-Reihe 73
Zwitterionenform 260
Bindungslängen 260
Mesomerie 260
α-sek.-Amino-β-tert.-alkohole, Pinakolin-Umlagerung 371
Aminoxyde
Bildung und Elektronenformulierung 143
substituierte, Spaltung in optische Antipoden 144
Ammoniak
Addition an Carbonylgruppen 221
und Amine, Basencharakter 139
„Ammoniak-Uhr" 137
Ammoniumbindung, quantentheoretische Deutung 139
Ammonium-ionen, vierbindige
Hybridisierung der Bindungen 140, 141
Ammonium-ionen, vierbindige
Tetraederkonfiguration 140
Ammoniumsalzbildung, elektronentheoretische Formulierung 140
Ammoniumsalze, quartäre 139f.
optische Aktivität 141
Racemisierung 141
Spaltbarkeit in optische Antipoden 141
STEVENS-Umlagerung 406
thermischer Zerfall 142
prim.-Amylchlorid (1-Chlor-2-methyl-butan), optisch aktives, radikalische Chlorierung und Konfiguration 119
Androstan, s. Ätio-allocholan 48
Androsteron 50
ANGELI-Formel der n- und iso-Diazotate 462
Anhydridbildung von Cyclopentan- und Cyclohexan-1,2-dicarbonsäuren 37
Anionen mit aromatischem Charakter 323
Anionenkettenpolymerisation beim Butadien 209
Anionen-Polymerisation, s. a. Polymerisation 184, 185
Anionoide (nucleophile) Substitution, s. Substitution 106
Anionochemie (388)
Anionotropie
bei der BECKMANNschen Umlagerung 275, 276
bei der Benzilsäure-Umlagerung 279f.
bei CANNIZZARO- und CLAISEN-TISCHTSCHENKO-Reaktion 251
im Carbeniumkation 124, 179, 180
bei Carbonsäure-Abbaureaktionen 271
bei Diazoketonen bzw. bei ARNDT-EISTERT-Synthese 273
bei der FAWORSKI-Reaktion 278
bei Keton-Diazomethan-Reaktion 446
bei Pinakolin- und Retropinakolin-Umlagerung 365, 371
Anisoin 219
Anlagerung s. Addition
Annellierung von aromatischen Kernen
lineare 346f.
angulare 350
peri- 351
Ansa-Verbindungen 41
Ansolvosäuren (LEWIS-Säuren, FRIEDEL-CRAFTS-Katalysatoren)
und Abspaltung von Halogenwasserstoff 363
zur Alkylierung
von Aromaten mit Olefinen 178
von Paraffinen mit Olefinen 178
bei elektrophilen Substitutionen am Benzol
Halogenierung 360
FRIEDEL-CRAFTS-Reaktion 361
Komplexbildung mit Reaktionsprodukten 363
bei der ionischen Halogenierung ungesättigter Verbindungen 171
Komplexbildung mit Elektronendonatoren 364
zur Protonenanlagerung an Äthylenbindungen 174

Ansolvosäuren
umlagernde Wirkung auf gesättigte Verbindungen 365
Antibasen s. Ansolvosäuren
Antimon, Atomradien 486
Antipoden s. Optische Antipoden
Anthracen
meso-Bindung 347
Bindungsgradzahlen und Bindungsabstände 347
zur Diensynthese 300
mit Acetylen 435
Hydrierung, stufenweise 346
mesomere Grenzformeln 347
Mesomerie-energie 325, 350
Molekulardiagramm 347
9,10-Reaktivität 347
meso-Anthra-dianthren, Diensynthese 300
Anthranol-Anthron-Tautomerie 349
ARNDT-EISTERT-Reaktion 273, 446, 447
Aromaten (s. a. Benzol)
Acylierung mit Acylhalogeniden oder Säure-anhydriden bzw. Estern 362
Alkylierung 362
mittels Äthylenen 176f.
alkylsubstituierte, Hyperkonjugationseffekt 410ff.
Anlagerung an Äthylen mittels Ansolvosäuren 178
und Azocarbonsäure-ester, elektrophile Substitution 400
Azokupplung 471
cancerogene 352, 353
biologische Oxydation 353
Einwirkung von Diazohydroxyden 473
FRIEDEL-CRAFTS-Reaktion 361, 362
GATTERMANNsche Synthese mit Kohlenmonoxyd 481
Halogenaustausch 361
Halogenierung 359, 360
kondensierte 337ff.
angular 350
linear 337
peri-kondensierte 351
Bindungszustand und Eigenschaften 352
Metallierung 385f.
Molekulardiagramme 346, 347
Nitrierung 372
Polarisierbarkeit im Übergangszustand und Substitution 375
radikalische Reaktionsmechanismen 373
Reaktion mit Diazoalkanen 451
Ringerweiterung mit Diazoverbindungen 356
Substitution (s. a. dort)
ionische 358ff.
radikalische 389
Substitutionsregelmäßigkeiten (s. a. dort) 374ff.
Sulfonierung 373
Aromatischer Bindungszustand s. a. Mesomerie
allgemeine Voraussetzungen 337
Aromatischer Bindungszustand
und „partielle Valenzen“ nach BAMBERGER 335
und THIELEsche Theorie 146, 316
Aromatische Systeme 315ff.
und Acidität von Substituenten 391
benzoide Systeme 323f.
Cycloheptatrien-Systeme 330f.
in Cyclopolymethylenen 44
heterocyclische Systeme 323f.
Hydrierung, stufenweise 316
kondensierte Systeme 337f.
substituierte, Rückwirkung auf andere Substituenten 390f.
bei Aroxylen 392f.
Unterschiede gegen konjugierte Doppelbindungs-Systeme 316
Aroxyle 392f.
mit o- bzw. p-Alkoxygruppen 393
und Chinhydrone bzw. Semichinone 394
aus Chinolderivaten durch Reduktion 395
Einfluß von tert.-Butylgruppen 393
mesomere Grenzformeln 392
Peroxydbildung 392
aus Phenolen durch Oxydation 392
sterische Einflüsse 395
und Tropolone 395
Arsen, Atomradien 486
Arsoniumsalze, quartäre, STEVENS-Umlagerung 407
Arsonium-Verbindungen und Oktettregel 142
Arylamine mit beschränkter freier Drehbarkeit 88
Arylazide aus Diazoniumsalzen und Azid 474
Arylhalogenide s. Halogenbenzole
Aryliden-malonsäuren, Decarboxylierung 270
Arylierung, radikalische 390, 470, 473, 479
Arylradikale
bei Arylierungsreaktionen 390
bei der GOMBERG-Reaktion 473
bei SANDMEYER-Reaktion 468
Ascaridol als Reaktionsstarter bei Addition von Thioessigsäure an Acetylene 438
Asparaginsäure durch Addition von Ammoniak an Fumarsäure 181
Assoziation von Carbonsäuren 257
Asymmetrie am C-Atom als Voraussetzung für optische Aktivität 60
Atomabstände s. Bindungslängen
Atom-Bahn- (atomic orbital- bzw. valence bond-) Methode 10
Atombindung 1ff.
doppelte 145ff.
dreifache 423ff.
einfache
Definition 10
Drehbarkeit 25
homöopolare, kovalente Bindung 3
mit partiellem Ionencharakter 15, 19
atomic orbital method 10
π-Atom-„orbitals“ im Benzol 320
Atomradien nach PAULING (Tabellen) 486
Atomtheorie und chemische Bindung 2ff.
Atrope Verbindungen und UV-Absorptionsspektren 90

Atropisomerie
von Diphenylderivaten und Größe der ortho-Substituenten 82
Existenzbedingung atropisomerer Formen 80
Aufspaltung von Racemformen in optisch aktive Antipoden 60
Austausch, neutralisations-äquivalenter, Prinzip der Esterkondensation nach H. Henecka 249
„Austausch"-energie (Resonanzenergie) 6
„Austausch"-Integral 6
beim Benzol 319
Austauschreaktionen, nucleophile, bei aromatischen Verbindungen 388
Autoxydation
von Benzaldehyd 255
von Olefinen und Hyperkonjugation 418
radikalischer Mechanismus 100
1-Aza-4,6,10-trioxa-adamantan = Trimorpholin 56
Azeniat-anion 238
Azenium-Form des Diazonium-ions 475
Azenium-Kation bei der Beckmannschen Umlagerung 275, 276
Azibenzil, thermische Spaltung zu Diphenylketen 449
Azid-anion
und Diazoniumsalze, Arylazid-Bildung 475
symmetrische Mesomerie (Synionie) 456
Azide s. a. Carbonsäure-azide s. a. Stickstoffwasserstoffsäure 455f.
Addition an
C=C-Doppelbindungen 459
Enolat-anionen 459
Konstitution
Dipolmoment 455
Formeln nach Angeli-Thiele, Curtius, elektromere Grenzformeln 455
Isotopen-Untersuchung von Clusius 456
Mesomerie und Verbrennungswärmen 455
Reaktion mit Säuren 457
reaktives Verhalten 457f.
Spaltung mit Alkalien 457
Azimutale Bindungen in Cyclohexanen 35, 36
Azo-amino-verbindungen 472
Azobenzol, Addition von Benzaldehyd 401
trans-Azobenzol
Dipolmoment 398, 399
Umwandlung in *cis*-Azobenzol 398
Azobindung s. Stickstoff-Stickstoff-Doppelbindung
Azodicarbonester
Additionsreaktionen mit nucleophilen Agentien 400
Addition an Olefine 401
als dienophile Komponente 399
radikalische Reaktionen 400
mit Aldehyden, Ketonen 401
Azofarbstoffe, optisch aktive 85
Azokupplung 464
von n-Diazotaten 464, 471
in saurem Medium 472
Substituenten-Einfluß 466, 472
Azomethan
Mesomerie 400
Reaktion mit Methyllithium 399
Azoverbindungen 398f.
aliphatische
Reaktion mit nucleophilen Agentien 399
thermische Zersetzung 399
aromatische 402
durch Azokupplung 470, 471
Hydrierung zu Hydrazinen 402
Mesomeriestabilisierung 402
cis-trans-Isomerie 398
Azo-oxy-verbindungen 472
cis- und *trans*-Azoxybenzol, Konfigurationsermittelung durch Dipolmessung 398
Azoxybindung s. Stickstoff-Stickstoff-Doppelbindung 395f.
Angeli-Formel 396
Kékuké-3-Ringformel 396
semipolare N→O-Bindung 396
Parachormessungen 397
Azoxyverbindungen
und Oxim-N-alkyläther 397
Strukturermittlung
durch Substitution 396
durch Spaltung in optische Antipoden 397
Strukturisomerie 396
symmetrische, *cis-trans*-Isomerie und Hantzsch-Werner-Theorie 397
Azulen 335f.
aus Acetylen 436
basischer Charakter 336
elektrophile Substitution 337
Mesomerie-energie 325
Synthese
nach Pfau und Plattner 335
nach Ziegler und Hafner 336
Azulenium-kation, Mesomeriestabilisierung 336

„backside push" bei S_N-Reaktionen 121
Baeyersche Spannungstheorie 32, 33
und unvollkommene Hybridisierung 34
σ-Bahnen 12
π-Bahnen 12
Bamberger-Formel
der n- und iso-Diazotate 462
des Naphthalins 341
Bambergersche Reaktion 403
„Bananen"-Bindung im Cyclopropan 34
Barthsche Reaktion (Arylarsonsäuren aus Diazoniumverbindung und Arsenit) 479
Basizität
von Aminen, Substituenteneinfluß 103
bei benzoiden Systemen 327f.
Bastardisierung s. Hybridisierung
Beckmannsche Umlagerung s. a. Oxime 273f.
Bildung von N-Halogenimiden 275
elektronentheoretische Deutung 275

BECKMANNsche Umlagerung
und HANTZSCH-WERNER-Theorie 273f.
Isotopen-Untersuchung 276
Lösungsmittel- und Substituentenwirkung 276
MEISENHEIMERsche Versuche 274
als *trans*-Umlagerung 274, 275
Behinderung der freien Drehbarkeit
und Existenz optisch aktiver Formen bei offenkettigen Verbindungen 88
und Paramagnetismus echter Doppelradikale 92
als Ursache der optischen Aktivität 80, 92
und UV-Absorption 90
„Behinderungsasymmetrie“ 80
Benzaldehyd
Addition an Azobenzol 401
Autoxydation
zu Benzoesäure 255
zu Hydrobenzoin 256
Benzaldehyd-biradikal(ett) bei der Autoxydation 255
Benzaldehyde, p-alkylierte, Cyanhydrinbildung und Hyperkonjugation 411
Benzalmalonester durch Kondensation von Malonester mit Benzaldehyd 248
Benzalmalonsäure, 1,2-Addition von Blausäure 297
Benzhydrylchloride, p-alkylierte, Hydrolyse und Hyperkonjugation 411
Benzidin-Umlagerung 404
Benzil, alkoholytische Spaltung 220
Benzilsäure-Umlagerung 279f.
Isotopen-Untersuchung 281, 282
bei unsymmetrischen Benzil-Derivaten 281
und Hydratisierbarkeit der Carbonylgruppe 281
Wanderungstendenz von Substituenten 281
p-Benzochinon als Philodien 304
Benzoesäure
durch Autoxydation von Benzaldehyd 255
elektrophile Substitution 382
Benzoide Systeme 323f.
Basizidät und Acidität 327f.
stark basische 328
stark saure 328
Benzoinkondensation 218, 219
Benzol
Elektronentheorie der Bindung 317ff.
angeregte Anordnungen 321
π-Atom-„orbitals“ 320
Austausch-Integral 319
sp^2-Bindungen 320
Bindungsgrad 343
Bindungszustand und Lichtabsorption 322
„delokalisierte“ π-Molekularbahnen 320
Diamagnetismus und Bindungszustand 322
Gittertyp 322
σ-„Hybrids“ 319, 320, 321
Kalottenmodell 322
Benzol
Elektronentheorie der Bindung
kanonische Formeln 318
Gewichte der einzelnen 318, 319
Zahl der unabhängigen Strukturen 318
Mesomerie und wellenmechanische Deutung 317f.
Mesomerie-energie 319, 325, 350
Molekulardiagramm 346
Näherungsverfahren der Berechnung
erstes (valence bond) 317
zweites (molecular orbital) 319
polare Ladungsverteilung 321
Ramanspektren und Bindungszustand 322
Resonanz-energie 318, 319
und Verbrennungs- bzw. Hydrierwärmen 319
Resonanz-Integral 319, 320
und THIELEs Partialvalenztheorie 146, 316
Vergleich mit Cyclopentadienylanion und Tropyliumkation 334
aus Acetylen 436
FRIEDEL-CRAFTS-Reaktion 360f.
Halogenaustausch 361
„Kondensation“ 361
Halogenierung 359
Katalysatoren 359
Übergangszustand 360
Hydrierung, stufenweise 316
Hydrierwärmen 316
Metallverbindungen und -E-Effekt 391
Nitrierung 372
Ozonisation 316
photochemische Chlorierung zu Hexachlorcyclohexan 373
Reaktionsfähigkeit 316
reaktives Verhalten 358ff.
Substitution, ionische 358ff.
Substitutionsregelmäßigkeiten s. a. Substitution 374ff.
Benzoldicarbonsäuren, stufenweise Hydrierung 316
Benzolformeln, historische 316, 317
Benzopersäure, Bildung von 1,2-Epoxyden aus Olefinen 182
Benzophenon und p,p'-Dibenzoyldiphenyl, UV-Absorption und Konfiguration 91
Benzophenonoxim-di- (bzw. tri-) nitrophenyläther, BECKMANNsche Umlagerung 276
Benzopyryliumkation, aromatischer Charakter 323
Benzotrihalogenide, radikal. Arylierung 390
Benzotropylium-kation 334
1,2-Benzphenylen 358
Benzpinakon, Pinakolin-Umlagerung über Tetraphenyläthylenoxyd 371
3,4-Benzpyren, cancerogene Wirkung 352
Benzyläther, WITTIGsche Umlagerung 408
Benzylammonium-verbindungen
STEVENS-Umlagerung 406
SOMMELET-Umlagerung 408

Benzylbromide, p-alkylierte, Reaktivität und Hyperkonjugation 410
Benzyn (o-Phenylen) s. Dehydrobenzol
Betaine, Definition 148
Bicyclische Systeme, Strukturbeweis mit Phenylazid 460
Bicyclo-[0,1,1]-butan 52
Bicyclo-[0,1,4]-heptadien-(2,4), Valenztautomeriegleichgewicht mit Cycloheptatrien 356
Bicyclo-[0,2,3]-heptan 52
Bicyclo-[1,2,2]-heptan 51
Bicyclo-[0,1,3]-hexan 52
Bicyclo-[0,3,4]-nonan = Indan 52
Bicyclo-[1,3,3]-nonan, räumlicher Bau 52
Bicyclo-[0,2,4]-octadien-(2,4) 302
  Valenztautomerie-Gleichgewicht mit Cyclooctatrien-(1,3,5) 355
  Diensynthese mit Maleinsäureanhydrid 355, 356
Bicyclo-[0,2,4]-octan 52
Bicyclo-[0,3,3]-octan = Pentalen 52
  Spannungsverhältnisse 52
Bicyclo-[2,2,2]-octan 51
Bicyclo-[0,2,4]-octatrien-(2,4,7) (s. a. Cyclooctatetraen) 354, 355
  durch „intracyclische" Diensynthese 355
Bicyclo-[0,1,2]-pentan 52
Bicyclo-[0,2,7]-undekan 52
Bindungen 1ff.
  Atombindung = homöopolare (kovalente) Bindung 3
  doppelte 145ff.
  Ein-Elektronenbindung im $H_2^{\oplus}$-Ion 5
  elektrostatische Theorie 1
  „gebogene" („Bananen"-Bindung) im Cyclopropan 34
  „gemischte", mit Ionen- und Atombindungscharakter, quantenmechanische Berechnung 16
  semipolare 142f.
    in Azoxyverbindungen 396, 397
    Dipolmomente, Parachor und Struktur 144
    elektronentheoretische Deutung 142f.
    in der Nitrogruppe 312, 313
    in Phosphor-yliden 143
    in der Sulfonylgruppe 314
  Zwei-Elektronenbindung im H_2-Molekül, Berechnung 7f.
σ-Bindung im Acetylen 423
σ_p-Bindung, normale C—C-Atombindung 23
sp-Bindung 195, 423
sp^2-Bindungen
  hybridisierte, im Benzol 320
  in konjugierten Dienen 199
  trigonal hybridisierte im Allen 195
sp^3, sp^2, sp-Bindungen, hybridisierte 24
sp^3-Bindung, hybridisierte, am Kohlenstoffatom 20
π-Bindungen
  im Acetylen 423
  in Äthylenen, Raummodell 155
π-Bindungen
  im Allen 195, 196
  im Benzol 320
  in konjugierten Dienen 199
  nicht lokalisierte 14, 320
  der H_2-Molekel und Kernabstand 9
  beim $H_2^{\oplus}$-Ion
    Berechnung 5
    als Funktion des Kernabstandes 6
Bindungsgrad (prozentualer Doppelbindungscharakter)
  und Bindungslängen 343, 344
  bei angeregten Zuständen 343, 344
  maximaler, und „freie Valenz" 345
  und Reaktionsmöglichkeiten 346, 347
Bindungsgradzahlen
  für Butadien 343, 344, 345
  für Naphthalin und Benzol
    nach der v. b. Methode 343
    und Bindungsabstände 343
    nach der m. o. Methode 343, 344, 345, 346
Bindungskräfte 1
Bindungslängen
  bei Acetylenen 424
  Änderungen durch Halogensubstitution 97
  im Äthylen, und Substituentenwirkung 159
  in Aminosäuren, Glykokoll 260
  im Anthracen 347
  im Benzol 321
  und Bindungsgrad 343, 344
  im Butadien 198, 200
  im Carbonat-anion 258
  in Coronen und Ovalen 351
  im Diazomethan 443
  im Formiat-anion 258
  in Halogeniden, Tab. 96
  und Hyperkonjugation 411
  in konjugierten Systemen (Tabelle) 486
  im Methylazid 455
  aus Molekulardiagrammen 346
  im Naphthalin 338
  in Nitrilen 439
  in Polyenen 211
  im Pyridin 324
  im Thiophen 327
  im Tropolon-Kupfer-Komplex 333
  bei Wasserstoffbrücken 261
  im Wasserstoff-molekül 9
  im Wasserstoff-molekül-ion($H_2^{\oplus}$) 6
Bindungssystem, aromatisches 315ff.
  Hydrierung, stufenweise 316
  und THIELEsche Partialvalenztheorie 316
  Unterschied gegen konjugierte Doppelbindungssysteme 316
Bindungsübergänge von Ionen- zu Atombindung 15
Bindungszustände, angeregte
  Berechnung nach m. o. Methode 343
  und Bindungsgrad 344
Biradikal
  Definition 158
  Triplettzustand des Äthylenmoleküls 156

Biradikalett
Definition 158
bei Dienreaktionen 312
Grenzformeln bei *cis-trans*-Umlagerung von Äthylenen 193
Bis-cyclopentadienyl-Metallverbindungen 330
„Sandwich"-Struktur 330
Bis-[2-nitro-diphenylen]-butatrien
Aktivierungsenergie der *cis-trans*-Umlagerung 198
cis-trans-Isomerie 197
Bis-nitrosocyclohexan 314
Bisulfid, Addition an Carbonylgruppe 220
Blausäure
Addition
an Carbonylgruppen (Cyanhydrinbildung) 217, 218
an C=C—C=O-Systeme 296, 297
Giftwirkung und Isonitrilform 483
Konstitution 439
Tautomerie bzw. Mesomerie im Anion, und Methylierung 440, 454
Bor, Atomradien 486
Bor-atom und -anion, Elektronenkonfiguration 134
Borfluorid
zur Alkylierung von Aromaten mit Olefinen 178
als FRIEDEL-CRAFTS-Katalysator 364
Cokatalysatoren 364
zu *cis-trans*-Isomerisierungen 193
Borfluorid-essigsäure und -di-essigsäure, Acidität 136
Bornonium-kation
bei WAGNER-MEERWEIN-Umlagerung 367, 368
Borsäurekomplexe von alicyclischen 1,2-Diolen 37
Borverbindungen als Komplexbildner 134f.
BOUVEAULT-BLANC-Reduktion von Carbonsäure-estern 286
BREDTsche Regel 52, 270
und WAGNER-MEERWEIN-Umlagerung 367
Brenzcatechin-cyclopolymethylenäther 41
Brenzcatechin-cyclopolymethylen-dithioäther 41
Brenzterebinsäure, Lactonisierung 175
Brenztraubensäure, Decarboxylierung 270
Brom
Addition
an Äthylene, sterischer Verlauf 190f.
an Diene 203
π-Komplexbildung 203
Lösungsmitteleinfluß 204
Atomradien 486
1-Brom-bicyclo-[3,3,1]-nonanon-(9), FAWORSKI-Reaktion 279
Bromcamphersäuren, Decarboxylierung mit optisch aktiven Basen 270
4-Brom-gentisinsäure-dekamethylenäther, Spaltbarkeit infolge Behinderung der freien Drehbarkeit 90
Bromierung
von Aromaten 359
Bromierung
der C=C-Doppelbindung im as.-Diphenyläthylen 172
gesättigter Kohlenwasserstoffe 100
säurekatalysierte, von aliphatischen Ketonen, und Hyperkonjugation 420, 421
3-Brom-3-methyl-buten-(1) durch HBr-Addition an Isopren 202
Umlagerung 202
Brom-Molekel, Komplexbildung bzw. Polarisation 170
Bromonium-bromid-komplex bei Addition von Brom an Butadien 203
Bromonium-kation 170
bei Bromaddition an Butadien 203
Allylumlagerung 203
„*cis*"-stabilisiertes 191
α-Brom-propionsäure-anion, Hydrolyse 114
α-Brom-propionsäureester, optische Aktivität durch Bestrahlung des Racemats 94
1-Brompropylen-(2), Addition von Bromwasserstoff nach MARKOWNIKOFF 174
Bromtrichlormethan
und freies Methylen 485
radikalische 1:1-Addition an Acetylene 437
Brom-triptycen, Verseifung 123
Bromwasserstoff
Addition
an Acetylene 426
an Äthylene 166
an asymmetrisch substituierte 174
„Brücken"-verbindungen 51
BREDTsche Regel 52
Butadien
Addition
(-1,4) von Alkalimetall 208
von Brom 203, 204
(1,4)- von Bromwasserstoff 202
(1,4)- von Chlor 202
(1,2)- von unterchloriger bzw. unterbromiger Säure 205
aus Äthanol durch Dehydrokondensation (LEBEDEW-Verfahren) 176
Bindungsgradzahlen 343, 344
Bindungsgrad, maximaler 345
Bindungslängen 198, 200
aus 1,3-Butandiol 176
zur Diensynthese 299
Dimerisation 206
durch Alkalimetall 208
Elektronenwechselwirkung 199
Hydrierung in 1,2- oder 1,4-Stellung 250
mit katalytisch erregtem Wasserstoff 205
mit alkalisch nascierendem Wasserstoff 205
Substituentenwirkung auf Hydrierungsgeschwindigkeit 205
Konfiguration 198
Mesomerie-energie 325
Molekulardiagramm 344
polare mesomere Formen 200
Polymerisation 206f.

Butadien
Polymerisation
mit Alkalimetall 208f.
1,2- und 1,4-Addition, Temperaturabhängigkeit 209
anionischer Mechanismus 209
Primärprodukte 208
radikalischer Mechanismus 209
zum Reaktionsmechanismus 210
radikalische, 1,2- und 1,4-Addition 207, 209
Butadien-Acrylnitril, Mischpolymerisation 208
n-Butan, Konstitution 28
1,3-Butandiol, Bildung durch KRIEWITZ-PRINS-Reaktion 176
Butatriene, substituierte, *cis-trans*-Isomerie 197
n-Buten, thermische Spaltung 189
cis- und *trans*-Buten-(2), Energiedifferenz 162
N-tert.-Butyl-acetamid, durch RITTER-Reaktion aus Isobutylen und Acëtonitril 177
tert.-Butylgruppe und Stabilität von Aroxylen 393
tert.-Butyl-kation
bei Alkylierungsreaktionen 178, 179, 180
als Starter bei Polymerisationen 184
2-tert.-Butyloxy-4,6-di-tert.-butyl-phenoxyl-1 393
4-tert.-Butyloxy-2,6-di-tert.-butyl-phenoxyl-1 393
Elektronendisproportionierung 394
als monomeres Radikal 393
als Oxonium-oxylat in festem Zustand 394
Butyrolacton durch innere CANNIZZARO-Reaktion aus Succindialdehyd 252
β- und γ-Butyrolacton, Verseifung 267

C- s. Kohlenstoff-
Cäsium, Addukt mit Kohlenmonoxyd 481
Camphen-hydrochlorid, Racemisierung durch NAMETKIN-Umlagerung 366
Camphenyl-hydrochlorid, WAGNER-MEERWEIN-Umlagerung in Isobornylchlorid 366, 367
Campher, Modell der *cis*-Form 51
Cancerogene Eigenschaften von Aromaten 352, 353
CANNIZZARO-Reaktion 250
intermolekulare 250
intramolekulare 251
Wasserstoff-anionotropie 250, 251, 252
ε-Caprolactam 276, 314
Carbazol, Mesomerie-energie 325
Carbeniat-anionen 118
bei Esterkondensationen 242
Carbeniatformel der Methylenkomponente bei Kondensationen 248
Carbenium-kationen 113
Absättigung 182, 191
aus Äthylenderivaten mit Protonen 174f.
aus Alkyl-(Acyl)-halogeniden 180
bei Alkylierungsreaktionen 178, 179
an Aromaten 176

Carbenium-kationen
Anionotropie in —, 124, 179, 182
bei ionischen Polymerisationen 184
Lebensdauer 114
Mesomeriestabilisierung 114
Polymerisation 182
Solvatation 120
Stabilisierung 181, 182, 365
symmetrische, bei S_N1-Reaktionen 116
Umlagerung unter Hydridanionwanderung 363
Carbodiimid-Cyanamid-Tautomerie 442
Carbonat-anion, Bindungslängen und Mesomerie 258
Carbonamid-Imino-enol-Gruppe, E-Effekt 232
Carbonsäure-amide
HOFMANNscher Abbau 271
aus Ketonen
mit Stickstoffwasserstoffsäure 457
durch WILLGERODT-Reaktion 276, 277
Mesomeriemöglichkeiten 214, 258, 259
aus Oximen durch BECKMANNsche Umlagerung 273f.
durch RITTER-Reaktion aus Nitrilen und Olefinen 177
Verseifung 266
mit salpetriger Säure 266
Wasserstoffbrücken 263
Carbonsäure-anhydride
FRIEDEL-CRAFTS-Reaktion mit Aromaten 362
Hydrolyse 267
Kondensation mit Aldehyden (PERKIN-Synthese) 246
Carbonsäure-azide
CURTIUSscher und SCHMIDTscher Abbau 271, 272
aus Säurechloriden, und Isocyanat-Bildung 459
Carbonsäure-chloride
Azidbildung 459
Diazoketon-Bildung mit Diazomethan 447
Verseifung 266
Carbonsäure-ester, s. a. Esterkondensation
FRIEDEL-CRAFTS-Reaktion mit Aromaten 362
gesättigte, Konfiguration 131
Mesomeriemöglichkeiten 258
Reduktion
zu Acyloinen (s. d.) 283f.
mit Natrium/Alkohol nach BOUVEAULT-BLANC 286
ungesättigte, durch PERKIN-Synthese 246
tertiärer Alkohole, Verseifbarkeit 265, 266
Verseifung
alkalische 265, 266
Isotopen-Untersuchung 266
unter Erhalt der optischen Konfiguration des Alkohols 266
Geschwindigkeit, sterische Einflüsse 265, 266
saure 264, 265
Carbonsäure-hydrazide, CURTIUS-Abbau 271

Carbonsäuren 256ff.
Abbaureaktionen 271f.
und anionotrope Umlagerung 272
CURTIUS-Abbau 271
HOFMANN-Abbau 271
LOSSEN-Abbau 271
SCHMIDT-Abbau 271, 458, 459
über Silber- und Quecksilbersalze 286
Acidität 104
und Mesomerie 256f.
Substituenten-Einfluß 257
Vergleich mit Phenolen und Enolen 257
und Wasserstoffbrücken 263
Addition
an Olefine, säurekatalysiert 175
innermolekular unter Lactonbildung 175
Aktivierung mittels Borfluorid 136
aliphatische, halogenierte, Acidität und induktive Effekte 102
Anionenbildung, Energiegewinn 257
anodische monovalente Oxydation der Salze nach KOLBE 286
Assoziation 257
Decarboxylierung 267f.
aus α-Halogenketonen durch FAWORSKI-Reaktion 278
ionische Mechanismen 264f.
Kettenverlängerung nach ARNDT-EISTERT 273, 448, 449
Sauerstoff-Austausch 257
ungesättigte, durch PERKIN-Synthese 246
α,β-ungesättigte, durch FAWORSKI-Reaktion aus Dihalogenketonen 279
Veresterung 264f.
Wasserstoffbrücken, Wechselwirkungsenergie 261
Carbonylgruppe s. a. Kohlenstoff-Sauerstoff-Doppelbindung 213ff.
Addition
von Alkoholen, Acetalbildung 216, 217
von Aminen und Ammoniak 221
von Cyanwasserstoff 217, 218
von Hydrazinen 221
von Hydrogensulfit 220
von Hydroxylamin 221
von Mercaptanen, Mercaptalbildung 217
von metallorganischen Verbindungen 221, 222
von Wasser 215
in Aldehyden und Ketonen 213ff.
Aldolkondensation 222f.
„Aufrichtung" der Bindung 215, 287
und Decarboxylierung 2. Art von β-Ketosäuren 269
und Enolisierung 231
basenkatalysierte Reaktionen 217ff.
biradikalischer Zustand 254, 255
in Carbonsäuren und Derivaten 256ff.
Dipolmoment und Hyperkonjugation 415
elektrophile Aktivität 287, 288
Hydratisierbarkeit und Benzilsäure-Umlagerung 281
Carbonylgruppe
Hyperkonjugation und Reaktionsfähigkeit 288
und induktive Effekte 287, 289
und elektrophile Substitution 381, 382
ionische Reaktionen 215ff.
in Konjugation mit ungesättigten Substituenten 214
und mesomere Effekte 288, 289
Mesomerie 213
Substituentenwirkung 214
und nucleophile Reagentien 215
Polarisation 213, 214
und Formaldehyd-Polymerisation 253
im Keten 289
radikalische Grenzformel 213
radikalische Reaktionen 254f., 283f.
zur Reaktionsfähigkeit 287f.
säurekatalysierte Reaktionen 216
Substituenteneinflüsse auf die Reaktivität 287
Carbonylierung 433f., 481, 482
acide Komponente 433
Hydrochinon-Synthese 434
α-Hydrindon-Synthese 435
Katalysatoren 434
zum Mechanismus 433
Carbonylkomponente bei
Aldolreaktionen 245
DOEBNER-Kondensation 247, 270
Ester-Kondensation 242, 250
KNOEVENAGEL-Reaktion 247
MANNICH-Kondensation 248
PERKIN-Synthese 246, 247
Carbonylverbindungen 213ff.
alkylsubstituierte, Hyperkonjugation und Dipolmoment 415
Anlagerung von Trichlormethylanion 485
Enolisierung 225ff.
und Sulfonylgruppen 230
Keto-Enol-Gleichgewicht 225
photochemische Reaktionen 255
Reaktionen mit Diazomethan 446
Reaktion mit Stickstoffwasserstoffsäure 457, 458
tautomere Umlagerungen 224ff.
Umlagerungsreaktionen 273f.
α-ungesättigte s. Ketene 289f.
α,β-ungesättigte
Addition
von Blausäure 296, 297
von CH-aciden Verbindungen (183)
von Halogen 293
von Halogenwasserstoff 174
von HX-Verbindungen (1,4-) 294
von Hydroxylamin, Semicarbazid, Ammoniak 297
von β-Ketocarbonestern (MICHAEL) 295
(1,2-, 1,4-, 3,4-) und Mesomerie 298
von Wasserstoff 293, 294
und Diazoniumhalogenide 469, 470
Dimerisation 298
Mesomerie und Substituenteneinfluß 296

Carboxylat-anion
anionische monovalente Oxydation nach KOLBE 286
Mesomerie 257
Carboxylgruppe s. a. Carbonsäuren 256f.
Haftfestigkeit 267f.
Mesomerie 256f.
Reaktionen
ionische 264f.
radikalische 283f.
symmetrische Ladungsverteilung 256
Carbylamine s. Isonitrile 482
Cardiazol 458
β-Carotin, hydrolytische Spaltung 212
Carotinoide 211, 212
cis-trans-Isomerie 211
cis- bzw. zentrale *cis*-Bindung, Lichtabsorption und chem. Verhalten 211, 212
all-trans-Formen 211
Spaltungstendenz 212
Carvon, Hydrierung 294
charge transfer bei 4-tert.-Butyloxy-2,6-di-tert.-butyl-phenoxyl-(1) 394
CH-acide Verbindungen
Addition an α, β-ungesättigte Carbonylverbindungen, s. MICHAEL-Addition 183
bei der Aldolkondensation 222
CH-Acidität
von aromatischen Verbindungen durch induktive Effekte und elektrophile o-Metallierung 386
der Methylenkomponente bei der PERKINschen Synthese 247
durch o-(p)-Nitrophenylgruppen 390
und OH-Acidität 229
von Sulfonylverbindungen 228
und Einwirkung von Diazomethan 228, 229
Chebulagsäure, Atropisomerie 90
Chelatbildung
von Alkalisalicylaten und KOLBE-SCHMITT-Synthese 380
bei Enolen 234
und Löslichkeit 234
von *cis*-Enolformen 235
cis-Chelatkomplexe von Natrium-acetessigester und -malonester 237
Chemische Bindung s. Bindung
Chinaldin, Diensynthese 303
Chinhydrone und Aroxyle 394
Chinolin
Diensynthese 303
Mesomerie-energie 325
Molekulardiagramm 346
Chinolin-α-carbonsäuren, Decarboxylierung 268
Chinolizine aus Pyridin und Acetylendicarbonsäure-ester durch Diensynthese 303
Chinomethid-Formeln des Toluols 414
p-Chinone als Philodiene 304
Chinon-monoxim-p-Nitrosophenol-Tautomerie 402
o-Chinon-phenylhydrazone, Tautomerie mit o-Oxy-azoverbindungen 402
Chinuclidin 51
Konfiguration 138
Chlor, Atomradien 486
1-Chlor-äthylbenzol, optisch aktives, Umsetzung zu 1-Phenyl-äthylamin 113
Chloral
induktiver Effekt und Reaktionsfähigkeit 287
Reaktion mit Diazomethan 446
Reaktion mit Kaliumcyanid 279
Chloralhydrat 215, 216
N-Chlor-acetanilid, Umlagerung in o-(p)-Chlor-acetanilid 403
N-Chlor-anilin, Umlagerung in p-Chloranilin 403
Chlor-apocamphan, Verseifung 113, 123
Chloratom, mesomerer und induktiver Effekt bei der Benzilsäure-Umlagerung 282
Chlorbernsteinsäureester, WALDENsche Umkehr 71
Chlorbenzol, Gasphasen-Chlorierung 389
Chlorbromäthan-(1,2), Dipolmoment in Temperaturabhängigkeit 65
Chlor-brom-methansulfonsäure, Racemisierbarkeit 77
2-Chlor-butadien s. Chloropren
Chlorcyanid 442
α-Chlorcyclohexanon-α-^{14}C, FAWORSKI-Reaktion 278
Chlorierung (s. a. Addition, Substitution)
von Chlorbenzol in der Gasphase 389
von Paraffinen 98, 99
mittels Sulfurylchlorid 99
photochemische, des Benzols 373
von Pyridin 389
Chlor-jod-methansulfonsäure, Racemisierbarkeit 77
Chlorketone aus Diazoketonen 448
Chloropren, Polymerisation 206f.
Chlorwasserstoff-Molekel
Bindung 15
Elektronegativität des Chloratoms 16
Gestalt der vollständigen Ladungsverteilung 17
Hybridisierung 21
„Resonanz“-Energie 17
Cholan-Reihe 47
Cholesterin 50
Chrysen 350
Citraconsäure-anhydrid als Philodien 305
CLAISENsche Esterkondensation 242
CLAISENsche Phenolallyläther-Umlagerung 404
o-Umlagerung 404
p-Umlagerung 405
Isotopen-Untersuchung 406
CLAISEN-TISCHTSCHENKO-Reaktion 251
Katalysatoren 251
Wasserstoff-anionotropie 251
CLAUS-Formel des Benzols 317
Cobaltocen 330
Cokatalysatoren
der FRIEDEL-CRAFTS-Reaktion 364

Cokatalysatoren
bei ionischen Polymerisationen 184
Colchicin 330
"concerted displacement" 122
Copolymerisate (1:1) 188
Copolymerisation 187, 188
Einfluß von Struktur und Konzentration der Monomeren 188
mit einer für sich nicht polymerisierbaren Komponente 188
von Olefinen und Dienen 207, 208
Coronen, Atomabstände 351
Cortison 50
Cotton-Effekt (Zirkulardichroismus) 93
Coulomb-Integral 6
β-Crotolacton („Diketen") 291
Crotonaldehyd
durch Aldolkondensation 224
hyperkonjugierte Formeln 416
als Philodien 304
Crotonitril, hyperkonjugierte Formeln 416
cis-Crotonsäure, Strukturbestimmung 161
Crotylbromid durch HBr-Addition an Butadien 202
Cupren 436
CURTIUS-Abbau von Carbonsäuren 271
Cyamelid 441
Cyanamid-Carbodiimid-Tautomerie 442
Cyanat-anion, Mesomerie 441
1-Cyan-buten-2 durch kat. Addition von Cyanwasserstoff an Butadien 181
Cyanchlorid 442
Cyanessigester
Addition an C=C—C=O-Systeme (MICHAEL) 295
Azeniatstruktur 238
Natriumverbindung, Konstitution 238
Cyanhydrin-bildung 217, 218
und Konstitution der Carbonylverbindungen 218
bei Polymethylenketonen 218
Cyanid-anionen
als Katalysatoren bei Carbonylreaktionen 218, 219, 220
Mesomerie 440
Cyansäure
Harnstoffsynthese nach WÖHLER 441
Polymerisation
zu Cyanursäure 440
zu Cyamelid 441
Tautomerie 441
α-Cyansorbinsäure-ester, Polymerisation 295
Cyanursäure 440
Cyanursäure-triazid, Konstitution 455
Cyanwasserstoff s. Blausäure
Cycloaliphaten s. Paraffine, cyclische; Ringsysteme; Cyclopolymethylene
Cyclobutan-Derivate, Konstitution 34
Cyclobutane, perfluorierte 97
Cyclodiene zur Diensynthese 299f.
Einfluß der Ringgröße 307
Cyclo-halbacetalbildung der *d*-(+)-Glucose 70
Cycloheptadecanon = Dihydrozibeton, nach K. ZIEGLER 39
Cycloheptatrien
aus Benzol und freiem Methylen 484
durch photochemische Reaktion von Benzol mit Diazomethan 452
Valenztautomerie-Gleichgewicht mit Bicyclo-[0,1,4]-heptadien-(2,4) 356
Cycloheptatrien-carbonsäure-ester 451
Cycloheptatrienolon s. Tropolon 330f.
Cycloheptatrienon s. Tropon 330, 333
Cycloheptatrienylium-, s. Tropylium- 330f.
Cyclohexadien zur Diensynthese 299, 300
Cyclohexadienformen bei der Substitution des Benzols 360
Cyclohexadienone, 4,4-disubstituierte
Umlagerung in Phenole 372
als Zwischenform der REIMER-TIEMANN-Synthese 381
Cyclohexan
äquatoriale Bindungen 35, 36
azimutale (axiale) Bindungen 35, 36
radikalische Nitrierung und Nitrosierung 314
Raumform 35
Sesselform und Diamantgitter 58
spannungsfreie Formen 33
Wannenform (Bootform) und Wurtzit-Gitter 58
Cyclohexan-Derivate
äquatoriale und azimutale (axiale) Konstellation 36
monosubstituierte, äquatoriale Konstellation 36
cis- und *trans*-Cyclohexan-1,2-dicarbonsäure
Anhydridbildung 37
Spaltbarkeit in optische Antipoden 66
cis- und *trans*-Cyclohexan-1,4-dicarbonsäure, Unspaltbarkeit in optische Antipoden 67
trans-Cyclohexan-1,2-dicarbonsäureanhydrid, *meso-trans*-Stellung 37
Cyclohexan-1,2-dion, Benzilsäure-Umlagerung 280
Cyclohexane, substituierte, Konstellation und chemisches Verhalten 36
Cyclohexanole
2-substituierte, Konstellation 36
cis-2-substituierte mit „polarer" Hydroxylgruppe
Chromsäure-oxydation und Konstellation 37
Veresterung 37
Cyclohexanon, Addition an Azodicarbonester 401
Cyclohexanon-oxim
BECKMANNsche Umlagerung 276
aus Nitrosocyclohexan 314
Cyclohexatrien = Benzol 315, 316
Cyclohexen, thermische Spaltung 189
Cyclohexylradikale bei der Nitrosierung von Cyclohexan 314
Cyclohomotetronsäure 429
Cyclo-octadien durch Dimerisation von Butadien 206
Cyclooctatetraen 353f.
Aromatisierung 354, 355
Aufspaltung zu Phenylacetaldehyd 355

Cyclooctatetraen
und Benzolsystem 322
als Bicyclo-[0,2,4]-octatrien-(2,4,7) 354, 355
Bindungs-abstände und -winkel 354
chemisches Verhalten 354
als 1,2,4,5-Dimethylen-cyclohexadien-(2,5) 354, 356
Kalottenmodell, Wannenform 354
Oxydation zu Terephthalaldehyd 356
REPPE-Synthese aus Acetylen 353, 436
Valenztautomerie 355
Cyclo-octatrien, innermolekulare Diensynthese 302
Cyclooctatrien-(1,3,5)
und Bicyclo-[0,2,4]-octadien-(2,4), Gleichgewicht 355
Valenztautomerie 355
Cyclo-octin, räumlicher Aufbau 44
Cyclopentadien
zur Diensynthese 299, 300
Dimerisation 305
„gekrümmte" Konfiguration und Diensynthese 307
Metallverbindungen 330
Cyclopentadien-Anion
aromatischer Charakter 323, 329
Delokalisationsenergie 329
mesomere Grenzformeln 329
Vergleich mit Benzol und Tropyliumkation 334
Cyclopentadienkalium 329
Cyclopentan, Raumstruktur 35
cis-Cyclopentan-1,2-dicarbonsäure, Anhydridbildung 37
Cyclopentan-o-dicarbonsäuren, optische Aktivität 66
Cyclopentano-perhydrophenanthrensystem
räumlicher Aufbau 46
Molekülmodell 48
Cyclopolymethylen-acetylene 41
Cyclopolymethylen-acyloine 40
Cyclopolymethylen-äthylene 40
Cyclopolymethylen-diimine 41
sym.-Cyclopolymethylen-diketone 40
Cyclopolymethylen-disulfide 41
Cyclopolymethylene 40
hochgliedrige, Aufbau und Bildung von Paraffindoppelketten 43
Einbau von aromatischen Kernen 44
Cyclopolymethylen-imine 41
Cyclopolymethylenketo-acyloine 40
Cyclopolymethylenketone 40
Bildung von Paraffindoppelketten 43
Cyclopolymethylen-lactone 41
Cyclopolymethylen-sulfide 41
Cyclopolyolefine durch STEVENS-Umlagerung 407
Cyclopropan
„gebogene" Bindungen 34
Hybridisierung 34
Konstitution 31
Ringspannung und Reaktionsvermögen 33, 34
Cyclopropanonhydrat 34
Damasceninsäure 260
Decarboxylierung 267f.
1. Art 268
2. Art 269
durch basische Katalysatoren bei der DOEBNER-Kondensation 247, 268
und Cyanhydrin-synthese 247, 268
als elektrophile Substitution 268
mit optisch aktiven Basen 270
Deformationsenergie von Valenzwinkeln 59
o-Dehydrobenzol (Benzyn, o-Phenylen) 323, 386
als Biradikal 387
Diensynthese mit Furan 387
aus o-Dihalogenbenzol und Tetraphenyläthylendinatrium 387
aus o-Lithium-fluorbenzol 386
π-Molekularbahn-Modell 387
als Zwischenprodukt bei Alkalimetall-Spaltung des Diphenyläthers 410
Dehydronaphthalin 387
Dekahydro-chinolin und isochinolin, Konfiguration, *cis-trans*-Isomerie 138
Dekahydro-naphthalin (Dekalin) 341
Dekalin 45, 341
cis- und *trans*-Dekalin, Verbrennungswärmen 46
Dekaline, Molekelmodelle 33
Dekalole, 2-substituierte, Konstellation 36
cis- und *trans*-β-Dekalon, Verbrennungswärmen 46
Dekamethylenglykol, Konfiguration 129
Delokalisierungsenergie von π-Bindungen, entspr. Resonanzenergie 14, 320
Depolymerisation von Aldehydpolymeren 254
Desmotropie 227
Definition 234
Deuterierte Verbindungen, Spaltbarkeit in optische Antipoden 95
Deuterierung gesättigter Verbindungen als elektrophile Substitution 118
Deutero-ammoniak ND_3, Konfiguration 137
DEWAR-Formel
des Benzols 317
des Pyridins 323
Diacetbernsteinsäureester aus Natriumacetessigester mittels Jod 241
Diacetyl, Dipolmoment und Temperaturabhängigkeit 65
2,2'-Diacetylamino-diphensäure-(6,6'), Racemisierung durch Ringschlußreaktion 84
Diäthoxy-methan, Konfiguration 130
Diäthyläther, Konfiguration 130
Dialdehyde, Polymerisation 254
ω, ω'-Dialdehyde, höhere, durch KOLBE-Elektrosynthese 286
Diamagnetismus beim TSCHITSCHIBABINschen Kohlenwasserstoff 92
Diamantgitter
Atomabstand 57
Elektronendichte 58
räumlicher Aufbau 57
und Sesselform des Cyclohexans 58
„Diamantoide" Verbindungen 53

2,2'-Diamino-dinaphthyl-(1,1'), Ringschluß mit Benzil unter Erhalt der optischen Aktivität 85
2,2'-Diamino-ditolyl-(6,6')
Aktivierungsenergie der Racemisierung 83
Ringschluß mit Phosgen unter Erhalt der optischen Aktivität 84
Dianion-Effekt
bei der Benzilsäure-Umlagerung 279
bei Hydrierung von Acetylenen 437
1,1'-Dianthrachinonyl-dicarbonsäure-(2,2'), Spaltung in optische Antipoden 85
Diastereomere 63
1,3-Diaza-adamantan 56
Diazoaminobenzol 470
Umlagerung in p-Amino-azobenzol 403
Diazo-amino-Verbindungen
durch saure Azokupplung 472
aus Phenylazid und metallorganischen Verbindungen 460
Diazoanhydrid 464
Diazocyanide
Mesomerie 477
n- und iso-, Unterschiede der Reaktionsfähigkeit 476
n-Diazocyanide aus Diazoniumsalzen und Cyanid 475
Diazo-cyclopentadien 444
Diazoessigester
Norcaradiencarbonsäureester-Bildung mit Benzol 451
Zerfall in Fumarsäure-ester 445
iso-Diazohydroxyd-Nitrosamin-Tautomerie 465, (479)
Diazohydroxyde 462, 471, 479
radikalische Zersetzung 473
Diazoketone
Abbau und Umlagerung zu Ketenen 273
aus Carbonsäurechloriden mit Diazomethan 447
Mesomerie 448
nucleophile Reaktion zu homologen Carbonsäuren 448
Reaktion mit Säuren 448
thermische Spaltung 449
Zwischenprodukte der ARNDT-EISTERT-Synthese 273
Diazomethan
Addition an C=C-Doppelbindungen 450, 451
zur ARNDT-EISTERT-Synthese 273
Bindungslängen 443
aus Distickstoffmonoxyd und Methyllithium 444
zur Festlegung beweglicher Protonen 228, 229
Hydrazin-Bildung mit Grignardverbindungen 452
zur Methylierung
von Alkoholen (Alkoxoverbindungen) 136
protonaktiver Verbindungen 444
zur C-Methylierung von Sulfonylverbindungen 228, 229
Diazomethan
zur indirekten O-Methylierung
von Sulfonylgruppen-haltigen Carbonylverbindungen 229
von Nitroverbindungen 230
und Methyllithium 452
Isotopen-Untersuchung 452
photochemische Reaktion mit C-H-Bindung in aliphatischen Äthern 445
Reaktion mit Halogenen 445
Reaktion mit Carbonylverbindungen 446
Zerfall
unter Bildung von freiem Methylen 445, 484
in Polymethylen 445
Diazomethan-Isodiazomethan-Tautomerie 452f.
und Tautomerie der Blausäure 454
Diazomethyl-anion 453
Azeniatstruktur 238
Isosterie mit Azid- und Cyanatanion 454
Übergang in Isodiazomethan 238, 239
Diazomethyllithium 452, 453
Umsetzung mit Benzoylbromid oder Benzonitril 238, 453, 454
Diazoniumbasen, Umlagerung in Diazotate 478
Diazonium-betain 447
als Zwischenstufe der Reaktion von Carbonylverbindungen
mit Stickstoffwasserstoffsäure 457, 458, 459
mit Diazomethan 446
Diazoniumhydroxyde 462
Diazoniumkation als Zwischenstufe der Methylierung mit Diazomethan 445
Diazoniumsalze
Alkali-Einwirkung 478
Arylazid-Bildung mit Azid 474
Pentazene als Zwischenstufe 475
Azeniumform, mesomere 475
und SANDMEYER-Reaktion 475
Azokupplung 464, 470
Substituenten-Einfluß 466
BARTHsche Reaktion mit Arsenit 479
n-Diazocyanid-Bildung mit Cyaniden 475
Diphenylbildung 467
Fluorierung nach BALZ-SCHIEMANN 469
(Halogenide) Reaktion mit α, β-ungesättigten Carbonylverbindungen (MEERWEIN-Reaktion) 469, 470
Herstellung 460, 478
und Jodid 468
Mesomerie 461
Nitrilbildung mit Cyanionen 466, 475
Phenolbildung 466, (479)
PSCHORRsche Phenanthrensynthese 467
Salzcharakter und Übergang zu kovalenter Bindung 475
SANDMEYER- und GATTERMANN-Reaktion 467
radikalischer Mechanismus 468
Stickstoff-Abspaltung 466
Umsetzung mit Alkoholen 466, 467, 473
Umwandlung in Diazotate 462, 464

Diazoniumsalze
„Verkochung" 466, 479
Diazosulfonate, Strukturisomerie 476
Diazotate
Isomerie 476f.
Konstitution
ANGELI-, BAMBERGER-, HANTZSCH-Formeln 462
elektronentheoretische Deutung 463
Oxydation 473
Stabilisierung 465, 479
n-Diazotate
Azokupplung 464, 471
Diazoanhydrid-Bildung 464
Isomerisierung 462, 465
oxydierende Wirkung 463
iso-Diazotate 462, 464
aus n-Diazotaten 465
Isomerie und N- bzw. O-Derivate 465
Mesomerie im Anion 465, 479
Diazotierung 478
aliphatischer Amine 461
aromatischer Amine 460, 478
Diazooxyd 464
Diazo-oxy-Verbindungen durch saure Azokupplung 472
Diazoreaktionen (aromatisch), Übersicht 478, 479
Diazoverbindungen
aliphatische 442ff.
Atomabstände 443
Basizität und Reaktion mit aromatischen Diazoverbindungen 450
Dipolmoment 443
elektronentheoretische Deutung und Grenzformeln 443
Kettenformel von ANGELI-THIELE 442
Konstitution 442
reaktives Verhalten 444f.
Ringformel von CURTIUS 442
aromatische 460ff.
Konstitution 460
radikalische Reaktionen 466f., 473, 474, 479
Reaktion mit
Aceton und Metallen 474
Diazoalkanen 450
reaktives Verhalten 466f.
Reduktion
zu Hydrazinen 472
zu Kohlenwasserstoffen 466, 472
syn.- und anti-Diazoverbindungen 476, 478
Dibenzalaceton und γ-Pyron, Vergleich 147
1,14; 7,8-Dibenz-bis-anthen ≡ Ovalen 351
1,2; 5,6-Dibenz-cyclooctatetraen 356
durch STEVENS-Umlagerung 407
p,p'-Dibenzoyldiphenyl und Benzophenon, UV-Absorption und Konfiguration 91
Dibenzoylperoxyd, Radikalzerfall 438
1,2; 3,4- und 3,4; 8,9-Dibenzpyren, cancerogene Wirkung 352
1,2; 6,7-Dibenzpyren aus Diphenyläther über o-Phenylen 410
Dibromäthan (sym.), Dipolmoment und Temperaturabhängigkeit 65
1,2-Dibrombuten-(3) und 1,4-Dibrombuten-(2) durch Bromaddition an Butadien 203
2,5-Dibrom-3,6-di-(2,4-dimethylphenyl)-hydrochinon, Spaltbarkeit der *cis*- und *trans*-Form in optische Antipoden 86
2,2'-Dibrom-diphenyl-4,4'-dicarbonsäure
Aktivierungsenergie der Racemisierung 83
Winkel- und Kernabstand-Deformationen 83
α,α'-Dibrom-isopropyl-methylketon, FAWORSKI-Reaktion zur β,β-Dimethylacrylsäure 279
Dibrommethylen, Addition an Äthylene 485
1,2-Dibrompropan aus 1-Brompropylen und Bromwasserstoff (nach MARKOWNIKOFF) 174
β-Dicarbonyl-alkaliverbindungen s. a. Alkaliverbindungen (Natrium-), Keto-Enol-Tautomerie 236ff.
α-Dicarbonylverbindungen, Benzilsäure-Umlagerung 279f.
β-Dicarbonylverbindungen (224f.) s. a. Keto-Enol-Tautomerie, Enole, Aldolreaktionen 245f., Esterkondensationen 242f.
Ketospaltung 269
Dichloräthan (sym.), Dipolmoment und Temperaturabhängigkeit 65
cis- und *trans*-Dichloräthylen
Energiedifferenz 162
photochemische Isomerisierung mit Brom 195
o,o'-Dichlorbenzidin, Röntgenanalyse des C—C-Abstandes 81
3,5-Dichlorbenzophenon und 2,2', 6,6'-Tetrachlor-4,4'-dibenzoyldiphenyl, UV-Absorption und Behinderung der freien Drehbarkeit 90
Dichlorbernsteinsäure-dimethylester, Dipolmoment 65
1,3-Dichlor-2,2-bis-(chlormethyl)-propan 485
1,3-Dichlor-2-chlormethyl-2-brommethyl-propan 485
trans-1,4-Dichlorbuten-(2) durch Chlor-Addition an Butadien 202
Di-β-(cyanäthyl)-anilin durch kat. Addition von Anilin an Acrylnitril 181
2,2'-Dichlor-6,6'diphensäure, Spaltung in optische Antipoden 79
Dichlormethylen, Addition an Äthylene 485
Dicyclobutyl 45
Dicyclopentyl 45
Dicyclopropyl 45
DIECKMANNsche Esterkondensation 242
zur Herstellung vielgliedriger Ringsysteme, abgeänderte Form 38
Dielektrizitätskonstante von Lösungsmitteln, s. Polarisierbarkeit 169, 171
Diene, konjugierte 198ff. (s. a. Butadien sowie Diensynthese)
durch Abspaltungsreaktionen 210
Addition in (1,2-) oder (1,4-) 201f.
von Brom, π-Komplexbildung und Lösungsmitteleinfluß 203, 204
(1,4)- von Doppelbindungssystemen s. Diensynthese 299ff.

Diene, konjugierte
- ionische Mechanismen 202f.
- von Kohlenstofftetrabromid 202
- radikalische Mechanismen 201
- und Behinderung der freien Drehbarkeit 199, 200
- cyclische, zur Diensynthese 299f.
  - Einfluß der Ringgröße 307
- zur Diensynthese geeignete 299f.
- freie Drehbarkeit und Diensynthese 307
- Konfiguration 198
  - „gekrümmte" als Voraussetzung der Diensynthese 307
  - „gestreckte" 307
- Konjugationsenergie 199
- Mesomerie und π-Elektronenaustausch 200
  - polare Formen 200
  - Mesomerieenergie 200
- Mischpolymerisation und 1,2- bzw. 1,4-Addition 207, 208
- Polymerisation 206f.
  - mit Alkalimetall, zum Reaktionsmechanismus 208, 209, 210
  - mit Peroxyden 206
  - durch Redoxkatalyse 206
- 1,2- und 1,4-Polymerisation 207, 208, 209
- quantenmechanische Deutung 199
- reaktives Verhalten 200ff.
- substituierte, *cis-trans*-Isomerie 198
- *cis*- und *trans*-Substitution und Diensynthese 306f.
- Substitutionsreaktionen 210
- THIELEsche Formulierung 145

Dienkomponente s. Diensynthese 299f.

Dienon-Phenol-Umlagerung 372

Diensynthese 299ff.
- und 1,4-Addition von Dienen 202
- *all-cis*-Addukt 306, 307
- allgemeiner Ablauf 299
- Anthracen mit Acetylen 435
- Ausnahmen 299
- mit Azodicarbonestern 399
- mit o-Dehydrobenzol und Furan 387
- Dienkomponente
  - Substituenteneinfluß 300
  - Variation 299f.
- Dienophile Komponente 299, 304f.
  - Aktivatoren 306
  - Substituenteneinfluß und Konjugation 305, 306
  - Variation 304
- fraktionierte 305
- als Gleichgewichtsreaktion 311 s. a. Retrodiensynthese
- innermolekulare bei Polyenen 302
- „intracyclische" beim Cyclooctatetraen 355
- und Konfiguration der Diene 306f.
  - Erhaltung der Konfiguration 308
- zum Mechanismus 311, 312
  - als Biradikalett-Reaktion 312
- Retro-Dien-Zerfall und SCHMIDTsche Doppelbindungsregel 311
- stereoisomere Produkte 307f.

Diensynthese
- sterische Gesetzmäßigkeiten 306f.
  - Ausnahmen 310
  - Doppelbindungshäufung, maximale oder minimale 308
  - Orientierungs-(*endo*- und *exo*-) Komplexe 308, 309
  - ortho-, meta-, para-Derivate 310, 311
  - bei unsymmetrischen Addenden 310
- mit Stickstoffheterocyclen 302, 303

Dihalogenketone, FAWORSKI-Reaktion 279

Dihydro-acene, Stabilität 349

9,10-Dihydro-anthracen, Konfiguration 132

Δ^1-Dihydro-naphthalin
- Reduktion zum Tetralin 340
- Styrolkonfiguration 340

Δ^2-Dihydronaphthalin, Umlagerung in Δ^1-Dihydronaphthalin 340

9,10-Dihydrophenanthren 350

Dihydrozibeton = Cycloheptadecanon, nach K. ZIEGLER 39

Di-isopropyl-amino-magnesiumbromid als Esterkondensationsmittel 244

1,2-Dijodäthylen, *cis-trans*-Umlagerung mit radioaktivem Jod 194

Di-kation-Effekt 279
- und Reaktionsfähigkeit von Carbonylverbindungen 287

„Diketen" (dimeres Keten), Konstitution 291

Diketene (zweiwertige Ketene) 292

α,β-Diketobuttersäure-ester, Umlagerung 281

1,3-Diketo-cyclobutane 292

Diketone
- aliphatische, Benzilsäure-Umlagerung 280
- aromatische, alkoholytische Spaltung 220

α-Diketone
- Benzilsäure-Umlagerung 279f.
- aus Monoacyl-acetylenen 427
- als Zwischenprodukte der Acyloinbildung 284

β-Diketone, Alkaliverbindungen, Konstitution und Synionie der Anionen 236

Dimerisierung freier Radikale 119

Dimethoxybernsteinsäure-diäthyl- und -dimethyl-ester, Dipolmoment 65

o,o'-Dimethoxy-o'',o'''-bis-(diphenyloxymethyl)-diphenyl, Ringschluß unter Erhalt der optischen Aktivität 85

Dimethoxy-methan, Konfiguration 130

3,4-Dimethoxy-zimtsäure durch decarboxylierende DOEBNER-Kondensation 247

Dimethyläther, Konfiguration 130

Dimethyläther-Chlorwasserstoff-Additionsprodukt, Konstitution 133

Dimethylaminogruppe, o-, p-Lenkung der elektrophilen Substitution 378

Dimethylanilin-N-oxyd, elektrophile m-Substitution 382

Dimethylbutadien, Einwirkung von Lithium 209

2,2- und 2,3-Dimethylbutan aus Isobutan und Äthylen 178, 179

cis-1,3- bzw. *trans*-1,4-Dimethylcyclohexane, äquatoriale und azimutale (axiale) Bindungen 35

Dimethyl-dibenzyl-ammoniumbromid, Umlagerung
nach STEVENS 406
nach SOMMELET 408
Dimethyl-dihydro-resorcin
Enolisierung und Acidität 233, 234
durch kondensierende MICHAEL-Addition 296
2,6-Dimethyl-N-dimethylanilin, sterische Hinderung des + E-Effekts 385
Dimethyldisulfid, Konfiguration 132
1,2; 4,5-Dimethylen-cyclohexadien-(2,5) (s. a. Cyclooctatetraen) 354, 356
Dimethylmaleinsäure-anhydrid als Philodien 305
2,3-Dimethylnaphthalin, Ozonisierung 338
1,2- und 2,3-Dinaphthylen 358
3,5-Dinitrobenzazid, markiertes, Abbau 272
2,4'-Dinitro-diphensäure
Aktivierungsenergie der Racemisierung 83
Spaltung in optische Antipoden 79
1,2-Diole, alicyclische, Borsäurekomplexe 37
2,4-Dioxa-6,8-dithia-adamantan 55
2,6-Dioxa-4,8-dithia-adamantan 56
1,4-Dioxan, Konfiguration 131
m-Dioxane, substituierte, durch KRIEWITZ-PRINS-Reaktion 176
Diphenyl
Mesomerie-energie 325
aus Phenyldiazoniumsulfat 467
UV-Absorption und Konfiguration 91
Diphenyläther, Spaltung mit Natrium-Kalium nach E. MÜLLER 410
as.-Diphenyläthylen
Bromaddition 172
zur Diensynthese 301
1,4-Diphenyl-butadien, 1,2-Addition von Brom 205
Diphenylchinon-Derivate der Terphenylreihe, optisch aktive 87
Diphenylderivate, Auftreten optischer Antipoden 77f.
Diphenylen 358
Diphenylen-phenyl-jod 142
Diphenyl-fulven, Diensynthese zu *exo-cis*-Formen 309
Diphenylin-Umlagerung 404
Diphenyl-isoxazolcarbonsäure, Ozonspaltung zum Oxim 274
Diphenylketen aus Azibenzil 449
1,3-Diphenyl-1-naphthyl-allen-3-carbonsäure-ester der Glykolsäure, Spaltung in optische Antipoden 196
Dipolmoment
von Acetylenen 423
von aliphatischen Aminen 137
der Azidgruppe 455
der aliphatisch gebundenen Diazogruppe 443
und Hyperkonjugation 411
und induktiver (+ F)-Effekt von Schlüsselatomen 104
und Ionencharakter, partieller 16
und *cis-trans*-Isomerie 160
des Ketens 290
Dipolmoment
von Kohlenmonoxyd 480
und Konjugation in Carbonylverbindungen 214
und Mesomerie bei Harnstoffen 260
von γ-Pyronen 149
und Struktur der semipolaren Bindung 144
des Wassers und atomare Dipole 128, 129
Dipolwechselwirkung bei Wasserstoffbrücken 262
Di-n-propyläther, Konfiguration 130
Disproportionierung von Aldehyden
s. CANNIZZARO-Reaktion 250f.
s. CLAISEN-TISCHTSCHENKO-Reaktion 251
Distickstofftrioxyd, Addition an Olefine 182, 183
2,6-Di-tert.-butyl-hydrochinon, IR-Absorption und Wasserstoffbrücken 263
2,6-Di-tert.-butyl-4-methoxy-phenoxyl-(1) 393
1,2-Dithiole aus Acetylenen durch radikalische Addition von Thioessigsäure 438
Divinylacetylen aus Acetylen 431
Divinylmethan, Dien- und En-Synthese 303
Di-m-xylylen 40
Di-o-xylylen-ammoniumbromid, STEVENS-Umlagerung 407
DOEBNER-Kondensation 247
und Decarboxylierung 247, 270
Doppel-„ansa"-Verbindungen 42
Doppelbindungsanhäufung im Orientierungs- (*endo-* bzw. *exo-*) komplex der Diensynthese 308, 309
Doppelbindungscharakter
s. a. Bindungsgrad
der C≡C-Dreifachbindung in substituierten Acetylenen 424
Doppelbindungsregel von O. SCHMIDT 183, 190
und Retrodiensynthese 311
und weiterer Zerfall von Radikalen 189
Doppelbindungssysteme, Addition an Diene s. Diensynthese 299ff.
Doppelbindungssysteme
C=C 155f.
C=C—C=C 198f.
C=C=C 195f.
C=O 213f.
C=C=O 289f.
C=C—C=O 293f.
C=C—C=N 298
Doppelbrechung, zirkulare, und optische Aktivität 93
Doppelradikal, Definition 158
Doppelradikale, echte, Paramagnetismus infolge Behinderung der freien Drehbarkeit 92
Doppelradikal-zustand
Formulierung 157
magnetisches Gesamtmoment 156
"double-streamer"-Bahnen = π-Bahnen 12, 199, 320

Drehbarkeit, freie
Behinderung
in Halogenäthanen 65
bei konjugierten Dienen 199, 200
und Paramagnetismus echter Doppelradikale 92
als Ursache der optischen Aktivität 80
bei offenkettigen Verbindungen 88
und UV-Absorption 90
bei Dienen, und Diensynthese 307
bei einfachen Atombindungen 25
Hypothese von VAN'T HOFF 64
bei radikalartigen Zwischenstufen der *cis-trans*-Umlagerung von Äthylenen 195
und sterischer Verlauf der Addition an Äthylene 191
Drehspiegelebene 67
Drehung der Schwingungsebene des polarisierten Lichts und Konstitution asymmetrischer Moleküle 93
Drei-Kohlenstoff-Tautomerie 225
und E-Effekt 232
Dreiringsysteme
Ringspannung und Reaktionsvermögen 33
Verfestigungen und Winkelspreizungen 34
Dystektika 62

Eclipsed form im Äthan 25
Effekte (101f.) s. Alternierender Effekt, Elektromerer (mesomerer, E-) Effekt, Feld-(F-) Effekt, Induktiver Effekt (J), Induktomerer Effekt, ferner Hyperkonjugation
Eigenfunktionen ψ der SCHRÖDINGER-Gleichung 4
antisymmetrische bzw. symmetrische, quantentheoret. Beschreibung 9
Bedeutung von ψ^2 4
Linearkombination von ψ 5, 8
Eigenwerte von Differentialgleichungen 4
Ein-Elektronenbindung im $H_2^{\oplus}$-Ion, quantenmechanische Beschreibung 5f.
Einelektronentheorie zur Berechnung der optischen Aktivität 94
Eisenpentacarbonyl als Carbonylierungs-Katalysator 434
Elektromerer Effekt (E-Effekt)
bei Alkaliverbindungen tautomerer Stoffe 237
und Enolisierung 234
bei der Keto-Enol-Tautomerie 231
und Substituentenwirkung 231
von Schlüsselatomen bei der aromatischen Substitution 376
+ E-Effekt
der Dimethylaminogruppe und sterische Behinderung 385
des Stickstoffs 376, 381, 382
Ausschaltung durch N-Oxyd- oder Ammoniumsalz-Bildung 382
— E-Effekt
der Nitrogruppe 382, 383, 388, 389
der Nitrosogruppe 383
der Phenylgruppe 391

Elektromerer Effekt
— E-Effekt
von Substituenten bei der WITTIGschen Ätherumlagerung 409
der Sulfogruppe 388
Elektromerie als Voraussetzung der Keto-Enol-Tautomerie 230f.
und Substituentenwirkung 231
Elektromerisierungsenergie 153
Elektronegativität
der Halogene 16, 95
relative, Werte nach L. PAULING 17, 18
π-Elektronen s. a. Quasi-π-elektronen
im Benzol, Wechselwirkungsenergie 318
Entkopplung bei *cis-trans*-Umlagerung von Äthylenen 194
Elektronenaffinität
der Halogene 95
von Heteroringatomen und aromatischer Charakter 326
Elektronenaustausch im $H_2^{\oplus}$-Ion 5
π-Elektronenaustausch in konjugierten Systemen 200
Elektronendezett im Pentaphenylphosphor 24
Elektronendichteverteilung
im H_2-Molekül im bindenden bzw. nichtbindenden Zustand 8
im $H_2^{\oplus}$-Ion 6
π-Elektronen-häufung und sterischer Verlauf der Diensynthese 309, 310
Elektronenschwingungen, Kopplung, Theorie der optischen Aktivität nach W. KUHN 93
π-Elektronen-sextett
im Benzol 321
im Cyclopentadienyl-anion 334
in heterocyclischen 5-Ringen 325
im Pyridin 323
im Tropolon 332
im Tropylium-kation 334, 335
Elektronenspin 9
π-Elektronensysteme, Wasserstoffbrückenbildung 264
π-Elektronenverschiebung im γ-Pyronmolekül 150
π-Elektronenverteilung in Polyenen 212
Elektronenzug s. Feld-Effekt, allgemeiner 104, 105
Elektrophile (kationoide) Substitution s. Substitution 106
bei aromatischen Verbindungen 375ff.
bei gesättigten Verbindungen 118
Elektrostatische Effekte 101, 103, 104
s. Feldeffekt, s. Induktiver Effekt
Elektrostatische Theorie
der Bindung 1
der Ionenbindung 3
Endiol-Acyloin-Tautomerie 284
Endo-Komplex (maximale Doppelbindungsanhäufung bei der Diensynthese) 308, 309
9,10-Endoäthylen-anthracen 435
Enolate, mesomere 237
Enole s. a. Keto-Enol-Tautomerie 225ff.
Acidität CH und OH 229
Vergleich mit Carbonsäuren 257

HOFMANNsche Regel
und basenkatalysierte Jodierung von Methylalkylketonen 421
Homöopolare Bindung s. Atombindung, a. Bindung 3
Homophthalsäure-anhydrid, Reaktion mit Benzaldehyd 249
Homosteroide, natürlich vorkommende 50
HÜCKEL-Formel des Benzols 317
Hybridisierung von Atombahnen 20, 21, 22
bei Ammonium-ionen 140, 141
im Cyclopropan 34
bei C=C-Doppelbindung 155
bei C—O- und H—O-Bindung 128
σ, im Benzol 319
sp, digonale, im Acetylen 423
sp^2
im Äthylen 155
im Allen 195
im Keten 289
sp^3 und sterischer Bau von Kohlenstoff-Verbindungen 59
Hydratisierung
von Carbonylverbindungen 215, 216
von Olefinen, säurekatalysierte 175
(+)-Hydratropasäure-amid, Umlagerung 272
Hydrazine
Addition an Carbonylgruppen 221
durch saure Reduktion aromatischer Diazoverbindungen 472
Hydrid-anionotropie
bei Aldehyd-Oxydation 283
bei Alkylierungen 179
bei der Benzilsäure-Umlagerung von Phenylglyoxal 282
bei der CANNIZZARO-Reaktion 250, 251, 252
bei der CLAISEN-TISCHTSCHENKO-Reaktion 251
bei der MEERWEIN-PONNDORF-VERLEY-OPPENAUER-Reaktion 252, 253
bei nucleophilen aromatischen Substitutionen 388
bei Reaktion von Chloral mit Kaliumcyanid 279
bei Umlagerung in Carbenium-kationen 363
Hydrierung
von Dienen 205
partielle
von Acetylenen 425
von Anthracen und Phenanthren 346
von Benzol 316
von Naphthalin 339, 340
Hydrierwärmen
beim Benzol, und Resonanzenergie 316, 319
und Hyperkonjugation 415
cis-trans-Isomerer, und Strukturbestimmung 161
von Naphthalin und teilhydrierten Produkten 341
cis- und *trans*-Hydrindan und -Hydrindanon, Verbrennungswärmen 46
α-Hydrindon aus Acetylen und Kohlenmonoxyd 435
Hydrobenzamid 221
Hydrobenzoin durch Benzaldehyd-Autoxydation in Alkohol 256
Hydrochinon aus Acetylen und Kohlenmonoxyd 434
Hydrochinon-Derivate als Makrocyclen 45
Hydrogensulfit, Addition an Carbonylgruppen 220
Hydrolyse s. Verseifung
Hydroxamsäuren, LOSSENscher Abbau 271
Hydroxonium-ion 133
δ-Hydroxy-α,β-acetylencarbonsäure-ester, Bildung von α-Pyron-derivaten 429
Hydroxylamin, Addition
an Carbonylverbindungen 221
an β-ungesättigte 297
Hydroxylgruppe
Aciditätssteigerung
durch aromatische Kerne 391
durch Komplexbildung 364
Ersatz durch Halogen in gesättigten Verbindungen 111
o-, p-Lenkung der elektrophilen Substitution 378
Hydroxyl-Radikale zur Polymerisationsanregung von Dienen 206
Hydroxylverbindungen, Assoziation durch Wasserstoffbrücken 261
Hydrozimtsäure aus Phenylessigsäure mit Diazomethan 449
Hyperkonjugation 103, 410ff.
und Abspaltungsreaktionen 418f.
bei Acrylsäure- und Zimtsäure-Derivaten und thermische Chlorierung 418
und Allylumlagerung 421
beim Azomethan 399
und Benzilsäure-Umlagerung 282
und Bindungslängen 411
bei Carbonylverbindungen 288, 415, 416
und Dipolmoment 415
und elektrophile Bromierung von Olefinen 417
und elektrophile Substitution 381
und Enolbildung bei der Keton-Bromierung 421
und Hydrierwärmen von alkylierten Äthylenen 415
und induktive Effekte 415
der Methylengruppe 413
und Olefin-Autoxydation 418
und Olefinbildung
aus sek.- und tert.-Alkoholen 420
aus sek.- und tert.-Alkylhalogeniden 419
aus alkylierten Oniumbasen 418
aus Sulfoniumjodiden 419, 420
Pseudo-H_3-Atom, quasi-σ- und π-Eigenfunktionen 412
quantenmechanische Deutung 412f.
Quasi-dreifachbindung 412
und Reaktionsabläufe 417f.
und Resonanz-energie 414
und säurekatalysierte Bromierung von aliphatischen Ketonen 420, 421
und sterische Effekte 415

Hyperkonjugation
und Stickstoff-Doppelbindungen 413
Toluolgrenzformeln nach der v. b. Methode 414
bei ungesättigten Kohlenwasserstoffen 416
und Verbrennungswärmen 415
zweiter Ordnung 414

Imidazol
aromatischer Charakter 323
basischer Charakter, Synionie im Anion und Kation 328
„En"-Synthese mit Maleinsäure 30
Imino-form von Carbonsäure-amiden 259
Imino-Verbindungen
durch Addition von Aminen an Carbonylgruppen 221
β-ungesättigte, Additionsreaktionen 298
Indan = Bicyclo-[0,3,4]-nonan 52
Indol
„En"-Synthese mit Maleinsäure 302
Mesomerie-energie 325
Induktiver Effekt 101f.
und Acidität bzw. Basizität 102, 103
der Benzol-π-Elektronen 391
und Dipolmoment 104
und elektrophile Substitution 381
des Halogens im Chloral und Dikation-Effekt 287
und Hyperkonjugation 415
und Metallierung von Aromaten 386
und Prototropie bei der Keto-Enol-Tautomerie 231
des Stickstoffs im Pyridin-N-oxyd 384
Induktomerer Effekt 106
"inequality of sharing" 101
Inhibitoren der radikalischen Halogenierung 165
Inkrement, magnetisches, positives der C=C-Doppelbindung 165
Intermolekulare „Umlagerungen" 403
"internal return" bei WAGNER-MEERWEIN-Umlagerung 370
Intramolekulare Umlagerungen 404f.
Inversion s. WALDENsche Umkehr
Ionenbindung
elektrostatische Theorie 2, 3
Übergänge zu Atombindung 15
Ionencharakter, partieller
und Dipolmoment 16
der Kohlenstoff-Halogen-Bindung 95
der Kohlenstoff-Sauerstoff-Bindung 128
der Wasserstoff-Sauerstoff-Bindung 128
Werte nach PAULING 18
Ionenpolymerisation s. Polymerisation 183f.
Ionenstrukturen im H_2-Molekül 10
Ionisierung
von Enolen 233
Lösungsmitteleffekte 107
Ionisierungspotential des Sauerstoffs in der Carbonylgruppe 213
IR-Absorption und Wasserstoffbrücken 263
14-Iso-ätiocholan, Raumformel 49

Isobutylen
Hydratation 175
Polymerisation 168, 183, 184
Isobutyl- und tert.-Butyl-halogenide, Hydrolyse 108
Isocaprolacton 175
Isochinolin zur Diensynthese 303
Isocyansäure-ester 441
aus Carbonsäure-aziden 459
als Zwischenprodukte der Carbonsäure-Abbaureaktionen 271
Isodiazomethan 238, 239, 452, 483
Formylhydrazin- bzw. N-Formyl-N'-acylhydrazin-Bildung 453
Umlagerung in Diazomethan 453
als Zwischenstufe der STAUDINGERschen Diazomethan-Synthese 454
Isodiazotate s. Diazotate 462f.
cis-trans-Isomere
Energiedifferenz und Stabilität 162
Strukturbestimmung 159f.
Isomerenzahl
bei n asym. C-Atomen 62
bei Gleichheit mehrerer Asymmetriezentren 63
Isomerie s. a. Atropisomerie, Strukturisomerie
cis-trans-Isomerie
bei Allenen 197
bei Azo- und Azoxy-Verbindungen 397, 398
bei der C=C-Doppelbindung 154, 159
von Diazo-estern 477, 478
der Diazotate 462, 476f.
bei Dienen 198
bei konjugierten Polyenen und Carotinoiden 211
bei Kumulenen 197
Isomerisierung s. Umlagerung, s. a. Racemisierung, s. a. WALDENsche Umkehrung
Isonitrile 482
Komplexverbindungen 483
Verseifung zu Ameisensäure und Amin 483
Isopren
1,2-Addition von Bromwasserstoff 202
aus Isobutylen über 4,4-Dimethyl-1,3-dioxan 176
Polymerisation 206f.
mit Alkalimetall, radikalischer Mechanismus 209
Isopropylchlorid, Verseifungsgeschwindigkeit 122
cis-o-Isopropylcyclohexanol-natrium, Racemisierung 76
α-Isopropyl-isovalerylessigester durch Kondensation 244
α-Isopropyl-β-ketocarbonsäure-ester, Kondensation 243, 244
Isosqualen 50
Isotaktische Polymere nach G. NATTA 187
Isotetralin 341
Isothiocyansäure-ester, Senföle 441
Isoxazol, aromatischer Charakter 323

J-Effekt (+ und —) s. Induktiver Effekt
Jod, Atomradien 486
Jod-acetessigester (C-Jod) als Zwischenstoff 241
Jodierung
  von Aromaten nach SANDMEYER 468
  basenkatalysierte, von Methylalkylketonen 421
  gesättigter Kohlenwasserstoffe 100
Jodonium-Verbindungen und Oktettregel 142
Jodverbindungen, „mehrwertige“ 142
Jodzahl, Bestimmung von Doppelbindungen 170

Kaliumamid als Esterkondensationsmittel 244
Kaliumcyanid als Katalysator der Cyanhydrinbildung 217, 218
Kanonische Formeln des Benzols 318, 319
Kationen mit aromatischem Charakter 323
Kationen-Polymerisation s. Polymerisation 184, 185
Kationoide (elektrophile) Substitution s. Substitution
Kationotropie 170
  bei der Alkin-Isomerisierung 436, 437
  bei Polymerisationsreaktionen 184
  bei SOMMELET- und STEVENS-Umlagerung 406
  bei WITTIGscher Ätherumlagerung 408
KÉKULÉ-Formel
  des Benzols 315f.
  des Naphthalins 337, 339
  des Pyridins 323
KÉKULÉs Strukturtheorie 1
Kernabstände s. Bindungslängen
Ketale als Zwischenprodukte bei der Addition von Alkoholen an Acetylene 428
Keten 289f.
  Addition von Formaldehyd zu β-Propiolacton 291
  Bindungszustand 289
  Dimerisierung zu „Diketen“ 291
  Dipolmoment und Mesomerie 290
  „Enolform“ 290
  photochemische Methylen-Bildung 484
  Polarisation der Carbonylgruppe 289
  und radikalische Polymerisation 168
Ketenacetale, Polymerisation 292
Ketene 289f.
  Addition
    an der C=C-Gruppe 291
    an der C=O-Gruppe 290
    (1,2-) an Diene 299
  disubstituierte, Dimerisation zu 1,3-Diketo-cyclobutanderivaten 292
  Mesomerie 290
  Polymerisation 292
  durch thermische Spaltung von Diazoketonen 449
  zweiwertige, intramolekulare Dimerisation zu Makrocyclen 39
  als Zwischenstufe der ARNDT-EISTERT-Reaktion 449
Ketenimine 292
Ketimid-Enamin-Gruppe, E-Effekt 232
Ketipinsäure, Benzilsäure-Umlagerung 280
α-Keto-carbonsäuren, Spaltung 268
β-Keto-carbonsäure-ester
  s. a. Carbonylverbindungen, β-Dicarbonylverbindungen, Esterkondensation, Enole, Enolisierung
  Addition an C=C-C=O-Systeme (MICHAEL) 295
  Alkaliverbindungen, Konstitution 236
  Enolisierung 235
  Esterkondensation 242f.
  α-substituierte, Esterkondensation 243, 244
  Synionie der Anionen 236, 243
β-Ketocarbonsäuren
  Ketospaltung und BREDTsche Regel 269, 270
  Säurespaltung 270
Keto-Enol-Gruppe, E-Effekt 231
Keto-Enol-Tautomerie 225f.
  s. a. Esterkondensation, Enole, Enolisierung, Carbonylverbindungen
  der β-Ketocarbonsäure-ester 235
  und Konstitution 226
    der Alkaliverbindungen tautomerer Stoffe 236f.
  und Löslichkeit 226
  Lösungsmittel-Einfluß 226
  und Salzbildung 227
  sterische Einflüsse 233
  Umlagerungsgeschwindigkeit 226
  Voraussetzungen 230f.
  Wasserstoffbrückenbildung 234
Ketole aus Diazoketonen 448
α- bzw. γ-Ketomethylformen von Aroxylen 392
Ketone s. a. Carbonylgruppe
  aus Acetylenen 426, 427, 428
  Addition
    von Acetylen (Alkinolsynthese) 432
    an Azodicarbonester 401
  aliphatische, säurekatalysierte Bromierung und Hyperkonjugation 420, 421
  aromatische, Mesomerie und Carbonyl-Reaktivität 288
  cyclische
    Ringerweiterung mit Stickstoffwasserstoffsäure 458
    vielgliedrige 38
  Enolisierung 230
  nach FRIEDEL-CRAFTS 362
  Hyperkonjugation und Dipolmoment 415
  Reaktion mit aluminiumorganischen Verbindungen 222
  Reaktion mit Diazomethan 446
  Reduktion
    mit Alkoholen s. MEERWEIN-PONNDORF-Reaktion 252
    monovalente, zu Pinakonen 254
  SCHMIDTsche Reaktion mit Stickstoffwasserstoffsäure 457
Ketopinsäure, Decarboxylierbarkeit 270

Ketonspaltung 269, 270
Kettenbildung von Kohlenstoffatomen 23
Kettenreaktion, radikalische 99, 165
Kettenverlängerung bei Carbonsäuren mit Diazomethan 448, 449
Ketyle 255, 283, 286
Kinetik von Ionen- bzw. Krypto-ionenreaktionen 108
Klopffestigkeit von Kraftstoffen (Paraffinen) 31
Knallsäure 482
  Addition von Chlorwasserstoff 484
  Polymerisation 484
Knäuelformen in geraden, unverzweigten Paraffinketten 27
Knäuelungsgrad von Makromolekülen 28
KNOEVENAGEL-Reaktion 247
  mit anschließender Decarboxylierung 247
Knotenebene 11
Kobaltcarbonylwasserstoffsäure als Carbonylierungs-Katalysator 435
Kohlenhydrate, Konstitution 68
Kohlenmonoxyd
  Addition an Acetylen (Carbonylierung) 433f.
  Alkalimetall-Addukte 481
  Carbonylbildung 481
  Dipolmoment 480
  Einführung in Alkohole, Olefine, Acetylene 481, 482
  Hydratisierung zu Formiat 481
  Isosterie mit Stickstoffmolekül 480
    und Hydrierung 481
  Konstitution 480
  Oxoreaktion 482
  Phosgenbildung 481
  Reaktion mit Aromaten (GATTERMANN-Synthese) 481
Kohlenstoff
  Atomradien 486
  Kettenbildung und Stellung im Periodensystem 23
  zweiwertiger 482
Kohlenstoffatom
  Achterschalenkonfiguration 23
  Anregungsenergie 19
  asymmetrisches, als Voraussetzung für optische Aktivität 60
  Elektronenanordnung 19
  koordinative Absättigung 23
  sp^3-Hybridisierung und Tetraederkonfiguration 20, 22, 32, 59, 60, 63, 97
Kohlenstoff-Halogen-Bindung 95f.
  Atomabstände und Valenzwinkel, Tab. 96
  partieller Ionencharakter 95
Kohlenstoff-Halogen-Verbindungen
  Eigenschaften und Reaktivität 101ff.
  Polarität 101
Kohlenstoffkettenformen 26f.
Kohlenstoff-Kohlenstoff-Bindung 23f.
  Atomabstände (Tabelle) 486
  σ_p-Bindung, Resonanz 23
  Verkürzung durch Hyperkonjugation 411
Kohlenstoff-Kohlenstoff-Doppelbindung 145ff.
  s. a. Äthylen (-derivate), Olefine
  Additionsreaktionen (s. d.) 164, 166, 167, 169, 170, 172, 174, 175, 176, 177, 178, 182, 183, 190, 191, 363, 401, 450, 451, 459, 485
  π-Bindung 155
  elektrophile Substitution 170
  Grundzustand und angeregte Zustände 156, 157, 158
  heterolytische Verschiebung eines Elektronenpaars 146
  sp^2-Hybridisierung 155
  isolierte
    positives magnetisches Inkrement 165
    Umlagerung in konjugierte 200
  cis-trans-Isomerie 154, 159
  in Ketenen, Additionsreaktionen 291
  konjugierte 198ff.
    cis-trans-Isomerie 198
    Konfiguration 198, 307
    Mesomerie 200, 316
  kumulierte 195f.
    cis-trans-Isomerie 197
    quantentheoretische Beschreibung 195, 196
  Partialvalenzhypothese von J. THIELE 145f.
  quantenmechanische Deutung 154f.
  Raumlage und Stabilität der Liganden 159
  Reaktivität 154, 163
  Tetraedermodell 154
Kohlenstoff-Kohlenstoff-Dreifachbindung 423ff.
  s. a. Acetylen (-derivate)
  Additionsreaktionen 425, 426, 428, 429, 430, 431, 432, 433, 437, 438, 450, 451
  Bindungslänge 424
  Konstitution, quantenmechanische Deutung 423
  partieller Doppelbindungscharakter 424
  Polarisierbarkeit 425
  Polymerisationen 435
  radikalische Mechanismen 437
  Reaktivität 424f.
Kohlenstoff-Sauerstoff-Bindung 126ff.
  partieller Ionencharakter, Hybridisierung 128
Kohlenstoff-Sauerstoff-Doppelbindung 213ff.
  s. a. Carbonyl-gruppe (-verbindungen), Ketone, Aldehyde
  Additionen 215ff., 254, 293f.
Kohlenstoff-Sauerstoff-Doppelbindung
  „Aufrichtung" 215
    und Keto-Enol-Tautomerie 231
  in Carbonsäuren 264f.
    ionische Reaktionen 264f.
    radikalische Reaktionen 283f.
  in Ketenen
    Additionsfähigkeit 290
    Polarisation 289
  radikalische Reaktionen 254f.

Kohlenstoff-Schwefel-Bindung 126f.
Kohlenstoff-Stickstoff-Bindung 137ff.
Hybridisierung 137
und Hyperkonjugation 413
Kohlenstoff-Stickstoff-Dreifachbindung 439f.
Additionsfähigkeit 439
Bindungslänge 439
Polarisation 439
Kohlenstofftetrabromid, Addition an Diene 202
Kohlenstofftetrachlorid
und freies Methylen 485
radikalische 1:1-Addition an Acetylene 437
bzw. tetrabromid, Addition an Äthylene 166
Kohlenstoff-Wasserstoff-Bindung
Heterolyse 101
Homolyse 98
reaktives Verhalten 22
Kohlensuboxyd 292
Kohlenwasserstoffe s. Acetylen-, Äthylen-(derivate), Allene, Aromaten, Benzol, Diene, Kumulene, Olefine, Paraffine
Kohlenwasserstoffe, Mesomerieenergie (Tab.) 325
KOLBEsche Elektrosynthese 286
KOLBE-SCHMITT-Salicylsäure-Synthese 379
Einfluß des Metallions und Chelatbildung 380
zum Mechanismus 379, 380
Komplexbildung bei Borverbindungen 134
π-Komplexbildung
bei Additionen an Diene 202, 203
beim Benzol 360
bei der Halogenierung von Äthylenen 170, 171
und Wasserstoffbrücken 264
Kondensation s. Acyloin-, Aldol-, Esterkondensation
Kondensationsmittel
für Aldolreaktionen 246
bei Esterkondensationen 242
Protonenaffinität bzw. Basenstärke 242, 243
der KNOEVENAGEL- und DOEBNER-Kondensation 247
Kondensierte aromatische Systeme, s. a. Aromaten 337ff.
angular (Phene) 350
cancerogene Wirksamkeit 352, 353
linear (Acene) 346
peri-kondensierte 351
Konfigurationsermittlung, Prinzip der innermolekularen Reaktion räumlich benachbarter Gruppen 161
Konjugation
der Carbonylgruppe mit Substituenten 214
von C=C-Doppelbindungen 198f.
gekreuzte
beim Fulven 298
beim Tropolon 332
Konjugationsenergie s. a. Mesomerie-energie 153
Konjugierte Systeme, Atomabstände (Tabelle) 486
Konkurrenzmethode von INGOLD zur Feststellung der o-, m-, p-Lenkung am Benzolkern 374
Konsonanzenergie (Resonanzenergie) 10
Koordinative Absättigung des C-Atoms 23
Kovalente Bindung s. Atombindung, a. Bindung 3
KRIEWITZ-PRINS-Reaktion (Addition von Formaldehyd an Äthylene) 176
Krötengift-genine 49
Kryptobiradikale bei Äthylenen 164
Krypto-ionenreaktionen, Definition 106
Kinetik 108
Kryptoradikale bei der GOMBERG-Reaktion 474
Kryptozwitterionen bei Äthylenen 164
Kugelsymmetrische Molekeln verzweigter Paraffine 29
Kumulene s. a. Allene 195f.
Hydrierung 197
cis-trans-Isomerie 197, 198
Lichtabsorption 197, 198
Magnetismus 197
mit mehr als 3 Doppelbindungen 196
Kunststoffe
durch Polymerisation s. dort
statistische Form von Fadenmolekülen 28
Kupfer-(I)-salze bei SANDMEYER-Reaktion 467, 468
Kupplung s. Azokupplung 464, 470

Lactone
FRIEDEL-CRAFTS-Reaktion mit Aromaten 362
durch innermolekulare Addition der Carboxylgruppe 175
makrocyclische 41
durch PERKINsche Synthese 249
Verseifung 267
LADENBURG-Formel des Benzols 317
Ladungstypen bei nucleophilen Substitutionsreaktionen gesättigter Verbindungen 112
Ladungsverteilung
bei der Carboxylgruppe 256
im $H_2^{\oplus}$-Ion 7
im Chlorwasserstoff-Molekül 17
aus Molekulardiagrammen 346
LCAO-Methode 5, 8, 11
LEBEDEW-Verfahren 176
Lebensdauer
von Carbeniumkationen 114
von freien Radikalen bei Substitutionsreaktionen gesättigter Verbindungen 119
LEWIS-Säuren s. Ansolvosäuren
Linearkombination von Eigenfunktionen Ψ (LCAO) 5, 8, 11
Lithium zur Polymerisation von Dimethylbutadien 209
o-Lithium-diphenyl 386
o-Lithiumfluorbenzol
Lithiumfluorid-Abspaltung 386

o-Lithiumfluorbenzol
Reaktion mit Phenyllithium 386
mit tert.-Aminen 386
Lithiumorganische Verbindungen zur Metallierung von Aromaten 385f.
Löslichkeit
desmotroper Formen und Keto-Enol-Gleichgewicht 226
und Wasserstoffbrücken 263
Lösungsmitteleinfluß
auf 1,2- und 1,4-Addition an Butadien 204
auf Bildung vielgliedriger Ringsysteme 43
auf die Form von Makromolekülen 28
bei Ionenbildung 107
bei Ionen- und Krypto-ionen-reaktionen 108, 169, 171
auf das Keto-Enol-Gleichgewicht 226
auf Konjugation der Carbonylgruppe mit Substituenten 214
bei S_N-Reaktionen 120
auf WALDENsche Umkehr 72
Lokalisierungsenergie bei Olefinen und Hyperkonjugation 417
LOSSEN-Abbau von Carbonsäuren 271
LOWRY-Chemismus
bei Aldolreaktionen 246
bei der PERKINschen Synthese 247

Mäanderform des polymeren Äthylenoxyds 131
Macrozamin 398
Magnesiumorganische Verbindungen
Addition an die Carbonylgruppe 221, 222
als Esterkondensationsmittel 244
Magnetismus
und Bindungszustand bei Polyenen 212
und Konjugation in Carbonylverbindungen 214
Makrocyclen s. Ringsysteme, vielgliedrige 38f.
Makromoleküle
Form, Länge und Radius 27
Knäuelungsgrad 28
Lösungsmitteleinfluß 28
Maleinsäure als Philodien 302
Maleinsäure-anhydrid als Philodien 300, 301, 303, 304, 306
Substituenteneinfluß 305
Malein- und Fumarsäure
Brom-Addition 190
cis-trans-Isomerie 159
Oxydation mit Kaliumpermanganat unter *cis*-Anlagerung 190
Malein- und Fumarsäure-ester, *cis-trans*-Umlagerung durch Bromatome 193, 194, 195
Malodinitril, Natriumverbindung, Azeniatstruktur 238
Malonester
Addition an C=C—C=O-Systeme (MICHAEL) 295
Enolisierung 233, 237
Kondensation mit Benzaldehyd 248
Natriumverbindung, Konstitution 237
Synionie 237

Mandelsäure aus Phenylglyoxal durch innere CANNIZZARO-Reaktion 251
MANNICH-Kondensation 247
und Äthinylierung von Aminen (Aminoalkoholen) 432
Formaldehyd als Carbonylkomponente 248
d-Mannonsäure, Umwandlung in *d*-Gluconsäure 75
MARKOWNIKOFF-Regel 173, 174
und Addition an Diene 202
und Bromwasserstoff-Addition an Acetylene 426
Mechanismen s. bei Addition, Substitution sowie bei den einzelnen Reaktionen und Verbindungen
MEERWEIN-PONNDORF-VERLEY-OPPENAUER-Reaktion 252, 253
MEERWEIN-Reaktion 469, 479
MEERWEIN-SCHUSTER-Arylierung 470, 479
Meerzwiebel-glykoside 49
l-Menthol-tosylester, *trans*-Abspaltung mit Alkoholat 192
Mercaptane, Addition an Carbonylgruppen zu Mercaptalen 217
Merichinone, innere s. Aroxyle 392
Mesitylmagnesiumbromid als Esterkondensationsmittel 244
Mesityloxyd
1,4-Addition von Blausäure 296
Addition von Hydroxylamin 297
MICHAEL-Addition von Malonester 296
„*meso*-Bindung" im Anthracen 347
meso-trans-Stellung des Cyclohexan-1,2-dicarbonsäure-anhydrids 37
Mesomerie (Definition 146, 152)
bei Acetylenen 424
bei aliphatischen Diazoverbindungen 443
des Benzols 317f.
in Carbonsäuren und ihren Derivaten 258f.
der Carbonylgruppe 213, 214
der Carboxylgruppe 256f.
und Dipolmoment bei Harnstoffen 260
bei konjugierten Dienen 200
und Termmultiplizität 157
bei 1-Thio-γ-pyronen 152
bei Wasserstoffbrücken 262
Mesomerie-energie (Definition 320)
von Acenen und Phenen 350
des Benzols und Raumlage der Atomkerne 319
und Hyperkonjugation 415
bei konjugierten Dienen 200
von Kohlenwasserstoffen und Heterocyclen 325
Mesomeriestabilisierung und Lebensdauer von Carbeniumkationen 114
Mesoxalsäure-ester, Hydratbildung 216
Metallcarbonyle 481
Metallierung
von Äthern
und WITTIGsche Umlagerung 408
und Spaltung nach E. MÜLLER 410
von Aromaten 385f.

Metallketyle 255
bei der Acyloinbildung nach HANSLEY-PRELOG-STOLL 283
bei der BOUVEAULT-BLANC-Reduktion von Carbonsäure-estern 286
Metallorganische Verbindungen
Addition an die Carbonylgruppe 221, 222
des Benzols und -E-Effekt 391
als Esterkondensationsmittel 243, 244
Racemisierung 74
bei Reaktion von Diazoverbindungen mit Metallen in Aceton 474
Methantricarbonsäure-ester, Enolisierung 233
Methoxygruppe
induktiver Effekt und o-p-Lenkung der elektrophilen aromatischen Substitution 378, 386
Mesomerie-Effekt bei der Benzilsäure-Umlagerung 282
Methyl-äthyl-carbinol, Absolutkonfiguration nach W. KUHN 93
Methyl-äthyl-isohexylcarbinylchlorid, Hydrolyse 114
2-Methyl-5-äthyl-pyridin 430
Methylacene und isomere Methylendihydroacene 349
Methyl-alkyl-ketone, basenkatalysierte Jodierung 421
Methyl-aromaten, Oxydierbarkeit und Hyperkonjugation 412
Methylazid, Konstitution und Bindungslängen 455
2-Methyl-butadien s. Isopren
3-Methyl-butin-(1)-ol-(3) 432
6-Methyl-cholanthren, cancerogene Wirkung 352
β-Methyl-cyclopentadecanon = rac. Muscon, nach K. ZIEGLER 39
7-Methyl-1,2; 3,4-dibenzpyren, cancerogene Wirkung 352
4-Methyl-1,3-dioxan durch KRIEWITZ-PRINS-Reaktion 176
Methylen, freies
Addition an Benzol 484
aus Diazomethan oder Keten 445, 484
Reaktion mit Kohlenstofftetrachlorid bzw. Bromtrichlormethan 485
Methylendihydroacene und isomere Methylacene 349
6-Methylen-6,13-dihydropentacen und tautomeres 6-Methylpentacen 349
Methylene, freie 484, 485
Methylengruppe, Hyperkonjugationseffekt 413
Methylengruppen im Hochdruck-Polyäthylen 186, 187
Methylenketone, cyclische vielgliedrige 38
Methylenkomponente
bei Aldolreaktionen 222, 245f.
Carbeniatform 248
bei Esterkondensationen 242
bei der PERKINschen Synthese 246
Reaktionsfähigkeit und CH-Aktivität 247, 248
Methylgruppe
bathochromer Effekt 411
und Dipolmoment 411
o-, p-Lenkung der elektrophilen Substitution 381
„Quasi-dreifachbindung“ s. Hyperkonjugation 412
„Resonanzfähigkeit“ 412
Methylgruppen im Hochdruck-Polyäthylen 186, 187
Methylgruppen-Effekt s. Hyperkonjugation 410ff.
Methylierung acider Verbindungen mit Diazomethan 444
C- und O-Methylierung bei Sulfonyl-(carbonyl)-verbindungen 228, 229
Methylketone aus Aldehyden und Diazomethan 446
6-Methyl-pentacen und tautomeres 6-Methylen-6,13-dihydropentacen 349
2-Methylpentan aus Isobutan und Äthylen 178, 179
p-Methylstyrol, hyperkonjugierte Formeln 417
β-Methyltropolon-methyläther, Isomerie 331
MICHAEL-Addition 295
mit Acetylenen 429
bei α-Cyansorbinsäure-ester unter Polymerisation 295
„kondensierende“ 296
Milchsäure, Stereoisomerie 61
MILLS-NIXON-Effekt und Bindungsverhältnisse im Naphthalin 339
Mischkristall-Bildung und Valenzwinkelberechnung bei Makrocyclen 45
Mischkristalle bei optischen Antipoden 61
Mischpolymerisation s. Copolymerisation 187, 188, 207, 208
molecular orbital method 11, 319
und Bindungsgradzahlen für
Benzol 343
Butadien 343, 344, 345
Naphthalin 344, 346
und $H_2^{\oplus}$-Ion 11
Molekulardiagramme 346, 347
Molekülinversion bei NH_3, ND_3, PH_3 137
Tunneleffekt 137
π-Molekül-„orbital“, bindende 12
Molekularbahnen 12
σ-Bahnen („sausage“- = Würstchen-Formen) 12, 199, 320
π-Bahnen („double-streamer“, Doppelstreifen, Bänder) 12, 199, 320
π-Bahnen im Benzol, delokalisierte 320
lokalisierte 14
im Wassermolekül 127
Molekularbahnmethode s. molecular orbital method 11, 319, 343f.
Molekulardiagramme nach der m. o. Methode 346, 347
Anthracen 347
Benzol 346
Butadien 344
Chinolin 346
Naphthalin 346

Molekulardiagramme
  Pyridin 346
Monophthaloyl-benzidin von F. KAUFLER 79
Morphan, Konfiguration 138
Moschusriechstoffe, echte 38
rac. Muscon = β-Methyl-cyclopentadecanon nach K. ZIEGLER 39
Mutarotation 76

Näherungsverfahren
  erstes (valence bond) 10, 317
  zweites (molecular orbital) 11, 319, 343
NAMETKIN-Umlagerung 366
Naphthalin 337f.
  BAMBERGER-Formel 341
  Bindungsabstände 338, 344
  Bindungscharakter (1,2) und (2,3) 338, 339, 343
  Bindungsgradzahlen
    nach der v. b. Methode 343
    nach der m. o. Methode 343, 344, 345, 346
  DEWAR-Formeln 342
  ERLENMEYER-Formel 337
  Grenzformeln 337, 341, 342
  Hydrierung, stufenweise 339, 340
  Hydrierwärmen 341
  KÉKULÉ-Formeln 337, 342
  Mesomerie-energie 325, 338, 350
  und MILLS-NIXON-Effekt 339
  Molekulardiagramm 346
  Reduktion mit Alkalimetall 340
α- und β-Naphthochinon als Philodien 304
β-Naphtholat-anion, Mesomerie, und KOLBE-SCHMITT-Synthese 379, 380
2-(α-Naphthyl)-3-amino-5-nitrobenzamid, HOFMANNscher Abbau 272
Natrium
  zur Acyloinbildung aus Carbonsäureestern 283
  zur Butadien-Polymerisation 208f.
  als Esterkondensationsmittel 242
Natriumacetat als Kondensationsmittel der PERKIN-Synthese 246
Natrium-acetessigester
  O-Acylierung 239
  Addition von Phenylazid 459
  als *cis*-Chelatkomplex 237
  Dimerisation mittels Jod 240
    radikalische Reaktion 241
  Konstitution 236f.
  Verhalten gegen Säuren 239
Natriumalkoholate als Kondensationsmittel 242, 251
Natriumamid als Esterkondensationsmittel 242
Natrium-cyanessigester, Azeniat-struktur 238
Natrium-isoamylat, Racemisierung 75
Natrium-malodinitril, Azeniatstruktur 238
Natrium-malonester
  Addition von Phenylazid 459
  C-Alkylierung 240
  cis-Chelat-formulierung 237, 248
  Dimerisation mittels Jod 240
  Konstitution 237
Natriumphenolate zur REIMER-TIEMANN-Synthese von o-Oxyaldehyden 381
Neopentyl-chlorid bzw. -bromid, Verseifung nach S_N1 und S_N2 124
Neurin 430
Nickelcarbonyle als Carbonylierungs-Katalysator 434, 435
Nickelocen 330
Nitracidium-kation 372, 373
Nitranilide aus Diazotaten 473
Nitriermittel 372, 373
Nitrierung
  von Aromaten 372, 373
  von Cyclohexan 314
  von Paraffinen in der Gasphase 313
  von Phenolen 378
Nitrile
  Additionsreaktionen 439
  aus Alkylhalogeniden 111
  aromatische
    aus Diazoniumsalzen nach SANDMEYER 466, 475
    Polymerisation zu s-Triazinen 439
  Bindungslängen 439
  Hyperkonjugation 416
  α,β-ungesättigte, als Philodiene 304
Nitril-Ketenimid-Gruppe, E-Effekt 231
Nitro-aci-Nitro-Gruppe, E-Effekt 232
Nitrobenzol
  elektrophile Substitution, Übergangszustand und -E-Effekt 382, 383
  nucleophile Substitution 388, 389
2-Nitro-6-carboxy-2'-methoxy-diphenyl, 4-Substitution und Racemisierung 83
2-Nitro-2',6'-dimethoxy-diphenyl-carbonsäure-(6), Unspaltbarkeit in optische Antipoden 80
6-Nitro-2,2'-diphensäure, Spaltung in optische Antipoden 79
Nitrogruppe
  -E-Effekt und nucleophile aromatische Substitution 388, 389
  induktiver Effekt und elektrophile Substitution 382
  Mesomerie und Bindungszustand 312, 313
  Reduktion 313
o-(p-)Nitrohalogenbenzole, nucleophiler Austausch von Halogen gegen Hydroxyl 389
6-Nitro-2-methyl-diphenyl-carbonsäureamid-(2'), Abbau nach HOFMANN 86
Nitronium-kation 373
Nitroparaffine
  alkalische Kondensation mit Aldehyden 313
  durch radikalische Reaktionen 313
  Spaltung mit Säuren 313
o-Nitrophenol aus Nitrobenzol 388
o-(p)-Nitrophenyl-alkane, Protonbeweglichkeit in der Alkylgruppe 390
Nitrosamin-iso-Diazohydroxyd-Tautomerie 465, 479
Nitrosamine, Umlagerung in Diazoverbindungen 466, 477
Nitrosierung von Cyclohexan, radikalisch 314

Nitrosite durch Addition von Distickstofftrioxyd an Olefine 182, 183
Nitroso-acetanilid
radikalische Zersetzung 473
Umlagerung in Phenyl-diazoacetat 477
N-Nitroso-anilin, Umlagerung in p-Nitrosoanilin 403
Nitroso-acyl-aryl-amide und Aromaten, GOMBERG-Reaktion 473
Nitrosocyclohexan
durch radikalische Nitrosierung 314
Umlagerung zum Cyclohexanon-oxim 314
Nitrosogruppe
dimere, + E-Effekt 383
monomere, — E-Effekt 383
p-Nitroso-phenol-Chinon-monoxim-Tautomerie 402
Nitrosophenole bei Phenolnitrierung 378
Nitroso-phenylhydroxylamine aus Diazotaten 473
Nitrosoverbindungen, Umlagerung in Oxime 477
Nitrosyl-kation
bei der Diazotierung aromatischer Amine 461, 478
bei Phenolnitrierung 378
Nitroverbindungen
indirekte Methylierung mit Diazomethan 230
Tautomerie 313
Nitrylborfluorid und Nitrylfluorid als Nitrierungsmittel 373
Nitryl-kation 372
Norbornonium-kation bei WAGNER-MEERWEIN-Umlagerung 368
exo- und *endo*-Norbornyl-2,3-^{14}C-p-brombenzolsulfonate, Solvolyse und WAGNER-MEERWEIN-Umlagerung 368
Norcaradiencarbonsäureester aus Benzol mit Diazoessigester, Ringerweiterung 451
„Normale" Verbindungen bei Steroiden 49
Nortricyclonium-kation bei WAGNER-MEERWEIN-Umlagerung 369
Nucleophile (anionoide) Substitution s. Substitution
bei aromatischen Verbindungen 388f.
bei gesättigten Verbindungen 106f.
Nylon, Kettenverknüpfung durch Wasserstoffbrücken 263

„**O**cene" 330
„Ociniumsalze" 330
Octafluor-cyclobutan, Quadratform 34
Octane, 18 Isomere, Schmelz- und Siedepunkte 30
2-n-Octylbromid, Hydrolyse 114
Ölsäure-Elaidinsäure
Energiedifferenz 162
Umlagerung durch Stickstoffoxyde 195
Oestradiol, räumlicher Bau 49
Oktabenz-cyclohexadekaoctaen ≡ Oktaphenylen 356
Kalottenmodell 357
Oktettprinzip 1
bei Phosphor-yliden 143
bei Stickstoff-yliden 144
bei Sulfonium-, Phosphonium-, Jodonium- und Arsonium-verbindungen 142
und Sulfonylgruppe 314, 315
Olefinbildung (und Hyperkonjugation)
aus sek.- und tert.-Alkoholen 420
aus Alkylbromiden 419
aus sek.- und tert.-Alkylhalogeniden, SAYTZEFFsche Regel 419
aus alkylierten Oniumbasen, HOFMANNsche Regel 418, 419
durch Radikaldisproportionierung bei der KOLBEschen Elektrosynthese 286
aus Sulfoniumjodiden 419
Olefine s. a. Äthylenderivate
Addition
von Azodicarbonestern 401
von Brom 170
und Hyperkonjugation 417
von Carbonsäuren 175
von Diazomethan 450, 451
von Distickstofftrioxyd 182, 183
von Nitrilen zu Carbonamiden, säurekatalysiert 177
zur Alkylierung von Aromaten und Paraffinen 178
Autoxydation und Hyperkonjugation 418
Carbonylierung (Oxoreaktion) 482
cis- und *trans*-Formen durch partielle Hydrierung von Acetylenen 425
Hydratation, säurekatalysierte 175
Hyperkonjugation 416
Lactonbildung 175
Lokalisierungsenergie und Hyperkonjugation 417
Misch- oder Copolymerisation 187, 188
Polymerisation, ionische 184, 185
Substitution in Allylstellung 183
Umsetzung mit Benzopersäure zu 1,2-Epoxyden 182
Oniumbasen, alkylierte
bimolekulare Spaltung und Hyperkonjugation 418
induktiver Effekt der Oniumgruppe 419
Onium-Komplexe 133
Onium-Strukturen und o-, p-Lenkung der elektrophilen Substitution 378
Optisch aktive Verbindungen ohne asymmetrisches C-Atom 66
Optische Aktivität 59f., 93
bei Aminoxyden 144
asymmetrisches C-Atom als Voraussetzung 60
Definition und Symmetrieelemente 66
Einelektronen-Theorie 94
Kopplung von Elektronenschwingungen nach W. KUHN 93
bei Phosphinoxyden 144
am Stickstoff 137, 138, 141, 142, 144
Theorie 93
„Ur"-Aktivität 95
und Zirkulardichroismus (COTTON-Effekt) 93

Optische Antipoden 60
Aktivierungsenergie der Racemisierung 92
und Behinderungseffekte 88, 92
Mischkristallbildung 61
Stabilität 74, 92
Voraussetzung ihrer Existenz 68
Optische Drehung von Flüssigkeiten 60
orbitals, Definition 10
Organometallverbindungen s. Metallorganische —
Orthocarbonsäuren 257
Ovalen
Atomabstände 351
Bindungszustand und Eigenschaften 352
Oxalactone 41
Oxalestersynthese 242
β-Oxalsäure, Wasserstoffbrücken, mesomere Formen 262
Oxalsäure-dihydrat, Wasserstoffbrückenbildung 261
Oxime
der 1-Aceto-2-oxy-naphthoesäure-(3), Spaltbarkeit in optische Antipoden 89
durch Addition von Hydroxylamin an C=C—C=O-Systeme 297
aus Carbonylverbindungen 221
BECKMANNsche Umlagerung 273f.
HANTZSCH-WERNER-Theorie 89
Konfigurationsbestimmung 274
absolute 89
durch Ringspaltung bzw. Ringschluß 274
durch Spaltung von Atropisomeren 274
durch Wasserstoffbrücken 274
Oxoniumbetainformel der γ-Pyrone 148
Oxonium-carbeniat-Formel des Kohlenmonoxyds 480
Oxoniumsalze 132f.
Elektronentheorie der Bildung 132
quantentheoretische Betrachtung 134f.
tertiäre, salzartiger Charakter 135
Oxoniumsauerstoff in γ-Pyronen 148
Oxoniumstruktur bei Wasserstoffbrücken 262
Oxoreaktion 482
Oxy-amin-Additionsverbindungen aus Ammoniak und Carbonylverbindungen 221
o-Oxy-azoverbindungen, Wasserstoffbrücken und Tautomerie mit o-Chinon-phenylhydrazonen 402
p-Oxy-azoverbindungen, Tautomerie 402
1-Oxy-benzophenon-1'-carbonsäure, dimolekularer Ester 41
α-Oxycarbonsäuren
durch Benzilsäure-Umlagerung 279f.
Spaltung zu Aldehyden 269
Oxydation
von Aldehyden 255, 283
biologische, von cancerogenen Aromaten 353
monovalente, anodische 286
radikalische 100
5-Oxyhydrinden, Bromierung und MILLS-NIXON-Effekt 339
2-Oxy-naphthalincarbonsäure-(1) und -(3) 379
Oxysulfonsäuren durch Hydrogensulfit-Addition an Carbonylverbindungen 220
2-Oxy-tetralin, Bromierung und MILLS-NIXON-Effekt 339
7-Oxy-2,4,9-trioxa-adamantan 55

Parachor und Struktur der semipolaren Bindung 144
Paracyclophane und Paracyclophanoine 40
Paraffine
Alkylierung mittels Olefinen und Ansolvosäuren 178
Bromierung 100
Chlorierung 98, 99
cyclische
Doppelkettenbildung 43
Spannungstheorie und Verbrennungswärmen 32
Fluorierung 100
Gittertypus und Eigenschaften 29
hochverzweigte, Siedevorgang 31
höhere, durch KOLBE-Elektrosynthese 286
Jodierung 100
Konstitution 24f.
Lage von Seitenketten 29
Molekülformen im festen, gelösten und gasförmigen Zustand 26
Nitrierung 313
normale, Ionen- oder Krypto-ionenreaktion 100
Oximierung 314
Schmelzpunktreihe 29
Sulfochlorierung 99
Sulfoxydatien 100
verzweigte kugelsymmetrische 29
Paramagnetismus echter Doppelradikale 92
Partialvalenzhypothese von J. THIELE 145f., 198
und 1,4-Addition bei konjugierten Polyenen 212
und aromatisches Bindungssystem 316
und Keto-Enol-Gleichgewicht 228
und „freie Valenz" nach der m. o. Methode 345
PAULI-Verbot 9
Pentacen
Magnetismus 348
Mesomerie und *meso*-Reaktivität 348
Pentacenchinon, Diketon-Charakter 349
Pentafluoräthyl-acetylen, Wasseranlagerung 428
Pentalen = Bicyclo-[0,3,3]-octan, Spannungsverhältnisse 52
Pentamethylen-tetramin-sulfon = 1,3,5,7-Tetra-aza-2-thia-adamantan-2-dioxyd 56
Pentaphenylphosphor, Elektronendezett 24
Pentatetraen, substituiertes, Spaltbarkeit in optische Antipoden 197
Pentazene 475
Pentaza-trien 476
peri-Annellierung 351
PERKIN-Synthese 246, 247
Kondensationsmittel 246

PERKIN-Synthese
Lactonbildung 249
LOWRY-Chemismus 247
Methylenkomponente, CH-Acidität 247
Proton-Acceptor und -Donator 249
Perlon, Kettenverknüpfung durch Wasserstoffbrücken 263
Peroxyde
gesättigte, Konfiguration 131
als Reaktionsstarter bei Acetylenadditionen 437, 438
Peroxydeffekt (Anti-MARKOWNIKOFF-Addition von Bromwasserstoff an Äthylene) 166
Persäuren, Reaktion mit Acetylenen 426
„Pfropf"-Polymerisation (graft polymerisation) 188, 189
Phenanthren
(9,10-) Bindungscharakter 350
Grenzformeln 350
Hydrierung, stufenweise 346
Mesomerie-energie 325, 350
Synthese
von PSCHORR 467
von WITTIG 407
Phenanthrenchinon
Benzilsäure-Umlagerung 280
Diketon-Charakter 350
Phene, Reaktivität und Mesomerieenergie 350
Phenetol aus Phenyldiazoniumsalz und Äthanol 466
Phenol
Aciditätssteigerung durch Nitrogruppen (233)
Tautomerie 395
Phenoläther, säurekatalysierte Bildung aus Phenolen 175
Phenolallyläther-Umlagerung 404
o-Umlagerung 404
p-Umlagerung 405
Isotopen-Untersuchung 406
Phenolat-anion
elektrophile Substitution durch Kohlendioxyd 379
Mesomeriestabilisierung 391
Phenole
Acidität 391
Vergleich mit Carbonsäuren 257
Azokupplung 464, 470
in saurer Lösung 472
aus Diazoniumsalzen 466
Nitrierung 378
Oxydation zu Aroxylen 392
säurekatalysierte Bildung von Phenoläthern 175
Phenolester, FRIESsche Verschiebung (in o-Phenolketone) 364, 365, 403
1-Phenyläthyl-carbenium-ion, Mesomeriestabilisierung und Lebensdauer 114
Phenylazid
Additionsreaktionen 459
an bicyclische gespannte Systeme 460
Reaktion mit metallorganischen Verbindungen 460
9-Phenyl-2,3-benz-xanthyl-natrium, Erhalt der Raumkonfiguration 118
1-Phenyl-butadien, Hydrierung 205
4-Phenyl-4'-carboxäthyl-bis-piperidinium-1,1'-spiran-bromid, Spaltung in optische Antipoden 141
Phenyl-diazo-acetat, anti-Form 478
o-Phenylen s. Dehydrobenzol
o-Phenylen-diimino-cyclopolymethylene 42
p,p'-Phenylen-di-isocyanid, Dipolmoment 483
Phenylessigsäure, Hydrozimtsäure-Synthese mit Diazomethan 449
Phenylglyoxal, Umlagerung in Mandelsäure 251, 282
Isotopen-Untersuchung 282
Phenylgruppe
in Carbonsäuren, acidifizierende Wirkung 257
— E-Effekt und induktiver Effekt 282, 391
Phenylhydroxylamin, Umlagerung in p-Aminophenol 403
Phenyllithium zur Metallierung von Aromaten 385f.
Phenylnitromethan, Tautomerie 225
Phenylradikale
bei SANDMEYER-Reaktion 467, 468
bei der ULLMANN-Synthese 389
Reaktion mit dem Lösungsmittel 389, 390
Phenyl-oxdiazol 453
β-Phenyl-β-oxybuttersäure-tert.-butylester 248
Phenylpropiolsäure-ester, MICHAEL-Addition 429
Phenyl-p-tolylketen, Addition von l-Menthol 290
Phenyl-triazol 453
Philodien s. Diensynthese 299ff.
Phosgen 481
Phosgenbildung aus Chloroform und C-H-Bindungsfestigkeit 22
1-Phospha-2,8,9-triaza-adamantan 56
Phosphin-bor-additionsprodukte, Bildung und Elektronenformulierung 143
Phosphin-oxyde
Bildung und Elektronenformulierung 143
substituierte, Spaltung in optische Antipoden 144
Phosphonium-Verbindungen, Oktettregel und thermischer Zerfall 142
Phosphor, Atomradien 486
Phosphor-ylide
Bildung und Elektronenformulierung 143
als Olefinierungsmittel nach G. WITTIG 144
Picen 350
Pikrylchlorid, Halogenaustausch durch — E-Effekt der Nitrogruppen 389
Pinakone
aus Ketonen durch Reduktion 254
Umlagerung in Pinakoline 370, 371
Pinakolin-alkohol, Wasserabspaltung 420

Pinakolin-Umlagerung 370f.
bei α-sek.-Amino-β-tert.-alkoholen 371
als Anionotropie 371
über Epoxyde 371
über Oxonium- bzw. Carbenium-kationen 371
unter Ringerweiterung oder -verengerung 370
bei sek.-Glykolen 370
Piperidin als Kondensationsmittel (DOEBNER-Kondensation) 247
PITZER-Spannung 43
bei Polymethylenketonen und Cyanhydrinbildung 218
„Polare" Bindungen im Cyclohexan 36
Polarisation
der C=C-Doppelbindung
und ionische Mechanismen 169
magnetische 165
und *cis-trans*-Umlagerung 193
der C≡C-Dreifachbindung 425
der Carbonylgruppe im Keten 289
von Carbonylverbindungen 213, 214
der Halogenatome in Halogeniden CX_4 usw. 98
der Schwefel-Sauerstoff-Bindung 314, 315
in Halogenverbindungen 101
Verstärkung durch Induktion 106
Polarisationseffekt im H_2-Molekül 10
Polarität von Lösungsmitteln, Einfluß auf ionische Mechanismen bei Äthylenen 169
Polyacrylnitril 440
Polyäthylen 186, 187
Hochdruckpolymerisat, Verzweigung, Methyl- und Methylengruppen 186
Molekelformen 26
Niederdruckpolymerisat, unverzweigtes 187
Polycyclohexyl 45
Polyene s. a. Carotinoide 211f.
Bindungslängen, Grenzwert 211
bei der Diensynthese, sterische Verhältnisse und innermolekulare Diensynthese 302
cis-trans-Isomerie 211
Konfiguration 211
magnetisches Verhalten 212
Polymerisation 206
Spaltungstendenz 212
und THIELES Partialvalenzhypothese 212
Polymerhomologe Gemische 187
Polymerisation
von Acetylen 435, 436
von Äthylenen 164, 186
von aliphatischen Aldehyden 253
anionische 184, 185, 209, 295
Beispiele geeigneter Monomerer 185, 188, 209, 295
Substituenteneinfluß 184
von Butadien 206f.
von α-Cyansorbinsäure-ester 295
von Dienen 206f.
1,2- und 1,4-Addition 207, 208, 209
Polymerisation
von Dienen
mit Alkalimetall
zum Reaktionsmechanismus 208, 209, 210
durch Redoxkatalyse 206
„graft"- oder „Pfropf"-Polymere 188, 189
kationische 183f.
Abbruch 184
Beispiele geeigneter Monomerer 186, 188, 292
Starter 184
von Ketenen und Keten-acetalen 292
Mischpolymerisation 187, 188
Monomere für bestimmte Reaktionsmechanismen 188
Nebenreaktionen 186
radikalische 167
Abbruch 168
Monomere 188
Regler 169
Telomerisation 169
stereospezifische 187
Überlagerung verschiedener Mechanismen 186
von Vinylverbindungen 167
Polymerisationsneigung von Olefinen und Polyenen 206
Polymethylen aus Diazomethan 445
2,6-Polymethylen-benzochinone 41
Polymethylencarbonate 41
Polymethylendicarbonsäure-anhydride 41
Polymethylenketone, PITZER-Spannung und Cyanhydrinbildung 218
Polymethylen-lactame 42
Polymethylensuccinate 41
Polypeptide, Kettenverknüpfung durch Wasserstoffbrücken 263
Polystyrol, Konstitution 27
PRILESCHAJEW-Reaktion
(1,2-Epoxyde aus Olefinen und Benzopersäure) 182
mit Acetylenen 426
Prismenformel des Benzols 317
β-Propiolacton aus Keten 291
Propargylaldehyd, Trimerisierung 436
Propylen
„En"-Synthese mit Maleinsäure-anhydrid 303
hyperkonjugierte Formeln 417
ionische Polymerisation 184
n-Propylkation, symmetrischer Übergangszustand 363
n-Propyl-Radikal, weiterer Zerfall und Doppelbindungsregel 189
Propylsulfid durch katalyt. Addition von Schwefelwasserstoff an Propylen 181
Proteinketten und Wasserstoffbrücken 263
Proton
Addition an Carbonylgruppe 215
bewegliches, Festlegung mittels Diazomethan 228, 229
als Starter kationischer Polymerisationen 184

Protonaffinität und Wasserstoffbrückenbildung 262
Protonbeweglichkeit s. a. Prototropie
  in Alkylgruppen mit o-(p-)Nitrophenylsubstituenten 390
  bei Benzolderivaten und o-Metallierbarkeit 386
Protonenlockerung durch Substituenten 103
Protonenwanderung s. Prototropie
Prototropie
  bei der Acyloinkondensation 218, 219
  bei Addition stickstoffhaltiger Verbindungen an Carbonylgruppen 221
  bei Aldolreaktionen 246, 247, 249
  bei der Alkin-Isomerisierung 436, 437
  bei der Enolisierung 228, 230, 235
  bei der Esterkondensation 242
  bei Hydrogensulfit-Addition an Carbonylgruppen 220
  bei der Veresterung von Carbonsäuren bzw. Verseifung von Carbonestern 264f.
  als Voraussetzung der Keto-Enol-Tautomerie 230f.
    und Substituentenwirkung 231
PSCHORRsche Phenanthrensynthese 467
Pseudo-H_2-Atom der Methylengruppe 413
Pseudo-H_3-Atom 412
  „quasi-σ- und quasi-π-Eigenfunktion" 412
Pseudohalogene zur Substitution des Benzols 361
Pseudomonomolekulare Reaktionen und Racemisierung 114
Purpurogallin 330
push-and-pull-Effekt bei Abspaltungsreaktionen 192
Pyrazin, aromatischer Charakter 323
Pyrazol
  aromatischer Charakter 323
  „En"-Synthese mit Maleinsäure 302
Pyrazole aus Acetylenen und Diazomethan
Pyrazoline aus Olefinen und Diazomethan 450, 451
Pyren 351
„Pyrenium"-Formeln für γ-Pyrone 151
Pyridin
  aromatischer Charakter 323
  zur Diensynthese 303
  — E-Effekt des Stickstoffs 383
    und elektrophile Substitution, Grenzformeln 324, 384
  Gasphasen-Chlorierung 389
  Kernabstände 324
  als Kondensationsmittel
    PERKINsche Synthese 246
    DOEBNER-Kondensation 247
  mesomere Grenzformen 323, 324
  Mesomerie-energie 324, 325
  Molekulardiagramm 346
Pyridin-2-aldehyd, säurekatalysierte Kondensation zum Pyridoin 219
Pyridin-α-carbonsäuren, Decarboxylierung 268
Pyridin-N-oxyd
  elektrophile Substitution 324, 384, 385
Pyridin-N-oxyd
  induktiver Effekt des Stickstoffs 384
  Mesomeriemöglichkeiten 324
Pyridinium-cyclopentadienylid 324
Pyridiniumsalze, elektrophile Substitution 384, 385
Pyridoin 219
Pyrimidin, aromatischer Charakter 323
α-Pyrone
  aus δ-Hydroxy-α,β-acetylencarbonsäureestern 429
  durch MICHAEL-Addition mit Acetylenketonen 429
γ-Pyrone
  Dipolmomente 149
  elektronentheoretische Deutung des Bindungszustandes 147, 148, 150, 151
  Formulierung
    nach J. N. COLLIE 147
    nach C. K. INGOLD bzw. R. ROBINSON 151
  Grenzformeln 151
    und Mesomerie 153
  Oxoniumbetainformel 148
  Vergleich mit Dibenzalaceton 147
Pyroniumsalze 148
Pyrrol
  Acidität und Basizität 327
  Delokalisations-energie 326
  „En"-Synthese mit Maleinsäure 302, 303
  mesomere Grenzformen 326
  Mesomerie-energie 325
  Metallverbindungen 327
  quasiaromatischer Charakter 323, 325
  Tautomerie 327, 328
Pyrrolenin 327, 328
Pyryliumkation, aromatischer Charakter 323

Quantenmechanik, Anwendung auf Probleme der organischen Chemie 2, 154, 195, 199, 317, 343, 412, 423
Quartäre Ammoniumverbindungen s. Ammonium 141
Quarz, optische Aktivität 59
„Quasi-dreifachbindung" in der Methylgruppe 412
Quasi-π_x- und π_y-Elektronen der Methylgruppe 413
„Quasi-σ- und Quasi-π-Eigenfunktionen"
  des H_3-Atoms 412
  des H_2-Atoms 413
Quecksilbersalze als Katalysatoren bei Acetylenreaktionen 427

Racemate 60, 61
  Aufspaltung in optische Antipoden 60
  Beständigkeit 62
  partielle Racemate 62
Racemisierung 73f.
  Aktivierungsenergie 74, 83, 92
  durch intermediäre Enolbildung 73
  von metallorganischen Verbindungen 74
  partielle 75
  bei pseudomonomolekularen Reaktionen (S_N 1) 114

Racemisierung
durch Ringschlußreaktion von ortho-Substituenten 84
Säure-Basen-katalysierte 73
bei Umsetzung von Halogeniden mit (radioaktivem) Halogenidanion 111
Radikalabbruchreaktion bei der Nitrosierung von Cyclohexan 314
Radikalanionen bei der Acyloinbildung 283
Radikale, freie, s.a. Doppelradikale, Biradikale
beim Abbau von Carbonsäure-Silbersalzen 287
bei Additionen an Diene 201
Allyl-verschiebung 202
Aroxyle 392f.
Dimerisierung 119
als elektrophile Agentien 167
instabile, als Polymerisationsstarter für Diene 206
bei der KOLBEschen Elektrosynthese, Disproportionierung 286
kurzlebige, bei der thermischen Spaltung von Äthylenen 189
Lebensdauer bei Substitutionsreaktionen an gesättigten Verbindungen 119
Metallketyle 255
Methylen und Dihalogenmethylene 484, 485
Raumkonfiguration 119
bei Reaktionen von Diazoniumsalzen 466, 467, 468
bei SANDMEYER- bzw. GATTERMANN-Reaktion 467, 468
Stabilisierung durch Hyperkonjugation 418
durch thermische Zersetzung von aliphatischen Azoverbindungen 399
als Übergangszustände bei thermischen oder photochemischen *cis-trans*-Umlagerungen 194, 195
bei der ULLMANN-Synthese 389
weiterer Zerfall und Doppelbindungsregel 189
Radikalische Substitution gesättigter Verbindungen 119
Radikalkettenpolymerisation s. a. Polymerisation 167, 209
Radikalkettenreaktionen
mit Acetylenen 438
bei Anlagerung von Azodicarbonestern an Olefine 401
bei Anlagerung von Benzaldehyd an Azobenzol 401
bei der Benzaldehyd-Autoxydation 255
bei gesättigten Kohlenwasserstoffen 98, 99, 100
bei Halogenierung von Äthylenen 165
Inhibitoren 165
Radikalotropie 99
bei der Pfropfpolymerisation 188
bei Telomerisationen 169
Radikalreaktionen
mit aromatischen Verbindungen 389, 390
mit Stickstoffoxyden 100
Radikalregel 167
Radius von Makromolekülen 27
Raumanordnung der chemischen Bindung nach VAN'T HOFF und LE BEL 1
Raumkonfiguration, absolute 68
Reaktionsmechanismen
s. Addition, Substitution, Umlagerung, sowie bei den einzelnen Reaktionen
und sterische Verhältnisse des Übergangszustandes 123, 125
Übergänge zwischen verschiedenen 122
Redoxreaktion bei der Halogenierung von Äthylenen 171
Regler bei Polymerisationen 169
REIMER-TIEMANN-Synthese, Cyclohexadienon-Zwischenformen 381
REPPE-Verfahren
Äthinylierung 432
Alkinolsynthese 432
Carbonylierung 433f.
Vinylierung 430, 431
Resonanz
bei der C—C-Atombindung 23
Definition 152
dritter Ordnung 414
zweiter Ordnung 413
Resonanzenergie (Austausch-, Mesomerie-, Konsonanzenergie) 6, 10, 153, 200, 320, 325
des Benzols 318, 319
und Verbrennungs- oder Hydrierwärmen 319
und Hyperkonjugation beim Toluol 414
„Resonanz"-Energie im Chlorwasserstoff-Molekül 17
Resonanzintegral 11, 319, 320
Resorcin-Derivate als Makrocyclen 45
Restaffinität nach A. WERNER 345
Retrodiensynthese 311
Retro-Dien-Zerfall, intracyclischer, von Bicyclooctatrien zu Cyclooctatetraen 355
Retropinakolin-Umlagerung 365
über Oxonium- und Carbeniumkationen 371
unter Ring-erweiterung oder -verengerung 366
und WITTIGsche Äther-Umlagerung 409
Retention 114, 115
Ringbildung alicyclischer Stoffe 32
Ringbildungstendenz
Minimum 42, 43
Prinzip der starren Gruppen 43
Ringerweiterung
von cyclischen Ketonen mit Stickstoffwasserstoffsäure 458
mit Diazoalkanen 356, 451
durch Pinakolin-Umlagerung 370
durch Retropinakolin-Umlagerung 366
durch Ylid-isomerisation 407
Ringschluß bei Esterkondensationen 242
Ringspannung
BAEYERsche Theorie und Verbrennungswärmen 32
PITZERsche 43
und Reaktionsvermögen von Dreiringen 33

Ringsysteme s. a. Aromaten, Cyclo-, Heterocyclen
Ringsysteme bi- und polycyclische 45ff.
Ringsysteme, höhere, mechanische Spannung und Valenzwinkelablenkung 32
Ringsysteme, vielgliedrige 38f.
durch Acyloinkondensation nach HANSLEY-PRELOG-STOLL 39, 283
durch DIECKMANNsche Esterkondensation 38
Konfiguration 38, 42
mit Heteroatomen, Bindungswinkel 44
Prinzip der starren Gruppen 43
Ringbildungstendenz, Minimum 42, 43
sauerstoffhaltige 42
durch STETTERsches Verfahren 43
ungesättigte 356f.
Verdünnungsprinzip von RUGGLI-ZIEGLER 38
Ringverengerung
am Cycloocta-tetraen und -trien 355, 356
durch Pinakolin-Umlagerung 370
durch Retropinakolin-Umlagerung 366
durch Ylid-isomerisation 407
RITTER-Reaktion (säurekatalysierte Addition von Nitrilen an Olefine) 177
Rhodanwasserstoffsäure s. Thiocyansäure 441
Röntgenographische Methode zur Strukturbestimmung von *cis-trans*-Isomeren 159
Rotationsisomere 25, 66
beim Äthan 25
Rotator, gehemmter und innerer freier 25
RUGGLI-ZIEGLERsches Verdünnungsprinzip, zur Herstellung vielgliedriger Ringsysteme 38
Ruthenocen 330

S_E, S_N, S_R-Mechanismen s. Substitution
SACHSEsche Hypothese 32
„Sandwich"-Struktur des Ferrocens 330
SANDMEYER-Reaktion 467
und Azenium-Form des Diazoniumsalzes 475
zur Einführung von Fluor (nach BALZ und SCHIEMANN) 469
Nebenreaktionen 468, 469
radikalischer Mechanismus 468
Säure-Basen-Austauschreaktion bei Kondensationen 242, 248
Säure-Basen-Katalyse und Racemisierung 73
Säurechloride s. a. Carbonsäure-chloride
Säuredissoziationskonstanten von (substituierten) Fettsäuren 102
Salicylsäuresynthese von KOLBE-SCHMITT 379
Salpetersäure bei Nitrierung von Aromaten 372, 373
Sauerstoff
Austausch in Carbonsäuren 257
Atomradien 486
als Philodien 312
als Ringglied vielgliedriger Ringsysteme 42
als Wasserstoffbrückenpartner 261f.
Sauerstoffatom
Bindungswinkel 127
Ionisierungspotential und Polarität der Carbonylgruppe 213
Elektronenkonfiguration 135
Sauerstoff-kation, Elektronenkonfiguration 135
Sauerstoff-Kohlenstoff-Bindung s. Kohlenstoff-Sauerstoff 126ff.
Sauerstoffradikale s. Aroxyle 392f.
Sauerstoff-Verbindungen, Raumanordnung der Bindungen am O-Atom 127, 129
Sauerstoff-Wasserstoff-Bindung
Hybridisierung 128
partieller Ionencharakter 128
quantenmechanische Berechnung 127, 128
„sausage"-Bahnen = σ-Bahnen 12
SAYTZEFF-Regel
und Bromierung von aliphatischen Ketonen 420
zur Olefinbildung aus Alkylhalogeniden 419
SCHIFFsche Basen durch Addition von sek. Aminen an Carbonylgruppen 221
Schlangenhaufen-Formen längerer Kohlenstoffketten im flüssigen Zustand 27
Schlüsselatome, Elektronegativität und
E-Effekt 376
F-Effekt 101, 104
Schmelzpunkte
von homologen Paraffinen 29
von isomeren Oktanen 30
SCHMIDTsche Doppelbindungsregel 183, 189. 190
und Retrodiensynthese 311
SCHMIDTsche Reaktion 457
und Abbau von Carbonsäuren 271, 272, 458
SCHRÖDINGER-Differentialgleichung 4
und Linearkombination von Eigenfunktionen (LCAO) 5, 8
Schwefel, Atomradien 486
Schwefelhaltige Verbindungen
Addition an Äthylene 181
Konfiguration 129
Schwefel-Kohlenstoff-Bindung 126ff.
Schwefel-Sauerstoff-Bindung 314
Mischbindung 315
Schwefelwasserstoff, Bindungstypus 129
Segmentmodell der Kohlenstoffkette 28
Seitenketten von Paraffinen, Lage im festen Zustand 29
Selen, Atomradien 486
Semichinone
und Aroxyle 394
betainartige neutrale s. Aroxyle 392
o- und p-Semidin-Umlagerung 404
Semipolare Bindung, elektronentheoretische Deutung 142f.
Senföle 441
separated atom viewpoint-Methode 13
Sessel-Form des Cyclohexans 33, 35
und Diamantgitter 58
Siedepunkte der 18 isomeren Octane 30
Siedevorgang bei hochverzweigten Paraffinen 31

Silicium
Atomradien 486
Hybridisierung von Atombahnen 20
Singulett-Zustand ($^1\Sigma_0$) 9
angeregter, beim Äthylen 157
"skew"-Form in sym. Di-derivaten des Äthans 25
Solvatation
von Carbeniumionen 120
und Enolisierungs-Energiebilanz 235
von Kationen bzw. Anionen 107
SOMMELET-Umlagerung (406), 408
Sonder-energie 153, 318, 320
Spannung, mechanische, in aliphatischen Ringen 32
Spannungstheorie von A. v. BAEYER 32, 33
und unvollkommene Hybridisierung 34
Spin (Elektronenspin) 9
Spirane 53
Spiro-[4,5]-dekan 53
Spiro-[2,4]-heptan 53
Spiro-[3,3]-heptan 53
Spiro-[3,5]-nonan 53
Spiro-[4,4]-nonan 53
Spiro-[2,5]-octan 53
Spiro-[2,2]-pentan 53
Spiro-[5,5]-undekan 53
Stabilisierung durch Komplexbildung bei Borverbindungen 134
"staggered"-Form im Äthan 25
Starter
bei anionischen Polymerisationen 185
bei kationischen Polymerisationen 184
Startreaktion und Kette bei radikalischen Substitutionsmechanismen 99
Statistische Verteilung bei Halogenierung von Kohlenwasserstoffen 99
Steranthren, cancerogene Wirkung 353
Stereoisomere
bei Diensynthesen 307f.
substituierter adamantoider Verbindungen 54
Zahl der möglichen 61
Stereomerie bei Diazotaten 462
Stereospezifische Katalyse, bei Polymerisationen nach G. NATTA 187
Sterische Einflüsse auf den Reaktionstyp wie S_N 1 bzw. S_N 2, 123
Sterische Hinderung s. Atropisomerie, Drehbarkeit
„Sterische Reihen" 72
Sterisches Prinzip bei Substitution gesättigter Verbindungen 110
Steroide
Absolutkonfiguration 49
Allocholan-Reihe 47
Biogenese 50
Cholanreihe 47
normale und epi- 49
Totalsynthese 49
STETTERsches Verfahren zur Herstellung vielgliedriger Ringsysteme 43
STEVENS-Umlagerung 406
bei Ammoniumsalzen 406, 407
bei Arsonium- und Stiboniumsalzen 407
STEVENS-Umlagerung
und Cyclopolyolefin-Synthese 407
und WITTIGsche Phenanthrensynthese 407
Stiboniumsalze, quartäre, STEVENS-Umlagerung 407
Stickstoff
Atomradien 486
+ E-Effekt 376, 381, 382
Ausschaltung durch N-Oxyd-Bildung oder Quarternierung 382
— E-Effekt beim Pyridin 383
als Elektronendonator in Isonitrilen und Knallsäure 482
induktiver Effekt im Pyridin-N-oxyd und elektrophile Substitution 384
Teilnahme an der aromatischen Mesomerie 323f.
Valenzwinkel im Ammoniak 137
als Wasserstoffbrückenpartner 261
Stickstoffheterocyclen
aromatischer Charakter 323f.
6-Ringe 323, 324
5-Ringe 325, 326
partielle Hydrierung 325
zur Diensynthese 302, 303
Stickstoff-kation, Elektronenzustand 140
Stickstoff-Kohlenstoff-Bindungen s. bei Kohlenstoff-
Stickstoffmonoxyd zur radikalischen Nitrosierung von Cyclohexan 314
Stickstoffoxyde bei Radikalreaktionen 100
Stickstoff-Stickstoff-Doppelbindung 395ff.
Azobindung 398ff.
Azoxybindung 395f.
Hyperkonjugationsfähigkeit 413
Stickstoff-Stickstoff-Dreifachbindung s. Diazo- 442ff.
Stickstoffverbindungen
Addition
an Acetylene 432, 450
an Äthylene 177, 181, 183, 217, 401, 450, 459
an Carbonylverbindungen 217, 221, 296, 297
Stickstoffwasserstoffsäure s. a. Azide 456
Reaktion mit
Carbonsäurechloriden 459
Carbonsäuren 458
Ketonen 457
Stickstoff-ylide, Gültigkeit der Oktettregel 144
Stipitatsäure 330
cis- und *trans*-Stilben, Addition von Alkalimetall 191
STOBBE-Kondensation 244
streamers (π-Molekularbahnen im Benzol) 320
Strukturbestimmung von *cis-trans*-Isomeren 159f.
Strukturisomerie 26
bei Azoxyverbindungen 396
von Diazosulfonaten 476
bei Diazotaten 462
Strukturtheorie von KÉKULÉ 1

Styrol
aus Acetylen 436
als Philodien 300, 301
Substitution von Aromaten 359ff.
elektrophile (S_E) 375f.
Azokupplung 464, 470, 471
mit Azodicarbonestern 400
+E- und —E-Effekt 376, 382, 383
FRIEDEL-CRAFTS-Reaktion 360
FRIESsche Verschiebung 364
Halogenierung 359
induktive Effekte 381f., 386
Metallierung 385f.
Nitrierung 372
REIMER-TIEMANN-Synthese 381
Salicylsäure-Synthese 379
Sulfonierung 373
nucleophile 388, 389
von Nitrobenzol und Sulfonsäuren 388
radikalische 389
Diazoreaktionen 390, 466, 468, 473
Gasphasen-Chlorierung von Chlorbenzol 389
bei ULLMANN-Synthese 389
Regelmäßigkeiten 374f.
dirigierende Wirkung von Erstsubstituenten (1. u. 2. Klasse) 374
+E- und —E-Effekt 376
induktive Effekte 381, 382
Oniumstrukturen 378
Vinylogie und Substituentenwirkung 383
für nucleophile Substitutionen 388, 389
Substitution gesättigter Verbindungen 98f.
elektrophile (S_E 1 und S_E 2) 106, 118
nucleophile (S_N 1 und S_N 2)
„backside" und „frontside push" 121
„concerted displacement" 122
Olefinbildung aus Alkylbromiden, Oniumbasen 418, 419, 420
S_N 1-Reaktion 113, 126, 419, 420
S_N 2-Reaktion und WALDENsche Umkehr 110, 111, 112, 115, 125, 418, 419
Übergangseffekte 120
radikalische (S_R) 119, 183
Substitution von Olefinen, elektrophile 170, 210
Sulfochlorierung nach C. F. REED 99
Sulfone, Bildung und Elektronenformulierung 143
Sulfonierung von Aromaten 373
Sulfoniumjodide, monomolekulare Spaltung und Hyperkonjugation 419
Sulfonium-Verbindungen 141f.
Elektronenformulierung und Oktettregel 142
Spaltbarkeit in optische Antipoden 142
Sulfonsäure-ester
Umesterung unter WALDENscher Umkehr 111
Verseifung 314
Sulfonsäuren, aromatische, nucleophile Substitution 388
Sulfonylgruppe
Bindungsverhältnisse 314
Sulfonylgruppe
—E-Effekt bei der nucleophilen aromatischen Substitution 388
und Enolisierung von benachbarten Carbonylgruppen 230
Sulfonylverbindungen
CH-Acidität 228
C-Methylierung mit Diazomethan 228, 229
Sulfoxydation gesättigter Kohlenwasserstoffe 100
Sulfoxyde
Bildung und Elektronenformulierung 143
substituierte, Spaltung in optische Antipoden 144
Symmetrieelemente und optische Aktivität 64, 66, 67, 68
Synionie
bei Anionen tautomerer Stoffe 236f.
im Azid-anion 456

Tautomere Formen, Stabilisierung in Grenzlagen 235
Tautomere Verbindungen
Acidität und sterische Faktoren 233
Alkaliverbindungen
Konstitution 236f.
reaktives Verhalten 239ff.
Tautomerie 224f.
bei Acen-chinonen und -phenolen 349
Definition 227, 234
iso-Diazohydroxyd-Nitrosamin 465
Keto-Enol 225ff.
bei Methylacenen 349
Taxogen 167
Tellur, Atomradien 486
Telogene 167
Telomerisation
von Acetylenen 438
von Äthylenen 164
und C—H-Bindung 22
Definition 167
und Polymerisation, Übergang 169
Terephthalsäure durch KOLBE-SCHMITT-Synthese 381
Termmultiplizität und Mesomerie 157
Testosteron, räumlicher Bau 49
Terphenyl-Derivate, tri-ortho-substituierte, Spaltbarkeit in optische Antipoden 86
Tetra-aryl-äthylene
Additionsfähigkeit 172, 173
Hydrierung 173
π-Konjugationsenergie 173
radikalische Reaktionsweise 173
1,3,5,7-Tetra-aza-adamantan = Urotropin 56, 138, 221
1,3,5,7,-Tetra-aza-2,6-dithia-adamantan-2,6-bis-dioxyd = Tetramethylen-disulfotetramin 57
1,3,5,7-Tetra-aza-2-thia-adamantan-2-dioxyd = Pentamethylen-tetramin-sulfon 56
1,2; 3,4; 7,8; 9,10-Tetrabenzcyclododekahexaen 357
Valenztautomerie 358
1,2; 5,6; 9,10; 13,14-Tetrabenzcyclohexadeca-1,5,9,13-tetraen 40

Tetrabenz-cyclooctatetraen = Tetraphenylen 356, 357
Bindungsverhältnisse 357
Tetracen, Mesomerie-energie 350
Tetracenchinon, Chinon-Charakter 349
2,2',6,6'-Tetrachlor-4,4'-dibenzoyl-diphenyl und 3,5-Dichlorbenzophenon, UV-Absorption und Behinderung der freien Drehbarkeit 90
2,6; 2',6'-Tetrachlor-diphenyl, Kalottenmodell nach STUART-BRIEGLEB 80
Tetraederkonfiguration
des Kohlenstoffs 59f., 97
und Diamantgitter 57
und optische Aktivität 60f.
Projektion 63
und Quantentheorie 20, 22
SACHSEsche Hypothese 32
des Silicium, Germanium, Zinn 20
des Stickstoffs im vierbindigen Ammoniumion 140
Tetraedermodell
der C=C-Doppelbindung 154
der C≡C-Dreifachbindung 424
der kumulierten C=C=C-Bindung 195
Tetrafluoräthylen, Polymerisation 185
Tetrahydrofuran, Konfiguration 131
Tetrahydronaphthalin 340
Reduktion zum Dekalin 341
$\Delta^{2,6}$-Tetrahydro-naphthalin (Isotetralin) 341
Tetrahydropyran, Raumstruktur 131
1,3,5,7-Tetramethyl-2,4-dioxa-6,8-dithia-adamantan 55
1,3,5,7-Tetramethyl-2,6-dioxa-4,8-dithia-adamantan 56
Tetramethylen-disulfotetramin = 1,3,5,7-Tetra-aza-2,6-dithia-adamantan-2,6-bis-dioxyd 57
1,3,5,7-Tetramethyl-2,4,6,8,9,10-hexathia-adamantan 55
1,3,5,7-Tetramethyl-2,4,6,8-tetrathia-adamantan 55
Tetraphenyläthylen
Additionsfähigkeit 172, v. Alkalimetall 173
Hydrierung 173
Mesomeriemöglichkeiten 173
Tetraphenyläthylen-dinatrium
Reaktion mit o-Dihalogenbenzol 387
bei der WURTZschen Synthese (Variante nach EUGEN MÜLLER und G. RÖSCHEISEN) 173
Tetraphen, Mesomerie-energie 350
Tetraphenylen 357
Tetrazol
aromatischer Charakter 323
saurer Charakter 328, 329
und Mesomerie im Anion 329
Tetrazole
aus aromatischen und aliphatischen Diazoverbindungen 450
durch SCHMIDTsche Reaktion 458
2,4,6,8-Tetrathia-adamantan 55
2-Thia-adamantan 55
Thianthren, Konfiguration 132
Thiazol, aromatischer Charakter 323
THIELE-Formel des Benzols 317
THIELEsche Partialvalenztheorie s. Partial- 145f., 198, 212, 228, 316, 345
1-(2'-Thienyl)-cyclo-oct-1-en zur Diensynthese 301
Thio-acetale, -äther und -alkohole, gesättigte, Konfiguration 131
Thio-alkohole, Methylierung über komplexe Anionen 136
Thiocyanat-anion, Mesomerie 441
Thiocyansäure, Tautomerie 441
Thioessigsäure, radikalische Reaktion mit Acetylenen 438
Thio-ester, gesättigte, Konfiguration 131
Thioketon-Thio-enol-Gruppe, E-Effekt 232
Thiophen
aromatischer Charakter 323, 326
Bindungsabstände 327
Mesomerieenergie 325, 326
1-Thio-γ-pyrone
Elektronenformulierung 148
Mesomerie und Energieinhalt 152
1-Thio-γ-pyronsulfon, Eigenschaften und Konstitution 149
γ-Thujaplicin 330
Tolan, Addition von Alkalimetall 437
Toluol, Hyperkonjugation und Resonanzenergie 414
total bond order 344
transition state s. Übergangszustand
Traubensäure, Spaltung in optische Antipoden 63
1,3,5-Triaza-adamantan 56
s-Triazine aus Nitrilen 439, 440
1,2,3-Triazole aus Aziden und ungesättigten Verbindungen 459
Tribenzoylmethan, Enolisierung 233
Tribromketone, FAWORSKI-Reaktion 279
Trichloräthanol, Acidität 102
Trichloressigsäure, Decarboxylierung 268
Trichlormethyl-anion, Addition an Carbonylverbindungen 485
Tricyclen, räumlicher Bau 52
Tricyclonium-kation bei WAGNER-MEERWEIN-Umlagerung, Modell 369
Trifluoräthylamin, Diazotierung 461
Trifluormethyl-acetylen, Wasseranlagerung 428
1,1,1-Trifluorpropylen und radikalische Polymerisation 168
Trimethylanilinium-salze, elektrophile Substitution und mesomere Übergangszustände 382
4,5,8-Trimethyl-1-phenanthren-essigsäure, Spaltbarkeit in optische Antipoden 89
Trimethyltriazin in Acetamid 440
Trimorpholin = 1-Aza-4,6,10-trioxa-adamantan 56
2,4,9-Trioxa-adamantan 55
2,4,10-Trioxa-adamantan 55
1,3,5-Trioxan-Derivate durch Trimerisation von Aldehyden 253, 254
Triphenylbor, Komplexbildung mit alkaliorganischen Verbindungen 210

Triphenylen aus Diphenyläther über o-Phenylen 410
Triphenylisoxazol, Ozonspaltung zum Oxim 274
Triphenyljod 142
Triphenylphosphin-Nickelbromid als Carbonylierungs-Katalysator 434
Triphenylphosphin-Nickelcarbonyl-komplexe als Cyclisierungs-Katalysatoren für Acetylen 435, 436
Triplett-Zustand ($^3\Sigma_1$) 9
  des Äthylenmoleküls 156
  bei Dienreaktionen 312
Triptycen durch Diensynthese 305
Trithioacetaldehyd 430
2,4,6-Tri-tert.-butyl-phenoxyl-1, mesomere Grenzformeln 392
Tritylnatrium als Kondensationsmittel 243, 244, 246, 248
TRÖGERsche Base, optische Aktivität 138
Tropan, Konfiguration 138
Tropolon 330f.
  Aufbau durch Ringerweiterung mit Diazoalkanen 452
  basischer Charakter 333
  „Benzilsäure-Umlagerung" zum Benzoesäureester 280
  C—C-Abstand 333
  elektrophile und nucleophile Substituierbarkeit 332
  gekreuzte Konjugation 332
  Isomerie 331
  Kupferkomplex, Bindungslängen 333
  Mesomerie-energie 332
  quasiaromatischer Charakter 332
  Säurecharakter 332
  Tautomerie 331
  Vergleich mit Aroxylen 395
  Wasserstoffbrücke 331
Tropolon-anion 331
Tropon 330
  aromatischer Charakter 323, 333
  basischer Charakter 333
  Mesomerie 333
Tropyliumbromid, Salzcharakter 334
Tropyliumkation 330f.
  aromatischer Charakter 323
  Mesomeriestabilisierung 334
  Vergleich mit Benzol und Cyclopentadienyl-anion 334
Truxillsäuren, isomere 67, 298
Truxinsäure 298
TSCHITSCHIBABINscher Kohlenwasserstoff, Diamagnetismus 92
Tunneleffekt bei der Molekülinversion 137
Typentheorie von GERHARDT 1

Übergangseffekte bei S_N-Reaktionen 120
Übergangszustand (transition state)
  bei elektrophilen Substitutionen
    an Äthylenen 170, 172
    an Aromaten 376, 377, 379, 380, 382, 384, 386
Übergangszustand
  bei nucleophilen Substitutionen 112, 388
  sterische Verhältnisse und Reaktionsmechanismus 123, 125, 385
  bei *cis-trans*-Umlagerung von Äthylenen 193, 194
Überlappung
  von Eigenfunktionen, Prinzip der maximalen — 15
  von Elektronenbahnen 320
„Überlappungsintegral S_{ab}" 6
Übertragung der Radikaleigenschaft (Radikalotropie) bei Polymerisationen und Telomerisationen 169
ULLMANN-Synthese 389
  und Reaktion mit Lösungsmitteln 390
Umesterung von Sulfonsäure-estern 111
Umkehr der Konfiguration s. WALDENsche Umkehr
Umlagerungen 403f.
  von Acetylenen 436, 437
  anionotrope
    Abbau von Carbonsäuren 272
    BECKMANNsche —
    Benzilsäure — 279
    Dienon-Phenol — 372
    FAWORSKI-Reaktion 278
    NAMETKIN — 366
    PINAKOLIN — 371
    Retropinakolin — 365
    WAGNER-MEERWEIN — 365f.
  BAMBERGERsche Reaktion 403
  FISCHER-HEPP — 403
  FRIESsche Verschiebung 364, 365, 403
  intermolekulare 403
  intramolekulare 404f.
    Benzidin — 404
    Diphenylin — 404
    Phenolallyläther- (CLAISEN) — 404
    o-p-Semidin 404
  kationotrope
    SOMMELET — 406
    STEVENS — 406
    WITTIGsche Äther — 408
  tautomere, von Carbonylverbindungen 225f., 273f.
cis-trans-Umlagerungen
  bei Äthylenderivaten 193f.
  bei ionischer Halogenierung von C=C-Doppelbindungen 170
united atom viewpoint-Methode 13
„Ur"-Aktivität, optische, Deutung 95
Urotropin (1,3,5,7-Tetra-aza-adamantan, Hexamethylentetramin) 56, 138, 221
UV-Absorptionsspektren
  und Behinderung der freien Drehbarkeit 90
  zur Strukturbestimmung von *cis-trans*-Isomeren 160

valence bond method (Atom-Bahn-Methode) 10
  beim Benzol 317f.
  und Bindungsgradzahlen von Naphthalin und Benzol 343
  Darstellung der Hyperkonjugation 414

„Valenz, freie", nach der m. o. Methode, und THIELEs Partialvalenz 345
Valenztautomerie
bei Aroxylen 393, 395
beim Cycloheptatrien 356
beim Cycloocta-trien und -tetraen 355
Valenzwinkel
Änderung durch Halogensubstitution 97
Berechnung bei Makrocyclen und Mischkristallbildung 45
Deformationsenergie 59
in Kohlenstoff-Halogen-verbindungen, Tab. 96
des Stickstoffs im Ammoniak 137
Valenzwinkelablenkung bei Bildung höherer Ringsysteme 32
Valenzwinkelgerüst im Cyclopropan 34
Valenzwinkelkette mit behinderter Drehbarkeit, Statistik 28
Valenzwinkelspreizung
bei Halogenderivaten des Methans 59
bei unsymmetrischer Halogensubstitution 97
Verbrennungswärmen
von Aziden und Mesomerie 455
von alkylierten Äthylenen und Hyperkonjugation 415
beim Benzol und Resonanz-energie 319
von *cis*- und *trans*-Dekalin und -β-Dekalon 46
und Ringspannung 32
Verdünnungsprinzip von RUGGLI-ZIEGLER, zur Herstellung vielgliedriger Ringsysteme 38
Veresterung
von Carbonsäuren 264f.
Untersuchung mit Isotopen 265
mit Carbonsäure-anhydriden 265
von *cis*-2-substituierten Cyclohexanolen mit „polarer" Hydroxylgruppe 37
Verseifung (Hydrolyse)
von prim.-Alkylhalogeniden nach SN 2 108, 110
von verzweigten Alkylhalogeniden nach SN 1/SN 2 113, 126
relative Reaktionsgeschwindigkeiten 122
von Carbonsäure-amiden 266
von Carbonsäure-anhydriden 267
von Carbonsäure-chloriden 266
von Carbonsäure-estern 264f.
alkalisch 265
Isotopen-Untersuchung 266, 267
sauer 264
sterische Einflüsse 265, 266
unter Erhalt der Konfiguration des Alkohols 266
von Isonitrilen 483
von Lactonen 267
von Sulfonsäure-estern 314
β-Vinylaceto-β-lacton („Diketen") 291
Vinylacetylen aus Acetylen 431
Vinyläther 430
und radikalische Polymerisation 168
N-Vinyl-carbazol 430
Vinylchlorid 426, 430
Vinylester 430
Vinylgruppe
in Carbonsäuren, acidifizierende Wirkung 257
radikalische Additionsreaktionen 168
Vinylierung 430, 431
1-Vinyl-naphthalin als Dien oder Philodien bei der Diensynthese 301
2-Vinyl-naphthalin zur Diensynthese 301
Vinylogie und Substituentenwirkung der aromatischen Substitution 383
N-Vinyl-pyrrolidon 430
Vinylthioäther 430
Vinyltypus der polymerisierbaren Äthylene 185
Vinylverbindungen
als Philodien 306
radikalische Polymerisation bzw. Telomerisation 167
Vitamin A aus β-Carotin 212

WAGNER-MEERWEIN-Umlagerung 366f.
Bornoniumkation 367
BREDTsche Regel 367
internal return 370
Isotopen-Untersuchung 368
Tricycloniumkation, Modell 369
WALDENsche Umkehr (Inversion) 71
Lösungsmitteleinfluß 72
Mechanismus 112
bei Substitutionsreaktionen nach SN 2 108, 110
Wannen-Form (Boot-Form)
des Cyclohexans 33, 35
und Wurtzit-Gitter 58
des Cyclooctatetraens 354
Wasser als Cokatalysator bei der kationischen Polymerisation von Isobutylen 184
Wassermolekül
Bindungswinkel 129
Dipolmoment 128
Kernabstände 129
Wasserstoff, Atomradien 486
Wasserstoffanion s. Hydrid-anionotropie
Wasserstoffanlagerung s. Hydrierung
Wasserstoffbrücken 260f.
bei assoziierten Carbonsäuren 257, 261
bei Carbonsäure-amiden 258
Dipolanziehung 262
bei π-Elektronensystemen 264
bei Hydroxylverbindungen 261
innermolekulare 263
und IR-Absorption 263
Kernabstände 261
bei der Keto-Enol-Tautomerie 234
bei der Ketospaltung von β-Ketocarbonsäuren 269
und Löslichkeit 263
und mesomere Effekte 262
in Oximen, und Konfigurationsermittlung 274
bei o-Oxy-azoverbindungen 402
bei Polypeptidketten 263
und Protonaffinitäten 262

Wasserstoffbrücken
beim Tropolon 331
Wechselwirkungsenergie 261
Wasserstoffmolekül H_2
Bindung (Zwei-Elektronenbindung)
quantenmechanische Behandlung 7f.
und Hybridisierung 21
molecular orbital method 14
Wasserstoffmolekül-ion $H_2^{\oplus}$, Ein-Elektronenbindung, quantenmechanische Behandlung 5f.
Wasserstoff-Sauerstoff-Bindung
Hybridisierung 128
partieller Ionencharakter 128
quantenmechanische Berechnung 127, 128
Wechselwirkungsenergie
der π-Elektronen im Benzol 318
bei Wasserstoffbrücken 261
d- und *l*-Weinsäure 60
meso-Weinsäure 64
Weinsäure
Natrium- bzw. Ammoniumsalz, Beständigkeit der Racemate 62
Rubidiumsalz, Bestimmung der Absolutkonfiguration 94
Wellenmechanik s. a. Quantenmechanik 2, 154, 195, 199, 317, 343, 412, 423
WILLGERODT-Reaktion 276, 277
an Acetylenen 426
WITTIGsche Ätherumlagerung 408
und Retropinakolin-Umlagerung 408
Substituenten-Einfluß (— E-Effekt) 409
WITTIGsche Phenanthrensynthese 407
WURTZsche Synthese, Variante mit Tetraphenyläthylendinatrium 173
Wurtzit-Gitter und Wannen-(Boot-)Form des Cyclohexans 58

Xanthogensäureester, thermische Zersetzung, sterischer Verlauf 192

Ylide
Bildung und Elektronenformulierung 143
bei STEVENS-Umlagerung 406f.
Ylid-Reaktionen s. a. SOMMELET-, STEVENS-, WITTIGsche Äther-Umlagerung

Zibeton 41
Zickzack-Kette von Kohlenstoffatomen 26
Zimtaldehyd, Addition von Blausäure (Cyanhydrinbildung) 296
Zimtsäure, Dimerisation 298
Zimtsäure-Derivate, thermische Chloraddition und Hyperkonjugation 418
Zinn
Atomradius 486
Hybridisierung von Atombahnen 20
Zirkulardichroismus (COTTON-Effekt) und optische Aktivität 93
Zucker, Konfiguration 68
Zwei-Elektronen-Bindung im H_2-Molekül, quantenmechanische Beschreibung 7f.
Zwischenzustand s. Mesomerie
Zwitterionen
von Aminosäuren 260
mit aromatischem Charakter 323
als mesomere Grenzformen
bei Äthylen 147, 157, 158
bei Aromaten 321f., 360f.
bei γ-Pyronen 148
Zwitterionen-Radikale 393

MIX
Papier aus verantwortungsvollen Quellen
Paper from responsible sources
FSC® C105338

If you have any concerns about our products,
you can contact us on
ProductSafety@springernature.com

In case Publisher is established outside the EU,
the EU authorized representative is:
Springer Nature Customer Service Center GmbH
Europaplatz 3, 69115 Heidelberg, Germany

Printed by Libri Plureos GmbH
in Hamburg, Germany